U0010775

0-5歲  【全新修訂第七版】
完整育兒百科

Caring for Your Baby and Young Child, 7th Edition: Birth to Age 5

美國小兒科學會（American Academy Of Pediatrics）

坦亞·阿爾特曼（Tanya Altman） 醫學博士

主編

大衛·希爾（David L. Hill） 醫學博士

副主編

郭珍琪

譯

晨星出版　AAP

前言

˝注意˝

本書中提供的資訊旨在作為補充，不能取代你的小兒科醫師的建議。在開始任何與醫藥相關的處置或計畫之前，你都應該先向你孩子的小兒科醫師進行諮詢，他可以考量你孩子的個人需求，告訴你有關孩子的症狀或處置上的特殊建議。如果你對書中的資訊能否適用於你的孩子有所疑問，請諮詢孩子的小兒科醫師。

本書中提及的產品僅供資訊參考，美國小兒科學會並不對本出版物中提及的任何產品構成任何明示或暗示性的保證或支持。

除非特別注明，本書中提供的建議適用於兩種性別的孩童。為反映這點，我們選擇在書中交替使用男性與女性代名詞。* 書中已盡可能使用日常語言，因為特定用詞讀起來較不熟悉，舉例來說，「一位過重兒童」現在寫作「一位過重的兒童」或「一位有過重問題的兒童」。

美國小兒科學會將持續關注新的科學證據，並定期對學會提供的建議進行適當的調整。例如，未來的研究與新的兒童疫苗的開發可能會改變現有疫苗施打規劃，因此本書中提供的疫苗接種時程會是變化的主要項目。這種變化與其他可能發生的潛在情況，使得與孩子的小兒科醫師核實有關孩子健康的最新信息顯得格外重要。更多有關照顧孩子的健康與福祉的資訊，請瀏覽美國小兒科學會育兒網站：HealthyChildren.org

---

* 譯注：於中文翻譯中無特定性別的兒童一律以「他」代稱。

本書獻給
所有認識到兒童是我們當下最大的啟發、
我們未來最大的希望的人們。

概述

　　恭喜！你可能因為懷有身孕、有了一位新生兒或正在照顧 5 歲以下的孩子而翻開了本書。無論出於何種原因，這本書都能為你提供培養一個健康、快樂、強韌的孩子所需的一切知識。無論你選擇從開頭閱讀到最後，或者閱讀適合你孩子當前年齡的章節以了解他下個月會發生什麼變化，又或者只是翻到你的孩子的具體症狀、疾病或問題，你可以找到經過 6 萬 7 千多名小兒科醫師組成的組織審查的大量信息，提供豐富的知識與建議！

　　你的新生兒的絕大部分需求與前幾代人是相同的，然而，有部分需求因為現代忙碌的生活方式而發生了變化。嬰兒總是需要愛、有營養的食物、健康的身體狀態、安全的環境、讓他建立自信與適應能力的技能，以及大量一對一互動的時間、與你一起讀書和玩樂。他們不需要分散注意力的娛樂或電子設備（請放下你的手機）。

　　成為家長會是你最偉大的禮物之一，你每天都會學習、成長和露出笑容，甚至以那些你自己都未曾想到的方式。會有美好的日子，也會有不那麼美好的日子，但這就是正常生活的一部分。如果尿布沒有正確穿好，或者因為出門時被嬰兒拖延而遲到了，請不要太過自責，只要每個人都安全健康，就可以從容地度過每一天，享受每一分鐘。

　　知道何時需要尋求幫助也是很重要的，如果你感到太過疲勞或壓力太大，請向你的伴侶、親戚或朋友尋求援助。無論是要餵養、烹飪、如廁訓練還是帶學齡前兒童去動物園，你不可能每天自己完成所有事情，這是不要緊的，你可以聯繫你的支持團隊，團隊中還應該包括您的小兒科醫師。你的小兒科醫師除了為孩子進行完整的兒童健康檢查與疾病診療外，還可以提供有關餵養、睡眠和行為問題等方面的建議。

　　時間過得很快，所以記得在孩子成長途中拍點照片或作些紀錄，因為轉眼間你的寶寶就要上幼稚園了！在接下來的章節中，你會看到很多需要處理的問題，不過你可以放心的假設問題都已經被包含在其中，從照顧新生兒和幼兒，到幫助孩子的營養、睡眠和行為，再到建立適應能力和良好的自信，再到發燒、肚子痛與其他會在成長過程中會出現的病症或疑慮。當然，如果你對於本書的內容有任何疑問、特殊考量或有任何其他疑慮，請聯繫你的小兒科醫師，畢竟這就是我們寫作這個章節的目的！

Contents

前言 ⋯⋯⋯⋯⋯⋯⋯⋯⋯⋯⋯ 002
概述 ⋯⋯⋯⋯⋯⋯⋯⋯⋯⋯⋯ 004

PART 1 ♥♥

第 1 章　養育寶寶必備常識 ⋯⋯ 017

給寶寶一個健康的開端 ⋯⋯⋯⋯ 018
懷孕期的最佳照護 ⋯⋯⋯⋯⋯⋯ 024
　營養 ⋯⋯⋯⋯⋯⋯⋯⋯⋯⋯ 024
　一人吃兩人補 ⋯⋯⋯⋯⋯⋯ 025
　運動 ⋯⋯⋯⋯⋯⋯⋯⋯⋯⋯ 025
　懷孕期間的檢驗 ⋯⋯⋯⋯⋯ 025
為分娩做好準備 ⋯⋯⋯⋯⋯⋯⋯ 029
選擇小兒科健康照顧提供者 ⋯⋯ 032
　小兒科醫師的訓練 ⋯⋯⋯⋯ 033
　尋找合適的小兒科醫師 ⋯⋯ 033
與你的小兒科醫師討論的問題 ⋯ 040
　嬰兒什麼時候出院？ ⋯⋯⋯ 040
　嬰兒應該割包皮嗎？ ⋯⋯⋯ 040
　哺育母乳的重要性 ⋯⋯⋯⋯ 041
　我該為新生兒儲存臍帶血嗎？ ⋯ 042
進行居家準備迎接寶寶到來 ⋯⋯ 043
　為寶寶購買家具和設備 ⋯⋯ 046
　為其他孩子做好迎接新成員的準備 ⋯ 051
　終於來到這一刻──生產日 ⋯ 055

第 2 章　分娩與分娩後的第一時間 059

常規自然分娩 ⋯⋯⋯⋯⋯⋯⋯⋯ 059
剖腹生產 ⋯⋯⋯⋯⋯⋯⋯⋯⋯⋯ 062
正常經陰道生產的產房程序 ⋯⋯ 065

離開分娩區 ⋯⋯⋯⋯⋯⋯⋯⋯⋯ 068
應對寶寶的到來 ⋯⋯⋯⋯⋯⋯⋯ 068
如果你的寶寶是早產兒 ⋯⋯⋯⋯ 068

第 3 章　嬰兒基本護理 ⋯⋯⋯ 075

日常護理 ⋯⋯⋯⋯⋯⋯⋯⋯⋯⋯ 076
　寶寶哭泣時怎麼辦 ⋯⋯⋯⋯ 076
　哄寶寶入睡 ⋯⋯⋯⋯⋯⋯⋯ 078
　睡眠的姿勢 ⋯⋯⋯⋯⋯⋯⋯ 079
　尿布 ⋯⋯⋯⋯⋯⋯⋯⋯⋯⋯ 083
　排尿 ⋯⋯⋯⋯⋯⋯⋯⋯⋯⋯ 087
　排便 ⋯⋯⋯⋯⋯⋯⋯⋯⋯⋯ 087
　沐浴 ⋯⋯⋯⋯⋯⋯⋯⋯⋯⋯ 089
　皮膚和指甲護理 ⋯⋯⋯⋯⋯ 092
　穿衣服 ⋯⋯⋯⋯⋯⋯⋯⋯⋯ 093
嬰兒基本健康護理 ⋯⋯⋯⋯⋯⋯ 098
　肛溫測量 ⋯⋯⋯⋯⋯⋯⋯⋯ 098
　看小兒科醫師 ⋯⋯⋯⋯⋯⋯ 098
　免疫接種 ⋯⋯⋯⋯⋯⋯⋯⋯ 100

第 4 章　寶寶餵養：母乳和配方乳 ⋯ 101

哺育母乳 ⋯⋯⋯⋯⋯⋯⋯⋯⋯⋯ 103
　開始：泌乳前的乳房準備 ⋯ 106
　泌乳和吸吮 ⋯⋯⋯⋯⋯⋯⋯ 108
　乳汁何時會增加 ⋯⋯⋯⋯⋯ 114
　哺乳的頻率與間隔時間 ⋯⋯ 118
　輔助配方乳餵養 ⋯⋯⋯⋯⋯ 123
　擠奶與保存 ⋯⋯⋯⋯⋯⋯⋯ 124
　哺乳可能出現的問題 ⋯⋯⋯ 128
奶瓶餵養 ⋯⋯⋯⋯⋯⋯⋯⋯⋯⋯ 134
　為何用配方乳取代牛奶 ⋯⋯ 134

配方乳的選擇 ⋯⋯⋯⋯⋯⋯⋯ 135

餵食與口腔健康 ⋯⋯⋯⋯⋯ 138

配方乳的消毒和儲存 ⋯⋯ 138

餵養過程 ⋯⋯⋯⋯⋯⋯⋯⋯ 142

餵養數量和計畫 ⋯⋯⋯⋯ 143

母乳餵養和配方乳餵養的營養補充 ⋯ 144

維生素補充 ⋯⋯⋯⋯⋯⋯⋯ 144

鐵補充 ⋯⋯⋯⋯⋯⋯⋯⋯⋯ 145

水和果汁 ⋯⋯⋯⋯⋯⋯⋯⋯ 146

氟補充品 ⋯⋯⋯⋯⋯⋯⋯⋯ 147

噯氣、呃逆和吐奶 ⋯⋯⋯⋯⋯⋯ 147

噯氣 ⋯⋯⋯⋯⋯⋯⋯⋯⋯⋯ 147

呃逆 ⋯⋯⋯⋯⋯⋯⋯⋯⋯⋯ 149

吐奶 ⋯⋯⋯⋯⋯⋯⋯⋯⋯⋯ 149

第 5 章　寶寶的第一天 ⋯⋯⋯⋯ 151

新生寶寶的第一天 ⋯⋯⋯⋯⋯ 152

寶寶的外觀 ⋯⋯⋯⋯⋯⋯⋯ 152

寶寶的體重及測量 ⋯⋯⋯ 157

寶寶的行為 ⋯⋯⋯⋯⋯⋯⋯ 159

回家 ⋯⋯⋯⋯⋯⋯⋯⋯⋯⋯ 160

父母的議題 ⋯⋯⋯⋯⋯⋯⋯⋯ 161

母親的情緒 ⋯⋯⋯⋯⋯⋯⋯ 161

伴侶的情緒 ⋯⋯⋯⋯⋯⋯⋯ 163

手足的情緒 ⋯⋯⋯⋯⋯⋯⋯ 164

健康觀察項目 ⋯⋯⋯⋯⋯⋯⋯ 165

第 6 章　第 1 個月 ⋯⋯⋯⋯⋯ 171

生長發育 ⋯⋯⋯⋯⋯⋯⋯⋯⋯ 171

身體外觀和生長 ⋯⋯⋯⋯ 171

反射動作 ⋯⋯⋯⋯⋯⋯⋯⋯ 173

哭泣和絞痛 ⋯⋯⋯⋯⋯⋯⋯ 180

第一次微笑 ⋯⋯⋯⋯⋯⋯⋯ 183

運動 ⋯⋯⋯⋯⋯⋯⋯⋯⋯⋯ 184

視覺 ⋯⋯⋯⋯⋯⋯⋯⋯⋯⋯ 185

聽力 ⋯⋯⋯⋯⋯⋯⋯⋯⋯⋯ 187

嗅覺和觸覺 ⋯⋯⋯⋯⋯⋯⋯ 188

性格 ⋯⋯⋯⋯⋯⋯⋯⋯⋯⋯ 189

基本護理 ⋯⋯⋯⋯⋯⋯⋯⋯⋯ 191

排便 ⋯⋯⋯⋯⋯⋯⋯⋯⋯⋯ 191

如何抱嬰兒 ⋯⋯⋯⋯⋯⋯⋯ 192

奶嘴 ⋯⋯⋯⋯⋯⋯⋯⋯⋯⋯ 192

外出 ⋯⋯⋯⋯⋯⋯⋯⋯⋯⋯ 193

尋找居家幫手 ⋯⋯⋯⋯⋯⋯ 194

和嬰兒一起旅遊 ⋯⋯⋯⋯ 196

家庭 ⋯⋯⋯⋯⋯⋯⋯⋯⋯⋯⋯ 197

對母親的特別忠告 ⋯⋯⋯ 197

給父親的特別忠告 ⋯⋯⋯ 198

給祖父母／外祖父母的特別忠告 ⋯ 201

健康觀察項目 ⋯⋯⋯⋯⋯⋯⋯ 204

安全檢查 ⋯⋯⋯⋯⋯⋯⋯⋯⋯ 210

兒童汽車安全座椅 ⋯⋯⋯ 210

沐浴 ⋯⋯⋯⋯⋯⋯⋯⋯⋯⋯ 210

更換尿布檯 ⋯⋯⋯⋯⋯⋯⋯ 210

預防窒息 ⋯⋯⋯⋯⋯⋯⋯⋯ 211

防火和防燙傷 ⋯⋯⋯⋯⋯⋯ 211

監護 ⋯⋯⋯⋯⋯⋯⋯⋯⋯⋯ 211

項鍊和繩索 ⋯⋯⋯⋯⋯⋯⋯ 211

頭部保護 ⋯⋯⋯⋯⋯⋯⋯⋯ 212

第 7 章　1 ～ 3 個月 ⋯⋯⋯⋯ 213

生長發育 ⋯⋯⋯⋯⋯⋯⋯⋯⋯ 214

Contents

身體外觀和生長 214

運動 215

視覺 218

聽力以及發音 220

情感和社交發展 221

基本護理 226

餵養 226

睡眠 228

手足 229

健康觀察項目 231

免疫接種 235

安全檢查 236

防止摔下 236

防止燙傷 236

防止窒息 236

第 8 章　4～7 個月 237

生長發育 239

身體外觀和生長 239

運動 239

視覺 243

語言發展 245

認知發展 247

情感發展 248

基本護理 251

開始進食固體食物 251

營養補充品 255

睡眠 256

牙齒與牙醫照護 257

搖床與嬰兒用圍欄 258

行為 260

規範 260

手足 264

健康觀察項目 264

免疫接種 267

安全檢查 267

汽車座椅 267

溺水 268

跌倒 268

燙傷 268

窒息 268

第 9 章　8～12 個月 269

生長發育 270

身體外觀和生長 270

運動 271

手和手指的技能 276

語言發展 277

認知發展 280

大腦的發展 282

情感發展 284

基本護理 291

餵養 291

使用杯子 295

睡眠 297

長牙 297

行為 298

規範 298

手足 300

給祖父母的話 301

施打疫苗 302

安全檢查 303

兒童汽車安全座椅 ·········· 303

防止摔下 ················ 303

防止燙傷 ················ 304

溺水 ···················· 304

中毒和窒息 ·············· 304

第 10 章　孩子滿 1 歲 ······ 305

生長發育 ················ 306

身體外觀和生長 ·········· 306

運動 ···················· 307

手和手指的技能 ·········· 309

語言發展 ················ 310

認知發展 ················ 312

社交能力發展 ············ 314

情感發展 ················ 318

基本護理 ················ 320

餵養和營養 ·············· 320

做好如廁訓練的準備 ······ 334

睡眠 ···················· 335

行為 ···················· 336

規範 ···················· 336

孩子發脾氣時的處理方法 ·· 339

家庭關係 ················ 343

免疫接種 ················ 343

血液檢查 ················ 344

安全檢查 ················ 344

睡眠安全 ················ 344

玩具安全 ················ 344

水的安全 ················ 346

行車安全 ················ 346

居家的安全防護 ·········· 346

戶外安全 ················ 347

第 11 章　2 歲 ·············· 349

生長發育 ················ 350

身體外觀和生長 ·········· 350

運動 ···················· 351

手和手指的技能 ·········· 352

語言發展 ················ 354

認知發展 ················ 356

社交能力發展 ············ 358

情感發展 ················ 362

基本護理 ················ 365

餵養與營養 ·············· 365

牙齒發育保健 ············ 368

如廁訓練 ················ 370

睡眠 ···················· 373

規範 ···················· 376

家庭關係 ················ 379

新孩子 ·················· 379

英雄崇拜 ················ 381

探訪小兒科醫師 ·········· 384

免疫接種 ················ 385

安全檢查項目 ············ 385

跌倒 ···················· 385

燙傷 ···················· 386

中毒 ···················· 386

汽車安全 ················ 386

第 12 章　3 歲 ·············· 389

生長發育 ················ 390

身體外觀和生長 ·········· 390

Contents

運動 …………………… 391

手和手指的技能 ………… 392

語言發展 ……………… 394

認知發展 ……………… 398

社交能力發展 …………… 399

情感發展 ……………… 403

基本護理 …………… 406

飲食和營養 …………… 406

如廁訓練結束後續 ……… 407

尿床 ………………… 409

睡眠 ………………… 409

規範 ………………… 411

上學前的準備 …………… 412

與學齡前兒童一起旅行 … 415

看小兒科醫師 ………… 416

免疫接種 ……………… 417

安全檢查 …………… 417

跌落 ………………… 417

燒傷 ………………… 418

行車安全 ……………… 418

溺水 ………………… 419

中毒和窒息 …………… 419

第 13 章　4 ～ 5 歲的孩子 …… 421

生長發展 …………… 422

運動 ………………… 422

手和手指的技能 ………… 423

語言發展 ……………… 425

認知發展 ……………… 427

社交能力發展 …………… 429

情感發展 ……………… 431

基本護理 …………… 434

健康的生活方式 ………… 434

飲食和營養 …………… 435

睡眠 ………………… 440

規範 ………………… 443

進入幼稚園的準備 ……… 446

看小兒科醫師 ………… 449

聽力 ………………… 450

視力 ………………… 450

安全檢查 …………… 450

和小孩一起旅行 ……… 451

第 14 章　早期教育和幼兒照護 …… 455

**幼兒照護應具備的條件：
學步期和學齡前兒童照護指南** …… 456

照護的選擇 …………… 457

居家照護 ……………… 458

家庭式幼兒照護 ………… 460

幼兒照護中心 …………… 463

選擇一間照護中心 ……… 465

與孩子的照護者建立關係 … 470

解決衝突 …………… 473

孩子生病時該如何處理 … 474

控制傳染性疾病 ……… 476

感冒 ………………… 477

巨細胞病毒（CMV）和細小病毒感染 …… 477

腹瀉 ………………… 478

皮膚和眼睛感染 ………… 478

頭蝨 ………………… 478

A 型肝炎 ……………… 479

B 型肝炎 ……………… 479

人類免疫缺陷病毒（HIV）／愛滋病 ……… 479

金錢癖 …………………………………… 480

預防傷害和促進行車安全 ……………… 480

特殊需求的幼兒照護 …………………… 482

第15章　確保孩子的安全 …………… 489

孩子為什麼受傷 ………………………… 490

居家內的安全 …………………………… 492

房間與房間之間 ………………………… 492

護理 ……………………………………… 493

廚房 ……………………………………… 496

洗衣房 …………………………………… 498

浴室 ……………………………………… 498

車庫和地下室 …………………………… 499

所有的房間 ……………………………… 500

嬰兒用品 ………………………………… 503

高腳椅 …………………………………… 504

嬰兒椅與彈跳椅 ………………………… 504

嬰兒圍欄 ………………………………… 505

學步車 …………………………………… 506

奶嘴 ……………………………………… 507

玩具箱 …………………………………… 507

玩具 ……………………………………… 508

戶外安全 ………………………………… 510

兒童汽車安全座椅 ……………………… 510

選擇兒童汽車安全座椅 ………………… 511

兒童汽車安全座椅的種類 ……………… 513

安裝兒童汽車安全座椅 ………………… 514

兒童汽車安全座椅的使用 ……………… 516

安全氣囊 ………………………………… 518

孩子在汽車周圍的注意事項 …………… 521

嬰兒背帶——後背式、前抱式和懸帶式背巾
522

嬰兒推車 ………………………………… 523

購物手推車安全事項 …………………… 524

兩輪車和三輪車 ………………………… 525

遊樂場 …………………………………… 526

家庭後院 ………………………………… 528

水上安全 ………………………………… 529

在動物周圍的安全 ……………………… 532

在社區與居家附近的安全 ……………… 533

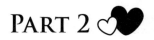

第16章　腹部／胃腸道 …………… 541

腹痛 ……………………………………… 541

闌尾炎 …………………………………… 544

乳糜瀉 …………………………………… 546

便祕 ……………………………………… 547

腹瀉 ……………………………………… 551

食物中毒和食物污染 …………………… 556

肝炎 ……………………………………… 562

腹股溝疝氣 ……………………………… 565

開放性陰囊水腫 ………………………… 566

吸收障礙 ………………………………… 567

雷氏症候群 ……………………………… 568

嘔吐 ……………………………………… 568

第17章　氣喘與過敏 ……………… 573

氣喘 ……………………………………… 573

濕疹 ……………………………………… 579

Contents

食物過敏 582

鼻子過敏/過敏性鼻炎 585

蕁麻疹 587

昆蟲叮咬 589

第18章 行為 593

生氣、攻擊和咬人 593

虐待或忽視引發的行為擔憂 597

面對災難與暴力 598

如何面對至親過世 600

磨牙（磨牙症） 601

過動不專心的孩子 601

吸吮安撫奶嘴、拇指和手指 606

鬧脾氣 607

抽動與刻板動作 611

第19章 胸部和肺部 615

細支氣管炎 615

咳嗽 617

哮吼（格魯布性喉頭炎） 619

流感/流行性感冒 620

肺炎 623

肺結核 625

百日咳 627

第20章 慢性症狀與疾病 629

處理慢性長期健康問題 629

貧血 637

囊腫纖維症 639

糖尿病 641

人類免疫缺陷病毒感染（HIV）和愛滋病 ..643

鐮狀細胞疾病 646

第21章 發展障礙 649

泛自閉症障礙症候群 650

腦性痲痹 656

先天性異常 660

聽力障礙（聽力受損） 665

智能障礙 670

第22章 耳、鼻、喉 673

感冒或上呼吸道感染 673

中耳感染 675

鼻竇炎 681

會厭炎 682

單純皰疹 683

流鼻血 685

喉嚨痛 686

扁桃腺和腺樣體 688

游泳耳（外耳道炎） 690

淋巴結腫大 692

第23章 緊急情況 695

咬傷 698

燒燙傷 700

CPR 心肺復甦術和口對口人工呼吸 ..702

窒息 703

切割傷和擦傷 704

溺水 707

電擊 709

指尖受傷 710

骨折 711

頭部受傷和腦震盪 ······· 713

中毒 ···················· 715

第 24 章　環境健康 ······· 721

空氣污染和二手菸 ······· 721

石棉 ···················· 722

一氧化碳 ················ 722

飲用水 ·················· 723

魚類污染 ················ 726

鉛中毒 ·················· 728

殺蟲劑和除草劑 ········· 731

氡 ······················ 733

菸害 ···················· 734

第 25 章　眼睛 ············ 737

弱視 ···················· 740

白內障 ·················· 740

眼睛感染 ················ 741

眼睛受傷 ················ 742

眼瞼問題 ················ 744

青光眼 ·················· 745

斜視 ···················· 745

淚液分泌的問題 ········· 747

需要眼鏡矯正的視力問題 · 747

第 26 章　家庭問題 ········ 749

收養 ···················· 749

虐待和忽視兒童 ········· 751

離婚 ···················· 755

悲傷反應 ················ 759

手足之爭 ················ 763

單親家庭 ················ 765

繼父和繼母 ·············· 767

多胞胎 ·················· 770

第 27 章　發燒 ············ 775

第 28 章　生殖和泌尿道系統 · 783

血尿 ···················· 783

尿蛋白 ·················· 784

包皮環切術（包皮切除術） · 785

尿道下裂和陰莖彎曲 ····· 785

尿道口狹窄 ·············· 786

陰唇黏連 ················ 787

後尿道瓣膜 ·············· 788

隱睪症 ·················· 789

尿道感染 ················ 790

尿床問題或遺尿 ········· 792

第 29 章　頭、頸和神經系統 · 797

腦膜炎 ·················· 797

動暈症 ·················· 800

流行性腮腺炎 ············ 801

抽搐、痙攣和癲癇 ········ 802

歪頭（斜頸） ············ 804

第 30 章　心臟 ············ 807

心律不整 ················ 807

心臟雜音 ················ 809

高血壓 ·················· 810

川崎氏症 ················ 813

Contents

第 31 章 免疫接種 817

重要性和安全性 817

你的孩子需要哪些疫苗呢？ 819

第 32 章 傳播媒體 825

發展與學習 825

兒童肥胖 827

睡眠 828

監督科技產品的使用 828

媒體使用指南 829

給父母的話 830

第 33 章 肌肉骨骼疾病 833

關節炎 833

O 型腿和 X 型腿 837

肘部損傷 838

扁平足 839

跛行 840

鴿趾（足內翻） 842

扭傷 843

第 34 章 皮膚 845

胎記和血管瘤 845

水痘 848

乳痂和脂漏性皮膚炎 849

第五病（傳染性紅斑） 850

脫髮 851

頭蝨 852

膿皰瘡 854

麻疹 855

傳染性軟疣 857

斑蚊媒疾病
（茲卡病毒和西尼羅河病毒） 858

抗藥性金黃色葡萄球菌感染 859

蟯蟲 861

毒藤、毒橡樹和毒漆樹 862

金錢癬（癬） 863

玫瑰疹 864

德國麻疹 865

疥瘡 866

猩紅熱 867

曬傷 868

疣 869

第 35 章 孩子的睡眠 871

睡眠習慣和哭鬧處理 874

分擔就寢的時間 875

父母睡眠不足 875

小睡時間的變化 878

充足的睡眠 880

處理其他睡眠問題的方法 883

正視睡眠 883

附錄

【附錄 1】兒童預防保健補助時程及服務項目 886

【附錄 2】我國現行兒童預防接種時程 887

【附錄 3】兒童生長曲線百分位圖（女孩） 888

【附錄 4】兒童生長曲線百分位圖（男孩） 890

PART

1

養育寶寶必備常識

　　妊娠是一個充滿期望、興奮和需要準備的過程，一些新手父母還伴隨著不確定性。你想要一個強壯、健康又聰明伶俐的孩子，計畫為他提供成長必需的任何東西。你也許會懷有恐懼和疑問，尤其這是你第一個孩子或者上次妊娠存在這樣的問題：例如懷孕期間會不會出現一些問題？擔心過程和分娩出現困難時會發生什麼事？當真正的母親與你所想像的完全不同時會怎樣？9個月的妊娠期使你有時間尋求這些問題的答案，平息你的恐懼，使你充分做好當母親的準備。

　　一開始你可能會擔心、有許多疑問，特別是如果你好不容易懷孕，甚至是尋求過不孕症的治療。

　　在知道自己懷孕時就應該開始有些準備，幫助寶寶良好發育的方法是照顧好自己，注意用藥和良好的營養可以直接使你的寶寶獲益，充足的睡眠和適度的運動將使你感覺更好，並且會減緩妊娠時身體上的不適。孩子出生前的維生素補充等問題要與醫師進行交流，避免吸菸、酗酒、使用藥物（包括大麻）或食用汞含量較高的魚類。如果你正在服用任何藥物，請

與你的產科醫師確認妊娠期間是否能安全服用。

隨著妊娠的發展，你要面對從制定分娩計畫到裝飾嬰兒室等許多相關的決定，你可能已經做出許多決定，也有可能會暫緩做決定，因爲你的寶寶對你而言似乎還不是那麼「眞實」。然而，你爲歡迎寶寶到來的準備進行得越積極，寶寶似乎也變得越眞實。

最後，你可能會發現自己爲寶寶的到來投入了所有心思，這種著迷十分正常和健康，而且有助於在情感上做好成爲母親的準備。畢竟，你要爲孩子今後的至少 20 年做打算，現在是我們開始的時候了。

 # 給寶寶一個健康的開端

事實上，在懷孕期間食用或呼吸的任何東西都會影響胎兒，這個過程是當你一懷孕就開始了。懷孕的前 2 個月，胎兒的主要部分（手臂、腿、手、腳、肝臟、心臟、外生殖器、眼和腦）在開始形成時，最容易受到侵害。那些存在於香菸、酒精、違法藥物或治療用藥中的某些化學成分會妨礙胎兒的發育進程，也可能影響之後的發育，有些甚至會造成畸形。

以抽菸爲例：如果你在妊娠時抽菸，胎兒的體重將明顯下降，甚至，吸入二手菸也會影響胎兒。遠離抽菸區域，讓抽菸者不要在你周圍點燃香菸。如果你懷孕前抽菸，現在也抽，那麼，是該戒菸的時候了 —— 不要抽菸，直到分娩以後 —— 最好是永遠不抽菸。生活在父母抽菸環境中的嬰幼兒，長大後更容易患耳部感染和呼吸道疾病，甚至有更高的兒童肥胖風險，而且在他們成年後更容易抽菸。

酒精的攝入也應有同等程度的重視。妊娠期間酗酒會增加流產的可能，也會引發一種叫「胎兒酒精症候群」的疾病，症狀爲新生兒缺陷、低出生體重和智力低於平均水準。胎兒酒精症候群也是新生兒智力不足的主要原因，而且懷孕期間飲酒會增加流產或早產的可能性，根據研究證據指出，你飲酒愈多，胎兒的風險也愈大，最安全的辦法是在懷孕期間不要飲用含酒精的飲料。

我們的立場

美國小兒科學會明確表示——懷孕期間不要抽菸，並且保護自己和小孩免於二手菸的毒害。許多研究指出，懷孕期間抽菸或處於二手菸的環境中，小孩可能會早產或體重過輕。懷孕期間抽菸對孩子造成的其他影響包括嬰兒猝死症候群（SIDS）、降低子宮內的供氧輸送、學習障礙、呼吸系統疾病，以及成年後容易罹患心臟病。

出生後，暴露於二手菸的兒童比沒有接觸二手菸的兒童，更容易有呼吸道感染、支氣管炎、肺炎、肺功能不佳和氣喘等問題。菸害對年幼的孩子更加危險，因為他們長時間與父母或其他吸菸者在一起，而且他們的肺部發育尚未完全成熟。如果你抽菸，請戒菸吧！你可以詢求孩子的小兒科醫師或你的家庭醫師協助，或者撥打戒菸專線：0800-636-363。如果你戒不掉，千萬不要讓孩子暴露在菸害中，讓你的家中和車內成為一個無菸害的空間。美國小兒科學會支持立法——禁止在公眾場所吸菸，包括兒童常去的戶外公共場所。

不論是透過食品或吸食，來自大麻的化學物質都會在懷孕期間傳遞給發育中的胎兒。縱使研究有限，但數據表明使用大麻會干擾嬰兒的腦部發育，導致智能障礙，或在之後的生活中導致行為問題。大麻菸也會帶來類似於香菸的風險。

在懷孕期間使用任何違禁藥物都是不安全的。可卡因和甲基苯丙胺等興奮劑會導致產婦血壓升高、出生體重過低和早產。鴉片類藥物，如奧施康定（OxyContin）和海洛因等，會導致新生兒出現戒斷症狀而需要住院數週或更長時間。如果您在吸毒期間懷孕，請告知你的產科醫師，以便她幫助你找到安全、適當的照護方式。

我們的立場

喝酒是造成新生兒可預防性之出生缺陷、智力不足和其他發展障礙的主因之一，目前沒有已知的懷孕期間安全飲酒量，基於這個原因，美國小兒科學會建議，懷孕婦女或計畫懷孕的婦女避免喝任何含有酒精的飲料。

在為你的寶寶做準備時，你可能會決定為嬰兒房粉刷油漆和添加新家具。在油漆時，保持良好的通風非常重要，以避免吸入大量煙霧。新家具可能含有有害的化學物質，應該先讓其通風再將寶寶放入新家具或附近。這種暴露不僅發生在家裡；工作場所可能使用有害的化學物質，當你吸入後會對你和你的寶寶造成傷害。如果你所在的工作場所會接觸有害化學物或灰塵，你的雇主應該為你提供個人防護設備或安排其他作業。

懷孕期間也要避免使用所有的藥物和補品，除非醫師推薦使用。不僅包括你正在服用的處方藥物，也包括非處方藥物或在藥局可以買到的藥物，例如阿斯匹林、感冒藥物和抗組織胺藥物，甚至過量服用維生素也會發生危險（例如已知服用維生素 A 過量可能引起畸形）。在懷孕期間服用藥物和任何種類的補品都要經過醫師的同意，即使標籤上注明「天然成分」。

我們的立場

大麻的使用已在許多州合法化（編注：在臺灣尚不合法），這可能導致一些女性相信這種藥物在懷孕期間使用是安全的，甚至是有益的。關於在子宮內或通過母乳接觸大麻的影響的研究是有限的，但我們目前所知表明母親使用大麻可能對嬰兒的大腦發育造成危害。懷孕、計畫懷孕或正在哺乳的婦女應避免使用大麻。如果你使用大麻來治療噁心，請與您的醫師討論更安全的替代方法。

同時，你應該意識到懷孕期間吃魚可能有一些健康上的風險，這時候你要避免生魚，因為其中可能含有蠕蟲或吸蟲等寄生蟲。烹調和冷凍是殺死寄生蟲幼蟲最有效的方法，基於安全考量，美國食品和藥物管理局（FDA）建議料理魚的溫度要在 60℃ 以上。懷孕期間，有一些類型的壽司是安全可以吃的，例如熟鰻魚和加州壽司。

最令人擔憂的是淡水和海水魚的汞污染問題（更具體來說是一種甲基汞的形式），研究證實，汞會損害胎兒的大腦和中樞神經系統的發展，美國食品和藥物管理局建議孕婦、想要懷孕的婦女、正在哺乳的母親和幼兒應避免吃鯊魚、旗魚、鯖魚和來自墨西哥灣的馬頭魚，因為這些魚類含有

大量的汞。根據美國食品和藥物管理局指出，孕婦每週可以吃 12 盎司（平均兩餐）其他類型煮熟的魚類。最常見的低汞含量魚類爲蝦、鮪魚罐頭、鮭魚、鱈魚和鯰魚。如果當地衛生局沒有發布任何關於你的所在地的魚類安全警示，那麼每週你可以吃 6 盎司（平均一餐）從當地水域捕捉的魚，但這 1 週之內就不要再吃任何的魚類了。（編注：我國衛福部建議孕婦及高齡婦女，每週至少攝取 7 到 9 份（1 份爲 35 克，即成人三指併攏的大小及厚度）魚類。）

雖然目前尚未證實攝取極微量的咖啡因（每日 1 到 2 杯含有咖啡因的咖啡，或約莫 200 毫克的咖啡因）會對胎兒造成負面的影響，但懷孕期間，你或許會想限制或最小化咖啡因的攝取量。記住，許多軟性飲料和食物，例如巧克力都含有咖啡因。

造成畸形的另一個原因是在妊娠期生病。下面是你應該預防的一些最危險的疾病：

德國麻疹會引發智力障礙、心臟異常、白內障和耳聾，這些問題在懷孕前期的 20 週內風險最高。幸運的是這種疾病現在已經可以透過免疫接種進行預防，但注意懷孕期間禁止進行德國麻疹疫苗接種。

大多數成年女性已經有德國麻疹的免疫能力，因爲在兒童時期已患過德國麻疹或進行過免疫接種。假如你不能確定是否具有對德國麻疹的免疫力，你可以要求婦產科醫師對你進行血液化驗。若化驗發現你沒有德國麻疹免疫力，這時你必須盡量避免與生病的孩子接觸，尤其是在你懷孕的前 3 個月。隨後建議你在產後進行德國麻疹免疫接種，以免以後碰到類似的疾病。

在分娩前接觸**水痘**是特別危險的事情，假如你沒有患過水痘，要避免和可能患水痘的任何人接觸以防感染，特別要注意那些與患水痘孩子接觸的兒童。如果你沒有患過水痘，應該在懷孕前接種水痘疫苗。

皰疹是一種病毒感染，新生兒可能在出生那一刻得到，通常是嬰兒在經過產道時，被從生殖器罹患皰疹的母親感染。新生兒感染皰疹病毒可能

出現皮膚水泡，進而破皮然後結痂，更嚴重時可能引發致命的腦炎。當受到皰疹病毒感染時，治療的方式通常是使用「acyclovir」抗濾過性病毒藥物。在孕期最後 1 個月，你的醫師可能會建議你服用「acyclovir」或「valacyclovir」以降低接近分娩期時可能突發的風險。如果你在分娩期間突然感染皰疹或感覺有些症狀，或許你可以考慮剖腹生產以降低嬰兒感染皰疹的風險。

弓蟲病感染對於養貓的人來說是一個危險因素。這種疾病由常見於貓的寄生蟲感染引起，不過，更多的感染案例是在未煮熟的肉類和魚類。肉類在食用之前一定要完全煮熟，避免在未煮熟前品嚐肉類（即使調味也不宜），砧板在每次使用後一定要用熱肥皂水徹底洗淨，所有的蔬果在吃之前要洗淨削皮。野貓比家貓更是容易感染弓蟲病，這些貓的糞便帶有弓蟲寄生蟲，任何接觸受到感染糞便的人都有可能因此被感染。因此最好每天讓健康沒有懷孕的人更換貓沙盆，如果你沒有幫手，記得一定要戴上手套每日更換貓沙盆。在接觸過泥土、砂石、生肉或未洗淨的蔬果後，一定要用肥皂和清水將手洗淨。近幾年來，美國已沒有動物傳染弓形蟲的病例記載。

茲卡病毒可以通過受感染的蚊蟲叮咬，或與受感染伴侶的性交感染孕婦，即使該伴侶沒有任何症狀。疾病控制和預防中心（cdc.gov）可以協助你了解這些受感染蚊蟲的棲息地區，例如熱帶地區和美國的南部地區。欲前往茲卡病毒流行地區旅行的孕婦應採取預防措施，避免蚊蟲叮咬，例如使用含有敵避（DEET）的防蚊液、穿長袖長褲、避免在黎明和黃昏時外出。如果他們的伴侶曾在這些地區滯留，也應該在性交期間使用保護措施。茲卡病毒可導致發育中嬰兒的大腦和眼睛出現嚴重缺陷，且目前還沒有針對該病毒的疫苗。

李斯特菌可能會透過生鮮或未完全煮熟的乳製品、肉類或海鮮傳播。它會引發類似流感的症狀，如發燒、肌肉痠痛和腹瀉，其中孕婦更容易受到影響。為降低風險，請避免使用未經巴氏消毒的牛奶；未經高溫消毒的牛奶製成的軟奶酪，如菲達乳酪（feta）、西班牙乳酪（queso blanco、queso fresco）、卡門貝爾乳酪（Camembert）、布利乾酪（Brie）或藍紋乳酪（blue-veined）；熱狗、午餐肉和冷盤（除非在食用前加熱至高溫）；以及燻製海鮮。此外，避免處理生的或未完全煮熟的雞蛋、肉類和

海鮮。你應該在烹調食物的過程中經常洗手。

6 個月以下的嬰兒感染**流感**的風險相當高。如果你在流感季節懷孕，保護新生兒免受流感感染的唯一方法便是自己接種流感疫苗。尤其因為懷孕會提高你罹患流感時產生併發症的風險。成人和所有 6 個月以上的兒童都應該在流感季節（通常從初秋到晚春）接種疫苗，以免將這種致命的呼吸道疾病傳染給嬰兒。

白喉、破傷風和百日咳疫苗：保護你（Tdap）和你的寶貝（DTaP）

嬰兒出生後 1～6 個月，由於免疫系統尚未發育完全，這時很容易受到感染，這就是為何媽媽要事先做好防禦措施，包括破傷風、白喉和百日咳，這三種重大疾病的疫苗稱 Tdap 和 DTaP，其中分別代表：

■ 白喉（Diphtheria）：這是一種細菌引起的喉嚨感染，嚴重時會造成呼吸困難，影響心臟和中樞神經系統，甚至死亡。

■ 破傷風（Tetanus）：又稱為牙關緊閉症，會引起肌肉疼痛性緊縮，包括下巴「緊閉」，使患者無法開口或吞嚥，甚至導致死亡。

■ 百日咳（Pertussis）：會引起劇烈咳嗽、嘔吐，很可能造成成年人數月難以入眠的困擾。嬰兒感染百日咳症狀更為嚴重，劇烈咳嗽可能使嬰兒無法進食或呼吸，而且持續數月，甚至造成大腦損傷或死亡。近年來，美國人感染百日咳和嬰兒因此死亡的病例逐漸上升，為此，建議每個人（父母和子女）都要接種百日咳疫苗。

這些疾病都是**細菌引起**的，不過，接種疫苗可以預防感染。白喉和百日咳是透過人與人之間的傳染；破傷風則是細菌從傷口或切口進入體內。

由於新生兒尚未接種第一劑疫苗來保護他們免於感染這些疾病，因此，從未接種或早年接種但已失去免疫力的母親，很可能再次感染這些疾病，並且傳染給自己的孩子。

建議所有的孕婦在每次懷孕期間接種 Tdap 疫苗，保護自己和嬰兒免於感染百日咳。當孕婦接種疫苗後，她可以透過胎盤在嬰兒出生前，將免疫力傳給胎兒，這有助於保護嬰兒在接種疫苗前免於受到百日咳的感染。孕婦最理想的接種時間為妊娠週期 27 ～ 36 週之間，如果懷孕期間沒有接種疫苗，那麼在分娩後媽媽要立即接種疫苗。專家建議，任何與嬰兒相處密切的人都要接種疫苗預防百日咳，並且徵詢醫師是否需要接種 Tdap 或 DTap 疫苗。接種的對象包括爸爸、爺爺奶奶、其他親戚和照顧嬰兒的人，不分年齡，此外，也要確保家中其他孩子有接種破傷風、白喉和百日咳疫苗或具有免疫力。

編注：臺灣對嬰兒接種白喉破傷風非細胞性百日咳為出生滿 2、4、6 個月。

懷孕期的最佳照護

在整個懷孕期間，一定要與你的婦產科醫師保持密切的聯絡。定期產檢直到嬰兒出生，可以提高新生兒健康出生的機率，每次產檢時，你要量體重、量血壓和計算子宮大小，以評估胎兒成長的大小。

在懷孕期間別忘記你的口腔健康。母親可能會在無意間將引起蛀牙的細菌帶給新生嬰兒，增加孩子蛀牙的風險。在懷孕期間進行預防性的牙科檢查，避免牙齦疾病等口腔感染是至關重要的，因為牙齦疾病與早產和低出生體重有關。在懷孕期間進行洗牙、X 光檢查、補牙和年度檢查都是安全且重要的

營養

使用孕婦綜合維生素時，聽從婦產科醫師的建議，正如之前提及，你只可以攝取醫師建議的維生素劑量，或許不只一種維生素，但確保你要攝

取足夠的葉酸（編注：備孕婦女每日400微克，懷孕期間每日600微克），這是一種維生素 B，可以降低某些先天性缺陷的風險，例如脊柱裂或其他脊椎異常。你的婦產科醫師可能會建議妳每日吃孕婦綜合維生素，其中不僅含有葉酸和其他維生素，同時還有鐵、鈣與其他礦物質，以及 DHA（二十二碳六烯酸）與 ARA（花生四烯酸）等脂肪酸。DHA 和 ARA 脂肪酸是「好的」脂肪，尤其是 DHA 可以儲存於胎兒的大腦和眼睛，特別是在懷孕最後的 3 個月。同時，這些脂肪酸也存在於人類的母乳中。此外，確保你的醫師瞭解你正在使用的其他補充品，包括草藥。

一人吃兩人補

提到飲食，你要規劃均衡的膳食，其中要包含蛋白質、碳水化合物、脂肪、維生素和礦物質。這時候不是追求時尚或低熱量飲食的時間點，事實上，在懷孕第 2 到 3 個月期間，你每天大約要攝取比懷孕前多 350 到 450 大卡的熱量，你需要更多的熱量和營養，這樣寶寶才能正常生長。如果你有孕吐的症狀並且經常嘔吐，可以用一茶匙小蘇打與水混合漱口，以防胃酸侵蝕牙齒。

運動

懷孕期間的體能活動和平時一樣重要，與你的醫師討論適合你的健身計畫，包括你有興趣的健身影片。如果平時你沒有規律運動的習慣，你的醫師或許會建議你適度散步、游泳，或者孕婦瑜珈或皮拉提斯等課程。一開始先慢慢來，即使每天 5 到 10 分鐘對身體也是有益，而且也是一個好的開始。運動後要喝大量的水，同時避免跳動或振動類型的運動。如果你已經在進行體育鍛煉，你當然可以繼續保持能讓自己感到舒適的活動水準，但也要記得傾聽你的身體，並在有需要時放慢速度。

懷孕期間的檢驗

無論你的懷孕進展是否正常或有疑慮，你的醫師可能會建議你做以下的檢驗：

■ **超音波檢查**非常安全，是孕婦檢查中最常見的一種。透過聲波產生

的圖像來追蹤胎兒成長和內臟器官發育的情況。它可以確保胎兒發育正常，有助於發現任何胎兒畸形或異常的問題。此外，如果你的醫師懷疑你的胎位不正，超音波檢查可以在接近預產期之前確定你的胎位（子宮內的嬰兒頭位會在下方，但是臀位在下的嬰兒，他們的臀部和腳會比頭先通過產道）。由於臀位在下分娩有難產的風險，因此，除非在極少數的情況下，不然「先進國家」如美國，並不建議臀位在下的孕婦採用自然生產。即使第一次生產的媽媽產道已經全開，如果發現寶寶是臀位下在，最新修訂的建議也是實施剖產。（請參考第 2 章第 62 頁剖腹生產更多關於臀位嬰兒和剖腹產的討論）

- **頸部透明帶超音波篩檢**是在 11 ～ 12 週進行的超音波檢查，以尋找遺傳問題的跡象，如 13 染色體、18 三染色體、21 三染色體（唐氏綜合症）。這項測試通常會與 PAPP-A 和 beta-HCG 兩種血液測試結合，以進行稱為第一孕期篩檢或「三重篩檢」的風險評估。在第二孕期，產科醫師可能會檢驗你的二聚體抑制素 A（DIA）水平並將其與三重測試的結果相結合以產生「四重篩檢」。

- **無壓力測試（NST）**是用一種電子儀器監測胎心律和胎動的變化，在測試中，醫護人員會在你的腹部周圍綁上帶子。在無壓力測試中，不會使用藥物刺激胎兒活動或觸發子宮收縮。

- **宮縮壓力試驗（CST）**是另一種監測胎心率的方法，它會測量與記錄胎兒對輕微刺激子宮收縮的反應（例如靜脈注射催產素）。透過監測寶寶對宮縮的心跳率，醫師可以判斷寶寶在真正分娩時的反應。如果你的寶寶對這些宮縮沒有足夠的反應，這時你可能要將生產日期（或許是剖腹生產）提早至預產期之前。

- **胎兒生理評估（BPP）**使用無壓力測試和超音波檢查，評估胎兒的胎動、呼吸運動、胎兒張力和羊水量。最後加總分數以判斷是否需要提早生產。

　　根據妳的健康和個人與家庭病史，婦產科醫師可能會建議妳做其他的檢測，例如：孕婦本身有家族性遺傳疾病，或者年齡在 35 歲以上，這時婦產科醫師可能會建議妳做一些檢測基因的測試。最常見的基因檢驗為**羊膜穿刺術**和**絨毛取樣**，詳情請參考以下的基因異常檢測。

許多州有篩檢染色體異常（如唐氏症）和先天缺陷的標準程序。此外，篩檢其他先天缺陷的檢測還有：

- 神經管缺陷（胎兒的脊柱閉合不全）。
- 腹壁缺損。
- 心臟缺損（心臟腔室發展不完全）。
- 愛德華氏症（T18，又名 18 三染色體症）是一種造成先天性缺陷的染色體缺陷。

你的醫師可能會建議其他的篩檢：

- **葡萄糖檢測：**可以檢查出高血糖值，這可能是妊娠糖尿病的徵兆，這是一種懷孕期間可能引發的糖尿病。這個檢驗通常在懷孕第 24 ～ 28 週進行，你需要喝一杯糖水，並在之後抽血採集血液樣本。如果你的血液中含有大量的葡萄糖，接下來你會被要求再做進一步的測試。這個試驗可以確定你是否有妊娠糖尿病，而妊娠糖尿病則會增加妊娠併發症的風險。
- **B 型鏈球菌（GBS）檢測：**可以確定孕婦是否感染 B 型鏈球菌，以免造成寶寶嚴重感染（如腦膜炎或血液感染）。雖然 B 型鏈球菌在母親的陰道或直腸很常見，對健康成人無害，但在分娩過程中，新生兒可能因此受到感染。如果發現孕婦感染 B 型鏈球菌，醫師通常會在分娩過程中給予孕婦注射靜脈抗生素，一旦嬰兒出生後，新生兒將留在育嬰室觀察一段時間。B 型鏈球菌檢測通常大約在懷孕第 35 ～ 37 週進行。
- **人類免疫缺陷病毒（HIV）檢測：**目前懷孕的婦女通常都會做這項檢測，最好是在懷孕初期進行。HIV 是引起愛滋病的病毒，如果婦女感染這種病毒，她可能會在懷孕期間、分娩過程或哺乳時將病毒傳給她的寶寶。早期診斷以接受治療就能夠降低嬰兒感染的風險。了解孕婦的愛滋病狀況很重要，這樣才能在懷孕和分娩期間服用適當的藥物。愛滋病病毒陽性的母親所生的嬰兒在分娩後也會接受預防性的藥物治療

基因異常檢測

有些基因異常的問題可以在嬰兒出生前發現，透過在孩子出生前瞭解這些問題，你可以提前為孩子的健康做好照護措施，在某些情況下，甚至可以在嬰兒還在子宮裡時治療疾病。

- 羊膜穿刺術：醫師用一根細長的針插入孕婦的腹壁進入子宮，從胎兒周圍的液囊中取出少量的羊水樣本。這項測試可以指出或排除嚴重的基因和染色體問題，包括唐氏症和一些脊柱裂的情況。羊膜穿刺通常在第二孕期進行（第 15 ～ 20 週），雖然有些或許是在後期進行（通常在 36 週）以檢測寶寶的肺部在出生時是否可以發育完全。羊膜穿刺術檢測結果大約在兩週內可以取得。

- 絨毛取樣術（CVS）：醫師用一根細長的針插入孕婦的腹部，從胎盤中抽取一點細胞（絨毛）樣本，或者用導管通過子宮頸取出胎盤細胞樣本。絨毛取樣術施行的時間通常比羊膜穿刺術早，大多是在懷孕第 10 ～ 12 週之間，結果大約在 1 ～ 2 週內可以取得。它可以檢測各種基因和染色體問題，包括唐氏症、戴薩克斯症（Tay-Sachs），以及血紅蛋白病（hemoglobinopathies，特別常見於非裔美國家庭），例如鐮刀細胞型貧血和地中海貧血（參考第 646 頁和 647 頁）。

羊膜穿刺術和絨毛取樣術被視為是準確與安全的產檢程序，但仍然有極微小的流產或其他併發症的風險，在進行之前，你應該與你的醫師討論其中的利弊，在某些情況下，諮詢基因專家的意見。

為分娩做好準備

隨著預產期即將接近，你很可能熱衷於準備迎接新生，同時調適自己身體的變化。在第三孕期中，身體上的許多變化可能影響你的感受：

- 體重增加，在最後 3 個月大約每週增加 1 磅（0.45 公斤）。
- 由於寶寶成長擠壓到子宮周邊的器官，可能會感覺到**呼吸急促**和**背部疼痛**。
- 可能會**頻尿**，因為膀胱受到擠壓，甚至有尿失禁的狀況。
- 可能坐臥都覺得不舒服，睡眠變得困難，或許**側睡會比較舒服**。
- 可能感覺比平時更累。
- 可能有胃灼熱、小腿和腳踝腫脹、背部疼痛和痔瘡等症狀。
- 可能有「假陣痛」的宮縮，這是一種子宮假收縮的現象（Braxton-Hicks contractions），是在為分娩做準備，先讓子宮頸軟化變薄，與真陣痛不同的是，它們是不規則，而且不會隨著時間拉長變得越來越頻繁，以及強度增強或更激烈。

當你懷孕時，你和配偶／伴侶可以參加分娩教育課程，從中得到關於分娩的資訊，並且認識其他準父母。許多醫院有舉辦多種類型的分娩課程，例如**拉梅茲呼吸法**，在分娩過程中運用集中呼吸、按摩和分娩力道，減輕分娩的痛苦。自然分娩法（The Bradley method）強調自然分娩，過程中非常仰賴深呼吸的技巧。很多分娩教育課程會討論各種分娩法，讓準父母瞭解生產過程，以及如何讓生產過程成功、舒適和愉快的方法。現在有些產科會提供團體產前檢查，讓母親不僅可以與醫師互動，還可以有更多時間與其他準媽媽互動。

不管你考慮何種課程，前提是詢問分娩課程強調的主題和方法，以及只有講座或是還有實際練習？課程講師對於懷孕和生產的理念為何？他有認證嗎？你會學到正確的呼吸和放鬆方法嗎？課程費用？每班是否有人數限制？

同時，你可以報名其他課程，協助你為將來養育子女的挑戰做好準備。詢問你的醫師關於哺育母乳課程、嬰兒護理課程或 CPR 心肺復甦術

等課程。

有一些課程鼓勵參與者擬定「生產計畫」。生產計畫是給你和你的醫師的書面文件，記錄你個人生產時的優先選擇，例如：

- 你生產的地點？
- 根據你的醫師指示，當你開始陣痛時，你要直接去醫院，還是先打電話到醫師辦公室？你到醫院或婦產科診所的交通工具？你有生產時的照護者，或者想要申請一位？（「陪產婦」在生產過程中負責各種形式的非醫療支援和日後的照料。）
- 你想要誰幫你接生：婦產科醫師或美國助產士認證委員會認證的助產士？（編注：中華民國助產師助產士公會全國聯合會及臺灣助產學會。）
- 分娩過程中，你想要誰在場支持你？
- 分娩過程中，你想要採取什麼姿勢？
- 疼痛時，你想要的止痛首選是什麼（如果必要使用時）？
- 若有意外情況發生，你會考慮哪些選項（例如，需要會陰切開術或剖腹產）？
- 如果你提早生產，一切的設備資源是否足以照顧早產兒？

你不僅要將這份文件交給你的醫師，也要讓你的家人和朋友知道你的決定。（參考以下最後的準備清單，或許可以提供你一些「生產計畫」的想法。）

專欄　**最後的準備**

如果有充裕的時間，你可以在生產前考慮以下這些事務：

- 公告眾親友名單。如果你要以卡片發布通知，事先選擇你要的卡片樣式，並且先將住址寫在信封上。同樣，如果你要以電子郵件或打電話來通知眾親友，事先將這些資料備齊。

- 預先煮好一些食物放入冰箱冷凍備用。
- 如果經濟許可，事先找好協助你照顧孩子／整理家務的幫手（詳情請參考第 194 頁尋找居家幫手），你還可以請有空的家人朋友協助你。即使你不認為你需要額外的協助，你還是要列出一些名單以防突發狀況發生。

在孕期進入最後 1 個月前，做好生產的最後準備，你的**檢查清單**包括以下內容：

- 醫院的名字、住址和電話。
- 為你接生的醫師或美國助產士認證委員會認證的助產士的住址和電話，以及當你的醫師無法分身時，替代人選的住址和電話。
  （編注：中華民國助產師助產士公會全國聯合會及臺灣助產學會。）
- 到達醫院最快和最方便的路徑。
- 當陣痛開始時，你應該使用的醫院入口位置。
- 救護車服務電話號碼，以防緊急狀況發生。
- 護送你至醫院的人的電話號碼（如果那個人沒有和你住在一起）。
- 裝有生產時與住院期間必備用品的生產包，其中包括衛生用品、衣服、親戚朋友的住址和電話號碼、閱讀資料，以及一條嬰兒回家用的毯子與衣服。
- 載寶寶安全回家的汽車安全座椅。確保安全座椅是適合新生兒使用的合格座椅，或者適用小於 5 磅的新生兒，如果你的寶寶是多胞胎或早產兒。關於座椅使用的體重上限和下限注明在安全座椅上的標籤與手冊上，請仔細閱讀並且遵從製造商的說明，將座椅安裝在後座面向後方，最理想的位置是在後座的中間（千萬**不可以**將面向後方的安全座椅裝在有安全氣囊的**前座**）。所有的嬰幼兒都應該盡可能長期的坐在面向後方的安全座椅上，或者直到他們的身高體重達到安全座椅製造商的上限。

■ 別忘了讓專業人員檢查你的汽車安全座椅，正確的安裝和使用是保護寶寶在汽車衝撞中的關鍵。（完整詳情請參考第 511 頁汽車安全座椅。）此外，請記得在每次使用時都要正確的安裝汽車安全座椅。

■ 如果你計畫哺餵母乳，請提前了解是否可以訂購電動擠奶器。有些保險公司會允許你這樣做，並且婦嬰幼兒特殊營養補充計畫（WIC）通常也會在寶寶出生後提供擠奶器。（見第 4 章。）（編注：國內只有部分醫院及月子中心有，但要登記租借。）

■ 如果你還有其他孩子，在你住院這段期間，事先安排好看護他們的幫手。

選擇小兒科健康照顧提供者

有時在懷孕最後三個月，你要為你的寶寶選擇他的醫療保健照顧者。你要知道，嬰幼兒在成長過程中看醫師的次數比大多數成人多很多。

這位提供孩子醫療保健的人可能是一名小兒科醫師、家庭醫師、醫師助理或執業護理人員。這是你為家人做的個人決定，在選擇寶寶的健康照顧提供者之前，要考量哪些對家人是最重要的因素。

■ 小兒科醫師接受過針對嬰兒、兒童和青少年的專業醫療照護訓練。兒童在醫療與情感上的保健需求與成人不同，小兒科醫師受過特殊的訓練來預防與處理這些健康問題。小兒科醫師與兒童及他的家人所建立的關係經常持續多年，培養熟悉與信任感帶來加強醫療照顧。（有關更多信息，請參閱下方「小兒科醫師的訓練」。）

■ 家庭醫師擁有照顧所有年齡階段的患者，從新生兒到老年人的豐富的經驗，並且在許多情況下可以對整個家庭進行治療。

■ 執業護理人員受過關於保健、疾病預防、健康教育和心理諮詢的專業訓練。他們可以對患有急性疾病的兒童進行評估。執業護理人員可能是通才，也可能接受家庭醫學（FNP-C）或兒科（PNP-C）方

面的特殊培訓。一些執業護理人員有取得博士學位和「醫師」頭銜，但他們沒有接受與醫師（MD）相同的培訓。

- 醫師助理（PA）已取得證書或碩士學位課程，包括小兒科專業教育和臨床實習的專業人員，他必須通過國家認證考試，成爲國家委員會認證的助理醫師（NCCPA）。醫師助理需在醫師的指導和監督下提供醫療照護，並且支持醫師與團隊照護的理念。醫師助理也可能會接受小兒科的專業培訓。

以下是一些具體的考量，協助你做出你的選擇。

小兒科醫師的訓練

小兒科醫師從醫學院畢業且實習期滿，領有合格醫師證照，才能申請小兒科專門訓練，這時稱爲住院醫師；在主治醫師的監督下，受訓中的小兒科醫師必須學習治療各種疾病的必要基本知識和技能，從輕微的兒童疾病到重大疾病等。

實習結束後，會再接受 1～3 年的小兒專科醫師訓練，例如新生兒照護（照顧早產兒）或兒童心臟科（診斷和治療兒童心臟疾病）等。當患者出現罕見或特殊疾病時，一般小兒科醫師可能會諮詢這些小兒專科醫師。如果你的孩子需要小兒專科醫師的治療，你的一般小兒科醫師可以協助你找到適合的醫師。（編注：臺灣小兒科專科醫師訓練年限爲 2 年。）

在選擇小兒科醫師時，你也在爲你的孩子尋找一個醫療之家。醫療之家以患者和家人的需求爲中心，不僅涉及醫師或其他醫療照護提供者，還涉及整個團隊，從每個從事行政工作的成員到可能需要專業知識的顧問。醫療之家是全面的，這意味著該團隊不僅要解決當前的醫療需求，還要解決未來疾病的預防、情緒健康和導致疾病的社會壓力因素。你的醫療之家應該讓你可以在自己方便的時間進行訪問，並且那裡的人們應該要有能力解釋他們正在做什麼，以確保他們擁有良好且持續進步的照護品質。（編注：在臺灣類似的是護理之家或月子中心。）

尋找合適的小兒科醫師

尋找合適的小兒科醫師最好的方法，是詢問你認識且信賴的其他家

長,他們瞭解你,知道你的風格和需求,同時你也可以徵求你的婦產科醫師的建議,他知道有哪些小兒科醫師受人尊敬。如果你對社區不熟,你可以聯繫附近醫院、醫學院或醫學會,索取當地的小兒科醫師名單。

一旦列出幾位小兒科醫師的考慮名單後,你可以在懷孕的最後幾個月,一一拜訪認識他們。許多醫師都很樂意在行程中安排與你會面,解答你的疑慮。在拜訪小兒科醫師之前,醫師辦公室的工作人員就可以回答你的一些基本問題:

- 醫師的看診時間?是否包含週末與假日?
- 最適合來電詢問一般問題的時間為?
- 醫師是否會回覆安全電子郵件或其他符合 HIPPA 標準的電子訊息?
- 如果我的孩子在營業時間結束後有問題,會由誰接聽電話?
- 是否有健保?保險給付等?

父母雙方最好一起拜訪醫師,並且確保你們的育兒理念一致。不要害怕或覺得不好意思問問題,以下是一些建議的問題:

- **孩子出生後多久要帶他去看小兒科醫師?**

  當妳分娩在即,大多數醫院會問你的小兒科醫師名字。這時接生護理師會通知你的小兒科醫師或他的值班同事待命,如果你在孕期或分娩過程中有任何併發症,你的寶寶必須在一出生後馬上做檢查,假設在你分娩的這段時間,你的小兒科醫師無法即時處理,這時醫院的小兒科醫師或新生兒專家就會接手。有些醫院會讓院內的小兒科醫師作為看照新生兒的人員。小兒科醫師或其同事會在寶寶出生時馬上接到聯繫。如果你在懷孕或分娩期間出現任何併發症,你的寶寶應在出生時進行檢查。如果你的小兒科醫師在分娩時不在場,該檢查可能會由醫院的其他小兒科醫師或新生兒科醫師進行新生兒在 24 小時出生內,隨時都可以做例行的身體檢查,詢問小兒科醫師,這 24 小時的時間,你是否可以陪伴在側,嬰兒做檢查時,你是否可以在場,這將給你一個機會瞭解你的寶寶,並詢問你可能有的疑問。你的寶寶將接受新生兒的例行篩檢,其中包括聽力測驗和黃疸級數,以及先天性心臟病、甲狀腺和其他代謝失調等疾病。你

的寶寶可能需要做進一步的檢測，如果他在出生後出現任何問題，或者你在產檢時超音波有任何狀況。

■ **寶寶何時要做下一次檢查？**

小兒科醫師在新生兒出院前會做例行檢查，並且與父母討論。新生兒在醫院時，大多數的醫師每天都會檢查嬰兒，在出院當天做徹底的檢查。在這些檢查中，醫師可以確認狀況，也讓父母有機會發問。你的小兒科醫師也會安排下次寶寶回診的時間，並且給你相關聯絡方式以防你有任何醫療的問題。

所有嬰兒在離開醫院之前，應該開始為他們施打疫苗。第一劑與最重要的「疫苗」為哺育母乳，在出生後愈早開始愈好，這可以為寶寶提供一些早期的疾病防護。第二劑建議的疫苗為 B 型肝炎疫苗第一劑，接種在嬰兒大腿處，第二劑 B 型肝炎疫苗則在第一劑接種至少 4 週後拖打，妳的寶寶將在 8 週時，陸續接種一系列的疫苗（參考附錄關於疫苗接種時間表）。

■ **何時方便打電話給醫師？或以電子郵件和醫師聯絡？**

有一些小兒科醫師每天有特定的電話回覆時間，或者有其他人可以回答你的問題，你可以利用這段時間打電話請教。如果大部分時間是辦公室人員回答問題，這時你也可以問他們受過哪些訓練。同時詢問你的小兒科醫師，關於哪些問題可以電話解決，哪些問題必須趕到醫院。有些醫師偏好用電子訊息回答問題，特別是透過線上的即時管道，這對你和你的醫師而言可能會更加便利，而更有助於增進彼此的關係。有些醫師甚至會透過電子媒介訪視提供遠距醫療。

■ **小兒科醫師推薦哪一家醫院？**

詢問小兒科醫師，如果孩子病情惡化或受傷，他推薦去哪一家醫院治療。如果該所醫院是教學醫院，有實習醫師和住院醫師，請他指名實際可以照顧你的小孩的醫師。

■ **如果下班時間（半夜或週末）有緊急狀況，該如何處理？**

詢問小兒科醫師夜間是否隨時待命，如果沒有，該如何處理緊急狀況？此外，詢問醫師在下班後是否看診，或者突發狀況，你必須到急診或緊急醫療中心？如果醫師在緊急情況可能看診的話，到診所找他治療比去醫院更容易及有效率，因為去大醫院，通常要先填寫冗長的文書和等待時間。不過，嚴重的醫療問題通常最好到急診處理，因為醫護人員和醫療設備比較完善。

■ **當你的小兒科醫師不在時，誰是代理他的醫師？**

如果你的醫師是屬於一個醫療團隊，明智的作法則是認識其他醫師，因為當你的醫師不在時，他們很可能會接手照顧你的孩子。如果你的醫師是個人執業，那你或許要在社區中再安排其他的醫師。通常你的小兒科醫師的電話服務系統會自動轉接給值班的醫師，不過，你仍然可以詢問所有提供這些服務的醫師名單，以防萬一當你遇到麻煩時，聯絡不上自己的醫師。

如果你的孩子在夜間或週末時給其他的小兒科醫師看診，到了第二天早上（或者是週末過後星期一早上），你要告訴你自己的小兒科醫師相關的情形。你的醫師或許已經知道狀況，但這個動作可以讓他知道最新情況，並且確保一切如他建議的進行處理中。

■ **小兒科醫師通常多久一次為小孩做檢查或接種疫苗？**

美國小兒科學會建議在新生兒出院後的 **48 ～ 72 小時內**做一次檢查，這對哺育母乳的嬰兒尤其重要，以評估哺乳、體重增加和任何黃疸的現象。你的小兒科醫師可能會調整這個檢查時間表，特別是在第 1 週，檢查時間表視嬰兒的發展而定。

在寶寶的第一年中，滿 2 到 4 個星期要做一次檢查，之後每滿 2、4、6、9 和 12 個月都要做一次檢查。在寶寶的第 2 年中，每滿 15、18、24 和 30 個月都要做一次檢查，之後從 3 歲到 5 歲之間，每年要檢查一次。如果醫師安排的例行檢查少於或多於美國小兒科學會的指南，你可以與他討論其中的差異。當你有顧慮或小孩生病，你可以隨時與小兒科醫師預約其他的時間。（編注：臺灣兒童檢

查時程請參考附錄。）

■ 看診費用？

你的小兒科醫師應該有上班時間看診和家庭看診（如果他有這個服務）的標準費用。你要知道醫師例行看診和接種疫苗的收費，確保你的保險是否有涵蓋這些服務範圍。

在你一一拜訪過小兒科醫師後，問問自己，你是否認同醫師的理念、政策和作法。你必須找到讓你信賴的醫師，相信他有足夠的耐心可以回答處理你的問題和顧慮，同時與他們的工作人員相處愉快，診所的氣氛也讓人感到舒適。

嬰兒出生後，小兒科醫師最重要的考驗──是他有多關心你的小孩，以及如何回應你的問題，如果你不滿意小孩各方面的治療方式，你應該與小兒科醫師直接商談你的問題，如果醫師的回應無法解決你的問題，你可以尋找另一位醫師。

兒童遠距醫療服務

什麼是遠距醫療訪問？

- 遠距醫療是一套可以幫助你的孩子使用各種技術（例如即時、互動式的通話和視訊，以及特殊診斷工具）與不同類型的醫療照護服務建立聯繫的裝置，以代替傳統的小兒科面診或其他兒童醫療照護服務。

- 遠距醫療還可以在兒童通常無法獲得這些服務的時間和地點提供醫療照護。例如，在大城市執業的小兒科專家可以使用遠距醫療來為數百里外的兒童看病。一些小兒科資源提供者還可以透過你的家用電腦，或在孩子的學校或托兒所的電腦來對孩子

進行檢查。遠距醫療服務提供者應該接受治療兒童的訓練，孩子並不是小大人。遠距醫療服務提供者應該具備所需的經驗和培訓，以了解如何安全、正確地診斷和治療孩子。

如何為兒童提供良好的遠距醫療服務？

■ 良好的遠距醫療服務需要與你的小兒科醫師共同合作。你的小兒科醫師可能會為你的孩子使用遠距醫療服務，或者將你的孩子轉介到提供遠距醫療服務的單位，如次專科醫師的意見或兒童精神科醫師的諮詢。不幸的是，未與你的小兒科醫師聯繫的遠距醫療服務可能會因為替換一位不了解孩子病史的醫師，或為了確認必要的後續處置，而擾亂對你的孩子的照護。請諮詢你的小兒科醫師，以確保你正在考慮的遠程醫療服務是一項好的服務。

■ 你必須與你的遠距醫療服務提供者建立安全的連線。患者和遠距醫療服務提供者都應該在私人區域，以確保不應該參與就診的人無法看到或聽到私人訊息。

■ 在遠距醫療服務期間，家長、法定監護人、學校護理師、小兒科醫師或其他醫療保健提供者應始終陪同你的孩子。

■ 遠距醫療訪視結束後，遠距醫療服務提供者應向你的小兒科醫師發送有關訪視的資訊，包括任何必要的後續處置。如果你不確定遠距醫療服務提供者是否有你的小兒科醫師的傳真號碼或其他聯繫方法，你應該準備好這些資訊，並要求將有關就診的文件立即發送給你的小兒科醫師。

■ 遠距醫療服務提供者應進行必要的醫療測試和檢查。許多遠距醫療工具可用於遠端對你的孩子進行詳細檢查。這些工具（例如用於觀察孩子耳朵的耳鏡、血壓袖帶和脈搏血氧儀）可用於各種環境（包括家中），但這些工具的尺寸應適合你的孩子，並且需要經過培訓和練習來適當的使用。

- 在你的孩子未曾接受耳部感染相關的抗生素前，遠距醫療服務提供者應該使用耳鏡檢查孩子的耳朵 —— 就像他在面訪時一樣。
- 在遠距醫療服務提供者對孩子的尿道感染進行治療前，應該對孩子的尿液進行檢測 —— 就像親自檢測時一樣。
- 遠距醫療不應該妨礙你的孩子在治療前接受所有正確的測試和檢查。
- 遠距醫療服務提供者應該明確指出何時將虛擬就診轉換為面對面就診。有時，遠距醫療服務提供者可能會在遠距醫療就診開始後，確定你的孩子需要進行更徹底的檢查，或者病得太重而無法透過遠距醫療進行護理。在這種情況下，遠距醫療服務提供者應該知道何時、以及如何將你的孩子轉診到最合適的醫療機構。

如何確保我有明智地為我的孩子使用遠距醫療？

- 保持與你的小兒科醫療照護提供者，討論你在使用的遠距醫療服務。如果僅通過電話進行互動，你的第一個電話應該是打到你的小兒科醫師辦公室，若在下班時間則撥打待命的服務電話。
- 確保你在遠距醫療之前有獲得關於遠距醫療如何運作的資訊。除了某些緊急情況外，遠距醫療服務提供者應在就診前取得你的同意。
- 使用智慧型手機或移動設備進行遠距醫療時要非常小心。這些設備可能會丟失或被盜，更難保護私人健康信息的安全。
- 與你的小兒科醫療照護提供者討論通過遠程醫療得到的任何處方，以確保藥物對你的孩子是合適、必要和安全的。如果你對孩子的護理有任何疑問，請與你的小兒科醫療照護提供者進行討論。

資料來源：遠距醫療照護部門（SOTC）（版權所有 © 2017 美國兒科學會）。

與你的小兒科醫師討論的問題

一旦找到讓你覺得信賴安心的小兒科醫師，你可以請他協助你安排孩子的基本照護計畫（一些決定和準備工作應該在孩子出生前做好），你的小兒科醫師可以告訴你關於以下的問題：

嬰兒什麼時候出院？

每位母親和嬰兒應該個別評估，以決定最佳的出院時間。出院時間應該是由你和照顧嬰兒的醫師決定，而不是保險公司。

嬰兒應該割包皮嗎？

出生時，大多數男孩的蓋陰莖末端被皮膚完全覆蓋。包皮環切術會去除一些包皮，以使陰莖尖端（龜頭）和尿道開口暴露在空氣中。常規的包皮環切術在出生後幾天內在醫院進行。經驗豐富的醫師只需要幾分鐘就能完成，並且很少發生併發症。醫師會在手術前與你協商在手術中進行局部麻醉；醫師應提前告知你推薦的麻醉類型。

如果你懷的是男孩，將來你要決定是否要讓他割包皮，不然，在出生前做好決定也是一個好主意，這樣一來，你才無需在生產後的疲憊與興奮中掙扎該如何抉擇。我們建議你在懷孕早期便與產科醫師或小兒科醫師討論包皮環切術的利弊。

「割禮」包皮環切術是行之千年的宗教儀式，在美國，大多數的男孩都是因為宗教或社會因素進行割禮，研究指出，割過包皮的嬰兒尿道感染的風險較低，雖然這些症狀在男孩中比較少見，在大多數割過包皮未滿 1 歲的男嬰身上更是少見。此外，新生兒包皮環切術也可以預防一種非常罕見的陰莖癌。

一些研究指出，割過包皮的男性可以降低感染性病和愛滋病毒的風險，同時可能降低女性伴侶罹患子宮頸癌的風險。然而，儘管有潛在的醫療好處，這些資料並不足以推薦新生兒包皮環切術為例行的手術（請參考以下我們的立場）。

包皮環切術確實有一定的風險，例如感染和出血。一小部分接受過割禮的男孩會出現一種稱為尿道狹窄的疾病，尿道開口會因此留下疤痕或變

窄。這可能會導致尿流偏離以及排尿困難，在極端情況下甚至會導致尿路感染或無法排尿。一些男孩可能會在陰莖頭部的皮膚上形成疤痕，稱為皮膚橋 (skin bridge)，這需要透過其他處置來修復。

雖然證據明確顯示，嬰兒會感受到手術的疼痛，但有一些安全和有效的方式可以減輕疼痛。如果寶寶是早產兒，一出生就有疾病，或者先天性發育異常或血液問題，這種情況並不適合立即進行包皮環切術。例如，如果嬰兒有尿道下裂（第 785 頁到 786 頁）的症狀、嬰兒的尿道口發育異常，這時醫師可能建議寶寶不要割包皮。事實上，只有健康穩定的男嬰才可以進行包皮環切術。

我們的立場

美國小兒科學會認為包皮環切術具有潛在的醫療益處和優勢，但也有風險。根據現有證據的評估表示，新生兒進行包皮環切術對健康的好處大於風險，這些益處也獲得選擇此手術的家庭證實，不過，現有的科學證據仍不足以推薦包皮環切術為例行手術。因此，由於這個過程對孩子當前的健康並非必要，我們建議父母在決定為寶寶進行包皮環切術前，與小兒科醫師協商，從醫療、宗教、文化和民族傳統的角度，做出對寶寶最佳利益的選擇。你的小兒科醫師（或婦產科醫師）應該與你討論包皮環切術的好處和風險，以及止痛的各種類型。

哺育母乳的重要性

美國小兒科學會提倡母乳是最佳餵養嬰兒的方式。雖然配方奶和母乳不盡相同，但配方奶確實可提供適當的營養。這兩種方法對寶寶都很安全且健康，各有其優勢。

母乳餵養最明顯的優點是方便易行且經濟，還有一些很

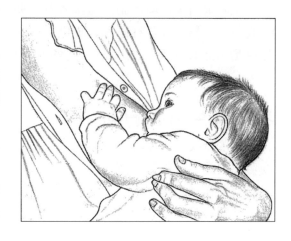

明確的治療優勢，母乳可以為孩子提供一些**自然抗體**，有利於抵抗某些類型的感染（包括耳朵、呼吸道和腸道感染），而且母乳餵養比以牛奶為主要餵養，將使嬰兒發生物質過敏反應的可能性要小得多。母乳哺育的嬰兒比用奶瓶餵養的嬰兒更不容易有氣喘和糖尿病，或者超重的現象（請參考第 4 章）。特定類型的兒童癌症在母乳餵養的嬰兒上發生率較低。

採取母乳餵養的母親認為這可以強化母嬰感情，當母親開始分泌乳汁且寶寶得到完善的照顧，母親和嬰兒都會體驗到無比的親切和舒適，這是整個嬰兒期嬰兒與母親的天然聯繫。

對某些人而言，第 1、2 週的挑戰性最大，不過大多數的小兒科醫師都可以提供指導，如果需要，他們可以引薦合格的母乳哺育顧問提供相關的協助。

美國兒科學會建議在出生後的頭 6 個月左右進行純母乳餵養，並在出生後 6 個月加入泥狀固體食物後繼續母乳餵養。如果母親和嬰兒願意，母乳餵養應至少持續到出生後的第一年，甚至更久。母乳餵養應在出生後不久開始並定期進行，開始時每天大約 8 到 12 次。經過培訓的專業人員應在出院前評估母乳餵養的進展。出院後早期的後續訪視對於確保母親的乳汁供應和在餵奶期間傳遞充足的母乳來說非常重要。

假如基於醫療考量，你不能進行母乳餵養或決定不進行母乳餵養，在配方乳餵養期間你依然可以獲得與母乳餵養相似的親子感情，例如搖晃、擁抱、撫摩與凝視孩子的眼睛來強化母嬰間的情感，這與乳汁的來源關係不大。

在你做出決定前，請閱讀第 4 章，要完全理解母乳餵養和配方乳餵養的優點和缺點。許多社區都有提供母乳哺育課程，可以協助你安排母乳哺育規劃，並且回答你的問題。此外，你也可以請你的醫師推薦有關的單位。

我該為新生兒儲存臍帶血嗎？

臍帶血成功治療許多兒童基因、血液和癌症等疾病，例如白血病和免疫功能失調。一些父母選擇為他們的孩子儲存臍帶血以防萬一，然而，目前沒有明確的數據顯示，未來孩子們需要自己儲存的細胞的可能性。為此，美國小兒科學會不鼓勵將臍帶血儲存於私人臍帶血銀行，作為一種

「保險政策」供日後個人或家庭使用，而是鼓勵他們捐出新生兒的臍帶血（通常在出生時丟棄）給臍帶血銀行（如果他們那區剛好有臍帶血銀行），並且提供給其他需要的家庭。（你務必瞭解，雖然你的寶寶捐出臍帶血，但如果將來有一天，你的寶寶罹患白血病，這些臍帶血並不會成為他需要的幹細胞來源。）

儲存臍帶血絕對是一個重要的議題，你一定要在孩子出生前與婦產科醫師和小兒科醫師討論，而不是在緊張的分娩期間匆促做決定。你的醫師可能會建議你當地的臍帶血銀行，你要事先預約，以便提供給你或你的婦產科醫師適當的保存工具，好讓在你分娩時使用。現在美國許多州指示婦產科醫師／小兒科醫師要與父母討論採集臍帶血的議題，並且必須在真正陣痛開始前簽署採集臍帶血知情同意書。

由於臍帶血是在新生兒出生後採集，而且臍帶是以鉗夾住後再切斷，所以不會影響嬰兒或出生的體驗。此外，臍帶血幹細胞採集過程不應該改變例行的臍帶鉗夾時間點。

一旦採集到臍帶血，它將成為樣本，進行傳染性疾病和遺傳性血液疾病的篩檢，如果捐贈的臍帶血符合所有要求的標準，它將以低溫保存，尋求潛在配對成功的可能性，或者作為其他研究之用。

進行居家準備迎接寶寶到來

中標：選擇適合寶寶的衣服和用品

當產期臨近時，你必須要有嬰兒被、最基本的嬰兒衣服和附屬用品以使你的孩子度過頭幾週，我們推薦的嬰兒衣被應該包括如下一些：

- 3 ～ 4 套睡衣組
- 6 ～ 8 件 T 字衫
- 3 件新生兒布袋裝長袍
- 2 件毛衣
- 1 個睡袋或暖袋
- 2 個軟帽
- 4 雙襪子

- ■ 4 ～ 6 個包裹毯
- ■ 1 套嬰兒面巾或毛巾
- ■ 3 ～ 4 打新生兒尿布（外加尿布別針，在你用尿布時需要準備 4 個塑膠墊）
- ■ 3 ～ 4 件連身 ／ T 恤式包臀衣

其他嬰兒準備衣物請參考下頁衣服選擇指南。

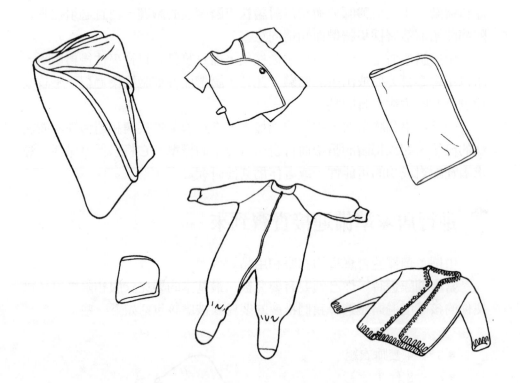

衣服選擇指南

- **購買大號的用品**：除非你的孩子是早產兒或非常小，否則他可能在幾天的時間內大大超過「出生」時的大小（即使這些衣服曾經很合適），甚至適合 3 個月時穿的尺寸在第 1 個月內就顯小了。孩子不會介意他的衣服在一段時間內稍微大些。

- 應避免衣服著火造成的損傷，孩子應該穿可以防火的衣服和睡衣，確認所購衣服的標籤上有這些說明。衣服應該用洗衣精洗滌，不應該用肥皂，因為肥皂可能洗去衣服的阻燃材料。檢查衣服的標籤和產品資訊以判斷使用哪一種洗衣精。

- 確保更換尿布的區域有暗扣或開口，以便更換尿布。

- 避免任何衣服過緊地束住頸部、手臂和下肢，這些衣服不僅損害孩子的安全而且也使孩子不舒服。

- 核對洗衣說明，各年齡層孩子的衣服都應該可以水洗，免熨或不需經常熨燙。

- **不要給新生兒穿鞋**，在孩子開始走路前沒有必要穿鞋。過早穿鞋會影響孩子腳的生長。注意不要讓襪子在孩子的腳掌或腳踝上束得太緊。

 安全提示：搖籃車和搖籃

　　搖籃車或搖籃是有些父母在孩子出生數週內的首選，其具有可攜帶性並能使新生兒睡在父母的房間。你的第一張搖籃可以為孩子帶來最安全的保證，在購買之前注意以下幾點：

1. 搖籃必須符合當前的安全標準。這意味著購買一個新的是最安全的，但如果你收到的是一個二手搖籃，請檢查它是否是最近生產的。

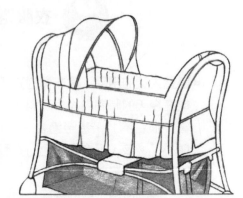

2. 搖籃和搖籃車的底部應該有很好的支撐，保證不塌陷。

3. 搖籃車和搖籃的底部應該寬一些，以確保它不會翻倒。

假如搖籃車和搖籃的床腳是折疊式的，無論什麼時候使用都應該上鎖。在嬰兒第 1 個月時或到達 10 磅（5000 克）時，你的寶寶應該離開搖籃，改睡嬰兒床。

「床靠床」的安排——將嬰兒床放在父母的床旁，這比共享一張床更加舒適與安全。對大多數家庭來說，嬰兒床放在父母房間，親子的相處時間更多，而且睡眠被中斷的次數較少。雖然美國小兒科學會建議新生兒與父母同房，理想上應該持續到出生第一年，但嬰兒要有自己獨立的睡眠空間，例如嬰兒床、搖籃或遊樂場。嬰兒在睡眠時應始終背靠床平躺，不使用枕頭、寬鬆的毯子、毛絨玩具或其他床上用品。提供奶嘴也可以降低 SIDS 的風險。在母乳餵養的嬰兒中，奶嘴的使用可能會推遲到母乳餵養建立良好之後。

為寶寶購買家具和設備

在任何嬰兒用品商店，你可能面對眾多商品無從選擇，但有一些用品是必需品，而其他大多數用品雖然很誘人，卻沒有必要買，事實上，有些東西根本沒用。下面是在孩子出生前必須準備的一些必需品：

- 嬰兒床需符合當前法規的安全標準（參考下頁：安全提示），現在銷售的嬰兒床必須符合這個標準，不過，如果你使用的是二手嬰兒床，你一定要仔細檢查，確保是 2011 年 6 月 28 日後出產，並且是未被召回的嬰兒床。那些在 2011 年 6 月前購買的嬰兒床不符合現行法則的安全標準，即使是私下銷售也是違法的；它們應該被回收並銷毀。你的寶寶可能會在幾週內長大，但如果你使用搖籃，請檢查是否有標籤表明它符合安全標準 F2194。

- 嬰兒床上用品，包括棉絨防水床墊和舒適的床單。其他用品不要放在床上，這意味著沒有枕頭、蓬鬆的毛毯、棉被、羽絨被、填充玩具、定位裝置或圍欄墊。

- 可以滿足所有特別安全需要的尿布更換檯（參考第 495 頁尿布更換檯）。活動平檯上應該放毯子或墊子，並靠牆放置，但不可以靠窗，以免孩子有摔下去的危險。將放置尿布、別針或其他可以移動的嬰兒用品的平檯放在伸手可及的地方（但要遠離嬰兒可以搆得著的區域），省去要走到檯邊去拿東西的時間，即使是短短數秒。

- 密閉尿布桶。隨時保持尿布桶密閉關上。如果你打算自己清洗尿布，你需要另一個密閉尿布桶，以便將沾上小便的尿布與沾上大便的尿布區分開。

- 準備嬰兒洗澡用的大塑膠盆。只要水龍頭不礙事，你也可以用廚房的洗滌槽作為嬰兒洗澡盆的替代品，確保水龍頭的出水管轉到另一邊，洗碗機的開關是關上（洗碗機的水可能會排入水槽造成燙傷）。然而，第 1 個月以後，使用單獨的浴盆更加安全，因為洗滌槽中的孩子可能搆著並扭動水龍頭。給孩子洗澡前，要確保浴室的清潔。此外，確保熱水的溫度不要超過 49℃ 以免燙傷，在大多數情況下，你可以調整熱水器的溫度。洗澡時千萬不要讓寶寶處於無人看管的情況下。事先準備好所有用品，並在伸手可及的地方準備好一條毛巾。

安全提示：嬰兒床

為了降低 SIDS 的風險，AAP 建議新生嬰兒應該在父母的房間裡睡覺，至少在最初的 6 個月內，並且讓嬰兒在**單獨**的平面上睡眠，例如經過安全認證的搖籃或嬰兒床，理想情況下持續滿 1 年。嬰兒床應該是一個完全安全的環境。通常寶寶在小床時是無人伴隨，所以嬰兒床必須是一個全然安全的環境。美國小兒科學會建議，新生兒最好睡在父母親的附近，給他一個單獨的睡眠空間，例如符合安全標準的搖籃。你要提供一個極安全的環境，嬰兒床上沒有柔軟的物品或鬆散的床上用品，遠離窗戶，四周沒有繩索或其他物體，以避免重大傷害。隨著寶寶長大後，降低嬰兒床墊可以避免跌下床，當寶寶可以站後，床墊應降至最低的位置。記住，寶寶最安全的睡姿為**正躺**（參考第 79 頁睡眠的姿勢）。

2011 年實施新的強制性嬰兒床安全標準，這個新標準禁止製造或銷售上下拉式圍欄的嬰兒床，要求加強零件、硬體與安全測試。我們強烈建議使用符合當前安全標準的嬰兒床，所有在 2011 年 6 月 28 日後銷售的嬰兒床都必須符合當前的標準，如果你必須使用舊式嬰兒床，請與製造商聯繫，詢問他們是否有提供硬體配備，防止上下拉式圍欄移動，千萬不要在硬體商店自購零件來更換原始的零件。此外，你可以在網站 www.cps.gov 查看目前手上的嬰兒床是否是屬於已召回的款式。

所有嬰兒床都應仔細檢查是否符合以下特點：

- 條板之間的距離不應超過 2.4 英吋（6 公分），以確保孩子的頭不會陷入其中。
- 頭和腳處的圍欄不應該有缺損，因為孩子的頭和腳可能陷入。
- 角柱應與末端齊平，或者高度要非常高（例如有頂蓬的西式床）。床邊不可掛衣服，因為可能會使孩子窒息。

遵循以下原則，可以防止護欄床帶來的其他傷害：

1. 假如你購買了一個新床墊，要去除覆蓋在上面的所有塑膠包裝，因為這些塑膠會使孩子窒息。床墊一定要硬的，不可以使用軟墊。

2. 一旦孩子會坐，要立即將嬰兒床的床墊高度降到他斜靠在床邊或拽著護欄也不會從床上掉下去的高度。在孩子學會站立前（通常在 6～9 個月），將床墊的高度降至最低。最常見的摔傷是發生於嬰兒試圖爬出來，所以如果孩子的身高超過 35 英吋（88.9 公分）或者側欄高度已低於他的胸線時，應將孩子換至另一張床上。

3. 即使當床墊設定在最高的位置時，嬰兒床的側面欄杆頂端都一定要高於床墊至少 4 英吋（10.16 公分）以上。

4. 床墊的大小要合適，以免孩子滑入床墊與護欄之間的縫隙。假如你可以將兩個以上的指頭塞入床墊與四周床緣之間的縫隙，就要更換一個更合適的床墊。

5. 定期檢查嬰兒床，確保金屬部分沒有粗糙的或尖銳突出的物體，木質部分沒有夾縫或裂隙。假如發現護欄扶手有牙印，要用塑膠條包住木頭。

6. 不應該在護欄周圍裝設緩衝墊等產品，沒有證據顯示這些可以預防孩子受傷，卻很有可能造成孩子窒息、陷入與勒住脖子。

7. 所有的柔軟物體和鬆散物品都不應該在床上，包括枕頭、棉被、羽絨被與毛絨玩具。讓孩子穿上被毯式或溫暖的睡衣，以取代蓋在身上的小毯子。

8. 假如在孩子的嬰兒床上方懸掛嬰兒床旋轉音樂鈴，要確保它牢固地固定於護欄扶手上，要掛得夠高，以免孩子拉下。當孩子可以用手或膝起床時，或者 5 個月大時，要將旋轉音樂鈴拆下。甚至有些孩子在還不會用手撐起身體時，他們會滾到側邊伸手拉音樂鈴。

9. 將嬰兒監視器和其他產品放在遠離嬰兒的地方，你的嬰兒可能在你尚未意識到前，就已經拉得到繩子，進而造成窒息，因此，盡可能讓孩子遠離窗簾拉繩。如果可能的話，使用無拉線的窗簾。

10. 為了預防重大摔傷，千萬不要將嬰兒床或任何孩子的床擺在窗邊。床邊不要掛圖片或擺放櫃子，以免東西掉下來砸傷孩子。

　　嬰兒房中所有的東西都應該保持清潔無灰塵（參閱第 15 章安全規範），所有表面，包括窗戶和地毯等都應該可以水洗。先將所有的玩具收起來，雖然毛絨玩具（這些似乎是歡迎準媽媽派對最受歡迎的禮物）看起來很可愛，但確實會吸附灰塵，造成孩子鼻腔通氣不暢。幾個月大的孩子不會主動玩玩具，最好收起來，直到適合孩子玩耍的時間再拿出來。

　　假如嬰兒房裏的空氣非常乾燥，你的小兒科醫師會推薦使用空氣加濕器。感冒時，這種措施也有助於孩子鼻孔呼吸通暢。假如你已經使用加濕器，要按照包裝說明經常進行清潔，在不用時將水倒出來，否則靜止的水中會滋生細菌與黴菌。

　　你的寶寶肯定會喜歡嬰兒床旋轉玩具，選擇鮮豔（他第一個看到的顏色是紅色）、形狀多變的旋轉玩具，有一些還可以播放音樂。當你選購旋轉玩具時，一定要從下往上看它的樣子，這樣你才知道從寶寶的角度看上去會是如何，避免選購只有上面或側面看起來好看的旋轉玩具，因為這只是取悅了你，而不是你的寶寶。當寶寶 5 個月或他會坐起來時，務必將旋轉玩具拿開，此時他很可能將它扯下，並且受傷。

　　嬰兒房中其他有用的物件包括搖椅或吊椅、音樂盒或音樂玩具，以及音樂播放器。當你抱著寶寶坐在搖椅上時，搖椅的律動會讓寶寶更平靜。當你不在他身邊時，你可以播放輕柔的音樂或白噪音（固定頻率的聲音），這些可以安撫他，並且幫助他入睡。

　　保持嬰兒房的光線柔和；夜間照明燈可以讓你方便照顧孩子，並且隨著孩子成長，夜間照明燈可以讓孩子在夜間醒來時有安全感，確保所有的

燈具和繩索狀的物品放在孩子觸及不到的範圍。

為其他孩子做好迎接新成員的準備

　　如果你有其他的孩子，你要謹慎計畫該如何告訴他家中即將有新成員的事。如果是 **4 歲以上**的孩子，在你開始昭告眾親友時，你要盡快讓他知道，他應該稍微瞭解他即將有一位弟弟或妹妹。告訴他送子鳥的寓言或許聽起來很有趣，但無助於讓他瞭解與接受這種情況。可以運用「寶寶從哪兒來」的相關主題圖畫書讓他明白，太多細節反而會嚇到他。對於年輕的孩子，通常說：「就像你一樣，這個寶寶有一部分來自爸爸，有一部分來自媽媽。」這樣就足夠了。較大的孩子可能有更多的問題，你應該以簡單且適合他的年齡的方式回答這些問題。

　　如果妳懷孕時孩子小於 4 歲，妳可以等一段時間再告訴他。在這個年紀，自我中心的意識仍非常強烈，可能很難理解未出生嬰兒這種抽象的概念。不過，一旦你開始佈置嬰兒房，裝上他以前的嬰兒床，開始做衣服或添購嬰兒服，這時妳應該告訴他關於嬰兒的消息。同時，利用相關主題的圖畫書，有助於讓他瞭解寶寶或即將成為大姊姊或大哥哥。與他分享超音波照片對他也有幫助。即使他不問任何問題，在懷孕後期，你也要開始與較大的小孩談論即將來到的新成員。如果你的醫院提供手足準備課程，你

當孩子可能問媽媽「肚子」怎麼越來越大的問題時，不妨利用這個時機好好向他解釋原因。

圖片的書籍對幼兒
非常有幫助。

可以帶他去，讓他瞭解寶寶即將在哪兒出生，他可以去哪兒看你。讓他看看其他新生兒和他們較大的兄弟姐妹，告訴他，很快他也將會成爲一位大姊姊或大哥哥。

千萬不要向他保證，有了小寶寶以後，一切還是會和以前一樣，因爲不管你如何努力嘗試，事情絕對不會一樣。但是你可以安撫孩子，告訴他你還是一樣愛他，這有助於讓他理解即將有手足美好的一面。

如果你的孩子介於 2 至 3 歲，告訴他這個訊息可能有點棘手。在這個年紀，他仍然很黏你，不太瞭解與人分享時間、所有物或你的愛的概念。他對周遭的改變也非常敏感，可能有家庭新成員會對他造成威脅的想法。減少他的嫉妒心最好的方法是盡可能讓他一起協助你準備寶寶的用品。讓他陪你一起購買寶寶的衣服和育嬰用品。給他看看他自己出生時的照片，如果你打算再次利用他以前的嬰兒用品，在給新生兒使用前，讓他再玩一下。

如果可行，請在嬰兒出生前完成任何主要的學齡前常規變化，如如廁訓練、從嬰兒床換到大床，或者開始上幼兒園。如果這難以達成，你要將這些延後，直到嬰兒回到家安置妥當，不然，你的孩子會因爲新生兒的到來，加重他個人的壓力而感到不知所措。

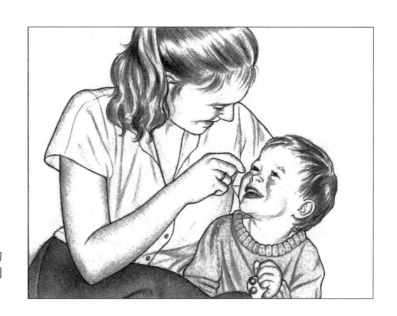

確保每天為較大的孩子保留一段特別的時間陪伴他。

不要害怕告訴孩子即將有家庭新成員──或者日後寶寶出生──較大孩子的行為會有些倒退。他可能要求要用奶瓶、穿尿布、無緣由的哭泣，或者不願意離開你的身邊。這是他向你要求愛和關心的方式，確保他仍然擁有你的愛；與其制止他或告訴他應該表現他年齡該有的行為，你不妨同意他的要求，不要為這件事情煩惱。一個 3 歲正在如廁訓練的幼兒要求穿尿布幾天，或者一個 5 歲小孩想要他那早已不適用的安心毯（你以為他早忘了）一個星期，當他意識到他和新的手足在家庭中的地位同等重要時，很快他會回到他的常規生活。同樣的，年長的孩子想嘗試照顧新生弟妹的想法，很快就會失去興趣了。

縱使你可能全神貫注於準備迎接新生兒，還是要確保每天為較大的孩子保留一些特別的時間，陪伴他，和他一起閱讀、玩遊戲、聽音樂或只是聊天。讓他知道你對他所做的事情、想法和感覺都很感興趣，不只是與寶寶相關的事情，而是關於他生活其他的一切。這段不被打擾的時間只需 5 到 10 分鐘──當寶寶熟睡或有其他成年人照顧時──就可以讓較大的孩子感到很特別。

對父母雙方而言，一旦寶寶出生後，孕期中所有的等待和不適，似乎不再像是麻煩事了。突然間，你將迎接這個新生兒，這幾個月來，他與你

非常親近，但卻又很神祕。本書其他部分是關於孩子未來的成長，以及身為父母接下來要面對的任務。

在為人父母之前，你不僅要做很多準備，之前我們討論許多你必須備妥的用品，以及許多該做和不該做的事項：要勝任父母這個角色，不在於你選擇嬰兒房的壁紙是什麼顏色，或是你買的嬰兒床樣式，而是在於你的心態上和情感上是否做好準備。只有你最瞭解自己如何應對這些壓力和轉變，試著找出最適合自己的方式，做好為人父母的準備。一些父母會找支持團體協助，一些父母喜歡以靜坐、素描或寫作等方式來調適自己。

對一些準父母來說，準備好自己可能比其他人更為困難，特別是如果你是不習慣事前做好準備的人，但是，在寶寶出生前備妥一切非常重要，因為這可以增強養育之路的信心。孩子在踏出第一步學習走路是需要無比的信心，你也需要這種無比的信心，為自己的育兒之路跨出第一步。

準爸爸的準備

如果你即將當爸爸，你可以為準備寶寶的到來發揮著巨大的作用。同時，你也要調整自己，這個過程有一定的挑戰性。當然，在懷孕的 9 個月中，你的角色已經和以往大不相同，但仍然還有很多需要調整，有時你會感到興奮與激動；有時你會感到恐懼與筋疲力盡；有時你會受不了等待寶寶出生的感覺。甚至有些時候，在孕吐到極度疲勞的時刻，你可能會成為太太或伴侶情緒發洩的箭靶。

當你和太太去做產檢時，你可以和醫師討論，在產房中你的角色是什麼，你可以做什麼。務必請醫師回答你所有的疑問，告訴你其中可能會發生的事情，以及你如何給出最大的支持。如果你可以事先安排好，一旦在寶寶出生後，請幾天或一個星期的陪產假。當然，做好心理準備，在你未來的人生，積極參與孩子的生活，而不是在出生後那幾天用心而已。（參考第 6 章，第 198-202 頁關於孩子出生後，父親與祖父角色的獨特性。）

終於來到這一刻 —— 生產日

　　大多數懷孕週期爲 37 至 42 週，陣痛收縮是身體準備分娩最明顯的徵兆。當陣痛開始，你的子宮頸會打開，子宮開始收縮或擠壓，子宮頸漸漸變薄，好讓嬰兒的頭可以進入產道。每次收縮時，你的子宮和腹部會變得越來越緊與堅硬。在收縮之間的空檔，子宮會變軟，這時你可以放鬆一下，等待下一次的收縮。

　　雖然大多數女人都會知道她們何時即將陣痛或陣痛已經開始，但要確定這個過程確實已經開始並不容易，因爲很可能是「假陣痛」，這時收縮比較不規則，而且強度相對也比較弱。即使如此，如果你不確定是否眞的要生了，千萬不要不好意思打電話給你的醫師或到醫院待產。

　　眞陣痛中你會體驗到：

- 反覆收縮、痙攣與疼痛強度增加，相對的子宮頸擴張，嬰兒身體下降即將進入產道。
- 帶血色、粉紅或透明的陰道分泌物排出，這是子宮頸栓子的黏液。
- 破水，包圍與保護寶寶內含水樣液體的羊膜囊破裂。

　　一旦陣痛開始，宮縮會變得越來越強烈，而且更加頻繁，大約每次持續 30 到 70 秒。宮縮的疼痛會開始蔓延至背部，然後再延伸至下腹部。

　　何時該打電話給醫師或直奔醫院？希望你已經與你的醫師討論過這個問題。在一般情況下，如果你的羊水破了（即使你還沒有宮縮）、陰道出血，或者甚至在收縮的空檔腹部持續疼痛，這時你一定要打電話給你的醫師或直接上醫院。

　　如果醫師確定你的健康或寶寶的健康正受到威脅，或許你有慢性疾病，例如糖尿病或高血壓，可能對你或寶寶造成極大的風險，這時醫師或許會幫你引產，在你尚未進入陣痛之前。又或者，如果檢查指出你的寶寶發育異常，你的醫師可能會建議引產，在使用特定的藥物後（例如靜脈注射催產素或前列腺素的藥物），母親會開始宮縮，子宮頸會逐漸擴張與變薄。另外，醫師也可能故意弄破包圍胎兒的薄膜，或者用其他的方法使陣痛開始。

如何舒緩陣痛？

　　分娩時的疼痛指數因人而異，對一些人來說，這個過程很痛苦，但往往可以借助放鬆和呼吸技巧（在分娩課程中學習）來舒緩不適。由伴侶或分娩指導員按摩下背，以及洗澡或淋浴（如果可以）或冰敷背部也可以舒緩疼痛。

　　訓練有素的分娩教練，如陪產員，可以幫助母親應對分娩的痛苦和焦慮。陪產員提供情感支持、按摩和有關姿勢的建議，這可能會縮短分娩時間並減少剖腹產的機會。母親應該在分娩前搜尋有關陪產員的資訊，並確保這被分娩醫院鼓勵。

　　如果必須進行會陰切開術，好讓寶寶的頭進入產道時，醫護人員會為你做局部麻醉，這種局部麻醉的方式對寶寶幾乎不會有任何負面的影響。

　　隨著陣痛的發展，許多婦女會決定用藥物來舒緩收縮的疼痛，其中包括：

- 施打一針或透過靜脈注射麻醉藥物（鴉片類藥物），這些藥物可以減緩分娩的痛苦，不過如果太接近分娩時機注射，可能會減緩嬰兒的呼吸。
- 無痛分娩：在脊椎局部注射麻醉藥物，以減緩宮縮的強度，它的醫學名稱為背脊硬膜外麻醉。這會在脊椎硬膜外腔置入一個導管，作為輸送藥物的管道。這會降低腹部的感覺，使宮縮不再那麼痛苦，通常在 10 至 20 分鐘內就可以獲得減緩。醫護人員通常只會給予小劑量，讓你仍然可以警覺到宮縮（雖然不再那麼疼痛），同時有足夠的力量將寶寶推出產道。這種副作用或併發症很少，但可能會造成頭痛或血壓降低。

　　如果你的醫師決定必需進行**剖腹產**，以下有三種舒緩疼痛的選擇：

- 透過**背脊硬膜外導管**給予額外的麻醉藥，使你整個下半身麻木（從肋骨到腳趾），如果你已經有背脊硬膜外導管來緩解分娩的疼痛，就可以透過這個導管注射額外的麻醉藥。這個麻醉類型的優點是寶寶不會嗜睡，而且當寶寶出生時，你仍然可以保持清醒。

- 如果你是計畫剖腹產，你的醫師可能會建議**脊椎麻醉**，注射一劑麻醉藥至脊髓周圍，這是一種快速、容易進行的作法，而且緩解疼痛的速度比背脊硬膜外麻醉更快，疼痛立即消失。脊椎麻醉和背脊硬膜外麻醉不同的地方在於，脊椎麻醉是注射一次性麻醉藥，止痛效果長達數個小時，而不是透過導管持續性注射麻醉藥。副作用或併發症很罕見，但與背脊硬膜外麻醉的副作用類似。

- 如果在緊急情況或醫療上的問題必須動手術，而背脊硬膜外麻醉和脊椎麻醉對你可能產生危險性時，醫護人員可能會為你進行全身麻醉（失去知覺或進入深沉的睡眠），不過，這種方法會造成寶寶在出生時嗜睡，同時影響他的呼吸。當進行全身麻醉時，為了減少這些副作用，寶寶必須快速接生，所以除非必要，不然醫護人員通常比較傾向於使用背脊硬膜外麻醉和脊椎麻醉。

（更多關於自然分娩和剖腹產的資訊，包括嬰兒出生後醫院產房的程序，請參考第 2 章分娩與分娩後的第一時間。）

分娩與分娩後的第一時間

很難想像在生活中還有其他事件能如分娩那般令人期待、興奮和焦慮。你不可避免地會帶著來自親戚、書籍、電視和電影的故事，甚至是你自己以前的經歷的期望經歷這一刻。同樣不可避免的是每次出生都是如此的獨一無二，沒有人能精準預測實際上會發生什麼。

常規自然分娩

隨著預產期即將到來，你的心情可能很興奮又夾帶著一點憂慮。然後，通常在孕期第 37 ～ 42 週，你會開始陣痛。雖然沒有人知道觸發這個過程的確切原因，但賀爾蒙的變化在此似乎有很大的影響。你的**羊膜囊會破裂，通常稱為「破水」**。隨著陣痛開始，你的子宮會有節奏的收縮，好讓你的寶寶下移至產道。同時間，這些收縮會使你的子宮頸打開或擴張至大約 10 公分寬。

經陰道分娩時，你可以透過反射鏡看到最先娩出的是孩子的頭部，在

頭部娩出後，在把寶寶的身體推向醫師或助產士的懷抱之前通常還會有最後的停頓。有時，產科醫師會使用真空吸引術或產鉗來協助將嬰兒拉出。

對於體型良好的嬰兒，現在通常需要會等待至少 30 秒到 1 分鐘才剪斷臍帶（也稱為延遲臍帶鉗夾或計時臍帶鉗夾），在此期間產科醫師或助產護理師可能會將嬰兒放在你的下腹部。一旦脈搏停止，就會夾住並切斷臍帶（臍帶中沒有神經，所以嬰兒不會感到疼痛）。夾子會在原處停留 24 到 48 小時，或直到臍帶乾燥並不再流血。剩下的臍帶頭端會在 1 到 3 週內脫落。

大多數情況下，你的寶寶會在分娩後直接放在你的胸口，腹部朝下，進行肌膚接觸。你的照顧者會將為擦乾你的寶寶，為你的寶寶戴上帽子，並在你的寶寶坐在你的胸前時用溫暖的毯子包裹你的寶寶。第 1 個小時的肌膚接觸可以讓你增進和寶寶的親密關係，獲得其他重要的健康益處。有時候嬰兒需要在出生後進行評估，並立即送至更溫暖的地方。如果發生這種情況，待嬰兒的情況穩定下來後，便可以將他／她帶到你那裡享受肌膚之親。

即使你曾經看過新生兒的圖片，在你親眼見到新生兒時還是會感到震驚。當他睜開眼睛時，他會對你充滿好奇，過程會使他非常警覺，並對你的觸摸、聲音和關懷非常敏感。利用這最初持續幾個小時的注意力，拍打他、與他交談並密切注視你所創造的新生命。你可以觀察寶寶如何在你的乳房間移動，尋找第一次的吸吮。這些是你與寶寶的神奇時刻，應該讓它自然發生，不要刻意阻撓。寶寶好奇看著你，在你的乳房間扭動向上，這會讓你更深刻體驗最初最重要的一刻是多麼令人興奮。這時醫護人員不該馬上為你或寶寶進行沖洗或打擾你們，這一刻你身上的氣味和感覺會引導寶寶第一次吸吮你的乳頭。就像許多母親一樣，你會發現當新生兒在你的胸前時，你會與他建立一種非常強烈的**情感連結**。

剛出生時，孩子可能覆蓋一層白色乳酪樣物質，稱為胎脂。這種保護膜由懷孕末期孩子皮膚中的皮脂腺產生，他的身體也沾滿了子宮內的羊水。如果你的陰道區域有組織撕裂，那麼孩子身上也會有你的血液。由於濕潤和過程中的壓力，新生兒的皮膚——尤其是面部皮膚看起來會有些皺縮。

當嬰兒出生時，頭部的形狀可能會在通過產道時被拉長。嬰兒的頭部

能夠在被推出產道時適應產道的輪廓，擠過產道。如果使用真空吸引術輔助分娩也可能會使頭部的形狀被拉長。當壓迫解除，嬰兒的頭部可以在**幾天內恢復至正常**的橢圓形。

初生嬰兒的**皮膚**看上去可能有點發藍，隨著呼吸規律後，將逐漸變成粉紅色。他的手腳可能略帶淡藍色且冰冷，在持續幾週後，直到他的身體可以適應周圍的溫度。

你也許會注意到新生兒**呼吸**不規則且快速，正常時你的呼吸是每分鐘 12～14 次，而新生兒可能高達每分鐘 40～60 次。在偶爾深呼吸後會交替突發的淺式吞嚥呼吸，然後暫停，這在出生後的最初幾天裏是很正常的。

專欄　分娩後的護理

我們建議你安排哺育母乳計畫。大多數醫院鼓勵孩子出生後立即進行母乳餵養，在寶寶與母親進行肌膚接觸的時候。除非孩子在出生後呼吸困難，而需要立即接受檢測（參考第 73 頁檢測資訊）。

立即進行母乳餵養對母親也有好處，它可以刺激子宮收縮，減少子宮出血（刺激母乳產生的一種激素也可以刺激子宮收縮）。出生後的 1 小時左右是開始母乳餵養的理想時機，寶寶在此時非常警覺而且充滿渴望。當將乳頭給他時，他先是舔，然後在幫助下，他會找到乳頭並用力吮吸幾分鐘；假如此時不給他餵奶，稍後他會很想睡覺並打瞌睡，難以有效地含乳。

在分娩後的 2～5 天，你的身體會產生**初乳**——一種稀薄淡黃色的液體，初乳內**含有蛋白質和抗體**，可以防止嬰兒感染。初乳並不像乳汁一樣可以提供熱量和液體，但它是營養和免疫力的重要來源之一（參見第 4 章）。許多醫院都有哺乳顧問（幫助母親進行母乳餵養的專家）；如果你在建立成功的母乳餵養方面有任何困難，請尋求他們的幫助，特別是如果這是你的第一個孩子。

剖腹生產

在美國，大約有 1/3 的母親是進行剖腹生產。在剖腹生產時，醫師在母親的腹部和子宮劃一道切口，將嬰兒從子宮直接取出，而不是經過產道。

通常在下列情況下會進行剖腹生產：

- 母親的上一胎採取剖腹生產。
- 胎位不正，寶寶是臀位或頭在上的姿式。
- 子宮頸無法擴張至可以開始將嬰兒推至產道的 10 公分；或者儘管媽媽已經用足力道，但仍然無法將嬰兒推至產道。
- 婦產科醫師認為自然生產可能危急嬰兒的健康。
- 當胎兒心跳異常減慢或不規則時（婦產科醫師會採取緊急剖腹生產，以避免陣痛後的風險）。

雖然大多數胎兒在母親子宮中都是頭在下的位置，不過每一百位新生兒中就有 3 位是臀部、雙腳在下或屬於臀位的胎位，如果你的嬰兒確定是臀位，這時婦產科醫師通常會建議採取剖腹生產作為最佳的方式。臀位的嬰兒在自然分娩時有其難度，而且可能發生一些併發症。醫師可以透過感覺母親下腹來確定寶寶的胎位，或者用超音波來確定寶寶是否是臀位姿勢。

剖腹產的過程與自然經陰道生產有很大區別，一般來說，整個手術過程一般不超過一個小時，視當時的情況而定，你也許不會經歷任何陣痛；另一個最重要的分別是使用了對母嬰都會產生影響的藥物，假如給母親選擇麻醉的方式，大部分母親會選擇局部麻醉——透過一條置入脊髓的導管滴入麻醉劑以麻痺脊神經，例如硬膜外和脊髓麻醉。應用局部麻醉可以使腰部以下麻木，相對來說副作用小，自己也可以見證整個過程。但有時，尤其是急診剖腹產需要進行全身麻醉，這種情況下產婦會失去知覺。你的產科醫師和麻醉人員將根據當時的醫療情況，向你建議什麼是他們認為最適合的麻醉方法。

進行剖腹產的產科醫師可能會要求小兒科醫師或高級執業人員（例如執業護理師或醫師助理）與你一起待在產房中，以防嬰兒出現任何併發

症。小兒科照護提供者可能會與產科醫師共同確認,是否可以安全地延遲剪斷臍帶夾。你可以提前詢問醫院關於產房的政策,如果嬰兒在分娩後狀況穩定,許多醫院鼓勵讓母親立即接觸新生兒,但也有其他醫院會在嬰兒經過檢查並宣布健康後,或者在你被帶到康復室之後才讓你與孩子接觸。若媽媽和寶寶在分娩後狀況良好,一些醫院允許在剖腹產完成時進行短暫的皮膚接觸。然後,新生兒應一直陪伴在你身邊,讓你進行母乳餵養,同時醫院工作人員繼續觀察。

 專欄 ## 與孩子的親密連結

　　如果你的分娩沒有併發症,在孩子出生的第一個小時內你就有機會懷抱、搖動和觀察你的孩子。因為孩子在這段時間內非常警覺而且反應靈敏,研究者將這段時期命名為「敏感期」。

　　你們之間的第一次目光接觸、聲音交流和觸摸，是與孩子連結的過程，有助於建立牢固的基礎親子關係。雖然需要幾個月時間才能了解孩子的脾氣和個性，但在出生後的這個短暫時期內，親子間情感的核心已經開始形成。當你凝視他和他回望、用目光追隨你的動作，甚至模仿你的表情時，你可能會湧現出一種呵護、感恩和愛意，這是一種依附的過程。

　　即使你不能立即對孩子產生強烈的情感也是十分正常，生產是一種消耗體力的體驗，產後的第一個反應可能是鬆一口氣，一切總算過去了。假如你感到筋疲力竭，心力交瘁只想休息，這也很正常；等到生產的緊張減輕再看你的孩子，與孩子的親密聯繫沒有時間限制。

　　假如你的孩子必須立即接受醫療照護，或者你在生產過程中施打鎮靜劑而嗜睡，也不要失望。不必擔心你和孩子的關係會因第一個小時沒有連結而受到損害，你還是一樣愛你的孩子，即使你無法目睹他的出生、立即擁抱他，你的孩子也將會像你愛他一樣愛你，與你連結。

　　假如分娩期間採用的是全身麻醉，幾個小時內你將不會清醒，等到清醒後或許你會感到像酒醉或迷惑，可能會感到切口疼痛，但你很快就可以抱抱孩子，體驗肌膚之親，並哺餵你的嬰兒，彌補失去的時光。

　　之前提及，有些婦產科醫師認為，曾經進行過剖腹產的婦女之後都應以同樣的方式生產，因為剖腹產後的婦女未來若採取自然分娩，併發症的可能性很高。不過，仍然有許多婦女在剖腹產後考慮採取自然分娩法，這個決定需要多方考量，一定要事前與醫師商量。

　　如果你是一位準爸爸，你要與醫師和伴侶討論，在產房中你的角色和最佳的支持方式。在剖腹產期間，父親、助產士或其他分娩支持人員可能仍會在產房中發揮作用，尤其是在你未接受全身麻醉的情況下。在製定生育計畫時，與你的伴侶和產科醫師討論這些選項，以讓每個人都提前知道會發生什麼。

正常經陰道生產的產房程序

在自然分娩後，嬰兒與你躺在一起時，他的臍帶仍然與胎盤相連。在幾分鐘內，臍帶仍然繼續搏動，在嬰兒開始自己呼吸前為他供應氧氣。一旦停止搏動，臍帶將被夾閉並切斷（因為臍帶內沒有神經，所以在操作時嬰兒不會疼痛）。夾閉臍帶要保持 24 至 48 小時，或者直到臍帶乾燥並不再出血。夾閉去掉以後，臍帶的殘端仍然保留，在出生後 10 天到 3 週之間將下陷。

一旦你有了時間熟悉嬰兒後，醫護人員會將他擦乾，防止孩子太冷，這時醫師或護理師會簡單檢查嬰兒，確保他沒有明顯的問題或其他異常。醫師會對他進行亞培格量表（Apgar）測量，以測定他的總體反應，隨後他會以毯子包裹送到你的身邊。

一般來說，醫院會在嬰兒離開產房前測量其體重、身高並給予藥物。新生兒一般都缺維生素 K──一種維持正常凝血必需的維生素，因此，應該注射這種維生素，以防止出血過多。不要覺得不好意思，請醫護人員將所有這些步驟延後 30 分鐘到 1 個小時，讓你好好抱著寶寶，給他足夠的時間完成第一次吸吮過程。一旦成功了，寶寶依偎在你的懷裡後，這時可以請醫護人員進行其他的步驟，包括維生素 K 注射，最重要的是在第一時刻，讓你和寶寶之間的肌膚接觸越久越好。肌膚接觸有助於穩定血糖濃度和新生兒體溫，可以防止體溫過低，減少哭鬧，並提供穩定的血流和呼吸，尤其是對於晚期的早產新生兒。對母親來說，它可以減輕母親的壓力，在出生後 30 分鐘內進行母乳餵養也可以減少產後出血。

因為產道中的細菌會感染新生兒的眼睛，因此醫護人員會給新生兒使用抗生素眼液或硝酸銀軟膏，並且在分娩後立即使用，或隨後在育嬰室中使用，以防止潛在的感染。

在你或者新生兒離開產房前，還有一件重要的事情要做：要收到寫著你的名字和其他識別標誌的標籤，一個在自己的手腕上（通常還有他的腳踝），一個在孩子的手腕上。在孩子每次被護理師抱走或送到時，都要進行核對。許多謹慎的醫院也會用新生兒的足印作為識別標誌，以及在腳踝上附加一個安全辨識設備。

維生素 K

維生素 K 在預防新生兒嚴重、危及生命的出血方面發揮了關鍵的作用。新生兒體內通常沒有足夠的維生素 K，因為他們缺乏幫助製造這種營養素的細菌。所有新生兒都應在出生後不久接受 0.5 至 1 毫克維生素 K 的注射。那些沒有接受這種注射的嬰兒在分娩後 2～6 個月發生腦損傷，甚至死亡的風險更高。幾十年來，維生素 K 已被證明是安全而有效的。

亞培格量表測量

寶寶一出生，生產團隊中的其中一個成員就會將兩個計時器分別設定在 1 分鐘和 5 分鐘，時間一到，護理師和醫師將對寶寶進行首次測驗，稱為「亞培格量表測量」。

亞培格量表（以它的發明者 Virginia Apgar 的名字命名）有助於內科醫師測定新生兒出生時的總體情況。該試驗對孩子的外觀（顏色）、脈搏（心跳）、面部皺扭（反射的敏感性）、活動（肌肉的狀態）、呼吸進行測定，但不能預言孩子未來的發展。既不能提示他有多聰明，也不能預測他的性格。但它可以提示醫務人員孩子是否需要幫助來適應子宮外部的新世界時是否。

每一個特徵都可以進行評分，如果一切正常，每個類別都是兩分。例如，假設你的寶寶心跳率超過 100、哭聲宏亮、活動力強、對對磨擦和刺激有反應，但皮膚為紫色，這時他的 1 分鐘評估分數應該是 8 分──少了 2 分是因為他的皮膚為紫色而不是粉紅色。大多

數新生兒的亞培格量表測量很少高於 7 分，因為他們的手腳還是紫色，除非他們的身體很暖和，才會達到少數的 10 分。

如果您的寶寶在出生時呼吸、活動或哭泣有困難，接受過新生兒評估和復甦訓練的護理人員將對寶寶進行相應的評估和治療，可能包括大力吹乾他和／或在鼻子和嘴巴上使用特殊裝置來協助他呼吸空氣，稱為正壓呼吸器。這種干預通常會改善嬰兒的呼吸、活動狀態和皮膚顏色。

假如孩子的亞培格量表評分很低，醫護人員或許會將氧氣罩放在他的面部，將氧氣直接供應肺部。假如孩子在幾分鐘內不能自主呼吸，醫護人員會放一個供氣管進入他的喉嚨，同時或許還會從臍帶的一條血管，注射液體和藥物，以加強他的心跳率。假如採取這些措施後，評分仍然很低，應該將孩子送入特別護理育嬰室或新生兒加護病房（NICU）進行密集觀察或進一步治療。

亞培格量表評分系統

評分	0	1	2
脈搏（心跳）	無	緩慢（小於 100 次／分鐘）	快速（多於 100 次／分鐘）
呼吸	無	不規則、慢和哭聲弱	良好哭聲強而有力
活動（肌肉張力）	凌亂	微弱、不活躍，手臂和腿屈曲	有力、活躍、活動力強
面部皺扭（反射的敏感性）*	缺乏	皺扭	皺扭、哭、咳嗽或打噴嚏
外觀	藍色或蒼白	身體粉紅色，手腳紫色	全身粉紅色

* 在嬰兒的鼻腔內放置一個導管或球囊，觀察嬰兒的反應，以判斷孩子的反射敏感度。

離開分娩區

　　如果你是在專門的生產套房或生產中心分娩，你可能不會立即被移到其他地方。但假如你在傳統的分娩室生產，事後將被送到恢復區進行諸如大出血等問題的觀察，再次重申，除非你的嬰兒需要緊急醫療處置，否則請堅持不要將你與你的嬰兒分開。之後，孩子將被送進育嬰室，或者孩子在你的身邊進行第一次體格檢查。

　　這次檢查將測量他的生命徵象：體溫、呼吸和脈搏，檢查孩子的膚色、活動量和呼吸方式。假如還沒有給孩子注射維生素 K 和使用眼藥，這時就會進行這些程序。取決於醫院的程序，當嬰兒的身體開始變暖，醫護人員會爲他進行第一次沐浴，並用酒精清潔臍帶殘端或保持乾燥以預防感染，隨後將孩子包在毯子裏，這時如果妳要求，醫護人員會將寶寶送回妳的身邊。所有身體狀況穩定，體重達 4 磅 6.5 盎司（2 公斤）或以上的新生兒應在出生後 24 小時內接種第一劑 B 型肝炎疫苗。你會被要求簽署這次疫苗的同意書。

 ## 應對寶寶的到來

　　在寶寶出生後的最初幾個小時，完成所有這些活動後，你的寶寶可能會進入深沉的睡眠，讓你有時間稍作休息並爲方才發生的事情稍做處理。如果你的寶寶和你在一起，你或許會看著她、驚訝於自己可以創造如此的奇蹟。這樣的情緒或許會暫時驅散身體的疲憊，但直到你獲得休息，才能培養精神面對緊接而來令人興奮的工作。

 ## 如果你的寶寶是早產兒

　　在美國有 11% 到 13% 的新生兒是早產兒，其中幾乎有 60% 是雙胞胎、三胞胎和多胞胎所致的早產。懷孕期不到 37 週就生產的新生兒都稱爲早產兒，其中有分爲晚期早產（34 週至 36 週）、中度早產（32 週至 36 週）和極早期早產（小於 32 週）。

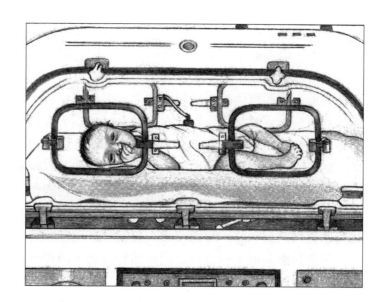

早產兒出生後，
應立即放在可以
調節的保溫箱。

　　假如你的孩子是早產兒，那麼他的外貌和行為均與足月兒有所不同。
足月兒出生時的平均體重約 7 磅（3175 公克），而早產兒僅僅五磅
（2268 公克）或更少。中度至晚期早產（37 週之前出生的嬰兒）和極早
產嬰兒（妊娠 32 週之前出生的嬰兒）通常需要在新生兒加護病房或特殊
新生兒護理中心進行醫療護理，因為他們在出生時尚未完全發育。早產兒
需要護理的時間長短千差萬別，但大多情況下他們會需要住院直到接近預
產期。早產兒可能會有各種短期或長期的醫療問題。孩子出生得越早，體
重越輕，頭部看起來也比身體其他部位大，而且脂肪越少；因為脂肪非常
少，他的皮膚看起來好像很薄而且透明，甚至可以看見下面的血管，與足
月兒相比，其特徵更加明顯，出生時可能沒有任何白色奶酪樣的胎脂保護
層，不過別擔心，過一段時間他就會看起來像一般的新生兒。

　　因為他沒有保護性脂肪，早產兒在正常室溫下會感到冷。出生後他會
立即被安置在一個保溫箱或一種有特殊加熱裝置的幅射保暖臺，這些設備
可以調整溫度，使他保持溫暖。他會被送到一間特別監護的育嬰室，通常
稱為新生兒加護病房（NICU）。在某些醫院，當你的病情穩定後，就可
以一起去早產兒的育嬰室。新生兒加護病房有經過專門培訓的工作人員與
設備，以協助照護早產或生病的新生兒。

　　你也許會注意到早產兒的哭聲無力、有呼吸問題，他的呼吸系統尚未發育成熟，假如他早出生 2 個月以上，可能會因為呼吸困難引發嚴重的健康問題。為了確保不發生上述情況，醫師應該對其進行嚴密的觀察，用心臟呼吸監視器觀察他的呼吸和心跳率。假如嬰兒需要輔助呼吸，他就需要額外的氧氣，或暫時使用特別的設備 CPAP（持續正壓呼吸輔助器）。

　　這對寶寶的存活非常重要。他被移到新生兒加護病房可能會讓你很難受，你可能錯過剛剛分娩後與他擁抱、餵奶和建立親密聯繫的機會。處理這種體驗所帶來的壓力是盡快要求在分娩後探視寶寶，並且盡可能主動參與照顧他。只要你和他的狀況允許，盡量留在嬰兒加護病房陪伴他。只要寶寶的健康狀況允許，特殊照護人員就會鼓勵你與嬰兒做肌膚接觸。

　　只要醫師許可，你也可以開始哺育寶寶，護理師會指導你親餵或用奶瓶的技巧，以最符合寶寶需求和你的期望為主。有一些早產兒最初可能需要透過靜脈注射或餵食管，不過**你的母乳是可能的最好營養素**，可以提供抗體和其他物質，**增強**孩子的**免疫**反應，有助於他抵抗感染。母乳對早產兒具有特殊的優勢；最重要的是預防稱為壞死性腸炎（NEC）的並發症。如果寶寶無法親餵，你可以用擠奶器蒐集母乳，之後再用餵食管或奶瓶餵他。你可以詢問護理師或哺乳顧問如何使用手動或電動擠奶器。重要的是在分娩後盡快開始擠奶，並每隔 2 到 3 個小時擠奶 1 次，或每天擠奶 8 次以確保你的母乳持續分泌。一旦你可以直接親餵，你的寶寶就要經常餵奶，以增加你的母乳分泌量。即便如此，早產兒的母親有時認為還是要先將母乳用擠奶器擠出，以保持一定的母乳供應量。如果你無法使用自己的母乳，可以使用經過巴氏消毒的捐贈母乳，根據醫院政策專門為早產兒提供。你可以查詢相關資料，如果你的寶寶符合捐贈母乳的條件，你會需要簽署同意書以進行捐贈。捐贈的母乳並不能完全防止環境中的疾病，因為它必須經過熱處理以消滅任何潛在危險的細菌、病毒或其他感染性物質，但它確實提供了一些免疫益處和許多配方奶無法提供的營養物質。

　　使用未經巴氏消毒的另一位母親的母乳，或從其他來源購買母乳，無論是否知道母親是誰，都會對嬰兒造成潛在的感染風險。此外，這位母親可能沒有在最衛生的條件下擠出或儲存母乳。通過網路購買的母乳已被證明會被細菌污染，調換為其他母乳或配方奶，並且沒有在運輸過程中保持冷凍，透過這種管道取得的母乳不應該餵給嬰兒。

你可能比寶寶更早出院回家，這或許很煎熬，請記得，你的寶寶受到妥善的照顧，你也可以經常去探視他。利用離開醫院這段時間好好休息，準備好自己和家裡迎接寶寶回家，看幾本父母該如何照顧早產兒的書。如果你積極參與嬰兒的復原照護，在這段時間多與他接觸，這樣一來，你對寶寶的情況會感到安心一點，同時等到他離開加護中心後，你會更懂得如何照顧他。只要你的醫師允許，你就可以輕輕觸摸、擁抱和搖晃他。

你自己的小兒科醫師可能會參與照顧寶寶的行列，或者至少被告知寶寶即時的照護措施。他可以爲你解答大部分問題，只要你的寶寶可以自行呼吸、保持他的體溫，可以親餵或用奶瓶餵養，以及體重穩定增加後，他就可以準備回家了。美國兒科學會建議對所有在妊娠 37 週之前出生的嬰兒進行汽車安全座椅測試。汽車座椅測試會確保早產兒能夠安全地坐在汽車座椅上，不會出現任何缺氧、呼吸暫停或心跳過緩的情況。

更多關於早產兒資訊，請參考早產兒基金會網頁 pbf.org.tw 或打電話：(02) 2511-1608 詢問。

專欄　早產兒的健康問題

由於早產兒在身體尚未發展完全就已離開子宮，所以通常會有健康方面的問題。這些新生兒的殘疾（例如腦性麻痺），甚至死亡率比例較高，非洲裔美國人和美國原住民的新生兒早產死亡率最高。這些健康問題讓早產兒在一出生後就必須立即接受特殊的醫療照護。不過一切要視嬰兒提早的週數而定，你的小兒科醫師或婦產科醫師可能會求助於新生兒專家協助診斷嬰兒是否需要特殊的治療。一般來說，男性早產兒的健康狀態會比女性還差。

以下是一些早產兒最常見的狀況：

■呼吸窘迫症候群：由於早產兒肺發育尚未成熟，肺部表面張力素不足，導致肺泡塌陷，無法保持擴張的狀態，因而出現呼吸

窘迫的現象。使用人工合成表面張力素可以治療這些嬰兒，再加上呼吸器或 CPAP（持續正壓呼吸輔助器）有助於使他的呼吸更順暢，同時保持血液中足夠的含氧量。有時候，極早期的早產兒可能需要長期的氧氣治療，必要時，回家後也必須有氧氣治療的支援。

■ 支氣管肺部發育不全或慢性肺部疾病：指新生兒需要好幾個星期或好幾個月的氧氣支援。隨著嬰兒的肺慢慢成長和成熟後，他們大多會脫離這種罕見的症狀。

■ 呼吸暫停：一種呼吸暫停的現象（超過 15 秒），在早產兒中很普遍，與心博過緩有關。可以透過脈博血氧飽和度分析儀監測嬰兒的血氧飽和度，如果下降則有缺氧的狀態。大多數早產兒在出院回家時，都已沒有這種症狀了。

■ 早產兒視網膜病變（ROP）：一種視網膜發育不全的眼疾，大多無須治療。不過一些嚴重的情況可能就需要治療，包括鐳射手術和／或注射藥物。你的寶寶可能會經由小兒眼科醫師或視網膜專家診斷任何需要進行治療的問題。

■ 腦室內出血（IVH）：是腦室內部或周圍出血，使腦室中含有腦脊髓液。腦室內出血最常見於早產兒，尤其是出生體重極低的嬰兒──體重不足 3 磅 5 盎司（1,500 克）的嬰兒。早產兒大腦中的血管非常脆弱且不成熟並且容易破裂，因此可能會發生出血。幾乎所有的 IVH 都發生在出生後的第 1 週內，通過頭部超音波診斷。等級 1 級和 2 級最常見，通常不會有進一步的併發症；3 級和 4 級是最嚴重的，可能會對嬰兒造成長期腦損傷，嚴重的 IVH 可能會導致之後出現水腦症（大腦中的腦脊液過多）。除了治療可能使病情惡化的任何其他健康問題，IVH 沒有特定的治療方法。儘管目前對該疾病和早產兒的護理有了很大進步，但仍無法完全防止某些嬰兒發生 IVH。

■ 壞死性小腸結腸炎（NEC）：是早產兒最常見和最嚴重的腸道疾病。當小腸或大腸中的組織受傷或發炎時，就會發生這種情

況。這可能導致腸組織死亡，在極少數情況下，腸壁上會出現孔洞（穿孔）。大多數壞死性小腸結腸炎病例發生在妊娠 32 週之前出生的嬰兒身上。患有 NEC 的嬰兒通常在出生後的頭 2～4 週內發作，會診斷出食物不耐症或腹部脹氣的跡象，並通過 X 光檢查確認。治療包括停止餵食 5～7 天並給予抗生素，如果情況嚴重，可能需要諮詢兒科外科醫師進行手術。母乳餵養是預防早產兒 NEC 最有效的方法。

■ 黃疸：指膽紅素累積在嬰兒的血液中，結果皮膚形成淡黃的顏色。黃疸可能發生在任何種族或膚色的嬰兒上，治療的方法是讓嬰兒全身赤裸接受特殊的燈光照射（會幫他們戴上眼罩保護眼睛），更多關於黃疸的詳情請參考第 167 頁。

■ 其他早產兒的症狀包括早產兒貧血（紅血球細胞過低）和心臟雜音。有關心臟雜音的詳情請參考第 809 頁。

專欄 **新生兒篩檢測驗**

出生後不久，你的寶寶會接受大量的篩檢測驗（基因血片篩檢、脈搏血氧監測、新生兒聽力篩檢），以檢測各種先天性疾病。這些測驗的目的是為了早期發現問題早期治療，以預防殘疾和挽救生命。如果你發現寶寶超出正常值，你可以請教醫師報告中數據代表的意義（這不一定表示寶寶有先天性或遺傳性疾病，所以要詢問醫師何時要再次重新檢測）。**在寶寶離開醫院前，確保他實際完成所有的檢測。**

第3章

嬰兒基本護理

　　在一切的期待與計畫之後，寶寶的到來將是個大轉變。孩子剛出生，光是照顧他可能就讓你措手不及，換尿布和換衣服等日常工作也會讓人感到焦慮——尤其當你從來沒有照顧孩子的經驗時。不過，很快你就會成為充滿自信、經驗豐富的父母，同時你還有很多幫手。當你在醫院時，護理人員和你的小兒科醫師會給你建議並滿足你的需要，家庭和朋友也會對你有所幫助，向他們求助時不要害羞。試著識別對你與做個好家長有幫助的資源，最重要的資訊是來自你的孩子——他喜好的對待、交流和撫慰的方式。孩子幾乎一出生，就會激發你做父母的本能，指導你做出正確的反應，下面的章節將討論出生後第 1 個月中最常見的問題。

日常護理

寶寶哭泣時怎麼辦

　　哭泣對寶寶來說習以為常，寶寶哭泣是有目的的：當感到饑餓和不舒服時用哭泣尋求幫助；哭泣還可以幫助他避開太強烈的視覺刺激、聲音和其他不舒適的感覺，有助於緩解緊張。

　　你可能會注意到孩子總有一個特別挑剔的時間，即使他不餓、沒有不舒適和疲勞，在這段期間你好像怎麼做都不能安慰他，然後在這段時間過去後他會變得比先前更加警覺，接著不久便進入比平時更深的睡眠。這種難以控制的哭鬧似乎有助於孩子消耗過剩的精力，由此轉入更加舒適的狀態。當你了解孩子哭鬧的模式時，你可能會開始能透過他哭泣的方式來識別特定需求。他餓了嗎？生氣了嗎？感到苦惱或痛苦？或者想睡了？每個嬰兒都會以不同的方式運用他的聲音。

　　有時不同類型的哭聲會重疊。新生兒通常會餓著肚子哭著要吃東西，如果你沒有迅速做出反應，寶寶飢餓的哭聲可能會變成憤怒的哭嚎，你會聽到區別。隨著寶寶的成熟，他的哭聲會變得更強烈、更響亮、更持久，也會開始有更多變化，彷彿能傳達不同的需求和期望。最初的幾個月，無

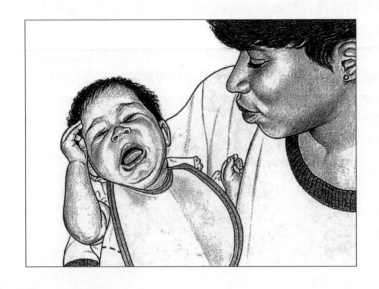

最初的幾個月，無論嬰兒何時哭鬧，最好立即做出反應，對孩子關心並不是溺愛。

論嬰兒何時哭鬧，最好立即做出反應，對孩子關心並不是溺愛。如果你對他的信號做出正確的反應，他就不會經常哭鬧。

聽到孩子的哭聲時，你要首先解決最緊要的問題。假如他又冷又餓、尿布也濕透了，你應該先溫暖他，再更換尿布，最後餵奶；假如他發出尖銳或恐慌的哭聲，你應該檢查或許是尿布別針扎到他或是有東西纏繞住了手指或腳趾；假如他既溫暖又乾爽，而且餵哺良好，但做什麼都不能使他停止哭泣，嘗試下面的安慰方法，尋找最適合你的孩子的方法：

- 搖動——在搖籃中，或者在你的手臂中。
- 輕輕拍打他的頭部或拍他的背部與胸部。
- 包好嬰兒包巾（用整潔乾淨的毯子包裹孩子）。
- 唱歌或說話。
- 播放輕音樂。
- 抱著他或將他放入嬰兒車走動。
- 運用規律性聲音或震動。
- 使他打嗝以釋放吞嚥的氣體。
- 溫暖的沐浴（大多數孩子喜歡，但並不是所有的孩子都喜歡）。

有時，如果上述所有的方法都失敗，最好的辦法就是讓孩子在一個安全的地方獨處（如嬰兒床）。許多孩子不哭鬧就不能入睡，那就讓他獨處或哭鬧一會兒，他就會很快入睡，如果孩子真的疲勞的話，哭鬧並不會持續很長的時間。

如果哭鬧沒有停歇，並且在白天或晚上持續或加劇，則可能是絞痛引起的。不幸的是，目前還無法明確解釋為什麼會發生這種情況。大多數情況下，絞痛只是意味著孩子對刺激異常敏感，無法安撫自己或調節自己的神經系統。隨著他的成熟，這種無法自我安撫的能力——以不斷哭泣為標

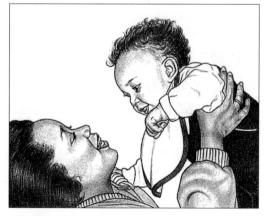

與寶寶一起享受所有神奇的時刻。

誌 —— 會有所改善。在母乳餵養的嬰兒中，絞痛有時候是對母親的飲食發生敏感的訊號。絞痛滴劑價格昂貴，且研究表明它們沒有治療效果，你可以考慮更多非藥物選擇，例如重新評估你的飲食、減慢餵食速度以及確保適當的打嗝來提供幫助。假如你怎麼做都不能安慰孩子，他有可能是病了。測量孩子的肛溫（參考第 98 頁測量肛溫），假如肛溫超過 38℃，可能有感染發生，請馬上與你的小兒科醫師聯繫。

你越放鬆心情，越容易安撫你的孩子。即使很小的嬰兒也會對周圍的環境感到敏感，出現哭泣；聽新生兒的哭聲是一件令人痛苦的事情，會使你由受挫變為發怒或驚慌，結果是孩子哭的更嚴重。假如你不能處理這種情況，先將寶寶安置在一個安全的地方後向尋求親友協助，這可以讓你暫時放鬆，而且當你用盡所有的招數時，一個新鮮的面孔或許可以使孩子平靜下來。不管你感到不耐煩或生氣，也**不要搖晃孩子**，劇烈的搖晃嬰兒會造成失明、腦出血甚至死亡。此外，要讓共同照顧他的人知道這些關於他的哭鬧資訊，包括你的配偶或伴侶。

總之，不要把新生兒的哭鬧個人化，他哭鬧不是因為你是不好的父母，或者因為他不喜歡你；所有的孩子經常沒有明顯原因的哭鬧，新生兒一般每天哭鬧 1 ～ 2 個小時，這是他**自我調節以適應**子宮外陌生環境的一部分。

沒有一位媽媽可以在孩子每一次哭泣時都能使他平靜，因此，不要指望你有這種神奇的魔力，而應該採取一些更實際的方式。處理孩子哭鬧的真正方法是打電話尋求幫助、充分休息並與寶寶一起享受所有神奇的時刻。

哄寶寶入睡

最開始時，寶寶不能理解白天和黑夜，他胃部的容量只能滿足 3 ～ 4 個小時的需要，與時間無關（用奶瓶餵養的嬰兒可能會睡稍微久一點）。在最初幾週無法避免日夜不停給他餵奶。即使在這個階段，你可以開始訓練他晚上睡覺，白天玩耍，盡量減少晚上餵奶的次數。不要開燈或拖延半夜換尿布的時間，在餵奶或更換尿布後使他平躺，不要與他玩。假如他小睡的時間在 3 ～ 4 小時以上，特別是在下午，你要將他叫醒陪他玩耍，這樣可以訓練他晚上睡久一點。同時開始養成睡前的習慣，如一個強烈的感

官感受（例如泡泡浴），然後再來一段舒緩的時光（例如抹乳液或唱歌），最後於餵奶後說故事給他聽，這些體驗可以給寶寶一個即將進入長時間睡眠的信號。

睡眠的姿勢

　　美國小兒科學會建議健康的嬰兒採取**仰睡**，因為這是嬰兒入睡**最安全**的姿勢。讓寶寶仰睡可以減少嬰兒猝死症候群（SIDS）的機率，在美國，這是嬰兒在出生後 1 年內（超過新生兒期）死亡的首要原因。此外，最近調查結果指出，死於嬰兒猝死症的孩子，其大腦某些區域可能發育不全，因此，當他們在熟睡中遇到可能危急健康的挑戰時，他們無法自己醒來好讓自己脫困。那些腹部朝下趴睡的嬰兒睡得更沉，而更不容易讓他們醒來；這可能也是為何趴睡如此危險。由於我們無法確定哪些嬰兒會有這種不常的現象，而嬰兒猝死症又與睡姿有強烈的關聯，所以美國小兒科學會建議，所有嬰兒都應該採取仰睡。有些醫師曾經認為，側睡或許可以取代仰睡，不過目前我們了解到側睡基本上與趴睡一樣危險。側睡的嬰兒可能會翻滾變成趴睡，這會增加患 SIDS 的風險。不要使用固定裝置來讓寶寶保持仰躺，如楔形的檔板或毛巾卷，這些物件可能會導致窒息。你只需將寶寶背靠床擺放就足夠了。所有健康的嬰兒，包括有胃食道逆流的嬰兒，都應該仰臥睡覺。如果你的寶寶患有需要以不同姿勢睡覺的罕見疾病，你的小兒科醫師會告訴你。只要嬰兒可以自主地由背面翻身到正面也可以由正面翻到背面，你就可以讓他保持他選擇的睡姿。

　　另一點很重要的是，**避免將他放在柔軟、不平的表面**，例如枕頭、棉被、羽絨被、羊毛絨或豆袋枕上，甚至是柔軟材質的填充絨毛玩具，都要避免放在孩子睡覺的場所中，如果他的臉陷入其中，這些東西很可能會阻塞他的呼吸道。此外，也要避免讓他在成人將他抱在胸前時睡著，以免成人在抱著他的時候睡著。避免讓他睡水床、沙發或軟床墊，這些睡眠環境對嬰兒來說尤其危險，也不建議將汽車安全座椅、嬰兒車、搖籃、嬰兒揹帶用於日常睡眠，尤其是對於 4 個月以下的嬰兒，這麼小的嬰兒可能無法調整自己的位置以安全的呼吸。包覆床單的硬式嬰兒床床墊（置於嬰兒床或圍欄內）是最安全的；不要鋪設任何枕頭或毯子來讓床墊更柔軟，這只會讓嬰兒變得更危險。同時，在寶寶未滿 1 年之前，**不要放置**任何軟式玩

具或毛絨動物玩具在嬰兒床內。保持嬰兒房的空間溫度在舒適的範圍。讓他穿上睡袋服（例如一件式睡衣）而非在在身上蓋毛毯。如果你擔心你的寶寶會著涼，可穿式毛毯睡衣或睡袋也是一種安全的選擇。

很多父母都會有把孩子留在同一張床上睡覺的想法，尤其是當他們筋疲力盡且孩子仍然哭鬧的時候。然而，同床共枕會增加嬰兒死亡的風險。作為替代，請將嬰兒的搖籃或嬰兒床放在你的房間裡，在那裡你可以監控他，並根據需要安慰他，並始終讓他回到對他來說最安全的睡眠環境。讓你的寶寶在自己的獨立平面上睡眠，並待在你的房間裡是最安全的，也是在寶寶出生第 1 年內最理想的。

安撫奶嘴有助於降低嬰兒猝死症的風險，不過，如果你的寶寶不喜歡奶嘴，或經常從口中掉出來，這時也不要強迫他使用。如果你是親餵母乳，在使用安撫奶嘴之前，你要先等到親餵已成常規，這個過程通常需要 3 或 4 個星期。如果你使用配方奶或吸出的母乳進行餵養，你可以隨時開始使用安撫奶嘴。安撫奶嘴不應該有繩子、領帶或毛絨玩具，因為它們可能會造成窒息的風險。

嬰兒包巾可以幫助寶寶平靜下來，但必須安全地使用。嬰兒包巾應留出足夠讓臀部與腿部活動的空間，以促進腿部的正常發育。你的寶寶有一個非常敏感的髖關節，受到過大的擠壓、髖關節位置異常導致的壓迫或活動空間受限都有可能導致關節炎等終身問題。嬰兒包巾應緊貼嬰兒的胸部，保留足以讓照護者將手伸入毯子與嬰兒的胸部之間的空間，如果包巾變鬆，可能會導致窒息或勒緊。始終以仰臥的方式放置包著嬰兒包巾的嬰兒，當嬰兒出現試圖滾動的跡象時，便是時候停止使用嬰兒包巾了，因為包著嬰兒包巾處於趴姿的嬰兒很容易發生 SIDS 和窒息。

雖然仰睡很重要，不過，在他醒著有成人在旁留意時，讓寶寶花一些時間趴著活動，這有助於他的肩膀肌肉和頭部控制發展，同時避免頭型後腦扁平。嬰兒需要多少趴著的時間沒有人能說得準，但一定要確保每天都在他警覺的時候花一點時間以這個姿勢陪他玩。

孩子成長時胃部也在生長，孩子的餵奶時間會間隔更長。事實上，你應該知道雖然嬰兒從出生到 5 個月一次最長的睡眠時間平均為 5.7 小時，到 6 到 24 個月大時會拉長到 8.3 小時，許多嬰兒在體重達到 12 或 13 磅（5,800 ～ 6,400 公克）時，兩次餵奶間隔時間可以拉長到 6 小時。體型

更大的孩子可能會稍微快一點開始拉長睡眠時間。儘管這些話令人鼓舞，但你不能期望睡眠的拉扯立即結束，多數孩子前後反覆，在數週，甚至數月時間內睡眠非常好，隨後突然進入後半夜清醒的睡眠模式。這種情況可能由於成長速度得加快而使嬰兒對食物的需求增加；或者在稍微長大之後，牙齒生長或發育變化也可能增加半夜甦醒的機會。

你需要不時的幫助孩子入睡或再次入睡，尤其對新生兒來說，給予柔和的持續刺激，孩子很容易打盹，有時搖動、走路或在背部輕拍或者使用奶嘴有助於孩子入睡。這麼說吧，如果你總是搖著寶寶直到他入睡，他可能無法學會自己入睡。練習在他感到想睡但未完全睡著時讓他上床睡覺，以讓他自己建立這項技能。其他如小聲地播放音樂，也可以令人感到舒緩。

專欄　孩子的睡眠週期

即使在出生前，孩子的每一天被分為睡眠期和清醒期。在妊娠第 8 個月或更早時，他的睡眠就由與我們相似的兩個完全不同的睡眠方式構成：

1. 快速眼動睡眠（REM 睡眠）：在這個睡眠期會不斷做夢，他的眼睛在閉合的眼瞼下運動，好像他在觀察正在做的夢。他也可能會表現得很吃驚，面部抽動、手腳亂動。上述描述都是快速眼動睡眠的正常徵象。

2. 非快速眼動睡眠：由四個階段構成 —— 嗜睡、淺睡、深睡和深度睡眠。然而在新生兒中，非快速眼動睡眠是未分化的，直到 6 個月大時才開始出現明確的階段分化。在由嗜睡向深睡過渡期間，孩子的活動越來越少、呼吸慢而平靜，在最深的睡眠時幾乎完全不動。他可能也會做出吸奶的動作。在非快速眼動睡眠期間，即使有夢，也非常少。

第 1 個月時，新生兒每天睡眠大約 16 個小時，平均間隔 3 或 4 個小時餵奶一次。第一段睡眠時期包括時間上大體相等的快速眼動和非快速眼動睡眠，按照下列順序進行：嗜睡、快動眼睡眠、淺睡、深睡、極深睡。

2 ～ 3 個月以後睡眠順序將發生改變，隨著孩子的成長，他在進入快速眼動睡眠之前會週期性的經過非快速眼動睡眠。這種模式將一直持續到進入成年期。年幼的孩子會在入睡後快速進入非快速動眼期的深度睡眠，而很難將他們從睡眠中喚醒。隨著孩子不斷的長大，快速眼動睡眠時間縮短，睡眠將更加平靜。在 3 歲之前，快速眼動睡眠時間只有總睡眠時間的 1/3 或更少。

我們的立場

根據當前嬰兒猝死症候群的資料評估，美國小兒科學會建議健康的嬰兒永遠都要採取仰睡的姿勢，無論是午睡時間或夜間。不管人們的認知為何，目前並沒有證據顯示嬰兒仰睡比其他睡姿更容易發生窒息，而且也沒有證據指出，仰睡對寶寶的健康有害。此外，有胃食道逆流症狀的寶寶更要採取仰睡。還有，在一些非常罕見的情況下（例如剛動完背部手術），寶寶可能需要採取趴睡，你可以視個人的情況與你的小兒科醫師討論。

自從 1992 年以來，美國小兒科學會建議採取仰睡姿勢後，每年嬰兒猝死症的比率已下降了超過 50%，然而意外窒息死亡的人數卻有所增加。安全的睡眠環境（嬰兒仰臥在靠近父母床的嬰兒床上，沒有任何床上用品或柔軟物品）對於保護您的寶寶免受 SIDS 或意外窒息死亡非常重要。

尿布

在 40 年前紙尿布發明之前，唯一的選擇是用布片做尿布，在家裡或者送到洗衣店清洗。目前，紙尿布滿足了大多數父母的需要和期望。實際上在發達的國家，80% 以上的家庭都採用紙尿布。然而，尿布的選擇仍然是每一對準父母都要面臨的問題。在理想的情況下，你應該在孩子出生前就做好尿布類型的選擇，已提前做好購買紙尿布或清洗布尿布的安排。一般而言，新生兒最多一天需要 10 片尿布。

紙尿布： 目前大多數紙尿布都是使用能保持身體乾燥的內層，以及可吸水的核心和防水的表面所組成。腰和腿處的部分具有彈性，很貼近身體的形狀並防止漏出。近年來，可吸收尿布越來越輕薄，當然，仍然可以滿足容量的需要，而且舒適、易用，具有保護皮膚的作用。使用紙尿布時，將嬰兒放在攤開的尿布上，膠帶在嬰兒的後部，尿布的前面位於嬰兒的兩腿之間，隨後將尿布的後緣拉向前面，將膠帶壓在固定的位置。當更換沾有糞便的尿布時，將硬便丟入馬桶，千萬不要沖洗紙尿布，不然會堵塞下水道，用尿布的外層包裹尿布後，直接丟進垃圾桶即可。現在有些紙尿布

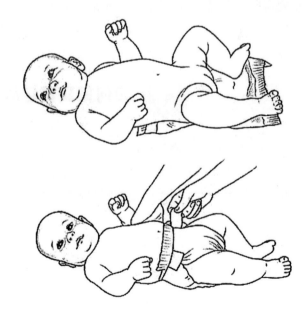

帶有一條會變色的尿濕顯示線以顯示是否已經變濕。

布片尿布： 可重新利用的布片尿布是傳統的選擇，已經歷多年發展，有許多不同的吸收性能和材料結構的尿布。如果你選擇自己清洗尿布，你要將它們與其他衣服分開洗。當你將糞便丟入馬桶後，先用冷水清洗尿布，然後浸泡於溫和具有漂白功效的洗衣精，之後洗淨擰乾，最後用熱水加溫和洗滌劑再洗一次。一些較新的尿布提供帶有可重複使用的外層與一次性的內層布襯。

尿布選擇： 最近，尿布的選擇因尿布對環境產生影響的爭論而複雜化了，主要集中於紙尿布對垃圾掩埋空間的影響。實際上布片尿布和紙尿布都會對環境產生影響，這些影響包括原料和能源利用、空氣與水源污染以及廢物利用。許多科學研究認為每一種尿布對環境都有一些影響：紙尿布會使城市的固體廢物增加，而布片尿布在清洗時要用更多的水和能源，會造成空氣和水源污染。最終，尿布的選擇是個人問題，取決於個人的考量和需要。

也要考慮健康方面的問題，皮膚潮濕、與尿及糞便接觸可能引起尿布疹，因為布片尿布不能和紙尿布一樣有效地保持孩子皮膚的乾燥，所以在尿布變濕時，迅速更換布片尿布非常重要。

專欄　如何幫寶寶包尿布

　　在開始為孩子換尿布之前，確定所有的必需品在你伸手可及的範圍內，不要讓孩子獨自留在尿布更換檯上 —— 即使 1 秒鐘都不行。此外，不用多久，孩子很可能就會翻身，假如在你的目光和注意力轉移時翻身，可能會有嚴重的後果。

　　為新生兒更換尿布時你應該準備：

- 乾淨的尿布（如使用布片尿布，外加一個固定材料）。

■ 無味的尿布濕巾，或棉花球、裝有溫水和擦洗布的小盆（也可以用市售濕紙巾，儘管有些孩子對其過敏，如果有刺激現象，要停止使用）。
■ 尿布軟膏或凡士林。
■ 不要使用嬰兒爽身粉，因為嬰兒可能會吸入爽身粉中的塵粒而刺激肺部。

下面教你如何更換尿布：

1. 去掉骯髒的尿布，用棉花和溫水輕輕將孩子擦乾淨（記住女孩要由前往後擦）。
2. 假如有需要，請使用小兒科醫師建議使用的尿布軟膏。使用前確保尿布區域完全乾燥。

 **尿布疹**

尿布疹是指發生於尿布覆蓋區域的疹狀物。尿布疹的第一個徵象通常是在下腹部、臀部、生殖器和大腿皮膚皺褶等部位出現發紅或小腫塊，這些部位表面與潮濕或吸水的尿布直接接觸。尿布疹不嚴重，在正確的護理下，3〜4天就會消失。

尿布疹最常見的原因包括：

1. 長時間不更換尿液濕透的尿布：潮濕使皮膚容易擦傷；時間很長時，尿布中的尿分解，形成的化學物質會進一步損傷皮膚。
2. 長時間不更換浸透大便的尿布：糞便中的消化劑會傷害皮膚，使皮膚出疹。

不論出疹原因為何，一旦皮膚表面受損，就更容易受到糞便和尿液的進一步刺激，進而導致細菌或酵母菌感染。

酵母菌感染在這些區塊很常見：通常出現於大腿、生殖器和下腹部，但很少出現在臀部。

然而，大多數嬰兒都會在一些部位出尿布疹，母乳餵哺的嬰兒較少見。尿布疹經常發生於特殊的時期或特定的情況如下：

■ 8 ～ 10 個月嬰兒。
■ 沒有保持孩子的清潔和乾燥。
■ 腹瀉。
■ 開始吃固體食物（可能是由於進食更多的酸性物質，或不同的食物引起消化道變化）。
■ 服用抗生素（這種藥物會促進感染皮膚的酵母菌生長）。

為減少孩子出現尿布疹，使用尿布時要遵循下面的原則：

1. 排便後盡可能快速更換尿布，每一次排便後，都要用尿布濕巾或軟布與清水清潔尿布區域。
2. 經常更換尿布，減少皮膚與潮濕接觸的時間。
3. 無論何時，只要可行，均保持孩子下身與空氣接觸。當使用腹部和腿部緊合的尿布覆蓋物或紙尿布時，確保裡外的空氣可以流通。

假如你盡了力，而且皮膚也保持乾燥，仍然產生尿布疹，你有必要開始使用預防尿布疹軟膏作為護膚表層，避免進一步受到刺激以讓皮膚有機會癒合；尿布疹應該可以在 2 ～ 3 天內顯著改善，假如仍然沒有改善或惡化（或者如果出現像疙瘩一樣的膿皰），請向小兒科醫師諮詢建議。

排尿

你的寶寶每 1～3 小時就可能需要排尿，次數較少時可能每天 4～6 次。如果孩子生病或發燒以及天氣炎熱時，孩子的尿量可能減少一半，但仍然正常。排尿不會疼痛，假如孩子在排尿時出現一些痛苦的現象，請告訴你的小兒科醫師，因為這可能是感染或尿道有問題的現象。

健康嬰兒的尿液是淡黃到深黃色（顏色越暗，濃度越高，當孩子水喝很少時，尿液的濃度升高）。在寶寶出生第 1 週你會在尿布上看到淡紅色或磚紅色斑點，經常被誤以為是血跡，但實際上，出現這種顏色通常是尿液濃度過高的現象。只要嬰兒一天能夠用完 4 片尿布就沒有必要擔憂，假如淡粉色依然存在，請詢問你的小兒科醫師。

新生女嬰，經常是在出生第 1 週，可能會在尿布上留下一些小血斑；這種出血是由於母親的賀爾蒙影響了嬰兒的子宮所造成的。然而，在那之後，尿中有血或尿布上**有血斑**絕對是異常的跡象，應該告知你的小兒科醫師。它可能僅僅是尿疹引起的斑點，也可能是更大疾病的現象，假如這種出血伴隨其他症狀，例如腹痛、食慾不振、嘔吐、發燒和其他部位出血，請立即尋求醫療協助。

排便

出生後的最初幾天，孩子可能出現首次排便，通常與胎糞的排空有關。孩子出生前這種稠厚的、墨綠色或黑色物質充滿腸道，在正常消化功能開始前必須排除，胎便排除後，糞便將變為黃綠色。

由於消化系統不成熟，嬰兒糞便的顏色和稠度會有所不同。母乳餵哺的孩子，他的大便應該會是混雜了一些顆粒的黃色液體，在開始進食固體食物之前，他的大便質地可能從很軟到鬆散或黏稠狀。如果他喝的是配方奶，他的大便顏色通常為褐色或黃色，質地會比喝母奶的嬰兒堅硬，但不應該比軟黏土還硬。綠色的糞便並不罕見，不需要太緊張。

不管母乳餵哺還是配方奶餵養，如果孩子的大便非常硬或者乾燥，原因可能是沒有得到充足的水分，或是由於疾病、發燒和天氣熱而造成水分不足的結果。一旦他開始進食固體食物，出現**大便堅硬**可能表示孩子吃太多容易便祕的食物，例如穀物或牛奶，導致他**難以消化**。（12 個月以下的嬰兒不建議餵養全牛奶。）

以下是其他排便注意事項：

■ 要牢記，**大便的顏色和質地**偶爾發生變化是正常現象。例如，進食了需要花更多力量消化的食物（像是大量的胡蘿蔔）而使消化過程變得緩慢，大便可能變成綠色。在補充鐵質時，孩子的大便會變成黑棕色，肛門受到微小的刺激時，大便的外面可以見到血跡。然而，如果大便中有很多的血液、黏膜或水分，立即告訴你的小兒科醫師。

■ 因爲嬰兒大便的正常質地軟並呈鼻涕樣，因此很難斷定何時孩子有**輕度腹瀉**，確切的徵象是**頻率突然增加**（每次餵奶都有 1 次以上腸運動），並且大便的**含水量較高**。腹瀉可能是腸道感染的現象，或由嬰兒的飲食變化引起。母乳餵哺的嬰兒腹瀉，可能是由母親的飲食成分變化引起。

■ 腹瀉的主要問題是可能造成脫水，如孩子同時還有發燒，並且不超過 2 個月大，立即告訴你的小兒科醫師；如孩子已經超過 2 個月，發燒已經持續超過 1 天，檢查他的尿量與體溫，此後將情況告訴醫師。

確保你的寶寶仍然頻繁進食，食慾沒有減退，如果他看起來病懨懨，你要盡快讓你的醫師知道。

不同寶寶的排便有很大的差異，許多孩子在餵哺後不久排 1 次便，這是胃腸反射的結果，只要胃中充滿食物，消化系統就會變得更加活躍。

孩子 3 ～ 6 週大時，有些母乳餵哺的孩子可能 1 週僅有 1 次大便，這是正常的，這與母乳含有的需要腸道消化和排泄的固體廢物極少有關，因此，排便次數少並不是便祕的現象。只要大便仍是軟的，而且嬰兒其他方面正常、體重穩定增加，以及定期餵奶，這樣應該不會有問題。母乳哺餵的孩子的大便量變化，通常隔幾天會有比較大量的大便（因你應該準備好大量的濕巾來清理）。

配方奶餵哺的孩子 1 天至少 1 次大便，如果排便次數減少，而且似乎要使勁才能排出大便，這種狀況很可能就是便祕，你可以詢問醫師該如何處理這種情況。

沐浴

如果你在更換尿布期間徹底擦拭或清洗尿布區域，孩子不需多次沐浴。在 1 歲期間，每週 2～3 次或每日 1 次以中性洗劑簡短的沐浴就足夠了。**頻繁洗澡會使他的皮膚乾燥**，特別是如果用乾性或刺激性的肥皂洗澡，皮膚的水分更容易蒸發。洗澡後，用毛巾將他擦乾，並且馬上為他抹上無香料、低過敏性的潤膚霜，這有助於預防皮膚濕疹（參考第 579 頁）。

在溫暖的房間裡，讓孩子躺在對你們都很舒適的任何扁平的物體上——更換尿布的檯子、床、地板或者緊鄰洗滌槽的平板上，用毛毯和毛茸茸的毛巾墊在上面。如果孩子躺在放在地板上的檯子上，需使用安全帶或一隻手一直扶著他，不要讓孩子掉下來。

開始沐浴前，準備一個浴盆、一個潮濕並擰過兩遍（保證無肥皂殘留）的擦洗布以及嬰兒用洗潔劑在隨手可及之處。將孩子包裹在毛巾中，僅露出身體需要清洗的部分。首先用僅用清水浸濕的擦洗布清洗他的面部，接著用肥皂水清洗身體的其他部位，最後清洗尿布區域，特別留意腋下摺痕、耳後和頸部四周，尤其是女孩的陰部清洗。至於男孩，如果沒有割包皮，永遠不要強行退回包皮以進行清潔，包皮可能需要數年才能完全回縮，強行回縮會導致發炎和疤痕，只有當它可以被很容易縮回時，才可以用肥皂和水在包皮外面和包皮下面輕輕清潔生殖器上的皮膚。對於受過

幫孩子沐浴時，帶帽式連身浴巾是保持嬰兒頭部溫暖的有效作法。

割禮的男孩，可以用一般肥皂和清水清潔生殖器官的皮膚，包括陰莖頭。

　　一旦臍帶殘端癒合，可以嘗試將孩子直接放入水中。第一次沐浴應該盡量輕柔，時間盡量短，他可能會反抗。如果他看起來很痛苦，你應該重新給他用海綿擦洗一至兩星期，隨後再嘗試，當孩子準備好時，他就會以行動清楚讓你知道。

　　許多家長發現使用嬰兒用折疊式浴盆、水槽或用乾淨毛巾襯底的水桶為新生兒沐浴最方便。在沐浴盆中放入兩英吋（5 公分）高的溫水 —— 對你手腕或肘部的內側來說不熱；如果你從水龍頭放水，先放冷水，以免燙傷你和孩子；此外，要確保熱水器的最高溫度不超過華氏 120 度（49℃）。

專欄　給孩子洗澡

　　一脫掉孩子的衣服，就立即把他放入水中，以免孩子受涼。用一隻手托著他的頭部，另一隻手引導他的腳先進入，鼓勵他，並逐漸降低身體的其他部位，直至進入浴盆。為安全起見，他身體的大部分和面部應該露在水面上，你需要經常將溫水撥到他的身上以保持溫暖。

用軟布擦洗他的身體和頭部，每週洗頭1次或2次。輕輕按摩他的頭部，包括囟門部位；當你沖洗他頭上或臉上的肥皂或嬰兒洗髮精時，將你的手圍成杯狀橫過他的前額，使泡沫流向側面，不要進入眼睛。假如有肥皂進入他的眼睛，你要用濕毛巾，沾上乾淨的溫水，輕輕擦拭他的眼睛周圍，直到沒有任何肥皂，之後孩子會重新睜開眼睛，然後從頭到腳沖洗身體的其他部位。

確定所有的必需品在伸手可及的範圍內，在給孩子脫衣服之前，保持室內溫度，因為寶寶的體溫很容易降低。所需物品與給孩子擦澡時相同，但還需要多一個盆裝清水用來漂洗；孩子有頭髮時，還需要準備洗髮精。

如果你忘記一些東西，或在洗澡期間需要暫時離開，這時一定要把孩子帶在身邊，因此手邊要有一條乾毛巾。**不要將孩子一個人留在浴盆中，**即使只是一會兒。

如果孩子喜歡洗澡，給他一些玩水的機會，孩子在洗澡時越高興，他就越不會對水感到恐懼，在他長大後，洗澡的時間會延長直到它幾乎是種遊戲。洗澡應該是非常放鬆和愉快的經歷，因此，除非他不高興，不然別急著讓他出浴。

　　對幼小的嬰兒來說，洗澡時不需要玩具，因為水和沖洗的刺激足以令孩子興奮。然而，一旦孩子夠大可以坐在浴盆內，玩具便是個有趣的追加。在你為孩子洗澡時，容器、杯子、年齡合適的玩具，甚至防水書都可以使孩子沉浸其中。請記住，沐浴玩具如果持續潮溼可能會發霉，因此請排乾任何殘留的水，並讓它們在使用之間有機會乾燥。

　　帶頭帽的嬰兒毛巾是在沐浴後保持嬰兒頭部溫度最有效的方法。為任何年齡的兒童洗澡都是一個容易弄濕的工作，因此，做好保持你的身體乾燥的準備。

　　洗澡也是準備他睡覺的一種放鬆方式，最好選擇對你而言最方便的時間進行。

皮膚和指甲護理

　　新生兒的皮膚有可能對特定的化學物質或肥皂等衣服上的殘留物的刺激敏感，對嬰兒用的衣服、床單、毯子和其他可漂洗的東西在使用前進行雙重洗滌。在新生兒第一個月期間，要將其用品分開洗滌。嬰兒的皮膚在出生後幾週出現剝落是常見的，因為他的身體正在清除羊水中多餘的皮膚細胞。

　　嬰兒通常不需要護膚乳液，特別是當你有避免過度頻繁的沐浴時。如

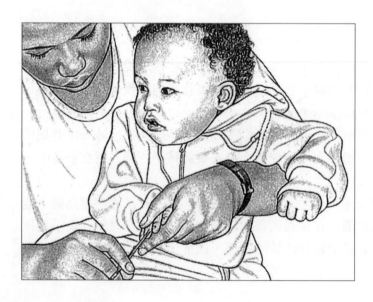

最初數週，寶寶的指甲非常小，但長得很快，你必須一週修剪兩次。

果你覺得寶寶的皮膚真的非常乾燥，你可以使用不含香味或著色劑的嬰兒油、乳液、乳霜或軟膏。如果寶寶的皮膚有持續的突起物或皮疹，請向他的小兒科醫師諮詢他是否患有濕疹（參見第 579 頁）。

嬰兒指甲唯一需要的是修剪，你可以用軟砂紙、兒童指甲剪或鈍鼻指甲剪，但要非常小心。如果你的孩子在沐浴後安靜地躺著，這是修剪指甲的最好時機；但你會發現在他**熟睡時修剪**指甲最容易。要把指甲修得盡量短而光滑，以免嬰兒抓傷自己和你。最初數週，他的指甲非常小，但長得很快，你必須一週修剪 2 次，避免用咬的方式來修整孩子的指甲的衝動，以免導致**皮膚感染**的風險。

相較之下，他的腳趾甲柔軟而光滑，不需要修剪得像手指甲一樣短，1 個月只需要修剪 1 次或 2 次。因為非常軟，有時看起來好像生長在肉中一樣，沒有必要擔憂，除非趾甲旁邊的皮膚發紅、發炎、發硬，或有區域化膿。隨著孩子的生長，腳趾甲將逐漸變硬，界限明確。

穿衣服

除非天氣很熱，否則孩子將需要幾件保暖的衣服。一般最好穿內衣和尿布，外面穿睡衣或者外套，然後裹在毛毯中（如果孩子是早產兒，可能需要另外一層衣服，直到他體重增加且身體足以適應外部溫度的變化）。在炎熱的天氣裏，孩子可以只穿單衣，但在空調房間內或通風口需要用衣物覆蓋。**大原則是，以你本身舒適的穿著衣服件數，再給寶寶多穿一件。**

假如你從來沒有照顧過新生兒，第一次給孩子換衣服可能比較困難。不僅將他的小胳膊穿進衣袖非常費力，嬰兒也可能感到不舒服而在整個穿衣過程中對抗，他既不喜歡氣流直接接觸他的身體，也不喜歡被推或拉進衣服。在更換他上半身的衣服時，如果你將他抱在你的膝部，你們兩個人都會感到舒服；隨後，在更換下半身衣服時將他放在床上或尿布檯上。當你幫他穿連身睡衣時，先穿上雙腳的部分，再套上袖子；穿 T 恤時，先穿頭部，然後將手臂穿過衣袖；利用這個機會問他：「寶寶的手在哪裡？」隨著孩子長大，穿衣服會變成遊戲，在他的胳膊穿過時，你可以說：「這是寶寶的手。」

某些衣服方便穿脫，這些特點是：

- 拉鏈位於衣服的前面而不是後面。
- 拉鏈到達腿部使更換尿布更容易。
- 衣袖寬鬆的衣服使你的手可以伸進去將孩子的手拉入衣袖。
- 不需要在頸部打結、解開或包裹帶子（可能引起窒息）。
- 衣服的質地有彈性（可以避免在手臂、腿和頸部的衣服過緊）。

給孩子穿衣服與脫衣服

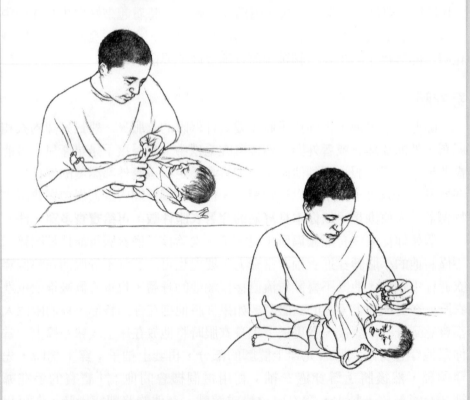

　　將孩子抱在你的膝部，撐開衣服的領口，套過孩子的頭，用手指防止衣服刮擦孩子的臉部和耳朵。

　　不要試圖將孩子的手臂推著進入衣袖；正確的方法是將你的手從外面伸入衣袖，抓住他的手並拉出。

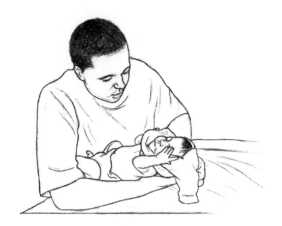

　　扶著孩子的背部和頭部，每次脫掉一個衣袖。撐開領口，在輕輕將衣服拉起時，不要接觸孩子的下巴與臉部。

如何使用嬰兒包巾

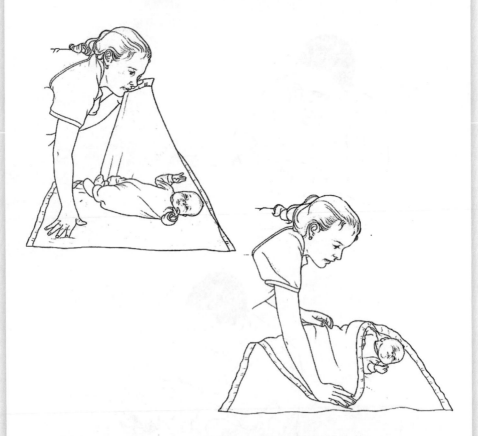

孩子出生第 1 週的大部分時間可能會在包裹在毛毯中度過，毛毯不僅可以保持他的溫暖，身體周圍輕輕的壓力也會使新生兒感到安全。包裹時，先將毯子鋪平，毯子的一個角折疊過來，把孩子面朝上放在毯子上，頭朝折角的一面。用毯子的左角包裹孩子的身體，撫平下面的皺褶，底角包裹孩子的腳，隨後另一角也進行包裹，僅僅露出孩子的頭頸部。你也可以選擇讓他的手靠在下巴旁，這樣他仍然可以自我安撫或發出飢餓的信號。最重要的是臀部和雙腿在毯子內可以自

由活動，臀部包太緊可能導致發育不良甚至錯位。切勿將嬰兒包巾中的嬰兒以仰臥以外的任何姿勢擺放。一旦你的寶寶開始試圖翻身（即使她沒有被包在包巾中），通常在 2～3 個月大時就停止使用嬰兒包巾，因為在包巾中趴著可能很危險。早產的嬰兒可能需要使用嬰兒包巾更長一段時間。關於嬰兒包巾的詳細資訊可以參考網頁：HealthyChildren.org/swaddling。

嬰兒基本健康護理

肛溫測量

幾乎所有的孩子在嬰兒期均有發燒的經歷，發燒可能意味著身體出現感染的現象。發燒意味著身體的免疫系統正在和病毒或細菌做積極對抗，因此，從某種意義上講，**發熱具有身體自我保護**的意義。由於新生兒生病時徵兆不多，出生 3 個月內的寶寶如果發燒，往往需要醫師做緊急評估，以確定發燒的原因。如果是輕微的病毒感染，通常本身會自癒，然而如果是細菌或嚴重病毒感染（例如皰疹），這時就需要立即使用藥物治療，如果是兩個月以下的嬰兒，甚至需要住院治療。

口溫測量對嬰幼兒難以執行，因為他們無法持續含著溫度計，而放在額頭上的「可拆式測溫貼片」並不準確，測量嬰幼兒體溫最好的方式是採用肛溫測量法。雖然額溫計可能是可靠的，但耳溫計對於嬰兒來說是不可靠的，尤其是對 6 個月以下的嬰兒。一旦你學會測量肛溫，你會發現過程很簡單，不過，最好在事先學會測量的過程，這樣等到寶寶真的生病時，你就可以得心應手了。關於如何測量肛溫的完整資訊或其他測量體溫的方法，請參考第 27 章發燒。

看小兒科醫師

孩子在第一年看小兒科醫師的次數可能比其他時間更多，出生後應立即給孩子進行第一次檢查。參考最終附錄的時間表。此外，你的小兒科醫師也會想經常看到你的小寶貝，為他做身體健康檢查。

理想的情況下，父母雙方（或其他日常照護者）都應該與小兒科醫師及早接觸，幫助你和你的小兒科醫師相互了解並交換意見。不要自己去鑽研某些醫學問題，在尋找兒童護理、父母支援和其他外界的幫助時，你的小兒科醫師也是處理一般兒童護理問題的專家和有價值的資源，他們會給你一些最常見的問題資訊清單，但在訪問前列出你想知道的問題清單是一個好主意。

假如父母只有一方可以參加，最好讓你的親屬或朋友陪你去，因為有幫手在一旁協助孩子脫衣服、穿衣服、整理孩子的物品時，你就更能專心

和醫師交流問題。當你逐漸習慣和孩子一起外出時，會需要一個可以幫助你攜帶尿布袋和開門的成人。

早期檢查的目的是幫你確信孩子正在成長發育，沒有異常情況，特別是醫師將對以下情況進行檢查：

成長：你可能要脫去孩子的衣服，放在嬰兒磅上稱體重。躺在一個平檯上以檢查他的健康狀態。捲尺可以用來測量頭部的大小。所有上述測量結果都畫在一個圖中，以標示從本次檢查到下次的成長曲線（你可以採用同樣的方式利用附錄的圖自己繪製成長曲線，這是判斷他是否正常成長的最可靠方法，成長曲線可以顯示他與同齡孩子的對比情況。如果你不確定自己的母乳供應，去辦公室進行額外的體重檢查可能會比較讓人放心。

頭：出生後第 1 個月，頭上最軟的前囟門應該未閉合而且扁平。到 2～3 個月時，頭後部的後囟門應該閉合。在孩子的第 2 年以前（大約 18 個月左右），頭部前方的軟點前囟也應該閉合。

耳朵：醫師會用耳鏡檢查他雙耳的外耳道與鼓膜，檢查孩子的耳朵是否有液體和感染，醫師也會問你孩子對聲音的反應是否正常。新生兒例行篩檢測驗會做正式的聽力檢測，如果日後懷疑聽力有問題，到時可再做一次聽力檢測。

眼睛：醫師會用明亮或閃光的物體吸引孩子的注意力，帶動他的眼球運動。也會用一個叫作眼底鏡的設備檢查孩子的眼睛內部，反覆進行眼睛檢查是醫院育嬰室首先要做的事，這特別有助於發現白內障──眼睛的水晶體渾濁。

口腔：檢查口腔首先是為了發現感染，其次是牙齒發育。醫師可能會觸診口腔頂部以確認是否有裂，這是一種骨骼或軟組織在發育過程中沒有完全閉合的症狀。

心肺：小兒科醫師會用聽診器在兒童的胸部前後檢查心肺功能，這種檢查可以決定是否有異常的心律、聲音或呼吸困難。

腹部：醫師將手放在孩子的腹部輕輕按壓，以檢查器官是否有肥大、異常腫塊或疼痛的情況。

生殖器：每次就醫時，醫師都會檢查生殖器有無異常突出物、紅腫或感染的現象。在頭 1、2 次檢查時，醫師會特別留意經過割禮的男孩的陰

莖，確定是否完全癒合。檢查所有男孩子的兩個睪丸是否已經進入陰囊。

臀部與腿： 小兒科醫師會移動孩子的腿以檢查是否有髖關節脫位或其他問題。醫師會特意移動寶寶的雙腿，以預防脫位或髖關節發育不良。早期發現問題很重要，這樣才能及時矯正治療。隨後，當孩子開始走路時，醫師會觀察步態以判斷腿和腳的協調性以及行走正常與否。

發育里程碑： 小兒科醫師也會詢問孩子的總體發育情況。在所有專案中，他將詢問並觀察孩子什麼時候開始笑、翻身、坐起和行走，以及孩子如何應用手與手臂。在檢查期間，他會測試孩子的反應及肌肉健康狀況（見第 5 ～ 13 章正常發育介紹）。

免疫接種

在孩子第 2 個生日到來之前，應該接受大多數兒童免疫計畫；這將保護他免患 13 種主要疾病：脊髓灰質炎（小兒麻痺）、麻疹、流行性腮腺炎、天花、德國麻疹、百日咳、白喉、破傷風、流感嗜血桿菌感染和 B 肝、肺炎鏈球菌感染、輪狀病毒和肝炎。此外，寶寶 6 個月後將接種每年的流感疫苗。（更多詳情請參考第 31 章免疫接種和附錄我國現行兒童預防接種時程。）

這一章主要為嬰兒基本護理，然而；你的寶寶是獨一無二的個體，如果你有特定關於孩子的問題，最好的方法是諮詢你的小兒科醫師。

第4章

寶寶餵養：母乳和配方乳

　　嬰兒快速生長期時的營養需求比一生中的任何時候都大，第一年內，他的體重將達到出生時的 3 倍。

　　餵養你的寶寶不僅是提供營養，也讓你可以好好地與寶寶親密擁抱、撫摸和對視，對母子雙方而言都是放鬆和愉快的時刻，並可以將你和寶寶聯繫在一起。

　　在寶寶出生前，就應該考慮是進行母乳餵養還是配方乳餵養；這是需要認真考慮的重要決定。在你做出最終決定之前，應該考慮兩者的優缺點，本章提供的資訊可以促使你做出對你和寶寶最佳的選擇。

　　就營養成分與長期健康狀態而言，母乳是嬰兒的最佳食品。沒有喝母乳的嬰兒似乎在耳部感染、濕疹、氣喘和胃腸道感染所引起的嘔吐和腹瀉，以及過敏反應的比例較高，此外，喝配方奶的嬰兒有多於 75% 的機率更容易罹患需要住院觀察的呼吸道問

題，且有比母乳哺育高 70% 的機率死於 SIDS。母乳哺育被發現可以降低 SIDS 與罹患兒童白血病的風險，近期資料表示，母乳哺育在孩子童年時期與日後預防超重和糖尿病方面具有重大的影響。另外，還有一些證據指出，哺育母乳有助於母親回復懷孕前的體重，預防心血管疾病和糖尿病，並且減少日後某些類型癌症的發生率。因此，大多數小兒科醫師強烈推薦母乳餵養。

基於各種原因，許多婦女無法確定是否要哺育母乳，如果你對母乳哺餵抱有疑問，請諮詢你的產科照護者、小兒科醫師、哺乳顧問或其他知識廣博、經驗豐富的人討論你的具體問題、顧慮或恐懼。大多婦女可以在協助下順利哺育他們的孩子，如果因為某種原因你無法哺乳母乳，嬰兒配方乳是可以接受的母乳替代品，然而，重要的是你要在寶寶出生前進行全面的考慮，因為一旦你拖得太久，在開始配方乳餵養以後，想再次分泌母乳很困難，甚至不可能。如果在分娩後立即開始母乳餵養，乳房的泌乳狀況最好。美國小兒科學會和世界衛生組織（WHO），以及許多其他專家都鼓勵，如果可能的話，最好是哺育母乳，時間越長越好，可以 1 年或以上，其中建議純母乳的餵養時間為 6 個月（請參考我們的立場），這是因為母乳提供最佳的營養和保護，使嬰兒免於受到感染。最新一項調查發現，有 80% 到 90% 的孕婦想要哺育母乳。2015 年後出生的嬰兒，大約有 83% 在出生後是喝母乳，其中有 58% 是喝到 6 個月大。因為許多婦女想要哺育母乳，並且開始實際行動，於是國家也日漸推廣哺育母乳的各種軟體與硬體支援體系。我們知道，哺育母乳的時間越長，寶寶獲得的益處也就越大。

我們的立場

美國小兒科學會認為母乳是寶寶在第一年最佳營養的食物來源，我們建議在出生後 6 個月內餵養純母乳，然後再慢慢加入固體食物，同時繼續哺育母乳，直到寶寶滿 1 歲。此後，只要嬰兒和媽媽想要，還是可以繼續哺育母乳。

哺育母乳的時間點越快越好，通常是在出生後 1 個小時內。新生兒只要有飢餓的跡象都應隨時餵養，大約 24 小時需要哺育 8 ～ 12 次。餵養的量和頻率依每對親子各有不同，重點是要確認寶寶有正確含住乳頭並取得母乳，特別是在出生後的頭幾天。在第 1 天，嬰兒能夠從每次母乳哺餵中獲取的母乳量很少（約 1 茶匙），並會在第 2 天和第 3 天增加。在回家之前，確定寶寶有在母乳哺餵期間吃到母奶是很重要的。

 # 哺育母乳

母乳是寶寶可能得到的最好的食物，它的主要成分是水、糖（乳糖）、容易消化的蛋白（乳清蛋白和乳酪蛋白）和脂肪（易消化的脂肪酸）──所有成分都非常均衡，而且可以**對抗一些疾病**，例如耳朵感染（中耳炎）、過敏反應、嘔吐、腹瀉、肺炎、打噴嚏、支氣管炎和腦膜炎。除此之外，母乳還含有礦物質、維生素以及幫助消化和吸收的酶。配方乳大約是這些營養成分的結合，但不能提供母乳中所有的酶，以及所有的抗體、促進生長因子和許多寶貴成分的營養素。

母乳餵養有許多實際的原因：首先母乳餵養**非常經濟**，稍微增加你熱量攝取的成本遠低於你在配方奶粉上的花費；其次，母乳無需準備，無論在哪裡，**任何時間**都可以供應。同時，重要的是母親要在哺乳期間繼續保持健康、均衡的飲食，以避免營養不足。母乳餵養還可以每天增加 500 卡能量消耗，促進**子宮收縮**以更快回復其正常大小。

對於母子雙方而言，母乳餵養的心理和情緒上的優點令人難以抗拒。哺乳過程中皮膚的直接接觸可以使孩子安靜，而且你自己也非常愉快，刺激乳汁產生的激素可以促進和強化母子的感情。幾乎所有的哺乳母親均發現哺乳的經歷使她們更重視與保護孩子、對自己的養育能力更有自信並更關心她們的孩子。

當順利哺育母乳後，對寶寶並沒有任何已知的壞處，但餵母乳的媽媽可能會覺得無法分身，時間被佔用太多。然而，研究表示，餵母奶和餵配方奶所用的時間總合相差不多。用奶瓶餵的母親，花很多時間在購物和清

洗哺育用品。花時間陪伴孩子是教養嬰兒和幼兒發展很重要的部分，對母親也是一件愉悅的事情。其他家庭成員可以藉由負責家務，協助哺育母乳的過程，特別是出生後第 1 個星期，這時媽媽需要多休息，且嬰兒需要喝奶的頻率也很頻繁。

其他家庭成員也可以**主動分擔**照顧嬰兒的工作，即使他們沒有直接餵奶，但還是需要父親、伴侶和手足的協助。對喝母奶的嬰兒的陪伴者而言，喝奶時間外的擁抱具有相當深遠的影響，對寶寶和媽媽來說，這時候陪伴者的撫慰更是無比的重要，他可以抱著寶寶、換尿布、幫他洗澡和帶孩子散步。母乳哺育很順利時（大約滿 3、4 週），陪伴者或許可以用奶瓶裝好事先擠出的母乳來餵寶寶。

在孩子出生之前，讓寶寶的陪伴者們針對如何餵養的問題進行公開討論是最佳方法，確保所有人都能理解並支援所做的選擇。許多父母與照顧者都希望孩子在開始時就得到最好的營養，毫無疑問，最好的營養是母乳。如果母乳哺育順利（通常在 3 ～ 4 週大），在母親必須離開嬰兒一段時間時（例如工作、購物和參與社交活動），她仍然可以用擠奶器將母奶事先擠出，在需要時透過奶瓶進行餵養。

有些母親可能在哺育母乳的早期不太舒服，但非常不舒服的情況則是少見。如果你感到疼痛、寶寶難以吸吮，或需要更多協助，你可以在第一時間找有經驗的專家（小兒科醫師、護理師或哺乳專家）協助。所有嬰兒在出院後 2 ～ 3 天內必須找小兒科醫師、護理師或哺乳專家回診，以檢視母乳哺育的情況。

信心是哺育母乳很重要的一環，但許多常見的問題還是有可能會發生。及早尋求專家協助是一個好方法來克服這些問題，並且保持信心繼續哺育母乳。偶爾一些母親會有哺育母乳的問題，導致嬰兒過早停止哺餵母乳（比母親本來的計畫還早），許多婦女會因為計畫沒有順利執行而感到失望。不過，你不需要因此覺得挫敗，有時即使一再嘗試，擁有最好的支援，有些母親就是無法順利哺育母乳（請參考第 134 頁關於奶瓶餵養）。

哺育母乳對健康的益處

　　研究指出，哺育母乳對嬰兒有許多好處，與餵養配方奶的嬰兒相比，母乳哺育的嬰兒以下疾病的風險較低：

- 耳朵感染。
- 腸胃道感染引起的嘔吐和腹瀉。
- 敗血症和細菌性腦膜炎
- 尿道感染
- 濕疹、氣喘、食物過敏。
- 呼吸道疾病，包括肺炎。
- 糖尿病（第一型和第二型）。
- 青春期和成年期肥胖。
- 發炎性腸道疾病。
- 兒童白血病和淋巴瘤。
- 嬰兒猝死症候群（SIDS）。

　　改編自美國小兒科學會，米克（J. Y. Meek）編輯的《準媽媽母乳哺育指南第三版》（new York: Bantam Books, 2017）。

特殊狀況

　　在一些罕見的醫療情況下可能不建議哺育母乳，例如，母親重病沒有足夠的體力或耐力哺乳，而且也可能會妨礙她的康復能力。同時，她可能正在服用某些藥物，這些藥效可能會經由乳汁危害嬰兒，縱使大多數藥物對哺育母乳是安全的。如果你因任何原因正在服用藥

物（處方藥或非處方藥），在開始哺乳前你要告知你的小兒科醫師，他可以告訴你這些藥物是否會影響乳汁，並且引起任何問題。有時候，在哺乳期間，醫師可以將你的藥物改成較安全與溫和的種類。另外，請注意，僅僅因為某些東西被標記為「膳食補充劑」或「全天然」並不意味著它在母乳中時不會傷害您的寶寶。（你可以在 LactMed 取得更多相關訊息，包括可能影響母乳的藥物和膳食補充劑資料庫 [toxnet.nlm.nih.gov/newtoxnet/lactmed.htm]，有關於母乳與嬰兒血液中該類物質的含量，以及其可能對嬰兒產生的不良影響。你也可以在 Android 或 iOS 中的免費應用程式使用。）

開始：泌乳前的乳房準備

從懷孕的那一天開始，身體就在為母乳餵養做準備。乳頭周圍的區域——乳暈——變黑，當產生乳汁的細胞增加時，乳房本身也變大，運送乳汁到乳頭的導管也開始發育。乳房變大是正常的，同時也是乳房在為寶寶出生後分泌乳汁做好準備。同時為了給泌乳提供額外的能量，身體也會開始儲存更多的脂肪。

早在懷孕的第 16 週，乳房已經準備好為即將出生的嬰兒泌乳。最早的乳汁叫**初乳**，是一種營養豐富的、稠厚的、橘黃色的汁液，在分娩後數天產生，最後被成熟乳代替。與成熟乳相比，初乳中含有**更多的蛋白、鹽、抗**

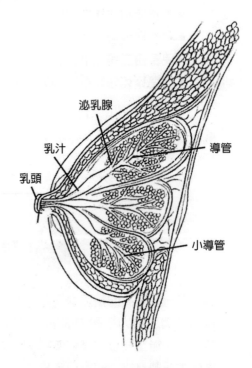

泌乳腺

乳汁

導管

乳頭

小導管

乳汁由乳腺產生，隨後通過小導管到達導管，最後到達乳頭開口處。

體和其他保護性成分，但脂肪和熱量的含量低。初乳有助於寶寶建立他的免疫系統，你的身體在分娩後幾天內都會分泌初乳，隨後逐漸變成過度、最後變成成熟的母乳。**母乳改變成分**是爲了適應不斷成長的嬰兒營養需求，這是配方奶無法做到的。

　　你的身體很自然地爲泌乳做準備，很少需要你特別做什麼。你的乳頭無須「夠堅挺」才能承受寶寶的吸吮，拉扯、轉動或磨擦等動作，堅挺反而可能會影響正常泌乳，這些腺體的作用是分泌潤滑乳頭的奶樣液體，爲哺乳做準備。總之，如果你刺激乳頭，可能會讓你的哺乳過程更加疼痛。

　　懷孕期間護理乳房的最好方法是正常沐浴並輕輕擦乾。雖然有許多婦女爲使乳房柔軟而塗抹很多乳液或軟膏，但基本上沒有必要，反而會堵塞皮膚的毛孔。軟膏，尤其是那些含有維生素和賀爾蒙的軟膏，如果在哺乳期間使用，不僅沒有必要，還會對孩子造成不良影響，因爲這些物質會透過皮膚吸收進入體內，並透過乳汁傳遞給你的孩子。另一方面，有一些婦女發現使用綿羊油有助於舒緩乳頭的疼痛。如果綿羊油使乳頭疼痛更加嚴重，則可能表明對你對純化形式的綿羊油過敏。

　　有些婦女在懷孕期間開始戴護理胸罩，與正常的胸罩相比，護理胸罩可以調節，空間更大，當乳房增大時更加舒適。活動式哺乳胸罩的前罩方便取下，適合隨時哺乳或擠奶之用。你也可以將墊子插入哺乳胸罩間以吸

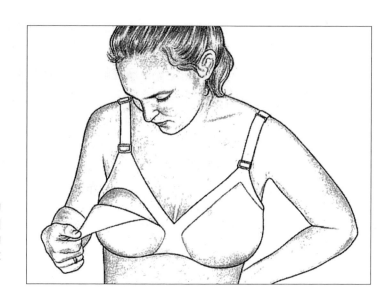

活動式哺乳胸罩的前罩方便取下，如果你穿戴哺乳胸罩，確保合身且不會太緊繃。

收滲漏的母乳。請注意，有些母親可能會對部分墊子過敏，因此如果您出現乳頭皮疹或疼痛，請務必與你的醫師討論。

內陷乳頭如何哺乳

　　正常情況下，用兩個手指壓迫乳暈時，乳頭應該突出而直立。如果乳頭內陷並消失，就是乳頭內翻，乳頭內陷是正常的變化，隨著妊娠的進展，它們可能會慢慢突起，如果你有這方面的疑問，你可以與產前專家或哺乳專家討論這個問題。

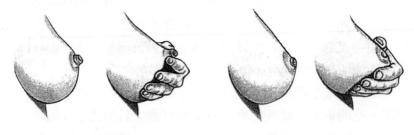

正常乳頭　　　　　　　　　　內陷乳頭

　　有時候，只有在分娩時才會留意到乳頭內陷的問題，在這種情況下，產後護理人員會協助你相關的早期哺乳事項。哺乳顧問通常可以幫助你處理此情況，他們可能會建議在哺乳前短暫吸乳以幫助帶出乳頭，或暫時使用哺乳護罩來幫助含乳。

泌乳和吸吮

　　在孩子出生後，泌乳即開始，乳房已經做好產生乳汁的準備。當孩子吸吮時，他身體的反應將使你的身體知道什麼時候開始和什麼時候停止分泌乳汁。出生後第一時間將新生兒放在你的胸前，可以讓寶寶貼近往上靠近你的胸部。如果寶寶沒有被打擾，第一次哺乳通常會在出生後 1 個小時

內發生。當孩子找到並以嘴擒住整個乳暈區（不是乳頭）開始吸吮時，授乳過程開始，這個動作叫「吸吮」。當乳房接近孩子的嘴並且他的鼻頭抵著乳頭時，他可以本能的完成這個過程。

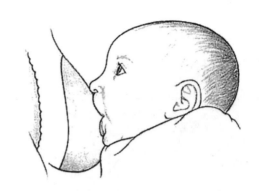

正確的吸吮姿勢。嬰兒的鼻子、嘴巴和臉頰全要貼近乳房，這樣寶寶才可更有效地吸吮。

如果你是自然產或計畫性剖腹產，事前你要向產前護理人員要求在生產後立即進行肌膚接觸與母乳哺育。在產房中，當寶寶趴在你的胸前時，他會慢慢移向你的乳房，然後含住你的其中一個乳頭。如果分娩時你出現併發症，或你的新生兒需立即就醫，你則要等幾個小時後才能進行這些接觸。如果第一次哺乳在出生後1、2天內進行，身體應該沒有哺乳上的困難；如果哺乳無法在出生後第一時間進行，護理人員將會協助你用機器或用手擠奶來餵養寶寶。

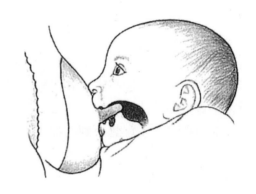

整個乳暈和乳頭含在孩子的口中。

當你開始進行哺育母乳時，你或許會斜躺在椅子或床上，將寶寶放在你的胸前，不穿戴胸罩。就像在產房一樣，你的寶寶會開始移向你的其中一個乳房，並且含住乳頭。你或許會也可以透過調整寶寶的姿勢，讓他正視你的乳房，用你的乳頭觸碰他的下嘴唇或用你的乳房觸碰他的臉頰來開始哺乳。這些可以刺激寶寶的反射動作，讓寶寶用嘴巴找到你的乳頭。這時寶寶會把嘴巴張得更開，並向乳房移動。也可以用你的手擠幾滴乳汁，母乳的氣味和味道可以刺激寶寶的反射動作含住乳頭。醫院員工或其他協助你生產的人員會向你演示如何用手擠出你的母乳。

搖籃式抱法。

當乳房進入寶寶的嘴巴時，他的下頜會張得很開，將大部分的乳暈含在嘴裡，而不僅是乳頭。他的嘴唇會被向後拉兒在你的皮膚上顯得像魚的嘴唇一樣，齒齦將環繞在乳暈周圍；舌頭將向上方運動，將乳頭壓向他的硬顎並使乳汁導管排空。分娩後第 1 個小時內，在嬰兒警覺性和精力旺盛時，將嬰兒放到乳房上將有助於建立良好的母乳餵養方式。在出生第 1 天稍晚，嬰兒會開始想睡覺，但如果能在生產後 1 個小時內開始哺乳，日後將有更大的機會成功哺育母乳。

一旦寶寶開始有效地吸吮，他的運動將刺激乳房將乳汁流入輸乳管內，這被稱為泌乳反射；這同時伴隨一種垂體腺賀爾蒙，催產素的釋放。作為回饋，來自垂體腺的泌乳素與乳房中的乳汁被排空的訊號，將促進乳房產生更多的乳汁。

催產素有許多意想不到的益處。它讓你有興奮的感覺，並且立即減輕生產後的疼痛。有些人還認為，它可以強化你與孩子之間愛的感覺，同時刺激子宮肌肉的收縮。所以，在分娩後的最初幾天或幾個星期，每當你哺育母乳時，你會感覺到產後痛或子宮痙攣的感覺。雖然這種情況令人討厭，並時而疼痛，但確實有助於子宮迅速回復到正常大小，並減少產後出血；同時這些抽痛也是母乳餵養順利進行的良好指標。你可以運用深呼吸的技巧或止痛藥（ibuprofen──布洛芬，分娩後常用的處方藥物）來緩解痛苦。

泌乳開始後，一般只需要幾分鐘吸吮，乳汁就會排出，聽到嬰兒

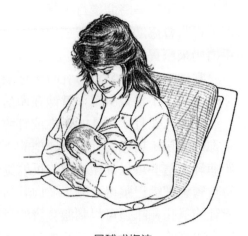

足球式抱法。

哭泣時的刺激，實際上已
經足夠刺激乳汁排泄。

　　乳汁排出的徵兆因人
而異，並隨著孩子對乳汁
的需要量而改變。有些婦
女只有輕微的麻刺感，有
些婦女會感覺到乳房裡有
太多乳汁——這種感覺會
在乳汁開始流動時很快舒
緩；有些婦女的嬰兒得到
足夠的乳汁，卻從來沒有
任何感覺。

無論你選擇哪一種姿勢，都要確保孩子整個身
體都面向你的身體，而不是只有頭部而已。

　　乳汁流動的方式也有很大差異，可以是噴射、湧出、滴或流動。有些
婦女在哺乳中或非哺乳中有溢乳的情況，有些人沒有，這些都是正常的現
象，因人而異。此外，兩側乳房也會不同——可能一側為湧出，另一側為
流動。這是兩側乳房的導管結構有輕微的差異，只要寶寶得到充足的母乳
正常成長，沒有必要擔憂。

　　假如你在生產後幾天馬上哺育母乳，你會發現孩子面朝你側臥是最舒
服的體位，如果你採用坐位，利用枕頭支撐你的手臂，將孩子抱與乳房水

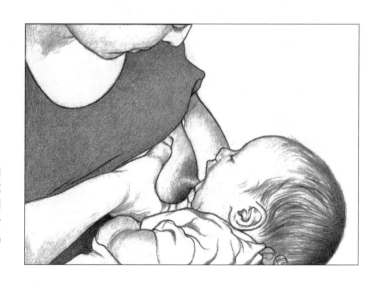

如果你用乳頭或手指
輕扣新生兒的下唇或
腮部，他會本能張開
嘴巴，含住乳暈開始
吸吮。你可能需要協
助他含住乳暈。

平，保持孩子的整個身體，而不是頭部朝向你的身體。在剖腹產後，最舒服的哺乳體位應該是側抱，或者所謂的「足球抱」體位──你坐直，孩子面對你躺在你的一側，將手臂彎曲放在他的身體後方，支撐並保持他的頭部靠近乳房；這個體位保證孩子不壓迫你的腹部，但孩子必須呈直角面向你的乳房進行吸吮。

　　如果你用乳頭輕叩新生兒的下唇或腮部，他會本能的張大嘴巴含住並開始吸吮。在子宮中他就透過吮吸他的手、手指甚至腳練習了一段時間（有些嬰兒的身上一出生就有水泡，就是由於出生前的吸吮造成的）。嬰

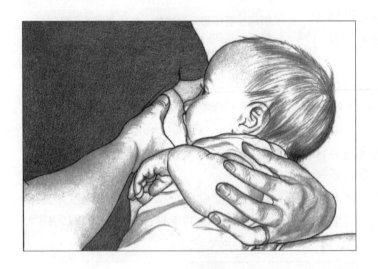

當寶寶吸吮時，你可能需要持續性托住乳房，特別是較大的乳房。

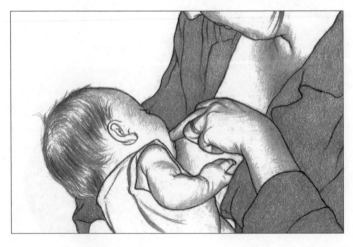

在寶寶吸吮尚未結束前，如果你要暫停哺乳，你可以將你的手指滑入他的嘴角，中斷他的吸吮。

兒不需要引導就會開始吃奶，但你也要幫助他正確的嘬住乳暈。你可以用拇指頂住乳暈上方、其他手指和手掌在乳暈下方握住，然後輕輕壓迫乳房把乳頭直接塞入孩子的口中。重要的是要使手指放在乳暈下方，乳頭水平或稍微向下，以免摩擦孩子的硬顎。不管採用哪一種方法，都要確定你的手指不接觸乳暈區，以便孩子吸吮，確保你的手指到乳房根部之間的距離大於兩英吋。

先讓寶寶吸吮他想吸的那一邊，之後如果他還想再喝，再將他放至另一邊乳房。先吸完一邊乳房比草草完成兩邊乳房的吸吮更為重要，每次餵奶時，較先出來的母奶含有更多的碳水化合物，並且隨著寶寶吸吮更多母乳，後奶（較晚的母奶）將變得更富含脂肪和卡路里。出乳、子宮攣縮、吞嚥聲音和重新熟睡是成功進行母乳餵養的全部表現。進行第一次餵養時，出奶可能需要幾分鐘時間，此後，在大約 1 週以內，出乳的時間會明顯變快，並且乳汁量也會增加。

假如你不確定是否出乳，可以觀察你的孩子：幾次吸吮後應有吞嚥。在 5 ～ 10 分鐘以後，他將開始所謂的非營養性吸吮 —— 更加放鬆的吸吮，這可以帶給他撫慰，同時還提供少量富含脂肪的乳脂。之前我們討論過，婦女的泌乳跡象因人而異：分娩後頭幾天的子宮痙攣；乳汁流出的感覺；哺乳中另一側乳房溢乳；哺乳前漲奶，哺乳後變柔軟；或者哺乳後寶寶的嘴巴上有乳汁。

你越放鬆越自信，乳汁流出的速度也就越快。第一次哺乳通常比較困難。母乳餵養不會引起乳頭、乳暈或乳房的持續性疼痛，如果開始哺乳時，有一會兒疼痛，要求護理師、泌乳顧問或你的醫師評估母乳餵養並做出適當改變，尋求醫務人員的幫助，他們具有豐富的經驗，可幫助哺乳母親和孩子。在某些情況下，嬰兒會有吸吮上的困難。吸吮乳房和吸奶瓶上的奶嘴或安撫奶嘴大不相同，有一些嬰兒非常敏感，可以分辨出其中的差異。這些嬰兒可能只是用上下頜去舔、輕咬，而不是用舌頭，有一些可能是推開或用哭來表示挫折。部分專家建議，一開始幾個星期避免使用奶瓶和安撫奶嘴，直到母乳哺育進行順利。在這段時間，如果嬰兒看起來想再吸吮，你可以再次提供乳房給他吸吮，或者協助他找到自己的手或手指頭來安撫自己。如果當你在家，寶寶無法含住你的乳頭，這時你應該打電話尋求醫師的協助或請他介紹專家協助你。

一旦你出院回家，下列建議可促進泌乳反射：

■ 餵奶前先熱敷（溫暖濕潤的毛巾）幾分鐘。

■ 坐在舒適的椅子上，後背和手臂獲得良好的支撐（許多哺乳的母親推薦用搖椅）。在晚上，寶寶會在哺乳期間經常睡著的情況下，最好在床上哺乳，而不是坐在沙發或椅子上。等哺乳結束後，讓寶寶回到單獨的睡眠平面睡覺。

■ 確信孩子的體位合適，要垂直面向哺乳乳房進行吸吮，而不是咬。

■ 使用一些放鬆技巧，例如深呼吸或觀想練習。

■ 在哺乳期間聽輕鬆的音樂，喝一些營養飲料，或喝一些水並吃個有營養的點心。

■ 不要抽菸與避免二手菸，服用大麻或違禁藥品，因爲這些物質含有干擾出乳、影響乳汁量的成分，並對孩子的身體有害；與你的婦產科醫師或小兒科醫師核對你正在服用的處方和非處方藥物，以及任何的草藥。如果你會飲酒，請將飲酒量限制在每天一份，理想上比哺乳提前 2 小時。

■ 在哺乳期間找一個安靜的角落或房間。

■ 在嘗試上述建議以後，如果你仍然不出乳，向你的小兒科醫師尋求幫助；如果你仍然有困難，請諮詢泌乳專家的建議。

乳汁何時會增加

分娩後大約 1 天左右，你的乳房摸起來非常柔軟；但是，隨著乳房血液供應的增加和泌乳細胞開始有效地運作，乳房會逐漸變硬；產後第 2 ～ 5 天，乳房將開始產生過渡性乳汁（這是初乳），同時你可能會感到脹奶。在產後第 1 週結束，你會看到奶油白的乳汁，到了第 10 ～ 14 天，你的乳汁看起來會像是脫脂牛奶，不過，隨著持續哺乳，母乳中的脂肪量會增加，母乳也會更濃厚，這種變化很正常，無須擔心哪裡出了問題。此外，頻繁哺育你的寶寶，以及在哺乳前和哺育中按摩你的乳房，有助於舒緩乳房的腫脹感。

乳房的乳汁過多時，就會感到腫脹，這種情況非常不舒服，而且有時會感到疼痛，最好的解決辦法是孩子感到饑餓時就給他餵奶，讓兩邊的乳房每天排空 8 ～ 12 次。有時，乳房嚴重腫脹，導致孩子不能很好的吸

吮，你可以在給孩子餵奶前，用手擠出一些母奶，或者用擠乳器吸出一些母奶；這可以使孩子更容易嚙住乳房吃奶，而且哺乳的過程更有效率（參考第 124 頁關於擠奶）

下列一些技巧可以**緩解乳房的漲痛**，包括：

- 將一塊軟布放入熱水中，隨後對乳房進行熱敷；或者洗一個熱水澡。在哺乳或擠奶前運用這些技巧，可以使乳汁更順暢。
- 劇烈漲痛時，熱敷沒有幫助，特別是在那些沒有母乳流出的情況下。你可以在沒有哺乳的空檔或剛餵奶後進行冷敷。
- 用手或擠奶器擠一點乳汁出來，讓乳房暫時舒緩一下。
- 嘗試用多種方法餵養孩子，先坐起，後躺下。這可以改變乳房排出乳汁的方位，使哺乳更有效率。
- 從手臂下到乳頭下輕輕按摩你的乳房，不僅可以減輕漲痛，而且可以使乳汁容易流出。
- 布洛芬（ibuprofen）已被證實是安全有效舒緩乳房漲痛的方法，請依照醫師指示的劑量服用，並且不要服用任何未經醫師批准的藥物。

幸運的是，在泌乳成功以後，漲痛就消失了。然而，在錯過餵奶或連續幾天乳房沒有完全排空的情況下，漲痛會隨時出現。

第 1 週以後，乳房產生的乳汁量大大增加。在開始餵奶的最初 2 天，每次餵奶時乳房產生的乳汁可能只有到 0.5 盎司（大約 15 毫升），到 4 ～ 5 天時，乳汁量增加到 1 盎司（30 毫升）；到第 1 週結束時，根據嬰兒的體重和胃口的好壞以及餵奶時間的長短不同，每次餵奶可以產生 2 ～ 6 盎司乳汁（60 ～ 180 毫升）。在孩子滿月時，平均 1 天可以攝取大約 24 盎司（750 毫升）乳汁。參考第 122 頁關於哪些是寶寶吃飽的訊息。

哺育寶寶的方法正確嗎？
母乳哺育檢查表

哺育正確的跡象

- 寶寶的嘴巴張大嘴唇外翻。
- 他的臉頰和鼻子靠在乳房上。
- 有節奏與深入地吸吮，中間會有短暫的停頓。
- 你可以聽到規律吞嚥的聲音。
- 吸吮幾口後，你的乳頭會感到很舒服。

哺育不當的跡象

- 嬰兒的頭和他的身體沒有呈一直線。
- 他只是在乳頭上吸吮，而不是整個嘴巴含住乳暈和乳頭。
- 他只是輕輕、快速隨便吸吮，而不是深入有規律的吸吮。
- 他的臉頰內凹或聽到卡嗒的雜音。
- 當你的泌乳增加時，沒有聽到寶寶規律吞嚥的聲音。
- 餵奶時你感到疼痛，或者乳頭有受傷的跡象（例如破裂或流血）。

改編自美國小兒科學會，米克（J. Y. Meek）編輯的《準媽媽母乳哺育指南第二版》（new York: Bantam Books, 2011）。

哺育母乳寶寶所需的維生素

　　你的母乳提供寶寶所需的所有維生素，除了維生素 D，雖然母乳含有微量的維生素 D，但仍不足以預防軟骨病。目前美國小兒科學會建議，所有嬰兒與兒童每日最少要補充 400IU 的口服維生素 D 液，最快應該從出生第一天開始，滿週歲後的兒童每日的建議量為 600IU。配方奶有添加維生素 D，所以如果你的寶寶每日僅喝約 32 盎司的配方奶，他就可以得到約 400IU 的維生素 D 補充，但如果你以母乳餵養並以配方奶輔助，你的寶寶仍需要補充維生素 D。一些來自母親的維生素 D 可以進入母乳，一位有在哺餵嬰兒的母親每天需要服用 6400 IU（160 微克）的維生素 D，才能使嬰兒獲得 400 IU（10 微克）的最低量。

　　如果你的寶寶是早產兒或有醫療上的其他問題，他很可能需要補充維生素或鐵質，若有以上這些狀況，你可以與你的醫師討論寶寶需要的維生素或礦物質營養素。

　　如果你是一位素食者，你可以針對你的營養需求與你的小兒科醫師討論。純素飲食不僅缺乏維生素 D，同時也缺乏維生素 B_{12}，而缺乏維生素 B_{12} 會導致貧血和中樞神經系統異常。

　　更多關於維生素 D 和其他補充品的詳情請參考第 144-145 頁。

對雙胞胎哺乳

　　雙胞胎對於母親哺乳是一個獨特的挑戰。一開始，妳可以兩個分開餵奶，不過等到哺乳順利後，為了節省時間，同時給他們餵奶更加方便，也可以增加你的泌乳量。你可以採用「足球抱」將他們一個放

在一側，或者讓他們的身體相對，將他們抱在你的面前。更多關於如何養育多胞胎的資訊，可以參考美國小兒科學會出版，由弗萊斯（Shelly Vaziri Flais）醫師所寫的《從懷孕到就學之多胞胎育兒指南》（Parenting Multiples From Pregnancy Through theSchool Years）。

哺乳的頻率與間隔時間

一般而言，母乳餵養的嬰兒吃的次數比配方乳餵養嬰兒多，1 天可能需要 8～12 次的餵奶，甚至更多；隨著他們的成長，餵奶的間隔時間可能會延長，因爲一方面他們的胃容積擴大了，另一方面母親的乳汁產生量也大大增加；不過，有些婦女還是偏好頻繁與少量的哺乳。

嬰兒爲自己所設計的餵養時間表就是最好的餵養週期。孩子可以透過很多方法讓你知道什麼時候他餓了：醒來並警覺地向四周張望、把手放在

嘴裡、做吸吮動作、嗚咽並屈曲手臂、手或拳頭向口移動、活動量變大和用鼻子嗅聞你的乳房（即使你穿著衣服他也能嗅出你乳房的位置）。最好在嬰兒哭鬧前開始授乳；哭泣是孩子饑餓時的最晚的徵象，無論什麼時候，都要注意這些信號，而不是按鐘點授乳，採用這種方法，你可以確定他在吃奶時確實感到饑餓。在餵養過程中，孩子可以刺激乳房以利更有效的分泌乳汁。

如果你在分娩後（第1個小時）立即開始授乳，母乳餵養通常最容易成功，保持盡可能多的時間與孩子在一起（在醫院中母嬰同室）、對嬰兒饑餓的表現（稱為覓食要求）立即做出反應。

嬰兒可能有1個或2個長達4小時不餵食的時間區段，但隨後會在其間的幾個小時內頻繁的吃奶。最好對每天餵養的總次數進行統計，以確保每24小時內至少有進行8次哺餵。母乳餵養的嬰兒通常需要在夜間餵奶，而無法睡過整夜；至少

每次餵養應該先餵一側乳房10～15分鐘，隨後拍嬰兒背（使打嗝）一會，再更換到另一乳房。

在出生後 6 個月內，讓寶寶和
你在同一個房間裡過夜，這既
能促進基於寶寶要求提示的餵
養時間，又能促進睡眠安全，
降低嬰兒猝死綜合症的風險。
對於母乳餵養的嬰兒來說，長
時間不間斷的睡眠並不常見，
直到寶寶已經大約 4 個月大並
且體重通常超過 12 磅。你的
小兒科醫師會檢查寶寶的成長
狀況，直到他恢復出生體重。

　　讓孩子持續盡情吸吮一側
乳房，當他停止一段時間或脫
離乳房時，讓他打飽嗝；如果
孩子吃完一側的乳房後想睡
覺，在換吃另外一側的乳房時，透過換尿布或與他玩耍一會兒，使他清
醒。因為嬰兒吸吮第一側乳房時的效率更高，所以兩側乳房應該交替。有
些婦女將安全別針和其他標記放在孩子最後吮吸的乳房上，作為下一次優
先吸吮另一側乳房的標誌，或者你可以從乳房較腫脹那一邊開始餵。

　　剛開始幾天，無論白天或夜晚，你的孩子可能每 2 個小時吃奶一次；
許多 6～8 週的新生兒，一次的睡眠週期可以長達 4～5 個小時，你可以
透過保持房間黑暗、溫暖和安靜來建立他的夜間睡眠模式。夜間哺育時不
要開明亮的燈，如果尿布濕了或大便，在這次餵奶前要不動聲色地迅速更
換，之後立即讓他回到睡眠的模式。嬰兒**滿 4 個月**後，夜間睡眠大都可
以**一覺長達 6 個小時**。不過，有一些母乳哺育的嬰兒，在夜間仍然會經
常醒來要喝奶（參考第 78 頁哄寶寶入睡）。

　　你可能也會發現孩子在一天中某個特定時間需要長時間授乳，而其他
時間又可以很快滿足。他會讓你知道什麼時候他吃飽了，或者在進行非營
養性吸吮時睡著。少數嬰兒想要全天候喝奶，如果你的寶寶屬於此類，請
和你的小兒科醫師聯絡，或者諮詢哺乳專家，寶寶有幾個原因會出現這種
狀況，儘早評估可以針對問題早日解決。

熟悉孩子的餵養模式

專欄

每個孩子都有自己特定的吃奶模式，許多年以前耶魯大學的研究人員一時興起的將五種吃奶模式加以命名，看看你是否可以辨認出孩子的吃奶模式：

梭魚類──靜心吃奶型：一接近乳房，就嘬住乳暈部並有力的吸吮 10 ～ 20 分鐘，然後興趣逐漸下降。

興奮而低效率型：一看見乳房就很興奮，他們狂熱而週期性的嘬、丟，並開始欲求不滿的吸奶。在每一次餵奶期間，必須對他們進行數次安慰；確保這種類型孩子營養的關鍵是只要他們一醒，在非常饑餓前就開始餵奶。如果乳汁隨著孩子的掙扎噴出來，可以用手擠出一些以減慢乳汁的流量。

拖延型：除非媽媽泌乳量增加，否則餵奶時不可被打擾。對這類孩子不應該給予水瓶或配方乳奶瓶，如果用奶瓶餵他們，日後可能更難以親餵母乳。無論何時，他們清醒或口腔運動時，都應該給他們餵奶；有時，將赤裸的孩子放在裸露的腹部和胸部玩耍一會兒，可以勉強完成餵奶，孩子會自發的向乳房運動；有時改善餵奶體位也有所幫助。對於在出生幾天內不願意吃奶的孩子，在餵奶的間隔期，可以用電動或手工擠奶器刺激乳汁的分泌，不要放棄，你可以諮詢你的小兒科醫師或母乳哺育專家。

美食者或吹牛型：在吃奶前堅持戲耍乳頭、先品嚐味道；如果受到催促或刺激，他們會變得狂躁並吐奶以示抗議；最好的解決辦法是忍耐。在玩耍幾分鐘以後，他們會靜下心來地吃奶，確信口唇和齒齦位於乳暈之上，而不是乳頭。

休息型：這種類型的孩子吃一會兒、休息一會兒，然後重新開始。有些孩子爬在乳房上背朝上睡眠 1 個小時左右，然後醒來時準備再吃；這種模式令人難以捉摸，但不能催促，最好的方法是撥出額

外的時間餵奶並盡可能放鬆。

分娩後最初幾週了解你的孩子的吃奶模式是最大的挑戰之一，一旦建立了吃奶模式，判斷他什麼時候饑餓、什麼時候吃飽、他需要吃多少次和每次餵奶多長時間就是非常容易的事；一般而言，最好在孩子出現饑餓的最早徵象並開始哭泣之前就餵奶；孩子也會有自己最喜歡的哺乳體位，也會對一側乳房的喜歡程度高於另一側。

專欄 ## 孩子吃飽了嗎？

在出生後的第 1 週，醫師會檢查您的新生兒，以確保體重沒有過度減輕（超過出生體重的 10%），沒有過多的黃疸，並且寶寶每天至少會尿濕尿布和大便；尿濕和大便是出生後兩天餵食的可靠跡象。到第 3 天，寶寶每天應該會用掉 4 到 8 個尿濕的尿布，並有 3 到 4 次鬆散、帶有顆粒的大便。考慮到出生後 2 天的濕尿布和排便方式並不足以作為餵養充足的可靠指標，因此在回家後兩天內安排與小兒科醫師進行後續訪視是非常重要的。這次訪問將有助於確保你的母乳供應量是否增加，及你的寶寶是否有在母乳哺餵中吃到母乳。經過兩週之後，你的寶寶應該會恢復到出生時的體重或者增加了一些。如果你曾經以母乳餵養過其他孩子，這次可能可以更快地進入適合授乳的狀態，因此新生嬰兒的體重可能會減輕的很少，並在幾天內恢復到出生體重。

在第 1 個月中，你的母乳供應量增加後，充足的飲食應該會讓孩子每天產生 6 片或更多濕尿布，並且通常會排便 3 ～ 4 次或更多（經常會在每次餵食後排便一次）。之後寶寶的排便次數可能會減

少，甚至可能間隔一天或更長時間。只要寶寶的排便柔軟並且繼續維持成長，這就是正常的。關於寶寶攝食量的另一個線索是你是否能聽到寶寶吞嚥的聲音，通常是在幾次吸吮之後吞嚥一次，餵食後幾個小時看起來很滿足也是一個跡象。反過來說，幾天沒有吃飽的嬰兒可能會顯得非常睏倦，並且看起來「容易」照顧。在出生後最初幾週過度睏倦或在 24 小時內餵食次數少於 8 次的嬰兒應該由小兒科醫師檢查，以確保他的體重有按預期增加。

一旦你建立了乳汁供應模式，在前 3 個月內，孩子將每天增重 14 ～ 28 公克。在 3 ～ 6 個月期間，他的體重增加將下降到每天 1/2 盎司（14 公克）左右。6 個月以後，每天體重增加降得更快。如果孩子的體重增加小於上述數位，請與你的小兒科醫師討論。不要根據家庭體重機來判斷，因為那種體重機測量嬰兒的結果往往不準確。

輔助配方乳餵養

新生兒最好頻繁持續的進行母乳哺育新生兒。住院期間與你的孩子同處一室（大多數醫院叫母嬰同室）會使餵養更容易進行。當然，你可以嘗試讓孩子在育嬰室過夜，以免打擾你的夜間睡眠，不過，現在大多數醫院有提供母嬰同室的護理，所以你可以好好睡覺，同時間新生兒也有專人妥善的照顧。但是研究顯示：事實上，母嬰同室的母親睡眠品質比新生兒托在育嬰房的母親好，目前許多醫院已改變傳統的育嬰護理模式，舊有的育嬰模式目前大多用在醫療程序和生病的新生兒。如果孩子每天和你在一起，在出生的最初幾天可避免水或配方乳的補充，這些成分的補充會影響母乳餵養的效果。然而，即使在醫院，遵循安全睡眠指南也很重要。確保你的寶寶仰臥在搖籃中，而不是在你的床上。

但是，如果你必須連續錯開幾次授乳，嬰兒需要給予擠出的乳汁或者需要配方乳；在這種情況下，你需要手工或機械擠出乳汁以刺激乳汁的持續分泌。醫院的護理人員會協助你餵母乳，確保日後能再次轉換至親餵，包括避免使用奶瓶和奶嘴的哺育技巧。這些方法可能包括注射器或杯子餵

養法，使用有節奏的奶瓶餵養（Paced Bottle-feeding），或者透過哺育輔助器。如果你決定要給孩子斷母乳，事前一定要與你的小兒科醫師或其他專家進行討論。

　　一旦母乳餵養順利進行，並且建立了乳汁供應（通常在產後 3 ～ 4 週），你或許會使用奶瓶餵奶，這樣在哺育期間你才能暫時抽身。事先將母乳擠出來並且儲存，你的寶寶就可以用奶瓶喝母奶，繼續受惠於母乳的好處。此外，將母乳擠出來也可以使你的身體保持足夠的母乳量供應寶寶，在這個階段，偶爾使用奶瓶並不會干擾寶寶的哺乳習慣，不過，如果沒有定時將母乳擠出，你的乳房會腫脹。當你不在寶寶身邊時，可以先將母乳擠出來，以其他容器保存。穿戴附有溢乳墊的哺乳衣有助於解決溢乳的問題（有些婦女在哺乳期的第 1 或 2 個月會一直穿著附有溢乳墊的哺乳衣，以預防衣服沾上乳漬），不管是親餵或將母乳擠出來，每天都要經常哺乳和擠奶，以避免乳汁鬱積所造成的乳房腫脹和其他潛在性問題，進而導致泌乳量減少或乳腺管阻塞。

擠奶與保存

　　擠母乳可以用親手、手動擠奶器或電動幫浦擠奶器。不管是哪種方法，你必須有泌乳的反射動作，好讓乳汁流出。學習用手擠乳，如果有人

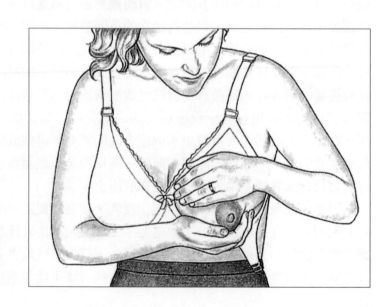

如果事先輕輕按摩乳房，擠奶會更容易一些。

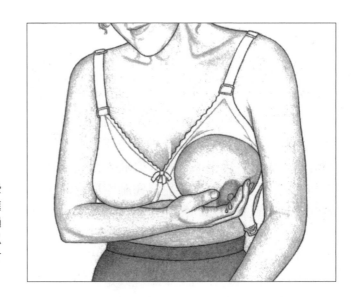

手工擠奶時，指放在乳暈的上下緣，然後向胸部進行有節律的壓迫運動，過程中交替手指的位置，以便將乳房所有部位的乳汁排空。

在旁指導或看錄影帶學習，會比自己看書學習還要容易。一旦學會用手擠乳，你會發現這是一個快速又有效率的方法，不過需要練習，在出院前，許多醫院會教媽媽如何用手擠乳。幫浦擠奶器似乎比用手擠乳更為容易，但是幫浦擠奶器的品質相差很大，幸運的是現在有許多品質良好的擠奶器也提供多種價位可以選擇。品質差的擠奶器無法有效吸出母奶，反而會導致腫脹或泌乳量一次比一次少，同時還可能刺激乳頭或產生疼痛。

親手擠奶

如果你選擇用手擠奶，事前一定要將**雙手洗淨**，並且使用乾淨的容器收集母乳。將你的拇指放在乳暈的上方，其他手指放在下方，輕輕但牢牢地滾動拇指和手指向彼此靠近，同時向著胸壁對乳房組織施壓。手指不要在乳頭上滑動，因為這樣可能會造成疼痛，之後將擠出的母乳裝進乾淨的瓶子或集乳袋中置於冰箱冷凍。如果你的寶寶正在住院，醫院會提供給你更多關於母乳收集和儲存的資訊，甚至可以租借醫療等級的擠乳器，好讓你可以將母乳擠出。

擠奶幫浦

與更容易攜帶使用的手動擠奶幫浦相比，**電動擠奶器可以更有效地刺**

激乳房，並且這些幫浦擠奶器有調節壓力和自動循環的設計，可以有效擠出母奶，它們主要的功能是在媽媽無法持續親餵時促進或維持泌乳，例如當寶寶需要住院，或者媽媽必須返回工作崗位或上學。電動擠奶器效率高但價格不菲──售價從幾千元到幾萬元不等，如果你只是短時間需要擠奶器，你可以向醫療供應站、醫院或哺乳中心短期租借。

在許多地區，你可以透過保險或當地的婦女、嬰兒及兒童營養補充特別計畫（WIC）獲得品質良好的哺乳幫浦。有時你還可以升級保險提供的幫浦。向你的產科醫師或兒科醫師索取處方，並與您的保險公司聯繫以了解在哪裡購買有保障的幫浦。如果你參與母乳餵養用品（例如吸奶器）相關支出計畫，也可能可以扣抵相關項目的費用。

在商店購買或租借電動擠奶器的時候，要確定在不同的壓力下擠奶器可產生穩定的吸奶作用，不單純只是一個抽吸設備。你也需要考慮購買一個同時可吸雙側乳房的擠奶器，這種擠奶器可以在節省時間的同時增加奶量。確保擠奶器與皮膚或母乳接觸的部分都可以拆下，以利清潔。給健康寶寶使用的擠奶器不需要消毒，只要用熱肥皂水清洗或放入洗碗機即可。你可以與你的小兒科醫師或哺乳顧問討論哪一種擠奶器會是最適合的，同時別忘了，使用擠奶器前雙手務必洗淨。

手動式擠乳器在各大藥房和嬰兒用品店都有販售。

手動或擠奶器擠出的母乳都要儲存於乾淨的容器，最好是玻璃或硬質塑膠容器，或者特殊的集乳袋。奶瓶內塞塑膠袋不夠牢固或太薄，因此無法保護母乳免於受到污染。擠出的母乳在室溫下可以保存 3 ～ 5 個小時，冷藏可以保存 5 天，冷凍（-20℃）可以保存 9 個月。

在每個容器上貼上有日期的標籤，優先使用最舊的乳汁。冷凍乳汁的量為 3 ～ 4 盎司（90 ～ 120 毫升）最有用，這是一次餵奶的量。你也可以冷凍一些 1 ～ 2 盎司（30 ～ 60 毫升）的分裝，假如孩子授乳時

需要額外增加一些會更方便。

當使用儲存奶時，牢記你的孩子習慣服用體溫的乳汁，因此，乳汁應該加熱到室溫（20～22℃）才可以進行餵養。不要使用維波爐來加熱乳汁，那可能會導致受熱不均並增加燙傷的風險。一旦母乳解凍後，油脂和水可能會分離，但這並不會影響母乳的品質，只要輕輕搖動瓶子就可再次混合均勻。儲存的母乳在味道上可能會因為脂肪分解而有些改變，這對寶寶無害。**解凍的母乳必須在 24 小時之內用完，千萬不要再次冷凍。**如果寶寶沒有一次將奶瓶中的解凍母乳喝完，過了 1 或 2 個小時後仍然還沒喝完時，剩下的母乳則要倒掉。

微波爐不能用來加熱乳汁，微波加熱會使位於奶瓶中心的乳汁過熱，即使奶瓶的溫度合適，奶瓶中心過熱的乳汁也會燙傷孩子的口腔。事實上，假如奶瓶的加熱時間過長，也會引起爆炸。高溫還會破壞母乳中一些抗感染、營養和防護的成分。

並非所有母乳餵養的嬰兒對奶瓶都有相似的反應。首次接觸奶瓶時，有的孩子會很容易接受；有的孩子偶爾會接受奶瓶，但在由媽媽拿奶瓶或出現在身邊時則不接受。如果前幾次經由旁人協助奶瓶餵養，且媽媽不在嬰兒的視線之內，這可以提高寶寶對奶瓶的接受度。一旦他熟悉奶瓶後，他可能願意媽媽在場時用奶瓶喝奶，或者甚至願意讓媽媽用奶瓶餵他。如果親餵的寶寶拒絕用奶瓶，你可改用杯子或吸杯取代，即使是早產兒也可以用杯子餵奶，有些喝母奶的嬰兒是透過杯子喝奶，而且從未使用過奶瓶。

 專欄 ## 我的寶寶營養足夠嗎？

如果你的寶寶是喝母奶，你可能會想，他是否有吃飽，畢竟，我們真的沒有辦法確定他究竟喝了多少母乳。

如果這是你擔心的問題之一，以下有一些準則，可以協助你確定寶寶是否得到他所需的營養。母乳哺育成功的嬰兒應該是：

■ 出生後幾天，在體重開始增加前，體重不會減少 10% 以上。

■ 出生後第 1、2 天，每天大約排 1 次或 2 次便，糞便顏色為黑色柏油狀，到了第 3、4 天，每天至少排便 2 次，糞便顏色開始變成綠色到黃色，到了第 5～7 天，他的大便應該是黃色鬆散帶點小顆粒狀，且每天至少排便 3～4 次。當你的泌乳量增加時，在滿月前，他通常在每次喝完奶就會排便一次。

■ 出生後 5～7 天，每天尿濕的尿布大約 6 片以上，尿液顏色幾乎為無色或呈淡黃色。

■ 餵奶的時間平均間隔大約 1～3 個小時。

■ 哺乳的次數每天大約 8～12 次。

資料來源：改編自美國小兒科學會，米克（J. Y. Meek）編輯的《準媽媽母乳哺育指南第三版》（newYork: Bantam Books, 2017）。

哺乳可能出現的問題

對於有些哺乳從開始就進行得非常順利，沒有任何問題，但母乳餵養會出現波動，在開始時尤其如此；幸運的是，隨著頻繁的餵奶後，許多最常見的困難都可以經由正確的姿勢和吸吮來預防。大多數的問題都可以在得到建議後迅速解決。千萬不要遲疑詢問你的小兒科醫師或他的護理人員，以協助你解決下列的問題：

乳頭疼痛與龜裂：一開始餵母奶可能會產生一些輕微的疼痛，特別是第 1 週開始吸吮後，應該不會有持續的疼痛、不舒服或乳頭龜裂。正確的吸吮是預防疼痛和龜裂最重要的因素，所以，如果你的乳頭或其他部位疼痛，你應該尋求專家的協助。

在洗澡時，使用溫和的肥皂清洗乳房，並只以清水小心的清洗乳頭。抹乳液、乳霜和用力摩擦是不必要的，實際上，那可能只會使狀況惡化。另外，你可以嘗試在每次餵奶時，讓寶寶採取不同的姿勢來幫助對乳頭的刺激。

你可以在龜裂或乾燥的乳頭上使用經過純化的綿羊油，來保護乳頭並使傷口得以癒合。如果上述方法不能解決問題，你的乳頭可能有皮膚炎等需要治療的皮膚問題，這時必須和你的小兒科醫師協商尋求進一步的幫助。

乳房腫脹：我們已經提到，在嬰兒出生後的頭幾天，如果你的乳汁開始分泌後，嬰兒不能經常或有效的吸奶，乳房將會腫脹。然而，開始泌乳時，乳房有些腫脹是可以接受的，但極度漲奶會導致乳汁導管和胸部所有的血管腫脹不已。最好的處理措施是在授乳期間，採用手工或擠奶器擠出奶汁，並在每次哺乳時，讓嬰兒吸吮兩側乳房；如果寶寶只從其中一側吸奶，手動擠出另一側的奶水或許會有幫助。因為溫暖有助於乳汁流動，所以在你擠奶時進行熱水浴或熱敷會有所幫助。在哺乳時熱敷和在非哺乳的空檔進行冷敷也可以減緩腫脹。

如果乳房持續腫脹，可能會導致產奶量下降。這是因為當沒有從乳房中取出乳汁時，乳房會有關閉乳汁生產的機制，為避免母乳供應出現問題，在發現乳房腫脹時立即緩解是相當重要的。

乳腺炎：是由細菌引起的乳房組織感染，乳腺炎會導致發燒、發冷、頭痛、噁心、頭暈及精神欠佳的流感症狀，這些綜合的症狀還會伴隨著乳房紅腫、壓痛、腫脹、發熱和乳房周邊的疼痛。假如你出現上述任何症狀，立即通知醫師，治療的方法是排空母乳（經由哺乳或擠出）、休息、多喝水，如果需要還會搭配服用抗生素和止痛藥。醫師可以選擇使用對孩子安全的藥物，即使感到好轉，也要服用所有的藥物。不要停止哺乳，因為停止哺乳會使乳腺炎惡化，並加重疼痛。在乳腺炎期間哺乳，孩子將不會受到傷害，並且乳汁不會因為乳腺炎和抗生素而改變成分。

乳腺炎是你身體的免疫防禦能力下降的徵象，臥床休息、睡眠和減少活動將有助於你恢復精力。婦女由於乳腺炎引發疼痛而不能給孩子授乳的情況非常罕見，在這種情況下，你用對側乳房給孩子授乳時，打開兩側的胸罩，讓乳汁流到毛巾或吸水的布上，例如尿布，這樣可以緩解乳房的壓力，可以比較舒服的完成感染側乳房的哺乳。有些非常疼痛的婦女發現將母乳擠出來比親餵寶寶舒服，擠出來的母乳可以保存下來或裝入奶瓶餵寶寶。

返回工作崗位的母親是發生乳腺炎的高峰期，所以經常將母乳擠出很重要，大約是按照寶寶的喝奶時間擠奶，這樣才能預防感染。

　　嬰兒哭鬧：有些時候，寶寶，甚至是母乳餵養的寶寶會異常的哭鬧。哭鬧的原因可能有很多種，從一般性格轉變到嚴重生病都有可能。雖然大多數「愛哭鬧」的寶寶並沒有重大的疾病，但不斷地吵鬧對家長而言可能招架不住，消耗他們的體力、時間和育兒的喜悅。以下是一些異常哭鬧寶寶常見的原因與建議。

- **飢餓**：如果新生兒經常喝奶，卻似乎永遠吃不飽，你可能要請有經驗的保健專家評估母乳哺育的情況。他會為寶寶量體重與檢查他的身體、檢查你的乳房和乳頭，並且觀察你的整個母乳哺育過程。解決之道很可能只是改變寶寶喝奶的姿勢和吸吮的角度。不過，有時問題較為複雜，特別是如果寶寶的體重減輕許多，或者體重沒有任何增加。

- **快速生長**：通常寶寶在出生後 2 ～ 3 週、然後大約滿 6 週後，以及在滿 3 個月左右會快速的生長。在這些快速生長期間，嬰兒會不停地想喝奶。許多婦女認為這是因為嬰兒沒有吃飽（沒錯），而忍不住給予補充瓶。然而，寶寶這樣的反應是正常的，你可以持續或每隔 1 個小時餵奶 1 次，連續幾天你的泌乳量也會增加。記住，這是正常的，也是暫時性的。繼續保持餵奶，不要給予寶寶其他的液體，如果持續餵奶 4 ～ 5 天還無法恢復比較定時的哺乳時間，或你打算開始用奶瓶餵奶前，請和你的小兒科醫師聯絡尋求協助。他應該會為寶寶做檢查、量他的體重，並且評估哺乳的過程（或者引薦專家協助你）。

- **高警覺或高需求的嬰兒**：這類型的寶寶需求更多。除了睡覺以外，他們幾乎整天都在哭，吃飯、睡覺或對他人的反應似乎都變化無常。他們需要長時間抱著或來回搖擺哄睡，有時候用毯子將他們包起來有用，但有時候卻反而更糟。他們喝一次奶常常得分好幾次，且經常打盹，只要有人抱著或用揹帶背著就可能小睡 15 ～ 30 分鐘。媽媽揹巾或寶寶揹帶，還有來回擺動都有助於安撫這類型的寶寶。雖然他們經常哭鬧，但體重仍然還是會正常增加。

- **腹絞痛**：腹絞痛大約從出生 4 個星期後開始，脹氣的嬰兒一般每天至少有一段時間會出現痛苦的症狀，將雙腿高舉，哭得滿臉通紅。

他們可能表現出飢餓的樣子，但卻拒絕喝奶，你可以諮詢你的小兒科醫師關於如何處理腹絞痛的狀況（參考第 6 章第 180 頁）。

■ **泌乳量過剩**：第 1 個月任何時候都可能發生這種情況。你感覺到乳房非常腫脹，或許經常有溢乳或噴出的情況。於是當寶寶一口吞下大量的乳汁時，有時候會嗆到或咳嗽或吐奶。這會讓寶寶會吞下大量的空氣和母乳，結果形成脹氣，導致肚子不舒服。如果你有這方面的問題，可以請小兒科醫師引薦哺乳專家，協助你解決這個問題（參考第 129 頁乳房腫脹）。

■ **胃食道逆流**：大多數新生兒在喝完奶後都會吐奶。這很正常並且通常不需要治療。當吐奶造成嬰兒不適，例如哭鬧或變成嘔吐（吐得更多），或者伴隨體重減輕時，你應該帶他去給小兒科醫師檢查。直到 12 個月大前，所有嬰兒的食道生理逆流都是正常的，並且在早產兒中可能更為突出。只要你的嬰兒體重正常，就不需要藥物服用（抗酸劑）。（見第 209 頁。）

■ **食物過敏**：有時你吃下某些特定食物（包括含咖啡因飲料）可能會造成母乳哺育的問題。如果你懷疑特定食物可能是原因之一，可以試著避免該食物 1 週，看看症狀是否消失，然後再嘗試該食物，並且仔細觀察症狀是否再次出現。

■ **過敏**：雖然嬰兒哭鬧經常歸咎於食物過敏，但這種過敏現象卻少於一般其他哭鬧的理由。當家庭成員母親、父親或兄弟姐妹有過敏疾病，如氣喘、濕疹或其他過敏原時，嬰兒也會比較容易出現過敏的現象。以母乳哺育的嬰兒，母親的飲食可能是這些過敏的來源，我們很難精確指出哪些過敏原，但過敏的症狀可能在母親停止吃該食物後，仍然揮之不去長達 1 個星期以上。有時食物過敏，例如對牛奶蛋白過敏，會導致便血，如果便血是唯一的症狀，那麼通常不需要治療。但若食物過敏可能會很嚴重，例如血便、氣喘、蕁麻疹或休克，嚴重的食物過敏絕對需要讓你的小兒科醫師知道，隨時留意狀況。

■ **其他重大疾病**：與餵養無關的重大疾病可能會造成嬰兒哭鬧不休無法安撫。如果突然間發生這種狀況或看似異常嚴重，一定要立即打電話給你的小兒科醫師尋求緊急護理。

癌症問題：有研究表明哺乳可以防止乳腺癌的發生，或許是因為哺乳減少女人一生中生理週期的總數（參考 cancer.org）。如果婦女曾被罹患癌症或已切除惡性腫瘤，但已經不再接受化療或放射治療時，這種情況接受母乳哺育是安全的（事先諮詢你的醫師）。母乳哺育對於良性腫塊或囊腫已切除的婦女而言是安全的。

隆乳術後的母乳餵養：增大乳房的隆乳術不影響母乳餵養——只要乳頭或導管沒有被切除或切斷。乳房植入鹽水對嬰兒沒有危險，而矽膠植入的婦女可能會擔心矽膠外漏會對寶寶造成危害，不過，多數當局建議植入手術後仍可哺育母乳，並且指出這不會造成任何危險。

不過，縮胸手術後的哺乳過程則因人而異。縮胸手術通常涉及至少切除一些正常的乳房組織，同時也會動到整個乳頭和乳暈，因此每對哺乳的親子都必須經過協助，同時個別追蹤結果。寶寶的體重在出生後的前幾週需要更頻繁的檢查，每週至少要檢查兩次，直到寶寶正常生長。即使你的母乳供應不足，你仍然可以親餵，同時補充配方奶，因為這樣可以讓寶寶獲得來自母乳的益處。

確保與醫師討論所有你的疑慮，事先也要告知你的小兒科醫師關於你的乳房手術，好讓醫師可以密切留意寶寶的成長狀況。

更多關於黃疸或母乳供應量的顧慮，請分別參考第 167 頁和第 128 頁。

哺乳輔助器

專欄

乳房的泌乳量依賴於從乳房排出的乳汁量。因此，假如你錯過多次餵奶，你乳房產生乳汁的量會減少。儘管你錯過餵奶期但有擠出奶汁，仍可能出現上述情況，因為擠奶器與嬰兒的吸吮相比，並不能有效的刺激或完全排空乳房。

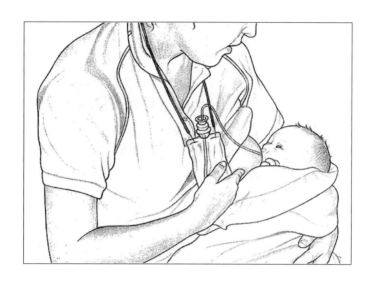

　　假如你因為生病或孩子因種種原因不能吃奶而錯過幾次餵奶，你可以更頻繁地餵奶（例如在 1 天內每小時餵 1 次），或者在一種餵乳補助器重新建立你的乳汁供應，使你可以更順利的餵養嬰兒。與培養嬰兒斷奶的奶瓶不同的是，這種訓練器可以在嬰兒吃奶時補充配方乳，也可以用在早產兒或訓練嬰兒餵養的問題，它甚至可以刺激領養孩子的母親泌乳，或者已長時間斷奶，但想再次哺乳的母親泌乳。這種訓練器由一個裝有配方乳或擠出的乳汁的小塑膠容器構成，懸掛在你的頸部。該容器與一個薄而柔軟的塑膠管相連，塑膠管的開口在你的乳頭附近，並在孩子吸吮時放在其嘴角，他吮吸的力量可以將配方乳吸入他的口腔，儘管你沒有產生足夠的乳汁，他仍然可以吃飽。這可以強化他對母乳的渴望，同時可以刺激乳房產生更多的乳汁。

　　哺乳輔助器可以在哺乳專家、醫療用品店、一些藥局或網路購物取得。如果可能，向那些可以為你示範與教你清潔的人購買。大多數的母親和嬰兒需要練習很久才會習慣哺乳輔助器。使用哺乳輔助器需要決心和毅力，因為可能需要好幾個星期或幾個月才能重新建立母乳哺育的關係。

奶瓶餵養

有時候，即使有充分的努力和支持，母乳餵養也不總是能在每一對母親與嬰兒身上順利進行。在其他情況下，有些理解母乳餵養好處的家長可能仍然更傾向於使用奶瓶餵養。有些人認為奶瓶餵養提供了更多活動上的自由和時間。父親、祖父母、保母和兄姐都可以用奶瓶餵寶寶母乳或配方乳，這樣一來，母親在哺育方面的選擇就可以更靈活與有彈性。

此外，有一些父母是基於其他的原因選擇配方奶，像是他們可以明確知道寶寶究竟吃了多少，也無須擔心母親的飲食或藥物治療可能會影響母乳。

即便如此，奶粉製造商不可能重現人類母乳特有的成分，雖然配方奶粉可以提供嬰兒基本的營養所需，但它卻缺乏母乳成分中的抗體，和一些有助於培養寶寶腸道中益菌的糖分和特殊成分，以及許多只能在母乳中發現的營養素。

另外，餵養配方奶粉花費高，對一些家庭而言可能不方便，而且配方奶粉要購買和進行其他準備，此外還需要乾淨可靠的飲用水來沖泡配方奶。這意味著你得在半夜於臥室與廚房間來回穿梭，同時還有額外的奶瓶、奶嘴與其他設備。

假如你決定對孩子進行配方乳餵養，你就得選定一種配方乳。你的小兒科醫師將根據孩子的需要幫你選擇一種。如今，市面上有多樣種類和品牌的商業配方奶可供選擇，所有這些產品都同樣安全和營養。美國小兒科學會不建議自製嬰兒配方奶，因為其中缺乏足夠的維生素和其他重要營養物質，且可能包含具有潛在危害的細菌。

為何用配方乳取代牛奶

許多家長會問為什麼他們不能用牛奶餵養孩子，答案非常簡單：你的孩子不能像消化和吸收配方乳一樣消化和吸收牛奶；牛奶也含有高濃度的蛋白質和礦物質，會加重新生兒未發育成熟的腎臟負擔，造成因熱衰竭、高燒或腹瀉引發的重大疾病。此外，牛奶缺乏嬰兒需要的適量的鐵和維生素 C，甚至會導致一些兒童發生缺鐵性貧血，因為牛奶蛋白會刺激胃腸道黏膜，導致血液進入大便。此外，牛奶不含對寶寶成長有益的脂肪，因

此，你的孩子在出生 12 個月以內，不能採用牛奶進行餵養，或者使用其他動物奶和替代乳品。

孩子滿週歲之後，只要他接受平衡的固體飲食（穀類、蔬菜、水果和肉類）就可以全部用牛奶餵養。寶寶的牛奶攝入量應該限制在每天 2 杯（大約 16 盎司）以內。若幼兒未充足攝取其他富含鐵的食物，幼兒缺鐵與每天攝取超過 24 盎司的牛乳有關。如果孩子食用的固體食物種類不多，請與你的小兒科醫師討論關於對寶寶最佳的營養素。

在這個階段，孩子仍然需要較高的脂肪含量，這也是爲何在孩子滿週歲後會建議喝全脂維生素 D 營養強化牛奶，如果你的孩子體重過重或有超重的風險，或者家族有肥胖、高血壓或心臟病史等，你的小兒科醫師或許會建議 2%（減脂）的牛奶，在孩子未滿 2 歲前，請不要給他喝 1%（低脂）或脫脂牛奶，因爲它不足以提供大腦發育所需的脂肪。在 2 歲以後你應該與小兒科醫師重新討論孩子的營養需要，包括選擇低脂或脫脂的牛奶產品。

配方乳的選擇

爲了維持嬰兒健康的安全標準，國家對嬰兒奶粉的配方有特別的規定，由食品和藥物管理局監督所有的嬰兒配方奶製品。

購買配方乳時，你會發現有一些基本類型：

牛乳基配方乳：佔目前市面上所有配方乳的 80%。雖然牛乳基配方乳來源於牛奶，但是進行大幅改造後對嬰兒更安全。透過加熱或其他方法處理使蛋白質更容易消化，添加了更多的乳糖使其濃度與母乳大致相同，並且去除乳脂，用嬰兒更容易消化且適合嬰兒成長的植物油或其他油脂取代。

牛乳基配方乳也增加了適當的鐵。這些鐵強化的配方奶粉已大幅降低近幾十年來嬰兒罹患缺鐵性貧血的比率。許多嬰兒天生鐵儲存不足以滿足本身的需要，基於這個原因，美國小兒科學會目前建議，所有非母乳哺育或部分母乳哺育的嬰兒，從出生到滿週歲前，都要使用鐵強化的配方乳。許多食物與嬰兒食品中也含有鐵質，特別是肉類、蛋黃和鐵強化的穀類。不應該使用低鐵配方乳。有些母親擔心鐵質會造成寶寶便祕，不過，嬰兒配方奶粉中的含鐵量並不會引起寶寶便祕。此外，大多數的配方奶粉都有

添加二十二碳六烯酸（DHA）和花生四烯酸（ARA），這些脂肪酸被認為對嬰兒的大腦和眼睛發展非常重要。

某些配方奶粉也含有益生菌，這是一種「有益」的細菌。目前市面上還有另一種益生菌強化配方奶粉，這是一種仿天然母乳低聚糖的類型，可以促進腸道內膜健康（更多詳情請參考第 137 頁）。

另一種配方奶粉為高度水解蛋白配方，意味著其蛋白質已分解為更小更容易消化的蛋白質。如果你有過敏或其他症狀，可以請你的小兒科醫師推薦一些水解蛋白奶粉品牌，不過高度水解蛋白奶粉的價格往往比一般奶粉昂貴。

大豆配方乳：大豆配方乳所含的蛋白質與碳水化合物（多糖或蔗糖）和牛乳基配方乳不同，適合不能消化牛乳基配方乳中主要的碳水化合物「乳糖」的嬰兒，但目前已經有不含乳糖的牛乳基配方乳供應。許多嬰兒短時間內不能消化乳糖，特別是在腹瀉之後，這會損傷腸道黏膜上的消化酶，不過這往往只是暫時性的問題，不需要改變寶寶的飲食。嬰兒會有嚴重消化和吸收乳糖（雖然常發生在年齡較大的兒童或成人身上）的問題很罕見。雖然無乳糖配方奶粉是很好的營養來源，但在讓寶寶開始使用無乳糖配方奶粉之前，請先諮詢你的小兒科醫師，因為寶寶遇到的任何問題都可能是由其他原因引起的。

當嬰兒對牛奶過敏，導致絞痛、無法成長，甚至造成出血性腹瀉時，過敏原往往是配方牛奶中的蛋白質。在這種情況下，大豆配方奶中的蛋白質或許是一個不錯的選擇。不幸的是，有半數對牛奶蛋白過敏的嬰兒對大豆蛋白同樣過敏，他們必須採用特殊配方乳（例如氨基酸成分為主）或母乳餵養。

一些素食或純素食父母之所以選擇大豆配方奶粉，是因為它不含任何動物性產品，記住，母乳哺育是素食家庭最佳的選擇。另外，雖然有些父母認為大豆配方奶可以預防或減輕腹絞痛或哭鬧的症狀，但目前仍缺乏證據支持。

美國小兒科學會認為，在幾個情況下，嬰兒應選擇大豆配方奶粉取代牛乳基配方奶粉。一種情況是患有罕見疾病：半乳糖血症的嬰兒，他們對半乳糖——構成乳糖中的雙糖之一半乳糖不耐受，因為無法接受母乳，只能喝無乳糖的配方奶。所有新生兒的例行檢測都有半乳糖血症測試，透過

出生後新生兒的血液檢驗得知。

特殊配方乳：特殊配方乳是專爲那些患有特殊疾病的嬰兒生產的乳品，也是特別爲早產兒生產的。假如你的孩子有特殊需要，詢問小兒科醫師哪一種配方乳最好。另外，也要詳細檢查包裝袋上的餵養要求（數量、餵養計畫和準備方法，因爲這種配方乳與常規配方乳不同。

專欄 益生菌

益生菌是你在為寶寶選購嬰兒配方奶粉與營養補充品時可能會看到的字眼。有些配方奶粉含有益生菌，這是一種活的菌種，醫師也可能會推薦一些益生菌滴劑或粉末。這些是「有益」的細菌，母乳哺育的嬰兒，其消化系統內都含有大量的益生菌。含有益生菌的配方奶粉可以促進喝配方奶的嬰兒其腸道菌群的平衡，並且抵消非益菌的生長可能導致的感染和發炎。越來越多家長會在配方奶之外尋求其他益生菌補充品，也包括母乳餵養的嬰兒。關於益生菌益處的研究仍然在進行中，一些小兒科醫師會接受將益生菌用於剖腹產出生的嬰兒，或母親在分娩期間服用抗生素的嬰兒。

最常見的益生菌類型為雙歧桿菌和乳酸桿菌菌株。一些研究顯示，這些益生菌可以預防或治療兒童感染型腹瀉和濕疹（參考第 557和 579 頁）。其他可能的健康效益包括降低與食物有關的過敏和氣喘的風險，預防尿道感染或改善嬰兒腸絞痛的症狀。目前關於益生菌在健康上的效益證據仍然有限，需要投入更多的研究。同時，益生菌對身體的好處似乎只有在補充時才會生效，一旦停止攝取益生菌強化奶粉，腸道內的細菌就會回到之前的水平。與母乳餵養的嬰兒不同，母乳餵養產生的腸道細菌有更好的復原能力，更有助於為未來的健康奠定基礎。

在給予孩子益生菌強化奶粉前，請與你的小兒科醫師討論（益生菌相關資訊請參考第 557 頁）。

餵食與口腔健康

作為美國兒童的頭號慢性疾病，齲齒（蛀牙）是所有家長都應該關心的問題。研究表明，隨著孩子年齡的增長，出生後 24 個月內的飲食和衛生習慣對兒童未來的蛀牙的風險有著顯著的作用。雖然比牛奶或配方奶更有益，但母乳含有乳糖。然而母乳持續至出生後 12 個月的母乳餵養能使齲齒風險降低一半，這很可能是由於其他免疫調節作用和保護性微生物群落，縱使母乳中含有乳糖。如果嬰兒透過母乳餵養來入睡，則你應擦拭寶寶的牙齦和新生的牙齒，以盡量減少患齲齒的風險。

配方乳的消毒和儲存

市面上大多數的嬰兒配方乳以即食型液體、濃縮液或粉狀形式出售。雖然即食型配方乳非常方便，但價格昂貴；用濃縮液製作配方乳的方法是將濃縮液與水按照說明書制定的比例混合。未用完的濃縮配方奶可以蓋上蓋子，置於冰箱冷藏，但不應該保存超過 48 小時。粉狀配方乳最便宜，分別有訂量小包裝或大罐裝。沖泡配方奶粉時，每勺配方乳需要 2 盎司（約 60 毫升）水，充分混合並確認奶瓶中沒有懸浮的奶粉。沖泡前一定要**閱讀說明**，確保奶粉和水的比例正確。

用濃縮液製備配方乳（一次一瓶）

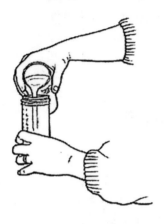

洗淨雙手量取濃縮液。

倒入等量的水搖勻且馬上使用。
如果無法一次用完，剩下的濃縮
配方奶可以蓋上蓋子，置於冰箱
冷藏，但不要超過 48 小時。

　　除了價格以外，奶粉的另一個優點是重量輕、容易攜帶。當你和嬰兒一起外出時，你可以方便攜帶定量的奶粉，然後在餵養前加水混勻。即使在奶瓶中存放數天，奶粉的品質也不受影響。如果你選擇需要預先準備的配方乳，要按照製造商的使用說明，加太多水會讓嬰兒無法獲得正常發育所需要的熱量和營養素；如果加的水太少，高濃度的配方乳會引起腹瀉和脫水，並且熱量供應超出嬰兒需要量。

　　如果你使用的是井水或擔心自來水的安全，可以先煮沸 1 分鐘在拿來沖泡奶粉，只要確保你在餵給孩子之前讓牛奶恢復到室溫，（如果你有任何顧慮，你可以做井水相關的細菌或其他污染物測試），此外，你也可以使用瓶裝水。

　　嬰兒奶粉並非都是商業無菌的水平，而且與阪崎腸桿菌（Cronobacter）有關，這種格蘭氏陰性菌會導致重大疾病，例如新生兒之腦膜炎、壞死性小腸結腸炎和菌血症等，不過這種情況很罕見，而且世界衛生組織已針對提高嬰兒奶粉的安全性訂定指南。CDC 和其他美國公共組織也建議先將水加熱到至少攝氏 70 度再進行沖泡，以減少細菌感染的可能性。有關詳細資訊請參考 cdc.gov/features/cronobacter。

用奶粉製備配方乳

洗淨雙手加奶粉。

充分搖勻。

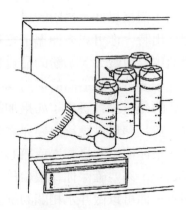

用乾淨的奶瓶分裝並儲存在冰箱中。

確保所有奶瓶、奶嘴和其他在準備或餵食中用到的用品都有清潔乾淨。如果家中的水是氯化消毒水，你可以將這些用品放入洗碗機，或用熱水加餐具洗潔精清洗乾淨即可。如果家中的水不是氯化消毒水，那麼在清洗乾淨後，你要放入滾水中煮沸 5～10 分鐘消毒。

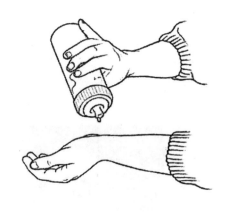

在餵寶寶之前，一定要先測試奶水的溫度。

為抑制細菌生長，你製備的任何配方乳都應該保存在冰箱中。在 24 小時內未使用的配方乳應該被捨棄。餵給嬰兒的冷藏配方乳不一定要加熱，但大多數嬰兒喜歡飲用室溫配方乳。你可以將奶瓶放在室內 1 小時或在熱水中溫一段時間（禁止使用微波爐）。假如你要在加熱配方乳後確定溫度會不會太燙，最簡單的方法是將幾滴奶液滴在你的手腕上。

可以使用玻璃奶瓶、塑膠奶瓶或帶有柔軟襯墊的薄塑奶瓶，這些襯墊方便使用，有助於預防孩子在吞嚥時吸入過多的空氣，但價格非常昂貴。當孩子長大，可以自己拿奶瓶時，應該避免使用容易破碎的玻璃奶瓶，也不推薦使用適合自我餵養的奶瓶，因為長時間連續餵食並讓牙齒過度暴露在糖分中可能會導致嬰幼兒齲齒（ECC，以前稱為奶瓶齲齒）。因為牛奶或任何其他含糖液體與牙釉質長時間接觸會讓細菌過度生長，產生酸蝕。嬰幼兒齲齒在 6 個月或以上，以奶瓶或母乳餵養來入睡或整晚隨意餵食的兒童之間最為常見。嬰兒及年齡較大的兒童不應該在夜間吸吮奶瓶，如果你會在寶寶睡前餵奶，記得在他睡著前拿走奶瓶並刷牙以預防齲齒。

在選擇奶瓶時，你可能需要多嘗試幾款奶嘴後，才會找到寶寶喜歡的類型。從一般標準型到齒列矯正型、專為早產兒設計型和唇裂嬰兒專用型奶嘴都有。無論你使用的是哪一種奶嘴，都要檢查開口的大小：開口太小，孩子吸吮費力，而且吸入大量空氣；開口太大，配方乳將流出太快，造成嬰兒窒息。理想的速度是，在你將奶瓶倒著拿時，奶液以每秒一滴的速度流出，並在幾秒鐘之後停止。

餵養過程

　　餵養應該是一個放鬆、舒適和喜悅的過程，是你表示愛意和親子相互了解的機會。如果你平靜而自信，孩子也會有平和的反應；假如你緊張或沒有興致，孩子也會接受這些消極感情，因而出現餵養問題。

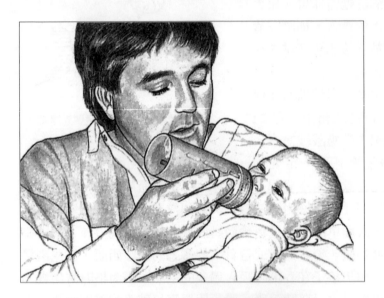

　　坐在有扶手的椅子上或用枕頭支援手臂進行餵養，可能最舒服。將孩子環抱並處於半立位，支撐其頭部。當孩子完全平躺時不要進行餵養——這會增加窒息的危險；另外，也可能造成配方乳進入中耳，引起感染。

　　握住奶瓶使配方乳充滿奶瓶的頸部並覆蓋奶嘴，可以防止孩子吮吸時吞嚥過多的空氣；輕輕用奶嘴敲打他的腮或下嘴唇，引導吸吮反射，可以使他的嘴張開並含住奶嘴，一旦奶嘴進入他的口腔，吸吮和吞嚥將自動開始。

餵養數量和計畫

　　建議採用控速瓶餵（Paced feedings）以避免過度餵食，這是奶瓶餵養嬰兒常見的問題。在出生後的第 1 週，嬰兒每次餵食不應超過 1 ～ 2 盎司（30 ～ 60 毫升）。這個量會在第 1 個月逐漸增加，直到每次餵食 3 ～ 4 盎司（90 ～ 120 毫升），每天約 32 盎司左右。配方奶餵養的嬰兒通常有更規律的進食時間，例如每 3 ～ 4 個小時。發生這種情況是因為配方中的所有營養成分始終是完全相同的，而不像母乳的成分會在 24 小時內變化，而使餵養時間更加不規律

　　喝母乳的嬰兒 1 次通常喝比較少，不過餵奶的次數要比喝配方奶的嬰兒多。在第 1 個月期間，如果孩子睡覺時間長於 4 ～ 5 小時，中間沒有授乳，這時搖醒他，給予配方乳餵養；滿月後每次餵養所需要的奶量將增加到 3 ～ 4 盎司（120 毫升）以上，並需要每隔 3 ～ 4 小時餵養 1 次；6 個月時每次餵養的奶量將增加到 6 ～ 8 盎司（180 ～ 240 毫升），並且每 24 小時餵養 4 至 5 次。

　　嬰兒平均每增加 1 磅（約 453 公克）體重，每天就需要消耗 2.5 盎司（75 毫升）配方乳，但孩子可能每天調節自己的攝入量以適應自己的特殊需要，因此請讓孩子告訴你什麼時候他吃飽了：如果他在吃奶期間疲倦或容易睡著，他可能已經吃飽；如果他吃完奶瓶中的配方乳後仍然動嘴唇，表示他仍然饑餓。然而這應該有個限度，如果你的寶寶看起來持續的想要更多或更少的奶量，請與你的小兒科醫師協商。在 24 小時內孩子的吃奶量不應該超過 36 盎司（960 毫升）。有些嬰兒的吸吮需求較高，可能會在喝奶後想吃安撫奶嘴。

　　開始時最好根據需要餵養嬰兒，或者在他因饑餓而哭泣時授乳。隨著

時間的推移，孩子將形成他自己相當規律的餵養時間表，當你熟悉他發出的信號和需要時，你可以按照他的需要制訂餵養計畫。

當嬰兒出生 2 ～ 4 個月，或者體重增加到 12 磅（約 5400 克）時，大多不再需要夜間餵養，因為他們在白天吃得更多，而且睡眠方式也更加規律，但不同孩子之間的差異相當大。他們的胃容量也有增加，這意味著白天授乳期間的間隔時間更長，達到 4 ～ 5 小時。如果你的孩子在此期間仍然需要更多次餵養，試著透過玩耍或安撫奶嘴使他分心。有時候肥胖的模式始於嬰兒期，所以避免過度餵養你的寶寶。

不管進行母乳餵養還是配方乳餵養，最重要的是記住孩子的需要是**獨特的**，沒有任何一本書可以告訴你給孩子授乳的精確數量和次數，或者在兩次授乳期間你應該怎麼做，當你和孩子互相熟悉時，就會找到這些問題的答案。

 # 母乳餵養和配方乳餵養的營養補充

維生素補充

母乳中所含的維生素自然平衡，尤其是維生素 C、E 和 B 群，因此，如果孩子和你都很健康，並且你的營養良好，進行母乳餵養時，孩子可能不需要補充任何以上的維生素。

喝母乳的嬰兒需要補充維生素 D，不過，只要暴露在陽光下，我們的皮膚就可以自行製造維生素 D。然而，美國小兒科學會強烈建議，所有的兒童都應該避免陽光直射，同時盡可能做好防曬措施，以預防長期下來可能罹患皮膚癌的風險。由於防曬用品會阻礙皮膚製造維生素 D，基於這個原因，你可以請教小兒科醫師有關維生素 D 滴劑補充品。目前學會建議未滿週歲的所有嬰兒在出生後每日至少攝取 400IU（10 微克）維生素 D，滿週歲的幼兒每日至少攝取 600IU（15 微克）維生素 D。然而，配方奶已添加維生素 D，所以如果你的孩子喝配方奶，那麼他通常不需要再額外補充維生素 D。如果孩子是早產兒或者患有一些疾病，也需要補充維生素 D，在孩子出生後，請與你的小兒科醫師討論。

平時規律均衡的飲食就足以提供母親和嬰兒所需的維生素，然而，小

兒科醫師建議，母親可以繼續吃綜合維生素以確保真正均衡的營養。但如果你是嚴格的素食主義者，則需要補充 B 群維生素，因爲有些 B 群維生素僅存在於肉類、家禽和魚類中。如果孩子使用的是嬰兒配方乳，由於配方乳添加了維生素，所以一般情況下也會獲得適量的維生素。

我們的立場

美國小兒科學會認爲，正常、平衡飲食的健康兒童不需要補充超出推薦攝取量的維生素。這其中包括未滿週歲每日攝取 400 IU（10 微克）維生素 D，以及滿週歲以上每日攝取 600IU（15 微克）維生素 D。大劑量的維生素會引起中毒症狀，例如大劑量維生素 A、C 和 D 會引起從噁心、出疹到頭痛的中毒症狀，有時會帶來更爲嚴重的副作用。在給孩子補充維生素以前，請向小兒科醫師諮詢。

鐵補充

許多嬰兒在出生時就儲備了充足的鐵以防止貧血。如果寶寶採取母乳餵養，且出生時體重超過 5.5 磅（2.5 公斤），且出生時未接受重大醫療照護如進入新生兒加護病房，那麼寶寶應該可以得到足夠、且容易吸收的鐵，因此在出生 4 個月之前不需要額外的補充；早產兒或低出生體重嬰兒的鐵儲存量較低，通常需要在出生後 2 週內開始補充。美國小兒科醫學會建議母乳喂養嬰兒在 4 個月大時開始補充鐵（配方中含有額外的鐵）。當孩子 6 個月時，你要開始給喝母乳的孩子補充含鐵的嬰兒食品（穀類、肉和綠色蔬菜），可以保證產成長發育提供充足的鐵。嬰兒期間預防缺鐵最好的方法是在出生後，延長臍帶鉗夾的時間至少 30 ～ 60 秒，然後再剪斷臍帶。關於這種做法，你要在生產前與你的婦產科醫師討論。

如果孩子採用配方乳餵養，推薦從孩子出生到滿週歲都採用含鐵豐富的嬰兒配方乳（每公升含有 4 ～ 13 毫克的鐵）。早產嬰兒體內鐵的儲存量較少，所以除了來自母乳或配方奶的鐵質外，他們通常還需要在出生後 2 週開始補充額外的鐵質。

水和果汁

孩子進食固體食物前，可以從母乳或配方乳中獲得成長發育需要的充足水分。在出生後 6 個月內，喝母乳或配方奶的嬰兒並不需要補充額外的水或果汁，等到滿 6 個月後，你可以提供少量的水給他喝。但不要強迫他喝，在孩子拒絕時也不要感到擔憂；他可能寧願從多次授乳中得到所需要的水分。

寶寶滿週歲前不建議給他喝果汁，直接吃水果與喝白開水對嬰兒來說比喝果汁更健康。

一旦寶寶開始吃固體食物後，他對液體的需求量就會增加，你要讓寶**寶養成喝水的習慣**，因為這是一個終生的健康好習慣。如果讓寶寶習慣喝果汁，可能會導致他們長大後只想喝甜的飲料，因而造成可能的超重與肥胖問題。

孩子生病時也會需要更多的水分，尤其是孩子出現發燒、嘔吐或腹瀉等症狀時。詢問你的小兒科醫師請他判斷這時孩子需要多少水分，母乳餵養的嬰兒生病時，最好的液體是母乳。

我們的立場

美國小兒科學會建議不要給 12 個月以下的嬰兒喝果汁，因為果汁對這個年齡層的嬰兒沒有營養上的效益，且如果這讓寶寶養成對甜味的喜好而非飲用白開水，可能會增加齲齒的風險。等到嬰兒滿 12 個月後，每天可以喝限量的果汁，把每日四盎司的果汁做為正餐的一部分給予或許是個合理的選項。果汁的營養沒有整顆水果來得多，整顆水果還可以提供纖維素和其他營養物質。此外，睡前不要給孩子喝果汁，也不可做為治療脫水或處理腹瀉的方法。1 歲到 6 歲的幼兒，每天的果汁攝取量應限制在 120 ～ 180 毫升以內。

氟補充品

氟化物是一種天然礦物質，可以強化孩子的牙釉質並防止蛀牙。6 個月以下的寶寶不可以補充氟，滿 6 個月後，如果家中的飲水系統含氟量小於 0.3ppm，幼兒則需要補充適量的氟；如果是井水，最好做水質檢測，以確定井水中天然氟的含量。如果寶寶喝的是瓶裝水，或者家中的水是連接地方自來水，你要檢查一下其中是否有添加氟。如果你的家庭偏好使用瓶裝水，那你可以考慮購買寶寶專用限氟瓶裝水，又稱為「nursery water」（育兒純水，分別有無氟和限氟兩種），在一般超市嬰兒食品專區可以買到，適合沖泡配方奶粉之用。

你的小兒科醫師可以評估你的寶寶是否需要氟滴劑，並且指示適當的劑量。喝配方奶的寶寶可以從沖泡配方奶粉的水吸收一些氟，如果家中的水是含氟自來水。美國小兒科學會建議，與你的小兒科醫師或兒童牙醫討論，是否有必要讓你的孩子補充氟。

記住，每個孩子對氟的需求不同，要補充多少應該由你和醫師討論，直到孩子所有的恆齒全部長齊。

 # 嗳氣、呃逆和吐奶

嗳氣

當孩子在餵養期間吞入氣體時，他們自然會不安或變得很煩躁。儘管這種情況在母乳餵養和配方乳餵養的嬰兒中都會發生，但更常見於配方乳餵養。這種情況發生時，最好先停止哺乳，而不是一邊讓他嗳氣，一邊哺乳。連續性嗳氣會導致孩子吞嚥更多的空氣，這只會增加他的不適並造成吐奶。

你也可以試著多多讓孩子嗳氣（又稱打飽嗝），即使他沒有不舒服。暫停餵食和體位變化可以減慢他的吞嚥並減少吞進的空氣。採用配方乳餵養時，每餵 2～3 盎司（60～90 毫升）後嗳氣一次；如果是母乳餵養，在孩子轉換乳頭時嗳氣。一些母乳哺育的嬰兒不會吞下很多空氣，所以他們可能不需要打飽嗝。

專欄　如何幫助孩子噯氣

下面是一些經試驗有效的方法，你嘗試一下後會發現哪一種方法更適合你的孩子。

■ 將孩子直立抱起，頭放在你的肩膀上，用一隻手輕拍他的背部，另一隻手支撐孩子的頭背部。

■ 讓孩子坐在你的膝上，一隻手輕拍孩子的背部時，另一隻手托著孩子的胸部和頭。

■ 讓孩子背朝上趴在你的膝上，保持他的頭部高於胸部，輕拍或用你的手在他的背部上翻轉。

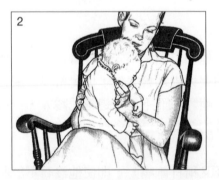

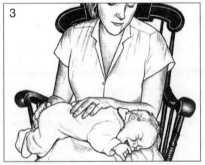

如果幾分鐘以後孩子仍然不能噯氣，繼續餵養，沒有必要擔心，不是所有的孩子每次都會噯氣，並讓他保持直立位置 10 ～ 15 分鐘，確保他不會吐奶。

呃逆

大多數嬰兒不時會出現呃逆（又稱打嗝）。通常這種情況給父母帶來的困擾比孩子大，但如果在授乳期間出現呃逆，你可以嘗試改變孩子的位置，使孩子嗳氣或放鬆，等到他呃逆停止時重新開始授乳。如果在 5 ～ 10 分鐘內呃逆仍然不能停止，給他喝些水應該有幫助。如果孩子經常呃逆，在他安靜還未非常餓前餵奶，這樣做可以減少授乳期間發生呃逆。

吐奶

吐奶是嬰兒期另一個常見的現象。有時吐奶是因為嬰兒進食的量超過了他的胃容積；有時他會在嗳氣和流涎時吐奶。儘管吐奶會造成一些麻煩，但沒有必要擔憂。吐奶幾乎不會造成孩子窒息、咳嗽、不適，對孩子沒有危險，即使在睡眠中吐奶也沒有必要擔心。要知道，即使你的寶寶經常吐奶，最好的睡眠姿勢仍然是仰臥，床墊平放，而不是將床墊抬高。

有些孩子比其他孩子更容易吐奶，不過，一旦他們會坐了以後，這種情況將會減少。很少數頑固的吐奶者會在開始走路或斷奶前仍然吐奶，有些會在週歲前一直吐奶。

重要的是，要學會分辨吐奶和真正嘔吐的區別。如果是吐奶，大部分的嬰兒甚至不會感到不適；而嘔吐是很厲害，嬰兒會感到非常痛苦。嘔吐通常發生於餐後，嘔出物的量大大多於吐奶。如果孩子出現經常性嘔吐（一次以上／天），或你留意到嘔吐物有血絲或呈青綠色，立即與你的小兒科醫師討論。

雖然吐奶是在所難免，不過，下面的一些要點有助於減少吐奶的頻率和吐奶量：

1. 保持授乳時平靜、安靜和愉快。

2. 在授乳期間避免突然中斷、噪音、強光或其他使孩子分心的事。

3. 注意讓喝配方乳餵養的孩子在授乳期間每 3 ～ 5 分鐘嗳氣一次。

4. 避免給躺著的嬰兒授乳。

5. 在授乳後立即將孩子呈直立位保持 20 ～ 30 分鐘。

6. 授乳後不要過分推擠或與孩子劇烈嬉鬧。

7. 不要等到他非常餓才授乳，在這之前就開始讓他喝奶。

8. 配方乳餵養時，要確保奶嘴上的孔既不太大（配方乳流出過快），

也不太小（奶液流出過慢，而且孩子會吞嚥過多空氣）；如果你將奶瓶翻轉時，有幾滴乳汁流出，而後停止，這表示乳頭開口大小合適。

在閱讀本章後，你知道給嬰兒餵奶是最重要的，有時也是最令人困惑的挑戰，本章推薦的內容具有普遍性，請記住你的孩子是獨特的，並且有特殊的需求。如果你的一些問題在本章中沒有得到滿意的解答，讓你的小兒科醫師幫助你尋找最適合於你和你的孩子的答案。

培養正確的心態

你可以做到！打從一開始，你就要抱持這種態度。有很多資源可以協助你，好好善用專家的意見、諮詢、課程和相關團體，例如：

- 與你的婦產科醫師和小兒科醫師討論，他們不僅可以提供醫療資訊，同時在你最需要的時候，支持你、為你加油打氣。
- 與你的產前指導員討論，上母乳哺育課程。
- 向成功哺育母乳的母親們請教，徵求她們的意見，姐妹、嫂嫂、表姐妹、同事、瑜珈老師和教友們，都是非常珍貴的資源。
- 與當地國際母乳會（La Leche League）或社區親子團體的成員討論，國際母乳會是一個世界性組織，致力於協助家庭認識與享受母乳哺育的體驗，相關資訊可參考網站：llli.org。
- 搜尋住處附近是否有嬰兒友善餐廳。相關資訊可以參考網站：babycafeusa.org/findababycafe.html
- 閱讀母乳哺育的書籍，其中一本值得推薦的書是由自美國小兒科學會，米克（J. Y. Meek）編輯的《準媽媽母乳哺育指南第三版》（New Mother's Guide to Breastfeeding，New York: Batam Book，2017）

更多關於母乳哺育的詳細資訊，請參考網頁：healthychildren.org。

第5章

寶寶的第一天

在經過 10 個月的孕期以後，你或許會認為你已經了解孩子。當他駐留在子宮裡時，你撫摸自己的腹部感受他的踢動、熟悉他的平靜期與活動期。這些都可以使你和他更加親近，但當你第一次看到他的臉，感受到他的手指握著你的手指時，還是無法抑制那種欣喜與震撼。

在他出生的第一天，你可能捨不得將目光從他身上移開。仔細觀察他，你可以在他身上發現你和家庭其他成員的影子，不過，儘管他有與家人任何明顯相似之處——他仍然還是獨一無二，他會有自己的性格喜好，而且很快會展現出來。有些新生兒出生後第一天，就會對潮濕的尿布提出抗議，大聲抗議直到更換尿布、吃飽拍背後才肯入睡。表現出這種行為的嬰兒不但比其他嬰兒清醒的時間長，而且他們吃得也多，也更愛哭。有些新生兒似乎並不知道他們的尿布已經弄髒，甚至不願意在更換尿布時暴露下半身。與更敏感的嬰兒相比，這些嬰兒通常睡得較多但吃得更少，這些個體間的差異是正常的，同時也是孩子人格差異的早期現象。

有些母親說，經過長達數月孩子在子宮內的體驗後，很難將孩子看做

是一個具有思維、情感和自己欲望的獨立個體。然而，適應和尊重孩子的個性是爲人父母很重要的一課。如果父母在孩子一出生就能認識到他的獨特性，那麼日後將更容易接受孩子個人人格的發展。

新生寶寶的第一天

寶寶的外觀

當在自己的房間與寶寶輕鬆相處的時候，解開他的毯子並從頭到腳進行仔細觀察，你會發現一些在他出生的第一時刻時你沒有發現的細節，例如眼睛的顏色。雖然許多白人新生兒都是藍眼睛，但 1 年後眼睛的顏色可能會改變。如果寶寶的眼睛即將轉爲棕色，一開始的前 6 個月可能會有「混濁」的現象。不過，如果這時他們的眼睛顏色仍然爲藍色，那麼很可能就會一直持續是藍色。相較之下，黑皮膚的嬰兒一出生後眼睛通常是褐色，而且很可能終生都是褐色。

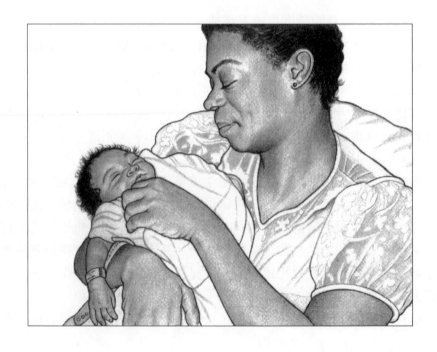

　　在一隻或兩隻眼睛的眼白部位你會看到血點，這些血點以及嬰兒面部的腫脹是分娩時由產道的壓力引起的，你可能會擔心這些紅點，不過幸運的是，這些在幾天內就會消失。如果他透過剖腹產分娩，那麼他的面部一開始不會有腫脹，眼白部分也很可能不會有任何的血點。

　　剛出生時孩子的皮膚看起來非常細膩。不論孩子是早產、延遲或足月出生，皮膚脫皮都是正常現象，不需要治療。所有的嬰兒，包括黑皮膚的新生兒，一出生時的膚色都比較淡，日後隨著年齡增長會逐漸變深。

　　檢查孩子的肩膀和背部時，你會注意到細小的絨毛——稱為胎毛。與胎脂一樣，胎毛也是在妊娠後期產生的，然而，通常在出生時或出生後不久褪掉。如果孩子在預產期到來前出生，很可能還有胎毛，完全褪去需要1至2週的時間。

　　你也許會在嬰兒的皮膚上找到各種紅斑和痣，其中許多與他尿布周圍出現的一樣，這可能只是由壓迫引起的。雜色或污點狀的斑是因暴露於冷空氣中引起的，如果你重新包裹孩子，這些斑點或許很快消失。如果你發現抓痕，特別是出現在孩子的面部，就是該為他修剪指甲的時候了。對於一些新手父母而言，這應該是一個讓人為之緊張的艱鉅任務，所以千萬不要害怕請教專家、護理人員或經驗豐富的人關於如何修剪嬰兒的指甲。

　　以下是一些新生兒常見的胎記：

　　鮭魚肉色斑或「送子鳥咬痕」：這種胎記分布的區域就像是送子鳥嘴銜住寶寶的咬痕，顏色從淡粉到深紅色都有。通常位於鼻梁、下額、上眼瞼和頭頸部背後的邊緣區域，是最常見的胎記，尤其是那些皮膚白皙的嬰兒。它們又被稱為「天使之吻」。通常會在出生後幾個月或幾年後變淡消失，但也有可能在之後隨著皮膚潮紅變得明顯。

　　蒙古斑：這些胎記會產生大小的變化，但全在皮膚平坦處出現，帶有一些其他的色素，因此可能有棕色、灰色甚至藍色（很像瘀青）的顏色。通常位於背部或臀部，含有大量色素的大而扁平的斑，外觀呈紫色或綠色（與青紫色相似）。蒙古斑非常普遍，尤其是皮膚黝黑的嬰兒，通常在學齡前消失，沒有任何大礙。

　　膿疱性色素沉著症：這些小水泡通常在出生時出現，它們很快會破掉，並且在幾天內變乾，之後會留下似雀斑的黑點，然後在幾個星期後消

失。有些嬰兒僅發現有斑點，表示他出生前曾經出過疹，這些斑點會在數週內消失。

雖然膿疱性色素沉著症很常見（特別是黑皮膚的嬰兒），且是一種無害的新生兒皮膚疹，但你還是要給小兒科醫師檢查，以排除感染的可能。

粟粒疹：位於鼻子與臉頰之間的白色腫塊或黃色斑點，由皮膚腺體分泌引起。這種新生兒常見的小疹，通常在出生後 2 ～ 3 週內消失。

汗疹：又稱為痱子，最容易發生在氣候炎熱、潮濕的季節，或者嬰兒過度包裹，這種皮疹會出現小水泡或小顆的紅疹，通常長在皮膚彎曲處或衣服覆蓋的部位，這種症狀往往幾天後就會消失。

毒性紅斑：這種疹子很常見，通常在出生後前幾天出現，皮膚上會有多個紅色斑點，斑點中心則帶有黃白的疹粒，會在出生後出現並在大約 1 週內完全消失。

毛細血管瘤：這種凸起的紅色斑點是由皮膚中草莓狀聚集的血管所引起的。在第 1 週左右，它們可能會顯得白色或蒼白，隨後變紅並凸起。雖然它們通常會在第 1 年擴大，但大多會在孩子達學齡時逐漸縮小並消失。

葡萄酒色斑：大而扁平、外形不規則的紅色或紫色區域，由皮膚下的血管擴張引起，葡萄酒色斑通常位在臉上或脖子上，與毛細血管瘤不同的是，不經治療不會消失，可以由整形外科醫師或皮膚科醫師切除（參見「胎記和血管瘤」）。

剛出生時，嬰兒除頭部形狀拉長以外，在他首先被拉出的部位還會發生頭皮腫脹。如果你用手指按壓這些區域，會遺留指痕，這些腫脹並不嚴重，出生後數天消失。

有時新生兒會有頭皮下腫脹的現象，原因可能是頭皮下出血（是顱骨外層出血，不是顱內出血）。這些腫脹通常存在於頭部的一側，會在你按壓後緩慢的彈回，這類腫脹類似於所謂的頭部血腫；這是由於出生時頭部的壓力造成，並不嚴重，但需要 6 至 10 週才能消失。

所有兒童的頭頂都有兩個軟化區域，稱為囟門。這些區域的未成熟顱骨仍然在生長。頭頂部較大的一個囟門靠近額骨，較小的一個靠近後方。當輕輕接觸這些區域時，不必害怕，這些區域覆蓋有厚而堅韌的膜可保護顱內的組織。

　　新生兒出生時會有毛髮，只是數量、髮質和顏色因人而異。大多數，但不是全部，寶寶的「**胎毛**」**會在 6 個月內脫落**，然後長出成熟的頭髮，但顏色和髮質可能會和剛出生時不同。

　　寶寶剛出生第 1 週時容易受到母親懷孕期間產生的激素影響，乳房可能暫時增大，並會產生一些奶樣物質。這是正常的，男孩和女孩身上都可能會發生，儘管有的孩子會持續更久，但一般不會持續超過一週。不要試圖壓迫或揉搓乳房，因為那樣不僅不會減輕腫脹，而且有可能引起感染。

　　新生女寶寶的陰道可能會有分泌物，通常會是白色的黏液並可能含有少量血液，雖然一些新手爸媽或許會心生不安，但這是所謂的女嬰假性經血，其實是無害的。

　　孩子的腹部看起來可能會膨出，且這時你會注意到在孩子哭泣時，腹部肌肉之間存在空間。這些空間可能呈線狀下達腹部的中央，或者在臍帶周圍呈環狀，這種隆起稱為疝氣。這是正常的，大約滿週歲時消失（更多詳細的資訊，請參考第 169 頁臍疝氣篇）。

　　新生兒的生殖器通常呈紅色，相對於幼小的身體來說似乎較大。男孩的陰囊可能小而光滑，或者大而皺縮。睪丸可以在陰囊內進出，有時睪丸會回縮到陰莖的根部，甚至到達大腿的皺褶處，但只要睪丸大部分時間位於陰囊內就是正常的。

　　有些男孩的陰囊內會有些液體，稱為開放性陰囊積水（詳見第 566 頁）。隨著液體被陰囊吸收，即使不治療陰囊也會在數月內皺縮。如果孩子在**哭泣時陰囊突然腫起或變大**，通知你的小兒科醫師，這種徵象可能是需要治療的**腹股溝疝**。

　　出生時包皮與嬰兒陰莖的頭部相連，不能像稍大的兒童或成年人那樣推開。在陰莖的頭部有一個小孔，是嬰兒排尿的地方。如果你的兒子接受割禮，分離包皮與陰莖頭之間的連接，並切除包皮，露出陰莖頭；如果不進行割禮，包皮和陰莖頭之間的連接也將在數年間自然分離（詳細資訊請參考第 40 頁段落「嬰兒應該割包皮嗎？」）。

陰莖的護理

進行割禮的陰莖：割禮手術通常會在新生兒離開醫院前進行，但也有可能在出院後一個星期內行割禮。（詳細資訊請參考第 40 頁段落「嬰兒應該割包皮嗎？」）。通常由於宗教原因而延後至出生後第 2 個星期。割禮後可以將浸有凡士林的輕敷料放在陰莖的頭部，一些小兒科醫師建議表面要覆蓋乾淨的紗布，直到陰莖完全癒合，一些則是建議保持乾燥就好。最重要的是保持割禮部位的清潔，如果糞便顆粒沾到陰莖上可以用肥皂水輕輕洗去。

在進行割禮後最初幾天，陰莖的頭部看起來似乎非常紅，還會見到黃色分泌物，這兩種現象表明傷口正在癒合。1 週之內，發紅或黃色分泌物將逐漸消失。如果傷口部位發紅、腫脹疼痛或發現有污濁液體的黃色結痂，可能發生了感染。這種情況並不常見，假如你有疑問，請與你的小兒科醫師討論。

在割禮傷口癒合後，孩子的陰莖通常不需要額外護理。偶爾會留下一小塊包皮，在孩子洗澡時，應該輕輕向後翻開，檢查陰莖頭部周圍的溝，確保潔淨。如果你想為孩子進行包皮環切術，但末在出生後兩個星期內進行（或許出於醫療的原因），通常可能會延後數星期或數月。當手術完成後，護理的作法和上述相同。如果新生兒出生後要進行包皮環切術，通常需要全身麻醉，並且要有更完善的正式手術過程，以便控制出血量和縫合皮膚的邊緣。

未進行割禮的陰莖：在出生後的前幾個月，非割禮兒童的陰莖護理與尿布區的護理一樣，只需用肥皂水沐浴。最初，包皮與陰莖頭部的組織相連，所以不要拉扯它；醫師會告訴你什麼時候包皮會分離，而可以安全地將包皮翻過去，這個過程可能是幾個月，也可以是幾年，強求不得。如果你在包皮尚未準備好前硬拉扯，可能會因此造成疼痛或皮膚撕裂傷。在包皮分離後，有時你應該翻開包皮，清潔包皮下的陰莖。

當兒子漸漸長大後，你要教他如何小便與清洗陰莖和包皮：

- 輕輕地從陰莖龜頭處將包皮拉回。
- 用肥皂和溫水清洗龜頭和包皮內層。
- 然後再將陰莖包皮拉回包覆龜頭。

寶寶的體重及測量

有哪些因素讓嬰兒的體型有大小之分？以下是常見的一些原因：

體型大的嬰兒：如果父母本身的體型較大或媽媽體重過重，嬰兒出生時體型也會偏大。另外還有一些可能的因素，例如：

- 父母體型較大
- 孕期產婦體重增加過多
- 孕期超過 42 週。
- 胎兒在子宮內受到過度刺激而生長。
- 胎兒的染色體異常。
- 母親種族的關係。
- 母親在懷孕前或懷孕中患有糖尿病。
- 之前生過其他孩子的母親，後生的孩子通常都會比前一個更重。

大型嬰兒可能有代謝異常（如血糖和鈣過低）、分娩創傷、血紅蛋白值過高、黃疸或各種先天性畸形。體型大的嬰兒幾乎有 1/3 在哺育方面會有困難，你的小兒科醫師會持續關注這些問題。

體型小的嬰兒：嬰兒出生時體型小可能有以下幾個原因：

- 早產。
- 父母身材都屬於嬌小型。
- 母親種族的關係。
- 胎兒染色體異常。
- 孕期產婦體重增加不足。

- 母親患有慢性疾病，例如高血壓、心臟病或腎臟病。
- 胎盤問題導致嬰兒營養不良。
- 母親在懷孕期間使用酒精或藥物。
- 母親在懷孕期間抽菸。

體型較小的嬰兒可能需要密切監測他的體溫、葡萄糖值和血紅蛋白值。出生後，小兒科醫師會全面評估體型較小的嬰兒，以決定他可以出院回家的時間。

若要確定你的寶寶與其他同樣妊娠週期嬰兒的體型差異，你的小兒科醫師會參考生長曲線圖（參考附錄）。

在妊娠曲線中，80% 的兒童在妊娠 40 週時出生（足月產），體重在 5.5 ～ 8.75 磅（2,600 ～ 3,800 公克）之間，這是健康嬰兒的平均值。曲線上 90% 以上的兒童是正常的，只有少於 10% 的體重低於正常值。請記住，這些早期的體重與成人後的體型並沒有直接關係，但確實有助於確認嬰兒出生後數天是否需要特別的照顧。嬰兒的頭圍和體長也會被測量並與生長圖表進行對照。

第一次體格檢查在出生後第 1 天進行，以後每次體格檢查時，你的小兒科醫師將進行一些測量。他將按常規方法測量孩子的身高、體重、頭圍，並把這些數字繪製在與附錄相似的成長曲線上。健康營養良好的兒童，三種測量數值以可以預測的速度增加。這種生長速度發生的任何紊亂都可以協助醫師發現和確認孩子在餵養、發育或醫學上的問題。

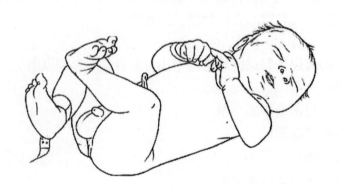

寶寶的行為

你的嬰兒被緊密包裹著，躺在你的臂彎或你身邊的床上。正如在子宮內一樣，他的手臂和腿彎曲著靠近自己的身體，手指緊握成拳，雖然你可以輕輕將之伸直。他的腿自然向內彎曲，身體從這種折疊的胎兒位打開可能需要幾週的時間。

他需要一段時間才能發出「咕咕」或「啞啞」等我們通常認為的嬰兒語言。然而，一旦開始他就會非常吵人，除了一些不舒服的情況會哭泣外，他還會發出哼哼聲、吱吱聲、嘆息、噴嚏和呃逆等聲音（甚至在懷孕期間你就可以聽到呃逆聲）。正如他突然的動作一樣，許多聲音是他對周圍混亂的反應，尖叫聲或者難聞的氣味可以使他突然哭起來。

這些微細的反應，是孩子的感覺器官良好運作的徵象。畢竟在子宮內，他已經熟悉了母親的聲音（有時還有父親的）。如果你放輕音樂，他聽到後就會變得安靜或輕輕隨音樂起舞。

他可以利用嗅覺和味覺區別母乳和其他液體。母乳自然的甜味對嗜甜的寶寶來說很有吸引力。

出生時孩子的視覺範圍只有 8 ～ 12 英吋（20 ～ 30 公分），也就是說他可以在你擁抱和餵奶時看見你；但在你遠離時，他的眼睛會四處搜尋，外觀看起來像是鬥雞眼，不要為此擔心，隨著他眼肌的發育成熟和視力改善，兩隻眼睛會更常朝向同一個事物。如果沒有改善，請洽詢小兒科醫師。

出生時，孩子不能辨別光明與黑暗，只能看見明亮的顏色而不能辨認全部的顏色。如果你讓他看黑或白色、或強烈對比的黑紅和白黃色，他可能會很有興趣；但當你讓他看一幅有許多相近的顏色圖畫時，他可能根本沒有反應。

新生兒最重要的感覺器官可能是觸覺。在子宮待了幾個月以後，現在他即將接觸所有各種感覺——有些令他難受，有些非常舒服。在他突然感受到一股冷風後，他會哆嗦。他喜歡與家人的肌膚接觸，毛毯和你手臂環繞在他周圍的溫暖感覺，抱著他可以給你與孩子一樣愉快的感覺。擁抱會給他安全與舒適的感覺，同時讓他感受到愛。研究顯示，親密的情感連結實際上可以促進他的成長和發展。

回家

如果你是自然生產，大多數醫院會讓你和寶寶在 48 小時後出院。如果你是剖腹產，你可能要住院 3 天或更久；如果你是在非正統的生產中心生產，你可能在 24 小時內就可以回家。不過，雖然健康足月的寶寶可以在不到 48 小時內出院，但這並不意味著就一定是如此。美國小兒科學會認為，母親和嬰兒的健康最重要，由於每個孩子的情況都不同，因此新生兒出院的日期應視個案而定。

如果新生兒提早離開醫院，至少他應該完成所有的新生兒篩檢測驗，例如聽力檢測，新生兒代謝測試、維生素 K 補充、抗生素眼膏、心臟篩查和 B 型肝炎疫苗（參考第 73 頁新生兒篩檢測驗）；他需要在出院後 24 ～ 48 小時內再次給醫師檢查。如果嬰兒出現無精打采或發燒、嘔吐、難以餵養，或皮膚泛黃呈現黃疸的現象，這時應立即通知醫師。

在你離開醫院之前，你的家中和車上至少要有一些必要的配備：確保你有一個符合標準的嬰兒安全座椅，已正確裝在後座面向後方。按照汽車安全座椅說明書安裝與正確的使用是非常的重要，如果可能，請合格的兒童汽車安全座椅技術人員幫你檢查，確保一切正確無誤（關於汽車安全座椅的選擇和正確使用方式請參考第 510 至 521 頁）。在家中，你需要一個安全的地方讓寶寶睡覺，大量的尿布，足夠的衣服和毛毯，讓寶寶感到溫暖與受到保護。

我們的立場

新生兒離開醫院的時間應該由照顧嬰兒的內科醫師和孩子的父母共同決定。美國小兒科學會認為母親和嬰兒的健康福祉是首要的考量點，凌駕於財務之上，而對那些能在 48 小時前離開醫院的母親與嬰兒制定了規範限制：包括足月分娩、適度成長和一般體檢。你通常需要 48 小時才能達成所有規定的標準。美國小兒科學會支援國家和立法機構根據學會的指導、內科醫師與父母協商的結果，制訂一個權威的原則以確定什麼時候可以出院。

父母的議題

母親的情緒

如果你發現與寶寶相處的最初幾天，喜悅痛苦交織極度疲憊——特別是如果這是你的第一個孩子——擔心自己為人父母的能力——放心，你並不孤單。

你或許對新生兒的到來非常激動，以至於沒有注意到自己的疲勞和疼痛，儘管非常疲勞仍然難以入睡。如果你在醫院分娩並且寶寶身體健康，醫院通常會讓寶寶睡在醫院提供的搖籃中，與你待在同一間病房內。你應該最大限度地利用母乳餵養的時間享受與寶寶的肌膚接觸，但要注意別讓他在你的床上或椅子上睡著。當你或你的陪伴者感到疲勞、需要睡眠時，記得將寶寶仰躺著放回搖籃中。讓寶寶包著包巾或穿著包巾衣可能有助於鼓勵寶寶與你分開睡覺。你也可以要求照護人員在你需要休息或進行個人護理時，代為照看你的寶寶。

趁著你還在醫院時好好休息，和周遭訓練有素的專家學習，讓你的身體早日恢復原氣。如果你極度焦慮，那你絕對很難相信自己會是照顧嬰兒的專家。一旦新手父母與寶寶相處幾天，習慣嬰兒的常規護理工作後，等到回家一切就緒，往往就會慢慢上手。請記得，你總是可以尋求你的小兒

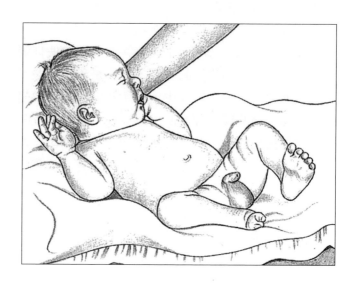

你剛生下一個令人驚奇的生命，同時也是一個重大的責任。

161

科醫師、家人和朋友的建議與協助（有關產後憂鬱和憂鬱症的詳細資訊，請參考第 162 至 163 頁）。

如果他不是你的第一個孩子，你心中可能還有一些問題，例如：

■ **新生兒的到來是否會影響你和其他孩子之間的感情？**

假如你能夠將你的時間合理分配給每一個孩子，這種事就不會發生；學步兒通常很樂意幫忙拿乾淨的尿布，再大一點的孩子可能會以留意周遭環境的安全的任務為傲（例如散落一地的玩具），並且確保所有來訪者在探視寶寶前洗淨雙手。當你的日常作息更上軌道後，一定要留一些特別的時間與較大的孩子相處。

■ **你能給新生兒同樣的愛嗎？**

事實上，每一個孩子都是特殊的，都會從你那裡感受到不同的反應和感情。即使孩子出生的順序可能會影響你與他們的相處方式，「新成員」無關乎「更好」或「更差」的想法或許會有幫助。每個孩子都不同，這一點對你和你的孩子是非常的重要。

一個最實際的問題就是未來必須照顧更多的兒童，這將使你擔憂。但現在，多的時間需求以及手足間的競爭隱約地出現在你的面前，這是一種全新的、令人恐懼的挑戰；不要被這種挑戰壓倒，只要有時間和耐心，每個家庭成員都會適應他們的新職責。

如果生疏、疲勞和似乎沒有答案的問題使你難過，也不要弄壞你的心情；你不是第一個哭泣的母親，也不是最後一個。

就連你在青少年期或生理期所經歷的**賀爾蒙變化**，也很難比得上你在生產時會經歷的驟變程度，所以要怪就怪賀爾蒙吧！

這種情緒的變化有時會讓母親感到悲傷、恐懼、易怒或焦慮──甚至遷怒到寶寶身上──醫師稱這種情況為**產後憂鬱**。大約有 3/4 的新手媽媽在生產後幾天都曾出現過產後憂鬱的現象，幸運的是，這種情緒消失得很快，通常只會持續幾天。

然而，有一些新手媽媽會有強烈的悲傷、空虛、冷漠和甚至絕望的感覺，醫師將這些症狀歸納為產後憂鬱症。她們也可能感受到匱乏，開始遠

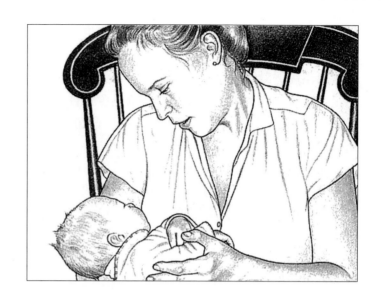

如果你的憂慮已大到
難以應付，千萬不要
害怕尋求協助。

離家人朋友，這種感覺很可能在寶寶出生後幾個星期出現，大約每 10 位
新手媽媽就有一位會有這種困擾。這種症狀可能持續好幾個月（或者甚至
超過 1 年），而且時間持續越久，情況更加惡化，最後這些媽媽可能感到
無能為力，無法照顧自己的孩子與其他的孩子；他們甚至可能會開始擔心
傷害自己或嬰兒。即使沒有參與生育，父親也可能患上產後憂鬱症；他們
也應該對這些跡象保持警惕，並盡早尋求幫助。

　　和你的伴侶、家人和親密好友聊聊你的情緒，可以請他們暫時代勞照
顧寶寶以給你一段時間喘口氣，做一些運動或盡量多休息以緩解你的壓力
與焦慮。如果這樣還無法減輕你的症狀，而且情況越來越糟，持續 2 週以
上，你一定要尋求婦產科醫師、小兒科醫師或心理專家的協助，他們可能
會建議你做心理諮商或服用抗憂鬱藥物（如果你是哺育母乳，請與你的小
兒科醫師討論）。現在有許多小兒科醫師會在產後 6 個月的每次健康檢查
時進行問卷以篩檢產後憂鬱症。

伴侶的情緒

　　作為一個照顧孩子的搭檔，你的角色並不比產婦的角色小。雖然你沒
有親身懷有胎兒，但你的角色會隨著預產期的臨近和迎接新生兒準備工作
變得越來越重要，你的身心都要為此做出調整。一方面，你或許覺得這次

生產好像幫不上什麼忙，但另一方面，他也是你的寶寶。

當寶寶終於出生了，你很可能感到如釋重負、既興奮又畏懼，在見證寶寶誕生那一刻，除了感受到對他的承諾與愛外，也終於能放下對這種情感是否可能不會浮現的擔憂。你同時也會對寶寶的生母產生比過往更大的崇敬與愛戀；同時，擔負起撫養這個孩子 20 年的責任並非一件輕鬆的事情。

根據醫院和你的計畫，你可能在母嬰室中與母親或孩子待在一起，直到孩子回家。這有助於使你看起來不像一個旁觀者，更像一個重要的參與者。你將會從出生就了解你的孩子，也可以與你妻子一起體驗那種強烈的情感。

如果你感受到矛盾的心情，該如何處理呢？最好的方法就是盡可能**積極參與**照顧嬰兒的工作。一旦你的整個家庭成員都回家，你可以、也應該協助餵奶（如果是用奶瓶餵養）、換尿布、洗澡和安撫寶寶。這些工作可以幫助你與孩子的連結，同時也是讓所有的家庭成員了解，並且喜愛這個新的家庭成員的絕佳的機會。

手足的情緒

較大的孩子可能會敞開雙臂迎接，也可能會默默無聲的歡迎這個新來者，或者兩者的混合。他們的反應在很大程度上依賴於他們的年齡和發育水準。例如，你很難事先讓 1 個還在蹣跚學步的幼兒準備好迎接家庭新成員的轉變。當新生兒出生時，他會因為父母的突然消失感到迷惑，在到達醫院時，他會因為看到母親躺在床上，正在注射靜脈點滴感到恐懼。

他可能會嫉妒母親抱別人而不是抱他，他可能出現錯誤行為或者幼稚行為（如在已經接受幾個月大

小便控制訓練後，突然堅持要墊尿布）。這是對變化的正常反應，最好的回應方式就只是給他更多的愛與安全感，而非懲罰他。此外，試著找出他「表現好的那一面」，他會因爲行爲良好而得到大量關注。當他呈現大哥哥或大姊姊那一面時，多多讚美他，讓他知道身爲哥哥或姊姊也是很重要的，告訴他你的心中有足夠的空間可以同時愛他與剛出生的寶寶。隨著時間的推移，他會建立與嬰兒的連結。你會想隨時監督他與寶寶的互動，以讓孩子學習如何在她的新弟妹身邊做出安全的舉動。

如果你較大的孩子是學齡前兒童，他就更能理解發生了什麼事。如果你在懷孕期間先讓他有心理準備，這樣一來或許可以減少他的困惑，不然他可能會心生嫉妒。他可能理解這種情況的基本事實（寶寶在媽媽的肚子裡，寶寶將會用我用過的嬰兒床），他可能對這個神祕的任務感到非常好奇。

如果是學齡兒童，他仍然需要一些時間適應新角色，同時，他可能對懷孕和生產的過程非常著迷，並且迫不及待想看到剛出生的寶寶。一旦寶寶誕生後，他可能會感到非常驕傲和具有保護性。記住，在讓他幫忙照顧寶寶的同時，別忘了他仍然需要你的關注。

健康觀察項目

有些，有些身體狀況在出生後最初的 1、2 週內很常見，如果你發現孩子出現下列任何跡象，與你的小兒科醫師聯繫：

腹部膨脹：大多數正常嬰兒的腹部稍微突出，大量餵奶以後更是明顯。然而，在兩次餵奶的中間，腹部應該是柔軟的。如果你感到孩子的腹部腫脹和發硬，或者他在 1 至 2 天內沒有排便或嘔吐，要通知你的小兒科醫師。問題很有可能是由於氣體或便祕引起，這也是更嚴重的腸道問題的信號。

產傷：如果生產過程長、難產，或者寶寶體型過大時，嬰兒會出現損傷。縱使有些傷害新生兒很快就能恢復，有些則會長期持續。偶爾會發生鎖骨骨折，但很快就可以癒合。數週後在骨折的部位可能會出現小腫塊，但不必驚慌，這是正在形成新骨，修補損傷的保護性跡象。

肌肉無力是新生兒另一個常見損傷，由生產過程中的壓迫或者對與肌

經常告訴較大的孩子，你的心中有足夠的空間可以同時愛他與剛出生的寶寶。

肉連接的神經纖維受到拉扯所導致。症狀大多為一側面部、肩膀和上肢無力，通常可以在幾週內恢復正常。同時，請諮詢小兒科醫師示範有哪些姿勢可以在餵奶和抱孩子時促進癒合。

寶寶發紫：新生兒的手、腳可能會輕微發紫，這通常是正常的。如果他的手、腳因為寒冷而發紫，則在溫暖後應該恢復粉紅色；然而，持續皮膚發紫，是心臟或肺功能運作不正常的徵兆，寶寶的血液沒有足夠的氧氣，應該立即就醫。

排便：出生後，醫護人員會觀察寶寶的第一次排尿和排便，以確保他在這項重要任務上沒有發生問題。這可能會延遲 24 小時或更長時間。第 1 次或第 2 次排便將是黑色或深綠色，並且非常黏稠，這是胎糞，一種在嬰兒出生前充滿腸道的物質。如果您的寶寶在最初的 48 小時內沒有排出胎糞，則需要進一步評估以確保小腸沒有異狀。有時，新生兒的大便中有少量血液，如果這發生在最初幾天，通常是因為嬰兒的肛門因大便而裂傷。這通常是無害的，但即便如此，請告知你的小兒科醫師任何出現血液的跡像以確認原因，因為還有其他可能造成血液出現的因素會需要進一步的評估和治療。

咳嗽：如果孩子吃得非常快，他可能會咳嗽和吐出來；一旦他適應家中餵養的規律，這種類型的咳嗽應該會停止。這可能與媽媽泌乳的強度或速度有關，如果他持續咳嗽，或在餵養期間經常噎到，要與小兒科醫師討

論。這些症狀可能意味著肺部與消化道的潛在疾病。

過度哭鬧：所有的新生兒都會哭鬧，有時沒有明顯的原因。如果你確定孩子吃飽打嗝、溫暖並更換了乾淨的尿布，最好的辦法可能是抱著他散步、說話或者唱歌，直到他停止哭鬧。這個階段的嬰兒不太可能因為給予太多關注而寵壞他，如果上述作法仍然行不通，你可以用毯子將他包緊或嘗試一些第 192 頁的方法。

你很快會熟悉孩子的正常哭鬧方式，如果哭泣方式聽起來很奇怪，像是痛苦的尖嘯，或者持續時間比平時長，可能意味著有醫學上的問題。請聯繫小兒科醫師尋求幫助。

產鉗痕跡：在分娩過程中經常使用產鉗，在嬰兒的面部、頭部會出現紅色痕跡、甚至表皮擦傷，這些痕跡在幾天內會消失。有時產鉗會對皮膚下的組織造成輕微創傷，在這些部位有時會留下堅硬的扁平腫塊，但這種痕跡通常也在兩個月內消失。

黃疸：許多正常的健康兒童在出生的最初幾天皮膚會出現黃色，這種情況稱為「生理性黃疸」，是血液中膽紅素含量過高的現象。輕微的黃疸是無害的，但是如果膽紅素持續升高而不進行治療，可能會導致腦部損傷。哺育母乳且餵養不順的嬰兒較常發生黃疸的現象；哺育母乳的母親 1 天至少要餵 8 ～ 12 次，這有助於降低寶寶的黃疸指數。

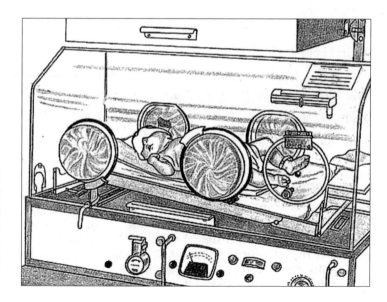

光照治療法可以透過不同光源進行治療，如特殊的燈光或者利用使用特殊燈罩，並在過程中蓋住嬰兒的眼睛以做保護。

　　隨著膽紅素超過正常值，黃疸首先出現在面部，隨後是胸部和腹部，最後出現於下肢，眼白可能泛黃。大多數醫院都會在新生兒出生後 24 小時內，使用一種無痛的手持式光學檢測儀進行常規的黃疸檢查。如果小兒科醫師懷疑寶寶有黃疸的可能性——不只是基於皮膚發黃，還有考量嬰兒的年紀和其他因素——他可能會進一步做皮膚或血液檢測，以明確診斷是否為黃疸。如果嬰兒在出生後 24 小時內出現黃疸現象，醫護人員一定會幫寶寶做膽紅素檢測以做出正確的診斷。如果你在家中發現寶寶的黃疸忽然升高，請通知你的小兒科醫師。新生兒出生後 3 ～ 5 天，應該由醫師或護理師再次檢查，因為這時是膽紅素指數最高的時候。基於這個原因，如果新生兒在出生後不到 72 小時出院，那麼在出院後 2 天內，他還要再次回到醫院給醫師檢查。不過，有一些嬰兒得提早再做一次檢查，其中包括：

- 離開醫院前，膽紅素指數很高。
- 提早出生的嬰兒（比預產期提早兩個星期出生）。
- 母乳餵養不順。
- 因為分娩造成瘀傷和頭皮下層出血。
- 父母或手足曾因膽紅素指數過高而接受治療。

　　膽紅素過高的症狀可以透過光照治療處置。寶寶會被安置在一種特殊光線下，戴著眼罩保護雙眼並全身赤裸接受照射——也許是在醫院或在家中，這種治療法可以預防黃疸對健康的有害影響。哺育母乳的嬰兒，黃疸可能會持續 2 到 3 週以上；喝配方奶的嬰兒，黃疸大多數會在 2 週內消失。

疲倦：嗜睡的嬰兒大多數時間都在睡覺，只要他每隔數小時睡醒時吃飽、露出滿意的神情，那麼其餘時間繼續睡眠都是非常正常的；但如果孩子很少有意識，或者不能主動醒來吃奶，或看上去非常疲倦以及對吃奶沒有興趣，你應該請教小兒科醫師。疲倦——尤其是孩子正常行為的突然變化——是身體嚴重疾病的表現。

呼吸窘迫：出生後，你的孩子需要幾個小時的時間才能形成自己的正常呼吸模式，之後就應該沒有什麼大問題。然而，如果他的呼吸看起來不尋常，大部分的原因很可能是鼻腔阻塞，這時你可以用生理食鹽水滴鼻液，配合球形滴管吸出鼻子中的黏液來解決，這兩種物品都可以在藥房買到。

然而，如果你的新生兒出現以下警訊，一定要立即通知你的小兒科醫師：

- 快速呼吸（每分鐘超過 60 次）。但別忘了，嬰兒的正常呼吸速度比成人更快。
- 縮回（每次呼吸時肋骨間的肌肉內陷，因此肋骨突出）。
- 鼻翼扇動。
- 呼吸時發出咕嚕聲。
- 皮膚顏色持續發紫。

臍帶： 在臍帶萎縮並最終脫落的幾週內，臍帶殘端必須保持清潔和乾燥，但不需要用酒精清理臍帶，只需要保持乾燥。在這個年紀，臍帶掉落之前，在洗澡時短暫的讓臍帶進到水中是沒問題的，只要記得在洗完澡後讓殘端徹底乾燥。在每次更換尿布時，用棉籤（浸過酒精並擠乾）清潔積聚在臍帶殘端與皮膚之間潮濕的、發黏的物質。暴露在空氣中，有助於臍帶乾燥。也要確定尿布的折疊部位在臍帶以下，以免尿液浸濕臍帶。在臍帶萎縮脫落時，你可能會在尿布上發現幾滴血液，這是正常的；然而，如果臍帶殘端感染，則需要醫療處理，如果發現下述任何感染的徵兆，應該馬上聯繫你的小兒科醫師：

- 臍帶發出惡臭且周邊有淡黃色濃液。
- 臍帶基底部周圍皮膚發紅。
- 當你接觸臍帶或臍帶周圍的皮膚時孩子哭鬧。

新生兒大約滿 3 週時，臍帶應該已經乾掉脫落。如果那時臍帶仍然還在，可能是因為某些問題，所以，如在那之後寶寶的臍帶仍未脫落，必須帶他去給醫師檢查。

臍肉芽腫： 有時候，臍帶不是完全沒乾，而是在臍脫落後，該處長出肉芽腫或紅色疤痕組織，這種肉芽腫會滲出黃色液體，通常 1 週後會消失。如果沒有消失，小兒科醫師可能會採取電燒的方式去除肉芽腫組織。

臍疝氣： 如果孩子的臍帶在哭鬧時向前突出，有可能是臍疝氣，即腹壁的肌肉部分上有 1 個小孔，在腹內壓力上升時（例如哭泣時），使得腹內組織膨出。這種情況並不嚴重，在 12 ～ 18 個月內將自動癒合（不明原因非裔美國寶寶需要更長的時間癒合。）。如果直到 3 ～ 5 歲仍未癒合，

則需要進行手術。不可以用膠帶或硬幣黏住肚臍，這不僅對疝氣沒有幫助，還可能會造成皮膚感染。

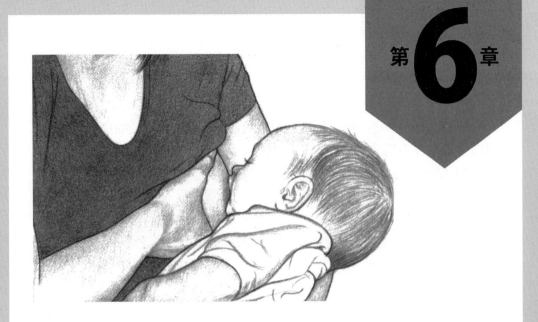

第6章

第 1 個月

 ## 生長發育

　　開始時，你的孩子似乎除了吃奶、睡覺、哭泣、尿濕以外什麼也不做；滿月時，他會變得更加警覺，反應也更靈敏。漸漸地，他的動作會變得更流暢、更協調——尤其是把手伸向嘴裡的動作。你可能意識到你說話時他在聽、你抱他時他觀察你、有時他運動身體作爲對你的反應或引起你的注意；在我們探索他正在發展的能力前，讓我們首先觀察一下 1 個月內他身體將發生的變化。

身體外觀和生長

　　嬰兒出生時，他的出生體重含有未來幾天內會失去的多餘體液。嬰兒會在出生後 5 日內失去 10% 左右的體重，然後再接著開始穩定的增加體重，他們應該會在出生後大約 2 週回復到出生時的體重。你可以根據附錄

的成長量表檢測孩子的發育。

在重新恢復出生時的體重後，大多數嬰兒發育得非常快，尤其是第 7 ～ 10 天和第 3 ～ 6 週之間的爆發生長期。新生兒的平均體重每天增加 2/3 盎司（20 ～ 30 公克），滿月時體重將達到 10 磅（4,500 公克），不過這些數字在不同的嬰兒之間可能會有明顯差異。在第 1 個月內，他的身高增加 4.5 ～ 5 公分。男孩的體重增加稍多於女孩（350 公克左右），同時身高也稍多於女孩（大約 0.5 英吋或 1.25 公分）。

你的小兒科醫師會特別注意孩子的頭部生長，它可以反應腦部的成長發育。出生後前四個月是寶寶在一生中顱骨長得最快的時期。新生兒的平均頭圍是 13.75 英吋（35 公分），滿月時增加到 14.75 英吋（37.75 公分）。男孩的頭圍通常較大，平均差異少於 1/3 英吋（大約 1 公分）。

出生後第 1 個月內，嬰兒逐漸從蜷縮的體位伸展開來。他開始不時的伸展上、下肢和後背，他的腿和腳可持續向內旋轉，呈現 O 形腿外觀，這種情況通常在 1 歲左右會自動矯正，如果弓形腿外觀特別嚴重，或者與腳前部的曲線明顯有關，你的小兒科醫師會建議採用夾板或石膏進行矯正，但這種情況非常少見（參考第 838 頁 O 型腿和膝外翻；第 842 頁足內翻）。

如果嬰兒的顱骨在出生時變形，很快會恢復正常形狀。出生時的頭皮發青或眼瞼腫脹將在出生後 1 ～ 2 週內減退，眼部紅斑在出生後第 3 週消失。

你可能會發現出生時覆蓋於孩子頭部的柔細毛頭髮將開始脫落。孩子的後腦可能暫時出現一個無毛髮區域，因為他仰躺著睡覺，而其他部位毛髮完好。這種脫髮不代表什麼，裸露區域將在數週內長出新髮。

另一個正常的發展是兒童粉刺，這是一種表面破裂的丘疹，通常發生於出生後第 3 週或第 5 週。醫師們曾經認為這是由於母體的賀爾蒙刺激嬰兒皮膚上的腺體，但現在我們認為這可能是嬰兒對皮膚上微生物的正常反應，並將其更名為新生兒頭部膿皰病。如果孩子有兒童粉刺，可在他的頭下墊一個柔軟乾淨的毯子，每天用嬰兒肥皂清洗一次面部，以去除奶液和殘留去污劑。在比較嚴重的情況下小兒科醫師會給予面霜。

新生兒的皮膚看上去發青，顏色從粉紅色到藍色；頭和腳通常比身體其他部位更冷、顏色更紫，供應這些部位的血管對溫度變化比較敏感，遇

冷時收縮，如果暴露區域皮膚的血管較少，則會造成蒼白或發青；然而，如果你活動他的上、下肢，你會注意到皮膚很快轉變成粉紅色。

有時候促使寶寶流汗或打顫的「體內溫度調節機制」可能會暫時失去功能，另外，出生後的前幾週，嬰兒也缺乏脂肪層，不能保護自己免受突然溫度變化影響。因此給孩子適當穿衣就顯得非常重要——天冷時穿厚些，天熱時穿薄些。一般的經驗法則是，在與你相同的氣候環境下，他要穿的衣服比你穿的衣服再多 1 件，千萬不要因為他是嬰兒就將他包得很緊。

在出生後 10 天到 3 個星期，臍帶的殘端會乾燥並脫落，留下一個癒合完好的區域。有時候會留下一個未癒合的斑點，甚至會滲出一些略帶血性的液體，如果保持該部位清潔和乾燥，殘端會自動癒合。如果 3 週後這些殘端問題沒有完全解決，請與你的小兒科醫師商量。

反射動作

在生命的第 1 週，嬰兒的身體活動主要是反射動作，這意味著在他沒有意圖的情況下這些動作也會自動發生。當你將手指放入他的口腔時，他會反射性的吸吮；在面對強烈的燈光時，他會緊閉眼睛。在出生時寶寶具備許多這樣的反射動作，有些反射在數月時仍然持續，而有些則在幾週內消失。

有些情況下，反射動作會轉變成自主行為，例如孩子出生時的覓食反射動作會促使他在你輕輕叩擊他的腮部或口唇時，將頭轉向你的手，這有助於授乳時他尋找乳頭。最初，他會在兩側尋覓，將他的頭轉向乳頭，後來尋覓的次數會減少，最終他只要扭頭讓嘴巴移動就可以就定位進行吸吮。

吸吮是一個甚至在出生前就已經存在的生存反射動作。如果你在懷孕期間進行過超音波檢查，就會看見孩子在吸吮他的大拇指。在出生後，當乳頭（或者是乳房、或者是奶瓶）接觸他的口腔附近時，他會自動開始吸吮。這個動作可以分為兩個時期：第一，將他的口唇放置在乳暈周圍，讓乳頭在口腔深處指著硬顎與軟顎的交界處，並在舌頭和上顎之間擠壓乳頭（稱為壓迫，這個動作可以將汁壓出來）；隨後第二個時期——舌頭從乳暈向乳頭運動。整個過程可以產生吸吮，最終使乳汁進入孩子的口腔。

對新生兒來說，調整這些節律性吸吮運動與呼吸、吞嚥是一個相對複

雜的任務。儘管這是一種反射動
作，但並非所有的嬰兒一開始就會
有效吸吮，然而，隨著不停的練
習，反射動作就會變成一種熟能生
巧的技能。

　　覓食、吸吮和將手放入口腔的
反射動作被認爲是出生最初幾週餵
養寶寶的線索。之後隨著母乳餵養
確立良好，取而代之是嬰兒開始運
用這些行爲來安慰自己，而可以透
過奶嘴或協助他找到自己的拇指或
其他手指來吸吮以得到滿足。

摩洛反射

　　另一種在出生後前幾週較引人注意的反射動作爲摩洛反射。如果你的
寶寶頭突然轉向或向後傾，或被突如其來的巨響驚嚇，他會迅速張開手腳
與脖子，之後把手臂抱在一起，可能還會放聲大哭。寶寶摩洛反射動作的
大小因人而異，最頻繁時期爲出生後第 1 個月，大約在 2 個月後會消失。

　　另一種更有趣的自動反應爲伸頸反射動作，又稱爲劍擊姿勢。你或許
會留意到，當你的寶寶頭轉向一側時，他的胳膊一邊會伸直，一邊會彎

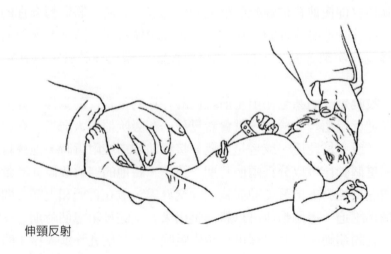

伸頸反射

曲，就好像他在劍擊的動作。不過，如果你可能不會發現寶寶的這種反應，因為這種反射動作難以察覺，同時如果他受到打擾或哭鬧時，他就不會有這種反應。這種反射動作大約會在出生後 5 ～ 7 個月消失。

摩洛反射和伸頸反射都應該在身體兩側均等地出現。如果你注意到一側的反射似乎與另一側不同，或者寶寶一側身體的動作比另一側更好，請告訴你的小兒科醫師。

專欄 新生兒反射

下面是一些在最初幾週內可以觀察到的新生兒反射，並非所有的嬰兒都同時獲得或失去這些反射，但這個表會告訴你反射存在或消失的一些情況。

圖表中的頸緊張反射式 —— 消失年齡是 5 ～ 7 個月

反射	出現時的年齡	消失時的年齡
行走反射	出生	2 月
尋乳反射	出生	4 月
達爾文（抓握）	出生	5-6 月
摩洛反射	出生	5-7 月
頸緊張反射	出生	5-7 月
巴賽斯基（足底）	出生	9-12 月

在叩擊嬰兒的手掌時,你會觀察到另外一種反射——他會立即握住你的手指;或者叩擊他的足底時,會看到他的足底屈曲,腳趾收緊。在出生後最初幾天,孩子手的握持力非常強,似乎可以承擔他身體的重量——但不要去嘗試,他不能控制這種反應,可能會突然鬆開。

除了這些「力大無比」的反射外,孩子還具有一種特殊的踏步天才!當然他不能支援他的體重,但如果你托著他的手臂(注意也要支撐他的頭部),讓他的足底接觸一個平面,他會將一隻腳放在另一隻前面——好像在走步。這種反射可以在新生兒躺在母親胸前時,立即幫助他爬行尋乳。兩個月以後,這種反射將消失,之後在快滿週歲學步期時會再出現。

你可能認為孩子完全沒有防禦能力,但實際上他具有幾種保護性反射。例如,毯子或枕頭放在他的鼻子、眼睛和口腔上,他會向兩側搖頭,用手臂將這些東西推開,使自己可以呼吸或看見;或者如果一個物體往他的方向接近時,他會扭頭並躲避(令人吃驚的是,如果這個物體衝向他,但路徑不會碰到他時,他會冷靜地觀察物體的行程而不會躲避)。

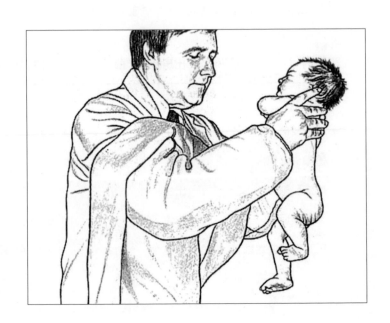

行走反射

大腦的早期發育

身為父母，你知道你的一言一行都會影響你的孩子，當你笑時，他會跟著你笑。當你因他的行為不當皺眉頭時，他會難過。出生後6～8週，他開始展現社交的笑容，你是孩子宇宙的中心，當你與他緊密連結時，他的語言甚至訓練效果都會增強。

研究顯示，在嬰兒滿3歲前，大腦快速成長與發展，與寶寶的肌膚接觸在剛出生幾週對早期腦部的連結至關重要。思考與反應的模式已經建立，這意味著，你有一個特殊的機會能協助你的孩子適當的發展，為往後人生在社交、身體和認知上奠定茁壯的基礎，這3年的影響持續一輩子。

許多年來，人們一直誤以為嬰兒的大腦是父母遺傳密碼的精確複製品。如果說母親是一位藝術家，她的嬰兒長大後就更有可能擁有相同的藝術潛能。雖然遺傳對孩子的技能和能力具有重要的決定作用，但新的研究表明環境因素也具有同等重要的作用。最近神經學家們意識到，寶寶最初幾年的經驗對他們的大腦有極深遠的影響，先天與後天的培養對幼兒的發展是相輔相成的。

最近的研究表明：孩子早年需要一些基本因素來充分發展其潛能：

- 孩子需要感到自己與眾不同、被愛與有價值。
- 需要安全感。
- 需要對他所預期的環境滿懷信心。
- 需要指導。
- 他需要自由與限制平衡的體驗。
- 需要置身於一個充滿語言、遊戲、探索、書籍、音樂和適當玩具的多樣環境。

從表面上看，與成人大腦所思考的東西相比，兒童大腦思考的東西似乎比較簡單，但實際上兒童的大腦的活躍程度是成人的 2 倍，每秒形成 700 個新連結或突觸。兒童的最初 3 年被神經科學家是為一個非常重要的時期進行專門的研究，他們發現此時人類大腦具有最大的學習潛力。不僅學習能力發展很快，而且也建立了思維、反應和解決問題的基本方式。例如，孩子學習外國語言的辭彙很容易，但成人困難重重。

這意味著你和你為他創造的環境將影響他處理自己情感的方法、影響他與人合作的方式、影響他的思維模式和體格發育。為孩子創造一個正常的環境將會促進孩子大腦的正常發育；而所謂合適的環境就是以兒童為中心，提供有助於促進孩子發展、興趣與人格的學習機會。幸運的是，良好環境的基本成分是許多父母都可以提供給孩子的：均衡的營養、和善關愛的家庭和其他看護、喜悅的遊戲時間、和諧積極的管理、有效的交流、好看的書、刺激大腦活動的音樂和自由探索與學習的環境。

回顧下列關於兒童健康的因素，以及每一種與兒童的大腦發育的關係：

- **語言**：與家長（和其他照護者）和年幼的孩子面對面溝通，可以支持他們的語言發展，此外，在嬰兒早期開始念書給他們聽也可以促進語言的發展。

- **發育問題的早期識別**：如果發現得早，可以有效的治癒許多發育和醫學疾病。對早期大腦發育進行密切監測也可以使智能障礙者和具有其他特殊健康問題的兒童獲益。

- **以正面的方式教養孩子**。孩子在充滿愛、支持和尊重的環境下成長，可以增強他的自尊和自信。你對寶寶的教養和尊重是塑造孩子未來的關鍵。

- **具有激勵性的環境**：在不同的安全環境下探索和解決問題可以促進學習。

　　越來越多的研究者發現環境對孩子性格的塑造具有非常重要的作用，這種新的科學觀點可以幫助我們確切理解我們的作用對孩子的發育過程是多麼重要，父母如何教育和對嬰兒作出反應對孩子的腦部發育具有極其重要的意義。

　　為了給孩子在家裡和社區創造一個正面的環境，請遵守下列建議：

- **做好孕期保健**：因為大腦的發育開始於子宮內，良好的孕期保健有助於確保孩子大腦的健康發育。經常去看醫師、聽從醫師的建議；均衡、健康的飲食；避免藥物、酒精、菸草等，這些都是你為孩子將來的健康必須遵守的幾個步驟。

- **嘗試在你的周圍建立一個「社群」**：因為自己獨立養育孩子非常困難，所以在你的家庭、朋友和社區中尋找幫助，你可以請教你的小兒科醫師關於支持父母的團體和活動。

- **盡可能和孩子互動**：與孩子談話、閱讀、聽音樂、繪畫並一起玩耍。這些活動讓你有時間可以留意孩子的想法和興趣，讓孩子感到自己很特別與重要性。同時你也可以教導孩子建立良好關係，是一生受用的溝通語言。

- **給孩子足夠的愛和關心**：和藹及充滿愛的環境可以使孩子感到安全、自信和備受關心。同時也有助於讓他們學會關心他人，這種關愛是不可能寵壞一個孩子的。

- **提供一貫的原則和指導**：確保你和其他照顧者的日常慣例是一致的。同時，給孩子的指引也要一致性，並且考量到孩子不斷成長後的能力。一致性有助於孩子對於他們所預期的環境滿懷信心。

嬰兒的意識狀態

狀態	描述	孩子做什麼
第 1 種狀態	深度睡眠	躺著不動
第 2 種狀態	淺睡眠	睡眠時運動：噪音可以驚醒
第 3 種狀態	嗜睡	眼睛開始閉合：打盹
第 4 種狀態	平靜而警覺	眼睛睜開、表情明朗、身體不動
第 5 種狀態	活動而警覺	面部和身體主動活動
第 6 種狀態	哭泣	哭泣或哭叫，身體亂動

哭泣和絞痛

在出生後 2 週開始，嬰兒會哭鬧。有些父母認為如果孩子一哭就抱起他們會把他們寵壞，因此不願意抱他們。但是，這年紀的嬰兒是不會被寵壞的，而且你要盡可能滿足他們的需求。

嬰兒的哭泣模式和性情變化無常，有些嬰兒哭鬧是沒有明顯的原因，我們很難猜測淚水背後他想表達的意思。如果孩子一直哭鬧不停，可以理解的是父母一定會感到沮喪與無法承受。

你的寶寶每天是否固定有一段煩躁不安的時間，無論如何都無法安撫他？這是很常見的。尤其是下午 6 點到午夜之間——正好是你最疲倦的時期。這段期間可能使你非常痛苦，尤其你還有其他孩子要照顧或工作要做；但幸運的是這個階段持續的時間不是很長，通常在孩子 6 週時達到高峰，每天大約胡鬧 3 個小時；到 3 個月時逐漸下降到每天 1 ～ 2 個小時。只要孩子在幾小時內可以平靜下來，並且在一天的其他時間相對平和就不必驚慌。

　　然而，如果孩子的哭鬧持續增強、無法停止，那麼很可能是由絞痛引起。大約有 1/5 的兒童會出現絞痛，通常發生在第 2 ～ 4 週之間，而且可能甚至發生在你幫他換尿布、餵飽他和抱他、搖他、哄他、安撫他之後。表現為難以安慰的哭泣、尖叫，伸腿或蹬腿和排氣。他們的胃會擴大或因充滿氣體而鼓脹，這種斷斷續續的哭鬧可能日以繼夜，不過，通常在傍晚時分情況會變得更糟。

　　不幸的是目前沒有明確的原因可以解釋為何會有絞痛，大多數絞痛可能僅僅是由於孩子對意外刺激過分敏感，或無法自我控制、調節他的中樞神經系統（所謂的不成熟中樞神經系統）引起。隨著他日漸成長，這種無法控制——不斷的哭鬧行為——將有所改善。通常這種「腹絞痛哭鬧」會在出生後 3 ～ 4 個月停止，不過也有可能持續到滿 6 個月。對於母乳餵養嬰兒來說，有時絞痛的原因可能是對母親飲食中的成分敏感。對配方乳中牛奶蛋白過敏是引起絞痛的罕見原因。絞痛症狀也可能是一些醫學疾病的信號，例如疝氣和其他疾病。

　　雖然你能做的有可能就是等待絞痛過去，但仍然有幾種方法可以嘗試：首先與你的小兒科醫師商量以排除任何引起哭泣的醫學原因，然後詢問他下面的哪一種方法最有效：

- 如果你在哺乳，從你的食譜中排除奶製品、大豆、雞蛋、洋蔥、甘藍和任何其他可能具有刺激性的食品；最好先要與你的小兒科醫師討論，如果你已經有正在進行飲食抗原排除測試（檢查食品中的你可能會有抗原反應的物質），你應該先完成它，並且需要大約兩週才能發現變化。確保一次只消除一件因素。假如你使用配方乳餵養，你可以向你的小兒科醫師請教有關水解蛋白配方奶粉。僅有少於 5% 的絞痛是由食物過敏所引發，但在少數案例中這種改變可能在幾天內產生幫助。

- 不要過度餵養你的寶寶，這可能會令他不舒服。在一般情況下，餵養的時間試著間隔至少 2 個小時至 2.5 小時，從開始餵養的那一刻算起。如果你是母乳餵養並且有很多牛奶，有時嬰兒會變得挑剔。在這些情況下，如果你的寶寶只吃一邊乳房就能飽足，這會有助於調節你的乳汁供應，並減少脹氣（有關漲乳的信息，請參見第 115 頁）。

- 將寶寶放入背帶中散步走走。即使他的不適仍然持續，然而運動和身體接觸可以使他得到安慰。

- 搖動他，在另一個房間使用吸塵器，或者將他放在可以聽到烘衣機、電風扇或白噪音機聲音的地方。穩定的規律性運動和聲音可以幫助他入睡。不過，千萬不可以將寶寶放在洗衣機／烘衣機的上面。

- 給孩子使用奶嘴。然而，有些母乳餵養的孩子會強烈拒絕，但對其他孩子可能有減緩的作用。（參考第 192 頁）

- 將孩子腹部向下放在你的膝關節上，然後輕輕揉搓他的後背，這樣對腹部施壓可能有助於減緩疼痛。如果寶寶透過這種姿勢睡著了，請把他仰躺著放回他的嬰兒床內。

- 將孩子裹在毯子中，使他感到安全和溫暖。

當你感到緊張和焦慮時，讓別人幫你照顧孩子 —— 到外面走走，即使只有 1 ～ 2 個小時也有助於維持正面的態度。如果沒有其他成人可以提供協助，讓寶寶仰躺著躺在嬰兒床或其他安全的地方並離開房間幾分鐘也是可以的。無論你感到如何不耐煩和生氣，也不要搖晃或打你的孩子，劇烈搖晃嬰兒會引起失明、腦損傷甚至死亡。（參考以下虐待性頭部創傷：嬰兒搖晃症候群）。如果你感到憂鬱或情緒難以處理，一定要讓你的醫師知道，這樣他才可以提供方法協助你。

虐待性頭部創傷：嬰兒搖晃症候群

搖晃嬰兒是一種嚴重虐待孩子的行為，主要發生在未滿週歲的嬰兒身上。大力或猛烈搖晃嬰兒 —— 其中還包括打孩子的頭 —— 通常是父母或照護者在面對哭鬧不停或易怒的嬰兒、或學步幼兒時沮喪、或憤怒反應時的行為。這會造成嚴重的身體或精神損害，甚至死亡。

虐待性頭部創傷所造成的嚴重傷害可能包括：**失明或眼睛受傷、腦部損傷、脊髓損傷和發育遲緩**，出現的徵兆和症狀可能有易怒、嗜睡（難以保持清醒）、顫抖（抖動）、嘔吐、癲癇發作、呼吸困難及昏迷。

美國小兒科學會強調搖晃寶寶絕對是不當的行為，如果你懷疑照顧者搖晃或傷害你的寶寶，或是你自己或你的伴侶在受挫之餘曾經這麼做時，一定要立即帶寶寶去看小兒科醫師或去急診室做檢查。任何腦部受損如果未經即時治療，情況只會更加惡化，千萬別因為尷尬或恐懼延誤了寶寶治療的時間。

如果你覺得自己在照顧小孩的過程即將失控，你可以：

- 停下來深呼吸，從 1 數到 10。
- 先將寶寶放在嬰兒床上或另一個安全的地方，然後你暫時離開房間喘口氣，讓他一個人在房間裡哭幾分鐘。
- 打電話給朋友或親戚尋求情感支持。
- 打電話給你的小兒科醫師，或許寶寶是因為某些醫學上的原因而哭泣。

第一次微笑

嬰兒第 1 個月期間最重要的發育特徵之一是出現第一次微笑或咯咯笑，通常在睡眠中開始，原因不明確。可能是嬰兒睡醒的信號，或者是對某些內部衝動的反應。看到嬰兒以他的方式微笑是一種最大的喜悅，尤其快滿月時，在他睡醒後開始對你咧開嘴笑時，真正的喜悅就來臨了。

第一次愛的微笑將使你們之間的感情更加親近，你很快會發現你可以預知什麼時候孩子會笑、會觀看、發出聲音，還有開始玩耍，你們會逐漸熟悉彼此的回應模式，你們在一起玩耍的互動方式是你來我往，輪流扮演主導和跟隨的角色。識別孩子發出的每一個微妙的信號並做出反應，即使在這樣小的年齡，也可以讓他知道他的思維和感情非常重要，他可以改變他周圍的世界，這些信號對培養他的自尊至關重要。

運動

　　第 1 週和第 2 週內，孩子會有一些痙攣似的樣子，他的下巴會顫抖，手也會抖動。當突然移動或有一個很響亮的聲音時，很容易受驚，而且容易因此哭泣。如果他對刺激非常敏感，你可以將孩子緊緊抱起靠近自己的身體，或者將孩子包裹起來，市面上甚至有特殊專用嬰兒包巾，可以包裹特別難以平撫的小嬰兒。（然而不應該在讓寶寶睡覺時被緊緊包裹）但到快滿月時，隨著神經系統的成熟和肌肉控制的熟練，這些顫抖和抖動會消失，取而代之的是更加順暢的上下肢運動，看起來好像孩子在騎自行車。把他腹部朝下放著，他的下肢會做爬行運動，而且手像是要撐起來的樣子。

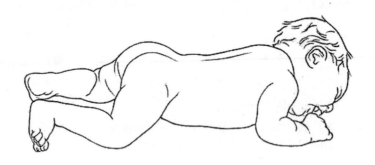

 這一時期的運動發展里程碑

- 手臂揮舞動作。
- 將手放到眼睛看得見的範圍或口中。
- 腹部朝下趴著時可以將頭從一側轉向另一側。
- 如果沒有支撐，頭會向後倒。
- 手緊握成拳。
- 強烈的反射性動作。

　　嬰兒頸部肌肉的發育也非常迅速，讓他可以大致控制頭部運動。把他腹部朝下放著，他會抬起頭，並從一側轉向另一側。在滿 3 個月前，他仍然不能完全支撐頭部，因此，無論什麼時候他嘗試抬頭均要做好保護。

　　這一年，讓他迷戀不已的雙手，在這幾週可能可以摸到他的眼睛。因為他的手在本月大部分時間握成拳頭，所以手指的運動非常有限，但他可以屈曲手臂，將手放到自己的嘴中或看得見的地方。然而，他不能準確的控制雙手，只要手一進入他的視線，他就會進行密切的觀察。

視覺

　　第 1 個月內，孩子的視力將發生許多變化。孩子出生時周邊視野（看見視野邊緣的能力）比注視中心的視覺更好，但他會漸漸具備將焦點放在視野中心的能力。他喜歡觀看放在他前方 20.3 ～ 30.4 公分處的物體，但到 1 個月時他就可以看見 3 公尺處的物體。

　　同時他也將學會追視移動的物體，若要協助他練習這種能力，可以同他玩**追視遊戲**。當你抱著他面向你時，緩慢地將你的頭從一邊移動到另一邊，或者在他的眼前上下或左右晃動帶有圖案的物體（確認物體在他的視野範圍內）。最初他只能在有限的範圍內追視一個大而運動緩慢的東西，很快他就能追視一個小而運動快的物體。

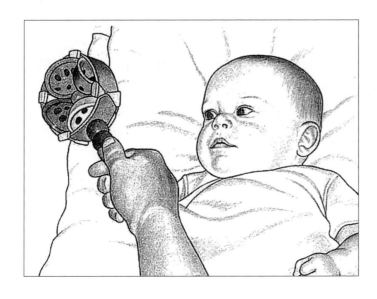

他喜歡觀看放在他前方 20.3 ～ 30.4 公分處的物體。

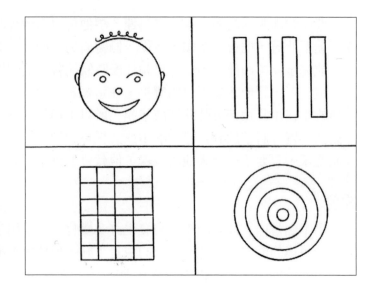

最吸引他的圖案為黑白圖案和高對比圖案，例如條形、牛眼圖案、方格圖案和抽象畫中的臉圖案。

　　剛出生的孩子對明亮的光線極其敏感，瞳孔收縮。滿 2 週時，他的瞳孔開始擴張，讓他能對光線做出反應，隨著視網膜的發育，孩子觀看和辨認圖案的能力也會提高。極度敏感的寶寶也可能會因為忽然暴露在強光下而哭泣。

　　圖案的對比度越高，越能吸引孩子的注意力，這就是為什麼他最注意黑白圖案和高對比度圖案，例如條形、牛眼圖案、方格圖案和抽象畫中的臉。

　　假如你向嬰兒出示三個完全相同的玩具 —— 一個藍色、一個黃色和一個紅色，他很可能看紅色的那個時間最長，儘管沒有人知道原因是紅色本身還是這種顏色的明亮度吸引新生兒，我們知道直到約 4 個月大以前，嬰兒的顏色視覺並沒有完全發育成熟，因此如果給他兩種相似的顏色，例如綠色和綠松石，他可能無法區分。

專欄　滿月時的視覺里程碑

- 視力可及 20.3 至 30.4 公分遠。
- 目光飄移、偶爾交叉。
- 喜歡黑白或者高對比度圖案。
- 喜歡看人的面孔與其他圖案。

聽力

你的寶寶在出生後不久可能會做聽力測試，事實上，美國小兒科學會建議，每個新生兒在出院前都要做聽力測試，而且父母要向小兒科醫師詢問測試結果（聽力受損詳情請參考第 665 頁）。

在第 1 個月期間，聽力正常的嬰兒會密切注意人類的聲音，尤其是音調高的人模仿孩子的聲音說話。當你對他說話時，他會扭頭尋找、仔細聆聽。仔細觀察，你會發現在你說話時他的上下肢會有細微的動作。

你的嬰兒對噪音的程度也很敏感，假如你在他的耳邊發出高調的喀啦聲，或者將孩子帶入一個吵鬧、擁擠的環境，他會好像當機一樣，變得毫無反應，好像沒有聽到任何聲音；或者他可能非常敏感，開始哭泣，整個身體背朝噪音。如果聽到柔軟的唆唆聲或者恬靜的音樂，他將變得警覺並轉動頭部和眼睛尋找聲音的來源。

孩子不僅聽力好，而且也能記住他聽到的一些聲音。如部分研究支持，有些在懷孕後期反覆大聲朗讀故事的母親會發現，在出生後重新給孩子講這個故事時，他似乎已經記住了這個故事──嬰兒變得警覺，並且注意力集中。試著在孩子警覺和注意力集中時，連續幾天大聲念你最喜歡的童書給他聽，然後等 1 至 2 天後再讀這個故事看他能否記得。

滿月時的聽力發展里程碑

- 聽力完全發育成熟。
- 認得一些聲音。
- 將頭轉向熟悉的聲音和語言。

嗅覺和觸覺

　　正如孩子喜歡某些圖案和聲音一樣，他對特定的味道和氣味也十分敏感。當他聞到牛奶、香草、香蕉或者糖散發的香味時，他會深呼吸；但當他聞到酒精和醋的氣味時，他會扭頭。到了快滿 1 個星期，母乳餵養的嬰兒會轉向自己母親的乳房襯墊，而對其他母親的乳房襯墊沒有反應，這種與雷達類似的系統有助於在餵奶的時間引導孩子，並且警告他遠離可能造成傷害的物質。

　　嬰兒對觸摸和包裹的方法十分敏感，他會舒服地蜷縮在法蘭絨做的包巾裡，蹬開粗糙的紗布包裹。用你的手掌輕輕拍他，他會放鬆而安靜；如果你隨隨便便抱他，他會反抗並哭泣；假如你輕輕搖動他，他會安靜並集中注意力。抱、輕拍、搖動和撫摸可使煩躁的他安靜，這也是你向他傳達愛的一種信號。在他可以理解你說的話以前，他會透過觸摸瞭解你的心情和感覺。

滿月時的嗅覺和觸覺發展里程碑

- 喜歡甜的味道。
- 避免苦或者酸味。
- 辨認自己母親的乳汁氣味。
- 喜歡柔軟而不是粗糙的感覺。
- 不喜歡被粗魯的摸抱。

性格

以下是來自同一家庭兩個女孩的例子：

- 第 1 個孩子平和而安靜，喜歡獨自玩耍；觀察她周圍發生的一切事情，很少注意自己，獨處時，她長時間睡覺而吃的次數較少。
- 第 2 個孩子很挑剔，而且容易受驚，揮舞她的手臂和腳，無論清醒或者睡眠時，都不停地運動。雖然大多數嬰兒 1 天睡眠 14 小時，但她 1 天只睡 10 個小時。無論何時只要身邊有輕微聲響，他就醒來，她似乎做任何事情都很匆忙，吃奶匆忙、嗆奶、吞嚥大量空氣，以至於經常打嗝。

這兩個嬰兒都絕對正常和健康，不能說哪一個更好，但她們的性格非常不同，從應該對她們採用不同的養育方式。

就你的寶寶從出生後不久就會展現許多天生獨特的性格，發現這些特徵是家有新生兒最令人興奮的部分之一。他是非常活躍和緊張，還是性格相對沉穩？面對一個新環境時，例如第一次洗澡，他膽怯嗎？他喜歡嗎？你會從他所做的一切，從哭泣到睡覺發現他個性的線索。你越細心注意，並為他獨特的氣質做出適當的反應，未來你的生活將會更平順與得心應手。

大多數嬰兒的早期氣質由遺傳決定，如果新生兒是很早的早產兒，那麼這些表現將延遲出現。早產嬰兒不像其他孩子一樣明顯表達自己的需

要 —— 饑餓、疲勞和不適，可能長達好幾個月，他們會對光線、聲音和觸摸非常敏感，這些刺激會使他們不安並四處張望。出現這種情況時，父母應該停止，等待孩子警覺與注意力集中後再與他互動。最終早期的這些反應將逐漸消失，而嬰兒天生獨特的氣質將更加明顯。新生兒加護病房現在會採用能促進依附關係的發展性照護方式，考量新生兒對聽到母親聲音的警覺和反應狀態，並在嬰兒的狀況足夠穩定時，在安全的情況下進行袋鼠式護理

低出生體重的嬰兒 —— 如果孩子在出生時體重少於 5.5 磅（約 2,500 公克），即使是足月產嬰兒，與其他孩子相比也較缺乏反應。一開始，他們或許極度嗜睡，警覺性不高，幾個星期後，他們似乎睡飽了，一醒來就急著喝奶，但在沒喝奶的空檔，對於外來的刺激仍然非常敏感，這種敏感現象會持續到他們成長與進一步成熟後才會有所改善。

從一開始孩子的性格特徵就決定了你對待他的方式和感覺，假如在孩子出生前，你有一些照顧孩子的想法，現在要重新評估，看是否適合他的性格。同樣也要參考專家的建議 —— 來自書籍、文章和相當了解你的親友，尋求養育孩子的正確途徑。實際上，沒有哪一種方法適合所有的孩子，你必須根據孩子的獨特個性、自己的信念和家庭的生存環境建立自己的養育原則。重要的是要保持對孩子的**獨特個性**作出反應，不要按照某些預先設計好的模式來打造孩子。孩子的獨特個性是他的力量，這種力量一開始就有助於建立自尊以及與他人的親密關係。

 嬰兒健康發育的觀察指標
（專欄）

如果第 2 ～ 4 週的嬰兒出現下列徵象，通知你的小兒科醫師：

- 吸吮不良和餵養緩慢。
- 暴露強光下不會眨眼。
- 不能注視或者追視附近晃動的物體。

- 很少移動手臂和腳，似乎很僵硬。
- 肢體似乎過度鬆軟。
- 下顎不停顫抖，即使沒有哭泣或興奮時仍然停不下來。
- 對很大的聲音沒有反應。

 適合孩子第 1 個月的玩具

- 對比強烈可移動的顏色和圖案。
- 音樂盒和輕音樂錄音帶。
- 可發出悅耳聲音柔軟、顏色明亮並帶有圖案的玩具。

 # 基本護理

排便

不必擔心新生兒每次餵奶或每週僅排便 1 次。但是有兩種例外情況：（1）如果您的寶寶的排便像堅硬的彈珠或石頭一樣，應該請小兒科醫師檢查，以及（2）如果不到 1 個月大的母乳餵養嬰兒，每天沒有排便至少 4 次，可能表明他沒有得到足夠的母乳，請讓寶寶的小兒科醫師為他檢查體重。如果你的嬰兒在其他方面正常餵養，則可接受的排便模式相當廣泛。

雖然我們經常說正常的新生兒大便是黃色、柔軟和帶有顆粒的，但正常的大便顏色也有很大的差異，從淺棕褐色到森林綠色都有。唯一應該引起注意的顏色是白色，這可能表明肝臟或膽囊疾病，紅色或焦油黑色（出生後的第 1 天或 2 天）可能是胃或腸內出血的跡象。

如何抱嬰兒

抱起那些幾乎無法控制頭部姿勢的幼小嬰兒時要注意避免他的頭部左右或前後晃動。當以仰臥位抱嬰兒時，環抱他的頭部；當在直立位抱孩子時，用手支撐他的頭頸部。

奶嘴

許多嬰兒藉由吸吮來安撫自己，如果你的孩子在哺乳或配方乳餵養後仍然需要吸吮，奶嘴可以滿足這種需要。（對於親餵的嬰兒，只能在母乳餵養已經建立良好，並且接近 1 個月大後才能開始使用奶嘴。）

奶嘴可以滿足孩子的非飲食性吸吮需要，但不能代替或延遲哺乳，因此僅僅在餵養後或者 2 次餵養之間使用，當你確信孩子不餓時才使用奶嘴。在孩子飢餓時，你只給他 1 個奶嘴替代，會使孩子更加生氣而影響餵奶或者很可能吃不飽。奶嘴是安撫寶寶，不是給你方便之用。因此讓孩子決定是否使用和什麼時候使用。在寶寶要睡覺時給他奶嘴可以**降低嬰兒猝死症候群**的風險，雖然醫師不知原因為何。如果你是哺育母乳，那你要等到寶寶的哺育狀況持續良好後再給他安撫奶嘴，不過，如果你的寶寶不想

抱還沒有發育出頭部控制能力的幼小嬰兒：避免其頭部左右或前後晃動。

吃奶嘴，或者從嘴巴掉出來，千萬不要強迫他。

有些孩子用奶嘴入睡，麻煩的是他們經常因為奶嘴掉出口腔而醒來，哭著要你幫他將奶嘴再放入口中；比起奶嘴，吸吮手指或手的嬰兒有一些優勢，因為他們總是可以吸自己的手指。一旦你的孩子發育到手部協調的年齡，就可以自己尋找奶嘴並重新放入口腔。

請選擇適合寶寶年齡的奶嘴，柔軟而非拆卸式，不然可能會有哽塞的危險（避免可拆成兩部分的奶嘴）。奶嘴應該是可以用洗碗機清洗，且要經常用熱水清洗或直接用洗碗機洗淨，這樣才不會增加任何感染的風險，因為嬰兒的免疫系統尚未成熟。當孩子長大，隨著孩子免疫系統發育成熟，因吮吸奶嘴時而造成感染的機會變小，這時你只需要用水與肥皂清洗即可。

市面上有各種形狀和大小的奶嘴，一旦找到你的寶寶喜歡的款式，多買幾個備用，奶嘴可能會在你最需要的時候消失或掉在地上，但不要嘗試用一條繩子將奶嘴固定，這有可能影響他的呼吸甚至引起窒息。出於安全考慮，也不要自己用奶瓶的奶嘴製造安撫奶嘴，孩子有可能將這種奶嘴拉下，造成窒息。此外，如果奶嘴的大小不適合，寶寶可能會因此噎到，所以確保選購適合嬰兒年齡的奶嘴，遵照奶嘴包裝上的建議年齡層。

外出

即使在孩子出生後第 1 個月，新鮮空氣對孩子的健康也非常重要。因此，天氣好時應該帶孩子出去散步，但外出時一定要給孩子穿好衣服，孩子的內在體溫控制沒有完全成熟，如前所述，遵守孩子穿的衣服比你多 1 件的原則。

以下是一些寶寶外出衣著的建議：

- 半歲以前孩子的皮膚總是對太陽非常敏感，因此，要盡可能避免孩子受到陽光的直接照射照射，並記得水、雪、沙子與混凝土都有可能反射足以造成孩子曬傷的陽光。如果你必須讓他待在太陽下，應該給他穿能反光或者淺色衣服，並用帽子為臉部遮蔭。如果孩子躺或坐在某個地方，確保這地方是陰涼處，並隨著太陽的移動而換位。如果沒有衣服、帽子和樹蔭遮蔽陽光，你可以在嬰兒暴露於外的皮膚上擦防曬油，根據需要擦在臉上和手背等身體的小範圍即

可。雖然防曬油可以擦在任何陽光曬到的皮膚上，但請小心避開眼睛。

- 在炎熱的天氣裡你要注意的另一個事情是：不要讓嬰兒用品（車座或步行器）在太陽下曝曬時間過長。這些設施上面的塑膠和金屬會被曬熱而導致皮膚燙傷，當孩子使用這些物品時，要檢查其表面的溫度，並在停車時鋪一條毯子或毛巾在汽車安全座椅上以免太陽直射。

- 在寒冷或陰雨等令人不舒服的天氣裡，盡量使孩子待在室內。如果必須出去，將孩子包好包巾或在衣服外面加一件外套，用暖和的帽子保護他的頭部與耳朵；在室外時，可以用毯子整個蓋住他以避免凍著。如果你必須開車，記得在讓嬰兒坐進汽車安全座椅前先把厚外套與衣服從椅子上拿走。

- 檢查他的衣著是否適當，感覺他手、腳和胸部皮膚的溫度。手腳的溫度應該稍低於身體的溫度，但並不涼；胸部皮膚應該有溫暖的感覺；如果手、腳和胸部發涼，將他帶到溫暖的房間，脫下衣服，用溫暖的食品餵他，或者用你的體溫使孩子感到溫暖。等到他的溫度恢復正常後，多穿一些衣服可以幫他抵禦寒冷，因此，在使用毯子和穿其他衣服之前，採用上述方法使孩子身體**保持溫暖**。

尋找居家幫手

許多有新生兒的家庭需要居家幫手，如果你的伴侶可以請假在家，這將有助於育兒的工作，如果這不可行，下一個選項則是找親近的親朋好友協助你。有些家庭會雇請專業保姆。如果你認為你需要額外的幫手，特別是需要照顧寶寶時，明智的做法是預先進行安排而不是等分娩後。

某些社區提供居家探訪或家政服務，這雖然無法解決夜間照護的問題，但他們可以提供 1、2 個小時的看護時間，讓你可以處理事情或短暫休息一下，不過這種服務也要事先安排。

要慎選你的幫手，尋找那些真正願意幫助你的人，要記住尋找幫手的目的是減輕家裡的壓力，而不是加重。

在你開始會見或者尋找來自親屬和朋友的幫手時，先確定你最需要哪一種幫助。問問自己以下的問題：

- 你需要別人幫你照顧孩子、做家務還是煮飯，或者每樣都需要一些？
- 你在哪一段時間需要幫助？
- 你需要人開車嗎（例如解決送大孩子上學、到商店購物等等）？

一旦瞭解自己的需求，你要確保你選擇的幫手瞭解與同意達成你的要求。

明白告訴她你對她的期望，如果你是雇用幫手，你要將這些期望白紙黑字寫清楚。她一定要是你信任的人，確保事先調查她的背景與她曾經受過的專業訓練。如果她的工作範圍需要開車，你一定要檢查她的相關證件。不管這位幫手是否是你的親戚、朋友或員工，如果她生病了一定要通知你，這樣才不會將疾病傳染給你的寶寶。

孩子的第一看護者： 有時在孩子 1 或 2 個月時，你有可能必須暫時離開孩子，通常是休息一下或外出辦事。你越信任孩子的看護者就會越放心；因此，你可能想找一位非常親密和忠誠的看護者——孩子的祖父母、與你和孩子都十分熟悉的親屬。

在度過第一次分離期後，你有可能想要尋找一位固定的看護者，請你的朋友、鄰居、同事給予建議或推薦人選；或者請你的小兒科醫師或護理師引薦，就近的幼兒照顧機構或轉介服務中心也是很好的資源。你也可以聯繫當地大學的安置服務，以獲取適合當看護者的兒童發展或早期教育學生名單。（編注：臺灣沒有）許多線上服務也可以幫助你找到看護者，甚至還會進行背景調查並提供推薦信，通常收取少量費用。一定要**審察**照顧者的相關經歷、人品、能力、保姆的責任感、成熟度和遵照指引的能力等，特別是你才見過幾次面或不太熟悉的人。

讓寶寶在場，與每位應徵者個別面談，尋找一位具有愛心、有能力和支持你對照顧小孩看法的看護者，如果你經過談話後對面試者感到滿意，可以讓他抱一會兒嬰兒以便觀察他如何處理。問她是否有照顧小孩的經驗，儘管經驗、參考意見和良好的健康狀況非常重要，但判斷一位嬰兒看護者的最好方法是你在家的時候給他試用期，讓嬰兒看護者與嬰兒在單獨相處之前有互相熟悉的時期，也使你有機會確信對自己的看護者是否感到放心。

無論何時你離開孩子和看護者時，都要給他一個緊急電話號碼單，以

便發生緊急情況時，包括那些你或其他親近家庭成員的電話號碼，以便發生問題時可以聯繫。她應該知道你人在哪裡，如何隨時聯絡你，制定一個明確的準則，讓她知道在緊急情況時的措施，要求他應該打 119 求救。告訴她家中所有出口和煙霧探測器與滅火器的位置，確保你的保姆上過合格的心肺復甦課程，並且學會如何處理兒童窒息或沒有呼吸反應的緊急處理（參考第 702 頁心肺復甦術和口對口人工呼吸；第 703 頁窒息）；給她任何你覺得重要的指引（例如永遠不要幫陌生人開門，包括送貨人員），並強調如果他在照看孩子時陷入困難或沮喪時，可以聯絡你或你信任的鄰居。也讓朋友和鄰居知道你的安排，這樣一來，當有緊急情況發生時，他們也可以伸出援手，而且當你不在家時，如果他們懷疑有任何問題，可以儘快讓你知道。

和嬰兒一起旅遊

帶嬰兒旅行的關鍵在於盡可能維持他的正常作息模式，涉及變換時區的長途旅行可能會干擾寶寶的睡眠行程（參考第 415 頁與學齡前兒童一起旅行），盡可能配合他的作息來安排你的活動，並且讓他有充分的時間調整時差。如果他一大早醒來，那你也要開始將規劃的行程時間提早，同時也要早點結束，因為他很可能在未到睡眠時間時就很疲倦，吵著要睡。永遠要對飯店提供給嬰兒睡覺的嬰兒床或遊戲圍欄作好安全檢查（參考第 493 頁嬰兒床）。

如果你在一個新時區的逗留時間超過 2 ～ 3 天，孩子的內部生理時鐘會慢慢調整，以配合當地的時區。你要調整孩子的餵奶計畫，以配合孩子饑餓的時間；媽媽、爸爸，甚至較大的孩子可以延後進餐時間以適應新的時區，但是嬰兒不太容易做這樣的調整。以下是帶嬰兒外出旅行時的建議：

- 如果你隨身攜帶嬰兒熟悉的東西，會讓他更快適應新環境。如果有 1 條他睡眠時一直使用的毯子，旅行時一定要帶去；一些熟悉的發聲玩具可以安撫孩子。他經常使用的肥皂、熟悉的毛巾或者帶一些他在洗澡時的玩具也會使他洗澡時更放鬆。
- 帶著嬰兒旅行整理行李的作法，最好將他的東西單獨打包，以便快速找到，避免遺忘重要的物件；你還要帶 1 個大型媽媽包，裡面裝

有奶瓶、配方奶粉（如果是喝配方奶）、奶嘴、換尿布墊、尿布、尿布軟膏和嬰兒濕紙巾，並且隨身攜帶。

■ 乘坐汽車旅行時，要確保孩子非常安全地坐在嬰兒安全座椅上（有關汽車座更詳細的資料參考 510 頁）。汽車後座是幼兒乘車最安全的地方，面向後方的汽車安全座椅永遠不可以裝在前座附有安全氣囊的位置，這個年紀的嬰兒，汽車座椅應該面向後方。此外，租車、搭計程車和任何車輛也要遵照相同的安全規定。

■ 搭乘飛機和火車使用汽車安全座椅是最安全的，而不是將嬰兒抱在你的膝上。這意味著嬰兒理想上要有自己個人的座位。除了在顛簸中保護寶寶避免受傷，坐在他熟悉的汽車安全座椅上或許也可以幫助寶寶在航行中保持安靜和平靜。如果你不確定如何在飛機上保護寶寶的安全，請向空服人員尋求幫助。

■ 如果你是哺育母乳，擔心在機上餵奶的隱私，你可以多帶 1 條育嬰毯備用，或者請空服員給你一些毯子。如果採用配方乳餵養，額外多準備一些，以免在出現難以預計的延誤時手足無措。

■ 母乳餵養（使用奶瓶或奶嘴）在與嬰兒一起搭機旅行時可能有其他好處，機艙內的飛行壓力可能會使寶寶的中耳不適，嬰兒無法像大人可以自行將耳內壓力「彈出」，不過，讓他們吸奶或吸奶瓶或吸奶嘴可以釋放耳內的壓力。所以，為了減少風險，可以在起飛和降落時餵你的寶寶。

 # 家庭

對母親的特別忠告

　　嬰兒出生後第 1 個月的一切會感到特別困難：你的身體正處於懷孕和分娩壓力的恢復時期。可能需要幾週時間身體才能恢復正常，傷口才能完全癒合（如果你是剖腹產），你也才可以完全恢復正常活動。由於體內賀爾蒙的變化，你可能經歷強烈的情緒波動，這種變化會導致你在最初幾週出現沒有任何原因的哭泣或者輕微沮喪；夜間每 2 ～ 3 個小時醒來一次餵奶或者給孩子換尿布會使這種情況加劇。

　　產後憂鬱症可能會讓你感到有些情緒不穩定、緊張，或者甚至認爲自己是一位「壞」媽媽。你可能難以保持樂觀的情緒，提醒自己這是生產或分娩後的正常情況。父親在新生兒到來後也會感到悲傷和奇怪的感情。爲避免抑鬱的心情支配你的生活，影響你享受新生命來臨的愉快，最初幾週要避免孤立自己；試著在嬰兒小睡時也睡一下，不要過度勞累。如果這些感覺持續幾週，或者有加重的傾向，與你的小兒科醫師或個人醫師協商。

　　親友對你和孩子到來的衷心祝賀有助於緩解這種情緒，他們會爲孩子帶來禮物或者——更棒的是在這幾週——提供食物或協助居家整理。不過訪客也有可能讓你疲憊不堪，讓寶寶招架不住，同時很可能讓他暴露在容易受到感染的環境中。因此，在最初幾週，要嚴格限制來訪親友的數量，確保患咳嗽、感冒和任何傳染性疾病的人遠離你的新生兒。要求所有的親友事先打電話，來訪的時間簡短，直到你恢復正常、規律的生活，如果孩子在眾人的注視下感到不安，那麼就不要讓家人以外的人抱他或靠近他。

　　假如你因爲太多電話、電子郵件與簡訊而煩心，你可以用自動訊息，讓自己能安靜些。錄下包含有孩子性別、年齡、出生日期、時間、體重和身高的資訊，然後打開自動訊息，關掉通訊裝置，根據自己的安排回覆來電，而不必在每次有人嘗試連絡你時感到壓力或內疚。

　　當新生兒、不斷的來訪者、身體的疼痛、難以預計的心情變化，和或許還有其他孩子需要照顧這許多情況攪在一起時，顧不上家務一點也不奇怪。這種事情難免會發生，重點是要好好休養和享受育兒之樂。容許更多家人和朋友伸出援手，協助你完成其他家務。這並不是代表你很軟弱，而是將你的重心放在正確的位置，同時讓關心與愛你的人也可以參與新生兒的生命。

給父親的特別忠告

　　懷孕期間，媽媽們自然會受到很多關注。你可能很容易覺得自己的參與並不重要，然而事實並非如此。懷孕期間父親的參與降低了早產率和嬰兒死亡率。有父親參與的準媽媽在懷孕期間接受適當醫療護理的可能性增加 50%，而在懷孕時吸菸的準媽媽在父親支持時戒菸的可能性增加36%。

　　在等待嬰兒到來時，除了購買嬰兒床和汽車安全座椅之外，還有很多

事情要做。爸爸和伴侶可以在參觀分娩醫院、選擇小兒科醫師、幫助準媽媽制定分娩計畫、陪伴準媽媽分娩和母乳餵養課程等方面發揮積極作用。父親可以成爲一名出色的分娩教練，協助準媽媽在分娩期間的呼吸和姿勢，同時注意那些她在時時刻刻中需要幫助的信號。

寶寶一出生，父親和伴侶就可以在與新生兒進行肌膚接觸的「袋鼠式護理」中發揮重要作用。理想情況下，會讓寶寶盡快在媽媽胸前開始哺乳，但並非所有情況都是理想的。如果母親需要就醫，父親的胸膛可能是嬰兒第一個感覺到的。與出生後頭 2 個小時處在搖籃中的新生兒相比，在父親懷中的嬰兒哭聲更少，入睡更快，並且表現出更少的焦慮。但無論情況如何，母親都會需要醫療照護，而父親也會有機會在肌膚接觸的同時享受與新生兒的親密感。

如果新生兒在新生兒加護病房（NICU）中，父親的角色可能變得更加重要。在住進新生兒加護病房的早產兒中，父親參與較多的嬰兒在 3 歲時發育較好。

雖然父親／伴侶無法進行母乳餵養，但他們的參與可以對餵養的成功產生巨大的影響。他們可以將嬰兒帶到母親身邊並協助孩子哺乳的姿勢。專業提示：餵奶會讓媽媽口渴，所以爲母親準備一杯水可以讓爸爸成爲她的英雄。餵完奶後，更換嬰兒的尿布並確保他安全返回嬰兒床或搖籃。

在有新生兒的情況下，睡眠不足是不可避免的，但父親和伴侶也可以在這裡提供幫助，與母親輪班換尿布、餵奶（如果是奶瓶餵養）以及搖晃和安撫新生兒，即使只是在床上多睡幾個小時，也能幫助父母更好地應對成爲新父母的壓力。

在寶寶出生後的幾週和幾個月內要多注意家庭氣氛。父親和伴侶可以很好地發現母親產後憂鬱症的跡象並引導她接受幫助。然而，父親也可能患上產後憂鬱症。我們現在知道，父親的賀爾蒙也會發生變化，分擔壓力和睡眠不足也會進一步影響情緒。父親的憂鬱症終究會影響母親和嬰兒，因此如果你感到異常情緒低落，請主動尋求幫助。

致力協助母親適應孩子的到來將有助於父母雙方共同克服這一巨大的生活變化所帶來的壓力和疲勞。騰出時間進行擁抱、依偎、按摩和有助於建立牢固和愛的連結的活動。大多數產科醫師建議女性在分娩後至少等待 6 週，再恢復陰道性交。

盡可能投入照顧新生兒並和他玩耍，你會和孩子的母親一樣，對他產生強烈的情感。

　　美國的許多雇主在採用慷慨的陪產假政策方面進展緩慢，但這種趨勢正在改變。在最初的幾週或幾個月內休假有助於為未來幾年嬰兒的健康和發育奠定基礎。父親應該向他們的雇主詢問是否要可以花時間照顧孩子。讓父親參與孩子的醫療照護，與孩子對治療的依從性、更好的心理調適和整體健康狀況有關。

　　隨著孩子的成長和發展，父親的優勢往往與母親的優勢互補。父親在適應孩子的情緒狀態方面可以和母親一樣出色，但與父親的遊戲時間往往更加有張力和探索性。父親鼓勵的有刺激、有活力的活動可以幫助孩子建立獨立性，而母親可以提供安全感和平衡感。與父親較少參與的孩子相比，有父親參與的孩子會發展出更好的語言技能，並享有更好的整體心理健康。

　　生孩子對於任何人而言都可說是最大的挑戰，也是最有意義的一項。沒有人可以為此完全做好準備，也沒有人真正確定他們做得對，但父親永遠不應該認為自己無關緊要。嬰兒的現在和他未來的一生都需要他的父親。有關父親身分的獨特觀點，請參閱美國兒科學會出版的兒科醫師大衛・希爾（David L. Hill）所著的《爸爸對爸爸：像專業人士一樣育兒》一書。

給祖父母／外祖父母的特別忠告

　　第一次凝視你的新孫子，你可能會湧現許多複雜的情感：愛、好奇、驚訝和喜悅等難以言喻的情緒。你可能會回想起自己小孩當時出生那一刻，並且感到無比的驕傲，現在你的孩子已有自己的家庭。

　　不論個別情況如何，你可以、也應該盡量在新生兒的生命中扮演一位積極的角色。研究顯示，有祖父母參與生活的兒童，日後他們的童年和往後的生活會比較順遂。你可以給予他們充分的愛和擁抱，讓他們有所不同。當你與孩子相處時，你可以增強與他們的連結，成為一個無價的教養和指引來源。

　　如果你們住得近，你可以經常拜訪他們，按照與你的孩子商量的時間（千萬別不請自來，當然也要拿捏離開的時間），同時，鼓勵他們去拜訪你們（確保你的居家環境適合寶寶，符合本書建議的原則），少給一些建議，當然更不要批評。相反的，給予他們支持，尊重他們的意見，發揮你的耐心。他們養育孩子的方式或許和你們不同，但記住，現在他們才是孩子的父母。如果他們開口問：「你認為我應該怎麼做呢？」這時當然你可以提供一些意見，分享你的觀點，但不要試圖強加你的信念。

　　距離你上次養育自己的小孩已有一段時間了，雖然有些育兒法沒改變，有很多已和從前大不相同。你可以詢問新手父母在養育新生兒的過程中要如何協助他們，讓他們告訴你如何、何時與多久一次參與孩子的生活。你的重點可能是嬰兒的基本護理，包括餵奶和換尿布，但千萬不要試圖接管。此外，可以讓他們外出一晚（或者一個週末），暫時休息一下。你可以定期打電話或與他們進行視訊，不只是在孩子的嬰兒期，未來的幾年，你仍然可以經常和他們聯絡聊天。

　　隨著你的孫子漸漸成長，你可以告訴他你父母的故事和你童年時期的生活（當孩子長大時，分享家族史和家庭重要的價值觀，是你可以為他做的重大貢獻）。同時，考慮保留你的照片剪貼簿和孫子的一些紀念品，作為日後與他一起分享的回憶；在這本剪貼簿中，你可以建立整個家族的族譜。將假期、生日派對的聚會列為優先事項，日後則是盡可能參加孫子的足球賽、任何比賽和鋼琴獨奏會等等。

　　如果你們居住相隔數百英里，你仍然可以做一位很棒的遠距離祖父母或外祖父母。技術在今日提供了許多前幾代人無法獲得的參與方式。你可以分享照片、在社交媒體上關注你的家人，或騰出時間通過電話或電腦進行視訊聊天。

專欄　手足

　　在沉浸於新生兒來臨的喜悅中時，手足經常有被忽視的感覺，他們可能會對母親住院感到不安，尤其如果他們第一次與母親長時間分離。甚至在母親回家時，他們很難理解為何母親很疲憊，不能像以前一樣和他們玩耍；隨著母親的注意力集中在新生兒 —— 這些注意力在 1 至 2 週以前還屬於他們，這也難怪他們可能心生嫉妒和覺得被忽略，所以父母雙方都要設法安撫他們，確保他們感受到愛與受到重視，讓他們與這位新來的「競爭者」建立友好的關係。以下有一些建議，可以幫助你安慰較大孩子的情緒，在你和新生兒回家的第 1 個月內，讓他們有更多的參與感。

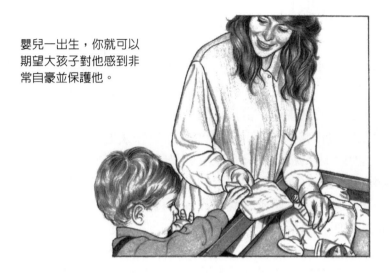

嬰兒一出生，你就可以
期望大孩子對他感到非
常自豪並保護他。

■ 如果有可能，讓較大的孩子到醫院探望嬰兒和母親。

■ 當母親出院回家時，給每個孩子一件特別的禮物以示祝賀。

■ 每天抽出一段特定的時間與每個孩子單獨相處，確定父親和母
　親都有時間與每個孩子個別與一起相處。

■ 給新生兒照相時，也要給大孩子單獨並與弟弟、妹妹一起照
　相。

■ 當外出到特別的地方──動物園、電影院和與人一起進餐時，
　讓孩子的祖父母或近親照顧大孩子。這種特別的照顧有助於他
　們克服被拋棄的感覺。

■ 你可以為年紀較大的孩子準備一些小禮物，並且在朋友們送禮
　物給嬰兒的同時，將這些禮物拿給他們。

■ 在第 1 個月期間，孩子的餵養非常頻繁，大孩子會對你在餵
　奶時與新生兒之間的親密關係非常嫉妒；你可以將餵奶的時間
　變成念故事書時間，讓他們知道你也可以與他們一起分享這些
　親密的時光。可以閱讀一些有關處理嫉妒心情的故事，鼓勵學
　步或學齡前孩子說出他們的情緒，以便提升他們的包容能力。
　也有許多關於照顧新寶寶的故事，可以給年長的哥哥姐姐的故
　事時間帶來樂趣。

健康觀察項目

在第 1 個月內，父母應該對以下醫學問題予以特別關注（這裡列出的一些問題通常也涉及兒童期——詳細參閱第二部分的相關內容）。

呼吸困難：正常情況下，你的孩子應該每分鐘呼吸 20～40 次。在孩子睡覺和健康時最為規律，當孩子醒著時，偶爾在一段短時間內呼吸會很快，然後在回復正常節律前有一個短暫的暫停（通常短於 10 秒），這稱為週期性呼吸。因為孩子的鼻孔狹窄容易阻塞，所以流鼻涕孩子的呼吸會受到影響，採用冷水加濕器和吸管的橡膠頭輕吸鼻涕（醫院通常會提供給你），或可以用生理食鹽水的滴鼻液幫助稀釋黏液並清理鼻孔。當孩子發燒時，他的呼吸很可能變快，大約體溫每升高 1 度，每分鐘的呼吸次數就會增加 2 次。當他的呼吸次數超過每分鐘 60 次，或嬰兒的胸部肌肉內縮，鼻孔外開或咳嗽不停時，這時你一定要聯絡你的小兒科醫師。出生 1 個月內的嬰兒肛溫若高於 38℃，情況或許很嚴重，應盡快去看醫師。

在出生後的第 1 個月，出生時呼吸正常的嬰兒可能會出現喘鳴，喘鳴是由於快速氣流通過狹窄處，主要在喉部（聲帶）或氣管（windpipe），是一種高音調的噪音，通常在吸氣（吸氣）時聽到。吸氣性喘鳴最常見的原因稱為喉軟化症，在進食、仰臥或哭泣時可能會惡化。大多數患有喉軟化症引起的吸氣性喘鳴的嬰兒體重能夠良好的增加，並不需要改變餵養方式。餵養困難（咳嗽、窒息、噴濺）、無法增加體重或維持體重，或呼吸系統症狀（如退縮、睡眠困難或顏色變化）需要兒科醫師或兒科耳鼻喉科醫師進行緊急評估。

腹瀉：在出生後的第 1 個月餵食後，健康、成長正常的母乳餵養嬰兒可能會出現較水的糞便，有些人會將其誤認為是腹瀉。然而，母乳餵養的嬰兒腹瀉是在 1 天內拉出鬆軟、含水多的大便 6～8 次以上。通常由病毒感染引起，幼兒腹瀉的危險在於失去太多水分而造成脫水。脫水的第一個徵象是口乾和尿濕的尿布明顯減少，但是不要等到真正發生脫水的時候，在孩子出現鬆軟含水多的大便，或者大便的次數經常多於吃奶的次數時（6～8 次）時，就要聯繫你的小兒科醫師。

便祕：最初幾天，母乳餵養的嬰兒每天都會有更多的大便，到第 5 天每天至少會有 4 次大便。如果母乳餵養嬰兒的大便次數沒有增加，有可能

是寶寶沒有吃到足夠奶水的徵象。配方乳餵養的嬰兒在出生後的 1 週內，排便次數應該至少每天 1 次。如果擔心寶寶的排便頻率，請通知你的小兒科醫師。在最初的幾週後，母乳餵養的嬰兒大便的量可能會減緩，甚至有幾天沒有大便。對於餵食配方奶餵養的寶寶，幾個星期後他的排便模式就會變得可預測，作為他好好吃奶好好消化證明。

過度睡眠：因為每一個嬰兒所需要的睡眠時間不同，所以難以區別怎樣是嗜睡。如果孩子的睡眠時間大大多於平時，表示可能發生感染，需要告訴你的小兒科醫師。如果你採用母乳餵養孩子的第 1 個月期間，有超過 5 個小時以上沒有吃奶，你必須考慮孩子是不是有可能吃不飽；用奶瓶餵奶的寶寶很可能也會因為吃太少而想睡。其他可能的原因也包括受到父母使用任何草藥的影響。

眼睛感染：有些嬰兒出生時就有 1 個或者 2 個淚腺部分或全部堵塞，在第 2 週開始生成淚液時淚腺會自動打開，如果到時還沒有打開，因而造成的阻塞會引起分泌液增多或者黏膜撕裂。在這種情況下眼淚會回流眼瞼而不是通過鼻腔引流，但不會造成傷害，大約在 9 個月之前通常淚腺會自動打開，無須治療，你也可以輕輕在鼻翼的下方和眼的內側輕輕按摩幫助打開淚腺，但只能在小兒科醫師的指導下才可以這樣做。

如果淚腺仍然阻塞，淚水則無法正常排出，雖然這會產生黏液，但並不表示眼睛受到感染或是「結膜炎」。你可能會看到眼角有黃綠色或白色眼屎，眼睫毛可能黏在一起，使寶寶醒來時無法睜開眼瞼。不過，由於這種眼屎並不代表受到感染，通常無須用抗生素治療（參考第 747 頁淚液分泌問題）。

另一方面，如果可能受到感染，通常會在檢查後開特殊的處方滴劑或藥膏治療。不過，在許多情況下，處理的方法往往只需要用無菌水小心清潔。當睫毛黏住時，用沾上水的棉花球或柔軟的洗臉巾，從鼻翼方向往外輕輕擦拭，以一個動作由內而外擦拭（避免來回擦拭），每次擦拭都要用新的棉花球或洗臉巾。

儘管孩子出生可能發生幾次這種類型感染，但不會傷害孩子的眼睛，即使沒有認真治療，他自己也能逐漸復原；只有少數直到 1 歲都未解決的淚腺阻塞需要手術治療。

如果眼球本身有血絲或者發紅，或者產生極大量的分泌物，可能預示

發生更嚴重的感染，稱爲結膜炎，你應該馬上告訴你的小兒科醫師（參考第 741 頁眼睛感染）。

發燒：無論何時孩子發生異常或感到發燒時，都要測量體溫（參考第 98 頁肛溫測量）。如果兩次測量的直腸溫度均高於華氏 100 度（37.8℃），而且他沒有被過度襁褓，立即通知你的小兒科醫師，出生後最初幾週發燒很可能是感染，該年齡孩子的病情會迅速加重。

鬆軟：因爲新生兒的肌肉正在發育之中，所以看上去有些鬆軟，但是如果你感到肌肉特別軟或沒有張力，很可能是嚴重疾病的徵象，例如感染，立即與你的小兒科醫師討論。

嬰兒猝死症候群（SIDS）和其他與睡眠相關的嬰兒猝死症

大約每 2000 個新生兒中就有 1 個在睡眠中死亡，沒有明顯的原因，通常發生在 2 到 4 個月之間。這些嬰兒往往受到很好的照顧，而且沒有任何明顯的疾病。他們的解剖找不出死因，因而取名為嬰兒猝死症候群（SIDS）。

與嬰兒猝死症有關的最明顯原因為嬰兒趴睡，因此，除非你的小兒科醫師建議，不然寶寶應該**仰睡**。母親吸菸和與家庭成員（包括父母）同床的嬰兒，猝死的風險也會增加。柔軟或鬆散的床上用品、枕頭、防護墊也是風險因素，應該遠離寶寶的睡眠環境。那些睡在自己嬰兒床或搖籃裡（特別是與父母同房）、親餵和那些睡前使用奶嘴的嬰兒，嬰兒猝死症的風險相對較低。

關於導致嬰兒猝死的原因有很多推測，感染、乳類過敏、肺炎和疫苗接種都不會造成嬰兒猝死症候群。目前最合理的論點是某些嬰兒大腦的喚醒中心成熟太慢，造成他們無法在氧氣不足的情況下甦醒並做出反應。這也是為何趴睡會如此危險，那會讓孩子睡得更沉而更難甦醒。

　　遵循安全的睡眠建議不僅可以避免嬰兒猝死，同時還可以減少嬰兒窒息死亡的風險，所以讓寶寶仰睡在靠近你們床邊，沒有雜物的嬰兒床（沒有枕頭、毯子或防護墊）。如果你擔心寶寶可能會冷，你可以幫他多穿一件衣服或使用可以穿在身上的毯子。你也可以使用羊毛睡衣或其他能讓寶寶足夠溫暖，無須再蓋毯子的寶寶睡衣。

　　許多因嬰兒猝死症而失去孩子的父母，除了悲傷難過外，他們也會為此感到內疚，因而變得極度保護他們較大的孩子或接下來出生的嬰兒。若有這種情況，可以尋求當地的組織協助，或者請你的小兒科醫師提供相關的協助資源。

嬰兒猝死症候群可以預防嗎？

　　目前，預防嬰兒猝死症候群最好的方法是讓嬰兒仰睡，在一個無菸環境中，最靠近你的床的獨立嬰兒床，床內不使用其他任何寢具。自從 1992 年以來，美國小兒科學會建議嬰兒都要採取仰睡。在這之前，在美國每年有超過 5,000 位嬰兒死於嬰兒猝死症。今日，隨著趴睡嬰兒的數量減少，嬰兒猝死的人數已經下降至每年約 2,000 人。這種死亡每一個都是悲劇，因此有必要繼續向父母和嬰兒照顧者推廣讓嬰兒仰睡的訊息。然而，你可能留意到，即使你讓他仰睡，嬰兒在滿 4 ～ 7 個月時開始翻身。幸運的是，嬰兒猝死的風險在滿 6 個月後大幅減少。所以，雖然繼續讓寶寶仰睡非常重要，但如果寶寶可以舒適自主的在趴姿與仰躺之間翻轉，你也無須半夜不斷醒來將他翻身仰睡，但這時你應該確認寶寶身邊沒有任何額外的寢具，以免阻礙他翻身的動作。

聽覺：注意孩子對聲音反應的方式，即使他通過新生兒聽力檢測，他聽到大聲或突然的噪音時有反應嗎？在你與他說話時，他是安靜還是轉向你？如果他對正常的聲音沒有反應，要求你的小兒科醫師進行常規的聽力測試（參考第 665 頁聽力障礙）。如果孩子是早產、出生時缺氧或有嚴重感染、或你家族成員在兒童期有聽力喪失的病史時，這種測試非常合理。如果懷疑聽力喪失，應該儘早測試孩子的聽力，延誤診斷和治療可能影響正常的語言發育。

黃疸：黃疸是指皮膚發黃，常發生於剛出生不久的嬰兒，有時候，喝母奶的嬰兒黃疸會持續 2 ～ 3 週，喝配方奶的嬰兒則是在 2 週以內消失。如果你的寶寶黃疸超過 3 週以上，或是越來越嚴重，那你一定要帶他去看小兒科醫師。（更多詳情請參考第 167 頁黃疸）。

顫抖：許多新生兒會出現下巴顫抖和手搖動，但如果你的孩子全身似乎都在顫動，很有可能是低血糖、低血鈣或某種類型癲癇的徵象，通知你的小兒科醫師，讓他判斷原因。

出疹和感染：下面是新生兒常見的皮膚疹。

- 乳痂：頭皮上出現的痂樣斑片，每天洗頭或刷頭皮有助於控制這種情況。通常在前幾個月會自動消失，但也有許多孩子必須用特別的洗髮乳清潔。

- 手指甲和腳趾甲感染：指甲或趾甲的邊緣發紅，似乎是接觸東西後受傷的結果，這些感染通常在熱敷後有好轉，但在他們這個年齡，我們更應謹慎小心，最好讓醫師檢查一下，看看是否需要藥物治療。

- 臍帶感染：很罕見，不過如果真的發生，往往是臍帶殘端周圍紅腫，通常有膿液和壓痛，寶寶發生這種感染應該給醫師檢查。如果你的寶寶此時也有發燒，你要立即帶他看小兒科醫師，因為很可能需要抗生素或住院治療。縱使少量透明分泌物、血漬和臍帶殘端結痂，沒有任何紅腫或發燒的現象算是正常，倘若有這種情況，你可以觀察幾天，如果本身沒有自癒，你就要帶寶寶去找醫師檢查。

- 尿布疹：參看本書的第 85 頁有關內容。

鵝口瘡： 孩子口腔周圍出現白色斑片表示患了鵝口瘡——一種常見的酵母菌感染。這種疾病可使用小兒科醫師開的抗真菌藥物治療，但輕微症狀可能不需要治療就會自然好轉。如果寶寶患有鵝口瘡且由母親親餵母乳，如果你的乳頭出現壓痛的症狀應該告知你的產科醫師。

視覺： 在孩子清醒時，注意孩子如何觀看你。當你距離孩子面部 8 ～ 12 英吋（20 ～ 30 公分）時，他會追視你嗎？他會跟蹤在相同距離經過他面前的一束光線和一個小玩具嗎？這個年齡的孩子，目光可能交叉，或者他的一隻眼睛偶爾會向內或向外飄移，這是因為控制眼球運動的肌肉仍然處於發育之中，正常狀況，兩個眼球應該可以相同幅度或在所有方向同時運動，並且可以追視近距離緩慢移動的目標；如果他不能這樣做，或者他是早產兒（妊娠期少於 32 週），或出生時需要氧氣供應，你的小兒科醫師會介紹眼科專家進行進一步檢查。

嘔吐： 雖然在餵食後寶寶經常會有少量的溢奶，如果你的孩子開始猛烈地嘔吐（噴出幾英吋遠，而不是從口下滴），立即向你的小兒科醫師求助，確信孩子的胃與小腸之間的瓣有沒有關閉（參考第 569 頁幽門狹窄）；任何嘔吐持續時間超過 12 小時或者伴有腹瀉或發熱，都應該要求你的小兒科醫師進行檢查。

體重增加： 在出生後前幾天，孩子的體重應該增加得很快（20 ～ 30 克），如果沒有達到，要求小兒科醫師判斷他的食品中是否具有足夠的熱量，並且孩子是否能正常的吸收，回答下列問題：

- 嬰兒多久吃 1 次？
- 配方乳餵養時，他 1 次吃多少？母乳餵養時，他 1 次吃多長時間？
- 嬰兒 1 天大便多少次？
- 大便的量是多少？稀嗎？黏嗎？
- 嬰兒 1 天尿多少？

如果孩子吃得很好，尿量正常而且一致，沒有必要驚慌；可能是體重增加開始較晚，或者體重測量出錯。你的小兒科醫師或許會在 2 ～ 3 天後安排一次檢查，重新評估嬰兒的成長狀況。

安全檢查

兒童汽車安全座椅

- 孩子在任何時候乘車時,都要坐在一個安裝牢固、獲得政府認證生產的兒童汽車安全座椅上;將孩子放在椅上坐好後,需確定安全帶有確實繫好。不要把汽車安全座椅作爲孩子平常在家時睡覺的地方。這個年齡的孩子的汽車安全座椅要設在汽車後排座位,面部朝後的位置,絕不要將孩子放在前排,因爲前排座位的乘客安全氣囊會對嬰兒造成致命的重傷。汽車安全座椅有有效期限,如果你使用的是舊的汽車安全座椅,請檢查它是否還在有效期限內;如果你的汽車是 2002 年之後製造的,你應該使用車上隨附的 LATCH 系統來固定汽車安全座椅。

沐浴

- 寶寶最好在單獨的嬰兒浴缸中洗澡。在將孩子放入浴缸之前,先裝滿水並測試水溫。給寶寶洗澡時,一定要把寶寶抱在腋下。如果你在廚房的水糟爲寶寶洗澡,你要讓他坐在毛巾或浴墊上止滑,並且扶著他的胳肢窩,千萬不可以在寶寶在水槽時開著水龍頭,相反的,先填滿水槽,測試水溫,然後再把嬰兒放入水中。水溫摸起來應該只比你的手溫暖一點。絕不要在寶寶於廚房水槽洗澡時打開洗碗機,否則寶寶有可能被洗碗機流出的熱水燙傷。
- 熱水器的溫度要調低於 48.9℃,這樣熱水才不會燙傷寶寶。任何現代的熱水器都應該標明調整水溫設置在哪裡,如果你不確定請查看熱水器的說明書或打電話詢問水電技師。
- 絕對不要讓寶寶在無人看管的情況下待在水中,一秒也不行。

更換尿布檯

- 不要將孩子單獨留在任何高出地面的東西上(如尿布檯、椅子、桌子、沙發、床、檯面)。當寶寶在高於地面的平面上,總是要確保有一隻手扶著寶寶。即使很小的孩子也有可能突然搖晃、移動或推

動其他東西，這些動作可能導致孩子摔落。當你要離開寶寶時，確保他在嬰兒床或遊戲圍欄等安全的地方。

預防窒息

- 保證嬰兒床上沒有任何他可以吞嚥下去的小東西。確保床墊與床框緊密貼合，並且只能使用正確尺寸的床單。
- 不要將塑膠袋或塑膠包裹放在寶寶拉扯或翻滾的地方。
- 不要讓寶寶睡在你們的旁邊，讓他在你們的床旁邊，睡在自己的嬰兒床或搖籃內。
- 不要用鬆散的毯子或被子蓋住寶寶，以免寶寶被纏住或被蓋住而窒息，取而代之的，你可以為他穿上適合他體重的睡衣（例如可穿戴式毯子和睡袋）。
- 千萬不要讓寶寶趴睡，或者讓他睡在柔軟的棉被或枕頭上，只可以讓他仰睡在一個堅實的平面上。

防火和防燙傷

- 千萬不要同時抱著寶寶又拿熱飲，例如咖啡、茶或湯。此外，也不要在接近熱水或火爐時抱著或拍撫寶寶，即使濺出一點也可能會燙傷你的寶寶。
- 在房間合適的地方安裝煙霧或一氧化碳探測器，並常檢查以確保它們有發揮功能。

監護

- 不要讓孩子單獨待在浴缸、房子、院子或汽車上，如果要讓寶寶獨處請把寶寶放在嬰兒床或遊戲圍欄內。

項鍊和繩索

- 千萬不要將任何串繩或繩索（如窗簾拉繩）懸掛在嬰兒床或孩子附近，確保嬰兒床遠離窗戶、百葉窗或窗簾拉繩。
- 不要用繩索將奶嘴、獎章或其他物件綁在嬰兒床或嬰兒身上。
- 不要在嬰兒的頸部放置項鍊或繩索。

■ 不要穿有鬆緊帶的衣服。

頭部保護

■ 不要用力拉扯或晃動寶寶。需輕柔的搖晃他。
■ 在抱起或移動孩子的身體時，要隨時支撐他的頭頸部。

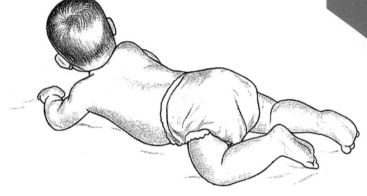

第7章

1～3個月

孩子的第2個月開始時，恐懼、疲憊和不確定已經消失，你變得有自信。他的餵養和睡眠模式可能已固定成為一種常規，你已適應家庭多了一個新成員，開始了解他的脾氣。同時在經歷這些所有的犧牲後，你很可能已經獲得豐厚的回報：他的第一次微笑，然而，這個笑容只是寶寶在接下來3個月表露快樂的開始。

你可能發現自己要返回工作崗位，需要為寶寶找一間嬰兒托育中心。第14章將根據你的情況協助你選擇適當的幼兒照護中心，必須離開寶寶去上班可能會讓你產生難過或分離的感覺，這是人之常情。試圖找一間可以讓你經常探訪的幼兒中心，但不是隨意擅自進出。確定他們對孩子的關注和承諾非常重要，不過你也要避免表現得像是在質疑他們的能力。

在1至4個月之間，你的寶寶將從完全依賴的新生兒，急速轉變成為一個活潑好動、富有反應的嬰兒。他將失去新生兒的許多正常反射，同時獲得更多對身體的控制。你會發現孩子花很長時間觀察他的手、觀察他們的運動，對自己周圍環境的興趣也日益濃厚，尤其是靠近他的人；他很快

學會識別你的面孔和聲音，當他看你或聽你說話時會露出微笑；在第 2 或 3 個月內，他似乎已經開始輕輕回應你的話，但只是一些本能的咕咕和嘟嘟聲，在他有一個新發現或新進步時，你都能從中看到孩子性格的新面向。

有時，你會發現孩子在快速成長後，似乎有一段時間開始停滯。這幾個星期，他的夜間喝奶間隔時間可能已經延長，但卻又開始頻繁醒來要喝奶。碰到這種情況你應該做什麼？這可能是他將要向前重大發育躍進的徵象。1 至 2 週以後（每個孩子所需的時間各不相同），他可能重新恢復整夜睡眠，小睡的次數變少，但可能每次小睡的時間變長。此外，他白天醒著的時間更長，同時更加警覺，與周遭的人事物互動也變多。許多其他類型的發展過程，包括身體的成長，在看似稍微退步或停滯的期間，都有可能突飛猛進或停滯。一開始你會感到受挫，但很快你就能明白這些訊號，期望並欣賞這種週期性的變化。

 # 生長發育

身體外觀和生長

在 1 ～ 4 個月內，孩子將以他出生後前幾週的生長速度繼續成長。一般來說每個月體重將增加 1.5 ～ 2 磅（700 ～ 900 公克），身高將增加 1 ～ 1.5 英吋（2.5 ～ 4 公分），頭圍每月將增加 0.5 英吋（1.25 公分）；這些數字僅僅是平均值，因此只要孩子的發育情況與本書前面提到的生長曲線相匹配，就沒有必要擔憂。

2 個月時孩子頭上的囪門仍然開放而扁平，但到 4 個月時，後囪門將閉合；頭看起來仍然較大，這是因為頭部的生長速度比身體其他部位快，這十分正常，他的身體很快可以趕上。

2 個月時的孩子看起來有點圓胖，但當他更加主動利用手和腳時，肌肉就開始發育，脂肪將消失，他的骨骼將很快生長，好像他的手和腿放開了一樣，他的身體和肢體將伸展開來，看起來高而瘦。

運動

在這一時期開始時，孩子身體的許多運動仍然是反射性的，每次轉頭時採用的劍擊體位（伸頸反射），以及聽到噪音或感到墜落時，伸開手臂（摩洛反射），不過我們前面提到過，這些反射動作的大部分將在 2 ～ 3 個月時達到高峰並開始消失；他此時的動作變得更靈敏，同時更有自主性，並且會越來越穩定成熟。

在這幾個月內，頭部力量增強是孩子的重要發育之一。從孩子出生開始，找機會每天讓孩子肚子朝下的趴著與你玩一下（肚肚時間。Tummy Time）。在 2 個月前他可以掙扎著抬起頭並向四周張望，儘管他的頭只能抬起 1 至 2 秒，但至少可以使他以稍微不同的視野觀看這個世界，將鼻子和嘴巴離開阻礙他的枕頭和毯子。這些小鍛鍊可以強化他頸後的肌肉，到四個月時，當他用肘部支撐時就可以抬起頭部和胸部。這是一個重要的成就，讓他根據自己的意願向四周觀看。

對於你而言，這也是一個可喜的發展，因為你不用在抱他時總是支撐他的頭部（雖然突然的轉動或施力仍然需要支撐他的頭部）。如果你將孩子背在身前或後背走時，他可以自己保持頭部直立並向四周觀看。

孩子對頸前區和腹部肌肉的控制發育比較慢，因此在孩子仰臥時，要抬起頭需要花費更長一點的時間。在第 1 個月時，如果你輕輕拉孩子的手讓他坐起，他的頭將向後面軟癱；然而，4 個月時，他的頭部將能夠在所有方向上保持穩定。

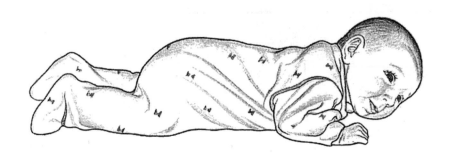

在孩子 4 個月大，當他用肘部支撐時就可以抬起頭部和胸部。

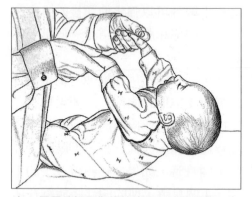

在 1 個月時如果你輕拉他的手讓他坐起，他的頭會向後傾（因此在抱孩子時要支援他的頸部和頭部）。

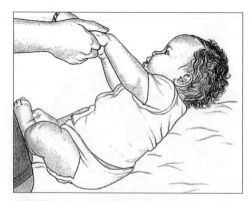

4 個月大時，他的頭能夠在所有方向上保持穩定。

孩子的腿也逐漸變得更加強勁而活躍，在第 2 個月，他的腿會從剛出生時的屈曲狀態開始伸直。雖然他時而的踢腿仍然以反射性為主，但力量很快會變強，到第三個月末時，他甚至可以用腿由前向後踢自己（他可能不會翻身，直到大約滿 6 個月）。因為你難以預測何時他會翻身，因此，無論何時你將他放在更換尿布的檯子上，或者任何高出地面的平面上時，都要保持高度警覺。

新生兒另一個反射動作——踏步反射（第 187 頁第 6 章）——當你用手扶著他的胳肢窩站在地板上時，他可以踏步向前，不過這種反射動作大約在 6 個星期後消失，然後在他即將邁入學步期時再次出現。然而，在 3～4 個月時，你會觀察到孩子自主地屈曲和伸直腿，讓他腳著地保持直立時，他將向下推並伸直他的腿，實際上好像自己站立（除了你保持他的平衡以外）。隨後他會嘗試彎曲自己的膝蓋，並發現自己可以跳。雖然一些父母擔心這種反彈可能對嬰兒的雙腿有害，但其實這是很健康與安全的。

在這 3 個月期間，孩子手臂運動的發育也十分迅速。開始時

他的手緊握成拳，大拇指蜷曲在其他手指內，如果你打開他的拳頭，他會自動握緊，但不會移動或把東西拿進嘴裡。在他的手偶爾進入他的視野時，他會很有興趣的凝視，但他可能無法自己把手拿進他的視野中。

 專欄 1～3個月大孩子的運動發展里程碑

- 俯臥時抬起他的頭部和胸部。
- 俯臥時用手臂支撐自己的身體。
- 仰臥或俯臥時可以伸腿並踢。
- 張開和握住手掌。
- 當腳接觸一個堅硬的表面時向下蹬。
- 將手伸入口中。
- 用手晃動懸空的物體。
- 握持並搖動手中的玩具。

　　在 1～2 個月內將出現許多變化。孩子的手會放鬆，手臂向外展開；在第 3 個月的大部分時間，他的手處於半開狀，你會發現他自己小心地打開或握起；他會拿取物品或許還會送到自己的嘴裡，在他完全探索過後丟棄它（玩具的重量越小，孩子控制得也越好）；他似乎從不疲於使用自己的手，僅是凝視他的手就足以使孩子歡喜好一陣子。

　　一開始，孩子會嘗試把手放到嘴裡，但大多時候並不成功。即使手指偶爾到達目的地，也很快會垂下；然而，到 4 個月時，他可能終於掌握這種遊戲（這也是一項重要的發展技能），可以把大拇指放到嘴裡，無論何時他想這樣做時都能做到。他會有能力緊緊地抓取物品，搖動它，往嘴裡送，而且可以從一隻手轉到另一隻手。

孩子也能夠不僅用雙手，是用整個身體，快速而準確地搆到東西。可以將玩具舉過頭頂，並渴望用手和腳擊打玩具和搶奪玩具。他神情集中，朝目標抬起他的頭。當孩子掌握這些技能時，他身體的每一部分似乎都在分享他的興奮感。

視覺

在第 1 個月時，孩子仍不能看清楚 15 英吋（38 公分）以外的物體，但會密切關注 12 英吋（30 公分）以內的任何東西。嬰兒床的床角、嬰兒床上懸掛的電動旋轉玩具的形狀，當然，人類面孔是他最喜歡的圖像。當你將孩子抱在臂彎中，他的注意力會自動集中於你的面部，特別是眼睛。通常看你的眼睛時，他會發出微笑。隨著視野的逐漸擴大，他將注意你的整個面部，這時他會對你口、下頜和腮所展現的表情有更好的反應，同時他也喜歡逗弄鏡子的自己。

最早幾週孩子難以追視物體。如果你在他面前快速晃動一個球或玩具，他似乎會凝視，或者當你來回搖頭時，他會追丟你的雙眼。但這種情況在兩個月時會出現戲劇性的變化，這時孩子的眼睛會更加協調。很快地他就會追視在他面前半圓周視野內運動的任何物體；同時眼睛協調也可以使他在追視靠近和遠離他的物體時視野加深。到 3 個月時，他會控制手腳

在 2 個月時，孩子的眼睛更協調，兩隻眼睛可以同時動並聚焦。

很快地他可以追視在面前半圓周視野內運動的任何物體。

去拍打接近他的物件。他的瞄準能力可能還不是很好，但這個練習動作有助於他開發手眼協調運動的能力。如果你的寶寶在 3 個月時可能仍無法追視物體，請與你的小兒科醫師聯絡。

　　這一階段孩子的視覺距離也會有所發育，在 3 個月時，你會發現他可以在半個房間的距離內對你微笑，或者研究一個距離他幾英呎遠的玩具。在 4 個月時，你可能看到孩子凝視電視螢幕或窗外的景色。這些都是正常發育的徵象。

 專欄　1 ～ 3 個月的視覺發展里程碑

- 專注觀察面孔。
- 追視運動物體。
- 辨認一定距離內的物體和
  人物。
- 開始進行手眼協調運動。

　　孩子的彩色視覺也會以相同的速度成熟。第 1 個月時他對顏色的亮度或強度十分敏感，這使得他會喜歡對比度強的顏色或者引人注目的黑白顏色圖案。新生兒往往不會欣賞一般育嬰房中那些柔和的色調，因為這時寶寶的色彩視覺能力有限，到 3 個月時他會對圓形的圖案（同心圓射靶和螺旋）更感興趣——這是充滿圓形和曲線的面部更加吸引他的原因之一。到 4 個月左右時，孩子會對所有的顏色與許多深淺程度有所反應，而當他的視野開始發展，嬰兒也會自然地開始尋找更加刺激的東西去觀看。

聽力以及發音

　　就像孩子天生喜歡人類面孔勝於其他圖案，他也喜歡人類的聲音勝於其他的聲音。他會辨認和回應那些他最常聽到的聲音，他將那些聲音與溫暖、食物和舒適聯繫在一起。一般來說嬰兒比較喜歡高音調的聲音——事實上，大多數成年人沒有留意到，但他們直覺似乎知道，因此會以這種方式回應。

1～3 個月聽力和語言發展里程碑

- 聽到你的聲音時發出微笑。
- 開始咿呀學語。
- 開始模仿一些聲音。
- 朝發出聲音的方向扭頭。

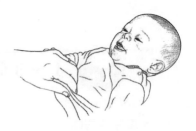

　　下一次和孩子說話時注意傾聽自己的聲音，你或許會發現你的音調提高、速度放慢、誇大音節，同時眼睛和嘴巴張得比平常還大。這種誇張的方法可以吸引孩子的注意力，通常可以使孩子微笑。

透過聆聽你和其他人，孩子會在能夠理解和重複任何特別的辭彙以前，孩子就已經認識語言的重要性。在 1 個月時，即使你在其他房間，他也可以辨認出你的聲音，當你和他說話時，他感到安全、舒適和愉快；當他咯咯笑時，他可以看出你臉上的喜悅，並認識到談話是雙向的。這些最初的會話將使他學會許多精細的溝通原則，例如輪流說話、音調、模仿和語速等。

在第 2 個月期間，你的孩子可能會開始咿呀地重複某些母音（啊、啊，或哦、哦），在最初 4 ～ 6 個月中，你可以模仿他的發音，同時在你們的「對話」中加入一些簡單的單字和短語。這樣很容易陷入兒語的習慣中，但你要試著在你們的對話中混合成人的語言，進而最終取代嬰兒式對話。在嬰兒早期階段，你要開始讀書給他聽，就算你認為他無法理解。

到 4 個月時，嬰兒總是喋喋不休，經常長時間發出一些陌生的聲音（姆姆或嗒嗒）娛樂自己，他也會對你的音調和某些單字或短語更加敏感，因為你們朝夕相處，當你給他餵奶、更換尿布、出外散步或放他上床睡覺時，他會從你的聲音中學習；你說話的方式向他展現了你的脾氣與個性，他反應的方式也會告訴你許多有關他的事情；當你以有節奏或安慰的方式說話時，他會微笑或咕咕笑；你咆哮或生氣地說話會使他驚慌或哭泣。

情感和社交發展

到第 2 個月時，孩子每天將花更多的時間觀察周圍的人，並聆聽他們的談話。他明白他們會餵養他、使他高興、給他安慰並讓他舒服。即使在第 1 個月，他也會咧嘴笑或做鬼臉，到了第 2 個月，這些動作將成為他表達快樂和友好的直接訊號。

只要你體驗過孩的第一次真誠的微笑，就會知道這對你和嬰兒來說都是一個重要的轉捩點。所有這些日子以來睡不飽的夜晚和白天的失序，突然間變得很值得，而你會繼續盡己所能，只為讓這份笑容能持續下去。在孩子方面，他會突然發現僅僅透過運動他的口唇就可以與你交流。笑將是他除了哭泣之外，另外一個表達需求的方式，並使他可以控制周圍的事情。

他與你和你的微笑、與周遭的世界互動越多，他的大腦越是發展，越

能從曾經強烈影響他注意力的內在感覺（飢餓、疲勞）中抽離。當他越社會化時，這更進一步證實他喜歡和享受這些新的體驗。擴展孩子的世界對你與孩子而言都會是個有趣的經驗，同時這也對孩子的整體發展很重要。

一開始，你的寶寶或許在對你笑，但不會接觸你的目光，不要因此覺得不安。不看著你，可以讓他覺得自己有一些主控權，同時可以保護自己，不會因為你看著他而不知所措，這是他觀察全貌而不會被你的眼睛「逮」到的方式。他可能用這種方式對你的面部表情、聲音、身體的溫度或者你擁抱的方式給予同等的注意力。隨著你們相互熟悉，他會逐漸和你保持更長時間的目光接觸，而且你會發現一些可以增加他耐力的方法，或許是將他抱在一定的距離、調節你的聲調或者改變你的表情。

到 3 個月時，你的孩子會成為「微笑交流」大師。有時他會透過微笑與你進行「交流」，咯咯笑引起你的注意。在其他時間，他會躺著等待，觀察你的反應直到你開始微笑，然後他也會熱情地回應。他的全身都會動起來，雙手張開，一隻或兩隻手臂舉起，上下肢可以隨你說話的音調進行有節奏的運動。他也會模仿你的面部運動，特別是如果你伸出舌頭！

 1～3 個月情感和社交發展里程碑

- 開始出現社交性的微笑。
- 愉快的與他人玩耍，玩耍結束時可能會哭泣。
- 更容易溝通，用面部和身體表達需求。
- 模仿一些動作和面部表情。

　　與成年人一樣，孩子也會偏愛某些人。他最愛的當然是他的父母，祖父母或者保姆，最初可能會收到他勉強的微笑。相比之下，對陌生人他只會好奇地看一眼或微笑一下。這種有選擇性的行為表現出他開始會分辨他生活中的人，隨後在 3～4 個月時，他會喜歡其他小朋友。如果他有哥哥或姊姊，當哥哥或姊姊與他說話時，你會看到他非常高興。隨著孩子長大，他對兒童的喜歡程度也會與日俱增。

　　這些早期交流在他的社交和情緒發展上扮演了很重要的腳色。快速與熱情地回應他的微笑，並且經常與他進行「對話」，可以讓他知道他對你的重要性，他可以信任你，他對自己的生活有一定的掌控能力。透過你認出孩子在「說話」的暗示，同時也能向孩子表示你對他的興趣與重視，這將有助於他的自尊發展。

　　隨著孩子的成長，你們的交流方式會隨著孩子的需要和渴望而改變。根據每天的觀察，你會發現他有三個一般的需要，每一個都反應出他個性的不同面向：

1. **急切的需要** —— 例如饑餓或疼痛，他會以自己獨特的方式讓你知道，可能是大聲哭泣、低聲哭或者是絕望的身體語言。你要學會及時辨認這些信號，以便在他知道自己需要什麼前安慰他。

2. 當孩子安靜睡著或醒著自己玩耍時，你會感到安心，因為這一刻你已滿足他的所有需要。這時你有一個很好的休息或從事其他事情的機會。當他自己玩耍時，也提供給你一個很好的機會從遠處觀察他，看他如何發展新的重要技能，例如抓取、追蹤物件或控制自己的手。這些活動為學習自我安慰的階段，有助於讓他安定下來，最終可以達到睡眠長達一整夜的目標，這些對於容易腹絞痛或難以安撫的寶寶更是重要的技巧。

3. 每天會有一段時間，雖然寶寶的需求明顯得到滿足，但他仍然哭鬧不休或情緒不定。他可能會大哭、激烈的動作或在平靜時刻中毫無理由的鬧起脾氣；他可能不知道自己想要什麼，試著和他玩耍、唱歌、說話、輕搖他和散步有時會有效，僅僅給他換個位置或者讓他自己胡鬧也有可能是最好的策略。你有時也會發現當這些辦法奏效後，他很快會變得更加挑剔，更引人注意。除非你讓他哭幾分鐘，或者用不同的事情使他分心 —— 例如將他抱到室外，否則這種情況

可能會持續下去。在嘗試這些辦法後，母子雙方可能相互瞭解更多。你會發現你的孩子喜歡怎樣的搖動，他最喜歡什麼滑稽的面孔和聲音，他最喜歡看什麼。而孩子將學會他必須怎麼做才能引起你的回應，你要哄他有多麼困難，你的底線在哪。

然而，有時候，當寶寶一直哭不停，你會感到極度受挫，甚至憤怒，這時最好的作法是將寶寶輕輕放回他的嬰兒床，讓自己休息一下。最重要的是，你要克制自己，不可以用任何方式搖晃或攻擊你的寶寶，因為搖晃可能對寶寶造成嚴重的傷害。這種「搖晃嬰兒」的情況是一種虐待兒童的行為，在世界各地仍然不斷的發生。如果嬰兒哭泣成為一個問題，你一定要與你的小兒科醫師討論詳情，請他給你建議解決這個問題。確保與照顧你孩子的人分享這些安撫嬰兒的技巧，他們可能也會因為無法安撫嬰兒而有類似的挫折感。

健康發展的觀察項目

雖然每一個孩子都以自己獨特的方式和速度發育，但是若不能達到一些發育上的里程碑，就有可能存在需要特別處理的醫學和發育問題。如果孩子在表現出下面的一些警告性現象，請與你的小兒科醫師討論：

- 4 個月以後仍然存在摩洛反射動作。
- 似乎對很大的聲音沒有反應。
- 2 個月時仍然沒有留意到自己的手。
- 2 個月時聽到你的聲音仍不會微笑。
- 2～3 個月時仍然不能用眼睛追視移動的物體。
- 3 個月時仍然不能抓、握物體。
- 3 個月時不能對人微笑。
- 3 個月時不能有力的支撐頭部。

- 3～4 個月時不能夠拿和抓玩具。
- 3～4 個月時不能咿呀學語。
- 4 個月時仍然不能將物體送進口中。
- 雖然 4 個月時開始咿呀學語，但不能嘗試模仿你發出的任何聲音。
- 4 個月時，當將他放在一個堅硬的平面上時不會向下蹬腿。
- 難以將一隻眼睛或雙眼向任何方向移動。
- 大部分時間雙眼交叉（在 1 個月時眼睛偶爾交叉是正常的）。
- 對新面孔不在意或者對新面孔或環境感到非常驚慌。
- 4～5 個月時伸頸反射仍然存在。

給祖父母的提示

身為祖父母，你的角色對新生孫子和他的父母特別重要，對家庭中其他的孩子也很重要。確保對年紀較長的孩子保持大量的關注，他們可能會覺得被忽略，因為所有的注意力都在嬰兒身上。當新生兒的父母在適應他們的寶寶時，你可以成為一個代打的角色，透過安排一些專屬於你和年紀較長孩子的活動，例如：

- 帶他們去逛街或參加其他的活動。
- 開車兜風。
- 透過音樂或講故事來一點適當的鼓勵。
- 在爺爺或奶奶家過夜。

正如我們在書中其他部分提及（第 202／301 和 534 頁），還有其他方式可以協助你的女兒或兒子適應這位新成員，幫他們整理家務、買東西和跑腿，同時間不要過分介入，你可以分享一些經驗，例如解

釋嬰兒哭鬧是很正常的、腸蠕動、皮膚小紅疹或皮膚顏色的變化，以及在最初幾個月，當狀況發生時，主動伸出援手。特別是有時新手父母會因為無法安撫寶寶的哭泣而感到無奈，這時你可以支援與鼓勵他們——給他們一段時間喘口氣，如果可能，帶寶寶外出散個步。祖父母的洞察力和援助，可以帶給新手父母一份安定與救命的力量。

隨著時間的推移，孩子的緊急需要逐步減少，他能夠很長時間保持愉快。部分原因是你學會了排解孩子的問題，也有部分是由於他的神經系統逐漸發育成熟，他更能自己處理日常生活的壓力。當他控制自己身體的能力更好時，他將可以娛樂和安撫自己，挫折感也會變少。這種看似難以滿足的時期很可能會持續好幾年，不過，隨著他越來越活躍後，他的注意力更容易分散，最終他將學會自己克服這些不悅。

在這些早期階段，不用擔心你會慣壞他。仔細觀察你的孩子在他需要時立即做出反應。你可能無法每一次都能安撫他，但表示你有多在乎他，絕對有利無害。事實上，在半歲以前，你安慰孩子鬧情緒的反應越迅速，長大後他的要求可能會越少。在這個年紀，他需要一再保證，以確保對自己和對你的那份安全感。透過協助他在此時建立這份安全感，你可以為他奠定自信與信任的基礎，好讓他可以漸進與你分開，成為一位堅強、獨立的人。

 # 基本護理

餵養

在理想的情況下，寶寶繼續以母乳親餵或用奶瓶餵養直到 4 ～ 6 個月大，檢查他的成長以確定他是否有攝取足夠母乳，你的醫師每次都會量他的體重、身高和頭圍。大多數母乳餵養的嬰兒仍然整天需要餵奶，要隨時注意寶寶飢餓或飽足的跡象來決定餵食的量，這甚至比寶寶實際上消耗了多少母乳或配方奶更為重要。

對於以奶瓶餵食配方奶或母乳的嬰兒，到4個月大時食量通常會從每次 2～4 盎司增加到每次 4～6 盎司。若以純母乳餵養，嬰兒會繼續在每 24 小時內餵食 8～12 次。有時母乳餵養的嬰兒會開始要求更頻繁地進食，例如每 90 分鐘到 2 小時一次，寶寶會以這種方式告訴你，他正在快速成長並且需要更多母乳。更頻繁的餵奶會向你的大腦發送訊息，以製造更多刺激母乳產生的激素，這會增加你的母乳供應量，以便讓寶寶減少餵奶的頻率。奶量增加通常需要 2～3 天，如果你的寶寶在 4～5 天後似乎仍然持續飢餓，請告訴你的小兒科醫師並進行體重檢查。如果母乳餵養的嬰兒體重沒有增加，可能意味著你的母乳供應量減少了，這可能與媽媽重返工作崗位、寶寶沒有足夠的吸奶能力、母親的壓力增加、嬰兒的睡眠時間延長或其他各種因素有關。你的小兒科醫師可以幫助確定母乳供應量減少的原因，並提供有關如何增加母乳供應量和嬰兒攝入量的建議。這些方法可能包括增加餵奶頻率，以及在餵奶之間或之後使用吸奶器來增加產奶量。

嬰兒在餵食期間頻繁或反覆的咳嗽是不正常的，應該注意這件事並告知你的小兒科醫師。餵奶過程中頻繁停頓或膚色發生變化，以至於孩子需要離開乳房或奶瓶才能呼吸，可能表示你的寶寶呼吸困難，應該注意這些情況並告知你的小兒科醫師。

即使你的寶寶未在乳汁之外額外攝取任何其他飲食，你也會注意到他大便發生的變化。他的小腸現在已經可以容納更多乳汁，並吸收更多的營養成分，因此大便往往比第一個月來得更加堅硬。胃逆流也有改善，因此每次餵養後他不再排便。事實上，在 2～3 個月期間，母乳或配方乳餵養嬰兒的大便次數均顯著下降，有些母乳餵養的嬰兒每 3～4 天僅有一次大便，一些健康狀況良好的孩子每週僅有一次大便。只要你的孩子吃得好、體重增加、大便不軟不硬，那麼就沒有理由對大便次數下降感到驚慌。若你對孩子大便的變化感到憂心，請諮詢你的小兒科醫師。

一些接近 4 個月大的母乳餵養嬰兒，可能會開始在夜間連續睡 5 個多小時。這些嬰兒在白天可能會更頻繁地餵食，這些幸運的母親通常會喜歡

227

在晚上睡得更久。在這個階段，沒有必要在夜間叫醒母乳餵養的嬰兒來餵食。

如前所述，一些母親需要在分娩後的 3～6 個月內重返工作崗位。這對那些母乳餵養嬰兒的母親來說可能會更有壓力。對於將要重返工作崗位的母親，在你的嬰兒滿 1 個月大時，可以開始偶爾提供用奶瓶擠出的母乳，這可以讓母親習慣擠出母乳，也讓嬰兒習慣從奶瓶中吸吮乳汁。如果母親得離開一段時間，這也將允許母乳餵養的嬰兒可以繼續哺餵。母親可以從她寶寶的小兒科醫師、哺乳顧問，以及在許多情況下也可以從婦女、嬰兒及兒童營養補充特別計畫那裡，獲得有關如何選擇吸奶器和學習如何使用的資訊。在重返工作崗位的前 1 個月，許多媽媽會開始在餵奶和冷凍母乳之間，每天定期吸出 1 到 2 次母乳，以便為日間托育人員或看護人提供冷凍母乳。對於重返工作崗位的母親來說，在實際返回日期之前與對應工作管理人員討論她返回工作的時間和在工作時間擠奶的需求是很重要的。兼職而不是全職的工作可以更容易讓母親蒐集母乳並繼續母乳餵養。1 位新媽媽可能會想詢問她的主管是否可以減少頭 1 到 2 個月的工作時間。在重返工作崗位時你可能還會注意到母乳供應量減少，這可能是重返工作崗位的壓力所致。母親還需要與嬰兒的日間托育人員或看護人討論如何提供擠出的母乳。重返工作崗位的母親需要意識到，工作和照顧家庭及自己不僅僅是一份全職工作，她們會需要尋求並接受那些可以由他人完成的工作的幫助。一些媽媽可能會決定，當她們重返工作崗位時，逐漸讓寶寶從母乳轉換到配方奶。

睡眠

到 2 個月時，嬰兒將更加警覺而且喜歡交流，他 1 天中清醒的時間更長。同時，他的胃容量增大，需要餵奶的次數減少，他可能跳過一次夜間的餵奶。到 3 個月時，大多數嬰兒（但不是全部）可以睡一整夜（7～8 小時不醒）。

記住，這個年紀的寶寶一定要採取仰睡。詳情參考第 35 章睡眠。

寶寶睡覺要採取仰睡的姿勢。

手足

到第 2 個月時，儘管你可能已經習慣新生兒，但你的大孩子可能還在適應中，尤其嬰兒若是第 2 個孩子，你的大孩子可能會因為不再被擺在第一位而感到難過。

你的大孩子會透過多種方式表達他的挫折感，例如在背後說話、做一些明知被禁止的事、為引起注意而大聲喊叫。他也可能有退化的表現，突然開始尿床，或者白天突然失禁，即使他已經進行如廁訓練好幾個月。在他心中沒有所謂負面關注這回事，只要有人注意他就好，他寧願因行為失當被處罰，也不願被忽視，這可能變本加厲，表現出越來越多不當的行為，只為了吸引更多的關注。扭轉這種惡性循環的其中一個重要作法是盡量發現他的好行為，當他自己玩或在看書時讚美他，這可以讓他下次又想得到關注時可能會去從事的活動，還有，父母親每天個別花一些時間與他相處或許也會有所幫助。此外，你要留意，假設你懷疑孩子做一些無傷大雅的行為（例如發牢騷）只為博取你的注意，但如果你忽略這些行為，他可能會再找其他方式引起你的注意。

如果較大的孩子對嬰兒發脾氣，例如拿走他的奶瓶，或者打他，你必須採取更加直接的措施：坐下來與他談話，並做好準備聽「我寧願嬰兒從來沒有出生」之類的話。當你在質詢他時，試著將這些和他的其他感覺放在心裡。向他保證你永遠愛他，但一定要向他解釋，禁止他傷害嬰兒。多

邊請大孩子與寶寶玩。

制定明確一致的原則，例如沒有經過允許，不可以抱孩子。

229

努力一點，讓他參與家庭所有活動，鼓勵他與新生兒互動，讓他覺得他是一個重要的「大孩子」，給他一些與寶寶相關的任務，例如背尿布袋、收拾玩具、協助寶寶穿衣服，或負責確保來訪者和其他人在抱「他的」寶寶之前要洗淨雙手。

適合 1 ～ 3 個月孩子的玩具和活動

- 帶有高對比度圖案的圖像和書。
- 色彩鮮豔形狀各異的玩具汽車。
- 搖鈴（足夠堅固而不會被破壞）
- 給孩子唱歌。
- 以較低的音量播放柔和的音樂給孩子聽。

刺激嬰兒的腦部發育：1 ～ 3 個月

- 為嬰兒生長提供健康的營養：定期體檢和施打疫苗。
- 給孩子持續性的關懷和身體接觸 —— 擁抱、肌膚直接接觸、身體和身體直接接觸 —— 建立孩子的安全感。和孩子說話、閱讀、唱歌，不論是在為孩子穿衣服、洗澡、餵食、遊戲、散步或開車時。使用簡單、生動的詞彙並加上寶寶的名字，回應他做出的姿態，包括他的臉部表情與聲音。
- 從孩子出生就開始每天讀書給寶寶聽。這段時間提供親密的身體接觸，幫助他學習你的聲音，培養一個能持續一生的好習慣。

- 留意孩子的習慣和脾氣，學著弄懂他暗示的一些東西，在他煩惱以及高興時做出反應，這個年紀的嬰兒是不可能被寵壞的。
- 給孩子提供不同形狀、大小和構造的彩色物品，讓他看一些兒童圖畫書和家人的照片。
- 對於這個年齡孩子來說，你的面孔是孩子最感興趣的視覺圖案。你可以和他玩躲貓貓。
- 如果你會說外語，在家裡說。
- 避免你的孩子遭受身體和心理上的刺激和創傷。
- 確信其他照顧和監護孩子的人理解與孩子形成一種關愛和安撫關係的重要性，也要提供持續性的關懷。

 # 健康觀察項目

　　新生兒病情惡化很快，如果你的嬰兒在未滿 3 個月時體溫高於 38℃以上，你要盡快通知你的小兒科醫師。以下為 2～4 個月新生兒常見的症狀，如果你的寶寶不滿 2 個月，但你擔心他有這些情況，請隨時與你的小兒科醫師聯絡。相關幼兒可能會發生的其他疾病與症狀，請參考本書第二部分。

　　腹瀉（參考第 551 頁腹瀉）：如果孩子在腹瀉 1 至 2 天後嘔吐，可能是消化道發生病毒性感染。如果你是母乳餵養，小兒科醫師可能會建議你繼續像以前一樣餵奶；如果是餵配方乳，在大多數情況下可以繼續。如果腹瀉持續，醫師可能會建議你先改用無乳糖配方奶一陣子。在有些情況下，醫師會建議只給他服用白開水或者含電解質（鈉和鉀）的糖水，因為腹瀉有時會「沖掉」可以有效消化配方奶中的糖所需的酶。

　　耳部感染（參考第 675 頁中耳感染）：儘管耳部感染常見於大孩子，但偶爾也發生於 3 個月以下的嬰兒。嬰兒容易發生耳部感染的原因是連接鼻腔和中耳的管道（咽鼓管）非常短，感冒時鼻腔的感染容易向中耳擴散。中耳受到的病毒感染可能會因為細菌感染而惡化，最糟情況下會導致真正的中耳炎。

　　耳部感染的第一個徵象通常是易煩躁，尤其是夜間，隨著感染的發展可能會出現發燒。如果小兒科醫師檢查耳朵確定感染，醫師可能會建議使用適量的乙醯氨基酚液體（不要使用阿斯匹林，因為可能造成嚴重的大腦功能紊亂，稱為雷氏症候群，參考第 568 頁），你的小兒科醫師也可能使用抗生素療程——不論是透過外用滴劑或是口服液，不過如果沒有發燒或病情不嚴重，抗生素則不是必要的選項。耳朵感染可能是由細菌或病毒引起，而抗生素治療只針對細菌，因此，如果醫師認為不是細菌感染造成中耳炎時，他不會建議使用抗生素治療。

　　許多父母會在意嬰兒耳朵上的蠟是否需要清潔（耵聹）。耳垢是正常且健康的，耳朵會自行清潔。嬰兒的耳朵只需要用柔軟的毛巾快速擦拭即可保持清潔，若出現耳蠟以外的分泌物，如膿液，需要帶寶寶去看小兒科醫師。

　　眼睛感染（參考第 741 頁眼睛感染）：任何出生後最初幾週眼睛感染的症狀，如紅腫、發紅或膿液，都有可能惡化，但並非絕對。例如，淚腺阻塞時，眼角可能出現眼屎和淚液，通常不會紅腫，但會造成後續的眼睛感染。

　　吐奶（胃食道逆流）（參考第 569 頁）：這種情況發生在胃的內容物回流到食道，稱為胃食道逆流，通常是括約肌（負責讓胃中的食物免於逆流的肌肉）在不適當的時間點放鬆，或者比較少見的情況是無力，而讓食物或液體可以往上回流。由於括約肌發育尚未成熟，所有的嬰兒都有某種程度上的胃食道逆流，隨著時間推移，這種情況會日漸改善。不過在某些情況下，胃食道逆流有可能是過度餵食的跡象。如果你認為你的情況可能是如此，記得按照寶寶提供的有關飢餓或飽足的徵象來決定餵食的份量，而不是按照奶瓶中母乳或配方乳的量。如果寶寶的似乎有嚴重的胃食道逆流或餵食造成問題，請諮詢你的小兒科醫師。

　　最近研究顯示，幼兒慢性胃食道逆流的情況比過去以為的更為常見，而且在嬰兒時期就已開始。有這種情況的嬰兒可能在吃飽後不久，會有嘔吐、咳嗽一陣子、變得煩躁、吞嚥困難、駝背和體重過輕的現象。未滿 6 個月的嬰兒，吐奶／嘔吐是很正常的，大約有一半以上都有這種情況，然而有 5% 的嬰兒會持續到滿週歲。要減少這種問題，在餵奶期間，多停下來幾次幫寶寶拍背打嗝，在喝完奶後也要打嗝。由於寶寶平躺時情況會更

加嚴重，所以盡量在每次餵完奶後，讓寶寶保持直立的姿勢大約半小時至1個小時。由於嬰兒猝死症候群的顧慮，建議不要讓寶寶趴睡，但若嬰兒胃食道逆流嚴重，除非在專家的建議下，才可以採用這種方法舒緩胃食道逆流的症狀。不然，記住，最安全的睡眠姿勢永遠是仰睡。

在某些情況下，醫師可能建議你將配方奶或母乳變得濃稠一些，以減少回流的量，或者建議改換水解蛋白配方（可以請醫師推薦），然後看1、2個星期後症狀是否有改善。如果你的嬰兒對牛奶過敏，改換配方或許有幫助。如果你的嬰兒體重沒有適度增加，或者他很不舒服，這時醫師可能會給予處方藥物以舒緩他的狀況。

出生後前幾個月，有些嘔吐的情況很可能是因為幽門狹窄而引起的，這是由於胃和小腸的連接處狹窄，導致強烈嘔吐，腸道蠕動模式改變。如果你的醫師擔心你的寶寶可能是幽門狹窄，他會進行超音波檢查，如果確診，他會要求寶寶接受進一步治療（參考第 568 頁嘔吐、幽門狹窄）。

皮疹和皮膚症狀：許多新生兒第 1 個月出現的皮疹很可能會持續到第 2 或第 3 個月，濕疹則在滿月後可能隨時會發生。濕疹或異位性皮膚炎，是一種皮膚症狀，會導致皮膚乾燥、鱗狀肌膚，往往還有紅色斑點，通常大多長在臉部、手肘和膝蓋彎曲處。在嬰幼兒中，手臂和膝蓋是最常出現這些症狀的部位，症狀範圍從小到溫和，到極癢都有可能，因而使嬰兒變得煩躁。你可以請醫師建議治療方法，依症狀嚴重度給予非處方或處方乳液、乳霜或藥膏（僅使用醫師建議的非處方藥物，因為他可以建議對寶寶最有效的藥品）；對於那些偶發和輕度濕疹（一小片紅疹）的嬰兒，或許不需要用藥物治療。

若要避免這種情況發生，確保只使用溫和無香味的肥皂幫寶寶洗澡和洗衣，並且讓他穿**柔軟**的衣服（非毛線或粗糙編織衣），1 個星期最多洗 3 次澡，因為經常洗澡可能會使皮膚更乾燥（如果你的醫師認為某些食物可能引發孩子的濕疹，特別是當他開始吃固體食物後，他可能會建議你先停止這些食物）。（關於更多濕疹的資訊請參考第 579 頁）。

呼吸道合胞病毒（RSV）感染：RSV 是嬰幼兒下呼吸道感染最常見的原因，也是導致兒童感冒的病毒之一。RSV 會造成肺部和呼吸道感染，通常是 1 歲以下幼兒細支氣管炎和肺炎的禍首。事實上，嬰兒 RSV 發病率最高的期間為 2 ～ 8 個月，同時也是造成 1 歲以下嬰兒住院最常見的原因之一。

RSV 是一種高度傳染性病毒，大多發生在秋季到春季之間，它的症狀包括流鼻涕、鼻塞，可能有喉嚨病，輕微咳嗽，有時也會發燒。這種感染可能僅限於鼻子，或者擴及耳朵，最後蔓延至下呼吸道，進而造成細支氣管炎。細支氣管炎的症狀包括呼吸異常快速和喘息。

如果你的寶寶是早產或有慢性肺部疾病，那麼他得到嚴重 RSV 的風險會比較高。早產兒的肺通常發育未完全，或許沒有得到來自母親足夠的抗體，以協助他們受到 RSV 感染時，可以有效地對抗病毒。

以下作法可以降低嬰兒感染嚴重 RSV 風險：

- 抱寶寶之前，要用溫水和肥皂洗淨雙手。
- 減少與流鼻水或患有疾病的人近距離接觸，不管怎樣，即使你有感冒，仍然繼續哺育母乳，因為這不僅可以提供嬰兒營養，還可以提供保護性抗體。
- 當寶寶的兄弟姐妹感冒時，盡量減少他們在一起的時間（並且確保他們經常洗手）。
- 讓寶寶盡量遠離擁擠人多的地方，例如購物商場和電梯，這些地方可能讓他接觸到生病的人。
- 不要在寶寶身邊吸菸並且禁止這種行為，因為二手菸會增加 RSV 感染的可能性。

如果你的小兒科醫師確定寶寶的症狀已發展成細支氣管炎或另一種 RSV 感染，他可能會採取對症治療，例如用吸鼻器緩解鼻塞或使用稀釋食鹽水鼻滴劑，嚴重肺炎或支氣管炎可能需要住院治療，給予增濕氧氣和藥物，以幫助孩子呼吸更加順暢。

上呼吸道感染（參考第 673 頁感冒／上呼吸道感染）：在這個時期，許多嬰兒會得到人生的第一次感冒。母乳餵養可以提高孩子的免疫力，但不能完全避免，尤其家庭成員中如果有人患呼吸道疾病。感染很容易透過空氣中的飛沫或手的接觸傳染（另一方面，暴露於寒冷的溫度或吹風——與一般人的觀念剛好相反——反而不會造成感冒）。當你感冒時，經常洗手、打噴嚏或咳嗽時以手肘遮掩，並且避免親吻，可以降低傳播病毒給他人的機會。同時記住，你無法避免所有病毒，因為當人們尚未出現感冒症狀之前，就已經具有傳染病毒的能力。在你患感冒時，洗手、咳嗽或打噴

嚏時掩口、禁止接吻均有助於防止傳染其他人。

多數嬰兒呼吸道感染的症狀比較輕，通常為咳嗽、流鼻涕和體溫稍微升高，很少有高燒的情況。然而，流鼻涕對嬰兒來說非常麻煩，因為他不會擤鼻涕，所以可能造成鼻道阻塞。在 3 ～ 4 個月前，嬰兒還不能透過鼻腔暢通呼吸，因此，這種阻塞引起的不舒服比大孩子更難受。阻塞的鼻腔也干擾孩子的睡眠，呼吸不順暢易使孩子驚醒。鼻腔阻塞對餵奶也有影響，因為嬰兒必須停止吸吮，好讓自己可以透過嘴巴呼吸。

如果堵塞影響餵食或呼吸，用吸鼻器抽吸嬰兒鼻腔中的黏液，尤其在餵奶前和堵塞嚴重時更要抽吸。如果抽吸前在嬰兒的鼻腔中放幾滴生理鹽水（小兒科醫師處方），會使黏液稀釋，更容易吸除。首先擠壓吸球，然後將尖端輕輕插入他的鼻孔，隨後緩慢放開（小心：過於用力或頻繁吸痰可能導致脆弱的鼻組織更腫脹。）雖然乙醯氨酚可以退燒，使他平靜下來，但在他們這個年紀，只有在醫師的許可下才可以使用，不要使用阿斯匹林（參考第 568 頁雷氏症候群；第 779 頁藥物治療）。幸運的是，大多數嬰兒一般的感冒和上呼吸道感染，並不需要看醫師，然而，如果發生以下任何一種情況，你應該立即與醫師聯絡：

- 持續性咳嗽。
- 食欲下降並幾次拒絕餵食。
- 發燒——任何時候嬰兒（3 個月以下）的直腸溫度高於華氏 101 度（38℃），都應該與你的小兒科醫師聯繫。
- 非常容易煩躁。
- 罕見嗜睡並難以喚醒。

 # 免疫接種

你的寶寶出生後不久，在出院前就應該施打 B 型肝炎疫苗第一劑，之後至少過了 4 個星期後再施打第二劑。第 2 個月至第 4 個月中，你的寶寶應該施打以下疫苗：

- DTaP 疫苗（白喉、百日咳、破傷風三合一疫苗）。
- 小兒麻痺疫苗。
- Hib 疫苗（B 型嗜血桿菌疫苗）。

■ 肺炎鏈球菌疫苗。

■ 輪狀病毒疫苗。

■ B 型肝炎疫苗（若未在出生底 1 個月接種）。

（詳情請參考第 31 章疫苗接種）

編注：臺灣目前爲五合一疫苗：白喉破傷風、非細胞性百日咳、B 型嗜血桿菌及
　　　不活化小兒麻痺。

安全檢查

防止摔下

■ 不要將嬰兒放在桌面、椅子和任何高出地面的平面上。

■ 千萬不要將小孩獨自留在大人的床上、沙發、尿布更換檯或椅子
上，選購尿布更換檯時，選擇附有 2 英吋高以上的護欄。若要避免
重大摔傷，不要將尿布更換檯放在窗戶旁邊（更多關於尿布更換檯
的資訊請參考第 495 頁）。

■ 任何齒輪開關，永遠要使用安全扣帶或確保扣上。

防止燙傷

■ 在抽菸、喝熱飲和火爐上煮東西時，不要抱嬰兒。

■ 不要讓任何人在你的孩子周圍抽菸。

■ 在給孩子洗澡之前，用手腕和肘部內側測試水的溫度。此外，在幫
寶寶洗澡前，先將水盆的水填滿，然後測試水溫。爲了預防燙傷，
熱水器的水最高溫度不要超過 48.0℃。

■ 不要用微波爐加熱寶寶要喝的母乳或牛奶（或者日後的食物）；在
測試食物溫度前，先將食物搖勻。

防止窒息

■ 定期檢查所有的玩具，看看是否有小地方脫落或折斷，並且仔細留
意是否出現尖端處，以免造成危險。

■ 這個年紀的嬰兒，請不要在嬰兒床邊綁玩具，因爲寶寶可能將之扯
下或被玩具纏住。

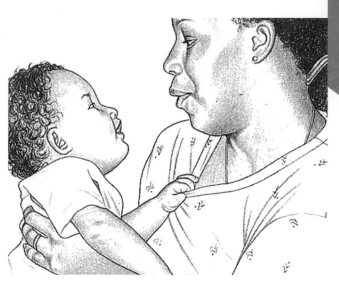

第8章

4～7個月

　　這幾個月對你和寶寶而言是一段美好的時光，隨著他的性格發展、他的笑聲，以及和你在一起的快樂，天天都是神奇美妙的一天。對他而言，每天都有驚喜、新的成就，對你而言則是一份特別的體驗。

　　在孩子滿 4 個月時，你可能已經養成寶寶固定的作息——餵奶、小睡時間、洗澡和晚上睡覺，這種規律的作息可以幫助寶寶獲得安全感，並允許你預先安排時間與活動。這樣的時間表應該要是有彈性的。當爆發性的發育期來到，你的寶寶會更常需要餵食；如果他病了，他可能會很難入眠。而且有時候你可能也會想臨時穿插一些令人愉快的驚喜，像陰暗的天空終於出太陽時到外面散散步、祖父母突然到訪、家人共進午餐的聚餐邀請、全家一起到動物園旅遊等，都是一些打破日常行程的美妙活動。對一些打破常規的生活事件保持開放，可以使你們的生活過得更加愉快，也可以使孩子學會適應生活中要面對的變化。許多家長會在這段時間回歸工作崗位，這也會在第 1 年造成一些額外的壓力。

　　這個時期，孩子所經歷的最重要的變化是內在的。在這個階段，孩子

要學習協調感官能力（運用視覺、觸覺和聽覺等感覺器官），增加運動能力，學會握持、翻身、坐立甚至爬等運動技能，這些新掌握的運動技能將擴展到他生活的每一個方面。先前主導他反應的反射動作逐漸消失，取而代之的是現在孩子可以選擇做什麼或者不做什麼。從前他對放入口中的任何東西都吸吮，但現在他會有自己的喜好；過去他僅僅觀看一個奇怪的新玩具，現在他會把它放入嘴裡、操作和探索新玩具。

現在，孩子更會表達他的情緒和需要，他會經常用聲音表達。例如，他不只是在感到饑餓或者不舒服時才哭泣，當他想要不同玩具或想要換不同活動時，他也會用哭來表達。

你或許會注意到 5 ～ 6 個月的孩子偶爾在你離開房間，或者在看到一個陌生人時哭泣，這是因爲他對你或者其他照顧他的人產生了強烈的依戀。他現在將你與自己的安全舒適聯想在一起，可以分辨你與其他人有別，甚至即使他沒有因爲找你而哭，他也會藉由好奇、仔細觀察一個陌生人的臉，發出警覺的訊號。到 8 ～ 9 個月時，他會公開拒絕陌生人靠近他，這是所謂「陌生人焦慮期」的開始，是一種正常的階段。

在陌生人焦慮期完全來臨之前，孩子可能經過一個喜悅的「賣弄」期，對他遇到的每一個人微笑或和他玩耍，他的個性將完全體現出來，即使第一次遇到他的人也會注意到許多獨特的個性特徵。讓孩子利用他的社會性熟悉一些將來要幫助、照顧他的人，例如嬰兒陪伴者、親屬和看護人員，這可能有助於緩和對緊接而來的陌生人焦慮期的反應。

如果你尚未了解，也終究會學到這個世界上沒有養育理想小孩的完美方程式。你和孩子都是獨特的，你與孩子之間的關係也與眾不同，因此對一個孩子有效的方法可能對其他孩子沒有作用。透過嘗試與失敗，你會發現成功的方程式。鄰居的孩子可能很容易入睡，而且整夜不醒，但你的孩子在上床睡覺前可能需要額外的哄抱和撫摸，這可能會在第一年帶來煩躁與額外的壓力。你第一個孩子可能需要很多關心與愛護，第二個孩子卻能自己獨處很長的時間。這些個體的差異並不意味著你是「對」的或「錯」的，它的意義僅在於每一個孩子都不相同。

隨著時間，你會發現孩子的獨特個性，你會發展一套專屬於他的互動模式，如果你保持彈性，開放接受他的特質，這將有助於你邁向爲人父母正確的方向（參考本章第 251 頁情緒發展）。

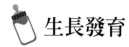

生長發育

身體外觀和生長

4～7個月內，孩子的體重每月將繼續增加大約1～1.25磅（450～560克）。當孩子滿8個月時，體重大概是他出生時的2.5倍。他的骨骼也繼續快速發育，在這個階段他的身高會增加兩英吋（5公分），頭圍增加1英吋（2.5公分）。

孩子的生長速度要比孩子在特定時期的體重和身高重要。現在你應該確定他在成長曲線圖的位置，你要繼續定期測量他的成長，以確保他繼續維持生長速度。如果你發現他的成長曲線出現差異，或者體重與身高成長速度變慢，請與你的小兒科醫師討論。

運動

前一段時間內，孩子已建立頭部和眼部運動所需的肌肉控制能力，因此可以對周圍的事情進行觀察。現在他將接受一個更重大的挑戰 —— 坐起。隨著他背部和頸部肌肉力量的逐漸增強，以及頭、頸和軀幹的平衡發育，他開始邁出「坐起」這一小步。首先他要學習在俯臥時抬起頭並保持姿勢，你可以在寶寶清醒的時候讓他趴著，胳膊朝前放，然後在他前方放

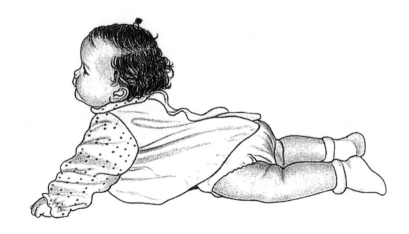

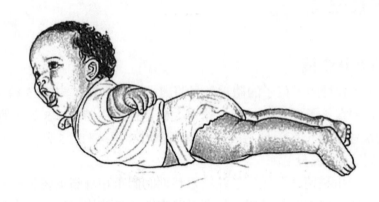

置一個鈴鐺或者醒目的玩具吸引他的注意力，誘導他保持頭部向上並看著你，這也是檢查他的聽力和視力的好辦法。

　　一旦孩子可以抬起頭後，他會開始撐起手臂，使背部呈弓狀胸部抬起，這些動作可以強化他上半身的力量，作爲他在坐起時可以保持穩定和直立的關鍵，同時俯臥時他會搖動、踢腿或者用手臂做「游泳」狀，這些能力通常在 5 個月時出現，是翻身和爬必須的能力。到本階段末期，孩子可能會向兩個方向翻身，不過每個嬰兒的發展過程不相同，大多數嬰兒可能先學會從俯臥翻身到仰臥，然後才是反方向的翻身，不過學習順序相反也是十分正常的。

　　一旦孩子可以抬起胸部，這時你就可以協助他練習坐起來，將他抱起，在他學習平衡時用枕頭或沙發的角落支撐他的背部。很快他就學會讓身體保持「三角架」姿勢，他會張開手臂時，身體向前傾，以保

持平衡。在他面前放明亮有趣的玩具吸引他的注意有助於鍛鍊他的平衡能力，這時可能還需要一段時間他才能不需要你的幫助自己坐起來，但是到6～8個月時，如果你把他擺成坐直的姿勢，他將不需要用手支撐仍然可以保持坐姿。當他從這個新的起點觀察世界時，他會發現用手可以做很多令人驚奇的事情。

　　4個月時孩子就能用手把他感興趣的東西放入口中，在隨後的4個月內，他會把拇指與其他指頭分開，並設法撿起許多東西；在9個月以前，他不會用其他手指和拇指做鑷子夾取東西的動作；6～8個月期間，他將學會如何將物品從一隻手轉移到另一隻手、從一側轉到另一側以及上下轉動的動作。要從他的活動環境中移除任何可能會噎住或讓他弄傷自己的物品。

241

4～7 個月的運動發展里程碑

■ 雙向翻身（前到後或後到前）。
■ 首先用手，隨後不用手支撐時可以坐起。
■ 用腿支撐身體全部重量。
■ 一隻手拿物品。
■ 將物品從一隻手轉移
　到另一隻手。
■ 以抓的方式握
　（不是捏）。

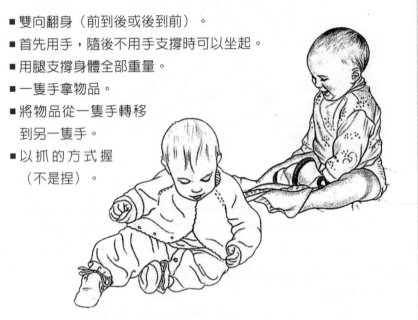

　　隨著身體協調能力提高，孩子將發現自己身體的新部分。仰面躺時，他會抓住他的腳和腳趾，並送入口中；更換尿布時，他會向下觸摸生殖器；坐起時，他會拍自己的臀部和大腿。透過這些探索，他會發現許多新鮮、有趣的感覺，也開始理解身體每一部分的功能，例如，將他的腳放在地板上時，他可能首先蜷起腳趾並開始踢這個平面，但很快他會發現可以用腳練習「走路」，或者上下跳動。這時要留意：所有這些動作都是為下一個重要的里程碑——爬和站做準備。

專欄 　適合 4 ～ 7 個月孩子的玩具

- 不易破碎的鏡子。
- 軟球，包括那些會發出柔和悅耳
  聲音的球。
- 會發出聲音的織物玩具。
- 可以用手指握的玩具。
- 音樂玩具，例如鈴鐺、沙
  球、小手鼓（確保任何部
  件都不會鬆動）。
- 可以發出聲音的鈴鐺玩具。
- 供孩子翻閱的圖像鮮明的舊雜
  誌或圖畫書。
- 紙板、布料或乙烯
  材質的嬰兒童書。

視覺

　　當孩子開始他的運動技能時，你是否留意過他以多近的距離觀察他所做的事情？他聚精會神觀察玩具的神情，會使你想到一個專注於研究的科學家，很明顯良好的視力對於早期運動和認知力的發育具有關鍵的作用，他的視力也在他最需要的時候，適時發揮全部的功能。

儘管孩子在出生時就可以看見東西，但是完整的視力需要幾個月的發育，現在他們只能夠辨別**紅色、藍色**和**黃色**之間的差異。如果孩子喜歡紅色或藍色，不要感到吃驚，這些顏色似乎是這個年齡孩子最喜歡的顏色。隨著孩子的成長，他們會逐漸喜歡圖案複雜或顏色豐富的玩具 —— 這點在你為孩子購買圖書嬰兒房海報時一定要牢記。

在四個月時，孩子的視物範圍可以達到幾碼遠，而且將繼續擴展。同時，他將學會用眼睛追蹤越來越快的移動物體。（更多有關眼睛發育的資訊，請參見第 25 章，眼睛）在最初的幾個月，如果你在室內滾球，他的眼睛會無法跟上，但現在他可以輕易的跟蹤運動的物體，隨著手眼協調的發育，他也會抓住這些物體。

在嬰兒床或嬰兒搖椅上方懸掛電動音樂旋轉玩具，是刺激新生兒視力發育的理想方法，但是到 5 個月時，孩子很快會感到厭煩而去尋找其他東西。在這個年齡，他可能會坐起並扯下音樂旋轉玩具或被纏住。因此，在孩子一學會拉或者坐起時，就應該將電動旋轉玩具從嬰兒床移開。

另一個保持孩子視覺興趣的方法是帶著他四處走動 —— 在家裡面、去社區裡、逛商店或者到一個特殊的地方遠足，幫助他尋找以前從來沒有看過的東西，並對他說這些東西的名字。

4 個月時，孩子不僅注意你說話的方式，也會注意你說話的聲音。

　　這個年齡的嬰兒會對鏡子非常迷戀。反射的圖像總是在不斷變化，更為重要的是它直接反射孩子自己的動作，這有助於他認識鏡子中的人是自己。認識到這一點需要時間，但在本階段可以完成。

　　孩子的視覺感知能力在這4個月內將明顯提高。在你介紹新的形狀、顏色和物品時，觀察他的反應。如果他對觀看新東西沒有興趣，或一隻眼睛或兩隻眼睛無法對焦，有鬥雞眼的現象，請告訴你的小兒科醫師。

4～7個月的視覺發展里程碑

- 發展出完整的顏色視覺。
- 遠距離視覺成熟。
- 追視移動物體能力成熟。

語言發展

　　學習語言分為幾個階段。從一出生，孩子就透過聽別人發音和觀察人們的交流方式接受有關語言的資訊。起初孩子對你的音調和聲音最感興趣，當他聽到你用舒緩的語調說話時，就停止哭泣，因為他知道你在安慰他；相反，如果你憤怒時大發雷霆，他可能會哭泣並且展現的像是受到驚嚇一般，因為你的聲音告訴他有什麼事情不對勁。4個月時，孩子不僅注意你說話的方式，也會注意你發出的每個音節。他將聽到母音和輔音，開始注意它們結合成音節、辭彙或句子的方式。

　　與聽到聲音一樣，孩子從一開始就會發出聲音，先是哭泣隨後發出咕嚕聲。4個月時，孩子開始用母語的許多節律和特徵咿呀學語，儘管聽起來像胡言亂語，但如果你仔細聽，你會發現他會升高和降低聲音，好像在

發言或者詢問一些問題。和孩子談話可以鼓勵他，當你聽出一個音節時，向孩子**重複**那個音，然後說出一些包含該音節的辭彙。如果他發出"ㄅㄚ"的聲音，可以告訴他「爸爸」、「報紙」等等。

在 6～7 個月以後，參與孩子的語言發育過程更加重要，這時他會開始主動模仿說話聲。在開始學習下一個音節之前，他會整天或幾天一直重複這個音節。現在他對你發出的聲音的反應更加敏銳，並嘗試跟著你說話，試著教他一些簡單的音節例如「貓」、「狗」、「熱」、「冷」、「走」、「去」以及「爸爸」和「媽媽」等辭彙。儘管可能要到孩子 1 歲以上你才能聽懂他咿呀的語言，但週歲前的孩子就能理解許多你說的辭彙。

到 **7 個月**時，如果他仍然不會咿呀學語或者模仿任何聲音，可能是他的聽力和語言發育出現了問題。部分聽力喪失的兒童仍然會對很大的聲音產生反應，或者將頭轉向聲音的方向，甚至他也會對你的聲音產生反應，但可能存在模仿語言的困難。如果孩子到 6 個月大還不會咿呀學語，或者發出不同的聲音，提醒你的小兒科醫師。如果孩子經常發生耳部感染，可能是有液體困在中耳，影響他的聽力。

對於那些曾住進新生兒重症加護病房的嬰兒，進行後續的聽力追蹤檢查是特別重要且必要的。這些嬰兒通常會在出生時進行聽力檢查，並建議在 6 個月大時再次進行聽力行為測試。你可以與你的家庭小兒科醫師討論這個問題，你的醫師通常會與聽力學家密切合作。

 4～7 個月的語言發展里程碑

- 對自己的名字有反應。
- 開始對「不」有反應。
- 透過音調辨認感情。
- 對聲音的反應是發出聲音。
- 利用聲音表達喜悅和不高興。
- 一連串音節的咿呀學語。

　　所有的新生兒都應該做聽力檢測，非常小的孩子的聽力可使用特殊設備檢查。除此之外，你的觀察是進行聽力檢查的早期依據。如果你懷疑孩子有聽力問題，可以讓你的小兒科醫師推薦一名兒童聽力專科醫師。

認知發展

　　先前你可能會懷疑寶寶是否真的明白發生在他周圍的事情。有這樣的疑問並不奇怪。畢竟，儘管你知道他什麼時候舒適或不舒適，但他思考的跡象似乎仍然很少。現在，隨著孩子記憶力和注意力的加強，你會注意到一些現象：表明他不僅在接受一些訊息，而且也應用到他的日常活動中。

　　在這個階段，他會開始產生**因果關係**的概念。他可能會在 4 至 5 個月時注意到這個概念：在他踢床墊時，可能會感到嬰兒床在搖晃；或者在他拍打或搖動鈴鐺時，會認識到可以發出聲音。一旦他知道自己可以弄出這些有趣的東西，他就會繼續嘗試其他東西。

　　孩子很快會發現一些物品，例如鈴鐺和鑰匙串，在搖動時會發出有趣的聲音。這會讓他在好一陣子裡開始丟擲各種東西，然後充滿興趣的看著你把它們撿起來，並以觀眾的姿態做出一連串反應，包括做鬼臉、發出怪聲和笑聲。這樣反覆幾次可能會很煩，但這是他學習因果關係，並透過自己的能力影響環境的重要過程。

將一些物品扔在桌上或丟到地板上時，可以啟動一連串的聽覺反應。

重要的是給孩子進行這種體驗所需要的物品，並鼓勵孩子嘗試他的「理論」。要確保你讓孩子玩的東西不易破碎、重量輕，而且要夠大，不至於被吞下。如果他對那些普通的玩具失去興趣，塑膠或木製的湯匙、不易破碎的杯子、盒子等也可以帶來無盡的樂趣，而且也很便宜。

4 ～ 7 個月認知發育里程碑

- 發現部分隱藏的物體。
- 用手和口探索。
- 掙扎以得到他搆不著的物品。

這階段的另一個重要發現，是孩子將認識到離開視野的物體會持續存在──稱為物體恆存概念。在最初幾個月，他可能會認為世界僅僅是他所看見的物體構成，當你將玩具藏在衣服下面或者盒子內時，他認為就永遠消失了，不會費心去找它。但大約 4 個月時，他開始認識到這個世界視更加持久的，在每天早上和他打招呼的是同一個人，你藏起來的東西實際上沒有真正消失。透過捉迷藏遊戲，或者觀察周圍的人與事物，孩子在未來幾個月的時間內繼續學習物體恆存概念。

情感發展

在 4 ～ 7 個月之間，孩子的個性會經歷很大的變化。本階段開始時，他似乎相當被動，沉溺於得到足夠的食物、睡眠和關愛。但當他學會坐起、使用手和移動時，他可能更加確信，而且日益關心外面的世界。他渴望獲取和觸摸所有東西，如果他沒法得到，就會透過喊叫、摔距離他最近的東西等方式要求你幫助他。一旦得到你的援助，他很可能會忘記剛才正在做的事，又把注意力集中到你的身上，對你微笑、大笑、咿呀學語，模

仿你的行為，雖然他對最吸引他的玩具很快就會覺得無趣，不過，他對你的關注永遠都不覺得厭煩。

孩子性格更細微的方面有很大的程度是取決於他的脾氣。他很吵鬧還是很安靜、是樂天派還是悲觀、是固執還是順從，有很大程度是與生俱來的氣質。就像嬰兒的體型有大有小，他們的性情也大不相同，包括他們的活動力、堅持度和適應周遭環境的能力，而且這些特質會在這幾個月變得越來越明顯。你還會發現，他的性格未必總是討人喜歡，特別是當 6 個月大，個性固執的他，因抓不到家貓落空而尖叫不已時。不過，從長遠來看，適應他的天性是最好的，由於寶寶的性情是真實毫無掩飾，直接影響你和其他的家人，盡可能全面瞭解他是非常重要的。

孩子的行為方式甚至會影響你如何教養孩子，甚至也會影響你對自己的看法。例如一個有禮、性情溫和的孩子，比起一個容易生氣的孩子，可能會讓你覺得自己是一個比較稱職的父母。

或許你已經發現，這個年紀的嬰兒有一些很「溫和」、沉穩和容易捉摸，有一些則難以安撫捉摸不定。

意志強烈和性格倔強的孩子需要你更多的耐心和溫和的指導。他們通常不能輕易適應變化的環境，如果你強迫他在他準備好之前實施，可能更容易讓他生氣。你最好透過分辨和適應他的脾氣來減輕這種壓力，而不是抗拒並試圖改變他。

對於易被惹惱的孩子，說話和撫摸有時可以神奇地使他平靜下來，分心可以幫助他重新聚集他的能量，如果孩子因為你不能第 10 次幫他揀起丟棄的玩具而哭泣，將他抱到靠近玩具的位置，讓他自己可以搆到玩具。

害羞和敏感的孩子也需要特別關注，尤其是如果你已經有一個很活潑的孩子，這很可能會使他更隱藏自己，當孩子安靜且沒有需求時，我們很容易就可以滿足他；如果孩子總不笑時，你可能會比較少與他一起玩耍。但這種孩子需要比其他人更多私下接觸的時間，他可能很容易遭受挫折，需要你教他如何有自信與主動參與。在任何情況下，給他充裕的時間「熱身」，確保其他人以漸進的方式靠近他。在他嘗試直接接觸之前，讓他可以在旁邊坐一會，一旦他感到安全，他會逐漸對周圍的人做出積極反應。

健康發展的觀察項目

由於每個孩子都有自己特定的發展方式，我們很難知道到底何時或如何才是技能發展最完善的時間點。本書中所列舉的發育里程碑將給你關於孩子變化的一般概念，若孩子的發育進程有輕微差異，也不必驚慌。但如果你的孩子有下列任何本階段發育延遲的徵象，立即告訴你的小兒科醫師：

- 身體似乎非常僵硬，伴有肌肉緊繃。
- 身體似乎非常柔軟，像 1 個洋娃娃。
- 當身體坐立時，頭部仍然向後垂。
- 只能用一隻手觸及物品。
- 拒絕擁抱。
- 對照顧他的人漠不關心。
- 似乎不喜歡與人群接觸
- 1 隻或 2 隻眼睛轉來轉去無法聚焦，有鬥雞眼的現象
- 持續流淚、眼睛產生分泌物或對光敏感。
- 對周圍的聲音沒有反應。
- 4 個月時無法把頭轉向聲音發出的地點
- 難以將物品送入口中。
- 4 個月時不會扭頭定位聲音。
- 5～7 個月時不會兩面翻身（前後和後前）。
- 5 個月以後有時夜間仍然難以安慰。
- 5 個月時不能自發微笑。
- 6 個月時不能在別人幫助下坐立。
- 6 個月時不會大笑。
- 6～7 個月時不能主動拿物品。
- 7 個月時不能用雙眼追視近處 1 英呎（30 公分）和遠處 6 英呎（180 公分）的物體。

- 7 個月時不能用雙腿支撐身體。
- 7 個月時不能通過動作引起別人注意。
- 8 個月時不會咿呀學語。
- 8 個月時對捉迷藏遊戲沒有興趣。

　　如果你對孩子的情緒發展有些擔憂，你也可以告訴你的小兒科醫師。他可以幫助你，但常規的門診檢查可能難以發現，這就是為什麼讓小兒科醫師知道你擔憂的原因，向他描述你每天觀察的情況非常重要，寫下你的所見，以免忘記。此外，值得欣慰的是，加上時間和耐心，一些你希望他可以改變的性格將會演化，同時間好好欣賞他天生的這一面。

專欄 　4 ～ 7 個月的社交及情感發育里程碑

- 喜歡社交類的遊戲。
- 對鏡子中的影像感興趣。
- 對他人的情緒有反應。

基本護理

開始進食固體食物

　　我們建議餵養寶寶純母乳直到 6 個月左右。在 4 ～ 6 個月左右，你可以開始添加固體食物，讓 4 ～ 6 個月大的嬰兒開始食用花生製品可能有助於預防產生花生過敏，如果孩子患有嚴重的濕疹或對雞蛋蛋白過敏，請先

諮詢醫師。沒有證據表明在 4～6 個月大之後才引入會引起過敏的嬰兒安全食品（柔軟），如雞蛋、奶製品、大豆、花生或魚，可以防止食物過敏，這就是為什麼大多數過敏症專家和小兒科醫師建議在嬰兒的飲食中儘早引入可能引起過敏的食物。他對進食表現出興趣的時候，就可以讓他嘗試你正在吃的食物的味道，就算當時他的主要營養來源仍然是母乳餵養。母乳餵養的母親不需要避免某些食物，母乳可以幫助寶寶的身體對常見的過敏原產生耐受性，而不是對它們敏感。

嬰兒的舌頭天生就有「**推出反射**」的動作，讓幼小的嬰兒用舌尖頂住湯匙或任何放入口中的東西，包括食物。大多數嬰兒大約在 4～5 個月時會失去這種反射動作，所以當這種反射反應消失，你就可以開始餵他固體食物。當孩子 4 個月大做例行檢查時，你可以和小兒科醫師討論寶寶開始吃固體食物的時機，特別是如果家族中有強烈的食物過敏病史，或者寶寶患有嚴重的濕疹。

開始時，你可以在白天餵養進行的最順利的那次餵食中增加固體飲食。然而隨著孩子長大，他會想與家庭其他成員一起進餐。考慮到家庭共餐時間為整個家庭提供了顯著的好處，包括改善營養習慣、加強家庭關係──而且也會接觸大量語言，刺激大腦發育，這對發育中的嬰兒來說特別有幫助。為了降低窒息的危險，要讓孩子坐著進食固體食物，如果他哭或轉頭不吃，千萬不要強迫他。重點是讓他喜歡進食比較重要，而不是開始吃固體食物的具體時間。如果出現這種情況，你就讓他只喝母乳或配方奶幾個星期，然後再嘗試。就像你在進行母乳親餵或瓶餵一樣，透過寶寶表現的跡象來判斷他是否飢餓或飽足，而非專注在他在每一餐中攝入的特定食物量。

有幾種選項能讓孩子拓展食用固體食物的經驗，包括湯匙或家長的手指頭，或者允許你的寶寶用自己的手探索這種柔軟、泥狀的食物。不建議將固體食物放入瓶中或者帶奶嘴的奶瓶中，採用這種方法餵固體食物會大大增加嬰兒的飯量，可能成為噎到寶寶的風險，並且會導致體重過重。除此之外，進食固體食物最重要的還有一點──可以讓孩子了解進餐的過程：坐起來品嚐新的食物、在兩次進食之間停下休息、最後吃飽時停止，這種早期的體驗將為以後養成的**飲食習慣**打下扎實的基礎。

標準的嬰兒湯匙對這個年齡的孩子來說可能還是很大，但小勺子通常

很好用，橡膠塗層的嬰兒湯匙也是不錯的選擇，同時也可避免受傷。開始時先餵少量或試吃一點，進食過程中和孩子說話（「乖，看食物多好吃。」）；第 1、2 次時孩子可能不知道要做什麼，他可能感到很迷惑，皺起鼻子，讓食物在口中打轉或完全拒絕嚥下，考慮到固體食物與他之前吃的奶類大不相同，這是可以理解的反應。

讓這種轉換更容易的一種方式是先給你的寶寶嘗試一點固體食物，最後再以母乳作為結束。這樣可以緩和轉換至固體食物的過渡期，也可以避免孩子饑餓時感到受挫，並且將這種湯匙餵養的體驗與哺乳餵養的滿足感聯繫起來。

不管你怎麼做，第一次吃固體食物，大多數嬰兒都會把食物吐出來，因此，增加固體食物要循序漸進，開始時 1 ～ 2 匙，直到他可以吞嚥固體食物。

什麼樣的食物呢？傳統上，單一穀類通常是寶寶第一次接觸的固體食物，然而，沒有任何醫學證據指出，吃特定順序的固體食物對寶寶有特別的益處。雖然許多小兒科醫師建議蔬菜要先於水果，但也沒有研究顯示，如果蔬菜在水果之後，嬰兒將會不喜歡吃蔬菜，或者容易引起過敏。當你正在進行母乳哺餵時，確保有攝取多樣的食物，包括蔬菜，當寶寶在哺乳時有接觸到這些味道或許就比較不會在食用固體食物時抗拒它們。

許多嬰兒喜歡穀類，你可以使用調理好的瓶裝嬰兒穀類食品或乾式嬰兒麥片粉，要吃時再加到乳汁、配方乳中。現今，小兒科醫師會建議父母選擇全麥穀物而不是高度加工的穀物。沒有證據表明某一種全麥穀物比另一種更好，儘管已發現某些米粉與其他穀物相比含有更高的砷含量，因此，使用多種穀物而不是堅持僅使用一種是相當重要的。無論你選擇哪種食物，請確保給寶寶的食物非常柔軟或完全呈泥狀，直到寶寶準備好並可以安全地處理和承受更粗糙的食物。

一旦孩子可以獨立坐好，你就可以給他手指抓的食品，以幫助他學習自己進食。要確定你給他的食物柔軟、容易吞嚥、分解成小塊狀。有種潮流被稱為嬰兒主導式斷奶，家長通常會跳過餵食寶寶泥狀食物，而選擇給嬰兒那些可以由他自行餵養的非常柔軟的食物。煮熟的山藥、地瓜、青豆、豌豆、雞肉末或肉末，以及小塊麵包或全穀物餅乾都是很好的食物。這時不要給他任何真正需要咀嚼的食物，即使他已經長出牙齒。用餐完畢

後，最好用濕巾輕輕擦拭寶寶的嘴來進行適當的口腔護理。

當餵寶寶固體食物時，另外用一個小盤子盛裝食物，取代直接用保存食物的容器、罐子或袋子。這可以避免瓶罐中的食物被寶寶口中的細菌污染，而小碗中剩下的食物則要丟棄，不可以繼續保存。

即使可以從商家中得到種類眾多的即食嬰兒食品，你也不一定要依賴罐裝或包裝食物來餵養你的寶寶。所有的食品都應該柔軟、充分煮沸。煮熟的新鮮蔬菜和水果泥最容易準備，儘管你可以用磨碎的生香蕉直接餵孩子，但大多數水果在使用前都應蒸煮軟化。把不馬上吃的食品保存在冰箱中，在使用前再次檢查是否有酸壞。絕對不要提供寶寶那些可能讓他噎住的食物，如整顆的堅果、未切開的葡萄或小番茄，或者生胡蘿蔔和芹菜。

先不要給寶寶母乳、配方奶或少量的白開水以外的任何液體，並且把他們裝在吸管杯中。美國小兒科學會建議，不宜給予嬰兒果汁，因為它無法提供這個年齡層嬰兒所需的營養，也不建議在嬰兒 1 歲以前給予牛奶。在這個年齡層，大體上應該避免飲用果汁，且果汁絕對不可以用在治療嬰兒脫水或腹瀉的症狀。常喝果汁的嬰兒或幼兒會習慣喝甜飲品，進而導致體重過重與蛀牙。

如果孩子在兩餐之間口渴，可以進行母乳餵養或給予配方乳。在炎熱的月份，水分也會透過蒸發而流失，增加 2 ～ 3 盎司（60 ～ 90 毫升）水、或者給孩子餵母乳或配方乳。滿 6 個月後，給他喝少許的水，讓他習慣白開水的味道，這是健康生活飲食的好習慣。在夏日季節，當孩子因流汗失去水分時，1 天至少給他喝 2 次以上的水。

如果你的供應水含氟，這將有助於預防日後的蛀牙。可以使用家用工具包測試你的水，以查看水源是否含氟。多數城市用水都含有氟化物，一些井水也含有天然氟化物。如果需要額外的氟化物，你的小兒科醫師或牙醫可以提供相關指導。如果你使用井水，請務必定期測試井水是否含有細菌和毒素等污染物。CDC 建議至少在每年春天對用於飲用的水井進行測試，如果存在某些污染物則需要更頻繁地測試；另一種選擇是加裝一個井水過濾系統。

孩子到 6 ～ 7 個月大時，就可以坐立安穩，在進餐期間可以坐在高腳椅子上。為了使孩子舒適且安全，應在椅子上使用安全帶，且應經常清潔椅墊。在購買高腳椅子時，也要注意尋找帶有可分離盤子的高邊椅子。高

邊可以幫助孩子在慌亂進餐時讓盤子和食物保持在原位。可分離的盤子可能會更方便清洗，這肯定會是你在未來幾個月最欣賞的功能（雖然有時需要將整把椅子放入浴室進行完全清洗）。

隨著孩子食量的增加，他也逐漸開始自己規律的吃飯。請與你的小兒科醫師討論孩子的營養需要。嬰幼兒不良的飲食習慣會造成日後的健康問題。

你的小兒科醫師將幫助你判斷孩子是否肥胖、吃得夠不夠或者吃了太多種類錯誤的食物。透過熟悉寶寶食物中的卡路里和營養素含量，你可以確保他的飲食適當。同時也要留意家中其他人的飲食習慣，隨著孩子進食的餐桌食物越來越多（通常在 8～10 個月大時開始，數量與過去的嬰兒食品相當），他會模仿你的飲食習慣——整個家庭都應該試著豎立一個好榜樣，以向孩子示範健康、營養豐富的飲食，並且用餐時間應該是段充滿互動與享受的時光，而非掙扎。

如果你擔心孩子已經超重時應該怎麼辦？即使嬰兒還小，許多父母已經開始擔心他們的嬰兒是不是太胖。另一方面，幼兒的肥胖率與其潛在的併發症（如糖尿病）逐年上升，因此，不管你的孩子幾歲，你要開始留意這個問題。一些證據指出，奶瓶餵養的嬰兒體重比親餵母乳的嬰兒增加更快，原因或許是父母會鼓勵嬰兒將瓶中的奶全部喝完。永遠記得要由寶寶飢餓的跡象來驅使他吃下多少食物，而非要求他吃完一定份量的食物，且很重要的一點是，在進行任何飲食調節之前先尋求小兒科醫師的建議。在這些快速生長的月份，孩子需要平衡的脂肪、碳水化合物和蛋白質供應，

一旦開始讓孩子進食固體食物，孩子的大便會較硬，顏色也產生變化，味道也會更強烈；豌豆和其他綠色蔬菜可以使大便成深綠色；甜菜可以使大便成紅色（有時也會使尿液變紅）。大便中還可能存在沒有消化的顆粒——特別是豌豆殼、玉米、番茄皮和其他蔬菜。這些現象都很正常。反之，如果大便非常軟、成水樣或者含有黏液，可能表示消化道不適應這些食物。在這種情況下，讓你的小兒科醫師判斷孩子是否有消化道疾病。

營養補充品

美國小兒科學會建議完全以母乳哺餵嬰兒至滿 6 個月。完全哺餵母乳是指這些嬰兒完全不攝取任何額外的食品或液體，**除了維生素 D**，除非醫

療上建議這麼做。

我們的身體需要陽光來產生維生素 D。在美國，大多數人的維生素 D 水平低於建議量，這可能是由於更長時間待在室內，並且廣泛使用防曬乳來預防皮膚癌。維生素 D 缺乏會導致佝僂病（一種維生素 D 嚴重缺乏的形式，以骨骼軟化爲特徵）等疾病。雖然適度暴露在陽光下是有益的，但所有需要在戶外長時間活動的兒童都應使用防曬乳、戴帽子和具有保護性的衣物，以防止曬傷並降低日後罹患皮膚癌的風險。因此，美國小兒科學會建議，所有嬰兒在出生後不久就要開始要補充維生素 D（除非他們每天食用超過 27 盎司的添加了維生素 D 補充劑的商業配方奶粉）。1 歲以前每日建議量爲 400IU（10 微克），1 歲以後每日建議量爲 600IU（15 微克）。

那**鐵質**需要多少呢？寶寶出生後第 1 個月到第 4 個月，哺育母乳的嬰兒不需要額外補充鐵質，他出生時身體所含的鐵量足以供應他最初生長所需，不過，隨著寶寶成長，他原本的儲存量會越來越少，且他的成長也會增加他對鐵的需求。在 4 個月大時，部分或完全以母乳餵養的嬰兒應該每天額外補充 1 mg/kg 的口服鐵，直到適當的含鐵輔助食品（包括強化鐵的穀物）加入嬰兒的飲食中。如果你在妊娠或分娩時有併發症，如糖尿病、低出生體重或早產的情況，或者如果你的寶寶小於胎齡並且正在服用母乳，則可以在出生後的第 1 個月開始補充鐵質。幸運的是，一旦寶寶開始吃固體食物後，他就可以從**肉類**、**鐵質強化嬰兒麥粉**和**綠色蔬菜**中攝取鐵質。（參考第 144 頁喝母乳與配方乳的嬰兒營養補充品）。

睡眠

本階段大多數嬰兒每天白天至少需要 2 次小睡時間，每次 1 至 3 個小時，一次在早上，一次在下午。一般說來，除非孩子在正常夜間入睡時有困難，否則只要孩子需要就讓他睡眠，如果孩子夜間睡眠有困難，午睡時不要讓他睡太多，早一點將他叫醒。

由於孩子白天醒著的時間變多，而且好動，很可能到了晚上就寢時間還難以平靜下來，**固定的睡眠**時間有助於解決這個問題。你可以試著配合家庭活動與寶寶的性情等因素，從中找出最適當的方法：熱水浴、按摩、搖晃、講故事、聽輕音樂或者母乳以及配方乳餵養均有助於孩子放鬆，進

入睡眠狀態。記住，最好是在寶寶還未因累過頭而吵鬧時開始這些睡前活動，最終孩子會將這些活動與睡眠聯繫在一起，有助於他放鬆和安靜下來。

現在你的寶寶已經稍微長大了一點，所有睡眠安全準則都是相同的。（參考第 3 章），除了他已經可以自己翻身從背趴到正躺了。當他有些想睡但仍然醒著時，就把孩子放在嬰兒床上，好讓他學會自己入睡。輕柔的讓他仰著躺下，對他輕聲說晚安，然後離開房間。如果孩子哭了，你可以看看他，安慰一下他，並再次離開房間。隨著時間推移，慢慢將這種夜間睡前的關注減少。

如果父母的態度一致，大多數寶寶每晚哭的時間會越來越少，更可能學會如何自我安慰。有關睡眠請參考第 35 章。

牙齒與牙醫照護

這幾個月開始長牙。通常是門牙先長出來，可能是上排或下排，緊接著就是對應的門牙。然後是第一顆臼齒，再來則是犬齒或虎牙。

每個孩子長牙的時間點都不同，即使孩子到很大也還沒長牙也無須擔心，可能是遺傳，並不代表有問題。

長牙偶爾會引起一些煩躁、哭鬧和輕微發燒（但不超過華氏 101 度或攝氏 38.3℃）、口水過多和渴望咀嚼硬東西的狀況，通常新出牙周圍的牙齦會腫脹和疼痛。為了使不舒服的孩子平靜下來，可以用一根手指輕輕摩擦並按摩牙齦，固齒器會有幫助，且應該是由硬橡膠製成（冷藏的固齒器反而太硬，可能弊大於利，會對孩子造成傷害）。

切勿使用出牙凝膠來麻痺牙齦；在罕見情況下，它們會毒害嬰兒的血細胞，阻礙其攜帶氧氣。順勢療法的出牙片也沒有任何好處，某些還是用潛在有害的有毒物質製成的。琥珀長牙項鍊沒有任何止痛作用，並可能造成窒息或勒死兒童；永遠記得不要在寶寶的脖子上留下任何東西。如果孩子看上去非常痛苦，或者發燒超過 38.3℃，可能不是長牙所致，請與你的小兒科醫師討論。

你的寶寶應該在他的第一顆牙齒萌生後的 6 個月內去看牙醫，但不晚於 12 個月大，以先達成者為準。兒科牙醫接受過為嬰兒看診的專門培訓，你可以在美國兒科牙科協會的網站 aapd.org 上為你的寶寶找到一名兒科牙

醫。不過，你的家庭牙醫完全足以進行常規的小兒科牙齒照護。（編注：臺灣可至財團法人中華民國兒童牙科醫學會民眾專區查詢家附近的兒童牙醫。）

在家為你的寶寶刷牙也是非常重要的。當你開始看的到孩子的牙齒時，簡單的用柔軟的嬰兒牙刷與一顆米粒大小的含氟牙膏刷牙。為了防止牙齒蛀牙，在孩子入睡、打盹或者夜間睡眠時，不要讓他含著奶瓶或乳頭，以避免讓乳汁積聚在牙齒周圍，形成蛀牙的溫床。

搖床與嬰兒用圍欄

許多父母發現在嬰兒哭泣卻無計可施時使用機械搖床，尤其是附加搖鈴可以使孩子安靜下來。如果你有使用這些設備，你要檢查它的重量限制和使用年齡建議。鞦韆式搖床或搖椅只能置於堅固的地板上，不可掛在門框上。此外，使用時間 1 天不要多於 2 次，每次最多半個小時；它或許可以使寶寶安靜下來，但無法取代你對他的關注。每次使用時，確保為寶寶繫上安全帶。

一旦你的孩子開始走動，你可能需要嬰兒圍欄。甚至在孩子尚未學會爬或走之前，圍欄可以提供一個戶外的保護範圍，或者在沒有嬰兒床或搖籃的室內空間裡，讓寶寶在其中可坐可躺（參考第 505 頁關於圍欄的具體建議）。確保圍欄並沒有因某些不當的原因被原廠召回。相關被原廠召回的產品可上消費者產品安全委員會網站查看：cpsc.gov。

刺激 4 ～ 7 個月齡孩子的大腦發育

在這段期間，他的大腦時時刻刻都在與人連結，並且從他的行為中反應出來，例如，對你和經常照顧他的人有強烈的依戀，當你離開房間或突然看到陌生人時，他會用哭來表示，或者當他想要一個特定的玩具或改變活動時，他也會哭。他對周遭的世界越來越感興趣，而且更懂得表達他的情緒和欲望——同時間，他也發展了新的技能——抓、翻身和坐起來。

千萬不要過度刺激孩子，但你可以試著以下這些活動，強化大腦連結的發展：

- 給孩子創造一個新奇且安全的環境使他開始自由的探索。
- 持續不斷給予孩子溫暖、身體上的接觸——擁抱、皮膚相觸、身體接觸來建立孩子的安全感和舒適感。
- 關注孩子的情緒週期，在他生氣和高興時都要有所反應。
- 在穿衣服、洗澡、餵奶、玩耍、散步和開車期間對孩子談話或唱歌。他或許還不明白你的語言，但隨著聆聽，這將有助於他的語言能力發展。如孩子似乎聽不到你的聲音，或者不會模仿你說話，你需要找你的小兒科醫師好好檢查一下。
- 鼓勵和孩子進行面對面交談，模仿他的聲音以激發他的興趣。
- 每天給孩子閱讀書籍。他會喜歡你的聲音，不久，他就會喜歡看書上的照片，並且自己「讀」起來。
- 如果你會說外語，可以在家裡使用。
- 與孩子一起從事節奏性運動，例如隨著音樂一起跳舞。
- 避免讓寶寶遭受身體或心理上的壓力或創傷。
- 將孩子介紹給其他孩子及其家長，對孩子來說，這是一個非常特殊的時期。留意當他準備好要認識新人的線索。
- 鼓勵孩子自己拿玩具。給他一些可以刺激手眼協調和細微動作的嬰兒積木和軟式玩具。
- 讓其他照顧孩子的人明白與孩子形成一種關愛和貼心的關係至關重要。
- 鼓勵孩子在夜間睡更長的時間，如果你需要任何建議，關於這個重要階段的嬰兒發展，你可以請教你的小兒科醫師。
- 每天花一些時間與孩子在地板上玩耍。
- 如果你的孩子託人照顧，要選擇充滿愛心、負責任、有教養和令人放心素質高的孩子看護人，並且經常拜訪提供孩子看護的服務機構，與他們分享你對孩子正面看護的想法。

行為

規範

　　當孩子變得更活潑好動和好奇時，很自然的他會更有自信，這對他的自尊非常重要，應該盡可能給予鼓勵；然而，當他想做一些危險的事情，或者打擾其他家庭成員時，你必須加以約束。

　　在半歲左右，處理這個問題最有效的方法是用玩具或其他活動使孩子分心。一般規範對他而言行不通，因為在未滿 7 個月前，他的記憶力廣度尚未增加，你只有等到過了這段時間，才能運用各種技巧，避免一些意外的行為。

　　當你開始採用規範孩子時，千萬不要太嚴苛。規範意味著教導或指引，不一定要用懲罰的方式。通常最成功的方法是獎勵你期望的行為，當他表現不如預期時，保留你的獎勵。如果孩子沒有明顯原因哭泣，確定孩子的身體沒有受到傷害，然後在孩子停止哭泣時，以更多的關注、親切的話語和擁抱作為獎勵。如果孩子又開始哭泣，在重新關注他之前，等待更長的時間，在與他談話時使用更堅定的語氣，但這次不要給他格外的關注和擁抱。

　　規範的主要目的是要教導某些限制。絕不應使用消極的管教策略，包括打、吼叫或羞辱兒童，這些方式不論是在短期或者長期上都是缺乏效果的。因此當孩子違反原則時，要試著讓孩子確實明白他哪裡做錯了。如果發現孩子做某些未經許可的事，例如拉你的頭髮，這時用平靜的語氣對他說「不」，讓他知道這是不正確的行為，重新將他的注意力集中到可以接受的活動上。

給祖父母的話

身為祖父母，你一定非常喜愛觀察孫子的發展，在 4～7 個月之間，孩子會繼續探索周遭的世界，並且他的身體技能和認知能力的增強，讓他可以更投入與更享受他所處的環境。

隨著視覺與聽覺帶給他更多的意義，同時伴隨著大量的笑聲，這幾個月對你們來說是妙不可言。笑容、互動遊戲和識別熟悉的物體、聲音、人和名字，都會成為這幾個月探索的一部分。他的視力更好，手也更靈活，而且他的好奇心無法擋，因此你要好好利用這段時間，加強他的早期學習能力。

你的孫子在這段時間也開始「動起來」了，雖然這是生命的一個奇妙階段，但你要更加警覺，因為他開始會坐起來，坐直的次數雖然變多，但也很容易翻倒。

你是刺激孩子的發展的重要角色。你可以透過以下這些步驟充分利用這一點，並享受與他在一起的時光：

- 尊重你的孩子，跟隨他們的意願參與孫子的活動，並且在適當時機，添加一些你們個人的元素，例如分享特別的稱呼（姥姥、太爺等）、地點、分享你們之間的書或音樂，這些都將成為他與你的獨特經驗。另外，可以考慮經常邀請其他祖父母和他們的孫子加入你們，這對你的孫子也是一種難得的體驗。
- 當買禮物給孫子時，選擇適合年齡的書籍和具有鼓勵性與創造性的玩具。
- 當受到請求時，盡可能讓自己成為隨機應變的臨時褓姆，這些單獨與孫子相處的美好時光，將成為一輩子難忘的回憶，你可以帶他到戶外走走（公園或動物園），隨著時光流逝，你也可以藉此培養祖孫共同的嗜好。

- 隨著孫子的成長，你會更加瞭解孫子的性情。無可避免的，你一定會拿家中某位與他相像的成員比較，他的喜歡和不喜歡也會顯現，這時最好的方式是尊重他們。如果你的孫子活潑好動，你一定要有更多的耐心，才能全然享受與他在一起。給他一些空間，讓他做自己 —— 但如果他的行為太超過，你也要他所有節制。對待害羞的孩子也一樣，不要期望他看到你的出現時會毫不害臊或變得很熱情，你只要好好欣賞享受他們原本的樣子就好。

- 換尿布經常會是一種鍛鍊，你可能需要使出渾身解數來掌控「一隻蠕動不停的蟲子」，好讓寶寶不會滾到地板上。將換尿布的地點換到床上或地板上倒是一個好主意，同時別忘了，將所有換尿布必備的物品放在伸手可及的地方。

- 事先與孩子的父母討論規範，確保你的方法與他們是一致的。

- 你可以考慮為家中買一張適合的嬰兒床和其他家具，如果他來你家用餐，一張高腳嬰兒用餐椅絕對派得上用場，嬰兒推車和汽車安全座椅也很有用。此外，家中要準備一些可能會用到的嬰兒日常藥品（發燒、尿布疹等），以及他可以玩的玩具。

- 在這個階段，你的孫子的飲食更加規律，到快滿 8 個月時，他會開始吃固體食物（例如嬰兒麥粉和蔬菜泥、水果泥和肉泥等）。當你照顧他時，你要遵照他父母的指示餵他，如果他們沒有特別指示，你可以讓他探索你的個人「幼兒食物」，例如水果泥、柔軟的蔬菜和肉泥，不要讓他吃大人的罐頭食物，避免給他太大塊食物以免噎住。如果你的孫子仍然還在喝母乳，你可以將一些冷凍母乳放在冰箱冷凍庫。

- 你的孫子應該可以睡一整夜了，所以「一夜到天明的寶寶」可能讓你更樂在其中，比較不會打亂你原本的行程。

- 確保你的居家環境對寶寶是安全的，你可以參考第 15 章〈寶寶居家安全指南〉，將所有藥物與火柴放在寶寶無法看到或拿到的地方。

■ 有時，讓寶寶和他的兄弟姐妹一起待在你家可能難以應付，所以試著一次照顧一個孩子，特別是第一次。當你這麼做時，你可以為孫子量身訂做特別的活動，同時仍可以為你自己的孩子提供援助，好讓他們可以將精力集中在其他孩子身上。你為自己孩子所提供的持續重要支援，讓他們在育兒方面更有效率，這就是你的角色最主要的核心目的。

■ 透過拍攝家族照片和影片，製作家庭相本和寫下家族的故事（配合以前和現在的照片），你可以促進孫子現在與未來的發展。

　　如果孩子正在或者嘗試將不應該吃的東西往嘴裡放，輕輕拉住他的手，告訴他這個東西不能吃。但是，如果你想鼓勵他觸摸其他東西時，就不要說「不准摸」，而是以更明確的短語，例如「不能吃花」或「不可以吃樹葉」來傳達訊息，這樣孩子才不會混淆。

　　千萬不要以為有了規範就可以確保孩子安全，所有的家用化學用品（如肥皂、洗潔劑）都應該放在兒童拿不到的地方，或者鎖在櫃子裡。家庭用的水溫最高應保持在 48℃ 以下，這樣才可以避免燙傷。在許多情況下，你可以調整熱水器，以免超過這個溫度。當你在烹飪、熨衣服或使用任何熱源電器時，更要小心謹慎。

　　規範這個年齡孩子的行為相對容易，這是確立你的權威的良好時機，但要小心反應過度。這個年紀的孩子的過失行為不是故意，即使你懲罰他，或者提高你的語調，他也不會理解，很可能會更混淆，甚至嚇一跳。當你告訴他不可以或不該碰某些東西時，要保持平靜、堅定、一致和關愛的方法。如果孩子明白你是說話算話的，那麼在他日後變得更有主見之前，你們的生活會過得更和諧順利。一個嬰兒需要重複許多次相同的事情才能學會我們預期的事情。

手足

如果你的寶寶有一個較大的哥哥或姊姊，在這個時期，你可能會留意到競爭跡象增加的趨勢，特別是如果孩子之間的差距不到 2 歲。在此之前，寶寶比較依賴，睡眠時間較多，不需要你一直關注，但現在他的需求更多，因此，你需要好好分配你的時間與精力，好讓你有足夠的時間個別與每個孩子相處以及讓他們一起玩。

較大的孩子或許仍然會因為你對他的關注被寶寶分散而心生嫉妒，其中一個給予較大孩子額外關注的方法，是讓他從事一些與寶寶無關的「大哥哥」或「大姊姊」的任務，這個方法可以讓他得到額外的關注，同時把家事完成。一定要讓孩子知道你非常感謝他的幫助。

讓大孩子**一起參與**嬰兒的活動可能也有助於手足關係。如果你們兩個人一起唱一首歌或者講同一個故事，嬰兒會非常高興傾聽。在某種程度上大孩子也會幫助你照顧嬰兒，例如幫助你給嬰兒洗澡或換衣服。但是在孩子不滿 12 歲以前，不要讓他和嬰兒單獨相處，即使他想幫忙也不行，年幼的孩子很容易讓嬰兒滑落或受傷，且不會意識到自己在做什麼。更多詳情請參考第 7 章〈手足〉，該段落提及的許多問題和指南也適用於 4～7 個月大的情況。

 ## 健康觀察項目

如果孩子滿 4 個月不久就第一次感冒或耳朵感染，不要感到吃驚。一旦他可以主動拿東西，他就會接觸其他更多的人事物，更容易接觸到一些傳染性疾病。此外，嬰兒在 6 個月大時會失去通過胎盤從母親那裡獲得的免疫力，所以如果你感覺寶寶開始受到更多的病毒感染，你有可能是對的！這是我們在這個年齡段都經歷過的正常現象。

第一道防線是**避免**孩子接觸其他已知生病的人，特別是高度傳染性的疾病，例如流行性感冒（流感）、呼吸道合胞病毒、水痘或麻疹（水痘請參考第 848 頁；麻疹請參考第 855 頁）。如果你們的親子團體有人得到這些疾病，你要讓小孩暫時遠離那些團體，直到確保沒有其他人感染。然而，兒童與成人的傳染性疾病，在出現症狀前就有傳染力，所以很難預防一些接觸性的傳染。

孩子和抗生素

抗生素是有史以來最強效、最重要的藥物。使用得當時，可以挽救生命，使用不當則會對孩子造成傷害。當孩子發燒或重感冒時，通常家長很難在沒有抗生素處方的情況下離開診間。了解限制抗生素使用背後的基本原理是很重要的。

病毒和細菌這兩種主要的微生物會引起大部分的感染，病毒是所有感冒和大部分咳嗽的原因。常見的病毒性感染不能用抗生素治療，隨著病程自然發展，孩子可以從病毒性感染恢復。抗生素不應該用於治療病毒性感染。

抗生素用於治療細菌性感染，有些細菌會對某些抗生素產生抗藥性。如果孩子的感染是由對抗生素耐受的細菌引起，他可能需要在醫院接受治療，經靜脈注射更強效的抗生素。目前有一些新細菌種已無法使用抗生素治療。為保護孩子免受耐藥細菌感染，只有在小兒科醫師認為有效時，才使用抗生素，因為反覆使用或錯誤使用抗生素會導致耐藥細菌增多。

什麼時候需要抗生素？什麼時候不需要？

這些複雜的問題最好由你的小兒科醫師回答，這取決於個別的診斷。如果你認為孩子需要治療，與你的小兒科醫師聯繫。

- 有紀錄的耳朵感染：大多數需要使用抗生素，有些不需要。
- 鼻竇感染：在這個年齡層，這種症狀很罕見，大部分是因為他們的鼻竇本身就很小，但是孩子的黏液發黃或綠並不意味著是由細菌感染引起，在病毒感冒期間，黏液變厚和變色是正常的現象。
- 支氣管炎：很少需要抗生素治療，考慮到這些感染幾乎總是由病毒造成的。

- 咽喉腫痛：大多數病例由病毒引起，只有鏈球菌性咽喉腫痛需要抗生素治療，應用抗生素之前必須經化驗確診。
- 感冒：感冒由病毒引起，可能持續 2 週或更長時間；抗生素對感冒無效，在感冒的自然病程中，你的醫師可能建議採用一些舒緩症狀的安全措施。
- 流行性感冒：一旦孩子滿 6 個月大後，他就可以施打流感疫苗。不過在這之前，父母和較大的手足都應施打流感疫苗，以保護寶寶免於受到感染。這種感染有抗病毒藥物可以治療，但並不是所有的藥物都適合新生兒與幼兒，且他們可能不如透過免疫預防有效。

有時病毒感染會導致細菌感染，如果病況惡化或持續時間更長，與你的醫師保持聯繫，確保及時得到適當的治療。

如果醫師開抗生素，一定要確保讓你的孩子完全按照醫師的指示使用抗生素，絕不要將抗生素保留到以後使用，或者讓其他家庭成員使用不是為他們開的處方。

無論你怎麼保護孩子，他有時也會生病，這是成長過程中不可避免的，因為他與其他孩子的直接接觸越頻繁，生病的機會也越多。有時孩子生病未必總是容易看出來，不過有一些跡象可尋。他看起來臉色蒼白嗎？他有黑眼圈嗎？他比平時更無精打采或易煩躁嗎？如果孩子患傳染性疾病，他很可能會發燒（參考第 27 章發燒）；可能因食慾下降、腹瀉和嘔吐而體重下降，有些難以發現的腎臟和肺臟感染也會妨礙孩子的體重增加，在這個年齡體重下降也可能意味著孩子患消化性疾病，例如對小麥奶蛋白過敏（參考第 546 頁乳糜瀉），或者缺乏消化固體食物所需要的消化酶。如果你懷疑孩子生病，但不能找出明確的原因，或者你擔憂會發生什麼事，與你的小兒科醫師聯繫並向他描述症狀。

以下為這階段最常見的疾病（所有的症狀會在本書第二部討論）：

細支氣管炎（第 615 頁）腹瀉（第 551 頁）喉嚨痛（第 686 頁）

感冒（第 673 頁）耳痛／耳朵感染（第 675 頁）嘔吐（第 568 頁）
結膜炎（第 741 頁）發燒（第 775 頁）
哮吼（第 619 頁）肺炎（第 623 頁）

免疫接種

滿 4 個月大後，你的寶寶應該施打以下疫苗：

- DTaP 疫苗（百喉、百口咳、破傷風三合一疫苗）第二劑。
- 小兒麻痺疫苗第二劑。
- Hib 疫苗（B 型嗜血桿菌疫苗）第二劑。
- 肺炎鏈球菌疫苗第二劑。
- B 型肝炎疫苗第二劑（可能在 1 ～ 4 個月大期間施打）。
- 輪狀病毒疫苗第二劑（可能早在第一劑施打過後四個星期施打）。

滿 6 個月大：

- 在秋天開放施打時盡快施打第一劑流感疫苗，並且在 1 個月後施打第二劑。
- DTaP 疫苗（百喉、百口咳、破傷風三合一疫苗）第三劑。
- 小兒麻痺疫苗第三劑（可以在滿 6 ～ 8 個月期間施打）。
- 肺炎鏈球菌疫苗第三劑。
- Hib 疫苗（B 型嗜血桿菌疫苗）第三劑（視第一劑和第二劑接種的疫苗類型）。
- B 型肝炎疫苗第三劑（可以在滿 6 ～ 8 個月期間施打）。
- 輪狀病毒疫苗第三劑（視疫苗類型；有一種需要二劑，另一種需要三劑）。

（編注：臺灣的預防接種時間請參考後面附錄。）

 # 安全檢查

汽車座椅

- 在發動車子前，讓寶寶坐在認證與正確安裝好的安全汽車座椅上，

並且扣緊安全帶。汽車安全座椅應配備五點式安全帶，當寶寶的體重或身高達到只能面向後方汽車安全座椅的使用限制時（檢查汽座的標籤或使用指南），他可能需要更大的轉換期汽車安全座椅。你可以在一開始就選購可面向前與面向後的轉換式汽車安全座椅，從一出生後就可以使用，只要適合寶寶，這種汽車安全座椅也是很安全的。如果你的汽車是 2002 年之後製造的，請務必利用 LATCH 系統固定所有汽車安全座椅。

- 汽車後座永遠是所有幼童乘車最安全的位置，千萬不要將面向後的汽車安全座椅放在附有安全氣囊的前座。

溺水

- 千萬不要將小孩獨自留在浴盆或靠近水池的地方，即使只有一下子，或者水位很淺，僅僅幾英吋的水位就足以讓寶寶溺水。此外，寶寶洗澡椅和支撐脖子泳圈都不可取代成人的監督，當寶寶在水中或靠近水的地方，任何時候，一定要讓寶寶在你伸手可及之處。

跌倒

- 不要讓孩子獨自待在任何高於地面的地方，例如桌面或沒有側欄的嬰兒床上。如果孩子摔下，並且似乎出現行為異常，立即與小兒科醫師聯繫。

燙傷

- 懷抱嬰兒時，不要抽菸，或者飲食以及攜帶任何熱的東西。
- 將熱飲，例如咖啡和茶，放在小孩拿不到的地方。
- 確保家中水龍頭出水的溫度在 48.9℃ 以下，以預防燙傷。

窒息

- 不要給孩子會導致窒息的食品和小物件，孩子的所有食物應該是糊狀的或柔軟的，不需要咀嚼就可吞嚥。
- 確保孩子不會纏到繩索而讓自己窒息，如電線或窗簾繩等。

8～12個月

在這幾個月期間，孩子變得更加活潑好動，這對你們雙方來說都是令人興奮的挑戰。能從一個地方移動到另一個地方可以帶給孩子一種全新的力量感和控制感——他第一次真正感覺到身體獨立的感覺。這雖然使他興奮不已，與你的分離同時也會讓他感到害怕。所以，儘管他渴望自己到處移動，探索他能觸及最遠的範圍，但如果找不到你他就會嚎啕大哭。移動力確實會帶來許多危險，因此你必須隨時監看孩子，而不應該讓他有任何無人看管的時刻。

對你而言，孩子的好動讓你自豪又令你擔心：爬和走是他朝正確方向發育的跡象，但這也意味著你要盡全力確保他的安全。如果你還沒有為孩子佈置一個安全的居家環境，現在就做（參見第15章安全問題），這個年齡的孩子沒有危險的概念，對你的警告也難以記住，唯一避免居家上百種可能性傷害是將櫥櫃和抽屜安全上鎖，危險和珍貴物品放在孩子拿不到的地方，並且確保一些危險的房間，如浴室，不可以隨意進入，除非在成人的監督下。

　　為孩子創造一個安全的居家環境，也就是賦予孩子最大的自由，畢竟家裡受限制的區域越少，你就可以讓他自己探索。這種個人的成就感有助於建立他的自尊。你甚至可以花點心思，設計一些讓他探索的居家空間，例如：

1. 把安全的物品放在櫥櫃的低層，讓孩子自己發現。
2. 移除邊緣尖銳的桌子或換成四角邊緣設有保護墊的茶几、沙發或矮腳凳，可以讓他學習站起來和繞著周邊行走。
3. 以各種形狀和大小的墊子佈置你的居家空間，讓他體驗以不同的方式在上面或周圍活動。

　　知道什麼時候該指導孩子，什麼時候該讓孩子獨自行動也是教養技巧的一部分。在這個年齡的孩子表情豐富，他會給你提示，讓你知道何時應該介入。例如，當他呈現挫折沮喪而不是迎接挑戰時，不要讓他在那兒掙扎。如果他因為球滾到沙發下而哭起來，或是被拉起來呈站立姿勢卻不知該如何坐下時，就會需要你的幫忙。然而，在其他時候，讓他學著解決問題也很重要，千萬別讓自己的急性子過度的干預他的學習。例如，你可能會餵 9 個月大的孩子吃飯，只因為這樣比他自己吃更快且比較不會髒亂，但這同時也剝奪了孩子學習自我餵養的機會。你給他越多探索、測試與加強新能力的機會，未來他就會更有自信和勇於冒險。

 # 生長發育

身體外觀和生長

　　本階段孩子將繼續快速生長，8 個月男孩的體重在 14.5 ～ 17.5 磅（8 ～ 10 公斤）之間，女孩的體重大約比較輕 0.5 磅（約 0.25 公斤）左右。週歲時孩子的平均體重通常會有出生時的 3 倍，身高是 28 ～ 32 英吋（71 ～ 81 公分）。如果你的孩子沒有遵循圖表中間的典型生長曲線，而是遵循她自己的曲線，請不要驚慌，如果他在出生時很小，可能會在最初幾年保持在增長曲線的底線之下，只要他的成長循著曲線向上，就是可以接受的。

　　9 ～ 12 個月之間，孩子的頭部發育稍微減慢，8 個月時的頭圍為

17.5 英吋（44.5 公分），週歲時為 18 英吋（46 公分）。然而，每一個孩子都有自己的生長速度，因此你應該根據附錄的生長曲線檢查孩子身高和體重，確定他有遵循先前已建立的發育模式。

　　當孩子第一次站立時，你可能對他的姿勢感到吃驚。腹部突出、後尾骨突出、後背向前彎曲，這個姿勢看起來很不一般，但直到他在第 2 年建立起良好的平衡感之前，這個姿勢都是非常正常的。

　　在你看來，孩子的腳也有些奇怪，當仰臥時，他的腳趾向內轉，看上去好像內八字腳。通常這種情況會在 24 個月時消失，如果寶寶到 24 個月時還是一樣，小兒科醫師會教你一些訓練孩子腿和腳的方法。如果情況嚴重，醫師會建議使用石膏，或者建議你找兒童骨科醫師會診（參考第 842 頁足內翻）。

　　當孩子搖搖晃晃邁出第一步時，你可能會注意到他的腳向外翻。這是因為孩子的臀部韌帶非常鬆軟，導致腿自然外旋。在孩子 2 歲的前半年期間，韌帶將拉緊，隨後腳會接近伸直。

　　本階段孩子的足弓因脂肪墊而隱藏，所以看上去近乎扁平。但是脂肪墊將在 2 ～ 3 年時間內消失，足弓將變得明顯。

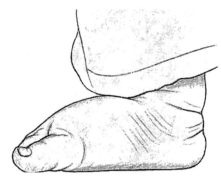

本階段孩子的足弓因脂肪墊而隱藏，所以看上去近乎扁平。但是脂肪墊將在 2 ～ 3 年時間內消失，足弓將變得明顯。

運動

　　8 個月時，孩子可以在沒有支撐的情況下坐起，儘管他仍然不時向前傾，但他幾乎總能用手臂支撐。隨著他軀幹的肌肉逐漸強化，他也開始學會拾取物品，最終他將學會如何翻身到俯臥位，並重新回到直立位。如果孩子到 9 個月大時仍無法自己坐起來，請告知你的小兒科醫師。

　　現在當孩子躺在一個平面上時，他會不停地動；當他俯臥時，他會弓起後背，讓自己可以環視四周；當仰臥時，他會抓住他的腳（或附近的任何東西）塞入口中。但他不會長時間滿足於仰臥位，現在他已經可以隨意翻身，一不留神他就會翻動。這可能在更換尿布期間造成危險，因此，你

不能再用尿布更換檯，而要用他不可能摔下的地板或床代替，在任何時候也不要讓孩子獨處。

　　所有這些活動強化了爬行（在 7 ～ 10 個月期間掌握）的肌肉。開始時他只能在手和膝的支撐下搖動，因為他的上肢肌肉較下肢強壯，他甚至會把自己往後推。但隨著時間的發展再加上練習，他會發現如何推動自己向前，穿過房間去他想要的目標。

　　有一些孩子從來不會爬，相反，他們會採用諸如臀部觸地向前挪動或腹部滑動的方式。只要孩子能協調身體的兩側，平均使用上下肢就沒有必要擔憂，重要的是他可以自己探索周圍的環境，強化他的身體，為行走做好準備。如果你認為孩子不能正常移動，與小兒科醫師討論你所擔憂的事情。

　　要如何鼓勵孩子爬行？你可以在他觸及的範圍內放置一些引誘他的物品。當他變得更愛動時，用枕頭、盒子或沙發墊等小東西製造一些小障礙，你可以藏起一個小物件並像「捉迷藏」遊戲一樣讓他驚喜。千萬不要在沒有成人的監督下把孩子留在這些道具中，他可能陷入枕頭或盒子下方難以脫身，這可能使他害怕，甚至窒息。記得別將小物件放在地上、沙發下或任何他可能找到並放進嘴裡的地方，像是氣球碎片、鈕扣電池或者硬幣等物品格外危險。

　　樓梯是另一個現成用來訓練的跨越障礙，但可能有危險性。雖然你的寶寶需要學習上下樓梯，但在這個階段，你不可以讓他單獨在樓梯上玩耍。如果家中有樓梯，一有機會，孩子就有可能衝向樓梯，因此，在樓梯的上下端各裝一扇堅固的門。（參考第 501 頁橫式安全門欄）。當你在樓梯上和他玩耍時，可以鼓勵他倒退著下階梯，這項技能他可能很快就能夠掌握。然而，即使他可以這樣做，也要隨時把樓梯門關好。

　　儘管爬行戲劇性的改變了孩子眼中的世界和他所能做的事情，但不要期望孩子會長時間滿足於此。他會注意到其他人都是用走的，這也是他想要的下一步。因此，為了準備重要的這一步，他會抓住每一個可以讓自己站起的機會——儘管他第一次這樣做時，他可能不知道如何坐下，在他哭著尋求你的幫助時，要親自為他示範如何彎曲膝關節以降低身體，讓自己不跌倒坐下。這可能會有幫助，也可以讓你免在夜間來回穿梭他的房間，只因為他扶著嬰兒床站起來但不知如何坐下而大哭。

在你拉著他走幾步後，他可以自己站立和移動幾步。

　　一旦孩子感到安全可以站立，在獲得支援的情況下，他會試探性走上幾步。當不能牽著你的手時，他會沿著周圍的家具走動。要確保他用以支撐的東西沒有尖銳的邊緣，而且重量適合或者牢固連接於地板。

　　隨著平衡感的提升，偶爾他會放手，只有在感到搖晃時才再次尋找支撐。他的第一步會相當搖晃，一開始他可能只是跨出一步就跌倒，帶著吃驚或欣慰的表情，然而，很快的，他會設法讓自己保持站立與移動，直到你在他走幾步後抓著他。這看起來很神奇，大多數孩子在幾天內就可以由最初的幾步，發展到以相當自信的步伐前進。

　　儘管你們雙方都對這種巨大的進步感到激動，但有時你也會發現自己感到不安，特別是當他**跌倒**時，因為即使盡全力為他創造一個安全和柔軟的環境，也不可能完全避免他跌倒和摔傷，當這種情況發生時，你無須大驚小怪，即時給他一個**擁抱或安慰**他，然後讓他重新開始。如果你對這些不太在意，孩子也不會覺得有什麼。此外，如果他在開始走路後選擇在某些時候用爬的也用不著拉警報，寶寶會選擇最簡單快速的方法！

　　在本階段，甚至更早的時候，許多父母會讓孩子使用**學步車**，但與它名字的含義相反，這種設施對學習步行沒有幫助。實際上學步車減低了孩子步行的欲望，更糟的是在它們會在孩子撞上障礙物、如小玩具或地毯時成為嚴重的**安全隱憂**，此外，使用學步車的孩子更有可能從樓梯上跌落，超出安全範圍，進入危險的區域。基於上述原因，美國小兒科學會強烈建議父母不要讓孩子使用學步車。

　　嬰兒彈跳遊戲學步中心是一個更好的選擇，這些沒有輪子，但椅子可以旋轉和彈跳，你或許也可以考慮四輪小拉車或嬰兒手推車。確保這些玩具附有手把，讓他可以推或拉，同時具有適當的重量，以免因為太過用力而將車子弄翻。

　　當孩子學會走路時他會需要穿鞋。鞋型應該是包鞋式，並且有足夠的空間讓孩子的腳成長。帆布鞋是一個很好的選擇，你的孩子不需要尖頭、補墊、高筒、強化高跟、弓型或其他塑形與支撐腳的功能，這些對一般的兒童沒有任何的益處，實際上可能會讓孩子更難走路。在本階段孩子的腳生長速度非常快，孩子的鞋子也要經常更換，他的第一雙鞋子可能只能穿 2 ～ 3 個月，在本階段，每個月都要檢查孩子的鞋子是否合適。

8～12 個月運動發展里程碑

- 沒有幫助可以坐起。
- 腹部著地向前爬行。
- 採用手──膝位支撐。
- 手──膝支撐爬行。
- 完成從坐位到爬行或俯臥位轉變。
- 自己拉東西站起。
- 扶著家具行走。
- 可以不需要支撐站立一會。
- 可以不需要支撐行走 2～3 步。

　　許多孩子在他滿週歲前後邁出他的第一步，若稍早或稍後才開始邁出第一步也是正常的。一開始時孩子兩腳之間的距離較大，目的是為了增加平衡感。在最初的幾天或幾週內，他可能突然間走得太快，並且在試圖停下時跌倒。當他變得更有自信時，他會學到如何停下來與改變方向。不久他就學會彎腰撿起東西並重新站起。當他達到這個階段時，他就會透過推拉玩具獲得無數的喜悅，而且是愈吵的玩具愈開心。

275

手和手指的技能

　　孩子掌握爬行、站立和行走的技能是他這個階段最大的成就，但也不可忽略孩子學會用手做很多驚奇的事情。他會從像耙子一樣很笨拙將東西用手耙到他的前面，到最終可以很精確的用拇指和食指或中指捏東西。你會發現他在任何小物品上都會練習這種捏持技能，從塵粒到穀粒，甚至他會學你做彈指動作，如果你先做給他看。

　　隨著孩子學會隨意張開自己的手指，他會開始喜歡扔東西。如果你將小玩具放在他椅子的托盤或床上，他會將東西扔下，並隨後大聲喊叫，讓別人幫他撿回來，好讓他可以重新扔掉。如果他扔一些堅硬的東西，很可能會造成一些損害，並產生很大的噪音；如果你讓他丟一些柔軟的物品，例如各種大小、顏色和紋理的球（包括內有珠珠或小樂鐘，只要滾動就會發出聲音），你的生活會安靜許多。其中一個不僅好玩，同時也可以觀察孩子技能發展的活動是坐在地板上，和他玩滾大球的遊戲。一開始他可能只是隨意亂拍，但最後他將學會把球推回去給你。

本階段末期的手和手指技能發展里程碑

專欄

- 進行捏持運動。
- 將 2 個物體撞擊在一起。
- 將物品放進容器中。
- 將物品從容器中拿出來。
- 自主地扔下物品。
- 用食指戳東西。
- 試圖塗鴉。

　　隨著協調程度的提升，孩子可以更深入的研究他所遇到的物品。他會撿起，搖動、撞擊並從一隻手轉移到另一隻手。這時他可能對玩具會動的小零件特別感興趣——那些有著輪子、可活動的把手和可開關部件裝置。小孔也會讓孩子著迷，他可以將指頭伸入，當他的技能更加熟練時，他可以將小物品丟入其中。

　　積木是本階段孩子喜歡的另一種玩具。事實上，沒有什麼比一個等待被推倒的積木堆更能激勵孩子爬過來。在孩子快滿週歲時，你的孩子甚至會開始自己拿積木蓋起高塔來。

語言發展

　　孩子快滿週歲時，可能會透過指、爬或朝目標前進開始與你溝通，表達他需要的東西。他也會模仿許多他見到的成年人說話的姿勢，這種非語言性的交流只是暫時性，最終他要學會用語言表達。請記得聽力問題可能表現為語言發展的延遲，因此傾聽他人的看法是很重要的，特別是如果這是你的第一個孩子。

　　你是否留意到，孩子已從早期的咕嚕聲、咯咯聲或尖叫聲已經開始被「ba」、「da」、「g」、「ma」等可識別的音節取代。孩子偶爾會結巴的發出「mama」或「bye-bye」等聲音，當你感到非常高興時，他會覺得自己所說的具有某些意義，不久，他就會用「mama」召喚你或者吸引你的注意。在本階段，他可能也會僅僅是為了練習而說「mama」這個字，最後他只會在想要表達該字的含義時，才使用這些字。

　　儘管孩子一出生你就一直和他說話，但現在他才能理解更多的語言。你們的對話會有新的意義，許多寶寶可以理解的單字比你想像中的還多，甚至是在他們可以說出口之前。當你提到房間裡他喜歡的玩具時，觀察他的反應，如果孩子轉頭觀看，他可能已經可以理解。盡可能與孩子說話以增加孩子的理解能力，告訴他周圍發生的事，尤其是在給孩子洗澡、換尿布或哺乳時，你的語言要簡單而具體：「媽媽正在用藍色的大毛巾為你擦洗，毛巾多麼柔軟呀。」在他熟悉的玩具和物品中使用固定的口語標籤，試著保持一致——也就是說如果你今天用「小貓」來叫貓，明天就不要用「貓咪」這個詞。

　　圖畫書可以強化孩子每一件物品都有一個名字的初步概念。選擇適合

孩子自己翻閱的大開本圖書，圖書中應該有孩子容易識別的簡單彩色圖案。看向圖片，指著物件，然後對寶寶說出這個物件。孩子聽到的單詞越多就會學得越多。當你一遍又一遍地看著物體重複這些詞，他會開始明白它們是相互關聯的。你可以從試著問問題和回答開始，諸如「你看到了什麼？看到球了嗎？」接著停頓一下，然後說：「有一個球。這是一個藍色的球。」

專欄 雙語的嬰兒

如果你在家裡說第二種語言，不要擔心孩子會因為聽兩種語言而混淆。美國有越來越多的家庭除了說英語外，日常生活中還有另一種語言。研究和育兒經驗指出，當孩子在年幼接觸 2 種（或更多）語言，特別是持續聽到這些語言時，他們可以同時學會兩種語言。沒錯，在孩子正常的語言發展中，他可能特別精通某一種，而且，有時他也可能混合使用 2 種語言的詞彙。不過，隨著時間的推移，他可以區別這兩種語言，並且分別獨立用這兩種語言溝通。（一些研究顯示，雖然他可能同時理解兩種語言，但其中一種語言的表達能力會優於另一種。）

當然，你要鼓勵孩子講雙語，這是一項資產和技能，一生受用無窮。在一般情況下，越小接觸這些語言，他未來就越能精通，相反的，如果在學齡前只接觸一種語言，那麼在學齡時學習第二種語言就會比較困難。

無論你給他翻閱還是與他交談，都要給孩子充足的參與時間，提問並等待孩子的反應，或者讓孩子自己引導，如果孩子發出「咯咯咯咯」的聲音，你也模仿他「咯咯咯咯」，觀察他將做什麼。雖然這些互動看起來沒有意義，但會使孩子知道溝通是雙向的，他可以參與其中，注意他說些什

麼也將有助於確認他已經理解的辭彙，並使你更有可能識別他第一次說出的詞語。

　　有時最初說出的這些詞語聽起來不像國語。因為孩子的第一個詞是他經常見到的人、物或事件，因此如果他每次想要牛奶時都說「ㄋㄟㄋㄟ」，你要將「ㄋㄟㄋㄟ」視為一個正式的辭彙並在他這麼說時給他牛奶，然而你要在口語上用「牛奶」回應他，最終他自己會糾正。

　　孩子在發出可識別辭彙的年齡上有很大的差異。有些孩子週歲時已經學會 2 ～ 3 個辭彙，但孩子週歲時的語言更有可能是具有語言的音調和變化的、快速而不清楚的聲音。只要孩子的聲音有音調、強度和性質改變，他就在為說話做準備。在他說話時你反應越強烈，就越能刺激孩子進行語言交流。

　　繼續每天為孩子讀書會給他非常大的幫助，他也會喜歡簡單的歌曲。確保你有把電視關好；有台開啟的電視做為背景會阻止家長與孩子交談，損害嬰兒的語言發展。限制你自己的螢幕時間，因為你的寶寶需要你的注意力來學習。

8 ～ 12 個月的語言發展里程碑

- 對說話的注意力日益增加。
- 對簡單的語言要求做出反應。
- 對「不」有反應。
- 利用簡單的姿勢例如搖頭代替「不」。
- 反射性咿呀學語。
- 說「dada」和「mama」。
- 利用驚歎詞，例如「oh-oh」。
- 嘗試模仿辭彙。

認知發展

8 個月的孩子對周圍的一切充滿好奇，但注意力難以持續，很容易從一個活動轉入另一個活動。對一個玩具所花費的時間最長為 2 ～ 3 分鐘，隨後注意力轉移到新的玩具上，到 12 個月時，他可能會坐立長達 15 分鐘來玩一個東西，但他仍然非常愛動，不要期望他會有所不同。

儘管玩具商店陳列著許多色彩明亮的貴重玩具，但這個年齡的孩子最感興趣的仍然是家庭常用的物品，例如木製湯匙、雞蛋紙板和各種形狀和大小的塑膠容器。孩子會對他已經認識又有些差異的物品有更大興趣，如果孩子對他正在玩耍的麥片粥盒子感到厭煩，在盒子裡放置一個小球，或者在盒子上栓一條線將它變成一個可以拉的玩具，就能重新恢復孩子的興趣。這些小小的變化有助於他發現相似或者不相似物品之間的微小差異。在你選擇玩具時，如果選擇的玩具與孩子以前的玩具有太多相似之處，他會很快失去興趣而丟棄；然而如果玩具太陌生，就會使他感到混淆或害怕，你要尋找一些可以逐漸擴展孩子視野的物品和玩具。鍋碗瓢盆可能製造很大的噪音，但也是娛樂寶寶最經濟的方式。

這時孩子通常不會需要你幫他尋找東西。他一學會爬行，就開始不停尋找新的征服目標。他會翻箱倒櫃、清空你的垃圾桶、搜遍你的壁櫥，並對他發現的任何東西詳細觀察（請確保所有儲存了可能造成潛在危害物品的抽屜與櫃子都有用兒童安全鎖鎖好）。他對於丟、滾、扔、投、把東西浸到水中，或者搖動物品來觀察它們的反應，永遠樂此不疲。這種情形看起來可能像是隨機的玩弄，但這是孩子學習世界如何運作的一種方式。與任何優秀科學家一樣，他觀察物體的屬性，從觀察中他會得到關於形狀（有些東西可以滾動，其他東西則不能滾動）、構造（物體可以是粗糙的、柔軟的或光滑的）和大小（有些東西可以放入別的東西中）的概念，甚至他開始理解某些東西可以食用，某些東西不能食用，儘管這時他仍然會將所有的東西放入口中，只為了確定是否能食用（也要確保地上沒有任何放入口中可能會危害身體的東西）。

在這幾個月中，他的持續觀察有助於讓他瞭解，即使物品離開他的視線，它們仍然是存在的。這個概念就是「物體恆存」原則。8 個月時，如果你將一個玩具隱藏在圍巾下面，他會掀開圍巾尋找玩具——這是 3 個月以前還沒有的反應。此外，如果你試著將玩具藏在圍巾下面，但在孩子還

沒有發現時移走，孩子會感到非常困惑。到 10 個月時，他就會非常肯定玩具仍然存在，並繼續尋找。和孩子一起玩「捉迷藏」遊戲，可以幫助孩子學習「物體恆存」原則，透過改變這種遊戲的進行方式，你幾乎可以保持孩子無窮的樂趣。

在孩子滿週歲時，他將逐漸知道所有的東西都有名字，而且也有不同的功用。你會觀察到他將這種新的認知與遊戲融合，是早期想像力發揮的一種表現，不再將一個玩具電話作為一個用來咀嚼、戳或敲打的有趣玩具，他會將聽筒放在耳朵上，就像他看你做過的樣子。你可以透過給他建設性的玩具——鞋刷、牙刷、水杯或湯匙來鼓勵這種重要的發展活動，並且成為他的忠實觀眾。

專欄　捉迷藏遊戲的不同玩法

捉迷藏遊戲幾乎有無數種玩法，隨著孩子更加警覺和活躍，創造孩子自己可以主導的遊戲，下面是一些建議：

1. 將一塊軟布放在孩子的頭上，問：「寶寶在哪裡？」一旦孩子理解遊戲，他就會把布扯去，發出笑聲。
2. 讓孩子仰面朝你躺著，將孩子的兩條腿一起抬高，直到腿部遮擋他的臉，然後打開他的雙腿，也是一種捉迷藏遊戲。一旦他自己理解，就會自動運動他的腿（這是更換尿布期間的遊戲）。
3. 自己隱藏在門後或者家具後面，將一隻腳留在孩子看見的地方作為提示，找到你會使孩子非常愉快。
4. 與孩子輪流將頭部隱藏在毛巾後面，讓他將毛巾扯下，然後蒙在孩子頭上，再次扯下。

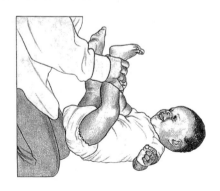

大腦的發展

正如你在本書中讀到的，孩子生命最初的幾個月對他的大腦發展非常重要。在這個階段，你讓他接觸的環境和**生活體驗**，對他的大腦發展都有極深遠的影響。

每天你都有機會培養孩子的大腦，藉由與他交談、鼓勵他練習正在學習的字彙，刺激他的智力發展。你可以提供一個舒適安全的環境，讓他探索周遭的世界，給他一些挑戰大腦的簡單玩具，和他一起玩遊戲，唱歌，並每天持續讀書給他聽來鼓勵他擴展記憶力。

以下是一些寶寶滿 8 個月至 12 個月時，你可運用的活動、以刺激他的大腦發展，這些活動可以影響寶寶的一生，不只是現在，同時也會為未來的大腦發展奠定良好的基礎。

8～12 個月認知發展里程碑

- 以不同的方式探索物體（搖動、打擊、扔或摔下）。
- 很容易找到隱藏的物品。
- 當你說出物體的名字時，寶寶會找出正確的圖片。
- 模仿姿勢。
- 開始正確的使用東西（例如用杯子喝水、梳頭髮、撥號或並把電話放在耳邊）。

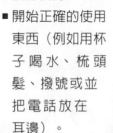

刺激寶寶的大腦發展：8 個月至 12 個月

- 在穿衣、洗澡、吃飯、玩耍、步行和開車時，使用成人的詞彙而非兒話和寶寶談話。如果你的寶寶對聲音好像沒有反應，或無法發出音節或詞，請與你的小兒科醫師聯絡。

- 留意寶寶的節奏和情緒，不管是開心或不開心，都要對他有所回應。

- 寶寶對你和其他遇到的人會非常關注，這時他對你的情緒的反應能力，是這個發展階段一大重要的部分。到了 8～9 個月大時，他可以從你的臉部表情看出你的情緒，因此平緩你的負面情緒非常重要。

- 鼓勵寶寶玩積木和柔軟的玩具，這有助於手眼協調、細微動作運用的能力。

- 提供一個刺激、安全的環境，讓寶寶可以開始探索和漫遊。

- 持續給予溫暖的身體上接觸——擁抱、肌膚、身體的接觸，建立寶寶的安全感和幸福感。

- 每天讀書給寶寶聽。

- 如果你會說第二語言，與你的孩子在家同時使用兩種語言。

- 試著避免讓寶寶接觸可能使他心煩或不知所措的處境，或任何專供較大兒童或成人的設計內容。這通常包括在寶寶待在房間時關掉新聞或其他電視節目，你可能會把那當成背景而忘記它的存在，但寶寶會注意到嚇人的聲音與圖像。

- 躲貓貓和辦家家酒的遊戲可以刺激寶寶的記憶力。

- 將你的孩子介紹給其他的小孩和父母認識。

- 提供適合年齡與發展的平價安全玩具，不需要昂貴的玩具，一般家用物品也可以。比起提供更多玩具，你對寶寶展現的關注，與他說話、閱讀和遊戲更加重要。

- 給寶寶唱些包含手與身體動作或者重複的單詞的歌。

- 教寶寶揮手「再見」，以及點頭代表「是」和搖頭代表「不是」。
- 確保其他照顧孩子的人明白與孩子產生一種愛與撫慰關係的重要性。
- 理解孩子對於那些不是主要照顧者產生不安是正常的。
- 每天花一些時間陪他在地板上玩。
- 選擇充滿愛心、負責任、有教養和謹慎的幼兒照護人員，並且經常拜訪與分享你的育兒理念。

情感發展

在這個期間，孩子有時候看上去像兩個性格完全不同的兒童。有個坦率、可愛，而且和你相處得非常好孩子；還有一個緊張、執著，而且在不熟悉的環境和人面前容易害怕的孩子。有些人可能會告訴你孩子可能是因為你的「溺愛」而感到恐懼或害羞，但不要相信他們。他的不同行為模式不是你或者你的教育方式造成的，這種情況是因為他第一次學會區別陌生與熟悉的環境，本階段可預期的焦慮感是孩子與你關係健康的顯示。

本階段可以預期的焦慮感是孩子與你關係健康的顯示。

陌生人焦慮是孩子情感發展過程中的第一個里程碑。3、4 個月時可以與陌生人平靜相處的孩子，現在卻在陌生人靠近時出現緊張的表情，或許會讓你認為不太對勁，但這種情況對這個階段的兒童來說是正常的反應，不必感到憂慮。甚至以前和孩子相處愉快的親屬和褓姆也可能讓他躲起來或大哭，特別是如果他們冒然接近他。

8 ～ 12 個月社交和情感發展里程碑

- 對陌生人感到害羞或焦慮。
- 每當父母親離開時哭泣。
- 遊戲中樂於模仿他人。
- 對有些人或玩具表現出特別的喜好。
- 在哺乳期間測試父母親對他行動的反應（當他拒絕吃東西時你怎麼辦）。
- 測試父母親對他行為的反應（當你離開房間時，如果他哭泣你怎麼辦）。
- 對某些情況感到恐懼。
- 對母親和經常看護他的人的喜歡程度超過其他人。
- 重複聲音和姿勢以引起注意。
- 吸吮手指。
- 給他穿衣服時，他會伸開上下肢。

大約就在這個時間，他會變得更黏你，這是分離焦慮的開始。當他開始瞭解到每一個物體都是獨特和永久的，他也會發現只有一個你。當你離開他的視線時，他知道你在某個地方，但沒有與他在一起，這會使他更緊張。他幾乎沒有時間觀念，因此不知道什麼時候，或甚至你會不會回來。當他長大以後，過去與你一起相處的記憶將在你離開期間安慰他，他會期

望和你重新團聚。現在他僅僅意識到當下這一刻，因此每一次你離開他的視線──即使是到隔壁的房間──他也會不安並哭泣；當你把他交給某人照顧後離開時，他可能會放聲大哭，彷彿他會心碎，縱使這段哭泣在你離開後通常很快就會消退，到了睡覺時間，他會拒絕離開你，隨後在夜間因尋找你而醒來。

分離焦慮通常會在 10〜18 個月期間達到高峰，在 1 歲半以後慢慢消失。在某些方面，孩子這個階段的情感發展讓你們彼此不好受，並帶來很大的壓力。畢竟他渴望與你在一起，因為你是他人生第一個、也是最大一個愛的依附對象。當他投入你懷抱的那一刻，那種強烈的情感令人無法抗拒，特別是當你意識到──不會有人──包括孩子未來──會再像這個年紀的他一樣認為你是完美的。另一方面，你可能被他的依附搞得喘不過氣，並且在每當你任他大哭著離開時感到內疚。幸運的是，這種情緒起伏會隨著分離焦慮一起消失。在當下，你可以試著盡可能淡化分離的感覺，以下是一些建議：

- 當孩子疲勞、饑餓和生病時，對分離焦慮更加敏感。如果你知道自己即將外出，將你的外出時間安排在他打盹和吃飽以後，當孩子生病時，盡可能與他相處的時間長一些。

- 離開時不要造成騷動，相反的，讓照護者做一些能讓他分心的事（新玩具、照鏡子、洗澡），然後對他說再見，快速出門。

- 在你離開幾分鐘後，他的眼淚就會消失，他哭泣是為了阻止你離開，當你離開他的視野後，他很快會將注意力轉向與他一起相處的人。

- 透過在家裡進行短時間的練習，可以讓孩子學會處理分離焦慮。開始的分離焦慮很容易處理，當孩子爬進另一個房間時（避免孩子碰傷的房間），不要立即跟進去，在你可以看見他的行動的地方等個幾分鐘後再跟過去。當你必須暫時到別的房間時，**告訴**孩子你要去那裡並很快回來。如果孩子大呼小叫，你可以回應他，但不是立即返回他的身邊，慢慢地他將學會知道在你離開時不會發生什麼可怕的事情，不過，很重要的是，當你答應他要回去時，你**一定要做到**。

讓孩子與看護者熟悉

你的孩子需要一個新的臨時看護者嗎？無論何時，盡可能讓孩子在你在場時接觸這個新的看護者。理想的情況是，在你離開之前，讓看護者與孩子融洽相處幾天；如果無法，確保在你離開之前多挪出1至2個小時的時間與孩子一起度過熟悉期。同樣的規則也適用於日間照護中心或任何需要引進新照護者的情況。

以下是一些步驟，在第一次會面期間，孩子與看護者必須逐漸互相熟悉：

1. 當你和看護者談話時，讓孩子坐在你的膝上。看到孩子放鬆後再讓看護者與孩子的目光接觸，直到孩子開始觀察看護者或自己心滿意足的玩起來。

2. 當孩子仍然坐在你的膝上時，讓看護者與孩子談話。看護者仍然不應該走過來抱孩子或者嘗試直接接觸孩子。

3. 一旦孩子對交談感到舒服，把孩子與他最喜歡的玩具一起放在看護者對面的地板上。讓看護者慢慢接近孩子並參與玩具遊戲，一旦孩子與看護者逐漸熟悉，你可以慢慢退後。

4. 當你離開房間時，觀察會發生什麼情況。如果孩子似乎對你的離去沒有反應，這就是成功的開端。然而，如果這時他哭了，也不要因此怯步。這是正常現象，並且會隨著時間進步。

這種輕鬆的介紹方式適用於以前沒有見過孩子的任何人，包括親屬和朋友。這個年紀的孩子很容易被大人嚇到，特別是當大人發出奇

怪的聲音，或者更糟的是，試圖把他們從母親身上抱走。一定要阻止這些情況的發生，讓這些「好心人」明白你的孩子對陌生人需要一些時間「暖身」熟悉，如果漸進式接近他，寶寶的回應可能會比較熱絡。

■ 如果你送孩子到保姆的家或幼兒照護中心，不要把他丟下就走，多花幾分鐘陪伴他在這個新環境，並且在離開前，向他保證你會回來接他。

如果你的孩子對你有強烈的依戀，他很可能會比其他嬰兒更早出現分離焦慮，不過同時也會更快適應。與其埋怨他在這個期間的佔有慾，不如盡可能熱情回應他和保持好心情。透過你的行為，你正在教他如何表達與回應愛，這將是他日後仰賴的情感基礎。

雖然一開始你已將寶寶視為一個擁有性格和偏好的個體，但他對自己和你是各別獨立的個體的這個概念很模糊。現在，他的自我意識逐漸升起，隨著他的獨立個體意識越來越強後，他也就更能理解你是一個單獨的個體。

孩子具有自我意識最明顯的其中一個現象是在鏡子中觀察自己。在孩子 8 個月時，他只是把鏡子當做一個有趣的物體，或許他認為反射的影像是另外一個孩子，又或者是光和影本身神奇表面的影像。現在他的反應會改變，意味著他知道鏡子中的圖像是他本人。在照鏡子時他會觸摸自己的鼻子，或者拉自己的頭髮。你可以透過鏡子遊戲強化孩子的自我意識，當你和孩子一起照鏡子時，尋找身體的不同部位——「這是珍妮的鼻子，這是媽咪的鼻子」，或者一下子照鏡子，一下子不照鏡子，用影子反射和寶寶玩躲貓貓；或者做各種表情，將這些你所表達的情緒以詞彙命名。

隨著時間的推移，孩子的自我概念更加穩固，見到陌生人和與你分開時比較不會感到苦惱。他自己也變得更有自信。以前你可能在他感到舒服時指望他能聽話，但是現在通常難以辦到，他將以自己的方式表達需求。

如果他拒絕你放在他面前的某些食物或玩具，不需要感到吃驚。而且現在他變得更加活躍，你會發現你經常要說「不」來要求他遠離不應該接觸的東西。等著瞧吧！這些只是權力鬥爭的前奏而已。

專欄 適合 8 ～ 12 個月孩子玩耍的玩具

- 不同大小、形狀和顏色的積木。
- 杯子、壺和其他不易破碎的容器。
- 大小不同的不易破碎的鏡子。
- 漂浮、噴水槍和盛水容器等洗澡時的玩具。
- 大的積木。
- 可以推動、打開、發出聲音和運動的複雜盒子。
- 發出聲音的玩具。
- 大洋娃娃或者玩具狗。
- 沒有尖銳的邊緣和可彎曲塑膠製成的小汽車、卡車或其他車輛。
- 各種大小的球（不可以太小，以免孩子放入口中）。
- 配有大圖案的大開本圖書。
- 音樂盒、音樂玩具、兒童安全的數位音樂播放器。
- 推拉玩具。
- 玩具電話。
- 紙管、空盒子、舊雜誌和雞蛋紙盒、空塑膠瓶（無瓶蓋，因為瓶蓋可能會造成窒息的危險性）。
- 記得寵物不是玩具，且應該規定寶寶隨時處於監督之下。

健康發展的觀察項目

專欄

　　每個孩子的發展都是獨立的，不可能準確預測孩子什麼時候可以發展出某種特定的技能。本書列舉的發育里程碑可以使你對孩子成長過程的預期變化有大概的了解，但是如果他的發育進程有一些差異，也沒有必要驚慌。在本階段，如果孩子有下列發育延遲的現象，應徵求小兒科醫師的建議：

- 在 9 個月大時不會爬行或獨立坐起。
- 爬行時身體的一側是拖著走，或者堅持用身體的一側多過另一側。
- 在 12 個月時就算有支撐仍然不能站立。
- 不會尋找他看著被藏起來的物件。
- 不會發出有意義的辭彙（「dada」或「mama」）。
- 不會應用身體語言，例如點頭或搖頭。
- 不能指出物體或圖畫。
- 不會對名字做回應。
- 不會進行視線接觸。

　　此外，你的寶寶很可能會對以前可以從容以對的物件或情況感到害怕。害怕黑暗、打雷和大聲的電器是很常見的現象。以後你可以透過與孩子討論這些情況以化解他們的恐懼，但是目前唯一的解決方法是盡量避免接觸這種環境：放置小夜燈、當孩子不在附近時才使用吸塵器。當你不能避免孩子接觸令他恐懼的環境時，你可以試著預測他的反應，並且陪伴他，好讓他可以找到你。安慰他但同時保持平靜，讓他知道你並不害怕。如果你在他每次聽到打雷聲，或聽到頭頂飛機飛嘯而過時安慰他，他的恐懼會逐漸減少，直到只要他看見你後就會感到安心。

基本護理

餵養

本階段孩子每天的熱量需要在 750 至 900 卡之間，大約有 400 至 500 卡來自於母乳或配方乳（如果非母乳親餵），每天約 720 毫升。母乳和配方奶中含有維生素、礦物質和其他可以促進大腦發育的重要成分。但是即使他現在的食慾開始減少，也不要感到吃驚，這是因為他的生長速度正在放慢，而且也有許多新鮮有趣的活動吸引他。

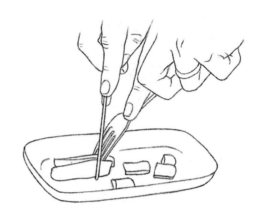

在大約 8 個月時，可以給孩子一些比嬰兒泥食品略為粗糙的泥狀食物，這種食物需要比嬰兒食品更多的咀嚼。你還可以擴充孩子的飲食，包括軟式食物，如優酪乳、燕麥片、香蕉泥、馬鈴薯泥或甚至濃稠或塊狀的蔬菜泥。雞蛋（包括炒蛋）、乳酪、希臘優格和酪梨都是優質的蛋白質來源。

隨著孩子手部技能的提高，進餐時可以讓孩子玩湯匙。一旦孩子知道如何握持並使用，他就會嘗試自己進食。但是開始時不要有太高的期望，掉在地板和椅子上的食品肯定要比吃進孩子嘴裡的多，在他的椅子上鋪塑膠布可減輕清洗負擔。

對孩子要有**耐心**，不要去奪去他的湯匙。他需要練習，也需要你信任他的能力；有一陣子，你可能要先將手上的湯匙裝一小口飯，然後與他手上的湯匙交換，一旦孩子可以穩定將湯匙內的飯菜送進口中後（在週歲以前可能性不大），你可以將飯菜放入他的湯匙上，以減少髒亂和浪費，但不要真的餵他，讓他自己吃。

在開始自己進餐的最初幾週，如果孩子真的餓了，而且對吃飯的興趣比玩耍更濃時，事情可能會進行得更順利。雖然現在孩子和家庭其他成員

一樣 1 日 3 餐，但你可能不想
讓孩子不規律的進餐習慣影響
其他人。許多家庭解決這個問
題的方法是把孩子餵到半飽，
然後在其他人進餐時，讓孩子
可以與你一起在餐桌上自己吃
可以手抓的食品。

情感轉移物品

　　你可能還記得你小時候最喜歡的毛毯、玩偶或泰迪熊。像這樣的
的安全依附物品，是在每個孩子早年都需要的情感支援系統。

　　當然，孩子的選擇可能不是毛毯。他可能更喜歡柔軟的玩具，或
者媽媽浴衣上的裝飾性綢緞。一般他會在 8～12 個月之間做出選
擇，並在隨後的幾年裡一直保留著。在他疲倦時，這些物品可以幫助
入睡；在你與他分開時，這些物品可以安慰他；在感到恐懼或煩惱
時，這些物品可以使他感到安心；在處於陌生的地方時，這些物品可
以使孩子感到好像在家一樣。

　　這些使他感到安心的物品稱為「情感轉移的物品」，因為它們可
以幫助孩子的情感從依賴轉化到獨立。這些物品之所以具有這些作用
的部份原因是他們讓人感覺很舒適、柔軟、惹人喜歡和觸感很好，另
一方面則是因為孩子熟悉。這些所謂的「朋友」具有孩子的味道，會
提醒孩子自己空間的舒適和安全，可以使孩子感到所有的事情都非常
順利。

　　儘管那些謬論認為，情感轉移的物品是軟弱和沒有安全感的表
現，但事實並非如此，因此沒有理由不讓孩子擁有情感轉移的物品。
實際上，情感轉移的物品可以幫助孩子建立睡眠儀式，因此你可以協
助他選一種情感轉移的物品。

　　如果你準備兩個完全相同的情感轉移物品，你就能輕鬆省事許多，你可以為它們替換清洗，以避免寶寶產生心生不捨的情感和與髒兮兮的「好朋友」為伍的情況。如果你的孩子選擇大毯子做他的安心物品，你可以將它們對切一半變成兩條，目前他對大小還不太認知，所以不容易察覺其中的變化。如果孩子選擇的是一個玩具，盡快想辦法找到一個完全一樣的。如果你沒有盡早開始替換，他就會因為玩具太新或陌生而拒絕接受。

　　父母經常擔心使用過渡性物品會導致孩子吸吮大拇指，事實上，有時孩子的確（並不總是）會這樣。重要的是要記住：吸吮大拇指是孩子正常和自然的自我安慰方式。隨著孩子成熟後，他會逐漸放下情感轉移的物品和吸吮的習慣，找到其他適應壓力的方法。

 8 ～ 12 個月孩子一天食譜範例

1 杯 ＝ 8 盎司 ＝ 240 毫升
3/4 杯 ＝ 6 盎司 ＝ 180 毫升
1/2 杯 ＝ 4 盎司 ＝ 120 毫升
1/4 杯 ＝ 2 盎司 ＝ 60 毫升

早餐

2 ～ 4 盎司穀類，或 1 顆雞蛋泥或炒蛋
2 ～ 4 盎司切片水果
哺餵母乳或 4 ～ 6 盎司配方乳

點心

哺餵母乳或 4～6 盎司配方乳

2～4 盎司切片乳酪或煮熟的泥狀或小塊蔬菜

午餐

2～4 盎司優酪乳或乳酪,或泥狀或切丁的豆子或肉類

2～4 盎司色或橙色蔬菜

哺餵母乳或 4～6 盎司配方乳

點心

1 份全穀物餅乾或磨牙餅乾

2～4 盎司優格,或用叉子壓碎或切丁的柔軟水果

2～4 盎司水

晚餐

2～4 盎司切丁的家禽、肉類或豆腐

2～4 盎司煮熟的綠色蔬菜

2～4 盎司煮軟的全麥麵條、麵團、米或馬鈴薯

2～4 盎司切丁或壓成泥狀的水果

哺餵母乳或 4～6 盎司配方乳

睡眠前

哺餵母乳或 6～8 盎司配方乳(如果用配方乳,餐後需要餵水或刷牙)

在開始自己進餐的最初幾週，如果孩子真的餓了，而且對吃飯的興趣比玩耍更濃時，事情可能會進行得更順利。

嬰兒的手抓食品包括小塊蒸蔬菜或軟水果，如香蕉、煮熟全穀物麵食、小片全麥穀物麵包、雞肉、炒蛋或全穀物麥片。盡量給他多種口味、形狀、顏色的食物，但要隨時保持警惕以防他噎住窒息（參考第 703 頁窒息）。因為孩子很可能不咀嚼而直接吞嚥食品，所以不要讓幼兒吃整勺的花生醬、大塊的菜、核果、葡萄、爆米花、未煮熟的豌豆、芹菜、硬糖果或其他硬而圓的食物，那會讓孩子處在窒息的危險中。當孩子在吃東西時，永遠要在一旁留意。吃熱狗、葡萄或大塊乳酪或小肉棒（嬰兒食品「小熱狗」）時很可能會噎到，因此在給這個年紀的幼兒食物前，一定要先切成縱向小塊狀。讓所有家庭成員參加基本的急救課程是個好主意，這可以讓你們在窒息發作時挽救生命。

使用杯子

孩子滿 6 個月大後就可以隨時讓他使用吸管或吸管杯，母乳哺育的嬰兒轉換用杯子喝奶的習慣比會用奶瓶容易。一開始，你可以給他有兩個把手，蓋子上附有吸管的訓練杯或吸管杯，盡量選擇不易漏水的杯子，因為他會嘗試用各種不同的方法（很可能用摔的）握手杯。

開始時在杯子中裝一點水，一天其中一餐使用一次，向他示範如何用杯子喝水。即使孩子在最初幾週僅僅把杯子作為玩具，也不要驚慌，大多數孩子都會這麼做，要有耐心，直到他會將杯子中大部分的液體嚥下——而不是順著下頜流下，或者弄得到處都是。

　　用杯子喝水有許多優點：換句
話說，這可以促進孩子的手口協
調，並為斷奶坐準備（斷奶大多數
都是在這個年紀開始）。記住，美
國小兒科學會認為，母乳是嬰兒 1
歲前最佳的營養來源。

　　即使在最理想的情況下，使用
杯子的轉換過程也不是一夜可以完
成的事，可能要經歷 6 個月，你的
寶寶才會用杯子喝所有液體食物。
即便如此，你也可以開始斷奶，循
序漸進進行，讓孩子的興趣和意願

在孩子願意使用杯子進食所有的液體
食物以前，可能需要 6 個月時間。

引導你；起初你可能發現在中午給孩子餵奶或配方乳餵養時，使用杯子代
替奶瓶或母乳最為容易。一旦孩子適應這種變化，嘗試在早晨採用同樣的
方法。床上哺乳可能是最後戒掉，因為孩子已經適應這種給他夜間帶來安
慰和平靜的方式，要他放棄需要一段時間，如果孩子整夜睡眠，不因饑餓
在夜間醒來，這表示他並不需要床上哺乳和配方乳所提供的額外營養，這
種情況下，你可以分階段打破這種習慣，首先在床上餵養時用奶瓶裝水代
替牛奶，其次再換用杯子喝水，或者取而代之的，只需將睡前的餵奶時間
提前，使其與睡前無關而作為晚間點心。

　　在斷奶過程中，你可能會嘗試在孩子的奶瓶中放入牛奶以幫助孩子入
睡，但這不是一個好作法，有幾個原因。如果孩子在吃奶時睡著，牙齒的
周圍會殘留牛奶，並導致齲齒——過去被稱為奶瓶性蛀牙。更糟的是仰臥
在床上進食會增加中耳感染的風險。

　　延長奶瓶餵養時間的另一個缺點是奶瓶可能會變成讓孩子感到安全的
物品，尤其是在週歲以後還沒有斷奶。為防止這種情況發生，在孩子玩耍
時，不要讓他攜帶奶瓶或使用奶瓶喝水。當孩子可以坐起或者你抱著他
時，不要使用奶瓶餵養，在其他時間讓他使用杯子；如果你從不讓他拿走
奶瓶，他就不會有想要隨身拿著奶瓶的這個想法，一旦決定後就不要心
軟，態度要一致，不然他可能會混淆，會在斷奶一段時間後，偶爾又要求
用奶瓶喝奶。

睡眠

在 8 個月時，孩子可能仍然需要兩次規則的打盹時間，一次在早上，一次在下午；他在夜間睡眠的時間可能長達 12 個小時，且不需要進行夜間餵養。然而，因為接下來幾個月，他的分離焦慮感越來越強，他或許不願意上床睡覺，甚至可能經常在夜間醒來找你。

在這個困難的時期，你可能需要試驗幾種方法，以判斷哪些方法對幫助孩子入睡最有效。例如，有些孩子開著門很容易入睡（他可以聽到你）；其他孩子則養成吸吮大拇指或需要搖動的安慰習慣。白噪音有時也可能特別有幫助，只要音量不至於大到會傷害寶寶敏銳的聽覺。

為了協助寶寶更快的渡過這個階段，不要做會鼓勵寶寶深夜呼叫你的任何行為，走到他身邊確信他安然無事即可。如果孩子真的需要你，讓他知道你就在身邊，但是不要開燈、搖動或者抱著孩子走動，你可以給孩子一瓶水，但不要哺乳，當然也不要把孩子帶到你的床上。如果孩子因為分離焦慮而痛苦，讓孩子和你同床只會增加他返回自己床睡覺的難度。

當你進房間看他時，試著盡量讓他感到舒適，同時確保孩子沒有生病，有一些症狀例如耳朵感染和哮喘會在夜間突然發作。一旦你確定孩子沒有生病的徵兆後，檢查他的尿布，只有在他尿布上有糞便或者非常潮濕時給予更換。在昏暗的燈光下盡快更換，隨後將孩子仰躺放在床上。在離開房間前，輕輕說一些「寶寶該睡了」等安慰性語言，如果孩子仍然哭泣，等待幾分鐘後再進入孩子房間，安慰他一會兒。

這個階段對父母而言可能苦不堪言，畢竟，光聽孩子的哭聲就會讓人身心俱疲，而且你可能會有複雜的情緒反應。但是一定要記住，孩子的行為並不是故意的，這種焦慮和煩躁的反應在他這個年齡是很自然的。如果你能平靜處理，並且每夜都採用相同的處理方法，他很快就可以自己入睡。許多家長會購買無線寶寶監視器，在自己的房間中觀看和監聽寶寶的狀況。市面上有許多不同種類的產品可供使用，所以在購買前先對各種產品進行調查。這些努力最終能讓你和孩子的生活變得更加輕鬆。更多詳細資訊請參考第 35 章睡眠。

長牙

到了這個年齡，你的寶寶可能至少有 1、2 顆牙齒，或者更多。如果

還沒有牙齒也不用擔心；12 個月大的嬰兒仍然沒有牙齒是正常的。然而，只要他長牙了，就該開始用軟毛的牙刷和一點點含氟牙膏刷牙，牙膏大約擠一粒米那麼大。寶寶可能喜歡也可能不喜歡這種體驗，如果他拒絕刷牙，讓他面朝上躺在另一個人的腿上，同時你可以玩一個輕輕地清潔每顆牙齒的遊戲。

　　寶寶每天至少需要刷一次牙，刷牙齒的前面和後面，最好是在睡前刷牙，因為這次刷完牙後他就不能吃或喝白開水以外的任何東西。晚上的糖分會讓你所有的努力白費！你也可以為寶寶安排他的第一次牙科看診，第一次看牙醫應該在第一顆牙齒長出 6 個月後或 1 歲時進行，以先到者為準。牙醫可能還會為孩子的牙齒塗氟漆。孩子的小兒科醫師可能會在兒童健康檢查時檢查牙齒並塗抹氟化物，但這並不能代替牙科診療。

 # 行為

規範

　　孩子對探索的渴望幾乎不可能停止，因此他會想要觸摸、聞和玩弄任何東西，在這個過程中，他一定會找到方法進入被禁止或危險的區域或情況中。雖然他的好奇心對他的整體發展非常重要，不應該冒然制止，但也不能沒有限制：**不應該**讓他傷到自己或弄壞其他貴重的物品，例如在他靠近火爐時，或者拔起你的花時，你要協助他停止這些行為。

　　記住，你處理這些早期事件的方法是**奠定未來**規範的基礎。克制自己，不做那些他很想做的事情，是學習自我控制很重要的第一步，現在這一課他學得越好，將來你出手干預的機會也就越少。

　　我們之前提過，分散注意力可以有效處理不當的行為，寶寶的記憶力這時仍然有限，你可以藉由轉移他的焦點，降低他的抗拒。如果他朝向不應該去的地方前進，你不一定要說「不」。過度使用這個字會使孩子對這個字變得無感，這時你應該做的是抱起他，讓他轉向可以玩耍的物品。你要尋找一個既不影響他的興趣和主動性，也不壓制好奇心的折衷方案。

　　你應該將**嚴格的規範**用在孩子從事一些具有**真正危險性**的活動，像是玩電線，這時就是該堅定對他說「不可以」的時候，同時帶他離開該危險

的環境。不要指望透過 1 至 2 次意外他就可以學會，因為孩子的記憶力有限，所以在他最終瞭解與聽從你指導前，你需要**反覆重複**類似的情況。千萬不要期望他會自己避開危險，不管他被指正多少次。你要提供一個安全無虞的環境，其中沒有所謂的「不可以」的空間，好讓他可以盡情安全的玩耍。

　　為了促進規範約束的效果，一致性是必要的。要確保負責看護孩子的每個人都知道孩子可以做什麼和不可以做什麼；規範越少越好，最好是限制於一些孩子可能會遇到的危險情況，並且確保每次他闖入禁區時都會聽到「不可以」的指示。

　　即時性是有效規範另一個重要的部分，只要看見孩子向危險的地方前進，就要立即做出反應，不要等 5 分鐘後再說；如果你太慢，孩子就不能理解你的糾正目標，也失去教育他的時機。另一方面，當他被糾正後不要馬上安慰他，沒錯，他可能會哭，有時還帶點驚慌與難過，但你要等 1、2 分鐘過後再安撫他，不然，他不會理解究竟哪裡做錯了。

　　在第 10 章，我們會討論在管教孩子時，避免體罰的重要性。不管孩子多大或行為多離譜，體罰永遠不是最恰當的作法，這只會讓孩子在不高興時學會採取侵略的行為。沒錯，體罰或許可以暫時發洩你的挫折感，而且有那麼一刻，你確實以為這樣孩子可以得到教訓。這或許能在短期內停止特定行為，但並非是一個有效規範孩子的途徑，況且也無法讓孩子從中學習如何轉換行為，這可能導致身體受傷，也破壞了你們之間的溝通，以及削弱他的內在安全感。

　　那有何應變之道呢？美國小兒科學會建議在孩子的年紀更大時，用**暫停隔離**取代體罰，讓行為不當的孩子暫時與人群、電視、電子產品或書本隔離一段時間，處於一個安靜的空間反省，當隔離時間結束，可以向他解釋為何他的行為不恰當。對於有特殊醫療需求的兒童，家長可能需要尋找額外的管教策略，這應該從了解孩子的身體、情感與認知能力開始。在某些情況下，諮詢發育行為小兒科醫師可能會有所幫助。（更多體罰和規範的方法，請參考第 260 頁）。

　　當你已能善用規範的技巧，很重要的，你也別忘了以正面的方法回應孩子良好的行為表現。這種回應對於讓孩子學習自我控制同樣重要；如果孩子在接觸火爐前感到猶豫，留意他正在克制自己的行為，並且告訴他你

為此感到欣慰。在他為別人做了好事時要擁抱他，隨著他的逐漸成長，他的良好行為，有大部分是為了想討好你讓你開心，如果你目前就讓孩子知道你是多麼欣賞他的良好行為，他就不太可能用做錯事情的方法來吸引你的注意力。

有些父母會擔心，如果給這個階段的孩子太多關注會慣壞孩子，但是你沒有必要為此擔憂。在 8 ～ 12 個月期間，孩子的操控能力仍然十分有限。你要假設他哭是因為實際的需要尚未滿足，而不是別有用心。

孩子的需要會變得越來越複雜，你會留意到寶寶的哭聲花樣更多，而且你也會以不同的方式回應不同的哭聲。當你聽到意味著出現嚴重問題的尖叫聲時，你會急忙跑過來；相反，你聽到「過來，我需要你」的哭聲時，你很可能會先完成手邊的工作再回應他；不久你也很可能聽出一種發牢騷的哭聲，他的含義可能是「如果大家走開，我就能睡覺了」。透過適當回應孩子哭聲背後所隱藏的訊息，你可以讓他知道他的需求很重要，但只回應真正需要關注的呼喚。

有時，你確實不知道孩子為什麼哭泣，有時甚至連他自己也不知道。最好的反應是給他一些安慰，並配合他選擇的安慰方式。在他抱著自己最喜歡的玩具動物或毯子時，抱著他；或者與他一起玩遊戲或講故事。當孩子高興起來時，你們雙方的感覺都會變好。記住，孩子對關注力和情感的需要，就如同他需要食物和乾淨尿布一樣，真實且不容忽視。

手足

隨著孩子越來越活躍，他也更會和手足一起玩耍，哥哥和姊姊們也會非常樂意的配合。大孩子 —— 尤其是 6 ～ 7 歲之間的孩子最喜歡搭建供弟弟或妹妹破壞的積木塔、或者拉著 11 個月大小的孩子學習走路，這個階段的孩子是手足的好玩伴。

然而，當孩子的靈活度提高，除了讓他可以坐為哥哥和姊姊的玩伴，也更容易闖入他們的專屬領域，這可能會侵犯到哥哥姊姊們剛萌生的所有權和隱私權的概念，同時也讓嬰兒暴露在危險的環境，因為大孩子的玩具往往包含一些小巧、容易吞下的零件。你可以藉由提供大孩子一個獨立的空間，讓他們可以安置個人物品與玩玩具，而不用擔心「嬰兒入侵」，以確保每個人都受到保護。

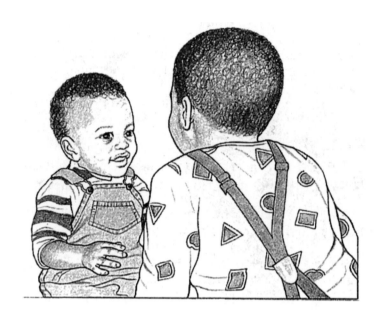

這個年齡的寶寶是
手足的好玩伴。

此外，孩子可以抓和握到他視野中的任何東西，這時分享會成為另一個議題。一般情況下，如果沒有父母指點和直接干預，3 歲以下的孩子無法分享玩具。在孩子們一起玩的時候，仍需要有一個成人隨時看管。你可以透過鼓勵各自玩自己的玩具，以避免問題產生。當他們真的一起玩時，建議他們看書或聽音樂、前後滾動球或者玩捉迷藏遊戲，或其他需要合作的遊戲。請記得兄弟姊妹也會互相嫉妒，並且他們也需要你的關注。

給祖父母的話

8 ～ 12 個月大的孩子是你享受含飴弄孫最美好的時光，他現在更活潑好動，語言表達能力更好，同時也更熱情。然而，這個年紀的嬰兒遇到陌生人可能會產生焦慮，因此對爺爺奶奶或許不太熱情，但不要太在意，這是正常的。只要你繼續給他愛和關心，試著別過度熱情，要有耐心，最終他會與你們拉近距離。

在你與孫子的活動中，你可以利用以下幾點協助他的發展過程：

爬行：依你的身體狀況，盡量和孩子在地板上玩耍，這些地板時間不僅有趣，也可以讓寶寶安心。如果你學他用爬的朝目標前進或到處探索，他會露出開心的樣子。記住，要檢查地板上可能具有危險性的物件，因為

他會撿起任何物件直接放入口中。

精巧的動作：設計一些你個人精巧的動作遊戲和孫子一起玩，打開和關閉某些物件、倒出和放入的遊戲和玩具，以及操作活栓開關等。嬰兒對這種遊戲永不厭倦，他會重複再重複，所以你先要有心理準備。

語言：陪孩子一起看書和聽音樂，保持語言的互動。如果你會說孩子母語之外的另一種語言，請放心與孩子說。更多關於雙語嬰兒的資訊請參考第 278 頁。

基本照顧：這個年紀的幼兒，規律的飲食和睡眠非常重要。如果你與孫子分開住，可以在家放一些「幼兒食品」，同時你也可以建立「祖父母的私房菜」，好讓孫子有所期待。當寶寶住在你家時，不管是小睡或夜間睡眠，盡量維持他在家中的作息，因為如果隨意改變，有一些寶寶可能會因此作息混亂。

安全：遵循本章後面的安全事項，一一檢查自己的家中環境，以確保孫子的安全無虞。樓梯上下安裝護欄匣口，尖銳的物體邊緣加裝柔軟的護墊保護；不要使用學步車；同時這個年紀的嬰兒天性活潑會扭來扭去，所以換尿布時可能要兩人出手，並且在地板或沙發上更換，以降低跌落的風險。當你在為孩子換尿布時，你可以用一些他可以拿在手上的玩具分散他的注意力。確保你可以快速撥打所有緊急電話號碼。

 # 施打疫苗

孩子滿週歲後，他應該施打麻疹、腮腺炎、德國麻疹（MMR）混合疫苗，這種疫苗可以保護孩子免於罹患 3 種可能會造成發燒、起疹子和其他症狀與可能導致嚴重併發症的重大疾病（麻疹可能造成肺炎或腦炎、腦水腫，腮腺炎可能造成聽力受損或不育）。目前的建議是在孩子滿 12 個至 15 個月大時，施打 MMR 混合疫苗。不過對於在國外旅行的兒童，可以在 6 ～ 12 個月大時接受額外接種以提供更多保護。

如果孩子有可能患水痘——意思是如果他沒有得過水痘，那麼在寶寶滿 12 個月至 15 個月大時，他要施打第一劑水痘疫苗。它可以與 MMR（MMRV）結合使用，也可以單獨使用。雖然 MMRV 疫苗似乎比單獨的 MMR 和水痘疫苗引發更多發燒的副作用（以及稍微較多的熱性痙攣），

但兩者都是安全且有效的。

第三劑 B 型肝炎疫苗大約在 6～8 個月大施打，第一劑 A 型肝炎疫苗則是在滿週歲後就可以施打。

可以保護孩子抵抗肺炎、腦膜炎、血液感染和一些耳朵感染的第四劑肺炎鏈球菌疫苗，施打的日期也大約是在 12 個月至 18 個月大之間。如果你對於給孩子施打所有建議施打的疫苗有所擔憂，請考慮這一點：你孩子的免疫系統每天要抵抗的抗原（挑戰免疫系統的外來物質）比整個疫苗列表包含的更多。你孩子的免疫系統可以輕鬆應對。按時為他完全接種疫苗是保護您的寶寶免受疾病侵害的最安全和最好的方法。

安全檢查

兒童汽車安全座椅

- 至少在 2 歲之前，兒童應該坐在後向的汽車安全座椅上，即使在這之後也建議他們使用座椅越久越好，只要座椅的尺寸合適（此信息應印在汽車安全座椅的側面）。你所在城市的消防局通常會提供有關汽車安全座椅的建議，或者在春季和秋季舉行安全日活動。
- 切勿將寶寶單獨留在車內，即使是很短的時間也不行。有些汽車有提醒父母這一點的警報。你也可以在前座留下泰迪熊之類的物品，以提醒你後排坐著你的寶寶。
- 在發動車子前，要讓寶寶坐在合格正確安裝的汽車安全座椅上，並且扣上安全帶。所有寶寶乘坐的汽車都要正確安裝汽車安全座椅，這點非常重要，包括兒童看護者、保母、或祖父母的汽車。關於汽車安全座椅的安全需知進一步資料請參考第 15 章第 510 頁。

防止摔下

- 在樓梯的上下兩端和對寶寶而言可能不安全的房間門口安裝柵欄匝口。
- 不要讓孩子爬有廚房椅，因為孩子可能會弄翻椅子，從而造成頭部受傷，也可能造成腿或胳膊骨折。

- 不要使用嬰兒學步車，固定式活動站是比較安全的選擇。

防止燙傷

- 抽菸、攜帶熱飲料或食品時不要靠近孩子，或不要抱孩子。當你必須處理熱飲或食物前，將寶寶放在安全的地方，例如嬰兒床、遊戲圍欄中或嬰兒用餐桌椅。
- 不要將熱飲料或食物的容器放在桌子或櫃檯的邊緣。
- 不要讓孩子在火爐周圍、地板加熱器或火爐通風口周圍爬行。

溺水

- 不要讓孩子單獨待在浴室或盛水容器旁邊，包括提水桶、水池、洗滌槽或沒有蓋上蓋子的馬桶。當使用完畢後，將容器內的水立刻倒掉。如果家中有游泳池，要裝設至少 4 呎高的四面圍欄，將房子與游泳池完全隔開。

中毒和窒息

- 不要把小物品留在爬行的孩子可能找到的地面或附近區域。你應該從他們的高度檢查地板，並四處爬行以模擬他們的視覺範圍。有時藥物或其他小物品會在不知不覺中掉落。
- 請在電話附近記下毒物諮詢專線（02-8717121 或 02-8757525）以防緊急狀況發生。
- 評估門窗是否有油漆剝落，以防孩子吃進油漆碎片並導致鉛中毒。
- 不要給孩子太硬的食物或任何可能會卡住呼吸道的軟式食物，例如熱狗和未切丁的葡萄。
- 將所有的藥品或家用清潔產品放在孩子接觸不到的地方。
- 所有放置潛在危險物品的抽屜和櫥櫃都要加裝安全設施。最好是將這些物品放在高處，孩子拿不到的鎖櫃中。
- 確保你的寶寶不會被電線或窗簾繩纏住。
- 確保你的孩子會去的所有地方，如他們的祖父母的房子，都同樣遵循這些安全準則。

第 10 章

孩子滿１歲

　　你的孩子已經滿週歲，進入**蹣跚**學步期，整天爬來爬去，開始或試著說話，甚至已經會說一點，這本身就是一個里程碑。當他變得越來越獨立時，他對你那種絕對的愛慕與依賴的日子進入了倒數的階段。你現在應該已經能很好的了解他的性格，也能在他進入這個成長速度令人激動的時刻明白他的好惡。移動力在一瞬間改變了孩子與你的世界。

　　有了這份認知，可能會讓你感到既興奮又失落——當你想到未來的衝突，還有一絲緊張。你很可能已經隱約感覺到這些鬥爭，如果你試著從他那拿走一些東西時，他會尖叫以示抗議；或者當你試著將他帶離擺動的門邊時，他可能很快又回去，完全無視於你的警告；或者當你為他做他最愛吃的東西時，他也許會出乎意料的拒絕。這是他的早期實驗性控制——測試你的底線和探索自己的能力。

　　在未來的幾年，探索你立下的規則底線，以及他個人的體能與發展極限，將佔據他的大部分時間。幸運的是，這些測試會慢慢開始，讓你們雙方都有時間適應他日益顯露的獨立性。

由於剛學會走路，所以他會迫不及待想用直立的角度觀察這個世界，然而這種好奇心勢必引發一些違禁情況的發生。他不是故意頑皮，他仍然很需要你告訴他什麼可行，什麼不可行，而且他會常常留意你，以確保安全和穩當。

隨著他對走路越來越有自信，也會越加自我肯定。到了 18 個月大時，他最愛用的詞很可能是「不要」；就在他快滿 2 歲時，如果你的要求和他的意願不同時，他很可能會因此鬧脾氣。

初學走路的孩子對自己的玩具和親近他的人會有很強的佔有慾，看到你抱其他孩子可能引發他的哭泣；如果其他孩子拿著一個玩具，可能勢必要導致一場激烈的拉鋸戰。再過幾個月，隨著他的辭彙增多，他另一個最愛用的詞就是「我的」。

現在，他的辭彙雖然增加很快，但仍然有限。只要你使用清楚而簡單的字句，他大多能夠理解你表達的意思，你或許還能解讀一些他對你說的話，令人難以置信的是，一年後你和孩子就可以進行對話溝通。這同時也是一個識別語言問題的時機，考慮到這有可能是聽力失常或其他問題的跡象。

 # 生長發育

身體外觀和生長

在寶寶即將滿週歲時，生長速度開始減緩。從現在開始到下一個生長高峰（少年期），他的身高和體重會穩定增加，但不如先前那麼快。在 4 個月左右體重增加 4 磅（1.8 公斤）的嬰兒，在第 2 年的體重可能只會增加 3 ～ 5 磅（1.4 ～ 2.3 公斤）。每隔幾個月繼續測量寶寶的生長狀況，並對照附錄生長曲線圖，以確保他的成長保持在正常曲線的範圍內。你會發現與嬰兒早期相比，這時期正常發育的範圍會更大。

15 個月大時，女孩的平均體重大約是 23 磅（10.5 公斤），身高大約 30.5 英吋（77 公分）；男孩的平均體重大約是 24.5 磅（11 公斤），身高 31 英吋（78 公分），以後每 3 個月，孩子的體重就增加大約 1.5 磅（0.7 公斤），身高增加大約 1 英吋（2.5 公分）。到了 2 歲時，女孩的身高大

約是 34 英吋（86 公分），體重爲 27 磅（12.2 公斤）；男孩的身高能達到 34.5 英吋（87.5 公分），體重大約爲 28 磅（12.6 公斤）。

寶寶的頭部生長也會明顯減慢。儘管 1 年內頭圍有可能只增加 1 英吋（2.5 公分），但到 2 歲時，他的頭圍將達到他成年時的 90%。

不過，初學走路的孩子容貌的改變比身高體重明顯許多。12 個月時，他看起來仍像一個嬰兒，頭部和腹部仍然是身體最大的部位，站立時，他的腹部仍然突出，比較起來，臀部仍然很小 —— 至少在他不用尿布時仍然如此！他的腿和胳膊既短又軟，好像沒有肌肉，面部軟而圓。

當他的活動量增加時，上述的情況都會發生變化，肌肉逐漸發育，嬰兒時期的脂肪慢慢減少。腿和胳膊變長，腳不再外彎，而是開始朝前；臉變得比以前更有稜角，下巴也顯露出來。2 歲生日時，他的外貌與嬰兒時期的樣子已大不相同。

運動

如果孩子還沒有開始走路，那麼 1 歲半以前他應該能學會。事實上，2 歲期間的主要成就是熟練走路技能。如果他已經開始學習走路，他可能還需要 1 ～ 2 個月的時間，才能不需要任何幫助就可以站立和順利行走。然而，不要期望他按照你以爲的方法去做，他很可能會把手放在地上，伸直胳膊，高高的撅起屁股，然後將腿拉到身子下面，最後，挺起腰離開地面將腿伸直。

一開始他走起來確實是蹣跚學步。他不是大步向前，而是兩腿大開腳趾向外搖搖晃晃，起步過程看起來可能緩慢又艱苦，但進步的速度卻很快。別太驚訝，你很快就得在後面追著他跑。

當然，對於一個初學者來說，摔跤是不可避免的。在表面不平的地面上行走有時會成爲一個挑戰。剛開始，即使只是小小的顛簸 —— 地毯表面皺摺或入口前的小斜坡，他都可能因此絆倒，但幾個月以後，即使上下樓梯或者拐彎都

孩子用雙手撐高身體讓雙腳伸直站起。

不會摔跤了。

孩子可能還不會在走路時手腳並用，雖然他會用雙臂平衡（彎身提高肩膀，採「防護」姿勢），但要他同時用手拿、玩或撿玩具，這是不太可能的。2～3 個月以後，他就能夠完全控制自己：不僅能彎下身子撿東西、拿著玩具到另一間房間，而且還能夠推拉東西、橫著行走或者後退、甚至在行走時扔球。

在他邁出第一步的 6 個月以後，孩子的行走方式更加成熟。在行走時，他的雙腳靠得更近，步態更加穩定。在你的幫助下甚至可以上下樓梯，雖然在他自己嘗試時只能手膝並用的爬行。過不了多久他就會以碎步的方式向前僵硬的跑步，可能要等到下一年才會真正跑起來。到 2 歲時，你的孩子就可以走得很好。想想看，一年前他幾乎還不會走路呢！

 滿 2 歲前的運動發展里程碑

- 單獨行走。
- 在有人扶著他的手時以雙腳一步一階的上樓梯。
- 行走時拉著玩具。
- 拿著玩具一個或數個玩具行走。
- 開始跑。
- 用腳尖站立。
- 獨自在家具上爬上爬下。
- 扶著欄杆上下樓梯。
- 蹲下來撿東西。
- 坐在小椅子上。

手和手指的技能

當 1 歲孩子肢體動作全面發展時，我們很容易忽略他手部技能的細微發展。使用單獨一隻手或使用雙手，以及手眼協調的動作，這些技能可以讓他更加精確的操控和觀察物體，同時也大大擴展他探索周圍世界的能力。

週歲時用拇指和食指撿起很小的物體對他來說是個挑戰，但是到了 18 個月大，做這種動作就輕而易舉。你可以看到他隨心所欲撿起很小的物體，探索他們的所有屬性。他最喜歡的一些遊戲包括：

- 將 4 塊積木疊成木塔，然後推倒。
- 打開和關閉盒子或者其他容器。
- 撿起球或者其他會動的物體。
- 扭動門的把手和翻書。
- 將圓積木插入圓形孔中。
- 塗鴉。

這些活動不僅能夠鍛鍊手的靈活性，也能讓他學習空間概念，像「內」、「上」、「下」、「周圍」。快滿 2 歲，他的身體協調能力也大幅提升，可以嘗試比較複雜的遊戲，例如：

- 折紙（如果你教他怎樣做）。
- 把大的方積木放進與其相容的孔中（這種動作比圓積木放進孔中更困難，因為他需要找相容的角）。
- 堆集 5 至 6 個積木。
- 拆裝玩具。
- 黏土塑形。

滿 2 歲前手和手指功能的發展里程碑

- 本能的亂寫。
- 翻倒容器並倒出其中的東西；把東西從容器裡拿進去和拿出來。
- 將 4 塊或更多的積木疊起成塔。
- 使用一隻手的機會可能比另一隻手多。
- 用蠟筆做記號。
- 站立時將小球扔出幾英呎。

滿 2 歲前，你或許已經明顯看出孩子是左撇子還是右撇子。然而，許多孩子即使過了幾年仍不太容易看出來，有一些則是兩手都很靈巧，可能沒有很明顯的差異。在這個過程沒有理由強迫孩子使用其中一隻手，或揠苗助長影響孩子的自然發展。

語言發展

在這個成長階段，才學會走路的孩子似乎突然間聽懂你說的話，當你說吃飯時間到了，他會在他的餐桌椅旁等待；你告訴他你的鞋子不見了，他會去幫你找出來。一開始，他的立即反應似乎有點不尋常，你的心裡可能會想，他真的明白我在說什麼嗎？還是這只是個偶然？再次確定後，這真的不是你的幻想，這表示他的語言和理解能力都在正常發展中。

孩子的語言能力發展得很快，當他在你身邊時，你可能會改變你和他人談話的方式。你可能會在他的聽力範圍內刻意改編說話的內容（如「我們要不要停車去買ㄅㄧㄥ－ㄑㄧˊ－ㄌㄧㄣˊ？」）。同時間，你可能也會更樂於和他交談，因為他的反應很快又靈敏。

支持孩子語言發展的最好方法，就是與他交談和閱讀。孩子聽到的單

詞越多，他就越可以了解它們。整天與你的孩子交談，描述正在發生的事情以及你們一起做的事；回答孩子的問題並提出你自己的問題，以便讓他可以「回答」你。進行對話並關注孩子感興趣的東西。記得關閉作為背景的電視並收起手機或平板電腦，它們往往會妨礙這些重要的對話。

　　你不再需要用單調的、像唱歌一樣的高調兒語方式來引起他的注意。你說話要盡可能緩慢清晰，使用簡單的詞語和句子。教他物體和身體各部位的正確名稱，當你的意思是「腳趾」時，就不要用暱稱如「豬腳腳」來替代。透過這種良好的語言方式，你可以幫助他在學習語言的過程中盡量不會混淆。與孩子一起讀書是交談、輪流互動和讓孩子接觸新單詞的絕妙方式。兒童讀物包含我們在日常對話中不會使用的單詞，提供了一種讓你的孩子接觸更多語言的好方法。鼓勵你的孩子自己拿著書，翻頁，引導你了解他想看和談論的內容，你可以透過談論圖片和向孩子提問進行豐富而有助於學習的對話。

滿 2 歲前的語言發展里程碑

- 當他聽到某個物體或圖畫的名字時，可以指出它。
- 辨認出熟悉的人、物體和身體各部位的名稱。
- 使用 6～10 個名字以外的字彙
- 會用 2～4 個單詞的句子。
- 無須透過手勢姿勢就能理解手頭指令。
- 說話時反覆使用熟悉的單詞。
- 用其他人不容易聽懂的方式說話。
- 可以識別至少兩個身體部位。

　　大部分初學走路的孩子在 2 週歲時，至少能說 50 個單詞並能使用短句，雖然這些里程碑在孩子之間的差異性很大。有些孩子即使聽力和智力都正常，但 2 歲前只會說幾句話。一般來說，男孩子的語言能力發展比女孩子慢，無論孩子何時開始講話，他最初說的幾個辭彙可能包括家庭成員的名字、最喜歡的東西以及身體部位的名稱，也許只有你才能聽懂他說什麼，因為他常常省略或者改變發音。他可能正確地發出第一個輔音或母音，但漏掉單詞的結尾，或他用自己可以發出的聲音來代替像「d」或「b」這類比較困難的發音。

　　隨著時間的推移和他的肢體動作，你就明白他在說什麼。不要取笑他的錯誤或催促他，給他時間說出自己想說的話，然後以準確的發音回答他（「沒錯！它是一個球！」）。如果你耐心回應，孩子的發音就會改善。在 1 歲半時，他就會使用幾個主動詞和方位詞，例如：「走」、「跳」、「上」、「下」、「裡」、「外」；滿 2 歲時，他已經可以完全理解單詞「你」「我」的意思並且常使用。

　　一開始，他可能會使用自己版本的語言來完成一句話，一個單詞結合手勢或者哼哼聲來表達整個句子的意思。他可能指著球說「球」──意思是告訴你，他想要你把球滾給他。或者他可能透過說「出去？」或「上？」──（提高結尾的聲調）進行提問。很快他就能使用動詞或介詞與名詞結合在一起進行造句，如「球跳起來了」或者「喝牛奶」，以及提出「那是什麼？」等問題。等到他 2 歲以後，他會開始使用兩個詞的句子。你可以擴展他所說的單詞和短語，來幫助他更加明確的表達他的意思，例如，當他對你說「球？」並且做出手勢時，你可以說，「你想要球？好吧，我把球滾給你。這是球。」。

認知發展

　　當你觀察孩子遊戲時，是否發現他很難專心？每一個遊戲和任務都是一次學習的機會，而且他會從這些過程中學習各種行得通的處事方法，同時將這些經驗用在類似的挑戰中，以找出解決之道和做出選擇。可是，他只對解決那些與他發展和學習程度相當的問題感興趣，如果你給他一個他在 11 個月大時著迷的玩具，他可能會覺得無聊而離開；或者和他玩的遊戲太難他會拒絕。機械性裝置對他有格外的誘惑力，例如像小風車一樣的

玩具、能擺動的玩具、鈕扣和把手等。你或許難以判斷究竟什麼玩具或什麼活動適合他，因此讓他自己決定就簡單多了。你可以提供一系列活動，讓他自己選擇一個具有挑戰，但又不完全超出他能力的活動。

　　這個年齡的孩子主要的學習方式是**模仿**。不像先前他只是拿起物品，現在，他真的學會用梳子梳頭、拿起電話牙牙學語、轉動玩具汽車的輪子並前後拉玩具車。開始時，他只是一個人玩耍，但逐漸會與其他夥伴一起玩。女孩會給玩具娃娃梳頭髮，拿著書本「讀」書給你聽，玩辦家家酒倒水給其他玩伴喝，或者把玩具電話放在你的耳旁。

　　在這個階段，模仿是行為和學習相當重要的一部份，此刻或許比以往任何時刻更加重要，因此你必須謹言慎行，因為你正在為他樹立典範。他可能會去說他聽見你說的話，或做他看見你做的事情（不管是高興或沮喪）他也會複製年長兄弟姊妹的一言一行，因此這時正是善用這些自然發展線索的好時機。

滿 2 歲前認知發展里程碑

- 可以找到藏在 2～3 層下面的物體。
- 可以根據物體的形狀和顏色進行分類。
- 開始虛構遊戲。

2 歲以前孩子對隱藏的遊戲非常著迷，在物體離開他視線很長一段時間後，他仍能記得物體藏在哪裡。如果你把他正在玩的球藏起來，你也許暫時忘了這回事，但是他絕不會忘記。

當他會玩捉迷藏時，他就更瞭解與你是分開個體的概念，正如他知道東西一定藏在什麼地方，即使他沒有看到它；現在他明白了，就算你離開他一整天，最後你一定會回來。當要離開他時，如果你讓他知道你去哪裡——例如去工作或者購物，他的心裡會形成一幅畫面，這樣他就可以更容易與你分開。

在本階段，初學走路的孩子會讓你知道你在他的活動中要扮演什麼角色，有時會拿一個玩具給你玩；有時又會將玩具從你那兒奪走自己玩。通常，當他知道能夠做某些特別的事時，他會停下來等待你的誇獎。透過對這些事情的反應，你可以給予他持續學習所需的支持和鼓勵。

此外，你還必須幫他做判斷，以彌補他在這方面的不足。沒錯，他現在明白一些特定事物的進行方式，但他還不能理解因果之間的伴連關係。

所以即使他明白他的玩具貨車會滾到山下，但他不會知道要是把它放在樓下繁忙的街道上時會怎麼樣；雖然他知道開和關門時的擺動，但是他不知道必須把手遠離。即使他遇過一次困境，但千萬不要以為他會從中得到教訓，因為很有可能他沒有將疼痛與該發生的事件聯想在一起，所以下次遇到同樣的狀況時，他幾乎不太記得上次發生的經驗，你要隨時保持警覺以維護他的安全，直到他已具備一般的常識認知。

社交能力發展

學步期的孩子，對自己的社交圈、朋友和熟識的人有非常具體的概念，他是這一切的中心，儘管你或許和他很親近，但他最關心的還是與他有關的事物。他知道其他人的存在，對他們好像有點興趣，但是他並不知道他們的想法和感覺。就目前而言，他以為身邊人的想法都像他一樣。

孩子的世界觀（有些專家稱為自我中心主義）通常很難和同伴們進行社交的玩耍。他會各玩各的，或是搶奪玩具，很難與其他孩子一起玩。不過，他喜歡觀察並處於其他孩子的周圍，尤其是年紀較大的孩子。他會模仿他們，或對他們做他對洋娃娃做的事（試著梳他們的頭髮），但是當他們試圖對他做同樣的事情時，他通常會很驚訝並且拒絕；他或許還會把玩

具或其他東西給他們吃，但是如果他們拿走他給的東西時，他可能會不高興。

分享的概念對本階段的兒童是一個沒有意義的詞語。每個學步期的孩子都認為他是焦點。不幸的是，大多數的兒童肯定都是以自我為中心，為了競爭玩具和注意力大打出手與流淚是常有的事。所以，當孩子的「朋友」來玩時，你要如何減少這些「戰事」呢？解決之道就是盡量提供多一點玩具，讓每一個人都可以玩，並且隨時準備調解糾紛。

就像先前提及的，這個階段的孩子可能對於屬於他的玩具開始會有佔有慾，如果其他孩子硬要摸他的玩具，他會和他們爭奪並推開他們，這時你可以向他保證其他的孩子「只是看一下你的玩具」，告訴他「讓他摸一下沒有關係」，再次向他確認：「沒錯，這是你的玩具，他不會拿走的。」此外，你可以選一些其他人可以玩的特別「獎勵」性玩具，以減少玩具搶奪的情況。有時候，這種作法有助於讓學步期的孩子感覺自己擁有一些主控權，減少對其他物品的佔有慾。

 滿 2 歲前社交技能發展里程碑

- 模仿他人的行為，尤其是成人和比他大一點的孩子。
- 他會逐漸意識到自己與他人是分開的個體。
- 漸漸喜歡和其他孩子交朋友。

- 使用杯子喝水並很少溢出。
- 用指示的方式要求某物或尋求幫助。
- 與他人一起玩耍。
- 幫助穿脫自己的衣服。
- 可以指向書中的圖片。
- 可以指向感興趣的對象以引起注意。

性別識別

　　如果你找一群 1 歲的孩子，給他們穿上同樣的衣服，讓他們在遊樂區玩，這時你能區別男孩與女孩嗎？也許不能——因為除了孩子的體形稍有差異外，這個階段的孩子其實在兩性上的差異很小，男孩和女孩技能的發展速度大致相同（雖然女孩的語言發展似乎會早一些），喜歡相同的活動。有一些研究發現男孩比女孩好動，但在早期階段，這種差異似乎不太明顯。

　　雖然父母對待這個年紀的男孩和女孩的方式都很類似，但是他們通常會鼓勵男孩和女孩玩不同的玩具和遊戲。撇開傳統的認知不談，其實沒有任何依據關於女孩該玩洋娃娃，男孩該玩小汽車的道理，將這個選擇權留給孩子，不管男孩或女孩，所有的玩具都會吸引他們，容許他們玩各種他們感興趣的玩具。

　　順帶一提，孩子會在與其他同性別的人的互動中，學習認知自己的性別，不過這需要好幾年的時間，在這個階段，如果只給女孩子穿花裙子或帶男孩子打棒球，其實不會有太大的差別。重要的是，將孩子視為一個獨立的個體，愛他與尊重他，無關乎他的性別，這將為孩子的自尊心打下堅固的基礎。

　　由於這個年紀的孩子不太瞭解別人的感受，所以對周遭的孩子會有許多肢體的反應，即使只是探索或表現友好，他們都很可能會戳到對方的眼睛，或者拍得太重（對待小動物也是如此）。當他們生氣時可能會動手打人，卻不知這樣會傷到別的小朋友，因此，當學步期的孩子與玩伴一起玩耍時，你要隨時留意他們，如果有任何肢體攻擊的行為，你要將他拉開，告訴他「不可動手打人」，然後再引導孩子一起友善的玩耍。

　　幸運的是，學步期孩子的自我意識表現比較不具侵略性，到 18 個月大時他能說出自己的名字，大約就在同時，他能認出自己鏡中的樣子，開始對照顧自己方面更感興趣，快到 2 歲時，教他怎麼刷牙、洗手，他就會照著去做，穿脫衣服時，他也會試著自己來，尤其是脫衣服。在一天之中，你可能會發現有好幾次他正忙於穿脫他的鞋子和襪子——甚至在商店中也是一樣。

　　由於初學走路的孩子模仿力極強，他將從你如何處理你們之間的衝突學會重要的社交技巧，你可以為他示範如何表達、如何聆聽，在必要的時刻如何解決問題，例如「我知道你想下來走路，不過你一定要牽著我的手，這樣我才能確保你的安全。」由於他擅於模仿，所以你在做的任何事情他都會熱情的參與。無論你是掃地、整理草地或者做飯，他都要「幫忙」。雖然這會花更多時間，但你要盡可能和他一起做，讓他參與。如果你做的事情不能讓他參與，就另外找他可以做的工作，絕對不要打擊他想幫忙的動力。幫忙與分享一樣，是一種重要的社交技能，他越早學會，日後每個人的生活都會越輕鬆。

手淫

　　初學走路的孩子在探索身體各個部位時，自然會發現他的生殖器。由於觸摸它可以產生愉快的感覺，所以當尿布掉下時，他就會經常觸摸它。雖然男孩可能伴隨陰莖勃起，但對於小孩子來說這既不是

性，也不是情感發洩，僅僅是一種舒服的感覺。沒有理由去批評、擔心或者過分重視。當他觸摸生殖器時，如果你表現出強烈的負面反應，你這只是在暗示他身體這些部位不對或不好，他甚至可能解讀成自己在做的事情是不好的。你可以等孩子大一些再教導他關於隱私和端莊的概念。這個階段，只要把這種行為當成正常的好奇心即可。

情感發展

1 歲的孩子經常在獨立與否之間搖擺不定。現在他可以走路，行動自如的去做想做的事，有能力離開你，測試他的新技能；同時間，他還無法完全適應自己是一個獨立的個體，與你和其他人是分開的，尤其是疲累、生病或者恐懼時，他需要你的安慰，幫他驅趕寂寞。

很難預測他什麼時候轉身就走，什麼時候又回來尋求避難，他的情緒可能說變就變，或者他可能好幾天變得好像很成熟與獨立，但突然間卻來個大翻轉，你對此或許也有悲喜交集的反應：一方面覺得寶寶再次依賴你的感覺很美好，但有時他的小題大做、哭個不停卻又是你最不想看見的情況。有些人稱這個時期為第一個青春期，這個過程反映一些孩子成長與即將離開你的複雜情緒，這些都是很正常的。當他需要的時候，給予關注和保護是幫他恢復鎮靜的最好方法。大聲叱喝：「你怎麼不能像大孩子一樣？」實際上只會使他更沒有安全感和需要陪伴。

膽怯的孩子

有些孩子天生就害怕陌生人和陌生的環境，在參加一些群體活動時，他們總是退縮、觀看和等待。如果你強迫他嘗試一些不同的事情，他們會反抗，而且看到新面孔時，會黏著你不放。對於一直試圖

鼓勵孩子大膽和獨立的父母而言，可能
會深感挫折。但是挑戰他或者嘲笑他只
會使膽怯的孩子更沒有安全感。

　　最好的解決方法是讓孩子以自己的
方法去應對，給他時間適應，當他覺得
需要更多安全感的時候，可以讓他握住
你的手。如果你對他的行為能從容接
受，旁人也不嘲笑他，很快的他對自己
就會有自信。如果這種膽怯的行為一直
持續，應該與你的小兒科醫師協商。他
可能給你一些個人建議，如果需要的
話，推薦你諮詢小兒心理學醫師或者兒
童精神病醫師。

　　與孩子短暫的分離有助於孩子更加獨立。他仍然會因為分離而焦慮，
也許，當你離開時 —— 即使只是幾分鐘，他也會焦急，但這種抗議很短
暫。在與他分開時你自己可能比他還難過，倘若是這樣，盡量不要讓他知
道你的感覺，不然，當他認為如果胡鬧有可能讓你留下來時，未來遇到類
似的狀況，他就會以同樣的方式牽制你。此外，雖然「偷偷溜走」看似省
事不少，但他反而會變得更黏人，因為他不知何時你又會不見，因此，不
如給他一吻，答應他你會回來，這樣才不會造成反效果。當你回來時，在
繼續專注於其他事務前先問候孩子，並且全心全意陪他一會兒。當孩子理
解你一定會回來，而且還是一樣愛他時，他就會更有安全感。

專欄　有攻擊傾向的孩子

在 2 歲以前，有些孩子往往會以攻擊性的行為處理自己的挫敗感。他們總想支配和控制每一件東西，當不能得到他想要的東西時，可能會以暴力的行為發洩他們的精力，如：踢、咬或者打。

如果學步期孩子有這種現象，你要隨時留意他，制訂一些堅定一致的規範。體力玩耍和運動是發洩旺盛精力的一個好方法，當他和其他孩子相處時，要留心的看管以免引起嚴重的麻煩；並在他和別人一起玩而沒有惹麻煩時讚美他。

在一些家庭中，學步期孩子的侵略性猛爆行為被視為日後犯罪的徵兆，他們認為一出現這種行為就要立即嚴厲制止，所以會用鞭打孩子作為懲罰。然而，這個年紀的孩子會模仿父母，因此，被這種方式對待的孩子會開始以為，當別人做出一些他不喜歡的行為時，這是正確的處理方法──所以，與那些父母預期相反的是──這種處理方式只會強化他的攻擊性。處理孩子克制自己衝動攻擊最好的方式是，提醒他如何做出更好的行為表現，在他和同伴友好相處時誇讚他，當他行為不當時，一定要落實你給他的規範。此外，你自己和其手足應該要以身作則（參考第 593 頁生氣、攻擊和咬人），有時候，糾正學步期孩子不當的行為**身教重於言教**，或者你也可以考慮使用「暫停隔離法」或「積極介入法」。

基本護理

餵養和營養

滿週歲後，你可能會注意到學步期的孩子食慾明顯下降。他突然成為一個對食物挑剔的孩子，吃一點就將頭扭向一邊，或者拒絕到餐桌旁。他增加的活動量看似應該讓他吃得更多，但他的生長速度減慢，所以已經不需要吃那麼多了。

學步的孩子大約每天需要 1,000 卡的熱量才能滿足生長發育、旺盛的精力和良好的營養。1,000 大卡的飲食對成人來說並沒有很多，但對你的孩子而言，這些份量剛剛好：1 天 3 餐外加 2 次點心。然而，不要以為他會一成不變，因為學步期孩子的飲食習慣不穩定且難以預測。在早餐時他可能看到什麼食物都吃，但是在其他時間幾乎不吃任何食物；也可能一連 3 天只吃他喜愛的食物，以後就再也不吃了。他也可能 1 天吃 1,000 大卡，但接下來幾天，食量明顯變更多或更少，孩子的需求量不斷變化，取決於他的活動量、生長速度和代謝。

吃飯時間不應該成為與孩子「角力」的戰場。他不吃不代表他拒絕你，千萬不要個人化，你越強迫他吃，他反而越不會吃，讓他選擇，盡可能變換口味並維持營養。

專欄　刺激孩子的大腦發育：滿 1 歲

- 孩子從社交和遊戲中學習，唯有在安全、穩定與滋養的關係中，學習才可能會發生。如果孩子經常處於恐懼的情境，那麼他幾乎很難學到其他新的事物。
- 選擇一些可以刺激創意的玩具，只是透過選擇玩具，你可以鼓勵孩子發揮自己的想像力。
- 保持一致性和可預測性；建立規律的用餐、午睡和就寢時間。
- 通過為日常物品命名和活動來幫助孩子學習更多詞彙，如「我們現在正在吃早餐。這是一個碗。我現在要把麥片倒進碗裡給你吃。」
- 鼓勵孩子玩積木或柔軟的玩具，這有助於手 —— 眼協調、複雜動作和成就感的發展。
- 給孩子持續的關心和身體接觸 —— 擁抱、皮膚相觸、身體接觸 —— 建立孩子的安全感和幸福感。避免用食物作為獎勵，而是以口頭讚賞和擁抱孩子來表揚他的好行為。
- 留意孩子的節奏和情緒，不管他開心或不開心都要有所回應。

在適當的嚴格規範下，也要適時的鼓勵和支持，不要大聲斥責或打罵，給他的引導方向要一致。

■ 在換衣服、洗澡、餵養、做遊戲、散步和開車期間，用成人的語言與孩子說話。仔細聆聽孩子說了什麼，並用更完整的句子擴充孩子的詞彙。舉例來說，當你的孩子做出手勢並說「牛奶」，你可能會說「對，那是牛奶。你想要喝牛奶嗎？我們可以把它倒進一個藍色杯子裡。」

■ 每天給孩子讀書，選擇鼓勵觸摸或可以指認物體的圖畫書，以及讀一些童謠、押韻和幼兒相關的故事。跟隨孩子的引導，讓他翻頁，詢問書上的圖片並一起討論你們看到了什麼。

■ 如果你會說另一種語言，在家裡同時使用兩者。使用你覺得自在的語言與你的孩子說話。

■ 為孩子播放有趣平靜和旋律優美的音樂。

■ 傾聽並回答孩子的問題，也可以提出一些問題來刺激孩子的語言發展、思考能力與決策能力。

■ 開始用簡單的術語解釋「安全」，例如：針對火爐讓他理解熱的概念和危險。

■ 確信其他照顧和監護孩子的人理解與孩子培養有愛和令人安心的關係的重要性。

■ 鼓勵孩子與你一起看書和畫畫。

■ 幫助孩子用詞語描述情感和表達像快樂、喜悅、憤怒、恐懼的感受。用言詞描述你的情緒，並幫助孩子描述他自己的感受（「高興」、「生氣」、「難過」）

■ 每天花些時間與你的孩子在地板上玩耍。

■ 選擇充滿愛心、負責任、有教養和令人放心的高素質的孩子看護人，經常拜訪提供孩子看護的服務機構，與他們分享孩子看護的理念。

■ 如果可能，避免不良的童年經歷和其他可能會造成大腦負面發展的影響。當有壓力的事情發生時，你可以花更多的時間去擁抱和安慰你的孩子，並考慮和你的小兒科醫師討論這件事。

如果他拒絕吃任何食物，你可以先把食物留下，等他餓了再吃。然而，不可以讓他吃一些餅乾或甜食，因為這樣只會餵養他日後對空熱量食物（熱量很高，但營養含量很低的食物）的興趣，降低他對營養食物的食慾。或許很難相信，但你若提供一系列有益健康的食物一陣子，並且不強迫他吃特定某一種，孩子自然就會養成均衡的飲食習慣。

孩子基本營養成分應該由以下 4 種食物組成：

1. 肉、魚、家禽、雞蛋、豆類。

2. 鈣質來源（乳製品、豆類、深綠色蔬菜、種子類、豆腐）。

3. 水果和蔬菜。

4. 全穀類、馬鈴薯、米飯、麵包、麵食。

如果父母試圖透過強迫孩子清空盤子內的食物來控制孩子要吃多少，孩子可能不會學會對飢餓感的自我調節，這可能會導致他繼續進食而忽略飽腹的跡象，並可能導致肥胖。這種行為也可能導致孩子拒絕吃飯，有時反而會讓體重增加不足。

健康發展觀察項目

每個孩子都有自己獨特的發展方式，因此不可能準確判斷孩子什麼時候可以發展出某種特定的技能。儘管本書中列舉的發育里程碑可以使你對孩子成長過程的預期變化有大概的了解，但是如果他的發育進程有一些差異，也沒有必要驚慌。在本階段，如果孩子可能有下列發育延遲的現象，應徵詢小兒科醫師的建議：

- 18 個月時仍然不會走路。
- 在學會走路幾個月後，還不能完成熟練的腳跟 —— 腳尖行走方式，或者說只能用腳尖行走。
- 18 個月時不能講超過 15 個單詞的話。
- 2 歲時無法使用 2 個詞的句子。

- 15 個月時似乎不知道家中常見物品（刷子、電話、電鈴、叉子、湯匙）的用途。
- 2 歲時仍然不會模仿動作或語言。
- 2 歲時仍然不能遵循簡單的指令。
- 2 歲時仍然不會拉有輪子的玩具。

當你為這個年紀的孩子設計食譜時，膽固醇和其他脂肪不應該被限制，它們對正常成長和發育來說非常重要。嬰兒和幼童大約有 50％ 的熱量應該來自脂肪，當孩子滿 2 歲後，你可以逐漸降低脂肪的含量（到了 4、5 歲時，每日約有 30％ 的熱量來自脂肪）。雖然你不該忽視童年肥胖問題增加的趨勢，不過，這個階段的孩子仍然需要足夠的膳食脂肪。然而，並非所有的脂肪都是相同的，有些脂肪是健康的脂肪，有些則是不健康的。酪梨、橄欖油、魚、堅果醬中含有健康的脂肪，每日食用它們對你和你的孩子都有好處，而油炸物、速食與許多包裝食品中的脂肪對所有年齡的人來說都是不健康的脂肪。如果你讓孩子每日的熱量攝取量保持在 1,000 大卡，那你就無須擔心吃太多和過重的風險。

目前已養成成人的飲食喜好。

專欄 滿 2 歲前的社會／情感發展里程碑

- 獨立性越來越強。
- 開始顯露挑釁性行為——特別是在那些讓他感到安心的成人面前。
- 1 歲半時分離焦慮增加，此後逐漸消失。

孩子 1 歲時，就可以吃大部分你為其他家庭成員準備的食物，但要留心幾點：首先，你要看食物是否還燙口，不然會燙傷他的嘴；你要親自檢測食物的溫度，因為他會毫無顧慮的從深處往外挖；同時也不要讓他吃太多香料、鹽、奶油等調味品，這些添加劑會掩蓋食物的原味，對日後長遠的健康可能造成危害。幼兒對這些調味料似乎比大人敏感，可能會拒絕重口味與辛辣的食物。

幼兒仍然可能會噎到，吃到太大塊的食物足以阻塞氣管。4 歲以前的孩子還不太會咀嚼和磨碎食物，所以，確保他們的食物是搗碎或切成小塊、容易咀嚼的大小。千萬不要給他們整顆堅果、葡萄（對切或切成 1/4 塊是可以的）、小番茄（除非切成 1/4 塊）、胡蘿蔔、爆米花、種籽類、整根或大塊熱狗、肉條，硬糖或軟糖（包括雷根糖或小熊軟糖）或大塊花生醬（可塗抹在餅乾或麵包上），特別是熱狗和胡蘿蔔要縱向切成小塊。此外，確保幼兒吃東西時一定要坐著，並且在成人的監督下進食，雖然他可能一次想做很多事，但是「邊跑邊吃」或邊吃邊講話，都可能增加窒息的風險，你要盡早教他說話前先將嘴巴裡的食物吞下。

當孩子滿 1 歲或那之後不久，學步期的孩子應該學會用杯子喝液體食物。目前他需要較少的牛奶量，因為他可以從固體食物中獲得大部分熱量。

1 歲過後的母乳餵養

　　AAP 建議以母乳結合嬰兒副食品餵養直到至少 12 個月大，並在母嬰雙方都有意願的情況下繼續母乳餵養。許多嬰兒會持續進行母乳餵養直到開始學步。沒有必要讓寶寶在 1 歲時停止母乳餵養，你的孩子可能會想在白天繼續餵幾次奶，這是正常的。隨著孩子們對周圍環境的參與度越來越高，他們自然會越來越少吃奶。在接近睡眠時間的餵食通常會是最後一次（記住在餵食後刷牙）。嬰兒在 1 週歲後仍然可以從母乳餵養獲得好處。母乳仍然是良好的營養來源，且不會失去其有助於抵抗疾病的特性。

適合 2 歲孩子的玩具

- 大圖畫和簡單故事製作的大開本圖書。
- 印有嬰兒圖片的書或雜誌。
- 積木。
- 空心堆疊玩具。
- 形狀簡單的分類玩具和圖板。
- 簡單的益智拼圖玩具。

- 辦家家酒的玩具（孩子的割草機、廚房食具、掃帚）。

- 挖掘類的玩具（桶子、鏟子、耙子）。

- 大小不同的洋娃娃。

- 小汽車、卡車、火車。

- 各式各樣的不易破碎容器。

- 浴室玩具（小船、容器、會漂的吱吱叫的玩具）。

- 各式各樣的球（除了孩子可能放進嘴裡的球）。

- 能推能拉的玩具。

- 室外玩具（滑梯、鞦韆、沙箱）。

- 兒童三輪車。

- 相互連接的玩具（連環、大的串珠、S 形物體）。

- 絨毛動物。

- 兒童樂器。

- 長蠟筆。

- 玩具電話。

- 各種尺碼、不易碎的鏡子。

- 裝扮的衣服。

- 一些可以讓他在家搜尋的物品，例如木勺、舊雜誌、籃子、紙盒等其他類似安全不易破碎的家用品。

膳食補充：美國小兒科學會建議幼兒每日至少攝入 600 IU（15 微克）的維生素 D。由於大多數兒童的飲食不足以提供這麼多的維生素 D，因此許多小兒科醫師建議每天食用維生素補充品。不然的話，如果你給孩子準備的食物是四大基本食物中的組合，而且讓他廣泛嘗試各種味道、顏色和類別的食物，這樣他的飲食應該會均衡且富含大量的營養素。然而有些維生素如果大量服用可能會帶來健康的風險，例如脂溶性維生素（A 和 D），當食用過量時，它們會儲存於組織中，等到儲存量超標時，孩子可能會因此生病。此外，高劑量礦物質如鋅、鐵，如果長期食用，對身體也會造成負面的影響。一定要和你的小兒科醫師討論給兒童的維生素與其他補給品，以確保兒童有得到他所需。

不過，對某些兒童而言，補充膳食營養素非常重要。如果你們家的飲食習慣使孩子不能吃到某種食物，他就需要補充一些維生素或礦物質。如果你們家吃全素，或者不食蛋類和乳酪，他可能就需要補充維生素 B_{12}、維生素 D、核黃素和鈣。缺乏維生素 D 就與軟骨症，這是一種骨頭軟化的疾病有關。至於需要哪一種維生素和補充量，你可以請教小兒科醫師（參考第 144 頁維生素 D 補充品）。

有些幼兒確實會有**缺鐵**的現象，導致貧血（血液含氧量不足），其中有些原因是因為膳食引起的。學步期的孩子每天需要 15 毫克來自食物中的鐵質，但許多兒童短少（含鐵食物來源請參考第 333 頁）。如果孩子喝大量牛奶而未食用夠多含鐵豐富的食物，可能會導致缺鐵性貧血（其中一個原因是孩子感到飽而對其他食物不太感興趣，其中某些食物是鐵的潛在來源）。將富含鐵的食物與富含維生素 C 的水果相結合，可以幫助兒童吸收更多的鐵。在烹飪中使用鑄鐵鍋具也可以增加食物中的鐵含量。貧血的其他原因包括鉛中毒，這也可能與缺鐵一起發生。在孩子 1 歲和 2 歲的時候檢測體內的的鉛含量非常重要。

如果孩子每天的喝的牛奶少於 16 盎司（480 毫升），那你要繼續給他補充維生素 D 滴劑（滿週歲以後，每日 600 IU，即 15 微克），並且持續提供各種富含鐵質的食物，最終他將不再需要補充營養品。更多關於維生素 D 的資訊，請參考第 144 頁。

停止使用奶瓶

　　睡覺時用奶瓶喝任何白開水以外的飲料的嬰兒，有極高的風險可能會產生蛀牙。大多數小兒科醫師建議 1 歲左右要完全戒掉奶瓶，最晚到 18 個月後就不能再用。你越早開始讓他戒奶瓶，這個過程也就越容易，如果你是親餵母乳，那就更用不到奶瓶了。孩子在 6 個月大時就可以讓他學習用杯子（或吸管杯）喝奶，到快滿週歲時，他應該已經應用自如。只要他可以用杯子喝水，就再也不需要用奶瓶喝。如果你一定要給他奶瓶，那麼只限於喝白開水。不幸的是，戒掉奶瓶不如想像的那麼容易。首先，白天不要使用奶瓶，然後再發展到晚上和早上不用，最後是就寢時間也不用奶瓶。但記住，在這個過程中，奶瓶的內容物都只限於白開水。如果一開始寶寶不願意喝白開水，你可以慢慢一點一滴加水稀釋配方奶或其他液體，等到過了 1 或 2 個星期，奶瓶內就只剩下白開水。

　　我們很容易養成習慣用奶瓶來安撫孩子或幫助他入睡。但這個年齡的孩子夜間不再需要吃喝任何東西，如果你仍然給孩子餵食物，你應該停止，即使他渴了、餓了要奶瓶，夜間餵養的安慰性因素仍然大於營養因素，奶瓶很快就會變成孩子的依賴，並且妨礙孩子學習自己睡眠。如果他僅僅哭喊一會兒，就讓他伴隨哭聲重新入睡。幾個夜晚之後，他將可能完全忘記奶瓶這回事。如果這種方法行不通，你可以請教小兒科醫師，以及閱讀本書關於睡眠的其他單元（例如第 228 和 256 頁）。

　　此外，就寢前給學步期孩子喝一點飲品或者其他健康小點心也很好——確保吃完後刷牙。短暫的母乳餵養、喝牛奶或其他液體、甚至吃一些水果或者其他有營養的食物都可以。如果吃零食用的是奶瓶，逐漸換成杯子。

　　無論吃什麼零食，在孩子吃完後，都要用少量含氟牙膏（1 粒米的大小）與軟布、棉布或牙刷幫他刷牙，即使孩子睡著了，你仍然可

以讓他躺在你的腿上，幫他做好清潔牙齒的工作。不然的話食物將整夜殘留在他的口腔內，使牙齒變壞。如果孩子需要安慰才能入睡，就讓他抱一件喜歡的玩具、毛毯或者吸吮大拇指——但絕對不是除了裝白開水外的奶瓶。

自己進食：寶寶 12 個月時，已經習慣用杯子喝水或牛奶，用湯匙吃食物或用手吃飯。15 個月時，他的控制能力更好，能比較容易的把食物放進嘴裡，和把食物弄得到處都是假如那感覺更有趣的話。現在他可以一鼓作氣將湯匙裝滿食物送到口中，雖然偶爾在最後一刻湯匙可能會傾斜而將食物灑出來。這時必備打不破的盤子和杯子，因為他們可能因為無聊而玩弄食物和丟杯盤。當他們出現這種行為時應該立即制止，並且將新的餐具放回適當的位置，如果孩子依然固態復萌，你可以考慮先停止用餐直到下次進食時間。

18 個月時，當孩子想使用餐具時，他可以使用湯匙、叉子和打不破的杯子或者茶杯，但他不一定總是會想用。有時他寧願用手抓布丁或把盤子當飛盤丟。有些孩子在 2 歲前就不再出現這種不良的飲食行為，當食物灑出或者把手弄髒時，他們甚至會很生氣；可是有些孩子在 2 歲以後仍會繼續這種雜亂的吃法。

不要吃甜食

幾乎所有的人天生都喜歡甜食，初學走路的孩子也不例外。與其他人一樣，他對甜味帶有與生俱來的喜好，並且已經對不同濃度的甜味十分敏感。如果給他 1 片地瓜和 1 片烤馬鈴薯，他每次都會拿地瓜；如果讓他選擇地瓜和餅乾，餅乾可能會更常勝出。所以你想讓他拿 1 片乳酪時，如果他直接去拿糖果和冰淇淋，這並不是你的問題。但你有責任限制他吃甜食，並且讓他吃含有更多促進成長而不是助長蛀牙的營養飲食。

幸運的是，當甜食不在視線範圍內時，學步期的孩子就不會在腦海裡想到它們，所以你要不是別把甜食帶回家，就是要把它們藏起來。此外也要避免在兒童的食物中添加糖，不要讓吃甜點成為日常事件的一部分。至於零食，取代甜食或油膩的食物，可以讓他吃少量健康的食物，如水果、全麥麵包和餅乾、奶酪。換句話說，從小開始培養一生受用無窮的**良好健康飲食習慣**。

1 歲孩子 1 天的食譜範例

這份菜單是為體重大約 21 磅（9.5 公斤）的週歲孩子設計的。

1 杯＝ 8 盎司＝ 240 毫升

1 盎司＝ 2 茶匙＝ 30 毫升

1 大湯匙＝ 1/2 盎司＝ 15 毫升＝ 3 茶匙

1 茶匙＝ 1/3 大湯匙＝ 5 毫升

早餐

- 1/2 杯富含鐵質的穀類早餐或者 1 個水煮蛋
- 1/2 杯全脂牛奶或 2% 減脂牛奶
- 水果可添加至穀物麥片中，或直接吃
- 1/2 個香蕉，切成薄片
- 2 ～ 3 個大草莓，切成薄片

點心

- 1 片土司或全麥鬆餅，搭配 1 ～ 2 大匙奶油乳酪或花生醬或添加
  水果的優格
- 1 杯全脂牛奶或 2% 減脂牛奶

午餐

- 1/2 個三明治 —— 切片雞肉或火雞
  肉、鮪魚、雞蛋沙拉、花生醬
- 1/2 杯煮熟綠色蔬菜
- 1/2 杯全脂牛奶或 2% 減脂牛奶

點心

- 1 ～ 2 盎司（15 毫升）切小塊的乳酪，或者 2 ～ 3 大湯匙水果或
  蘋果
- 水或 1/2 杯全脂牛奶或 2% 減脂牛奶

晚餐

- 2 ～ 3 盎司（20 毫升）煮熟的肉類，磨碎或切成小塊
- 1/2 杯煮熟的黃色或者橘黃色蔬菜
- 1/2 全穀米飯或麵類或馬鈴薯
- 1/2 杯全脂牛奶 2% 減脂牛奶

鐵的來源

含量極高

紅肉	糖蜜
鐵強化全穀麥片	

含量豐富

漢堡	蝦	帶皮烤鈴薯	乾杏桃
瘦牛肉	香腸	四季青豆	葡萄乾
雞肉	雞蛋，蛋黃	腰果	乾梅子，梅汁
鮪魚	菠菜，芥菜葉	大豆	草莓
火腿	蘆筍	豌豆	番茄醬

我們的立場

　　幼兒期過重和肥胖儼然已是全國的健康危機，肥胖導致壽命縮短、生活品質變差，還會衍生許多慢性疾病，許多症狀甚至從幼年時期已開始產生。我們擔心，現在這一代的壽命可能比他們的父母還短，因為長期受到肥胖的影響。不過，預防和處理肥胖的措施有許多，而且越早開始越好。幼兒時期小小的調整（飲食、食量和運動等）就可以預防未來許多健康上的問題。但這並不是一勞永逸，因為以目前的大環境而言，健康的選擇永遠都不是最容易的，不過結果卻很值得！以前普遍認為孩子在成長過程中，他的體重可能會超出或低於正常範圍，但現在情況已非如此，事實上，過去 20 年來，美國的兒童肥胖率增加 1 倍，青少年肥胖率更是劇增 3 倍。肥胖會影響我們身體所有的系統，可能造成潛在的嚴重健康問題，包括糖尿病、高血壓、睡眠呼吸中止、肝衰竭等其他更多的疾病。此外，由於兒童心理上感覺異於其他同儕，進而可能會因壓力而導致抑鬱、焦慮和自卑。

　　美國小兒科學會認為，早期小小的改變就可以預防終生的併發症，其中父母和小兒科醫師可以採取一些措施讓孩子維持與達到健康正常的體

重。你的小兒科醫師應該從孩子出生那一刻起監測他的體重增加速度，他會將孩子的體重與身高進行比較，確保孩子的體重是否在他的年齡、性別和身高的健康範圍中。體重與身長比例達到或高於 85 ％（高於 85% 的同齡和性別兒童）屬於過重；比例等於或高於 95 ％ 則屬於肥胖。（參見附錄中的增長圖表。）這些類別預測當前和未來醫療問題的風險：體重與身長的比率越高（超過 85 個百分點），風險越大。美國小兒科學會最近認可世界衛生組織（WHO）的嬰兒成長曲線圖，也就是說從孩子出生開始你的小兒科醫師就可以開始評估孩子的健康體重。嬰兒不應該節食，不過這個成長曲線圖可以確保你的嬰兒或學步期孩子健康成長，或許可以不需要補充多餘的配方奶或營養補充品，對那些擔心嬰兒吃不飽的父母們有所幫助。

有些孩子因為家族史（包括基因、新陳代謝緩慢、家族飲食習慣）的因素容易發胖，不過，只要改變健康飲食、增加身體的活動量，幾乎都可以改善孩子的體重問題。養成孩子多運動的生活習慣，從家裡到托兒所和學校做起，為他們一生的健康之路做好準備。與你的小兒科醫師討論，如何從嬰兒期培養健康的飲食習慣，例如減少或限制果汁，提供多樣的健康食物，特別是蔬菜和水果，並且持續這些習慣到童年時期。在早期，讓你的孩子自己決定何時吃飽。孩子的口味會隨著時間而改變，新的食物可能要嘗試 10 次以上才會喜歡。選擇一些營養的點心，包括蔬菜、水果、低脂乳製品和全穀物。關掉電視俾讓孩子坐在餐桌上吃飯，盡可能與家人在不被電話或電視打擾的情況下一同用餐。研究指出，看太多電視的兒童似乎有超重的傾向。用餐時間可以成為家庭溝通的絕佳時機（參考 32 章，媒體章節）。

做好如廁訓練的準備

當孩子快滿 2 歲時，你可以開始考慮訓練孩子上廁所，或許你可能是考慮帶他去需要完成如廁訓練的托兒所或幼稚園。但是，在開始訓練前，首先聲明，當孩子再大一些，如廁訓練會比較容易，同時也會比較快完成。的確，早期訓練有可能成功，但並非必要，這甚至會帶給幼兒不必要的壓力，他可能還不太會控制腸道或膀胱的力道，或者還不太會正確快速的脫衣服。

許多孩子在 2 歲後（男孩通常比女孩子稍微晚些）就已做好大小便訓練的準備，不過你的孩子或許早就準備好了。

如果孩子已經做好進行大小便訓練的準備，你可以參閱第 370 頁相關內容。即使他還沒有準備好，你仍然可以用如廁訓練便椅讓他熟悉整個過程，用最簡單的方式向他解釋這一切是如何運作。

在家你可以選擇使用「尿尿」和「便便」等用詞，讓他熟悉兩者的區別。很快的，當他拉出來後，他可以告訴你是尿尿還是便便。雖然這並不表示他已準備好要接受如廁訓練，不過這是開始的第一步。隨著他日漸長大，你可以讓他看尿布上的便便去了哪裡，讓他按下沖馬桶的按鈕，當他越熟悉這個過程，一旦開始如廁訓練後，他就比較不會那麼害怕和混淆了。

睡眠

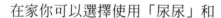

有時我們真想就此罷手，乾脆讓孩子照自己的意思，玩到筋疲力竭後倒頭入睡，不過，這樣只會讓規律的睡眠習慣養成更加困難，白天和夜間的睡眠對他們而言非常重要，與其看著時鐘，等待他們想睡的跡象，然後將此作為他的日常睡眠作息，不如與孩子討論，建立一個睡前儀式，包括洗澡、講故事或唱歌，這個儀式最後是要讓他安靜下來，醒著躺在他的床上準備睡覺，然後在你離開房間之前，給他晚安的輕吻。如果他不停的哭喊，可以用第 9 章和第 35 章描述的方法引導他獨自入睡。在這個年紀使用情感轉移物品或許會有幫助。

不幸的是，你與孩子的睡眠爭戰不只是抗拒睡眠時間而已，他第一次睡一整晚時，你還真以為睡眠問題就此結束？身為學步期孩子的父母，你要知道真相如何：他可能持續好幾天、好幾個星期，甚至好幾個月睡一整晚，然後又開始像新生兒一樣，經常在夜間醒來。

日常作息改變是夜晚醒來的常見原因。換房間或床、遺失最喜愛的玩

具或毛毯、旅遊或生病等，都可能干擾他的睡眠。以上這些都是他醒來的各種原因——但是你不要去抱他或讓他進你的房間。即使他開始哭鬧，你也要堅持讓他自己入睡。相關資料請參考第 9 章。

如果學步期孩子習慣在夜間尋求更多關注，你要重新對他進行漸進式的訓練。如果你一直在他醒來時給他牛奶喝，這時應該先改用稀釋的牛奶或水，然後再完全停掉。如果你一直抱起他，這時要克制自己只在遠距離用聲音口頭的安慰他。總而言之，如果情況仍未改善，也不要發怒。你的態度要溫柔而堅定，雖然這不容易，但長期下來，你和他的睡眠品質都會提升，詳細資料可參考第 35 章睡眠。

行為

規範

家有學步期的孩子會有一種銳氣盡失的體驗，但同時間又有新挑戰和冒險的機會。在你的孩子出生之前，或者還是一個小嬰兒時，你可能常常看到有些人的孩子發脾氣，並且心想：「將來我的孩子決不會那樣。」現在你已經明白，任何孩子都會做出意想不到的事情。你可以指導孩子，教他什麼是對的，在大部分時間有效，但是你不能強迫他事事如你的要求，所以不如面對事實：有時候，大家正盯著看的那個任性發脾氣的孩子就是你的！

在本階段，孩子的「好」、「壞」觀念有限，不能完全理解規則或警告的概念。你可能說：「如果拉貓的尾巴，牠會咬你。」但這對他來說這毫無道理，甚至「對小貓好一點」可能也不夠清楚。不論他跑上大街或者拒絕奶奶的吻，這都不是有意的不良行為，也不意味著是父母的失職，那只是他衝動的表現，這可能需要好幾年溫柔而堅定的指引，才可能讓他完全瞭解你對他的期待，並且克制自己以符合你的期待。

許多人都把規範視為懲罰，事實上，規範意味著教導或指引，處罰或許是其中一部分，不過，更重要的部分是關於愛。對孩子的愛心和關懷是你與孩子關係的核心，這對孩子行為的形成具有非常重要的作用。你的愛心和關心將教會他關心自己也關心他人；你的忠實、全力以赴和信賴的表

率也會教導他同樣的道理。

此外，在教他明辨是非的同時，你的自制力表現有助於他的自律性發展，簡單來說，若要孩子行為得體，你一定要以身作則。

假設你有計算對孩子的賞罰次數，你絕對會希望對孩子表達愛的次數大大多於處罰和批評。即使只是一個快速的擁抱或親吻，或者溫柔的打鬧都可以讓孩子感受到你對他的愛。當你的孩子在一天之中都表現良好，你和他的相處也很愉快時，這時你一定要用你的方式給他一個擁抱，告訴他做的很好，盡可能隨時「捕捉」讚美他的良好行為。特別是 2 歲期間，討你歡心是他非常重要的事情，因此讚美和關心是最好的獎賞，可以激勵他遵守你為他制定的合理規範。

孩子需要健康的規範形式，例如對適當行為的積極強化、制定限制、重新引導和制定未來的期望。重要的是，對孩子的行為期望要實際，他們表現出來的是自己個人的性情和性格，不是你的幻想。他或許比你想像的更好動和更愛發問，如果你堅持長時間讓他留在圍欄內或高腳餐桌椅上，這只會讓他更抗拒和更沮喪。

即使你的孩子是「模範」小孩，仍然要讓他知道你的期望。告訴他一次他記不住的，他一定要經過試驗和犯錯（通常要犯錯幾次），才會瞭解你制定的規範。

如果你是單親父母，在日常生活中，你可能會遇到得獨自處理孩子行為問題的挑戰。請記住，雖然你可能會因此感到孤獨，但有許多資源可以提供幫助，包括家人、朋友、宗教社群和家長支持團體。如果你不確定該從哪裡開始找起，小兒科醫師的辦公室可以幫助你聯繫他們。

另一個重要提示：如果你給這個年紀的孩子太多規範，你一定會受挫，孩子也會因此受傷和困惑。你們可以先列出一些優先事項，然後慢慢建立規範，這樣對你們雙方都會比較容易接受。最重要的規定應該是確保他的安全，因為當孩子會走路後，安全規範會是至關緊要的，提供他一個可以自由安全探索的區域，確保所有需要兒童安全鎖的地方都有上鎖。此外，確保他知道打、咬和踢的行為是不好的，一旦他遵守這些規範後，你就可以將重點放在妨礙他人的行為，例如在公共場所大聲尖叫、扔食物、在牆上亂寫亂畫，以及在意想不到的時候脫衣服。其他一些社交禮儀的小細節，你可以等到幾年後再慢慢教他。因為要求一個急著到外面玩的 18

個月大孩子回應奶奶的親吻,實在有點太不盡人情了。

儘管你想盡辦法預防,有時孩子還是會破壞一些或所有規範。當這種情況發生後,你可以用臉部表情加上嚴厲的語氣提醒他,然後將他移到不同的地方,有時這樣就足以讓他瞭解。但大多數情況並非如此,所以你得準備好其他方法,最好趁現在孩子還小,你還很平靜時做好因應之道,不然,到時你的怒火上升,或者日後孩子更加調皮時,你很可能會把持不住動怒,做出一些後悔不已的舉動。

與自己做好這個重要的約定:決不可用傷害孩子身體和情緒的懲罰手段。當有必要讓他知道自己做錯事情時,不意味著你一定要打痛他。打他一巴掌、打一下或者大聲喊叫對任何年齡的孩子都沒有好處。主要的理由如下:

- 即使當下這樣可以阻止孩子的不端行為,但同時也教會他在不高興或者生氣時打人或大聲喊叫是可以的。想想正在忙著打孩子的媽媽對孩子大聲喊叫:「我告訴你,不可以打人!」很荒謬,是不是?不過,這是常見的悲劇,其結果也同樣可悲:經常被打的兒童,最後往往也會成為打人者,他們學會暴力是一種可以用來表達憤怒和解決衝突的行為。學步期的孩子會模仿你所做的一切。
- 體罰會傷害孩子。如果輕輕打一下沒有作用,許多父母會在更氣憤與惱羞成怒下,更用力鞭打孩子。
- 體罰會造成孩子對父母心生怒氣與怨恨,反而無法培養孩子自律,而是想盡方法鑽漏洞不讓父母抓到,持續表現一些不當的行為來「回報」父母。
- 體罰會使孩子感受到極端的關注。雖然過程很不愉快,甚至還會痛,但它告訴孩子他得到了父母的關心。如果媽媽或者爸爸工作忙或沉溺於其他事情,不能給予他足夠的關注,孩子可能會決定不當的行為和接下來的懲罰,只要能引起父母的注意,這樣就值得了。
- 喊叫和其他嚴厲的口頭紀律會導致孩子在未來幾年的攻擊性、行為問題和憂鬱症。

體罰對父母和孩子而言,情緒上都會受到傷害,而且是最無效的規範。那你應該怎麼處理呢?這或許不太容易,但處理孩子不良行為最好的

方法是暫時隔離。沒有關注、沒有玩具、沒有玩樂，也就是「暫停隔離」，以下是具體作法：

1. 如果你已經告訴孩子不要開烤箱門，但他非要開。

2. 不要提高你的聲調，再一次堅定的說：「不，不能開烤箱門！」並抱起讓他面向前方。

3. 讓孩子背向你坐在你的大腿上，開始「暫停隔離訓練」，就這樣抱著他，直到他平靜下來。

　　暫停隔離的關鍵在於態度要一致與保持鎮靜，儘管這是困難的，但每當孩子違反重要的原則時，要立即做出反應，最好不要動怒。像大多數父母親一樣，你不會每次都成功，偶爾一次失手，差別並不會太大，請試著保持態度一致。

　　當感到自己想發脾氣時，深吸氣，數到10，如果可能，找其他人來介入這件事。要提醒自己，你是大人，應該比孩子聰明。你應該明白這個年齡的孩子不會故意擾亂或惹你生氣，因此保持你的理性。總之，你越落實對自我的管理，你對孩子的管教也會越有成效，記住，他們時時刻刻都在觀察你，並且模仿你！

孩子發脾氣時的處理方法

　　在你忙於給孩子制訂生活規範時，他正處於試圖掌控自己命運的階段，這使他不可避免地，會不時的與你發生衝突。在你要求1歲的孩子做某些事情，而他搖著頭用力說「不」時，這是衝突的第一信號，過些時候，他的抗議也許會發展成為一陣陣大聲尖叫或者大發脾氣，躺在地板上、咬牙切齒、拳打腳踢大聲喊叫，甚至屏住呼吸。你或許很難容忍這些行為，但這是孩子面對衝突時所採取的正常（甚至健康）方式。

　　從他的觀點來看、和所有幼兒一樣，他認為世界圍繞著他轉。他正在努力嘗試獨立，而且大部分時間你都鼓勵他要堅強果斷。然而有時當他想嘗試一些非常想做的事情時，你反而會把他拉開或者讓他做其他的事，他難以理解為何你要阻礙他，也無法用口語表達他的不高興，因此發脾氣成了他表達挫敗的唯一方式。

避免脾氣發作

（參考第 607 頁發脾氣）採用規範約束對孩子有幾個明顯的優點。首先，因為你明白爭執不可避免（你甚至能預料會引起他發脾氣的事情），你可以提前進行計畫，準備對策。

遵循下列指導方針有助於把孩子的暴怒傾向、次數和強度降到最低程度。請確保照顧孩子的每一個人都理解，並一致遵循下列方針。

- 在要求學步期的孩子做某件事時，盡量用溫和的語氣表示請求和邀請，而不是命令。同時用：「請」和「謝謝你」的字眼也會有幫助。

- 當聽到他說「不」時，反應不要過分強烈。在某段時間內，他可能對任何要求和命令的自然反應都會說「不」。本階段的孩子甚至會對霜淇淋和蛋糕說「不要！」他真正的意圖是要表達：「我喜歡自己做主，所以我要說『不』，直到我認為玩夠了或看到你非常嚴肅。」這時不要指責他，只要平靜清楚地重複你的要求，回應他言下之意的抗議。不要因為他說「不」就懲罰他。

- 謹慎選擇戰事。他一般不會發脾氣，除非你先逼他。因此除非必要，不然不要逼他。用安全帶把他扣在兒童安全座椅上是第一優先的事情；確保他在吃蘋果醬前先吃完豌豆則不是重要事件。既然現在他對每件事都說不，你只要在真正的必要時刻對他說「不」就可以了。

- 在有限的範圍內，盡可能讓他做選擇。讓他決定穿哪一件睡衣、讀哪個故事、玩哪個玩具。如果你鼓勵他在這些方面有主見，那麼當雙方意見不合時，他比較有可能會順從你。

- 不要提供不存在的選擇，也不要和他談交換條件。像有些事情如洗澡、上床時間和禁止在街上玩耍等，這些都是沒有商量的空間，不要因為他遵守這些規範就給他點心，或多帶他去公園

一次作為獎勵，收買他只會讓他學到，當你忘記給他「講好的條件」時，他就可以破壞規範。

■ 避免一些已知可能會觸發他生氣的情況。如果他總是在超級市場找麻煩，在你接下來幾次購物時，讓他與你的配偶或陪伴者在一起，或者找 1 位照護者；如果他有 1 個玩伴似乎總是惹惱他，你可以把他們分開幾天或者幾星期，看看狀況是否有改善。

■ 對於他的良好行為給予充分的讚美和關注。即使你只在他看書時陪他一會，你的陪伴表示你認同這種靜態的活動。

■ 保持你的幽默感。雖然笑孩子又打又叫的行為（那只是他的把戲）並不是一個好的主意，但在他不在場時，與朋友或大一點的家庭成員一起談笑這件事也是有療癒的作用。

發脾氣是難免的，因為孩子的性情大部分是天生的。如果他的適應能力強、隨和、積極、而且容易分散注意力，當你試著指引他時，他可能從不拳打腳踢和尖叫；相反的，他會頂嘴、說「不要」或者掉頭就走，他還是有反抗的行為，只不過是用低調的方式。另一方面，如果孩子非常好動、反應強烈，從嬰兒時期就很固執，他的脾氣可能會和他的性格一樣強硬，這時你有必要反覆提醒自己這種現象沒有所謂的好壞之分，也無關乎你的教養技巧，你的孩子也不是故意跟你作對，這只是他的發展過程中一個正常的階段，不久就會過去（不過可能不如你想像的那麼快）。

當家有脾氣暴躁的孩子時，以下的重點要牢記在心：

■ 如果你將孩子的發脾氣當作一種把戲，你也許能輕鬆處理學步孩子的暴怒。這會提醒你該如何阻止他：也就是讓觀眾離開，讓他演不下去。既然你是孩子發脾氣的唯一觀眾，這時你就離開房間。如果孩子跟隨，就需要採用「暫停隔離」把他放在嬰兒圍欄內。此外，當他發脾氣時，如果有任何拳打腳踢或咬人的行為，這時一定要立即執行「暫停隔離」，雖然當下有這種攻擊的行為很正常，但你也不可因此讓他得過且過。

我們的立場

美國小兒科學會強烈反對毆打兒童。體罰永遠不可取，父母鞭打孩子可能會造成嬰兒身體上的傷害。如果是不經意打了孩子，事後父母親應該平靜地向他解釋為什麼那麼做、起因為他的何種行為，以及父母生氣的感受，而且父母親應該為自己的失控向孩子道歉，這通常有助於幼兒理解自己為何被打，並且學會當犯錯時如何彌補過錯。只要父母一打孩子，孩子成長過程所需的信任關係就一點一滴的流失，雖然嬰兒經常讓父母備感頭痛，不過以下有幾個替代方法：首先，當你需要冷靜時，將嬰兒放在嬰兒床或安全的地方，尋求親朋好友或伴侶的支持，如果這些方法都不管用，你可以徵詢小兒科醫師的意見。

- 當孩子在外面發脾氣時，父母更是難以保持冷靜。特別是在公共場合，你不能離開他到另一個房間，而且當你無計可施與感到難堪時，你很可能會忍不住打他、罵他或對他大吼大叫，但這樣並不會使情況好轉，即使是在家裡也一樣，反而會突顯你比孩子更糟糕。與其打他或讓他撒野——這兩種方式只會助長他耍脾氣——不如冷靜帶他離開現場到洗手間或車上，讓他在沒有旁觀者的注目下，好好完成他的「把戲」。另外，有時在公共場合，緊緊的擁抱和平靜的聲音也能安慰孩子使他平靜下來。
- 當孩子發完脾氣或「暫停隔離」結束後，不要一再強調他之前的錯誤，如果他又再次因相同的事件而發脾氣，這時你要冷靜重複地告訴他，態度要從容且堅定，不久他就會意識到發脾氣只是在浪費彼此的時間而已。
- 偶爾，孩子大發脾氣時可能會屏住呼吸，時間若過長會導致短暫暈厥，雖然這種情況令人恐懼，但在 30 至 60 秒內就會醒來。這時你只要確保他的安全和保護他，不要反應過度，否則只會強化孩子在發脾氣時屏住呼吸的行為。當你不引以為意後，這種行為通常很快就會消失。

家庭關係

因爲學步的孩子非常自我中心，他的哥哥、姊姊可能會覺得他是一個負擔。他不僅佔用你大量的時間和精力，也經常故意入侵與霸佔哥哥和姊姊的領域，當他被趕出來時，他可能會發脾氣。即使哥哥姊姊因爲他是嬰兒而愛護和容忍他，但他們一定會表現出一些不滿的情緒——至少偶爾會有。

如果你強制執行規範來保護大孩子的隱私，並且挪出時間專門陪伴他們，這將有助於讓他們和平共處。不論他們多大，所有的孩子都想得到你的愛和關心。無論是準備幼稚園的野餐、計畫一項小學的科學計畫、嘗試加入初級足球隊，或者煩惱初中畢業舞會，他們與學步的孩子一樣需要你。

如果你的學步期孩子是哥哥或姊姊，那麼競爭的情況會更加激烈（參考第 763 頁手足之爭），他的自我中心會增強他的嫉妒心，也不會理性的處理這些情緒。

通常他的嫉妒不完全是針對嬰兒，是他認爲你沒有給他應有的關注而生氣向你宣戰。當他做所謂「正確」的事情（自己一個人安靜的玩）卻沒有得到足夠的關注時，他一定會毫不猶豫猛踩你的底線。對一個學步期的孩子而言，沒有負面關注這回事，只要能得到關注就好！他們寧願你生氣注意到他，也不願被你忽視（順帶一提，這也是爲何暫停隔離之所以有效的原因）。（更多有關讓兄弟姊妹爲新生兒做好準備的資訊，請參考第 1 章。）

 # 免疫接種

12 ～ 15 個月之間的學步孩子必須施打 Hib 疫苗（B 型嗜血桿菌疫苗）加強劑和肺炎鏈球菌疫苗。這些疫苗有助於預防 B 型流感嗜血桿菌與肺炎鏈球菌株所引起的腦膜炎、肺炎和其他連帶感染。在這個期間，學步期的孩子應該施打第一劑麻疹、腮腺炎、德國麻疹（MMR）疫苗，水痘和 A 型肝炎疫苗。在 12 ～ 18 個月期間，學步的孩子也必須完成以下疫苗的接種：

- 第四劑 DTaP 疫苗（白喉、百日咳、破傷風三合一疫苗，可以在滿週歲時施打，不過建議在 15 ～ 18 個月大施打）。
- 第三劑小兒麻痺疫苗（如果之前還沒有施打）。
- 第四劑肺炎鏈球菌疫苗。
- 第四劑 B 型嗜血桿菌疫苗。
- 第二劑 A 型肝炎疫苗（至少與第一劑間隔 6 個月）。

血液檢查

對 12 個月大的兒童健康檢查中，你的孩子應該接受血紅蛋白和血鉛濃度檢驗，以分別評估貧血和鉛中毒。缺鐵性貧血在嬰幼兒中很常見，這種情況代表兒童可能需要補充鐵質。此外，由於孩子經常有從手裡到嘴裡的活動，學步期的孩子可能會咀嚼含鉛的物品，其中包括油漆碎片、塗有鉛漆的玩具、珠寶和其他物品。裝修房屋也可能導致兒童吸入含鉛粉塵。在過去鉛仍作為汽油添加物時，土壤、尤其是道路附近的土壤，可能也會含有來自汽車廢氣的鉛。

 # 安全檢查

睡眠安全

- 把嬰兒床墊放到最低的位置。
- 嬰兒床上不要放置任何物品，你的孩子可能會踩著這些物品從搖籃內爬出來。
- 如果學步的孩子能爬出嬰兒床，你可以將他移到高度低的床上。
- 嬰兒床要遠離所有的窗戶、窗簾、電線等其他繩子。
- 確保將嬰兒床的吊掛玩具、電動旋轉音樂鈴和其他吊飾取下。

玩具安全

- 不要給學步的孩子任何需要電線插座供電的玩具，如果玩具使用電池，確保電池盒安全牢固。

給祖父母的話

專欄

你可以持續協助孫子的養成和發展，身為祖父母，你要謹慎「重新安排」你的居家環境以符合孫子的安全（見第 15 章），祖孫之間可以一起分享許多精彩美好的時光。在他年幼的這段時間，以下是一些你可以參與的活動，以及必要的注意事項：

肢體運動技巧：

協助孫子練習一些與你的個人愛好有關的技能，例如：

- 讓他參與家務方面的肢體活動（例如打掃、準備食物或安排一些事情），過程中你可以協助他，確保他完成與安全。
- 設計與開始一些你可以與他一起享受的戶外遊戲和運動。

認知里程碑

協助孫子的認知發展：

- 讀一些特別的書給他聽。
- 播放音樂給他聽，和他一起唱歌。
- 當他開始如廁訓練時，可以在一旁協助他。
- 和他一起玩捉迷藏和躲貓貓的遊戲。
- 在遊戲中發揮幻想力。

社交發展

- 鼓勵孫子與同儕交流，但記住，以自我為中心是這個年紀正常的表現。
- 對於孫子自私或無視他人感覺的情況不要反應過度，只要對他強調要留意其他孩子的感受即可。
- 記住，這個階段以自我為中心的情況，大約要到滿 3 歲時才會逐漸減少。
- 抓住每一個機會培養他的自尊，但不是建立在犧牲他人之上。

情緒發展

■ 不斷告訴孫子他對你的重要性，讓他知道你們在一起的時光是非常珍貴的。

■ 對他的情緒波動不要過度反應──前一刻很黏人，下一刻又很獨立，又接著挑釁。

■ 不要強化他的侵略性，如果他的行為變得無禮。你可以規範他，但不是身體上的限制或懲罰他。請閱讀這個年紀幼兒的大腦發展章節（第 321 頁），你可以配合自己的愛好或專長促進孫子的情緒發展。

■ 不要給他電動可轉乘式玩具車。

■ 不要給他小零件或邊緣鋒利的玩具，給他適齡的玩具，不要提供超齡的玩具，檢查確認玩具的建議年齡標籤。

水的安全

■ 不要讓孩子在沒有人監護下進入或接近任何大片水源，即使幾秒鐘也不行。包括浴缸、廁所、落水池、游泳池、魚塘、按摩池、熱水池、湖或者海。

行車安全

■ 兒童最安全的乘車座位是朝向後方，坐在妥善安裝於後座的汽車安全座椅上，扣好五點式的安全帶。

■ 當汽車開動時，不可以讓學步的孩子爬出兒童汽車安全座椅。

■ 即使汽車鎖著或在車庫中，也不可留他一人在汽車裡。

■ 閱讀有關兒童汽車安全座椅的章節，第 15 章第 510 頁。

■ 考慮啟動後坐的兒童汽車安全鎖。

居家的安全防護

■ 避免有窒息風險的食物，不要讓孩子在吃東西或口中有東西的時候

四處走動。

- 用窗欄遮擋任何可打開的窗戶，以防止學步的孩子打開或推開窗戶。只是用窗簾遮住窗戶無法預防兒童從窗戶跌出。

- 如果可能，用傢俱將電源插座擋住，或用無窒息風險的防護蓋將插座遮蓋。另外，確保所有清潔用品或危險物置於櫥櫃內，並且鎖上安全鎖。

- 安裝接地故障斷路器（GFCIs）—— 通常裝於廚房和浴室 —— 以預防觸電。

- 電線安裝在兒童無法觸及的地方。

- 對孩子來說，最安全的家是一個沒有槍械的家。如果你真的擁有槍枝，一定要將之退出子彈鎖在盒子內，並單獨放在一個特定的位置。在許多國家，家長對涉及兒童的意外槍傷負有法律責任。

- 將所有的藥物（包括那些你可能放在錢包內的）放在兒童不可觸及的地方。不要只靠兒童安全瓶蓋來避免孩子打開藥罐。

- 當孩子接近動物周圍時確保隨時受到監督，尤其是狗。即使是最友好的狗也可能會咬人。

- 確保家中的煙霧探測器和一氧化碳警報器正常工作。

戶外安全

- 安裝門鎖、圍欄和警鈴，以預防孩子在你不知道的情況下跑到游泳池、車道和街道上。溺斃在 1～4 歲兒童的死亡原因中排名第一。特別是游泳池尤其重要，四周要用圍籬完全與房子和院子隔開。

- 每當孩子靠近街道、停車場和車道，即使在安靜的社區散步時，一定要牽著學步期孩子的手。

- 設置圍欄或其他障礙物，以確保孩子留在安全的範圍玩耍，遠離街道、游泳池和其他危險的地方。

- 確保戶外遊樂設備地上鋪有沙子、木屑或其他表面柔軟的材質。

- 隨時留意，當你或其他成員在車庫或車道上倒車時，確保你知道孩子人在何方，絕對不會跑到車輛出入的車道。

- 當不使用汽車時，一定要將汽車上鎖，這樣孩子才無法進入汽車內。即使沒有發動引擎，他也可能會動汽車排擋，讓汽車滾動，或者在裡面中暑。

第11章

2 歲

　　在這個階段，孩子逐漸邁向學齡期，他的身體發育和肢體發展的速度會減緩，但他的認知、社交和情緒能力會產生巨大的轉變。他的字彙能力增加，並且試著不再那麼依賴家人，發現社會上有一些特定的規則要遵守，於是開始發展一些真正的自我控制能力。

　　從神經結構的角度來看，你 2 歲孩子的大腦經常會出現神經活動的小「風暴」來對環境作出反應，處理這些活動對你小孩子來說是件龐大的事情，透過你的支持，他可以處理這種超負荷的腦部活動，找到對神經運作功能來說最有效的途徑。在接下來的一年裡，你會慢慢發現他的情緒變得更有規律，在他的遊戲中會出現新的聯結、展現他迅速萌生的溝通技巧，展示他處理各種人類情緒的能力。你是引導孩子成功度過這段令人激動、且有時充滿情緒挑戰的發育階段的關鍵角色。

　　這些變化對你和孩子的情感都是一種挑戰。畢竟，這是「可怕 2 歲兒」時期，「不要」幾乎是他的口頭禪，這個階段像是一場拉距戰──他仍然依賴你，但卻又渴望獨立。他可能在極端的情緒之間波動──當你要

離開他時，他會十分黏你；當你要他順從時，他會和你唱反調。你或許也會發現自己既渴望他像嬰兒時期那樣可愛，同時間卻又強迫他要表現像個「大孩子」，這也難怪你們偶爾會對彼此失去耐心。

另一方面，這也是 2 歲孩子獨立與喜悅的時刻，他的語言能力大增，他的個人自主能力「開花結果」，自娛的時間更長，透過說故事，他的想像力擴大，與其他人有更多的交流。

不管好的或壞的，認知與接受這些變化，對你們彼此在未來幾年都會比較輕鬆。主要透過你對他的回應——鼓勵與尊重他，欣賞他的成就，給予他溫暖和安全感，他可以更感覺到自己的自在、能幹與特別。

這些感覺在他學齡期與認識新的人的互動中非常有幫助，更重要的是可以讓他對自己感到自豪。

生長發育

身體外觀和生長

雖然學齡之前的孩子生長速度在 2 ～ 3 歲之間減慢，但是他的身體還會繼續產生明顯變化。最大的變化是身體各部分的比例：嬰兒時頭相對較大，腿和胳膊相對較短；目前頭部的生長速度減慢，從第 2 年 1 年生長 2 公分，到以後 10 年內生長 2 ～ 3 公分。身高增加，主要是因為腿部和軀幹生長速度加快。隨著身體各部生長速度的改變，他的身體和腿的比例看起來比較均衡了。

出生後最初幾個月內使嬰兒看起來肥胖而非常可愛的嬰兒肥，到了學齡前就會逐漸消失，你會注意到孩子的上肢和大腿變得苗條，臉也不再那麼圓了，甚至以前有扁平足外觀的腳弓上的脂肪墊也消失了。

本階段孩子的活動姿勢也會發生很大的變化。學齡前看起來矮胖、嬰兒樣的外表主要是因為他的姿勢，特別是突出的腹部和彎曲的下背部。但隨著肌肉張力的改善，孩子的外型變得更挺直，更高、更瘦、更強壯。

你的孩子會繼續的緩慢但穩定的成長。學齡前兒童每年增高 2.5 英吋（6 公分），體重增加大約 4 磅（2 公斤）。將孩子的身高和體重與附件的生長曲線圖進行比較和追蹤，如果你注意到孩子的生長特別慢，與小兒

科醫師進行討論。醫師可能會告訴你不必過分擔心，因爲在 2 ～ 3 歲期間，有些健康的孩子的發育速度比其他同齡稍慢。到 3 歲時孩子的生長速度一般可恢復正常。

較少見的情況是，學步期或學齡前驟然的生長停滯，可能是一些健康問題的信號——可能是復發性感染，或其他慢性疾病如腎病或肝病，在極少數的情況下，激素腺紊亂或慢性疾病的胃腸道併發症都可能造成生長緩慢。小兒科醫師在進行檢查時，都可將這些狀況列入評估中。

當孩子在 2 歲時的食量比你認爲的還少時，千萬不要驚訝，這是因爲孩子的成長速度減緩，所需熱量相對減少。即使他吃得較少，但只要提供各種營養健康的食物，他還是會有足夠的營養。給予他健康的點心，開始培養健全良好的飲食習慣，如果他有食物過量和體重超重的傾向，你要徵詢小兒科醫師的意見，以管理孩子的體重。在這個年齡階段，孩子的食量自然會有很大的波動，這種變化與他們的爆發成長期不謀而合。如果孩子在任何一次用餐時間對食物的興趣降低，請不要擔心，只要你繼續提供營養豐富的食物，並確保用餐時間是個安靜、彼此互動的時間，你的孩子將會更適應他的生理需求並相應地進食。早期的飲食習慣會影響未來肥胖的風險，所以幼兒時期的體重管理和任何時期都一樣重要。

運動

這個年齡的孩子總是動不停——跑、踢、爬、跳。孩子的注意力本來就不大集中，現在很可能更短，當你開始和他玩一個遊戲時，他會立刻想換成另一個；當他朝一個方向前進時，很快又會轉向；2 ～ 3 歲的孩子每天精力旺盛，因此跟隨他可能很吃力。但你要振作，不要擔心，他的這些活動量會使他的身體更強健，身體的協調能力也會更好。

這是你爲房子所作的兒童防護開始發揮作用的關鍵時刻。考量孩子的移動、跑步和攀爬能力的提升，重新檢查你的房子；有沒有某些孩子以前無法觸及的潛在危害，現在已經在他的觸及範圍內了？創造一個安全的環境可以讓你的孩子感到安全與自由，讓孩子可以回應他對於探索和學習先天的內在動力。他還是會需要成人的監督。你需要照看他，但不要打擾他，只要爲他獨立發覺的新發現感到喜悅。他會感受到你積極的態度，而對自己感覺良好，進而讓他發展出自尊與自信。

往後的幾個月，他跑起來會更穩、更協調。他也能學會踢球和瞄準方向，扶著欄杆能自己上下臺階，並能穩當的坐在兒童椅上，只要稍微幫助一下，他甚至能夠單腿站立。

觀察 2 歲的孩子走路，過去僵硬、大開雙腿的走路姿勢，已經逐漸發展成更像大人腳跟腳趾協調的動作。他對身體的操縱更加靈活，後退和拐彎也不再生硬。走動時也能做其他事情，例如用手、講話以及向周圍觀看。

不要擔心會想不到能有助於孩子身體發展的活動，他自己或許就能找到有趣的運動方式。當你和他一起玩時，記住這個年齡的孩子喜歡騎木馬、在小墊子上打滾、滑滑梯，以及攀爬（在協助下）地板平衡木等遊戲，遊戲的內容涉及越多跑步和攀爬越好。

如果可以，每天盡可能安排一個特定的時間讓他到戶外跑步、玩耍和探索。這有助於減少在屋裡的纏人和哭泣，也可以讓你放鬆一下。在廣闊的地方跑總比在家裡撞到牆和家具更安全。在戶外時，讓他到院子裡、操場或者公園玩──只要合適和安全的地方都行。但請注意：由於他的自我控制能力和判斷力比他的運動能力發育更晚，所以你必須保持警覺，將確保安全與預防受傷擺在最優先。

手和手指的技能

2 歲的孩子已經可以輕易的用手控制小物體。他會翻書、搭建 6 塊高的積木塔、脫鞋以及拉開拉鏈。他可以旋轉門把、旋開廣口瓶的瓶蓋、用一隻手使用茶杯並且剝開糖果紙。

2 歲的運動發展里程碑

- 熟練攀爬。
- 踢球（穿能包覆腳趾頭的鞋子）。
- 輕鬆且動作協調的奔跑。

- 騎三輪車（要記得為他戴上安全帽）。
- 可以跑並且彎腰而不會跌倒。
- 雙腳跳離地面
- 開始在上樓梯時交替使用雙腳

專欄 2 歲和手指技能發育里程碑

- 用鉛筆或蠟筆畫豎線、橫線和圓圈。
- 接住大的球
- 一頁頁翻書。
- 堆疊物件
- 搭建超過 6 塊積木的塔。

- 將鉛筆握在寫字的位置。
- 用手指持拿蠟筆而非用拳頭握
- 擰緊或擰開廣口瓶蓋、螺絲帽和門閂。
- 轉動把手。

　　這 1 年他的重大成就之一就是學會「塗鴉」，遞給他一枝蠟筆看看會發生什麼：他會將拇指和其他手指分開捏住蠟筆，然後笨拙的將食指和中指伸向筆尖。這種握筆方式看上去不太雅觀，但足以使他透過直線和曲線創作自己的第一件藝術作品。

　　幸運的是孩子靜下來玩耍的時候會比 18 個月大時更專心，他的注意力時間較長，看書時已可以翻頁，也可以和你一起看書。他對畫圖、建造積木或操控物件也很有興趣，積木和連接性結構的組合玩具他都可以玩很久。如果你讓他任意使用蠟筆或用手指畫畫，他的創作力會十分的豐富。

語言發展

　　2 歲的孩子不僅能聽懂大部分的話語，其字彙運用的能力已快速增加至 50 個用詞以上。這一年中，他逐漸從說 2 個或者 3 個單詞的句子（「喝果汁」、「媽咪，吃餅乾」）到可以說 4 個、5 個、甚至 6 個單詞的句子（「爸爸，球在哪裡？」、「洋娃娃坐在我腿上。」）他也開始用代詞（我、你、我們、他們），理解「我的」概念（「我要我的茶杯」、「我看見我的媽咪」）。你要留意他如何用語言描述概念和資訊，以及如何表達他身體或感情的需求。

　　這是個加強情緒標示的好時機。你的孩子會經歷到巨大的情緒，給予這些感受名稱能讓孩子在廣泛的人類情感中紀念他的生活經歷，並幫助孩子理解和欣賞那些在自己內在發生著的事情，以及如何管理自己的感受。幫助孩子標記他的情緒，可以讓他知道你理解他的感受；當我們知道我們被理解時，我們都會感覺比較好。這是你可以爲你的孩子提供的特別寶貴的經驗。

人們總是很自然的將自己孩子的語言表達能力和其他的同齡孩子相比，但請試著避免這樣做。孩子的語言發展差異性很大，有些學齡前的孩子語言技能發展穩定，有些則比較顛簸。有些孩子天生健談，然而這並不意味著愛講話的孩子一定比較聰明和成熟，也並不代表他們的辭彙更豐富；安靜的孩子或許懂很多字彙，但他們對於用字反而更加謹慎。一般來說，男孩開始說話的時間點會比女孩晚，但是這種差異性——正如之前提及的多數情況——往往會在學齡的階段達到相同的水平。

在上學之前，雖然只有透過聽和練習，沒有受過正式的教育，但你的孩子已經可以掌握基本的文法，這時你可以持續在每日安排一段閱讀時間，以幫助他增進字彙和語言能力。這個年齡的孩子可以領會故事的情節，理解並記住書中的概念和資訊。縱使如此，你讀的書要簡短，特別是如果孩子很難坐得住，為了使他的注意力集中，選擇鼓勵他觸摸、指點的童書，以及教他特定物品或重覆用語的書籍。在他快滿 2 歲時，他將可以透過詩、雙關語、笑話和不斷重複有趣的音調或無厘頭的樂句中得到樂趣。

然而，有些幼兒的語言發展過程並不順利。每 10 至 15 個兒童中大約就有 1 個會出現語言理解或表達的問題。有些是由於聽力困難、發育障礙如自閉症或學習障礙、在家缺乏言語刺激，或家族有語言能力遲緩史的緣故，然而大多數原因不明。若小兒科醫師懷疑孩子有語言問題，他會要求孩子做全面的體格檢查和聽力測試，如果必要，他會請語言專家或者幼兒專家進行深入評估。早日發現和診斷出語言遲滯或聽力損傷非常重要，這樣可以在其他學習方面尚未受到影響之前就開始治療。除非你和你的小兒科醫師及早發現問題，並且給予治療，不然孩子學業上的學習將受到持續的影響。

2 歲語言發展里程碑

- 聽從 2 ～ 3 個詞的指令。例如「到你的房間去拿小熊和小狗」。
- 能夠認出並辨別幾乎所有常見的物體和圖畫。
- 理解大部分的句子。
- 理解身體的關係（「在上面」「在裡面」「在下面」）。
- 能使用 50 個字彙
- 使用 4 至 5 個單詞的句子。
- 能說名字、年齡和性別。
- 會用名詞（我、你、我們、他們）
- 會使用一些複數（小汽車、狗、貓）。
- 他說的話語陌生人能聽懂 50%。

認知發展

回想孩子在嬰兒期和學步期的幾個月，他主要是透過觸摸、觀察、操作和聽覺來認識這個世界。已滿 2 歲的他，現在學習的過程會經過認真思考，掌握語言的能力逐漸加強，他對事情、行為和概念開始會先在心裡有個底，他也能用思維解決一些問題——不馬上實際操作，先在心裡反覆演練。隨著他的記憶力和智力的發展，他開始理解簡單的時間概念，例如「吃完飯後再玩耍」。

這時孩子也開始理解物體之間的關係。你給他玩形狀分類玩具和益智拼圖玩具時，他可以配對相似的形狀。此外，在數物體時，他也能開始理解數字的含義——尤其是數字 2。而且隨著他的因果關係概念的發展，對上發條的玩具和開關燈的設備更感興趣。

2 歲的認知發展里程碑

- 會玩機械式玩具。
- 將手上的或房間裡的物品與圖畫書上的進行配對。
- 和洋娃娃、小動物或人玩辦家家酒的遊戲。
- 根據形狀和顏色將物體分類。
- 完成由 3 ～ 4 塊組成的拼圖遊戲。
- 理解數字「2」的概念。

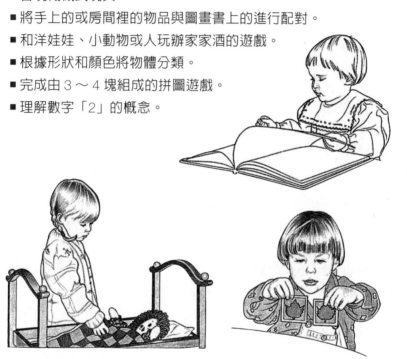

另外，你會留意到孩子玩的遊戲更加複雜，最明顯的是他可以把兩種不同的遊戲串聯在一起，得到一個合乎邏輯的結果。小女孩可能會把洋娃娃放在床上，幫它蓋被子，或者假裝輪流餵好幾個洋娃娃，而不是隨機玩一個玩具後就換另一個玩具。在未來的幾年內，他的辦家家酒的片段會更長和更複雜，內容大多是他的生活作息，包括起床、洗澡和上床睡覺。

如果要指出這個年紀孩子智力發展的其中一個主要侷限，那就是他認為在他的世界裡，一切的結果都與他做過的事情有關。有了這樣的信念後，他很難理解一些概念，例如死亡、離婚或生病，他會認為自己一定做

了什麼才導致這樣的結果。如果這階段父母離婚或家庭成員生病，他會覺得自己有責任（參考第 26 章家庭問題）。

推理對 2 歲的孩子而言往往很困難，畢竟他觀察世界的方式非常簡單，除非他在玩辦家家酒，不然他仍然會常常將想像和現實搞混。慎選你的辭彙：你認為是有趣或開玩笑的話語——例如「假如你多吃一點麥片，你就會爆炸」，事實上這很可能會使孩子感到驚慌，因為他不知道你在開玩笑。

社交能力發展

這個年紀的孩子或許比較在意自己的需求，在行為表現上也會比較自私。他們可能會拒絕與別人分享他們感興趣的任何東西，並肩玩耍時，他們也很少與其他孩子互動——除非他們想要玩伴手上的玩具或物件。幾次下來孩子的行為可能會讓你感到火大，但如果你仔細觀察就會發現，所有學齡前的孩子在這方面的表現幾乎都是一樣的。

與此同時，2 歲的孩子產生真正的同理心的能力正在發展。你可以透過談論其他人的感受來協助這個過程：「艾瑪在哭。因為你拿走了她的車，這讓她很傷心。可以求求你把車還給她嗎？」不要指望你 2 歲的孩子總是能控制自己的行為，這項技能仍需要他的努力，但在你的幫助下他可以多多練習並逐漸進步。

孩子這樣隨心所欲的行為，可能會讓你擔心孩子會被慣壞或無法控制，基本上你的擔心是多餘的，他會隨著時間度過這個階段。那些經常動來動去，極度活躍好動的孩子，和那些似乎從未表現自己的想法和感覺，害羞內向的孩子都是一樣的「正常」。

諷刺的是儘管孩子顯然對自己最感興趣，但他的大部分玩耍時間可能是用來模仿其他人的行為方式和活動。「假裝」是本階段最好的遊戲。2 歲的孩子將玩具熊放到床上或餵洋娃娃吃飯時，你可能會聽到那些你曾告訴他要睡覺一模一樣的用詞和語氣。不管在其他時候他如何拒絕你的指令，當他扮演父母的角色時，他會非常精確地模仿你們。這些活動有助於讓他學習為他人著想，並且對日後的人際關係有極大的影響，同時也讓你理解做好榜樣的重要性，身教重於言教。

　　讓 2 歲孩子學會如何與周圍人相處的最佳方式是給孩子大量的機會嘗試，你不能因為他的不善交際就不讓他與其孩子一起玩耍。明智的作法是先將他的玩伴限制在 2 ～ 3 人，雖然你需要密切留意他們的活動，以免有人受傷或不開心，但盡量不要干涉他們。他們需要學習如何與其他孩子玩耍互動，而不是與其他孩子的父母。

2 歲的社交能力發展里程碑

- 模仿成人與玩伴的行為。
- 進行假裝或模仿遊戲。
- 與其他兒童一起玩（各自玩各自的）。
- 在便盆或馬桶中小便。
- 可以脫下自己的部分衣物。
- 自發地對熟悉的玩伴表示關心。
- 可輪流玩遊戲。
- 理解「我的」或「他的／她的」概念。

孩子鬧情緒時的應對之道

2 歲孩子受挫、生氣和不定時鬧脾氣都是在所難免，身為父母，你要容許學齡前的孩子表達他的情緒，同時也要協助他避免以暴力或攻擊性的行為來發洩他的怒氣。下面是一些建議：

- 當你看見孩子開始變得激動時，試著將他的能量和注意力轉移到他比較可以接受的新活動上。

- 如果你無法分散孩子的注意力（這通常很難生效），首先要向你的孩子陳述他的情緒及為什麼：「你生氣了。因為我們現在得走了，但你不想走。」不要試圖和她講道理，也不要大喊大叫、責罵或懲罰。此外，不要以滿足他想要的東西來變相獎勵他發脾氣。相反，請確保他安全，並給他一些空間和時間來度過這場情緒風暴，讓他知道你會給他一些時間讓他冷靜下來，過一段時間後他總會冷靜下來。

- 如果你在公共場合時，他的行為讓你難堪，你只要冷靜地帶他離開，直到他平靜下來才返回現場，或繼續你們的活動。

- 不要用體罰或毆打來規範孩子。如果你對他進行體罰，他會學到只要不順心，攻擊是一種可以接受的處理方式。

- 如果孩子發脾氣時出現亂打、亂咬或某些具有潛在危害的行為，你不可以視而不見。你可以透過對孩子可以看到和學習的受害者給予關愛，來樹立同情的反應。但是如果你的反應過度，對孩子也沒有幫助。相反，你可以立即明確告訴他，他不應該有這種行為，給他幾分鐘讓他自己平息下來。因為孩子不能理解複雜的解釋，所以不要試圖與他講理，要讓他知道什麼地方做錯，並且當下讓他自食其果，如果等到 1 個小時後再懲罰，他就無法把懲罰與錯誤的行為聯繫起來。（參考 607 頁鬧脾氣）

- 限制並監視他的螢幕時間。（參考第 32 章，媒體）如果學齡前兒童觀看暴力電視節目，他可能會比較有攻擊性。

過動

以成年人的標準看，大多數 2 歲的兒童都太好動了。這個階段的孩子喜歡跑、跳和攀爬更勝於慢走或靜坐，這是十分正常的。他可能說話很快，以至於你聽不太懂；你也許會因他靜不下來而擔心。你要有耐心，精力過盛的情況通常會在孩子達到入學年齡前消失。

在大多數 2 歲的孩子精力旺盛時，進行適當的調節比試圖壓抑更有意義。如果你學步的孩子更愛「活動」，你可以適度調整你的期望：在社區會議或進餐期間，不要指望他長時間靜坐；帶他去購物，就要按照他的步伐而不是你的速度行走，大原則是不要將孩子放在明知雙方肯定會受不了的情境。給他大量的機會跑、跳、扔或踢球以釋放他多餘的能量。

如果不加以適當的引導，一個非常活躍的孩子很容易將多餘的精力轉化為攻擊或破壞性的行為。為避免這種情況發生，你需要建立清楚且合理的原則，並且督促孩子遵循原則，此外，你還可以多鼓勵他們的靜態行為，只要他們一安靜下來玩或看書幾分鐘，你一定要把握機會讚美他們。讓孩子的睡眠、進餐、洗澡和小睡時間盡可能規律，好讓他對自己一天的作息結構有一定的概念，這對過動的孩子也有幫助。有少數學齡前兒童的好動和注意力不集中問題，可能在度過這段時期以後仍然存在或非常嚴重，只有在這種問題明顯干擾學齡前活動、表現和社交行為時，才需要進行特殊治療（參考第 601 頁過動不專心的孩子）。如果你懷疑孩子有這方面的問題，你可以請你的小兒科醫師進行評估。

高品質的早期教育是以日常作息的結構為主，提供孩子在安全的環境中與其他孩子進行互動。當他快滿 3 歲時，你的孩子或許開始發展真正的友誼，邀請這些新朋友和他一起玩，可以協助他發展個人的社交技能。

自閉症障礙症候群

近幾年來，自閉症障礙症候群（ASD）有日益增加的趨勢，幼兒被診斷出的個案數也明顯增加。當孩子有自閉症時，他往往會有溝通和社交方面的困難。

小兒科醫師指出，自閉症越早發現，就可以及早針對孩子的狀況開始治療，基於這個原因，你需要留意自閉症的一些早期跡象，與你的小兒科醫師討論。早期的症狀可能包括：

- 難以或無法持續與人保持目光接觸。
- 少語、不語或語言發展遲緩。
- 對父母的微笑或其他人的臉部表情沒有回應。
- 不斷重複某種身體動作（例如拍手或搖擺身體）。
- 不會玩辦家家酒的遊戲，或者以不尋常的重複方式玩玩具。
- 難以理解他人的感受或表達他們自己的感受。

美國小兒科學會建議，當孩子在 18 ～ 24 個月大，或是在任何年齡，如果你或你的小兒科醫師擔心，日後孩子的發展可能出現這個症狀時，都可以做自閉症篩檢。每個孩子都有自己的發展步調，但在 2 ～ 3 歲的階段，孩子也有一定的發展範圍，這時的孩子話說得更多，與他人玩的互動技巧也更加成熟，所以父母和醫師都要特別留意孩子的發展狀況。

（更多自閉症障礙症候群資訊請參考第 650 頁。）

情感發展

2 歲孩子的情緒起伏難以適從，一下子開心眉飛色舞，一下子卻又不高興哭得淚汪汪，而且往往沒有明顯的理由。這種脾氣的變化是成長的一部分，是孩子情緒轉變的徵兆，因為他正陷入控制行為、衝動、感覺和身體的掙扎中。

　　本階段孩子很想探索外面的世界並追求冒險，他會用大部分的時間來測試極限——自己的、你的和環境的，需要擔心的是，他仍然缺乏許多維護自己安全的技能，因此經常需要你的保護。

健康發展觀察項目

　　儘管本書列舉的發展里程碑可以讓你對孩子成長過程的變化有大約的概念，但是如果他的發育進程有一些差異，也沒有必要驚慌，因為每一個孩子都有自己的特定發展步調。在本階段，如果孩子有以下發育延遲的現象，請徵詢小兒科醫師的建議：

- 經常跌倒且不會上下樓梯。
- 一直流涎或言語不清。
- 不能搭起超過 4 塊積木的塔。
- 難以操作小物品。
- 不能用短語進行交流。
- 不會玩「辦家家酒」遊戲。
- 不能理解簡單的指令。
- 對其他孩子沒有興趣。
- 與家長分開極度困難。
- 難以保持目光接觸。
- 對玩具興趣不大。

　　當他超越極限並被拉回來時，他的反應往往是惱羞成怒或大發脾氣，甚至可能會亂打、嘶咬和亂踢。在這個年紀，他還不太會控制自己突如其來的情緒，所以他的憤怒和挫折往往是以哭、打人或尖叫的形式突然爆發。這是他處理生活困境的唯一方式，他甚至還可能在無意中做出一些傷害自己或他人的行為。這就是 2 歲小孩的情緒表現。

是否親屬或朋友曾經告訴你，當他們在照顧你的孩子時，孩子的表現非常好。當你不在孩子身邊時，孩子像天使一樣的時間很長，因為他們不信任這些人，所以不會測試他們的極限。但是和你在一起時，孩子會做一些可能危險和困難的事情。他知道當他有需要時你會來拯救他。

2 歲的情感發展里程碑

- 公開表達他的關愛。
- 情緒的表達更廣泛。
- 抗議日常生活出現重要變化。

在本階段末期，無論他用什麼方式抗議，都有可能持續一段時間。當你即將離開，留下他和保姆在一起的時候，他可能一想到要和你分開就會生氣鬧情緒；他可能會啜泣著黏在你身旁，又或者可能情緒低落不作聲。不管他的行為如何，試著不要反應過度而斥責或處罰他。你離開之前的最好策略是向他保證你會回來，並且在你回來後，讚美他在你離開後的耐心等待。值得欣慰的是 3 歲以後，這種與孩子分離的情況會更加容易處理。

當 2 歲的孩子越有自信和充滿安全感時，他就能更加獨立，行為表現可能也越好。你可以鼓勵他以成熟的態度行事，這可以協助他發展這種正面的感覺。設置合理且一致的限制，允許他探索和發揮好奇心，但不容許危險和反社會的行為。他會開始意識到什麼是可行的，什麼不可行。關鍵是要保持一致。每次他與玩伴玩得很好，或在不需要幫助的情況下自己吃飯、穿脫衣服時；或當他自己完成一項活動時，讚美他。當你這麼做時，

他會開始對自己和自己的成就感到滿意。隨著孩子的自尊心增強，他會開始發展出一種自我的形象，一個以你所鼓勵的方式爲人處事的自我，而使負面行爲逐漸消失。

由於 2 歲孩子的情緒表達變化無常，你要做好萬全的準備應對他的喜怒哀樂。如果孩子看起來過度被動或退縮、非常悲傷，或大部分時間難以得到滿足，這時你要與小兒科醫師討論。這些可能是抑鬱的徵兆，原因很可能是潛藏的壓力或身體上的疾病。如果醫師懷疑孩子有憂鬱傾向，他可能會建議你向心理健康的專業人員諮詢。

 # 基本護理

餵養與營養

2 歲的孩子 1 日要吃 3 餐健康的食物，外加 1 ～ 2 次點心。他可以吃與其他家庭成員一樣的食物，隨著語言與社交技能的進步，如果有機會讓他與其他人一起進餐，他會是一個活躍的參與者。吃飯時不要猛盯著他吃多少，不要讓吃飯時間變成一場戰爭。不過你要爲家人培養健康的飲食習慣，與家人一起吃飯也是一個良好習慣的開始。

幸運的是，現在孩子的進餐技巧已相對比較「文明」。2 歲時，他已經學會使用湯匙，用一隻手拿杯子喝水、可以餵自己吃各式各樣可用手拿的小點心。雖然現在他可以自己進餐，但還在學習有效的咀嚼和吞嚥，如果邊吃邊玩或吃太快還是會噎到，基於這個原因發生窒息的危險仍很高，因此要避免以下可能整塊吞下或阻塞氣管的食物。

- 熱狗（除非切長條，然後橫切成小塊）
- 整顆堅果（尤其是花生）
- 圓而硬的糖果
- 爆米花
- 整顆葡萄
- 塊狀的蘋果或其他生的水果或蔬菜（除非切成小片）

- 1 整湯匙花生醬
- 整塊生胡蘿蔔
- 帶核的新鮮櫻桃
- 生芹菜
- 棉花糖

理想的情況下，孩子應該吃下列 4 種基本食物組成的食品：

1. 水果（如蘋果或葡萄）

2. 蔬菜（如菠菜、青花菜和胡蘿蔔）

3. 穀物（最好是全穀而非加工精緻的）

4. 蛋白質（如雞蛋、豆腐、魚、雞肉、紅肉和豆類）

2 歲孩子的全天食譜範例

這個食譜適合體重大約 27 磅（12.5 公斤）的 2 歲孩子。

1 茶匙＝ 5 毫升

3 茶匙＝ 1 湯匙＝ 1/2 盎司＝ 15 毫升

1/8 杯＝ 1 盎司＝ 30 毫升

1/2 杯＝ 4 盎司＝ 120 毫升

1 杯＝ 8 盎司＝ 240 毫升

早餐

- 1/2 杯脫脂或低脂牛奶
- 1/2 杯鐵質強化麥片或 1 片全麥土司
- 1/3 杯新鮮水果（例如切片的香蕉、哈密瓜或草莓）
- 1 顆雞蛋

點心

- 4 塊餅乾加乳酪或鷹嘴豆泥或 1/2 杯切小片的水果或莓果
- 1/2 杯白開水

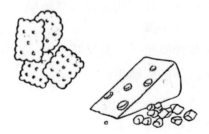

午餐

- 1/2 杯脫脂或低脂牛奶
- 1/2 塊三明治或 1 片全麥麵包，1 盎司（30 克）肉、乳酪片、蔬果（酪梨、萵苣或番茄），2～3 個胡蘿蔔條切小塊或 2 湯匙深黃色或深綠色蔬菜

- 1/2 杯莓果或 1 塊（1/2 盎司）低脂燕麥餅乾點心
- 1/2 杯低脂或脫脂的牛奶
- 1/2 個蘋果（切片），3 個棗乾，1/3 杯葡萄切片或 1/2 個柳橙

晚餐

- 1/2 杯脫脂或低脂的牛奶
- 2 盎司肉（60 克）
- 1/3 杯全麥麵食，米飯或馬鈴薯
- 1/3 杯蔬菜

　　然而，即使孩子的飲食達不到這種理想的狀況也不要驚慌。許多學齡前的孩子會拒絕吃某種食物，或長時間只吃 1～2 種食物，你越干涉他的飲食偏好，他就越唱反調。正如先前提到的，如果你提供各種食物讓他自己選擇，最終他會養成均衡的飲食習慣。如果孩子可以自己吃飯，他會對健康食物會更感興趣。因此，無論何時，盡可能給他做可以用手抓著吃的食物（例如：新鮮水果、生或煮熟的蔬菜），而不是需要湯匙或其他工具才能食用的食物。

　　膳食補充品：飲食多樣化的孩子基本上沒有必要補充維生素，但是如果孩子很少吃肉、含鐵豐富的穀類或蔬菜，則有必要補充鐵。每天喝大量牛奶（超過 16 盎司／ 480 毫升）可能也會影響鐵的吸收，導致身體缺鐵。2 杯的低脂或脫脂牛奶可以提供孩子骨骼生長所需要的鈣，而不至於

影響吃其他食物的欲望——特別是那些含鐵豐富的食物。

　　每日攝取 600IU（15 微克）維生素 D 對所有兒童而言都非常重要。這個含量可以讓兒童預防軟骨症。

牙齒發育保健

　　到 2 歲半時，孩子的 20 顆乳齒應該全部長齊，包括大約在 20 ～ 30 個月時長出的第二臼齒。他的恆齒大約到 6 ～ 7 歲時才開始生出，但比這個時間早點或晚點均屬正常。雖然家長會將各種症狀歸究於長牙，包括流鼻涕、腹瀉、發燒和煩躁，但長牙不會導致以上任一這些症狀。一項原則是，如果你的孩子出現沒有長牙時應該去看醫師的症狀，仍要帶他去看醫師。此外，請記住，承諾使牙齦麻木的凝膠含有苯佐卡因，這對兒童很危險，不應使用。

　　學齡前兒童的**首要牙齒問題是齲齒**。在 2 歲的孩子裡大約 10% 有 1 顆或 2 顆以上的蛀牙；到了 3 歲，兒童蛀牙的比率大約為 28%；到了 5 歲，幼兒蛀牙的比率更是高達 50%。許多父母認為幼兒齲齒並不是問題，反正乳牙最終都要脫落，但這是錯的，嬰兒蛀牙對恆齒會造成**負面**的影響，導致日後牙齒的問題。

　　保護牙齒的最好方法是教導孩子養成良好的衛生習慣，在正確的指導下，孩子很快就會養成良好的日常衛生習慣。儘管他很熱衷刷牙，但他還是無法自己一個人控制或專心把牙齒刷乾淨，你必須在接下來的時間裡監督他好一陣子，並幫助他刷去牙齒上所有的牙斑——那些軟黏的細菌，若長期累積在牙齒上，可能會造成蛀牙。特別留意**棕色或白色的斑點**，這些可能是早期蛀牙的跡象。

　　你要用**柔軟刷毛**的幼童小牙刷每天幫孩子刷牙 2 次。幼兒的牙刷有各種年齡之分，選擇適合孩子的牙刷。你也可以開始使用一點（米粒大小的量）含氟的牙膏，以預防蛀牙。如果你的孩子不喜歡牙膏的味道，你可以換另一種味道或用清水刷牙。同時，試著教孩子不要將刷牙水吞下去，雖然這時他們還太小，還不太會漱口或將水吐出來，但吞下太多含氟牙膏可能會造成孩子日後成人的牙齒有白色或棕色斑點。

　　你會聽到關於刷牙方式的比較或最佳選擇：上下刷、前後刷、或是在牙齒上繞小圈圈刷。你可能聽過許多建議，實際上刷牙的方向並不重要，

重要的是徹底清潔每一顆牙齒的表面——上下、前後。孩子很可能只會刷自己看見的前牙表面，刷牙時和孩子玩「發現隱藏牙齒」的遊戲可能會有所幫助。孩子在 6 歲至 8 歲之前還無法獨自將牙齒刷乾淨，所以一定要監督他刷牙，如果必要，或許你可以幫他做實際刷牙清潔的動作。

除規律刷牙外，孩子的飲食對牙齒健康具有重要的影響。當然，糖是罪魁禍首。牙齒接觸糖的時間越長、越頻繁，蛀牙風險也就越大。有黏性甜食的殘留物如焦糖、太妃糖、口香糖或水果乾等會停留在口中、牙齒上浸蝕於糖中好幾個小時，可能會造成嚴重的損害。確保孩子在吃完甜食後一定要刷牙，此外，孩子的訓練杯內不可長時間裝含糖的飲品。在例行的身體健康檢查中，小兒科醫師會檢查孩子的牙齒和牙齦。如果醫師發現任何問題，他會轉介孩子到兒童牙醫或有治療兒童牙齒的一般牙醫。美國小兒科學會和美國兒童牙科學會都建議，所有的兒童都應該看兒童牙醫，並且在 1 歲前安排「定期檢查」，最好你的孩子從現在開始就做牙齒檢查。牙科之家是一種在牙醫與孩子之間的持續關係以幫助於建立一生的良好口腔健康。（編注：國內沒有類似機構。）

當兒童牙醫為孩子做檢查時，他會確定是否所有的牙齒都發育正常，以及是否有牙齒方面的問題，然後再給你進一步的口腔衛生建議。兒童醫師和牙醫都會例行性的為這個年齡階段的孩子在牙齒上塗抹氟化物以防止蛀牙。如果你的居住地水源不含氟，醫師或許會開氟滴劑或咀嚼片處方給學齡前的孩子。更多關於氟補充劑的資訊，請諮詢小兒科醫師與參考第 254 頁。

如廁訓練

孩子 2 歲時，你可能迫不及待要進行如廁訓練。在這個過程中，如果是為了讓孩子進入一所要求孩子會上廁所的幼兒園或幼兒中心，你的壓力可能會更大。但我們要先提醒你：過早強迫孩子接受如廁訓練，經常會延長這個過程並破壞你與孩子之間的關係。如果讓使用廁所的壓力來自外部，例如幼兒園，請試著尋找一間要求可以與孩子的發展配合的幼兒園，以讓你的孩子可以按照自己的步調發展，而不會太快被施予他尚未有能力做到的要求，產生不切實際的壓力。這樣的節奏可以保持他的自尊和自信，別擔心，他最終會接受如廁訓練。當他看到與他相同年齡層的孩子接受過如廁訓練時，她可能會更願意自己學習。

如果 18 個月後才開始如廁訓練，對孩子應該不會有任何不良的影響——只要你設定實際的目標，並且當孩子無法聽從指示或突發狀況時，不要因此而懲罰他。儘管如此，大多數專家認為，最有效的如廁訓練是等到孩子可以自己控制這個過程時才加以訓練。研究指出，18 個月大前就開始如廁訓練的孩子，有許多到了 4 歲仍無法完全掌握如廁的技能。相反的，在 2 歲才開始如廁訓練的孩子，大多在滿 3 歲前就已學會，而且平均大多是在 2 歲半後就已成功訓練完成。

為了讓學齡前兒童的如廁訓練成功，首先他需要知道想上廁所的那種感覺、瞭解這種感覺，然後用言語表達需要你的協助帶他去上廁所。等到孩子真的準備好才開始如廁訓練，可以讓每個人在這個過程的體驗更快與更輕鬆。

此外，除非孩子過了學步期早期的抗拒階段，不然如廁訓練可能難以成功。他自己要有意願邁向這一步，當他急於討你歡心和模仿你，但卻又想更獨立時，表示已經準備好要接受如廁訓練；不過，由於他想獨立，所以要避免你們之間的權力鬥爭，否則只會耽誤訓練的進度。大多數兒童會在 18 ～ 24 個月大時到達這個階段，但如果發展稍為晚一點也算是正常。通常當孩子準備好要進行如廁訓練時，事前他會給你一些口頭上的暗示，例如「我要換尿布」或「我想尿尿」，即使他的尿布已經髒了或濕掉，但這表示孩子已經準備好可以進行如廁訓練。

一旦孩子做好接受如廁訓練的準備，只要你保持一種輕鬆、沒有壓力的態度，事情就會進行得非常順利。永遠不要對孩子的努力做出批評，即

使他們沒有達到要求，相反的，對如廁訓練過程的各個方面都要保持正面的態度。挫折可能會發生，所以給予鼓勵，稱讚他的成功，並將他犯下的錯誤重新定義為下一次可以做得更好的機會。在孩子發生「意外」時懲罰他，或讓他感到自己不好只會增加不必要的壓力，影響他的學習過程。

如何向孩子介紹使用廁所的概念呢？最好的方法是讓孩子觀察其他同性別的家庭成員，並且經常向他解說如廁的過程。第一步是排便訓練，通常排尿往往會與排便同時進行，一開始孩子很難將這兩種行為分開。一旦排便訓練完成，大多數的孩子（尤其是女孩）很快可以分辨這兩種的不同。男孩子大多數是從坐姿學會排尿，不過漸漸的會改成站姿，特別是看到較大的男孩或自己的父親如廁的方式。

開始訓練的第一步是購買一個小的尿盆，把它放在靠近孩子的房間或方便的浴室裡，然後按照下面的步驟進行：

1. 最初幾週，讓孩子穿著衣服坐在小尿盆上，然後告訴他有關馬桶的事，它的功能、以及何時用它。如果你的孩子最初害怕小尿盆，避免強迫他使用，你可以在稍後他比較放鬆或與他一起玩的時候試著在和他介紹如廁這個概念。

2. 一旦孩子願意坐在小尿盆上，讓他嘗試脫下尿布，教他如何保持雙腳放在地板上，這對排便很重要。將如廁訓練作為日常作息的一部

最初幾週，讓孩子穿著衣服坐在小便桶上，告訴他有關馬桶的作用，它的功能、以及什麼時候用它。

分，並逐漸將頻率從 1 次增加至多次以上。

3. 鼓勵孩子將尿布上的汙物丟入尿盆內，讓他知道這是小尿盆的真正功能。

4. 一旦孩子熟悉了這個過程，他很有可能對使用小尿盆更感興趣。讓他不穿尿布靠近小尿盆玩耍，並提醒他在需要時使用，這樣可以鼓勵孩子。要記得孩子的注意力相當短暫，因此讓他們專注在一件事情上會是個很大的挑戰。第一次使用時孩子可能會忘記或驚慌，但千萬不要表現失望的表情，相反的，你要耐心等到他成功後大力讚美他一番。用餐後是個嘗試的好時機，那是他最可能大便的時候。對於那些似乎不願意在便盆中排便的孩子，檢查他們的大便是否太硬或許會有幫助，因為那可能導致排便時疼痛。

5. 在孩子學會規律的使用小尿盆以後，白天時，可以慢慢將尿布換成如廁訓練褲。寬鬆的衣服或拋棄式的訓練褲可能會有幫助。在這個時期，大多數男孩子透過模仿父親和大孩子，很快就可以學會將尿液排入成人的馬桶中，此外，成人馬桶上只要附加兒童如廁訓練坐墊後，女孩和男孩就都可以使用。

與大多數孩子一樣，孩子可能要花一些時間才能學會夜間或小睡期間的大小便控制。儘管如此，在白天訓練時，你要不斷重複這些步驟，並且當他習慣於小尿盆後，更加強調這些步驟。最好的方法是鼓勵孩子在上床睡覺前和剛剛起床後，立即使用小尿盆。有些幼兒要到 5、6 歲時才能學會夜間不尿床，這時你可以使用一般或拋棄式訓練褲，而不是之前的尿布。的確，意外會發生，但在床墊上面墊塑膠布可減少清洗的麻煩。告訴他所有的孩子都會發生意外，只要他在小睡和夜間睡眠時沒有尿床，你都要讚美他，並且告訴他，如果半夜想上廁所時，他可以自己去或者叫醒你協助他。

你的目標是盡量使這個過程保持正面、自然與不具威脅性，這樣一來，孩子在努力的過程中才不會擔心害怕。如果在白天如廁訓練完成一年後，孩子在夜間或小睡時仍然持續尿床，這時你要諮詢你的小兒科醫師，但請記得在 6 歲之前，夜間尿床都算是正常的。

睡眠

　　2～3 歲之間的孩子可能一天睡眠 11～14 個小時，包含小睡。大多數的孩子仍然需要午睡，通常大約是 2 個小時左右。

　　到了睡覺時間，你的孩子可能已經熟悉這個上床睡覺的儀式，現在他知道每天的特定時間他要更換睡衣、刷牙、聽故事、拿他最喜歡的毯子、洋娃娃或床上的動物玩具。如果你改變這個常規，他可能會抱怨或甚至難以入睡。重要的是保持這個規律對來子而言是可預測的。

　　雖然已經養成睡眠的常規，但有些孩子仍然堅持不肯上床睡覺。如果孩子仍然在嬰兒床上睡覺，當他一個人在房間時，他可能哭泣，或爬出來找爸爸和媽媽。如果孩子已經在床上睡覺，他會再爬起來，堅持說他不睏（儘管他已經明顯想睡），或要求參加家庭正在進行的任何活動。

專欄　轉換大床

　　當孩子的身高大約為 35 英吋（88 公分）時就要開始讓他睡在床上而不是嬰兒床，不過，有些孩子從嬰兒床換到一般的「大床」可能會遇到兩個問題。首先，他已經習慣床的兩側有圍欄，這樣才不會滾到床下。一開始，先將小床墊（例如搖籃的床墊或雙人床墊）放在地板上，他可能也會從新的小床中滾下來，所以先放在地板上比較安全；過一陣子，可以將搖籃的床墊換成大一點的床墊（放在地板上），之後再將床墊移到床上。剛開始他可以睡兒童床，不過如果他可以接受也可以直接換成一般大小的床鋪。換大床的第二個困難之處是如何讓他待在床上睡覺，加裝護欄可以幫助確保他在床上的安全。至少，他的房間要絕對安全，門口要加裝柵欄，以預防他在晚上跑出房子亂逛。（相關安全的詳情請參考第 15 章）

上床睡覺時，透過平靜與他玩耍或閱讀令人愉快的故事，讓孩子帶著好心情入睡。

　　這時你可以給這樣的孩子營造自主的控制感，盡可能讓他在睡前有許多選擇──穿哪件睡衣、喜歡聽哪些故事，此外，留一盞夜燈，讓他與他的安心物件睡覺（參考第 292 頁情感轉移的物品）以減輕他的分離焦慮。如果孩子在你離開後仍然哭泣，讓他自己在房間裡待幾分鐘（例如大約 10 分鐘左右）再重新回去安慰他；隨後離開房間幾分鐘，並視需求重複上述的過程。不要責備或懲罰他，但也不要餵他吃東西或留下來陪他以助長他的行為。

　　當孩子因惡夢驚醒時，最好的辦法是給他安慰，讓他告訴你他的夢境，等到孩子平靜入睡後再離開他。

　　當孩子感到焦慮或有壓力時，做惡夢的機率會更加頻繁。如果孩子經常做噩夢，試著找出他擔心的事情。例如，如果孩子在接受大小便控制訓練期間出現夢魘現象，這時候你可以利用尿盆減輕他的壓力。同時試著與他談論（他可理解的範圍）可能困擾著他的問題，有時孩子的焦慮可能來自與你分開、在托育中心的時間和家庭的變化有關，交談有助於預防這些壓力的積累。

　　預防孩子做惡夢的其中一個方法是慎選電視節目，如果你的孩子有看電視，即使有一些電視節目你認為很單純，但也可能含有令孩子害怕的影像（參考第 825 頁傳播媒體）。

規範學齡前孩子的黃金準則

專欄

無論你是一個嚴謹的人，還是一個容易相處的人，下面的指南可以協助你建立一個讓你和孩子都能受惠的規範。記住，2歲的孩子正忙著學習規則——他並不想變壞！

- 對孩子的良好行為要給予鼓勵和獎賞，並且不鼓勵不良行為，決不要訴諸於打屁股或其他體罰方式。只要你可以選擇，永遠採取正面的作法。如果你2歲的孩子正向火爐移動時，你應該試著用另一項安全的活動使孩子分心，而不是等到他惹上麻煩才出手。當你留意到孩子自主地選擇以適當的行為取代不當的行為時，你一定要為他做出正確的選擇而歡呼，告訴他，你以他為榮，這樣他會覺得自己很棒，可以鼓勵他在日後做出相同的反應。

- 建立一些可以幫助孩子學會控制自己衝動和適應社會行為的原則，但又不會減損孩子對獨立的嚮往。如果你的原則十分嚴格，孩子可能會害怕獨自探索，或不敢嘗試新技能。

- 制定限制時一定要配合孩子的發展，期望不能超過他能夠完成的水平。例如2～3歲的孩子難以抑制觸摸喜歡的物品的衝動，因此期望他不接觸雜貨店或玩具商店中陳列的物品是不切實際的。

- 根據孩子的發展水平設定行為後果。如果你決定讓行為不當的學步孩子回到自己的房間，不要讓他在裡面待超過5分鐘，否則他會忘記自己為什麼待在那裡。如果你傾向於和他講道理，先等到他不再感到沮喪之後，並保持談話內容簡短實際。不要使用假設性的論斷，例如「你喜歡我這樣對你嗎？」沒有一個學前孩子可以理解這種推理。相反的，僅專注於規則本身：「我們不可以打人，打人會傷害別人。」

- 不要隨意更改原則與懲罰措施，這會使孩子感到迷惘。孩子長大時，你自然可以期望更成熟的行為，但當你要改變原則時，你要告訴他原因。在孩子 2 歲時，你可以容忍他拉你衣服引起你的注意，但到 4 歲時你會希望他使用更成熟的方法對你，一旦你改變一項原則時，在開始執行前向他解釋。

- 確保家裡所有的成年人和看護者同意並理解用於規範孩子的限制與懲罰措施，如果一個人說可以做，另一個說禁止做，孩子就會迷惘。最後，他會學到只要挑起兩方的對立，他就可以得逞，然而這種情況會使你們現在和未來的生活備受折磨，所以大家立場一致就可以預防這種把戲產生。

- 記住你是孩子的主要學習榜樣，你怎麼做他就會怎麼做。你行為控制得越好，孩子越有可能模仿你以形成自己的方式。另一方面，如果在違反原則時，你對他進行體罰，這就是在告訴他暴力也是解決問題的一種手段。

上床睡覺時，透過平靜地與他玩耍或閱讀令人愉快的故事，可以讓孩子帶著好心情睡覺。柔和的音樂也有助於孩子平靜入睡，小夜燈則可以在孩子醒來時讓他感到安全。

規範

身為家長在本階段和以後的幾年內你會面臨的最大挑戰毫無疑問是對孩子的規範。孩子會漸漸學會控制他的衝動。在 2 歲時（甚至直到 3 歲），他很容易用肢體來表達他的情緒，例如發脾氣、推拉和吵鬧以達到他的目的。大多數這些反應都很衝動，他不是故意如此，因為他還無法控制自己。不管他是有意識或無意識，他的不當行為其實是在探究自己和你的極限。

你的孩子正在盡可能地傳達他的需求，在情緒困擾下我們的反應都會顯得不成熟。這意味著你 2 歲的孩子處於困境中時會表現得更像一個 18

個月甚至 12 個月大的孩子。學習如何在身體、情緒或社會壓力下保持自律貫穿了於我們的一生。你 2 歲的孩子正在學習如何發展這項技能，並建立起一種會在未來持續發展的行為模式。

如何選擇跟建立這些限制是個人議題，有些家長非常嚴格，無論孩子何時違反家規都會受到懲罰；有些父母則比較仁慈，喜歡講理而不是懲罰。無論你選擇什麼方法，如果要有效用，就必須配合孩子的性格，而且你自己也能安然持續地使用它。你可以參考第 375 頁規範學齡前孩子的黃金準則。

暫停隔離 / 積極介入

既然你不可以忽視危險或破壞性的行為，這時你可以使用暫停隔離的方法。儘早開始使用暫停隔離 —— 在孩子 18 個月至 24 個月大時 —— 可以為暫停隔離建立良好的基礎，讓孩子知道暫停隔離意味著安靜和停下來，之後隨著孩子逐漸長大，你可以將暫停隔離的時間拉長。

由於這是個需要時間學習的技巧，通常在 3 歲（4 歲）時孩子才會完全明白暫停隔離的用意，此時他們知道暫停隔離是用於處罰，當他們犯了一些嚴重的錯誤。這需要配合堅定「不可以」的態度，且只適用於特殊的情況 —— 所以你要慎選戰場。

以下是暫停隔離的作法：

1. 讓孩子坐在椅子上或到一個無法分散他注意力的無聊地方，這樣可以讓他與當下不當行為的情境分開，讓他冷靜下來。
2. 簡要告訴他為何你這麼做，讓他知道你愛他，但他之前所表現的行為是不當的。不要冗長說教，當孩子還小時，只要他冷靜下來就可以結束暫停隔離的時間。
3. 一旦他們冷靜下來後就可以結束暫停隔離的時間，這可以讓他們更清楚明白暫停隔離就是要安靜停下來。

4. 一旦他們學會自己靜下來後，最佳的經驗法則是，暫停隔離的時間要配合孩子的年齡，每增長 1 歲就增加 1 分鐘。

5. 越來越多育兒專家建議開始採用積極介入取代暫停隔離。你的孩子可能仍需要一些時間冷靜下來，但之後你要花一點時間陪他坐下來，透過關心他的情緒來幫助她冷靜下來，同時制止不可接受的行為。這種方法可以防止孩子感到孤立，同時幫助他們建立控制自己行為和情緒的技能。

專欄　忽視

　　「忽視」這個懲戒的技巧對 2、3 歲的孩子特別有用，對學齡前的孩子也很管用，主要是當孩子違反某些規則時，你可以刻意忽視他。我想你可能已經猜到，這個方法是用在孩子那些讓人心煩或討厭，如哼哼唧唧地發牢騷，但沒有任何危險性或破壞性的不當行為；之前我們已經提及關於後者的那些行為需要用直截了當的方法來處理。

　　下面是忽視的作法：

1. 明確界定孩子的不當行為。他在公共場所尖叫以引起注意？在你要做別的事情的時候，他很黏你嗎？關於他的何種行為與發生的地點要非常明確具體。

2. 觀察孩子的頻率和你的反應。你試過安慰他嗎？你會停下手邊的工作去關注他嗎？如果是的話，你就是在鼓勵他重複不當的行為。

3. 在你開始忽視時，記錄孩子不當行為的發生頻率。記住成功的關鍵是保持一致，即使商店裡的所有人因為孩子尖叫而側目，

也不要向他表示你聽到他的喊叫，繼續做你的事。最初，他的反應可能更加強烈且頻繁以測試你的忍耐限度，但最終他會意識到自己不會得到他期望的回應。你要堅定立場──最重要的是忽視他的不當行為，如果你被激怒，你就會強化那些你想要消除的不當行為。

4. 當你的孩子改用適當的行為取代過往那些不當的行為時，一定要讚美他。如果他不再對一個你不能買給他的玩具尖叫，而是以正常的語氣和你說話，這時你要稱讚他長大了。

5. 如果在你忽視他的不當行為一段時間後，他又故態復萌，你可以重新開始忽視的過程，第二次的過程可能不需要太長時間。

 # 家庭關係

新孩子

在這一年，如果你決定再生一個孩子，你可以想像學步的孩子聽到這個消息時的嫉妒心情。畢竟，在他這個年齡還不懂得分享時間、擁有物和關愛的概念，他也不希望其他人成為家庭矚目的中心。

讓他減輕這種嫉妒感的最好方式是提早幾個月開始準備，如果他明白，你可以讓他參與給新生兒購買衣服和設備的準備活動。如果醫院有手足準備的課程，在妊娠的最後一個月帶他參加，他才可以知道孩子在哪裡出生，並知道要去哪裡探望你。你可以和他討論家庭多一個新成員會發生什麼事，成為大哥哥或大姊姊的樂趣與重要性，以及他可以如何協助他的小弟弟或小妹妹（參考第 51 頁為其他孩子做好迎接新成員的準備）。

刺激兒童的大腦發育：2 歲

2 歲是孩子一生與大腦發展的重要時刻，正如之前提及，在這個階段，孩子身體的發育可能減緩，但他的大腦和智力正全速發展。過去你不斷地刺激他的大腦發展，在這個關鍵的一年，你更是要持之以恆，以下有幾項建議：

- 鼓勵孩子從事**創造性**的遊戲、建築和繪畫，給他時間和工具，讓他從玩樂中學習。

- 留意孩子的步調和情緒，對他的喜怒哀樂都要有所回應。在適當的規範約束下，給予他鼓勵和支持，不要大喊大叫或者打他。確保指導方針一致。

- 給孩子持續的關心和身體接觸 —— 擁抱、皮膚接觸、身體接觸，以建立孩子的安全感和幸福感。

- 在換衣服、洗澡、餵養、遊戲、散步和開車期間，用成人的語言和你的孩子說話或唱歌；對他慢慢的講，讓他有應答的時間。盡可能不要用「嗯嗯」來回答，因為你的孩子可能會認為你沒有注意聽；相反，你要擴展孩子的語言能力。

- 每天給孩子讀書。選擇鼓勵觸摸或可以用手指的圖畫書，以及讀一些童謠、押韻和幼兒相關的故事。

- 如果你會說外語，在家裡使用。

- 向孩子介紹一些樂器（玩具鋼琴、鼓等）。音樂技巧會影響孩子數學和解決問題的能力。

- 為孩子播放平靜和旋律優美的音樂。

- 傾聽並回答孩子的問題。

- 確保每天和孩子有單獨相處的時間。

- 在一天之中，只要情況適合，提供孩子自己選擇的機會。（花生醬或奶酪、紅色或黃色的衣服）。

- 幫助孩子用詞語描述情感和表達像快樂、高興、憤怒、恐懼的感受。
- 限制孩子觀看電視和影片的時間；避免暴力的程式和遊戲，監督孩子看的電視節目，與孩子一起討論，不要把電視當保姆。
- 記得隨手關上電視並把手機收好。儘管你的孩子看起來可能未注意到，但成人在被分心時與孩子說話或與互動的時間經常減少許多，而對你的孩子來說每一句話對他的語言發展來說都是至關重要的。
- 增加家庭外的社交活動，例如學齡前教育以及和其他孩子一起玩耍。
- 經常嘉許他的良好行為（例如「我很高興你們兩個可以一起玩」）。
- 確保其他照顧和監護孩子的人，理解與孩子形成一個愛護和撫慰人心關係的重要性。
- 每天花些時間與孩子在地板上玩。
- 選擇充滿愛心、負責任、有教養和令人放心高素質的孩子看護人員，經常拜訪提供孩子看護的機構，與他們分享看護孩子的理念。

　　一旦嬰兒回家，鼓勵學步期的孩子與新生兒玩耍並幫助嬰兒（當然事前一定要先洗淨雙手），但不要強迫他。如果他有興趣，給他一些讓他看起來像大哥哥或姊姊的任務，例如處理髒尿布和爲嬰兒撿起衣服或玩具。當你與嬰兒一起嬉戲時，邀請孩子加入並指導他如何擁抱孩子。必須讓他知道，只有在你和其他成年人在場時，他才可以這樣做。記住要爲大孩子保留一些單獨與他相處的時間。

英雄崇拜

　　你的學齡前孩子有哥哥或姊姊嗎？如果有，大約在 2 歲左右，你可能

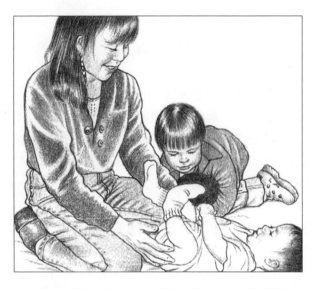

會開始看到他的英雄崇拜現象。在他的眼裡，哥哥或姊姊永遠是對的，他們是完美的榜樣 —— 他們強壯、自立，但玩起來的時候還像個孩子。

這種關係既有優點又有缺點。學齡前的孩子可能會像哈巴狗一樣圍繞在他的哥哥或姊姊周圍，這會使你獲得一些自由時間，並且在一段時間之內，他們兩個會相處融洽。但不久，你的大孩子可能會想重新獲得自由，這時免不了一定會造成失望——小的孩子很可能又哭又鬧或以不當的行為抗議。試著不要讓他們待在一起很長的時間，如果這時你不介入的話，他們之間的關係很可能會越來越緊張。

如果大孩子已經 8 歲以上，他很可能已經相當獨立，有自己的朋友和戶外活動。只要一有機會，學齡前的孩子無論哥哥或姊姊走到哪裡，他都

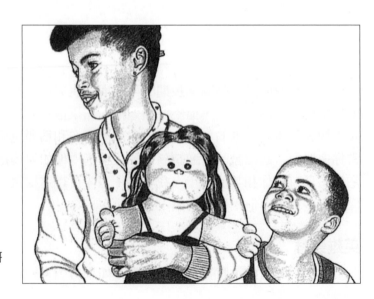

在小孩子眼裡，哥哥或姊姊永遠是對的。

會跟在他們後面。除非大的孩子願意，或者你也加入，確保學齡前孩子不會拖累大家，否則你別讓學齡前的孩子一直當哥哥姊姊的跟屁蟲。如果哥哥或姊姊已經到了可以看護孩子的年齡，在你外出時，他們協助你照顧學齡前的手足，你一定要獎勵他們，以避免他們心生不滿。

給祖父母的話

專欄

　　滿 2 歲的孩子對父母和祖父母而言往往充滿挑戰性。這個年齡層的孩子活動力強，情緒起伏不定，經常鬧脾氣或需索無度，而且還會測試大人的極限。

　　你或許已經忘記 2 歲是什麼樣子，畢竟自己孩子的 2 歲已是多年前。以下是一些原則，當你與你的 2 歲孫子相處時，你可以牢記在心裡（有些原則說得比做得還容易）。

- 記住，一定要保持冷靜，千萬不要反應過度而發怒。試著將這些行為視為他發展的一部分，並且意識到他只是在測試你的反應，你要保持彈性，態度是堅定與關愛。
- 你的規範要一致，尤其是與孩子父母的處理方式一致，永遠不要使用體罰。
- 用讚美的方式強化孩子良好的行為，如果你想要孩子有良善的行為，你自己一定要先以身作則。
- 試著鼓勵孩子自我控制的發展。
- 永遠對孩子溫柔關愛。
- 認知這個年紀的孩子是非常自我中心（例如他們心中想到的大部分都是「我」，而不是關於他人），所以如果他們對你不感興趣，你也不要太個人化，這對 2 歲孩子而言是很正常的，但這種情況不會持續太久。

在這個階段，如廁訓練是孩子最大的成就，你可以和孩子的父母討論如何訓練他，以及你可以如何協助他強化在這方面的成就，特別是當你在照顧他——星期六或週末時間照顧他時。如果他經常在你家，你可以購買額外的訓練褲和與他家裡類似的如廁訓練椅。

你的居家安全仍然十分重要，所以確保你的居家環境符合「幼兒安全標準」，細節請參考第 15 章。特別是藥物更要謹慎收好，不要放在幼兒看得見或伸手可及之處，永遠放在一個看不到且你記得住的安全地方，即使在他們離開後也不要再拿出來，保持居家安全性，這樣一來，就算他們臨時造訪也不會造成潛在的危險性。更重要的是，如果你把藥物放在沒有兒童防護蓋的容器裡，這樣的容器好奇的 2 歲兒童可以輕鬆打開，後果將不堪設想，所以更要特別小心警惕。

最後，搭乘汽車時，永遠要將孫子放在汽車後座的安全座椅上。

手足之間的壓力和競爭在所難免，但如果維持健康平衡的同儕與自主關係，孩子之間的連結自然會增長，對他們的自尊發展也會有所助益。透過與哥哥或姊姊相處，學齡前的孩子可以了解家庭價值的意義並且對「大孩子」的樣子有一個大約的概念，同時，大孩子在自己家中也會嘗到成為英雄的滋味。

成為弟弟或妹妹的榜樣具有重大的責任，如果你向大孩子指出這一點可能會促進他的行為改善。然而，如果你覺得他對弟弟或妹妹有壞的影響，而且沒有改善，那麼你唯一的選擇是在他表現不好時將他們分開。否則學齡前的孩子會模仿他，很快養成這些壞習慣。千萬不要在弟弟或妹妹面前懲罰他，因為這會使他感到丟臉，不過你要確保較小的孩子明白是非，知道好壞行為的差異。

 ## 探訪小兒科醫師

從 2 歲開始，孩子應該每年作兩次例行檢查。除了早期檢查時所做的

一般檢測外，他或許還需要下列的檢驗：

- 血液檢測鉛中毒和血紅蛋白指數。
- 結核菌皮膚或血液試驗（根據接觸的風險而定）。

免疫接種

2 歲時，孩子應該接受了兒童期大部分的免疫接種，其中包括：

- B 型肝炎疫苗系列。
- Hib 疫苗（B 型嗜血桿菌疫苗）系列。
- 肺炎鏈球菌疫苗系列。
- 三劑小兒麻痺疫苗。
- 四劑 DTaP 疫苗（白喉、百日咳、破傷風三合一疫苗）。
- 一劑麻疹、腮腺炎、德國麻疹（MMR）混合疫苗。
- 二劑 A 型肝炎疫苗。
- 二或三劑輪狀病毒疫苗（視疫苗類型而定）。
- 水痘疫苗。

孩子從滿 6 個月大開始，每年要接種流感疫苗，同時記得在孩子入小學前或 4 ～ 6 歲期間，要再次接種 DTap、MMR、小兒麻痺和水痘加強疫苗。更多資訊請參考第 31 章，疫苗施打。

安全檢查項目

學步的兒童現在已經會跑、跳和騎三輪車。自發的好奇心讓他繼續探索許多新鮮事物，包括一些危險的地方。不幸的是他的自控力和自救能力還沒有完全發育成熟，因此仍然需要小心看護（安全詳情請參考第 15 章）。

跌倒

- 任何危險的地方上鎖並將鑰匙收好，並確保所有通向戶外的門都足夠安全以免兒童跑到外面遊蕩。
- 安裝樓梯柵門和窗戶防護設施。

燙傷

- 遠離廚房用具、熨斗和地板加熱器（檢查現代化的加熱器與老舊房子的加熱設備）。
- 將電源插座用傢俱擋住或用無窒息危險性的插座覆蓋器將插座封起來。
- 將電線設在幼童伸手不可及的地方。
- 安裝與維護煙霧探測器與一氧化碳偵測器。
- 不要把蠟燭留在兒童可以輕易觸碰到的地方。

中毒

- 將所有藥物放在孩子不能打開的容器中，並且置於高處、孩子視線以外的地方，同時確保將藥物蓋鎖緊。
- 將家庭清潔用品和藥物存放在原本的容器中，並保存在上鎖的櫥櫃中。
- 使用洗衣粉或洗衣精是最安全的，而非使用濃縮洗衣膠囊（洗衣球），除非孩子至少滿 6 歲。
- 在每一部電話旁邊清楚注明當地毒物急救中心或急診室的號碼。
- 確保危險物品被安全的上所保管，特別是洗衣粉盒、小型鈕扣電池以及強力磁鐵。

汽車安全

- 每當孩子在外面玩耍時，一定要密切監督，不可以讓孩子在可能有車子進出的車庫或車道附近逗留。許多孩子經常在家人無意之下遭汽車碾過而死亡，因為大多數汽車在後退或移動時有大幅度的視覺上死角，看不到小孩的身影。當汽車不開時請保持上鎖，這樣孩子在未經許可下則無法進入汽車內。
- 使用符合安全標準且正確安裝的汽車安全座椅，並保持座椅方向朝後越久越好。一旦孩子身高或體重達到面向後方嬰兒座椅的最大限制，或已達到汽車座椅手冊上的使用高度或重量時，這時要改換成面向前方且配備五點式扣環安全帶汽車安全座椅。大多數可轉換的汽車安全座椅的設計限制都足以讓兒童面向後方乘坐到 2 歲以上。

記住，永遠不要將小孩放在前方座椅，即使只是一小段路程，因為安全氣囊對幼兒具有危險性，如果遇到汽車事故，安全氣囊的壓力可能會對幼兒造成嚴重的傷害。孩子永遠要坐在汽車後座的安全座椅上，如果你的汽車是在 2002 年之後製造的，請使用車上隨附的 LATCH 系統固定安全座椅。當汽車進行中，千萬不可讓孩子解開或爬出汽車安全座椅。

■ 千萬不可將孩子單獨留在車內，即使車子上鎖或車子停在車道上。車內的溫度可以相當迅速的上升，導致中暑甚至潛在的死亡風險。

第 12 章

3 歲

　　孩子滿 3 歲時，「恐怖」的 2 歲或許已經正式成為過去式，「充滿魔力」的年紀正式開始——大約在這 2 年（3 歲和 4 歲），孩子的世界充滿幻想和生動活潑的想像力。他不再是一個學步的孩子，他更加自立，同時與其他孩子的互動更多，這個年紀適合帶他去學校或參與遊戲團體，讓他可以從中學習與擴展他的社交技巧。

　　這段期間，孩子逐漸熟悉如廁訓練和學習照顧自己的身體，由於他已經可以掌控自己的行動，因此可以玩一些更有組織性的遊戲和運動。他也已經掌握了語言的基本規則，並建立了與日俱增的辭彙庫。語言將在他的行為中發揮重要的作用，他學會了用語言表達他的渴望和感情，而不是透過抓、踢打和哭鬧等身體動作去表達。他會第一次真正學到去分享。引導他在學習這些新技能的同時建構自尊，讓他感受到自信與有能力的感覺，這是這個階段教導他自律的一大重要方法。

　　本階段你與孩子的關係也會發生戲劇性的變化。在感情方面，現在他可以將你視為獨立的個體，開始瞭解你有自己的感覺和需要。在你感到悲

傷時，他會報以同情，或提議解決你的問題。如果你對另一個人生氣，他馬上會附和他也「討厭」那個人。在本階段，他**非常想討你歡心**，並且知道要討你歡心他必須以某種方式做一些事情和調整自己的行為，但他也會經常試圖和你討價還價：「如果我為你做了這件事，你可以為我做那件事嗎？」他這種試圖討價還價的方式在你只是想按照自己的方式行事時可能會很討人厭。不過，這是自立的健康徵象，表示他有明確的公平概念。

 # 生長發育

身體外觀和生長

本階段孩子內的嬰兒脂肪會進一步減少，取而代之的是肌肉組織，因此孩子具有更強健和成熟的外觀。他的上下肢更加苗條，上身狹窄成錐形。有些孩子身高增長的速度與體重不一致，使外觀或許看起來高瘦虛弱，但這並不意味著不健康或發生什麼問題，日後隨著肌肉的生長，這些孩子會逐漸健壯起來。

學齡前兒童的生長速度將逐漸從第 3 年的 5 磅（2.3 公斤）和 3.5 英吋（8.9 公分）減慢到第 5 年的 4.5 磅（2 公斤）和 2.5 英吋（6.4 公分）。2 歲以後，同年齡孩子的身高和體重生長有很大的差異，所以盡量不要花太多時間比較，只要他維持在自己的正常生長速率，那你就無須為此擔心了。1 年測量 2 次並記錄在生長發育曲線上，如果他的體重增加大大超過身高的增加，他可能就是過胖，或者他的身高在 6 個月內沒有增加，那很可能是發育的問題，當出現這些問題時，要與小兒科醫師進行協商。

本階段孩子的臉部也會更成熟，顱骨的長度增加，下巴更突出。同時上頜加寬，為恆齒的生長提供空間，

因此整個臉部看起來更加成熟，特徵也更明顯。

運動

在 3 歲時，學齡前孩子的肢體動作不再只是站立、跑動、蹦跳和行走。無論向前、向後或上下樓梯，他們現在的動作十分靈活，在站立行走時，他們的肩膀向後、腹部肌肉內收，規律的腳跟 —— 腳尖動作，步伐的寬度、長度和速度均勻，騎三輪車對他而言也輕而易舉。

然而，並非所有的動作都很容易。當孩子從蹲位站起或抓球時，腳尖或單腳站立仍然十分困難。但如果他伸展手臂，身體挺直向前傾，他可以抓住一個大球，並且可以輕易將一個小球從手中拋出。

3 歲的孩子可能仍然像 2 歲時一樣好動，但在本階段他可能對結構性的遊戲更感興趣，不是沒有目的的亂跑或一個遊戲換過一個遊戲，而是可能騎三輪車或在沙堆上玩耍一段時間，這時他可能也喜歡如捉人遊戲或與其他孩子玩球等遊戲。

學齡前的孩子似乎一天到晚都停不下來，他要用身體傳達他不能用語言表達的思想與感情，運動他的身體也可以幫助他更容易理解許多全新的辭彙和概念。如果你開始談論飛機，他可能會伸開他的「翅膀」在房間「飛行」，這種活動可能會使你不堪其擾，但這是他學習和娛樂過程的重要部分。

　　孩子的自控、判斷和協調能力仍然處於發展階段，成年人有必要對其監護以防止受傷。然而，大驚小怪對孩子也不好，碰撞和擦傷無可避免，甚至這是必經的過程，因爲可以幫助孩子發現自己體能的極限。一般來說，有時可以讓他在你隔壁的房間裡獨自玩耍，他會以自己的方式玩耍，嘗試一些自己力所能及的事。你的顧慮和心思更要放在當他周遭有其他的孩子、危險的設施或機器，而且要特別注意交通。其他孩子可能會刺激或引誘他做一些不安全的事情，他的能力還不足夠預估機器、設備和交通工具可能會發生的事情。他仍然無法想到一些行爲的嚴重後果，例如追逐一個滾入車底的球、手伸入三輪車的輪輻中，因此在這些情況下你必須保護他。

3 歲的運動發展里程碑

- 單腳跳和單腳站立至少 5 分鐘。
- 可以自行上下樓。
- 向前踢球。
- 將球扔出手。
- 多數情況下可以抓住跳動的球。
- 靈活的前後運動；向前跳。
- 騎三輪車。
- 爬上或爬下沙發或椅子。

專欄

手和手指的技能

　　3 歲孩子的肌肉控制力和注意力技能正在發展中，這是掌握許多精細手指運動的基礎。現在你會看到他的手指可以單指或全部靈活運用自如，這意味著他從以前用拳頭抓蠟筆的方式已發展成與成人更相似的方法——拇指在一側，其他手指在另一側。現在他能夠畫方形、圓形或自由塗鴉。

　　現在他對空間概念已經有充足的認知，對各個物體之間的關係更加敏感，在玩耍時他會更仔細的確定玩具的位置、控制使用食具的方法並完成一些特殊的任務。控制力和敏感度的增加使他可以搭起9塊以上積木、吃飯時不會灑出來太多食物、用兩隻手將水從大水壺裡倒入水杯、脫衣服並可能將大扣子扣進衣服的扣眼。可以自己用叉子吃飯，偶爾才會不小心將食物灑出來。

　　他對工具也非常感興趣，例如剪刀，還有像黏土、顏料、紙和蠟筆等材料。現在他具有操作這些物品的能力，並會拿它們來實驗去做別的事情。首先他會隨機使用一些繪畫材料，或許只有在他完成後才能確定自己在畫什麼。例如，看著他完成的塗鴉，他才可能認為像一條狗。但很快情況會有所改變，他會在開始創作前就決定要做什麼，這種思維的變化將刺激他的手發展得更為精確。

　　可以促進孩子手部能力的靜態活動包括：

- 搭積木。
- 解決簡單的智力拼圖遊戲（4或5片大片
  的拼圖）。
- 玩小釘板。
- 用線串起大木珠。
- 用蠟筆或粉筆畫圖。
- 建立沙土城堡。
- 將水倒入大小不同的容器。
- 幫洋娃娃穿脫附有大拉鍊、萬能扣和蕾絲緞帶的衣服。

3 歲孩子的手與手指技能發展里程碑

- 畫正方形。
- 畫一個由頭與一個其他身體部位組成的人體。
- 使用兒童安全剪刀。
- 畫圓或方形圖案。
- 開始模仿某些大寫字母。

　　指導孩子使用某些成人的工具也可以鼓勵他使用雙手。這時孩子會高興得不得了，當他可以使用真正的螺絲起子、小榔頭、打蛋器或園藝工具。當然，這需要你的密切監督，但如果你讓他幫忙，你或許會對他能自己做到多少事感到非常驚訝。

語言發展

　　在 3 歲時孩子的辭彙應該超過 300 個以上，可以用 3 ～ 4 個單詞組成的句子交談，並能模仿大多數成人的口氣。有時他似乎會一直說個不停——這種現象可能會讓你覺得很煩，但這是他學習新用詞與運用這些字彙表達與思考的重要過程。語言讓他可以表達他的想法，當他可以理解與運用更多字彙時，他也就擁有更多的工具協助他思考、創造和與你分享。

　　你也許可以看到孩子如何使用語言來幫助自己理解並參與他周圍的事情。他可以說出大部分熟悉物件的名稱，而當他不能說出物件的名稱時，他會直率地問：「這是什麼」，這時你可以進一步告訴他一些他沒有問的額外用詞來協助他擴展字彙能力。例如，他指著一輛汽車並且說：「大汽車。」你可以回答他：「是的，這是一輛大的灰色汽車，看它的表面是多

麼明亮。」或者在孩子幫你選花時，向他描述他所選的每一種花：「這是美麗的黃白色雛菊，那是粉紅色的天竺葵。」

你也可以幫助孩子利用辭彙描述他看不見的事物和思想。例如，在孩子描述他夢中的「怪物」時，要問他怪物是生氣還是友善、怪物的顏色、怪物生活的地方以及怪物是否有朋友。這不僅有助於孩子利用辭彙表達思想，也有助於幫助他克服恐懼。

口吃

許多父母都曾經非常擔憂孩子口吃，但這些擔心通常沒有必要。2～3歲的兒童偶爾重複某些音節，或者對某些辭彙感到猶豫是非常常見的事情。大多數孩子並未察覺他們的問題。即使無任何協助，在日後他們會自然修正。只有在這種情形持續很長一段時間（超過2～3個月），並影響與人交流時，才被認為是真正的口吃。

每20個幼稚園孩子中就有一個有口吃，最常發生的年齡介於2～6歲之間，正值語言發展的階段。男孩多於女孩，原因不詳。有些孩子可能難以掌握正常的發音時間與節奏，但多數患者沒有醫學上和發育上的問題。孩子在焦慮、疲勞、生病，興奮時說話說得太快，也可能發生口吃；有些孩子在學習太多的新詞時，他會發生暫時性口吃；有時孩子的活動速度超過語言表達能力，因此說話時會漏掉中間的字句，重複單詞和聲音有助於他的表達可以與思維同步。

有一些口吃的孩子在重複音節或聲音時，**音調**會略微**提高**，或者他們會張開嘴巴想說話，但卻有好一會兒都說不出口。

孩子對口吃的挫折感越強，他的口吃就越麻煩。因此對父母來說，最簡單易行的方法是不要關注孩子的口吃，在孩子說話時仔細聆聽，不要試圖糾正他。不要打斷他的談話或替他完成句子，並且用你的肢體動作表示你對他的談話內容很感興趣。同時在與孩子交流時，為他樹立榜樣，語氣平靜與恰當，使用簡單的語言。同時**放慢**全家人

的生活步調，包括你和家庭成員的說話速度，這都有助於孩子的語言發展。你自己說話先放慢速度，比起你告訴孩子要慢慢說話來得更有幫助。很重要的是告訴他知道你永遠有時間聽他說話。

此外，你要每天撥出一些放鬆的時間陪孩子玩，溫和地和他說話，給他所有的關注、不受任何打擾，讓他決定你們要一起從事什麼活動。透過讚美他所有表現良好的活動可以為他建立自尊和自信，不要將焦點放在他說話的困難點。千萬不要因為孩子口吃而顯露出不悅、沮喪或尷尬的表情（避免說「講話慢一點！」「這次再說清楚一點！」或「放鬆一點！」之類的話），用行動表示你接受他這個樣子，強化他表現良好的一面。在可被接受的環境下，與口吃相關的焦慮感會逐漸降低，這可以協助他克服口吃。有了你的支持，通常在入學前他會改善口吃的問題。

口吃問題嚴重時，必要的語言治療可以預防長期的後果。如果孩子經常重複一些單詞的發音或部分發音、非常內向並有明顯緊張的現象（面部抽搐或做鬼臉），你要告訴你的小兒科醫師，同時也要告知醫師你的家族中是否有嚴重的口吃病史，之後他會視狀況推薦發音和語言專家給你。

3 歲的語言發展里程碑

- 理解「相同」與「不同」的概念。
- 理解簡單的位置相對關係像是「上面」與「下面」。
- 使用 3 個單詞的句子說話。
- 約 75% 的陌生人可以聽得懂他說的話。
- 可以講故事。

　　3 歲的孩子可能正在學習使用**代名詞**「我、你、我的和你們」。雖然這種詞看起來簡單，但很難理解，因爲這些字代表他的身分、他的擁有權或權威的一方或對方，更複雜的是，這些代名詞會隨著說話的人而改變。他經常會使用他的名字代替「我」，或在談論你時，他經常使用「媽媽」代替「你」。如果你試圖糾正（例如建議孩子說「我想吃小餅乾」），這樣只會使孩子感到更加迷惑，因爲他會認爲你在說你自己。所以當你在說話時，要正確使用這些代名詞。例如要說「我想要你過來一下」，而不是使用他叫你的方式說「媽媽想要你過來一下」，這不僅可以幫助孩子正確使用這些詞，也可以幫助孩子理解你除了是他的家長以外，還是一個獨立個體的概念。

　　在本階段，孩子說話應該很清晰，甚至陌生人也可以聽懂孩子所說的大部分內容。儘管如此，孩子說話時仍然有許多發音不標準，這些發音要正確往往需要幾個月的時間。

　　如果孩子的語言能力遲緩或發展困難，應該帶他去給兒童發展或語言治療方面的專家進行檢查。此外，如果他同時還有社交問題、興趣缺缺或重複性行爲時，這時要找專家爲他做自閉症（ASD）的相關評估。早期發現早期治療，孩子的潛能才能發揮到最大的可能性（有關 ASD 詳情請參考第 362 頁和第 650 頁）。

如果孩子的問題是：「爲什麼狗不能和我說話？」這時你可以和孩子一起閱讀關於狗的書，進一步探索其中的答案。

認知發展

你的 3 歲小孩在清醒時的大部份時間會一直發問有關身邊的一切事務，他喜歡說：「爲什麼我必須做……？」他非常在乎你的答案，因此回答要簡單切題。不必充分解釋你的原則，因爲他還不能理解而且也沒有興趣知道。如果你試著對他「一本正經」說教，很快你會看到他兩眼茫然，或將注意力轉向更感興趣的事情。相反，告訴他做某些事情——「因爲這些事對你有好處」或「你不會受傷」之類，對他來說比詳細的解釋更有意義。

抽象的「爲什麼」問題可能更難回答，他們每天或許有無數這類的問題，許多甚至沒有答案，或者你根本不知如何回答。如果孩子的問題是「爲什麼太陽發光」「爲什麼狗不會和我說話」，你可以回答說你不知道，或者邀請他一起閱讀相關的書籍來尋找答案。要認眞對待這些問題，這樣做可以幫助孩子擴展知識面、培養好奇心並教他學會清晰的思考。

當 3 歲的孩子面臨特殊的學習困難時，你會發現他的推理仍然是單向的，他不能從兩個方面思考問題，也不能解決同時需要多方面思考的問題。如果你將兩杯完全相等的水，將 1 杯倒入 1 個矮胖的容器，另 1 杯倒入 1 個細長的容器，他可能會說細長容器中的水多於矮胖容器。即使他一開始就看見你拿 2 杯等量的水，而且看見你操作的過程，答案也是一樣。因爲根據他的邏輯，高容器較大，因此裝的東西也多。到了 7 歲左右，孩子才能理解尋找答案之前有許多因素必須考慮。

專欄

3 歲的認知發展里程碑

- 正確說出一些顏色的名字。
- 理解數字的概念，並認識一些數字。
- 可以從一個觀點思考問題。
- 開始具有明確的時間概念。

- 執行三部分組成的指令。
- 回憶起一部分故事。
- 理解相同和不同的概念。
- 從事自己喜歡的遊戲。

到了 3 歲左右，孩子的**時間概念**會更加清楚。他現在已經知道自己的日常生活作息，並且試著推測別人的作息。他會認真觀察每天到來的郵差，但對垃圾回收人員每 7 天來一次感到迷惑。他還理解某些特殊的節日，例如一段時間內有一次假期和生日，即使他能夠告訴你他多大，但他沒有一年究竟有多長的時間概念。

社交能力發展

3 歲的孩子已經不像過去那麼自私。他對你的依賴會減少，這是自我認知強化和更有安全感的徵象。現在他會與別的孩子一起玩，彼此之間有互動，不是併肩而坐各玩各的。在這個過程中他意識到並不是所有人的想法都與他完全一樣，每一個玩伴都有許多獨特的性格：有些惹人喜歡，有些令人討厭。你還會發現他特別喜歡某些孩子，並開始和他們發展友誼。

在建立友誼的過程中，他會發現自己也有一些讓人喜歡的特徵 —— 這點對於他的自尊心提升有極大的影響。

本階段孩子的發展有一些更好的消息：隨著孩子對其他人的感覺和行爲更瞭解與更敏感，他會逐漸**停止競爭**，學會在一起玩耍時的相互合作。在團體中他開始學會輪流玩和分享玩具，雖然偶爾他仍會不願意。不過現在他可以經常以文明的方式提出要求，而不是胡鬧或尖叫。你將可以看到更少的攻擊性行爲與更多冷靜的遊戲單元。通常 3 歲的孩子會採取輪流玩或交換玩具來解決爭端。

你必須鼓勵這種合作模式，特別是在一開始的時候。你可以鼓勵利用語言而不是暴力來處理問題，在兩個孩子分享一個玩具時，你可以提醒他們公平輪流玩。當兩個孩子都想要同一個玩具時，你可以提議一個簡單的解決方法，或許是採取回合制，或尋找另一個玩具和活動。雖然這種方法不一定每次奏效，但值得一試。此外幫助孩子使用合適的詞語描述自己的情感和渴望，以避免孩子感到挫折。更重要的是以身作則，爲他示範如何平和解決紛爭；如果你的脾氣暴躁，你應該避免孩子在場時發火，否則，當他感到壓力時就會模仿你的行爲。

不過，不管你怎麼做，孩子有時還是會用肢體動作發洩他的憤怒和挫折。當發生這種情況時，要避免他傷害別人，如果他不能迅速平靜下來，你可以將他與其他孩子分開。與他談談他的感覺，試圖明白爲何他這麼生氣。讓他知道你理解並接受他的感受，但必須讓他知道，攻擊其他小孩不是表達這些情緒最好的方法。

提醒他當別的孩子打他或對他尖叫的情況，藉此協助他設身處地爲其他孩子著想，然後建議他以更加和平的方式解決問題。最後，在他理解自己做錯什麼以後 —— 不是在這之前（他尚未瞭解自己做錯什麼前）—— 要求他向其他的孩子道歉。當然，僅僅說「對不起」可能不會幫助他糾正自己的行爲，他需要知道自己爲什麼要道歉。他或許不能馬上理解，給孩子一些時間，等到快滿 4 歲時，他會逐漸瞭解這些解釋的意義。

幸運的是，培養孩子正當的興趣有助於將打鬥傾向降到最低。他們將大多數的玩樂時間花在需要更多合作的想像活動上，而不是以往那些專注於玩玩具或遊戲的方式。或許你已經發現，學齡前兒童和同伴們經常喜歡使用想像力或家用品作爲道具，一起在一個精心設計的辦家家酒遊戲中扮

演不同的角色。這種遊戲可以幫助孩子開發重要的社交技能，例如輪流、關心、交流（透過動作、表情和詞語）和對他人行為做出適當的反應。還有另一個好處：由於角色扮演遊戲可以使孩子去嘗試扮演他們想要的任何角色，包括超級英雄或仙女等也可以使孩子探索更複雜的社會概念。此外，這也有助於提高孩子執行任務的能力，例如解決問題。

觀察孩子在虛構遊戲中扮演的角色，你可能會看到他已經開始認知自己的性別與性別認同。因此在家裡玩耍時，男孩會扮演父親的角色，女孩則扮演母親的角色，這反映出他們已經注意到周遭的世界。在這個階段，兒子會對自己的父親、哥哥或鄰居的大男孩著迷，女兒也會開始模仿女性。

研究指出男孩和女孩一些明顯的發展和行為差異取決於生物學因素，像是學齡前的男孩一般較具攻擊性，女孩則較文雅。然而，孩子在這個時期的絕大多數性別特徵更容易被文化和家庭背景影響。無論你們的家庭組成或者分工職責，孩子仍然會從電視、雜誌、書籍、廣告看板和朋友或鄰居的家庭發現男人與女人的身分認同角色。廣告、親友善意贈予的禮物和大人與其他孩子的認同，都會鼓勵你的女兒玩洋娃娃；同時間，男孩可能會被告知不要玩洋娃娃（雖然有些學步期的孩子很喜歡玩），而是改玩翻滾動來動去的遊戲或運動。當孩子察覺到這些被認同或不被認同的「標籤」時，他們也會調整自己的行為。因此，到孩子進入幼稚園的年紀時，他們對性別的認知已經有一個完整的概念。

當這個年紀的孩子開始以分類的方式思考時，他們往往只會理解這些標籤的界限，卻不明白界限可以是靈活的。因此他們對性別認同的過程往往很極端，女孩會堅持穿裙子、擦指甲油並在上學或去操場時化妝；男孩子走路則是抬頭挺胸自信滿滿，無論走到哪裡都帶著他們最喜愛的球、棒球或卡車。

另一方面，有些女孩和男孩會抗拒這些刻板的性別認同表達，更傾向選擇與另一個性別相關的玩具、玩伴、興趣、舉止或髮型。這些孩子有時會被稱為泛性別、性別變體、性別不一致、創造性性別或非典型性別——這些都是同義詞。在這些泛性別的孩子中，有些人可能會覺得他們內心深處對自己是女性或男性的感受——他們的性別認同——與他們的生理性別相反，介於男性和女性之間，或者是另一種性別；這些孩子有時會被稱為

401

跨性別者。隨著孩子們能夠更好地通過語言表達自己，他們能夠更好的交流他們對如何表達自己性別的偏好（通過選擇衣服、玩具、玩伴、髮型）以及他們如何理解自己的性別認同。鑑於許多 3 歲兒童的性別刻板印象強烈，這可能是讓泛性別的孩子開始從其他人中凸顯出來的年齡。這些孩子是正常和健康的，但如果孩子的表達和身分與家長或他身邊的其他人的期望不同，可能會很難引導孩子表達他們的身分認同。

孩子在早期發展自己的身分認同時一定會嘗試兩種性別的態度和行為。我們很少有理由阻止這種衝動，除非孩子正在抵制或拒絕已確立的文化標準。如果你的兒子想每天穿裙子，或者你的女兒只想像她哥哥一樣穿運動短褲，那麼就讓這個階段順其自然，除非這種行為不適合特定事件。但是，如果這種行為持續或者他對自己的性別顯得異常焦慮，請與你的兒科醫師討論這個問題。

專欄

3 歲的社交能力發展里程碑

- 對新經歷感興趣。
- 與其他兒童合作並分享。
- 扮演「爸爸」或「媽媽」的角色。

■ 想像力的遊戲越來越有創意。
■ 自己穿脫衣服（外套、夾克、襯衫）。
■ 協商解決衝突的辦法。
■ 獨立進食。
■ 自己進入浴廁排泄。

情感發展

3 歲孩子的生動想像力有助於他探索，並且學習如何面對各種情緒：從愛到依賴、憤怒、反抗和恐懼等。他自己不僅會扮演各種身分，也會賦予無生命的物體人性和情感，例如樹木、鐘錶、卡車和月亮。如果你問他為什麼月亮在夜間出來，他可能會說：「為了和我說晚安。」

隨著時間，學齡前的孩子可能也會向你介紹他想像出來的朋友。有些孩子在長達 6 個月的時間內一直保持同一位想像朋友；有些孩子則每天更換想像朋友，或者更喜歡動物形象的想像朋友；還有孩子根本沒有想像朋友。不論是哪種形式，不要擔心這些隱形的朋友是否是孩子孤獨或沮喪的徵兆，事實上這些只是孩子各種活動、談話、行為和情緒等創意的多樣化呈現。

你也會注意到，孩子整天在幻想與真實之間自由的跳動。有時孩子會深深沉浸於他虛構的影像中，不能區別什麼時候虛幻結束和回歸真實。他的玩耍體驗甚至也可以進入真實的生活，吃晚餐時他會宣稱自己是蜘蛛

人，改天他很可能在聽到鬼故事後信以爲眞向你哭訴。

當孩子因爲這些虛構故事而驚嚇時，好好安撫他很重要，千萬不要貶低或取笑他。這是正常情感發展的必經時期，不要打壓他的情緒發展，尤其絕對不要開「假如不吃飯，就要把你鎖起來。」或「假如不快點，就不要你了。」之類的玩笑，因爲他會把你說的話字面上的完全信以爲眞，並在一天的剩餘時間或更長時間內感到恐懼。同樣的，不要叫醫師因爲他不乖而給他打針；他會因而相信疫苗或其他處置是一種懲罰而害怕接受檢查。

有時，可以試著和孩子一起玩幻想遊戲。你可以藉此協助他找到表達情感的新方法，甚至可以解決一些問題。你可以提議「送他的泰迪熊去上學」來觀察他對即將進入幼稚園的感覺。不過，千萬不要執意要求參與他的幻想遊戲，對他來說，部分幻想中的喜悅在於控制這些想像的劇情，你可以提出一個想像的想法，然後退居幕後，讓孩子根據自己的意願編排劇情。如果他之後要求你參加，你可以低調配合，讓他成爲幻想世界中主導者。

回到現實世界後，讓他知道你對他的自主和創造力感到非常自豪。與孩子交談、傾聽他說話讓他知道他的意見也很重要。無論何時，盡可能讓他自己決定——吃的食物、穿的衣服和你們一起玩的遊戲，這會使他感到自己的重要性並學會做決定。要簡化他的選擇，當你們去餐廳吃飯時，要將食物的選擇範圍限制在 2～3 項，不然他可能會不知所措，難以做出決定。（如果你帶他去各種口味的冰淇淋店或優格店時，這時若不限制可以選擇的口味，對他而言可能會很苦惱）。

最好的方法是什麼？培養孩子獨立的最佳方法之一是全面適當掌控他的生活，同時給他一些自由，讓他知道你仍然是監督者，你不會讓他做重大的決定。當他的朋友鼓勵他爬樹，而他感到害怕時，這時你對他說不可以，會使他感到欣慰，使他不必承認自己的恐懼。當他克服許多早期的焦慮並對自己的決定更負責任時，很自然的你會給他更多的控制權。同時，讓孩子感到安全和有保障也是非常重要。

3 歲的情緒發展里程碑

- 想像許多不熟悉的圖像可能是「怪物」。
- 視自己為一個完整的個體，包括身體、心靈和情緒。
- 通常不能分辨現實與幻覺。

健康發展觀察項目

因為每一個孩子都有自己特定的發展方式，很難確切指出孩子會在什麼時候或以什麼方式獲得一些完美的技能。儘管列舉的發展里程碑可以使你對孩子成長過程中的預期變化有一般的概念，但是如果他的發展進程有一些差異，也沒有必要驚慌。然而，在本階段，如果孩子的表現有以下可能的發展延遲現象，應徵詢你的小兒科醫師的建議：

- 不能用手扔球。
- 不能原地跳躍。
- 不會騎三輪車。
- 不會用大拇指和其他指頭捏住蠟筆。
- 塗鴉困難。
- 不能搭起 4 塊積木。
- 當父母要離開時仍然很黏人或大哭。
- 對互動遊戲沒有興趣。
- 忽視其他孩子。
- 對家庭以外的人沒有反應。
- 不能進行幻想遊戲。

- 抗拒穿衣服、睡眠與使用廁所。
- 生氣或想哭時出現失控的打鬧行為。
- 不能臨摹畫圓。
- 不會使用長達 3 個單詞的句子。
- 不會適當使用「我」和「你」的概念。

 # 基本護理

飲食和營養

學齡前兒童應該有一個健康的飲食態度。在理想情況下，他已經不會用進食或拒絕進食來表現不滿，也不會將食物與愛和關心相混淆。一般而言（但並不總是）他會將進食看做是饑餓的正常反應，將進餐看做是一次令人愉快的社交經歷。

儘管學齡前的孩子非常熱衷於吃，但他仍然有一些特定的首選食物，有些甚至會每天變來變去。你的孩子可能在 1 天拼命吃某種持定的食物，第 2 天卻又推開該食物不吃；他可能一連好幾天都要求吃同樣的食物，之後卻又堅持說他不喜歡吃。這種對食物一百八十度大轉變的舉動可能讓你很頭痛，不過對學齡前兒童而言，這是正常的行為，最好不要小題大作。你可以讓他吃盤中其他的食物，或選擇他想吃的食物，只要不是吃一些含糖、脂肪或鹽過量的食物即可。此外，你可以透過提供少量的健康新食物鼓勵他嘗試，但不要堅持非得吃完所有不熟悉的食物。

你的任務是確保學齡前兒童每餐都有營養的食物選擇，如果餐桌上有健康的食物選擇，你就可以讓他決定自己想吃什麼和吃多少。如果他是一個挑食的孩子——例如不吃蔬菜——也不要因此氣餒，繼續提供蔬菜，就算他每次都不吃。日子一久，或許他會改變主意，開始嘗試他曾經忽略的食物，兒童可能需要看過一個食物將近 15 次才會開始接受它，這時你就可以開始建立或強化健康點心和健康飲食的生活習慣。

營養的飲食不需要費盡苦心，如果你只有幾分鐘的時間準備，你可以做 1 份火雞三明治、1 份青豆、1 顆蘋果和 1 杯脫脂或低脂牛奶。準備這樣簡單的午餐所需的時間比你開車去速食店買還快，而且也更健康。試著避免在白天給予太多次點心。如果要提供點心，選擇那些健康的類型，並且限制點心要在餐桌上吃，於是當他們離開餐桌，就代表點心時間結束了。

有時，電視廣告可能嚴重阻礙孩子獲得適當的營養。研究指出每週看電視時間超過 14 小時的兒童變胖的可能性很大。這個年紀的幼兒對廣告中的含糖玉米脆片和甜食接受度很高，特別是如果他們曾經去過有這些食物的家庭。幼兒肥胖的問題在美國已有增加的**趨勢**，你需要留意孩子的飲食習慣，不管在家中或出門在外，確保他們盡可能吃得健康。

如廁訓練結束後續

大約 3 歲時，孩子已經完成如廁訓練，學步的孩子可能已經開始習慣使用小尿盆，但還不會使用馬桶，不過，現在是個讓它轉換到馬桶的好時機。如果你的孩子將會去上幼稚園，請詢問他們有關如廁訓練的相關政策。

將孩子的小便盆放在平常的廁所裡，這樣可以讓他養成去廁所再如廁的習慣，假如他還沒有這個習慣的話。當他完全適應小便盆後，你可以購買一般馬桶專用的兒童輔助坐墊，並且給他一個堅固的盒子或凳子，讓他可以上下馬桶，在他上廁所時也可以墊腳。一旦他完全自動自發去上廁所，不再需要小便盆後，就可以將小便盆從廁所中移走。

在如廁訓練剛開始時，小男孩通常是坐著小便，但在學齡前，他們開始模仿父親、朋友或其他大男孩，逐漸站著小便。在孩子學會站著小便後，確保他在小便前先將馬桶坐墊掀起。同時，你要有心理準備，在他上完廁所後要在馬桶周圍做一些額外的清潔工作，一開始他或許無法準確的

瞄準馬桶。（注意：檢查你的馬桶坐墊在掀起後不會輕易傾倒，馬桶坐墊傾倒可能會造成傷害。）

　　離家在外時，教會孩子識別廁所的標誌，只要有必要，鼓勵孩子使用公共廁所。在一開始你必須陪伴並跟隨協助他（不過到了快滿 5 歲時，孩子就可以完全自己處理），還是要盡可能讓一個成年人或大孩子陪伴他，或者至少在廁所門外的公共區域等候。

　　有時孩子必須學習在有機會上廁所時去上廁所，不論他是否有強烈的需要，這樣一來，當出門在外、尤其是汽車旅行時才能更輕鬆愜意。不過，有時候，當他真的想上廁所時可能沒有廁所可用，所以最保險的方法就是攜帶可攜式的小便桶。

　　在上述整個過程期間，你必須在廁所幫助孩子 —— 不管家裡還是外出，不僅要幫助他擦屁股，也要幫助他脫衣服和穿衣服。然而，在孩子上學前，你必須教會他自己處理整個過程，特別是如果他的學校期望孩子入學前要完成如廁訓練。男孩必須學會脫下自己的褲子或使用褲子的前開口，為簡化這個過程，讓孩子穿無需幫助就可以輕鬆脫下的衣服會有幫助。像是連衣褲雖然在其他方面更為實用，但是對於孩子來說，在沒有人的幫助下很難穿上；對於孩子來說，這個階段最實用的衣服是鬆緊帶褲子或短褲，使用有鬆緊帶的內褲對男孩和女孩來說都很方便。

　　有時候，孩子會因為一時興奮顧著與其他孩子玩，而是著憋尿不去廁所，最後導致意外發生。這是相當常見的事情，這些經歷都是成長的一部分，永遠不要為此而懲罰孩子。如果你注意到憋尿開始變成一種重複的行為，那麼讓你的孩子開始每幾個小時定時排尿是很重要的，這樣膀胱就不會太滿而變得激躁而容易受感染。

尿床

　　正在接受夜間如廁訓練的孩子偶爾會尿床，即便孩子已經連續幾天或幾週沒有尿床，他還是可能出現夜間尿床，或許是由於壓力或周圍環境變化的結果。當發生這種情況，千萬不要小題大作，只要重新讓他在夜間穿上訓練褲一陣子，不要因此懲罰他，等到壓力緩解後，尿床的情況應該會停止。

　　多數持續尿床的幼兒很難保持乾爽一夜到天亮，有些孩子的膀胱功能正常但較小，3 歲的孩子（甚至到 4 歲或 5 歲）無法一整夜不排尿。有些情況膀胱需要較長時間的發展才能成功控制，學齡前的孩子可能還未學會在膀胱太滿的時候自己醒來上廁所。

　　孩子一直尿床的問題可能會隨著他的成熟逐漸消失，在學齡前時期，不建議使用藥物治療，也不應該懲罰或嘲笑，因為他並不是故意尿床。在上床前限制水分攝入或在夜間叫醒孩子上廁所可能會有一點幫助，但如果這些方法無法阻止他尿床也不要感到意外。你可以安慰他、告訴他「這沒什麼大不了」，這樣他比較不會覺得丟臉，此外，確保他明白尿床不是他的錯，等他漸漸長大後，這種情況會逐漸改善、自然會停止。如果家族有尿床史，也要讓孩子知道，可以進一步減輕孩子的負擔。

　　但是，如果這種狀況持續，請諮詢你的小兒科醫師，特別是如果孩子在睡眠時有嚴重的打鼾，因為再次尿床可能是阻塞型睡眠呼吸中止症的徵兆。如果 5 歲以後孩子仍然尿床，你的小兒科醫師可能會提供一些治療的計畫（請參見本書第 792 頁尿床問題或遺尿症）。

　　如果已經停止在半夜尿床 6 個月的孩子又開始尿床，這其中可能有潛在的身體或情感因素。便祕經常會導致尿床，因此如果你的孩子同時有排便量大、疼痛或不頻繁等徵狀，請諮詢你的小兒科醫師。在有壓力的環境下也會導致尿床。如果孩子不管白天或黑夜都尿床、持續滴狀尿或者訴說排尿時燒灼或疼痛，他很可能患有尿道感染或其他疾病，如果出現以上情況應盡快去看小兒科醫師。

睡眠

　　對於許多父母而言，讓孩子上床睡覺是每天最可怕的時間。如果家中有晚睡的哥哥或姊姊，這個問題就更難解決。如果他睡著後家庭其他成員

仍然醒著，幼小的孩子可能會覺得被冷落或害怕錯過一些事情。這些感覺可以被理解，所以給他一些彈性的睡眠時間也無妨，然而，本階段大多數孩子每天需要 10 ～ 13 小時的睡眠。這個年紀的孩子還會小睡嗎？當孩子滿 3 歲後，大部份（大約 90%）仍然每天會小睡一會。通常 3 歲孩子小睡的時間大約是 1 ～ 2 小時，視孩子的情況而定。

準備學齡前幼兒上床睡覺最佳的方式是建立一個穩定、可預測的就寢儀式。每天晚上睡前和早上起床時爲他刷牙，或念故事書給他聽，但故事結束後就要對他說「晚安」，不要讓他找任何藉口，也不要留下來和他聊天直到他入睡。他必須習慣自己入睡，在上床睡覺前，不要讓他大鬧或讓他參與長時間遊戲。睡覺前的活動越平靜、越愉快，也會更快、更容易入睡。螢幕——電視、手機、平板與遊戲機——應該在睡前至少 1 小時就先關閉。

大多數學齡前兒童可以整夜睡眠，但有些孩子會醒來幾次檢查他們周遭的環境後再次入睡。有些時候，孩子可能會因爲逼眞的夢境驚醒，其中可能反映了一些打擊、攻擊性或內在的恐懼。

在孩子 5 歲或稍大的時候，他會更理解這些影像僅僅是夢境，但學齡前孩子仍然需要你安慰他，告訴他這些夢不是眞的。因此，當他夜間驚醒，感到恐懼並哭泣時，你可以試著抱著他，談談他的夢境，並且陪伴他直到他平靜下來。你要知道這僅僅是夢魘，不是嚴重的問題。

夜驚的孩子看起來可能像是經歷了夢魘，但夜驚發生在最深的睡眠階段，在下午時通常會更早發生。在夜驚期間，你的孩子可能會坐直在床上發出尖叫，但不會立即醒來，而且他不會記得你的出現。一旦夜驚過去，他通常會很容易重新入睡。到了早上，你可能會清楚地記得這件事，但你的孩子可能完全不記得。

爲了進一步幫助孩子克服夢魘帶來的恐懼，你可以讀關於夢和睡眠的故事給他聽。在你和他一起談論這些故事時，他會更了解每個人都會作夢，沒有必要感到害怕。不過，首先要確保故事本身沒有令他害怕的內容（更多關於噩夢或夜驚的資訊請參考第 441 頁）。

在某些情況下，你的孩子會在半夜呼喚你只是單純的因爲他醒來了。當遇到這種情況時，你只要讓他安心，要他再回去睡覺，然後離開他的房間。這時不宜給他食物或帶他去你的房間，以免強化他醒來的行爲（更多

詳情請參考第 35 章睡眠篇）。

規範

　　爲人父母，你的挑戰是教導孩子分辨哪些行爲可以接受、哪些不行，這個學習需要一段過程，不是一夜之間就可以學會，但這個過程你已經在孩子孩非常小的時候就開始了。一直以來，並且你將會繼續對他的行爲持續表達期望。你要制訂明確的規則，並且確實執行規則。照護者的管教技巧往往受到他們自己受管教方式影響，如果他們覺得自己受到太嚴格的規範管教，可能會變得過於寬容，反之亦然。

　　在這個階段，他的不當行爲往往會比以前經過更多考慮，在學步期，他的不良行爲往往出自好奇，試圖找出和測試自己的極限；現在，他已是學齡前兒童，他的不當行爲出自無辜的成分變少，例如 3 歲幼兒對壓力的反應很可能是做一些明知故犯的行爲，他或許不明白是情緒驅使他打破規則，但他肯定知道自己破壞了規矩。

　　若要避免這些行爲，你可以協助孩子學習使用語言而不是暴力或破壞性的行爲表達自己的情感。一位被女兒打的母親應該說：「住手！我知道你生氣，但告訴我爲什麼你生氣？」如果孩子仍然不停手，這時可能需要使用「暫停隔離」讓他冷靜下來（關於暫停隔離請參考第 377 頁）。

　　有時孩子可能無法解釋自己的憤怒，這時需要你的幫助。這可能是考驗你的技巧和耐心的眞正時刻，不過絕對是值得的。如果你願意用孩子的角度來看事情，通常會更清楚問題的所在。家長可以像孩子提議：「你很生氣，讓我們一起想想有什麼辦法可以讓你感覺好一點。」這個方法在你鼓勵孩子說出自己的問題和感受時最能發揮效果。

　　當制定規矩時，你需要耐心，清楚讓孩子知道他的不良行爲，並且告訴他要停止這類的行爲，用詞簡潔清楚：「不要打你的弟弟，不可以這麼做。」

　　兒童會測試你訂下的規則，特別是新訂的規則。不過，如果你保持堅定的態度，並且在適當時間內重複新的規則一段時間，他就會清楚明白，並且遵守新規則。請記住，打孩子從來都不是好事，並且情況可能會隨著時間的推移變得更糟。當你感到特別生氣或沮喪時，你可能需要給自己一個「暫時隔離」時間來冷靜下來。（更多關於規範的資訊，請參考第 336

和 379 頁，以及第 378 頁的忽視專欄）

上學前的準備

幼稚園通常被視為是正式學校教育的開始。但實際上許多孩子在更早的時候就已有上學的經驗，透過學齡前教育或接受 2 歲或 3 歲的托兒所，這些學前計畫的目的不是要孩子學習知識，而是使孩子習慣每天離家一段時間，讓他們知道如何在一個團體中學習。

優質的學齡前教育是在為孩子日後進入幼稚園做準備，如果學前教育計畫配合孩子的發展程度，並且在情感上給予孩子支持，讓孩子進入幼稚園的過程更順利，日後他在學校似乎也會更容易感受到較大的成就感。透過與其他孩子和成人認識並一起玩耍，他也有機會提升他的社交技巧，學會一些比你在家裡制訂得更正式的規矩。學齡前教育尤其對那些平日較少接觸其他孩子或成人，或者有特殊天賦的幼兒更加有益，或者一些有發展問題的孩子也能從中得到特別的關注。

除了上述優點以外，學齡前教育或幼兒照護中心或許可以滿足一些你的個人需求。或許你現在正打算回去工作，或有新的新生嬰兒，或許你想給自己每天幾個小時的時間，在孩子的這個發展階段，這種分開對你們雙方都有好處。

如果你未曾與孩子分開很長時間，一開始的這種分開你可能會感到悲傷或內疚。如果他變得很黏他的幼兒教師，尤其孩子在憤怒時堅持說比較喜歡他的老師，你可能也會有一絲的嫉妒。但事實是：你很清楚知道老師並不能代替你，幼稚園也不能代替家庭。新的關係可以讓孩子知道除了家庭以外還有一個關心他的世界。這是讓他準備好進入更大的世界 —— 國小 —— 很重要的一課。

當你感到悲傷、內疚或嫉妒時，你可以提醒自己，有計畫的分離可以使孩子更加獨立、更有經驗和成熟，同時你也有時間追求自己的興趣和需要。最終，這段分開的時間會強化你和孩子之間的連結。

在理想的情況下，所有的幼稚園和托兒所都應該提供孩子一個有成人周全監督和支援的安全與啟發性環境，同時，整個社會都應該關心與支持高品質、早期幼兒教育的需要。不幸的是並不是所有的地方均可以滿足這些基本要求。

如何分辨學齡教育的好壞呢？以下是一些建議：

■ 學校的目標應該與你的一致：好的學前教育可以幫助孩子建立自信、更獨立並發展相互合作的技能。要小心那些宣稱可以教授孩子學習技能或「加速」孩子智力發育的學前班。從發育的觀點來看，大多數學齡前的孩子尚未準備好開始正規的學習，強迫他們只會讓他們失去學習的樂趣和減少學習的動機。如果你認為孩子應該接受更多的教育準備，請小兒科醫師評估孩子的發展情況，或請兒童發展專家評估。如果測驗證實你的想法，你可以尋找一個培養孩子天生的好奇心和才華的教育中心，而不是強迫孩子學習。

■ 對具有特殊需求的孩子而言：例如語言、聽力、行為或發育問題的孩子，與你所在地區學校系統的特殊教育指導者接觸，選擇合適的教育計畫。許多就近的教育計畫可能沒有提供特殊治療或諮商，而這可能會讓孩子覺得「跟不上」或與其他的孩子格格不入。

■ 尋找小班級教學：2 ～ 3 歲孩子的班級人數最好只有 8 ～ 10 個人，才可以得到成人的密切監護。到 4 歲時，孩子需要的直接監護顯著減少，因此班級的人數可以在 16 個人以上。

以下是美國小兒科學會建議的幼兒和教師人數比例標準：

學齡前教育尤其對那些平日較少接觸其他孩子或成人的孩子更加有益。

年齡	最多幼兒：教師人數比例	班級人數
小於 12 個月	3:1	6
13-35 個月	4:1	8
3 歲	7:1	14
4 和 5 歲	8:1	16

- 教師和助教應該受過幼兒發展或教育培訓：你要留意，如果學校的教職人員流動率很高，這不僅反映學校難以吸引優秀的老師，同時也很難從中瞭解其他老師的相關資訊。
- 確定你贊同學校的規範：設定的限制應該堅定一致，不會壓制每個孩子的探索好奇心。學校的規矩應該反映學生的發展程度，教師應該支持並協助孩子發展創造性和獨立學習的能力，而不是壓制。
- 學校應該歡迎你在任何時候來看自己的孩子：雖然父母這樣來來去去可能會干擾幼兒園的日常作息，但保持開放可以確保教育原則一致，並表示學校沒有什麼隱藏的祕密。有些學校甚至會提供家長網路攝影機的權限，讓家長可以在任何時間地點觀看孩童的教室而不會打擾他們的活動。
- 學校和操場應該完全符合孩子的安全空間（參見第 15 章幼兒安全）：確保全天候有懂得急救程序的成人在場——包括心肺復甦術和處理兒童窒息等相關問題。
- 對待生病兒童有明確的政策：在一般情況下，發燒的幼兒應該與其他孩子隔離，不管發燒是因為行為改變或疾病徵兆需要看醫師而引起。同時，不要讓單純發燒的孩子參與其他的幼兒活動，因為發燒本身涉及的相關疾病可能會傳染給其他的孩子。許多兒童照護機構有更嚴格的發燒相關規範，通常與國家或地方法規的規定有關。
- 衛生教育對於防止傳染性疾病的傳播非常重要：確定學校有適合兒童使用的洗滌槽，鼓勵孩子在適當的時候洗手，尤其是在大小便以後。假如學校有接受沒有經過如廁訓練的兒童，設置與兒童活動區和飲食區分開的獨立尿布更換區是控制傳染性疾病傳播的關鍵。
- 確定你認同學校的整體教育理念，事先瞭解學校的理念如何影響課

程，並且決定是否適合你的家庭。許多幼兒園與教會、猶太教堂或其他宗教組織有關，幼兒一般不需要成為教友就可以入學，但他們可能會接觸到一些相關的信條或儀式。

更多關於兒童看護和學前教育請參閱第 14 章。

與學齡前兒童一起旅行

隨著孩子的成長，他更加好動，旅行的過程也更具挑戰性。當 3 歲孩子長時間被限制在汽車安全座椅上時，他會焦躁不安，而且由於他的自主性越來越強，在你堅持他坐下時，他會大聲反抗。但為了安全，你必須堅持，不過如果你能夠使孩子分心，他就會忘記自己的不耐煩，旅行所需要的小祕訣將依交通工具的不同而有所差異。

乘車旅行：即使最短途的旅行，孩子也必須坐在他的汽車安全座椅上（參考第 510 頁關於汽車安全座椅選擇和安裝指南）。大多數交通意外發生在離家 5 英里的範圍內，時速不超過 25 英里，因此沒有任何例外，如果你的小孩抗議，在他尚未坐好前不要開車，如果你在開車時他逃出兒童安全座椅，你要馬上停車，直到孩子重新坐好。

乘飛機旅行：與幼童一起旅行時，盡量選擇直飛班機以減少飛行的時間，並且考慮在孩子小睡的時間飛行，或選擇紅眼（隔夜）班機。即使飛機上提供餐點，你也別忘了準備一些健康的食物和點心，機上的餐點對學步期的孩子未必有吸引力。劃位時不可要求坐在緊急出口的位置。

基於機場的保安規範，聯邦航空管理局（FAA）建議，當你與幼兒同行時，給自己預留比平時更多的時間通過安全檢查。所有的兒童相關設備——包括嬰兒推車、汽車安全座椅、嬰兒背帶和玩具等，都必須經過目測和通過 X 光機檢查。當你抵達 X 光機檢查站時，你可能會被要求將幼兒相關設備折疊收好，以便更迅速通過檢驗過程。

3 歲的孩子在飛行中最安全的方式是坐在他的汽車安全座椅上，以飛機座位的安全帶安裝固定。或者，FAA 已經批准了一種用於 22 磅至 44 磅兒童的安全帶式約束裝置，該約束裝置僅認證可在飛機上使用。請記住，你需要在目的地準備好汽車安全座椅。

為了你的幼兒安全，旅行時幫他穿上明亮色系的衣服，這樣才可以在人群中更容易找到他。在他的口袋中放入寫著他的名字（和你的）、你的

電話號碼、你的住址和旅行行程的紙條。身上隨時帶著他的最新照片（如果可能，飛行當天用手機拍下他的照片，記錄孩子的穿著）。此外，為孩子隨身多帶一件換洗的衣服是一個不錯的主意，以便在飛行途中需要更換。

當你與嬰兒同行時，優先登機似乎是合理的，但對於學步期或學齡前的幼兒而言或許不是明智之舉，因為孩子可能會因為待在機上更久而更加不耐煩。

乘飛機旅行的一個優點是在「繫緊安全帶」的訊號燈熄滅後，你和孩子可以散步一下，這是處理他煩躁最好的方法，尤其是如果在走道上遇見另一個學齡前的孩子。

為了使孩子在座位上感到愉快，可以攜帶一些與你在乘車旅行時一樣的書籍、遊戲和玩具。

 看小兒科醫師

從 3 歲開始，學齡前的孩子應該每年進行一次體格檢查，現在他比較能夠遵守指令並溝通，可以進行更精確的聽力和視力測試。雖然你的小兒科醫師會為孩子做牙齒和牙齦的例行檢查，但你仍然要帶孩子去兒童牙科做定期的牙齒檢查（3 歲前的孩子，幾乎有 28% 至少有 1 顆蛀牙，5 歲前的孩子，蛀牙的比例則提高為 50%，因此做好牙齒護理非常的重要）。

 給祖父母的話

專欄

3 歲的孩子變得更真實，當來到這個階段，你們祖孫的關係會變得更有意義和獨特，並且可以為你們雙方帶來更多成長的空間。

3 歲到 5 歲是所謂的兒童「神奇階段」，他們變得更善於交際，從事更多幻想和辦家家酒的遊戲，而且他們可能會有一個「假想朋

友」。身為祖父母，你的角色是參與他的活動、遊戲，享受他的創造力，並且和他一起開發你們最喜愛的劇情，每當你和他在一起時，隨時可以回到這個劇情。花一些時間和他一起在家或在家附近探險，這可以增進你們彼此的互動，例如：

- 帶他去動物園或水族館，這個年紀的孩子會很喜歡這些活動。
- 到博物館參觀或探索。
- 帶他去符合安全設備的戶外遊樂場，讓他鍛鍊他的肌肉群，在這個過程中你可以扶著他、抱他和抓住他。
- 參加兒童音樂會和戲劇，這種演出時間比較短（大約 1 個小時），這是讓他認識音樂和戲劇的好方法。
- 成為一名志工，念故事書給孫子學齡前班級的孩子們聽。

確保遵循這個章節提及的旅遊原則和建議。

免疫接種

在孩子學齡前的這段期間，你和你的小兒科醫師要密切合作，確保孩子完成該接種的疫苗。請參考附錄關於 3 歲前應該接種完成的疫苗圖表。根據美國小兒科學會和其他醫療機構的疫苗接種進度，你的醫師或許會建議孩子接種任何遺漏的疫苗，並記得在每年秋季接種流感疫苗。

 # 安全檢查

跌落

做好避免從以下設施跌落的防範措施。
- 遊樂設備：當孩子在玩溜滑梯、鞦韆或單槓時要在一旁監督，不要讓孩子在沒有緩衝材質的地板如軟木片、橡膠片、砂子或塑膠墊等

的遊樂場內玩耍。即使有柔軟的墊子或軟木片，從遊樂設備、尤其是單槓上掉下來的孩子也很常發生骨折，因此請仔細觀察並限制你的孩子使用合理高度的遊樂器材以便安全的上下。不要讓你的孩子坐在你的腿上滑下溜滑梯，這是骨折的常見原因。

- 三輪車：避免不穩的三輪車，選擇那些幼童踩的到地板的款式。騎車時應該戴上適合且符合安全標準的自行車頭盔，同時不可讓孩子在街上騎車。
- 樓梯：堅持在上下樓梯的入口處使用防護柵門。
- 持續在所有窗戶上使用兒童安全鎖。

燒傷

- 將火柴、蠟燭、打火機和熱源物體放在孩子拿不到的地方，並且在家中安裝與維護煙霧探測器和一氧化碳偵測器。

行車安全

- 如果孩子的體重和身高達到汽車安全座椅的最大使用限制（見製造商手冊），這時你可能需要另一個適合他的身高體重的安全座椅。絕大多數可轉換三合一的汽車安全座椅都有面向前方，體重限制在 65 英磅或更多的功能，這幾乎適用於這個年紀的幼兒。此外，五點式安全帶兒童汽車安全座椅比墊高式輔助椅更加安全，只要孩子的身高體重符合汽車安全座椅的限制。如果你的汽車是 2002 年之後製造的，請繼續使用 LATCH 系統固定汽車安全座椅。
- 幼童徘徊在汽車周圍並不安全，讓他遠離任何汽車停放的地方。車道和安靜的街道可能也會有危險，有時可能會發生汽車在車道或人行道倒退撞到幼童而造成傷害。在停車場時，請始終牽住孩子的手，因為從停車位退出的司機通常看不到後方的小孩。汽車不用時保持上鎖，這樣一來，孩子在沒有經過允許的情況下就無法進入車內；將兒童留在車內可能會在幾分鐘內導致疾病甚至死亡。
- 禁止孩子在街道或靠近公路的地方騎三輪車；禁止他們將三輪車從車道騎向街道。

溺水

- 千萬不可將孩子獨自留在靠近水的地方，即使他有學過游泳，具備一些游泳技巧（參考第 15 章第 529 頁孩子何時適合上游泳課的指南）。這包括在澡盆中。此外也要確保室內和室外都沒有裝滿水的大型容器。
- 任何的游泳課都無法保證孩子不會溺水，所以當孩子靠近水邊或在水中時，不管任何時刻都要持續監督（讓孩子在成人伸手可及之處）。
- 如果你的自家有游泳池，確保游泳池的四周都有裝設圍欄並與住屋分隔。圍欄的柵門應該要有自動關閉和上鎖。

中毒和窒息

- 確保鋰鈕扣電池和強力磁鐵保存在孩子無法觸及的地方，因為吞下這些物品可能會導致危及生命的消化道損傷。
- 不要讓你的孩子嘴裡叼著食物或其他物品四處走動。
- 將藥物和有毒物質（包括洗衣粉包）鎖好，放在孩童拿不到的地方。
- 當孩子在寵物周圍時隨時保持監督，尤其是狗。

第 13 章

4～5歲的孩子

　　時光飛逝，在你尚未意識到之前，你的孩子已經滿4歲即將邁入5歲了。你或許會發現，3歲時有點安靜的孩子現在變成活力充沛、動力十足、霸道、好戰和經常越界的發電機。你可能會想起之前在他可怕的2歲時經歷的那些考驗和磨練，但現在他已經4歲，他的學習更是多元化。雖然他似乎在同一時間向所有面向發展，但這是他所有經驗累積的過程。最終這種情況會消退（就在你以為自己快受不了的那一刻），到了即將滿5歲時，他會變得更有自信與更沉穩。

　　同時，這也是一個難以掌握的年齡。每天都有新的挑戰，情緒的起伏會使他一會兒感到安全而自負，一會兒感到不安和受挫。此外，4歲的孩子有時會墨守成規，因為害怕不知道會發生什麼事而不願意改變。這種固定模式揭露出在這幾個月中，他們並不是很有安全感。

　　他們越界的行為也會從他們使用的語言上發現端倪，他們喜歡使用不恰當的詞語，並且觀察你對他們說出口後的反應。他們之所以用這些不恰當詞語，主要是刺激你，讓你產生更多的反應，所以不要為此反應過度。

你的孩子的心靈現在會以一種充滿想像概念的方式來運作。與他們在學校話說的「怪物」或協助他們過馬路的「龍」，這些都是 4 ～ 5 歲可能會告訴你的誇張故事。這反映了這個年齡的孩子正在試圖區分幻覺和事實，他們的幻覺有時會有點失控，然而所有的這些行為和思考將有助於孩子奠定穩固的基礎。

事實上，大約在 5 歲左右，你的「寶貝」將準備好面對「真正」的學校——童年主要的工作。這一大步顯示他已經能夠遵循學校和社會的規範，同時有能力挑戰日益複雜的學習技能。這也意味著他可以自在與你分開自己在外活動，現在他不僅可以分享和關心他人，同時他還學會重視自己家庭外的朋友——兒童和成人。

 # 生長發展

運動

現在，你的孩子已經具有成人的協調和平衡感。可以看到孩子以大而有力的自信步伐走和跑、走樓梯不用扶著欄杆、腳尖站立、在一個圓圈中旋轉和來回蹦跳。他的肌肉力量也很強壯，足以完成一些挑戰性的動作，例如翻筋斗和立定跳遠。對於他的發展進步神速，你和他對此的興奮度是不分軒輕。這將會成為一種折騰，取決於誰對孩子的進步更感到興奮——你還是孩子自己。如果你擔心你的孩子跟不上其他孩子或比較笨拙，你應該諮詢你的小兒科醫師。

這時孩子渴望證明自己的能力和獨立性，在外走路時，他往往跑在你的前面。然而，他的運動能力仍然領先於判斷能力，因此你需要不停提醒他等你，並且在過街時牽你的手。此外，每當靠近任何水源時，隨時保持警戒這點也非常重要。即使孩子會游泳，他的泳技或許不是很好或無法游很久。掉入水中時孩子可能會非常害怕而忘記如何漂浮。為了預防溺水，絕不可讓他自己一個人待在泳池、浴缸、池塘、海洋或任何水體裡面或附近，即使只是一會兒（包括澡盆）。確保實行「觸摸監督」——當孩子在水中時，與孩子的距離不要超過手臂可及的距離——並避免被手機那類的物品分散注意力。

手和手指的技能

4歲孩子的協調和運用手指的技能基本上已經發展完全,更有能力照顧自己,幾乎不需要任何協助就會自己刷牙(仍需要你的監督)和穿衣服,甚至還會繫鞋帶。

在孩子畫圖時,你可以觀察他如何用心運用他的雙手,他會事先決定自己要畫什麼,然後才開始創作。他畫中的人可能有也可能沒有身體,腿有時會直接從頭伸出,但會有眼睛、鼻子和嘴巴。而且最重要的是,對孩子來說他們畫的是人。

專欄 4～5歲的運動發展里程碑

- 單腳站立10秒鐘或更長時間。
- 交換使用左右腳爬樓梯而無須輔助。
- 單腳跳、翻筋斗。
- 搖擺、攀爬。
- 可能會跳躍。

4～5 歲手和手指技能發展里程碑

- 模仿畫三角或其他幾何圖形。
- 畫有至少 3 個身體部位的人物。
- 用拇指與手指握筆而非拳頭。
- 書寫一些字母。
- 在沒有人的協助下,可以自己穿脫衣服。
- 解開與扣上中等大小的扣子。
- 用叉子與湯匙。
- 自己上廁所。

由於雙手的控制能力越來越好,現在孩子對藝術和畫圖感到更有興趣。他最喜歡的活動包括:

- 描繪和複製三角形和幾何圖形。
- 分辨和複製幾何圖案,如星星或鑽石。
- 卡片和紙板遊戲。
- 用刷子和手指塗鴉。
- 捏陶土。
- 剪貼(使用安全剪刀)。
- 用許多積木搭建複雜的結構。

這種活動不僅可以鍛煉使用並改善許多已經掌握的技能,也會使孩子體驗到創造的樂趣。此外,在這些活動中獲得的成就可以增加孩子的自尊心,甚至發現他的某些天賦,不過,在這個年紀,我們不建議讓他只往一個方向發展,提供多樣化的機會才可以讓他鍛鍊各方面的能力,最後他會選擇一個自己最喜歡的發展方向。

語言發展

在大約 4 歲時，孩子的語言能力快速發展，現在他已經可以發出大多數音節，但也有一些例外，有些發音對他可能還是比較困難，要到 6 歲以後，他也許才能完全掌握發音。

4 ～ 5 歲的語言發展里程碑

- 回憶故事的部分內容。
- 使用包含 4 個詞的句子。
- 陌生人可以完全聽懂他說的字彙。
- 運用將來時態。
- 講較長的故事。
- 說出名字和地址。

到目前為止，學齡前兒童的辭彙量可能已經擴展到大約 1,500 個字，經過這一年學習後，到時孩子的字彙可能會再增加 1,000 個字以上。現在他可以用長達 8 個字的句子講述故事，他不僅可以告訴你發生在他身上的事情和他想要的東西，也可以告訴你他的夢想和幻想。

然而，即使他使用一些你不想聽到的辭彙，也不要吃驚。他知道了語言的神奇力量，不管好壞，他都會熱衷探索這種力量。如果你的孩子和大多數孩子一樣，他的語言有時有時會顯得非常霸道，可能會「命令」你和你的配偶不要說話，或命令他的夥伴「馬上過來」。為了應對這種情況，你要教導孩子學習如何使用「請」和「謝謝」。同時你也要省思你和其他成人或家人互動及與他溝通的方式，他會複製大多數他最常聽到的命令。

在本階段孩子可能也學會很多咒罵的辭彙。在他看來，這些是最有力

量的詞彙，他聽到大人在非常生氣或情緒激動時說這些話，而且無論何時他使用這些辭彙，都會得到非常強烈的反應。阻止這些行為最好的方法是什麼呢？以身作則，盡量有意識不使用這些辭彙，即使在你非常生氣時也不例外。此外，在孩子使用這些辭彙時，不給予過多的關注也是盡量減少他使用的一個方法。他可能沒有意識到這些辭彙的真正含義，他只是對這些辭彙的力量感到興奮。

學習閱讀

你的孩子對學習文字感興趣嗎？他自己會瀏覽書籍和雜誌嗎？他喜歡用筆「寫字」嗎？在講故事時他能注意聽嗎？如果答案肯定，那麼他已經準備好學習一些基本的閱讀。如果答案是否定，他和大多數學齡前兒童一樣，仍然需要一至兩年的時間發展正式閱讀前所需要的語言技能、視覺感知和記憶力。

雖然有少數的 4 歲幼兒真的很想學習閱讀，並且開始認識一些熟悉的字，但沒有必要強迫孩子一定非得如此。即使你成功讓他開始閱讀，一旦入學後，他可能難以持之以恆。因為當其他孩子也開始具備相同的基本技能時，大多數在早期就開始閱讀的學生在 2～3 年級時就會失去他們的優勢。

決定學生學業成果的關鍵因素，不是強迫孩子開始早期閱讀，而是培養孩子對學習的熱情。在 4 歲時強迫孩子開始閱讀並不能激發他的熱情。父母應該想辦法讓閱讀變得有趣，而不是強迫孩子。激發這個年齡層孩子的學習熱情比實際要他們學會閱讀更加重要。什麼是最成功的早期學習方法？讓孩子按照自己的步調並且愉快的學習。不要讓他操練字母、數字、顏色、形狀和辭彙，而是要鼓勵他的好奇心和探索興趣。讀自己喜歡的書，不要強迫他學習辭彙，提供他相關的教育體驗，但過程一定要充滿樂趣。

　　在孩子準備學習字彙和閱讀時，市面上許多有價值的工具可以協助他 —— 書、拼圖、教育電視節目、遊戲、歌曲和一些最新的電腦教學節目。但不要以為有這些教材你就可以放手不管，在這個過程中你也要參與和陪伴。陪伴孩子觀看教育電視節目，並談論電視中的概念。如果孩子在玩一個電腦遊戲，和他一起玩，確保遊戲適合孩子的能力。如果遊戲對他來說太難，可能會降低孩子的學習熱情而喪失了目的。在一個熱情和充滿支援的環境是學習的成功關鍵。

　　在孩子生氣時，他可能會使用一些侮辱性的辭彙。儘管這會讓你十分氣憤，但總比使用暴力要好得多。要記得，孩子在使用這些辭彙時，他自己也非常氣憤。如果孩子說：「我恨你！」他真正的意思是：「我非常生氣，我想你幫助我平息我的情緒。」如果你發怒或向他大聲喊叫，這只會使孩子感到更受傷和迷惑。相反，你可以平靜的告訴他，你知道他不是真的恨你。然後讓他明白生氣是正常的感覺，並談論導致他發脾氣的事情。試著教導他一些可以讓他表達內心感受的詞彙。

　　如果他選擇的侮辱性辭彙是最輕微的一種，最好的反應就是開玩笑。例如，假設他叫你「老巫婆」，你應該笑著回答：「我正在煮一鍋蝙蝠的翅膀和青蛙的眼睛，想吃點嗎？」這種幽默可以消除他和你自己的怒氣。

　　有時候你的學齡前兒童會相當的多話。試著將他說話的衝動引導到其他方向，與其讓他唱一些不知所云的音律，不如教他唱打油詩或兒歌，或者教他念一些詩。這些有助於他學習更留意自己所使用的辭彙，也有助於強化他欣賞書面語言的能力。

認知發展

　　到了 4 歲，你的孩子已經開始探索學校教的許多更深入的基本概念，現在他可以理解一天分為上午、下午和晚上，一年有不同的季節。在他 5 歲進入幼稚園時，他可能已經知道一週有幾天，每天是用小時和分鐘計

算，他也可能理解計數、字母、大小關係和幾何形狀名稱。

市面上有許多很好的兒童讀物說明這些概念，但不要太快強迫孩子閱讀。過早學習這些對孩子並沒有好處，如果現在他覺得學習有壓力，那麼等到他真正進入學校後，他可能會抗拒學習。

最好的方法是提供孩子廣泛的學習機會。這個年紀最適合帶他參觀動物園或博物館，如果你還未帶他去過。許多博物館有專為孩子設計的特殊區域，在那裡他可以將學習的過程化為親身的體驗。

同時，你也要尊重孩子的特殊興趣與天賦。如果他具有藝術天賦，帶他到藝術博物館和藝術走廊，或嘗試讓他進入學前藝術培訓班。如果你認識一位藝術家，你可以帶孩子去拜訪他，讓孩子看看他的工作室；如果他對恐龍最感興趣，你可以帶他參觀自然歷史博物館。不管他對什麼感興趣，你都可以透過書籍回答他的問題，進一步拓展他的思路。在本階段，孩子應該探索學習的樂趣，這樣一來，等到孩子正式入學後，他才會自動自發的學習。

4～5 歲的認知發展里程碑

- 可以計數 10 個或更多的物體。
- 正確說出至少 4 種顏色的名稱。
- 更理解時間的概念。
- 知道每天家裡使用的一些東西（錢、食物和其他用具）。

除了探索實際的概念外，你也會發現 4 歲孩子可能會問許多涉及宇宙方面的問題，例如世界的起源、死亡與瀕死以及太陽和天空的成分。或是一個經典的問題：「為什麼天空是藍色的？」與許多父母一樣，你可能也

難以回答這些問題，特別是用孩子可以理解的語言來回答。千萬不要虛構答案，你可以求助於適合孩子的兒童書籍。這些問題提供了與你的孩子一起去圖書館或書店的絕佳機會。如果你選擇上網尋找答案，請參考可信的科學網站，並花時間一起查看圖片和影片。

社交能力發展

4 歲時，你的孩子應該有一個充滿朋友的活躍社交生活，甚至他會有一個「最好」的朋友。最理想的是左右鄰居的朋友或幼兒班經常見面的同學。如果孩子沒有進入幼幼班，或居家附近沒有其他同齡的孩童？在這種情況下，你可能會想安排孩子與其他學齡前兒童玩耍。公園、操場、學齡前活動課程都是絕佳的機會讓孩子認識其他的兒童。

一旦孩子找到似乎喜歡的玩伴後，一開始你可以採取一些行動來幫助他們建立彼此的關係。鼓勵他邀請這些朋友到你家玩，讓他有機會在其他孩子面前展示他的家、家人和所有物很重要，這可以讓他建立自尊。順帶一提，可以讓他引以為傲的不是來自豪華的裝潢或昂貴的玩具，而是家中溫暖舒適的感覺。

4 ～ 5 歲的社交能力發展里程碑

- 想取悅朋友。
- 想要和他的朋友一樣。
- 似乎比較贊同規則。
- 無需太多協助來穿脫衣服。
- 參與涉及高度想像力的遊戲
- 自行進入廁所排便。
- 會刷牙。
- 行為更獨立，甚至會獨自拜訪隔壁的鄰居。

此外，很重要的是，你要意識到在這個年齡層，他的朋友不只是玩伴而已，他們對他的想法和行為會產生重要的影響。他會非常渴望與他的朋友一樣，甚至有些時候，他們的行為會違反從小你教他的規範。他現在知道除了你之外的其他價值和看法，他或許會要求一些你從來不允許的事情來驗證這個新發現，例如某些玩具、食物、衣服和觀看某些電視節目。

如果孩子與你的關係因這些新友誼而產生劇大的變化也不要失望。他可能會在生平第一次對你表現得無禮。雖然難以接受，但這種無禮的行為是他正在學習挑戰權威和測試自己獨立極限的反應。

同樣，處理這種情況最好的方法是表達不認同，並且可能要與他討論他的真正意思或感受。如果你情緒化的反應這件事，反而會助長他繼續這種不良的行為。假如冷靜處理的辦法無效，他還是繼續頂嘴出言不遜，這時「暫時隔離」是最有效的懲罰方法。

要牢記，儘管這時孩子正在探索「好」和「壞」的概念，但他的道德觀仍然非常簡單。他之所以認真遵守規則，並不是因為他理解或同意，更有可能是因為他想避免被懲罰。在他的思維中，一切都是看結果，而不是關於意圖。假設他打破貴重的物品，他可能會認為自己做了「壞事」，不管他是不是故意的。因此，你要教孩子區分意外和不當的行為。

若要協助孩子學習這種區別，你有必要將他本身與他的行為分開。當他做或說了一些招致懲罰的事情時，確保他理解被懲罰的原因是行為，而不是因為他不好。不要指責他不好，而要清楚告訴他哪裡做錯，明確將他個人與行為分開。他欺負弟弟或妹妹，這時你要向他解釋為何這是錯的，而不是只說「你這個壞孩子」；當他不小心做錯事時，你要安慰他，告訴他你知道他不是故意的。試著別動怒，否則他會認為你是在生他的氣，而不是關於他的行為。

讓學齡前孩子承擔一些你認為他可以勝任的任務，並在他完成時表揚他，這點非常的重要。他已經可以負責一些簡單的責任，例如擺碗筷或整理自己的房間。當全家外出時，你可以告訴他你對他的行為表現的期望，如果他確實做到，你一定要讚美他。除了給他一些責任外，你也要提供更多的機會讓他與其他孩子相處，並且當他與人分享或幫助其他孩子時，你要告訴他你多麼以他為榮。

最後，很重要的是要認知他與哥哥或姊姊的關係特別具有挑戰性，尤

其是如果他們比他大 3 ～ 4 歲。通常 4 歲的孩子非常渴望學哥哥或姊姊做一樣的事情，在一般的情況下，比較大的孩子往往不喜歡這種被侵犯的感覺。他可能不滿於學齡前的幼兒打擾他的空間、他的朋友、他的膽大快速的步調，以及特別是他的房間和東西。你可能要經常幫他們調解糾紛，重要的是保持中立的態度。容許較大的孩子有自己的時間、自主權和個人的活動，不過，只要時間空間適當，你也要鼓勵彼此一起玩耍。家庭度假是增進他們關係的好機會，同時也要安排一些他們個人的活動和特別的時間。

情感發展

像 3 歲的孩子一樣，4 歲孩子的幻想仍然非常生動。然而，現在他已經學會區分幻想與真實，他可以在這兩者之間來去自如而不會搞混兩者。

健康發展觀察項目

由於每一個孩子都有自己特定的發展方式，因此很難預知孩子會在什麼時候或以什麼方式學會一些完美的技能。儘管本書中列舉的發展里程碑可以讓你對孩子的成長有大約的概念，但是如果他的發展進程有一些差異，也沒有必要驚慌。不過，如果孩子有以下發展延遲的現象，應徵詢小兒科醫師的建議：

- 表現出過分恐懼或膽怯的行為。
- 表現出強烈攻擊的行為。
- 與父母分開前一定得經過一番爭扎抗議。
- 很容易分心或對任何活動難以專注 5 分鐘以上。
- 沒有興趣與其他孩子玩耍。
- 在一般情況下，拒絕回應他人，或者反應非常冷淡。
- 在遊戲中很少幻想或模仿。

- 大多數時間似乎不愉快或悲傷。
- 無法從事各式各樣的活動。
- 與其他孩子在一起時沉默或逃避。
- 情緒表達的範圍有限。
- 吃飯、睡覺或自己上廁所有困難。
- 不能區分幻想與真實。
- 似乎異常被動。
- 不能理解包含 2 個名詞在內的命令（將杯子放在桌上，將球放在床下）。
- 不能正確說出自己的姓名。
- 說話時不能正確使用複數和過去時態。
- 不能談論自己的日常生活或經歷。
- 不能搭起 6 至 8 塊積木。
- 握蠟筆時似乎不自然。
- 不太會自己脫衣服。
- 不會洗手和擦乾雙手。

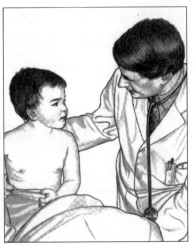

　　隨著他的幻想遊戲發展，如果孩子的幻想遊戲涉及某種暴力成分的形式也不要感到吃驚——打仗遊戲、屠龍、甚至捉人遊戲都算是這類的遊戲。有些父母禁止孩子玩玩具槍，這時他們會用剪、貼或製作紙版槍，或者用一根手指瞄準，嘴巴發出「砰、砰」的聲音。父母不要對這些行為感到驚慌，這並不代表這些就是暴力兒童。孩子還不明白什麼是殺人或死亡，對他來說，玩具槍是一種玩具，一種充滿競爭性又可提高自尊，單純無害的娛樂方式。

假如你想評估孩子自信心的發展，你可以傾聽他與成人的談話。2 ～ 3 歲時孩子可能畏縮不前，但現在他可能很友善、健談與充滿好奇心，同時對其他人的感覺可能非常敏銳，無論是成人或孩子，也喜歡帶給人們快樂。當他看見有人受傷或悲傷時，他會表示同情與關心，表現出來的行為或許是情不自禁擁抱對方或「親吻對方受傷之處」，因為這是他在疼痛或心情不好時最想得到的安慰。

在這個階段，學齡前的孩子可能開始對基本的性產生濃厚的興趣——不管是自己的性別或其他性別。他會問寶寶是從哪裡來的，以及一些與生殖和排泄有關的器官。

他或許想知道男孩與女孩的身體有什麼不同，當你面對這些問題時，你可以用簡單而正確的術語回答。一個 4 歲的孩子不需要知道性行為的詳情，不過他可以自由提問，並且知道他會得到指引與正確的答案。

隨著孩子對性的興趣增加，他可能會玩自己的生殖器，甚至對其他孩子的生殖器非常感興趣，這不是成人的性活動，這只不過是正常的好奇心而已，無須大驚小怪或懲罰他。

專欄　4 ～ 5 歲的情感發展里程碑

- 知道性別。
- 可以區分幻想與真實。
- 有時難纏，有時非常渴望合作。

家長應該對這種探索設下何種限制呢？這是一個家庭議題。最好不要反應過度，因為孩子對性有適度的興趣是正常反應。另一方面，孩子有必要知道什麼行為可以被社會接受。你可以讓孩子知道：
- 對生殖器官有興趣是健康和自然的。
- 在公共場合裸體和性遊戲是不能被接受的。

■ 包括朋友和親屬在內的任何人均不能碰觸「他的私處」，醫師和護理師進行體格檢查，以及父母在他感到生殖區域疼痛時檢查原因的情況屬於例外。

幾乎同時，孩子對可能會對異性的家人或成人形象變得非常著迷，不需要為這種情況感到擔憂或嫉妒。

 # 基本護理

健康的生活方式

在孩子進入學齡前是個讓全家人養成健康的生活方式的好時機，也是鼓勵孩子保持健康的生活習慣的時候。在 4、5 歲養成的生活習慣可能會影響一生相關的健康選擇，這意味著謹慎選擇他所吃的食物和足夠的運動量。

小兒科醫師發覺到，現在已有越來越多的兒童體重超重，你的醫師從孩子嬰兒期開始就已追蹤他的身高和體重，評估他的體重是否超過其他的兒童。幸運的是，你可以採取幾項措施以降低孩子變胖的可能性，並且讓他保持在健康的軌道上。

多花一些心思在孩子的**體能活動**上，儘管他現在活力無窮，但許多能量卻都無用武之地。很多學齡前兒童每天看好幾個小時的電視或電腦，而不是到戶外玩耍，事實上，現今孩子的活動時間大約只有他們祖父母那個年代的 1/4。

無論你的 4 或 5 歲的孩子是否超重，你都要確保體能活動是他生活中的優先順位，在學齡前這個階段主要是發展運動、提升協調，以及玩遊戲和體能活動技能的重要時機，確保他在適合該年紀的運動設備區域，例如球類和軟棒球，這不僅可以讓運動變得好玩，同時也可以讓他有想做的事情可做。當然，在這些玩樂的期間一定要有成人監督，確保他遠離危險狀況，例如跑到街上撿球。你可以作為一個遊戲的同伴或擔任榜樣，練習做一些運動或一起參與實際遊戲。此外，你也可以將家庭時間變成體能活動時間，在星期日的下午，與其全家上電影院，不如到住家附近的郊外健走，或到公園放風箏、玩捉迷藏或丟球。

電視、電腦、電視遊戲機、平板電腦和手機都會與其他更有活動性的活動競爭孩子的注意力和時間。有些遊戲機可以促進肢體活動（「健身遊戲」），當天氣或其他情況限制戶外遊戲時，這可能很有用。某些手機和平板電腦的軟體也可能鼓勵孩子的活動或探索。同時，大多數基於螢幕的活動會分散你的孩子對更有活動性或想像力的遊戲的注意力。為了決定螢幕時間在孩子的生活中扮演的角色，首先要考慮你在身體活動、睡眠和家庭時間上想達到的目標，之後再將剩餘的時間分配在那些適合孩子的年齡且有建設性的電子活動。你的參與也可以幫助孩子最充分的利用這些應用軟體。（見第 32 章，媒體。）

飲食和營養

良好的營養是孩子健康生活很重要的一部分，速食餐廳可能以價格和方便性取勝，但大多是高熱量、營養含量少的食物。在學齡前階段的孩子，吃的東西應該和其他家人一樣，重點是食物的營養價值，其中包含**新鮮蔬菜**和**水果、低脂或脫脂乳製品**（牛奶、優格、乳酪）、瘦肉（雞肉、火雞肉、魚肉、瘦肉漢堡）和**全麥穀物**和**麵包**。同時，限制或排除垃圾食品，以及含糖的飲料。垃圾食物包括那些低營養價值，特別是同時含有太多油脂與糖分的食品。

乳製品是孩子飲食中很重要的一部分。研究顯示，不管是調味乳或原味牛奶，對兒童的身體質量指數都不會有負面的影響，無論口味（像是巧克力）。所以就算孩子只喝調味乳，仍然有助於讓孩子每日乳製品的攝取量達到建議量。2014 年，美國小兒科學會針對健康骨骼的報告中建議，兒童攝取低脂或脫脂調味乳、乳酪和適量添加糖的優格可以協助兒童達到每日建議鈣的攝取量。偶爾可以吃一些甜點，例如冰淇淋和蛋糕，但肯定不是天天吃。特別是如果你的小孩過胖，你一定要留意食物的份量，4、5歲孩子飲食的份量應該會比大人更少。

專欄　學齡前兒童一天食譜範例

這份食譜適合體重大約為 36 磅（16.5 公斤）的 4 歲兒童。

1 杯＝ 8 盎司＝ 240 毫升

1 盎司＝ 30 毫升

1 茶匙＝ 1/3 湯匙＝ 5 毫升

早餐

- 1/2 杯脫脂或低脂牛奶
- 1/2 杯全麥穀類
- 4-6 盎司或 1/2 ～ 3/4 杯哈密瓜或草莓 或香蕉

點心

- 1/2 杯脫脂或低脂牛奶
- 1/2 杯水果如甜瓜、香蕉或漿果
- 1/2 杯優格

午餐

- 1/4 杯脫脂或低脂牛奶
- 1 份三明治：2 片全麥麵包、配 1 ～ 2 盎 司（30 克）肉和乳酪、蔬菜佐沾醬（如 果需要），或花生或杏仁醬（和果醬—— 如果需要）
- 1/4 杯深黃色或深綠色蔬菜

點心

- 1 茶匙花生醬或杏仁醬，加上 1 片全麥麵 包；5 片全穀物餅乾；1 條乳酪；切片水果

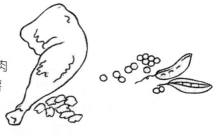

晚餐

- 1/2 杯脫脂或全脂的牛奶
- 2 盎司（60 克）瘦肉、魚或雞肉
- 1/2 杯全麥麵食、米飯或馬鈴薯
- 1/4 杯蔬菜

如果家人的飲食中喜歡搭配人造植物奶油、動物性奶油或沙拉醬，你可以盡可能選擇低脂或健康的類型，並且只給孩子 1～2 茶匙即可。

然而 3 歲的孩子往往很挑食，而且這種行為可能會持續到 4 歲，較大的孩子可能會用言語直接表達他的喜好，但他可能會因此更加拒絕吃某些食物。他的營養需求和一年前一樣，但他對食物的情緒反應通常難以預料。如果他不喜歡你給他的食物，他很可能會頂嘴，不過，如果他的盤子中充滿均衡的食物，那麼他就有眾多的選擇足以維持他的身體健康。

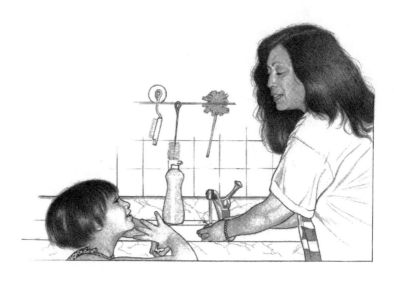

洗手也是健康
生活方式的一
個重要部分。

437

在這個年齡，你的孩子應該是一個不錯的「飯友」，同時他也準備好學習基本的餐桌禮儀。到了 4 歲時，他不再用拳頭握刀叉，而是和大人一樣使用刀叉。除此之外，在成人的指引下，他還可以學會餐刀的正確使用方法。另外，你可以教他一些餐桌禮儀，例如嘴巴有東西時不要說話、用餐巾擦嘴，以及不可伸手橫越另一個人的餐盤。雖然解釋這些規則有其必要性，但重要的是以身作則，他會觀察與學習家中其他成員的行為模式。如果你們家庭經常一起吃飯，他的餐桌禮儀會學習得更快，可以試著一天至少安排一次家人在一起吃飯，享受大家在一起的時光，並且讓孩子負責擺碗盤餐具，或讓他協助以其他的方式準備餐點。

多少才算吃夠

許多父母都會擔心他們的孩子是否攝取足夠的食物。以下是一些指導原則，可以協助你確保孩子吃夠且不會過量。

- 孩子的食物份量不需要和大人相同，只有在他要求第 2 份時，才給他第 2 份，而且份量要更少。一般兒童的份量大約是成人的一半，以大多數食物來看，兒童分量大約是孩子的手掌的大小（不是你的手掌），使用兒童尺寸的餐盤也可以幫助你衡量份量。以下是一些適當的兒童份量：

- 1 茶匙＝ 5 毫升
- 1 湯匙＝ 15 毫升
- 1 盎司＝ 30 毫升
- 1 杯＝ 8 盎司＝ 240 毫升
- 4 ～ 6 盎司牛奶或果汁
- 1/2 杯穀類食物
- 1/2 杯乾酪或優酪乳
- 2 盎司（60 克）雞肉
- 2 盎司漢堡
- 1 茶匙植物奶油、奶油或抹醬
- 1 片麵包
- 4 湯匙蔬菜

- 在一般的情況下，**一天的點心次數不要多於 2 次**；更多點心可能會減低正餐的食欲。選擇健康飲食代替不健康食物，如軟性飲料、糖果、麵粉糕餅、含鹽或脂肪過多的食品。為了降低蛀牙和過多卡路里的風險，你可以選擇以下富含營養的點心。如果有需要，可以考慮將他們切成小塊以便孩子咀嚼並避免噎住窒息的風險。記住，孩子至少要嘗試 15 次以上陌生的食物才可能會適應它的口味。

  - 水果和水果汁
  - 胡蘿蔔、芹菜和黃瓜片（可沾一些低脂沙拉或鷹嘴豆泥）
  - 優酪乳
  - 麵包或餅乾（沾健康堅果奶油）
  - 低脂麥麩
  - 乳酪

- 在特殊的場合，你的孩子可以吃一些甜點，但你要盡量選擇低脂燕麥餅乾或其他低脂低熱量的種類。但不要根據他在正餐中吃了什麼來準備甜點。相反的，在每週選擇幾天作為「甜點日」。此外請注意甜點的份量：1 勺冰淇淋提供的樂趣與 2 勺幾乎完全相同。

- 不要用食物獎賞孩子良好行為。

- 當孩子要求食物或飲料時，確保孩子是真的餓了或口渴，如果孩子的真正目的是想引起你的注意，你可以與他聊天或玩耍，不要把食物當成安撫奶嘴。

- 不要讓孩子邊吃東西邊玩、聽故事或看電視，這樣會讓孩子在無意中吃太多而遠超過有飽足感的量。

- 如果孩子的飯量不一定，也不要擔心，有時他似乎會吃他可以拿到的任何食物，有時他又會對任何食物皺眉頭。當孩子拒絕進食時，他可能是因為這天活動太少而不餓。此外，留意他或許是用吃飯這件事做為一種控制力，特別是在他幾乎否定一切時，他一定會極力反抗你給他吃的東西。不管怎麼樣，不要強

迫孩子吃飯。只要他沒有挨餓，或者體重下降不是很明顯，你大可放心。然而，如果他的食慾明顯下降超過一週，或出現疾病的徵兆，例如有發熱、嘔吐、腹瀉或體重下降等，這時你一定要諮詢你的小兒科醫師。

- 你的孩子一天大約需要喝 2 杯（16 盎司或 480 毫升）脫脂或低脂牛奶，以符合身體所需的鈣質。牛奶是重要的食物，主要是因為鈣和維生素 D 的含量，然而，喝太多牛奶可能會降低他對其他重要食物的食慾，且有些孩童不喜歡乳製品。無論如何，孩子都應該每日攝取維生素 D 補充品及其他富含鈣質的食物如種子類、起司、富含油脂的魚類如鮭魚、豆類、杏仁、和綠色葉菜類蔬菜。

監督孩子在看電視時所接觸到的廣告，電視廣告──即使在你清楚向他們解釋之後，仍然會對學齡前孩子良好的飲食習慣產生嚴重的阻礙。研究指出，觀看電視的時間與肥胖之間有很強的關聯性；減少觀看電視的時間可以改進超重兒童的體重狀況。4、5 歲的幼兒對廣告中的含糖玉米脆片和甜食接受度很高，特別是如果他們曾經去過有這些食物的家庭。再次重申，幼兒肥胖的問題在美國已有增加的趨勢，基於這個原因，你需要留意孩子的飲食習慣，不管在家中或出門在外，隨時監督他們以確保盡可能吃得健康。

若要預防這些不良的影響，盡量保持家中飲食的健康，只存放富含營養、沒有額外添加脂肪或糖分的食物。最終，他會習慣於健康的完全食物，而這會讓他不易受到太甜、太鹹或油膩食物的誘惑。

睡眠

如果孩子夜間有睡眠困難的問題，這時在上床前建立睡眠儀式有助於改善這種情況。一個年僅 4 歲的孩子通常會認真參與行程表去洗澡、刷牙和然後在關燈前聽床上故事。你或許可以試著將孩子的睡眠時間設早一

點，這樣孩子就不會因爲太累情緒不穩而造成睡眠困難，在這段期間，孩子小睡的模式會逐漸減少。

夜驚是這個年紀的另一個睡眠問題，偶爾他們會在夜間醒來，看起來好像清醒但不安，有時還會尖叫和拳打腳踢、眼睛張開充滿驚恐樣，但他對你不會有任何回應。在這種情況下，他不是醒來也不是做惡夢，這就是所謂的夜驚──一種神祕的現象，對父母而言，這是學齡前和學齡初期兒童常見的一種睡眠困擾形式。通常，孩子在入睡前看不出任何問題，但幾個小時後會驚醒，兩眼睜開並充滿恐懼。他可能有幻覺，指向幻覺中的物體、踢打、尖叫，一般都難以安慰。有些父母對此會感到不安，因爲這時孩子的行爲表現和平日完全不同（當遇到這種情況時，有時反而父母比孩子更加不安）。在這種情況下，你唯一可以做的就是抱著孩子，避免孩子傷害自己，並安慰他：「沒事！媽媽和爸爸都在這裡。」保持柔和的燈光，並且輕聲與他說話。在 10 ～ 30 分鐘以後，他可能會平靜下來並再次入睡，持續與孩子互動可能會延長這段情節。第 2 天早上，他對昨夜發生的事完全不會有任何記憶。

如何分別惡夢與夜驚

有時惡夢與夜驚很難區分，以下為兩者的分別：

	惡夢	夜驚
外觀和行為	令人害怕的夢境；孩子因夢境驚醒而大哭。	睡夢中尖叫、大哭、拳打腳踢；可能部分出現情緒激動、焦慮和不安。
大約幾歲開始？	通常第一次發生在學步期以後。	從 4 歲或 5 歲後開始。
發生於睡眠哪一個週期	通常在睡眠的第 2 週期，出現強烈的夢境時。	主要發生於無夢的睡眠中；大約入睡後 2 個小時，並且持續 5 至 15 分鐘；經常發生在小孩發燒的情況，或者睡眠作息被打亂。
再次入睡	可能因為焦慮難以再次入睡。	很快再次入睡。
記憶	或許可以記住夢境，並且訴說其中的內容。	沒有任何印象。
潛在問題	與情緒問題無關，然而夢境可能反映孩子內在的恐懼。	與情緒問題無關。
處理方式	喚醒與安撫小孩，可以與孩子談談困擾他的任何壓力，睡前避免看電視。	藥物治療效果不彰，可以試著讓孩子早點上床睡覺，並且避免讓孩子過於疲累才上床。
長期問題	如果孩子抱怨每晚都做惡夢，你可以諮詢小兒科醫師的意見。	大多數孩子在日漸成長後，夜驚的情況自然會消失。

資料來源：改編自馬可・懷斯布魯（Marc Weissbluth）博士《健康睡眠習慣，快樂孩子》（Healthy Sleep Habits, Happy Child，Ballantine Books 於 2015 年出版）。

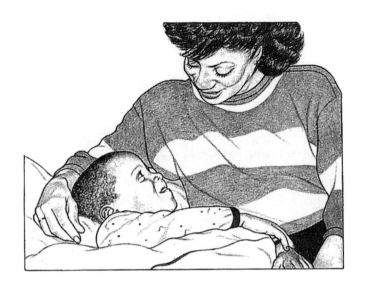

　　有些孩子可能只發生過一次夜驚，有些孩子可能發生很多次；如果經常發生或持續一段時間，這就不太尋常。當夜驚非常頻繁時，醫師開的安眠藥或許有一定的效果，但是最好的方法是讓夜驚自動消失。隨著孩子慢慢長大，睡眠恐懼會自動消失。

　　但還有一些情況，孩子既不是夢魘，也不是夜間恐懼，他會醒來呼喊你，這時應該怎麼做？要讓孩子感到一切都很好，放下他去睡，然後離開。他醒來時不要給他食物或允許進入你的房間。（更多有關夜驚的資訊，請參考 442 頁的專欄。）

規範

　　到 4 歲時，學齡前的兒童或許可以稍微控制自己一些無法預料的情緒反應，不過他仍然無法處理自己內在的反抗。在本階段他或許會公開違背一些家庭原則，正如之前提及，甚至會頂嘴和辱罵你。通常他的不當行為只是為了激怒你，看你有何反應。儘管這種行為讓人生氣和尷尬，但極少數是情緒上的疾病，如果你輕鬆以對，通常這種情況在學齡前就會消失。

　　在決定制訂何種限制時，別忘了以前他還小時所用的一些規範仍然可適用於現在。重點是要盡量獎勵好的行為，而不是一味處罰不良的行為，

同時也要避免體罰。此外，及時恰當處理不良的行爲非常重要，不要等到時間過了才處罰，因爲小孩可能已經忘記被處罰的原因。最重要的是，你要爲他樹立良好的行爲典範，透過控制自己的情緒（試著不要反應過度）、謹慎用詞（糾正孩子的行爲，而不是指責孩子），使用言語表達你的情緒和解決爭端（不是訴諸暴力）。確保將你制訂的規範告訴照顧孩子的人，這樣孩子才能收到一致的訊息與適當的行爲規範。

孩子們想要得到指引，並應該以一致的方式展現可預期的行爲。即使他們的行爲失控，他們也需要感到安全和受保護。暫時隔離和積極介入仍然有效；如果你採用暫停隔離作爲懲罰方式，請在其後進行短暫的積極介入來與你的孩子一起檢討懲罰的原因。另一種技術是剝奪特權（Loss of Privileges）。然而，不要使用內容空洞的威脅，也不要使用體罰，你必須教導孩子什麼行爲是可接受的，什麼行爲是不可接受的，讓他以後能學會爲自我約束的唯一方法，就是你現在對他設定合理的約束，引導他學習控制情緒。如果你充滿愛心、堅定和始終如一，他會變得更加安全。這對於創造自主性來說也是個很重要的機會，如果你們在涼爽的一天一起出門，問問他是否想要加一件毛衣或夾克，並請他幫忙找。在雜貨店，請他幫忙指出你正在尋找的貨品。

說謊

本階段孩子不說實話是普遍的。學齡前小孩說謊有許多原因，有時是因為害怕受到懲罰，有時是因為沉浸於幻想中，有時是模仿某些成年人的行為。在你懲罰孩子說謊前，要確定他說謊的動機。

當孩子說謊的原因是避免懲罰時，他很可能破壞了一些家庭的規則。例如，他可能弄壞一些他不該碰的東西，或太粗暴傷害了自己的同伴。在這些情況下，他的結論是最好不要承認自己的所作所為。你需要向他解釋為什麼了解他自己做了什麼並和你談論這件事情對他

來說是重要的。不如先說——例如：「這件物品壞了，我想知道發生了什麼事。」之類的話。如果孩子承認，你要保持心平氣和，並且如果會有懲罰，確保懲罰是合理且有意義的，這樣孩子在下次承認自己的行為時可能會比較不那麼害怕。

講過分誇大的故事與說謊完全不同，這僅僅是孩子想像力的表達方式，並不會傷害任何人。唯有你或孩子不能分辨真實與幻覺，這才會成為問題。儘管無須因孩子的誇大之詞而懲罰他，不過也要讓他從中習得教訓。給他講「狼來了」的故事，讓他明白經常虛構故事是非常危險的事情（假如他受傷，你就不知道該不該信任他。）讓他清楚明白誠實以告其實對自己最有利。

當孩子說謊完全是模仿你的行為時，為了樹立榜樣，你最好停止說謊。當孩子聽你說「白色的謊言」時，他無法理解你的委婉，或者努力不去傷害他人的情感。他知道的只是你沒有說出真相，所以他會覺得他也可以說謊，你可以嘗試讓孩子知道「真正的謊言」和「無惡意的謊言」之間的區別，但是他可能難以全盤理解，因此改變你的行為方式可能比較容易成功。

在決定限制時，別忘了以前他還小時所用的一些規範仍然可適用於現在。獎勵並讚揚你期待的行為並忽視不期望的行為比懲罰更加有效。避免體罰。此外，及時恰當處理不良的行為非常重要，不要等到時間過了才處罰，因為小孩可能已經忘記被處罰的原因。最重要的是，你要樹立良好的行為典範，透過控制自己的情緒、謹慎用詞（糾正孩子的行為，而不是指責孩子），使用言語表達你的情緒和解決爭端（不是訴諸暴力）。確保將你制訂的規範告訴照顧孩子的人，這樣孩子才能收到一致的訊息與適當的行為規範。（更多關於學齡前幼兒的規範詳情，請參考第 443 頁，同樣也適用於 4、5 歲幼兒的規範篇。）

進入幼稚園的準備

許多 4 歲的孩童會去上幼兒園，也有許多校區會提供免費或較低價的、實際上屬於學校體系中的學前教育選擇。然而進入幼稚園對孩子來說是一個主要的轉捩點。即使他已經上過學前幼兒園，進入小學後他肯定會變得更加成熟，同時賦予更多的責任和自主權。「正規」的學校比他過往所知的任何學校都還要大，而且人際關係也更複雜，即使班級規模可能與幼兒園一樣大，不過他每天或許會有部分的時間會與混齡的大孩子相處。他要做的心理準備不只是適應幼稚園的生活，還要面對自己是大學校中年紀最小的學生的挑戰。

隨著入學年齡接近，你可以告訴他一些關於上幼稚園的事，先為他做好心理準備。向他解釋開始上學後，日常作息會產生的變化，並且讓他自己選擇去學校時穿的衣服。偶爾開車或步行帶他經過學校也會有所幫助，甚至進入學校，看看學校的教室，讓他心裡先有一個概念。許多學校開課前會開放教室，你可以帶孩子參觀，並讓他與老師見面。這些準備有助於增加他的熱情，減少對邁入下一步的焦慮感。

上學前，孩子應該接受全面的身體檢查。醫師會評估孩子的視力、聽力和整體的身體發展情況，確定他已經接種必須的疫苗，並且視需要給予加強的疫苗（參考第 31 章疫苗接種和附錄的疫苗接種時間表）。根據各

對孩子而言，幼稚園是一個關鍵的轉捩點。

州的法律和接觸的可能性，孩子或許還要做肺結核測試，或者其他的例行檢驗。

大多數學校的體制對孩子進幼稚園學習的年齡有所要求，經常有一個硬性的時間規定。雖然這種制度適合大多數孩子，但並不完善，因為孩子的發展速度差異很大，以至於有的孩子在 4 歲時就已做好上學的準備，有的孩子在 6 歲之前仍然還未準備好上學。

如果你不確定孩子是否已準備好上幼稚園，或考慮是否需要在進入幼稚園前先給孩子額外的一年學前教育，你可以請專家幫助你確定什麼選擇是最好的。如果你的孩子正在上學前幼兒園，他的老師可能會提供幫助，他可以看到你的孩子與其他孩子在行動中互動的狀態，而應該能知道孩子是否準備好接受更有條理的課堂經驗。你的小兒科醫師可以協助你衡量孩子的能力或安排發展測試，來幫助你確定孩子是否具有在幼稚園正常表現所需的必要技能。如果你覺得孩子的發展超越他的年齡，你希望他可以提早入學時，同樣也可以透過這些專家和測驗協助評估他的能力發展。

關於霸凌

欺負弱小是許多學齡前兒童會遇到的狀況,當一個孩子故意欺負另一個孩子,這種情況可能發生在學齡前或在左鄰右舍、遊樂場或公園內。被盯上的孩子通常比較弱小、害羞,而在受到肢體(毆打、推撞、踢、招住)、言語(戲弄、辱罵、威脅、仇恨言論)或社交(被排除在外)霸凌時感到無助。

當孩子被欺負時,他們往往害怕上學,在學校也無法專注,並且可能經常抱怨頭疼或肚子疼。

確保孩子明白他被欺負不是因為他做錯什麼,教導他在遇到這種侵略性的行為攻擊時,可以採取哪些措施保護自己的安全。以下是一些有效保護孩子遠離霸凌的策略:

- 直視霸凌者的眼睛。
- 抬頭挺胸保持冷靜。
- 離開現場。
- 用堅定的語氣說:「我不喜歡你的行為」或「不要用這種方式和我說話」。

讓你的孩子在家練習這些方法,這樣在他們需要時才會更自然做出反應。另外,告訴他當欺負弱小的事件發生時,應該要求助身旁的大人。同時,你要讓幼兒園的老師和遊樂場的管理人員知道發生霸凌事件,如果再看到類似的情況發生,請他們協助阻止。當你不在孩子身邊時,孩子的附近一定要有大人陪伴留意,以確保孩子的安全。

然而,如果是你的孩子在學齡前學校或左鄰右舍欺負弱小,那又該如何處理呢?

你要盡快採取措施制止這種行為,要認真看待欺負他人這件事,並且在事態尚未惡化前,立即糾正這種不良的行為,以下是一些準則:

- 堅定限制孩子攻擊性的行為，確保你的孩子明白欺負弱小的行為是不被接受的。
- 以身作則。為孩子樹立典範，讓他知道他仍然可以滿足他的需要，不用威脅或玩弄他人。
- 當你需要管教孩子的不當行為時，不要使用體罰的方式——如暫停隔離、積極介入、剝奪特權等方法，確保你的孩子瞭解為何這種行為不被接受。
- 如果你無法制止孩子欺負弱小的行為，你可以尋求老師、輔導員或小兒科醫師的協助。

許多公立學校要求所有申請進入幼稚園的孩子要進行普查測驗，以評估孩子入學的準備情況，在某些情況下也會協助確認那些孩子需要接受個別化教育計畫（IEP）或特殊教育服務。發展技能測驗通常在學校進行，時間是孩子要進入幼稚園的那年春季或夏季。同時，學校的護理人員會收集孩子的健康相關資訊，確保孩子接種全部的疫苗，同時會檢查孩子的視力與聽力，如果沒有相關文件證明小兒科醫師已進行過檢查的話。

除非有證據指出孩子可能需要調整或住宿學校才能適應，不然開學試讀是最好的評估方式。如果孩子在學期間有嚴重的發展問題，你的孩子可能需要進行心理教育評估來判斷他是否需要個別化教育計畫。這項決定將依照孩子的學習能力而定，並且遵照指示和作息，以及配合其他相關的孩子與老師。

看小兒科醫師

繼續每年帶學齡前的孩子做一次身體檢查，你的小兒科醫師會確定孩子是否接種最新最完整的疫苗，4～6歲期間會接種小兒麻痺症、白喉、破傷風、百日咳、麻疹、流行性腮腺炎、德國麻疹和水痘等加強疫苗，許多幼稚園在幼兒入學前都要求孩子完成所有的疫苗接種（請參考附錄關於疫苗接種建議時間表）。

聽力

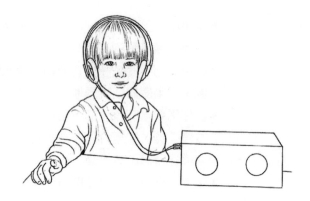

4 歲左右的孩子其表達能力足以描述各種不同的聲音。你的小兒科醫師可能會建議給孩子做一個徹底的聽力檢查，運用不同的頻率音調。這個檢查應該每 1、2 年做一次，如果發現孩子有聽力方面的問題，檢查次數應更為頻繁。

視力

3 ～ 4 歲的孩子已經可以理解指令並配合正式的視力檢查。照相視力篩檢可以在孩子更小時施測，不過該檢查也可以在這個年齡階段進行，孩子的視力應達到 20 ／ 30（史奈侖視力檢查表）（4 歲 0.6 ～ 0.7；5 歲 0.7 ～ 0.8）或更佳。比起兩眼個別的確實視力更加重要的是兩眼的視差，如果你懷疑孩子的眼睛或視力檢查的結果有任何的問題，應該要由眼科醫師或驗光師為他進行評估。

安全檢查

在這本書中，有許多關於居家和出門在外如何確保孩子安全的建議。特別是第 15 章提及好幾個區域範圍，其中包括遊樂場、腳踏車和三輪車，以及自家後院的安全等。

以下為專門適用於 4 ～ 5 歲兒童的安全指南：

- 當孩子學騎腳踏車時，他要一直戴著安全頭盔。當你購買腳踏車時，同時間也要買頭盔並確保尺寸吻合，並且以身作則，只要每次騎腳踏車時，一定要戴上你的頭盔。
- 永遠不要讓孩子在大馬路上騎腳踏車，他還太小，無法安全地在街上騎腳踏車。
- 如果孩子突然間衝到街上，會有被車子撞到的危險。陪伴孩子在公園或遊樂場玩耍，指示他到了路邊一定要停下來，並且在沒有大人

的陪伴下不可穿越馬路。你要記住，孩子未必會記得安全規則，當靠近街上時，你一定要密切留意。

- 由於溺斃是這個年紀的孩童的第二大死因，雖然這個年紀的孩子可以學習游泳，也千萬不可讓他一個人單獨游泳，縱使他看似已經有能力游泳。除非大人在附近陪伴下並時刻監督，否則不可讓孩子在水邊（湖泊、溪流、游泳池或海邊）或浴缸附近玩耍。在這個年齡階段，最好採用「觸摸監督」──與孩子保持在你手臂可及的距離之內──這樣如果孩子在無意間掉入水中，成年人可以迅速抓住孩子。

- 當與孩子一起搭船時，應該穿上救生衣。教導他在成人尚未先確認水的深度前，不可隨意潛入或跳進水中。

- 教導孩子永遠不可以玩火柴、打火機、仙女棒或煙火，確保這些物品置於孩子拿不到的地方。

- 如果你的家中或任何孩子會拜訪的房屋內有槍枝，隨時確保保存區域上鎖並將彈藥分別鎖在其他地點。

（更多關於安全的資訊，請參考第 15 章。）

 # 和小孩一起旅行

車禍對孩子的生命會造成極大的威脅，即使以慢速行進，突然間的碰撞或煞車都可能造成毀滅性的傷害。你的孩子仍然應該坐在配有五點式安全帶的汽車安全座椅上，而且後座依舊是孩子乘車最安全的地方。

特別當你與 4、5 歲的孩子做長途旅行時，如果你想使乘車旅途愉快，可以參考以下的一些建議：

- 談論窗外的景色。問你的孩子從窗外看到了什麼，為他指出一些有趣的景點。當他開始學習顏色、字母和數字時，讓他識別路邊的標誌和廣告牌上的內容。但記住，你的眼睛要留意前方的路況。

- 在汽車安全座椅附近伸手可及之處放一些圖畫書和小型輕巧的玩具。

- 在車上放兒童歌曲和故事的錄音帶，鼓勵孩子跟著一起唱。

- 長途旅行時，帶一個裝滿適合他的玩具小盒子，例如彩繪或活動書

籍、蠟筆、紙張、貼紙等（不可在車上使用剪刀，以免意外停車時會造成危險）。你可能會讓手機或平板陪伴孩子的旅行過程，但請事先花時間考慮哪些遊戲、故事、節目或電影是最好的，並確保有保留一些非螢幕時間來交談、唱歌或玩旅行賓果遊戲。避免暴力和不適合年齡的內容，並要記得他在螢幕上看到的內容可能會影響他旅行時的心情。請監控孩子使用這些螢幕以免孩子過度使用或噁心想吐。

- 至少每 2 小時停車休息一次，讓孩子有機會活動、吃點心和上廁所。
- 如果孩子容易暈車，上車前 1 個半小時可服用適當劑量的暈車藥（參考第 800 頁動暈症）。

不管到哪兒旅遊，如果你們確實遵循以下的額外原則，你們的旅途可能會皆大歡喜，更加愉快與舒適。

- 不可讓孩子單獨留在汽車上。
- 不允許孩子觸摸門把手。如果汽車有兒童安全鎖，這時鎖上或許會更安全。
- 不允許孩子大叫、踢打、嘶咬或弄出很大的噪音。
- 提醒孩子留意車上的其他人。

專欄 給祖父母的話

當你花時間和你的孫子相處時，你或許會發現他的個性有些改變，從 4 歲到 5 歲的他變得更加獨立。他很可能會測試你的權威，表現攻擊性、霸道，有時甚至會使用粗話。請不要擔心，保持冷靜，這個階段只不過是讓他更熟悉周圍環境的墊腳石。你管教他的態度要堅定但不是嚴厲（並且絕對不要進行體罰），千萬不要對他的驚人之語或冒犯反應過度。

　　在孫子這個年幼的階段，他將擴展一個更大的社交圈和結交一些「最好的朋友」，你可以協助他拓展這個社交圈，在他拜訪你時邀請家裡附近的小朋友來家中玩，特別是如果他在你家住幾天（或更長的時間）。也可以帶他去那些可以讓他接觸同齡孩童的場所。

　　如果你和孫子居住相隔遙遠，無法經常往來，那又該如何維繫感情呢？對祖父母而言，目前有許多遠距離的策略，特別是這個年紀的孩子已能用言語溝通，以下是一些建議：

- 電話是一個最好的選擇。在固定的時間打電話給他，這樣你的孫子就可以預期要在什麼時間接聽你的電話。在電話中，你可以和他談論他的活動，問問他最近都在做什麼，他的朋友有哪些。學齡前的活動和「事件」都是他目前最關心的事，你可以記下和他的談話內容，以便下次打電話時，你還可以提及他的朋友或特別的地方。

- 可以使用視訊設備交流，千言萬語都比不上看到彼此。不過記住，孩子只有 4 歲，他或許還不明白你並不在屋子裡，大人可能要向孩子解釋為何爺爺奶奶人待在很遠的地方，卻能從電腦或智慧型手機上看到他。

- 孩子喜歡收到一般信件或電子郵件（使用父母的帳號）。當你外出旅遊時，寄卡片或當地有趣的紀念品給孫子，這也是一種與孫子連結的方法。

- 交換家庭照片和影片意義也非比尋常。

- 在特殊的日子或節日中，當你無法親自參與時，打電話唱「生日快樂」歌和寄卡片給他，重點是在這些重要的日子裡，有一些特別的連結與慶祝。

- 儘管距離考量，拜訪孫子應是一個優先的選項。和上述的建議一樣重要，沒有什麼比實際陪伴孫子孫女可以取代的，即使只是一個週末，持續保持接觸與瞭解才是讓一段關係意義非凡的關鍵。

早期教育和幼兒照護

　　你不在孩子身邊時誰來照顧孩子？你遲早要面對這個問題。不管你需要別人一週照顧他幾個小時，還是 1 天 9 個小時，你都會希望這個人是你信任與放心的人。但尋找合適的照護人可能是一個大挑戰。在選擇兒童照護方式時，你的首要任務是確保孩子的福祉，這是最主要的考量因素。本章提供一些協助你尋找的建議，其中也包括一些在你做出選擇後，如何預防、辨識和解決問題的指南。

　　要尋找好的兒童照護，重要的是同時考量兒童照護計畫的品質以及照護者的性格和能力。目前有大約 6/10 家中有 3 至 6 歲孩童的家庭有使用照護中心服務，另外父母社群也可以選擇相互照應，或者親戚朋友們可以提供照護。有些兒童會在 1 天或 1 週內的不同的時間裡參與不同的照護。如果孩子的照護者不是家庭的成員，那麼很可能在你將孩子託付給他之前，你才和她見過幾次面而已。即便如此，你一定會想選擇一位感覺就像家人一樣可以信任的人，雖然在這種情況下，任何人都很難百分百確定，不過，你可以花幾天的時間仔細觀察照護者和孩子的互動，以及照顧孩子

時的情況。在你將孩子託付給某個人之前，你一定要先觀察他和其他小孩子相處的情形，除非你對他的能力和耐心有信心，否則不要輕易將孩子交託給他。

幼兒照護應具備的條件：
學步期和學齡前兒童照護指南

（對於嬰兒請參考第 6 章第 195 頁，孩子的第一個看護者。）

在安全健康的環境下孩子才可以成長茁壯，他身邊要有溫暖、充滿感情與支持的成人幫助他們學習、與他們互動和解決問題，同時保護並避免孩子做出危險的選擇。以下列舉許多在尋找照顧孩子人選時必須注意的問題。這一章提供許多具體的建議，不過記住，這些是大原則，適用於所有的離家和居家護理，包括學齡前和小學初期的保姆和老師。此外，在你與自己的孩子遊戲或監護幼兒小團體時，也要牢記這些原則。

一名優秀照護人員應該：

■ 仔細傾聽孩子說話，並且觀察孩子的行為。

■ 為孩子設定合理的限制並且徹底執行保持一致性。

在你將孩子託付給某個人之前，你一定要先觀察他和其他小孩子相處的情形，除非你對他的能力和耐心有信心，否則不要輕易將孩子交託給他。

- 透過讓孩子的處於閱讀、歌唱、運用手的活動和體育活動的環境中，來促進孩子在智力和身體的成長與發展
- 告訴孩子為什麼禁止某些事情，並提供可接受的替代選項。
- 當問題出現後，而且在尚未失控前化解問題。
- 干預和及早避免可能出現的困境。
- 不辜負對孩子的承諾。
- 參與孩子的遊戲但不打斷孩子的活動。
- 協助緩和孩子有壓力的過渡期。
- 在提出建議前，鼓勵孩子自己進行思考。
- 用親切的身體語言，例如擁抱和輕拍對孩子的努力表示讚賞，或安撫孩子「受傷」的情感。
- 自然地與孩子聊天對話，瞭解孩子正在從事的活動。
- 讓孩子分享他們的成就，協助孩子們互相鼓勵。
- 鼓勵孩子完成計畫的活動，即使需要比原先規劃更長的時間。
- 孩子在場時應限制成年人的談話內容。
- 尊重孩子的想法與決定。
- 避免在別無選擇下提供孩子選擇。
- 允許孩子犯錯並從中學習（只要過程中沒有危險）。

照護的選擇

除一般性原則外，你必須了解自己的需要，在你會見與面談可能的照護者時，你要先回答自己一些問題，包括：

- 在此期間你想要你的孩子在哪裡？在家裡？在別人的家裡？在孩子照護中心？如果離家，距離多遠？地點是否靠近我的家人或朋友？
- 每週哪幾天需要照護？時間多久？
- 如何接送孩子去回照護地點？如果照護者白天或晚上需要交通工具，我要如何安排？
- 我有何備案？在孩子生病，或者孩子的照護者生病或個人因素難以前來時，我應該怎麼辦？假期和暑假該如何安排？

- 我能實際支付的薪資是多少？
- 我想要照護計畫的規模大小是？我想要孩子與多少團體互動？
- 我想要給孩子多少的刺激和整體性？
- 我想要照護者具有哪些資格？
- 我想要讓孩子被以何種方式規範？
- 還要具備哪些基本的條件，我才能放心將孩子託付給他人照顧？

在美國，絕大多數的幼兒都是以某種形式的幼兒照護為主，其中有將近 1/4 是來自親友，大部分是祖母。目前有越來越多的祖母不僅負責白天部分時間的幼兒照護，同時也會涉及孩子其他方面的照料安排。

如果你家附近有家人或親朋好友，想請他們照護孩子，你要先詢問自己是否放心讓他們照護你的孩子，他們是否願意擔任照顧孩子的工作（或許每天幾個小時或 1 週 2 至 3 天），還是固定每天或在計畫生變時可以當救火隊。如果可能，考慮支付他們薪資以求公平，還可以藉此激勵他們提供協助。

其他的選擇是讓人來你家，或去別人家裡，或在照護中心。你的經濟狀況、孩子的年齡和需要，以及你對孩子照護的偏好，將有助於你決定哪一種選擇最好。

記住，孩子的成長與發展快速，今日適合他的選擇，未必日後對他而言是最佳的選擇。要持續觀察孩子的需要，隨著時間的進展，留意幼兒照護是否適合孩子當下的狀況。

以下會提供一些選擇居家照護、家庭式幼兒照護或幼兒照護中心時的建議，請牢記在心。

居家照護

如果你在孩子還是嬰兒時期返回工作崗位，其中一個照護孩子的選擇（通常費用比較高）是請人到家中住宿或白天時間在家照顧。這個人不需要執照，因此在徵人的過程中，有一些重要的考量因素你要納入評估。

- 詢問介紹人關於人品、能力和對方經歷的資訊。
- 如果可能，事先做一些身家背景調查。
- 要求工作經驗的記錄（最好包含最近 5 年）。

- 詢問他們規範、安排行程、餵養、安撫和提供孩子適當活動的方式，確定你選擇的人採用的方法是否符合你的育兒風格，是否適合你的孩子。確保當事人在應對哭鬧不休的幼兒，以及處理意外或孩子不想睡午覺或上床時的方式和你一致（不管你的孩子是屬於何種類型的照顧方式，你都要分享你在這方面的育兒資訊）。
- 確認照護者將如何回報孩子日常行程？

如何尋找居家照護？

- 向朋友、同事與鄰居詢問推薦的人選。
- 在報紙或線上搜尋或刊登廣告（特別是父母類的出版刊物）。
- 請人力服務仲介介紹。
- 聯繫當地社區的兒童照護資源轉介機構或互惠生服務。

找到居家照護後續

- 選擇你在家的時間，安排至少 1 個星期的試用期，在你的監督下，留意居家照護者的工作態度。
- 在接下來的幾天和幾個星期，仔細觀察你雇用的人的表現。

優點

1. 孩子在熟悉的環境，接受個別的照護與關注。
2. 不會接觸其他孩子的疾病和不良行為。
3. 當孩子生病時，你不必請假或做額外的安排來照顧他。
4. 照護者也可以做一些簡單的家務和準備餐點。如果你希望居家照護者在照顧孩子之外額外做一些家事，請在一開始就溝通清楚。

缺點

1. 你很難找到願意接受這種工資、福利和被限制在你家工作的人；或者你會發現優質的家庭照護的代價很高。
2. 因為你是雇主，所以你必須滿足最低工資、社會保障和報稅要求。
3. 照護者可能侵犯你的家庭隱私，尤其是與你們同住時。

4. 由於照護者大多數時間是與你的孩子單獨相處，你無法確切知道他的工作表現。

5. 你的照護者有時可能臨時有事未必找得到臨時幫手，例如生病、家中有急事或想要休假，這時你一定要有完善的安排以應付這些臨時狀況。

6. 你的照護者或許沒有上過基本的兒童發展、健康和安全等問題訓練，例如心肺復甦術、急救和藥物安全需知等。尤其心肺復甦術、急救是她必備的技能，你可以考慮幫他報名這類救生技能的課程，並且支付課程的費用。

7. 如果你希望照護者載孩子出門可能需要提供車輛。

家庭式幼兒照護

　　許多人在自己家裡為小團體的孩子提供非正式的照護，大多是在同一時間照顧他們自己的孩子或孫子。有些人提供夜間照護或生病照護；與幼兒照護中心相比，家庭式照護的收費通常較低，而且有彈性。小型家庭照護的孩子不超過 6 個人，有 1 名照護者；較大的可能有 12 個左右的孩子，有 1 名照護人員和 1 名助手，雖然實際數目可能取決於孩子的年齡與國家和當地法規的規定。可以參閱第 12 章第 414 頁，建議照護人員與兒童比例。

　　家庭式照護或許沒有登記的營業執照或不受管制，正因如此，你最好要找有執照的照護人員。

給祖父母的話

　　作為祖父母，你可能會成為照顧孫子的人，可能在時間表上固定 1 週有幾小時、在孫子那邊或你的家中。本章許多的建議也適用於你，其中包括最適合孩子的環境、安全問題、特殊需求和團體的大小

（如果你不止照顧一個孫子）都是要納入考量的部分。

身為祖父母，你有一個獨特而重要的角色，你不只是「另一位保姆」，你們之間存在著最基本的連結，你可以讓他理解與尊重代代相傳的理念。你要好好利用這種無可取代的角色！你與孫子孫女的互動，可以讓他們更瞭解你的世界，這具有無比重大的意義。好好珍惜這段時光，讓你照顧他的每一天都成為特別的一天。如果你的能力所及，你可以經常照顧他，和孫子分享故事並多多讀書給他聽。

有時候，你或許不是實際照顧孫子的人，不過你還是可以主動提供協助，像是幫忙接送孩子去給照護機構。你可以確保他的交通安全，讓他坐在適當的安全汽車座椅上，並且也可以利用這個機會評估幼兒中心或保姆的品質，這有助於讓孫子的父母對他們為孩子選擇的照護中心感到更安心。向照護機構的負責人介紹你自己的身分，並請他們記下你的電話號碼做為聯絡人之一。

如你所知，時代已經不同，但**關愛**仍是滋養孩子成長茁壯永恆不變的要素。隨時吸收最新的醫學發現，請孫子的父母和你分享最新的資訊。在你的家裡，確保你有鎖好你的所有藥品，並讓它們遠離孩子的視線與觸及範圍。醫學界已有許多研究關於嬰兒正躺睡眠的安全性和非處方藥物對疾病的使用安全規範，以及更多其他的資訊，此外，不斷學習新知也可以讓我們永保年輕的心。

選擇家庭式幼兒照護

- 觀察照護者的工作。
- 尋找優質的照顧條件，例如乾淨衛生的尿布更換檯和安全措施。
- 詢問介紹人關於照護者的人品、能力和相關經歷。
- 檢查相關認證和執照。
- 檢查照護者的居家環境，確定是否安全，是否適合幼兒。
- 詢問照護者總共照顧多少幼兒，以及照顧的時間。也可以詢問其他

家庭式幼兒照護中心，你的孩子可以從事許多和在自己家中類似的活動。

幼兒的年齡和他們是否有任何特殊需求或行為挑戰。

■ 詢問如果發生照護者生病或無法照護孩子的突發狀況時，是否有替代性安排。

■ 詢問照護者關於遇到緊急情況的規劃事宜。

■ 詢問照護者曾經受過何種訓練。

■ 詢問照護者所受的訓練課程是否為政府單位認證的課程。

■ 詢問照護者將如何回報孩子日常行程。

■ 詢問照護者的規範、時間安排、餵養、安慰和提供適當活動的方式，確認這種方式是否符合你的育兒方式或是否適合你的孩子——如何應對孩子之間的過度哭鬧和爭吵、孩子發生意外時如何應對、或者當他不想睡午覺或上床時如何處理；請確保你選擇的家庭式幼兒照護者與你的理念相同。

如何尋找家庭式幼兒照護？

■ 請朋友推薦。

■ 在網路上或地方的育兒相關出版品上尋找或放置廣告。

■ 尋找地方資源或人力服務仲介。

找到家庭式幼兒照護後續

- 觀察孩子的適應情況，並且留意孩子和照顧者、孩子與其他孩子之間的互動。
- 當任何問題出現時，保持開放的溝通以解決問題。

優點

1. 一個好的家庭式照護中心，照護者和孩子的比例適當。在一般情況下，幼兒和成人的比例不得大於 3:1，特別是如果幼兒的年紀小於 24 個月（更多詳情請參考第 414 頁）。
2. 孩子在家庭內接受照護可能更加舒適，可以從事許多和在自己家中類似的活動。
3. 當家庭式照護可以在有其他的孩子在場時提供你的孩子來自同伴的社交刺激。
4. 家庭式幼兒照護相對比較有彈性，因此可以經常為孩子做特別的安排，以滿足孩子個人的興趣和需要。
5. 孩子可能獲得個別的關注和安靜的時間。
6. 孩子可能接觸較少的傳染性疾病或較少來自其他孩子的不當行為。

缺點

1. 在你離開期間你無法觀察孩子做些什麼事，雖然一些照護會計畫適合孩子的活動，但有些照護者會把電視當保姆，甚至讓孩子觀看一些不適當的節目。
2. 許多家庭式幼兒照護者往往沒有其他成人的監督或給予不同的意見。
3. 家庭照護者或許會和他的親戚、男朋友或其他未必擅長照顧幼兒的人一起照顧你的孩子。

幼兒照護中心

兒童照護中心也叫日托中心、兒童發育中心托兒所、幼兒園、學齡前學校和其他類似的名字。這些機構設施通常設在非住宅建築裡，裡面有教

室和不同年齡層的幼兒團體。大多數中心有營業登記執照，專門照顧新生兒到 6 歲的兒童。全美大約有 400 萬個兒童在幼兒照護中心，其中大約有 2.7 百萬個兒童在有登記執照的中心，因此大約有 25% 的兒童是在未登記和無管制的照護中心接受照顧。有政府立案的幼兒照護中心其照顧品質較有保障。

以下為一些幼兒照護中心的類型：

- 連鎖幼兒照護中心：許多較大的連鎖中心有許多吸引孩子和父母的系列活動或計畫。因為是集中管理，所以在運作上無法針對個體給予多樣性和創造力的空間。
- 獨立營利照護中心：中心的開銷取決於招生的費用，通常業者的利潤空間不大。由於這種管理方式大多是由 1 或 2 人主導，只要他們繼續極積管理參與日常運作事務，這種幼兒照護中心也可以做得有聲有色。
- 非營利性照護中心：大多隸屬於宗教團體、社區中心、大學或社會服務中心，或者是獨立的法人組織等單位。可以獲得公共基金的支援，可以對低收入家庭打折。任何的營餘將直接回饋該中心，直接造福中心的兒童。

如何尋找幼兒照護中心？

- 網路或電話簿都可找到當地幼兒照護中心的名單。
- 詢問你的小兒科醫師或其他有兒童的家長推薦。
- 聯絡你的社區健康或社福單位，或者當地的機構或組織。

優點

1. 由於大多數幼兒照護中心為政府立案或有登記執照，所以有更多資訊可供參考。
2. 許多中心都有制定照護計畫以滿足兒童的發展需求、官能運用和醫療需求。
3. 多數中心都有幾個工作人員，因此你不必單靠一個人。
4. 這些中心的工作人員教育水平較高，而且比其他照護中心更有完善的監督系統。

5. 有些中心可以根據你的個人需求允許較短或 1 週幾天的照護，如果你只是從事兼職的工作。

6. 許多照護中心鼓勵家長多多參與，這樣一來，在孩子於中心的這段期間，你有機會協助中心提升照護品質。合作日托中心就依賴父母的參與，並會在合約中列出父母必須自主參加的日子。

缺點

1. 孩子照護中心的規定差異很大，視中心類型而定。

2. 要進入良好的照護中心可能需要排隊等待。

3. 由於這些照護中心照顧的孩子人數較多，因此孩子得到的關注可能不如較小的照護中心多。

4. 許多日托中心的工資較低，人員流動率較高。在這樣的環境下，讓員工熟練地照顧有特殊需求的兒童可能比較有挑戰性。

 # 選擇一間照護中心

在考慮一個幼兒照護中心時，你必須知道所有影響孩子的規則實際作法。如果中心規模夠大有印製紙本手冊或提供電子手冊，就可以回答你許多問題。否則，你應該就下列問題詢問中心的經理（有些也適用於居家或家庭式照護）。

1. 照護人員的必要條件是什麼？在多數優秀的照護中心，雇員至少有 2 年以上的大學學歷、通過最基本的健康測試並接受基本的免疫接種。最理想的情況下，雇員應具備幼兒發展的背景知識，或自己有孩子。主管人員一般要具有大學學歷，或多年兒童發展和管理方面的工作經驗。工作人員應受過心肺復甦術和急救的訓練。

2. 照護人員與孩子的比例是多少？雖然有些孩子需要高度個別的關注，有些孩子在較少關注的情況下也沒問題，但大致的原則：孩子越小，每一小組需要的成人也就越多；每個孩子應該安排一名主要負責人照護，這位照顧者會提供孩子大多數照護如餵食、換尿布、哄孩子入睡。

孩子越小，每一組需要的成人照護者也就越多。

3. 每個小組有多少孩子？一般來說，小組較小的孩子有更多機會互動和學習。雖然每一個成人照顧幼兒的人數越少越好，不過，每個年齡層都有幼兒和成人比例的上限（請見第 414 頁）。

4. 照護人員流動性大嗎？如果發生這種情況，這表示該中心的運作出現問題。理想的情況是大多數的照護人員都已在中心服務多年，因為穩定才會吸引人才。不幸的是，這個行業的流動率涉及多種原因，包括薪資低也是其中一個因素。

5. 照護人員是否嚴禁吸菸，即使在戶外也不例外？這點對孩子的健康非常重要。

6. 照護人員是否要接種最新的免疫疫苗，包括百日咳與流感疫苗？

7. 照護中心的目標是什麼？有些中心非常有組織，嘗試教孩子一些新的技能，或嘗試改變、或調整孩子的行為。有些則很輕鬆，強調協助孩子按照自己的步調發展；還有一些則是介於兩者之間。先決定你想要孩子做什麼後，確定你選擇的中心是否適合你和孩子的期望。避免參加沒有給孩子個別關注和支援的照護中心。

8. 進入照護中心需要什麼資格？高品質的照護中心需要每個孩子的相關背景資料。你要備妥孩子的個人需要、發展水平和健康狀況的資

料。他們可能還會詢問你對孩子的期望和你的其他的孩子。

9. 孩子照護提供者有營業執照和最近的健康證明嗎？中心是否嚴格要求幼兒要做健康檢查和免疫接種？應該要求所有的幼兒和工作人員接種一般疫苗和定期健康檢查。

10. 如何處理疾病？如果有工作人員和孩子有任何傳染性疾病（不是感冒，而是水痘和肝炎之類的疾病），應通知父母。照護中心應有明確處理生病孩子的政策，你要知道什麼時候該讓孩子待在家裡，並且也要知道如果孩子在白天生病，照護中心會如何處理？

11. 費用多少？一開始需要預付多少，在什麼時候進行付款？費用包括哪些？在孩子因生病在家或因度假缺席時仍然需要付款嗎？

12. 通常一天的照護安排大概是如何？在理想的情況下，應該動靜結合。有些是團體活動，有些是個別活動，應該有額外的進餐和點心時間。雖然需要一些組織性，但也要有自由嬉戲和特別活動的時間。

13. 期望父母參與的程度？有些照護計畫依賴父母參與，但有些不需要。基本上高品質的照護中心非常歡迎你的意見，並且允許你在白天看望孩子。如果該學校部份時間或整天有門禁政策——基於教育理由——你要確定對此你是否放心。

14. 一般的程序是什麼？良好的照護中心對下述具有非常明確的規則與規定：

- 營運時間。
- 孩子接送時間。
- 戶外旅遊。
- 餐點和點心——由父母或中心提供。
- 使用藥物和緊急救助措施。
- 緊急評估。
- 孩子請假通知。
- 天候因素的停課。
- 孩子退出照護計畫手續。
- 父母必須提供的物品和設備。
- 睡眠安排，特別是嬰兒。

- 特別慶典。
- 在白天和夜間，父母如何聯絡照護人員。
- 當孩子罹患某些特定疾病，中心是否有隔離政策。
- 學校保全。確保每個人進出學校，包括戶外遊樂區，都要經由工作人員確認。不應該讓陌生人進入兒童區域、室內或室外、也不應該讓那些熟識但行跡詭異的成人留在校區內。
- 如何處理規範或孩子的行為挑戰。
- 詢問他們的規範、時間安排、餵養、安慰和提供適當活動的方式，確認這種方式是否符合你的育兒方式，或是否適合你的孩子──如何應對孩子之間的過度哭鬧和爭吵、孩子發生意外時如何應對、或者當他不想睡午覺或上床時如何處理；請確保你選擇的照護中心與你的理念相同。

一旦你獲得了這些基本資訊，你應該在中心營運時間內參觀設備，並且觀察照護人員與孩子互動的情況。你的第一印象特別重要，因為它可能影響將來你對照護中心的期望。如果你覺得照護人員對孩子充滿溫暖與愛心，你可能會很放心將孩子交給他們照顧。如果你發現照護人員嚴厲打孩子，那你很可能會重新考慮是否將孩子送進去，儘管這可能是你看到的唯一一次虐待行為。

試著觀察中心一天的行程，留意他們會從事哪些活動。觀察中心如何準備食物並且弄清楚多久餵養一次；孩子間隔多久去一次廁所或更換一次尿布；當你拜訪照護中心或家庭式照護時，同時留意是否具備以下基本的健康和安全標準：

- 乾淨而整潔（不會阻止孩子玩耍或破壞孩子的樂趣）。
- 具有充足的遊戲設備並維護良好。
- 中心的設備應適合孩子的技能發展。
- 在孩子從事攀爬遊戲、吵鬧或玩積木（有時會亂扔）以及其他危險性活動時，應該隨時有成人在旁監督。
- 妥善保存食物，如果中心為孩子準備餐點，一定要兼具營養與衛生。

幼兒照護的小睡環境

很多家長現在已經知道讓寶寶仰睡的重要性，藉此以降低嬰兒猝死症的風險。當然，這種相同的預防措施也要落實在幼兒照護中心，因為大約有 20% 的嬰兒猝死症是發生在這些照護中心 —— 比例顯然很高。雖然美國小兒科學會強調仰睡的重要性，藉此降低幼兒在照護中心發生猝死症的意外，但在美國並不是所有的州政府都明言規定落實照護中心的幼兒一定要採取仰睡勢式。

如果你的寶寶會在照護中心小睡，你一定要在做出最後選擇前與該中心的照護人員討論這個議題。確保你選擇的幼兒照護中心遵循這個簡單的步驟（更多關於嬰兒猝死症候群的詳情請參考第 206 頁）。

對於大一點的孩子，要確保寢具乾淨和低過敏性。

關於嬰兒床的安全性請參考第 48 頁。

- 食物區應與廁所和更換尿布區隔離。
- 保持尿布更換區清潔，每次使用前都要後消毒。

在適當地點裝置適合孩子使用的洗手槽，不僅孩子可用，員工在以下情況也要使用：

- 一到學校後先洗手。
- 從一個幼兒小組移到另一個小組。
- 吃飯、接觸食物或準備食物前後。
- 給予小朋友服藥前後。
- 玩水前後。
- 更換尿布後。
- 上完廁所或協助幼兒上廁所後。

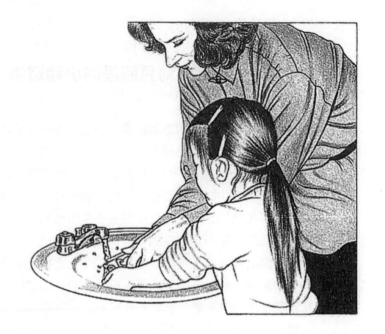

當你參觀幼兒照護中心時，留意中心的設備是否符合健康與安全的基本要求。

- 處理完任何體液後，例如鼻內分泌物、血液、嘔吐物、口水或傷口。
- 玩沙坑後。
- 避免使用如廁訓練椅，以降低腹瀉傳染的風險。
- 隨時監督幼兒，即使在午睡時間。

　　一旦你認為某個幼兒中心可以提供孩子一個安全健康的環境時，你可以讓孩子在你於中心這段期間試讀一下。觀察照護者和你的孩子的互動，確保你們對一切感到滿意。

 # 與孩子的照護者建立關係

　　看在孩子的份上，你要與照護孩子的人保持友好的關係，你與他的關係越好，你的孩子與你和照護者之間的互動也會越自在，而照護者對你的孩子也會照顧有加。

　　請多多與照護者交談──即使很簡短──可以在每次接送孩子給照護者的時候。如果當天早上發生一些激動或煩惱的事情，可能會影響孩子的行為，那你應當讓照護者知曉。同時可以分享家中大事，例如即將迎接新生兒或家人生病等。在你接送孩子回家時，照護者應該告訴你孩子在這天發生的重要事件──從排便到進食模式的改變，到新的玩樂法或人生的第一步等。此外，若孩子有生病的症狀，你需要與照護者討論如果孩子的病情惡化應該如何處理。

　　在對於孩子行為的管教方面，你和照護者之間，可能會出現微妙競爭的情況，當孩子有不當的行為時，你可能會聽到「眞奇怪，他在我面對都不會這樣」之類的話，這時千萬別太在意，因為**兒童經常對他們最信任的人表現出最壞的行為**。

　　如果你視照護者為夥伴，他們會感受到尊重，可能會更用心照顧你的孩子。以下是建立友好夥伴關係的一些建議：

- 與照護者分享孩子在家裡做的東西，或者孩子在家中的趣事，讓照護者瞭解分享這類的資訊對你而言很重要，並且可以鼓勵雙向的溝通。
- 以禮相對。
- 給照護者和你的孩子或小組的活動提供材料和建議，或者可以詢問一些他們規劃的活動是否需要幫手。

 過渡期的提示

　　一開始總是比較困難，所以，以下為一些建議，讓把孩子帶給幼兒照護可以對雙方都更輕鬆一些。

孩子的發育年齡	你的反應
0～7 個月 嬰兒早期主要的需要是愛、舒適和滿足身體發育所需的良好基本護理。	雖然分離對你來說非常困難，但年幼的孩子一般可以很快適應固定的照護者。在最初的這段過渡期，你要有耐心。
7～12 個月 這個時期是孩子對陌生人感到焦慮的時期，你的孩子可能會突然不願意與家人之外的任何人在一起，這時不熟悉的幼兒照護中心也會讓他感到不適。	如果可能，不要在 7～12 個月這個時期開始兒童照護，如果你的孩子已經開始兒童照護，在你離開孩子之前，每天多和孩子相處一會兒。建立一個簡短的分離儀式，或許是讓他抱著最喜歡的玩具，然後和他道別，快速離開。重要的是每天保持一致。
12～24 個月 這個時期分離焦慮達到高峰，你的孩子可能不會讓你輕易離開，他或許認為你不會回來。在你要出門時，可能會哭泣並且很黏你。	理解他的感覺，但態度要堅定，向他保證當工作完成或下班後，你一定會來接他。一旦離開就不要再出現，除非你準備留下或帶孩子回家。

■ 確定你的孩子知道你將要離開。保持積極的態度並確定有在離開前對他說再見，但不要拖拖拉拉，更不要偷偷離開。

■ 協助照護者計畫並執行特殊活動。

　　你和照護者要定期花一點時間討論和檢視孩子的進展、任何問題以及日後照護計畫是否要更改等議題。這些會談要特別安排時間，在你不趕時間，以及孩子的照護者有空閒時，或者在一個不被打擾的環境下進行會談。如果可能，在你們溝通的這段時間，安排別人照顧你的孩子，允許你們有充足的時間討論雙方看到的所有關於孩子的成果和隱憂，並且達成一致的具體目標和計畫。

　　大多數父母發現，如果事先列一張重要話題的清單，這種談話會非常順利。你可以先從照顧者表現良好的地方開啓會談，隨後轉向你關心的話題。在表明你自己的想法後，詢問他的觀點並仔細傾聽。記住：孩子的照護方法很少有明確的對或錯，而且大多數的情況都有好幾種「適當」的處理方法，在你們的對談中，保持開放與彈性的態度，結束前達成具體的目標共識，並且繼續日後的溝通。如果能夠在會談中達成共識，你們彼此都會感到更放心，就算只是一個維持 1、2 個月的決定。

 ## 解決衝突

　　大多數父母都會滿意自己所選的幼兒照護中心。只要有 2 人以上共同承擔照護孩子的責任時，有時衝突難免會發生。在許多情況下，只要透過交談就可以解決孩子照護的糾紛，你可能會發現糾紛的根源只是因爲對情況的誤解。有時，當有好幾個人共同承擔照護孩子的任務時，你可能需要一些更有計畫的方法。以下列舉的入門策略可能對你有所幫助：

1. 明確釐清問題所在。確定涉及問題的相關人等，但避免責怪任何人。如果你的孩子涉入與其他孩子間咬傷或打傷的意外，你要找出當時負責照顧的人，詢問他們當下觀察到的狀況，將你的重點放在實際的措施，以預防類似的事件再發生。或許你也可以建議照護者一些替代方案，如果下次出現同樣的情況。

2. 傾聽每個人的想法，尋找可能性的其他解決方案。

你與照護者的關係
越好，你的孩子與
你和照護者之間的
互動也會越自在。

3. 雙方就具體的解決方案和明確的時間檢查點，及彼此的執行方法達成共識。

4. 考慮計畫出錯的各種可能性，以及他們可以如何避免或處理的因應之道。

5. 依照計畫行事。

6. 約定下一次會談時間，檢視計畫是否有效。如果計畫無效，再一次檢討整個過程，並且決定是否需要做一些修改。

 ## 孩子生病時該如何處理

與多數孩子一樣，不管你的孩子是否參加任何兒童照護計畫，他一定會有生病的時候。絕大多數疾病會是感冒和上呼吸道感染，經常發生於早秋和晚春時節。有時孩子會一次接一次發生感染，甚至生病數週。如果父母雙方都是全職工作者，這可能是一個很棘手的問題，也會產生極大的壓力，因為父母一方經常要留在家中照顧生病的孩子。

即使孩子看起來只是輕微生病也有可能被送回家；如果這項規定基於合理的原則，可能就有充分的理由在其中。生病的孩子可能具有傳染性，很可能將疾病傳染給其他的孩子。另外，生病的孩子也需要額外的關心和

護理，幼兒照護中心或照顧者可能無法在不干擾其他孩子的情況下特別關照生病的孩子。

有些州明文規定孩子照護中心要將生病的孩子送回家，這是合理的。特別是在孩子正在發燒，或出現以下症狀如皮膚炎、在 24 小時內嘔吐 2 次或更多次、頻繁腹瀉至超出尿布可吸收的量和／或糞便量超出正常水平兩次以上，因為這些情況很容易導致疾病傳染。最終的目標是給予你的孩子照顧並且避免疾病在幼兒照護中心擴散。

理想的情況下，在孩子生病時，你應該和孩子一起留在家中。然而，有時你很可能沒有時間或無法安排，因此請事先和你的雇主討論情況發生時是否可以做其他安排。你可以提議視訊和在家中工作，或者事先確定可以在孩子生病時期為你代理工作的人。配偶、其他家庭成員和信任的親友或許也可以提供協助。

假如你和配偶的工作都是全職，那麼你必須為生病的孩子做其他的安排。這時你可能要安排替代的照護人選，最好是熟悉的照護者和在熟悉的地點。如果你請一位親屬或雇用一名保姆與孩子相處，你要確定他理解疾病的性質，並知道如何處理。

如果你的孩子需要服藥，**與照護孩子的人確認給孩子服藥的方法**，一定要給照護者小兒科醫師的書面指示，在沒有小兒科醫師的授權之下，不要預期照護者會遵照你的指示。此外，不管是醫師的處方藥物或藥房的藥，上面一定要有詳細的標籤和孩子的名字、藥物劑量和使用期限。餵孩子服藥是一項重大的責任，對照護者而言也是一大挑戰，因此只有在必要時才做此要求。藥物的劑量通常可以調整，以便在早上、送去照護中心前、晚上和從照護中心回來後給予，請向你的小兒科醫師提出任何相關的問題。

孩子的照護者要知道為何孩子需要吃藥、保存藥物的方法和劑量（一次吃多少、間隔多久吃一次和需要吃多久），以及可能有何副作用與處理的方法。再次重申，這些都要寫下來。不要將藥物偽裝成糖果或食物，相反的，要告訴孩子這是藥，以及他為什麼要吃藥，並且記錄孩子每次服藥的時間。

如果你的孩子在幼兒照護中心，這時你要簽署一份同意書，授權中心人員給予孩子吃藥。另外，孩子的藥每天都要帶回家（通常規定幼兒照護

中心不可隔夜保管孩子的藥物）。

 控制傳染性疾病

　　無論何時，只要孩子們在一起，他們生病的風險就會上升。嬰兒和學步的兒童特別容易感染疾病，因爲他們往往會將手和玩具放進口腔，導致傳染性疾病更容易擴散。

　　在幼兒照護中心雖然不太可能保持所有玩具和其他用品絕對乾淨，但有許多預防的措施和作法可以控制疾病傳染。首先，幼兒照護中心一定要非常仔細維持良好的衛生習慣。兒童和老師應該有便於使用並附有肥皂的洗手槽，在使用廁所後，應該提醒兒童用肥皂與清水洗手，必要時要協助他們洗手。工作人員也要根據本章所列的各種情況**隨時洗淨雙手**，特別是在換尿布後——在拿掉髒尿布時，照護者和嬰兒至少都要先擦拭雙手，等到穿上乾淨的尿布後，兩人都要洗淨雙手。在打噴嚏或擤鼻涕和處理食物前後都要洗手或使用以酒精爲基底的乾洗手劑，以大幅降低病菌的傳播。

　　如果照護中心同時照顧嬰兒、學步兒童和訓練的兒童，那麼每一組兒童應該有各自獨立的區域，有自己方便使用的洗手槽。照護中心的設備和所有設施至少每天要清洗一次，尿布檯每次使用都要清潔，廁所也應該經常清洗消毒。

　　如果發生涉及出血的傷害，護理人員應戴上手套並清潔傷口，進行急救處理並使用繃帶包紮傷口。所有被血液污染的表面或布料都應清洗和消毒，稀釋的漂白劑可以殺死病毒。此外，由於母乳會傳播 HIV 和其他病毒，因此請確保照護中心有制定相關程序以防止將一位母親的母乳誤餵給另一位母親的孩子。如果此類事件發生，請按照國家兒童保育和早期教育健康與安全資源中心（nrckids.org/CFOC）發布的《關愛我們的孩子》中描述的標準程序進行處理。（另外也請參考第 643 到 646 頁，有關 HIV 的描述。）

　　作爲父母，你可以幫助控制疾病的傳播，透過在孩子罹患傳染性疾病或需要醫療照護時將他接回家照顧。此外，當家庭的任何成員也患相同的傳染病時，要立即通知照護中心，當幼兒照護中心有任何孩子得到嚴重或易傳染性的疾病時，一定要通知所有的家長，請他們提高警覺。許多照護

中心會拒絕接手在 24 小時內有發燒的兒童，儘管這一措施從未被證明可以減少疾病的傳播。

免疫接種可以大幅減少嚴重傳染性疾病蔓延，幼兒照護中心應該要求所有幼兒（在適當的年齡）完成疫苗接種，其中包括 B 型肝炎、輪狀病毒、白喉、破傷風、百日咳、小兒麻痺症、流行性感冒、B 型嗜血流行性桿菌、肺炎鏈球菌、麻疹、流行性腮腺炎、德國麻疹、A 型肝炎和水痘（流行性腦膜炎也適用於一些高危險群的兒童）等疫苗。此外，孩子的照護者也要接種疫苗，如果有任何疑問，應該請他們接種適當的疫苗。

教導孩子適當的衛生和習慣，以減少本身傳播疾病的可能性。此外也要瞭解一些照護中心常見的疾病，這樣你才會知道孩子可能會得到的疾病以及該如何處理。其中**常見的疾病**有：

感冒

在幼兒照護中心的兒童平均每年會有 7 到 9 次的感冒症狀，感染頻率比留在家中居家照護的嬰兒還高。幸運的是，幼兒若接種疫苗可以有效降低與感冒相關症狀的惡化或產生併發症的機會。在幼兒照護中心，玩具、桌面、門把和其他可能雙手會接觸到的表面都要經常消毒。

感冒是直接或密切接觸患者，透過口沫鼻分泌物，或接觸到感染的物體而傳染。幼兒照護中心可以教導幼兒經常洗手，打噴嚏時盡量以上手臂處遮掩而不要使用雙手。此外，中心也要教導孩子如何妥善處理用過的紙巾，以及不與他人共享水杯或餐具（有關感冒和流感的詳細資訊，分別請參考第 673 和 620 頁）。

巨細胞病毒（CMV）和細小病毒感染

巨細胞病毒和細小病毒通常不會造成幼兒或成人任何疾病（或者只是非常輕微），不過，這些病毒對沒有免疫力的孕婦具有危險性並可能導致未出生的胎兒嚴重感染，感染的途徑或許是透過身體直接接觸體液（眼淚、尿液、唾液）。幸運的是，大多數成年婦女對巨細胞病毒和細小病毒已有免疫力，不過，假設你懷孕了，又有幼兒在照護中心，或你本身從事幼兒居家或中心照護的工作，那你接觸巨細胞病毒和細小病毒的風險就會增加，而應該向你的婦產科醫師諮詢相關意見。在照顧生病的幼兒時，保

持良好的手部衛生是減少巨細胞病毒傳播最有效的方法。如有必要，可以
要求他請產科醫師驗血以確認他是否已經有這些病毒。

腹瀉

每個孩子平均每年會發生 1 至 2 次腹瀉。這些疾病很容易在幼兒居家
照護和幼兒照護中心傳播，如果你的小孩腹瀉，這時請不要讓他去幼兒照
護中心，除非他的大小便可以在正常的換尿布流程中控管或者使用馬桶。
這有助於避免感染傳播給其他孩子。如果孩子持續腹瀉導致脫水，或大便
帶有血液或黏液，就應接受醫療評估並可能需要進一步的實驗室測試，以
在返回托兒所前確定導致腹瀉的細菌、病毒或寄生蟲可能需要的治療及管
理。

包尿布或不太會使用馬桶的幼兒如果腹瀉，除非小兒科醫師確診不是
傳染性疾病，不然不可以帶他去幼兒照護中心。如果他有輕微生病的症
狀，與幼兒照護中心隔離幾天應該可以減少其他孩子被傳染的機會。不
過，如果你懷疑病情加重，那在孩子回到幼兒中心前，你一定要帶他去做
進一步的檢查以找出病原（細菌、病毒或寄生蟲）。（參考第 551 頁腹
瀉）

皮膚和眼睛感染

結膜炎、膿皰疹、疥瘡、唇皰疹是兒童期常見的疾病。這些皮膚和黏
膜感染可能會經由接觸傳染，如果幼兒照護中心有任何一位幼兒發生類似
的感染，中心的員工理當通知家長。如果這種情況發生，請留意自己的孩
子是否有同樣的症狀。如果你的孩子真的出現類似的症狀，你要通知你的
小兒科醫師及早診斷與及早治療。（請參考第 741 頁眼睛感染；第 854
頁膿皰瘡；第 863 頁癬；第 866 頁疥瘡；第 683 頁單純皰疹）。

頭蝨

頭蝨是一種以血液為生，寄宿於頭皮上棕褐色的微小昆蟲，小於 1/8
英时長，雖然家人和照顧者對頭蝨往往很頭痛，但它們不會傳染疾病，只
不過會造成惱人的搔癢症狀。

頭蝨的傳播法是直接接觸被感染者的頭髮，透過藥物治療可以殺死蝨子和蝨卵，藉此控制頭蝨的蔓延。孩童不應該因為感染頭蝨而被照護中心隔離（參考第 852 頁關於頭蝨）。

A 型肝炎

由於 A 型肝炎疫苗發揮作用，所以現在於幼兒照護中心發生感染的情況已經相當罕見，但仍有可能發生。

如果幼兒照護中心一個幼兒得到 A 型肝炎，一種肝病毒傳染病，這種疾病很容易會傳染給其他的兒童和照護者。在嬰兒和學齡前兒童，大多數都無感染症狀或症狀非常輕微，沒有特別的異狀。大一點的孩子若受到感染，可能會有輕微的發燒、噁心、腹瀉或黃疸（皮膚偏黃）。然而，如果成人感染了這種疾病，通常症狀會比較明顯。（肝炎詳情請參考第 562 頁）。

B 型肝炎

要 B 型肝炎疫苗接種從嬰兒出生時就要開始，以保護他們免於受到感染。這種病毒可能會透過受到感染的母親，或出生後接觸到受到感染者的血液如針刺過程而被傳染，但兒童也有可能透過與家庭成員的頻繁接觸而感染。傳染很少發生在幼兒照護中心，因此患有 B 型肝炎的幼兒無須與其他幼兒隔離（B 型肝炎和疫苗接種請參考第 562 頁）。

人類免疫缺陷病毒（HIV）／愛滋病

人類免疫缺陷病毒 HIV（造成愛滋病的病毒）可能會導致嚴重的慢性疾病，有些感染 HIV 的幼兒是經由愛滋病帶原的母親在母體內、或分娩期間傳染給嬰兒。HIV 也可能透過血液途徑傳染給其他孩子；然而，目前尚未接獲任何在照護中心發生 HIV 傳染的案例。幼兒照護中心感染 HIV 的風險極低，如果做好血液和體液的適當預防措施，其實照護中心沒有必要隔離 HIV 帶原的幼兒。限制的理由只因為相信這樣可以保護其他的孩子。如果受傷涉及血液，請見第 704 到 706 頁，有關標準清潔程序的敘述。

金錢癬

金錢癬是一種輕度傳染性的眞菌感染，症狀爲紅色圓形邊緣突起的斑塊。如果金錢癬長在頭皮上，可能會導致頭皮屑的斑片狀。金錢癬會透過接觸被汙染的梳子、刷子、毛巾、衣物或床上用品傳染。若要控制感染，幼兒要及早施予藥物治療。金錢癬是一種常見的感染，幼兒照顧中心不應該因此將孩童隔離（請參考第 863 頁金錢癬）。

 # 預防傷害和促進行車安全

許多發生於居家或幼兒照護中心的傷害是可以預防和避免的。（有關評估和選擇幼兒照護服務，請參考第 464 到 475 頁）照護中心應該明顯標示汽車上下的接送地點，確保幼兒和成人的安全，在路邊設立警告標示牌如：幼兒接送上下車區域等。除非有大人陪伴，幼兒中心不得讓孩子單獨逗留在這些區域，或者汽車往來的通道。此外，孩子永遠不該走在汽車後方，因爲倒車時很可能會撞上他們。同時記住，乘車時如果車內多於一位幼兒，最好有駕駛以外的另一位成人隨行協助。沒有成人在車內時，不可讓汽車發動，在照護中心附近行駛時車速也必須放慢。

如果你的孩子與其他幼兒共乘往返幼兒照護中心，你要確保其他的駕駛人有良好的駕駛記錄，並且對所有兒童嚴格落實使用適當的汽車安全座椅。駕駛人在開車前必須確實檢查每個人是否正確扣緊安全帶，並在將車上鎖和離開車子前檢查是否所有人都已下車。不管是校車或休旅車，都適用於以上的安全措施，以確保兒童的接送安全（參考第 482 頁）。

汽車共乘安全

　　如果你選擇讓幼兒共乘汽車，你要將每位幼兒視同己出，確保所有小孩的安全，這意味著確保每個人坐在適合的汽車安全座椅，正確安裝每張座椅，並且扣上安全帶，同時不超載，當有小孩不遵守安全規則時要及時管教。你的汽車安全險要包含汽車上所有的乘客。另外，確保你和其他駕駛人遵守以下注意事項：

- 只能在不會有其他車輛的地方接送孩子，讓小孩遠離街上的車輛。他們下車的街道應與學校同一邊，避免讓孩子穿越馬路。在幼兒穿越馬路的路口若沒有設置特殊人行道或交通警衛，很容易發生汽車與行人碰撞的意外。
- 如果可能，讓每個孩子的父母或其他負責的成年人將孩子送上汽車，並扣好汽車安全座椅的安全帶；到家時親自帶孩子下車。
- 將所有孩子交給照護中心的工作人員或直接監護人。
- 關上所有車門並且上鎖，但在這之前一定要先檢查孩子的手腳沒有伸出車外或在門邊。
- 乘客座位的窗戶只能開一點，如果可能的話，將電動車窗和車門上鎖。
- 出發前再次提醒幼兒安全規則和適當的行為守則。
- 規劃最短的路程，避免危險的情況。
- 如果車中有任何孩子失控或行為不端，你可以將車駛向路邊；如果某個孩子總是出問題，你要與他的父母討論孩子的問題，並且先讓他退出共乘計畫，直到他的行為改善。
- 要有每位共乘幼兒的緊急聯絡人的聯繫資訊（最好記在你的手機中）。
- 理想情況下，每輛車上都應該有滅火器和緊急救助藥盒。
- 在沒有成人的陪同下，絕對不可將幼兒單獨留在車內。

如果你的孩子的照護計畫包含游泳課程，請務必遵循適當的安全措施。兒童使用的任何水池、湖泊、小溪或池塘均應事先通過公共衛生部門中心檢查。如果游泳池靠近或位於兒童照護中心，那麼至少游泳池四周要用四英呎高（1.2 公尺）的安全圍欄圍住，並且裝置會自動關上、自動上鎖的門，可以將中心和游泳池完全隔離。此外，基於衛生和安全理由，不應該使用輕便可移動式的游泳池。

 ## 特殊需求的幼兒照護

如果孩子有發育問題或慢性健康問題，千萬不要因此讓孩子脫離照護或學齡前教育。高品質的照護中心不僅對孩子有益，他或許能從社交互動、身體運動和各種群體的活動中受惠。

當孩子待在幼兒照護中心的時間裡，對你也有其他的好處，因為照顧有特殊需求的幼兒需要投入大量的時間、體力和情緒。找尋一間鼓勵正常兒童活動，但同時又兼顧幼兒需求的照護中心是一大挑戰，幸運的是，現在已經比過去有更多樣的選擇。

我們的立場

為了確保幼兒到學校的行車安全，美國小兒科學會強烈建議，所有的兒童都應搭乘適合年齡，適合幼兒安全強制配備的汽車。

美國小兒科學會一直以來的立場為新的學校巴士應該有安全的強制配備，父母應與學校部門協商，提倡每輛新巴士都應配備腰肩汽車安全帶，而且也可適用於汽車安全座椅、兒童輔助汽車安全座椅等。學校方面應針對所有學齡前兒童提供適合不同高度和體重的安全汽車座椅，與安全強制系統，這些系統包括三點式安全帶兒童輔助汽車安全座椅。

當學校單位強制使用汽車安全帶時，學生在汽車上的行為表現較為良好，同時也比較不會分散司機的注意力。

學校交通工具接送安全性

如果你的孩子是搭乘巴士或其他車輛（大型休旅車）到學校、幼兒照護中心或幼稚園，你一定要確保他的每日通勤做好具體的安全保護措施。第 482 頁指出美國小兒科學會強烈建議校車上要使用汽車安全帶，同時也要確保你的孩子理解坐校車時應遵守的以下規則：

- 在公車上一旦找到位置坐下後就不要隨便移動。
- 永遠留在司機的視線以內。
- 遵從司機的指示。
- 輕聲與同學交談，這樣才不會干擾司機。
- 千萬不可將雙手、書本或其他物品伸出窗外。

因為大多數與學校交通工具相關的受傷發生在上下車時，因此在他搭上交通工具**之前**和下車**之後**的安全習慣也非常重要。例如他應該：

- 在你或其他負責的成人陪伴下走到公車站等車。
- 在公車到達前 5 分鐘先抵達車站候車，以免匆促。
- 在公車完全停止後才可以上車。
- 如果東西掉在公車附近，千萬不可試著自己去撿，一定要先告訴司機東西掉在哪裡才可以去撿。
- 上下公車時要慢慢來，千萬不要急。
- 過馬路前要看左右兩側來車，先看左邊，然後右邊，最後再看一次左邊，確定沒有來車才可快速通過。

聯邦法律規定，所有州政府要為學齡前身心發展障礙的幼兒（3 ～ 5 歲）提供特殊發展的教育課程，而這項計畫也提供州政府選項，針對發展障礙或遲緩的嬰兒和學步期幼兒開發特殊教育的課程，並確保照護中心為

有特殊需要的兒童提供參與所有計畫和服務的平等機會。照護中心應根據個人情況評估孩子的需求，並為孩子提供合理的住宿和包容。在挑選幼兒照護計畫時，一定要討論孩子的體質和能力。家長也可以諮詢小兒科醫師，或詢問州政府教育及衛生相關單位，瞭解早期干預的特殊教育計畫。

安全巡視檢查項目

　　在你下次巡視兒童居家照護或幼兒照護中心時，利用下面清單確保其設施安全、清潔且維修完好。如果清單上的任何設備有問題，你要知會相關負責人留意，並在日後探訪時，確保設備是否已經獲得改善。

室內設施安全：

- 地板光滑、清潔，沒有凸凹不平的表面。
- 醫藥、清潔劑和工具放在孩子拿不到的地方。
- 緊急救助藥盒物資完整，並放在孩子拿不到的地方。
- 牆壁和天花板潔淨，並維護良好，沒有油漆剝脫和塑膠損壞的情況。（窗臺是鉛中毒的高風險區域。）
- 兒童隨時要有人照護。
- 書櫃、梳妝台和其他高大的家具都必須固定在牆上，這麼一來如果孩子爬上去也不至於翻倒。電視機要安裝或牢繫在牆上，或固定在設計來安裝電視的低矮、堅固的家具上。
- 電源插座要用保護帽覆蓋，而且沒有吞嚥窒息的危險性。
- 電燈維修狀況良好，沒有磨損或裸露的電線。
- 留意小電池，特別是鈕扣式電池，如果不小心吞食，可能會使腸道嚴重受損。
- 孩子不能接觸熱水管和輻射源，將之覆蓋，以免孩子接觸。

- 熱水器設定的溫度低於華氏 120 度（攝氏 48.8 度）以防止燙傷。
- 沒有有毒植物或帶有疾病的動物（例如海龜或鬣鱗蜥）。
- 垃圾容器有蓋子。
- 出口有明確的標誌，並容易找到。
- 全面禁菸。
- 窗戶要加裝安全防護欄以防跌落；所有的窗簾或帷幔最好裝在兒童摸不到之處，如果可能，最好裝設無繩配備的窗簾。
- 任何漏水或發霉之處，一定要迅速妥善處理。

室外設施安全：

- 草地上沒有小而尖銳的物體和動物的排泄物。
- 玩耍設備表面光滑、固定良好，沒有灰塵、夾縫和尖銳的角，所有的螺絲釘和螺栓應該戴帽或隱藏起來。
- 所有戶外遊樂場設備之間至少要安裝 6 英呎（1.8 公尺）以上的吸力表面間隔區，遊樂場地板或其他容易跌倒的區域（單桿、鞦韆區），至少要安裝 12 英吋（30 公分）厚的木屑覆蓋料、沙、細石或其他具有吸力作用的材料。
- 鞦韆的坐墊輕巧富有彈性，沒有開放或 S 形的掛鉤。
- 滑梯具有寬廣、扁平和穩固的階梯，兩側有扶手可以防止摔倒，滑梯的末端具有平滑的區域供孩子減速。
- 金屬滑梯應該有遮蔽太陽的設備。
- 沙坑不使用時要覆蓋起來。
- 使用幼兒安全圍欄，保護兒童遠離危險區域。

適合嬰兒和學步兒童的設施安全：

- 玩具不含鉛或沒有油漆剝脫、生鏽，或者沒有容易分解的小零件（如果玩具的外觀感覺異常沉重或柔軟就可能含有鉛）。

- 高腳椅的基部底廣，具有安全帶。
- 學步期兒童不可邊走邊喝牛奶或在床上喝牛奶。
- 不可使用嬰兒學步車。
- 嬰兒床、攜帶式遊戲區和床必須符合安全標準且裡面沒有任何枕頭、毯子、不平整的突起、玩具或寬鬆的寢具。
- 不可使用任何召回或老舊損壞的物品。相關召回產品可參考網頁 cpsc.gov 查詢。照護者可上網以電子郵件註冊訂閱相關召回產品，當有任何玩具或物品召回時，有關單位會發信函通知提醒。

你可以先詢問你的小兒科醫師關於最適合孩子的學習團體，然後開始搜尋，同時也可請他轉介適合的幼兒照護中心。你的小兒科醫師可以針對孩子的特殊需求，為孩子提供個別的照護計畫，並且協助孩子的照護者瞭解孩子有什麼樣的特殊需求。雖然有些較小的組織可能只提供一種特定方面的照護，不過你可以從多方面的組織尋找符合孩子的需要。首先，你選擇的照護中心一定要符合本章之前提及的基本條件，然後再加上以下所列舉的要求：

1. 計畫應盡可能包括有或沒有慢性健康問題和特殊需求的孩子。經常和發展正常的兒童互動，有助於發展障礙的孩子在社交上感到更自在與更有自信，同時也可以建立他的自尊心。這種安排對發展正常或沒有特殊需求的孩子也有幫助，他們可以從中學習忽略個人外表的差異，讓他們更加敏銳與尊重他人。

2. 照護人員必須接受過你的孩子所需的特殊培訓，有一些培訓需求可以特別指定納入你的孩子照護計畫中。

3. 照護計畫中至少應該有一位顧問醫師，積極參與有特殊需要的孩子的發展策略和介入過程。你的小兒科醫師在這個過程中也要扮演重大的角色，允許孩子的照護者與你的兒科醫師討論相關的問題和事項。

4. 在孩子能力所及和安全的範圍內，應該鼓勵所有的兒童自立。除非危險性的活動或者醫師明言禁止外，不應該限制他們其他的活動。

5. 計畫要非常靈活，足以適應孩子各種能力的需要。例如，為一些肢體上有難度，或視、聽覺受損的孩子調整一些設施或設備。

6. 提供特殊的設備和活動，以符合特殊需要兒童的需求，例如，哮喘孩子的呼吸治療設備。設備應做好維護，工作人員必須接受正確的操作訓練。

7. 工作人員應該熟悉每一個孩子的醫療和發展狀態。工作人員要能識別症狀，並判斷什麼時候孩子需要醫療護理。

8. 如果計畫包括戶外活動或校外教學，員工應該要受過特殊需要兒童的交通安全訓練。

9. 工作人員應該知道在緊急狀態下如何與每個孩子的醫師聯繫，並符合必要用藥時的緊急處理資格。緊急計畫應依孩子的個別需要詳細列入幼兒照護計畫中。

這些是非常普通的建議，因為特殊需要的範圍非常廣泛，很難精確告訴你如何為孩子選擇最好的計畫。如果小兒科醫師給你的建議方案中，你難以為孩子決定適合的照護計畫，這時你可以再次和醫師討論你的顧慮，他會協助你做出最適當的選擇。

如果你的孩子有發展障礙或慢性健康問題，千萬不要讓孩子因此脫離幼兒照護計畫。

　　不論你的孩子有何特殊需要，當你不在場時他如何被照顧才是最重要的決定。以上的資訊可以協助你，但你比任何人都了解你的孩子。在選擇和改變兒童照護安排時，你要根據你的需要和你的看法，做出適合你們的選擇。

第15章

確保孩子的安全

　　對孩子而言，日常生活中充滿隱藏的危險：尖銳的物件、搖晃的家具、可以搆到的熱水龍頭、火爐上的鍋子、裝熱水的浴盆、游泳池和交通繁忙的街道。成人已經太熟悉於如何處理這些事情，而不再認為諸如剪刀和火爐之類的東西會造成危害，若要保護孩子避免遇到家中裡外的危險之處，你要以孩子的視野看這個世界，並且意識到他還不能區分冷熱或鋒利與鈍之別。確保孩子的人身安全一直以來是你最基本的責任。目前，意外傷害是造成 1 歲以上孩子死亡或殘障的首要原因，其中溺斃與車禍佔了非常大的死傷比例，每年有超過六百萬個孩子因為意外傷害進急診室，而且大約有 4 千名 15 歲以下的兒童與青少年因此重傷死亡。

　　但許多孩子卻是在使用專門為他們生產的設備時受傷或死亡，在最近 12 個月內，與高腳椅相關的意外傷害而送往醫院的兒童有將近 1 萬 3 千名，在 2017 年，有超過 18 萬 3 千名 15 歲以下的兒童，因玩具造成嚴重傷害而被送往急診治療。

　　這些是令人痛心的統計數據，但許多傷害是可以預防的。過去，我們

將傷害視爲「意外」，因爲這些看似不可預知和無法避免。今天，我們知道傷害不是隨機的，而經常是可預測而可預防的；透過瞭解兒童的成長和發展過程，以及每個發展階段可能的傷害風險，父母可以採取預防措施，或許不可全數避免，但至少可以防止大多數的傷害。

孩子爲什麼受傷

每一階段兒童期的傷害都涉及三種因素：與孩子相關的因素、引起傷害的物件和傷害發生的環境。爲確保孩子安全，你必須了解這三種因素。

孩子的年齡在很大的程度上影響了他所需要的保護種類，坐在嬰兒椅上咕咕叫的 3 個月大孩子所需要的監護，與那些開始學習行走或學習爬行的 10 個月大孩子有明顯差異；在孩子生命的每一個階段，你都必須思考他面臨的危險和你可以如何消除這些危險。隨著孩子的成長，你必須問自己：他能夠走多遠？走多快？他可以摸到多高？什麼物體吸引他的注意？有哪些事情是過去他做不到，但現在已經可以做到？有哪些是他現在做不到，但日後很快就可以做到？

在生命最初的 6 個月，不可讓孩子單獨停留在危險的環境中，以確保孩子的安全——舉例來說，在床上或尿布檯，他很可能摔落。一旦孩子成長後，他會自己製造危險——或許爬進他不該去的地方，找到並碰觸或吃下一些危險的東西。

對於那些四處移動的孩子，你當然會在他接近具有潛在危險性的事物時告訴他「不可以」，不過他無法眞正瞭解你話中的意思。許多父母認爲 6 ～ 18 個月大的孩子非常頭痛，因爲孩子似乎不會從譴責中學到教訓。即使一天內你告訴他 20 遍要遠離浴室，但每次當你轉身離開時，他仍然在浴室中；孩子並不是故意違背你的指令，只是因爲他的記憶力尚未發展成熟，因此當他被那些你禁止的物件或活動吸引時，他不太可能會記得你之前的警告。這些看上去非常頑皮的行爲，實際上是對現實世界的反覆測試——這是本階段孩子正常的學習方式。

對孩子來說，第 2 年也是危險的年齡，因爲他們的身體能力超越他們對自己行爲後果的理解能力。雖然孩子的判斷能力會提升，但他對危險的敏感度不強，他的**自制力尚不足**以在他發現一件有趣的事物前約束他停下來。在這個階段，即使他看不見的東西也會引起他的興趣。好奇心將驅使

他搜尋冰箱的底部、打開藥瓶以及進入洗滌槽——觸摸東西，可能還會嚐嚐看。

孩子具有超凡的模仿能力，他們在看見媽媽服藥後，也會模仿服藥，或者他們也會模仿爸爸玩刮鬍刀。在事情發生之後孩子可能會知道用力拉扯電線會使熨斗掉在他身上，但他的預期能力還需要幾個月的時間才能成熟。

在 2～4 歲之間，孩子的發展會更成熟，他意識到自己可以讓一些事情發生——例如，當他按開關時，電燈就會亮起來。雖然這種想法可以讓孩子避免危險的情況，但本階段的他非常投入，以至於在整個過程中他們很可能只留意到自己的部分，例如 2 歲孩子的皮球滾到街道時，他可能只想到撿球，而不會想到被汽車撞傷的危險。

這種想法的危險性是可想而知的，這種想法被稱作「**魔術師思維**」，意味著這個年紀的孩子，其行為表現就好像他的願望或期望實際上可以讓事情發生。例如，4 歲的孩子可能會為了創造昨天晚上在電視上看到的美麗景象而點火柴，對他來說火柴不會讓火勢失控，但即使火勢一發不可收拾，他也會否定這種可能性，因為這在他的想法中是不應該發生的。

在本階段這種自我為中心的魔術師思維是很正常的。正因為如此，你更應該對孩子的安全加倍小心，直到他度過這個時期。你不能指望 2 歲到 4 歲的孩子理解他的行為會給自己或他人帶來有害的後果。他可能向他的同伴扔沙子，因為這能逗樂他，且他認為這是好玩的。不管怎樣，他很難理解他的朋友不想參與遊戲的原因。

基於這些原因，你必須在學齡前建立並一再強調一些與安全有關的原則。解釋建立這些原則的原因：「你不能扔石頭，因為這樣做會傷害你的同伴。不要在街道跑，因為汽車很可能會撞到你。」但不要期望這些理由可以說服你的孩子，或他會持久的記住這些規則。每當孩子即將破壞這些原則時，你要一**直重複**這些原則，直到他理解不安全的行為是不被接受的。大多數的孩子需要重複十餘次才能記住最基本的安全規則，要有耐心。此外，即使他看似明白這些規則，不要假設他一定會遵守規則，你仍然必須留心關注他的一舉一動。

孩子的脾氣也會決定他受傷的程度，研究表示極度好動和充滿好奇心的孩子更容易受到傷害。在發展過程中的某些階段，孩子可能很固執、容

易感到挫折、激動或難以集中注意 —— 所有這些特徵都可能與傷害有關。當你留意到孩子情緒不好或正在過渡時期時，一定要特別警覺：這時他最有可能試探安全原則，甚至測試那些他平常會遵守的原則。

你不能改變孩子的年齡，對他與生俱來的性格影響也不大，不過，你可以將心思放在周遭的物件和環境來預防他受到傷害。透過設計一個安全的環境，移除所有明顯的危險物品，這樣孩子就可以隨心所欲的探索。

有些父母覺得沒有必要將居家改為「幼兒安全」的環境，因為他們打算一直嚴密監視孩子。實際上只要隨時在側保持警覺，就可以避免大多數的傷害。但即使最有愛心的父母也無法時時刻刻看護孩子。大多數的傷害是發生在父母備感壓力時，而不是在父母處於警覺與身心最佳的狀態。

以下的情況通常與意外事故有關：

- 饑餓和疲勞（例如吃飯前）。
- 母親懷孕。
- 家庭成員疾病或死亡。
- 孩子日常看護者更換。
- 父母關係緊張。
- 環境突然變化，例如搬進新居或外出度假。

所有的家庭或多或少都會感受到以上這些壓力，幼兒居家安全可以消除或減少發生傷害的機會，即使在你暫時分心時 —— 電話和門鈴響起的時候，你的孩子比較不會遇到可能造成傷害的狀況或物品。

以下的建議包括如何將室內外的危險降到最低，提醒你可能的危險 —— 特別是那些表面看來沒有危害的東西，這樣你可以事先預防確保孩子的安全，給予他快樂和健康成長所需的自由環境。

居家內的安全

房間與房間之間

你的生活方式和家庭擺設將決定哪一間房間對孩子是安全的，隨時檢查孩子可能進入的房間（對有些家庭來說是整個房子）。當不使用起居室

或餐廳時，要確保門是關上的；但要記住：禁止孩子進入的房間往往是在他最想一探究竟的地方，任何對孩子不安全的區域你更要謹慎，即使它們的入口處通常有上鎖或有遮蔽物擋住。

至少你要確保孩子的房間是一個非常安全的地方。

護理

嬰兒床：嬰兒在嬰兒床上時，一般不需要留守，所以嬰兒床必須是一個安全的環境。新生兒有因窒息而死亡或受傷的風險，尤其是當嬰兒床或搖籃中有柔軟的物件如毯子、嬰兒床保險槓、枕頭或毛絨玩具。在較大的嬰兒和幼兒中，跌落是嬰兒床最常見的傷害，即使也是最容易預防的傷害。當床墊的高度太高（相對於孩子的身長），或者沒有隨著孩子的成長而調整時，這時孩子最有可能從嬰兒床跌落。

強烈建議使用 2011 年 6 月之後製造的嬰兒床，當時實施了更嚴格的強制性安全標準。如果你的嬰兒床的其中一側可以升降，則它很可能相當老舊而應該被更換。舊的嬰兒床對嬰兒造成傷害的風險太高了。

不管你的嬰兒床已使用幾年，你仍然要仔細檢查以下的項目：

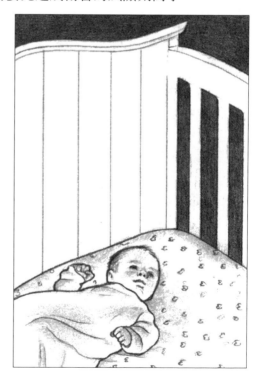

- 條板之間的距離不應該超過 2.38 英吋（大約 6 公分），以免孩子的頭夾在條板之間。木板條間隔太寬，嬰兒的腿和身體可能會滑出，也會卡住嬰兒的頭，進而造成死亡。
- 在床頭或床尾不應有裝飾切口，以免孩子的頭部陷入。
- 如果嬰兒床有床角柱，它們的頂端應該與床的

四角齊平，或者要非常非常的高（如高角柱床的高桿），因為突出的角柱可能會勾住衣服和絲帶並纏住嬰兒。

- 所有的螺絲釘、螺栓和硬體必須牢牢固定，千萬不可從五金商店購買零件來取代原始的零件，必須從製造商購買零件，同時要將零件固定鎖緊，以避免嬰兒床解體，否則兒童在嬰兒床內活動可能會使嬰兒床倒塌，造成卡住和窒息的意外。

- 在每次裝配零件和裝好後的每一個星期，都要檢查嬰兒床，看是否有硬體傷害、連接鬆掉、零件遺失或尖銳邊緣。如果有任何部分遺失或損害就不要使用。

遵守以下的使用指南，你還可以預防嬰兒床的其他傷害：

1. 床墊應符合嬰兒床的大小，沒有任何會卡住手臂、身體或雙腿的縫隙。如果床墊與床之間的縫隙大於兩根手指，那這個床墊就不適用於嬰兒床。

2. 購買新床墊時，你要去除上面所有塑膠包裝材料，這些材料可能會使孩子窒息。

3. 當你的孩子一學會自己坐起來，你要將床墊的高度降低到側靠或拉圍欄的邊緣時不會掉出來。當孩子學會站立時，你要將床墊的高度降低到最低位置。當孩子嘗試爬出來時最容易跌倒，因此在孩子身高達到 35 英吋（89 公分），或側邊圍欄的高度不足他身高的 3/4 時，你要將他移到另一張床上。

4. 定期檢查嬰兒床，確定金屬部分沒有粗糙的邊緣和尖銳的角，木質部分沒有夾縫或裂隙。如果你看到圍欄扶手上有牙齒痕跡，應用塑膠條包覆（大多數嬰兒用品商店可以買到）。

5. 嬰兒床內不要使用緩衝墊。沒有任何證據顯示它們可以預防傷害，但卻有可能造成窒息和陷入的風險。嬰兒床內的緩衝墊與嬰兒死亡一直以來都有連帶的關係，此外，學步期兒童可能會利用緩衝圍欄爬出嬰兒床而跌落。

6. 枕頭、棉被、羽絨被、羊皮、毛絨動物填充玩具和其他柔軟的物品不可放在嬰兒床上，這些物品可能會造成嬰兒窒息。

7. 假如在孩子的吊床上方懸掛電動旋轉音樂鈴，你要確保它牢牢的固

定於護欄上，而且高度要夠高並在兒童的觸及範圍之外，以免孩子拉下。當孩子可以用手或膝站立時，或者 5 個月大時，要將電動旋轉音樂鈴去除。

8. 不建議使用嬰兒床健身玩具，因為嬰幼兒可能因此傷害自己，不管是身體向前傾而跌落在健身玩具上，或者是用力將健身玩具扯落在自己身上。

9. 若要預防最嚴重的跌落意外，以及避免孩子困在窗戶上或被窗簾繩纏住，千萬不要將嬰兒床或任何其他孩子的床放在靠近窗邊的地方。消費者安全委員會建議，如果可能，盡量使用無繩的窗簾。

10. 嬰兒監視器的電線要與嬰兒床保持至少 3 英呎的距離，並且不要將任何帶有纜線的物品放在嬰兒床附近或床墊下方。

尿布更換檯：尿布更換檯讓穿衣和換尿布更容易，但從高處跌落可能更嚴重。不要以為你自己就可以預防危險發生，你也要考慮以下的建議：

1. 選擇一個堅固、穩定、四周有 2 英吋（5 公分）高圍欄的尿布更換檯。

2. 尿布更換檯的表面應該凹陷，四周高於中間。

3. 不要以為光靠綁安全帶就可以保證孩子的安全。即使他有繫安全帶，也不可將孩子單獨留在尿布更換檯上，就算只有一會兒。

4. 將更換尿布的用品放在伸手可及的範圍內，這樣你就不必離開孩子。爽身粉可能會被孩子吸入肺部並造成傷害，所以請使用尿布軟膏替代爽身粉。

5. 如果你使用紙尿布，要將尿布放在孩子拿不到的地方，當他們穿著尿布時，一定要再幫他們穿上一件褲子包覆尿布。如果孩子撕下尿布內層的塑膠碎片並吞嚥的話，可能會導致窒息。

雙層床：儘管孩子喜歡雙層床，但也有一些危險：睡在上層的孩子可能摔下來，睡在下層的孩子可能因爲上層倒塌而受傷。雙層床可能因不恰當的安裝和搭建導致危險的結構損壞，或者床墊不太合適，造成孩子陷入。儘管有這些安全隱憂，如果你仍然選擇雙層床，你要注意以下的事項：

1. 不可讓 6 歲以下的孩子睡在上層，他還不具備安全攀爬的協調能力，或者防止自己摔下。

2. 將雙層床放在屋子的角落，靠著兩面牆壁，這樣做可以提供額外的支撐並預防坍塌。

3. 不可將床放在窗邊，這可以避免孩子從窗戶跌落，或者被窗戶或窗簾繩纏住。消費者安全委員會建議，如果可能，盡量使用無繩的窗簾。

4. 上層的床墊應該要穩固貼合床框，不會滑過床框的邊緣。如果床框與床墊間有縫隙，孩子可能會陷入並窒息。

5. 有一個通往上層的梯子，使用夜燈，好讓孩子看見梯子。

6. 在上層安裝護欄，上層欄杆和護欄之間的距離不應該超過 3.5 英吋（8.9 公分）。上層床墊在承受他身體的壓迫時，確保孩子不會滾到欄杆下面。如果他的頭陷在欄杆下方，可能會發生窒息，因此必須使用厚床墊防止發生意外。

7. 檢查上層床墊下的支撐。床墊下面應該是線條型條板，並固定在床兩端的位置。僅僅由床框或不固定的條板支撐的床墊可能會陷落。

8. 如果你將雙層床分爲兩個單人床，你要確定拿走所有的連接物。

9. 爲防止孩子摔下和床倒塌，禁止孩子在任何一層蹦跳。

10. 選擇附有安全標章 ASTM 標準 F1427 的上下雙人床，這可以確保床鋪的構造和設計是盡可能符合安全的規定。

廚房

對於年輕的孩子來說廚房可以成爲一個**極度危險**的地方。當孩子和你在廚房時，讓他坐在高腳椅上或在遊戲區圍欄內。當他坐在高腳椅時應繫上安全帶，並且在你的視線以內。在廚房放一盒玩具箱或一些安全的物品讓他玩，此外，遵從以下的預防措施可以避免最嚴重的危險。採取以下步

驟去除廚房中的危險因素可能是最現實的選擇：

1. 將強力清潔劑、鹼液、家具亮光劑、洗碗精（特別是膠囊包裝的濃縮清潔劑）和其他危險物品放在櫥櫃的高處或孩子看不見的地方。濃縮膠囊對幼兒來說是一種特殊的風險，孩子會將它們誤認為是糖果；請盡可能購買粉狀或液體洗滌劑。鹼液同樣危險，如今很少有家庭使用它。最好不要把它放在家裡。如果你必須在洗滌槽下存放一些物品，應該使用可以自動關閉上鎖的兒童安全鎖（大多數五金行、嬰兒用品和百貨公司都有銷售），不要將危險物品分裝於看似可食的容器中，因為這可能會誘導孩子誤食。

2. 將刀、叉、剪刀和其他尖銳的器具與一些「安全」的廚房用具分開放置並上鎖。將食品調理機等一些尖銳的切割設備放在孩子搆不著的地方或上鎖的碗櫃中。

3. 電器不使用時拔掉電器的插頭。不要將電線盤在孩子可以拉扯的地方，因為他有可能拉下一些笨重的電器將自己砸傷。

4. 將水壺的把手轉向火爐後方，以防孩子接觸和抓落。無論何時你拿著滾燙的液體行走時，例如咖啡、湯，確保你知道孩子的位置，這樣才不會撞到他。此外，不要一邊抱小孩一邊拿著熱飲。

5. 當選購烤箱時，選擇隔熱良好的烤箱，以防孩子碰到烤箱的門。另外，烤箱的門永遠要保持關上的位置。

6. 如果你使用瓦斯爐，要將開關牢牢關閉，如果可以移動，在你不煮飯時就移走，以防孩子偶然打開。如果不能夠移走，盡可能阻擋瓦斯爐的入口處。

7. 將火柴放在孩子看不見、摸不著的地方。

8. 不要用微波爐加熱孩子的奶瓶，由於液體受熱不均勻，孩子飲用時，很熱的牛奶可能會燙傷孩子的口腔。一些過熱的奶瓶從微波爐中取出時，也有爆炸的可能性。

9. 如果微波爐在孩子可觸及的地方，請在微波爐運作時待在附近，切勿讓孩子打開微波爐或取出已加熱完畢的食物或液體。

10. 在廚房中準備滅火器，並在家中每層樓都放置一個滅火器，保存在你會記得的地方。

11. 不要使用小型的冰箱磁鐵，以免寶寶不小心噎住或吞下。

洗衣房

孩子們喜歡幫忙洗衣服，但因為洗衣房內有幾個潛在的危險，所以絕對不能讓孩子在沒有成人監督的情況下進入洗衣房。

1. 將洗滌劑、柔軟精和其他產品存放在原本的容器中。保持容器密閉，並將它們存放在高處的上鎖櫃子中。

2. 一次性的濃縮膠囊清潔劑不僅濃度高且有毒。如果被兒童咬或擠壓，這些包裝可能會破裂，內容物可能會濺入兒童的喉嚨或眼睛，導致呼吸道或胃部問題、昏迷甚至死亡。濃縮膠囊通常顏色鮮豔而與糖果或軟糖相似。在你的孩子 6 歲之前，最好使用傳統的液體或粉末洗滌劑產品，而不是濃縮包裝。如果你仍舊有使用濃縮膠囊，則每次使用後必須將容器密封並存放在視線之外的上所櫃子中。

3. 每次使用後清潔烘衣機的棉絮濾網，以防火災。

浴室

避免浴室傷害最簡單的方法是不讓孩子進入，除非有成人陪伴。在浴室門安裝一個成人高度的門閂，以免孩子在你不在附近時進入浴室。同時確保在外面可以打開浴室的門鎖，以免孩子不小心將自己鎖在裡面。以下提議有助於防止浴室內的意外發生：

1. 孩子只可以在幾英吋（10 公分左右）深的水中洗澡，不要讓年幼的孩子單獨停留在浴室中，即使一下子也不行。當孩子在水中或靠近水邊時，例如浴缸或游泳池，隨時保持伸手可及的距離監督孩子的安全。如果你一定得回應門鈴或電話鈴，你要將孩子裹在毛巾中，抱著他一起去。不建議使用幼兒洗澡椅或充氣環，當無人看管時，這些工具也無法預防溺水。寶寶有可能從坐墊滑落並困在水下，因此不要依賴坐墊和充氣還來確保寶寶安全，即使只有一下子。不使用浴缸時，一定要將浴缸的水排出。

2. 在浴缸底部安裝止滑墊，在水龍頭上安裝一個墊狀覆蓋物以避免頭部碰撞腫痛。

3. 養成習慣蓋上馬桶的蓋子並且使用馬桶蓋鎖。好奇心強的學步期孩子會玩其中的水，而且可能失去平衡掉入裡面溺水，由於學步期孩子的頭相對比較大也比較重，他可能無法自己從水中抬起頭來。

4. 預防燙傷：熱水器的溫度不可高於華氏 120 度（48℃）。在許多情況下，你可以調整你的熱水器水溫。如果你不確定如何設定熱水器的溫度，請詢問製造商。當孩子大到可以自己調整水龍頭時，你可以教他在打開熱水之前先打開冷水。

5. 所有藥品都應該放在有兒童安全瓶蓋的容器中，不過要記住：這些瓶蓋只是防止幼兒打開，但不是絕對安全的。因此要將所有的化妝品和藥品儲存在高處，兒童視線以外上鎖的櫃子。不要將牙刷、肥皂、洗髮精和其他日常用品存放在與藥品相同的櫥櫃中，而是要放在孩子難以取得的其他櫥櫃。把舊的或未用完的藥物丟掉。有關如何安全處置藥物的說明，請參閱藥物包裝內的說明書或標籤；如果標籤未提供安全處置說明，請到你的社區尋找回收計畫，該計畫通常由你當地的醫院、執法部門或廢物管理機構贊助。

6. 如果你在浴室中使用電器，尤其是吹風機和刮鬍刀，確保在不使用時拔掉插頭，並且放在附有安全鎖的櫃子內。所有的浴室牆面插座應裝設接地故障電路啟斷器（GFCI），當有任何裝置掉入水槽或沾到水時，電路會自動關閉以減少觸電的傷害。最好的方法是在另一個沒有水的房間使用電器，並請水電工檢查你的浴室電源插座，如果需要，可以安裝預防漏電開關的安全裝置。

車庫和地下室

車庫和地下室是存放具有潛在危險性的工具和化學藥品的地方，因此所有車庫的門都應該上鎖，使用會自動關上的門，並嚴格禁止孩子進入這兩個區域。以下建議可減少孩子進入車庫和地下室面臨的危險：

1. 將油漆、亮光漆、防齲塗膜、稀釋劑、殺蟲劑和肥料放在一個上鎖的櫃子，確保這些物品存放在原本貼有標籤的容器中。

2. 將工具放在孩子拿不到的安全地方並且上鎖，這其中包括尖銳物品如鋸子，未使時電動工具，確保拔掉電源插頭，並且鎖在櫃子裡。

3. 不要讓孩子在車庫附近或者汽車進出的通道上玩耍。許多孩子經常在家人倒車時被無意輾過而死亡，因為大多數汽車在後退或移動時有大幅度的視覺上死角，看不到小孩的身影，即使駕駛人很謹慎地看後照鏡。即使有倒車顯影鏡頭也不足以應對嬌小而活動快速的孩

子。

4. 如果車庫的門可以自動打開，確定在開關門時，孩子不在門的附近。將電動門的遙控器放在孩子看不見、拿不到的地方，確保自動旋轉設備已經做過適當的調整以避免在關閉時壓傷孩子。

5. 絕不要將未熄火的車輛停放在車庫中，這會讓危險的一氧化碳在部分密閉的車庫內快速的累積。

6. 如果因為一些原因，你必須將不用的冰箱或冷凍庫放在車庫或地下室時，先卸下冰箱的門，以免孩子爬進去時被困住。

7. 不要讓你的孩子騎在騎乘式割草機上，因為孩子可能會跌落並被刀片割傷。當孩子在草坪上玩耍時不要割草，因為割草機會讓石頭和其他危險的拋射物以高速飛出。

所有的房間

有些安全原則和預防措施適用於每一個房間。以下的一些居家安全原則不僅可以保護你的幼兒，同時也可以保護全家人。

1. 為了預防火災與一氧化碳中毒，在所有的房間安裝煙霧探測器與一氧化碳偵測器，每月檢查確保運作正常，每年更換一次電池。制定一個逃離火場的計畫並演習，以便發生緊急情況時，有所準備。

2. 為了預防觸電傷害，所有沒有使用的電器插座要安裝沒有窒息危險的保護插頭，這樣孩子就無法將手指或其他玩具插入。如果孩子不願意遠離電器插座，用家具將插座擋住，並且將電線收在孩子看不到與拿不到的地方。

3. 在樓梯上鋪地毯可防止滑倒，確保地毯與臺階的邊緣緊密結合，當孩子正在學習爬行或行走時，在樓梯上下入口處安裝防護柵門。避免使用可折疊式防護門，因為它可能困住孩子的手臂和頸部，而要用可以牢固的安裝在房間螺柱上的門。

4. 某些家庭園藝植物可能有害，當地的毒物中心備有你應該避免的植物名單。你或許會想把家中的盆栽移開一段時間，或者至少將所有的盆栽放在孩子接觸不到的地方。

5. 為了預防噎住造成的傷害，定期檢查地板上有沒有孩子可能吞嚥的小物件，例如硬幣、鈕扣、珠子、大頭針和螺絲釘等。最好的檢查

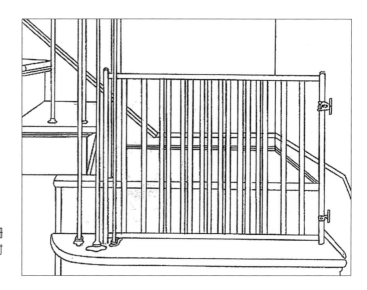

安全的水平式門，條柵
之間的間距為 2⅜ 英吋
（6公分）。

方式是以孩子的高度看看四周有些什麼。如果家庭成員中有人的嗜
好涉及相關小物品，或者家中較大的孩子擁有小物件，這一點則更
加重要。

6. 小型鈕扣電池在吸入或吞食時會導致生命危險。這些電池存在於許
   多常見的家用和個人產品中，例如小型遙控器、相機、車庫開門
   器、無焰蠟燭、手錶、玩具和助聽器。如果攝入會對食道或腸道造
   成嚴重損害，並可能導致死亡；如果卡在鼻子裡也會造成鼻子內腐
   蝕穿孔。請了解家裡的哪些產品使用這些電池，並將它們放在兒童
   接觸不到的地方。吞下鈕扣電池是一種醫療緊急情況，如果你懷疑
   兒童可能吞下了鈕扣電池或將鈕扣電池塞進鼻子中，應該立即將他
   送往急診室。

7. 孩子在奔跑時跌倒可能會造成頭部受傷與牙齒斷裂。如果家中地板
   是硬質木板地，不要讓孩子穿襪子到處走動，襪子會讓光滑的地板
   更危險。

8. 消費者產品安全委員會建議，家中有幼兒的家庭全部要使用無繩窗
   簾以防而同被繩索纏住。如果你的窗簾不是無繩式，你可以安裝附
   加繩延伸至地板的窗簾繩固定裝置，並且將繩拉緊，或者將窗簾繩

捲起讓小孩摸不到。窗簾繩要使用安全的止動裝置，如果窗簾繩脫線要將之剪斷，並且配備安全的流蘇。

9. 留意各個房間之間的門，玻璃門特別危險，因爲孩子可能撞到，盡可能保持開著。平開門可能會撞倒年幼的孩子，折疊門會夾住孩子的手指，因此如果你的門屬於這些種類的話，應該考慮先換掉，直到孩子夠大、了解門的開關方式。

10. 家具尖銳的邊緣可能在孩子奔跑或跌倒時造成傷害。檢查家裡的家具是否有堅硬的邊緣和尖銳的角，孩子碰上時，可能容易造成傷害（咖啡桌特別危險）。盡可能將這些家具從走道移開，特別是孩子學習走路的階段。此外，你也可以購買一些家具角或邊緣的保護墊。

11. 爲了預防家具倒塌壓傷，測試所有大型家具的穩固，例如落地燈、書架和電視櫃。把落地燈放在其他傢俱的後方，並且將書櫃和電視櫃牢牢固定在牆上，不然，當幼兒爬上書櫃或電視櫃時，可能會倒下壓到他，進而造成死亡或受傷。將電視掛在牆上或穩固放在低處，因爲電視如果掉落，很可能因此砸傷兒童致死。

12. 將電腦放在兒童不可及之處，電線也要遠離兒童的視線範圍。

13. 爲了預防從窗戶摔落，如果有可能，窗戶最好是由上往下開式，如果是由下往上開，你要安裝只有成人或大孩子才能從裡面打開的窗戶防護設備，裝屏風或隔板不足以堅固到可以預防摔落。窗戶前不要放椅子、沙發、矮桌子和任何孩子可能攀爬的東西，因爲這讓孩子可以爬上窗戶，進而導致嚴重的意外。

14. 爲了預防窒息，塑膠袋要收好，不要亂放，也不要將孩子的衣服和玩具放在塑膠袋裡，因爲孩子可能會窒息在塑膠袋裡。乾洗店的塑膠袋更是危險，在扔掉塑膠袋之前先打結，以免孩子爬進去或套在頭上。即使只是一小片塑膠碎片，也可能有潛在的窒息危險。

15. 要考慮到扔進垃圾箱裡的東西對孩子潛在的危害。任何存放潛在危險物品的垃圾桶——壞掉的食物、丟棄的刮鬍刀片或電池——應有一個預防兒童打開的上蓋或放在兒童不可及之處。

我們的立場

　　預防有關槍枝傷害最有效的方法是讓家庭和社區遠離槍枝，美國小兒科學會極力支持槍枝管制立法，我們認為攻擊性武器和氾濫的軍火雜誌是始作俑者，應受到強烈的譴責。

　　此外，美國小兒科協會建議手槍和手槍彈藥應加以管制、限制手槍的擁有權，以及減少私人擁有手槍的數量。槍枝應該遠離兒童生活和玩耍的環境，如果難以配合，就應該退出槍膛裡的子彈，存放於可上鎖的安全地方。安全放置的作法可以降低因槍枝傷害或死亡的風險，不過，不管是否裝有子彈或其他武器，對兒童而言都是極度的危險。

16. 為預防燒傷，檢查你的火源 —— 壁爐、木柴爐和瓦斯爐，這些都要圍起來，使孩子不能靠近。檢查電熱器、輻射器甚至暖氣的通風口，判斷在使用時的溫度，當然也可能需要圍起來。

17. 不應該將槍枝放在家中，若必須放在家中，也要將槍枝與彈藥分開放置上鎖，確認孩子無法取得。如果你的孩子在別人家玩耍，要事先詢問是否有槍枝，並確定其存放是否安全。（另見我們的立場第503頁。）

18. 酒精對孩子的危害很大，將酒精飲料鎖在壁櫥裡，並倒掉任何沒有用完的酒精飲料。

 # 嬰兒用品

　　在過去的30年來，消費者產品安全委員會積極參與嬰幼兒用品安全標準的制定，因為大多數標準在1970年代才生效，所以你在使用之前生產的用具時要特別小心。以下原則有助於你選擇最安全的產品，不管是新的還是用過的，以及如何適當的使用。

高腳椅

許多重大摔傷與兒童高腳椅有關，以下的建議有助於減少孩子摔傷的危險：

1. 選擇基座寬的高椅子才不會翻倒。

2. 如果椅子可以折疊，每次打開時都要確保裝置安全鎖緊。

3. 只要孩子坐在椅子上時，都要扣緊安全帶，不可以讓孩子站在高腳椅上。

4. 不要讓高椅子靠近桌子、熱或危險的物品旁，孩子可能用力推桌面，從而使椅子翻倒。

5. 不要單獨將孩子留在高椅子上，也不要讓大孩子在上面攀爬或玩耍，因為這可能使椅子翻倒。

6. 桌上懸掛式兒童餐桌椅無法取代堅固的高腳椅，但如果你計畫在外面吃飯或旅行時使用，購買一把可以鎖在桌子上的椅子，並確保桌子的重量足以支撐孩子的體重而不會翻倒，同時也要檢查他的腳是否會接觸到桌腳，如果他可以蹬到桌子，那麼他很有可能將椅子推離桌子。

7. 檢查椅子上所有的零件完全牢固連接，無法拔下來，因為這些小零件可能有窒息的危險。

嬰兒椅與彈跳椅

嬰兒椅和彈跳椅應貼上符合 CPSC 安全標準 F2167 的標籤。選擇嬰兒座椅時務必謹慎小心，檢查廠商提供的體重指南，若孩子的體重超過限制就不要再使用。以下為安全指南：

1. 請勿將座椅放在高於地板的位置，與嬰兒座椅相關的最嚴重傷害是發生在嬰兒從桌子、檯面和椅子等高處墜落。即使是很小的嬰兒也可能在平面上搖晃座椅或提籃並掉落，從而遭受頭部外傷和其他傷

害。為防止充滿活力、蠢動的嬰兒將座椅翻倒，請將座椅放在你附近鋪了地毯的區域，並遠離邊緣尖銳的家具。把嬰兒座椅在放置在柔軟的表面（例如床或軟墊家具）上時也可能翻倒；這些都不是放置嬰兒座椅的安全場所。

2. 不要將孩子單獨留在嬰兒椅上。

3. 不可使用嬰兒椅替代兒童汽車安全座椅。嬰兒椅的目的是為了讓嬰兒坐立，方便孩子觀看、玩與餵食。

4. 隨時都要扣好安全帶與鞍具。

5. 選擇外面帶有框架的座椅，這樣孩子可以完全地坐在裡面，確保座椅的底部較寬預防翻倒。

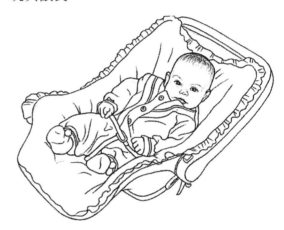

6. 檢查嬰兒椅底部確保為有摩擦力不易打滑的材質。

7. 若要移動嬰兒椅時，要先將坐在裡面的寶寶抱起來再移動，以避免摔落或其他的傷害。

8. 千萬不可將坐有嬰兒的汽車安全座椅或嬰兒椅放在汽車的車頂或後車廂上。

9. 嬰兒不應該在沒有直接視線監督的情況下睡在坐姿設備上，並且應該在可行的情況下被移動到合適的嬰兒床上。

嬰兒圍欄

當非常忙碌無法時時刻刻監督小孩時，大多數父母會依賴嬰兒圍欄（也稱為遊戲圍欄）作為一個安全的地方，讓孩子在裡面玩耍。然而，在某些情況下，嬰兒圍欄也有其潛在的危險，所以要做好以下的預防措施：

1. 選擇符合 ASTM F406 安全標章的安全圍欄，這可以確保圍欄設計和結構的安全性，以預防幼兒受傷。最新的嬰兒圍欄全都要符合這個標準。

2. 不要在遊戲場內加入額外的床墊，這會成爲窒息風險。僅使用圍欄隨附的床墊就能讓你的寶寶感到舒適。如果你的寶寶睡在圍欄內，請遵循安全的睡眠習慣：移除枕頭、毯子和毛絨玩具，讓寶寶仰臥睡覺。

3. 千萬不可將網狀式圍欄的一側高度降低，因爲幼兒可能會滾進去，形成一個袋狀而陷入其中窒息。

4. 不要將玩具綁在圍欄兩側或吊在上方，因爲嬰兒或學步期幼兒可能會被這些東西纏住。

5. 如果你的嬰兒圍欄有高起的尿布更換檯，當小孩在裡面時，你一定要卸下尿布更換檯，這樣他才不會陷入尿布更換檯和圍欄側軌的空間。

6. 當你的孩子可以扶手站立時，你要將嬰兒圍欄內的任何可能有助於他爬出的盒子和大型玩具拿走。

7. 長牙的孩子可能會去咬圍欄橫條，要檢查圍欄的表面是否有碎片和破洞。如果破洞很小，你可以用重型布膠帶修補；如果受損很嚴重，你可能需要聯絡製造商以進行修補。

8. 確保圍欄沒有碎片、破洞或鬆散的線頭，而且縫隙要小於 0.6 公分，這樣孩子才不會卡住。網格部份應牢牢固定在嬰兒圍欄的上橫條和地板條上，如果有使用鉤環，這些鉤環不可遺失或鬆掉或暴露在外。木製的圍欄板條不可超過 6 公分寬，這樣孩子才不會卡在其中。

9. 環狀摺疊式圍欄非常危險，孩子的頭可能會卡在鑽石形開口和匝口頂部的 V 型邊框，不管室內或戶外，永遠都不要使用這種圍欄。

學步車

美國小兒科學會**不建議使用嬰兒學步車**，因爲兒童可能會從**樓梯跌落**，造成頭部受傷，如果學步車撞上一些物體如桌子或書櫃，物體可能會掉落在它們身上造成孩童受傷。學步車無法協助幼兒學習走路，反而會延緩肢體的正常發展。固定的兒童遊戲檯或活動中心是比較好的選擇，這些沒有輪子，但座椅可以旋轉和反彈。你或許也可以考慮選擇兒童小拖車或小推車，購買時確定玩具上有手把可以讓他推拉，並且有一定的重量，這

樣當孩子在推拉時才不會翻倒。

奶嘴

安撫奶嘴對寶寶無害，事實上，有一些證據顯示，當寶寶睡覺時，安撫奶嘴有助於降低嬰兒猝死症候群（SIDS）的風險。不過，為了安全起見，當你給寶寶安撫奶嘴時，請遵守以下原則：

1. 不要使用奶瓶上的奶嘴作為安撫奶嘴，即使你將之黏在一起，但寶寶若用力吸吮，奶嘴可能會從圓環中掉出，進而使寶寶窒息。

2. 購買一體成型的奶嘴，如果你有疑問請諮詢小兒科醫師的建議。

3. 奶嘴頭和環之間的保護板直徑應該至少有 3.8 公分，這樣嬰兒才不能將整個奶嘴吸入口腔。此外，保護板應該由帶有通風孔的硬質塑膠或矽酮製成。

4. 千萬不可將安撫奶嘴綁在嬰兒床或孩子的脖子或手臂周圍，這樣非常的危險，會導致嚴重傷害或甚至死亡。

5. 奶嘴會隨時間變質，要定期檢查是否橡膠變色或磨損，如果有以上情況就需要更換。

6. 根據孩子的年齡選擇適合的奶嘴，因為較大的孩子如果吸吮新生兒的奶嘴，可能會整個含在口中造成窒息。

玩具箱

玩具箱可能會有危險的原因有 2 個：當孩子在找玩具時，可能跌入其中困在裡面，或者玩具箱的鉸鏈蓋掉下來打到孩子的頭或身體。如果可能，將玩具放在開放式的架上，這樣孩子比較容易取得玩具；或是將玩具放在書架上，方便孩子尋找。如果你必須使用玩具箱，你要注意：

1. 尋找一個沒有蓋子、僅有一個極輕可移式上蓋或滑動式門板或遮板的玩具箱。然而，細小的手指很容易被蓋子壓到受傷，或者卡在滑動的門與面板之間。

2. 如果使用帶有鉸鏈上蓋的玩具箱，你要確保箱子蓋打開時，箱子本身的鉸鏈裝置可以支撐任何角度打開的蓋子。如果你的玩具箱沒有這種支撐，你要安裝一個或移除箱蓋。

3. 購買一個四角或邊緣圓滑、有保護墊的玩具箱，或者自己安裝保護

墊。

4. 兒童偶爾會困在玩具箱中，因此玩具箱上應該要有通風孔或在蓋子和箱體之間有縫隙。不要讓玩具箱緊靠牆壁而堵塞通風孔，確保蓋子無法鎖上。

玩具

大多數玩具製造商都很謹慎試圖生產安全的玩具，不過他們永遠無法預料孩子是如何使用或「虐待」他們的產品。在 2017 年，根據統計美國醫院急診室大約有 25 萬 1 千件與玩具相關的傷害治療，其中有 35%（8 萬 9 千 4 百 83 例）為 5 歲以下的兒童。如果你的孩子因不安全的玩具受傷或你想要通報與玩具相關的傷害，你可以上 saferproducts.gov 網站。消費者產品安全委員會會保留申訴記錄，並且著手進行召回危險的玩具、服裝、飾品和其他居家用品。你的電話不僅可以保護你的孩子，同時也可以保護其他的孩子。

1. 選擇適合孩子年齡的玩具，你可以根據製造商包裝上的指南選購。

2. 手搖鈴 —— 可能是孩子的第一個玩具，寬度至少應該有 4 公分。嬰兒的口腔和喉嚨彈性很大，太小的搖鈴有可能噎住孩子。此外，所有的搖鈴應該是一體成型的。

3. 玩具均應該用堅硬的材料製造，以免孩子扔或摔時破成碎片。

4. 檢查擠壓式玩具時，確定發出聲音的零件不會與玩具分離。

5. 在給孩子填充動物和洋娃娃之前，確認其眼睛和鼻子非常牢固並定期檢查。去除玩具上所有的帶子，如果玩具包含配件，不要讓孩子吸吮與娃娃的奶嘴或任何小到可能吞入或窒息的小零件。

6. 吞嚥或吸入玩具上較小的零件可能造成嚴重傷害，你要仔細檢查玩具上與孩子口腔和咽喉大小相當的小零件，選擇標示 3 歲或以下使用的玩具，因為這些玩具必須符合安全標準 —— 沒有可能被吞入或導致窒息的小零件。

7. 有小磁鐵的玩具尤其危險，如果他們吞入一個以上的磁鐵，這些磁鐵可能相吸，導致腸道阻塞、穿孔，甚至死亡，因此要讓幼兒遠離附有小磁鐵的玩具。

8. 為大一點的孩子所購買的玩具，若有小零件則要儲放在幼兒拿不到的地方，並且讓孩子牢記，當他們不玩這些玩具時，要將所有小零件收起來的重要性。當他們收拾好玩具後，你要再次檢查是否還有對嬰兒危險的物件，或者你可以規劃一個嬰兒無法出入的區域，限制這類型的玩具只能在該區玩耍。

9. 不要讓孩子玩氣球。在他試圖吹氣時可能會吸入氣球。如果氣球爆炸，確定要撿起並丟棄所有的碎片。

10. 預防燒傷和電擊傷，不要給 10 歲以下的孩子購買需要將插頭插入電源插座的玩具；相反的，你可以購買裝有電池的玩具，確定電池蓋有螺絲牢固鎖緊，需要螺絲起子或其他工具才可以打開，以防電池脫落造成窒息的危險。所有較新的電池供電玩具均符合此準則，但請檢查較舊的玩具，請勿使用無需螺絲起子即可拿出電池的玩具。

11. 確保長牙的孩子無法接觸到電線，他們可能會咬壞電線而承受被電擊的危險。

12. 應該檢查機械玩具的彈簧、齒輪或鉸鏈，以免孩子的手指、頭髮和衣服絞在裡面。

13. 向製造商註冊登記任何可以登記的玩具，以便接收任何有關召回的資訊。

14. 仔細檢查玩具確保沒有尖銳的邊緣和突出的部分，以避免割傷。避免購買帶有容易破碎的玻璃和硬塑膠零件的玩具。

15. 不要讓孩子玩非常吵鬧的玩具，包括可發出難以預期聲響的擠壓玩具。噪音的分貝達到或超過 100 分貝會損害孩子的聽力。

16. 彈射玩具不適合孩子玩耍，因為容易射傷眼睛。不要給孩子購買除了發射水以外的其他子彈類玩具槍。

如何回報不安全的產品

專欄

　　如果你意識到某件兒童產品不安全，或者你的孩子因為相關產品受傷，這時你可以回報給消費者產品安全委員會（CPSC），網址為 saferproducts.gov. 你的回報很重要，這有助於消費者產品安全委員會鑑定一些需要進一步調查或召回的危險物品。

 # 戶外安全

　　即使你為孩子創造一個幾乎完美的室內環境，但他也有許多時間在戶外，身處的環境更是難以控制。很顯然，你個人對孩子的監護仍然是最有重要的保護。然而，即使監護周全的孩子也會面臨許多危險，以下的內容將指導你如何減少這種危險並減少孩子受傷的風險。

兒童汽車安全座椅

　　1 ～ 19 歲的孩子每年因車禍死亡的人數遠大於其他原因所造成的死亡人數。如果孩子在任何載具上妥善的乘坐汽車安全座椅並正確繫安全帶，大多數的死亡是可以避免的。與一些人的觀念相反，**父母的膝蓋實際上是孩子乘坐汽車時最危險的地方**。在車禍、緊急煞車或轉向等意外發生時，你很可能抱不住孩子，即使你可以抱住孩子，在你被撞向儀錶板和擋風玻璃時，你的身體也會擠壓孩子。最強壯的成人也無法在巨大的撞車衝擊力下抱住孩子，因此在汽車上確保孩子安全最簡單且最重要的方法是購買、安裝並使用合格的兒童汽車安全座椅。

　　美國 50 個州均立法要求使用兒童汽車安全座椅。不幸的是，最近的研究表示許多父母沒有適當使用兒童汽車安全座椅。最常見的錯誤包括將面朝後的兒童汽車安全座椅放在安全氣囊的前面、面朝前的兒童汽車安全座椅放在錯誤的方向（太早將座椅轉為面向前方）、沒有使用孩子座位上

的安全帶、孩子過早放棄使用兒童安全汽車座椅、汽車安全座椅沒有綁在汽車安全帶上、沒有將安全帶妥善繫緊、較大的孩子沒有使用兒童汽車安全輔助椅，以及讓孩子坐在前座。此外，在短途旅行時，有些父母不使用兒童汽車安全座椅。他們沒有意識到大部分致命的撞

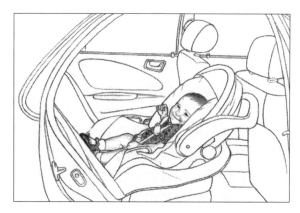

僅面向後方兒童汽車安全座椅。

擊，往往發生在離家不到 5 英里、時速不超過 25 英里的時候。基於以上所有的原因，孩子一直處於危險中，光靠購買一個兒童汽車安全座椅是不夠的，你必須每次都正確的使用。

選擇兒童汽車安全座椅

以下為選擇兒童汽車安全座椅的指南：

1. 美國小兒科學會每年都會列出兒童汽車安全座椅名單《兒童汽車安全座椅：家庭指南》（Car Safety Seats: A guide for Families），你可以上網址：healthychildren.org/carseatlist. 查詢。

2. 沒有所謂「絕對安全」或「最好」的汽車安全座椅，最好的汽車安全座椅就是適合孩子的體型和體重，並且正確安裝，以及每次行車時都確實正確的使用。

3. 高價並不一定更好，有時可能因添加一些額外的功能反而使用上更不方便。

4. 當你找到喜歡的汽車安全座椅時，你要試用看看。讓孩子坐在裡面，調整吊帶和皮帶扣，確保它適合你的汽車，並且座位容易調整。許多大型商店可以讓你租用一個安全座椅試裝看看是否適合。

5. 如果你的寶寶早產或低出生體重，你應該讓醫院的工作人員檢查你的汽車安全座椅，確保椅子的角度不會造成嬰兒心跳率變低、低氧或其他的呼吸問題。如果小兒科醫師建議你的寶寶在行車過程中需

要平躺，那你要使用防撞式兒童安全汽車床。如果可能，後座最好有一位成人陪伴，隨時留意寶寶的情況。

6. 有特殊健康問題的兒童可能需要其他安全汽車座椅的系統，你可以徵詢小兒科醫師的意見。更多關於特殊健康問題兒童的行車安全資訊請參考網址：preventinjury.org.

7. 如果你的汽車是在 2002 年之後製造的，請始終使用車上的 LATCH 連接系統安裝汽車安全座椅，該裝置在座椅之間和座椅後面提供加固鋼環。只需要扣住鉤環，撐緊，就可以上路了。如果你不確定在哪裡可以找到扣環，請查看汽車的車主手冊。

8. 不要使用太老舊的汽車安全座椅，標籤上會標示座椅的使用期限。

許多製造商建議汽車安全座椅的使用年限為 6 年，你可以檢查使用指南手冊上的到期日；或許你也可以在汽車安全座椅上的標籤看到。隨著使用時間增加與暴露於熱冷交替的環境，汽車安全座椅可能會越來越脆弱，所以最好不要使用已經到期的汽車安全座椅。

兒童汽車安全帶定位輔助椅。

9. 如果汽車安全座椅曾經遇到中度或重度汽車撞擊事故，那麼它或許已變得脆弱不堪使用，即使表面看起來完好。如果是輕微的撞擊事故，或許還可以繼續使用。輕微

面向前方兒童汽車安全座椅。

的汽車撞擊為汽車仍可駛離事故現場，靠近汽車安全座椅的門沒有損壞，車內沒有人受傷，安全氣囊沒有爆開，汽車安全座椅看起來完好如初。不過，有一些製造商仍然建議，即使只是輕微的撞擊，仍然還是要更換汽車安全座椅，如果你在這方面有任何疑問，你可以致電製造商詢問。不要使用你不知道其使用歷史的汽車安全座椅。

10. 最好使用全新的汽車安全座椅，如果你選擇二手汽車安全座椅，確定該座椅完全沒有任何汽車撞擊事故史，同時所有的汽車標籤仍然在上頭，而且不是已被召回的類型。

11. 不要使用沒有出廠日期、名稱或條碼標籤的汽車安全座椅，如果沒有這些資訊，你就無法查詢是否有召回的訊息。

12. 不要使用說明書丟失的汽車安全座椅，因為你需要知道如何正確的使用方法。千萬不要依靠前使用者個人的口頭指引，當你開始使用汽車安全座椅前，一定要先從製造商處取得使用說明。

13. 不要使用外觀裂縫或零件缺少的汽車安全座椅。

14. 註冊你的汽車安全座椅，因為如果有任何的召回資訊，你才能立即得到相關的訊息。如果你沒有原廠註冊卡，也可以透過製造商的網站註冊，或者打電話給客服部門詢問相關資訊。

15. 你可以致電製造商，詢問你的汽車安全座椅是否已被召回。如果汽車安全座椅已被召回，你一定要遵守規定送修或補足必要的零件。

兒童汽車安全座椅的種類

嬰兒／學步期幼兒

所有的嬰兒和學步期幼兒在直到成長超過身高體重限制之前，都應乘坐面向後方的兒童汽車安全座椅越久越好。座椅要放在後座。這是最安全的乘車方式。幾乎所有可轉換方向的安全座椅面向後方乘坐的身高體重限制，都足以讓絕大多數孩子面向後方乘車到 2 歲以後。

學步期／學齡前幼兒

那些身高體重超出面向後方的汽車安全座椅的兒童，應該使用安裝在

載具後座、面向前方並有五點式安全帶的汽車安全座椅。兒童應該盡可能久的使用汽車安全座椅，直到他們的身高體重再次達到製造商手冊的限制。

學齡兒童

所有身高體重已經超過製造商手冊面向前方汽車安全座椅限制的兒童，都應使用兒童汽車安全帶定位輔助椅，直到汽車安全帶適合他們使用，特別是當他們的身高已達到 145 公分，年齡在 8 歲至 12 歲之間。他們永遠要坐在後座以免受到前座的安全氣囊的傷害。

較大兒童

當兒童年齡和體型已達使用汽車安全帶的標準，只要乘車，他們一定要正確使用肩腰式的汽車安全座椅，以確保行車安全。此外，13 歲以下的兒童都應坐在汽車後座，以提供最佳的保護。年齡在 7 歲或以下的孩童不足在沒有安全座椅或輔助座椅的情況下安全的乘車。

穿戴式兒童汽車安全座椅

如果你的汽車或計程車只有安全帶配備，穿戴式兒童汽車安全座椅是旅行時的另一種選項。穿戴式兒童汽車安全座椅適用於 9 公斤至 76 公斤的兒童（有分各種不同尺寸），可以取代傳統面向前方汽車安全座椅。這種適合只有膝蓋式安全帶的汽車，或者體重已經超過傳統汽車安全座椅限制的兒童。此外，這種穿戴式兒童汽車安全座椅可能需要使用頭部固定輔助墊。

安裝兒童汽車安全座椅

1. 閱讀你的汽車指南關於如何正確安裝汽車安全座椅的重要資訊。
2. 為了預防在撞擊中由於安全氣囊釋放造成的頭部與脊椎傷害，汽車後座是所有幼兒乘車最安全的地方，避免超載，原則為所有兒童都可以正確安全地扣上汽車安全帶。
3. 千萬不可以將面向後方的汽車安全座椅放在有安全氣囊的前座，現在所有的新車都配有安全氣囊。當正確使用安全帶時，安全氣囊可

以更完善保護較大的兒童和成人，但對面向後方的汽車安全座椅而言，則有極大的危險性。如果你的汽車有安全氣囊，面向後方的汽車安全座椅一定要放在後方，因為即使只是小小的撞擊，安全氣囊也有可能因為爆開而衝擊汽車安全座椅，進而導致嚴重的大腦損傷或死亡。此外，坐在面向前方汽車安全座椅的學步期兒童也有可能受到安全氣囊的傷害，因此請牢記，對所有 13 歲以下的兒童而言，汽車後座是最安全的乘車位置。

如果你有一輛卡車沒有後座，或後座太小而無法正確安裝汽車安全座椅，則在某些情況下可以在前座安裝汽車安全座椅。但請記住，向後的汽車安全座椅永遠不能被安裝在帶有主動前安全氣囊的座椅位置。不要依賴車輛感測器來停用安全氣囊；只有在安全氣囊可以用鑰匙關閉時，才可以使用那個座椅位置。要在卡車上安裝汽車安全座椅，即使是安裝在後座，也可能比在典型車輛中安裝更加複雜，因此請閱讀卡車和汽車安全座椅的使用手冊，並按照說明仔細操作。

4. 汽車安全座椅可以使用汽車安全帶或汽車 LATCH（兒童汽車安全座椅下方固定栓帶系統）安裝。LATCH 是一種位於座椅下方和座椅角落（或地板、車頂天花板或椅背後方）的固定系統。這兩種系統都很安全，不過在某些情況下，若要緊緊固定汽車安全座椅，LATCH 的安裝方法或許比較容易。

5. 依照孩子的體型和年齡，將汽車安全座椅朝向正確的方向，並且根據汽車安全帶或 LATCH 安全帶正確的安裝方法安裝汽車安全座椅，務必將安全帶拉緊。每一次開車前都要確保安全帶牢固緊實，而且汽車安全座椅前後左右移動的距離不可超過 1 英吋。

6. 如果你的嬰兒頭部向前傾，這代表座椅的角度不夠傾斜。請根據製造商的說明手冊調整到正確的角度；對於非常年幼的新生兒或年紀較大的嬰兒可能會有不同的躺臥設定。你的座椅或許有傾斜角度指南和內置調節器，以協助你判斷正確的角度。如果沒有，你可以擠入一個堅硬的填充物，例如將捲起的毛巾放在汽車安全座椅前面的底部。

7. 如果汽車安全帶扣環剛好就安全帶繞住汽車安全座椅的點上，這樣

安全帶是無法拉緊。當你遇到這種情況時，你要試著換另一個位置，或者使用 LATCH 系統。

8. 如果你使用車輛安全帶而不是 LATCH 來安裝汽車安全座椅，則必須將安全帶牢牢鎖定。在許多車輛中，你可以透過將安全帶完全拉出，然後將其送回捲收器來鎖定安全帶。在許多情況下，汽車安全座椅製造商可能會建議使用汽車安全座椅附帶的內置鎖定或鎖定夾來鎖定安全帶，這可能會更容易些。你可以閱讀車主手冊和汽車安全座椅的說明書，以確定鎖定安全帶的最佳方式。

9. 在少數情況下，一條只有繫住腰間的安全帶需要特殊重型的鎖緊夾，你可以從汽車製造商處取得。更多詳情請閱讀你的汽車指南。

10. 在使用 LATCH 系統前，先閱讀你的汽車安全座椅和汽車指南相關資訊，包括座椅下方栓帶系統和連接扣的體重限制，以及哪一個座位可以使用 LATCH 系統，並檢查汽車指導手冊，確保你不是連接到貨物系統或其他非為錨鏈汽車安全座椅所設計的扣環上。

11. 面向前方的汽車座椅一定要使用固定栓帶，而大多數的固定環位於汽車後座窗邊、後座後方或汽車地板或天花板上。固定栓帶可以提供更多的保護，在汽車遇到碰撞時，可以避免汽車安全座椅向前衝出。所有的新車、家庭房車、輕型卡車都必須配備上方栓帶固定環，以確保汽車安全座椅頂端的安全。如果你的汽車是在 2000 年 9 月以前出廠，你或許可以請汽車商加裝固定環，這通常是免費的服務。

兒童汽車安全座椅的使用

1. 汽車安全座椅可以保護你的孩子行車安全，確保每次乘車時他都有牢固扣緊安全帶，絕無例外。從他出院回家第一次乘車就應開始使用汽車安全座椅。協助你的孩子養成終身使用安全帶的習慣，如果你有兩輛車，你要買兩個汽車安全座椅，或者將安全座椅轉移到兒童將搭乘的汽車上。記住，千萬不可將面向後方的汽車安全座椅放在前排有安全氣囊的座位上，**後方座位**永遠是所有兒童乘車最安全的地方。

2. 閱讀與遵守汽車安全座椅製造商說明，並且永遠將說明書與汽車安

全座椅放在一起。如果你遺失說明書，你可以打電話或寫信給製造商要求補發一份說明書。在許多情況下，你可以從製造商網站下載說明書。

3. 大多數孩子會經過一個抗議坐汽車安全座椅的階段，如果發生這種情況，你要堅定地向孩子解釋，你不能開車直到每個人都扣上安全帶，然後要確實執行。

4. 為孩子使用正確的安全帶穿縫，當乘坐面向後方的汽車安全座椅時，安全帶應在兒童的肩或低於肩的位置。當乘坐面向前方的汽車安全座椅時，安全帶應在肩或高於肩的位置。有些汽車安全座椅沒有穿縫孔，不過你可以使用滑動結構來調整安全帶。關於如何調整安全帶相關資訊，請參考說明手冊。

5. 確保安全帶適合寶寶的身體，並且給他穿上可以讓安全帶穿過兩腿之間的衣服，讓寶寶舒適穩固地坐在上面，如果你可以將安全帶捏摺夾在手指之間，這表示安全帶太鬆，你一定要確保它平整不扭曲。

6. 如果你需要讓寶寶的頭不向前傾，你可以在座位下墊尿布或毯子，不要在寶寶背後或在安全帶與寶寶之間加任何東西；因為這些物品很可能會在汽車撞擊時對寶寶造成不當的衝擊。千萬不要使用任何額外的物品，除非是汽車安全座椅附加的產品，或者是製造商說明特別允許的產品。

7. 在寒冷的天氣，給寶寶穿著幾層薄薄的衣服，而不是厚重的棉衣，在調整好安全帶後，為寶寶周圍包覆毯子。這時請不要使用後方加層的嬰兒包覆巾。

8. 在炎熱的天氣中，當你在太陽底下離開車子時，在汽車安全座椅上蓋一條毛巾，並且在你把孩子放回汽車安全座椅上時，一定要用手觸摸汽車安全座椅的表面和金屬扣，以確保其溫度不會燙傷孩子。

9. 不管你待辦的事情有多短，千萬不可將嬰兒或兒童單獨留在車內。他可能很快會變得過熱或過冷，即使外面的溫度似乎很宜人，或者當他發現自己一個人時，他可能會變得很害怕和恐慌。在炎熱天氣下被單獨留在車內的兒童可能在不到 10 分鐘內因過熱而致死。而且任何單獨留在車內的孩子容易成為拐騙的目標，或者年紀較大的

兒童可能會玩打火機、電動車窗或變速擋，進而造成嚴重傷害或死亡意外。不管是多麼有愛和細心的家長，都有可能將小孩忘記留在車內，所以你可以採取以下步驟提醒自己，讓這些檢查事項成為你的習慣：

- 在後座上放一些在到達目的地後你會需要的物品，例如錢包或公事包，也就是需要打開後車門取得。
- 當孩子不在車上時，放一個大毛絨玩具在汽車安全座椅上，當孩子乘坐汽車時，將毛絨玩具放在前座，在你的視線範圍內。
- 請孩子的照護人打電話給你，如果你的孩子沒有按照預期的時間抵達。
- 在例行作息改變時要特別留意，這種混亂期更容易忘記孩子。
- 當車子不使用時，鎖好車子，並且拉上手煞車，這樣孩子就無法進入車內玩耍。孩子自行進入車內玩耍可能會導致過熱致死。如果孩子失蹤，請首先檢查池子或任何水體，然後檢查車輛，包含卡車。

10. 行車時永遠要繫安全帶。除了以身作則外，你也可以降低自己在車禍事故中 60% 的受傷或死亡風險。

11. 當孩子漸漸長大，通常大約是在 8 ～ 12 歲左右，兒童汽車安全輔助座椅將不再適用。當他們的體型適合使用汽車安全帶時，他們就可以直接繫安全帶，這表示腰部安全帶可以橫越他的大腿，肩部安全帶可以橫越他的胸部，而且他們的後背可以完全靠在汽車座椅上，膝蓋可以彎曲，全程可以保持這個姿勢。

12. 絕不要讓嬰兒睡在車外的汽車安全座椅上。

13. 決不要讓坐在汽車安全座椅上的嬰兒扣著部分的安全帶，這會導致勒死的危險。

安全氣囊

安全氣囊可以救你一命。然而，安全氣囊並不適合孩子，以下建議可以保護你和孩子的安全（這些資訊值得一看再看。）：

- 對於所有 13 歲以下的孩子而言，後座是行車時最安全的位置。前座的安全氣囊釋放時有可能導致孩童的頭部和脊椎受傷。

- 千萬不可將面向後方的汽車安全座椅放在前排有安全氣囊的座位上，你的孩子可能會因為安全氣囊的衝擊力而造成傷害或死亡。

- 所有的嬰兒和學步期幼兒在身高或體重達到製造商設定的限制之前，都應乘坐面向後方的兒童汽車安全座椅。幾乎所有可轉換方向的汽車安全座椅的身高體重限制都足夠讓孩子面向後方乘坐到 2 歲以後。面向後方是最安全的乘車方式，所以盡可能讓孩子採取這種乘車方式，越久越好。

- 所有的孩子要依照年齡適當與正確的使用汽車安全座椅或兒童汽車安全輔助椅。

- 側邊安全氣囊可以強化汽車內部的安全，當兒童坐在側邊安全氣囊時，很重要的是一定要將安全帶綁在正確的位置。你可以參考汽車安全手冊，關於安裝汽車安全座椅在安全氣囊旁的指南，並且參考你的汽車手冊關於適用於你的汽車的建議。

專欄

讓孩子一路平安快樂

　　或許你很努力執行使用汽車安全座椅和安全帶，但當孩子漸漸成長後，他可能會抗拒這些約束。以下是一些提示，讓孩子乘車時保持忙碌，但仍然安全坐在座椅上。

出生到 9 個月

- 如果需要，可以用捲起的小毯子墊在汽車安全座椅的兩側，預防寶寶身體左右搖晃，好讓寶寶乘車更舒適。毯子只能夠加在安全帶外面，**絕不能**墊在你的寶寶下方或他與安全帶之間。

- 在汽車安全座椅跨下處放一條捲起的小尿布巾或捲起的小毯子，以預防你的寶寶下半身滑到太前面。
- 如果孩子的頭部向前傾，你要再次檢查是否安全座椅不夠傾斜。閱讀製造商手冊關於如何將角度調整到適合的角度。

9 個月到 24 個月

- 這個年齡的孩子喜歡到處亂爬，可能非常渴望從車座中出來。如果孩子也是這樣，提醒自己這僅僅是一個短暫的時期，如前所述，語氣平靜但堅定，堅持他行車時一定要坐在汽車安全座椅上。
- 在你開車時，可以唱歌或說話使孩子感到愉快，但不要讓這些事分散你的駕駛注意力。讓他知道，除非每個人都扣上安全帶，不然車子不能開動。將安全帶的緊貼護環保持在胸前的位置，這樣孩子較難掙脫。

24 個月到 36 個月

- 談論孩子看到窗外的一些事情，使開車變成一個學習的過程，但前提是你不要分心。
- 鼓勵孩子幫玩具動物或洋娃娃綁安全帶，和他談論繫安全帶的洋娃娃是多麼的安全。

學齡前

- 告訴他重視安全是一種「長大」的行為，每次他自動自發扣安全帶時都要讚美他。
- 透過一些虛構角色，例如太空人、飛行員和賽車手，鼓勵孩子接受汽車安全座椅或兒童汽車輔助椅。

- 向孩子解釋使用安全帶的重要性：「如果我們突然煞車，安全帶可以預防你撞到頭。」
- 讓孩子看一些包含安全帶資訊的書籍和圖片。
- 自己一定要使用安全帶，並且確保車內的所有人也使用安全帶。
- 為獲得最好的保護，在任何行車期間，所有乘客都必須正確使用安全帶。

孩子在汽車周圍的注意事項

　　從小教育孩子不可以在街上或車道上行走或玩耍。年幼的孩子在街道周圍並不安全，更不可以在附近玩耍。雖然他們有能力可以在街上行走，但他沒有能力辨識街道和汽車具有危險性。幼童的動作快速且衝動，而且充滿好奇心。然而，他們很難留意周邊的汽車、聲音，同時也不瞭解交通標誌和號誌的意義。他們無法判斷車速和車輛的距離，再加上駕駛人可能一心多用而難以留意衝到大街上的幼童，進而造成無法彌補的意外。

　　如果孩子在街道附近，你一定要近距離監督，這樣孩子突然衝到街上撿球或追逐較大的孩子或成人時，你可以立即上前阻止。

　　為了避免倒車、車道、小巷和任何沒有圍欄的前院可能造成的傷害，這些地方都不是孩子可以玩耍的區域。父母應該隨時提醒自己車子後方的盲點（特別是大型、底盤高的車子），並且在啟動車子之前，要先走到汽車後方四周仔細查看。絕不要假設到車顯影鏡頭足以讓你預防在倒車時撞上快速移動的小孩。成人在倒車前，一定要先確定孩子人在何方才可以倒車。

我們的立場

美國 50 個州均要求孩子乘坐汽車都要使用汽車安全座椅。美國小兒科學會極力主張所有從醫院出院準備回家的新生兒都要使用汽車安全椅。並且制定了輕型體重嬰兒的汽車安全座椅使用標準，包括使用面朝後的座椅和用較大的墊子支撐嬰兒兩側和汽車安全座椅底部，同時建議選擇可轉換式汽車安全座椅，以配合孩子的成長。

嬰兒和幼兒一定要坐在兒童汽車安全座椅裡，首選最安全的後排座位。絕不可將面朝後的安全座椅放在帶有安全氣囊的汽車前排座位上。搭乘汽車時，嬰兒或兒童不可抱在成人懷中。小於 12 歲的兒童不可坐在汽車前座。

較大的孩子應該使用兒童汽車安全輔助座椅，直到汽車安全帶適合他們使用。這意味著兒童的後背可以完全靠在汽車座椅上，雙腳膝蓋關節剛好在椅座邊緣處可彎曲，汽車肩式安全帶穿過前胸，腰帶處可橫越大腿，並且孩子在汽車行駛全程皆可坐定位。

嬰兒背帶──後背式、前抱式和懸帶式背巾

後背式和前抱式兒童背帶很受歡迎，為了你和寶寶的安全與舒適，當你選購與使用時，請遵循以下指南。

1. 早產兒或有呼吸問題的兒童不應放在嬰兒背帶中，或者其他直立的配備，因為這些設備的姿勢可能使嬰兒呼吸困難。

2. 有些懸帶式背巾會使幼兒的身體捲曲成 C 狀，但這可能大幅增加呼吸問題的風險。如果你使用懸帶式背巾，你嬰兒的頸部應該可以挺直，他的下巴沒有下壓靠近胸膛，並且確保你總是可以看到他的臉部。

3. 不管是哪一種嬰兒背帶，你要經常檢查，確保嬰兒的口和鼻子不會被織物堵住，或者空氣阻塞無法流通。美國消費者產品安全委員會警告相關嬰兒窒息的危險，特別是那些 4 歲以下、父母使用懸帶式

背巾的嬰兒。當使用懸吊式背巾時，很重要的是要確保嬰兒的頭朝上，可以看到臉，而且鼻子和嘴巴都要保持暢通。

4. 在購買嬰兒背帶時，帶孩子一起去，這樣你才可以購買適合孩子體型的背帶。確保背帶可以支撐嬰兒的後背，腿伸出的孔要小，以免滑出去，並尋找堅固的材質。

5. 如果你購買後背式背帶，鋁框上應該要有墊子，以免碰到時孩子受傷。遮陽板也是個可以保護寶寶免受太陽直射的好主意。

6. 定期檢查背帶連接處和加強部分是否有縫隙和裂縫。

7. 使用後背式嬰兒背帶時，當你撿東西時要彎曲膝蓋，而不是彎腰。否則，孩子可能會從背帶中摔出，而你也可能會傷到自己的腰和背。

8. 5 個月以上的嬰兒可能難以安靜坐在背帶中，因此一定要使用限制性安全帶。有些孩子會用他們的腳踝在背帶上或你的身體上踢，以改變其重量的分布，因此在你開始行走之前，要確保孩子穩固地坐在背帶內。

嬰兒推車

選擇安全功能與採取以下預防措施：

1. 如果你在嬰兒推車上懸掛玩具，你要確保它們牢固不會砸到寶寶的頭，當寶寶可以坐起或站立時，要將這些玩具拿下來。

2. 嬰兒推車應有易操作的剎車，不管何時停下來，你都要使用剎車，並且確保嬰兒不會碰到鬆開剎車的拉桿或踏桿。可以鎖定兩個車輪而不只是其中一邊的系統更能提供額外的安全保護。

3. 選擇底部寬且穩重的嬰兒推車，以免翻倒。

4. 當你在折疊嬰兒推車時，幼兒的手指可能會被推車的折葉夾到。當你在收／開推車時，與孩子保持一個安全的距離。把孩子放進推車前，確保推車已在敞開固定鎖住的位置，並且檢查嬰兒的手無法碰到推車的輪子。

5. 推車手柄處不要掛袋子或其他物品，這些東西可能使推車向後翻。如果推車有籃子可以攜帶東西，確保籃子的位置一定要低，且在後輪附近。

6. 嬰兒推車應有五點式安全帶（兩肩、兩臀和兩腿間），只要孩子坐在推車上時，一定要扣緊安全帶。如果嬰兒還太小，可以用捲起的嬰兒毯放在嬰兒的兩側，以預防嬰兒左右搖晃。

7. 千萬不可將嬰兒單獨留在推車上。如果他在推車上睡著，確保你可以隨時看到他。

8. 如果你購買的是並排雙胞胎嬰兒推車，腳踏板應該為兩個座位連結在一起，因為嬰兒的腳很容易卡在兩個分開的踏板之間。

9. 有一些嬰兒車可以讓較大的兒童坐或站在推車的後方，這時你要留意體重限制，特別更要注意後面的小孩如果過於好動，很可能會使推車翻倒。

購物手推車安全事項

據估計，美國每年發生與購物手推車相關的急診室傷害超過兩萬件。最常見的傷害為挫傷、擦傷和撕裂傷，而且大多數的傷處在頭部或頸部。與購物推車相關的傷害可以嚴重到需要住院治療，通常是一些頭部受傷和重大骨折，甚至造成死亡。

購物推車大多不穩固，只要在手柄施力約 7.26 公斤以上就可能會向後翻倒。購物推車的設計很**容易向後翻**，特別是當幼兒坐在其中，或附有幼兒座位的購物推車。那些附有兒童座的購物推車無法預防幼兒跌落；即使幼兒有綁安全帶，你也無法預防購物推車不會向後傾。

如果可能，你要尋找取代把孩子放在購物推車內的方法；可以考慮另外使用嬰兒推車或嬰兒背帶。如果不得已一定要將孩子放在購物車上時，記得一定要**繫安全帶**。不可以讓孩子站在或跨坐在購物車上，也不可將嬰兒汽車座椅放在內置的購物推車座椅上，因為這會使購物推車更不穩固。如果商場中有接近地面的幼兒可乘座低底盤購物推車，那你可以使用此類

型的購物推車。另外，千萬不要將幼兒單獨留在購物推車上，即使只是片刻。

兩輪車和三輪車

如果你喜歡騎自行車，你或許會考慮購買一個可以固定在自行車後座上的兒童座椅。你要知道即使使用最安全的座椅並戴安全帽，在你失去平衡或被其他車輛撞擊時，孩子也會有嚴重受傷的風險。所以更明智的做法是等到孩子大到可以自己騎車時，再和他一起享受騎自行車的樂趣。

由於孩子已經告別嬰兒階段，他可能會想要一輛自己的三輪車，當他得到時，就要面對許多可能的傷害，騎在三輪車上的孩子可能非常靠近地面，以至於倒車的駕駛人無法看到他們。但騎三輪車或兩輪車是成長過程必經的部分，以下為一些安全建議有助於降低孩子騎車時所面臨的危險。

1. 在孩子體能足以使用之前不要購買三輪車。多數孩子在 3 歲左右已經做好準備。

2. 購買距離地面低、車輪大的三輪車，因為翻倒的可能性較小，所以比較安全。

3. 購買適合孩子的腳踏車安全帽，並且教導孩子每次騎車時都要戴上安全帽。扣帶應該要緊貼他的下巴，並且在正確扣好後安全帽不應該能被掀到他的額頭上。在騎三輪車或自行車時，孩子應該穿著不會露出腳趾的鞋子以保護他的腳趾和腳部。

4. 只在安全的環境中讓孩子騎三輪車，不允許孩子在靠近汽機車、馬路、車道或游泳池的地方騎三輪車。

5. 在孩子準備好之前，不要強迫他騎兩輪自行車。選擇一輛足夠小的自行車，讓他可以把雙腳舒適地放在地上，如果需要，可以從使用輔助輪開始。也可以考慮使用沒有踏板的兩輪自行車，以幫助孩子發展平衡感和肌肉協調。一般來說，6 歲之前的孩子還未具備騎兩輪車所需的平衡和肌肉協調能力。多數孩子在 5 歲以後可以開始騎附有輔助輪子的兩輪車，但不要早過於此。為避免孩子受傷，要戴經過認證的自行車頭盔（確認頭盔側面或頂部貼有「安全認證」的標誌。）

6. 如果你考慮在成人腳踏車後座加裝座椅載孩子，你要牢記，這不僅

會讓自行車變得不穩固，而且剎車的時間拉長，你和孩子嚴重受傷的風險也會增加。如果你一定得用自行車載小孩，在他未滿 1 歲之前，不可以將他放在自行車的後面座椅上。最好的選擇是自行車式兒童拖車，不過兒童拖車不應在馬路上使用，因為它們太低，駕駛人可能看不到而發生意外。當孩子夠大（12 個月大至 4 歲）可以穩固坐立，而且頸部夠強足以支撐輕型安全帽時，你才可以讓他坐在自行車的後置座椅上，雖然這並不是最好的選擇。另外，騎自行車時千萬不可使用後背式或前抱式嬰兒背帶背小孩。

7. 自行車後固定的座椅必須：

   a. 可安全固定在自行車後輪上方。

   b. 可以防止手和腳被卡在車輪中。

   c. 配備高靠背式和堅固的肩帶與腰帶，可以支撐打瞌睡的孩子。

8. 幼兒應該戴輕型頭盔，避免或減輕頭部傷害。

9. 當孩子坐在自行車座椅上一定要穩固繫安全帶。

10. 千萬不可讓孩子坐在自行車手把上，或者在手把前裝設自行車座椅。

遊樂場

不管是後院的盪鞦韆組合或公園裡設計完善的遊樂設施，關於遊樂場設備的議題有許多值得一提的事項。使用這些設備有助於孩子測試並擴展他們的體能，然而，其中也存在難以避免的危險。不過，設計良好的設備，以及教導孩子玩遊樂設備基本的規矩，可以降低意外的風險。請採用以下的建議來選擇遊樂設備和地點：

1. 5 歲以下幼童的遊樂設施應與年紀較大的兒童分開。

2. 為了減輕摔落遊樂設施的傷害，請確認鞦韆、蹺蹺板和叢林健身設備下面鋪有沙子、木板和橡膠墊，並且這些材質的表面維護良好、有適當的厚度。若直接撞到水泥地或柏油地，可能會造成嚴重的傷害——即使僅僅從幾英吋的高處落下。

3. 木製結構應由適合任何氣候的木頭製作，這樣比較不會裂開或產生碎片。要經常檢查木製設備表面的光滑度。金屬結構的遊樂設備在溫暖的月份表面可能會變得很燙，所以在允許孩子遊玩之前，請花

一些時間親自檢查金屬設施的溫度。

4. 定期檢查設備，特別要檢查連接處是否鬆掉、開放式鏈條是否鬆散和是否有生鏽的栓釘。確保沒有打開的 S 鉤或突起的碎片可能鉤住孩子的衣服。檢查金屬設施是否有生銹的地方或暴露的螺栓以及尖銳的邊緣與突起物。在家時，你可以用保護橡膠覆蓋這些地方。在公共場所，你要向負責的當局報告這些危險的部分。

5. 確定鞦韆是由可彎曲的柔軟材料製成，堅持孩子坐在鞦韆中央，用雙手抓住鞦韆，不允許兩個孩子分享一個鞦韆，教導孩子在其他人玩鞦韆時，不可在其前後走動。避免使用垂掛於頭頂式攀爬設備的鞦韆。

6. 你的孩子一定要穿全包式鞋子，因為遊樂設施表面可能會很燙而燙傷孩子的腳。

7. 確定孩子使用梯子走上滑梯，而不是經滑面向上爬行。不允許孩子在滑梯上推擠，一次只允許一個孩子走上滑梯。教導孩子在到達滑梯下面時要立即離開。如果滑梯在太陽下曝曬，你要檢查滑梯是否太熱。

8. 在沒有嚴密監護下，禁止不滿 4 歲的孩子使用比他們高的攀爬設備。

9. 在 3 ～ 5 歲期間，孩子只能和年紀與體重相當的其他兒童玩蹺蹺板，因為 3 歲以下的孩子四肢尚未有使用這種設施的協調能力。

10. 雖然彈跳床被視為有趣的兒童設施之一，但每年有大約 10 萬人因此受傷，包括後院式彈跳床，其中兒童受傷包括骨折、頭部受傷、脖子和脊髓損傷、扭傷和瘀青等，而父母的監護和保護網並不足以預防這些傷害。在 2013 年到 2017 年之間，每年有將近 96,500 件與彈跳床有關的傷害，其中有 1,120 件需住院治療。和年紀較大的孩子相比，5 歲以下的年幼兒童受傷的風險較高。美國小兒科學會極力勸阻彈跳床作為娛樂性用途，不管是在自己或朋友家，或遊樂場上或日常的體育課。較大的孩子只有在競技的體育項目，如體操或跳水的情況下才可以使用，並且需有專業的教練監督。

假設儘管有這些警告，但你仍選擇購買彈跳床，那麼請採取以下的防範措施：

- 將彈跳床放在四周表面都很安全的區域。
- 經常檢查保護墊和保護網，馬上更換任何損壞的零件（大約有 20% 的彈跳床傷害是與直接撞擊到彈簧和框架有關）。
- 一次只能有一個人在上面彈跳（大多數彈跳床傷害是由於多人在上面彈跳，特別是年幼的兒童）。
- 不可以在上面翻筋斗或翻轉。
- 當任何孩子使用彈跳床時，一定要有成人在旁監督，並且強制執行這些規則。
- 檢查你的保險理賠項目，確保其中包含彈跳床的傷害意外，如果沒有，你可以再加保這一個項目。

家庭後院

家庭後院對孩子來說可以是個安全的地方，如果你排除潛在的危險因素。以下的建議有助於你保持家庭後院的安全：

1. 如果你的後院沒有籬笆，你要教導孩子玩耍的界限。再次重申，他不一定每次都會遵守你的指引，所以要密切監督。當孩子在外面玩耍時，永遠要有大人在一旁陪伴，以免孩子走失或受傷（參考上面彈跳床相關安全注意事項）。

2. 檢查你院子裡危險的植物，並教導你的孩子，在沒有你的允許的情況下，絕對不要拔去和吃下任何植物，不論他看起來多漂亮。植物是引起學齡前兒童中毒的主要原因。如果你不確定院子中的植物，你可以致電當地農業處索取常見的有毒植物清單。如果你發現有毒植物，可以拔掉它或圍上安全籬笆或鎖上後院不讓孩子進入。

3. 如果你在草坪或花園中使用殺蟲劑或除草劑，僅使用有機認證的產品，仔細閱讀使用指南，並在使用後至少在 48 小時內，禁止孩子在草坪上玩耍。

4. 孩子在附近時，不要使用電力除草機割草。電動除草機甩出的木片和石塊足以傷害他們。即使在你拖動除草機時，也絕不要讓孩子坐在上面。最安全的作法是當你在除草時，讓孩子留在室內。

5. 在室外煮食物時，注意你的烤肉架子，不要讓孩子接觸，告訴他烤肉架子和廚房中的火爐一樣熱。放好烤架，禁止孩子接觸其把手。在傾倒木炭前，確定已經冷卻。

6. 孩子不可獨自橫過馬路，即使只是到對面等待校車，並且禁止孩子獨自在靠近街上或有車子往來的馬路邊玩耍。

水上安全

水是孩子面對的最可怕的傷害之一。即使接受過游泳指導，孩子也有可能溺死在只有數 10 公分深的水中。所有孩子都應該在 4 歲開始學習游泳，但家長必須知道，游泳教學和游泳技巧無法保證任何年紀的兒童一定不會溺水，不過，目前有許多幼兒游泳課程專注於水中求生技能，而且美國小兒科學會認為，1～4 歲（和以上）的兒童如果受過正式的游泳指導，溺水的可能性似乎會相對降低。

即便如此，由於這是小型研究，無法定義哪一種類型的課程最好，因此美國小兒科學會不建議 1～4 歲的幼兒一定要強制上游泳課；相反的，父母決定是否要讓孩子上個別游泳課應該取決於孩子接觸水的頻率、他的情緒發展和身體能力，以及與游泳池水感染和化學物品等相關的健康問題等。在你考慮孩子的游泳課程時，以下幾點考量或許會有幫助：

我們的立場

美國小兒科學會強烈建議：在任何時候父母不可以將孩子單獨留在靠近開放性水域的地方（湖泊或游泳池），也不可讓孩子待在家裡靠近水的地方——例如浴盆或按摩浴池。堅硬的電動游泳池上蓋並不能取代家庭游泳池的四面圍欄，因為游泳池蓋子可能不合適也不周全。家長應該學習心肺復甦術，並在游泳池旁邊放置急救電話和急救用品（例如救生衣），並保持孩子在自己手臂可及的距離內，不論在什麼地方游泳，並避免被手機等物品分心。

1. 這可能會讓你的警覺性變低，因為你認為孩子會游泳，而孩子也會在沒有成人的監督下擅自進入水中。

2. 反覆浸入水中的孩子可能吞下大量的水，而引起水中毒，結果可能驚厥、休克甚至死亡。

3. 4 歲以上的幼兒比年紀更小的孩子學會游泳的時間更快，特別是 5 歲時肢體的發展更協調。所有孩童都應該在發展狀況充足後接受游泳教學。

4. 對年幼的孩子而言，安全訓練並不會大幅增加他們在池畔注意安全的意識。

1 歲以下的嬰兒可以和父母一起參加游泳課程，主要的目的是娛樂性質，由於沒有證據顯示，小於 1 歲的嬰兒上游泳課可以有效預防溺水或更安全，所以沒有必要給他們上專門的游泳課程。

當選擇游泳課時，確定你選擇的課程符合國家安全標準，並且記住，即使你的孩子會游泳，但每當靠近水邊（例如游泳池、池塘、海邊等），你仍然要隨時在旁監督，並且遵循安全準則。

1. 留意你的孩子可能遇到的小片水域，例如魚塘、水溝、泉水、水桶、水罐和甚至你用來沖洗汽車的 5 加侖水槽，當你不用這些容器時，一定要清空裡面的水。兒童經常會被這些東西吸引，要隨時在旁監督，以防他們跌進去。請記得細菌和化學污染會讓任何水體變

得不安全，因此在讓你的孩子在任何地方游泳之前請先查看相關建議公告。

2. 正在游泳的兒童——即使在很淺的兒童游泳池中——也應該有成年人監視，最好由一位知道心肺復甦術的成年人監視（參考第 702 頁心肺復甦術和口對口人工呼吸）。每當幼兒在水中時，成人應與孩子保持在伸手可及的距離，並且密切的監督。每次玩水之後，應該放空游泳池的水，將充氣游泳池收好。

3. 加強安全規則：不要在靠近水池的地方追逐、在水中不可推擠他人。

4. 不要使用可以充氣的玩具或墊子保持孩子漂浮、這些玩具可能會突然漏氣或者孩子可能游到太深的水域。

5. 確保孩子進入的所有游泳池都有明顯的深水和淺水標誌，絕不可讓孩子在淺水區跳水。

6. 如果你的家中有游泳池，那麼四周一定要有高 1.2 公尺的圍欄，並且加裝自動上鎖的安全柵門。經常檢查柵門開關是否運作正常，而且隨時要關閉上鎖。同時確保孩子無法自行操作柵門開關或爬上圍欄。圍欄下不可有任何缺口，或者圍欄之間的寬度不可大於 10 公分。當不使用時，保持游泳池周圍淨空，不要放置任何玩具，以免幼兒試圖進入圍欄內拿玩具。

7. 如果游泳池有覆蓋帆布，在游泳前要完全打開。絕不可讓孩子在游泳池的帆布蓋上行走；水可能在覆蓋帆布上聚集，因此與游泳池一樣危險；另外孩子可能掉進游泳池而困在下面。不可使用游泳池覆蓋帆布取代四周的圍欄，因為這似乎不適合且不夠周全。

8. 游泳池旁邊一定要放一個繫有繩子的救生圈，並且盡可能在游泳池區域內放置一部標明急救號碼的電話。

9. 三溫暖和熱水按摩池對幼兒非常危險，孩子很容易溺水或過熱，因此不要讓孩子使用這些設施除非水溫被調降至華氏 98 度（約攝氏 36.6 度）以下，並且孩子必須始終保持在你手臂可及的範圍內。即便如此，浸泡時間也不得超過 15 分鐘。

10. 孩子游泳或乘船時，一定要全程穿救生衣或「船潛外套」。適合孩子的救生衣應該是在孩子穿好救生衣後，你無法從頭部將救生衣脫

下。5 歲以下的孩子，特別是不會游泳者，更應該使用漂浮領，以保持頭部直立向上，面部處於水面之上。

11. 成年人在游泳或開船時不可以喝酒或使用鎮定藥物。喝酒對於自己以及他們監護的孩子而言都很危險。此外，負責監督的成人應該要會心肺復甦術（CPR）和游泳。

12. 當孩子在水中時，要保持專注，盡量不要分心。講電話、使用電腦辦公或做其他事情都要等孩子離開水中和水邊後再進行。

在動物周圍的安全

與成人相比，兒童被寵物咬傷的可能性較高 —— 當然包括自家的寵物。特別是剛剛回家的新生兒，這時應該仔細觀察寵物的反應，不應該讓孩子與寵物獨處。在經過 2～3 週的熟悉期後，動物或許才會習慣嬰兒的存在。然而，不管你的寵物多麼享受這種關係，明智的做法是只要寵物在孩子附近時都要提高警惕。

如果你打算養一隻寵物與孩子做伴，你要等到孩子可以處理和愛護時才養，一般是在 5～6 歲的時候較適合。幼兒可能難以分辨寵物與玩具，所以可能反過來打和虐待寵物，以至於被咬傷。記住你有責任保護孩子免於受到任何動物的威脅，因此要採取以下預防性措施：

1. 選擇性情溫馴的寵物。較老的動物往往是很好的選擇，因爲小狗或小貓可能只因爲太活躍而咬人。不過，要避免在沒有幼童環境下長大的年老寵物。

2. 人道對待你的寵物，這樣牠才會喜歡與人爲伴。不要給狗繫一條很短的繩子或鏈子，因爲極度的限制會激惹牠或導致攻擊性。

3. 絕不要讓孩子與動物單獨相處，許多咬傷是發生在嬉戲打鬧期間，因爲孩子不知道什麼時候寵物會過度興奮。

4. 教導孩子不要把臉靠近寵物。

5. 禁止孩子拉寵物的尾巴或拿走其玩具或骨頭刺激寵物；避免孩子在寵物睡覺或吃東西時打擾它。

6. 所有的寵物 —— 狗和貓均應該注射狂犬病疫苗。

7. 遵守當地飼養的法令，確保寵物總是在你的控制之下。

8. 找出哪些鄰居有養狗，這樣孩子可以接觸他想認識的寵物，教導孩

子與狗打交道的辦法：當狗用鼻子嗅他時，站著不要動，隨後他可以慢慢用手輕拍動物。

9. 警告孩子避開那些在院子中看似很兇或不友善的狗。教導你的孩子觀察有敵意狗的徵兆：身體挺直，尾巴豎起、歇斯底里狂叫、下蹲體位和凝視表情。

10. 在孩子被一隻陌生的狗追趕時，教導他站著不動。告訴他不要逃跑、騎自行車、踢或做出威脅的姿勢。孩子應該正面對著狗，避免對狗而言具有挑戰一位的眼神直接接觸，慢慢向後退，直到走出一定的範圍。

11. 野生動物或許帶有非常嚴重可能傳染給人類的疾病，你（和家中的寵物）要避免與齧齒類動物和其他野生動物（浣熊、臭鼬、狐狸）接觸，這些動物身上可能有漢他病毒到瘟疫、狂犬病到弓形蟲疾病等。避免被野生動物咬傷。無論何時你發現一隻看起來生病或受傷、或者行為奇怪的動物，應立即通報相關動物單位。不要嘗試去抓動物或撿起動物，教導孩子避開所有的非家養的動物。幸運的是，大多數野生動物只在夜間出來活動，並且會迴避人類。如果在白天你發現院子裡或附近有野生動物出沒，牠們很可能帶有傳染疾病，例如狂犬病，這時你要通報當地的有關單位。

在社區與居家附近的安全

許多家長擔心孩子在社區和居家附近的安全，幸運的是，幼兒綁架事件不常發生，不過一旦發生時，會馬上得到大量媒體的關注。大多數的綁架案件往往是孩子被沒有監護權的一方家長帶走，不過，被陌生人綁架的案例每年還是有一小部分。

以下的建議有助於確保孩子的安全：

■ 當你帶孩子外出購物時，隨時留意孩子，因為他的動作很快，可能一不注意就離開你的視線範圍。鼓勵你的孩子在外出時隨時牽著你的手。

■ 在選擇學齡前學校時，詢問有關的安全措施。確保學校有制定政策限制只有父母或其他政策指定的人可以接送孩子。

- 雖然你的孩子隨時要有可靠的成人監視，但教導孩子遠離不認識的人，或永遠不可進入陌生人的車子裡，這點非常重要。如果有陌生人告訴他，例如「我的車上有一隻迷路的小狗，快來看看你是否認識牠」，這時他必須堅決說「不」。事實上，告訴他當遇到這種情況時，要以最快的速度離開現場，並且當他感受到威脅時，要大聲呼喊，同時尋找附近可信賴的成人。
- 當雇請保姆時，一定要調查他的背景和徵詢親朋好友的建議。
- 更多的資訊，請上內政部兒童局和兒童福利聯盟文教基金會網站。

當你在規劃如何避免孩子遇到危險時，別忘了他會隨著年齡不斷成長。因此，過去避免危險的策略或許會在以後變得不適用，因為他會變得更強壯、好奇心更強與更有自信。要隨時審視你的居家環境和生活習慣，以確保居家環境安全適合孩子的年齡，在監督與獨立學習、遊戲的機會之間做好平衡。

給祖父母的話

作為祖父母，孫子的幸福和安全對你而言非常重要。特別是當他在你的照顧下時 —— 不管是在你家、在他的家、在車上或其他地方 —— 你都要盡量確保一切安全可靠。

花一些時間從頭到尾閱讀這一章，它可以提供一些指引，預防你的孫子最有可能遇到的情況。在孫子拜訪或到你家住之前，先依據以下建議檢查你的居家環境。

在這個特別的章節中，你會找到對祖父母而言最重要而必須遵守的注意事項。

居家環境安全

在你的居家環境中，你要執行許多必要的安全措施以保護孫子的安全。

- 整個家中要在適當的位置裝設煙霧探測器與一氧化碳偵測器。
- 寵物和寵物食物要放在孩子拿不到的地方。
- 事先想好緊急逃生路線，滅火器必須放在隨時可用的地點。
- 樓梯上下要裝設安全柵門。
- 藥物應該永遠放在兒童看不到也摸不到的地方，並存放在附有有兒童安全鎖的容器中。如果你在錢包或任何隨身包包內存放任何藥物，請將包包放在在遠離孫子的地方。
- 尖銳或堅固的家具四周要裝設軟墊或防撞片。

除了這些大原則外，確保將重要的電話號碼放在電話旁，並且輸入你的行動電話中，因為在緊急情況下，你不只要打 119，你還要聯絡某些特定的家庭成員。另一個安全考量是你的特殊座椅或行走輔助器或許不穩固或存在某些風險，如果可能，當孫子拜訪你時，將這些先暫時移到櫃子或孫子不可進入的房間。

以下為居家特定領域的安全措施：

嬰兒房／睡眠區域

- 如果你將自己孩子的嬰兒床保存下來放在頂樓或車庫，以準備未來孫子或許可以使用，我們建議你最好再買一個全新的嬰兒床。因為兒童家具和設備的指南改變很大，且 2011 年 6 月以前生產的的嬰兒床已不符合安全標準，而且老舊的傢俱對兒童也可能帶來風險，例如老舊的圍欄。
- 購買一張尿布更換檯（參考第 495 頁）、在你的床上或在地板上鋪毛巾幫嬰兒換尿布。當他長大且變得越來越好動時，你可能需要幫手協助才能換尿布。
- 不要讓孫子睡在你的床上。

廚房

- 櫃子上加裝「兒童安全鎖」，若要更安全，將所有不安全的清潔劑和化學物品移開，讓孩子完全拿不到。
- 移走任何沒有固定的電線，例如咖啡機或烤土司機的電線。
- 如果你用微波爐幫孫子準備食物，在給他吃之前要額外小心，以免燙傷。微波爐加熱的液體和固體食物熱度可能不均勻，外層或許溫熱，但裡面可能很燙。

浴室

- 將藥丸、吸入器和其他處方或非處方藥物，以及醫療設備收好，鎖在孩子拿不到的地方。特別留意，所有的藥物都要放在孩子拿不到與看不到的地方。按照藥品標籤或包裝說明書上的說明處理舊的或未用完的藥物，如果標籤沒有提供說明，請在社區中尋找藥物回收計畫。
- 浴缸內和淋浴區要放止滑墊以避免滑倒。
- 如果浴缸內有你個人專用的扶手桿，當你要幫孫子在浴缸內洗澡時，要用柔軟的材質將手把包覆起來。
- 千萬不可單獨將幼兒留在裝滿水的浴缸或水槽內。

嬰兒設備

- 不可單獨將孫子留在兒童高腳椅上，或將汽車安全座椅放在高處，例如桌上或櫃台上。
- 不要使用嬰兒學步車。

玩具

- 為你的孫子購買各式各樣有聲音、視覺和色彩的新玩具，簡單的玩具也可以和較複雜的玩具一樣好玩。記住，不管玩具花樣多麼吸引人，你與孫子一起互動遊玩才是最重要的。
- 選擇適合孩子年齡的玩具、書本、程式和電子產品，同時對他們個人的發展也具有一些挑戰性。

- 避免有小零件的玩具，因為嬰兒可能放入口中而吞下。你可以根據玩具包裝盒上的建議，找到適合孫子年齡的玩具。
- 將用於助聽器和某些遙控器的小型鈕扣電池放在兒童接觸不到的地方。當兒童吞下或吸入這些電池、或者將它們放入鼻子中時可能會導致危及生命的化學灼傷。
- 由於玩具箱可能有危險性，所以在家不要放置玩具箱，或者找一個沒有蓋子的箱子代替。

車庫／地下室

- 確保車庫自動門裝置運作正常。
- 絕對不要在未熄火的情況下將汽車留在車庫裡，因為致命的一氧化碳會迅速聚集。
- 將所有園藝用化學物品、殺蟲劑和工具鎖在孫子拿不到的櫃子裡。

戶外安全

購買汽車安全座椅放在你的車上，確保它被正確的安裝（或請訓練有素的專家幫你安裝好），而且使用方便，可以輕易為孫子扣上安全帶。購買前，你一定要先試用安全帶扣環，因為使用的方法差異很大。當你倒車出車庫或車道時，確保你的孫子沒有在車子後方或在危險的區域。

- 購買嬰兒推車在你到住家附近時使用。
- 在購物時，盡可能選擇有提供兒童乘載專用的低底盤購物手推車，千萬不可將自己的兒童汽車座椅放入購物推車上。如果可能，避免將幼兒放在一般購物推車的幼兒座椅上。
- 如果你家中有孫子的三輪車或自行車，確保你要為他準備一頂頭盔並讓他穿不會露出腳趾的鞋子以保護腳部和腳趾。你可以讓他自己選擇特別的設計或特別顏色的頭盔，這樣孩子會比較想戴著它。

- 儘管遊樂場很有趣，但相對也比較危險。盡可能選擇設計良好安全的地方，其中學校或社區贊助管理的公園往往是不錯的選擇。

- 檢查你的後院是否有任何有害或有毒的東西。

- 使用割草機或其他電動庭院工具時，確保孫子遠離院子。割草時絕不要讓孩子騎在你的腿上。

- 如果你的後院有游泳池，或者你帶孫子去有游泳池的別人家中或公園，你一定要仔細閱讀關於水的安全指南（參考第 529 頁）。游泳池四周一定要有高於 1.2 公尺、可以自動關上並自動上鎖的圍欄，並且確保鄰居家的游泳池四周也有圍欄。就算你的孫子熟悉水性，當孫子在水中或靠近水邊時，你必須在任何時候與他保持伸手可及的距離，同時你也要知道如何操作心肺腹甦術和如何游泳。

PART 2

第 16 章

腹部／胃腸道

腹痛

　　所有孩子都有過腹痛的經歷，但嬰兒腹痛的原因往往不同於年齡較大的孩子。因此不同年齡的孩子對腹痛的反應也不同，較大的孩子會揉著他們的腹部告訴你「肚子痛」；非常小的孩子會透過哭泣、蹬腿或放屁表達這種不適，此外嬰兒在哭泣時也常伴有嘔吐或不停打嗝。

　　幸運的是，大多數腹痛會自動消失，並不嚴重。然而，如果孩子一直抱怨肚子痛，或者 5 個小時後更痛，或者伴有發燒、咽喉疼痛或食慾和精神出現明顯改變，就應該立即通知你的小兒科醫師。這種情況可能意味著引起腹痛的原因更加嚴重。

　　在這個章節中，你會發現導致兒童腹痛的各種問題，從絞痛到腸道感染不等。此外，一些腹痛的主要原因大多發生在大一點的孩子而不是嬰兒（例如便祕），因此我們將分開談論這些疾病。關於這些疾病更詳細的說明，你可以參考本書的其他章節。

嬰兒腹痛常見的原因

　　絞痛：常見於 10 天至 3 個月以下的嬰兒。典型的絞痛會在嬰兒 3 個月大之後改善，並在最遲 1 歲時消失。雖然沒有確切的原因，但絞痛看起來確實就像腹部不適。這種疼痛經常在下午和晚上加劇，可能伴隨難以安撫的哭泣、蹬腿、經常排氣和暴躁的反應。你可以嘗試各種方法舒緩嬰兒腸絞痛，例如輕搖寶寶、用背帶帶他散步，將他裹在毯子裡輕輕搖他或給他吃奶嘴。某些益生菌補充品似乎有望能緩解絞痛。（更多絞痛資訊請參考第 180 頁第 6 章第 1 個月）。

　　腸套疊：這是嬰兒腹痛的一個罕見原因，通常發生於年輕的嬰兒

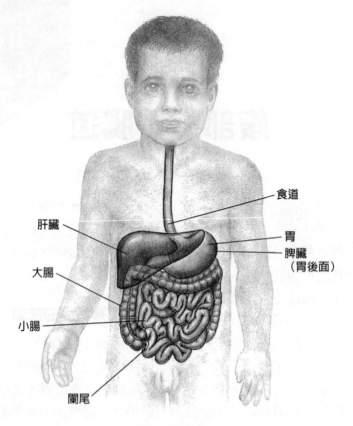

食道

肝臟

胃

脾臟
（胃後面）

大腸

小腸

闌尾

腹部／腸胃道

身上。腸套疊是 2 歲以下嬰兒最常發生的緊急腹痛問題。這種特別的問題是由一部分小腸套入其他腸道引起，造成梗塞並引起嚴重的疼痛。孩子表現爲間歇性突然哭泣，並將腿拉向自己的胃。然後是一段減緩無痛期也沒有任何不舒服。小孩可能還會嘔吐，糞便呈黑色粘液狀的血便，看起來很像黑莓果凍。疼痛更加頻繁和嚴重，在尖叫期過後，孩子會安靜下來一段時間，甚至變得很慵懶。

重要的是識別這種原因的腹痛，並立即打電話給小兒科醫師。醫師會檢查孩子，並可能要求做超音波或 X 光檢查。有時這種檢查不僅可以進行診斷，而且有助於緩解梗塞。如果仍不能解除小腸梗塞，那麼接下來可能必須進行緊急手術解決問題。

腸道病毒或細菌性感染：通常

與腹瀉或嘔吐有關。經常有時好時壞的腹痛，大多數情況是病毒，不需要治療，在 1 週左右會自動痊癒，腹痛在 1 或 2 天內也會消失。不過有一種梨形鞭毛蟲（Giardialamblia）寄生蟲引起的感染則是例外，這種感染可能會產生腹部定期經常性的疼痛，但沒有特定在腹部哪一個區塊。這種疼痛可能持續數週或數月，進而導致食慾和體重明顯下降。治療的方法為使用藥物，以減緩感染現象和腹痛的症狀（更多資訊請參考第 551 頁腹瀉和第 568 頁嘔吐）

稍大兒童常見腹痛的原因

闌尾炎：3 歲以下兒童非常罕見，5 歲以下兒童則是少見。如果真的罹患闌尾炎，首要的症狀是腹部中央持續性疼痛，隨後疼痛轉移到右下腹（更多資訊請參考第 544 頁闌尾炎）。

便祕：通常是腹痛的原因，雖然便祕在新生兒中很少見，不過卻是較大孩子腹痛常見的起因，尤其是下腹疼痛。當孩子飲食缺乏足夠的水分、新鮮蔬果、富含纖維的全穀物等，腸道似乎比較容易產生問題（更多詳情可以詢問你的小兒科醫師，並且參考第 547 頁便祕）。

情緒激動：經常造成學齡兒童腹痛，但沒有明顯的原因。儘管這種情況在 5 歲以前很少發生，但卻可能發生在處於不正常壓力下的幼兒身上。首先，疼痛的發生和消失往往在 1 週以上，而且經常伴隨著有壓力或不愉快的活動。其次，沒有其他相關的發現（發燒、嘔吐、腹瀉、咳嗽、困倦、乏力、尿道症狀、咽喉腫痛或流感樣症狀）。第三，患兒可能有這種疾病的家族史。最後，兒童的行為可能比平時更安靜或更吵鬧，難以表達他們的思想或情感。如果孩子出現這種現象，你要追查是否在家庭、學校、手足、親屬或朋友中發生讓他感到難過的事情。他最近失去一個好朋友或寵物？家庭成員有人死亡？他的父母親離婚或分居嗎？

你的小兒科醫師會建議你方法協助孩子談論他的想法。例如醫師會建議你透過玩具或遊戲協助幼兒將問題表達出來。如果你需要更多的幫助，他會建議你諮詢兒童精神科醫師或兒童心理醫師。

鉛中毒：經常發生於居住在含鉛油漆粉飾的舊房子裡的學步兒童（建於 1960 年代的房子）。這個年齡層的兒童會吞下從房子和家具上剝脫的小塊油漆，鉛會在孩子的

身體內累積，進而造成非常嚴重的健康問題。父母也應該留意含鉛的玩具和其他產品（可參考美國消費者產品安全委員會網站發布的召回產品，網址為 www.cpsc.gov.）。鉛中毒的症狀包括不只腹部疼痛，還有便祕、煩躁（兒童挑剔、哭泣、難以滿足）、嗜睡（疲累、不想玩、胃口不好）和驚厥。如果你的孩子暴露在含鉛油漆的環境、吃下漆片，或者接觸到玩具上裂開、剝落的油漆，而有以上這些症狀時，你一定要通知你的小兒科醫師。他可以為孩子做鉛血液測試，並且告訴你要做那些措施。對所有的兒童而言，最好盡早在 9 ～ 12 個月大時就進行鉛測試，因為鉛中毒經常沒有顯著症狀、特別是在嬰兒身上（參考第 728 頁鉛中毒）。

牛奶過敏：是對牛奶中蛋白質的一種過敏反應，通常發生在較小的嬰兒，可能導致腹部抽筋疼痛，並且還有嘔吐、腹瀉、血便和皮疹的症狀。

鏈球菌咽喉炎：是一種鏈球菌引起的細菌感染，常發生於 2 歲以上的兒童。症狀有咽喉腫痛、發燒，很諷刺的，腹痛是因為吞入的細菌引發腸道不適。兒童也可能會感染肛周鏈球菌，這是發生在肛門周圍的鏈球菌感染，會導致疼痛、便祕（因為他們不想大便），同樣也會腹痛。小兒科醫師會檢查孩子，並進行咽喉或肛門細菌培養。如果結果呈陽性，醫師會給予抗生素藥物治療（參考第 686 頁喉嚨痛）。

尿道感染：在年齡 1 ～ 5 歲的女孩中較為常見，尿道感染不僅會導致膀胱區域疼痛，也會在排尿時感到疼痛和燒灼感。這些孩子可能也有尿量少、頻尿、血尿和尿床的現象，然而，感染可能會也可能不會伴隨發燒。如果孩子抱怨有這些症狀，你要帶他看醫師，小兒科醫師會檢查他的身體和尿液，同時進行尿液分析與尿液培養來確認是否有尿道感染。如果受到感染，醫師會使用抗生素，之後感染和腹痛可很快消失（參考第 790 頁尿道感染）。

闌尾炎

闌尾是一個附著於大腸上的狹窄、手指樣中空的器官。儘管對人類的作用不明，但在發炎時可能引起嚴重的問題。因為位置的緣故，**十分容易發炎。**例如一塊食物和糞

便可能進入並滯留闌尾，進而引起闌尾腫脹，導致感染。這種類型的炎症稱爲闌尾炎，是 6 歲以上兒童最常見的疾病，但也可能發生於較小的兒童。

一旦感染，孩子就必須住院，治療方式通常包含抗生素、靜脈輸液，以及經常要進行手術。如果需要進行手術則會移除闌尾，否則闌尾有可能破裂，導致炎症在腹腔內擴散。由於這種疾病如果不接受治療將具有潛在的致命性，因此了解該疾病的症狀非常重要，以便你發現疾病的第一個症狀時，就可以立即打電話給醫師。疾病的症狀依次爲：

1. **腹痛**：通常是孩子的第一個主訴，嬰兒通常表現爲哭鬧且無法以任何姿勢安撫。幾乎所有的腹痛第一次出現時均位於肚臍的周圍；幾個小時以後，隨著感染的惡化，疼痛轉移至右下腹。有時，如果闌尾位置異常，疼痛可能位於腹部的任何地方或後背，或者具有頻尿和燒灼感等尿路症狀。即使闌尾處於正常位置，疼痛位於右下腹，炎症也可能刺激一塊肌肉導致腿部疼痛，造成孩子跛行或彎腰。

2. **嘔吐**：疼痛發生幾個小時後，可能出現嘔吐，重要的是記住：患闌尾炎時，胃痛會發生於嘔吐之前，而不是之後。嘔吐後腹痛常見於胃部感染如腸胃炎等疾病。

3. **食慾下降**：疼痛發生後不久，可能導致饑餓感喪失。

4. **發燒**：發燒可能有不同程度，但經常在攝氏 38 到 39 度。如果闌

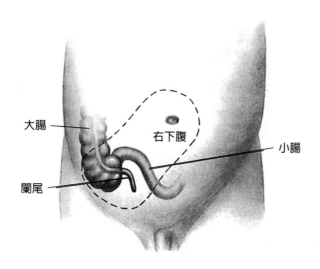

大腸

右下腹

小腸

闌尾

尾破裂溫度可能還會更高。

不幸的是,闌尾炎相關性症狀有時會被病毒或細菌感染掩蓋。在典型的闌尾炎性疼痛出現之前,可能出現腹瀉、噁心、嘔吐和發熱,使診斷更加困難。

有時,孩子的不適會突然消失,以至於你以為孩子沒事了。需特別留意,疼痛突然消失可能也意味著闌尾已經破裂。雖然疼痛或許暫時舒緩幾個小時,但這才是闌尾炎變得具有危險性的關鍵時刻。感染可能擴散到右下腹的其他部位,導致孩子病情惡化,發生高燒,需要住院手術治療和靜脈輸入抗生素。恢復需要更長的時間,與早期診斷和治療相比,延誤診斷和治療的併發症也更多。

治療

發現闌尾炎的症狀並不是一件容易的事,3 歲以下的孩子尤其困難,因為他不能告訴你疼痛從哪裡開始,或向右下腹轉移。因此你發現孩子的疼痛或不適有些差異,或者比平時更加劇烈,或比較特殊時,應刻不容緩。雖然大多數腹痛的孩子不是闌尾炎,但只有醫師可以診斷這個問題。因此,如果孩子的腹痛持續時間超過 1 至 2 個小時,也伴有噁心、嘔吐、食慾下降和發燒,應該立即通知你的小兒科醫師。如果醫師不能馬上確定孩子是否患闌尾炎,他會決定密切觀察幾個小時,可能是在醫院,或是在家進行。在醫院觀察期間,醫師可能進行更多的實驗室檢查和 X 光檢查,以尋找更有決定性的徵兆。如果有闌尾炎的明顯徵狀,孩子會住院並進行更多檢查,並進行任何必要的處置,包括靜脈輸液、抗生素或手術。

乳糜瀉

乳糜瀉是一種可能導致吸收不良的腸道疾病 —— 也就是說腸道吸收營養成分的功能失常。原因是小腸發生對麩質(存在小麥、黑麥、大麥和燕麥中)產生異常的免疫反應,刺激人體免疫系統攻擊和破壞腸黏膜,阻止腸道將營養成分吸收進入人體。結果,食物在通過腸道時,只有一少部分被消化吸收。患者表現為痙攣性腹痛、油料燃燒氣味的糞便、腹瀉、體重下降、易怒和長期疾病的感覺。然而,在許多情況下,乳糜瀉可能有便祕或沒有任何症狀。

治療

一旦你的小兒科醫師懷疑是乳糜瀉，他會為小孩進行一些麩質過敏症的血液測試。不過，若要明確診斷，你的小兒科醫師會將你的孩子轉介給兒科腸胃病理學家，這位專家會幫小孩做小腸活檢，從小腸切除一小片活組織進行實驗室檢驗。這個過程通常是將一個小顯示器從口腔送入小腸，然後在小腸中取樣完成。

如果檢驗發現可能由乳糜瀉導致的腸黏膜損傷，孩子就需要食用無麩質食物，這意味著不能吃含有小麥、黑麥、大麥和燕麥的食物。小兒科醫師會給你一份徹底避免上述食品的食物清單，但你也必須檢查所購買食品的標籤，因為在許多食品成分中，**麵粉可能會省略不提**。由於米或者米製產品不含麩質，所以通常成為孩子的主食。商店中的無麩質產品數量不斷增加，有一些餐館也有無麩質菜單。你可以徵詢營養師的建議，因為無麩質飲食限制很多，但必須嚴格遵循。

有些家長問，是否他們可以只進行無麩質飲食，而不要做診斷測試。其實我們並不建議這種做法，基於以下幾個原因：首先，如前所述，針對乳糜瀉的無麩質飲食非常嚴格，很少有家庭能在不確定是否為乳糜瀉時還能確實遵守；第二，乳糜瀉患者執行無麩質飲食往往需要好幾個月症狀才會減輕；最後，無麩質飲食會使對麩質過敏的組織和血清指標消失，因此，它將無法準確測出孩子是否有乳糜瀉，除非再讓孩子回復到含麩質的飲食持續幾個月。

順帶一提，在最初的診斷後幾個月，你的孩子對乳糖或許無耐受力，在這種情況下，醫師可能會建議你暫時不要給孩子喝牛奶和麩質產品。在這段期間，醫師可能會給予他牛奶加酶的治療，也就是在牛奶到達腸道前已先被消化，同時他還可能需要一些額外的維生素和礦物質。

如果你的孩子確實有乳糜瀉，那他一定要終生保持無麩質飲食，完全避免食用小麥、黑麥、大麥和燕麥等產品，幸運的是，現在要取得無麩質產品與食譜比以往幾年更加容易了（參考 551 頁腹瀉；567 頁吸收障礙；637 頁貧血）。

便祕

像成人一樣，孩子的排便方式也有差異。正因如此，有時很難區別孩子是否真正便祕。有的孩子可能 2～3 天沒有排便，但沒有便

祕；有的孩子可能經常排便，但有排便困難的問題，或者有一種兒童便祕我們很容易忽略，那就是孩子每天排細便，但同時間糞便卻積聚在大腸內。一般來說，如果你懷疑孩子便祕，你可以觀察下列徵兆：

- 新生兒 1 天排便的次數少於 1 次。然而，對一些純喝母乳的嬰兒來說這是正常的（有些母乳餵養的孩子 1 週只會排便 1 次）。
- 較大的孩子，大便堅硬成團（如兔子大便），且 3、4 天才排 1 次便（請見下方專欄，我的孩子便祕了嗎？）。

- 任何年齡，大便大而硬且乾，同時排便會痛。
- 在排出大量糞便後，伴隨而來的是腹部疼痛。
- 大便的裡面或外層有血絲。
- 排便無法 1 次排乾淨。

當大腸末端肌肉緊縮，妨礙大便正常通過時，通常會引起便祕。大便停留在大腸末端的時間越長，就會越乾燥和堅硬，排便也更加困難。隨後，由於排便疼痛，孩子會自覺地減少排便次數，進而使問題進一步惡化。

 專欄　**我的孩子便祕了嗎？**

　　以下是一些關於糞便稠度的描述，可以幫助你判斷你的孩子是否便祕：

類型 1：疼痛、非常硬、緻密、沉重如岩石／鵝卵石／顆粒，難以排出。

類型 2：最初很難排出，如聚集在一起的鵝卵石。

類型 3：柔軟，易於排出且呈圓柱狀。

類型 4：非常柔軟，半固態，容易和／或爆發性地被排出來。

類型 5：液態，噴出，難以控制。

　　資料來源：由 Tanya Altmann 許可使用，Baby & Toddler Basics（伊塔斯卡，伊利諾伊州：美國小兒科學會，2018 年）。

便祕似乎具有家族傾向，嬰兒期開始的排便方式似乎可持續終生，如果孩子不能建立規律的排便方式或忍著不排便，情況會變得更糟。大便滯留常發於 2～5 歲之間的兒童，那時兒童正在開展獨立、控制和如廁訓練。較大的孩子可能因為不想使用不熟悉的馬桶，而不願意在家以外排便，這也會導致便祕或情況惡化。

如果你的孩子忍著不排便，結果可能導致他的糞便團塊變大，進而造成**直腸擴張**，之後或許不會產生想排便的衝動，直到糞便團塊大到不得不借助灌腸、瀉藥或其他治療才能排出。有時，團塊狀大便的周圍漏出一些液體樣的髒東西，看起來好像孩子在褲子或尿布上拉肚子或大便。嚴重情況下，必須在內科醫師的監視下排空直腸，並且重新培養孩子建立正常的排便模式。如果必要，請諮詢兒科腸胃病理學家。

治療

以下的建議有助於舒緩輕微或偶發的便祕症狀：

因母乳引發的便祕非常罕見，除非你的母乳供應量減少或寶寶同時也有吃副食品，不過，如果你的寶寶喝全母乳但還是便祕，很可能的原因或許是其他因素，而不是飲食引起的。在你使用配方奶代替母乳之前，先諮詢你的醫師（記住，美國小兒科學會建議，新生兒到滿週歲前，盡量餵母乳，並且避免喝牛奶）。

如果是嬰兒，你可以諮詢醫師，是否可以給孩子喝少量的水或梅汁。此外，6 個月大的嬰兒，水果（特別是李子和梨）通常有助於解決便祕的問題。

對於已經開始吃固體食物的學步期或較大的孩子，如果有便祕的問題，你或許可以在飲食中添加**富含纖維**的食物，其中包括李子、杏桃、梅子、葡萄乾、高纖蔬菜（豌豆、豆類、花椰菜）和全麥穀物和麵包。同時，減少垃圾食物和纖維含量低的穀物或麵包。此外，每天增加水的攝取量也有助於便祕的問題。

在更嚴重的情況下，你的小兒科醫師，或許再加上兒科腸胃病理學家，可能會給予微量軟便劑、刺激性瀉藥或灌腸處方，這時你要嚴格遵照醫師的處方。雖然有一些較新的軟便劑可以不需要醫師處方即可在藥房買到，而且用法比以前更簡單，但如果事先沒有諮詢你的醫師，千萬不可給予孩子軟便劑等藥物。

對於所有兒童來說，將雙腳平放在地板、台階凳或其他平坦表面上是讓大便出力更輕鬆的理想選擇。通過這種方式，孩子的腹部肌肉不需要出力來在馬桶上保持平衡，而可以將力氣用於排便。如你的孩子曾經便祕，並重新學會正常上廁所，讓他在用餐後十分鐘坐在馬桶上，不必分心的待五分鐘左右，以讓他重新熟悉需要出力排便的感覺。

預防

父母應該熟悉孩子的正常排便習慣、形狀，這有助於判斷何時發生便祕以及嚴重的程度。如果孩子一至兩天無規則排便，或者排便時感到不舒服，這時要協助他發展適當的排便習慣。透過提供孩子適當的飲食和協助，建立規律的排便習慣。

對一個沒有接受如廁訓練的孩子，預防便祕最好的方法是提供高纖維飲食，隨著孩子年齡漸長，增加食物纖維的含量。**一個孩子每日所需的最低纖維量為他的年紀再加上 5 公克的纖維量**，例如一個 3 歲孩子每天至少要吃 8 公克的纖維，若要達到這個目標，你可以選擇穀物（麥片、餅乾、麵包、玉米餅、麵食），這些每份至少含有 3 公克

纖維，並且確保孩子每天吃 5 份蔬果。當你在選擇家人的食品前，一定要詳細閱讀產品標籤上的纖維含量。

一旦孩子大到可以接受如廁訓練的年齡，每天鼓勵他使用馬桶如廁，最好是在飯後。在這段時間，一本書、一個迷宮或一個玩具都有助於讓孩子處於放鬆的狀態。鼓勵她坐在馬桶上，直到排便或 15 分鐘以後。如果孩子成功排便，應該讚美他；如果沒有成功，還是要以正面的態度鼓勵他。最終，即使沒有父母的監視，孩子也可以自己排便。

如果高纖飲食和每天常規使用廁所仍然沒有使孩子養成規律的排便習慣，這時孩子很可能是下意識抑制排便，如果發生這種情況，你應該與小兒科醫師討論。他或許會依孩子個別的情況解決問題（每個孩子的狀況都是獨特的）。如果必要，你的醫師可能會使用軟便劑、瀉藥或栓劑。有時孩子抑制排便的情況嚴重到全家人都心煩意亂，一整天只關心排便的議題，因此，你要制定一些措施以有效解決這個問題。

通常大便滯留問題出現在如廁訓練開始以後，孩子不願意將自己的大便排在小便盆或馬桶裡。如果

下次排便疼痛，他就會**將排便與疼痛聯想**起來，所以抑制排便。有時，情況會發展到對所有飲食感到恐懼的地步，如果出現這種嚴重症狀時，可能需要使用灌腸淨空直腸，或使用藥物如口服瀉藥或大便軟化劑等。此後定期口服大量糞便軟化劑可防止孩子下意識抑制排便。由於現在排便不再疼痛，孩子就不會害怕使用小便桶了。這種治療需要持續幾個月時間，隨後逐漸減少軟便劑的用量，並且配合高纖維飲食、攝取充足水分和保持規律的排便習慣。

腹瀉

正常情況下，孩子的排便次數和形狀決定於孩子的年齡和飲食。喝母乳的嬰兒一天的排便次數可以高達 12 次，在 2～3 個月時可能有時好幾天沒有任何排便。到 2 歲時，孩子每天僅 1～2 次量較多的排便，但即使孩子每天有數次少量的排便也算正常，尤其是在孩子食用大量果汁和含纖維的食物（例如乾梅和米糠）。

如果孩子偶爾出現鬆軟的大便，你沒有必要驚慌。但如果排便

專欄　腹瀉的原因

年幼孩子腹瀉最常見的原因往往是腸道受損，其中主要是病毒引起，例如諾羅病毒和輪狀病毒，而這些病毒很容易經由人與人之間傳染，因此如果家庭中有人發生腹瀉，保持良好的洗手習慣是非常重要的。而細菌和寄生蟲引起的腹瀉，由於公共衛生環境改善，例如乾淨的飲用水或適當的污水處理，發生的頻率已大幅下降。此外，其他造成腹瀉的原因如下：

- 食物中毒（例如蘑菇、貝類或受污染的食物）。
- 抗生素或口服藥物的副作用。
- 食物或牛奶過敏。
- 喝下大量的果汁。
- 溢出性便祕（當便祕區域周圍出現稀便時）。

的模式突然改變，帶水樣大便的次數多於平時，孩子就可能是腹瀉。

腸道內膜損傷時會發生腹瀉，由於腸道不能好好消化和吸收孩子進食的營養成分，因此導致大便鬆軟，損傷的黏膜也會滲出一些液體。礦物質和鹽分也會隨稀疏的大便流失。如果孩子的飲食中含有大量的糖，這種情況可能更糟糕，因為未被吸收的糖排出更多的水分進入腸道，進而使腹瀉惡化。

當孩子腹瀉時，身體可能會因為喪失太多的水分和鹽而導致脫水，這時可以透過補充適量的水和鹽，以預防因腹瀉造成的脫水。

腸炎是描述腸道發炎的醫學術語，當腹瀉伴有嘔吐，或腹瀉後出現嘔吐時，胃和小腸通常也有發炎的現象，這種情況稱為腸胃炎。

關於腹瀉的原因請參考下頁的專欄說明，其中包括腸道病毒和細菌感染。患**病毒性腹瀉**疾病的孩子經常伴隨嘔吐、發燒和易怒，大便通常為黃綠色且含有大量水分（如果腹瀉非常頻繁，則大便中通常已沒有任何固體的成分）（參考 568 頁嘔吐；第 27 章發燒）。如果大便發紅或發黑，代表其中含有血液。雖然腸黏膜損傷可能導致出血，但出血更可能的原因是經常性排泄的鬆軟大便刺激直腸。這時如果發現大便顏色異常，你應該告訴你的小兒科醫師。

2 個月大的嬰兒已可以開始接種輪狀病毒疫苗，這種疫苗為口服式液體，可以在小兒科醫師的辦公室接種。嬰兒通常會以 2 ～ 3 次進行。嬰兒在 2 個月大、4 個月大和（如果使用三劑方案）6 個月大時以兩劑或三劑方案（取決於配方）接種疫苗。接種疫苗可以有效預防輪狀病毒引起的腹瀉和嘔吐。幾乎所有接種輪狀病毒疫苗的嬰兒都不會有嚴重的輪狀病毒型腹瀉，然而，這種疫苗無法預防其他細菌引起的腹瀉或嘔吐。

治療

對於病毒性腸道感染——大多數幼兒腹瀉的原因，沒有有效的治療藥物。對於腹瀉或嘔吐的幼兒最重要的治療是透過母乳、配方奶、電解液或其他小兒科醫師推薦的液體補充流失的體液。只有在治療比較少見的細菌性或寄生蟲性感染時，才使用一些處方藥物。當懷疑出現以下症狀時，醫師會收集孩子的一些糞便進行檢查，同時也可能進行一些其他的化驗。

一些研究指出，益生菌可能有益於某些原因引起的感染性腹瀉，並且在每天給予的情況下可能縮短

腹瀉持續的時間。這些膳食補充品被認為有助於消化過程，同時對過敏和陰道感染也有幫助，還可以預防某些疾病（參考 556 頁益生元和益生菌）。

不建議 2 歲以下的孩子使用一些非處方的抗腹瀉藥物，給較大孩子使用時也要謹慎。這些藥物通常會造成腸道損傷惡化，使水分和鹽仍然留在腸道內，而不是被身體吸收。當這種情況發生時，你很難覺察孩子已經脫水，因為腹瀉似乎好像停止，因此，在給孩子服用任何止瀉藥物時，必須事先與醫師討論。

輕度腹瀉

如果孩子只有輕度腹瀉，沒有脫水（參考 560 頁脫水的徵兆）和高燒，仍然活躍並感到饑餓，你或許沒有必要改變飲食。

如果孩子輕度腹瀉並伴隨嘔吐，這時你要用含有電解質的飲品代替飲食。醫師會推薦孩子使用少量電解質溶液，目的是保持孩子體內水和鹽的平衡，直到嘔吐停止。大多數情況只需要使用 1 ～ 2 天。一旦嘔吐減輕，孩子就可以開始正常的飲食。

明顯腹瀉

如果孩子每 1 ～ 2 個小時排 1 次水樣便，或更加頻繁，無論是否有脫水徵兆（參考 560 頁），你都要與你的小兒科醫師協商。醫師可能建議至少禁食固體食物 24 小時，避免飲用含糖高（軟性飲料、水果汁和人造含糖飲料）、含鹽高（包裝的肉湯）或含鹽低（開水或茶水）的液體。如果你正在進行母乳餵養，醫師很可能會希望你繼續進行，但在其他狀況下他可能建議你只讓孩子喝電解質溶液，這種溶液具有平衡的鹽和礦物質（參考 555 頁根據體重估計口服電解質溶液的使用量）。

記住，孩子如果腹瀉，這時預防體內水分的流失非常重要，如果他有任何**脫水**的現象（例如濕尿布次數減少、沒有淚水、眼睛或囟門凹陷），你要立即打電話給小兒科醫師，並在醫師給你進一步指示前，禁止孩子進食所有食物和含奶的飲料。如果你的孩子看起來病懨懨，而且症狀也沒有改善，這時你也要通知你的醫師。如果你認為孩子中度至重度脫水，你要立即將孩子送到小兒科醫師門診或最近的急診室，同時給予市售的電解質溶液。

有時嚴重的脫水必須住院進行

靜脈補充液以恢復水分，較輕的脫水只需要在醫師的指導下，使用市售的電解質溶液即可，請參考 555 頁列出的電解質溶液的適當使用量。

完全喝母乳的嬰兒似乎比較不會有嚴重腹瀉的症狀，如果母乳餵養的嬰兒真的產生腹瀉，通常你可以繼續餵母乳，並且在醫師認為有必要的情況下，再給予補充電解質溶夜，因為許多餵母乳的嬰兒只要繼續頻繁喝母乳就可以預防水分流失。

當孩子的腹瀉開始減少且恢復食慾時，你可以逐漸擴大孩子的飲食內容，目標是在他能忍受的情況下恢復到他平時的飲食。有時牛奶會加重腹瀉，因此對於 1 歲以上的兒童，你的小兒科醫師可能會建議你暫緩喝牛奶，或者建議在一段時間內給予無乳糖配方奶粉或牛奶。

禁食時間沒有必要超過 24 小時，孩子為了恢復喪失的體力，需要一些正常的營養成分。在孩子重新開始進食後，大便可能仍然鬆軟，但並不表示沒有好轉。你可以觀察孩子的活動量是否增加、食慾好轉、尿量增加和脫水徵兆消失，如果你發現有以上情形，你就可以知道孩子正在好轉。

如果腹瀉的持續時間超過 2 週，這表示可能是一種更嚴重的腸道問題。在腹瀉時間達 2 週時，小兒科醫師可能會進行一些檢查，判斷腹瀉的原因，並確認孩子有沒有營養不良。如果確實有營養不良，醫師可能會建議特殊的飲食或配方乳。

如果孩子喝太多水，尤其是果汁或含糖的飲料，這時可能會發生一種稱為「學步期腹瀉」的疾病。雖然大便鬆軟，但並不影響食慾和生長，不會引起脫水，這或許不是一種嚴重的疾病，但醫師會建議你限制孩子飲用的果汁和含糖飲料量。理想上，學步期的兒童和孩子主要應該飲用牛奶與水。

在腹瀉伴有其他症狀時，可能意味著更加嚴重的疾病。如果腹瀉伴隨以下症狀，你要立即通知你的小兒科醫師：

- 持續發燒超過 24 ～ 48 小時。
- 大便帶血。
- 持續嘔吐超過 12 ～ 24 小時。
- 嘔吐物呈綠色、血色或咖啡色。
- 腹脹。
- 拒絕吃飯或飲水。
- 嚴重腹痛。
- 出疹或黃疸（眼和皮膚發黃）。
- 脫水跡象，如 6 ～ 12 小時不排尿。

如果孩子患有其他疾病，或正在服用藥物，你最好要告訴你的小兒科醫師孩子有任何腹瀉症狀超過24小時沒有好轉，或任何真正讓你擔心的狀況。

預防

下列指南可減少孩子患腹瀉疾病的機會：

1. 大多數腹瀉是由暴露於污染物如糞便的物質引起，以直接「手——口」接觸方式傳播，這種情況在沒有經過如廁訓練的孩子中最常見。要加強手部衛生，在使用廁所或尿布檯後，以及準備食物前都要洗手，改善家庭和孩子所在看護中心或學前班的其他衛生措施。

2. 避免飲用生牛奶（未消毒的）和吃進被污染的食物（參考556頁食物中毒）。

3. 避免使用不必要的藥物，尤其是抗生素。

4. 如果你的孩子需要服用抗生素，

 專欄 **兒童每天應該喝的液體量表（以體重為基礎）**

1 磅 = 0.45 公斤
1 盎司 = 30 毫升

體重 （磅）	每天最少液體需要量* （盎司）（毫升）	輕度腹瀉一天電解質溶液 （盎司）（毫升）
6～7	10（300）	16（480）
11	15（450）	23（690）
22	25（750）	40（1200）
26	28（840）	44（1320）
33	32（960）	51（1530）
40	38（1140）	61（1830）

*每天最少液體需要量是指正常每天最少的飲用液體量，多數孩子飲用的量超過此量。

請考慮使用益生菌，以預防與抗生素相關的腹瀉。

5. 如果可能，在嬰兒早期採用母乳餵養。

6. 限制孩子飲用果汁和其他含糖飲料。

7. 確保孩子接種輪狀病毒疫苗，因為這可以保護孩子免於罹患嬰兒和幼兒最常見的腹瀉和嘔吐症狀。

（請參考 541 頁腹部疼痛；546 頁乳糜瀉；567 頁吸收障礙；544 頁牛奶過敏；824 頁輪狀病毒；568 頁嘔吐）。

食物中毒和食物污染

在食用被細菌污染的食物後，就會產生食物中毒。食物中毒的症狀基本上與「胃流感相似」：腹部痙攣、噁心、嘔吐、腹瀉和發燒。但如果和孩子吃相同食物的人也有相似的症狀，就更有可能是食物中毒，而不是流感。引起食物中毒的細菌肉眼看不到、聞不到也嚐不出來，因此，孩子自己不知道什麼時候吃了污染的食物。

食物中毒的一些來源包括毒蘑菇、受污染的魚製品和帶有特殊調

專欄

益生菌和益生元

益生菌是一種好菌，存在於人體腸道內，這些生物有機體可能有益健康，雖然目前證據尚未確鑿。一些研究指出，含有益生菌的食物或配方奶可以預防，或甚至治療兒童腹瀉，不管症狀為慢性或急性，或者是因使用抗生素造成的腹瀉。

其他研究發現，在兒童中，每天服用益生菌與更少疾病及更少的缺課天數之間存在相關性。較新的研究表明，給新生兒服用特定的益生菌可以幫助腸道內的有益細菌定植，並可以確實減少未來的有害細菌。目前正在進行許多研究，將為益生菌在新生兒和兒童中的功效提供更多指引，但如果你的孩子有腹瀉或其他胃腸道問題，使用這些微生物相關產品時請與你的醫師討論。

目前許多食品都含有益生菌，例如有些嬰兒配方奶粉會添加益生菌，一些乳製品如優格和克菲爾酸乳（kefir）也含有益生菌。另外味噌、豆鼓、天貝和豆奶飲品都含有益生菌。健康食品商店也有銷售益生菌補充劑（粉末、膠囊、液體）；雖然小兒科醫師目前仍然對一般益生菌的使用方法爭議不休，例如最佳的菌種與劑量是多少？多久該吃一次？基本上該用來預防或治療某些特定的健康問題？

含有益生菌的食物對大部分孩子來說似乎很安全，雖然它們可能在某些情況下會導致牛奶脹氣或排氣。如果益生菌補充劑暴露於高溫或濕氣下，裡面所含的「益菌」可能會因此死亡，所以不會有任何的效果。現在，如果你對益生菌有興趣，你可以先諮詢你的小兒科醫師（更多詳情請參考 137 頁）。

有些醫師建議，與其給孩子益生菌，不如先考慮使用益生元。益生菌為活菌，益生元為非消化的成分——母乳中天然存在的特殊碳水化合物以及其他複合醣類與纖維——它們可以促進原本在腸道內益菌的生長，增加腸道內益菌的數量。母乳是益生元很好的來源，米糠、豆類及大麥，以及某些蔬菜如蘆筍、菠菜、洋蔥，還有水果如草莓、香蕉等也含有益生元。

味料的食物。年幼的孩子不喜歡大多這類食物，因此會吃得很少，但是，了解風險仍然非常重要。如果你的孩子有不尋常的胃腸道症狀，且有可能吃了受污染或有毒的食物，請打電話給你的小兒科醫師。

肉毒桿菌

由肉毒桿菌引起的一種致命性食物中毒。這種細菌可以在水和土壤中生長，引起的疾病非常罕見，因為細菌繁殖和產生毒素需要非常特殊的條件，最佳肉毒桿菌的生長環境為無氧，並依賴某些化學條件，這可以解釋為什麼密閉的罐裝食品和某些低酸的蔬菜（例如青豆、玉米、甜菜和豌豆）最容易受到污染，其中蜂蜜也很容易受到污染，並且經常引起嚴重的疾病，特別是 1 歲以下的兒童。這也是為何

1 歲以下的嬰兒不可以食用蜂蜜的原因。

肉毒毒素會攻擊神經系統，引起複視、眼瞼下垂、肌張力無力和吞嚥及呼吸困難，同時它還可能引起嘔吐、腹瀉和腹部疼痛。在中毒後 18 ～ 36 小時出現症狀，甚至可能持續數週至數月。如果不進行治療，肉毒桿菌很可能導致死亡。然而即使經過治療，也可能造成神經損傷。

弧形桿菌

傳染性食物中毒其中一種類型為弧形桿菌，孩子可能因為吃到生或未煮熟的雞肉，或喝到沒有高溫消毒的牛奶或受到污染的水而引起。這種感染通常會導致水便式腹瀉（有時帶有血絲）、痙攣和發燒，發病的時間大約是在吃了含有細菌的食物 2 ～ 5 天以後。

若要診斷是否為弧形桿菌感染，你的醫師要採糞便樣本至實驗室分析。幸運的是，大多數這類的感染會自行痊癒，不需要任何正規的治療，但在這段期間，你要確保孩子攝取足量的液體，以補充腹瀉流失的水分。不過，如果症狀很嚴重，你的小兒科醫師或許會開抗生素藥物治療。在大多數的情況下，你的孩子會在 2 ～ 5 天內恢復正常。

產氣莢膜梭菌

產氣莢膜梭菌是一種經常可以在土壤、污水和人類及動物的腸道中找到的細菌，一般透過接觸食物而傳播，在細菌繁殖時產生毒素。學校自助餐廳經常有產氣莢膜梭菌，因為食物在分成小份和長時間暴露於室溫或蒸汽高溫下，容易滋生產氣莢膜梭菌。最容易受污染的食物一般是煮過的牛排、家禽、肉湯、魚、燉肉和墨西哥玉米煎餅。在食用污染食物後 8 ～ 24 小時會出現中毒症狀，如嘔吐與腹瀉，並且持續一至數天。

隱孢子蟲症

隱孢子蟲症是一種寄生蟲感染，通常在游泳或飲水時感染，會引起水樣腹瀉、輕微發燒和腹部疼痛，對於免疫系統不正常的兒童而言，症狀可能更加嚴重。

食物中毒的其他原因包括毒蘑菇、污染的魚類產品和特殊的季節性食物。多數幼兒對這類食物並不在意，所以只會吃一點。然而，你仍然要留意這些食物的風險性，如果孩子出現少見的胃腸道症狀，而且他很可能是吃了污染的或有毒的食品，你要立即打電話給小兒科醫師。

大腸桿菌

大腸桿菌是一種存在於兒童和成人腸道內的細菌，不過有些菌株可能會引起與食物相關的疾病。未煮熟的牛肉是大腸桿菌最常見的來源，不過有些生食和受到污染的水源也會導致一些疫情。

受到大腸桿菌感染的典型症狀從腹瀉（輕度到重度都有，甚至可能帶有血絲）到腹部疼痛，在某些情況下還會出現噁心和嘔吐。有些大腸桿菌疫情爆發會相當嚴重，在極少數的情況下甚至還可能致死。有關大腸桿菌最佳的治療方式為休息和多補充液體（預防脫水），如果症狀惡化，你要盡早與你的小兒科醫師討論。

沙門氏菌

在美國，沙門氏菌（有許多種）是引起食物中毒的另一個主要原因，最常見的污染食品主要有生肉（包括雞）、生的或未煮熟的雞蛋、蔬菜和未消毒的牛奶。幸運的是，當食物完全煮熟後，就可以殺死沙門氏菌；蔬菜則是要確保完全清洗乾淨。沙門氏菌引起的中毒症狀在進食後 16 ～ 48 小時出現，而且可能持續 2 ～ 7 天，症狀包含嘔吐和腹瀉，雖然很少有腹瀉帶血的情況發生。雖然沙門氏菌感染可以

自行痊癒，但也可能會很嚴重，所以如果你的孩子出現生病發高燒的症狀，你要打電話給你的醫師。患有鐮刀型紅血球疾病或其他脾臟問題的兒童如果感染了這種疾病，則需要使用抗生素。

志賀氏桿菌

志賀氏桿菌感染是多種志賀氏桿菌之一所引起的痢疾性腸道感染。這些細菌可能透過受污染的食物和飲用水，以及衛生條件差的環境（例如兒童照護中心）傳染，並且入侵腸道內襯，進而導致腹瀉、發燒和痙攣等症狀。

志賀氏桿菌痢疾的症狀通常會在 5 ～ 7 天後消失，在這段期間，你的孩子要多補充水分（如果小兒科醫師建議）以預防脫水。在更嚴重的情況下，你的醫師可能會開抗生素處方，以縮短症狀持續的時間和預防惡化。志賀氏菌是會導致腸胃炎的少數細菌原因之一，通常會使用抗生素治療。此外，在接受治療或感染完全解決之前，嬰兒和學步期兒童不應該去兒童照護中心。

金黃色葡萄球菌

金黃色葡萄球菌是食物中毒的主要原因。這種細菌通常會引起皮膚感染，例如丘疹或水泡，並且細

菌是由受到感染的人觸摸到食物而傳染。當食物在某個特定的溫度時（華氏 100 度，攝氏 37.8 度）——一般如果食物低於這個溫度，則要保持食物高於這個溫度——金黃色葡萄球菌會開始繁殖，並產生一般加熱都難以破壞的毒素。通常在食用污染食物 1～6 小時後，症狀開始出現，不適的情況大約持續一天。

治療

大多數食物中毒的主要治療措施是暫時限制孩子的飲食，隨後病情會自行痊癒。在不進食和不飲水的情況下，嬰兒一般可以忍耐 3 ～ 4 小時；較大的兒童為 6～8 小時。如果在這段時間，孩子仍然有嘔吐，或腹瀉沒有明顯減少，你應打電話給小兒科醫師。

此外，如果孩子出現下列情況，也要通知醫師：

- 出現脫水的症狀：參考以下脫水的症狀和徵兆。
- 血樣大便。
- 大量連續性水樣便，或腹瀉與便祕交替。
- 或許是蘑菇中毒。
- 突然感到無力、麻木、混亂、躁動不安，以及刺痛感、醉酒樣、幻覺或呼吸困難。

脫水的症狀和徵兆（身體喪失大量的水分）

腹瀉治療最重要的部分是防止孩子脫水，要留意以下脫水的特徵，如果孩子出現任何一項。你要立即通知小兒科醫師。

中度脫水

- 玩耍比平時少。
- 排尿次數比平時少（如果是嬰兒每天使用的尿布少於 6 塊）。
- 口腔乾燥。
- 哭泣時沒有眼淚。
- 嬰兒或學步兒童囟門下陷。

■ 如果是腹瀉引起的脫水，大便會稀疏鬆軟，如果是其他液體流失引起的脫水（嘔吐、液體量攝取不足），排便量就會減少。

嚴重脫水

■ 非常挑剔。
■ 極度嗜睡。
■ 眼窩內陷。
■ 手腳皮膚發冷、發白。
■ 皮膚皺紋。
■ 每天只排尿 1～2 次。

告訴醫師孩子的症狀、最近吃了什麼東西和在什麼地方得到這些東西。醫師將根據孩子的情況和中毒的類型進行治療。如果孩子有脫水跡象，醫師會開處方進行補充水分，有時針對特定的細菌可以使用抗生素。如果疾病是對食物、毒素或調味料的過敏反應，抗組織胺藥物可以發揮作用，然而如果症狀嚴重，請告訴醫師，因為這可能需要使用其他藥物如腎上腺素。如果孩子是肉毒桿菌中毒，就需要住院接受治療和密切照護。

預防

大多數食物中毒是可以預防，如果你遵循以下指南：

清潔乾淨

■ 在準備生肉和家禽時應該特別小心，記得用熱肥皂水洗淨雙手和所有物品表面。
■ 在準備餐點前、去浴室以及更換尿布後一定要洗手。
■ 如果你手上有開放性傷口，在準備食物時要戴手套。
■ 在生病時不要準備食物，特別是有噁心、嘔吐、腹痛或腹瀉的情況。

食物選擇、準備和保存

■ 仔細檢查罐裝的食物（尤其是家庭製作的食品）有沒有污染的跡象。觀察蔬菜周圍有沒有乳狀液體（正常時應該是乾淨）、容器

是否破裂、蓋子是否鬆動和容器外觀是否扭曲變形。不要食用具有上述現象的罐裝食物，將其扔掉，以免任何人誤食（首先用塑膠包裹，然後裝入厚紙袋）。

- 從信譽良好的經銷商處購買所有的肉類或海鮮食物。
- 不要食用生牛奶（未消毒的牛奶）或生牛奶製造的乳酪。
- 不吃生或半熟的肉。
- 不要給 1 歲以下的孩子食用蜂蜜。
- 如果你的孩子拒絕喝某種食物或飲料，你自己可以嚐嚐看，或許你會發現它已經變質不可食用。
- 不要讓熟食（特別是含澱粉的）、醃肉類、奶酪或任何拌有蛋黃醬的食物在室溫下超過 2 小時。
- 在煮沸肉類或家禽的過程中不要中斷，一定要煮熟再關火。
- 不要在前一天準備第 2 天的食物，除非準備好後立即放入冰箱冷凍或冷藏（煮好的食物一定要趕快放入冰箱，不要等到食物冷卻後才放入冰箱）。
- 確保所有食物徹底煮熟，烹調烤肉或火雞等大塊肉類可使用肉類溫度計，並切成小塊，檢查是否煮熟。
- 再次加熱食品時，要蓋上鍋蓋，同時也要徹底加熱。

肝炎

肝炎是肝臟發生的炎症，兒童肝炎幾乎是由好幾種病毒其中之一所引起。有些肝炎兒童沒有症狀，有些肝炎兒童則有發熱、黃疸、食慾下降、噁心和嘔吐等症狀。肝炎有多種類型，最常見的類型包括：

1. **A 型肝炎**：建議所有的兒童在 1 歲時接種疫苗，並且在 6 ～ 12 個月後接種第二劑強化疫苗。
2. **B 型肝炎**：建議所有新生兒一出生後接種疫苗，之後再追加二劑疫苗。
3. **C 型肝炎**：目前沒有疫苗，但已有有效的治療方法可用於感染患者。

現今在美國絕大多數兒童都有師大 A 型肝炎疫苗，但感染可以透過人跟人之間的直接接觸或帶原的食物與水傳播（例如游泳、在餐廳用餐或旅行時）。在兒童看護中心或家庭中，在排便或幫感染的嬰兒換尿布後，如果沒有洗手，感染就可能傳播。任何人喝到被人類糞便感染的水源，或吃到來自污染地區的生貝類海鮮，也都可能受到感染。感染 A 肝病毒的兒童或許不會出現任何症狀，或者，在接觸病毒 2 ～ 6 週後發病，並且通常在發

病一個月以後症狀消失。

B 型肝炎感染會透過性交及接觸受感染的血液、精液或其他體液傳播。然而在幼兒中，B 型肝炎也可以透過非性相關的、人與人之間的接觸而感染，例如在照護中心或學校，這就是爲什麼建議讓所有幼兒接種 B 型肝炎疫苗。

感染 B 型肝炎風險最高的情況包括使用受污染的針頭、共用注射器或吸毒用具、感染者的性伴侶、和受到感染婦女的新生兒。如果懷孕的婦女有急性或慢性 B 型肝炎，日後在分娩的過程，她很可能會將病毒傳染給新生兒。因此，所有孕婦都應做 B 型肝炎檢驗且所有新生兒都應該接種 B 型肝炎疫苗。

使用受污染的針頭靜脈注射毒品的吸毒者可能會感染 C 型肝炎，或者，比較罕見的是通過注射針頭、與感染者發生性接觸以及由受感染的母親生產等方式感染 C 肝。在美國，由於現在使用一次性無菌注射針頭和篩檢所有的血液，基本上已大幅降低在醫院感染 B 和 C 型肝炎的風險。

受到 C 型肝炎感染的人通常沒有任何症狀，或只有輕微的疲勞和黃疸。然而，在許多情況下，這種肝炎會變成慢性肝炎，並且導致嚴重的肝臟疾病、肝功能衰竭、肝癌等，甚至日後可能致死的重大疾病。有抗病毒藥物可以治療 C 型肝炎，任何有風險的人都應該接受檢測以便提供有效的治療。

症狀和特徵

孩子可能患肝炎，但你難以有察覺，因爲許多感染的孩子沒有症狀（即使有，也非常少）。有些肝炎患者，僅有的症狀是幾天微恙和疲勞。其他患者，則可能有發燒和其後出現的黃疸（眼睛的白色部分和皮膚明顯發黃）。黃疸是由於肝臟發炎，導致血液中膽紅素（黃色色素）升高所造成的症狀。

B 型肝炎患者很少有發燒的症狀，儘管孩子除了黃疸外，還可能有食慾下降、噁心、嘔吐、腹痛、不適等症狀。在兒童中，C 型肝炎未必會出現任何症狀。如果你懷疑孩子有黃疸，你要通知小兒科醫師。醫師會進行血液檢查，以判斷是否是肝炎引起，或者是因一種疾病引起。任何超過幾小時的嘔吐和腹痛，或者食慾喪失、噁心、不適（一種缺乏精神、全身無力的狀態）、嘔吐超過數天或者孩子出現黃疸，都應該與醫師接洽，這些或許都是肝炎的徵兆。

治療

肝炎通常沒有特別的治療方法。像大多數病毒感染性疾病一樣，身體內部的防禦機制通常可以克服感染。雖然沒有必要過度限制孩子的飲食或活動程度，但可以根據孩子的食慾和精力，做一些適當的調整。你的醫師或許會建議孩子要避免使用阿斯匹林和布洛芬（和其他非類固醇抗發炎藥物），不過有慢性肝臟疾病的兒童，只要目前沒有侵略性肝炎就可以使用acetaminophen（普拿疼）。此外某些慢性疾病長期服用某種藥物的兒童，也要讓醫師仔細調整劑量，避免因肝臟不能處理一般的劑量產生副作用。

B 型和 C 型肝炎可用醫藥治療，如果孩子的肝炎成為慢性疾病，你的小兒科醫師會將他轉介至兒科腸胃病理學家或感染性疾病專家做後續的追蹤護理，以決定是否需要進一步治療。

大多數肝炎患者不需要住院，然而，如果食慾喪失和嘔吐影響孩子的液體攝入，因而可能有脫水的危險時，小兒科醫師會推薦孩子住院治療。如果幼兒出現昏睡、神智不清或者反應遲鈍，應該立即與小兒科醫師接洽，因為這些症狀意味著病情惡化，需要住院治療。

A 型肝炎無慢性感染，相較之下未施打疫苗的嬰兒比較年長的兒童與成人更常發生 B 型肝炎感染。有相當多的急慢性 B 型肝炎的母親所生的嬰兒，如果沒有在政府建議的時間接種 B 肝疫苗的免疫，日後就會成為慢性帶原者。患有慢性 B 型肝炎的所有兒童都需要進行追蹤與醫藥管理，以減少日後肝損害、肝硬化和肝癌的風險。

預防

所有新生兒在一出生後都要接種 B 型肝炎疫苗，之後到了滿月至兩個月大時，要再追加第二劑。建議所有的孩子在滿週歲到 2 歲之間（12 個月至 23 個月大）要接種兩劑 A 型肝炎疫苗。此外，從沒有接種過 A 型肝炎疫苗的兒童或成人也應該接種。另外，大多數的國際旅行或從事某些高風險職業，或有慢性肝臟疾病的患者等其他情況，都應該諮詢醫師是否需要接種 A 型肝炎疫苗（疫苗接種時間表請參考附錄頁）。

預防肝炎最重要的方法是在用餐前、準備食物前、和使用廁所以後徹底洗手，應盡早教導兒童在上述時間洗手，如果孩子平日在照護中心，你要確保工作人員在更換尿布後和餵養前洗手。

如果你發現孩子曾經接觸過肝炎患者，應該立即與你的小兒科醫師接洽，他可以判斷孩子是否有感染肝炎的危險。如果感染確實有傳染給你的孩子的可能性，醫師會給孩子使用丙種球蛋白，或根據感染的病毒給予疫苗接種。

到國外旅遊前，請先和醫師諮詢，評估你要去的國家肝炎接觸風險的大小並考慮接種 A 和 B 型肝炎疫苗，假如你的家庭有人尚未接種的話。

腹股溝疝氣

如果你發現孩子的腹股溝區或**陰囊區有小硬塊或腫大凸起**，那麼他很可能是腹股溝疝氣。每 100 個孩子就 5 個會有這種狀況（常見於男孩），發生原因為兒童的腹壁閉合不全，腹內的器官可從此凸出，形成疝氣。這種腹股溝疝氣經常與一種較輕微的症狀——開放性陰囊水腫混淆（見 566 頁）。

男孩的睪丸在腹腔內發育，隨後在將要出生時，通過一個管道（腹股溝管）向下移動，並進入陰囊。在睪丸向下移動時，有一層腹壁（腹膜）和睪丸一起拉動，形成一個將睪丸與腹腔聯繫的囊。女生也有這種相似的突起構造。疝氣的

兒童因為在出生前，這個管道沒有閉合而呈開放狀態，造成腹腔和腹壁與陰囊間有一個相連的通道（疝氣囊袋）。

多數疝氣不會造成任何不適，你或小兒科醫師只有在觀察到腫脹後才會發現，雖然疝氣必須處理，但不屬於緊急狀況。不過，你要告知小兒科醫師，他或許會指導你讓孩子躺下，並且抬高他的雙腿。有時這種作法可以使腫脹消失，但是你還是要盡快找醫師檢查。

在很罕見的情況下，若一段腸子卡在疝氣囊袋，可能會造成腫脹和疼痛（如果你觸摸該區域，它會很敏感），有時孩子也可能會噁心和嘔吐，這種症狀稱為嵌入性疝氣，需要立即就醫。如果你懷疑孩子可能有嵌入性疝氣，你要立即通知你的小兒科醫師。

治療

即使不是嵌入性疝氣，它仍然需要經由手術修復，同時外科醫師也會檢查另一邊腹部，因為另一邊也有相同的症狀是很常見的現象。

如果疝氣造成疼痛，這表示可能有小腸陷入或嵌入其中，在這種情況下，你要立即諮詢你的小兒科醫師，他會試著將卡在疝氣囊袋中的小腸移除。即使在那段小腸移除

後，疝氣仍然需經由手術盡快修復。假設醫師已將卡在疝氣囊袋中的小腸移除，但仍然有小腸陷入其中，那麼就必須立即執行緊急手術，以預防永久性的腸損傷。

開放性陰囊水腫

如果腹腔和陰囊之間的開口沒有正常或完全閉合，腹腔的液體就會進入睪丸周圍的囊袋中，造成所謂的開放性陰囊水腫。多數的男嬰會有這種問題。然而，一般不需治療可在一年內消失。雖然這種情況最常發生於新生兒，但也可能發生在兒童，一般與疝氣有關。

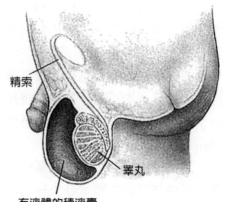

精索

睪丸

有液體的積液囊

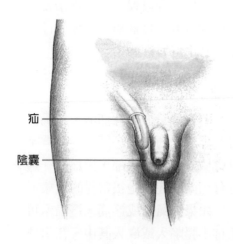

疝

陰囊

男孩腹內的開口與陰囊相通，允許腹內容物向下滑動；女孩則僅僅在腹股溝區域形成一個膨出。

如果你兒子有陰囊水腫，他可能不會不舒服或感到困擾，但你或他可能會發現一側陰囊腫脹，在嬰兒或年幼的男孩，這種腫脹會在夜間或當他休息躺著時變小；有時你可能不會觀察到任何大小變化。你的小兒科醫師會用一束明亮的光線照射陰囊，觀察睪丸周圍的積液，以確定診斷。如果陰囊非常腫脹或變硬，你的醫師可能會要求做陰囊超音波檢查。

如果孩子出生時就有睪丸積水，在每次定期檢查時，你的小兒科醫師會檢查他的陰囊，直到滿週歲。在這段期間，孩子應該不會感到陰囊或周圍區域有任何不舒服，但如果他的這個部位有觸痛或陰囊有任何難以解釋的不適同時伴隨噁心、嘔吐等症狀，你要立即打電話給小兒科醫師。這表示可能有一段

腸管隨腹腔液體進入陰囊（參考
565 頁腹股溝疝氣）。如果發生這
種情況，並且腸管陷入陰囊，孩子
可能需要立即接受手術治療，移除
陷入的腸管，並封閉腹腔與陰囊的
通道。

如果陰囊水腫在 1 歲以後仍然
存在，而且沒有疼痛，醫師也會建
議做一個類似的手術以矯正陰囊。
相對來說，這是一個小手術，將多
餘的液體排除，並封閉陰囊和腹腔
之間的通道。

吸收障礙

有時，即使孩子飲食均衡，仍
然會有營養不良的問題。原因可能
是吸收障礙，孩子身體的消化系統
無法吸收養分進入血液。

正常情況下，消化過程是將食
物中的營養成分轉化成可以經腸道
進入血液的小分子物質，營養成分
再由血液帶到全身各處細胞。如果
腸壁因感染（來自病毒、細菌或寄
生蟲）或免疫疾病（如乳糜瀉或炎
症性腸病）受到破壞，其表面可能
產生變化，所以消化好的物質無法
進入，發生這種情況時，營養的成
分就會隨大便一起排出。

吸收不良通常發生在患有持續
1 天或 2 天以上，嚴重胃或腸病毒
的正常孩子身上，它的症狀不會拖
太久，因為腸道表面不會有重大損
害，所以很快就會癒合。在這些情
況下，吸收不良的問題無須擔心，
然而，如果持續以下跡象或症狀兩
種以上，那很可能是慢性吸收不
良，這時你一定要立即知會你的小
兒科醫師。

症狀和特徵

以下是吸收障礙的可能症狀和
徵兆：

- 持續腹痛和嘔吐。
- 頻繁拉出鬆軟塊狀的有燃料氣味
  的大便。
- 感染的可能性增加。
- 脂肪減少和肌肉萎縮。
- 青腫和骨折機率增加。
- 乾燥的有鱗的皮疹。
- 人格改變。
- 生長和體重增加緩慢（幾個月都
  沒有明顯變化）。

治療

吸收障礙僅僅是孩子營養不良
的一個原因，他不能茁壯成長的原
因可能是沒有充足的好食物，或存
在無法完全消化食物的疾病，也可
能上述兩者都有。在進行治療前，
醫師必須確定疾病的原因。醫師可
能會從以下方法著手：

- 向你確認孩子吃的食物量和種類。
- 小兒科醫師可能會收集並分析孩子的大便樣本。健康者每天大便排出的脂肪非常少，如果大便中脂肪含量過高，就表示有吸收障礙。
- 收集皮膚上的汗水，即所謂的「發汗試驗」可以判斷孩子是否有囊性的纖維症（參考 639 頁）。患有這種病時，身體對某些酶的分泌量會不足。
- 有時，小兒科醫師也會要求兒科腸胃病理專家取下一小塊小腸壁組織，並在顯微鏡下檢查是否有感染、炎症和其他損傷的跡象。

　　一般情況下，會在治療開始前進行這些試驗，但對於嚴重的病例，可以在進行評估的同時住進醫院，使用特殊餵養以補充營養。

　　一旦小兒科醫師確定吸收障礙是營養不良的病因，他就會試著確定引起吸收障礙的主要原因。如果原因是感染，治療的方法通常會包括抗生素；如果吸收障礙的原因是腸子太活躍，醫師就會使用某些藥物中和，使腸道有足夠時間可以吸收營養成分。

　　有時，若找不到明確的原因，在這種情況下，可以將食物和營養配方轉變為更容易耐受和吸收的物質。

雷氏症候群

　　雷氏症候群很罕見，但這是一種非常嚴重的疾病，通常發生在 15 歲以下的兒童。它會造成全身器官受損，其中傷害最大的是大腦和肝臟。它發生的原因與在病毒性疾病中使用阿斯匹林和與阿斯匹林相關的藥物有強烈的關係。

　　由於醫療單位已公開反對針對病毒性疾病使用阿斯匹林，所以目前雷氏症候群的病例已大幅減少。不要在沒有處方的情況下擅自使用阿斯匹林或含有阿斯匹林的藥物。

嘔吐

　　因為許多常見的兒童疾病都可能導致嘔吐，所以在這個早期階段你要有心理準備。通常嘔吐不需要治療，很快就會自行好轉，但看著孩子受苦，你的心裡也不好受。這種無助卻又使不上力，再加上擔心病情惡化的恐懼，以及總想做些什麼的衝動，都讓你變得緊張焦慮不安。為了讓自己可以放輕鬆，你要盡可能瞭解關於嘔吐的原因，以及當孩子嘔吐時，你可以做些什麼好

讓孩子舒服一點。

首先，需要了解真正嘔吐和溢奶之間的差異。嘔吐是指胃內容物強力通過口腔湧出，而溢奶常見於1歲以下的嬰兒，是胃內容物從口腔流出，通常還有打嗝。

嘔吐發生於胃部鬆弛，而腹部與橫膈肌強力收縮。這種反射動作是由於以下因素刺激位於腦部的「嘔吐中樞」而引發：

- 因感染、阻塞或腫脹而刺激胃腸道神經。
- 食物中的化學物質（例如藥物）。
- 看到作嘔的事情或聞到難聞氣味的心理刺激。
- 來自中耳的刺激（例如暈車時的嘔吐）。

孩子的年齡不同，嘔吐的常見原因也有很大差異。例如在出生後最初幾個月，多數嬰兒會溢奶，通常發生在餵養後1小時之內。如果經常讓孩子打飽嗝，並在飯後限制孩子的活動，發生的次數就會減少。在孩子稍大以後，溢奶就會慢慢減少，但在滿12個月之前多少還是會有一些。溢奶其實不是很大的問題，只要不影響孩子的體重（參考149頁吐奶）。

孩子在第1個月時偶爾會發生嘔吐的狀況，如果孩子反覆嘔吐，或嘔吐非常用力，你要立即聯繫小兒科醫師。這可能是輕微的餵養問題，也可能是嚴重的疾病徵兆。

在2週或4個月之間，胃出口部位肌肉增厚也會引起強力持續性嘔吐。出口部位肌肉增厚會阻礙食物進入腸道，稱為肥厚性幽門狹窄，這需要立即醫療處理，通常要施行手術切開狹窄的部位。疾病主要徵兆是在進餐後大約15～30分鐘發生強烈持續性的嘔吐，如果你察覺到這種情況，應立即與你的醫師聯繫。

胃食道逆流：有時，出生後的最初幾週到幾個月，溢奶隨時間惡化，儘管不是很用力，但總是一直溢奶，這種情況是由於食道下端的肌肉過分鬆弛，導致胃內容物逆流。這種症狀稱為胃食道逆流（GERD）。需要注意的是，當嬰兒正常生長並吐奶時，這很可能是正常的生理性吐奶，不需要治療或管理。這對家長來說當然會導致不方便與不愉快，但對嬰兒來說並沒有什麼傷害。治療GER的常用方法包括：

1. 避免過飽或少量多餐。
2. 經常讓孩子打飽嗝。
3. 在餵養嬰兒後，至少30分鐘讓

孩子處於安靜、直立的位置。

4. 在牛奶中加入少量嬰兒穀類食品使牛奶更稠。有些標榜能減少吐奶的配方奶就設計的更加濃稠。

如果以上方法無效，且你的寶寶體重沒有增加或沒有正常成長，或者孩子因為吐奶或嘔吐而沮喪，你的小兒科醫師或許會考慮進行藥物治療或／和將你的小孩轉介給兒科腸胃病理專家。

感染性病因： 在度過最初幾個月後，嘔吐最常見的原因是胃腸道發炎。到目前為止，病毒是最常見的感染原，但偶爾細菌和寄生蟲也是感染的原因。感染也會產生發燒、腹瀉，有時伴有噁心和腹痛，

一般具有傳染性，如果孩子患病，他的同伴也很可能會被傳染。

病毒是導致嬰兒和幼兒嘔吐的主因，症狀往往還伴隨著腹瀉和發燒。輪狀病毒是導致腸胃炎的病毒之一，不過其他類型的病毒，例如諾羅病毒和腺病毒也會造成腸胃炎。由於輪狀病毒有可以預防嚴重發病的疫苗，該疾病已經不再頻繁發生。（更多腸胃炎相關資訊請參考 552 頁）。

有時胃腸道以外的感染也會引起嘔吐，例如呼吸系統感染（參考 675 頁中耳感染；623 頁肺炎）、泌尿系統感染（790 頁）、腦膜炎和闌尾炎（544 頁）。有些疾病需要立即進行治療，因此，不管孩子多大，如果出現下列徵兆，應立即

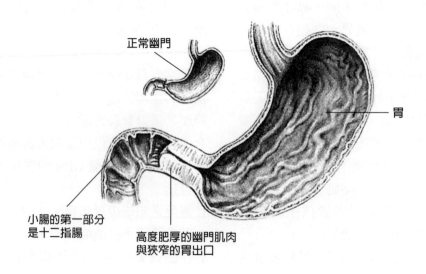

正常幽門

胃

小腸的第一部分是十二指腸

高度肥厚的幽門肌肉與狹窄的胃出口

通知你的醫師：

- 嘔吐物中有血或膽汁（綠色物質）或含有咖啡渣般的固體。
- 劇烈腹痛。
- 強烈反覆嘔吐。
- 腹部膨隆或腫脹。
- 倦怠或劇烈刺激。
- 抽搐。
- 黃疸。
- 脫水的症狀和特徵：參考以下治療與 560 頁脫水的症狀和徵兆。
- 無法飲用足夠的液體。
- 嘔吐持續超過 24 小時。

治療

多數情況下，嘔吐無須治療也可以自行痊癒。大多數病毒引起的感染都會自行好轉，你千萬不可自作主張使用非處方藥物或處方藥物，除非是你的小兒科醫師針對孩子的病情開給他的處方。

當孩子持續性嘔吐時，你必須確定孩子有無**脫水**（脫水是指身體失去了大量水分，以至於難以有效的發揮功能）（參考 560 頁脫水的症狀和徵兆）。如果脫水非常嚴重，很可能就會威脅到生命。為防止脫水，你要確定孩子飲用足夠的水分，以補充因嘔吐流失的液體。如果繼續嘔吐，應立即通知小兒科醫師。

任何原因引起的嘔吐疾病，在最初 24 小時裡，避免讓孩子進食固體食物，鼓勵孩子吸吮或飲用少量的液體，例如電解質溶液。液體不僅有助於防止脫水，也可以減少因食用固體食物產生刺激，導致進一步嘔吐的可能性。

確保根據小兒科醫師的指示給予孩子補充液體，你的醫師給你的指示會類似第 555 頁的專欄〈兒童每天應該喝的液體量表〉中的表格。

多數情況下，孩子必須待在家中，給予 12 ～ 24 小時液體飲食。你的小兒科醫師一般不會使用藥物治療嘔吐，不過還是有一些醫師會開止吐劑給孩子使用。

如果孩子嘔吐時伴隨腹瀉（參考 551 頁），你可以請小兒科醫師指導你如何給予液體和恢復固體飲食。

如果孩子不能進食任何液體或症狀更加嚴重，你要立即通知醫師，小兒科醫師會為孩子進行血液、尿液和 X 光檢查，以確定嘔吐的原因，有時可能需要住院觀察。

在你的小孩好轉之前，你要留意讓他補充水分，如果他出現任何脫水的症狀，你要立即通知小兒科醫師。如果孩子看起來病懨懨，病

情也沒有隨著時間改善，或者你的
小兒科醫師懷疑是某種細菌感染，
這時他可能會取大便樣本化驗，然
後給予適當的治療。

第**17**章

氣喘與過敏

氣喘

氣喘是一種呼吸道的慢性疾病，在過去 20 年以來，患有氣喘的人數大幅增加，特別是年幼的孩子和居住在城市地區的人口。事實上，氣喘已是幼兒最常見的慢性疾病之一，將近有 500 萬的兒童都有氣喘。我們不知引起氣喘人數驟增的原因，不過有些因素可能會觸發氣喘或哮鳴發作如空氣污染（包括早年吸菸）、暴露於過敏原的環境中或暴露不足、肥胖和呼吸道疾病。

氣喘的症狀因人而異，不過哮鳴是主要的特徵。當肺部內的氣管變窄時就會產生高頻的喘息聲，通常是由於發炎引起的。氣喘發作大多發生在夜間或清晨，但不是每個有氣喘的人都會有喘息的症狀。雖然氣喘的診斷沒有具體的方法，不過，如果孩子有 3 次以上的氣喘發作，大約就可以確定孩子可能有氣喘。許多時候，在氣喘沒有發作前，孩子看似一切正常，但由於他們經常感冒（作為觸發兒童哮鳴的常見因素），氣喘發作的頻率可能是一個月好幾次，特別是經常生病的學步期或小於 3 歲的幼兒。如果孩子沒有其他過敏症狀──也就是沒有濕疹或食物過敏──以及父母雙方也沒有氣喘，那麼氣喘的頻率可能會在 3 ～ 6 歲時，成長到不再容易經常感冒而觸發哮鳴後逐漸減少。如果孩子在出生第一年就有氣喘，並且往後有反覆發作的情況，特別是 5、6 歲以上，這樣孩子應該就是確定有慢性氣喘的疾病。

每個孩子都是獨特的，所以你一定要與你的主治醫師或專家討論你的孩子的健康。氣喘是一種反覆多變的疾病，有些嬰兒和兒童不會有喘不過氣的症狀，有些則會非常嚴重到呼吸困難需要緊急處理。通常，如果及早發現症狀，並且按照醫師的指示治療，大多數嚴重的氣

喘在家即可處理。

如果孩子過去有氣喘或過敏的病史，那麼孩子氣喘的症狀可能會持續好幾年。不過，沒有過敏的孩子也可能會產生氣喘的症狀。雖然氣喘無法治癒，但至少可以控制症狀，適當的治療可以減少氣喘的頻率，並且預防日後發作。良好的呼吸從呼吸什麼樣的空氣開始。刺激物和過敏原可以造成氣喘，這是每個人都會面臨到的問題。當你對特定過敏原過敏時才需要注意過敏原。

香菸是最重大的哮喘誘因之一。接觸香菸會增加病毒感染引發哮鳴的風險，並降低對某些用於控制哮喘的重要藥物的效果。一個家庭為保護兒童所能做的最重要的事情之一就是消除他接觸香菸煙霧的機會。保持家庭和車內無菸是一個重要的開始，但只要近親是吸菸者，就很難根除孩子暴露的可能性。家庭成員能保護孩子的最好的事情就是戒菸。可以撥打戒菸專線 0800-636 363 獲取有關戒菸的免費幫助。

電子菸（也稱為電子水菸等）非常危險，尤其是對患有哮喘的兒童。在兒童周圍使用它們是不安全的，它們排出的物質會使兒童接觸尼古丁以及許多有刺激性，會導致發炎和致癌的化學物質。使用火爐和燒香也會引發哮喘。其他常見的刺激性哮喘誘因包括氣味強烈的家用清潔劑、殺蟲劑、其他強效化學用品、油漆、空氣清新劑和香水等。

病毒感染 —— 即使是普通感冒 —— 也會引發哮喘發作，尤其是在幼兒中。讓孩子不感冒是很困難的，但是你可以透過每年秋天讓孩子接種流感疫苗並鼓勵他們洗手來養成健康的習慣。

過敏原 —— 你的孩子過敏的刺激物 —— 也會引發哮喘。由於哮喘是一種呼吸問題，因此引發哮喘的常見過敏原是吸入性的過敏原。食物過敏不會單獨引發哮喘，因為被

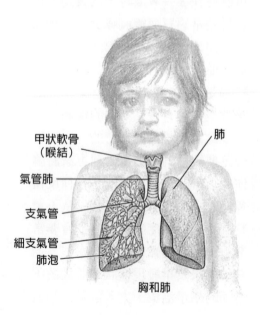

甲狀軟骨
（喉結）

肺

氣管肺

支氣管

細支氣管

肺泡

胸和肺

吸收的食物蛋白質會傳播到身體的各個部位。過敏原測試有助於確定孩子對什麼過敏。

常見的會觸發氣喘的過敏原包括：

- 塵蟎（生活在屋塵中並以脫落的皮膚為食的微小昆蟲；床上用品也可能含有高濃度的屋塵蟎）
- 蟑螂
- 寵物（動物）皮屑（脫落的皮膚來自有毛皮或羽毛的動物）
- 花粉（來自樹、草或雜草）
- 黴菌和黴菌孢子（來自任一家中的水損壞或腐爛外面的植物材料）

其他氣喘誘因包括：

- 壓力和情緒波動——特別是在氣喘未接受良好控制的情況下。
- 鼻竇感染。
- 戶外空氣汙染。
- 冷空氣刺激。
- 某些藥物（對非類固醇抗發炎藥物過敏，如布洛芬、阿斯匹林等）。

症狀和特徵

當孩子氣喘發作時，主要的症狀為咳嗽或喘息，並且在夜晚、運動後或接觸到刺激物（例如香菸煙霧）或過敏原（例如動物皮屑、黴菌、塵蟎或蟑螂等）時加劇。隨著氣喘發作，實際上喘息的次數可能減少，因為能進出肺部的空氣變少，孩子的呼吸變得急促、快速，同時胸部和頸部可能會內縮，因為要用力的將空氣吸入。

許多有氣喘的兒童都有慢性症狀，例如每天（或每晚）咳嗽、一運動就咳嗽，或接觸到寵物、灰塵和花粉就會咳嗽。如果氣喘需要 1 週 2 次以上的急救藥物（參考下文治療），或者每個月有兩次以上因氣喘在半夜醒來，那麼這就是屬於持續性的氣喘。

有一些孩子症狀或許不明顯，但醫師可以聽得出他們的哮鳴聲（特別是在呼氣時）。等到孩子年紀較大可以配合呼吸測試後，這時可以使用肺功能檢測（PFT）或呼氣一氧化氮檢測（FeNO）來判斷孩子是否有異常的症狀。

求助醫師的時間點

氣喘控制得當的兒童可以像其他兒童一樣從事一般的活動，包括戶外玩耍和運動。當孩子在戶外或做運動時，你要密切觀察，如果有任何症狀或惡化，你一定要和你的小兒科醫師討論。

如果孩子有氣喘，你一定要熟悉需要立即就醫的各種症狀，以下

爲大原則，如果孩子出現下列任何症狀，你要立即打電話給你的小兒科醫師或考慮送孩子去急診室：

■ 孩子有呼吸困難的情況，而且似乎有惡化的傾向，特別是呼吸加快，吸氣時胸腔內陷，呼氣時有明顯的呼嚕聲。

■ 孩子的嘴唇和指甲發紫。

■ 孩子的行爲激動、異常想睡或神志不清。

■ 呼吸時胸痛。

如果孩子有以下症狀，你也要刻不容緩通知你的小兒科醫師：

■ 發高燒，持續咳嗽或氣喘，對治療藥物沒有任何好轉反應。

■ 不斷反覆嘔吐，無法口服藥物或喝下液體。

■ 因爲喘息、咳嗽或呼吸困難無法說話或入睡。

治療

氣喘一定要在你的小兒科醫師的監督下治療，治療的目標爲：

1. 預防氣喘症狀如咳嗽、哮鳴、胸部緊迫與短氣。

2. 讓孩子可以隨心所欲地奔跑遊戲。

3. 預防嚴重的氣喘發作。

4. 盡可能以最少的藥物控制孩子的症狀。

要預防嚴重氣喘，首先要從預防輕度氣喘開始。與孩子的醫師一起制定氣喘的發作時的行動方針，就像紅綠燈一樣，氣喘行動計畫分爲綠色、黃色和紅色三種程度，並討論在每種程度時要做什麼應對，包括給予哪些藥物。綠區是你每天爲保持孩子健康而採取的行動；黃區是當孩子開始有輕微氣喘症狀時你要採取的行動；紅區則是當孩子發生中度或重度氣喘時應採取的行動。與你的醫師一起爲孩子製訂一份書面的氣喘行動計畫。

有了這些目標，你的小兒科醫師會給你處方藥物，或許還可能推薦氣喘專家──小兒胸腔疾病專家或小兒過敏專家，一起爲孩子的狀況做一些評估。你的醫師也會協助你規劃孩子的居家治療方案，這其中包括學習如何使用處方藥物和治療方法，以及如何避免接觸會導致孩子咳嗽或氣喘的刺激物和過敏原。

醫師爲孩子開的處方藥物取決於孩子氣喘的性質，氣喘藥物主要有兩種類型，一種爲舒張氣管，放鬆導致阻塞的肌肉，這種快速舒張或急救藥物被稱爲支氣管擴張劑。第二種類型是控制或維持的藥物，主要是治療氣管發炎的症狀（腫脹和產生黏液）。

■ **快速舒緩或急救藥物主要是提供暫時的救急之用**，如果你的孩子氣喘發作，有咳嗽和／或喘息的症狀，這時就需要急救藥物，例如沙丁胺醇（albuterol，一種支氣管擴張劑）是常見的選擇，透過放鬆氣管周圍壓迫氣管的肌肉，這類的急救藥物可以減輕胸腔的緊繃感，緩解喘息和呼吸困難的感覺，這些藥物為必備的基本處方，以備不時之需。在使用急救藥物之後，呼吸狀況通常會改善幾個小時；雖然急救藥物可以緩解症狀，但並不適用於治療潛在問題。急救藥物可以透過 HFA 吸入推進器（HFA——氫氟烷）或霧化器經口腔送入肺部。

■ **控制藥物主要是提供每日使用**，目的是控制孩子氣喘和降低日夜氣喘發作的次數。在一般情況下，控制藥物適用於 1 星期有氣喘症狀 2 次以上、1 個月有兩次以上因氣喘在夜間醒來、1 年內需要兩次口服類固醇療程，或曾經因氣喘而住院的兒童。

■ 最有效的控制藥物為**吸入型類固醇**。氣管發炎通常會導致氣喘反應，這些藥物可以透過控制發炎症狀和降低氣管的敏感性，幫助預防氣喘症狀和發作。日常使用這類藥物有助於保持孩子的呼吸正常。分別有好幾種不同類型，但功效都是預防氣管發炎，透過降低呼吸道對過敏原的敏感性和不適，降低氣喘發作的頻率和嚴重程度。

在嬰兒和幼兒的年齡層，吸入型類固醇可能需經由面罩式氣霧器或吸入器，才能透過口腔進入肺部。吸入器需要使用 1 根塑膠管（稱為輔助艙），好讓微粒藥劑噴出時有空間散播開來，以增加藥物進入肺部的機會，如果少了這個輔助艙，大多數的藥劑會直接進入喉嚨吞下，而不是吸入肺部。對嬰兒和幼兒而言，當使用這類型的吸入器時，大多需要密封良好的面罩輔助（小或中型）。輔助艙吸入器也有口罩式類型，適合年紀較大的兒童，這種類型吸入器需要兒童慢慢

吸入型輔助艙有各種不同的形狀和大小。

吸氣，然後屏住呼吸 10 秒鐘。不過記住，在使用吸入型類固醇後，孩子一定要漱口或刷牙，這些藥物雖然對肺部有幫助卻可能對牙齒不好。

另一種給予藥劑的方式為氣霧機，這種壓縮機有連結放置藥物小杯的配管，可以將液體轉化為霧氣，以便將藥劑吸進肺部。幼兒在使用這種類型時需要面罩輔助（參考上頁），並且要密封貼近臉頰，如果沒有密封，大多數的藥劑將外漏，以至於無法到達肺部。

最適合用藥的時間點為孩子平靜沒有哭泣時，因為哭泣會減少藥物到達肺部的劑量，雖然並不是每次都能順利用藥，不過時間久了，大多數的孩子都能接受這些藥物。

雖然這 2 種方法都同樣有效，不過你的孩子或許會比較偏向使用其中一種。不過急救藥物（如沙丁胺醇）似乎透過氣霧機的效果較好，然而使用氣霧機的沙丁胺醇劑量通常會大於使用二劑式吸入器的劑量。

白三烯素拮抗劑可以抑制與氣管發炎有關的化學物質（白三烯）的活性，這類型只有口服製劑，如藥片和顆粒粉與咀嚼片。它在預防氣喘發作方面的效果不像吸入型類固醇那麼好，不過當它與吸入型類固醇結合使用時會非常有幫助。建議所有有持續症狀的氣喘兒童使用抗炎藥物、吸入型類固醇和／或白三烯受體拮抗劑。

另一種適合孩子使用的方法為乾粉吸入器，這種吸入器沒有推進器，孩子必須靠自己的力量將藥物吸入肺部。

作為預防措施，所有這些藥物在定期使用時效果最佳，這些藥物經常因為沒有被一致地使用而失效。在你的孩子感覺良好時給他吃藥可能具有挑戰性；然而規律的作息，例如在刷牙前服藥，可以使每天服藥變得更容易。

氣喘治療應能減輕孩子的症

狀，以免影響睡眠、活動或運動。如果你的孩子沒有達到治療目標，則需要重新評估氣喘的治療計畫。也許存在可以控制的氣喘觸發因素，或者你的孩子服用藥物的方式存在問題，或者可能需要使用更多劑量或不同類型的氣喘藥物。有時氣喘藥物不起作用的原因是你的孩子可能並沒有氣喘，或者這種症狀可能是另一種疾病。你的小兒科醫師將進行檢查以確認可能使氣喘惡化的問題，並考慮是否需要將你的孩子轉診給氣喘專家。

預防

一個常見的氣喘刺激原為塵蟎。雖然你無法消除灰塵和其他刺激物，但你可以做一些措施以減少孩子接觸的機會，進而降低氣喘發作的頻率，例如在家中你可以：

- 使用特殊防蟎防塵罩覆蓋孩子的床墊和枕頭。
- 使用可水洗的枕頭或羽絨被。
- 每週用熱水洗床單、毛毯、枕頭、地毯和毛絨動物、布娃娃，以殺死塵蟎。
- 孩子房間內不要放毛絨動物或布娃娃。
- 不要讓寵物待在孩子的房間內，如果孩子是過敏兒，考慮不要在家中飼養寵物。

- 當你在使用吸塵器清理地毯和為家具除塵時，讓孩子遠離該房間。
- 考慮購買空氣清淨機（高效率微粒濾清器或 HEPA）以保持孩子房間的潔淨。
- 居家濕度保持在 50% 以下，因為塵蟎和黴菌最喜歡在潮濕的環境下生長。
- 避免使用香水、有香味的清潔用品和其他帶有刺激性香味的產品。
- 修復漏水的水管，以減少房子滋生黴菌。
- 讓孩子遠離香菸、雪茄或菸斗的煙，以及壁爐的煙霧。
- 不要讓任何人在你的家裡或車內吸菸。

濕疹

儘管許多患者和醫師都將濕疹和異位性皮膚炎這 2 種術語交替使用，但濕疹其實是描述各種皮膚症狀的總稱，特徵為發紅發癢的起疹。急性濕疹的症狀可能是皮膚發紅乾燥、脫皮，或開始滲水。當濕疹持續較久，皮膚容易變厚、變黑並變得乾燥。

異位性皮膚炎

異位性皮膚炎常見於家庭中有異位性皮膚炎、食物過敏、氣喘、花粉熱和／或環境過敏史的嬰兒和兒童身上。雖然異位性皮膚炎的原因至今仍是未知，不過顯然遺傳有一定的影響力，但與過敏的關係仍然是個謎。此外，對大多數兒童而言，異位性皮膚炎通常是上述過敏症狀中，第一個會出現的症狀。

異位性皮膚炎一般有三個不同的發展階段，第一階段發生在出生後幾個星期至 6 個月大，孩子的皮膚會有搔癢、發紅，臉頰、額頭或頭皮上有小突起的紅疹。這種疹子可能會擴展到身軀或四肢。雖然異位性皮膚炎可能會與其他類型的皮膚炎混淆，但嚴重的搔癢是異位性皮膚炎的典型特徵。在許多情況下，這種紅疹大多會在 2、3 歲時消失。

第二階段是患有異位性皮膚炎的學齡期兒童（在 4 ～ 10 歲之間），症狀通常發生在手肘和膝蓋關節處的皮膚，有時也會在手腕和腳踝的背面。一個共同特徵是紅色的鱗片狀斑塊，該區與也可能會因為過度抓撓，出現乾燥、結痂和發炎。隨著時間的推移，皮膚會變色和變厚。

異位性皮膚炎在第三階段會以搔癢和乾燥、鱗狀皮膚為特徵，從 12 歲開始，可能持續到成年。

接觸性皮膚炎

接觸性皮膚炎是指皮膚接觸到刺激性物質或過敏原，這種症狀其中一種類型是反覆接觸刺激性物質所導致的結果，例如柑橘類果汁或其他酸性食物、泡泡浴、強鹼肥皂、某些食物和藥物，以及羊毛或太粗的織物。其中一個最常見的刺激物是孩子自己的唾液，持續流口水或舔嘴唇可能會讓嘴唇與嘴部周邊的皮膚發生接觸性皮膚炎。

另一種接觸性皮膚炎是在孩子接觸到某些潛在的過敏物質，其中最常見的有：

- 鎳首飾、按扣、牛仔褲或褲子等。
- 牙膏或漱口水中些香料或添加劑。
- 製鞋用的膠水、染料或皮革。
- 衣服上的染料。
- 植物，尤其是有毒的常春藤、毒橡樹和毒漆樹（在接觸後幾個小時內皮膚會出現紅疹，毒常春藤則是 1 ～ 3 天）。
- 藥物如抗生素或抗菌藥膏。

治療

如果孩子的紅疹看起來像濕

疹，你的小兒科醫師會進一步為孩子做檢查，以做出正確的診斷，並且採取適當的治療方法。在某些情況下，他們可能會與小兒皮膚科醫師進行諮詢以為孩子做更詳細的檢查。

雖然濕疹沒有痊癒的治療方法，但通常可以控制症狀，並且在幾個月或幾年後會消失。最有效的治療是預防皮膚乾燥發癢，盡量避免會造成濕疹的狀況，其中你可以採取的措施有：

- 經常使用潤膚乳液（例如乳霜或軟膏），以降低皮膚乾燥發癢的情況。藥膏通常比乳霜更有效，乳霜通常比乳液更有效。
- 每天給孩子浸泡溫水澡，並且在沐浴後沖先 2 次，洗淨任何殘餘的肥皂（這可能是一種刺激物），然後在沐浴後 3 分鐘內抹上潤膚乳霜或軟膏，以達到保濕鎖水的效果。
- 避免穿著粗糙或容易引起刺激的衣服（毛衣或合成材質）。
- 如果皮膚發癢，可以在該區冷敷，並且依照指示使用處方藥物。

市面上藥用處方乳霜和藥膏種類繁多，你可以請醫師推薦適合控制發炎和止癢的用藥。這些類型的用藥通常含有類固醇，這是治療皮膚症狀的首選，但必須在醫師的指示下用藥，其中很重要是要遵照醫師的建議持續使用，以免皮膚症狀復發。

除了塗抹之外，你的孩子或許還會口服抗組織胺藥物以舒緩發癢，如果孩子的皮膚受到感染，這時還可能再搭配抗生素（有時口服，有時塗抹）一起使用。如果孩子的皮膚經常受到感染，你的小兒科醫師可能會建議你使用稀釋的非常淡的漂白水泡澡，通常會是在一般大小的澡缸中添加 1/8 至 1/2 瓶蓋的漂白水。

治療過敏性接觸皮膚炎的方法大同小異，不過做一些測試有助於找出刺激物或過敏原，你的小兒皮膚科醫師或過敏專家會為孩子進行一連串的測試。這些測試是將小部分的過敏原放在孩子的皮膚上長達 48 小時，如果皮膚產生紅腫和發癢反應，那孩子就應該避免這種物質。

當發生以下任何一種情況時，你要立即通知你的小兒科醫師：

- 孩子紅疹嚴重，對居家治療沒有好轉反應。
- 有發燒或感染的跡象（例如水泡、紅疹範圍擴大、黃色結痂皮、疼痛或滲出液體）。

食物過敏

雖然很多食物會引起過敏反應，但真正的食物過敏可能比你想像的更少見。食物過敏最有可能發生在嬰兒和兒童身上，以及那些有其他過敏或家庭成員中有過敏症的兒童。當真的有食物過敏的情況時，他們可能對任何食物都會產生反應，不過有些食物似乎更容易引起過敏的反應（見下面清單）。雖然許多食物過敏的反應都很輕微，不過有些也可能威脅到生命。

任何食物都可能誘發食物過敏，不過大多數的兒童有幾個主要的過敏食物，牛奶就是其中一種，另外幾個常見與過敏有關的食物包括：

- 雞蛋。
- 花生和堅果類（例如腰果、胡桃等）。
- 大豆。
- 小麥。
- 魚類（例如鮪魚、鮭魚和鱈魚）和甲殼類海鮮（例如蝦、蟹和龍蝦）。

如果你的孩子對某種食物過敏，那麼他的免疫系統則會以一種誇張的方式回應食物中無害的蛋白質。當孩子吃下這種食物時，他的免疫系統會製造抗體，試圖擊退這種不當的食物，在這個過程中，體內會產生一種名為組織胺的物質，並且同時釋放出一些會引起過敏症狀的其他化學物質。

另一種情況則是食物不耐受或食物敏感，這種情況比真正的食物過敏更常發生，雖然這種狀況經常與食物過敏混淆或互換使用，但食物不耐受並不涉及免疫系統。例如，有乳糖不耐症（一種食物敏感的症狀）的兒童體內缺乏消化乳糖必備的酶，因而導致胃痛、腹脹和腹瀉。

症狀

真正的食物過敏是身體對食物中的蛋白質產生不良的反應，而且通常是在吃下食物後不久就出現症狀。食物過敏的反應從輕微到嚴重不等，其中包括：

- 皮膚問題（皮膚發癢、紅疹、蕁麻疹、腫脹）。
- 胃病（噁心、嘔吐、腹瀉）。
- 呼吸問題（打噴嚏、哮喘、喉嚨緊縮）。
- 循環問題（皮膚蒼白、頭暈、失去意識）。

過敏反應的強度從輕微到嚴重都有，如果你的孩子是高度過敏，那麼即使微量的食物都可能觸發所

專欄 過敏如何產生

當容易過敏的兒童接觸到過敏原時，他的免疫系統會在致敏的過程中產生抗體（IgE），之後 IgE 會黏附在皮膚的肥大細胞上和呼吸道與腸道的內襯裡。等到下一次當孩子再接觸的過敏原時，這些細胞會釋放化學物質（例如組織胺和白三烯），進而引起過敏的症狀。

謂的過敏反應。過敏的發展可以非常快速而沒有任何前兆；這時必須緊急注射一種可隨身攜帶的處方藥物（腎上腺素自動注射器）。過敏的症狀如下：

- 喉嚨與舌頭腫脹。
- 呼吸困難。
- 喘息。
- 血壓突然下降──這讓孩子的臉色變得蒼白，昏昏欲睡或失去意識。
- 皮膚發紫。
- 意識不清。

（參考 588 頁過敏性反應：你的因應之道）

診斷與處理方式

因為有些食物過敏可能會很嚴重，所以如果你懷疑孩子有食物過敏，你一定要和你的小兒科醫師討論。為了診斷出過敏原，你的小兒科醫師會審查你的顧慮，並且為孩子做一些測試，或推薦一位過敏專家做額外的檢測。雖然有些孩子對某些食物過敏的現象很明顯，例如當孩子吃完核桃後嘴唇腫脹或起蕁麻疹，但也有些症狀並不明顯，如皮膚出現乾斑。經由測試，包括皮膚和血液測試，可以提供更多相關的資訊與解答。

- 透過皮膚點刺測試（或劃痕測試），醫師會以懷疑為過敏原的食物萃取液滴輕刺在孩子的背上或前臂。如果在 20 分鐘內，該處出現發紅、腫脹和發癢的症狀，則孩子對該物質過敏。
- 血液檢測可以測量血液中對該食物的過敏抗體，稱為免疫球蛋白 E 或 IgE。孩子的血液樣本會送到實驗室檢測。

重要的是，醫師僅會針對可能引起潛在過敏反應的特定食物對你的孩子進行測試。除非發生過敏反應，否則不建議使用一般血液檢查。僅透過皮膚或血液測試呈陽性不足以診斷食物過敏，因為單靠呈陽性的皮膚或血液檢測並不足以完全斷定孩子對哪些食物過敏，你的醫師會與你討論孩子的飲食習慣，包括你懷疑對某些特定食物的反應，這樣才能知道要做哪些測試，以及如何判讀測試的結果。

目前沒有治療食物過敏的方法，避免讓孩子接觸到他的過敏原，是避免可能致命的食物過敏反應的唯一方法。然而，有些孩子會在長大後隨著時間不再對牛奶、大豆、小麥、雞蛋的食物產生過敏。有些孩子可以消化特定形式的牛奶和雞蛋，取決於烹調與處理的過程。有些孩子可以食用內含牛奶與雞蛋的烘焙食物，如馬芬，而不會產生食物過敏症狀。在這種情況下，你的小兒科醫師或過敏專科醫師可能會建議你繼續定期給你的孩子少量可能會引發過敏的食物，例如雞蛋或牛奶，因為這有可能會幫助你的孩子擺脫食物過敏。在其他情況下，小兒科醫師或過敏症專家可能會建議你讓孩子**完全避免**他會過敏的食物，並在將來重新進行測試，檢查他是否仍然有過敏。某些食物過敏——比如對花生和魚的過敏——不太可能隨著成長而消失。只有 20% 的花生過敏兒童在長大不再過敏或自然產生免疫耐受性。

即使你已成功將過敏食物從你的冰箱和餐桌上排除，但當孩子不在你的照護下時，你很難讓他遠離這些食品。當孩子漸漸長大後，你要教育他避免食用某些食物的重要性，以及讓他的朋友、祖父母、老師、幼兒中心人員和照護者等知道，以免引發過敏症狀。每當購物時，你要仔細閱讀食物標籤，檢查是否含有孩子的主要過敏原。另外，當你們外出用餐時，你要詢問菜單上的相關成分，請服務員與廚師確認是否含有任何可能的過敏食物。

當你調整孩子的飲食後，要定期與醫師討論如何彌補孩子缺少的食物，好讓孩子的飲食保持平衡。例如，假設孩子對牛奶過敏，那你需要在他的飲食中增加富含鈣的食物（例如綠色蔬菜和鈣強化飲品）。如果你的嬰兒對母乳或配方奶過敏，請參考 122 頁有關選擇水解配方奶的相關資訊。

鼻子過敏／過敏性鼻炎

如果你的孩子鼻子開始流鼻涕，眼睛紅腫發癢，但又沒有其他感冒或感染的症狀，那麼他很可能有鼻子過敏（過敏性鼻炎）。這是一種對環境中過敏原的反應，而花粉症最常見的過敏原有塵蟎、花粉、動物皮屑和黴菌。

就像其他的過敏一樣，這些症狀經常會在家中出現，不過或許不是立即發生，而季節性呼吸道過敏（例如對花粉）在 2 歲以下的兒童身上則比較少見，因爲他需要暴露在花粉季節中幾次才會產生花粉過敏。

一般感冒和鼻子過敏有時很難分辨，因爲許多症狀很類似，以下是一些鼻子過敏可能的症狀：

- 打噴嚏、鼻塞、發癢和流鼻涕（通常是透明的鼻水）。
- 眼睛流淚、發癢、紅腫。
- 由於經常擦拭鼻子而造成紅鼻子或產生痕跡。
- 流鼻血（參考 684 頁流鼻血）。
- 黑眼圈（或過敏性黑眼圈）。
- 因爲鼻塞而用嘴巴呼吸。
- 疲累（大部分是因爲晚上睡不好）。
- 不斷有清喉嚨聲或吸氣聲（用舌頭磨擦上嘴唇）。

如果你的孩子有過敏性鼻炎，那麼潛在的併發症很可能包括經常性鼻竇和耳朵感染（參考 675 頁中耳感染和 681 頁鼻竇炎），或者如果過敏導致眼睛發炎，那麼他的眼睛則很容易受到感染（參考 741 頁）。由於慢性過敏會干擾睡眠，你的孩子很可能因睡不好而經常性疲累、脾氣暴躁，並且還會影響學校的課業表現。

治療

如果孩子的花粉症已開始影響睡眠、學校或其他活動，這時你要與你的小兒科醫師討論。若要預防或治療鼻子過敏，醫師可能會建議幾個醫療處置，包括處方和非處方的抗組織胺藥物、各種類型鼻噴霧劑（包括鹽水）和其他藥物等。在許多情況下，他或許會建議口服抗組織胺藥物，目前各大藥房都有銷售。包括氯雷他定、非索非那定和西替利灑。對於更嚴重或持續的過敏症狀，您的醫師可能會推荐一種處方或非處方類固醇鼻噴霧劑，每天使用時，將有助於預防鼻過敏症狀。如果你的孩子眼睛紅腫發癢，你的小兒科醫師可能還會建議一些處方或非處方的過敏眼藥水。

如果可能，你可以爲過敏孩子做的最好安排是去除家中的過敏

常見的居家過敏原

來源

寵物（狗、貓、天竺鼠和倉鼠）

對過敏家庭來說最好的寵物是魚類與爬蟲類，這些生物不會引發過敏。

黴菌

黴菌生長在戶外涼爽、潮濕和陰暗的地方，例如在土壤、草和枯葉。在室內，黴菌生長在雜亂的儲藏區、地下室、潮濕水管區、通風不良的地方，例如壁櫥和閣樓，以及長時間沒有曝曬的枕頭和毯子。

塵蟎

很多人對塵蟎過敏，大多存在於床上用品（枕頭、毛毯、床單和床墊）、室內裝潢、家具和地毯。這些塵蟎非常微小，肉眼看不見，並且喜歡在潮濕的環境下生長（濕度大於 50%）。

解決之道

如果你的孩子對某種動物過敏，那麼最好不要讓那種動物進入家中，至少別讓牠進入孩子的臥室。在孩子與寵物嬉戲之後讓他清洗手部與臉部，並在晚上睡覺前洗澡並洗頭，以避免帶著寵物的皮屑上床。此外，也可以在孩子臥室中使用有 HEPA 濾網的清淨機移除空氣中的過敏原。

控制黴菌最主要的關鍵是限制濕度，避免使用霧化器、加濕器和集水冷卻器。在潮濕的地下室裝設除濕機或許有助於控制濕度，並且更換已經飽和的潮濕地毯或將之完全晾乾。此外，你可以用一些特定的消毒劑去除黴菌，但千萬要放在安全的地方遠離好奇的幼兒。

減少接觸塵蟎最好的方法是將重點放在臥室，使用防塵蟎床罩覆蓋枕頭和床單，並且每周用熱水清洗床單和枕頭，以去除過敏原和殺死塵蟎。另外，保持房間濕度在 50% 以下也有助於預防塵蟎生長。此外，如果你正計畫重新裝修臥室，你可以考慮去除房間內的地毯。

原，更多關於過敏原的資訊，你可以參考以下常見的居家過敏原專欄。

蕁麻疹

另一種過敏性皮疹的特點是非常癢，來來去去，被稱為蕁麻疹。蕁麻疹是紅色、腫脹的腫塊，往往會四處移動；個別病變通常會在大約 24 小時內消退。如果紅疹仍然在原位超過 24 個小時以上，你應該要請醫師做其他的診斷。

引發蕁麻疹最常見的原因為：

- 對感染的反應，通常是病毒感染。
- 食物（最常見的為花生、堅果、蛋白、牛奶、貝類和芝麻）。
- 處方或非處方藥物（如布洛芬和抗生素等）。
- 蜜蜂或其他昆蟲叮咬。

至少有一半以上的案例都無法找出真正的原因。急性蕁麻疹的發作可持續長達 6 週才會消退。如果蕁麻疹持續超過 6 週，則會被認為是慢性蕁麻疹，可能需要你的小兒科醫師或過敏專科醫師進一步評估。食物、藥物和昆蟲毒液叮咬一般都不會造成慢性蕁麻疹（持續至少 6 個星期以上）。

治療

口服抗組織胺可以減輕或至少舒緩蕁麻疹發癢的程度，它無須處方即可在藥房購買，這種類型的藥物可能需要每小時使用一次藥物並持續數天。有些藥物可能每 4 ～ 6 個小時要給孩子服用 1 次，有些則是 1 天 1 次或 2 次即可。此外，在發癢和腫脹處冷敷也可以舒緩不適的症狀。

如果你的孩子有喘息或吞嚥困難，這時你要尋求緊急治療。你的醫師通常會開自行注射腎上腺素處方，以抑制過敏反應。針對這類型的患者要隨身攜帶自行注射腎上腺

素，包括在家中、幼兒照護中心或在學校，以防未來發生這種反應。（有關這種急救包的資訊請參考專欄，過敏反應：你的因應之道）

預防

你的醫師會試圖找出導致蕁麻疹的原因。例如，它經常在飯後發生嗎？或者在服用特定的藥物之後？孩子有產生其他疾病的症狀

 ## 過敏性反應：你的因應之道

過敏性反應是最嚴重的過敏症狀且永遠是突發緊急情況，同時有潛在致命的可能性，需要立即就醫。如果出現臉部或喉嚨腫脹與喘息的症狀，你要立即使用自行注射腎上腺素，並且打 119 或到急診室就醫。

如果正確及時使用自行注射腎上腺素，大多數的過敏嚴重反應可以好轉，並且有足夠的時間去急診室接受進一步治療。在大多數情況下，它們可以迅速緩解症狀，不過如果症狀沒有好轉，這時可能還需要在 5 分鐘之後再補上另一劑。

如果你使用的是自動注射器，這時你要將注射器按在孩子的大腿上停留 10 秒鐘。你一定要請醫師或護理師給你明確的指示，並且有專家在一旁示範。同時，你要給幼兒照護中心或學齡前學校文字說明的指示，讓照護者知道與如何應對可能危及生命的嚴重過敏反應，並且提供他們腎上腺素，然後一步一步教他們如何使用。記住，這些自動注射器內未使用的藥物應定期更換，因此你要經常檢查使用期限，並且根據醫師的建議更換藥物。

如果你的孩子出現過敏性反應，隨後你要帶孩子去小兒科醫師那兒做檢查，找出真正的原因以避免下次再發生。此外，如果你的孩子過去曾經發生過敏性反應，那你要給他戴上醫療鑑定手環，以提供孩子過去相關的過敏資訊。（編注：國內沒有，但有過敏紀錄卡。）

嗎？症狀多久消失？會在飯後 1 小時開始並快速消退（食物反應）或持續幾天到幾週（感染）？你可以和醫師討論，並且徵詢解決之道。

昆蟲叮咬

孩子對昆蟲叮咬的反應取決於他對特定昆蟲毒液的敏感度，雖然大多數的孩子只有輕微的反應，但對某些昆蟲的毒液過敏可能會產生需要緊急治療的嚴重症狀。

在一般情況下，叮咬往往不是一個嚴重的問題，但在某些情況下，情況可能會非常危急。雖然大多數昆蟲的刺（例如蜜蜂、胡蜂、黃蜂、飛蟲和火蟻）只會產生疼痛和局部腫脹，但也有可能產生嚴重的過敏性反應。跳蚤、床蝨和蚊蟲叮咬的延遲過敏反應很常見，雖然很不舒服，但不會危及生命。

治療

雖然昆蟲叮咬讓人很不舒服，但通常隔天症狀就會開始消失，不需要醫師治療。若要止癢（蒼蠅、蚊子、臭蟲、跳蚤叮咬的發癢），只要冷敷和抹上卡拉明洗劑（calamine lotion——佳樂美）或低效力外用類固醇在叮咬處即可，而使用口服抗組織胺則可以控制發癢。

如果你的孩子被黃蜂或蜜蜂蜇到，情況可能會更嚴重。如果紅腫、疼痛、搔癢等現象發生在被蜇的地方，則是一種局部反應。你可以將布浸泡冷水後覆蓋在叮咬處，以降低疼痛和腫脹。這時非類固醇抗發炎藥物（布洛芬）或許有助於舒緩症狀，如果症狀持續或難以控制，你要立即打電話給你的小兒科醫師，他或許會因腫脹非常嚴重而開口服類固醇處方藥物。如果反應發生在身體的其他部位（或全身），則是一種全身過敏反應，需要立即就醫。如果孩子喉嚨腫脹或呼吸困難，請使用可自行注射的腎上腺素並撥打 119。

如果孩子驚動一個蜂巢，這時要盡快帶他離開現場，任何打擾都會促使其他蜜蜂與黃蜂產生蜇人的行為。保持孩子的指甲短且乾淨，以減少抓傷感染的風險。如果孩子發生感染，被叮咬處可能變得更紅、範圍更大且更腫脹。在某些情況下，你可能會留意到被叮咬處的附近會出現紅色條紋或淡黃色液體，而且孩子可能也會有發燒的症狀。這時你要立即請醫師為孩子檢查是否有任何的感染，因為孩子很可能需要使用抗生素治療。

如果孩子被叮咬或刺傷後出現

以下任何症狀，你要立即尋求緊急治療：

- 突然呼吸困難。
- 虛弱無力或意識不清。
- 全身起蕁麻疹或發癢。
- 眼睛腫脹到張不開、嘴巴腫脹到無法進食、陰莖腫脹到無法排尿。

預防孩子不被任何昆蟲叮咬似乎不太可能，不過你可遵循以下大原則以減少孩子被叮咬的機率。

- 遠離昆蟲巢穴或聚集之地，例如垃圾罐、積水池、沒有加蓋的食物和甜食，以及花朵盛開的果園和花園。
- 當你知道孩子會暴露於有昆蟲的環境下時，你可以幫他穿上長袖

專欄 昆蟲叮咬

蚊子

出沒環境：水區（池邊、湖邊、小鳥澡池、積水區等）。
叮咬特徵：刺痛感，隨後產生發癢凸起的小紅點。
注意事項：蚊子容易被明亮的顏色和甜味吸引。

蒼蠅

出沒環境：食物、垃圾、動物排泄物。
叮咬特徵：疼痛發癢凸起的小紅點，可能會變成小水泡。
注意事項：小紅點可能在一天內消失，不過也可能更久。

跳蚤

出沒環境：樓板的裂縫、地毯、動物的毛。
叮咬特徵：外露部位有多個小紅點，特別是在手臂、腿和臉部。
注意事項：大多發生在飼養寵物的家庭。

床蝨

出沒環境：牆壁、地板、家具、寢具的裂縫。

叮咬特徵：發癢的小紅點，有時還會有小水泡，通常是 2、3 個紅點成排（類似跳蚤叮咬，不過床蝨叮咬會影響衣服覆蓋的區域）。

注意事項：大多發生在夜間，且氣候寒冷的地區較不常見。

火蟻

出沒環境：南方各州牧場、草地、草坪上的小土丘。

叮咬特徵：疼痛發癢凸起的小紅點，可能會變成小水泡。

注意事項：火蟻通常會攻擊入侵者。

蜜蜂和黃蜂

出沒環境：花、灌木、野餐和海灘區域。

叮咬特徵：立即感到疼痛和腫脹。

注意事項：有一些孩子會產生嚴重的反應，例如呼吸困難和蕁麻疹／全身腫脹。

蜱蟲

出沒環境：森林、灌木叢等。

叮咬特徵：或許不明顯；在頭髮內或皮膚上。

注意事項：如果被蜱蟲叮咬，不要用火柴、點燃的香菸或指甲油去光水去除牠，這時只要用鑷子鉗牢牢抓住牠，然後將蜱蟲從皮膚上拔出即可。

襯衫、長褲和包腳鞋。
- 避免讓孩子穿著顏色鮮豔或色彩繽紛的衣服，因為這些衣服很容易吸引昆蟲。

- 不要讓孩子使用帶有香味的肥皂、香水或髮膠，因為這似乎是在邀請昆蟲靠近。

　　驅蟲劑（防蚊液）通常無需任何處方，不過對於嬰兒和幼童要謹慎使用。最常見的殺蟲劑包括敵避（DEET）與派卡瑞丁。敵避是一種化學物質，可以在年齡超過兩個月的兒童身上使用。美國小兒科學會建議，用於兒童的驅蟲劑其中的 DEET 含量不可超過 30%。所有驅蟲劑的 DEET 敵避濃度都不盡相同，從 10% 到 30% 都有，所以當你在選購時，一定要仔細閱讀包裝上的標籤。DEET 最有效的濃度大約在 30%，而這也是目前用於兒童的最大濃度建議量。

　　然而，對於那些一直紅疹發癢的兒童，一般的局部治療和口服抗組織胺的效果並不大，這些兒童平日要穿著防護衣服、做好寵物除蚤的工作，以及利用驅蟲劑等，這樣才是最有效的處理方法。另一種 DEET 替代產品為派卡瑞丁（picaridin, KBR 3023），雖然這種產品已在歐洲廣泛使用，但直到最近美國才開始使用。這些驅蟲劑可以有效預防蚊子、蜱蟲、跳蚤、塵蟎咬傷，但對昆蟲，如蜜蜂、黃蜂和大黃蜂等則幾乎沒有任何影響。（請見第 590 ～ 591 頁的專欄，昆蟲叮咬，列出了常見的昆蟲螫刺或咬傷。）

第18章

行為

生氣、攻擊和咬人

很多時候，孩子的行為讓人窩心不已，但有時卻又讓人非常抓狂。從鬧脾氣到在客廳手舞足蹈，他都是在表達他的情緒和需要，雖然不一定全是你想要的方式。

孩子的行為有一部分是與生俱來，也就是天生即是如此，但除了遺傳基因外，他的行為還受到很多其他因素的影響。

例如，你們教養孩子的風格也會影響孩子的行為，所以孩子會從看到的成人中模仿行為，其中還包括各種媒體——從電視到電影到網路等。另外，家庭環境也很重要，以及孩子可能面對到的壓力和過渡期，包括進入新的幼兒園或面對疾病。

因此，孩子的行為不是毫無緣由，但不管底層是什麼原因或他想傳達什麼訊息，他的行為每天都會引起你的注意。因此，你一定會遇到許多議題，從電腦到吸吮大姆指等各種大小事。人人都有生氣和激動的感情，孩子也不例外，這些衝動是正常和健康的。同時也是孩子可預期的行為。學步期或學齡前兒童可能無法平和表達憤怒的情緒；相反，他的情感自然流露，挫折時可能出現打人和咬人；當孩子經歷這個階段時，這種行為一定免不了。

學步期的孩子（15～30 個月大），他的語言技巧和情緒表達能力，例如高興、憤怒，特別是悲傷都尚未發展完全。從孩子的角度來看，這是不可思議的 2 歲，所有都是天大的大事，因為他們對所有能做到的新事物都感到異常興奮。這就好像是在宣告：「快看我能做什麼！」但當學步期孩子遇到任何人或任何事限制他們想大肆發揮能力的時候，他們就會感到挫折，即使他們的能力尚不足以做他們想做的事。這種缺乏獨立自主權的感覺讓

他們立即產生強烈的挫敗感，並且失去控制，這可能會以發脾氣或其他行為上的發作表現出來。當發生這種情況時，他需要你的介入，協助他發展判斷情勢、培養自律的能力，並且學習以適當和適齡的方式表達自己的情緒。

這對父母來說並不簡單，因為在這「可怕的 2 歲」之前，你的孩子是一個可愛、熱情，人見人愛的嬰兒和兒童。有些父母甚至還認為：「他就像是一個怪物，整天只會把我惹毛！」但千萬不要將孩子的行為個人化，你的學步期孩子只是對這一切感到不知所措。在這段期間，你的首要目標是教他如何自制，並且規範自己的行為，以免傷害自己、他人或物品——而不是懲罰他。

雖然許多家長認為紀律規範和懲罰是一樣的，但這兩者其實並不相同。紀律是一種管教和加強良好親子關係的方式，當你在規範要求孩子時，除了給予指示的語氣要平和堅定外，你也要讚美孩子，目的是協助孩子改善行為。相反的，懲罰是負面的，是在孩子做或不做某些事後你的處置方式或令人不快的後果。懲罰是紀律的一部分，但只占很小的部分，孩子要到 3 歲以後或甚至更大，才會真正瞭解懲罰的概念。因此，設定界限會比懲罰更好，大多數孩子對清楚、平靜和明確的限制指令都能夠遵從。有效的管教策略適合於孩子年齡的發展，可以教導孩子規範自己的行為，保護他免受傷害，增強他的認知能力、社會情感和解決問題的技能，並強化孩子的家長和照顧者教給他的行為模式。

孩子的行為和脾氣可以非常頻繁而迅速地變化，並且很容易受到如睡眠、營養和周圍發生的事情等許多因素的影響。要記住，年幼的孩子偶爾暴怒是一件正常的事，但若是孩子有傷害自己或他人的行為時，請務必和小兒科醫師討論。

你的孩子可能會度過一段情緒差異特別大或行為特別異常的時期，特別是當他處在擔憂、疲勞或壓力過大的情況下；但如果這種情況持續超過數週或特別具有攻擊性，請與你的小兒科醫師討論。

兒童有特殊醫療需求的家長在有關規範的策略上可能會需要額外的幫助。要制定這些策略首先要了解孩子的身體、情感和認知能力。在某些情況下，諮詢兒童發展與行為相關專業的小兒科醫師可能會有所幫助。

你可以做什麼？

預防行為問題的最好方法是在學步期或學齡前期間，為孩子提供一個**有愛又有紀律**的全天監護、穩定且安全的家庭生活環境；選擇可以做為孩子榜樣的人來照顧孩子，並且他要認同你所制定的規矩──包括你期待孩子做出的行為與對不良行為的回應。

孩子們不知道家裡的規矩，直到你教育他們，這就是你育兒重要的責任之一。學步期孩子很喜歡到處摸索和探險，所以如果你有任何不想他們碰到的貴重物品，請好好保管或收好。你可以考慮給孩子一個單獨的空間，好讓他們可以盡情的探索適合他們年齡的書本或玩具。

規範若要發揮最大效果，一定要在日常生活中落實，而不是只有當孩子行為不當時才使用。事實上，規範從父母以微笑回應微笑的嬰兒時就已開始，並且延伸至日後對孩子所有良好與適當行為的讚美。隨著時間推移，如果孩子感覺到受到鼓勵和尊重，而不是被貶低和羞辱，那他將更有意願聆聽、學習和在必要時做改變。強化孩子正面的行為與教導他們可以取代的行為，永遠比只告訴他們「住手！否則後果自負」更來得有效。你可以稍微忽略輕微的不當行為，然後告訴孩子他應該怎麼做。當你的孩子以你鼓勵的方式行事時，給予他表揚，讓他確切地知道你喜歡他的哪些行為，例如「謝謝你在圖書館輕聲細語地和我說話」，這樣他就會知道該怎麼做了。

當孩子開始不高興時，分散他的注意力也很有幫助。這可以幫助他擺脫令人不安的事情，讓他參與另一項活動以幫助他冷靜下來。盡量避免以賄賂來改變他的行為，而要對你喜歡他做出的行為設定明確的期望。

記住，幼兒的自我控制力本來就不太好，當他生氣時，他需要你提醒他不要用踢人、打人或咬人來表達憤怒，而是要用語言說出他的感覺。很重要的是，他要學會區別真實與想像的侮辱，以及適時為自己的權利站出立場和出於憤怒攻擊他人的不同。

最好的教導方法是在他和同伴之間發生爭執時，謹慎指導你的孩子。如果分歧非常小，你可以保持一段距離，讓孩子自己處理；但如果在告訴他們住手時，孩子們仍然繼續激烈的身體接觸，或其中一個孩子的怒氣似乎難以控制，並正在對其他孩子進行攻擊或嘶咬時，你必須介入處理將孩子們分開，並在

怒火平息之前不讓他們接觸；如果衝突極其嚴重，你必須終止遊戲。你要讓孩子清楚明白，不管是誰「先動手」，試圖傷害彼此就是不對。

若要避免或減少「一觸即發」的情況，你要教導孩子如何處理他的憤怒，而不是訴諸攻擊性的行為，教會他用堅定的語氣說「不」，然後轉身，或者尋找除了打架之外的折衷措施；透過事例，讓他明白用言語解決分歧比肢體暴力更為有效，而且也更文明。當他行為表現良好時要讚美他，並且在他以策略取代打、踢或咬人來解決爭端時，你要讓他知道，他的行為是「長大」的表現，並且當他展現善良溫柔的一面時，你永遠要強化和讚美他的行為。

當孩子的行為不當時，你可以使用暫時隔離的方法，即使年幼的 1 歲孩子也可以適用，不過，暫時隔離應該是最後不得已的作法。你可以讓他坐在椅子上，或到一個很沉悶的地方，沒有任何干擾，基本上就是讓他和他的不當行為「分開」，給他一些時間冷靜下來。簡短告訴孩子你為什麼要這麼做，不要太冗長的說教。一開始當孩子還小時，只要孩子平靜下來後，暫時隔離的時間就可以結束。一旦他們學會讓自己平靜下來後，暫時隔離最佳經驗法則的時間是以孩子的年齡計算，因此，3 歲兒童暫時隔離的時間大約是 3 分鐘。當隔離時間結束後，你還要給他們一些「關注」的時間，也就是當孩子行為得當時，要給他們正面的讚美與注意力。（請見第 377 頁，暫停隔離／積極介入）。

在孩子身邊時，要經常檢視自己的行為，教孩子不使用暴力的最好方法之一是控制自己的脾氣。如果你以平靜、和平的方式表達你的憤怒，他有可能以你為榜樣；不過，有時你可能必須要懲罰他。當那種情況發生時，不要有犯罪感，或者道歉；如果他感覺出你的兩難，他可能會認為自己一直是對的，而你才是那個「不好」的人；雖然，懲罰孩子不是一件愉快的事，但這是作為父母必須做的事情，不要有罪惡感；你的孩子需要知道自己什麼時候做錯，以便學會對自己的行為負責並勇於承擔後果。

求助小兒科醫師的時機

如果孩子罕見的激烈行為持續一週以上，而且你自己無法處理，這時你要與小兒科醫師討論。這些徵兆包括：

- 對自己或他人造成身體上的傷害（齒痕、青腫和頭部損傷）。
- 攻擊你或其他成年人。
- 被鄰居或學校送回家或禁止與他人遊戲。
- 你擔心他周圍人的安全。

　　最常見的徵兆是經常暴怒。有時行為障礙的兒童可能連續數天、一週或數週沒有發作，甚至行為表現得相當迷人，但他們很少能保持一個月以上不出現麻煩。請與孩子的老師、學校和其他照護者保持緊密的關係，以隨時監督他的行為。

　　你的小兒科醫師會建議你規範孩子的方法，並協助判斷你對孩子行為的期望是否符合他的年齡，或者孩子的行為是否在他這個年齡的孩子的正常範圍內，或者孩子是否可能真的有行為障礙。當孩子患有真正的行為障礙時，兒童心理學家、兒童心理治療師和／或行為治療師的心理健康干預會有所幫助，你可以向你的兒科醫師尋求轉診。

　　小兒科醫師或其他心理健康專家將會見你和你的孩子，並且在不同的情況下對孩子進行觀察（家庭、幼兒園、與其他孩子和成人在一起時），然後提供適合他的行為管理計畫。但並不是所有的方法都對兒童有效，因此需要嘗試一些方法並進行評估；一旦找到幾個可以激勵良好行為和減少不良行為的有效方法後，就可以建立一個在家庭或家庭外都有效的方針；這個過程可能很慢，但如果在孩子的行為障礙剛開始形成時就進行治療，最後通常都可以成功。

虐待或忽視引發的行為擔憂

　　兒童的性相關行為可能比許多家長會意識到的更為正常。多達一半的兒童會在 13 歲之前表現出某種性行為。也就是說，許多家長因為發現這些與性相關的行為而感到擔憂，想知道這是否表明孩子是性虐待或性騷擾的受害者。雖然性虐待和忽視都會導致性行為增加，但即使是虐待兒童專家也很難判斷任何特定行為是否是性騷擾的結果。更複雜的是，現在有越來越多的色情圖片和影片可以被兒童取得，並且這些材料還可能引發他的家長在如此年輕時可能不會預料到的行為。

　　尤其是在學齡前階段，一種常見的行為是對身體及其差異的單純好奇。在這個年齡階段，孩子們開始意識到不是每個人都是一樣的，他們可能會好奇地觸摸和比較身體部位，通常是在比較身高、體重和

頭髮等其他特徵的情況下。在孩子迎接新的兄弟姐妹、看到家長不穿衣服或觀察母親進行母乳親餵後，你可能會看到更多此類行為。通常來說，只要你冷靜地向孩子解釋這些行為不合適，這些行為就會消失。然而，如果你擔心孩子的特定行為或行為模式，請諮詢孩子的小兒科醫師。

面對災難與暴力

災難事件——地震、颶風、龍捲風、洪水和火災，都會造成兒童和成人的恐懼與創傷。當發生這樣的事件時，父母一定要和孩子談論這些事情，並且安撫他們，特別要更敏銳地留意孩子們的需要。美國小兒科學會彙集一些參考資訊，當遇到災難事件或其他議題時，父母可以和孩子一起討論，你可以上 Healthy Children.org 和 AAP.org 網站搜尋。我們理解父母擔心這些恐怖事件對孩子的影響，包括媒體對這些事件的報導。因此，在一般情況下，最好的作法是告訴孩子基本的訊息，不要有關於災難現場寫實的圖片或不必要的細節。因此最好關掉電視和任何孩子可能會觀看的螢幕，尤其重要的是讓孩子遠離不斷在電視、電台、社會媒體、網路上重播的圖像和聲音。如果家中同時有年紀較大與較小的孩子，你可能會希望做出區別，允許特定年齡的孩子接觸比較令人不安的新聞。如果你決定讓年齡較大的孩子在網路上觀看新聞或影像片段，請自己先查看一次，並給較年幼的孩子適當的保護。

兒童一般都會聽取好的忠告，但你必須給他們一定的自由，在他們能力所及的範圍下，讓他們自己做一些決定。例如，你可以攔截送到家門口的報紙，不讓他們看到，但無法避免他們看到報攤或雜貨店上的報紙。今天，大多數年紀較大的孩子可以透過手機看新聞和影像，因此，在這之前，你必須留意外頭發生什麼事情，並且事先與孩子討論他們可能會看到或聽到的消息，並詢問他們是否有任何問題或疑慮。

你可以預期的是

即使恐怖事件、天然災害或其他創傷事件發生在離你們數百或數千英里之外的地方，電視、網路和印刷媒體的報導都可能造成災後創傷。如果災難事件確實發生在你們社區，那麼對孩子而言就更加可怕。

在一陣恐慌之後，孩子可能會

有不同的反應。有些或許會有創傷後壓力症候群，症狀則因人而異，部分則取決於孩子的年齡，其中5歲以上的孩子可能會出現：

- 睡眠困難。
- 食慾減退。
- 哭泣、情緒不穩。
- 反抗、鬧脾氣，以及對兄弟姐妹產生敵意。
- 非常黏你，離不開你，你到哪他就跟到哪，只要離開你的身邊就很焦慮。
- 夜間做惡夢，不願意睡在自己的床上。
- 可能尿床，即使已經完成如廁訓練。
- 出現身體不適的症狀，例如胃痛和頭痛。
- 拒絕上學，即使以前很喜歡上學。

你的因應之道

記住，孩子很容易將事件個人化，他們可能會認為恐怖事件或災難即將找上他們或他們的家人。身為家長，你的主要目標就是與孩子溝通，讓孩子感到安心與安全。你的言語和行為對孩子有極大的安撫力量，和他討論這些事件並不會增加他的恐懼和焦慮。當你與他互動時，用一些他可以理解的言語讓他

明白，以下是一些你可以牢記的準則：

- 聽聽孩子對你說什麼。協助他使用適合他年齡的詞彙來形容他的感受──也許是「難過」、「生氣」或「害怕」，千萬不要做任何假設，也不要輕忽他的表達，完全接受他的感覺。
- 如果孩子難以表達自己的感覺，你可以鼓勵他用其他的方式表達自己，也許是透過畫畫或玩玩具。
- 在他這個年齡，孩子或許不需要太多關於發生事件的資訊。你也不要太驚訝於孩子一直問同樣的問題，雖然你應該據實以告，但不要給予太多他無法負荷的訊息。
- 如果附近發生恐怖攻擊事件，你可以向孩子解釋這世界上有壞人，而壞人做了不好的事。但你要確保他明白，大多數的人並不是壞人，以及所有種族和宗教團體的大多數人都是好人，並且透過這些事件教導孩子學習包容他人。
- 如果其他國家發生恐怖攻擊事件，你要讓他知道這個暴力事件是發生在某個特定的區域，並不是在你們的社區中。
- 你一定要隨時監測孩子觀看的電

599

視節目，尤其是當媒體充斥著恐怖攻擊或其他災難新聞的時候。不管孩子年齡多大，他很可能因為看到電視或網路上的報導而受創，所以這時一定要限制孩子看任何螢幕。如果他真的要看電視時，你要陪他一起看，並且和他討論電視上看到的內容。

■ 如果你對發生的事件出現非常焦慮的情緒，這時孩子一定會感受到，而且會變得更難以應對。因此，在孩子面前，你要盡可能保持平靜，盡量維持家庭原本的生活作息模式。例如，如果孩子已經上幼兒園，這時按照以往帶他去上學可以讓他感到安心。

■ 教導孩子對那些直接受到悲劇或災害影響的人伸出援手的重要性。讓他協助你一起寄慰問信或愛心包裹，或向他解釋你正在寄送金錢或物資，以協助那些受害的人。

■ 如果你的孩子因發生的事件受創，你一定要與你的小兒科醫師討論。他可能會建議你求助那些專門治療兒童災後創傷、有情緒障礙的心理健康專家。

■ 如果事前先計畫任何緊急事故或災難情況的因應之道，這對成人和孩子而言，或許較容易面對。父母應制定書面的災難應對計畫，並且與孩子討論該計畫。與孩子事前討論緊急情況或災害的因應之道，可以協助他們做好足夠的準備與應對策施，以面對緊急的情況。很重要的是要讓他們參與計畫，協助他們發展應對和調適的策略。（更多關於災後如何協助兒童面對與調適的資訊，請參考 AAP.org 網站《宣導與政策篇》（Advocacy and Policy）。）

如何面對至親過世

孩子生命中重要的人過世是孩子會體驗到的最大壓力事件之一，當死亡涉及父母或兄弟姐妹時，孩子內心潛在的不良反應極為複雜。你可能會發現一些行為改變，而家長必須關注其中是否出現需要專業協助的問題。當在面對喪親之痛時，以下有幾點重要的事情要謹慎處理：

■ 據實以告，以孩子能夠理解的語言向他說明。

■ 家人可以放心表達他們的情緒，例如震驚、懷疑、內疚、悲傷和憤怒，這些都是正常且有益的。失去親人的父母或其他親密的家人可以與孩子分享感覺和記憶

（例如用圖片和故事），這樣可以減少孩子的孤立感。

- 兒童需要確保他們仍然會受到一致的照顧與愛護，此外，你要讓他們明白，死亡與他們無關，他們也無法預防，而且人死不能復生。父母應該繼續維持家庭的日常生活作息和紀律。

- 如果與家庭價值觀和作法相符，並且具有支持和適當的理由，殯葬服務業甚至可以提供年幼孩子悼念所愛的人一個特別的方式。如果孩子要參與葬禮的過程，一定要事先讓他有心理準備，而且要根據孩子的心理發展量身安排，要有一位值得信賴的人在一旁陪伴孩子，向孩子解釋正在進行的儀式，並且提供支援。鼓勵孩子以某種形式紀念失去的至親，例如畫畫、種一顆樹或給出一個心愛的物件，這都可以協助他更投入這個過程，讓儀式變得更有意義。

- 對孩子而言，悲傷是一個隨著時間發展的過程。從最初震驚到否認死亡，之後演變為悲傷和憤怒，這可以持續好幾個星期到好幾個月，最後終於落幕，而在最好的情況下是孩子學會了接受與調適。

磨牙（磨牙症）

磨牙，也稱為磨牙症，可能會在你的孩子清醒時發生，但更常發生在他睡著時。大約 1/3 的兒童會出現某種形式的磨牙。可能有多種原因讓孩子養成這種習慣，包括情緒壓力、異睡症（睡眠障礙）、創傷性腦損傷和神經功能障礙等。

長期磨牙會導致牙釉質磨損、頭痛、顳下頜關節問題和咀嚼肌酸痛。初步證據表明，在大多數情況下，幼兒磨牙是自限性的，不會持續到成年、儘管偶爾會發生這種情況。是否需要治療磨牙症取決於它的嚴重程度，治療方式可能包括使用夜間護牙器（Dental Night Guard）、心理學技術或藥物治療。你的小兒科醫師可能會將你的孩子轉介給小兒科牙醫以幫助管理和治療。

過動不專心的孩子

幾乎所有孩子都會有一段極度好動的時期，家長或老師可能可以透過有效行為幫助維持孩子更加專注和專心。然而明顯的注意力不集中（持續地無法專注和集中注意力）和過動症狀有可能是一種稱為注意力不足過動症（ADHD）的疾

病，它影響了美國近 10% 的學齡兒童。患有 ADHD 的兒童經常漫不經心、衝動、總是動來動去坐不住。他們也很容易分心、行事衝動，在傾聽或觀察周遭事物時很難集中注意力，此外，他們也有睡眠的問題。

只有當孩子有持續的症狀並且同時發生在多種環境下（例如家庭和學校），才能被診斷為 ADHD。如果症狀僅在一種環境中出現，則可能是反映孩子對那種設置或關係的自我調整。如果家長的期望與孩子的發展能力不同步，可能會導致孩子感到沮喪，從而顯得注意力不集中和過度活躍。此外，暴露於創傷事件的兒童可能也會有與 ADHD 相似的症狀產生。

當你的孩子還在蹣跚學步時，你或許會擔心他有過動的傾向，假設你將他和其他同年齡孩子相比時，你會發現他是正常的。2～3 歲的兒童，天生非常活潑好動，而且注意力不集中；所有兒童偶爾都會有極度活躍和容易分心的時候──例如，在他們非常疲累、異常興奮於做某些特別的事，或者在陌生的環境或人群中感到焦慮時。然而患有 ADHD 的兒童，與同儕相比，更活躍、更容易分心和更容易激動；最重要的是過動的兒童似乎每天都無法靜下來，並且隨著年齡增長，他們的行為幾乎沒有任何改善。這時會讓他們的行為變得更容易造成問題，因為患有 ADHD 的兒童經常在學校和其他群體環境中遇到困難，尤其是那些需要集中注意力的環境下。

儘管孩子的智力正常，但他們的學業表現往往不理想，因為他們不能集中注意力或遵照指示完成任務。他們的自制力和情緒控制能力的發展較慢，適齡所需的能力與專注力的發展也會延後。他們傾向於多話、情緒化、要求多、不聽話，比同齡的孩子更加固執。整個童年和青春時期，他們的行為往往不成熟，進而可能導致在家中、學校或朋友圈中行事困難。如果沒有支持與治療，過動症的兒童很難發展日後健全人生所需的自尊感。

大部分有 ADHD 的孩子的家庭中，可能也會有相同症狀的成員，因此研究人員指出這可能與遺傳有關。不過有些症狀可以追溯到影響大腦或中樞神經系統的疾病，例如腦膜炎、腦炎、胎兒酒精症候群或嚴重早產兒等。然而，大多數患有 ADHA 的兒童可能從未有過這些疾病，而許多曾經患過這些疾病的孩子也未必會產生發展失調。男孩被診斷為過動兒的比例與女孩

相比為 2：1 到 3：1，研究表明，一些患有 ADHD 的兒童在接觸食品添加劑和暴露在某些環境（例如香菸煙霧或鉛）時會出現更嚴重的症狀，如過動症狀的增強。雖然還需要進行更多的研究，但許多專家會建議讓這些孩子吃由完整、真正的食物組成的健康飲食，並盡可能避免食品防腐劑和人造色素。

對於一些不瞭解這種失調性質的成人或家長，在遇到患有 ADHD 的兒童時，可能只會傾向於以消極負面、控制和懲罰的方式教養，然而當這類孩子受到更多的指責和批評時，他們對自己的看法只會變得更消極與負面；這也是為何全面地考量孩子的行為問題，尋找原因並制定治療計畫是如此重要的一件事。

不管 ADHD 的源頭為何，家長和老師對這個問題的洞察力、理解與治療反應，都會影響孩子最終的結果。那些展現出最好成果的孩子也有情緒健康的家長，這樣的家長知道該如何幫助孩子管理自己的行為。

求助小兒科醫師的時機

要判斷孩子是否異常的注意力不集中或過動，最好的方法是對你的孩子和其他同年齡的孩子進行數天或數週的觀察。因此，那些在托兒所或日托中心照顧孩子的人將是重要的資訊來源，他們可以告訴你孩子在人群中表現如何以及他的行為是否與年齡相符。

過動的特徵包括：

- 對其他同齡兒童感興趣的活動難以集中注意力。
- 難以遵照簡單的指令，因為無法專注。
- 衝動反覆跑到街上、影響其他兒童玩耍、不顧後果的跑出警戒線。
- 不必要的快速活動，例如不同的跑步、觸摸和蹦跳。
- 突然情緒爆發，例如哭泣、喊叫、踢打或不當的受挫表現。
- 儘管被告知「不可以」許多次，但就是不聽，仍然我行我素持續不當的行為。

如果你和其他人發現孩子的表現有幾個以上的徵兆，你要與你的小兒科醫師討論。醫師會為孩子進行 ADHD 評估，並且檢查孩子的身體以排除任何可能導致症狀的疾病，隨後醫師會為孩子做進一步的評估，或者推薦其他的兒童心理學家或兒童精神病專家做更多正式的評估。

如果專家診斷孩子確實過動，為了矯正他的行為，醫師或治療師會推薦一些特別的規範策略，並且建議你學習微調自己行為管理技巧的一系列課程，應用所謂的行為治療或家長行為訓練課程（參考後段，因應之道）。確保你的孩子每天都有得到充足的睡眠、適當的營養、充足的鍛鍊和戶外時間，還有限制孩子的螢幕時間可能有助於緩

專欄　有效的規範

兒童的行為	你的反應	
	有效反應	建設性反應
鬧脾氣	讓他「暫時隔離」冷靜，然後離開他。	等孩子冷靜下來後，以適合孩子年齡的方式和他討論這件事。
過度激動	用其他活動讓他分心。	等孩子冷靜下來後，以適合孩子年齡的方式和他討論他的行為。
打或咬人	立即讓他離開現場。	等孩子冷靜下來後，以適合孩子年齡的方式和他與其他孩子討論這種行為的後果（疼痛、受傷和難過），在簡短的反應過後，試著給他一個「暫時隔離」的處置。
注意力不集中	用目光提醒他保持注意。	確保你對孩子的期望要符合他的年齡心智發展（要求他安心聽 3 分鐘故事，而不是 10 分鐘）。
拒絕撿起玩具	不撿玩具不讓他玩。	示範給他看，協助他撿起；當他撿起玩具時讚美他。

＊注意：在所有這些情況下，你要試著找出哪些因素影響或導致孩子的這種行為：是否孩子需要關注、累了、擔心或恐懼？你自己的心情或行為又是如何？記住，當孩子行為良好或努力改進時，你一定要讚美嘉許他。

解一些症狀。此外，醫師也可能會推薦或開立特定的維生素和營養補充劑，例如 omega-3 脂肪酸、鐵、鋅、甲基化葉酸、維生素 B12 和維生素 D。

此外，醫師或許會建議使用藥物，取決於藥物對孩子行為的有效程度。學步期和學齡前兒童的變化非常迅速且明顯，以至於在當時看似問題的行為，過了幾個月後卻完全消失。因此，診斷過動症很重要的一點是要觀察這種行為是否已經持續超過 6 個月以上。

記住，唯有在已經使用了育兒技巧和健康的生活方式嘗試控制 ADHD 過後，ADHD 症狀更嚴重的幼兒，才可使用藥物控制。美國小兒科學會建議，在兒童被診斷為 ADHD 並開始藥物治療（特別是興奮劑）之前，必須先備妥完整的病史、家族病史和身體檢查表。在某些情況下，如果病史或身體檢查引發任何顧慮，醫師在給予處方藥物前，可能會建議孩子做心電圖測試。

ADHD 兒童的父母可能聽過順勢療法，但這些方法有些還未被認可，而有些已經證明無效。因此，在你要給孩子使用任何順勢療法之前，你要事先與你的小兒科醫師討論，以確保你不會浪費時間和金錢或做任何可能傷害孩子的事情。

因應之道

假如你的孩子有過動的跡象，這意味著他難以控制自己的行為，在他匆忙或激動時，可能會造成一些意外。

規範一個過動的孩子，你需要做出「有效」和「建設性」的反應。如果你的反應「有效」，孩子的行為會得到改善；如果你的反應「有建設性」，這將有助於建立他的自尊，並使他更平易近人；前頁（604 頁有效的規範）列舉一些過動兒童常見問題的「有效」和「建設性」的反應。

重要的是無論孩子在什麼時候出現不當的行為，要立即做出反應，並確保任何照顧他的人在遇到相同情況時也會做出相同的反應。規範意味教導自我控制，如果成效良好，你就不太需要用到懲罰。另外，不要使用體罰，因為這不僅無法鼓勵孩子控制自己的情緒，反而還會讓他對自己產生負面的看法，並且對你心生怨恨，同時，這種方法也是在教他可以攻擊別人。相反的，你要適時指出和讚美孩子一些良善的行為（也就是說，放大他表現好的一面），並且學習忽略一些

不具危險性的不當行為，這些方法就長遠來看更為有效。教養過動症兒童非常具有挑戰性，而父母可能需要協助或輔導，以更有效地管理孩子的行為。

吸吮安撫奶嘴、拇指和手指

非營養性吸吮習慣（安撫奶嘴、拇指或其他手指）在嬰幼兒中很常見——孩子早年有一半以上的兒童都有這種習慣。這很可能是嬰兒期正常吸吮反射的結果。證據顯示，有些嬰兒在分娩前就會吸吮他們的拇指和手指，特別是那些吸吮手指的嬰兒，他們會在出生後立即出現這種行為。非常年幼的寶寶會吸吮他們的拇指或手指來讓自己冷靜下來，滿足碰觸的衝動，並幫助他們感到更加有安全感。

吸吮是一種正常反射，因此吸吮拇指或手指應該視為一種年輕兒童的正常的習慣；吸吮除了舒緩作用外，安撫奶嘴的使用與嬰兒猝死綜合症（SIDS）的風險降低有關，而且大多數安撫奶嘴使用者不會養成吸吮拇指或手指的習慣。建議讓你的孩子在 1 歲後停止使用奶嘴，因為此時他不再承受 SIDS 的風險，且在拿走奶嘴之後他也不太可能會對吸吮拇指或手指產生興趣。

有超過一半以上吸吮拇指或手指的孩子會在 6 或 7 個月大時停止，然而有一些幼兒，特別是當他們感到脆弱時，即使到了 8 歲左右，偶爾還是會吸吮拇指。在孩子還未滿 4、5 歲前，你都無需擔心，因為當孩子滿 5 歲後，如果他繼續吸吮拇指，可能會造成上嘴唇產生變化，或者影響牙齒的排列，這時你和醫師就要特別注意。同時，這個時期孩子可能會開始受到社會壓力的影響，像是來自玩伴、兄弟姐妹和親戚負面評論，如果這些因素造成困擾，你可以諮詢你的小兒科醫師關於治療的方法。

治療

父母可以協助他們的孩子克服吸吮拇指的習慣，但這需要時間。在治療計畫開始之前，一些可能造成這種習慣延長的嚴重情緒或壓力等相關問題要先排除。同時，你的孩子也要有能力理解為何吸吮拇指會是個問題，並且想要停止這個習慣。朋友和親屬可能會建議你使用奶嘴，但沒有證據證明這是一種有效的措施，這僅僅是用另一種吸吮習慣替代吸吮手指而已。

由於習慣通常是無意識的，你的第一步是幫助孩子建立對習慣的意識。通常，當你看到他在吮吸拇

指時,特別是在白天,可以從溫和的提醒他開始。你也可以讓他在照鏡子時故意吮吸拇指,這樣他就會更加清楚自己在做什麼。然後你和你的孩子需要一起尋找替代這個習慣的方法,例如擠壓壓力球或小絨毛動物,甚至只是深呼吸。在這之後,每當你看到你的孩子開始吮吮他的拇指時,你可以試著引起他的注意,並建議他用另一個習慣替換掉吮吮拇指;當你看見孩子注意到自己時要讚美他。隨著時間的推移,孩子應該能夠將吮吮拇指轉變成一個新的習慣。

其他小兒科醫師建議設定一連串可達成的目標,鼓勵孩子放下吮吮拇指的習慣(例如上床前 1 個小時不吮吮,然後是晚餐後,最後是1 整天),過程中當孩子達成目標時給予讚美或獎勵。但只要孩子開始意識到自己的行為時,他自然就會停止吮吮的習慣。

一些罕見的情況下,如果孩子的牙齒排列異常紊亂,而且上述的方法全部失敗,有些牙科醫師會在孩子的口腔內安裝一個設備,橫跨上顎並作為對孩子的一個提醒,打破習慣的模式並減少習慣的舒緩效果。其他經常不那麼有效的方式也可以達到這個效果,包括用襪子、繃帶或膠帶套在孩子的拇指上,提醒孩子不要吮吮手指。重要的是要瞭解到,無論你使用何種方法,唯有在孩子也同意參與戒掉吮吮拇指的習慣下才會成功。

重要的是要記住,你的孩子可能是少數由於種種原因不肯停止吮吮手指的兒童之一。在這種情況下,施加過大的壓力在孩子身上來要求他停止這種行為可能弊大於利。但大多數孩子肯定會在進入學校時,在白天停止吮吮手指,因為同儕間壓力。

鬧脾氣

身為一個成人,你已經學會控制自己強烈的情緒,但是你的學齡前幼兒可能還沒有。

對你和孩子而言,他鬧脾氣不是一件好玩的事,但這是大多數學步期兒童生活中正常的一部分;當孩子第一次無法隨心所欲而尖叫和踢打時,你可能有生氣、受挫折或驚恐的感覺。你可能會懷疑自己究竟哪裡做得不好,怎麼會教出這樣可怕的小孩。平心而論,你無須對這種行為負責,鬧脾氣不是嚴重情緒和人格障礙的一個常見特徵;幾乎所有的幼兒偶爾都會出現這些行為,特別是在 2 ～ 3 歲時。如果處理得當,通常在 4 歲或 5 歲時,孩

子的鬧脾氣程度和次數都會有所減少。

鬧脾氣經常是遭受挫折的表達方式；學齡前兒童非常渴望控制一切；他們想要超越自己能力範圍和安全限制以外的自主權，他們一點都不喜歡限制。他們想做決定，但不知道如何妥協，也無法面對失望或被制止；同時也無法用詞語好好表達自己的情緒，因此，他們透過哭泣、退縮或有時發脾氣來表達他們的憤怒或挫折；雖然這些情緒令人不愉快，但很少有危險性。

你一般可以知道什麼時候孩子即將鬧脾氣。有時孩子在鬧脾氣前會比平時更悶悶不樂或容易激動，溫和撫摸或陪他玩耍都不能改變他的心情；隨後他會試圖做一些超出能力所及的事情，或者要求一些他不能得到的東西，開始低聲哭泣或發牢騷，並且要求更多，這時任何東西都不能使他分心或安慰他，最終他開始放聲大哭。隨著哭聲越大，他開始甩手或用腳踢東西，他可能跌在地上或憋住呼吸，有的孩子真的會憋住呼吸，直到面色發青或虛脫；雖然當看到孩子屏住呼吸時讓人害怕，但就在他快昏倒之即，他會恢復正常的呼吸，並且很快會完全復原。孩子也可能會用頭撞地板，力道有時會大到足以造成挫傷流血。

如果孩子只有你在場時才鬧脾氣，千萬不要感到奇怪，大多數孩子只在父母或他們的家人面前撒野，在外人面前很少如此。這時他也是在測驗你的尺度和忍耐範圍，然而，他們不敢在不熟悉的人面前做這件事。當孩子太過分而你制止他時，他可能會大發脾氣。不過這時千萬不要個人化，只要保持冷靜並試著理解他的行為即可。有趣的是，他偶爾鬧脾氣其實是他信任你的表現。

這種情緒爆發可以達到釋放能量的作用，經常會使孩子精疲力竭，因此很快可以入睡；當他醒來後通常會很平靜，行為表現安靜而愉快；然而，如果他生病，或者周圍的人很緊張，那麼這種挫折感會一再重復。那些焦慮、生病或喜怒無常、睡眠不足或生活在壓力很大的家庭環境下的孩子，鬧脾氣的頻率似乎更加頻繁。

預防

雖然你不能預防孩子每次鬧脾氣，但你可以藉由不要讓孩子過度疲勞、興奮或遭受不必要的挫折來減少他鬧脾氣的次數。如果孩子沒有得到足夠的休息，孩子的脾氣會變得非常暴躁，尤其是在他生病、

焦慮或異常活躍時；即使他不睡覺，但躺在床上 15～20 分鐘也有助於儲存能量，減少因疲勞所造成鬧脾氣的可能性。不打盹的孩子特別容易發脾氣，因此，孩子需要在每天的某一段時間有規律的休息時間；如果孩子不願意休息，你可以和他一起躺下，或給他講故事，但不要讓他玩耍或一直說話。

與那些父母進行適當限制的孩子相比，父母不限制或限制過嚴的兒童往往更常鬧脾氣，也更劇烈。一般原則是盡量限制少，但必須堅持。當問題很小時，你可以允許他採用自己的方式，例如他想漫步遊蕩去公園，而不想快步走去公園；或者他在早餐前拒絕穿衣服。但當他要跑向大街時，你必須阻止他，並且堅持他要服從你，即使你用力將他拖回。當他每次違反原則時，你要讓他感受到愛，但態度要堅定，而且每次的反應都要一致。由於孩子無法很快學會這些重要原則，所以在他行為改變之前類似的情況會重複很多次；同時你要確保照顧他的每一個人也採用相同的原則並用相似的方式規範他。

預防孩子鬧脾氣的**最佳策略之一是提供孩子一些適當的選擇**，你可以說：「你想要我念書給你聽，或者自己穿好衣服，然後去公園？」每一種選擇都要有可能性與在合理的範圍——有時候或許並不適合去公園，這時你就需要提供更多有彈性的選擇。又或者，如果多天你想帶孩子去外面玩雪，但他拒絕穿上雪衣，這時你該怎麼辦呢？當遇到這種情況，你或許可以說：「要嘛你自己穿上，或者帶在身上，或者我幫你帶出去，你要哪一種？」一旦到了外面，他很快會發現自己很冷，並且會自己穿上雪衣。

因應之道

當你的孩子鬧脾氣時，最重要的是你要保持平靜。如果你也大發雷霆，你的孩子很自然就會模仿你的行為；如果你大聲喊叫要他冷靜下來，情況只會變得更糟；維持平和的氣氛有助於減輕壓力，讓你和孩子的感覺靜下來並且更容易控制；事實上，有時溫和的制止、擁抱，或如「你看小貓正在做什麼」或「我聽見門鈴響了」等分散注意力的話語可以阻止諸如「憋氣一直到虛脫」等情況發生。

有時，如果你感到即將失控，這時來點幽默感可以化險為夷。將一場爭端轉換成看誰先跑到浴室洗澡的比賽，或者用一個塑膠杯或碗創造一個新的浴缸玩具；用有趣的

表情和軟化的指令要孩子「收拾玩具」。除非孩子異常激動或疲勞，不然，如果你的規範帶有一些可笑或奇怪的元素，他通常很容易就會忘記生氣而且接受，你自己也會鬆一口氣。

有些父母在每次向孩子說「不」時都會有罪惡感。他們想盡一切努力解釋他們的規則，或者向孩子道歉；即使 2、3 歲的孩子都能察覺出不確定性的語氣，並且會試圖利用這點從中得利。如果父母有時讓步，那麼當孩子在不順心的情況時，可能會變本加厲的鬧脾氣。在要求孩子接受你的原則時，沒有必要感到抱歉，否則這只會讓孩子更難理解哪些是確定，哪些是可以商量。這並不表示你一定要用嚴厲或辱罵的口吻說「不」，而是你的立場要堅定明確。當孩子逐漸長大時，你可以簡單解釋你的原則，但不要太冗長而混淆你的解釋。

這些重要的規則應該以孩子不傷害自己或破壞物品為主，此外，所有照顧孩子的人都要同意相同的規則。另外，你要明智慎選你的戰場，有些時候，學步期幼兒會處在矛盾的情況，那就是完全與限制或避免衝突的目標背道而馳。當你要求孩子做一些違背他意願的事情時，這時你一定要跟進他。如果你要求孩子收玩具，你可以在一旁協助他；如果你告訴他不要把球往窗戶扔，同時間你要告訴他可以扔球的地方；如果你提醒他不要碰烤箱的門，這時你可以帶他離開廚房或者與他待在一起，確定他記住你說的話（千萬不要向一個 2、3 歲的孩子下達安全指令後離開房間）。

最後，運用 377 頁所述的冷靜或暫時隔離的策略，給孩子一些時間獨自冷靜下來，調整自己的行為。帶他去一個隔離的空間，停止正在進行的活動，讓他清楚明白他的行為不被接受（但你仍然愛他）。暫時隔離再加上你的用心勸導，將有助於孩子明白其中的原因。

求助小兒科醫師的時機

學齡前兒童偶爾鬧脾氣是很正常的事，等到 4 歲多時，孩子鬧脾氣的次數會減少，強度也會降低；在不鬧脾氣期間，孩子的行為看起來和同齡的其他孩子一樣健康正常。不管任何時候，孩子的行為都不應該造成傷害自己或他人或破壞財物的情況。當孩子情緒爆發非常嚴重、頻繁，或持續時間很長，那麼這很可能是早期情緒障礙的徵兆。

如果孩子有任何以下徵兆，請與你的小兒科醫師討論：

- 在 4 歲後持續鬧脾氣或強度增加。
- 在鬧脾氣期間造成自己或他人受傷或破壞財物。
- 伴有經常性夢魘、極度反抗、如廁訓練退化、頭痛或胃痛、拒絕吃飯或上床睡覺、極度焦慮、脾氣暴躁或者非常黏你。
- 孩子鬧脾氣期間憋氣或昏厥。

在孩子憋氣到發生昏厥的情況下，醫師會檢查孩子，尋找可能昏厥的其他原因，例如癲癇（802頁）或缺鐵（在憋氣時更容易發生昏厥）。小兒科醫師也會提出規範孩子的建議，並且提供父母一些可能給予額外支援和指導的教育團體。如果醫師認為鬧脾氣是嚴重的情緒紊亂症狀，他會推薦你尋求兒童心理專家、兒童心理學家或心理健康門診協助。

抽動與刻板動作

抽動與刻板動作是重複的動作，每次發生時通常看起來或聽起來都差不多，例如眨眼。雖然這些動作看起來令人不安或不舒服，但它們給父母帶來的痛苦往往比給幼兒帶來的痛苦更大。在某些情況下，可能會同時或接著出現其他發育或精神問題。

刻板動作通常在 3 歲之前開始，通常涉及手臂、手或整個身體。例子包括有節奏的拍打手臂、搖擺身體和擺動手指。有時還會出現蜷縮身體、張開嘴巴或伴隨動作從口中發出聲音。這些動作每天往往會出現很多次，可以在短時間內爆發式的出現或完全隨機，並且似乎會持續數個月至數年。這可能會發生在某些情況下，例如當孩子專注於某件事情、感到興奮或有壓力時，家長可以輕鬆地錄下這些動作。孩子做這些動作並不是因為他覺得他必須、或想要去做，而只是不假思索地動作。在這些發作期間，孩子看起來可能會眼神放空或像是沒有反應一樣，但與癲癇發作不同，你可以打斷並阻止這些動作。雖然有些孩子會在長大後停止這種情況，但其他孩子也可能會持續很多年，有時會持續到成年。

抽動通常會在 3 歲到 8 歲之間開始，最初涉及面部肌肉或發聲／聲音。例子包括眨眼、張大嘴巴、眼睛睜大或偏斜、搖頭、清喉嚨、用力嗅、咳嗽或發出咕噥聲。抽動通常是逐漸開始的，儘管對於護理人員來說這可能會在病情惡化時突

然開始。抽動可能會因疾病、家庭或社會壓力而加劇。當孩子焦慮、緊張、睡眠不足或孩子在家且沒有其他活動時，情況可能就會惡化。在運動或音樂表演等重點運動活動中，抽動可能會變得不那麼頻繁。抽動會隨著時間的推移出現、消退並改變形式。兒童通常可以報告一種抽動發作時最初的感覺或衝動，並經驗到這些抽動中至少有一些是自願的反應，並且可以──至少短暫地──抑制。抽動可能會持續很多年，有時會持續到成年。

當抽動偶爾發生並且持續不到 1 年時，會稱為暫時性抽動症。當抽動持續超過 12 個月，並且與學齡前的抽動相比更年長時發生、例如在就讀小學初期，可能會診斷為慢性抽動障礙。原發性慢性抽動障礙，稱為妥瑞氏症，兒童會患有動作型抽動和聲語型抽動，聲語型抽動可能包括不自覺地說出單詞或短語（有時包括淫穢詞彙）。慢性抽動障礙經常與其他疾病相關，包括 ADHD（注意力不足過動障礙）、OCD（強迫症）和焦慮症。

突然發作的抽動對家人和照護者來說可能非常令人擔憂，而且經常像是典型抽動障礙中的最劇烈的發作。這種爆發性發作可能會引起人們對 PANDAS 症候群──合併鏈球菌感染的兒童自體免疫神經精神異常（Autoimmune Neuropsychiatric Disorder Associated with Streptococcal Infection）──的擔憂。當強迫行為和抽動突然劇烈的發作，且發生時機接近一場感染、如鏈球菌感染（A 型鏈球菌），就可能被診斷為 PANDAS。這種症狀中自體免疫的作用及與鏈球菌感染之間的聯繫仍然存在爭議。所有 PANDAS 病例都是獨一無二的，治療方法因病因和症狀而異，大多數病例的狀況會隨著孩子的成長而起起落落。請與你的小兒科醫師討論可行的治療方案，評估對你的孩子來說最好的治療方法。

管理

一般來說，刻板動作和抽動症不需要治療，除非它們干擾幼兒照護、幼兒園或孩子的其他活動，導致身體疼痛，或給孩子帶來嚴重的社會困擾。有時家長會覺得孩子的抽動很煩人，很想對孩子說：「停下來。」但這不太可能會有幫助。

如果你的小兒科醫師認為有心理或醫學因素使你孩子的刻板動作和抽動症狀惡化，則應該去治療這些潛在疾病。致力減少孩子生活中的壓力、擔憂或衝突，可能有助於

緩解他抽搐的嚴重程度。

　　對於慢性抽動障礙，醫師可能會開立藥物或將你轉診給專科醫師。由心理專家進行的認知行為療法也是降低抽動嚴重程度的有效方法之一。

第19章

胸部和肺部

細支氣管炎

細支氣管炎是一種**嬰兒時期最常見的肺部小氣管（細支氣管）感染性疾病**（注意：細支氣管炎有時很容易與支氣管炎混淆，支氣管炎是發生於大的、中央氣管的感染性疾病）。細支氣管炎是由病毒引起，最常見的是呼吸道融合病毒（RSV），往往會在每年 10 月或 12 月到隔年 3 月間流行。

症狀和特徵

幾乎所有兒童在 3 歲之前都會受到 RSV 感染，其中大多數只有

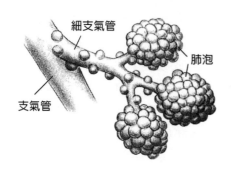

細支氣管

肺泡

支氣管

上呼吸道感染（感冒）與流鼻涕、輕微咳嗽，有時發燒。不幸的是，有一些 RSV 感染的兒童，特別是在那些不到 1 歲的嬰兒上，會導致細支氣管發炎腫脹。在感染後 1、2 天，咳嗽變得更明顯，呼吸更急促與更困難。

如果你的嬰兒有任何以下呼吸困難的徵兆，或者持續發燒 3 天以上（或 3 個月以下嬰兒有這個症狀），你要立即打電話給你的小兒科醫師。

- 每次吸氣呼氣時都發出高頻聲音，稱為哮鳴。
- 肋骨和胸骨之間凹陷。
- 無法順利喝水，因為要用力呼吸，吸吮和吞嚥都有困難。
- 嘴唇或指尖周圍發紫，這表示氣管阻塞，沒有足夠的氧氣進入肺部和血液。

細支氣管也可能出現以下症狀，如果孩子有任何以下徵兆或脫

水，也要立即通知小兒科醫師：

■ 口乾舌燥。

■ 喝水量減少。

■ 哭泣時無眼淚。

■ 尿量減少。

■ 昏睡或表現異常（沒有進行日常的遊戲、微笑或互動）。

假如孩子有任何以下症狀，你要立即通知你的小兒科醫師：

■ 一旦懷疑孩子可能是細支氣管炎。

■ 一直咳嗽和流鼻水（持續 1 週仍未改善）。

■ 呼吸困難。

■ 患有需要醫療介入的疾病如：

• 囊腫性纖維化。

• 先天性心臟病。

• 肺支氣管發育不全（BPD），經常發生於早產兒或使用人工呼吸器的新生兒。

■ 免疫系統功能低下。

■ 器官移植。

■ 接受化療的癌症患者。

治療

細支氣管炎沒有在家可用的藥物治療方式，唯一可以做的即是在疾病早期舒緩孩子的感冒症狀。你可以使用加濕器或鹽水滴鼻液，也可以同時和緩的使用吸鼻器減緩孩

子的鼻腔阻塞。咳嗽是人體淨化肺部的一種方式，通常咳嗽不需要使用止咳藥物治療。

不過，如果你的孩子有發燒症狀，你可以按照藥物包裝上的指示給予 3 個月大以上的孩子乙醯胺酚（acetaminophen——泰諾林／普拿疼），或者給予 6 個月大以上的孩子布洛芬（ibuprofen-Motrin）。在疾病期間也要確保孩子飲用足夠的水，以防止脫水。這時最好先喝白開水而不是牛奶或配方乳。由於呼吸困難，孩子可能進食得非常緩慢，或需要以少量多餐的方式進食。此外，因為食慾下降，他或許不吃固體食物。生病期間只要他有喝足夠的液體以避免脫水，這樣即使只吃少量的固體食物也不會有大礙。

與氣喘治療相比，沒有任何呼吸治療可以幫助患有毛細支氣管炎的兒童。你的小兒科醫師可能會嘗試將孩子的肺部打開（支氣管擴張劑）和使用類固醇（吸入或口服藥物以減少炎症）進行治療，看看是否有任何改善，但這些藥物不會阻止住院或改變其他健康的病程 患有毛細支氣管炎的兒童。如果你的孩子發生呼吸困難、進食困難或出現脫水跡象，你的小兒科醫師可能會請你將孩子帶到急診室，以提供

外加支持性治療。

預防

　　預防孩子發生細支氣管炎最好的方法是避免孩子受到病毒感染，尤其嬰兒應盡可能避免接觸早期上呼吸道感染的兒童或成人。在較大兒童或成人身上發生的輕度感冒也可能在嬰兒身上導致呼吸問題。如果在護理中心的其他孩子帶有病毒，你要確保護理他的人員經常徹底洗手。此外，嬰孩不可暴露於二手菸的環境，因爲這會增加感染的風險。

　　如果你的孩子未滿 24 個月，並且因爲早產（妊娠不足 29 週）或身體狀況而處於高風險中，可以使用一種注射藥物來預防嚴重的 RSV 疾病；通常會在 RSV 的好發季節之前和期間，每個月給藥 1 次，持續 3 到 5 個月。你的小兒科醫師會告訴你孩子是否可能透過這種治療得到幫助。

咳嗽

　　咳嗽意味著孩子的呼吸道受到刺激。當位於咽部、氣管和肺部的神經末梢受到刺激時，透過一個反射迴路，可以使肺部的氣體強力排出。

　　咳嗽經常與感冒一起發生（參考 673 頁）。當孩子感冒時，咳嗽的聲音聽起來可能是有痰或刺激性的乾咳，而且持續的時間可能比流鼻涕還久，可能長至 2～3 週。其他呼吸道疾病也會引起咳嗽，包括細支氣管炎（參見第 615 頁）、哮吼（參見第 619 頁）、流行性感冒（參見第 620 頁）或肺炎（參見第 623 頁）。你的小兒科醫師通常可以透過咳嗽的聲音來判斷可能是什麼原因引起的，例如，由哮吼等疾病引起的喉部（聲帶）刺激會引起聽起來像狗或海豹吠聲的咳嗽，而對較大的支氣管或氣管的刺激則會產生更深、更刺耳的咳嗽。

　　對於非常年幼的嬰兒來說，除了偶爾咳嗽之外的任何症狀都必須嚴肅對待，並有必要帶他去看小兒科醫師。如果孩子有咳嗽、發燒和呼吸困難（太快、太慢、有雜音、肋骨和胸骨之間凹陷）等症狀，則可能是嚴重的肺部感染如肺炎。假如孩子有以上這些症狀，要立即帶他去看醫師。

　　過敏和鼻竇感染會導致慢性咳嗽，因爲黏液滴入喉嚨深處（一種稱爲鼻後滴漏的症狀），產生乾癢無法停止的咳嗽，尤其是在夜間平躺的時候。那些只有在睡眠時才咳嗽的兒童可能有氣喘（參考 573

頁）或胃食道逆流的症狀（胃內容物上升到食道，引起刺激產生咳嗽）。

以下是一些與咳嗽相關，可能會影響兒童的問題：

- 嬰兒任何不尋常的咳嗽都要認真看待，最常見的原因是感冒和細支氣管炎所引起的，通常在幾天之內就會好轉，重要的是在過程中要注意是否有呼吸困難的情況，如果必要，要尋求醫療的協助。這些徵兆包括不只是呼吸急促，特別是在睡眠中，還有肋骨和胸骨之間周圍的皮膚凹陷。

- 有時孩子因咳嗽太用力而發生嘔吐的情況，通常他們會將胃部的液體和食物吐出來，不過其中也可能帶有很多黏液，特別是在感冒或氣喘發作的期間。

- 哮喘是一種呼吸時發出高頻的喘息聲，原因是由於胸部的氣管受到阻塞。這是氣喘的症狀之一，但也可能發生在患有細支氣管炎、肺炎或某些其他疾病的孩子身上。

- 患有氣喘的兒童通常咳嗽和哮喘會同時發生，時間點可能是在活動或玩耍或夜間。有時可以聽到他們的咳嗽聲，但喘息聲可能要借助醫師的聽診器才會聽到。當孩子在使用藥物治療後，咳嗽和氣喘的症狀通常都會好轉。

- 咳嗽的症狀大都會在夜間加劇，當孩子在夜間咳嗽時，這很可能是因喉嚨受到刺激或鼻竇感染的鼻涕倒流所引起。此外，氣喘也是夜間咳嗽的另一個主要原因。

- 突然咳嗽可能是由食物或液體，或者物體（如硬幣或小玩具）誤入氣管進入肺部造成的。這種咳嗽是清除呼吸道的異物的一種嘗試，不過，如果咳嗽持續幾分鐘以上，或孩子有呼吸困難的問題，你要立即尋求醫療的協助。千萬不要將你的手指放進孩子的嘴巴試圖將異物清出，因為這可能使阻塞的食物更深入氣管（參考 703 頁噎住窒息）。

求助小兒科醫師的時機

2 個月以下的嬰兒若出現咳嗽症狀應該去看醫師；更大的嬰兒和兒童，如果出現下列咳嗽的情況，你要立即求助醫師：

- 孩子出現呼吸困難。
- 有疼痛，呈持續性，並伴有哮喘、嘔吐或臉色發青。
- 突然咳嗽並伴有發燒。
- 在孩子被食物或異物噎住後開始咳嗽（參考 703 頁噎住窒息）——雖然在大約有 50% 的案例，當有異物（食物或玩具）被吸入肺

部時，咳嗽的狀況會持續幾個小時或幾天。

你的小兒科醫師會嘗試判斷孩子咳嗽的原因，最常見的原因為上呼吸道感染。當咳嗽不是感冒或流感引起，而是其他的疾病，例如細菌感染或氣喘，這時在咳嗽停止前，可能需要做一些治療。偶爾當導致慢性咳嗽（至少超過 4 個星期以上）的原因不明時，你的醫師可能會再做進一步的檢查，例如胸部 X 光或肺結核皮膚測試。

治療

咳嗽的治療方式視原因而定。另外，使用加濕器或蒸發器增加空氣中的濕度也可以使孩子感到更舒服，尤其在夜間如果他們用嘴巴呼吸。不過，每天早上要根據使用手冊說明徹底清洗機器，以免機器成為有害細菌或真菌的溫床。

夜間咳嗽伴有過敏反應和氣喘時，可能特別令人厭煩，這會影響孩子和其他家人的睡眠品質。在這些情況下，墊高孩子的頭部可能狀況會好轉。如果夜間咳嗽是由氣喘引起，你可以依照醫師的指示使用支氣管擴張劑或其他氣喘的藥物。

儘管不需要醫師的處方就可以買到咳嗽藥物，美國小兒科學會的立場是，這些咳嗽藥物對 6 歲以下的嬰兒效果不大，而且還可能產生嚴重副作用的健康風險。

哮吼（格魯布性喉頭炎）

哮吼（格魯布性喉頭炎）是一種喉頭和氣管發炎的症狀，呼吸時會產生如犬吠一樣高頻的聲音。哮吼經常是由病毒引起，最常見的是副流感病毒。其他罕見的原因包括流感、RSV、腺病毒和腸病毒。這種疾病最常因接觸已被感染的人而「上身」，有時空氣飛沫或孩子自己的手都會將病毒傳送至他的鼻子和嘴巴。

哮吼往往發生在秋冬季，當孩子在 3 個月大至 3 歲之間。最初可能有鼻塞（類似於感冒）和發燒，過了 1、2 天後，咳嗽會變成像犬吠或海豹的叫聲，並且在夜間咳得更加劇烈。

最危險的情況是氣管持續腫脹，導致氣管進一步狹窄，並加重呼吸困難，最終難以呼吸；由於孩子因努力呼吸而精疲力竭時，他可能會停止進食和喝水；同時也可能因太疲勞以至於無力咳嗽——有些兒童似乎特別容易出現哮吼，不論是否有呼吸系統的疾病。

治療

如果你的孩子有輕微性的哮喘症狀，你可以打開浴室淋浴蓮蓬頭的熱水，讓蒸氣充滿整間浴室，然後帶孩子進入浴室，關上門與孩子一起接受蒸汽浴，吸入溫暖潮濕的氣體可以使哮吼在 15 ～ 20 分鐘內得到舒緩；或者如果天氣允許，你可以帶他到戶外呼吸涼爽濕冷的夜晚空氣。如果孩子在睡覺，你可以在孩子的房間內使用冷風霧化器。

不要嘗試用手指打開孩子的氣管，他的呼吸受阻是在你觸及不到的腫脹組織，所以你無法將之消除。此外，他或許會因咳嗽而嘔吐，但不要試著催吐，隨時留意孩子的呼吸，如果有以下症狀，要立即帶他至最近的急診室：

■ 似乎需要掙扎一下才能呼吸。
■ 呼吸困難不能講話。
■ 極度困倦。
■ 咳嗽時臉色發紫。

你的小兒科醫師可能會開各種藥物，通常是類固醇，這有助於緩解上呼吸道和喉嚨腫脹，讓孩子的呼吸更順暢，同時類固醇也可以縮短孩子哮吼的時間。抗生素對哮吼起不了作用，因為這不是細菌感染而是病毒感染。此外，咳嗽糖漿也無效，事實上，正如之前所述，非處方咳嗽藥物可能會造成健康上的風險。

在很罕見、非常嚴重的情況下，如果你的孩子有呼吸困難的情形，這時醫師可能會要你去急診室尋求特殊的呼吸藥物（Racemic Epi）或讓孩子住院治療，直到氣管腫脹症狀好轉。

流感 / 流行性感冒

流行性感冒（流感）是由流感病毒引起的疾病。病毒會透過人與人之間的接觸在人群間迅速傳播。當患有流感的人咳嗽或打噴嚏，這時流感病毒會跑到空氣中，而在周圍的人，包括兒童都可能因此吸

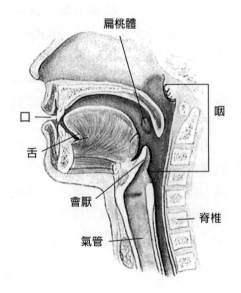

扁桃體
口
舌
咽
會厭
脊椎
氣管

入。病毒傳播也可能經由感染者接觸過的堅硬表面傳播，例如門把手，然後其他人碰觸同樣的表面再將手或手指放入鼻子／嘴巴或搓揉眼睛。

病毒最常在發病最初幾天傳感染給其他人。在秋天到隔年春天通常是流感的流行期。

流感的症狀包括：

■ 突然發燒，通常高於 38.3℃ 以上。
■ 身體發冷顫抖。
■ 頭痛、全身痠痛，比平時更疲累
■ 喉嚨痛。
■ 不斷乾咳。
■ 鼻塞、流鼻涕。
■ 有些孩子可能會嘔吐和腹瀉。

雖然流感可能也會引起一些腹痛、嘔吐和腹瀉的症狀，但他造成的損害大部分都是針對呼吸系統；流感不應與引起通常稱為「胃流感」的病毒混淆。

你可能會想知道孩子得到的是一般性感冒或流行性感冒。一般感冒的孩子（參考 673 頁感冒／上呼吸道感染）通常只有輕微發燒、流鼻涕和一點咳嗽。流感的孩子病情往往比較嚴重、全身痠痛非常不舒服。

大多數兒童大約在 1、2 個星期就可以從流感中恢復，不會有任何後遺症。不過，你可能要留意一些併發症，如果孩子告訴你他的耳朵疼痛，或覺得臉部和頭部緊繃，或咳嗽與發燒持續 2 個星期以上。

那些有潛在慢性疾病，如心臟、肺或腎臟疾病、免疫系統問題、糖尿病、一些血液疾病或惡性腫瘤的兒童，似乎因流感而導致併發症的風險最大。這些而通應該盡可能讓遠離任何有流感或流感症狀的人，像是發燒、咳嗽、流鼻水等，你的小兒科醫師可能會建議做一些額外的預防措施。

治療

所有感到不適的孩子均需要細心照顧，增加休息時間、飲水、曬太陽與少量的飲食；房間內使用冷霧化器或加濕器可以增加空氣中的濕度，讓孩子可以比較輕鬆的呼吸。

如果孩子因發燒而不適，你可以根據醫師的指示，針對他的年齡和體重給他服用乙醯胺酚（acetaminophen——泰諾林／普拿疼）或布洛芬（ibuprofen）以舒緩他的症狀（參考第 27 章發燒）。布洛芬已被核准可供 6 個月大以上的兒童使用，不過，它不可用於脫水或持續性嘔吐的孩子身

上。另外，千萬不可給患有流感或疑似流感的孩子服用阿斯匹林，在流感發作期間，阿斯匹林可能與會提高導致雷氏症候群的風險（參考568頁）。

預防

所有 6 個月以上的兒童（包括早產兒）都應該每年接種流感疫苗──流感疫苗是安全的，這是預防流感最好的方法。最佳的接種時間為夏末秋初季節，或者疫苗一上市時盡快接種。

目前有兩種疫苗可以預防流感──不活化疫苗，透過注射的方式給藥；以及噴入鼻孔的活性減毒疫苗。詢問你的小兒科醫師哪種更適合你的孩子。如果你的孩子第一次接種流感疫苗，他會需要接種兩劑並至少間隔 1 個月。

所有流感併發症高風險族群、5 歲以下兒童的照護者，以及同住的醫護人員與成年人都應該每年接種流感疫苗。所有懷孕、正在考慮懷孕、最近分娩或在流感流行期間進行母乳餵養的婦女也應該接種流感疫苗。

流感疫苗幾乎沒有副作用，最常見的是注射部位發紅、酸痛或腫脹，以及發燒。儘管流感疫苗的生產中使用了雞蛋，但疫苗本身已被證明含有最少量的雞蛋蛋白質，因此，幾乎所有可能有雞蛋過敏的兒童都仍然可以安全地接種流感疫苗。但對於那些有嚴重雞蛋過敏史（攝入雞蛋後會出現過敏反應或呼吸道和／或心血管症狀）的人，請你與孩子的過敏症專家討論是否能在他們的辦公室接種流感疫苗。

除了接種疫苗，以下還有一些提示，有助於保護你的家人免於受到感染：

1. 勤洗手。用肥皂和溫水搓揉至少 20 秒，這大約是唱兩次「生日快樂」歌曲的時間。此外，含酒精的手部清潔劑或洗手液效果也很好，你可以在手上抹足量的洗手液，然後搓揉直到手部變乾即可。

2. 教導孩子在咳嗽或打噴嚏時要用手肘內側或上臂的袖子（不是用手）或衛生紙遮住。

3. 用於擦鼻涕和打噴嚏的衛生紙要馬上扔到垃圾桶。

4. 要用熱肥皂水或洗碗機清洗碗盤和廚房器具。

5. 不要讓孩子共用沒有洗過的奶嘴、杯子、勺子、叉子或毛巾。此外，牙刷永遠不可共用。

6. 教導孩子不要用手摸他的眼睛、鼻子或嘴巴。

7. 經常清洗門把、廁所門把、桌

面，甚至玩具。用殺菌紙巾或沾有熱肥皂水的布擦拭（殺菌紙巾可以殺死病菌）。

如果你的孩子症狀嚴重，現在有抗病毒處方藥物可以治療特定種類的流感。抗病毒藥物在流感徵兆第1、2天出現時使用效果最好；所以如果你的孩子是流感併發症的高風險族群，請直接向你的小兒科醫師尋求藥物治療。

你要在24小時內打電話給你的醫師詢問抗病毒藥物，如果你的孩子是流感併發症高風險群，或者如果你的孩子有以下的情況：

■ 有嚴重的健康問題，例如氣喘、糖尿病、鐮狀細胞貧血或腦性癱瘓。

■ 小於2歲，特別是如果小於6個月，因為年幼的孩子特別容易因流感住院或產生嚴重併發症，包括死亡。

肺炎

肺炎是指肺部感染，過去是一種很危險的疾病，今日如果獲得適當的醫療照顧，大多數的孩子都會從肺炎中康復。

大多數肺炎病例都是因上呼吸感染而起。肺炎也可能由細菌性感染引起。此外，如果病毒已經造成孩子的氣管發炎或削弱孩子的免疫系統，那麼細菌很可能會在肺部孳生，進而導致二次感染。

那些患有其他免疫系統低下疾病和呼吸道或肺部異常的兒童更有可能罹患肺炎，例如囊性纖維化、哮喘或癌症（化學治療）等等。

由於大多數的肺炎與**病毒**或**細菌感染**有關，好發期在秋季、冬季和早春，這時孩子待在室內的時間較長，與人密切的接觸更為頻繁。另外，孩子穿著保暖或空氣的溫度，對其是否感染肺炎的機率並沒有太大的影響。

症狀和特徵

與其他感染一樣，肺炎的症狀為發燒、進而出汗、寒顫、面色潮紅和全身不適。孩子的食慾也可能下降並無精打采，嬰兒和學步期兒童可能臉色蒼白、無力，且比平時更愛哭。

肺炎可能引起呼吸困難，同時你或許還會觀察到其他特殊症狀：

■ 咳嗽（參考617頁）。

■ 呼吸急促而費力。

■ 肋骨和胸骨之間的皮膚凹陷

■ 鼻翼擴大。

■ 尤其在咳嗽或深呼吸時胸部會疼痛。

- 哮鳴。
- 血液中氧含量下降導致指甲或嘴唇發紫。

　　儘管通常根據臨床症狀就可以診斷肺炎，但有時需要 X 光才能確診並判斷肺炎的程度。

治療

　　如果肺炎由病毒引起，除了休息和退燒（第 27 章）以外，無須任何特別的處理措施，這時不要使用含有可待因（codeine）或又美沙分（dextromethorphan）的鎮咳藥，因為咳嗽可以清除呼吸道產生的大量感染性分泌物。儘管咳嗽會延續幾週，但病毒性肺炎一般在幾天內會好轉。

　　細菌性或病毒性肺炎往往難以分辨，你的小兒科醫師可能會使用抗生素。孩子的症狀可能會在開始治療後幾天內好轉，可能會讓你考慮停止用藥，但這樣做很危險；所有抗生素都要按照適當的劑量完成整個療程，否則殘留的細菌很可能會死灰復燃，再次造成感染。

　　如果出現下列感染惡化或擴散的徵兆，你要再次帶孩子去看醫師：

- 儘管使用抗生素，發燒時間仍然持續 2 ～ 3 天。
- 呼吸困難。
- 身體其他部位感染的徵兆：發紅、關節腫脹、骨痛、頸項僵直或嘔吐。

預防

　　你的孩子可以接種疫苗，以預防肺炎球菌感染，這是一種會引起肺炎的細菌。美國小兒科學會建議，所有 2 歲以下的幼兒都要接種這種疫苗（13 價結合型肺炎鏈球菌疫苗或 PCV-13），這是一系列的劑量，分別在 2、4、6 和 12 ～ 15 個月大時接種，在同時間，孩子還是要接種其他的幼兒疫苗。

　　如果孩子未在建議的時間內接種，請與小兒科醫師討論補行接種的時程。此外，所有在 2 ～ 5 歲之間，過去沒有完成接種建議的疫苗的健康兒童，或者 2 ～ 8 歲有潛在健康問題而沒有在過去接種 PCV-13 疫苗的兒童，都要追加一劑這種疫苗。

　　另一種肺炎疫苗（肺炎鏈球菌多醣體疫苗或 PPV-23）也建議給年紀較大的兒童（2 ～ 5 歲），且屬於侵入性肺炎球菌感染高風險群的兒童接種。這些高風險族群包括患有鐮狀細胞貧血、心臟病、肺部疾病、腎功能衰竭、脾臟受損或切除、器官移植和 HIV（人類免疫缺陷病毒）感染等兒童。此外，建

議服用藥物或患有促使免疫系統低下疾病的兒童也要接種疫苗，另外，有一些具有特殊潛在疾病的兒童，可能在接種肺炎球菌疫苗後至少間隔 8 個星期以上要再接種第二劑。

（另外請參考 573 頁氣喘；673 頁感冒／上呼吸道感染；第 27 章發燒）

肺結核

肺結核（TB）是一種經由空氣傳染的疾病，主要影響肺部，和過去相比目前較為少見，不過有一些兒童是屬於肺結核的高危險群，其中包括：

- 與活動性肺結核的成人生活或可能接觸肺結核患者的兒童。
- 感染 HIV 或其他可能使免疫系統低下疾病的兒童。
- 出生在肺結核發病率很高的國家。
- 前往肺結核流行的國家或者接觸那個國家的居民。
- 來自一般社區醫療服務缺乏的兒童。
- 居住在庇護所或與曾經在監獄服刑的人一起生活。

結核病一般經感染者將細菌咳入空氣中傳播，當兒童吸入這種細菌就會感染疾病（10 歲以下感染肺結核的兒童傳染給其他人的可能性很低，因為他們咳出的分泌物只含少數的細菌，所以是非傳染性的咳嗽）。

幸運的是大多數接觸結核菌的兒童並不會真正發病，當結核菌到達肺部時，身體的免疫系統會對細菌進行攻擊，預防細菌擴散。

然而，無症狀的兒童仍然需要治療，以預防日後可能發病。偶爾，有一小部分未經適當治療的兒童，感染後可能會造成發燒、疲勞、易怒、持續性咳嗽、衰弱、呼吸費力、呼吸快、夜間盜汗、淋巴結腫大、體重下降和生長緩慢。

少數的兒童（多數是 4 歲以下），可能透過血液感染結核菌，進而影響身體的任何器官，當發生這種疾病時則需要更複雜的治療，而且及早治療效果越好。這些孩子有極大的風險可能併發結核性腦膜炎，這是一種重大疾病，對大腦和中樞神經系統會造成嚴重的影響。

如果您的孩子有前面提到的任何高風險因素，你的小兒科醫師可能會建議你進行測試，看看他是否曾經接觸過這種疾病。結核菌素皮膚試驗，有時稱為 PPD（結核菌素純化蛋白衍生物），是檢查 2 歲

以下兒童結核病的唯一方法，也可用於篩查 2 歲以上兒童。以下任一個問題，如果你的答案為「是」，那你的孩子可能需要做結核菌素皮膚試驗：

- 家庭成員是否患有肺結核或曾經接觸過肺結核患者？
- 是否有某位家庭成員的結核菌素皮膚測試呈陽性反應？
- 你的孩子是否出生於肺結核高風險的國家（美國、加拿大、澳大利亞、紐西蘭或西歐國家除外）？
- 孩子是否曾經到過肺結核高風險的國家旅遊（曾與當地居接觸）超過一個星期以上？

皮膚測試會在醫師診所進行，透過在前臂皮膚上注射純化非活性結核菌素，如果發生過感染，注射部位會出現腫脹和發紅；你的小兒科醫師必須在注射後 48 ～ 72 小時後檢查皮膚，並且測量反應區的直徑。即使身體沒有症狀，或者身體成功對抗疾病，檢驗也可以顯示是否曾經感染過細菌。

醫師可能會選擇使用血液檢查來檢查結核病，即丙型干擾素釋放試驗（IGRA）。這種類型的測試對於在另一個國家接受結核病疫苗或無法在 2 ～ 3 天內返回診所進行皮膚測試的人特別有用。與 PPD 一樣，IGRA 試驗只能得知結核病菌是否曾進入人體，而不能確認感染是否仍有活性。

如果孩子的結核菌素皮膚或血液試驗呈陽性，這時則需要做胸部 X 光檢查，以確定肺部曾經或正受到感染。如果 X 光顯示目前有發病的可能性，小兒科醫師也會在孩子的咳嗽或胃部分泌物尋找是否有結核病細菌，以確定需要採取的治療類型。

治療

如果孩子的皮膚或血液試驗呈陽性反應，但沒有症狀或活動性結核感染的跡象，他體內仍然有細菌潛藏，而必須採取治療以免細菌恢復活性而造成肺結核症狀。用於治療的藥物，異菸鹼醯（INH, isoniazid）為口服式，每天 1 次，至少需服用 9 個月以上（在短時間內使用抗生素或許可以暫時達到預防的效果）。

對於活動性結核感染，小兒科醫師會聯合應用 3 ～ 4 種藥物，你必須每天給孩子服用這些藥物，持續 6 ～ 12 個月。一開始或許你的孩子須住院治療，雖然大部分是可以在家進行治療。

預防

　　如果你的孩子感染結核病，不管是否出現症狀，找出哪個人傳染給他非常重要。透過與他密切接觸的人中尋找結核病的症狀，並且對全家、嬰兒看護者和管家進行結核菌的 PPD 試驗或 IGRA 試驗。肺結核在成年人中最見常的症狀是持續性咳嗽，特別是還伴有血絲。任何 PPD 試驗或 IGRA 試驗呈陽性的人都要接受身體檢查和 X 光檢查。

　　當找到活動性感染的成年人時，應該盡快將他隔離——尤其是與兒童隔離——直到治療開始。不管皮膚試驗的結果如何，任何與那個人接觸過的家庭成員也需要用 1NH 治療。任何患病或者 X 光檢查有異常發現的人都要以活動性結核病的方式治療。

百日咳

　　百日咳是由一種會攻擊呼吸道（支氣管和細支氣管）內壁的細菌引起的，會導致發炎和氣管狹窄，劇烈咳嗽是一個明顯的症狀。因為孩子呼吸短促，當孩子在咳嗽的空檔間快速大口地吸氣時，經常會發出「呼哮」聲（whooping）——這種疾病由此得名。劇烈的咳嗽會將百日咳桿菌散播到空氣中，使疾病傳播給其他容易感染的人群。

　　許多年前，美國每年有幾十萬的百日咳病例。在百日咳疫苗尚未問世後，這個數字目前已經下降，但近幾年在美國這個數字似乎在逐漸上升因此，在這個時期，讓幼兒與他們的照護者接種百日咳疫苗比以往任何時候都更為重要。1 歲以下的嬰兒是百日咳發展成嚴重呼吸問題及致命疾病的高風險群。

　　在發病初期 1 至 2 週內，百日咳像似普通感冒，隨後，咳嗽逐漸劇烈，較大的兒童可能還出現特徵性哮鳴（可能持續 2 週以上）。孩子的呼吸通常急促，嘴唇周圍發紫，也可能出現流淚、流口水和嘔吐。患有百日咳的嬰兒在久咳之後可能會出現類似呼吸停止或嘔吐的現象，同時體力變差，可能產生一些併發症，例如容易受到其他感染、肺炎和癲癇發作。百日咳雖然對一些嬰兒是致命性疾病，但通常在 2 至 4 週後會開始康復；咳嗽的症狀則可能持續數月，也讓這個疾病被稱為「百日」咳，並且很可能產生續發性呼吸道感染。

求助醫師的最佳時機

　　百日咳開始發病時有點像普通感冒，如果出現以下一些情況，你

要考慮百日咳的可能性：

■ 孩子非常小，免疫系統沒有發育成熟，或者孩子曾經接觸患慢性咳嗽或感染的人。

■ 兒童的咳嗽變得非常劇烈且頻繁，或者孩子的嘴唇或指尖發黑發紫。

■ 咳嗽過後，孩子精疲力竭、食量減少、咳嗽後嘔吐或看起來「病懨懨」。

治療

大多數小於 6 個月大的嬰兒如果患有百日咳，一開始都要住院治療，此外，也有稍少於一半患有百日咳的嬰兒有在最初住院接受治療。因為這種周全的照顧可以減少併發症的機率。這些併發症可能包括肺炎，有將近四分之一 1 歲以下的百日咳兒童可能會併發肺炎（如果孩子較大，可能只需要居家治療即可）。

在醫院，你的孩子可能需要抽出呼吸道內濃稠的分泌物，隨時監控呼吸，並且可能需要氧氣輔助。同時，孩子要與其他患者隔離，以免傳染他人。

百日咳的治療方法是使用抗生素，其中在第一階段咳嗽尚未開始前治療最有效。雖然抗生素可以阻止百日咳感染擴散，但不能預防或治療咳嗽本身。由於咳嗽藥物不能緩解咳嗽時的不適，你的小兒科醫師或許會建議其他形式的居家治療處理咳嗽。這時你可以讓孩子躺在床上休息，並且使用冷霧加濕器來緩和肺部和呼吸道所受到的刺激，此外，加濕器也有助於身體將呼吸道內的分泌物咳出來。你可以請教醫師關於排出分泌物和改善呼吸的相關資訊。同時也可以詢問醫師你的其他家人是否需要抗生素或加強疫苗以預防疾病感染。另外，確診為百日咳的孩子應該留在家中，不可上學或到幼兒園，直到完成 5 天的抗生素療程。

預防

預防百日咳最好的方法是接種 DTaP 疫苗（白喉、破傷風、百日咳三合一疫苗（臺灣現納為五合一疫苗），分別在出生後 2 個月、4 個月和 6 個月大時接種，並且在 12 個月至 18 個月，以及 4、5 歲或上學前再接種加強疫苗）。家中有 1 歲以下嬰兒的父母和那些經常與嬰兒接觸的家人都應該接種 DTaP 加強疫苗，以減少將疾病傳染給孩子的機會。此外，所有懷孕的婦女，在每次懷孕期間也都要接種 DTaP 疫苗，這樣才能透過母親將對抗百日咳的防護力傳給新生兒。

第 20 章

慢性症狀與疾病

處理慢性長期健康問題

我們往往認為兒童時代無憂無慮，過著健康的生活，但有些孩子在這個年齡確實面臨一些慢性健康問題。慢性和急性健康問題的區別在於，急性問題相對於可以在較短的時間內解決，孩子最終也會恢復正常。急性健康問題是指一時的受傷或感染，例如肺炎，且不久後孩子會完全康復。不過也有許多幼兒的症狀無需任何治療或干預，等到孩子長大後症狀自然會消失，例如，兒童屏息發作和腿部內八到了學齡前就會停止。

相較之下，慢性健康問題至少會持續 12 個月以上，且需要後續醫療治療以處理或控制病情，例如氣喘的兒童可能需要每天使用吸入器以預防氣喘發作。家長需要採取行動減少在孩子可能在環境中接觸的刺激物與過敏物質，必須瞭解孩子的情況、治療計畫和孩子氣喘發作時的處理方法，並且每年都需要帶孩子去找醫師和專家做好幾次檢查。家長也需要學習如何取得健康照護系統的協助以讓孩子得到所需的治療。最後，父母要有能力協助孩子在情緒和身體上面對慢性疾病，同時協助自己與家人。

你可以將氣喘換成糖尿病、自閉症、白血病或任何其他的慢性疾病，他們要面臨的挑戰有許多相似之處。以下的資訊旨在協助那些照顧患有慢性疾病、特殊健康問題或殘疾孩子的父母和照護者，處理任何情緒上與實際上生活中可能面臨的挑戰。（關於許多慢性病的具體醫療處理方式，在本書其他以這些疾病為名的篇章中會進行專門討論；見索引。）

有一些兒童的長期健康問題相對較輕微，有一些有慢性健康問題的兒童，在經過成功的治療後，身體或心理上都無大礙。無論如何，任何長期的疾病，特別是需要健康

照護或殘疾，對孩子和家人都會形成一種壓力。所以，在這個過程中兼顧所有細節和好好照顧自己非常重要。

瞭解關於孩子的慢性疾病是一段緩慢的過程，也可能令人非常沮喪；有時你可能會感到孤單無援。不過放心，你並不孤單，你的反應、悲傷和挫折是正常的，而且你的旅程將會是高潮跌起。你會遇到和你在同一條路上的其他父母，你會看到許多一路成功走過來的人。同時記住，你的孩子仍然是你的孩子──他不是、且不應該和他的病情畫上等號。

慢性疾病確診

所有父母，當他們發現即將為人父母時，一開始都會假設孩子能夠是健康的。但你或許會在懷孕期、新生兒護理期，或日後照顧孩子的期間發現他有一些健康上的問題。不管當孩子被診斷出或即將做檢查前，這都會讓父母感到難過、恐懼或悲傷，因為希望孩子健康的期望落空，這是所有得知孩子患有慢性疾病的父母必經的正常反應和調整。

你的感覺可能就像是對孩子所有的希望和期望全被未知的恐懼取代。你可能會想：2 年後、5 年後、10 年後我的孩子會如何？這個疾病會好轉或是更糟？我該如何運用所有的醫療資源？我要從工作中撥出一些時間嗎？我的孩子承受多大的痛苦？我的保險有辦法支付所有開銷嗎？你永遠忘不了當孩子被診斷出患有慢性疾病的那天。你會得到許多相關資訊，但需要時間慢慢的消化。

這可能會是一個全新的世界，在短時間內你要學習許多事情──因為孩子的健康取決於此。過程中會有高高低低、激動和平靜的時刻，以及對未知的否認和恐懼。有時你會覺得天底下只有你的孩子有特殊需求，沒有人知道你的感受，而這些都可能讓你失去自己的福祉與健康，進而反過來影響你如何照顧孩子。當你認知到這些情緒，這可以幫助你學習如何照顧你的孩子、你的家庭，以及你自己。

如果你的孩子生來就有慢性疾病，或者在週歲前產生慢性疾病，那你可能要面臨以下的一些壓力與決定：

- 得知孩子的健康有問題往往會讓父母感到失望和內疚，並且對未來充滿恐懼。在試圖否認這些感覺的同時，你可能會發現自己掙扎於難以言喻的情緒波動中，從原本的充滿希望到內疚和焦慮。

- 你需要選擇可以協助你，與你一起爲孩子做出決策的醫療團隊。
- 你可能需要學習最新的診斷分析，並且瞭解孩子後續病情的發展。
- 你可能需要做出治療或手術的決定。
- 你可能要負責給予孩子某些藥物，指導他使用特殊的設備，或執行特殊療法。
- 爲了讓孩子盡可能得到最好的治療和照顧，你一定要付出時間、心力、金錢和情感。
- 你需要學習如何獲得適當的服務和資訊。
- 在調適生活以滿足孩子需求的同時，不要忽略其他的家庭成員。你將面對許多困難的選擇，有些可能需要一些折衷的解決之道。

規劃健康醫療照護

家有慢性疾病的父母經常提到規劃健康醫療照護是他們最大的挑戰之一，根據孩子的情況，你可能每天要與多位醫師，各種專家、藥房、治療師、保險公司和家庭照護人員往來，以及住院。有時這一切看起來會如此緊迫並消耗大量的時間。加強你對孩子病情的瞭解，是學習如何最有效的規劃孩子的健康醫療照護的必要開端，因爲你比任何一個人都瞭解孩子的需要。

詳細了解孩子的病情，向醫師和護理師問問題，並且與其他父母交流。你學到的訊息，特別是一開始你不知道該開口問的問題答案，都有助於你參與醫師爲孩子做的決策。當父母參與決策和瞭解孩子的病情，健康醫療照護和發展結果就會比較完善。你可以將問題記在筆記本上隨身攜帶，並且確保得到解答。在家時如果你有任何疑問，你可以打電話請教你的醫師或使用健康照護系統登記提供的病患電子快捷窗口。千萬不要假設自己必須等到下一次會面，你的醫師會根據與尊重病患和照護者所提供的資訊爲孩子做出正確的醫療決策。

你需要確保你的孩子有一個**居家醫療團隊**，美國小兒科協會對居家醫療團隊的定義爲平易近人、持續性、綜合、以家庭爲中心、協調、體恤和多文化的照護中心。這個居家醫療團隊的形式意味著成爲兒童和家庭的合作夥伴，以滿足兒童所有的特殊需要。最起碼，你要確保孩子定期做檢查；這樣可以進可能幫助你維持孩子的健康狀況。很關鍵的一點是你與你的家人要與孩子的主治醫師保持密切的關係，這有助於監控孩子各方面的健康，同時也有利於選擇一個醫療人員，

為孩子做醫療照護的整體協調。這位人士參與絕大多數孩子的相關治療，可能來自你的小兒科醫師辦公室的人員，或其他健康的專業人士。這個人要熟識你的家人，與你們做出共同的決策，重視你與其他的家人，讓你感到安心，並且有耐心回答你的各種問題，與你建立夥伴關係，並且與其他醫師共同合作，提供最適合孩子的治療與照護方案。在某些醫療系統中，他可能會是護理經理，通常是護理師或社工；他們了解你的孩子的狀況、孩子的護理團隊以及他需要的社區服務、設備、藥物和其他資源。

持續追蹤和管理孩子在家的情況，確保執行所有的醫療照護建議，提供孩子良好的營養，並且服用所有醫師指示的藥物。確保孩子的醫療照護達到孩子的需求，也就是所有人員都在維持孩子身體健康，確保孩子沒有因為慢性疾病產

我們的立場

當孩子患有慢性、嚴重的疾病或殘疾時，他們的父母可能會求助於「自然」療法，希望能盡一切努力幫助他們的孩子。描述這些療法的詞語包括「替代」、「補充」和「民間療法」。孩子除了透過小兒科醫師或其他主流醫師接受護理之外，通常還會接受這些治療方法。在大多數情況下，即使家長對傳統的醫療照護方式感到滿意，也會去使用這些療法；但在某些情況下，當家長對主流醫學可以為孩子提供的一切感到沮喪時，他們可能會轉向求助於這些自然療法。

如果你決定為孩子尋求自然療法，請讓你的小兒科醫師參與。在大多數情況下，此類療法在與傳統醫療照護結合使用時會有最好的效果。你的醫師可能會幫助你更好地了解這些治療方法，了解它們的方法是否具有科學價值、說法是否準確或誇大，以及它們是否會對孩子的健康構成任何危險。請記住，「自然」治療並不總是意味著安全。你的小兒科醫師可以幫助你確定這些療法是否會有干擾孩子使用的其他藥物的風險。

美國兒科學會鼓勵小兒科醫師評估自然療法的科學價值，確定它們是否可能對造成任何直接或間接傷害，並為家長提供有關各種治療方案的建議。如果你決定使用自然療法，你的小兒科醫師也可以幫助你評估孩子對該療法的反應。

生併發症而病情惡化。許多有慢性健康狀況的兒童會有相對較長的時間可以很好地控制這些狀況；但在其他時候，病情有可能會突然發作。你的目標是控制孩子的病情，並且學習辨識其他偶發疾病的徵兆，以及早介入並預防併發症，不論是要立即送醫院急診，住院，或造成長期後遺症。

父母支援小組有小組會議，分別有線上或個人諮詢，可以提供學識和情緒上的支援。此外，你可以學習有關治療的選項，包括你的醫師可能不瞭解或不熟悉的領域。無論你選擇那一種措施，目的是確保你有能力主導孩子的治療計畫和瞭解更多的知識，以為你的孩子和家人做出正確的決定。

協助你的孩子

有許多方法你可以協助患有慢性疾病的孩子，首先確保帶孩子去看所有預訂的門診，如果你錯過與醫師的預約，你要打電話給醫師重新安排時間，最好是在錯過門診之前告知。這樣一來，孩子的醫師可以在孩子病發或病情加重前協助你處理孩子的情況。如果你發現無法如期給孩子藥物，在支付處方上面臨經濟上的障礙，因為時間表衝突或你的孩子拒絕，這時你要打電話

給你的醫師，他可以給你有關如何讓孩子接受療養的建議，或者他們也許能夠安排其他的替代治療方案。重要的是，要讓孩子的醫師知道孩子在家的狀況，並且視需要做一些改變。

非常重要的是要盡可能給孩子一個正常的童年經歷，沒有人想要有不同於朋友的差別待遇，如果在某種程度上沒有醫學安全的顧慮，你要盡量給孩子和其他孩子一樣玩耍和奔跑的機會。沒有一個孩子應該由他的疾病定義——你的孩子不是氣喘或糖尿病，你的孩子只是「有氣喘」或「有糖尿病」。

良好的營養和成長環境是協助特殊健康需求或慢性健康問題孩子的根本，有一些孩子有進食和吞嚥的困難，因此提供孩子優質健康的飲食特別重要，如果必要，你可以與醫師或營養學家合作，確保孩子體重不會增加太少或太多。其中一些有吞嚥困難的孩子可能會連同咳嗽或嘔吐將食物吐出來，如果發生這種症狀，你可能需要和語言治療師討論，以找出協助孩子學習較不困難的吞嚥方式以避免食物碎片誤入肺部。

當然，孩子的特別需求不全是和醫療有關，他可能需要社區的支持，例如特殊教育、輔導或其他治

療。許多慢性疾病的兒童白天會到照護中心或學校，有些或許是私人日間照護中心，有些或許是專為殘障兒童設立的學習中心。重要的是，你要告知孩子的老師和照護者關於你的孩子的醫療需求。具體來說，讓老師和照護者知道孩子的病情，白天需要用到的藥物或治療方法，以及出現哪些症狀要立即通知你。此外，學校的護理師可能也可以協助你和孩子管理藥物和病情。

你的家庭或許需要財務或政府的援助，協調孩子醫療照護的人員組織也應該指導你如何獲得這些額外的資助。不過，確保你和孩子得到這些服務和支援最好的方法是，你必須親自瞭解有哪些資源與特殊服務規定適用於孩子的特殊醫護需求。此外，如果你得到的服務不符合孩子的需要，你也必須找出其他的因應之道。

留意孩子的情緒狀態和心理，協助孩子適應他的慢性疾病。你要盡可能提供孩子每個機會去享受一般活動，並在醫療安全許可的範圍內盡可能讓他參與；也就是如果孩子有能力活動就帶孩子去公園奔跑和玩耍，讓他交朋友和上學。

隨著孩子長大，他會日漸意識到他的醫療治療和感受到與別人「不同」，不管孩子是否有任何身體上的殘疾或外觀差異。有些孩子或許不會談論他們的感覺，但會以不同的方式表現出來，包括鬧脾氣、發怒或傷心，這時讓他認識其他患有慢性疾病的兒童或許有一些幫助。意識到孩子的感受非常重要，這有助於孩子的照顧者和老師瞭解孩子適應的狀況，並且協助孩子度過。

平衡孩子和家庭的需要

有時，你的全部注意力會放在需要特別照顧的孩子身上，因而忽略其他的家庭成員與外界的關係。雖然所有的家庭成員都會受到影響是正常的，但你要試著找一些方法，恢復家庭的平衡與日常的活動。如果健康問題已變成家庭生活的主要議題，那麼對生病的孩子、對其他孩子，或其他家庭成員以及你們的夫妻關係都不會有好處。畢竟，孩子的醫療照護必定會成為你的日常生活一部分，但不該是生活的重心。

如果孩子必須住院治療，那麼讓他重新回歸正常的家庭和社會生活對他的個人健康和心理非常重要。愈把他當作「病人」看待，隨後產生的情緒和社會問題也就愈多。儘管保護生病的孩子是人之常情，但過度保護會導致孩子很難發

展成熟的自我約束。另外，如果你還有其他孩子，你就不能期望他們遵守你允許生病或殘障的孩子可以違反規則。同時你也要確保孩子的兄弟姐妹得到足夠的關注。

孩子需要你的鼓勵遠大於你的保護，與其將焦點放在他不能做什麼，不如將重點放在他可以做什麼，賦予他力量。如果給他一個與其他年齡相近的孩子一起玩耍的機會，他可能會做一些令所有人吃驚的事情。不過，如果孩子的病情不確定，建立這種常態感或許有其困難度。

你可能會因為過度擔心孩子而疏遠朋友，並且還可能因為不確定孩子的身體狀況是否適合出席，而對計畫社交活動猶豫不決。如果你在處理這些問題時總是讓步，那麼怨恨一定是免不了的，因此要避免這種情況發生。即使孩子的情況可能會出現難以預期的惡化，好歹你也要計畫一些外出活動、邀請朋友到家中作客，不時請保姆協助照顧，好讓你可以偶爾在夜晚外出放鬆，長久下來，這對你和孩子都會更好。

以下的建議可以協助你更有效地處理孩子的情況：

■ 無論何時，只要可能，父母雙方、所有照顧孩子的人都應參與孩子治療的討論與決定，即使你和你的另一半分居或離婚。大多數，一方家長單獨去醫療門診，然後回來必須向另一位家長解釋，以免另一位家長的疑問沒有得到解答，或因不瞭解詳情而無法做出選擇。

■ 與你的小兒科醫師保持開放的溝通，表達你的擔憂與提出問題。根據你提供的資料要求制定一份照顧計畫發展表，並且定期更新相關的醫療資訊和摘要。

■ 如果孩子的醫師問一些關於你的家庭生活方面私人的問題，千萬不要覺得被冒犯。他們愈了解你的家庭，愈可以協助你處理孩子的護理問題。例如，如果你的孩子有糖尿病，他可能需要一個特殊的飲食計畫，你的小兒科醫師會提出一些方法，讓這個飲食計畫配合家庭的正常飲食習慣。或者如果孩子需要一個輪椅，為了選擇最好的地方建立輪椅斜坡，醫師會詢問你居家的情況。如果照顧孩子造成顯著的壓力，孩子的小兒科醫師可能會詢問以瞭解這對你的影響並提供指引。如果你對醫師的提議感到擔憂，你還可以與醫師一起討論，選擇一個可以接受的行動計畫。

■ 記住：儘管所有參與照護計畫的

人員都想使孩子的狀況達到最好的程度，但是必須面對事實。如果事情進展不順利或你對孩子的未來抱有疑慮，你應該將這些憂慮拿出來討論。你的孩子這時需要你為他發聲。與醫師合作調整治療的方式，找出能使情況盡可能在掌控之內的解決之道。尋求額外的幫助，包括兒童生活諮詢、心理諮詢或治療以及社會服務，可以讓長期的應對變得更容易。

■ 坦率與孩子和家庭的其他成員討論孩子的情況，如果你沒有告訴孩子真相，就會有種你在說謊的氛圍，這可能會讓孩子感到被孤立與被拒絕。甚至，他會認為所有的事情都有問題——認為自己的疾病比實際嚴重得多。因此，坦白與他討論，然後聽聽孩子的反應，確保他瞭解情況。用簡單而清楚的語言回答孩子的提問。

■ 尋求朋友和家庭成員的協助。你不能期望單靠自己可以處理因孩子慢性疾病所產生的壓力，尋求親朋好友協助你滿足自己的情緒需求，最終這也有助於滿足孩子的情緒需要。

■ 如果你有其他的孩子，一定也要關注他們，並且努力平衡他們的恐懼與需求。目前有許多相關資源可以提供給需要特殊醫療照顧的幼兒和青年的手足。

■ 與有相同或類似情況的父母或照顧者交流，這對孩子和其他家庭都有幫助。每一個州／團體都有家庭互助健康資訊中心，可以協助你與其他父母交流。此外，某些疾病（像是囊腫纖維症、鐮狀細胞貧血、糖尿病等）都有特殊的家庭支援網絡，你的健康醫療提供者或社群夥伴可以協助你與之連結。

■ 記住，你的孩子本身需要被愛和被看重，如果你讓疾病阻礙你對他的感受，這可能會影響家長與孩子之間的信任和感情。當你感到不知所措、迷失或不知如何照顧孩子時，你一定要知道如何給予適當的醫療或情緒照護，千萬別讓自己太擔憂，以至於無法放鬆和享受與孩子在一起的時光。

你並不孤單。這很重要的是，你必須與其他患有慢性疾病孩子的家人有所連繫，了解他們如何走過這段旅程。家屬支持團體經常是這段路上很重要的一部分，其他家庭分享的知識可以拯救你、你的孩子與其他家庭成員。閱讀關於孩子病情的相關資訊，與其他家庭交流，同時也要認識你的醫師團隊，他們

將是你的巨大資源，協助你熟悉如何照顧孩子的醫療需求。

　　這個章節會在接下來的篇章中描述一些比較常見的慢性疾病。重要的是盡可能主動積極的學習、瞭解孩子的病情與因應之道。閱讀關於孩子病情的相關資訊，與其他家庭交流，同時也要認識你的醫師團隊，他們將是你的巨大資源，協助你熟悉如何照顧孩子的醫療需求。

貧血

　　血液中含有幾種不同的細胞類型，數量最多的是紅血球，作用是吸收肺部的氧氣，然後運送到全身各處。這種細胞含有血紅蛋白——一種可以與氧氣結合，並運送到全身組織，之後帶走廢物和二氧化碳的紅色色素。

　　貧血可以是急性或慢性的疾病；當紅血球中的血紅蛋白含量降低或在血液中的數量減少，使得血液無法將足夠的氧氣運送到組織細胞，無法提供身體生長和發揮功能。

　　貧血的發病原因有：

1. 紅血球的產生速度太慢。

2. 太多紅血球受到破壞。

3. 紅血球內的血紅蛋白含量不足。

4. 身體失去太多的血液細胞。

　　許多貧血的情況都可以治療。幼兒最常見的貧血往往是因為日常飲食中沒有攝取足夠的鐵質。鐵是生產血紅蛋白的必需成分，鐵缺乏可能引起血液中血紅蛋白含量下降。如果嬰兒太早開始飲用牛奶，他很可能會有鐵缺乏貧血，特別是若沒有補充鐵或食用含鐵的食物。原因是牛奶的含鐵量偏低，而且這種少量的鐵難以透過腸道吸收進入人體，此外，牛奶還會干擾其他含鐵食物的鐵質吸收。12 個月以下的嬰兒喝牛奶可能會刺激腸道，導致少量血液流失使紅血球細胞減少，進而造成貧血。最後，喝太多牛奶可能會限制孩子對其他富含鐵質的食物的興趣，使他們承受罹患缺鐵性貧血的風險。

　　其他營養物質，如葉酸缺乏也會引起貧血，但這種情況非常罕見。

　　貧血也有可能由慢性疾病導致，需要醫師進一步治療和後續追蹤。例如，失血可能在孩子排便時緩慢的發生，由於血液在糞便中的量太少以至於無法直接觀察到。在某些情況下，失血可能是因為血液無法正常凝固，例如血友病。有時紅血球細胞很容易被破壞，這種症狀稱為溶血性貧血，結果會造成紅血球細胞形狀改變，表面受到干

擾，或其他紅血球細胞異常。缺乏特定的酶會改變紅血球細胞的功能，進而增加它們提早死亡或被破壞的機會，因而造成貧血。

有一種嚴重的症狀是因血紅蛋白結構異常引起，最常見於非洲裔的兒童身上但可能在所有人種中發生，稱為鐮刀細胞型貧血。這種疾病非常嚴重，經常發生疼痛與惡化，經常需要往返住院治療。幸運的是，現在所有國家都有這項疾病的新生兒檢測（參考 646 頁）。

另一種遺傳性血液疾病為地中海貧血，常見於亞洲、非洲、中東、希臘和義大利裔的兒童身上。患有這種疾病的兒童體內的紅血球細胞數量異常的低，或沒有足夠的血紅蛋白，因此可能產生貧血的症狀，有時還可能造成嚴重的情況。

症狀和特徵

在某些案例中，貧血發展得相當緩慢以至於症狀難以察覺。然而更常見的是貧血導致皮膚輕微蒼白，通常在嘴唇、眼睛的黏膜（結膜）和甲床（指甲的粉紅色部分）更加明顯。貧血的孩子經常有易怒、輕微無力或容易疲勞的現象。嚴重貧血患者則可能有呼吸急促、心率加快和手腳浮腫的現象。如果貧血持續，這可能會影響孩子的正常生長。**溶血性貧血**的兒童可能有黃疸的症狀，雖然，許多新生兒都有黃疸的現象，但多數都不會變成貧血。

雖然有些地中海貧血病例沒有症狀，但中度至重度的病例會造成嗜睡、黃疸、食慾不振、生長緩慢和脾臟腫大。

如果孩子有任何貧血的症狀和特徵，或你懷疑孩子的飲食**缺乏鐵**，你可以諮詢你的小兒科醫師。在多數情況下，簡單的血球計數就可以診斷貧血。

有些孩子不是貧血，但仍然缺乏鐵。這些幼兒可能食慾下降、易怒、挑剔和注意力不集中，進而導致發育延遲或學習成績不理想，不過，這些問題在孩子補充鐵後改善。其他與貧血無關的鐵缺乏跡象包括有吃不尋常食物的傾向，例如冰、泥土和玉蜀黍澱粉等，這些行為稱為異食症。只要孩子不吃有毒的東西（例如鉛），大致來說沒有太大的傷害。通常這種行為在缺鐵症治癒或隨著孩子逐漸長大後會改善，不過，發展遲緩的兒童可能會持續較久的時間。

治療

貧血有許多不同的類型，在任何治療開始前，確定其原因非常重

要。在沒有醫師的指導下，不要嘗試使用維生素、鐵、其他營養素和非處方藥物治療孩子。這點非常重要，因爲這種治療會掩蓋眞正貧血的原因，進而延誤診斷。治療貧血的方法可能包括藥物、膳食補充劑或飲食限制。

如果貧血的原因是鐵缺乏，在小兒科醫師的指示下，你的孩子會補充一種含鐵的藥物，這種藥物分別有嬰兒用的滴劑形式，較大兒童用的液體或片劑形式。爲了避免給予孩子過量的鐵，或持續給予到不再需要補充，醫師會每隔一段時間爲孩子做血液血紅蛋白／鐵含量的檢查。在醫師告知你可以停藥前，不要給孩子停藥。

以下是使用含鐵藥物的提示：

- 最好不要與牛奶一起使用，因爲牛奶會阻止鐵的吸收。
- 維生素 C 可以增加鐵的吸收，因此在使用鐵劑後可以飲用 1 杯柳橙汁。
- 液體鐵會使牙齒變爲灰黑色，因此讓孩子快速吞下，並且漱口。最好每一次服用鐵劑後要刷牙，雖然鐵劑造成的牙齒痕跡並非永久性。
- 含鐵藥物會造成大便呈深黑色，當出現這種變化時不要擔心。

安全警示：如果服用含鐵藥物過量，會引起嚴重中毒（鐵是 5 歲以下孩子中毒的常見原因）。因此，應將含鐵和所有藥物放在兒童接觸不到的地方。

重度地中海貧血的典型治療方式是補充葉酸，紅血球細胞輸血，以及在可能的情況下，進行造血幹細胞（骨髓）移植。

囊腫纖維症

囊腫纖維症是美國第二大常見可能造成壽命縮短的遺傳性兒童疾病（僅次於鐮狀細胞貧血），總患病率大約是每 3,500 名嬰兒中會有 1 位得到囊腫纖維症。雖然囊腫纖維症目前仍無藥可治，但治療的發展和對其症狀的瞭解已有大幅的進展，囊腫纖維症是一種體內某些腺體改變分泌的疾病，遺傳自父母雙方的基因異常。患有囊腫纖維症的嬰兒其父母雙方一定都帶有這種基因，雖然患者最常受到影響的是汗腺和肺、胰腺細胞，但鼻竇、肝、腸和生殖器官也會受到影響。

1989 年研究發現導致囊腫纖維症的基因，因此計畫生育的夫妻可以進行基因檢測和諮詢，以確定他們是否帶有囊腫纖維症的基因。此外，他們也可以做產前檢查，事

先檢測是否胎兒帶有這種基因。如
果父母雙方都帶有這種基因，那麼
想生育的父母還有其他的選項，例
如體外受精（試管嬰兒）。你可以
和你的醫師討論這些替代方法。

特徵和症狀

　　大多數的囊腫纖維症是在 2 歲
之前被診斷出來，現在美國的所有
州都已將囊腫纖維症檢測納入強制
性的新生兒檢查中。然而並非所有
地區都像其他地區一樣廣泛地進行
檢測。因此，如果新生兒出現囊腫
纖維症相關症狀，即使新生兒篩查
被報告為「無暗示囊性纖維化」，
仍然會進行額外檢查。

　　有超過一半的囊腫纖維症是因
為肺部反覆感染才確診，這些感染
容易復發是因為呼吸道黏液比平時
還厚，所以難以咳出，進而導致不
斷咳嗽和潛在性的肺炎或支氣管
炎。隨著時間推移，這些感染會對
肺部造成傷害，也是囊腫纖維症在
病患生命後期致死的主要原因。大
多數患有囊腫纖維症的兒童體內也
缺乏消化酶，因此難以消化脂肪和
蛋白質。所以，如果這些孩子不使
用消化酶補充品，他們的糞便粗大
且帶有惡臭味，同時要增加體重也
不太容易。

　　若要確定診斷，你的小兒醫師
會做汗水測試，測量孩子在出汗時
流失的鹽量。囊腫纖維症的兒童汗
水中的含鹽量比一般的孩子多，過
程中可能要做 2 次以上的測試，以
確保診斷無誤，因為結果不一定每
次都可以清楚顯示呈陽性或陰性。
通常也會進行詳細基因檢測，因為
異常基因的不同可以顯示孩子最可
能的病程發展。如果你的孩子被診
斷患有這種疾病，你的小兒科醫師
會提供你們必要的專門醫療協助。
在專門治療囊腫纖維症的醫療中
心，你可以找到多方位的專家協助
你的孩子和家人。

治療

　　囊腫纖維症需要終身治療，而
且通常必須經常往來於有附設囊腫
纖維症專業護理中心的醫療團隊，
其中治療囊腫纖維症的肺部感染是
兒童護理最重要的部分，目標是協
助孩子清除肺部的濃稠分泌物，過
程中可能涉及各種技術，好讓孩子
更容易將黏稠痰液咳出。肺部本身
的感染可用抗生素治療，同時孩子
也要吃膠囊式的消化酶，每吃一餐
和每吃一份點心時吃一次，其中酶
的含量取決於飲食的結構組成和孩
子的體重。一旦攝取適當的酶量，
孩子的排便模式就會變得更正常並
開始增加更多體重。為了要檢測治

療是否有缺陷，孩子的家庭醫師、囊腫纖維症治療中心醫師和中心護理團隊會密切觀察是孩子的狀況以讓他們可以提供額外的治療。

如果經過完善的治療，大多數囊腫纖維症的兒童可以正常長大與過一般成人的生活，很重要的是，你要以孩子沒有這種疾病的心態來教養他，沒有理由限制他的教育或事業目標。你的孩子需要愛和規範，同時鼓勵他開發與測試自己的各種可能性。若要達到身體上和情感上的需求平衡，這對囊腫纖維症患者和家人而言確實有困難度，所以盡可能尋求外援這點非常重要。你可以要求小兒科醫師不只將你們加入最近的囊腫纖維症護理中心，同時也要加入囊腫纖維症互助團體，因為與其他父母連結是支持你和孩子以及家人很重要的一部分。

糖尿病

糖尿病起因於胰腺（一個位於胃後方的腺體）的特殊細胞不能產生足夠的胰島素。胰島素可以促進身體處理營養素（蛋白質、脂肪和碳水化合物）進入身體組織，增進生長、產生能量和儲存能量。這些營養素被分解為葡萄糖，一種人體細胞可利用的糖，也是一種能量的來源。胰島素可以將葡萄糖從血液運輸至細胞，提供細胞他們所需的唐，並讓血液中的葡萄糖維持在嚴格的範圍之內。

第一型糖尿病患者體內的胰島素分泌供應不足或無法分泌。因此當一個有第一型糖尿病的人攝食時，血液中的圖葡糖會增加（高血糖），但他的身體無法分泌正常量的胰島素來對抗血液中升高的葡萄糖；食物中的營養素無法被細胞利用，仍然停留在血液中。當細胞無法得到能量，便會表現出飢餓，於是肝臟會將體內儲存的蛋白質和脂肪轉化為醣，但若沒有胰島素相助，一樣也發揮不了任何作用，結果導致體重減輕，身體變得衰弱，因為肌肉和脂肪被分解，但身體仍然得不到所需的能量。

在正常的情況下腎臟會在廢水（尿液）被排出體外前，從其中將葡萄糖移除，然而對於患有糖尿病的人來說，他們的腎臟已經過度工作，而使大量的糖分挾帶更多水分一起洩露到尿液中。這也是為何糖尿病患者頻尿與極度口渴的原因，因為身體要補充流失的水分。少了胰島素，身體會試圖從體內脂肪得到能量，而脂肪會分解成某種類型的酸稱為酮，同樣也會透過尿液排出。

目前第一型糖尿病無法預防，不過有遺傳誘因可能產生第一型糖尿病，但大約只有 30% 患有第一型糖尿病兒童的近親有相同的疾病。由於分泌胰島素的細胞受到破壞，結果導致身體免疫系統將這些細胞視為侵入者，進而發動免疫反應對抗它們。這種自體免疫反應在糖尿病症狀出現前幾個月或幾年前就已開始，觸發這種反應過程的原因仍然是未知的，雖然在少數案例中可能牽涉特定的病毒或其他環境因素。雖然臨床研究仍在尋找這些關聯性，當下仍沒有可預防自體免疫反應的方法。

在第二型糖尿病中，身體既無法適當利用胰島素（也就是所謂的胰島素抗性），同時也無法產生足夠胰島素以供應增加的胰島素需求。第二型糖尿病一度被認為只有成人才會罹患的疾病（事情上，這種疾病過去曾經被稱為「成人發病型糖尿病」）。今日，兒童與青少年的第二型糖尿病通常與肥胖有關，而且隨著兒童肥胖率增長，第二型糖尿病兒童的人數有增加的趨勢。在確診為第二型糖尿病的兒童中，有 85% 以上屬於肥胖，而在美國幾乎所有患病兒童至少都有超重問題。那些不愛動、吃太多和有家族糖尿病病史的兒童，罹患第二

型糖尿病的風險最大。不過，少數兒童也是第二型糖尿病的高風險群。根據美國糖尿病協會指出，估計有 200 萬名兒童屬於糖尿病前期，而這往往也是導致第二型糖尿病的眾多風險之一。

第一型糖尿病可發生於任何時間，雖然他最常在兒童進入學齡時發病。不幸的是，嬰兒和學步期兒童往往會延誤診斷，直到孩子病重，因為症狀可能是因其他疾病引起的。第二型糖尿病更常出現在年長的兒童與青少年中。很重要的是，當孩子出現以下糖尿病警告性徵兆和症狀時，應立即通知你的小兒科醫師。

- 多尿：如廁訓練後的兒童出現尿床，或者嬰兒需要頻繁地更換尿布。
- 嚴重口渴（由於排尿的量與次數增加）。
- 體重下降。即使食慾上升和食量增多或食慾喪失（常見於幼兒）。
- 脫水（參考 560 頁徵兆）。
- 不明原因的疲累或倦怠。
- 持續性嘔吐，特別是伴有無力或倦怠。
- 視力模糊。

如果孩子因為任何可疑症狀去

看醫師，確保孩子有做尿液或血液檢測，以確定他的血糖值是否過高。這種簡單的檢查可以提供糖尿病線索，避免孩子的情況惡化。

治療

當血液檢查證實爲糖尿病時，必須立即展開治療。第一型糖尿病需要注射胰島素，而對於第二型糖尿病口服藥物有時是有效的。當孩子不需要靜脈注射液體，以補充脫水和嘔吐流失的水分時，許多專家都不會讓糖尿病患者住院治療，但經常會讓他們定期返回門診觀察病情，接受教育與照護。

醫護人員將指導你們全家如何處理糖尿病，其中醫療小組成員包括醫師、護理師、營養師和社會工作者，所有成員都會共同努力協助你們全家。爲了照顧患有第一型糖尿病的孩子，你將學會如何從手指的一滴血檢測血糖值和注射胰島素，瞭解適合糖尿病患者的食物、飲食和點心，以及活動與運動。你的醫療團隊會協助你確定孩子所需的胰島素注射量，以控制他的血糖和管理他的糖尿病。最終，你的孩子可能會過渡到透過使用便攜式胰島素幫浦接受胰島素；這比標準注射更靈活，但孩子仍需要定期檢查血糖。可以測量血糖的新型注射器

正在開發中。身爲孩子的家長一定要盡可能學習照顧和管理孩子的糖尿病。

盡可能讓兒童參與他們的糖尿病管理，給他們一定範圍的控制權。舉例來說，讓 3 歲以下的兒童選擇哪一根手指進行針刺檢測血糖，或者哪個部位注射胰島素，然後讓他們在長大後慢慢學習如何測量自己的血糖與注射胰島素（或使用胰島素幫浦）。兒童照護中心和學校必須瞭解孩子的糖尿病現況、胰島素注射與測量血糖的時間表，以及補充點心的需要。他們也需要具備辨識和處理低血糖的能力，同時也要知道如何測試血糖值和給予胰島素，以及測試尿液中的酮酸值。此外，他們一定要有孩子父母的緊急聯絡電話號碼。大多數糖尿病教育小組都有提供學校教育手冊，也可以幫助你與學校或照護中心人員進行溝通協調。

人類免疫缺陷病毒感染（HIV）和愛滋病

人類免疫缺陷病毒感染（HIV）是一種可能造成愛滋病（AIDS 免疫缺陷症候群）的病毒。嬰兒主要透過感染 HIV 的母親感染 HIV，無論是在子宮內（病毒穿過胎

盤）、分娩過程中（當新生兒接觸到母親的血液和體液時），還是透過攝入受感染的母乳；極少數情況下，當嬰兒餵食被感染者預先咀嚼過的食物，就會發生傳播。

自 1990 年代以來，在週產期傳播 HIV 的案例減少了 90%；當母親服用控制病毒的藥物時，感染艾滋病毒的母親所生的嬰兒被感染的機率不到 1%。目前，建議對所有感染 HIV 的孕婦使用抗 HIV 組合藥物治療，並在嬰兒出生時和出生後不久實施預防措施。2016年，美國診斷出在週產期患有 HIV 感染的兒童已經不到一百人，其中有許多是出生在海外；自 2011 年以來，外國出生的感染艾滋病毒的兒童人數已超過美國出生的感染兒童人數。

一旦感染 HIV，終其一生病毒都會存在人體內，而且或許好幾年都不會有任何症狀。愛滋病只會在病毒慢慢削弱體內免疫防禦系統後才會發作。如果未經治療，兒童通常在 2 歲後會出現 HIV 感染的徵兆，不過若要發展為愛滋病平均大約需要 5 年的時間。

感染 HIV 的嬰兒一開始看似無異，不過必須在確診後盡快開始進行治療，因為症狀會逐漸顯現。舉例來說，未接受妥善治療的嬰兒在做出 6 個月大至 1 歲間可能無法達到預期的成長，經常腹瀉或反覆感染，身體任何部位的淋巴結（腺）可能腫大，以及持續性嘴巴真菌感染（鵝口瘡）。他們的肝臟和脾臟可能腫大，另外，由於神經發展受到影響，兒童的行走或其他肢體技能有遲緩的現象，思考和說話能力也受到阻礙，同時嬰兒期的頭部發育也銳減。

如果 HIV 感染在未接受治療的情況下持續發展，最終人體的免疫系統惡化，之後與愛滋病相關的感染和癌症可能會發生。最常見的是肺囊蟲肺炎，症狀有發燒和呼吸困難。

感染 HIV 的兒童和其他孩子

現在，有 HIV 的兒童可以在良好的醫療照護下很好的成長，並過著充實而有生產力的生活。有 HIV 的孩子通常會由傳染病專家或小兒科免疫學專家以及家庭醫師照顧，其他專家和治療師可能也會與你和你的家人一起照顧孩子。遵守所有預約並讓孩子服用所有處方藥非常重要。抗反轉錄病毒（ARV）藥物可抑制病毒繁殖並改善他們的生長發育，延緩疾病的發展。

重要的是你要為你的孩子宣

導，確保身邊的人明白與有 HIV 的兒童握手並不會因此傳染愛滋病毒。如果有 HIV 的兒童有發燒、呼吸困難、腹瀉、吞嚥問題，或他曾經接觸到傳染性疾病時就要立即通知醫師。事實上，只要孩子有任何健康狀況的改變就要馬上尋求醫療照顧，因為有 HIV 的兒童面對疾病更沒有抵抗力。不過，透過綜合抗 HIV 治療，免疫系統尚未受到嚴重損害的 HIV 感染兒童有望像非 HIV 感染兒童一樣，對抗常見的細菌和病毒感染。

當你在為孩子尋求任何醫療照護時，一定要告知醫師孩子感染 HIV 的情況，這樣他才可以對孩子的疾病做適當的評估，以及給予正確的疫苗接種。

我們的立場

美國小兒科學會支持立法和公共政策，致力消除任何形式的歧視，無論孩子是否有感染 HIV 病毒（造成愛滋病的病毒），都不應該有差別待遇。

在學校：所有帶有 HIV 的兒童應該和其他未受到感染的兒童一樣，享有相同的權利，參加學校活動和幼兒照護計畫。如果受到感染的兒童已經發病，需要特別照顧，這時要提供他們特殊的教育和其他相關服務。有 HIV 的兒童的隱私應受到尊重，只有父母或法定監護人同意才能公布。

立法：隨著有 HIV 的兒童、青少年和年輕婦女的人數增加，美國小兒科學會支持聯邦政府成立愛滋病研究和健康保健服務中心，針對 HIV 病毒感染患者、他們的家人以及 HIV 預防計畫提供服務。

檢測：美國小兒科學會建議，懷孕婦女相關 HIV 感染資訊、預防母親將 HIV 病毒傳給嬰兒的措施，以及 HIV 病毒抗體檢測等應全面納入懷孕婦女衛生保健計畫的一部分。並以書面告知，全美所有懷孕婦女都要做例行 HIV 病毒抗體檢測，除非孕婦拒絕接受 HIV 病毒測試（所謂同意「退出」或「拒絕的權利」）。此外，美國小兒科學會建議加快進行新生兒的 HIV 病毒抗體檢測，在未得知母親 HIV 的情況下（即病毒是否出現在血液中），新生兒最好也要做 HIV 病毒抗體的檢測，按照符合州和地方法律同意的程序進行。

如果你懷孕了

所有孕婦都應該在每次懷孕期間做 HIV 感染測試。當孕婦感染 HIV 時，非常重要的是一定要接受適當的治療（給予三種抗 HIV 組合藥物），以減少將病毒傳染給嬰兒的可能性。一旦嬰兒出生後，那些感染 HIV 的母親不可哺育母乳，因為很有可能透過哺乳將病毒傳給嬰兒，因此，這時嬰兒營養的替代來源則以嬰兒配方奶粉取代。

在學校

一般的學校活動不會有感染 HIV 的風險，這種病毒不會透過日常的接觸傳染；不會透過空氣、觸摸或馬桶座墊傳染，所以學齡期的兒童可以進入一般的學校上學。你不需要公開孩子的病情，只為了讓他上學或參與學校的活動。

雖然學校和幼兒照護中心不曾發生 HIV 傳染，但這些機構應該採取常規的血液、糞便和身體分泌物處理程序。標準的預防措施是當接觸到任何血液或體液後，都應立即用肥皂和水清洗，髒污的表面應使用漂白水（1:10 稀釋的漂白水）等消毒劑清洗。盡量使用拋棄式毛巾或紙巾，當接觸或可能接觸血液或體液時，建議戴手套，因此學校和幼兒照護中心一定要有備用手套。很重要的是，工作人員在更換尿布後，不論是否有戴手套，一定都要徹底洗淨雙手。

學校應該確保孩子在吃飯前洗手，工作人員在準備食物或餵孩子前也要洗手。雖然許多父母擔心咬人事件，不過 HIV 從未在校園內傳染過。此外，將 HIV 教育納入學校的課程也非常重要，所有學生都應該瞭解什麼是 HIV 病毒，以及它透過血液或體液傳染，而不會透過一般接觸傳播。他們應該學習如何避免接觸帶有 HIV 或其他病毒的血液或體液。

鐮狀細胞疾病

鐮狀細胞疾病（SCD）是一種紅血球細胞受到影響的**慢性遺傳性疾病**，患有鐮狀細胞疾病的兒童，他們的紅血球細胞呈鐮刀狀，影響紅血球細胞運送氧氣到全身組織的能力。

鐮狀細胞疾病有幾種類型，最著名的為鐮狀細胞貧血，其他還包括鐮狀血紅蛋白 C 疾病和兩種類型鐮狀 β- 地中海貧血。所有這些鐮狀細胞疾病都有類似症狀，例如貧血（紅血球細胞不足）、嚴重疼痛和感染的現象。

在美國，每年大約有 2,000 名

新生兒有鐮狀細胞疾病。雖然一般認為這種疾病只會影響非洲裔，但它也可能發生在任何種族或民族，特別是那些祖先來自中南洲、印度、沙烏地阿拉伯、義大利、希臘或土耳其的兒童。

健康兒童的紅血球呈圓形且富有彈性，容易在血管中流動，可以將氧氣從肺部運送到身體每一個部位。不過，鐮狀細胞疾病的兒童因血紅蛋白（紅血球細胞的成分）異常而造成紅血球細胞扭曲，進而造成疾病的發展。於是不規則狀的紅血球細胞黏附聚集在一起，干擾富含營養素的血液流進器官和四肢。同時這些細胞在釋放入血中後也僅能生存數天，相較於正常紅血球可以維持數個月，進而導致持續貧血。

有些兒童本身沒有疾病，不過他們帶有鐮狀細胞基因，可能會遺傳給自己的孩子。如果孩子從其中一方父母那兒遺傳到鐮狀細胞基因，小兒科醫師會將孩子歸類為帶有鐮狀細胞特徵。

特徵和症狀

在大多數情況下，患有鐮狀細胞疾病的嬰兒一出生看似健康，然而，過了幾個月後症狀可能會出現，範圍從輕微到嚴重都有。鐮狀細胞疾病的常見症狀包括：

- 手或腳發炎腫脹（稱為指炎或手足症候群）；這通常是鐮狀細胞疾病的最初症狀。
- 貧血。
- 疼痛。
- 蒼白。
- 黃疸。
- 容易受到感染。
- 發育遲緩。

所謂的鐮狀細胞急症可能是突發性的疼痛，通常是在骨骼、關節或腹部，其中疼痛的強度多變，可能持續幾個小時至幾個星期。在大多數情況下，這種急症發作的原因不明，雖然血液流動受到阻礙佔絕大原因，不過在一些情況下，也可能是因為感染而引起的。嚴重的鐮狀細胞疾病併發症包括肺炎、中風和器官受損（脾、腎、肝或肺）等。

治療

如果你的孩子有鐮狀細胞疾病，你要盡早請醫師診斷，以便計畫與開始適當的治療。幸運的是，大多數的鐮狀細胞疾病可以透過簡單的血液篩檢得知，美國的所有州都會為嬰兒做這項檢測。

患有鐮狀細胞疾病的兒童需要

長期的照顧以最小化發生併發症的風險，在問題發生時及早發覺，避免威脅生命的感染，並在新治療方式被研發出來時及早取得治療。

一般常見的治療方法包括：

■ 輕微疼痛可以使用非處方藥物，例如乙醯胺酚或布洛芬等非類固醇抗發炎藥物（NSAIDs）舒緩。另外，溫熱貼片也有助於緩解疼痛，還有多補充水分也非常重要。

■ 患有鐮狀細胞貧血（HbSS 或 HbSβ°型地中海貧血）與其他鐮狀細胞疾病的孩子要使用抗生素，從 2 個月大開始直到至少 5 歲左右。這些藥物是預防性措施，以減少嚴重細菌感染的風險。

■ 患有鐮狀細胞疾病的兒童應該根據美國小兒科醫師協會的建議（參考附錄）接種所有兒童疫苗，其中包括每年的流感疫苗。

■ 患有鐮狀細胞性貧血（HbSS 或 HbSβ°地中海貧血）的兒童應在 9 個月大時開始使用羥基脲治療。羥基尿素是一種每日 1 次的藥物，可減少疼痛發作、肺炎和輸血的次數。

■ 患有鐮狀細胞性貧血的兒童應該從 2 歲開始每年進行一次經顱多普勒（TCD）。TCD 是一種大腦超聲波，有助於識別中風風險

最高的兒童，以便他們可以開始治療以降低這種風險。

患有鐮狀細胞疾病的兒童可以透過各種生活方式的措施受益，他需要充足的休息和睡眠，喝大量的水（特別是在溫暖的天氣）和避免身體過熱或過冷。有一些醫師建議補充葉酸，這有助於身體製造更多的紅血球細胞。

如果孩子的疼痛非常劇烈，或產生其他嚴重症狀或併發症，你的小兒科醫師可能會建議住院治療。在住院期間，你的孩子可能要接受以下治療：

■ 靜脈注射嗎啡或其他藥物以舒緩疼痛。

■ 如果發生感染，靜脈注射抗生素。

■ 輸血以提高紅血球細胞數目。

■ 透過氧氣面罩給予氧氣，增加血液中的含氧量。

由於相對輕微的症狀（發燒、皮膚蒼白、腹痛）可能快速發展成嚴重的疾病，家長應事先與小兒科醫師確定，該團隊 24 小時治療鐮狀細胞疾病的醫療設施入口。如果你的孩子發燒，你要立即通知你的小兒科醫師，因為這有可能是受到重大感染。

第 21 章

發展障礙

很自然，你會拿自己的孩子與其他同齡兒童比較。例如，當鄰居的孩子在 10 個月已經開始走路，而自己的孩子在 12 個月還不會爬時，你會非常擔心，雖然許多孩子要到 14 或 15 個月大時才會走路。如果你的孩子比他的同伴更會使用一些辭彙時，你會非常自豪。然而，長久下來這種差異通常並不明顯，每一個孩子都有自己獨特的發展速度，有些孩子學習某些特定技巧比其他孩子快，有時，發展稍微延遲只是有些小孩需要多一點的時間，但如果有任何明顯延誤應及時找出原因，並且及早治療以確保兒童充分發揮他的發展潛能。

真正的發展障礙很可能是一個更長期的問題，並且需要更密集的治療。唯有當嬰兒或學齡前兒童學習發展無法達到於本書第 6 至第 13 章概述的發展里程碑，或無法具備該年齡所需的技能，這時孩子在精神或身體方面才可能有重大的問題，並且嚴重到足以被視為一種發展障礙。發展障礙在童年時期可以確定的包括智能障礙、語言和學習障礙、注意力不足過動症、腦性麻痺、自閉症和感官受損，如視力、聽力衰退等。（一些小兒科醫師將癲癇歸於這一類，但大多數有癲癇的兒童都可以正常發展。）

每一種發展障礙都有各種不同的嚴重程度，從輕微到嚴重，可能影響眾多或少部分的身體功能。此外，有些孩子可能不止只有一種殘疾，而且每一種都需要不同類型的幫助。小兒科醫師和護理之家會是你不可或缺的幫助，協助你對各種發展障礙做出指引。

如果你的孩子發展速度似乎跟不上同齡的孩子，你可以告訴你的小兒科醫師，你的孩子應該接受一個完整的醫療和發展評估，其中或許包括諮詢發展小兒科醫師、兒童神經病學家或兒科復健專家，一些具有專業評估、診斷與規劃殘障兒

童特殊學習與護理計畫的專家。你的小兒科醫師會推薦最適合協助孩子的專家做進一步的評估，這樣一來，你的小兒科醫師可以根據這些評估資料確定孩子是否真的有發展障礙，結果確定，他才可以安排最適合的因應方式。你的醫師或許還會建議其他的身體、語言或職能治療師為孩子做進一步的評估。早期治療通常會建議那些 3 歲以下，有發展遲緩或因身體疾病可能導致發展遲緩的兒童。你的小兒科醫師會協助你安排各方面的諮詢，過程中你不需要醫師轉診就可以透過早期治療或學校系統為孩子做評估。早期治療服務可以為 3 歲以下的兒童做這些評估，或者如果你的孩子大於 3 歲，可以找孩子學區的負責單位。假設你或你的小兒科醫師對孩子的發展有遲緩的顧慮，你要盡快聯絡你的學區，詢問他們是否有這類的評估。

此外，許多州也提供早期治療計畫給小於 3 歲發展遲緩或障礙高風險群的嬰兒和學步期兒童。

今日，聯邦政府法律規定，所有 3 歲以上發展障礙的兒童，都有權利在限制最少的環境下享有免費與適合的國民義務教育。許多州會為嬰兒和學步期兒童提供特殊早期干預計畫。對於 3 歲以下的兒童則是提供居家治療。年齡介於 3 ～ 5 歲被確診為遲緩或障礙的兒童，則可能採取學前教育或居家治療的方式。

殘障兒童的家庭也需要特殊的支援和教育。一旦孩子確診為發展障礙，其家人往往會擔心該如何協助他們的孩子。若要協助孩子發揮他的全部潛力，家庭成員的所有人都應學習孩子的特殊發展狀況，並且聽取建議關於如何協助孩子發展最新的技能。早期干預的其中一個最重要的宗旨，就是教導家長一些合適的、可以在療程之外實踐和應用的合適治療性技術。

泛自閉症障礙症候群

泛自閉症障礙症候群（ASD）會影響兒童的行為、社交和溝通能力。自閉症是終身性，可能明顯影響個人與他人的互動方式。雖然自閉症的症狀和嚴重度因人而異，從與他人溝通能力上的輕微的社交認知差異到嚴重失能，特別是現在科學界的共識是自閉症的系譜歸類被認為是一種單一的診斷（而非像以前將 ASD 症狀歸類為四種不同的疾病：自閉症、亞斯伯格症、兒童期崩解症，以及未分類之廣泛性發育障礙【PDD-NOS】）。ASD 的

診斷可以透過孩子是否有額外的語言障礙和／或智力障礙，以及孩子是否具有與自閉症相關、或容易患有自閉症的已知神經遺傳症狀來進行確認。

與 ASD 有關的社會行為症狀通常在出生後 1 年就可以發現（雖然跡象可能很微妙）。孩子可能會有非語言溝通上的困難，如姿態或動作指示、眼神接觸，以及模仿等。語言問題——發展異常或遲緩，在孩子出生第 2 年後會更加明顯。重複性行為可能會更晚出現，像是不停關閉和打開電燈開關、重複一段話、僅對單一類型事物感興趣，或身體行為如左右搖晃或撲打手臂。有些孩子也有智力障礙，儘管大多數孩子在 6 歲後進行的正規的智力測驗中都有典型的分數。

他們可能忙於「自己的世界」，完全沒有意識到對他人的影響，不斷重複談論他們專注的一、兩個主題，以字面意思解釋語言，缺乏幽默感、風趣和語言上的修辭。他們的興趣或行為可能被旁人視為「古怪」，說話的聲音少有變化，臉部表情幾乎一樣或與人很少有眼神的接觸。許多人還同時有過動症（ADHD）與焦慮的症狀。

總體上症狀較少的孩子可能仍會出現挑戰性的行為，妨礙行為干預的效果與好處。那些沒有表現出任何重複性行為或受限行為特徵，但在社交溝通上有困難的孩子，現在可能會被分類為社交與用溝通障礙。

自閉症影響所有的人種、民族和經濟族群，通常男孩的發生率是女孩的 4 倍之多，在美國幾乎每 59 名兒童就有 1 人確診。雖然自閉症曾一度被認為很罕見，但近年來自閉症兒童的人數有上升的趨勢。這種病例增加可能部分歸功於父母、老師和小兒科醫師更瞭解自閉症的徵兆，意味著有越來越多的孩子被診斷為自閉症。此外，一些今天被診斷為自閉症的兒童在過去可能被歸類為不同的診斷，如智力障礙；這也會使被診斷為自閉症的人數相對增加。

如前所述，自閉症是一種描述一系列症狀的診斷。這些症狀可能有許多不同的潛在原因，因此在大多數個別情況下，自閉症的確切原因仍不清楚。在其中一個小孩被診斷患有自閉症的家庭中，其兄弟姐妹可能有相同症狀的可能性遠大於一般家庭的孩子。研究人員還在研究環境中有可能與孩子的基因發生交互作用，而增加孩子出現自閉症症狀的風險因子。

有些家長一直擔心自閉症和某

些疫苗可能的關聯，已有數項研究調查關於兒童接種疫苗可能導致自閉症的說法，但目前沒有任何找到任何有效的關聯性證實疫苗與自閉症之間的連結。如果你對孩子的疫苗有任何問題，你可以與你的小兒科醫師討論，他可以提供疫苗安全科學確認的相關資訊，以及接種疫苗能夠給孩子帶來的重要優勢。

特徵和症狀

以下是自閉症（ASD）兒童可能出現的特點，記住，沒有孩子的症狀是一模一樣，所有的這些特徵和症狀都會因人而異，並在任何一個孩子身上持續一生。有些自閉症兒童的語言能力從未發展，或者有遲緩或不良的語言能力。他們的用詞或許和語意無關，或許只是重複他們聽到他人的用語（模仿）。他們或許無法用語言與人對談、與人討論交流、談話和闡述故事。幸運的是，這僅是現在被診斷為 ASD 的兒童中的少數。

有些孩子可能無法理解人們對他們說的話，或者對他人的臉部表情和肢體語言無法解讀或做出適當的反應。他們在以動作指示的方面可能會出現發展遲緩，不尋常的指示組成或要求，或者在他們想要或試圖去與他人互動時僅使用受限的

指示方式來表示。當喊他們的名字時，他們可能毫無反應，但他們對其他類型的聲音（狗叫聲或一包薯片沙沙聲）可能會有反應。

這些孩子在社交上可能離群孤僻，與他人互動困難，無法和他人做眼神接觸，他們似乎從未察覺周遭發生的一切或沉浸在自己的世界中。他們的行為和肢體動作大多是重複的，例如重複的身體動作，像搖擺、旋轉、拍手或將東西排成一列。他們對旋轉的物體可能非常著迷，例如電風扇或陀螺。此外，他們或許也會發展出一些適應不良的行為特徵，例如敲頭或咬，或者攻擊他人或鬧情緒。當日常作息（例如進餐時間）改變，或者必須從一個活動換到另一個活動時，他們可能會生氣和鬧情緒或者出現破壞性的行為。

他們可能會有一個有限（有拘束的）興趣或活動範圍。他們玩玩具的方法或許很另類，可能只玩玩具的其中一個零件（例如只玩卡車的輪子）而不是整個玩具，他們也可能重複將玩具排成一列並在想像或假裝遊戲的發展上較為遲緩。

他們或許不是依附毯子或填充動物玩具，他們可能更喜歡依附一些不尋常的物品（繩子、棍棒、數字等），而且久久握著不願意放

手。他們對氣味、燈光、聲音、觸摸和紋理非常敏感，但對痛覺的反應似乎很遲鈍。

診斷

在確診後要及早治療，越早治療效果越好。因此，如果你的孩子有語言遲緩或不尋常的行為，或者在社交溝通上發生困難時，你一定要與你的小兒科醫師討論。其他早期症狀也會引起你的注意，且應該被視為一個潛在的診斷來考量。如果孩子的發展沒有符合以下各年齡層的活動力，你要盡快與你的醫師聯繫：

12 個月大
- 當你指某個物體並說「看！」時，他會轉頭看那個物體。
- 做出簡單的動作，例如說再見時揮手。
- 至少可以發出「媽媽」或「爸爸」。

18 個月大
- 用手指給你看一些有趣的事物。
- 可以正確說出至少 10 個單字。
- 可以玩辦家家酒的遊戲，例如餵洋娃娃吃東西。

24 個月大
- 指出身體的部分、物件和圖案。
- 模仿他人的行為，特別是成人和其他兒童。
- 說出 2 個詞以上的短語，可以正確說出 50 個以上的單字。

36 個月大
- 喜歡與人玩耍（而非僅是在一旁自己玩）和模仿其他孩子。
- 說出 3 個詞以上的句子，可以應用一些名詞。
- 在辦家家酒遊戲中會和洋娃娃說話或出現扮演的行為。

48 個月大
- 當你問他時，可以說出他朋友的名字。
- 可以回答一些簡單的問題（什麼、何時、是誰、在哪裡）。
- 可以清楚說出 5 ～ 6 個字的句子。

其他特徵和症狀可在「疾病控制與預防中心」網站 www.cdc.gov/actearly 和「財團法人中華民國自閉症基金會」的網站 www.fact.org.tw 查詢。

你果你觀察到孩子有任何跡象，或者擔心他的語言和社交發展，你要讓你的小兒科醫師知

道——越早越好。事實上，只要懷疑有自閉症的傾向，即使在診斷尚未做出最後結論前就應該開始治療。兒童其他類型的遲緩也可能有類似的症狀，不過這些診斷有助於早期治療，所以就算你擔心的不是自閉症，為孩子進行發展的評估是非常重要的。

不幸的是，目前沒有任何實驗室檢驗可以用來診斷自閉症，也沒有一組固定的症狀可以用來確診，不過你的小兒科醫師或自閉症專家團隊（兒童發展科醫師、神經科醫師、兒童精神科醫師等）可以根據已有（或沒有）的一系列症狀來診斷。在這個診斷過程中，他們會觀察孩子的遊戲行為，以及與他的照顧者的互動。小兒科醫師可以詳閱孩子的病史，進行一次完整的身體檢查，或許會有一些實驗室的檢驗，以尋找那些可能與自閉症症狀有關的醫學疾病。這些診斷過程也應該包含使用標準的測驗衡量孩子的語言和認知能力。有語言發展遲緩跡象的兒童一定要進行評估，以確保他們的聽力正常。

若要做出正確的診斷，你可以聯絡各大醫療中心的自閉症專家，請你的小兒科醫師轉介。你也可以致電所在地的健保身心科要求進行免費的自閉症評估治療，無須經由醫師的轉介，以了解孩子是否符合早期治療的資格。

治療

目前自閉症（ASD）沒有治癒的方法，但有效的治療措施可以有效改善許多與 ASD 有關的問題。被診斷出患有自閉症的兒童需要特殊的服務，針對他的自閉症相關症狀提供具體妥善的照護，早期治療可以有效讓自閉症兒童的生活機能更為獨立。

一些常用的方法包括應用行為分析（ABA）、配合關係取向發展模式（DIR，也就是地板時間療法）和 TEACCH（自閉症與溝通障礙兒童的治療與教育）。其中最有效的技巧是密集地進行，並在教導適當行為方式的同時協助孩子培養溝通和社交的能力。

自閉症的兒童需要個人化的教育課程（IEP），可以在限制最少的環境中，滿足他們在語言和社交的學習需求。有時，孩子在干擾較少的小型學習環境效果較好；對其他孩童還說，有包容性與典型的同伴互動方式的環境的是有幫助的。一般來說，密集教育和 1 週 25 個小時以上，1 年 12 個月的其他治療對幼兒有益。就像其他的發展障礙兒童一樣，其家庭應該對促進社

我們的立場

美國小兒科學會鼓勵醫師們要多加留意自閉症（ASD）的特徵，並且在兒童的例行檢查中要仔細檢查是否有這些特徵。

同時，美國小兒科學會督促父母一定要告知小兒科醫師，任何他們對孩子行為和發展的擔憂。美國小兒科學會建議，18 個月至 24 個月大的幼兒可以做特定自閉症篩檢，越早開始治療成效越好。最好任何年齡的兒童都要進行評估，如果父母或專家懷疑兒童有自閉症的可能性。如果孩子疑似或已診斷出自閉症，父母應該尋求轉介早期治療課程和當地的專家（例如語言治療或行為治療以促進社交技能）。公共的早期治療計畫是針對 0 歲至 3 歲的幼兒，3 歲以上的兒童則可以轉診至你的學區的健保身心科。父母應盡可能熟悉社區提供的各種療法和課程，並且支持他們的孩子在限制最少的教育環境下成功學習所需的技能。

交技能發展的教育選項進行評估。接觸社交技能團體治療對所有年齡的孩子來說都會有幫助。有時，藥物對與自閉症和相關疾病的問題行為管理也有幫助，可作為整體行為計畫的一部分。藥物治療更常在使用於兒童與學齡的年輕孩子。

自閉症兒童成年後的獨立能力，以及行為和語言技能差異性很大，你很難從自閉症兒童的幼年預測他成年後的能力，所以盡可能及早與家庭一同參與進行語言、社交、學術和行為症狀的密集干預治療相當重要。所有自閉症兒童的需求各不相同，所以適用於某個孩子的方法，對另一個孩子未必可以如法泡製。你要盡可能參與孩子的治療過程，你的小兒科醫師可以協助你尋找提供服務的機構，以及家庭支援網絡和輔導與宣導的團體。透過網路，你可以搜尋可靠的資訊和教育來源，例如疾病控制和預防中心（cdc.gov）或美國小兒科學會（aap.org/autism）。當孩子在做評估時，除了那些建議外，你可能還會聽到一些相互矛盾的意見，如果你有任何顧慮，你一定要請教你的小兒科醫師。透過支援團體，你也可以認識家有自閉症的其他父母，並且一起分享經驗、擔憂和解決之道。

如前所述，可能造成 ASD 的

因子中包含基因，因此，如果你的其中一個孩子被診斷患有自閉症，那麼其他的孩子出現同樣症狀的風險會提高（大約高出 3% 到 7%）。你可以諮詢你的小兒科醫師，討論這種增加的風險。

另外請參考 362 頁第 11 章（2 歲兒童）自閉症的段落。

腦性痲痹

腦性痲痹的兒童是大腦控制運動機能和肌肉張力的區塊異常或受損。儘管腦性痲痹兒童的行動、姿勢和肢體控制出現問題，每 1,000 名孩童中大約會有 2 到 3 名患有腦性痲痹。大約半數有腦性痲痹的孩子的智力發展是正常的，這種疾病可能導致兒童出現不同類型的行動困難，從非常輕微幾乎看不出來到極度嚴重都有。根據問題的嚴重程度，腦性痲痹兒童可能只有動作上有點不協調，但也可能完全不能行走。有些孩子是身體同一邊的手臂和腳出現無力，無法控制的情況（稱為輕偏癱），有些是雙腳問題（稱為兩側麻痺），有些是上半身和下半身四肢（稱為四肢麻痺）的問題，有些則是混合性的情況。在某些兒童身上，他們的肌肉張力會日漸增強（稱為痙攣或張力亢

進），而有些兒童則是日漸無力（稱為張力減退）。雖然許多腦性痲痹的兒童仍然保有語言的理解能力，但他們卻缺乏開口說話所需的嘴巴運動協調能力。

腦性痲痹是腦部運動中樞神經異常或受損，通常導致的原因可分為先天性、後天性和出生時障礙等 3 種。早產會增加嬰兒腦性痲痹的風險，因為大腦發展不完全。其他可能造成腦性痲痹的因素包括潛在的基因或新陳代謝異常、在子宮內發生中風、先天性感染和大腦特定部位的行程或發展異常。出生後黃疸嚴重的嬰兒，或者日後因受傷或生病，進而影響大腦等也都可能造成腦性痲痹。雖然家長往往在尋找使腦性痲痹發生的解釋，但根據美國小兒科學會和美國婦產科學會的一份報告做出結論，大多數腦性痲痹的案例並非是由於分娩等情況所致，例如氧氣供應不足（缺氧）等。

症狀與特徵

因為腦性痲痹的類型和運動機能障礙的程度有很多種類型。孩子可能患有腦性痲痹的主要線索是難以達到本書 5～12 章所述的運動發展里程碑，以下是一些特殊的警訊：

2個月以上的嬰兒

- 孩子平躺抱起時，有頭部下垂的現象，且他在坐起時頭部的控制能力較差。
- 感覺他僵硬。
- 感覺他柔軟無力。
- 當你將他抱在臂彎時，他的頭頸部過度伸展，好像要把你推開。
- 當你抱起他時，發現孩子下肢僵硬，交叉或成剪刀樣。

9個月以上的嬰兒

- 他無法在沒有支撐的情況下坐著。
- 他使用其中一側的身體多過另一側，像是主要以身體的半邊爬行，在拖行一側的身體時用另一側的手腳來推開他們。
- 他用膝蓋跳躍，但不用所有四肢爬行。
- 在18個月時無法獨自行走。

　　如果你對孩子的發展有任何擔憂，在進行例行檢查時，請與你的小兒科醫師討論。由於兒童的發展速度差異很大，因此，有時很難對輕度腦性麻痺精確地做出診斷。經常與發展小兒科醫師或兒童神經科專家和小兒復健醫師會診有助於正確診斷，你的小兒科醫師會轉介適當的專業人士給你，你的孩子也要給物理和職能治療師做運動機能技巧的評估。同時建議所有腦性麻痺的孩子要進行腦部或脊椎（或兩者皆要）的電腦斷層掃描（CT）或核磁共振攝影（MRI），以確定大腦是否異常。如果電腦斷層掃描與核磁共振照影都是正常的，且也沒有出生時疑似腦部傷害的病史，有時候可能會需要進行額外的基因或新陳代謝檢查。即使幼兒早期已確診，但往往很難預測日後運動機能會惡化至何種程度。

治療

　　如果小兒科醫師懷疑你的孩子患有腦性麻痺，他會向你推薦早期治療計畫。這些治療計畫是由教育工作者，職業和語言治療師、護理師、社會工作人員和醫學顧問組成的團體。在這類的課程中，你的孩子會得到特殊的治療，目標是針對他們的需求，而你也要學習成為你的孩子的老師和治療師。透過物理師和職能治療師你會學到何種運動或何種姿勢對孩子最舒適與最有益，以及如何協助他一些特殊的具體問題，例如餵養困難等。有時會使用藥物如貝可芬（baclofen）或肉毒桿菌（botulinum toxin type A），以減少腿部或手臂的痙攣與肌肉緊繃，雖然這些腦性麻痺的藥

物通常不建議幼兒使用，而較大的孩子可以透過植入貝可芬藥泵（椎管內 baclofen 治療）或外科手術來減少痙攣或治療臀部與脊椎的問題。你可能還會收到一些資訊，關於輔助孩子參與日常生活的適應設備，並且可以將他的姿勢固定好，好讓他在玩耍時更容易運用雙手。這些特殊的設備可能包括讓吃東西更容易的輔助餐具、合適的沐浴用品或便盆座椅、更容易手握的鉛筆、輪椅和助行器。這些輔助用品允許孩子更獨立，讓他更能參與同齡孩童的團體活動。透過支援團體，你可以認識其他有類似殘疾的父母，分享彼此的經驗、擔憂和解決方案。

你能為孩子做的最重要的事情是協助他發展技巧、保持心情開朗和建立自尊心。鼓勵他做一些可以達成的任務，然後再練習一些較具有挑戰性的任務，好讓他盡可能學會在最少的援助下完成任務。早期治療中心的專業人員可以協助你評估孩子的能力，指導你如何達到適當的目標。

有數個機構可以協助家長學習更多有關如何更好的照顧有腦性麻痺的孩子的方式，包括美國腦性麻痺協會（ucp.org）。你可能會得到除了正統治療團隊外的其他類型療法，在你要嘗試任何非正統療法前，一定要先詢問你的小兒科醫師。關於腦性麻痺更多資源與資料，你可以參考中華民國腦性麻痺協會網站 http://www.cplink.org.tw。

智能障礙

據估計大約有一半以上的腦性麻痺兒童有整體發展遲緩的現象，其中包括思考和解決問題的能力。許多腦性麻痺的兒童也被診斷出有智能發展遲緩像是學習障礙，而有些兒童的智力則是正常，或有特殊的學習障礙（參考 670 頁智能障礙）。

癲癇

1/3 的腦性麻痺兒童有癲癇或日後會有癲癇的症狀。幼兒早期可能不會出現癲癇，直到日後的童年時期。幸運的是，這些癲癇可以使用抗驚厥藥物控制（參考 803 頁）。

視覺障礙

因為腦損傷影響眼肌協調，所以有超過 3/4 的腦性麻痺兒童有視覺障礙。這些視力問題包括斜視（眼睛未正確對齊；參見第 745 頁）、弱視（一隻眼睛向內或向外）或皮質性視覺障礙（大腦無法

處理眼睛所看到的內容）。讓小兒科醫師和小兒眼科醫師定期檢查孩子的眼睛很重要，如果及早發現和治療，許多這些視力障礙都可以被矯正，但如果不及時治療，它們可能會惡化，甚至可能導致永久性視力喪失。

關節攣縮

痙攣性腦性麻痺的兒童往往難以預防攣縮，一種失去關節的活動範圍，導致肌肉拉力不平均的症狀。可能導致的問題包括脊柱側彎（脊柱彎曲）或髖關節脫位。有些兒童的肌肉張力不對稱，而會使受影響的手臂、腿或關節攣縮的大小存在差異。物理治療師、兒科發展醫師或兒科復健醫師可以教你如何伸展肌肉，以預防攣縮發作。有時支架、夾板、固定器或藥物有助於改善關節靈活度和穩定性。在某些情況下，骨科手術也是改善攣縮的治療方法之一。

牙齒問題

許多腦性麻痺兒童有更大的風險會罹患口腔疾病，這意味著更容易產生牙齦炎和口腔發炎，原因之一可能是他們刷牙困難，而且與其他孩子相比，他們牙齒琺瑯質不足更為常見，這使得他們的牙齒更容易蛀牙。此外，一些藥物如癲癇或氣喘藥物可能助長口腔疾病產生。由於檢查他們的牙醫需要特別的技術，所以家長通常會尋找有受訓服務特殊需求兒童的小兒牙醫。

聽力喪失

有一些腦性麻痺兒童的聽力是完全和部分喪失，這是受傷或疾病對腦部造成的傷害的一部分。在美國，所有兒童在離開生產醫院前都會進行檢查以確認是否有聽力問題，但如果你發現孩子在 1 個月大時對噪音不會眨眼或嚇一跳、在 3～4 個月大時對聲音沒反應，或 12 個月大時不會說出單字，你要與你的小兒科醫師討論。這時可能要重新審查寶寶出生時的聽力篩檢結果，並且在後續的評估加入正式的說話和語言測試（參考 665 頁聽力障礙）。

空間辨認障礙

一側肢體受影響的腦性麻痺兒童中，半數以上不能確定受影響側肢體的空間位置（例如當他的手放鬆時，不能區別手指朝上還是朝下）。當孩子存在這個問題時，他可能很少會用受影響的手，即使該手的運動性殘障很輕微，他可能表現得好像沒有那隻手一樣，物理治

療師和職業人員會指導孩子利用身體的受影響的部分,儘管是殘疾的部分。

先天性異常

先天性異常是在胎兒出生之前的發展過程中所引發的問題,在美國每 100 名新生兒中就有 3 名有先天性異常的問題。這些先天性異常有五大類別,根據病因可分為:

染色體異常

染色體是指由上一代將遺傳信息傳遞到下一代的遺傳物質。正常情況下,除紅血球細胞外所有的細胞都含有來自父親和母親的各 23 條染色體,染色體的基因將決定嬰兒的特徵。

當孩子沒有獲得正常的 46 條染色體,或者染色體片段缺失或重複,可能會造成發育或器官功能的問題,包括大腦。唐氏症候群(21 號染色體三體)就是這種疾病的一個例子,孩子天生多 1 條的染色體。

單基因異常

有時染色體數量正常,但染色體上的一個或多個基因異常,這些基因異常有些是遺傳自同樣有這種異常基因的其中一方父母,這種稱為常染色體顯性遺傳。

其他遺傳性疾病只有在父母雙方都有這種基因缺陷時,孩子才會產生症狀,例如囊腫纖維症、Tay-Sachs 症、脊髓性肌萎縮等都是這樣的類型。在這種情況下,孩子的父母正常但都帶有一個異常基因,當孩子從父母雙方都遺傳到了異常基因就會發病。在這種情形下,每個孩子都有 1/4 的患病機會,這種遺傳稱為常染色體隱性遺傳。

第三種基因異常稱為性聯遺傳,而且一般僅男孩受影響,縱使異常基因也出現在母親那邊的家族中。女孩或許會在其中一條 X 染色體上帶有這種遺傳基因,但因為他們有另一條帶有正常基因的 X 染色體而沒有產生疾病的症狀(例如血友病、色盲和常見類型的肌肉萎縮症)。每個男孩都有 1/2 的機會繼承致病基因。

第四種基因異常是線粒體,它是細胞中產生能量的部分。線粒體的 DNA 僅遺傳自母親。線粒體疾病可能導致各種各樣的問題,包括癲癇發作、發育遲緩、聽覺和視覺異常,或腎臟和腸道問題等。

妊娠期間影響發育的疾病

有些感染、疾病與症狀會影響

懷孕中的母親，特別是妊娠最初 9 週，可能會引起嚴重的先天性異常，例如茲卡病毒、德國麻疹和巨細胞病毒。這就是為什麼在懷孕期間要篩查感染和其他疾病（例如糖尿病）的原因。在許多情況下，與你的醫師密切合作並嚴格遵循管理規則，就可以幫助減少懷孕期間的併發症和寶寶以後可能產生的問題。其他可能在妊娠期間影響胎兒發育的還包括酗酒、使用毒品、某些藥物、會污染空氣、水源和食物的特定化學物質。妊娠婦女在使用任何藥物或補充品前，一定要與醫師核對是否安全。

遺傳和環境問題的聯合作用

脊柱裂和唇齶裂是一種先天性畸形，發生原因是在妊娠關鍵階段，當疾病的遺傳傾向與子宮中某些環境因素影響結合，毒物、化學物質（酒精、香菸等）或維生素不足（如葉酸等），因此懷孕的婦女、甚至是在計畫懷孕之前，攝取含有葉酸的產前維生素有助於預防胎兒脊柱裂。

未知原因

大多數先天性異常沒有明確的原因，如果你和你的家庭有一個不明原因的先天性異常或發育問題，你可以請你的小兒科醫師推薦基因或遺傳諮詢專家給你，他們可以和你一起評估，如果再生一個孩子發生同樣疾病的風險有多少。

當孩子有先天性疾病

儘管有超音波等先進的產前檢查，大多數家庭都是在孩子出生後才知道嬰兒有先天性異常。重點是你要請照護寶寶的醫師向你解釋一切，你才能完全理解孩子身上發生了什麼事，讓你能夠開始募集來自家人和朋友的支援。一旦做出診斷，你要依照其他孩子的理解程度告知他們關於寶寶的狀況，許多家庭發現，參與該疾病的家庭互助團體對他們有很大的幫助。

先天性疾病

先天性異常有很多種，需要各種不同的醫療處理，本書不可能完全討論。因此，我們只討論兩種最常見的異常治療：唐氏症和脊柱裂。

然而，先天性疾病的臨床症狀也可能伴隨包括整體發育遲緩或智能障礙、腦性麻痺、知覺障礙或自閉症相關的障礙；針對這些臨床症狀的描述、評估和干預措施也可以適用。

唐氏症

大約每 800 個新生兒就有 1 個是唐氏症患者，幸運的是現在已經可以在產前診斷。唐氏症是因細胞多一條染色體引起。其中一個結果是唐氏症的典型外觀異常，包括伴有內眼角多餘皮膚皺褶的眼上斜視、鼻梁扁平、看起來更大的舌頭在一張相對較小的嘴裡，和肌肉以及韌帶的張力下降。

幾乎所有唐氏症兒童都有輕度到中度的智能障礙，並可以受益於早期干預措施，這些措施可以從嬰兒期開始。然而重要的是要記住，患有唐氏症的孩子更像其他的孩子，而非不同。患有唐氏症的兒童可以和他人建立深厚而有意義的關係，可以在特殊教育和有包容性的課堂中學習，也可以參與社區活動和體育運動。許多有唐氏症的人可以從事有競爭力的工作或在工作坊就業，並且可以獨立的生活或在集體家庭環境中作為一個成人生活。

患有唐氏症的兒童有更高的風險罹患多種其他疾病，先天性心臟病在患有唐氏綜合症的兒童中很常見，因此妳的醫師會在出生後不久安排心臟超音波檢查。患有唐氏症的兒童可能天生就有腸胃道或其他器官系統的問題；這些問題通常可以透過檢查和監測嬰兒的進食和排便活動來發覺。

許多患有唐氏症的兒童在嬰兒時期比他們的平均年齡更矮，體重也低於平均水平。然而，年齡較大的唐氏症兒童可能會掙扎於體重的過度增加。超過一半的唐氏症兒童有視力和聽力障礙。

許多有唐氏症的孩子會有睡眠呼吸中止症，因此所有人都應該在開始上學後進行睡眠檢查。一些患有唐氏症的兒童會出現甲狀腺功能減退，這會導致新陳代謝下降、體重增加和行為遲緩。患有唐氏症的兒童也有較高的韌帶鬆弛風險，這些韌帶提供頸部穩定性並將脊椎連接到顱底。如果韌帶太鬆，可能會讓頸部過度伸展（向後彎曲）從而導致嚴重的脊椎損傷。出於這個原因，應謹慎注意那些可能會使孩子的脊髓損傷風險增加的接觸性運動，例如足球、足球和體操。

脊柱裂

脊柱裂的原因是早期胎兒在發育過程中，脊椎管周圍的組織閉合不完全而引起。脊柱裂有許多不同的類型，最常見的為隱性脊柱裂，發生在脊椎管閉合不完全，但脊柱內受保護的神經沒有損害，大多數有隱性脊柱裂的人甚至不知道自己有這種狀況。另一種類型為囊性脊

柱裂，保護脊隨的液體被從開放的脊柱之間擠出，形成液囊，但不涉及脊髓神經組織。第三種類型爲髓脊膜膨出，這種類型突出脊髓的液囊內含有部分脊髓神經與脊髓，在大多數情況下，當人們談起脊柱裂時，通常指的就是脊髓脊膜膨出，這也是我們會在本段落中討論的類型。

脊柱裂經常是由基因和環境相互作用而引起的，家中有脊柱裂孩子的父母，其下個孩子可能有脊柱裂的機率較高（百分之一的機率），這種頻率之所以增加與遺傳和環境相互作用的影響有關，其中一個我們已知的因素是在懷孕非常早期時的葉酸攝取不足，因此要給予所有懷孕婦女含有維生素的補給品，有時甚至是在懷孕之前。在懷孕期間，超音波檢查可以發現脊柱裂，母親血液篩檢也可以確定嬰兒是否有脊柱裂的風險。事先知道嬰兒有脊柱裂可以讓家庭計畫在有提供特殊照護的醫學中心生產。有一些醫療中心，有高危險產婦胎兒醫療與手術專家，可以爲胎兒進行特殊手術，懷孕的婦女可以選擇評估是否適合進行手術（手術在胎兒仍在子宮內時進行），雖然手術無法完全治癒脊柱裂胎兒，但可以減輕孩子日後的症狀。

脊柱裂的新生兒其脊柱有突出的液囊，裡面含有脊髓液和部分脊髓，這些都是控制身體下半身的神經。在出生後第 1 或 2 天就必須進行手術，以關閉脊柱開口。不幸的是，受損的神經難以修復，但至少可以盡量協助孩子日後揮發身體的機能。

大多數脊柱裂的嬰兒有幾個其他醫療併發症，其中包括：

腦積水：大約每 10 個中有 9 個脊柱裂的孩子最終會發展出腦積水——大腦周邊液體大量增加的結果。這種液體增加是由於正常液體流經的路徑被堵塞，情況非常嚴重，需要立即手術治療。

如果嬰兒的頭部增加的程度超過預期，囟門膨出、煩躁、嗜睡或癲癇發作，小兒科醫師就會懷疑腦積水的可能性。透過頭部 CT 掃描或 MRI 檢查或超音波檢查都可以證實腦積水的診斷，如果確實是腦積水，就必須進行手術裝置分流器，以緩解液體累積和排除液體。

乳膠過敏：大部分脊柱裂的人似乎對乳膠容易產生過敏，而且過敏反應從輕微到非常嚴重都有，可能是因爲早期的手術和對乳膠敏感。所有脊柱裂的兒童都應採取預防措施，避免使用含有乳膠的產品。那些有乳膠過敏的兒童應該有

我們的立場

為了降低脊柱裂的日漸普遍，美國小兒科學會贊同美國公共衛生服務的建議，所有婦女孕前每日要攝取 400 微克的葉酸（一種維生素 B）。葉酸有助於預防神經管缺陷（NTDs），包括脊柱裂。雖然有些食物富含葉酸，但婦女若想單靠平日飲食達到每日葉酸 400 微克的需求量似乎不太可能，因此，學會政策聲明，建議每日攝取內含葉酸日需求量的綜合維生素。研究指出，如果所有育齡婦女都可以達到這些飲食需求，結果就可以預防 50% 以上的神經管缺陷問題。

建議懷孕時容易受到神經管缺陷影響的高風險婦女（例如之前孩子有NTDs、糖尿病患者或正在服用抗癲癇藥物），在懷孕之前先和醫師討論他們的風險。治療的方法可能包括高劑量葉酸（每日 4,000 微克），在計畫懷孕前開始服用，並且持續到懷孕 3 個月後。然而，除非醫師特別說明，而且在醫師的照顧下，不然婦女不應自行透過服用綜合維生素以試圖達到這個高劑量（否則可能會導致其他維生素攝取過量）。

緊急護理計畫，以因應過敏事件發生。你可以避免接觸乳膠產品以減少過敏的機會，不過，要留意到許多嬰兒用品都含有乳膠（奶瓶奶嘴、安撫奶嘴、磨牙玩具、尿布更換墊、床罩和一些尿布等）。

肌肉無力或者麻痺：由於脊髓先天性異常，影響了連結大腦與下肢的神經發展，因此脊柱裂的兒童腿部肌肉可能非常衰弱或失去功能。因為他們無法移動腳、膝蓋或臀部，他們可能生來就有關節攣縮（韌帶或肌肉過短或過緊）。手術可能可以矯正其中一些問題，而肌肉無力可以用物理治療和支撐器來改善。根據脊髓病變的程度，脊柱裂的兒童有些可以自行或依賴助步器走路，然而許多人則是使用輪椅代步。

大腸和膀胱問題：通常脊柱裂兒童控制大腸和膀胱功能的神經損傷，因此，更有可能發生尿道感染和異常尿逆流而導致腎臟損傷。你的小兒科醫師會將孩子轉介給泌尿科醫師，他會檢查孩子的膀胱功能是否需要一根導管排尿以保護他的

腎臟。這些孩子很容易發生泌尿系統感染，出現發燒、腹痛或背痛等症狀。

脊柱裂的兒童通常也有大腸控制問題，因為少了控制直腸的神經。謹慎進行飲食管理，確保孩子的大便柔軟。也可能會建議使用軟便劑、栓劑或灌腸來協助進行排便管理。

教育和社會問題： 7/10 的脊柱裂孩子有發展和學習障礙，需要一些特殊教育支持以配合他們的學習需求，特別是身心健康議題，包括體重控制、身體活動和社會接納等，對於脊柱裂兒童長遠的身體、情緒和社會福祉尤其重要。

脊柱裂孩子的父母可能需要不只一個醫師處理孩子的問題。除了你的小兒科醫師提供的基本支援外，這種疾病還需要包括神經外科醫師、骨科醫師、泌尿科醫師、復健專家、物理治療和心理治療以及社工人員等團隊提供協助。許多醫學中心有附設脊柱裂專門門診，這些團隊可以提供所有以上這些健康專業服務，將這些專業人士集結在一起有助於彼此溝通交流意見，並且更方便為需要的父母提供有關資訊或建議。

資源

有許多不同的組織可以為孩子有先天缺陷的家長提供訊息和支援：

- 國家唐氏症委員會。
- 美國脊柱裂協會。
- 財團法人中華民國唐氏症基金會 rocdown-syndrome.org.tw。

聽力障礙（聽力受損）

儘管任何年齡層都可能發生聽力障礙，但出生時或嬰兒和學步期發展過程中的聽力障礙如果未被發現和治療的話，可能會在發展上造成嚴重的後果，因為理解語言和日後正確發音都需要正常的聽力。因此，如果你的孩子在嬰兒期和年幼時聽力受損，你要立即採取行動。即使在這段時間只是暫時性的重大聽力受損，都可能造成孩子在學習語言上的困難。

大部分孩子因充血、感冒或耳朵感染使液體累積在中耳時會有輕微的聽力障礙，這種聽力受損通常只是暫時性的，當充血或感染消退，以及耳咽管將剩餘的液體導入喉嚨後，聽力自然會恢復正常。在許多兒童中，每 10 人就有 1 人會因耳咽管產生問題，只要耳朵受到感染（見第 675 頁），液體就會積

聚在中耳內。因此這些兒童聽力不如預期，有時會發展成語言遲緩的問題。更常見的是永久性聽力受損，而且會嚴重影響孩子學習口說語言和說話模式。永久性聽力障礙嚴重的程度從輕微或部分到完全失聰都有。

聽力障礙主要有 2 種：傳導性聽力障礙，和感音神經性聽力障礙。當孩子有傳導性聽力障礙時，他的外耳道或中耳的結構可能異常、可能耳道內有大量的耳垢，或者中耳內有液體干擾聲音的傳導。

相反的，感音神經性聽力障礙的聽力受損是由於內耳、或將聲音從內耳傳送到大腦的神經異常所引起，可能在出生時就已存在，或日後任何時候發生，即使家族沒有耳聾病史，但原因往往很可能是遺傳基因。父母各自的家庭由於只攜帶一個隱性的基因而不受影響；但孩子未來發生聽力損失的機會可能會增加，因此建議家長進行基因諮詢。

如果母親在懷孕期間感染德國麻疹、巨細胞病毒（CMV）、弓形蟲病或其他會影響中耳的傳染性疾病，這時胎兒可能會受到感染造成聽力受損，有些感染也會造成孩子在童年早期發生聽力損失。此外，內耳畸形也可能是原因之一。

聽力障礙必須盡早診斷，這樣孩子才不會延誤語言的學習——在出生後即開始的過程。美國小兒科學會建議，在新生兒出院回家前，一定要接受正式的聽力篩檢。事實上，現在美國各大州已有早期聽力檢測和治療方案（EHDI），並且規定所有新生兒在出院前一定要接受聽力篩檢。在孩子日後任何時刻，如果你或你的小兒科醫師懷疑孩子有聽力障礙，你一定要堅持為孩子進行立即評估（參考 665 頁聽力障礙：應該注意的徵兆）。雖然有些家庭醫師和小兒科診所可以檢查中耳內的液體——造成聽力受損最常見的原因。如果檢查發現問題，你的孩子可能會被轉介給聽力矯正專家或／和耳鼻喉科醫師。

如果孩子的年齡小於 6 個月，無法配合或理解聽力檢測，或有顯著的發展遲緩，那他可能要接受 1 至 2 種類似新生兒聽力篩檢的測試。這些測試都是無痛的，只要 5 到 60 分鐘，隨時隨地都可以進行測試。

■ **聽性腦幹反應測試（ABR）：**
測試當進入深層睡眠時，大腦如何回應聲音。將點擊或音調聲透過耳機播放至嬰兒的耳朵，然後在嬰兒頭上裝置電極測量大腦的反應。這種方法可以讓醫師在嬰

兒不配合的情況下，瞭解嬰兒的聽力狀況。聽性腦幹反應測試適用於測量 3、4 個月大在自然睡眠中的嬰兒，對於較大的嬰兒和學步期兒童在接受聽性腦幹反應測試時則要先注射鎮靜劑。

■ **耳聲傳射測試：**測試耳朵產生的聲波。在嬰兒的耳道內放置一個微探針，然後播放點擊或音調聲，測量嬰兒的反應。嬰兒和幼兒這種測試不需要入睡或注射鎮定劑，因為這種測試時間很短，任何年齡層都可以做。

6 個月大以上能配合測試的嬰兒可以進行行為測聽或「條件反射測聽」，這種測試提供視覺和聽覺雙重刺激，可以確定嬰幼兒特定頻率的聽力程度（雖然不是特定耳朵）。

正規的行為測聽可以確定聽力程度，以及每隻耳朵鼓膜的功能，它的作法是讓孩子戴上耳機，然後發送聲音和文字到耳朵，大約 3 ～ 5 歲年齡層的兒童都可適應這種作法。

你的居住地區不一定會有所有這些聽力測試，不過，考量到未確診的聽力障礙後果不堪設想，你的醫師可能會建議你到最近的地方為孩子做這些測試。當然，如果這些測試表示你的孩子可能有聽力問題，那麼你的醫師會盡快為孩子安排更徹底全面的評估，以確認孩子是否真的有聽力障礙的問題。就算是輕微的聽力障礙都有可能影響整體聽力，而應該被妥善診斷和處置。

治療

治療聽力障礙的方法取決於它的病因。如果是因為液體在中耳內導致輕度傳導性受損，醫師可能會建議你過幾個月後再進行測試，以確定液體是否已自行清除，藥物如抗組織胺減充血劑或抗生素都無法有效清除中耳內的液體。

如果 3 個月後聽力仍然沒有改善，耳鼓後仍然存有液體，醫師可能會建議轉診到耳鼻喉科的專科醫師看診。如果液體仍然存在，並且已造成傳導性聽力障礙（即使只是暫時），專家可能會建議裝置引流管將液體排出。插入引流管是小手術，大約需要 15 分鐘，不過為了手術順利進行，孩子必須接受全身麻醉，所以通常會待在醫院或門診手術中心半天以上。

即使已裝置引流管，未來仍有感染的可能性，不過引流管有助於減少液體累積，降低孩子重複感染的風險。如果聽力受損單純只是因

爲液體，那麼裝置引流管可以提升孩子的聽力。

如果傳導性聽力障礙是因爲外耳或中耳異常，這時裝設**助聽器**有助於聽力恢復到正常或接近正常的水準。然而，孩子只有在戴上助聽器時聽力才能恢復正常，因此你一定要確保孩子戴上助聽器，並且每日檢查助聽器是否運作正常，特別是非常年幼的孩子。等到孩子夠大時，或許可以考慮整形外科手術。

有聽力障礙的嬰兒要及早戴上助聽器，這對於讓他們及早接受與意識到語言非常重要。早期接觸聽力或視覺語言，這對語言的發展具有極爲重要的影響。

助聽器可以改善輕度到中度感音神經性聽力障礙，這樣大部分的兒童可以正常發展語言和說話的能力。如果孩子的雙耳重度聽障，戴助聽器後聽力只有一點或毫無改善，他可能需要進行**人工電子耳**植入術。美國食品藥品監督管理局已在 1990 年核准兒童人工電子耳植入手術，如果你的孩子有先天性聽力障礙，而你的家人也正在考慮爲孩子植入電子耳，那麼越早（最好在 1 歲前）植入比日後（3 歲以上）植入，兒童的語言和聽力發展將會更好。因此，及早有效評估與治療這種類型的聽力障礙極爲重要，大多數有著典型發育狀況和早

求助小兒科醫師的時機
—— 聽力障礙：應該注意的徵兆

以下是一些聽力障礙的徵兆或症狀，如果你懷疑孩子有聽力障礙的可能性，你要立即通知你的小兒科醫師。

- 孩子在滿月前，對很大的噪音沒有驚嚇反應，或到 3、4 個月大時，不會隨著聲音的來源轉頭。
- 他沒有留意到你，直到你靠近他的身邊。

- 他只發覺到可以感覺到的振動聲音，而不是各式各樣的聲音（參考第 8、9 章語言發展）。
- 語言能力遲緩或無法理解，或者在 12 ～ 15 個月大時，不會發出簡單的字詞，如「爸爸」或「媽媽」。
- 18 個月大時，無法說出 50 個單詞。
- 2 歲時，無法將 2 ～ 3 個字詞加在一起表達。
- 2 歲半時，他的語言表達有將近一半讓人無法理解。
- 當你叫他時，他不一定會回應（這通常被誤以為是注意力不集中或抗拒，但很可能是部分聽力障礙的結果）。
- 他似乎只聽到某種聲音，有些好像聽不到（有些聽力受損只能聽到高頻的聲音；有些孩子聽力障礙只會持續短短一年的時間）。
- 他似乎不只聽力不好，也很難將頭部穩固伸直，或坐下動作緩慢或走路不穩。（一些感音神經性聽力障礙的兒童，其內耳一部分提供平衡與運動的中樞神經可能也受到損害）。

期植入電子耳的兒童都可以在主流教育方式的支援下發展出極佳到卓越的聽力，幾乎所有有植入電子耳的兒童對周遭環境中的聲音都更為敏感。人工電子耳植入術可以協助重度聽力障礙的兒童發揮最大的潛力，透過語言和聽力技巧的發展，以及加上廣泛的治療與聽力發展資源，包括語言治療、專業聽力受損教師和家長資源和諮詢中心等。

感音神經性聽力障礙兒童的父母，通常最擔心的事情是孩子是否能學會口說語言，答案是，雖然人工電子耳植入時間點將大大提升語言學習的機會，但並不是每個孩子都能口語清晰的表達。

不過，所有聽力障礙的兒童都能學會溝通，有一些兒童是學習唇語，有些兒童則完全不會這項技巧，因此，口語只是溝通的其中一種形式。有些兒童在戴上助聽器或植入電子耳後，聽力仍無法明顯改善到足以協助他們的語言能力發展，或者對於那些不那麼執著於口

語能力的家庭，手語是另一種可以學習的溝通方式。

如果你的孩子在學手語，你和你的直系親屬也一定要學習，這樣你才能教導他、讚美他、安慰他和一起和他歡笑。同時，你要鼓勵親朋好友也一起學習。另外，文字的語言也非常重要，因爲這是一切教育和未來職涯成功的關鍵。

智能障礙

智能障礙（ID）這個詞是指兒童的智力和適應能力明顯低於平均值，包含許多日常的社會和實踐技能。這會影響他學習與發展新技巧的方式，特別是在面對周遭環境時。當症狀越嚴重時，孩子該年齡的行爲發展也越遲緩。

有幾種不同的方法可以測試孩子是否有智能障礙。傳統的智商測驗，如智商測試，展示了孩子學習和解決問題的能力。然而，更重要的是孩子在日常生活中發揮活動的能力，這被稱爲自適應行爲，也可以正式測試。

智商測驗在孩子的年齡大於 6 歲之前並不可靠。爲了確定孩子的智能，需要讓他進行測驗已確認他的語言能力、記憶力、解決問題的能力、空間視覺能力，和非語言的理解能力。這些測試的平均分數在 100 左右，大多數人的測驗分數多在 100 正負 30 的範圍內。

有些情況下，標準的智商測驗並不精確或不可靠，因爲文化差異、語言問題或身體殘障會影響孩子理解問題或做出合理反應的能力。這種情況下，儘管有上述問題，仍然要使用特殊的測試，測驗兒童的反應和理性能力。

智能障礙的診斷已不再依賴智商測驗的結果，智商測驗低於 70 曾經是智能障礙的標準定義。現在，進行診斷的專家更傾向以適應性行爲作爲關注與評估的重心，因爲這些活動與功能和獨立程度最有相關性。一般來說，較低的智能會與適應不同領域時遭遇更多困難有關。這包括概念技能（語言、文字、時間、數字概念）、實踐技能（個人照護技能、旅行和交通、時程／日常安排、安全、使用金錢）和社交技能（人際互動能力、相信他人、遵守規則的能力）。

症狀和特徵

一般來說，越嚴重的智能障礙，你會越早留意到它的跡象。不過，有時很難預測幼兒語言和解決問題技能遲緩可能只是因爲他們的發展緩慢。

當嬰兒的基本肢體技能（例如3、4個月時頭部可以挺直，或7、8個月時可以自己坐直）發展延遲，這其中很可能有智能障礙等相關問題。然而，這種情況並非絕對，因為肢體正常發展也未必保證智力就一定正常。有些輕度到中度智能障礙的兒童，其早期的肢體發展也可能都很正常。在這種情況下，智能障礙的第一個徵兆則是語言發展或學習簡單模仿如揮手或手勢模仿遊戲遲緩。

許多輕度智力障礙的情況，除了口語能力延遲外，幼兒的其他能力發展似乎完全正常。日後，當他進入幼兒園或學校後，他可能在學業表現上難以跟上同年齡的程度。

當他的同學都已熟悉這些技巧時，他可能還無法完成拼圖、認識顏色或計數。不過記住，孩子的發展速度有很大的差異，在學校遇到問題通常不是智能障礙的徵兆。事實上，特定的學習障礙──與智能障礙不同──通常只有在孩子的在學習上遇到的困難超過孩子整體智能水平預期會有的程度時，才會被診斷出來。關鍵是隨著時間的推移觀察孩子的發展軌跡，有學習障礙的兒童可以在有針對性的干預措施的幫助下，縮短與其他同齡孩子的差距。如果這不符合你孩子的情況，則應該考慮孩子是否可能有智能障礙。

早期發展遲緩也可能是因為疾病引起，例如聽力障礙、視力問題、學習障礙或者因為缺乏來自環境挑戰的經驗。正規測驗可以在孩子接近入幼稚園的年齡時進行。

求助小兒科醫師的時機

如果你對孩子的發展延遲感到擔憂（參考第 6 至第 13 章發展段落），你可以請教小兒科醫師，他會重新審查你的孩子的整體發展情況，並確定對於他的年齡而言是否正常。如果小兒科醫師有顧慮，他會推薦你到小兒科發展專家、小兒科神經學家或綜合專業團隊做進一步評估。3 歲以下的兒童應該被轉介至公共的早期干預計畫，3 歲以上的兒童則可以轉介至你的學區進行正式測試。對於大一點的孩子，正規的心理測驗或許也有幫助。

治療

智能障礙兒童的主要治療措施是教育。有智能障礙的兒童經常可以在高中畢業之前接受生活技能和職業培訓的協助，並且通常可以得到進入公立學校受教直到 21 歲的資格。有許多人能夠在畢業時得到專科文憑，但有些人更適合在畢業

時得到專業證照。

智能障礙依症狀的不同可分為輕度、中度或重度。輕度智能障礙的成年人可能可以發展出在社區就業所需的專業或買賣技能，通常會有小學三年級到六年級以上的閱讀能力，並且可以經常可以在一些較小的監督下獨立生活。然而，隨著症狀程度的增加，孩子可能就會需要更多日常和就業上的協助。患有重度至極重度智能障礙的人，通常直到成年都需要依賴他人的照顧和監督，並且需要周全的計畫才能從兒童期過渡到成年。

在過去，智能障礙的人生活在大型的特殊住宅機構中，然而，現今的目標是讓智能障礙的成人與他們的家人一起生活，在他們的社區或小型的支援團體中，提供他們一些有意義的工作選項，更多資訊可參考網站 www.thearc.org 和身心障礙者服務資訊網 http://disable.yam.org.tw/。

預防

智能障礙的可預防原因包括懷孕期間飲酒或讓胎兒暴露於其他危險因子中。計畫懷孕的婦女應該向產科醫師諮詢有關健康懷孕所需要的建議。高達 40% 的智能障礙病例可以確定成因，儘管在殘疾程度

較輕的兒童中找到可識別的遺傳原因的可能性較低。

雖然已確定有越來越多遺傳基因是導致智能障礙的原因，但早期篩檢只可以預防因苯丙酮尿症（PKU）和甲狀腺功能減退症等代謝紊亂所引起的症狀。

目前，有 81 種先天性代謝問題是可治療的，可能佔智能障礙 5% 的病例。如果這些症狀在出生後經過嬰兒例行篩檢時被檢測出，那新生兒可以立即得到治療。其他案例是一些如果沒有及早發現並治療，就會導致智能障礙的病症，包括鉛中毒、腦積水（過多液體導致腦部壓力增加）及癲癇。

你可以諮詢你的小兒科醫師和其他的專業人士，專業的支援對你會有極大的幫助。不過長遠來看，你的孩子最重要的支持者就是你。在孩子的老師和治療師的協助下，你可以為孩子設定實際的目標，鼓勵孩子完成它。如果必要可以協助他，但盡量讓他自己完成，因為當他達成目標後，你和你的孩子對此都會感到無比欣喜與受益無窮。

第22章

耳、鼻、喉

感冒或上呼吸道感染

你的孩子可能會有很多次的感冒或上呼吸道感染，比任何疾病的次數還要多，單是在 2 歲以前，大多數幼兒就會有約 8 ～ 10 次感冒！假如你的孩子在幼稚園，或者有更大學齡期的兒童，他的感冒次數甚至會更多，因為感冒很容易在密切接觸的兒童之間傳播。這是一個壞消息，但也有一些好消息：大多數感冒不會惡化，會自動痊癒。

感冒是由病毒——一種非常小的感染性微粒（比細菌小得多）引起，透過打噴嚏或咳嗽，病毒就可以直接在人與人之間傳播，但也有可能發生間接的傳播。間接傳播是當感染了病毒的人將部分病毒受過咳嗽、打噴嚏或觸摸鼻子時轉移到手上，在他碰觸玩具或門把之後健康的人又碰觸帶有病毒的表面、或者健康的人直接碰觸他的手部。最後，健康的人以他剛被病毒汙染的手部碰觸自己的鼻子，將病毒傳播到它可以感染和複製的地方——鼻子或喉嚨內，於是感冒的症狀很快就會出現，然後再次重複這個循環，將病毒從新受感染的兒童或成人身上傳播給下一個可能感染的人，如此循環。

一旦病毒存在並開始複製，孩子將出現以下熟悉的症狀與徵兆：

- 透明鼻涕（開始清澈水樣，後來有點顏色）。
- 打噴嚏。
- 輕度發燒（華氏 101 ～ 102 度，攝氏 38.3 ～ 38.9 度），尤其是夜間。
- 食慾下降。
- 咽喉腫痛，可能難以吞嚥。
- 咳嗽。
- 易怒。
- 淋巴腺輕度腫大。
- 如果孩子是典型感冒沒有併發症，那這些症狀會在 7 ～ 10 天後慢慢消失。

治療

年紀稍大的孩子感冒通常不需要看醫師，除非情況惡化。然而，如果孩子是 3 個月以下，在出現第一個症狀時，應立即看小兒科醫師，因為年幼孩子的症狀很容易被誤解，而且感冒也會迅速發展為更嚴重的疾病，例如細支氣管炎（第615頁）、哮吼（第619頁）和肺炎（第623頁），3 個月以下的孩子如果有以下症狀，應立即看醫師：

- 感冒時的每一次呼吸音總伴隨鼻翼擴大，在吸氣時肋骨與胸骨之間凹陷，或呼吸急促或任何呼吸困難的徵兆。
- 嘴唇和指甲發紫。
- 鼻黏液持續超過 10 至 14 天。
- 整天都會咳嗽，持續超過10天。
- 耳部疼痛（參考 675 頁中耳感染）或持續煩躁和哭不停。
- 體溫高於華氏 102 度（攝氏 39 度）。
- 極度嗜睡或虛弱。

你的小兒科醫師或許會請你帶孩子去給他看，或者請你密切觀察孩子的病況，如果沒有一天比一天好，或者生病後 1 週內沒有完全復完，這時你要向他回報。

不幸的是，一般感冒沒有治療方法。抗生素可以用來對抗細菌感染，但對病毒感染沒有效果，所以

最佳的作法是讓孩子感到舒服，確保孩子得到足夠的休息和喝大量的水，如果發燒，可以使用單成分的乙醯胺酚或布洛芬，且布洛芬已被核准 6 個月以上的幼兒可以使用。然而不可以給脫水和持續嘔吐的孩子使用布洛芬（務必根據孩子的年齡遵從指示使用建議劑量，以及服用次數與間隔時間）。

不過重點是美國小兒科的立場為非處方咳嗽藥物對 6 歲以下的兒童無效；事實上，它們可能造成嚴重的副作用。此外，咳嗽有助於清除下呼吸道黏液，因此通常沒有理由要抑制咳嗽。

如果你的孩子因為鼻塞而有呼吸或飲水困難，你可以用生理鹽水滴劑或噴霧來清洗孩子的鼻腔，這無需處方，隨後可用橡膠吸球每隔幾小時或每次餵食前或睡前將鼻腔黏液吸出。對於滴鼻劑，每次使用後要將滴鼻管用肥皂和水清洗，然後沖洗乾淨。你可以在餵食 15 ～ 20 分鐘前滴兩滴滴鼻劑進入孩子的鼻腔，然後馬上將黏液吸出。千萬不要使用含有任何藥物的滴鼻劑，因為這可能會讓身體吸收太多藥物，滴鼻劑只要用普通生理鹽水即可。

當使用橡膠吸球時，記住使用前先按壓圓球處，然後輕輕插入一

端鼻孔後再慢慢鬆開圓球。這種輕微的吸量可以將鼻腔內堵塞的黏液吸出，讓孩子可以呼吸，之後再重複一次。你會發現這個方法對 6 個月以下的嬰兒效果最好，當孩子漸漸長大後，他會抗拒橡膠吸球，反而更難將鼻腔內的黏液吸出，不過生理鹽水滴劑還是一樣有效。或者你也可以使用市面上以電池供電、或由家長口吸操作的吸鼻器。

在孩子的房間放置一台冷水霧化加濕器可以防止鼻腔分泌物黏稠，並使他感到更加舒適。將加濕器靠近孩子（但孩子不會碰到的安全地方），讓他可以充分獲得加濕器帶來的益處。每天清潔並擦乾加濕器，防止細菌和黴菌生長。由於熱水蒸發器可能引起嚴重的燙傷或損傷，所以不推薦使用。

預防

如果你的寶寶小於 3 個月大，最好預防感冒的方法是讓他遠離已經感冒的人。特別是在冬季，因為人多的地方到處都有各種感冒病毒。對於造成較大兒童或成人輕度感冒的病毒而言，很可能會導致幼兒極為嚴重的症狀。

如果孩子在幼兒照護中心感冒，這時你要教他在咳嗽和打噴嚏時要遠離他人，並且用衛生紙掩住咳嗽和擦鼻子，這麼做可以預防將感冒傳染給其他人。同樣，如果你的孩子會接觸到感冒的孩子，最好的作法是想盡辦法讓他遠離他們。此外，教孩子白天要定期洗手，如果無法使用水和肥皂也可以使用含有酒精的乾洗手液，以減少病毒的傳播。

教孩子在打噴嚏或咳嗽時，用手肘或肩膀內側掩住，或者用衛生紙或手帕掩著嘴巴，這些作法都比他用手來掩蓋更好。因為如果病毒留在手上，他很可能透過手部傳染給接觸到的任何東西，包括兄弟姐妹、朋友或玩具。

中耳感染

在幼兒早年階段，孩子有很大的機會可能得到中耳感染。大約至少有 70% 的中耳感染是發生在感冒後身體預防細菌進入中耳的抵抗力下降，醫師稱為這些中耳感染為急性中耳炎。

中耳感染是最普遍可治癒的兒童疾病之一，通常發生在 6 個月至 3 歲之間的兒童。有 2/3 的兒童在滿 2 歲前，至少會有一次的中耳感染，尤其是年幼的兒童更為常見，因為他們容易感冒，而且他們耳咽管的長度和形狀較細小，在感冒時

無法將耳內的液體引流而出，因此更容易受到感染。

1 歲以下在托兒所的幼兒比在家照顧的幼兒更容易中耳感染，主要是由於他們接觸更多的病毒。此外，躺在床上自己用奶瓶喝牛奶的嬰兒容易發生耳朵感染，因為少量的配方奶可能會在此流入耳咽管。當孩子到入學年齡以後，中耳感染的可能性會降低，原因如下：中耳結構成長，因而減少液體堵塞的可能性；身體的抵抗力隨著年齡增長而增加。

還有幾個使兒童中耳感染風險偏高的其他原因如下：

二手菸：暴露在二手菸環境下的兒童，耳朵感染、呼吸道感染、支氣管炎、肺炎和氣喘的風險會明顯增加。

性別：雖然研究人員還不確定真正的原因，但男生中耳感染的機率比女生多。

遺傳：耳朵感染可能在家流行。如果父母或兄弟姐妹也有許多耳朵感染的疾病，孩子就更有可能會有重複性中耳感染。

你可以採取一些措施預防孩子耳朵感染，例如餵母乳、不吸菸且不要讓其他人在孩子身邊抽菸、讓孩子定期接種疫苗，並且養成良好的衛生習慣與適當的營養以預防疾病。

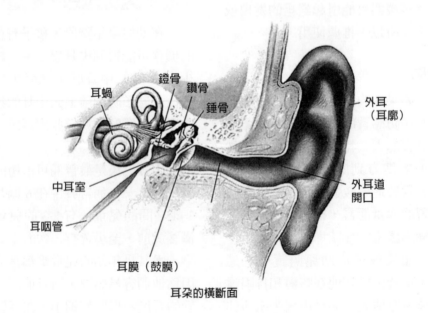

耳朵的橫斷面

症狀與特徵

耳部感染常見的症狀是疼痛，但並不一定每一個孩子都會。會說話的兒童會告訴你他耳朵疼痛，更小的孩子會拉他的耳朵並哭泣。耳朵感染的嬰兒在喝奶時甚至哭得更嚴重，因為吸吮和吞嚥造成壓力改變的中耳疼痛。耳朵感染的嬰兒可能也會有睡眠的問題，發燒則是另一個警訊。耳朵感染有時（1/3）會伴隨著 38～40℃ 的發燒，此外，兒童可能出現身體失去平衡或不協調的情況，因為中耳內的液體或感染影響了他們的平衡感（前庭系統）。

你或許可以觀察到感染的耳朵流出來的帶血黃色液體或膿液。出現這類分泌物通常意味著鼓膜上有一個小孔（穿孔），該孔通常可以自行癒合且不留下併發症，但你必須向小兒科醫師描述這種分泌物。

你或許會發現孩子的聽力下降，這是由於鼓膜後的液體影響了聲音的傳導，但聽力喪失通常是暫時的，一旦中耳沒有液體，聽力立即恢復。偶爾，感染會復發，液體會重新在鼓膜後積聚數週，持續影響聽力。如果孩子的聽力不如以前好，包括在他的耳朵感染之前，你一定要諮詢你的小兒科醫師。良好的聽力對發展口語能力來說是很重要的，因此如果你的孩子有任何語言發展遲緩，請詢問你的小兒科醫師以轉介孩子進行聽力檢查，或者向耳鼻喉科醫師或聽覺治療師進行適當的諮詢。在幾個月的等待觀察後，如果孩子的雙耳的中耳內存有液體長達 3 個月以上，或者單耳長達 6 個月以上，一定要轉診至聽力專家做進一步的聽力檢查。

耳部感染最常見於感冒和流感流行的多天和早春季節。當孩子在夏天抱怨耳朵內中度或嚴重疼痛，特別是當你碰或拉他的耳朵時，這時很可能是外耳道受到感染，稱為游泳耳。游泳耳是一種外耳道皮膚內層感染，雖然可能暫時影響聽力，但不會造成長期聽力受損。游泳耳可能會非常疼痛，需要及時治療。（參考 690 頁游泳耳）。

治療

無論何時你懷疑孩子耳部感染，盡快打電話給你的醫師。同時你可以試著讓孩子舒服一些。如果孩子發燒，利用第 27 章描述的方法降溫。

你可以給予適合他年齡劑量的乙醯胺酚或布洛芬的口服液以幫助他緩解疼痛（千萬不可給孩子服用阿斯匹林，因為阿斯匹林與雷氏症候群有關，更多資訊請參考 568 頁

雷氏症候群）。

如果孩子發燒，醫師將會進行全面的檢查，以判斷除了耳部感染以外，是否還有其他疾病。若要治療中耳感染，醫師會建議緩解疼痛的步驟，並開抗生素處方藥物。對於游泳耳或穿孔式中耳感染，醫師也可能會使用抗生素。

抗生素是治療耳朵感染的方法之一，如果醫師建議使用抗生素，他會特別指定孩子的用藥時間，經常包括 1 次的劑量、1 天 1 次、2 次或 3 次。確實遵照醫師指示非常重要。如果緊急護理或急診科醫師開了抗生素處方，通常最好告訴你的小兒科醫師，這樣他可以檢查劑量，並在孩子的病歷中留下記錄。

當感染逐漸好轉時，有一些兒童可能會感覺到耳內有腫脹感，這些是症狀改善的徵兆，而且在 2 天內，耳朵疼痛和發燒的現象會消失。

當孩子開始好轉時，你可能會嘗試停止用藥——但絕對不要這樣做。一些引起感染的細菌可能還在，停藥太快將導致這些細菌重新開始繁殖，復發性感染將更加猛烈。

在停止用藥後，醫師可能還會檢查孩子，確定耳膜後方是否還有液體，即使感染已經控制。這種情況（中耳內的液體）是極為常見的中耳炎，每 10 人中就有 5 人在耳朵感染治療後 3 個星期，耳內仍然存有一些液體，而 10 人中有 9 人在未經治療下，液體會在 3 個月內自行消失。此外，這些液體的累積很可能是耳朵感染以外的因素引

專欄　濫用抗生素

抗生素是治療細菌感染，例如嚴重耳朵感染、咽喉炎等很重要的方法。不過，由病毒引起的感染則無法使用抗生素使病情好轉。這也是為何普通感冒、某些類型的輕度耳朵感染和絕大多數的喉嚨痛都不需要使用抗生素。當使用抗生素時，我們的目標是確保該抗生素特定用於引起感染的細菌，並且給予正確的用藥時間長度。

　　如果在不需要用到抗生素時使用抗生素，或者父母沒有遵照指示完成整個療程，這時新的菌株可能會產生。當這種情況發生時，抗生素最終會失去作用，而原本設計用來治療感染的藥物已無法發揮功效，因為細菌對這些藥物已產生抗性。此外，抗生素會帶來一些副作用，包括過敏反應或與抗生素有關的腹瀉。

　　如果孩子受到感染，以下有三大重點要牢牢記住，以確保孩子得到正確類型的抗生素，並且只有在必要時才使用抗生素。

- 詢問你的小兒科醫師，確定孩子的疾病是否為細菌感染引起。抗生素只對細菌疾病有效，對病毒感染無效。雖然抗生素適合用於治療耳朵感染，但你不應該要求醫師開抗生素來治療孩子的感冒和流感（以及其他的喉嚨痛和咳嗽），因為那些是病毒感染。

- 如果孩子是病毒感染，不需要使用抗生素，你可以詢問醫師其他建議措施以協助孩子的病情。對於輕度中耳感染的兒童，孩子的醫師可能會建議使用治療耳朵痛的藥物，而讓感染自行痊癒。

- 如果孩子的醫師開抗生素處方藥物治療耳朵感染或其他細菌感染，詢問醫師如果孩子的病情惡化，或 48 ～ 72 小時之後病情沒有改善，該如何因應。確保你的孩子按照醫師的指示服用抗生素。千萬不要給孩子另一個家庭成員或另一種疾病的抗生素。如果你的孩子在服用抗生素後出現發癢的紅疹、蕁麻疹或水樣腹瀉，你一定要告知孩子的醫師。

起，例如喉嚨上半部的腫脹腺體組織，進而干擾了排水。基於這個原因，找醫師做檢查特別重要，因為可以確定成因，並且做好最適當的治療。

　　偶爾，耳部感染會對首次使用的抗生素沒有反應，因此，如果孩子在使用抗生素 2 天以上仍然發燒，或者抱怨耳部疼痛，應再次看醫師。為判斷抗生素是否有效，醫

師會檢查孩子並再次查看的鼓膜。有時或許需要換一種抗生素,或者加入另一種抗生素。在更加嚴重或持久的案例中,可能會需要注射抗生素來治療感染。如果這些選項都沒有效果,你的小兒科醫師可能會將孩子轉介給其他專家進行別的檢查。在很罕見的案例中可能需要對耳內液體進行採樣——用細針穿過鼓膜,抽吸膿液。這有助於判斷造成感染的具體原因以決定那些治療更加有效。在極少數情況下,孩子可能會需要住院治療,接受靜脈注射抗生素,並對耳朵積液進行外科引流手術。

耳部感染的孩子不能外出嗎?除非孩子發燒、經受強烈的疼痛、感覺或者看起來不適。如果孩子感覺比較好了,或者藥物可以在上學之前和下課之後(或由學校護理師)給予,他就可以去上學。與兒童護理人員或孩子的看護者溝通,強調應該服藥的劑量和時間,如果所服用的藥物需要冰箱保存,你也要檢查是否有這些設施;不需要冷藏的藥物也要保存在一個上鎖的櫥櫃中,並與其他東西隔離。藥物容器上應該有明顯的標籤,上面寫著你的孩子的名字和服用藥物的劑量。

如果你的孩子耳膜有破裂,他仍然可以從事大多數的活動,但此時不可以游泳,直到耳朵痊癒。在一般情況下,這時沒有理由阻止他搭乘飛機,儘管他會感覺到一些壓力帶來的不適。服用止痛藥或在飛機起降時喝一點液體可以幫助預防和緩解不適。

預防

有時耳部感染無法預防。例如,有些兒童的耳部感染與花粉症等季節性過敏反應有關,可能引起液體從耳部流向咽喉的自然通道充血和阻塞。如果在孩子過敏反應發作期間經常發生耳部感染,應該將這種情況告訴你的小兒科醫師;他會進行其他檢查,或建議孩子使用鹽水洗鼻器、抗組織胺藥物或鼻抗過敏噴劑。

如果你的寶寶是用奶瓶餵奶,在餵奶的過程中,你要將他的頭抬高過於胃部,這樣可以預防耳咽管

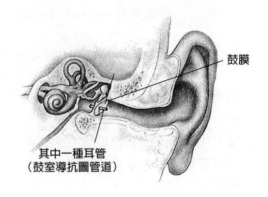

鼓膜

其中一種耳管
(鼓室導抗圖管道)

堵塞，你和其他人也不應該在寶寶的周圍吸菸，因為暴露於二手菸環境的兒童比起其他沒有接觸二手菸的兒童，更容易有耳部感染——以及呼吸道感染、支氣管炎、肺炎、肺功能不佳和氣喘等諸多問題。此外，仔細洗淨雙手有助於保護寶寶免於疾病和耳朵感染，而母乳餵養與一些兒童耳朵感染也有關聯。在嬰兒 6 個月大之後繼續使用安撫奶嘴也與耳部感染有關連性，這時停止使用奶嘴或許是個好主意，特別是如果孩子的耳多容易發生感染時。

假設孩子的耳朵感染在痊癒後不久又復發，這時該怎麼辦呢？如果你的孩子持續有耳朵感染，持續有聽力受損的情況，他會被轉介至耳鼻喉專科醫師，他可能會建議在麻醉下，裝置一條細小中耳通氣管（又稱為鼓膜管）穿過鼓膜。當通氣管裝好後，通常他們的聽力會恢復正常，並且可以預防液體和有害細菌積聚在中耳內，進而引起另一波感染。

裝置通氣管已是標準的作法，如果有以下具體的跡象：（1）兩耳的中耳持續存有液體 3 個月以上，並且造成聽力受損；（2）6 個月內耳朵反覆感染超過 3 次以上，或 12 個月超過 4～5 次以上，而且症狀非常明顯。如果耳鼻喉科醫師提出要為孩子裝置通氣管，你可以就具體的問題與專家和你的小兒科醫師討論，以便全盤瞭解其中的優缺點。

記住，雖然中耳感染很麻煩且不舒服，但症狀通常很輕微，不會造成任何持久性的後遺症，大多數孩子在過了 4～6 歲以後就不會再有中耳感染的問題。

鼻竇炎

鼻竇炎是一種鼻子周圍一個或多個鼻竇（骨腔）發炎的症狀，經常是 2 歲以上兒童感冒或過敏發炎的一種併發症，這些症狀會導致鼻子內襯和鼻竇腫脹，進而阻塞鼻竇開口，造成鼻竇充滿液體。雖然流鼻涕和打噴嚏是堵塞的自然反應，但也可能將細菌從鼻腔內部推入鼻竇使情況更糟。由於鼻竇無法正常排水，細菌會在此大量繁殖，進而造成感染。

如果孩子出現以下鼻竇炎徵兆，你要盡快打電話給你的小兒科醫師：

- 持續感冒或上呼吸道感染，包括整天咳嗽和鼻腔分泌物長達 7 至 10 天沒有任何改善。鼻腔分泌物可能濃稠，帶點黃色或清澈或白色，白天與夜間一直咳嗽。在

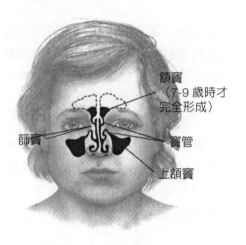

額竇
（7-9歲時才
完全形成）

篩竇

竇管

上頷竇

某些情況下，鼻竇炎的兒童當早上醒來時，雙眼周圍有腫脹的現象。此外，學齡前有鼻竇炎的兒童有時會有持續口臭與感冒的症狀（不過，這也可能意味著他喉嚨痛或沒有刷牙）。

■ 孩子感冒嚴重，加上發高燒和濃稠的黃色鼻腔分泌物。他的雙眼可能在清晨時有腫脹的現象，而且眼睛後或眼睛上（如果他夠大可以描述）有嚴重的頭痛。

在非常罕見的情況下，鼻竇感染可能蔓延到眼睛，如果發生這種情況，你會看到孩子的眼睛腫脹不只是在早上，而是整天，這時你應立即打電話給你的小兒科醫師。其他罕見但嚴重的可能性是感染擴散到中樞神經系統（大腦）。如果孩子有非常嚴重的頭痛，對光變得敏感，或者越來越煩躁或嗜睡且難以喚醒，需要立即就醫治療。

治療

如果你的小兒科醫師認為孩子有鼻竇炎，他通常會開1～2週的抗生素藥物，通常在持續1週之後孩子的狀況就會有所改善。一旦孩子服用這些藥物，他的症狀應該很快會消失，在大多數情況下，在1至2週後，鼻腔分泌物會清除，咳嗽情況也會改善。不過，即使孩子看起來病情好轉，他仍然要繼續服用抗生素直到完成全部的療程。

如果3、4天後病情沒有改善，你的小兒科醫師或許想進行額外的檢查像是鼻竇X光檢查，轉介給耳鼻喉科或過敏症專家，他們可能會開立不同的藥物或添加另一種，並且延長用藥的時間。些進一步的測試，之後，醫師可能會開出不同的藥或在更長的時間內添加額外的藥。

會厭炎

會厭是一個位於喉嚨後方的舌樣瓣組織，它可能也會受到感染。基本上，這種感染通常是一種名為B型流感嗜血桿菌的細菌引起的。幸運的是，這種感染（會厭炎）已不常見，多虧B型流感嗜血桿菌（Hib）疫苗有效預防這種細菌感染。

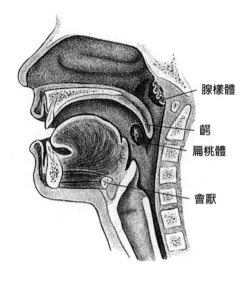

腺樣體

齶

扁桃體

會厭

會厭炎可能危及生命，一開始
是喉嚨痛與發燒至 38.3℃以上，
隨後孩子很快會感到病懨懨非常不
舒服。他的喉嚨會變得非常痛，每
次呼吸都有雜音或刺耳的噪音，稱
為喘鳴，由於喉嚨腫脹，可能還有
吞嚥困難，開始流口水的現象。

治療

如果孩子出現咽喉紅腫、流涎
和呼吸困難，你要立即打電話給你
的小兒科醫師或到急診室就醫。因
為會厭炎發展迅速，而且後果不堪
設想，不要嘗試在家裡治療。在與
小兒科醫師接觸後，設法讓孩子保
持安靜，不要嘗試檢查他的咽喉，
或者要求孩子躺下。也不要讓孩子
進食或飲水，因為很可能會引起嘔
吐，導致呼吸更加困難。

重點是會厭炎如果不加以治
療，可能會危及生命。如果醫師確
診孩子為會厭炎，他可能會緊急入
院接受治療，包括使用抗生素。

預防

Hib 疫苗可以打擊導致會厭炎
的細菌，你的孩子應該接種一系列
完整的 Hib 疫苗，根據你的小兒
科醫師的建議（參考附錄疫苗接種
時間表）。然而，即使他有接種疫
苗，如果你知道他接觸過感染這種
疾病的孩子，你一定要諮詢你的醫
師，看看是否需要採取額外的預防
措施。

單純皰疹

口腔皰疹是一種最常見的兒童
病毒性感染，這種疾病症狀為瘡
（唇皰疹）、水皰和口腔與嘴唇內
部腫脹。口腔皰疹的傳染性很高，
透過直接接觸而傳播，例如接吻，
大多數嬰兒在 6 個月大之前受到母
親抗體的保護，不過在那之後就很
容易受到皰疹病毒的感染。

當病毒是第一次傳染給兒童
時，我們稱為原發性皰疹，症狀為
疼痛、腫脹和齒齦發紅以及唾液分
泌增加，此後 1～2 天口腔內出現
水皰。當水皰破裂後會留下疼痛區

域，需要幾天時間才能完全癒合，兒童也會有 1 週左右的輕度發燒、頭痛、行爲躁動、食慾下降、淋巴結腫大的情況。然而，許多兒童症狀輕微，難以分辨是否爲病毒感染引起。

兒童一旦感染後就會成爲病毒帶原者，這意味著體內仍然存有不活躍的病毒，當兒童在壓力下（包括其他感染）、口腔損傷、曬傷、過敏反應和疲勞時，病毒可能會再次活躍起來，造成復發性皰疹。與原發性感染相比，症狀相似但較輕微，通常發生於兒童後期和青春期。唇皰疹和發燒水泡是復發性皰疹的症狀。

治療

如果孩子的症狀與皰疹相似，請諮詢你的小兒科醫師。原發性皰疹不是嚴重的疾病，但可能使孩子很不舒服，治療的方法應是減輕孩子的不適：

■ 臥床休息和睡眠。

■ 大量的冰鎮液體。包括非酸性飲料，例如蘋果汁和杏汁。

■ 如果發燒和過度不適，可以使用含乙醯胺酚的退燒藥。

■ 用藥物清洗口腔，這些藥物中含有的止痛成分可以使口腔腫痛區域麻木，請仔細遵循藥物的使用說明。

■ 柔軟、清淡和富含營養的飲食。

■ 在某些情況下，你的小兒科醫師可能會開抗病毒藥物（例如 acyclovir 或類似的藥物），如果在早期開始服用這種藥物，可以阻止病毒繁殖，但停藥後無法預防病毒再次復發。重要的是請記得抗病毒藥物需要接近 1 天的時間才能讓症狀減輕，所以孩子的症狀可能不會馬上好轉。

偶爾原發性皰疹病毒的兒童會拒絕喝水，因爲嘴巴疼痛。在某些情況下，這樣的兒童可能需要住院治療，如果出現脫水的跡象。如果有一絲懷疑口腔潰瘍可能是皰疹病毒引起，這時千萬不可使用任何含有類固醇（皮質醇）的乳劑或藥膏，因爲類固醇可能導致病毒擴散。

預防

皰疹病毒的傳播需要直接接觸，因此不要讓任何疹性水皰患者親吻你的孩子，曾經患有口腔皰疹的人其唾液中含有病毒，即使他們沒有皰疹的症狀。在一般情況下，爲防止病毒傳播，你要阻止其他人直接親吻你的嬰兒或孩子的嘴唇。

此外，盡量不要讓你的孩子與

其他小孩共用餐具（但知易行難啊！），如果你的孩子有原發性皰疹，你要將他留在家裡，以免傳染給其他的孩子。

流鼻血

在出生後的最初幾年裡，孩子可能至少有 1 次，或者多次流鼻血，有些學齡前孩子 1 週數次，這種既不算異常，也沒有危險性，只是可能會很嚇人。如果血液經鼻腔的後部流入口腔或咽喉部，你的孩子可能會嚥下大部分，導致嘔吐。流鼻血有許多原因，大多數都不是很嚴重，最常見的有：

- **感冒和過敏反應：**感冒和過敏反應可刺激鼻腔內部並導致腫脹，進而引起自發性出血。
- **創傷：**挖鼻孔、將其他東西插入鼻腔、或者重擊鼻子均可以導致流鼻血，球或者其他下落的物體擊中鼻子也可以導致出血。
- **濕度低和刺激性煙霧：**如果你的房間非常乾燥，或者你生活在非常乾燥的氣候中，孩子的鼻腔黏膜可能會非常乾燥，容易發生出血，如果孩子經常接觸有毒的煙霧（幸運的是這些情況很少見）也可能引起流鼻血。
- **構造問題：**任何鼻腔結構異常均

可能導致鼻結痂和出血。

- **異常生長組織：**鼻腔內任何異常組織生長均可能引起出血，儘管大多數是良性的（息肉而不是癌），通常也需要立即治療。
- **凝血異常：**任何影響凝血的疾病均可能引起流鼻血。藥物——甚至是那些常見的藥物如布洛芬——引起的凝血機制改變也足以導致流鼻血，血液疾病或出血性疾病也可能引起流鼻血或讓情況惡化，例如血友病。
- **慢性疾病：**患任何慢性疾病的兒童，或者吸氧或服用其他藥物的兒童的鼻腔內襯可能很乾燥，有時會發生出血。

治療

流鼻血的治療，存在許多錯誤的概念和民間偏方。以下是一些可以採取的或禁止使用的措施。

可以採取的措施：

1. 保持平靜：流鼻血可能很可怕，但並不嚴重。
2. 讓孩子坐下或站立，將頭部稍微向前傾斜，如果孩子夠大，讓他自己輕擤鼻子。
3. 用拇指和其他指頭捏住孩子鼻子的下半部分（柔軟部分），保持10 分鐘，如果孩子夠大，可以

讓他自己做，過程中不要鬆手觀察出血是否停止（不要偷看）。

10 分鐘後鬆手並等待，讓孩子保持安靜與穩定。如果出血沒有停止，再重複加壓一次。如果經過 10 分鐘按壓，出血仍然沒有停止，你要打電話給小兒科醫師，或者到最近的急診室就診。

禁止使用的措施：

1. 驚慌，這樣會嚇壞孩子。
2. 讓孩子仰面躺下，或者向後仰頭。
3. 將棉球、紗布或任何其他東西塞入鼻子。

當發生下列情況時要向醫師求救：

- 你認為孩子失血過多（記住：從鼻腔出來的血看起來總是很多）。
- 血只從孩子的口中流出，或者咳嗽、嘔出像咖啡般的血液。
- 孩子面色蒼白、出汗，或者沒有反應。在這種情況下，立即打電話給你的小兒科醫師，並且將孩子送到急診室。
- 如果出血很多，而且鼻腔長期堵塞，這種情況可能意味著鼻腔和鼻黏膜表面的小血管破裂，或者鼻道中有瘜肉。

如果是血管引起的問題，醫師可能會用一種化學物質（硝酸銀）來止血。

預防

如果孩子經常流鼻血，詢問你的醫師關於每天使用生理食鹽水鼻滴劑和／或每晚睡前在鼻孔內塗上少量凡士林的作法，如果你的居住地非常乾燥或家有使用暖爐，這尤其有效。此外，加濕器或噴霧器有助於保持家中的濕度，預防鼻腔黏膜乾燥，同時也要告訴孩子不要挖鼻孔。如果就算為鼻孔保濕，你的孩子還是持續會流鼻血，醫師可能會需要將孩子轉診給耳鼻喉科醫師和／或進行更多檢查來評估是否有相關的出血性疾病。

喉嚨痛

鏈球菌咽喉炎、扁桃腺炎、喉嚨痛、咽喉炎和扁桃腺炎這些專有名詞雖然經常互用，但其實它們並不一樣。扁桃腺炎是指扁桃腺發炎（參考 688 頁扁桃腺和腺體），咽喉炎則是一種特定類型的細菌——鏈球菌引起的發炎。當你的孩子有咽喉炎時，他們扁桃腺往往也會發炎，而且這種發炎現象會擴及喉嚨周邊的部分）。其他引起喉嚨痛的

原因是病毒，但只會導致喉嚨扁桃腺周圍發炎，而不包括扁桃腺體。

病毒感染是嬰兒、學步的孩子或者學齡前兒童最常見的咽喉腫痛原因。沒有特別的治療措施，在3～5天以後，情況會自然好轉。病毒性咽喉腫痛經常伴有感冒，也可能伴隨輕微發燒，但病情並不嚴重。

一種在夏季和秋季最常見的病毒——克薩奇（腸病毒）病毒感染會引起患者高燒，吞嚥非常困難而且全身狀況嚴重。如果孩子感染克薩奇病毒，他的喉嚨和手及腳可能會出現一個或多個水泡（又稱為手足口病）。

傳染性單核球過多症可能產生喉嚨痛，通常伴有明顯的扁桃腺炎。不過，大多數感染單核細胞增多病毒的幼兒很少或不會出現症狀。

鏈球菌咽喉炎是指由化膿性鏈球菌或A型鏈球菌感染引起的疾病。鏈球菌咽喉炎在學齡兒童與青少年中最為常見，發病機會在7～8歲時達到頂峰。3歲以上孩子的鏈球菌咽喉炎可能會導致咽喉極度疼痛，體溫高達華氏102度（攝氏38.9度），頸部淋巴結腫大，而且扁桃腺體上有膿液。咳嗽、流鼻涕、聲音嘶啞（聽起來變得沙啞）和結膜炎（紅眼症）等都不是鏈球菌性咽喉炎的症狀，而是表明疾病的原因是由病毒造成。重要的是要學會區分鏈球菌感染與病毒性咽喉腫痛的不同，因為鏈球菌感染需要使用抗生素治療。

診斷與治療

任何持續咽喉腫痛的孩子（並不包括孩子早上喝水後就會消失的咽喉痛），無論是否伴有發燒、頭痛、胃痛或者極其疲勞，均應立即打電話給醫師。當你的孩子看起來病重，或有呼吸或極度吞嚥困難（導致流口水），這更是緊急情況要立即處理，因為這很可能是更嚴重感染的徵兆（參考682頁會厭炎）。

如果你的小兒科醫師懷疑孩子可能有鏈球菌喉炎，他可能會想以拭子抹取孩子喉嚨後方與扁桃腺的樣本以檢測細菌。大多數小兒科診所現在已經可以進行鏈球菌快速檢測，只需要幾分鐘就可以獲得結果，如果快速檢測結果呈陰性反應，你的醫師可能會進行細菌培養以確認結果。如果培養的結果仍然為陰性，表明感染通常由病毒引起；在這種情況下，抗生素無法發揮作用（抗生素僅對細菌有用，而非病毒）而不需要使用。

如果試驗的結果表明是鏈球菌咽喉炎，你的小兒科醫師會建議使用口服或注射抗生素，如果孩子使用口服抗生素，重要的是要確保全程服用，即使症狀好轉或消失也要持續。

如果鏈球菌咽喉炎沒有使用抗生素治療，或者沒有完成治療，感染就會惡化，或者擴散到身體其他部分，引起更嚴重的問題——例如扁桃腺體膿腫或腎臟問題。未經治療的鏈球菌感染也可能導致風濕熱，一種會影響心臟的疾病。不過，風濕熱在美國與在 5 歲以下的兒童身上很罕見。

預防

大多數咽喉感染具有傳染性，主要是透過飛沫在空氣中或接觸到感染兒童或成人的手傳播，因此，讓你的孩子遠離有症狀的人群非常重要。然而，多數人在出現症狀前就有傳染性，因此，實際上沒有切實可行的辦法避免孩子與患病人群接觸。

過去，如果孩子經常出現咽喉腫痛，當時很可能會切除他的扁桃腺體以防止進一步感染，然而這種扁桃腺體切除手術，現在已經很少使用，除非是症狀極為嚴重的兒童。不過對於反覆扁桃腺體感染最

困難的病例，抗生素治療是目前最好的解決方法。（參考 692 頁淋巴結腫大）

扁桃腺和腺樣體

如果你檢查孩子的喉嚨，你可能會看到兩側各有一條粉紅色橢圓形的腫塊，這些是扁桃腺。嬰兒的扁桃腺很小，但會隨著年齡增長而逐漸變大。當身體在對抗感染時，它們可以產生抗體。

就像扁桃腺一樣，位於喉嚨上半部，在懸雍垂（小舌）上方，鼻子後方的腺樣體，也是孩子體內對抗感染的一部分，這個區域稱為鼻咽。腺樣體需要用能穿過鼻子的特殊工具，或間接用 X 光才可以看到。

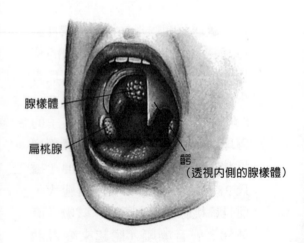

腺樣體

扁桃腺

懸雍垂（透視內側的腺樣體）

扁桃腺最常見的疾病為扁桃腺發炎，這是一種因感染而引起的發炎症狀。有時，扁桃腺可能會腫大，但未必是受到感染。不過，大多數情況是因為受到感染才變得比平常更腫脹。扁桃腺炎的幾個跡象包括：

- 扁桃腺紅腫。
- 扁桃腺上有一層白色或黃色的物體。
- 聲音沙啞。
- 喉嚨痛。
- 身體不適和吞嚥疼痛。
- 頸部淋巴結（腺）腫大。
- 發燒。

孩子的腺樣體腫大並不容易察覺，有些孩子天生腺樣體比較肥大。其他人因為感冒或其他感染可能會暫時腫大，特別是年幼的兒童。此外，慢性鼻炎（持久性流鼻涕）更是這些症狀常見的原因，可以使用類固醇噴鼻劑治療。但如果腺樣體持續腫大可能會導致其他健康問題，例如耳朵和鼻竇感染。腺樣體腫大的跡象包括：

- 大部分時間用嘴巴呼吸而不是用鼻子。
- 當孩子說話時，鼻子好像塞住了。
- 白天呼吸聲很大。
- 晚上打呼。

如果孩子有以上症狀，再加上任何一種以下症狀，那他的扁桃腺和腺樣體兩者應該都有腫脹的情況：

- 在夜裡打鼾或大聲呼吸時，呼吸會暫時停止，這種情況稱為睡眠呼吸中止症。
- 在睡眠時噎住窒息或喘氣聲。
- 吞嚥困難，尤其是固體食物。
- 持續性聲音「沙啞」，即使沒有扁桃腺發炎。

在嚴重的情況下，你的孩子可能呼吸困難到影響肺部氧氣和二氧化碳正常的交換運作機制，重要的是要意識到這種現象，因為它可能中斷孩子的正常睡眠模式。如果孩子有嚴重的呼吸困難，當他處於清醒時，看起來總是無精打采沒有活力，儘管似乎有充足的睡眠時間，這時請諮詢你小兒科醫師。當你的孩子呼吸問題惡化時，請立即撥打119就醫治療。

治療

如果孩子有扁桃腺體或腺樣體增大的症狀和徵兆，且在幾週內沒有好轉，請告訴你的小兒科醫師。

扁桃腺和／或腺樣體手術（扁桃體和腺樣體切除術）

雖然這兩種手術（通常合併稱為 T&A）過去是屬於常規的手術，同時也是兒童最常見的主要手術，但直到最近，它的長久效應仍未被充分證實。根據目前的研究，現今的醫師對於建議這些手術傾向於保守的態度，即使有些兒童仍然有切除扁桃腺和／或腺樣體的必要。

根據美國小兒科學會指南，你的小兒科醫師可能會建議這類手術，如果你的孩子有以下的情況：

- 扁桃腺或腺樣體腫大以至於呼吸困難（導致的問題包括行為問題、尿床、呼吸暫停、學業表現問題等）。
- 扁桃腺腫大，以至於孩子吞嚥困難。
- 腺樣體腫大，以至於呼吸不順，嚴重影響說話，同時很可能影響正常的臉部生長。在這種情況下，醫師可能會建議只切除腺樣體。
- 孩子每年有多次嚴重喉嚨痛的症狀。

如果你的孩子需要手術，你要確保他知道手術前、手術期間和手術後會發生什麼事，千萬不要對孩子隱瞞。手術可能會讓人害怕，但誠實以告總比讓孩子在不知情下心中充滿疑問而恐懼的好。

醫院或許有特殊的方案可以讓你和孩子先熟悉醫院環境和手術過程，如果醫院允許，你可以在整個住院期間留在醫院，讓孩子知道在手術的過程中，你就在附近陪他。

你的小兒科醫師也可以協助你和你的小孩瞭解手術，讓整個過程沒那麼可怕。

游泳耳（外耳道炎）

游泳耳是發生於耳道（外耳）的皮膚感染，經常發生於游泳或者耳朵接觸水的活動之後；原因是潮濕的外耳道助長某些細菌生長，同時由於潮濕使外耳道的皮膚軟化（與潮溼繃帶下發白腫脹的區域一樣），細菌可趁機侵入軟化的皮膚並繁殖，造成一種疼痛性的感染。

雖然原因尚不明，但有些孩子就是比其他孩子更容易患游泳耳，耳道受傷（有時與不適當的使用棉花棒有關）和某些疾病，例如濕疹（參考 579 頁）和脂漏性皮膚炎（參考 849 頁），都可能增加患游泳耳的可能性。

即使最輕微的游泳耳，孩子也會抱怨耳道瘙癢和堵塞感，或者如果孩子太小無法告訴你有什麼不舒服，但你可以注意到他將手指伸入

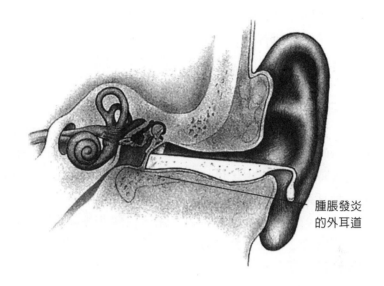

腫脹發炎
的外耳道

耳朵，或者用手摩擦耳朵。在幾個小時到幾天內，他的耳道口可能會紅腫且隱隱作痛。如果你壓或拉他的耳朵，他可能會很痛。

更嚴重的游泳耳患者，疼痛持續而且越來越劇烈，孩子可能會哭泣並用手搗住耳朵，連最輕微的運動，甚至咀嚼都非常疼痛。外耳道開口處或許因腫脹閉合，可能還會流出少許膿液或櫻桃色物質，也會有輕微發燒的症狀（很少超過正常體溫1至2度）。若是非常嚴重的感染，耳道紅腫甚至可能擴散到整個外耳。

由於游泳耳不影響中耳或聽覺器官，所以阻塞引起的任何聽力喪失都是暫時的。

治療

如果孩子耳朵疼痛，或者懷疑是游泳耳，應打電話給你的小兒科醫師。儘管情況通常並不嚴重，但仍然需要醫師進行檢查和治療。

只有在看了醫師之後，你才可以使用乙醯胺酚或布洛芬。讓孩子幾天不要碰水，看看是否疼痛會減輕。

不要將棉花棒和任何東西插入耳道以緩解瘙癢和增加引流，這樣做只會引起更多的皮膚損傷，為細菌提供更多滋生的部位。

在診所，小兒科醫師首先會檢查患病的耳朵，隨後徹底清除耳道內膿液和碎屑。大多數醫師會開5～7天的滴耳劑處方。滴耳液可

以對抗感染，有助於減輕腫脹，進而舒緩疼痛。然而，只有適當使用滴耳液，才會有效果。以下是使用方法：

1. 讓孩子側身，將生病的耳朵朝上。
2. 將滴耳液沿著耳道的側壁流下，讓藥物進入時將空氣排出，可以輕輕動一動耳朵，幫助滴耳液流入。
3. 保持孩子側臥位 2～3 分鐘，確保藥物達到最深部。
4. 按照醫師囑咐的時間給予滴耳液。

如果耳道腫脹嚴重，滴耳液進不去，醫師會使用一個棉芯——可以吸收藥物的一小塊棉花或海綿物質，在棉芯吸收藥物後放入耳道，在這種情況會需要你每天 3～4 次讓棉芯吸飽藥物。有時也需要同時口服抗生素。

當孩子正在接受游泳耳治療時，一週內不要接觸水。然而，他可以每天洗澡和洗頭。但要用毛巾角或吹風機吹乾耳道（吹風機設定在最低溫風速，並且遠離耳朵），一旦耳道弄乾後，再滴入更多的滴耳劑。

預防

只有在孩子經常感染或最近曾感染時，才考慮嘗試預防游泳耳。在這種情況下，限制他待在水裡的時間在一個小時內，出水後，立即用毛巾角去除耳道內多餘的水分，或者讓孩子搖晃頭部。

許多小兒科醫師推薦使用醋酸耳液預防，這種耳液很容易購買到，有些需要醫師處方才能購買。通常在早上、游泳後或者睡覺前使用，白醋和酒精混合液是一種實用和有效的家庭滴劑，可以在每次游泳後滴幾滴到耳朵內。

不要用棉花棒、手指或其他物體來清潔孩子的耳朵，因為這可能會造成耳道或鼓膜受傷。

淋巴結腫大

淋巴結是身體抗感染和疾病防禦系統的重要組成部分，這些腺體通常含有細胞群，稱為淋巴細胞，其作用是對抗感染的屏障，淋巴細胞會產生一種稱為抗體的物質，可以破壞或中和感染的細胞和毒素。當淋巴結腫大時，通常意味著淋巴細胞因為感染或其他疾病而數量增加，它們被召集進入「備戰」狀態，以產生更多的抗體。在罕見的情況下，特別是淋巴結長期腫大，但沒有發炎的症狀——例如發紅或觸痛，那麼這可能是腫瘤的跡象。

如果孩子的淋巴結腫大，你或許能夠感覺到或確實觀察到腫塊，可能也有觸痛的現象。有時如果你觀察淋巴結腫大的周圍組織，通常可以發現引起淋巴結腫大的感染或者損傷，例如，喉嚨痛會導致頸部淋巴結腫大，或上臂感染可能發現上臂下方淋巴結腫大。有時引起淋巴結腫大可能是疾病，例如病毒感染引起的疾病，而這些疾病會造成許多淋巴結輕微的腫大。一般來說，由於孩子比成人更容易患病毒性感染，所以頸部淋巴結腫大也更常見。此外，脖子下方和鎖骨上方的腺體腫大可能是感染，或甚至是胸部腫瘤，如果出現這種情況，應盡快找醫師做進一步檢查。

治療

在大多數情況下，淋巴結腫大並不嚴重，年幼的孩子在脖子上幾乎都有一些可以感覺得到的小淋巴結（小於 1 公分），不過你無須擔心這些淋巴結。

通常在引起淋巴結腫大的疾病好轉後，腫大的淋巴結會逐漸消失。腫大的淋巴結通常可以在幾週時間內恢復正常，如果孩子出現任何以下症狀，請打電話給小兒科醫師：

- 淋巴結腫大和觸痛超過 5 天。
- 體溫超過華氏 101 度（攝氏 38.3 度）。
- 全身淋巴結腫大。
- 疲倦、昏睡或沒有食慾。
- 淋巴結腫大迅速，或者覆蓋於淋巴結上的皮膚發紅或發紫。

無論何種感染，如果孩子的症狀有發燒或疼痛，你可以給孩子服用與他體重和年齡相當劑量的乙醯胺酚，直到看醫師。當你打電話給醫師時，他可能會詢問一些問題以判斷腫大的原因，如果你先做一些檢查，對此會很有幫助。例如腫大淋巴結位於下頜或頸部區域時，你可以檢查孩子的牙齒是否有觸痛或齒齦是否有感染，或者詢問孩子是否有咽喉腫痛，要告訴醫師孩子是否曾經接觸過的動物（尤其是貓）或者去過森林或多樹的地區。也要

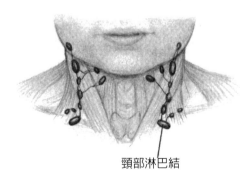

頸部淋巴結

693

檢查可能引起感染的親近動物抓傷、咬傷和蚊蟲叮刺傷。

淋巴結腫大的治療取決於致病的原因，如果臨近的皮膚和組織是某種細菌感染，這時採用抗生素治療，淋巴結腫大可以逐漸恢復正常。如果是淋巴結本身感染，治療不僅需要抗生素，同時還需要對感染區域進行熱敷，甚至用外科引流手術。如果採取這種作法，醫師會從傷口處採樣組織進行培養，以判斷感染的確切原因，這有助於醫師選擇最合適的抗生素。

如果你的小兒科醫師無法發現淋巴結腫大的原因，或者經抗生素治療後沒有改善，這時需要進一步檢查。例如，如果孩子發燒、咽喉劇烈疼痛（鏈球菌原因除外）、非常虛弱並有淋巴結腫大（但沒有紅、熱或觸痛），孩子可能患感染性單核細胞增多症，雖然單核細胞增多症通常發生在較大的兒童身上。在不確定疾病的原因下，醫師也可能會進行結核菌皮膚試驗。

如果無法確定長期淋巴結腫大的原因，這時可能需要進行活檢，在顯微鏡下觀察（從淋巴結上採樣一塊組織）。在罕見情況下，淋巴結腫大的原因是腫瘤或者黴菌感染，需要特殊的治療。

預防

唯一可以預防的腺體腫大是因細菌感染而受到波及的周圍組織，在疑似感染的情況下，你要正確清洗所有的傷口（參考 704 頁割傷和擦傷）和及早接受抗生素治療，以避免淋巴結產生。

第23章

緊急情況

本章提及的資訊和方針一直是不斷修正中，例如兒童窒息和 CPR 心肺復甦術的緊急救助程序。你可以瀏覽 healthychildren.org，或向你的小兒科醫師或保健專業人員詢問相關最新的資訊。

兒童無任何預兆而發生嚴重疾病的情況非常罕見，根據孩子的症狀，你應該經常與小兒科醫師接洽，尋求建議。及時治療可以防止疾病惡化或轉變為真正危急性命的緊急情況。

同時，在緊急情況發生前做好萬全的準備（參考第 696 頁緊急電話指南）。此外，也要詳閱如何備妥急救包（706 頁），心肺復甦術指南請參考附錄）。

真正的緊急情況是病情嚴重、威脅孩子的生命或會造成永久性傷害。在這種情況下，孩子需要立即進行緊急的醫學治療。應該事先與你的小兒科醫師討論在緊急情況下你應該採取的措施。

許多真正的緊急情況與突發性傷害有關，這些傷害經常由以下原因引起：

- 機汽車相關傷害（車禍、行人受傷）或其他突發撞擊，例如自行車相關傷害、掉落的電視或傢俱，或突然從高處跌落，例如窗戶。
- 中毒（如果孩子的情況不嚴重，可以先打給毒物諮詢專線）。
- 燒傷和煙霧嗆傷。
- 窒息。
- 溺水（縱使是非致命性溺水或幾乎溺水）在泳池、浴缸等。
- 明顯摔落或由運動造成的頭部或其他嚴重傷害
- 槍枝或其他武器。
- 電擊傷。

其他真正的緊急情況可能是疾病或傷害的結果。通常如果你觀察到孩子出現以下症狀，這就代表緊急情況正在發生：

緊急電話號碼

　　將以下的電話和住址輸入你的手機，以及交給照顧孩子的相關人等。你可以將這些電話貼在你家的冰箱上或電話附近，同時在皮夾內也留一份副本。

- 你的手機號碼
- 家用電話號碼和住址
- 最近的親戚或信任的鄰居或朋友的電話
- 你的小兒科醫師的電話和住址
- 緊急醫療服務（救護車 119）
- 警察局（110）
- 消防局（119）
- 各大醫院毒物防治諮詢電話
- 醫院
- 牙醫

　　重要的是，每個照顧孩子的人，包括保姆，都知道哪裡可以找到這些緊急電話號碼。如果你的地區有 119 服務，你要確保較大的孩子和保姆知道在緊急情況下要撥打 119。確保他們知道你家的住址和電話號碼，因為緊急接線員會詢問並且確認這些資訊。不論你到哪裡，永遠要留下可以找到你的手機號碼、電話號碼和住址。同時，你也要確保你的保姆知道孩子正在服用的任何藥物，以及孩子可能會過敏的任何情況。此外，那些照顧孩子的人（包括你和你的配偶及家人）也要學習心肺復甦術。

　　記住，對於任何醫療緊急情況優先撥打 119，之後再打給你的小兒科醫師。如果你的孩子病重或受傷，最安全的作法是經由緊急醫療服務（救護車）送孩子到醫院。

- 舉止怪異或變得更沉悶，警覺性降低。
- 呼吸越來越困難。
- 皮膚或嘴唇發青或發紫（黑色皮膚孩子則是皮膚或嘴唇發灰）。
- 割傷或燙傷面積大或深。
- 不停出血。
- 規律性抽搐和失去意識（癲癇發作）。
- 無意識狀態。
- 頭部受傷後出現任何意識改變、紊亂、頭痛劇烈或嘔吐多次。
- 牙齒鬆動或脫落，或嘴巴或臉部重大受傷。
- 疼痛持續或越來越劇烈。
- 當你和孩子說話時，孩子的反應越來越遲鈍。

如果孩子吞嚥了可疑的毒物或其他人的藥物，即使沒有任何症狀和特徵，也要立即打電話給你的醫師或毒物中心。千萬不要嘗試任何方法要孩子吐出來（不要給他服用吐根糖漿，讓他作嘔，或給他喝鹽水），除非毒物諮詢或你的小兒科醫師指示你這麼做，因爲這有可能對孩子的身體造成更嚴重的傷害。

如果你擔心孩子的生命有危險或孩子嚴重受傷，應該要立即打電話尋求幫助。

當遇到真正的緊急狀況

- 保持平靜。
- 如果孩子失去意識且停止呼吸，並且你知道如何實施心肺復甦術，執行心肺復甦術（詳情請參考 702 頁 CPR 心肺復甦術）。
- 如果你需要緊急援助，撥打 119 或是當地的緊急救護車。舉例來說，像是孩子呼吸困難、癲癇發作或者失去意識。否則，打電話給你小兒科醫師，並明確告訴他你遇到緊急情況。
- 如果是出血，使用乾淨的布對出血部位進行持續按壓。
- 如果孩子癲癇發作，應將孩子放在地毯上，頭轉向一側，在救援者到來以前，不要離開孩子。不要將任何東西塞進孩子的口中，他可能會在你不注意時咬緊牙關。讓他的頭部側躺可以幫助他將舌頭移動到側邊，這可以幫助暢通他的呼吸道。

在你到達急診室後，一定要告訴急診室工作人員孩子的小兒科醫師名字，他可以與急診室人員密切配合，提供孩子相關的更多資訊。

將孩子正在服用的藥物和免疫接種記錄一起帶到醫院。當然也要攜帶孩子可能誤服的毒藥或其他藥物。如果孩子有較復雜的醫療疾

病，最好在筆記本／文件夾中保存一份孩子過去的病史，包括曾動過的手術日期和類型等訊息。

在車禍事件中，駕駛人或其他成人乘客可能會失去意識，或者無法提供兒童相關的急救資訊，如果找不到你，沒有得到你的允許，醫護人員或許會延誤給孩子所需的治療。爲了盡速識別孩子的身分和及時治療，你可以考慮在他的座位上貼一張貼紙，上面附有他的名字、出生日期、父母姓名和電話，以及任何你認爲可能有助於緊急救助的重要資訊（例如嚴重過敏症狀需要的特殊護理）。將這張貼紙貼在急救員容易找到的地方，但從車外卻不容易看到。許多警察、消防、醫院和保健部門的人員都會基於這個目的製作這類貼紙，或者你也可以考慮爲家人製作這類的貼紙，以備不時之需。

咬傷

動物咬傷

你需要注意孩子在動物周圍的安全，包括家庭寵物，參考第 532 頁在動物周圍的安全防護。許多人認爲孩子最容易被陌生或野生的動物咬傷，但事實上大多數的咬傷是來自孩子熟悉的動物，包括寵物。雖然咬傷一般比較輕微，但有時確實可能引起嚴重創傷、面部傷害和情感受創。

夏季到小兒科急診中心就診的人中，因人類和動物咬傷的比率高達 1%。估計每年美國發生 470 萬人次狗咬傷、40 萬人次貓咬傷、45,000 人次蛇咬傷和 25 萬人次人咬傷。其中每 10 名被狗咬傷的病例中就有 6 名爲兒童。

治療

如果孩子因動物咬傷而出血，這時對出血部位用力按壓 5 分鐘，或直到出血停止。然後用肥皂和水沖洗傷口，並諮詢你的小兒科醫師。如果咬傷部位在臉部、頭部與頸部可能會很嚴重，而必須帶你的小孩去急診進行檢查。

如果傷口面積非常大，或者你無法止血，這時持續按壓出血處，並立即打電話給小兒科醫師尋問就近治療的地點。如果傷口大到邊緣無法合在一起，這時可能有必要進行縫合。雖然這有助於減少疤痕形成，但由於是動物咬傷，感染的機會可能大增，因此醫師可能會開抗生素藥物處方或縫合傷口。

當孩子被動物咬傷，造成皮膚破皮時，無論傷害看上去多麼輕

微，都要與你的小兒科醫師聯絡。醫師會檢查孩子是否接種適當的破傷風疫苗，或者判斷是否需要預防狂犬病。以上這兩種疾病都會透過動物咬傷而傳染。

狂犬病是一種經由感染動物咬傷或抓傷傳播的病毒性疾病，可能引起高燒、吞嚥困難、痙攣和最終死亡。現今狂犬病非常罕見，在美國每年平均有 2～3 人死於狂犬病；近幾年死亡數字下降主要歸功於施行動物控管和疫苗接種，以及狂犬病疫苗和免疫球蛋白的治療措施。儘管這樣，由於狂犬病非常嚴重，而且動物感染的發病率日漸上升，因此你的小兒科醫師會仔細評估因咬傷而感染狂犬病的機率。被野生動物咬傷——尤其是蝙蝠，還有臭鼬、浣熊、郊狼和狐狸——都比那些家庭馴養、免疫（狂犬病）的狗和貓更加危險。避免接觸動物並打給動物保護處以評估任何死亡的動物是否帶有狂犬病並安全處置。

在急診中心的治療師或你的小兒科醫師會對孩子的狀況進行評估，確定孩子是否有高風險接觸狂犬病；若是如此，他會讓你的孩子接受免疫蛋白注射及一系列狂犬病疫苗以預防感染疾病。如果咬傷的動物是健康的狗或貓，醫師會建議先觀察 10 天，只有在動物出現狂犬病跡象時，孩子才需要開始治療。如果咬傷人的是野生動物，它通常會立即被安樂死，以便檢驗其大腦組織是否含有狂犬病病毒。

正如之前所述，動物咬傷即使沒有造成狂犬病，但可能會受到感染，如果你發現以下感染的跡象，立即通知你的小兒科醫師：

- 傷口流出膿液或其他引流液。
- 緊鄰咬傷部位馬上腫脹或觸痛（正常情況下會發紅 2～3 天，這種情況無須驚慌）。
- 從咬傷部位向外擴散紅絲。
- 咬傷部位上方淋巴結腫大。

當孩子有以下症狀時，小兒科醫師會建議使用抗生素治療：

- 中至重度咬傷傷口。
- 穿透性傷害，尤其是骨頭、肌腱和關節傷害。
- 面部咬傷。
- 手腳咬傷。
- 生殖部位咬傷。

免疫系統低下或脾臟切除的兒童也要接受抗生素治療。你的小兒科醫師可能會建議在 48 小時後檢查傷口是否有任何感染的現象。

許多被狗咬傷的孩子會在事件幾週或幾個月後出現創傷壓力症的跡象，即使在傷口已經癒合一陣

子，這些兒童可能還會繼續體驗到被咬傷的相關創傷壓力。他們或許會感到害怕，包括擔心再次被咬，特別是當看到或聽到另一隻狗時感到焦慮。他們可能會變得退縮或依附在父母身邊，拒絕到戶外玩耍，有睡眠困難、做惡夢和尿床等問題。

若要協助他們渡過這個過程，你要留意孩子的言語和感覺，給他額外的關注，特別是當你感覺到他正需要時。不過，有些兒童的創傷壓力症可能需要專業的心理健康專家協助治療。

人咬傷

兒童經常有被手足或同伴咬傷的經歷，如果孩子被別人咬傷，為確定傷害的嚴重程度，你應立即打電話給小兒科醫師。這點尤其重要，如果咬傷人的牙齒刺穿孩子的皮膚，或者造成需要縫合的重大傷口。一定要立即用冷水和肥皂水沖洗傷口以協助避免感染。

對於幾乎沒有破皮的咬傷，例如咬痕或磨擦傷，仔細用肥皂和水清洗，並且包紮進行觀察即可。如果是更加嚴重的咬傷，可能會需要讓你的小兒科醫師評估傷口，並檢查孩子的 B 型肝炎和破傷風疫苗的接種狀況，以了解其他感染的風險。（更多關於人類咬傷、攻擊性行為或 AIDS 帶原者咬傷等情況，請參考第 14 章第 479 頁；第 20 章第 643 頁）

燒燙傷

燒燙傷根據嚴重程度可分為 3 種類型：一度燒燙傷最輕，可引起皮膚發紅和輕微的腫脹（與大多數太陽灼傷一樣）；二度燒燙傷症狀為水皰和相當程度的腫脹；三度燒燙傷症狀為皮膚發白和結痂並且該區域缺乏感覺，不僅表層皮膚受傷害，深層皮膚也有損傷。

兒童燒燙傷的原因有許多，包括曬傷、熱水燙傷和接觸火、電或化學物質造成的傷害。所有這些原因都可能造成皮膚或重要器官如眼睛、口部和生殖器官的永久性傷害和疤痕。

治療

以下是燒燙傷立即處理的作法：

1. 盡可能快速將燒傷部位浸入冷水中，在燙傷後不要猶豫，要立即在燒燙傷處沖冷水，且時間要夠長到足以降溫舒緩疼痛。千萬不可在燒燙傷處敷冰塊，這樣反而會延誤治療。此外，不要搓揉燒

燙傷的水泡，這樣只會使水泡增加。

2. 立即將冒煙的衣服浸入水中冷卻，然後去除燒傷區域的衣服，除非衣服與皮膚沾黏。此時，盡可能去除表面那些衣物。

3. 如果燒傷部位沒有滲血，用無菌紗布覆蓋燙傷處。

4. 如果燒傷部位滲血，輕輕用無菌紗布覆蓋創面，然後立即尋求醫療的救助。如果沒有無菌紗布，用清潔的床單和毛巾覆蓋受傷部位。

5. 不要用奶油、豬油和藥粉塗抹受傷部位，這些所謂的治療偏方只會使燒傷處更加惡化。

對那些比淺表性燒燙傷更嚴重，或者紅腫和觸痛的持續時間超過數小時，需要請教醫師。所有電擊傷和手部、口腔以及生殖器官燒燙傷均需要立即處理。化學物品灼傷還可能會經由皮膚吸收引起其他症狀，在沖洗殘餘的化學物質後，立即打電話給你的小兒科醫師（兒童眼睛接觸化學物質的處理方式請參考第 716 頁眼睛中毒）。

如果醫師認為燒燙傷並不嚴重，他會教導你如何在家中清潔傷口與使用藥用軟膏和敷料護理燒燙傷患處。然而，在以下情況，需要住院治療。

- 三度燒燙傷。
- 燒燙傷面積超過身體的 10%。
- 如果燒燙傷傷及眼睛、手、腳、生殖器官或運動關節，或環繞整個身體部位。
- 孩子非常小或哭鬧不休，難以在家庭進行治療。

在家進行燒燙傷治療時，注意發紅和腫脹的情況是否越來越嚴重，或者，出現難聞的氣味或有體液滲出，這可能是感染的徵兆，需要醫療治療。

預防

在第 15 章〈確保孩子的安全〉提供一些居家保護孩子遠離火源和預防燒燙傷的措施，除此之外，以下有幾項補充建議：

- 家中臥室外的走廊、廚房、客廳和火爐附近，以及屋內每一層樓至少都要安裝煙霧探測器（和一氧化碳偵測器）。每個月測試一次，以確保發揮作用，並且使用長效電池，如果沒有長效電池，那麼每年至少要在特定的日期（例如每年元旦）更換電池。考慮購買可以錄下呼喊孩子名字的聲音警報器，這些新式警報器對於喚醒熟睡中的孩子比只發出蜂鳴音的警報器更加有效。新型的煙霧警報器可以在超商購買，這

類警報器對火焰或悶燒的煙霧更爲敏銳，並更少因爲料理的熱度與蒸氣而被誤觸。這可能可以爲你爭取更多在火災發生時疏散的時間。請如果家中的煙霧探測器已經使用幾年了，請考慮使用新型的煙霧探測器。

- 在家實際演練消防演習。確保每位家庭成員和其他照顧孩子的人知道，如果發生火警如何安全的離開家。
- 家中放置幾個滅火器，並且熟悉它們的使用方法。將滅火器放在火災風險最高的區域，例如廚房、火爐室和靠近壁爐的地方。
- 教導孩子爬到出口，如果屋內有煙霧（身體放低可以避免吸入煙霧）。
- 如果家中有兩層樓，要購買安全梯，並且教導孩子如何使用。如果你住在高層樓，告訴孩子所有逃生口的所在位置，並且確保他們知道，當發生火警時，不可以使用電梯（因爲可能會被困在樓層之間，或者電梯門正好在著火的樓層打開）。
- 約定一個屋外或公寓外的會面地點，這樣才能確定是否所有人已逃出著火的區域。
- 教導孩子，如果他們的衣服著火，這時要停下來，躺在地上打滾。
- 避免在室內吸菸。
- 無人看守時，不要將食物獨自放在爐子上烹煮。
- 將家中的易燃物品收好。最好是儲放在屋外，遠離孩子可觸及的範圍與熱源或火源。
- 將熱水器的溫度調至 48.9℃ 以下，以預防熱水燙傷。
- 電器插座使用不可超過其「負載量」，因爲這可能具有潛在的危險性。
- 將打火機和火柴放在兒童拿不到的地方鎖上。
- 避免所有的煙火，即使是那些給消費者使用的類型。
- 確保點燃的蠟燭在兒童的觸及範圍之外。

CPR 心肺復甦術和口對口人工呼吸

CPR 可以救孩子一命，如果他的心跳或呼吸因任何原因停止，例如溺水、中毒、窒息、吸入濃煙或窒息。你要熟悉本書附錄中心肺復甦術的指令，不過，光是閱讀 CPR 並不足以讓你學會眞正操作 CPR。美國小兒科學會建議，所有的家長和負責照顧兒童的人都應該完成 CPR 和窒息急救的基本課程。

這種訓練尤其重要，如果你家有游泳池或居住在靠水的區域，如湖泊或社區游泳池或按摩池附近。你可以連絡中國民國紅十字會、臺灣急救推廣中心、中華急救教育推廣協會和各大醫院等關於 CPR 認證課程的時間表。大多數的急救課程會教導基本急救、心肺復甦術和緊急預防，以及嬰幼兒窒息的緊急處理措施。

窒息

當一個人吸進空氣以外的東西進入氣管，或者當食物或其他物品阻塞氣管時，都會發生窒息的情況。在兒童之中，窒息往往是因為液體「流入錯誤的管道」，這時孩子會嗆到、咳嗽和透不過氣，直到氣管異物清除，不過這類型的窒息通常是無害的。

致命性窒息是當孩子吞下或吸入一個物體——通常是食物——因而堵塞進入肺部的空氣，這是緊急情況需要立即急救。關於具體和完整的 CPR 心肺復甦術指南，你可以參考附錄，熟悉其中的流程，並且報名上 CPR 實際操作的認證課程。

一個孩子在窒息 2～3 分鐘後開始自行呼吸，或許不會有任何長期的傷害。然而，缺氧的時間越久，永久性的傷害也就越大。偶爾在窒息事件中，緊接而來的可能是持續性咳嗽、嘔吐、喘息、過度分泌唾液或吞嚥或呼吸困難。如果發生這種情況，這可能意味著部分異物仍然卡在氣管，而該異物可能導致持續呼吸困難、刺激呼吸道或肺炎。如果這種症狀持續不變，請帶孩子去看小兒科醫師或者緊急醫療中心以便做進一步檢查，例如胸部 X 光。如果檢查表示氣管內仍有異物，這時可能需要住院以移除異物。任何窒息只要超過數秒都需要醫療關注。

預防

窒息對兒童而言具有重大危險性，特別是小於 7 歲的孩子。一些物品，例如小球、彈珠、氣球碎片、玩具小零件和硬幣等，都很容易造成窒息，但大多數的窒息意外是來自食物。當 1 歲左右的孩子在嘗試新食物時，你更是要留意，以下是一些預防窒息的補充建議：

■ 不要給幼兒堅硬、光滑，需要仔細咀嚼的食物（如花生、生蔬菜）。兒童在 4 歲之前無法掌握這種咀嚼技巧，所以他們會試圖吞下整個食物。不要給幼兒整顆花生或其他堅果類，等到他們會吃花生後（確定他們對花生不會

過敏），當他們在咀嚼時，你一定要在一旁密切留意並且一次只能給他們吃 1 顆。

- 不要給孩子圓形、堅硬的食物（例如小熱狗、葡萄和胡蘿蔔條），除非它們已完全切成小丁。將食物切成一小口的大小（不要大於 1.27 公分），並且鼓勵孩子細嚼慢嚥。
- 直到孩子 4 歲以前不要給孩子可壓縮的食物如棉花糖或水果糖。
- 當嬰兒或幼兒進餐時，一定要在一旁監督，只能在孩子坐著且受到監督時允許他進食，不可讓他邊吃邊玩或跑步。教他在說話和笑之前，要先將食物咀嚼好吞下。
- 幼兒嚼口香糖很危險，因為很可能造成窒息。

有些食物特別容易造成危險，如熱狗、堅硬或黏稠的糖果或維他命、葡萄，以及爆米花。

由於年幼的孩子什麼東西都會放進嘴巴裡，因此非食物的小物件也可能造成窒息，所以在選擇玩具時要遵守適用兒童年齡指南，並遵守操作手冊的適用年齡，特別是那些要給 3 歲以下孩童玩的玩具。此外，還要特別留意一些特定物品，包括未充氣或破裂的氣球、嬰兒爽身粉、垃圾桶內的東西（例如蛋殼、飲料罐拉環）、安全別針、硬幣、彈珠、小球、原子筆或白板筆蓋、鈕扣、磁鐵和小顆圓形電池等。

如果你不確定某些東西或食物是否對孩子有害，你可以在嬰兒用品店購買標準的小物衡量器以幫助你確定哪些物品小得足以讓嬰兒噎住窒息。

切割傷和擦傷

孩子天生的好奇心和熱情，一路走來肯定會遇到一些擦傷和割傷，而且他的反應可能會比實際的傷害更加嚴重。在大多數情況下，妥善的治療方法不過是清潔傷口包紮，並且安撫孩子（或許只是對傷口親吻一下）。

割傷、撕裂傷和出血

割傷和撕裂是指傷口達到皮膚下組織，割傷越深，越容易發生出血等問題，同時也有損傷神經和肌腱的可能性。在孩子遇到切割傷時，以下簡單的作法有助於防止出血和疤痕形成等嚴重的問題。

1. **壓迫**：使用乾淨的紗布或布片直接按壓出血部位 5 或 10 分鐘，幾乎可以停止所有的活動性出

血。最常見的錯誤是為了觀察傷口，太早釋放壓力，反而導致更多的出血，或形成進一步按壓時難以控制的血凝塊。如果持續按壓五分鐘後仍然出血，你要持續按壓並且打電話給醫師。除非你受過止血帶使用方法訓練，不然不要試圖用止血帶綁住手或腳止血，因為使用不當會造成嚴重的傷害。

2. **保持鎮靜：** 看到血讓人心生害怕，但這個時候更是要保持冷靜。保持鎮靜可以讓你做出更好的決定，而且你的孩子也比較不會對眼前的事情感到驚慌。記住，直接對傷口按壓可以控制出血，即使是嚴重的撕裂傷，直到緊急醫療救援到來。頭部皮膚有較多的淺表血管，所以頭臉部的切割傷比身體其他部位的出血更多。然而，如果傷口非常大，你可以抬高手臂或腿部來幫助降低出血。

3. **嚴重切割傷必須就醫治療：** 不管出血量多少，如果撕裂較深或傷口的長度超過 1/2 英吋（1.27 公分），都要打電話給醫師。即使傷口看起來並不嚴重，但較深的切割傷仍可能嚴重傷害傷口下的神經和肌腱。較長的撕裂傷和位於面部、胸部和後背的撕裂傷更

容易留下影響外貌的疤痕。這種情況下，如果進行縫合，疤痕可能減小。在某些情況下，皮膚黏合劑（一種類似黏膠的物質）可用於傷口黏合。如果你對是否需要縫合沒有把握，請打電話諮詢醫師。為了減少疤痕形成，應該在傷害後 8 ～ 12 小時內完成縫合。

你應該可以自己治療輕微淺割傷，只要你可以用蝶形繃帶將傷口接合在一起，而且除了傷口外，周圍沒有麻木感，知覺和行動沒有變遲緩（蝶形繃帶是一種平面膠帶，在癒合過程用來將傷口兩邊緣連接一起）。然而，如果傷口內有玻璃或灰塵等異物進入，這時就需要讓醫師檢查並處理，任何無法處理的傷口都要立即找小兒科醫師或緊急醫療救護處理，以盡快得到最有效的治療。孩子可能因怕痛而不願意讓你徹底檢查傷口。必要時，小兒科醫師會使用局部麻醉進行徹底檢查。此外，醫師也可能會使用局部皮膚黏合劑。

4. **清潔與包紮傷口：** 如果你認為自己可以處理傷口，先用白開水沖洗傷口，並仔細檢查，確保傷口清潔，之後用抗生素軟膏，然後用無菌紗布覆蓋。由於我們很容易低估撕裂傷的範圍和嚴重程

度，即使你選擇自己處理，也要打電話給小兒科醫師聽取他的建議。如果傷口周圍出現紅、腫或流出膿液，或者再次出血，應盡快與你的醫師討論。沒有必要使用碘酒和酒精等消毒水，因為這會增加孩子的不適，切割傷也不要使用。如果你的孩子近期才接種破傷風疫苗，那麼在多數擦傷和割傷後，他都不需要再注射破傷風疫苗。但是，如果孩子沒有按照規定接種疫苗，或者正值接種破傷風加強劑的時間點，這時你的小兒科醫師會建議給孩子施打破傷風疫苗。

參考居家治療傷口必備的「家庭和汽車急救用品清單」專欄。

擦傷

幼兒多數的輕微傷害是擦傷，即幼兒的皮膚外層被磨破。如果擦傷面積較大，雖然表面看起來血淋淋，但實際的出血量非常少，首先用冷水沖洗傷害部位，去除所有碎

專欄 家庭和汽車急救用品

你應該在家中和汽車上各準備一個急救箱，其中內容物應包含：

- 退燒藥和止痛藥：乙醯胺酚或非類固醇抗發炎藥物（例如布洛芬）
- 抗生素軟膏
- 任何家人有在使用的處方藥物
- 無菌 OK 繃（各種大小）
- 紗布墊
- 醫用膠帶
- 剪刀
- 鑷子
- 肥皂或其他清潔劑
- 凡士林或其他潤滑劑
- 濕潤紙巾
- 溫度計

片，然後用溫水和肥皂清洗。避免使用碘酒或其他消毒液，因爲它們不僅不太有保護作用，而且還會增加痛苦和不適。

大多數擦傷若不經治療會迅速結痂，過去這被認爲是最好的自然癒合方式。但其實結痂會減緩癒合的過程，並且造成更多的疤痕。處理大片或滲血的擦傷可以塗上抗生素藥膏，然後覆蓋消毒（無菌）紗布。這些東西可以在當地藥局購買，分別有黏膠式繃帶或單片式網紗加滾帶式繃帶或膠帶。有些敷料是由 Telfa 等材料製成，比較不容易黏附在傷口表面上。抗生素軟膏也有助於預防癒合傷口表面沾黏在繃帶上，目的是防止癒合過程發生感染。傷口除了換藥，最好要包上繃帶，直到傷口癒合。此外，纏繞手指或腳趾處的繃帶不要包得太緊，以免影響血液循環。

大多數傷口只需要紗布覆蓋 2～3 天，但孩子可能不願意很快放棄紗布包紮，因爲小孩子一般會將繃帶當做勳章或徽章。只要保持繃帶清潔、乾燥，並且每天檢查傷口，多保留幾天繃帶也無傷大雅。

如果你無法清潔傷口或傷口有膿液、受傷部位的紅腫增加或發熱，你要打電話給你的小兒科醫師，這是傷口感染的跡象。如果有必要，醫師會在難以清除的髒污和碎片時，使用局部麻醉預防嚴重的疼痛。如果傷口確實感染，可能需要口服抗生素，或外用抗生素軟膏和乳霜。

預防

充滿好奇心和好動的兒童在成長過程中，幾乎免不了擦傷或輕微的切割傷，但你可以減少孩子受傷的次數和嚴重程度。將具有潛在危害的物件放在孩子接觸不到的地方，例如尖刀、容易破碎的玻璃瓶和剪刀。當孩子夠大到可以使用刀及剪刀時，教他正確與安全的使用方法。定期檢查房子、車庫和院子。如果發現在孩子漸漸長大後可能接觸到某些危險物件，應將它們儲存在安全的地方。

參考第 15 章《確保孩子的安全》。

溺水

溺水是兒童，包括嬰兒和學步期幼兒死亡的主要原因，大多數嬰兒溺水是發生在浴缸和水桶中，學步期 1～4 歲的幼兒最常見的溺水是在游泳池。然而，這個年齡層的孩子，也有許多溺水案件是發生在池塘、河流和湖泊。5 歲以上的孩

子則更有可能在河流和湖泊中溺水，不過這種變化因地區和國家而有不同。重點是，即使一英吋深的水也可能會使兒童溺水，例如浴缸或廁所。當一個孩子在快溺死前被救起，這種情況稱為非致命性溺水。

因應之道

使用不會讓你自己陷入危險的方式，立即將孩子從水中救起，檢查他是否還能自主呼吸。如果沒有，立即開始 CPR。如果有其他人在場，讓他立刻打電話尋求醫療人員協助，但不要浪費寶貴時間找某人求救，也不要浪費時間嘗試將孩子肺部的水分引出來，而是集中精神進行人工呼吸和 CPR，直到孩子恢復自主呼吸。在進行 CPR 期間，孩子很可能會嘔吐出吞下去的水。只有在孩子的呼吸恢復，並且脈搏回歸正常時，你才可以停止並且尋求緊急醫療協助。打 119 如果還沒有人撥打，一旦醫務人員趕到，如果需要，他們會給孩子吸氧氣，並且繼續進行 CPR。

任何曾經溺水的孩子，即使看起來很好也要進行全面的身體檢查。如果他曾經停止呼吸、吸入水或失去知覺，這時應該需要醫療觀察至少 24 小時，直到確定他的神經系統和呼吸系統沒有受損。

孩子從非致命性溺水的康復速度取決於他當時的缺氧時間，如果他在水下的時間很短暫，那麼很快可以完全康復。缺氧時間太長可能導致肺臟、心臟或腦傷害。對 CPR 沒有即時反應的兒童可能會有更嚴重的問題，重要的是要堅持，因為持續 CPR 可能使看起來沒有生命或長時間浸泡在寒冷水中的兒童重新恢復生機。

預防

當新生兒和 5 歲以下的幼兒（和那些年紀較大而會游泳，但還不夠強壯的孩子）在靠近浴缸、游泳池、按摩池、兒童戲水池、灌溉渠或其他開放的水域時，父母或看護人都不可將他們單獨留下或分心照顧其他的小孩。這個年齡層的兒童，只要他們在水裡或靠近水域，一定要保持「伸手可及」的監督範圍。監督的成人不應該從事分心的活動，例如講電話、看書、社交或做家務。如果你要在泳池邊舉辦派對，可以聘請一位救生員，這樣就有一位成人可以隨時監看水中是否有意外發生。

家庭游泳池四周應設立圍欄，以預防孩子闖入游泳池。游泳池圍欄至少要有 4 英呎高，無法攀爬，

四周要封閉圍起來，並附有可以自動上鎖的柵門，並讓柵門與泳池邊有一段距離。父母、看護人和游泳池的主人應該熟悉 CPR 操作、會游泳，並且在游泳池旁備有電話和合格的設備（救生圈、救生衣、牧羊人手杖）。

學步期、智力障礙和癲癇的兒童特別容易溺水，不過，所有的幼兒在沒有人監督的情況下水或靠近水邊，都是身置危險的風險中。即使會游泳的兒童，只要離開安全警戒線幾呎，也有溺水的可能。所以千萬牢記，隨時都要監督孩子，不要以為上了游泳課就可以保證孩子「防止溺水」（參考 529 頁水上安全）。

電擊

當人體與電源直接接觸時，電流會通過人體，產生的傷害稱為電擊。根據電流的電壓和接觸時間的長短，電擊傷害的程度從輕微到嚴重，甚至死亡都有。

幼兒，尤其是學步期的孩子最容易發生電擊傷害，因為他們會咬電線，將叉子、刀子等金屬物件插入未經保護的插座或電器設備。這些傷害還可能包括不當使用電玩具、電器或工具、孩子坐或站在水

中時接觸電流，而聖誕樹和燈泡也會造成季節性的電擊意外。

因應之道

如果孩子觸電，首先應切斷電源。在多數情況下，你可以拔掉插頭或關掉開關。如果以下兩種作法都不可能，那你可以考慮試著移除帶電的電線——但不要赤手接觸，因為這樣也會讓你自己觸電。相反，你可以用帶木柄的斧頭或絕緣的電線剪斷電線，或者使用乾燥的木棒、捲起的雜誌和報紙、繩子、衣服或其他厚而乾燥的絕緣體（例如木片）拉開電線。

如果你不能切斷電源，你可以嘗試拉走孩子。再次重申，當孩子仍然接觸電源時，不要赤手接觸孩子，因為他的身體會將電流傳導給你。相反，移走孩子時，你可以用不導電的材質（例如橡膠或上面提到的東西）保護自己（注意：在電源沒有切斷時，所有的作法都不能保證絕對安全）。

一旦電流切斷（或孩子被移走），就應立即檢查孩子的脈搏、呼吸、皮膚顏色或反應能力。如果呼吸或心臟停止，或者變得快而不規則，應立即進行 CPR，使其恢復正常；同時請他人打電話給緊急救助醫療服務。避免孩子不必要的

移動，因爲嚴重電擊可能伴隨脊柱骨折。

如果孩子有知覺，只是輕微的觸電，這時檢查他的皮膚是否有灼燒，特別是如果觸電位置是他的嘴巴。然後，打電話給 119。電擊會引起難以被發現的內部器官傷害，因此，所有曾經明顯被電擊過的孩子都必須接受醫師的檢查。

當小孩到了小兒科醫師辦公室後，任何輕微的電擊傷都要清洗和上繃帶。之後醫師或許會請實驗室檢查孩子的內部器官是否有受損的跡象。如果孩子有嚴重灼傷或任何腦部或心臟受損的徵兆，這時孩子可能需要住院治療。

預防

預防電擊傷害最好的方法是用沒有窒息風險的插座保護套覆蓋所有的插座、確定所有的電線絕緣以及孩子在具有潛在發生電擊傷害的地方玩耍時要小心看護。其中，浴室和浴盆周圍的小電器特別危險。（參考第 15 章《確保孩子的安全》）

指尖受傷

兒童的指尖經常被壓傷，通常是被關閉的門夾傷。孩子可能無法辨識潛在的危險或動作不夠靈敏，在門要關上前來不及把手縮回。有時當幼兒在玩槌子或其他重物，或靠在車門邊時，也會把自己的手砸傷。

由於指尖十分敏感，在孩子的指尖受傷害的同時，你立即就可以知道。受傷區域通常發紫腫脹，表皮周圍出現切割傷和出血。皮下組織甲床以及下方的潛在骨質和生長盤也可能受到影響，如果發生指甲下出血，指甲將變成黑、紫色，且在出血的壓迫下導致劇烈疼痛。

居家治療

在指尖出血時，首先用肥皂和水沖洗，隨後用柔軟的無菌紗布覆蓋。使用冰袋或浸泡在冷水中可以緩解疼痛、減輕腫脹。

如果腫脹輕微，孩子沒有任何不適，你的醫師可能會建議你讓手指自行癒合。不過，你要留意受傷部位任何疼痛、腫脹、發紅或出水加劇，或在受傷 24 ～ 72 小時之後開始發燒的情況。這些是感染的跡象，應該通知你的小兒科醫師。

當腫脹過度、傷口很深、指甲下出血或手指好像骨折，立即打電話給你的醫師，絕對不可以自行將骨折的手指試圖拉直。

專業治療

如果醫師懷疑是骨折，他會進行 X 光檢查。如果 X 光證實是骨折，或者甲床傷害，這時就可能需要骨科醫師會診。骨折的手指可以在局部麻醉下拉直與固定。甲床傷害也可以進行外科修補，以減少指甲畸形發育的可能性。如果指甲下出血明顯，小兒科醫師會透過指甲下的小孔進行引流，以緩解疼痛。

雖然深部切割傷需要縫合，但最常用的是無菌黏性繃帶（作用與蝶形膠帶相同）。如果切割傷深部骨折，這是一種開放性骨折，很可能會發生骨質感染。在這種情況下，需要使用抗生素。而且根據孩子的年齡和免疫接種狀況，醫師也會考慮進行破傷風強化接種。

骨折

儘管骨折聽起來非常嚴重，但這只是骨頭折斷的一個名詞而已。骨折是 6 歲以下兒童第四常見的傷害。從高處落下是這個年齡層最常見的骨折原因，但最嚴重的骨折多數是由車禍引起。

兒童的骨折與成年人不同，因為孩子的骨頭更加柔韌，而且骨膜較厚，更容易吸收衝擊力。因為孩子的骨頭仍在成長，有強大的自我修復的能力，所以通常不需要刻意將它對齊到完全正確的位置。兒童骨折需要外科處理的情況很罕見，通常他們只需要固定住就好，最常見的作法是打上石膏。

兒童的骨折經常屬於青枝樣骨折——樹枝的幼枝折斷一樣，只有一側骨折；或者是扭曲骨折——骨頭扭曲或變弱，但不是完全折斷。彎曲骨折只是骨頭彎曲，沒有折斷，在幼兒中相對常見。完全性骨折是指骨頭全部折斷，也可能發生於幼兒。

由於孩子的骨頭正在生長，很容易發生成人不會發生的另一種類型骨折。這種傷害涉及骨骼兩端的生長板，也就是調節日後的生長。如果這個部分在骨折後癒合不全，那麼骨骼可能會在成角處生長，或者長得比體內其他骨骼慢。不幸的是，這種骨骼生長的影響在受傷後一年內或更久的時間都無法用肉眼察覺，所以這類型的骨折必須聽從小兒科醫師的指示，仔細追蹤長達 12～18 個月，以確定沒有生長受損的情況。有時涉及生長板受損的骨折需要進行手術，以盡量減少未來生長的問題。

肘關節周圍的骨折往往會導致手臂癒合異常，許多人需要進行手術以減少這種風險。兒童靠近肘關

節處的骨折可能需要會診運動醫學或骨科外科專家。

症狀和特徵

骨折很難辨別，尤其當年幼的孩子無法描述自己的感覺時。一般情況下，如果孩子骨折，你可以看到骨折部位腫脹和疼痛，以及孩子不能或不願意移動骨折的肢體。然而，孩子可以移動肢體並不一定就可以排除骨折的可能性，當你沿著肢體按壓時，骨折處通常會在按壓時變得疼痛。任何時候你懷疑是骨折時，都應該立即通知你的小兒科醫師。

居家治療

在孩子到達小兒科醫師診所、急診室或急救中心以前，應用暫時懸吊，或捲起的報紙和雜誌作為夾板固定，避免受傷肢體發生不必要的移動。如果你認為你的孩子可能有骨折，在帶孩子去看醫師之前請不要給孩子吃或喝任何東西（甚至是止痛藥），以免他需要服用鎮靜劑或接受全身麻醉以修復骨折。對於較大的孩子，你可以將冰袋或冷毛巾放在傷害部位緩解疼痛。過冷可能傷害嬰兒或幼兒柔嫩的皮膚，因此嬰幼兒不要使用冰敷。

假如孩子的腿部骨折，不要擅自作主移動他，讓急救人員負責他的運輸過程，並且盡可能讓孩子感到舒適。

如果受傷處是開放性和出血，或骨頭穿刺皮膚，這時要用力按壓傷口（參考 704 頁割傷、撕裂傷和出血），然後用乾淨（完全無菌）的紗布蓋住它，不要試圖把骨頭壓到皮膚下。當傷口處理好後，要留意任何發燒的情況，因為這可能是傷口感染的跡象。

專業治療

在對骨折進行檢查後，醫師會進行 X 光檢查以判斷傷害的範圍。如果懷疑骨頭的生長板受到影響，或斷端移位，這時可能需要骨科醫師會診。

孩子的骨頭可以快速癒合，所以大多數輕微的骨折只需要採用成型或玻璃纖維石膏固定或固定夾板即可。這可以在沒有手術的情況下完成，由骨科醫師移動骨骼直到骨頭恢復平直（閉合復位）後打石膏固定。如果必須進行開放性復位術，可能會在急診室給予孩子止痛藥並讓他放鬆，或者在手術室接受全身麻醉麻醉。

在手術復位以後，必須使用石膏固定，直到骨頭癒合。通常所需的時間是成人的一半或更短時間，

視孩子的年齡而定。再者，孩子的骨骼復位無需調整到完美的位置，因爲它們會在生長時自己調整位置。在骨折癒合期間，醫師會進行X光檢查，目的是確保骨折斷端的排列正常。

通常骨折固定可以迅速緩解或至少減輕疼痛。你的孩子可能會在受傷或進行手術後的最初 2～3 天感到疼痛。一般來說這種疼痛可以使用非處方藥物來處理，也可以透過讓孩子從事一些活動來轉移他的注意力。如果孩子疼痛增加、手指或腳趾麻木、或蒼白或變紫，立即打電話給醫師，這是肢體腫脹，需要石膏內有更大空間的跡象。如果石膏沒有調整，腫脹會壓迫神經、肌肉或血管，進而產生永久性傷害。這時爲了釋放腫脹的壓力，醫師會切開石膏，在石膏上開窗，甚至更換更大的石膏。

如果石膏裂掉、變鬆或者潮濕，應該告知醫師。不適當、不合身的石膏無法固定骨折以調整到正確的位置。在癒合過程中，骨頭通常會在其折斷部位形成硬結。尤其是鎖骨骨折，這看起來或許不太好看，但無需治療，這些硬結不是永久性的。幾個月以後，骨頭會重建並恢復正常的外觀。

頭部受傷和腦震盪

孩子不可避免的會不時碰傷頭部，尤其是學步期兒童——在遊樂場跌倒或從雙層床跌落等。這種碰撞可能讓你心驚膽跳，但你的焦慮往往大過於碰撞的嚴重程度。雖然大多數頭部傷害都很輕微，不會產生嚴重的問題。但是了解需要醫療處理的頭部傷害和只需要更多關心和愛護的頭部傷害之間的差異十分重要。

腦震盪的定義是頭部經重擊後，導致暫時性混亂或行爲改變，有時甚至喪失意識。特別是如果孩子在頭部受創後有明顯記憶喪失、失去方向感、語意不清、視覺改變或出現噁心或嘔吐的症狀，請盡速撥打 119 和聯繫你的小兒科醫師。事實上，如果你的孩子有任何類型的腦震盪情況，都應盡速找小兒科醫師做檢查。

治療

如果孩子的頭部只是輕微受傷，在事件後，他的意識仍然很清楚，神色也和平常一樣。孩子可能因暫時性的疼痛和驚嚇哭泣，但一般不會超過 10 分鐘，隨後又像平時一樣開始玩耍。

傷處看起來很小，沒有明顯的

713

割傷（傷口深和／或出血），不需
要醫療救助或縫合時，你可以在家
裡自行治療，用肥皂和水沖洗傷
口，如果有青腫，你可以冰敷。如
果你在撞傷後最初幾個小時採取這
些措施，這將有助於減輕腫脹。然
而，在這些情況下，最明智的作法
是打電話給你的小兒科醫師，告知
發生的事件與孩子的狀況。

　　即使是在輕微的頭部撞傷後，
你也要觀察孩子 24 ～ 48 小時，判
斷是否有更加嚴重的傷害跡象。雖
然這種情況非常罕見，但即使孩子
頭部看似輕微撞傷，沒有立即明顯
的外傷，但也可能日後發展成腦部
重大的傷害。如果你的孩子出現以
下跡象，請立即與你的小兒科醫師
聯繫或到最近的急診室就醫：

- 在清醒時，孩子看起來似乎非常
  疲倦或嗜睡，或者孩子在夜間睡
  覺時，你難以喚醒他。孩童在頭
  部撞傷後短時間內顯得疲累或較
  沒有活動力是正常的，但這應該
  在幾個小時內好轉；如果沒有好
  轉，請尋求醫療協助。
- 持續性頭痛（甚至用乙醯胺酚也
  無效）或嘔吐。頭部撞傷後頭痛
  和嘔吐症狀很常見，但通常很輕
  微，僅持續幾個小時。（太小的
  孩子或許無法讓你知道他們頭
  痛，所以他們會不停地哭或難以

撫慰平靜下來）。在頭部撞傷超
過 4 ～ 6 個小時後不常會發生嘔
吐，所以如果發生請聯絡醫師或
帶孩子去急診室進行評估。
- 持續性頭痛或易怒。由於嬰兒無
  法用語表達他的感受，因此這可
  能意味著他有嚴重的頭痛。
- 孩子的精神狀態、協調、感覺和
  力量明顯改變，需要緊急醫療處
  理。這些變化包括：上下肢無
  力、行走笨拙、言語不清、目光
  交叉或視物困難。
- 在清醒一會兒後，又失去意識。
  或者出現癲癇和呼吸不規則，這
  是嚴重大腦受損時腦活動紊亂的
  症狀。

　　孩子在頭部撞擊後的任何時間
內出現失去意識，應立即通知小兒
科醫師。如果孩子在幾分鐘之內沒
有清醒，需立即進行醫療處理，當
你打 119 救助時，同時遵循以下緊
急措施：

1. 盡可能少或不移動孩子，如果你
   懷疑孩子可能傷及頸部，不要試
   圖移動，不然只會加重傷害。有
   一個例外情況：只有在孩子身處
   於可能發生進一步傷害的情況下
   （例如懸崖的邊緣或失火現
   場），才可以移動。但盡量不要
   扭動他的頸部。

2. 檢查是否有呼吸，如果沒有，進行 CPR。（參閱 702 頁）

3. 如果傷口出血嚴重，可用清潔的布直接按壓。

4. 在撥打 119 後，靜待救護車到達，而不是自行開車帶小孩前往醫院。

頭部撞傷後出現的意識喪失可能僅僅幾秒鐘，但也可能長達數小時。如果你發現孩子在受傷後出現意識不清，但你不確定他是否失去意識，你要告知小兒科醫師（大一點的孩子如果腦震盪，可能會說不記得意外前後發生了什麼事情）。

大多數意識喪失幾分鐘以上的孩子需要在醫院觀察一夜。嚴重腦傷害和出現呼吸不規則或抽搐癲癇的幼兒必須住院治療。幸運的是，在現代兒科加護病房，許多嚴重腦傷害的兒童，甚至那些意識喪失數週的孩子，最終都可以完全康復。

中毒

每年大約有 220 萬人吞下或接觸到有毒物質，其中有超過半數以上是發生在 6 歲以下的兒童。大多數吞嚥毒物的孩子，如果得到立即治療，不會產生永久性傷害。如果你認為孩子中毒，要保持平靜並立即行動。

當你看到孩子與一個打開或空的毒物容器在一起，尤其是孩子的行為異常，應該考慮是中毒的跡象。以下是疑似中毒可能出現的徵兆：

- 衣服上不明的斑點。
- 嘴唇和口腔燒燙傷。
- 罕見流涎或呼出奇怪的味道。
- 不明噁心或嘔吐。
- 無發燒的腹部痙攣。
- 呼吸困難。
- 突然的行為改變，例如不常見的嗜睡、暴躁或神經質。
- 抽搐或意識喪失（僅發生於非常嚴重的病例）。

治療

如果發生緊急情況，請撥打 119 或打給毒藥物防治諮詢中心 (02)2871-7121。毒藥物物諮詢中心每天 24 小時都有提供服務，他們可以毫不拖延地告訴你應該怎麼做。（也應該告知你的小兒科醫師孩子曾經接觸過的任何有毒物質。）

在服用不同毒物後應該進行的緊急處理不盡相同，如果你知道孩子服用的物質為何，毒物諮詢中心可以指示你特定的處理方式。不過，在打電話求助前，請遵照以下指令：

（更多食物中毒和食物污染資訊請參考第 556 頁第 16 章）。

眼睛中毒

翻開孩子的眼瞼，沖洗孩子的眼睛，保持溫熱的連續水流進入眼睛的內角。幼兒有時會抗拒這種處理，因此，當你清洗他的眼睛時，找另一個成人抱住他。如果沒有其他人在場，用毛巾緊緊裹住他，把他夾在腋下，好讓你的一隻手可以保持他的眼睛掙開，另一隻手可以進行沖洗。持續沖洗 15 分鐘以後，打電話給毒物中心，聽取進一步指令。不要使用洗眼杯、眼藥或眼膏，除非毒物中心告知你可以。如果孩子持續疼痛或嚴重傷害，應立即尋求緊急幫助。

家庭毒物隔離

- 將藥品儲存在上鎖的櫃子或孩子接觸不到的地方。不要將牙刷和藥品放在同一個櫃子中。如果你有拿皮包，不要將潛在有毒性的物品放在你的皮包內，並且也要確保你的孩子遠離他人的皮包。

- 選購附有兒童安全蓋的藥物，並且將藥物留在原來的容器內不要分裝（然而，請牢記，這些蓋子是預防兒童打開，不保證兒童安全，所以一定要將它們放在上鎖的櫃子）。當疾病痊癒後，妥善處理剩下的處方藥物。許多藥店都可以回收剩餘藥物，並且會安全妥善的處置。

- 不要在孩子面前服藥：因為孩子可能模仿你。在哄孩子吃藥時，不要告訴孩子藥物是糖果。

- 每次讓孩子服藥時，都要檢查藥品的標籤，確保藥物正確、劑量合適。在夜間最有可能發生失誤，因此當處理藥物的事情時，一定要開燈。

- 購買日用品之前，閱讀所有產品上的標籤。找出毒性最小的一

種，並只在需要立即使用時購買。

- 將有害物質儲存在上鎖的櫃子裡，放在孩子接觸不到的地方。不要將去汙劑或其他清潔產品儲存在廚房或浴室的洗手槽下，除非是上鎖的安全櫃子，並且在每次使用後上鎖（大多數五金行和百貨公司都有賣這些安全鎖）。較新的單一包裝的濃縮洗滌劑或洗衣膠囊雖然使用便利，但經常有類似糖果的外觀與柔軟的觸感，很容易誘使孩子將這些東西放入嘴巴。這可以讓孩子迅速且猛烈的生病，導致嚴重的呼吸或胃部疾病、昏迷甚至死亡。在家中所有孩子都至少年滿 6 歲以前最好使用傳統的液體或粉狀洗滌產品。如果你有使用濃縮膠囊包裝的洗滌劑，請確保它們被鎖在孩子看不見也碰不到的地方。

- 不要將毒藥或有毒的東西存放在以前曾經存放食品的容器中，尤其是空的飲料瓶、空罐或水杯中。

- 發動車子前，永遠先把車庫門打開。不要在密閉的車庫中發動汽車。確保媒、木材和瓦斯爐的維修安全。如果你聞到氣味，關閉爐子或氣體燃燒室，離開房間，然後打電話給煤氣公司。

- 將毒藥物防治諮詢中心的電話號碼：(02)2871-7121，和其他緊急救助的電話號碼保存在你家的電話機附近，確保保母和任何照顧小孩的人知道如何使用這些號碼。

請牢記，這些指南不只適用於家中，也適用於孩子可能會拜訪的地點，包括祖父母家和保姆家。

皮膚中毒

如果孩子將一些危險的化學物質灑在身上，這時立即脫去她的衣服，並用溫水沖洗皮膚，不可用太熱的水。如果毒物接觸部位有灼傷的跡象，持續沖洗至少 15 分鐘，不管孩子怎樣反抗。然後打電話給醫院毒物防治中心尋求建議，不要使用軟膏或油脂。

有毒煙霧

在家裡，密閉車庫內以慢速開動的汽車、容易洩氣的煤氣孔，或者煤、木材和瓦斯爐通風不當等情況，或者使用瓦斯加熱的電熱器、烤箱、電爐、烘衣機或熱水器等，最容易產生有毒的煙霧。如果你的家中有任何這些設備，應該要在房內裝設一氧化碳偵測器，因爲一氧化碳是無色無味的。如果孩子接觸到這些或其他有毒煙霧，立即把他轉移到新鮮空氣處。如果孩子可以自行呼吸，你可以打電話給醫院毒物防治諮詢中心詢求進一步指示。如果孩子停止呼吸，立刻進行 CPR，在孩子恢復自主呼吸或其他人接替之前不要停止。如果可以，立即讓別人打電話尋求緊急醫療救助。否則，在進行 1 分鐘 CPR 後，立即打電話尋求緊急醫療救助。

吞嚥毒物

首先，讓孩子遠離毒物。如果孩子的口腔裡仍然有毒物，迫使他吐出或用你的手指掏出。將這些物質與其他證據保存在一起，以便判斷孩子吞嚥了什麼。其次，檢查以下徵兆：

- 咽喉劇烈疼痛。
- 一直流口水。
- 呼吸困難。

- 抽搐。
- 極度嗜睡。

如果有以上任何症狀，或者孩子失去意識或停止呼吸，這時應該進行急救，並且立即撥打 119 尋求緊急醫療救助。將毒物容器和殘餘物一起帶去，這可以協助醫師判斷孩子吞嚥了什麼。**催吐可能會很危險，不要讓孩子催吐，因爲這樣可能造成進一步傷害，即使容器上的標籤建議催吐。**

強酸（如馬桶清潔劑、漂白水）或強鹼（如鹼液、通水管劑、烤箱清潔劑或洗碗機清潔劑）會灼傷喉嚨，而嘔吐只會讓這些液體回流到食道和咽喉，造成更多傷害。吐根糖漿是過去用來讓孩子吞下毒藥後嘔吐的藥物；儘管這似乎有道理，但這已不再被認爲是一種好的毒藥治療方法。如果你家中有吐根糖漿，請將它妥善丟棄並且不要保留容器。不要以任何方式讓孩子嘔吐，無論是透過給他吐根糖漿、讓他作嘔或是喝鹽水。相反，你可能會被建議讓孩子喝牛奶或水。

如果孩子沒有嚴重的症狀，你可以打電話給當地醫院的毒物防治諮詢專線。爲了更有效協助你，毒物中心人員可能需要下列資訊：

- 你的名字和電話號碼。

- 你的孩子的年齡、名字和體重，也要提到孩子患的疾病或正在服用的藥物。

- 孩子吞下的物質名稱，讀出容器上的全名，必要時要拼出原文。如果標籤上有列出成分，要一併告知。如果孩子吞下處方藥，但標籤上沒有註名藥名，那你要提供配置處方藥藥房店名、電話號碼、配藥日期和數量。試著描述吞下的藥物為錠劑或膠囊，上面是否有任何數字。如果你的孩子吞下的是其他物質，例如植物，那你要盡可能詳細描述植物的特徵，以利於辨識。

- 孩子吞嚥毒物的時間（或你何時發現）和你認為的吞嚥量。如果毒物十分危險，或孩子年紀太小，中心可能會請你直接送到最近的急救中心進行醫療。否則，他們會給你一些適合在家處理的指令。

這時讓孩子嘔吐可能會很危險，所以不要嘗試讓孩子嘔吐。強酸（例如馬桶清潔劑）或強鹼（鹼液、烤箱或洗碗機洗滌劑）都可能灼傷喉嚨，催吐只會使傷害加深。

預防

年幼的孩子，尤其是那些 1 ～ 3 歲的孩子最容易因為家中的一些東西中毒，例如藥物（即使是購自藥房的非處方藥物）以及毒品、清潔劑、植物、化妝品、殺蟲劑、油漆和溶劑。這是因為品嘗和聞味是孩子探索周圍環境的天性，他們也只是在模仿成年人，並不知道自己在做什麼。

多數中毒發生在父母分心的時候。如果你生病或者面臨巨大的壓力，你可能不能像平時一樣留意他。尤其是在經過一天忙碌的生活作息後，父母在此刻總是很容易鬆懈分心。

預防中毒最好的方法是將所有的毒物存放在孩子難以接觸的櫃子裡，即使你不能隨時留意孩子也可以很放心；去商店購物或進入沒有兒童居家安全的親朋好友家時，一定要時刻監視孩子的行蹤。（參考第 15 章確保孩子的安全）

第24章

環境健康

我們身處的世界，所有的兒童都可能暴露在環境毒素中，雖然你無法保護孩子遠離所有的環境危害，不管是室內或戶外，但至少你可以採取本章所述的步驟，防止孩子接觸部分的環境毒害。

空氣污染和二手菸

戶外空氣包含幾種可能對兒童有害的物質，其中最令人憂心的是臭氧，這是種無色的氣體會在氮氧化物與揮發性有機化合物相互作用時產生。這些化合物由汽車和工廠釋放，並與陽光反應產生臭氧。地面臭氧是煙霧的主要成分。臭氧的濃度在夏天溫暖、日照時最高，且高峰期在正中午到下午時分。冬季也可能會有高水平的臭氧存在，它可以隨風傳播，導致農村地區也受到臭氧的影響。

由於孩子們在戶外玩耍的時間很多，他們很容易受到臭氧的影響，大多數呼吸困難的問題往往發生在有氣喘的幼兒身上。況且兒童的呼吸速度比成人快，若以每磅體重來計，他們反而吸入更多的污染空氣。

其他可能造成傷害的空氣污染物包括一氧化碳、汽車和工業排放的懸浮微粒、二氧化硫與其他污染物。並非我們空氣中的所有化學物質都受到環境保護署的監管。家長和照護者可以注意媒體上播報的空氣品質指標，或在送孩子出去玩之前上網查詢監測資料。不良的空氣品質可能會讓患有氣喘或其他慢性病的兒童受到極大的影響，因此當空氣品質指標顯示危險時，應該讓孩子留在室內。

預防

若要保護孩子免受空氣污染的傷害，當有關當局發布戶外空氣污染指數高於臨界值時，你要限制孩子別到戶外玩耍，特別是如果孩子

有呼吸道問題，例如氣喘。報紙和電視新聞經常會提供當地相關的空氣品質資訊。你可以在 airtw.epa.gov.tw 找到有關臺灣各地空氣品質的實時資訊。

若要在煙霧彌漫的日子裡減少汽車空氣污染，你可以將車子留在車庫，改搭公共交通工具或共乘。在空氣污染嚴重的日子，不要使用汽油動力割草機，並且在其他日子時，限制它的使用時間，同時配合政府強制執行控制空氣污染的法律和法規。

石棉

石棉是一種天然纖維，在 1940 ～ 1970 年代，被廣泛應用於防火、絕緣和學校、家庭與公共建築隔音的噴塗材料。除非它品質惡化變得易碎，否則將石棉纖維釋放到空氣中，也不會對健康造成風險。當吸入石棉纖維後，可能會引起慢性健康問題，從肺、喉嚨到腸胃道，包括一種可能在暴露於石棉纖維後 50 年才發病的罕見胸腔腫瘤（間皮瘤）。

今日，根據規定，學校要去除石棉材質或以其他方式確保兒童不會接觸石棉。然而，一些老舊房子仍然還是有石棉材質，特別是作為導管、火爐和熔爐的絕緣管，以及牆壁和天花板。

預防

你可以遵循以下原則，讓孩子遠離石棉：

- 如果你認為家裡可能有石棉材質，你可以找專業的人員來檢驗。
- 不要讓你的孩子暴露於任何老舊可能含有石棉材質的區域玩耍。
- 如果你的家中發現石棉，而且處於完好的狀態，你可以放心將它留著，但如果已經老化碎裂，同時你也有裝修的計畫，你可以找適當合格認證的承包商以最安全的方法將石棉去除。

一氧化碳

一氧化碳是一種有毒氣體，是電器、加熱器和汽車等在燃燒汽油、天然氣、木材、油類、煤油和丙烷等的副產品。它無色無味，如果電器運作不正常，火爐或壁爐的通風孔或煙囪堵塞，或在密閉通風不良的區域使用木碳烤東西，這些一氧化碳會滯留在家中無法散去。當你的車子在車庫發動時，一氧化碳也可能在這時進入你的家中。在停電和暴風雨期間，在室內使用發

電機會增加一氧化碳中毒的風險，這些裝置應放在室外。

當孩子吸入一氧化碳時，它會傷害他的血液輸送氧氣的能力。雖然每個人都有一氧化碳中毒的風險，但它對兒童特別危險，因爲他們的呼吸比成人快，以體重每磅來計算，他們會吸入更多的一氧化碳。一氧化碳中毒的徵兆包括頭痛、噁心、呼吸急促、疲勞、混亂和昏厥。持續暴露於一氧化碳中可能導致人格改變、記憶喪失、肺部重大傷害、腦部受損和死亡。

預防

你可以採取以下措施以降低孩子一氧化碳中毒的風險：

- 為家中購買、裝設一氧化碳偵測器，並定期檢查功能是否正常，尤其是在臥室附近或靠近火爐的地方。
- 永遠不要在車庫中將車子啓動，讓引擎空轉（即使車庫門已打開）。
- 在室內或封閉的空間中，永遠不要使用木炭或丙烷火盆，或可攜帶式的野營爐。
- 絕對不要在室內使用柴油發電機，即使在室外使用，也切勿讓發電機在打開的窗戶邊或新鮮空氣的通風入口附近運作。

- 每年定期檢查石油和煤氣火爐、燃氣烤爐、熱水器、燃氣烘衣機和壁爐。
- 永遠不要使用非插電式烤爐來替廚房或房子增溫。

飲用水

以身型計算，兒童喝的水量比成人高出許多，且大多數是來自自來水，其品質符合 1974 年國會制定的《安全飲用水》標準。其次，法律也追加制定飲用水內含的化學物質標準。

今日美國的飲用水是世界安全之最，但是偶爾還是會出一點問題。違反飲水安全標準最常發生於少於 1,000 人的供應系統，此外，私人水井不受聯邦政府監管，因此需要適時測試水中硝酸鹽和其他環境毒素的含量（參考 727 頁我們的立場）。

鉛在飲用水中的容許量標準不是基於健康所設計的。這是指，如果水是唯一的液體來源，按照美國當前標準，鉛含量爲十億分之十五（ppb）可能會導致血鉛水平升高，這對於使用沖泡式配方奶粉進行奶瓶餵養的嬰兒來說至關重要。美國小兒科學會建議將飲用水中的鉛含量盡可能降低（最多 1 ppb），

包括學校飲水機。來自水處理廠和家庭內部的管道都是用鉛製成的，自來水公司會使用腐蝕控制措施來減少從管道進入水中的鉛量。但最近的事件表明，這可能不足以達到應有的標準。此外，水處理設施不負責家中的管道，這些管道也可能是鉛製的。在用水前流出管線中停留的水，並使用冷水可能可以減少鉛的暴露量。

在供水系統中添加氟化物後，兒童患齲齒的機率大大降低。但是，水中可能含有過多的氟化物，需要注意不要讓它變得太高。然而，科學表明，自來水中的氟化物是促進健康牙齒發育和預防蛀牙的安全有效方法。在許多社區，由於添加了氟化物，自來水比瓶裝水更適合兒童飲用。無法使用含氟自來水的兒童患蛀牙的風險更高，因此在 1 歲前找到牙科之家對這些兒童尤為重要。孕婦可以安全飲用含氟自來水，也可以安全地將水與嬰兒配方奶粉混合。

飲水污染物可能引起的疾病，包括細菌、硝酸鹽、人造化學物質、重金屬、放射性微粒和消毒過程中的副產品。

塑膠製品（雙酚 A；BPA）

母乳餵養很安全，也是滋養寶寶最重要的方式。許多食物和液體容器，包括嬰兒奶瓶是由聚碳酸酯製成，或表面有一層雙酚 A（BPA）化學物質。雙酚 A 可以使塑膠更堅硬，預防細菌污染食物，並且預防鐵罐生鏽。其他人造化學物質——鄰苯二甲酸酯——常被用在柔軟有彈性的塑膠上。

雙酚 A 和鄰苯二甲酸酯可能對人類，特別是嬰兒和兒童產生有害的影響，例如，動物研究指出，暴露於雙酚 A 和鄰苯二甲酸酯可能會影響內分泌功能。雙酚 A 在動物體內的作用有如微弱的雌激

素，因此對人體或許也是一樣。更多與正在進行的研究將確定，到底這些化學物質要接觸多少，才可能對人體產生類似的影響。

降低風險：

隨著研究發展，有這方面顧慮的父母可以採取以下預防措施，以減少嬰兒接觸雙酚 A 的機率：

- 避免使用透明塑膠嬰兒奶瓶或上頭有標示回收數字「7」和字母「PC」的容器，雖然近期的新式奶瓶應不含雙酚 A。
- 考慮使用認證或確定不含雙酚 A 的塑膠奶瓶。
- 可以使用玻璃瓶替代，但要留意，如果瓶子掉落或碎裂，可能會增加寶寶受傷的風險。
- 由於高溫會導致塑膠製品釋出雙酚 A，因此不要用微波爐加熱聚碳酸酯瓶，也不要將之放入洗碗機內清洗。
- 母乳餵養是減少接觸有害化學物質潛在風險的另一種方法，美國小兒科學會建議，孩子出生後最好餵養母乳至少 4 個月以上，但最理想的情況為 6 個月。不過，如果之後母親和嬰兒雙方都有意願繼續餵養母乳，這時仍應該持續下去。
- 許多家長會擔心牙科密封劑或填充物中的雙酚 A。科學研究表明這些牙科材料中雙酚 A 的暴露量非常小，對雙酚 A 的恐懼不應該阻止你的孩子接受必要的牙科護理。

如果你考慮從罐裝液體配方奶換成沖泡配方奶粉，你要留意混合的程序可能不同，特別是在準備配方奶粉的過程。

如果你的寶寶是因為健康問題必須使用專門配方，這時你不應該更換另一種配方，因為這種已知的風險或許比雙酚 A 的風險還要來得更高。

給嬰兒不恰當的（自製煉乳）配方或替代（大豆或山羊）奶的相關風險，遠遠大於雙酚 A 和鄰苯二甲酸鹽的潛在影響。

在某些社區中，由於飲用水的供應受到污染，而轉為使用或建議使用瓶裝水。值得注意的是，雖然雙酚 A 和鄰苯二甲酸酯可能不會用於製造這些塑膠瓶，但用於製造塑膠的其他化學物質也可能會具有相同的影響。這些「令人遺憾的替代品」導致人們很少完全理解有哪些化學物質會透過塑膠進入我們的身體。此外，因為瓶裝水中未添加氟化物，這些兒童可能需要進行額外的氟化物相關護理

雖然市面上可以購買瓶裝水，但在美國很多品牌的瓶裝水其實都只是自來水。瓶裝水比自來水昂貴許多，除非你的社區有已知的水污染問題，不然沒有必要購買瓶裝水。總之，在兒童的日常飲水中，要謹慎使用瓶裝水。

預防

為了確保孩子飲用安全的水，你可以透過國家衛生部門、國家環境機構或環保局檢查水質。當地自來水公司每年都要提出年度水質報告，而井水則要每年進行檢驗。

其他指南包括：

■ 用冷水煮飯和飲用，熱水器的水可能會有污染物積聚。

■ 如果你擔心自來水鉛管的品質，在每日早上用水烹煮或喝水前，先讓水流動兩分鐘左右。這可以沖洗水管，降低飲用水內含污染物的可能性。

■ 如果要給 1 歲以下嬰兒飲用井水，在這之前先進行硝酸鹽含量測試。

■ 可能受到細菌污染的飲用水，最好先煮沸冷卻後再喝，但煮沸時間不要超過 1 分鐘。然而，重點是煮沸的水只能殺死細菌和其他微生物，無法去除有毒的化學物質。如果你不喜歡自來水的味道或口感，你可以用活性炭濾水器去除奇怪的味道。這種過濾法可以去除不良的化學物質，但仍保留預防蛀牙的氟化物。

魚類污染

魚類是一種富含蛋白質的食物，對兒童和成人都很健康。它含有優質的脂肪（omega-3 脂肪酸）和其他營養素如維生素 D。此外，它的飽和脂肪含量很低，但同時，魚類可能含有大量對健康會造成風險的污染物已成為關注的焦點。

其中最常被討論的污染物之一是汞，高劑量的汞可能含有毒性。當它流入海洋、河流、湖泊和池塘後，最終會殘留在我們吃的魚上。像湖泊和溪流中的汞——有一些是

我們的立場

在美國，大約有 1,500 百萬個家庭的飲用水是來自私人、不受管制的井水。研究顯示，大多數這些井水的硝酸鹽濃度超過聯邦政府飲用水的標準。這些硝酸鹽是植物天然的一種成分，而含硝酸鹽的肥料會滲入井水，本身對人體不會產生任何有毒的風險。但如果進入人體則會轉換爲亞硝酸鹽，這就具有潛在的危險。對嬰兒來說，它們可能會造成一種名爲變性血紅素血症，這是一種致命性血液失調疾病，也就是血液失去攜帶氧氣的功能。

嬰兒配方奶若使用井水沖泡，可能會增加硝酸鹽中毒的風險，美國小兒科學會建議，如果你的家中飲用井水，一定要進行硝酸鹽含量測試。如果井水含有硝酸鹽（超過 10 毫克／1 公升），那麼就不適合用來沖泡嬰兒配方奶和烹調食物。相反，這時你要使用市售瓶裝水、公共供水系統，或硝酸鹽含量最少的更深層的井水。

井水應該多少測試一次呢？在確定是否含有硝酸鹽之前，至少在 1 年內每 3 個月要測試一次，如果測試結果顯示爲安全，那麼之後建議每 1 年都要做一次後續的測試。

母乳餵養是滋養寶寶最安全的方式，因爲高濃度的硝酸鹽不會透過母乳傳給幼兒。

工廠排出的——可能會被細菌轉化爲汞化合物，稱爲甲基汞。結果，某些掠食性魚類（包括鯊魚和旗魚）的體內可能含有大量的汞，當幼兒攝取這些魚類時，他們的發展神經系統可能會受到嚴重的負面影響。

此外，其他環境毒素也出現在魚類和其他食物上，包括多氯聯苯（PCBs）和二噁英（戴奧辛）。

雖然多氯聯苯是製造電器變壓器和阻燃劑的主要化學物質，但美國已在 1970 年代末全面禁止。然而，它們一直存在於環境中的水、土壤和空氣裡，甚至魚的體內也有。多氯聯苯已被證實與兒童甲狀腺問題、低智商和記憶障礙有關。

二噁英是另一種殘留於魚體的污染物，它是某些化學物質焚化後的副產品，會干擾中樞神經系統的

發展和其他器官，特別是在長期接觸的情況下。幸運的是，最近幾年，多氯聯苯和二噁英污染已明顯的降低。

預防

特定種類的魚類和貝類含汞量較低，包括淡鮪魚罐頭、鮭魚、蝦、鱈魚、鯰魚、蛤、比目魚、蟹和扇貝。這些是你的孩子的健康魚貝選擇。然而，即使是這些比較安全的魚類，你仍然要限制孩子每週的魚肉攝取量在 12 盎司以下。政府機構建議年幼孩子減少攝取某些可能含有高濃度汞的魚類，也就是說，年幼的孩子不應該食用國王鯖魚、旗魚、鯊魚、方頭魚。

有關你的所在地相關安全魚類和貝類捕捉資訊，你可以聯繫國家和地方衛生部門。相關的魚類警告，請參考網站 epa.gov/waterscience/fish。此外，國家衛生部門也可以提供關於你的所在地區已發出的任何魚類相關毒素警告資訊。

鉛中毒

最常發生鉛中毒是因為手接觸滿是灰塵的玩具然後放入嘴巴、吃下油漆碎片或泥土；吸入空氣中的鉛；喝下含鉛水管流出的水。許多材料都含有鉛，例如彩色玻璃、油漆、焊接料和釣魚鉛垂。美國 1997 年 7 月前製造的迷你百葉窗外層也可能含有鉛。如果你要購買新的迷你百葉窗，請選購標籤上註名「新配方」或「無鉛」。此外，使用一些進口的陶瓷餐具烹調或保存食物可能會產生鉛，所以這些餐具不要裝酸性物質（例如柳橙汁），因為酸會將餐具中的鉛溶出釋放到食物內。雖然食品罐頭焊接縫可能會使食物內含鉛，但在美國目前這類的罐頭已被無縫鋁容器取代。

家長可能會在有使用鉛的地方工作，例如電池廠、射擊場或油田，使得含鉛的灰塵或潤滑劑可能會沾到衣服、車上和頭髮上。家長應該在工作時淋浴和更衣，任何工作服都要單獨洗滌。

其他鉛來源包括糖果和來自其他國家，如墨西哥的替代藥物，以及一些香料、化妝品和從印度、中東和東南亞國家的草藥療法。最近在美國，人們在含木炭的牙膏和嬰兒出牙手環中發現了鉛。請避免使用未經檢驗核准的牙膏。嬰兒出牙手環和項鍊也可能存在窒息和勒死的危險；更好的替代品包括冷凍香蕉、出牙環或可供咀嚼的乾淨冷濕

毛巾。有關鉛污染產品的召回和警告可以在經濟部標準檢驗局和衛生福利部食品藥物管理署網站上找到。

1978 年以前，鉛合法使用於油漆成分，所以許多老房子的牆壁、門框和窗框都可能含有鉛。美國 EPA 的聯邦鉛披露法規要求應主動告知租戶和買家有關 1978 年前的住宅中存在含鉛塗料的可能性。當油漆老舊剝落，學步期的兒童可能因為好奇心會試圖撕下這些小碎片放到嘴裡品嚐。即使他們沒有故意吃下這些碎片，他們的手也可能沾到灰塵，進而碰到他們吃下的食物。有時候，在上好含鉛油漆塗層後會覆蓋一層更新和更安全的塗料，這讓你有一種安全的假象，然而，底層的含鉛油漆仍然有可能隨著新式油漆一起剝落掉入幼兒的手中。

鉛在人體中沒有所謂的安全含量。雖然目前兒童血液中的含鉛濃度已明顯下降，但在美國某些地方，仍然有 50 萬至 100 萬的兒童血液鉛濃度高於標準。居住在城市、貧困、移民和非裔或西班牙裔美國人，血液的鉛濃度都有偏高的風險，但即使生活在農村地區或家境小康的環境也一樣有風險。

如果孩子持續接觸鉛，這些鉛會累積在體內。雖然短時間不明顯，但最終會影響全身，包括大腦。鉛中毒會導致學習障礙和行為問題，而極高濃度的鉛可能會造成重大疾病，但受影響的程度則是因人而異。鉛可能引起胃和腸道問題、食慾不佳、貧血、頭痛、便祕、聽力受損，甚至身材矮小。缺鐵會增加鉛中毒的風險，這也是為何這 2 種失調的症狀經常會同時發生在兒童身上（參考第 541 頁腹痛）。

預防

如果你的房子是在 1977 年後興建，在聯邦法規禁止使用含鉛塗料之後，那麼該住宅的灰塵、油漆或土壤含鉛量的風險就會降低。然而，如果你的房子是老舊建築，那麼含鉛量過高的可能性極大，特別是古老的房子（1960 年之前建造）。這是因為還有無數其他的鉛來源。你必須評估房屋和物品是否有被鉛污染的可能性。如果你認為你的房子或許含有鉛，你可以用水擦拭灰塵或屑片，在清洗的過程中，你可以在水中加入洗滌劑，這樣有助於將鉛溶入水中。此外，保持表面（地板、窗戶區域、門廊等）清潔，這可以降低孩子暴露於含鉛灰塵的風險。老舊窗戶尤其更

要注意，因為窗框頻繁開關很容易損壞，可能會產生含鉛的粉塵。

另外，不要使用吸塵器吸粉塵，因為這些粉塵會隨著吸塵器排氣孔散播到空氣中。美國國家健康住房中心、EPA 和許多州立機構都建議將 HEPA 吸塵器作為去除含鉛油漆碎片的有效工具。同時，讓孩子將鞋子留在門口與經常洗手，特別是吃東西前，也是非常好的作法。

另一步是找出家中可能的含鉛油漆表面或具有含鉛粉塵的區域。你可以尋求當地或國家衛生部門的居家視察員到你家做詳細的檢查。

診斷與治療

鉛中毒的兒童身體很少出現任何症狀，然而，因鉛中毒造成的學習和行為問題可能會在學齡前出現，或者直到孩子上學後才出現。

在這個時期，他們需要學習更複雜的課業，例如閱讀和算術，因此學習進度可能無法跟上其他同學。有些兒童由於受到鉛的影響，甚至行為表現過於好動。基於這個原因，若要知道孩子是否接觸太多的鉛，唯一的方法就是測試。事實上，建議所有兒童在 1 歲至 2 歲間做鉛血液濃度檢測。美國的衛生福利部諮詢委員會現在建議對血鉛檢測結果為每 100 毫升 5 微克或更高的兒童進行干預。這份建議在過去幾年中將進行干預的標準從每 100 毫升 10 微克降至每 100 毫升 5 微克。

兒童最常見的鉛中毒檢測是利用刺破手指採樣 1 滴血，如果檢測結果顯示兒童接觸過量的鉛，更進一步的檢測則是採集手臂靜脈血液樣本。這種檢測將更準確，並且可確定血液中鉛的含量。

血鉛含量過高的兒童應該接受

我們的立場

鉛會造成兒童腦部重大傷害，即使相對接觸的程度較少，但這種影響是很難克服的。美國小兒科學會支持兒童普遍進行鉛篩檢，並且支持成立專案移除環境中的鉛危害。從源頭開始預防是對抗鉛中毒的唯一方法。了解你的孩子即將生活、學習和玩耍的環境，並在你的孩子接觸鉛之前消除來源，這可以防止鉛暴露和由此產生的不利影響。

家庭評估以了解鉛污染來源。在血鉛含量更高的情況下，孩子可能需要暫時留置於一個鉛安全的房屋，以同時對原住家進行評估和修整。在罕見的情況下，他們可能需要藥物治療以結合血液中的鉛，然後再慢慢增強體內排除鉛的能力。當需要治療時，通常門診治療是以口服為主，在非常少見的情況下處置會涉及住院。

有些鉛中毒的兒童需要一個以上的療程，不幸的是，一般兒童鉛中毒的治療只能在短期內降低孩子體內的鉛含量，但無法降低兒童受鉛影響的行為和學習相關問題風險。曾經鉛中毒的兒童需要持續觀察他們的身體健康、行為和學業表現長達數年，並且透過特殊學校教育和治療，協助他們克服學習和行為的問題。

治療鉛中毒最佳的方法是預防勝於治療，如果你正在考慮購買老房子，一定要先請衛生部門或商業鉛檢測公司進行檢測。同樣的道理，平時待在老舊建築的照護中心或其他原因的兒童，也可能有鉛中毒的風險。

殺蟲劑和除草劑

殺蟲劑和除草劑在各種設施中都會用到，包括家庭、學校、公園、草坪、花園和農場。雖然這些可以殺死昆蟲、齧齒類動物和雜草，但如果經由飲水或食物進入人體內則會產生毒性。

我們需要更多的研究確定短期和長期殺蟲劑和除草劑對人類的影響，雖然一些研究發現，某些兒童癌症和接觸某類殺蟲劑有特定關聯性，但其他研究至今仍未得到相同的結論。許多農藥會破壞昆蟲的中樞神經系統，而研究顯示，這些農藥也可能會破壞兒童的神經系統。

不過，讓是否要購買有機產品這個議題更複雜的是，即使是有機食品或許也無法完全避免化學成分。雖然它們沒有噴灑農藥，但少量的化學物質可能經由風或水，最後停留在這些有機農作物上，類似的化學物品如硝酸鹽也是另一個擔憂的問題。有機種植的農作物所含的硝酸鹽因種植者不同而有差異，並且取決於種植的季節、地理位置和採收後的加工過程。

不管你的選擇為何，別讓任何對化學物品的顧慮，阻撓你給予孩子健康的飲食，包括富含水果、蔬菜、全穀類食物和低脂乳製品，不管這些是傳統或有機食物。事實上，比起殺蟲劑或除草劑的風險而言，不攝取任何水果和蔬菜對健康

有機食物

美國農業部已建議一個認證程序，要求農民達到政府耕種和加工食品的指南標準才可以貼上「有機」標纖。當食物如水果、蔬菜和穀物為有機，這表示它們是生長在糞肥和堆肥土壤，沒有噴灑殺蟲劑、除草劑、染料或蠟；這些標準禁止在收割前至少 3 年以上使用非有機的成分。此外，有機生產的肉類其生長激素或抗生素含量的限制標準也要提高。

但購買有機食品真的就會不同嗎？這些食物真的比較安全和營養嗎？它們真的是貨真價實，值得更昂貴的價格嗎？幾項研究關於限制或消除接觸農藥量，是否就可藉此降低健康風險的審察指出，這些農藥噴灑在農作物，以保護農作物不受蟲害，但殘留物可能留在水果和蔬菜上，最後進到我們的肚子裡。但事實上兒童和成人吃下這些食物所產生的風險很小，這些產品上發現的殺蟲劑殘餘量通常遠遠低於政府機構設立的安全標準。

造成的風險反而更大。

然而，有機食品是否會有更多的營養價值？這些食物對孩子真的比較營養嗎？記住，目前仍沒有足夠的證據證明有機食物和傳統食物的營養價值有極大的差異，換句話說，目前沒有令人信服的研究顯示，有機食物是家人更營養、更安全或甚至更美味的選擇。要記得那些有著有機認證的食物也可能因為其他原因而仍然是不健康的，像是含有大量糖分的水果點心或果汁可能造成蛀牙，而沒有比新鮮的蔬菜水果更加健康。

如果你在當地很容易購買到有機食物，而且價格也符合你的預算，那麼選擇有機食物並沒有什麼不好。

預防

試著限制孩子接觸殺蟲劑或除草劑的非必要風險，你的作法包括：

■ 盡量少用已噴灑化學殺蟲劑或除草劑的農產品。

■ 所有蔬果在吃之前都要用清水洗淨。

■ 自家的草坪和花園盡量使用非化學蟲害控制方法，如果你將殺蟲劑放在家裡或車庫，你要確保放在兒童拿不到的地方，以避免任何中毒意外。

■ 考慮到食用有機食物的孩童與成人體內的農藥代謝產物較少，如果可能的話選擇有機食物以降低家人的風險。

■ 避免經常在學校或家中噴灑防止蟲害的殺蟲劑。

■ 將蟲害治理的重點放在使用餌和防堵入侵來源。

氡

氡是一種氣體，是土壤和岩石中鈾分解後的產品，它可能存在於水、天然氣和建材。

美國許多地區的住宅都是氡高含量區，它透過地基、牆壁和地板裂縫或開口滲出，偶爾井水也含有氡。當吸入時，它不會立即造成健康問題，不過隨著時間推移，它會增加肺癌的風險。事實上，僅次於吸菸，氡被認為是美國肺癌最常見的原因。

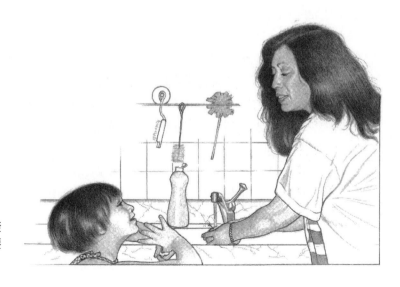

經常洗手是健康生活方式很重要的一部分。

733

預防

為了減少孩子暴露於氡的風險，你可以採取的措施為：

- 詢問你的小兒科醫師或當地衛生部門，關於你的社區氡含量是否很高。
- 測試家中的氡含量，可以使用廉價的氡探測器（五金商店可以買到）。認證的實驗室應該可以分析這種測試結果。
- 如果你的住家氡含量太高，你可以尋找當地衛生部門協助，他們可以提供如何降低家中氡風險的相關資訊。

菸害

根據美國疾病管制與預防中心的數據，3 ～ 11 歲的兒童中大約有 25% 生活在至少有 1 名吸菸者的家庭。二手菸（或環境）煙霧是燃燒菸草時呼出的煙霧，或香菸、雪茄或菸斗的菸嘴端或濾嘴產生的煙霧。如果你或你的家中有其他成員有抽香菸、菸斗或雪茄，你的孩子就會接觸到他們的煙霧。這種煙霧含有數千種化學物質，其中一些已被證明會導致癌症和其他疾病，包括呼吸道感染、支氣管炎和肺炎。接觸菸草煙霧的兒童也更容易罹患耳部感染和氣喘，而且他們感冒時可能更難復原，也更容易出現頭痛、喉嚨痛、聲音嘶啞、眼睛發炎、頭暈、噁心、精神不振和煩躁等症狀。由於這些原因，許多家長將他們的住家定為禁菸區。

三手菸通常被定義為抽菸時製造的煙霧在香菸熄滅後，留在衣服、家具、地毯、人的頭髮和皮膚上殘留的煙霧、尼古丁和其他化學物質。較新的香菸產品，包括電子菸和煙霧設備，也可能透過二手菸氣溶膠造成傷害，電子菸氣溶膠也含有對身體有害的物質，例如致癌化學物質和可以深入肺部的懸浮微粒。

如果家長在嬰兒附近吸菸會增加嬰兒猝死綜合症（SIDS）的風險。此外，香菸中的尼古丁和危險化學物質也會進入哺乳母親的母乳中，從而使他們的嬰兒暴露在危險中。暴露於菸草煙霧中的兒童可能會在未來患上危及生命的疾病，包括肺癌和心臟病。

還有很重要的一點：在家中吸菸會帶給你的孩子和其他人燒傷和發生火災的危險。如果孩童發現並玩弄點燃的香菸、火柴或打火機，可能會被燙傷。根據美國衛生署長於 2006 年發表的一份報告，香菸煙霧的暴露不存在無風險的水平。一項研究表明，如果在關著門的臥

室裡抽僅僅 1 支菸，空氣中的煙霧微粒需要 2 個小時才能恢復到低於有害水平的閾值；即使過了那個時間，仍然存在三手菸的風險。

隨著孩子的成長，請記得你是孩子的榜樣。如果你的孩子看到你吸菸或使用電子菸或其他煙霧設備，可能會讓他也興起嘗試的念頭，讓你為孩子可能持續一生的菸癮起了頭。

預防

為減少你的孩子接觸環境中的菸害，你可以額外採取以下這些步驟：

- 如果你或其他家庭成員有吸菸或使用電子菸，戒菸吧！如果你無法停止吸菸，請向你的醫師尋求諮詢。有許多戒菸輔助藥物可以幫助你在不吸菸時感到比較舒適。請撥打衛福部免費戒菸專線 0800-636363 或上戒菸相關網站 smokefree.gov，幫助你戒除菸癮。
- 不要讓任何人在你的家中或車上吸菸，尤其是當孩童在場時。重要的是吸菸者在吸菸後也會透過衣服上殘留的煙霧粒子將有害的化學物質帶入屋內或車上。你的家中和車內應該始終保持無菸狀態。

- 將火柴和打火機存放在兒童無法觸及的地方。
- 選擇保姆或兒童照護服務時，請明確告知他們不能允許任何人在你的孩子周圍吸菸。此外，任何人都不應該外出吸菸而讓你的孩子無人看管。
- 當你和你的孩子在公共場所時，要求其他人不要在你和你的孩子周圍吸菸。

第25章

眼睛

在整個嬰兒和兒童期，孩子依賴視覺資訊協助他的發展。如果孩子的視力不良，那麼他的學習和與周圍世界的聯繫將發生問題，因此盡早發現眼睛的缺陷非常重要，許多視覺問題如果在早期治療，就可以矯正，越晚發現也就越難治療。

你的寶寶在第一次到小兒科醫師門診做檢查時，醫師應該會檢查他的眼睛，看看是否有任何問題。之後每次的例行檢查，視力也是其中一部分。如果你的家族有重大眼疾病史或異常，你的小兒科醫師可能會轉介眼科醫師給你，提供早期檢查與必要的後續治療。

如果孩子為早產兒，醫師會幫他做一種名為早產兒視網膜病變（ROP）的檢查，這是一種影響視力的疾病，特別是如果孩子在出生後早期長時間需要氧氣，而出生時體重低於 1,500 公克的早產兒其視網膜病變的風險更大。雖然這種疾病無法預防，即使有完善的新生兒護理，但在許多情況下，如果早期發現，可以成功治療。所有的新生兒專業人員都知道視網膜病變的威脅，因此會推薦父母進行必須的眼睛評估。他們還會向早產兒父母建議，讓嬰兒定期接受檢查，因為所有早產兒發生散光、近視和斜視的風險均很高。

新生兒的視力如何？即使在最初幾週，新生兒也能看見光和形狀，與發現運動的物體，但視力仍然十分有限，聚焦最遠的長度為 8～12 英吋（20.3～30.4 公分），正好是哺乳時，嬰兒眼睛到你眼睛的距離。

在孩子學會同時使用兩隻眼睛之前，他的眼睛可能呈「飄移」或無目標亂動；2～3 個月時，這種無目標亂動的情況逐漸減少；3 個月左右時，他應該要有能力定位面孔和近處的物體，並追蹤運動中的物體；4 個月時，孩子可以用眼睛偵測靠近他的不同物體，他可能會

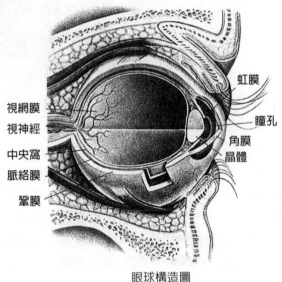

視網膜
視神經
中央窩
脈絡膜
鞏膜

虹膜
瞳孔
角膜
晶體

眼球構造圖

伸手去抓；6 個月時，孩子就可以辨認不同物體之間的差異。

在 1 ～ 2 歲之間，孩子的視物能力迅速發展，到 3 ～ 5 歲時，視力正常的孩子其視力將達到成人一般的程度。

到孩子 10 歲時，他的視力系統已完全發育成熟，這時許多視力與眼睛問題可能很難矯正了，這就是為何早期發現並矯正兒童視力問題很重要，也是小兒科醫師要定期檢查孩子視力的原因。

視力檢查建議

視力檢查是發現眼睛疾病非常重要的方法，在每次小兒科定期檢查時檢查眼睛，可以確定寶寶的眼睛是否正常發育。美國小兒科學會建議兒童應該在以下四個階段接受檢查：

1. **在新生兒育嬰室：**小兒科醫師在嬰兒出院前會檢查孩子是否有感染（第 741 頁）和眼睛缺陷、白內障（第 740 頁）或先天性青光眼。如有疑似問題，小兒眼科醫師會為新生兒做詳細的檢查，所有患多重疾病或早產的嬰兒都應該由眼科醫師做進一步的檢查。

2. **6 個月時：**小兒科醫師在孩子定期檢查時要檢查眼睛是否對齊（眼睛協調）和任何眼疾。在 6 個月至 3 歲間，攝影驗光機可以早期檢測出弱視或其危險因素。

3. **3 ～ 5 歲時：**每年要定期檢查眼

睛，並檢查任何可能影響孩子教育發展的視力和眼睛異常等問題。如果有任何異常，則需轉介至眼科醫師做進一步的治療。

4.6 歲和 6 歲以上：兒童每年都要做視力檢查直到 6 歲，之後則每隔兩年要檢查一次。這些檢查包括測量視力和其他眼部功能的評估。

到了 3、4 歲時，大多數兒童都有方向感，並且可以描述他看到的東西，所以視力測驗較為可靠。你的小兒科醫師可能會用形狀的視力圖表，而不是字母來評估學齡前孩子的視力。在這個年齡，他們的視力應達到 0.4，任何小於這個程度的兒童都應轉介到眼科醫師，找出視力不良的原因。在 4 歲時，孩子的視力應達到 0.4 才算正常通過；到了 6 歲以後，他們的正常視力應達到 0.7 或者更好。

你的小兒科醫師或許會使用最新的驗光機為孩子進行視力檢查，特別是年幼的孩子，這種儀器有專門設計的相機，可以用來偵測孩子潛在的視力異常問題。這些設備已越來越普遍應用於檢查嬰兒與幼兒的視力和眼睛問題，尤其是對於那些太小或無法用符號或字母視力圖表測出正確視力的兒童。

求助小兒科醫師的時機

如上所述，視力檢查是發現眼睛疾病非常重要的關鍵。常規眼睛檢查可以發現潛在的眼疾，但偶爾你自己也會發現孩子明顯的視物困難徵兆，或者孩子的眼睛異常。如果孩子出現下列任何異常現象，要通知你的小兒科醫師：

- 一隻或兩隻眼睛的瞳孔呈白色外觀（白瞳症）。
- 持續發紅、腫脹、結痂或者眼睛和眼瞼分泌物增加（超過 24 小時）。
- 流淚過多。
- 對光敏感。特別是孩子對光的敏感度改變。
- 目光交叉，或看起來運動不一致。
- 頭顱處於異常或者傾斜位置。
- 經常瞇眼。
- 一個或兩個眼瞼下垂。
- 瞳孔不等大。
- 一直揉眼。
- 眼皮跳。
- 除了眼前的物體外，看不見其他東西。
- 眼睛受傷（參考第 742 頁）。
- 角膜混濁。

如果孩子有抱怨以下任何情況，應立即看醫師：

- 複視。
- 經常頭痛。
- 在近距離使用眼睛後（閱讀、看電視）出現持續眼睛痛、輕微頭痛的症狀。
- 視物不清。
- 眼睛瘙癢、擦傷或燙傷。
- 辨識色彩困難。

根據孩子症狀，小兒科醫師會檢查可能的視力問題，或本章後面闡述的其他問題。

弱視

弱視是相當常見的眼睛問題（每 100 名兒童會有 2 名受到影響），這是當孩子其中一隻眼睛視力不良，幾乎只靠一隻眼睛視物發展出來的結果。在一般情況下，這種問題需及早發現與治療，這樣弱視的那隻眼睛才有機會恢復正常。如果這種情況持續太久（7～10年以上），久未使用的眼睛往往會永遠喪失視力。

一旦醫師診斷出弱視，孩子可能需要將視力良好的那隻眼睛戴上眼罩一段時間，這樣可以強迫鍛煉弱視的那隻眼睛，這種眼罩治療法的時間不一定，如果可能，通常會等到弱視那隻眼睛完全發揮其潛能，並且能維持視力為止。所需要

的時間可能數週、數月或甚至數年。另一種代替眼罩的方法為，眼科醫師開一種會使視力模糊的處方眼藥水，將之滴在視力良好的眼睛上，進而刺激孩子使用弱視的那隻眼睛。

白內障

儘管我們一般認為白內障是老年人的眼疾，但嬰兒和幼兒也可能產生白內障，有時是先天性。白內障是指晶體混濁（眼睛內部將光線聚焦在視網膜上的透明組織），雖然罕見，但先天性白內障仍是造成兒童視力不良和失明的首要原因。

幼兒白內障需要及早發現及時治療，這樣視力才能適當的發展。白內障的徵兆通常是在孩子的**瞳孔中心呈現白色**，如果嬰兒出生時患白內障，因而阻擋大部分的光線進入眼睛，這時嬰兒受影響的眼睛一定要動手術移除白內障，好讓他的眼睛日後可以正常發展。大多數小兒科醫師會建議在出生後 1 個月內動手術，當混濁晶體摘除後，嬰兒一定要植入人工晶體或以眼鏡輔助矯正，而人工晶體植入的時間點建議大約在孩子滿 2 歲左右。此外，白內障的眼睛復原過程一定要使用眼罩，直到孩子的眼睛發展成熟

（大約 10 歲左右）。

偶爾，孩子出生時可能有輕微的白內障，但不會影響初期的視力發展。這些輕微的白內障通常不需要治療，但需要謹慎留意，以確保它們不會變大到干擾正常的視力發展。

在許多情況下，嬰兒白內障的原因難以斷定，可能是父母的基因，可能是眼睛受損的影響，或者是病毒感染的結果，例如德國麻疹、水痘或其他微生物，如弓形蟲感染或茲卡病毒。為了保護未出生的孩子免於罹患白內障和其他嚴重疾病，孕婦應該小心，避免非必要的傳染性疾病接觸。此外，為了預防感染弓形蟲病（一種由寄生蟲引起的疾病），孕婦應避免處理貓砂或吃生肉，這兩者都可能含有導致該疾病的病菌。

眼睛感染

如果孩子的眼白和下眼瞼內側**變紅**，這很可能是**結膜炎**的現象，又稱為紅眼症，這是一種發炎症狀，眼睛**又痛又癢**，通常是受到感染，但也可能是其他原因造成，例如煙霧刺激、過敏反應或（罕見）更嚴重的疾病。通常這種情況會伴隨眼淚和分泌物，這是身體試圖自行療癒的方法。

如果你的孩子眼睛發紅，你要立即帶他去看小兒科醫師，眼睛感染通常會持續 7～10 天左右，如果確診，醫師會根據症狀開需要的藥物。千萬不可讓孩子使用之前開封或別人的眼睛用藥，這可能會造成嚴重的傷害。

新生兒眼睛嚴重感染很可能是因為在懷孕期間或通過產道時接觸了細菌或病毒，這也是為何所有新生兒在產房時要點抗生素眼藥膏或眼藥水的原因，這種感染需及早治療，以避免嚴重的併發症。新生兒期間發生的眼睛感染可能不怎麼好看，因為他們的眼睛發紅，再加上黃色的分泌物，這讓他們很不舒服，但情況並不嚴重。如果你的小兒科醫師認為問題是因為細菌造成，通常就會使用抗生素眼藥水治療。不過抗生素對病毒型結膜炎無效，但如果疑似細菌感染，醫師仍然會先使用抗生素眼藥水治療。

眼睛感染具有傳染力，除了給予眼藥水或眼藥膏，你應該避免直接接觸孩子的眼睛或眼睛分泌物，直到使用數天的藥物和眼睛沒有發紅的現象。在接觸孩子眼睛周圍前後一定要仔細洗淨雙手，如果孩子在幼兒照護中心或幼稚園，你要讓他留在家中休息，直到眼睛不再發

紅沒有傳染力。你的小兒科醫師會告訴你孩子何時可以再去幼兒照護中心或幼兒園。

眼睛受傷

當灰塵或其他小顆粒進入孩子的眼睛時，這時眼淚往往會發揮功能將異物清洗出來。如果異物仍然卡在眼睛裡，或眼睛發生嚴重意外，在遵循以下緊急指南後，你要立即打電話給妳的小兒科醫師，或帶孩子去就近的急診室就醫。

眼睛淤青

為了減少腫脹，你可以用冰袋或毛巾冰敷 10 ～ 20 分鐘，然後詢問醫師，確保眼睛內部或眼睛周圍的骨骼沒有受損。

化學物質進入眼睛

用大量的水沖洗眼睛內部，確保水沖入眼睛裡，並帶孩子到就近的急診室就醫。（參考第 23 章更進一步的討論）

眼瞼割傷

小傷口通常很快癒合，不過深的傷口需要緊急處理，可能需要縫針（參考第 704 頁切割傷和擦傷）。睫毛旁的眼瞼邊緣或靠近淚管開口的割傷要特別小心處理。如果割傷位於這些區域，你要立即致電你的小兒科醫師請教處理的方法。

專欄　預防眼睛受傷

10 個有 9 個眼睛外傷是可以預防的，而且幾乎有一半是在家裡發生。為了減少家中這些意外，請遵循以下這些安全準則。

- 將所有化學物品與藥物分開放在兒童拿不到的地方，包括清潔劑、氨氣、噴霧罐、強力膠和其他清潔液體。
- 慎選兒童玩具，留意尖銳或突出的部分，特別是如果孩子還太小，無法理解這些危險性。

- 讓孩子遠離飛鏢、小子彈與 BB 槍。
- 教導學齡前孩子正確使用剪刀和鉛筆，如果孩子太小，不要讓他們使用這些物品。
- 讓孩子遠離動力割草機和修剪器，這些器具在使用時可能會天外飛來石頭或其他物件。
- 當你在點火或使用工具時，不要讓孩子靠近你。如果你想讓他看你用鎚子釘釘子，你要讓他戴上護目鏡。同時為了你的安全，你也要戴上安全眼鏡，為孩子樹立一個好榜樣。
- 如果你的孩子開始參與幼兒體育活動，你要讓他配戴適合的護目鏡。棒球是兒童常見的眼部傷害主因，因為被擲出的球擊中。你可以考慮使用護眼用具（聚碳酸酯製成），作為孩子擊球頭盔的一部分。護眼性設備（聚碳酸酯鏡片）在幼兒體育足球或籃球等活動，以及其他育樂活動如滑雪時也應該配戴。目前市面上有運動式矯正眼鏡，這是一種可以同時保護眼睛又可矯正視力的好方法。
- 告訴孩子不可直視太陽，即使有戴太陽眼鏡也是一樣。因為直視太陽會造成永久性眼睛受損，因此千萬不可讓孩子用眼睛直接觀察日蝕。
- 千萬不可讓孩子靠近煙火，美國小兒科學會鼓勵兒童和他們的家人到公園觀賞煙火，而不是自行採購煙火在家施放。事實上，美國小兒科學會支持禁止銷售所有煙火爆竹的禁令。

眼睛跑進大顆異物

如果眼淚或沖水無法使異物流出，或一個小時後孩子仍然抱怨眼睛疼痛，這時你要打電話給你的小兒科醫師，醫師會將眼睛內的異物取出，或者如果必要，你的醫師會轉介至眼科醫師。有時這種顆粒會劃傷角膜（角膜擦傷），雖然傷口十分疼痛，但如果經過適當的治療可以迅速癒合。角膜受傷有時很可能是因為重擊或眼睛其他傷害引起的。

眼瞼問題

眼瞼下垂（上眼瞼下垂）可能表示上眼瞼無力或太重，或者，如果症狀很輕微，從外表看上去可能只會留意到受到影響的眼睛看起來比較小。上眼瞼下垂往往只涉及一隻眼皮，但雙眼可能都會受到影響。你的寶寶可能天生有上眼瞼下垂，或者是後天造成。上眼瞼下垂可能是局部性，寶寶的眼睛會出現一點不對稱的情況，或者完全下垂，造成眼瞼完全將眼睛蓋住。如果上眼瞼下垂完全蓋住孩子的眼睛，或者上眼瞼的重量導致角膜變形（散光），這將威脅孩子正常視力的發展，必須盡早矯正。如果視力不受影響，但有必要動手術，通常可以等到孩子滿 4、5 歲以後再進行，這時孩子眼瞼周圍的組織發育更完整，而且手術後的效果也會比較好。

大多數新生兒或幼兒的眼瞼胎記都是良性，然而，這些胎記可能會在第 1 年變大，因此往往引起父母的憂心。大多數這些胎記並不嚴重，不會影響孩子的視力，但是，如果出現任何不規則狀，應告知你的小兒科醫師，讓醫師將之納入評估與觀察的項目。

有些孩子的眼瞼會長**腫塊**和隆起，對他們的視力發展造成損害，尤其是稱爲微血管或草莓狀血管瘤，這種症狀一開始是很小的腫脹，但會迅速擴大。它可能會在第 1 年擴大，然後在幾年內開始自行消退。但如果它一時變得太大而影響寶寶正常的視力發展，這就需要接受治療。由於它們可能造成視力問題，所以任何孩子如果眼睛周圍的腫瘤開始迅速擴大，一定要找小兒科醫師或眼科醫師進行評估。

有些孩子生來臉部就有平坦呈紫色的病變，稱爲酒色斑，因爲其顏色像深色的紅酒。如果這個胎記涉及眼睛，特別是上眼瞼部分，那麼孩子很可能有罹患青光眼（眼球內壓力增加的症狀）或弱視的風險。任何孩子在出生時有這些胎記都要在新生後不久由眼科醫師進行詳細的檢查。

眼瞼或眼白上的黑色小痣很少造成眼睛任何問題，幾乎不需要去除，除非在小兒科醫師的觀察下，發現這些黑痣的形狀、大小或顏色產生變化，這時就要特別留意。

孩子眉毛下小顆、堅硬、肉色凸起的顆粒通常是皮樣囊腫，這些囊腫是非癌性腫瘤，通常一出生時就已存在。由於在幼兒早期它們可能會隨著孩子成長而變大，因此，在多數情況下，在它們尚未於皮膚

下破裂和導致發炎前去除是最好的作法。

另外兩個眼瞼問題——**霰粒腫**和**麥粒腫**——很常見但不嚴重。霰粒腫是由於油腺堵塞引起的囊腫；麥粒腫，俗稱針眼，是一種細菌感染，如果發生這些症狀，你可以致電醫師詢問相關的治療方法。他或許會告訴你在眼瞼處直接熱敷 20 或 30 分鐘，1 天 3 或 4 次，直到霰粒腫或麥粒腫消失。醫師在開任何處方之前，如抗生素軟膏或眼藥水，應該會先為孩子做檢查以確定用藥。

一旦孩子有麥粒腫或霰粒腫，他很可能會再次復發，當它們不斷復發時，有時可能需要進行眼瞼擦洗措施，以降低細菌在眼瞼處繁殖，並且打開腺體和毛孔的開口。

膿疱瘡是一種極具傳染性的細菌感染，可能發生在眼瞼上。你的小兒科醫師會告訴你如何去除眼瞼上的結痂皮，然後開抗生素眼藥膏或口服抗生素給孩子使用（參考第 854 頁膿疱瘡）。

青光眼

青光眼是一種眼睛內壓力增加的嚴重眼疾，可能是眼睛內部產生過多的液體或液體無法順利排出。如果這種壓力增加的情況持續太久，可能會損害視神經，造成視力永久喪失。

雖然孩子可能有先天性青光眼，但這相當罕見，大多數情況是後天造成的。越早發現和及時治療，預防視力永久喪失的可能性也就越大。嬰幼兒青光眼的徵兆包括：

- 淚流不止和對光極度敏感（孩子將頭轉至床內或毯子內，以免接觸光源）。
- 眼睛矇矓或明顯突起。
- 容易受到刺激（通常持續眼睛痛和發紅）。

如果孩子出現這些症狀，立即打電話給你的醫師。

通常青光眼必須手術治療，好讓眼睛的液體可以順利流出。任何有青光眼的孩子終其一生都要留意，保持眼壓在一定的範圍，並且盡可能維護視神經和角膜的健康。

斜視

斜視是指控制眼部肌肉不平衡而產生的眼睛偏差，這種情況使得雙眼難以同時將焦距放在同一個點上，大約每 100 名兒童就有 4 名兒童有斜視的症狀，可能是出生時就有斜視（先天性斜視）或日後在童

年時期發展成斜視（後天性斜視）。斜視也可能因為孩子有其他視覺障礙、眼部受傷或出現白內障而產生，如果孩子有突發性斜視的情況產生，一定要立即告知你的小兒科醫師，雖然非常罕見，但很可能是腫瘤或其他嚴重中樞神經系統的問題。在所有情況下，重點是斜視要及早診斷與及時治療。如果斜視沒有及時治療，那麼孩子將無法發展一起使用兩隻眼睛的能力（雙眼視物），而且如果雙眼沒有一起使用，其中一隻眼睛會產生「惰性」或變成弱視（參考第 740 頁）。弱視和斜視通常並存，因此必須以眼罩或眼藥水分別處理相對的眼睛。

重點是，新生兒的眼睛一般都會飄移，幾個星期後，他學會雙眼

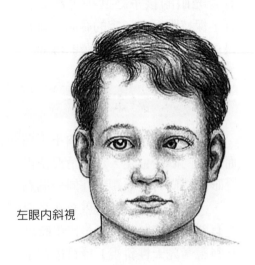

左眼內斜視

一起移動，斜視的情況在幾個月後會消失。然而，如果這種短暫性飄移持續，或你的孩子眼睛方向不一致（一隻眼向內、一隻眼向外，或一隻眼向上，一隻眼向下），這時應請你的小兒科醫師或眼科醫師為孩子做評估。

如果你的孩子天生斜視，並且在出生後幾個月內沒有自行調整，那麼要盡快找醫師治療，調整他的眼睛，好讓他可以將雙眼的焦點放在單一的物件上，單靠眼睛保健操無法達到效果，所以治療的方法通常涉及眼鏡或手術。

如果孩子需要進行手術，這個手術通常是在 6 ～ 18 個月大時進行。手術的過程通常很安全且有效，需要多過一次以上的手術非常罕見。不過，即使手術完成後，孩子仍然可能需要戴眼鏡。

有些孩子看起來疑似有斜視，那是因為他們臉部結構的關係，事實上他們的眼睛可能是對齊的。這些孩子的鼻梁通常比較扁平，鼻樑兩側的皮膚凹處較寬，稱為內眥贅皮，使得眼睛的外觀扭曲，看起來好像幼兒出現鬥雞眼，但其實他們並沒有。在這種情況中孩子的視力並不受影響，且在大多數情況下，隨著孩子成長，當鼻樑變得更挺時，疑似鬥雞眼的外表會慢慢消

失。

由於早期診斷和治療真正斜視非常重要，如果你懷疑孩子的眼睛不協調，應立即告知你的小兒科醫師，他會為寶寶診斷，確定眼睛是否真的有問題。

涙液分泌的問題

涙液在視力保健上具有重要的功能，可以保持眼睛濕潤、避免眼睛受損或受到灰塵和其他異物影響正常的視力。涙腺系統可以持續分泌涙液和保持循環，而透過眨眼可以將涙腺分泌的涙液推進眼球表面，最後經由涙管進入鼻子排出。

這種涙腺系統在出生後 3、4 年才會逐漸發展成熟，因此，雖然新生兒產生的涙液足以覆蓋眼球表面，但「真正的眼淚」可能得在出生後好幾個月才會發展出來。

涙管阻塞是新生兒和小嬰兒常見的現象，進而造成一隻或兩隻眼睛外表看起來涙水過多，其實是因為涙管阻塞，涙水無法透過涙管排到鼻子，因而順著臉頰流下。在新生兒中，涙管阻塞往往是因為包覆涙管的內膜在出生時沒有消失，你的小兒科醫師會教你如何按摩涙管，同時示範如何用濕潤紗布清潔眼睛，以去除所有分泌物和痂皮。

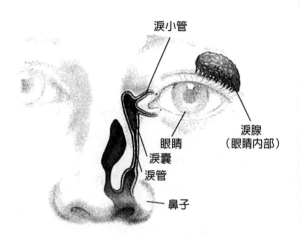

涙小管

涙腺
（眼睛內部）

眼睛
涙囊
涙管

鼻子

除非涙管開口打開，不然眼睛黏稠的分泌物無法去除。由於這不是真正的感染或眼結膜，並不需要用到抗生素。

有時持續性內膜（或甚至小囊腫）會導致涙管阻塞，無法自行消失或單靠按摩打開開口。當發生這種情況時，眼科醫師可能會採取手術打開阻塞的涙管，通常一次即可完成，只有在很罕見的情況下才會需要 1 次以上的手術。

需要眼鏡矯正的視力問題

散光

散光是角膜和／或晶體表面曲率不正常，如果你的孩子有散光，他很可能也會有近視或遠視。散光可以透過眼鏡或隱形眼鏡矯正，就

像遠視一樣，如果一隻眼睛較為嚴重，久而久之很可能會造成弱視。

遠視

遠視是眼軸距離比理想的視覺聚焦位置還短，造成孩子難以聚焦於較近的物體。大多數嬰兒其實天生就有遠視，但可以自行進行少量的補償；當他們長大後，眼球變長，遠視的情況也自然消失。除非情況嚴重，不然遠視很少需要眼鏡或隱形眼鏡矯正。如果你的孩子在長時間閱讀後眼睛不舒服或輕微頭痛，他很可能有嚴重遠視的問題，應該盡快找小兒科醫師或眼科醫師檢查。嚴重的遠視可能會造成斜視（參考第 745 頁）和弱視（參考第 740 頁），這兩種都需要靠眼鏡矯正治療。

近視

無法看到遠處的物體是幼兒最常見的視力問題，通常發生在新生兒，特別是早產兒，不過 6～9 歲的兒童更容易產生近視的問題。

與一般大眾常識相反的是，過度閱讀、在昏暗燈光下看書或營養不良，並不會造成或影響近視；該這麼說，近期的研究發現增加在戶外活動的時間可以降低發生近視的風險和／或減緩發展進程。近視通常是因為眼軸過長，造成圖像無法集中於眼球的結果。不過有時是因為角膜或晶體產生變化的結果。

近視的治療是透過鏡片矯正──眼鏡或隱形眼鏡。記住，隨著孩子成長，他的眼睛也會成長，所以大約每 6 個月至 12 個月需要換新的鏡片。近視的度數通常會在幾年內快速變化，然後在青春期期間或之後穩定下來。

第26章

家庭問題

收養

如果你想收養或者已經收養一個孩子，你可能會經歷一些情感衝突：伴隨著興奮和喜悅，你也會有焦慮和擔憂的心情，這些都是天下父母常有的情緒，無論孩子是親生或是收養。選擇一位善解人意、支持和配合度高的小兒科醫師對新手父母之路有很大的助益。即使孩子尚未加入你的家庭，小兒科醫師可以與你討論即將為人父母的心情，如果你在國內或國外收養一個孩子，小兒科醫師也可以解決任何可能出現的醫療問題。

一旦孩子和你回家後，你要盡快安排第一次小兒科門診時間，類似新生兒最初的檢查，這種收養後初診可以提供一個機會，讓你詢問任何關於小孩的身心健康和發展問題。日後隨著孩子的年齡和醫療需要，醫師會安排定期的回診時間。許多家庭發現，第一年經常回診對他們家庭的幫助很大，同時也可以化解父母和孩子關係開始發展後隨之而來的疑慮。

除了一般育兒的挑戰外，養父母還會面臨幾個親生父母不會遇到的議題和問題。

什麼時候和以什麼方式告訴孩子他是領養的？

在他能夠理解時，應該早點讓他知道事情的真相，可以在 2～4 歲之間告訴他。但重要的是要以他的成熟度告知適當的訊息，好讓他可以理解。例如，你的親生父母非常愛你，但他們知道無法照顧你，因此他們尋找那些非常愛小孩，也渴望有大家庭的人來照顧你。隨著孩子的成長，他會提出更多的特殊問題，要誠實回答，但如果孩子感到不舒服、害怕或不感興趣，這時不要強迫告訴他一些資訊。因為關於領養這件事，正如他們理解許多其他複雜的想法一樣，都需要時間

累積，逐漸成熟後才能慢慢瞭解與理解。

需要留意的問題有那些？

領養的孩子和同年齡與相同背景的孩子問題大同小異，但曾經生活在孤兒院或寄養家庭的兒童，往往經歷過重大的逆境或創傷，可能需要特殊的教養策略，同時在安置的過程或日後不同的時間點或許需要心理的輔導。

應該告訴其他人孩子是領養的嗎？

如果有人問起，就直接而誠實的回答他，盡可能回答適合該情況的資訊即可。你要知道孩子才是該知道詳情的重要聽眾，許多專家認爲，孩子的領養故事是他個人的故事，可以等到他長大一點讓他自己

分享。你可以和親朋好友分享大略的資訊，但記得保留敏感隱私的部分，直到孩子長大可以理解後，讓他自己決定要如何，以及與誰分享這些細節。

如果孩子想尋找他的親生父母怎麼辦？

有大量的證據顯示，今日的領養，包括某種程度的公開或親生父母、收養人和養父母之間的接觸，這種安排在很多方面都有益於被領養的兒童。如果你的領養沒有公開，但孩子仍然會很自然地對親生父母產生好奇，不過這也不會減少孩子對你的愛。與孩子談論他的親生父母可以讓孩子知道你理解這一點，同時他也可以和你分享他的想法和情緒。情況總是多變，不過，你可以讓孩子知道，等他夠大時，

我們的立場

近幾年來，同性戀領養兒童的人數不斷增加，這種趨勢刺激了一些州政府不得不討論和改變公共政策。越來越多的科學文獻指出，不論是男同性戀或女同性戀單方或雙方共同扶養長大的孩子，他的情緒、認知、社交和性方面的發展與異性戀父母的孩子一樣，因此父母對孩子的愛和教養遠比父母的性取向更爲重要。

美國小兒科學會認知到家庭的多樣性，我們認爲不論是同性戀親生或領養的孩子，都值得擁有 2 位法律上承認的雙親保障。因此，我們支持制定法令和法律，讓同性戀家庭領養的孩子擁有雙親的保障。

如果他想要，你可以協助他尋找他的親生父母，你的領養機構和領養專家可以協助你們。

你的小兒科醫師或許可以提供更多細節，協助你解決領養家庭可能會出現的問題。

虐待和忽視兒童

虐待兒童（包括施加虐待行為和消極忽視）是常見的。虐待兒童被定義為「對兒童做出超過一般行為規範的行為，且具有造成兒童身體或情感傷害的重大風險。」虐待兒童一般被分為身體虐待、性虐待和忽視，忽視也包括情感虐待。最近的統計數據顯示，每年大約有400萬起疑似虐待兒童的報告，涉及將近700萬名兒童，兒童受虐待率最高的是1歲以下的嬰兒，此外有25%的受害者不到3歲。

受虐待兒童所受的虐待在不同的類型之間存在相當大的重疊，許多兒童都同時遭受身體虐待、性虐待和忽視。向兒童保護機構報告的案件中，涉及最多的虐待行為是**忽視**，之後是**身體虐待和性虐待**。根據美國兒童虐待防止服務的觀點，「當兒童的基本需求沒有得到充分滿足時，就會發生兒童忽視，從而導致實際或潛在的傷害。兒童忽視會以多種不同方式損害兒童的身心健康以及他們的社交和認知發展。」

忽視兒童的情況包括身體上的忽視（未能提供食物、衣服、住所或其他身體必需品）、情感上的忽視（未能給予愛、安慰或關懷）或醫療上的忽視（未能提供所需的醫療服務）、教育上的忽視（未能提供受教育的機會）或監督上的忽視（未能適當進行監督）。以上這些虐待行為造成的心理或情緒傷害可能與言語上的虐待同時發生，同時也會傷害孩子的自我價值或自我認同。

當兒童的身體因擊打、踢踹、搖晃、灼燒或其他暴力行為而受傷時，就屬於身體虐待。一項研究表明，大約1/20的兒童在其一生中曾遭受過身體虐待。性虐待則是指兒童無法理解或同意的任何性行為，包括愛撫、口交、性交和肛交、暴露癖、窺淫癖和接觸色情製品等行為。研究表明，多達1/5的女孩和1/20的男孩在18歲之前曾遭受過性虐待，其中超過90%的兒童性虐待受害者認識他們的施虐者，並且大多數虐待發生在家庭內部，這可能使兒童難以揭露虐待行為。告訴你的孩子，如果他不希望大人觸摸他的身體，或者如果這些

行為讓他感到不舒服，那麼大人就不能觸摸他的身體，並教他如果發生這樣的事情，一定要告訴其他可信任的大人。

兒童虐待的風險因素包括家長抑鬱或有其他心理健康問題、家長有童年受虐待或忽視的歷史、家長有藥物濫用問題以及家庭暴力問題。兒童忽視和其他形式的虐待在生活貧困的家庭、青少年家長以及吸毒或酗酒的家庭中也更為常見。

症狀和特徵

要辨別孩子是否受到虐待並不容易，受虐的兒童往往不敢告訴任何人，因為他們認為可能會被指責或沒有人相信他們。有時他們不發聲是因為施虐者是他們深愛的人，或者因為恐懼，或者兩者都有。而且許多父母故意忽略虐待的徵兆或特徵，因為他們很難相信這會發生在自己的孩子身上或者害怕面對後果。這是極大的錯誤，受虐的兒童需要特別的支持和及時治療，當孩子受虐的時間越久，或讓他獨自面對問題，這樣孩子也就越難治癒，其身體和心理的發展也難以正常化。

父母應該留意任何孩子無法解釋的身體或行為變化。受傷往往只是身體虐待的意外結果，但行為改變往往反映了孩子在各種急性和慢性的壓力情境下所引發的焦慮，其中也包括虐待與忽視。沒有所謂與特定類型的受虐或忽視有關的某種特定行為。以下為一些兒童受虐或忽視可能會產生的身體徵兆和行為改變：

身體徵兆：

- 不會四處移動的嬰兒身上出現任何傷害
- 小於 4 歲的孩子在軀幹、耳朵或頸部出現瘀青
- 無法解釋的任何傷害（挫傷、燒燙傷、骨折、或者出現在腹部、胸部或頭部的傷害）。
- 孩子透露了虐待或忽視行為。
- 體重有減無增（尤其是嬰兒）或突然間體重劇增。
- 生殖器官疼痛、出血或漏尿。
- 感染某種性傳染病。

可能與受虐或忽視有關的行為和心理改變

一定要記住，許多不同類型的壓力情境都會讓許多兒童會出現以下行為變化，而不一定是虐待和忽視兒童所特有的。你始終應該去調查了解孩子出現這些行為的原因。

- 恐懼（惡夢、沮喪、異常的害怕）。

- 無法解釋的腹痛、忽然開始尿床，或退步到需要進行如廁訓練（特別是已經完成如廁訓練的孩子）。
- 企圖逃跑。
- 與孩子年齡極度不相符的性舉動。
- 自信突然產生變化。
- 無醫療相關原因的頭痛或肚子痛。
- 課業表現變差。
- 極端被動或攻擊的行為。
- 過度友好行為或退縮遠離人群。
- 暴飲暴食和偷吃食物。

長期後果

大多數情況下，被虐待和被忽視兒童的長期心理創傷遠遠大於身體創傷。情感和心理虐待、身體虐待與忽視，剝奪了孩子適應壓力所需的協助，也會讓孩子失去機會去學習新技能，變得更堅強、更有韌性和更加成功。因此，嚴重受虐或被忽略的兒童經常有壓抑或自殺、退縮以及暴力傾向，長大後可能出現學習困難、使用毒品或酗酒，並試圖逃走、違反原則或虐待他人。成年後會出現性暴力和性困難、犯罪行為、陷入沮喪甚至自殺。盡可能快速的察覺成為受害對象的兒童是幫助他復原的第一步。認知到早期創傷對兒童的未來發展造成的影響是協助受虐兒童的關鍵。

並非所有的虐待受害者都有嚴重的反應。通常孩子越小、受虐待的時間就越長，而孩子與施虐者的關係越親密，受虐的情形越嚴重，對孩子的心理健康影響也越大。一位關係密切全力支持的成人可以協助孩子早日恢復，並且減少事件對孩子的衝擊。

尋求協助

如果懷疑孩子被虐待，應立即尋求小兒科醫師或當地的兒童保護機構協助。法律要求所有醫師必須將任何虐待或忽視兒童的案例通報相關單位，你的小兒科醫師也有責任對孩子進行檢查以偵測並治療虐待造成的損傷和疾病，並推薦治療師以及提供諮詢者必要的資訊。如果孩子有必要獲得法律保護，或起訴虐待或忽視案件罪犯時，醫師也要出庭做證。

如果孩子曾經受虐，他可以透過接受輔導服務來得到幫助，包括合格心理專家，語言與其他治療師和／或兒童發展與行為專家，取決於孩子與具體狀況。而你和其他的家庭成員也可尋求諮詢，這樣才能提供孩子所需的支持與安慰。如果施虐者是家中成員，或許專業心理

輔導也可以成功協助他。

如果孩子受虐，或許你是唯一可以協助他的人，如果你懷疑孩子受虐，請立即通報求助。很多時候，這件事的處理過程會由於對施虐者的情感和經濟支持等多種家庭因素而變得複雜。請與專業人士討論這些情況，例如你的小兒科醫師、老師或宗教人員，他們可以在此過程中為你提供幫助和支持。不通報也可能會讓你顯得沒有能力保護自己的孩子，並減損讓你的孩子得到良好身心健康的機會。

在任何情況下的虐待或忽視，孩子的安全是首要考量的問題，他需要被安置在一個安全，沒有可能再被虐待或忽視的環境。

預防虐待

家庭虐待孩子的主要原因經常是父母的孤立、壓力和挫折感。父母教養孩子需要許多支持和各方面的資訊。他們需要學習如何處理自己的挫折與憤怒情緒，而不是發洩在孩子身上。在危機期間，他們需要其他成年人的傾聽和陪伴，而當地社區的支援組織經常是減少父母的孤立和挫折感的第一線。父母本身是施虐者的人更需要協助，面對、解決和治療父母心理和情緒上的問題都需要非凡的勇氣和領悟

力，不過這往往是最好的方法，以減少過往受虐事件再次發生於下一代的機會。

親自參加孩子的活動和監督是防止戶外虐待孩子最好的途徑。你所選擇的托兒所應該對父母的造訪不加任何限制或要求事先預約。父母可以以志工的身分提供教師協助，並被告知教職人員的任何更動。父母也應該密切留意孩子對學校的反應和體驗，如果孩子告訴你曾經被虐待或孩子的行為發生突然且難以解釋的變化時，要進行調查。

雖然你不想嚇壞孩子，不過你可以用溫和的方式教他一些基本的安全守則。教導他與陌生人保持距離、不要在自己不熟悉的區域徘徊、當有人要他做他不想做的事時要說「不」，有人傷害他或使他感到難過，一定要告訴你，就算對方是他認識的人。記住，永遠保持開放雙向的溝通，這樣當問題發生時，你可以盡早知道。要向孩子強調，他不會陷入麻煩，假設他告訴你關於受虐或令他困擾的事件。強調你需要知道這些，以確保他的安全，所以他可以放心告訴你一切。與其灌輸他周遭充滿危險，不如讓他知道，你是一個有力量、有能力的人，可以信任你能保護他的安

全，只要他願意告訴你。

離婚

美國每年有超過 100 萬名兒童受到離婚事件的影響，即使那些長期生活在紛爭不斷和不快樂家庭的小孩，也會發現離婚後隨之而來的改變，比他們以前的經歷更讓人難以接受。至少孩子必須適應與一位父母分開生活，或者如果共享監護權，他的生活勢必在 2 個家庭之間遊走。由於財務改變，他可能需要搬到小一點的房子，住進不同的社區，原本在家的家長現在可能必須外出工作。就算他沒有必要出門工作，但離婚的壓力和沮喪可能會讓一些母親忽略對孩子的關注和愛。

沒有人可以預料離婚對孩子的影響，孩子的反應取決於他的敏感度、與雙親關係的密切程度和父母在這個階段一起努力，照顧孩子情緒需求的能力。某種程度上也取決於孩子的年齡和以前生活經驗獲得的韌性或脆弱度。一般來說，你可以根據離婚時孩子的年齡，預期他會出現的反應。

2 歲以下的嬰兒會表現出更多的幼稚行為。他們會更加難纏、更加依賴或易受挫折，他們可能會拒絕睡覺，並在夜間突然驚醒。3 歲以下的孩子可能會有難過和害怕其他人的現象，同時他們也可能會暴怒和耍脾氣、沒有食慾和如廁訓練困難的問題。

3～5 歲孩子的表現可能會更加兒童化，他們會覺得自己應對父母的離婚負責任。在這個階段，他們無法完全理解父母的生活已經與他的生活分開，還認為自己是家庭的中心，所以當他們的生活遭逢驟變時，他們會責怪自己，孩子往往會變得具有侵略性和挑釁他們的母親。孩子與非監護雙親的一方接觸時間越少，或者離婚後關係越緊張，越容易出現上述反應。在這個過程中，孩子的自我價值可能會受到負面的影響。

在離婚的最初一段時間，孩子的反應可能最強烈。隨著孩子的成長，他可能會不斷回顧過去，並試圖弄明白為什麼父母會離婚。即使經過多年，他可能仍然有失落感，特別是在假期和特殊節日，如生日和家庭團圓時更為強烈。

大多數父母離婚的孩子迫切希望他們的父母破鏡重圓。然而，如果父母反覆嘗試團圓，但最終還是分手的結果對孩子造成的傷害比最初的離婚更大。當父母做出不負責任的舉動時，孩子可能感到懷疑、迷惑和不安全。

在某些情況下，父母離婚後反而使孩子的行為改善和自尊心提高。有些是因為父母雙方從緊張不幸福的婚姻中解脫後，可以給孩子更多的愛和關注。有些是因為透過離婚以終結情緒或身體上的虐待，然而，在一般情況下，即使被父母一方虐待的孩子，仍然非常渴望施虐者父母的關愛，甚至希望家庭可以復合。

總之，離婚對孩子的心理影響很大且深遠，然而許多人都能從容應付，一旦經歷最初的衝擊與調適後，大多數兒童和其他家庭成員都可以成功適應，並且相互支持面對他們的新生活。

父母如何幫助孩子

孩子會集結和反映父母的情緒，所以如果在離婚的過程中，他的父母憤怒、沮喪或暴力，孩子似乎會接收這些不安的情緒，進而攻擊自己。如果父母為他爭吵，或在糾紛的過程中聽到他的名字，他甚至會強烈認為自己是罪魁禍首。搞神祕和沉默大概也不會讓他好過，事實上這可能讓他感到周遭的情勢更緊張與不愉快。如果你們要離婚，最好的方法是誠實面對你的感情，但要盡力讓孩子感受到愛與讓他安心。孩子不得不接受他的父母

不再愛對方 —— 你們也不該假裝 —— 但確保他能夠理解和感受到父母仍然像以前一樣愛他，而且願意協助他度過這個過程。

當父母感受到孩子正在經歷的過程時，孩子對離婚可能產生的不確定性和焦慮感似乎比較容易適應和振作，但每個小孩的反應都不同。孩子對周遭的情況都有各自的反應，有些適應良好樂觀以對，有些卻是消極，對現在和未來憂心忡忡。而你的任務之一就是協助孩子面對離婚的事實，並且避免因生活重大改變產生日後影響人生的負面想法。

為了協助孩子調適，你要讓孩子清楚知道，儘管他現在可能必須在兩個家庭之間遊走，你要一再強調，父母雙方仍然會像以前一樣愛他，他仍然是安全的，事實上，你可以讓他知道你和你的配偶將各自擁有更多特別的時間，可以給他更多的關注。同時指出，你和你的配偶期望離婚後會更快樂，所以家庭會是一個令人更愉快的地方。

在離婚後幾週、幾個月和幾年，保持開放與配合他的年齡可以理解的程度溝通，不斷鼓勵他說出他的感覺，清楚扼要回答他的問題，或許他永遠不會自己提出一些離婚家庭子女常見的問題，但你自

己可以毫不猶豫提出來談論。（他可能會想「爸爸和媽媽分開是我的錯嗎？」、「如果我是好女孩，媽媽和爸爸有可能在一起嗎？」、「媽媽和爸爸會永遠愛我嗎？」）如果你的孩子不滿 2 歲，你很難用言語確實讓孩子明白，你必須用行動傳達你的心意。當你陪伴孩子時，試著把個人的問題和擔憂放一邊，專注於他的需要。日常作息盡量保持不變，不要期望他在這段過渡期有任何重大改變（例如，如廁訓練、從嬰兒床移到床上睡覺，或者如果可以避免，不要更換新的照護者或變動居家佈置）。一開始，如果孩子行為退化，你要試著理解與耐心處理，但是，如果離婚已成定局，生活回到正軌，但你的孩子仍然有行為退化的問題，你要徵求小兒科醫師的意見。

如果孩子大一點，他需要感受到父母雙方對他的關心，願意為了他的福祉放下對立分歧，這意味著你們雙方都必須積極參與他的生活。在過去，當離婚後，大多數父親會逐漸退出孩子的生活，今日法院和心理學家正試圖修正這種模式，因而有生活監護權和法定監護權之分。以這種方式，其中一方父母為生活監護人，這樣孩子有一個固定的居所，而法定監護權可以共同擁有，因此雙方父母可以繼續參與關於孩子教育、醫療和其他基本身體、心理和社交需求的決定。此外，兒童也可以定期拜訪沒有生活監護權的那一方父母。

父母雙方也可以擁有共同生活和法定監護權，這種安排的優點可以讓父母充分參與孩子的生活，然而也可能有嚴重的缺失。特別是如果他們小於 10 歲，孩子或許會覺得自己好像分裂在兩個家庭、兩組朋友和兩種作息中。許多擁有共同生活監護權的父母發現日常行程、生日聚會、課程和學校課業等安排難以調度，除非父母雙方全力配合協調，不然只會為孩子帶來更多的衝突、混亂和壓力。任何監護權的安排應該以孩子的心理健康和情緒與發展需求為優先考量。

無論你們如何安排監護權，身為孩子的父母，你們雙方都應繼續在孩子的生活中扮演重要的角色。試著相互支援對方，盡可能避免在孩子的面前數落對方，不要讓孩子看到你和配偶之間的憤怒和敵意，這只會讓他感到困惑和難過。你的孩子需要認定他仍然可以繼續愛你們兩個，他需要你的協助，讓他明白無論和哪一方父母在一起都是安全的，無須為此保密或感到內疚。

如果你和另一方父母無法積極

配合，至少包容對方的作息、規則和計畫，即使你有一些微詞。在這種情況下，爭論孩子可以看多少電視或吃什麼食物所造成的傷害，遠比看電視和吃零食本身來得更大。如果有必要，當孩子不在場時，將你的疑慮提出來討論。孩子的小兒科醫師可以協助提供有關睡眠、飲食和規範的建議，以協助建立這些談話。如果孩子聽到你試圖打壓對方的權威時，他或許會覺得無法信任你們雙方，或無法坦誠和你們談論他的感覺。充滿敵意的氛圍可能很難讓他從與父母和生活周遭其他人的關係中感受到安全與安心。

當孩子滿 4、5 歲時，他的生活圈會擴大，包括學校和社區活動，而且他對自己在這世界的定位，將會影響他發展更多複雜的感情。你和你的前配偶應該經常討論

協助孩子向前走

在離婚階段，為了減輕孩子的不安，以下有一些建議：

- 和孩子談論事情的進展，讓他安心，儘管他或許會感到恐懼和憂慮。
- 誠實以告，簡單扼要（你爸爸和我在相處上有困難）。
- 對孩子有耐心，他可能會問一些「爸爸為什麼搬走？」、「我要多久才會看到爸爸？」、「他什麼時候搬回來？」、「我要住哪裡？」等之類的問題。
- 清楚表明，你們的婚姻問題和孩子無關。
- 不要在孩子面前數落配偶的不是或表達你對配偶的憤怒。
- 向孩子保證儘管離婚，你和你的配偶仍然愛他，不會遺棄他，讓他感受到父母雙方對他的愛。
- 安排孩子的作息簡單規律，在固定的時間活動、進餐和就寢，讓他感到安定和舒適，這樣他每天可以預期自己一天會做哪些事情。

當孩子個別和你們在一起時，他的言談舉止各方面的表現。即使你們已經離婚，你們對孩子仍然有共同的責任，你們必須一起努力解決孩子任何情緒或行為發展的問題。特別要留意低自尊或不尋常情緒低落和沮喪，或極度歉疚或自我批判的跡象，這些或許顯示他將父母離婚怪罪在自己頭上。如果有這種情況，而你無法說服孩子不要指責自己，這時你要請教小兒科醫師，他可能會建議你諮詢兒童心理學家或心理學家，或其他的心理健康專家。

如果離婚後你感到非常沮喪或不安，似乎無法重整你的生活，無法好好支持和照顧孩子的需求，需要旁人提供支持時，如果你意識到自己陷入困境，拜託！你一定要盡快為自己找心理諮詢專家輔導，這一點非常重要。

雖然任何離婚事件總有困難的時刻，但你和你的配偶可以努力做到無抗爭，以協助孩子渡過這個階段，你們可以考慮使用法院體系外的「協商法」。雖然雙方通常會雇請代表律師，為了自己也為了孩子，在意圖協商與避免對抗下，雙方都有相同的目標——那就是達成彼此都能接受的協定。目前已有越來越多離婚律師專門從事這種協商法，你的律師代表你這一方，但目的是將問題最小化，並且達成每個人都可以接受的一項決議。如果你的離婚過程充滿緊張和憤怒，你可能會擔心這場紛爭將沒完沒了，而你的孩子也永遠無法體驗到健全的身心福祉。雖然一些離婚的情緒效應可能會影響孩子一生，但他仍然有機會健康快樂的成長，如果他持續得到來自父母和照顧者的愛、關懷和支持。隨著時間流逝，大多數孩子都能接受離婚的改變，在許多家庭中，孩子與父母的關係也會更加親密。

（請參考第 765 頁單親家庭；第 767 頁繼父和繼母）

悲傷反應

對孩子而言，失去父母是他所能經歷的最大創傷之一，悲傷是孩子的自然反應。孩子不僅僅在父母死去時出現悲傷反應，在父母患慢性或嚴重疾病以及離婚時，也有類似的反應（即使孩子在離婚以後仍然可以和父母雙方接觸，他可能還是會對失去熟悉的家庭悲傷不已。）。孩子也會對失去兄弟姊妹、祖父母、充滿愛心的看護者或一隻寵物感到悲傷。

孩子失去父母時的反應

對於年幼的孩子來說，失去父母任何一方都是難以承受的危機，也難以理解。5 歲以下的兒童不能理解死亡的概念，因此悲傷的最初階段往往會經歷一段時間抗議，並希望失去的親人歸來。許多孩子甚至會用幻覺想像失去的親人仍在熟悉的環境或地方。

一旦孩子明白失去的親人永遠不會回來，絕望接著浮現。因為嬰兒的溝通技能有限，所以通常採用哭泣、進食差和難以安慰的方式表達這種感情。學步的孩子會哭泣、容易激動和不合作，甚至出現退化的嬰兒行為，較大的孩子也會出現退縮的行為，學齡前兒童在這段時期可能出現恍惚的神情或缺乏創意，玩耍時提不起勁。孩子越痛苦或與家庭其他成員越疏遠，孩子的絕望之情就越強烈。

最後，他會擺脫這種絕望的心情，開始將他的愛和信任轉移至其他人。這不意味著他已經忘記死去的親人，或者傷痛已經離去，在他一生的任何時候，都有可能在有意識或無意識下回憶起死去的親人，尤其是在假日或生日，以及在諸如畢業或生病等特殊時期。在這個時候，孩子可能會宣洩這些悲傷，想要失去的父母回來。

如果失去的親人與孩子的性別相同，在孩子 4 ～ 7 歲間，這些問題可能會經常出現。因為這時他正在試圖理解自己的性別認同。最好的結果是，這些記憶短暫而正面，不會讓孩子陷入悲痛之中。如果揮之不去或對孩子造成明顯的影響，你應該和你的小兒科醫師討論。

孩子失去一個兄弟姊妹時的反應

失去兄弟姊妹也是一種災難性的經歷。很多孩子，即使那些較大的孩子而明白手足的死因的孩子，在某方面或許仍然會覺得是他們的錯，這時如果父母只顧沉浸於自己的哀痛，與孩子疏離或憤恨不平，以及在不知不覺中把孩子排拒在外，那麼孩子的這種感覺將會更強烈。

在父母經歷著與他失去兄弟姊妹完全相同的悲痛反應時，他往往會無助地觀察這一切。一開始他的反應可能是震驚和沒有感覺，然後拒絕相信，之後生氣這種事情怎麼可能發生。經過這一切，他可能聽出父母話中的內疚，並且將這種內疚解讀為父母將本來應該給已故手足的時間，現在全都投注在他的身上。

孩子的父母可能會在無意中談論他們已故的孩子，他如何死亡，

以及早知如此他們可以如何預防等等。而活著的孩子或許會試圖安慰父母，即使他還不知該如何面對發生的這一切。當活著的孩子明白無論他怎麼做都無法讓父母開心時，這可能對他的安全感和自尊會造成非常嚴重的傷害。如果父母一方在不知不覺中變得壓抑、脾氣暴躁和重心在家庭外時，活著的手足可能會因此感到害怕與被拒絕。

在家庭中，如果一方父母渴望交談，但另一方卻百般迴避，那麼彼此相互支持和理解的需求就難以達成。長久下來，婚姻可能觸礁，這時活著的孩子感受到的壓力之強烈正如當時失去手足一般，而且他還可能認為父母的爭端和手足的死亡都是他的責任。當家庭失去一個孩子時，專業的輔助有助於整個家庭，你的小兒科醫師可以推薦合格的家庭治療師、心理學家或兒童心理醫師，協助你和家人度過這段悲傷期，重新適應、療癒和建立健康與相互支持的關係。

協助孩子克服悲傷

當你正在為配偶或孩子的死亡感到悲傷時，很容易忽視其他孩子的需要。以下的建議有助於你在悲傷期間或日後，為孩子提供所需要的愛、關心和信任。

1. 盡可能保持孩子的日常作息不變。當你無法在他身邊陪伴他時，你可以請他喜愛和信任的家人和照顧者陪伴他。

2. 經常冷靜向孩子解釋，並且記住孩子的理解程度，以及可能心存的內疚感。內容盡量簡短扼要，但要實話實說。不要編造一些神話，這反而會讓孩子更困惑或抱著死而復生的希望。如果孩子已經大於 3 歲，你要清楚告訴他，他與這個死亡事件無關，沒有人生他的氣。若要確保他真的明白，你或許可以請他重複你告訴他的話。

3. 尋求親人的協助。當你自己沉浸於深深的痛苦之中時，你難以給悲傷的孩子所需的注意與關心，這時親密的朋友和家庭成員可以緩解你的壓力。在孩子感到孤獨和無助的時候，這些人可以為他提供家庭的溫暖。如果你失去一個孩子，這時你和配偶的相互支援對家庭特別重要。

4. 在接下來幾個星期、幾個月和幾年，試著敞開心胸談論，即使孩子表面上走出悲痛的速度似乎比你快，但在底層，他的悲傷過程仍然會持續多年——很可能無聲無息地跟著他一輩子。當他試圖穿越他的失落感時，他需要你的

不斷支持和理解，隨著年齡增長，他會問一些關於這件死亡事件更複雜的問題和原因。對於你而言，雖然一再回憶這些事件或許很痛苦，但你要試著坦白與直接的回答他。當他越明白事情的前因後果，他對這些事件才能更釋懷與平靜。

應該讓學齡前兒童參加葬禮嗎？

是否讓年幼的孩子參加一個他深愛的人的葬禮，取決於他的理解能力、成熟程度和參加的渴望強度。如果孩子非常恐懼和焦慮，並且不能理解儀式的目的，或許他就不應該參加。另一方面，如果在某種程度上他可以理解，並且希望到場進行最後一次道別，那麼參加葬禮可能是一種安慰，有助於他處理自己的悲傷情緒。

如果你決定讓孩子參加，讓他有心理準備即將可能面臨的過程，此外，安排一位親密的家人或照顧者陪伴他，在他需要離開時帶他離開，好讓你可以留在現場，同時這種安排也可以讓你心無旁騖在儀式中流露你的情感。

如果你決定不讓孩子參加葬禮，事後你可以安排一個私人、非正式的墓地探視，雖然或許還是會讓人很沉重，但對孩子而言，也許這可以讓他更容易理解發生的事。如果儀式後有家庭聚會，你可以考慮讓他參加，因為有家人在身邊或許可以從中得到一些慰藉。

什麼時候應尋求專家的幫助？

在死亡事件發生後不久，你或許可以盡快徵詢小兒科醫師的建議。他的經驗和知識可以幫助孩子度過悲傷期，醫師可以告訴你以什麼方式與孩子交談以及談論什麼內容，並且和你討論未來幾個月孩子情緒和行為可能的變化。

孩子的悲傷會持續多久很難說。一般說來，悲傷的孩子會慢慢復原，最終行為會回復到和死亡事件發生前一樣，從一開始在幾個小時內好轉，然後再經過幾天，最後總共大約要花幾週的時間。如果孩子在 4 到 6 週內沒有好轉的跡象，或者你感覺到他遭受的打擊非常強烈或持續過長，請請教你的小兒科醫師。

雖然孩子經常想念已故的父母或兄弟姐妹是很正常的，但如果這種思念佔據孩子所有的生活長達好幾年，這就不太正常了。如果孩子在每次家庭場合都想起死者，而且已經影響他的社交和心理發展，這時他可能需要心理輔導的協助。你的小兒科醫師可以推薦合格的心理

健康專家，如果臨終的親人是在臨終關懷中心，那你可以詢問相關協助家人和孩子走出悲傷的專業輔導。

你的孩子也需要你逐漸回歸正常的生活作息，當你失去孩子或配偶後，你或許需要好幾個月的時間才能回到生活的正軌，而你的強烈悲傷情緒甚至需要更久的時間才能平復。如果死亡事件已經過了一年，但你還無法回復到之前的活動，或你的悲傷已轉變成憂鬱時，你最好也尋求心理醫師的協助，這不僅是為你好，同時也是為了你的孩子。

手足之爭

如果你有一個以上的孩子，你總是免不了得處理兄弟姊妹之爭。家庭幼兒之間的競爭是很自然的事情。所有的孩子都想得到父母的關心和愛護，每一個孩子都認為自己有權得到父母全部的愛。你的孩子並不想與他的兄弟姊妹分享你的愛，當他意識到沒有選擇時，他可能會產生妒忌，甚至與兄弟姊妹發生衝突。

兄弟姊妹的年齡差距在 1.5 ～ 3 歲之間時，紛爭往往非常棘手，因為學齡前兒童對父母仍然非常依賴，與朋友或其他成人尚未建立穩固可靠的關係。然而，即使兄弟姊妹間的年齡差距在 9 歲以上，年齡較大的孩子還是需要父母的關心和愛護。假如他覺得自己被遺忘或拒絕，他可能會遷怒於嬰兒。一般而言，孩子越大，對弟弟妹妹的嫉妒也會越少，通常學齡前兒童對新生兒所產生的嫉妒心最為強烈。

有些時候，你還會真的以為你的孩子們的確很討厭彼此，不過這些情緒爆發只是暫時的，儘管他們對彼此不滿，但兄弟姐妹通常也有真情流露的一面，或許你很難得才能看見，因為當你在身邊時，你總是看到最壞的情況，而且他們是直接在爭奪你的注意力。當你不在他們身旁時，他們或許是好夥伴，隨著孩子成長，爭奪你的關注的情形會減少，他們的手足之情可能會超越嫉妒之心。強烈的手足之爭若持續到成年，這反倒是很罕見的現象。

兄弟姊妹間會發生什麼情況

你甚至在小寶寶沒有出生前就可以感覺到手足之爭。在你較大的孩子看見你準備育嬰室和購買嬰兒玩具時，他可能也要你買禮物給他。他可能會要求再次穿尿布，或出現用奶瓶喝水等嬰兒行為，如果

他發現你的心思全在嬰兒身上，他可能會出現不良的行為只為了引起你的注意。

這種不尋常或退化的行為在嬰兒回家後仍然會持續一段時間。較大的孩子可能會經常哭泣、更難纏或要求過多、或退縮。他可能會模仿嬰兒，要求他的舊嬰兒毯、吃奶嘴，或甚至要求你餵奶。學齡的兒童往往對嬰兒很感興趣也很愛護他，但也有可能出現攻擊性或不當行為以博取父母的注意。在所有手足之爭中，要求關注最明顯的時刻是當父母與嬰兒互動頻繁密切的時候——例如在母乳餵養或沐浴時間。

當較小的孩子漸漸長大，變得更好動時，爭吵會因為較大孩子的玩具和其他所有物而起。學步期的孩子會直奔他想要的東西，管它是誰的，而學齡的孩子則會小心提防，謹守自己的領域，當學步孩子闖入他的空間時，較大的孩子往往會有強烈的反應。

有時，較大的孩子會保護年紀較小的手足，特別是年齡相差許多時。然而，隨著較小的孩子成長，展現更多成熟的技能和才華（例如課業、運動、說話、唱歌或表演），較大的孩子可能會感受到威脅或不想「露臉」。之後可能變得更有侵略性或易怒，或開始與弟妹競爭。同樣的，較小的孩子也會嫉妒較大孩子因成長累積而來的特權、才華、成就或優勢，通常你很難分辨到底哪一個孩子的競爭性比較強。

父母應該如何處理手足之爭

重點是不要對兄弟姊妹間的競爭有過度的反應，尤其大孩子仍然是學齡前兒童時。怨恨與挫折的情緒是可以理解的——沒有一個孩子不想成為父母關注的中心。孩子需要時間才能瞭解，他的父母不會因為有了第 2 個孩子而減少對他的愛。

如果大孩子開始出現模仿嬰兒的徵象，不要嘲笑或懲罰他。你可以暫時滿足一下他，允許他使用奶瓶喝水或爬到嬰兒床上，但最多一兩次，而且不要對他這些行為給予額外的關注，以免強化他的行為。要讓他清楚知道，沒有必要採取像嬰兒一樣的行為來獲得你的認同、愛和關心，當他表現出「長大」的行為時要讚美他，並且給他充分的機會當「大哥哥」或「大姊姊」。如果你刻意留意他的良好行為和讚美他，不用多久，他會意識到行事成熟比行為像個嬰兒有更多的好處。

如果大孩子在 3 ～ 5 歲之間，你要為他設定一些安全和受保護的區域以減少衝突，將他的私有物與共有物分開藉此減少爭吵。

父母自然會比較他們的孩子，但不要在孩子面前進行比較。每一個孩子都有自己的特點，都需要被看重。比較無可避免會讓孩子自覺比不上手足，例如「你姊姊永遠比你愛乾淨」這句話，反而會使孩子討厭你和他的姊姊，並且助長他變得更邊緣。

當孩子開始爭吵時，最好的策略是不介入，讓他們自己處理，或許會和平化解。如果你介入他們的爭吵，你可能會偏祖其中一方，造成一方孩子感到得意，一方卻覺得被背叛。即使他們請你評理，你要盡量做到不偏祖任何一方，告訴他們自己和平搞定。與其責怪任何一方，不如向他們解釋爭吵雙方都有責任，所以雙方要想辦法化解糾紛，這不僅可以鼓勵他們一起解決問題，同時這也是養成日後社交技能的一部分。

很明顯，如果情況變得有點暴力，這時你一定要出面，尤其是較大的孩子或許會傷到幼兒。在這種情形下，首先你必須保護較小的孩子，確保較大的孩子明白你不容許任何傷害的行為，如果孩子年齡相差很大，或疑似可能產生暴力的行為時，當孩子在一起時，你要在一旁密切監督。事前預防攻擊的行為永遠比事後懲罰好，因為懲罰會讓較大孩子的競爭感有增無減。

重要的是要個別與每一個孩子單獨相處。就算只是每天短短 10 ～ 15 分鐘，一對一且沒有電子產品的相處時間，從事你的孩子選擇的一項活動，就能帶來很大的不同。給孩子們的關注若要從中取得平衡並不容易，如果大孩子的行為極端，他可能需要你給予更多的關注。

如果大孩子的行為仍然非常偏激，或你不知道如何處理，你可以與小兒科醫師討論，他可以評估這種手足之爭是否正常，或需要予以特別關注，同時他也可以給你一些平息緊張氣氛的建議，如果有必要，他會向你推薦合格的心理健康專業人員。

（也可以參考第 51 頁，讓你的其他孩子為嬰兒的到來做好準備。）

單親家庭

單親家庭越來越常見。大多數離婚家庭的孩子都會生活在單親的家庭中好幾年，而且有越來越多孩子與從未結婚或長時間沒有親密關

係的單親父母生活在一起，其他一小部分兒童則是與喪偶的父母一起生活。

從父母的立場來看，單親有一些好處，你可以根據自己的意願、原則和方法養育孩子，不需要解決觀念的衝突與差異。單親父母經常與孩子的關係更爲密切，在單親父親的家庭，他會比雙親家庭的父親更關心孩子的教養，並更主動參與孩子的活動。單親家庭的孩子可能會更獨立與成熟，因爲他們對家庭的責任較大。

單親家庭對父母或孩子而言並不容易，如果你無法安排或負擔照顧孩子的需求，尋找或保住一份工作可能有困難度（參考第 14 章「早期教育和幼兒照護」）。少了另一個人與你分擔養育孩子和維繫家庭的責任，你可能會發現自己疲於奔命，沒有社交生活，而當你處於這種壓力時，你的孩子自然也會感受到這種壓力。當你想在情緒上支持孩子或力求原則和規範一致時，你很容易心力交瘁與煩心，造成孩子痛苦與行爲問題，有些單親父母更擔心少了同性別的父母，可能會剝奪兒子或女兒身邊潛在角色的典範。

以下是一些建議，或許有助於你滿足自己的情緒需求，同時提供孩子所需的指引。

- 利用所有可以得到的資源協助你照顧孩子，參閱第 14 章的「尋找看護指南」。

- 盡量保持幽默感。試著以正面或有趣的角度看待每天的驚奇或挑戰。

- 爲了家庭和孩子，必須照顧好自己。經常去看醫師、適當飲食、充分的運動和休息。

- 安排固定的時間讓自己休息一下，暫時離開孩子，與朋友一起放鬆。看電影、追求自己的嗜好並加入某些團體。做你感興趣的事，經營自己的社交生活。

- 不要因爲孩子生活在單親家庭而有罪惡感，許多家庭都有類似的情況。你又不是「針對孩子」，沒有必要懲罰自己或感到歉疚對他補償，感覺與行爲帶有罪惡感無濟於事。

- 不要自找麻煩，許多生長在單親家庭的孩子都過得很好，反倒是有些雙親的家庭問題層出不窮。身爲單親的父母並不表示你的問題比較多，或問題比較難以解決。

- 爲孩子制定堅定但適度的限制，且要求孩子確實遵守這些原則。當限制明確與一致時，孩子會更有安全感，對自己的言行舉止也

專欄 從事軍職的父母

　　從事軍職的父母，育兒的挑戰可能更特殊，尤其是在軍事部署或軍事衝突期間，被迫離開孩子身邊的壓力對整個家庭而言都不是一件容易的事。年幼的孩子對於與一方父母分離可能會出現一些行為，例如緊黏另一方父母和／或照顧者、退化行為（例如如廁訓練後尿床）、遇到陌生人或新環境產生焦慮，以及變得沉默和與他人保持距離。

　　如果你是那位留在家中的父母，試著維持居家生活一切正常，包括日常作息。盡可能誠實回答孩子的問題（隨時留意他的理解能力），並且向他保證在外的父母一切安好。讓孩子與出勤在外的父母保持密切聯絡，透過電話、書信、電子郵件或視訊溝通。如果你的孩子看起來特別苦惱，你要與你的小兒科醫師討論，他或許會推薦適當的心理醫師。此外，軍方提供軍職配偶心理健康方面的服務，你可以參考相關網站：MilitaryOneSource.com。

會更負責。隨著孩子的責任感增加，你可以擴大這些限制。

- 每天抽出一些時間與孩子相處──玩耍、交談、閱讀、幫助完成家庭作業或看電視。
- 經常讚美孩子，給他真誠的愛和無條件的正面支持。
- 為孩子和自己建立大範圍的支援網路，與能夠幫助你照顧孩子的親屬、朋友及社區服務人員保持聯繫，與一些願意提供社區活動資訊（例如體育社團、文化活動等）和互相交換看護孩子的其他家庭建立友誼。
- 與信任的親友和專家，例如你的小兒科醫師討論關於孩子在家的行為、發展與關係。

繼父和繼母

　　單親父母再婚對於父母與孩子而言都是一個好消息──可以重建

因離婚分居或死亡而失去的家庭結構或安全感。

對父母和孩子的好處可能包括更多的愛和陪伴，而且繼父母會成為同性孩子的角色典範並且可能需要負起一些做好表現的責任，正如之前的配偶一樣。此外，家裡也多了一位照顧孩子的人，這對家庭經濟或許也有好處。

但是建立一個再婚的家庭需要做很多調整，過程中可能有很大的壓力。如果繼父母以取代缺席父母之姿進駐再婚家庭，那麼孩子可能會覺對親生父母不忠，或許會立即拒絕繼父母，而繼父母和繼子女之間也會存在許多嫉妒，並且會為了得到愛與關心互相競爭。如果孩子覺得新的繼父母阻礙他與父母的關係，他可能會反抗繼父母，並且表現不當的行為以獲得他父母的注意。這種情況將更複雜，如果兩方都各有孩子，因為孩子不僅要接受繼父母，同時還要和繼父母的孩子像手足一樣相處。隨著時間推移，大多數混合的家庭都得設法克服這些衝突，這需要兩方成人極大的耐心和承諾，同時有意願尋找專業協助，以避免出現更嚴重的問題。

一開始的過渡期或許很難適應，要記住繼父母與繼子女的關係不是幾星期或幾個月就能培養而成，這需要慢慢累積，可能要很長的一段時間甚至數年的用心經營。

繼父母與繼子女的關係發展另一個重要因素是生父母的支持，孩子或許對與生父母的關係感到不滿，所以也會與繼父母保持距離，而且當他覺得喜歡繼父母時，他可能會內疚。三方（或四方）父母保持良好的溝通有助於減輕孩子的內疚，同時減少孩子的困惑，當他試圖符合好幾個成人的價值觀和期望時。基於這個理由，當孩子生活在兩個家庭時，如果可能，所有的父母偶爾要聚在一起討論孩子的相關事宜，這對孩子有極大的幫助。雙方分享彼此的原則、價值觀和行程，這可以讓孩子知道所有他的父母都可以相互討論，互相尊重，同時以他的健康和福祉作為優先的考量。

在親生父母和繼父母相互尊敬的氣氛中，孩子可以得到之前提及的再婚家庭的好處。孩子也有機會生長在雙親的家庭中，再婚父母的生活越愉快，孩子的需求也越容易得到滿足。隨著孩子長大，他與繼父母的關係可以讓他得到更多的支援、技能和願景。這些好處再加上再婚父母的經濟優勢可以提供孩子更廣泛的發展機會。

給繼父母的建議

　　成功從單親家庭轉變為再婚家庭需要生父母和繼父母的敏感度和努力,以下是一些有助於孩子適應的建議:

- 告知你的前配偶關於你的再婚計畫,並且一起努力讓你們的孩子能夠輕易適應這個過渡期。確保所有人明白,婚姻不會改變前配偶在孩子生活中的角色。
- 在一起生活之前,讓孩子和繼父母(和兄弟姐妹)有一段適應期。這樣做可以讓每一個人更容易調整並減少對新安排的焦慮。
- 注意觀察衝突的徵兆,並盡快處理。
- 父母和繼父母應該一起決定對孩子的期望、制定何種限制以及適合的規範。
- 父母和繼父母要分擔父母的責任。這意味著雙方都應該付出愛與關心,而且雙方在家庭中都具有威信。共同決定應該如何約束孩子以及互相支援對方的行動和決定,這樣會使繼父母更容易建立威信的角色,而不用擔心不被認同或不滿。
- 如果非監護人一方的父母要探望孩子,應該予以安排和接受,以免在再婚家庭產生紛爭。當涉及孩子的任何重大決定時,儘量讓生父母和繼父母參與討論,如果可能,安排所有的成人聚在一起,分享彼此的洞見和顧慮,這種作法可以讓孩子知道,大人們願意為了他的利益克服他們的分歧。
- 對於孩子於再婚家庭中自己角色的定位和擔憂你要留意,尊重他的成熟度和理解度,例如讓他決定要怎麼稱呼繼父母或如何向繼父母的親戚介紹他。

多胞胎

有雙胞胎（或其他倍數，如三胞胎）意味著不只一次擁有兩個或以上的嬰兒，其中面臨的挑戰可不只是心力或樂趣的 2 或 3 倍以上而已。雙胞胎和其他多胞胎往往比較早出生，所以體型會比一般單一胎新生兒更嬌小，因此你要比只有一個嬰兒的母親更頻繁地諮詢你的小兒科醫師。多胞胎的孩子在出生後可能會需要額外的時間待在醫院的新生兒加護病房。餵養雙胞胎，不管是母乳還是配方乳，都需要一些特殊的策略，你的醫師可以提供你一些意見和支援。此時家庭的經濟或許會有壓力，因為需要更多的尿布、食品、衣服、汽車安全座椅和其他相關物品，而且很可能還需要大台的家庭房車或甚至更大的房子（參考第 1 章）。

現在，在美國雙胞胎出生的比率已超過 3%，且近年來多胞胎的數量不斷上升：從 1990 年以來，雙胞胎的出生率提高了 42%，從 1980 年算起則總共提高了 70%。一些研究專家指出，這種多胞胎的機率增加全都要歸功於不孕症的治療方法，例如試管嬰兒。試管嬰兒是植入多個受精卵進入子宮，而使用不孕藥物則可以刺激卵子排出兩個或更多的卵子。

這個章節主要是探討雙胞胎的養育，但大多數的資訊和準則都適用於三胞胎或其他多胞胎。有關多胞胎的詳細資訊，你可以參考雪莉・菲利伊斯（shelly Vaziri Flais）的著作《從懷孕期到學齡期的多胞胎養育法》【AAP，2020】。

多胞胎養育

撫養健康多胞胎的方法如同撫養其他嬰兒一樣。從一開始就將多胞胎孩子當作兩個不同的個體養育非常重要。如果他們是同卵雙生，你很容易會給他們同樣的「包裝」──購買同樣的衣服、玩具和給予同等的關注。儘管他們的外表、情緒、行為和發展看起來很像，他們仍是不同的個體，因此為了讓孩子快樂成長和放心做自己，他們需要你認真看待與支持他們之間的差異。正如一對雙胞胎所說的：「我們不是雙胞胎，我們只是同一天生日的兄弟。」

同卵雙胞胎來自同一顆卵子，性別相同、外表相似。**異卵雙胞胎**來自兩顆不同的卵子，在同一時間受精，他們的性別不一定會相同。不管是同卵或異卵，所有雙胞胎都有他們個人的個性、風格和氣質。所有同卵和異卵雙胞胎長大後或許

會成為相互競爭或相互依靠的夥伴。有時，其中一個雙胞胎的行為表現比較像一位領袖，另一位則是追隨者，而不管他們的互動如何，大多數雙胞胎在早期就已經培養了密切的關係，因為大部分時間他們都相處在一起。

如果你還有其他孩子，你的雙胞胎孩子會立即造成比一般更強烈的手足競爭。他們會消耗你大量的時間與精力，並吸引來自親屬、朋友甚至街上陌生人的大多數目光。你可以協助你的其他孩子接受，甚至好好利用這種不尋常的情況，當他們協助新生兒時，你可以提供他們「雙倍的獎勵」，鼓勵他們參與更多日常嬰兒照料的事務。此外，每天撥出一些時間個別陪其他的孩子做一些他們最喜歡的活動，這一點尤其重要。

當你的雙胞胎逐漸長大，特別是同卵雙胞胎，他們或許會選擇只和對方玩，他們的手足可能會覺得被冷落。為了避免雙胞胎這種排外的行為，你要鼓勵他們各自（不是兩人一起）去找其他的孩子玩。另外，當其中一個雙胞胎和其他手足玩耍時，這時你或保姆可以與另一位雙胞胎互動。

你或許會發覺你的雙胞胎的發展模式不一樣，就像其他同年齡的孩子。有些雙胞胎似乎是「分工合作」，其中一個擅長運動技能，另一個則是社交或溝通高手。由於他們經常在一起，許多雙胞胎之間的溝通可能比與其他家人或朋友更好，他們懂得如何閱讀對方的手勢和臉部表情，偶爾甚至還有他們兩人才懂得的語言──特別是同卵雙胞胎。這種獨特發展模式並不會造成問題，但偶爾將雙胞胎分開，讓他們各自接觸其他的玩伴和學習也很重要。

通常雙胞胎不太喜歡被分開，特別是如果他們已經養成固定的遊戲習慣，並且喜歡相互作伴。基於這個原因，你要儘早開始偶爾將他們分開，這一點非常重要。如果他們非常抗拒，你可以採取漸進式，讓他們待在同一個房間或遊戲區域，但分別與他熟悉的兒童或成人一起玩。到了入學年齡時，雙胞胎可以分開個自獨立的能力更加重要，在學齡前，大多數雙胞胎可以待在同一個教室，但到了小學，許多學校都偏好將雙胞胎分在不同的班級。

儘管你意識到雙胞胎之間的個體差異，但有時你還是會覺得他們是一體，這並沒有什麼不妥，因為他們有太多相似之處，而且勢必有兩種身分──個體和雙胞胎。協助

接送多胞胎新生兒

在許多情況下，雙胞胎和多胞胎的體型和體重比一般嬰兒更小和更輕，當你乘車接寶寶從醫院回家和往後的旅途時，你要牢記選擇和使用汽車安全座椅的指南不會因此改變。這意味著使用面向後方的汽車安全座椅，直到寶寶的體重或身高已經超過面向後方汽車安全座椅的限制，這通常足以讓孩子承做到超過 2 歲。單一面向後方的汽車安全座椅可能有提手，同時附有座椅底部可以固定在車上；可轉換的汽車安全座椅比單一面向後方的汽車安全座椅大一些，可以面向前後兩方，所以許多父母在孩子一出生時就會選擇可轉換的汽車安全座椅。

不過，你要牢記，如果你的寶寶是早產兒：面向後方可轉換式的汽車安全座椅可能太大，不適合你的新生兒。在你的新生兒出院前，你要進行試坐，確保他們在乘車時躺在安全座椅上可以安全無虞。如果孩子有呼吸或心跳的問題，他們可能無法採取半仰的姿勢乘車，在這些情況下，早產兒乘車時應採取平躺的姿勢，這時你的寶寶需要一個通過撞擊測試的安全嬰兒床（大多數情況是在醫院內購買，而你的寶寶應該在被送回家前在車內測試過安全嬰兒床）。當寶寶使用這種汽車安全床時，隨時繫上安全帶，並且安裝在後座，頭部面向汽車中心的位置。在孩子有更多的時間，長得更大更強壯之後，你的寶寶應該再次測試他們的汽車安全座椅，以確保他們準備好切換到普通的面向後方半傾斜式安全座椅。

他們瞭解和接受這兩種身分，是身為雙胞胎父母最重要的挑戰任務之一。

你的小兒科醫師可以提供你一些意見，關於如何克服雙胞胎的特別教養問題，同時他也可以建議相

關書籍或多胞胎的父母互助團體，
與其他面對類似挑戰的家庭建立聯
繫非常有幫助。

　　同時，**好好照顧自己**，盡量多
休息。許多父母發現，養育雙胞胎
和多胞胎比只養育一個嬰兒需要更
多的體力，且情緒上的壓力也比較
大。所以，盡可能補充睡眠，與伴
侶輪流處理半夜餵養、洗澡和其他
時間餵養的照護工作。考慮讓一位
家長做為夜間餵養的「早班」而另
一位照顧者擔任「晚班」，這可以
為你們提供更長的睡眠時間。如果
經濟許可，你可以找幫手協助一些
例行的工作，例如幫新生兒洗澡和
購物，或者尋求親朋好友的協助。
多一位幫手，特別是兩個寶寶以
上，即使一星期只有幾個小時都會
有極大的不同，這不只可以讓你有
更多的時間享受育兒之樂，同時你
也可以擁有更多的個人時間。

第 27 章

發燒

孩子的正常體溫會隨年齡、活動和每天不同的時間改變，嬰兒的體溫往往高於較大的兒童。所有人的體溫在傍晚時最高，在午夜至清晨這段時間最低。一般情況下，正常的肛溫是華氏 100 度（攝氏 38 度）左右，高於這個數值就是發燒。其他體溫包括口溫、耳溫和額溫通常應在 38℃ 才算是眞正的發燒，雖然腋下溫度可能會稍爲低一點。對嬰兒來說，特別是對於那些年齡小於 3 個月的嬰兒，肛溫是黃金標準的體溫。任何時候，只要你認爲你的孩子可能在發燒，請用溫度計測量他的體溫（請參閱第 778 頁，測量體溫的最佳方法）。觸摸皮膚的溫度（或使用溫度敏感膠帶，也稱爲「發燒貼」）來測量溫度是不準確的，尤其是當孩子感到寒冷時。

發燒本身不是疾病，它只是生病的一種跡象或症狀。事實上，這表示身體正在抵抗感染，發燒可以刺激某些防禦系統，例如白血球，攻擊並摧毀入侵的細菌和病毒。發燒確實有助於孩子體內對抗感染，然而，發燒通常會讓人不舒服，對液體的需求量增加，同時心跳率和呼吸也會加快。

發燒可能會伴隨任何感染，包括呼吸道疾病，例如哮吼或肺炎、耳朵感染、流感、感冒和喉嚨痛。發燒也可能發生在腹部、血液或尿道、大腦和脊髓（腦膜炎）感染，以及其他多數的病毒性疾病。

發燒可能觸發 6 個月至 5 歲之間兒童癲癇發作（稱爲熱痙攣），雖然這種情況很罕見。熱痙攣大多發生在家中，經常是在發熱性疾病開始的幾個小時內，兒童可能出現一些「奇特」的動作，然後身體變得僵硬、抽搐和轉動眼睛，短時間沒有反應，膚色可能比平時稍微暗沉。整個痙攣的過程通常持續不到一分鐘，可能幾秒鐘就結束，但對受驚的父母而言，這一刻似乎有一

輩子那麼長。有時痙攣可能會持續
15 分鐘或更長的時間，不過這種
情況極爲罕見。令人欣慰的是，這
種熱痙攣通常無害，不會造成大腦
受損、中樞神經系統問題、癱瘓、
智能障礙或死亡──但應該及時告
知你的小兒科醫師。

如果你的孩子有呼吸困難或痙
攣（癲癇發作）且在 15 分鐘以內
無法停止，你要立即撥打 119 尋求
緊急醫療協助。

幼兒第一次熱痙攣發作若小於
1 歲，日後可能有 50% 以上的機
率會再次痙攣發作，而第一次熱痙
攣發作若是在 1 歲以上，第二次發
作的機率則有 30%。然而，24 小
時（1 天）之內熱痙攣發作一次以
上的情況很罕見。雖然許多家長擔
心熱痙攣會導致癲癇，但記住，癲
癇發作的原因不是發燒，這只是表
示曾經有與發燒相關熱痙攣病史的
孩子，在 7 歲前癲癇發作的機率會
比較高。

諷刺的是，努力控制發燒並不
能預防未來的熱痙攣發作，所以不
要僅僅因爲孩子過去發生過熱痙攣
而試圖採取極端措施來降低孩子的
體溫。

熱痙攣的處理方法

如果孩子出現熱痙攣，你應立
即採取以下步驟以免造成進一步傷
害：

- 將孩子放在地板或床上，遠離任
  何堅硬或尖銳的物品。
- 將孩子的頭轉向一邊，這樣任何
  唾液或嘔吐物可以從口中流出。
- 口中不要放入任何異物；孩子不
  會將自己的舌頭吞下。
- 打電話給你的小兒科醫師。
- 如果痙攣持續 15 分鐘以上，立
  即撥打 119 尋求緊急協助。

什麼類型的體溫計最好

美國小兒科協會不再建議使用
水銀溫度計，因爲這些溫度計可能
會破裂，而當其中的汞蒸發時，身
體可能會吸入進而產生毒性，因此
數位電子體溫計是更好的選擇。

- **數位體溫計**可以測量孩子的口溫
  和肛溫，正如任何設備一樣，有
  些數位溫度計比其他種類更準
  確，你要仔細遵照製造商的使用
  說明手冊，確保體溫計根據製造
  商建議的說明校準體溫計。
- **耳溫槍**是另一種選擇，它們的精
  確度取決於該裝置到達耳膜的光
  速能力。因爲耳道內的耳垢或小
  彎道，因此，有些耳溫槍量出的
  體溫並不準確。基於這個原因，
  大多數小兒科醫師和父母都喜歡
  用數位電子體溫計。

■ 目前市面上還有**遠紅外線額頭體溫器**，只要測量額頭皮膚下即可得知體溫，非常適合 3 個月以上和老年人使用，不過近期研究顯示，這種體溫器也適用於 3 個月以下的嬰兒，它們的操作方法很簡單，即使孩子睡著也可測量。

求助小兒科醫師的時機

如果孩子不足 2 個月或更小，肛溫超過**攝氏 38 度**，你要立即找小兒科醫師，這是絕對必要，醫師會仔細檢查孩子，並排除嚴重的感染或疾病。

如果孩子在 3 ～ 6 個月之間，體溫超過攝氏 38.3 度，或孩子在 6 個月以上，體溫超過華氏 103 度（攝氏 39.4 度），都要立即告知醫師。如此高溫可能表示孩子有明顯感染或脫水，需要立即治療。然而，在大多數情況下，求助醫師的電話取決於相關症狀，例如喉嚨痛、耳朵痛、咳嗽、不明原因皮疹或反覆嘔吐或腹瀉。另外，如果孩子比平日焦躁或嗜睡，你要致電小兒科醫師。事實上，孩子的活動力是一大重要指標，往往比體溫更為重要。再次強調，發燒本身不是疾病，它是一種疾病的徵兆。

如果你的孩子滿 1 歲，吃睡都正常，活動力不受影響，這時通常無須立即打電話給小兒科醫師。如果高燒（之前所述）持續超過 24 小時，這時最好要致電醫師，即使孩子沒有不舒服或其他明顯的症狀。

測量體溫最好的方法

幫孩子量體溫有好幾種方法，當數位體溫計（在小視窗中顯示溫度）接觸身體（口腔、腋下或肛門）部位時，可以感應（溫度計頂端）身體的溫度。此外，你也可以使用耳溫槍或遠紅外線額頭體溫計（參考上頁關於數位和其他類型體溫計）。不管你使用何種方法，請遵照使用說明清潔體溫器，在每次使用前用溫肥皂水或酒精洗淨，並且用冷水沖洗。無需根據使用的設備或溫度測量方式增加或減少量測到的度數。

請牢記以下一些其他使用準則：

- 測量肛溫時，先打開數位體溫計，然後將要插入寶寶肛門內的溫度計那一端塗上少量的潤滑劑如凡士林。之後將孩子穩固放在你的膝蓋上，面朝上或面朝下（如果他面朝下，將他的雙手放在背上；如果他面朝上，將孩子的大腿彎至他的胸前，用你的另一隻手壓在他的大腿後側）。然後慢慢將溫度計插入寶寶的肛門，大約 0.5 英吋至 1 英吋的深度，持續 1 分鐘左右，或直到體溫器發出聲音（蜂鳴音或亮燈），然後取出體溫計讀取體溫。

- 肛溫或口溫比腋下溫度更準確。此外，在你的家庭中，你的數位溫度計要有「口溫」和「肛溫」2 種，不要使用同一個體溫計測量這兩個位置。

- 當孩子 4 或 5 歲時，你可以將溫度計放在孩子的口腔內測量口溫。當溫度計打開後，將溫度計放在舌下，請他閉上嘴巴，靜靜等待直到溫度計顯示嗶聲或出現亮燈，然後取出體溫計讀取體溫。

- 耳溫和額溫（側前額溫度計）在父母和衛生保健單位之間已日漸普遍，當使用方法正確時，準確度也大為提高。

熱相關疾病

專欄

另一種罕見但非常容易與發燒混淆的情況是與高溫有關的疾病：中暑，這種不是因為感染或體內疾病引起，而是周遭的高溫。這種情況容易發生在非常酷熱的地方 —— 例如仲夏沙灘上或炎熱密閉的汽

車裡。每年都有好幾個孩子被單獨留在密閉車上致死的案例，千萬不可將嬰兒或兒童單獨留在密閉的車上，即使只是幾分鐘的時間。此外，如果嬰兒在濕熱的氣溫下穿太多衣服，也可能會產生中暑的現象。在這些情況下，孩子的體溫可能會高達危險邊緣（高於 40.5℃），這時必須立即脫掉孩子的一些衣服，用毛巾浸泡冷水擦拭身體、吹風和移到陰涼的地方。當孩子體溫下降後，必須馬上送往小兒科門診或急診室，因為中暑是一種緊急的情況。

如果你的孩子在發高燒時變得神志不清（行為表現害怕、「看見」不存在的物體、說話奇怪），特別是之前不曾發生過這種現象，你要立即通知你的小兒科醫師。這種異常症狀或許會在退燒後消失，不過醫師可能會幫孩子做一些檢查，以確定起因是否為更嚴重的疾病，例如大腦（腦炎）或覆蓋大腦和脊髓的膜發炎（腦膜炎）引起的。

居家治療

發燒通常不需要用藥物治療，除非你的孩子非常不舒服，甚至溫度高一點也並不危險，除非孩子曾經有相關熱痙攣的症狀，然而用藥物治療發燒的作法無法預防這種熱痙攣發作。更重要的是留意孩子的活動力，如果他吃得好睡得飽，他

或許不需要任何治療。你可以和醫師討論當孩子發燒時什麼時候應該治療的問題，最好是在孩子例行檢查身體時詢問醫師的意見。

當你的孩子發燒，看起來很不舒服或很困擾時，你可以採取以下的方法舒緩他的不適。

藥物治療

有幾種藥物可以透過阻斷引起發燒的機制降低體溫，這些所謂的退熱劑包括乙醯苯胺、布洛芬和阿斯匹林，以上 3 種藥物的退燒效果相當，然而，由於阿斯匹林可能會導致雷氏症候群，因此美國小兒科學會不建議使用阿斯匹林治療兒童發燒。在沒有醫師的建議下，如果孩子滿 3 個月大，你可以使用乙醯胺酚，如果孩子滿 6 個月大，你可以使用布洛芬。然而，如果你的孩

乙醯苯胺（Acetaminophen）劑量表

應該每 4 小時給藥一次，但 24 小時內的給藥次數不應該超過 5 次（注意：使用準確的量杯或測量設備並以毫升（ml）計算，不要使用家用湯匙，因為它的大小可能會不同）。確保在使用前仔細閱讀標籤，以確定藥品正確。

年齡 *	體重 **	嬰兒 / 兒童口服液 (160mg/5ml)	可咀嚼的藥片 (80mg/ 片) ***
6 ～ 11 個月	12 ～ 17 磅 (5.5 ～ 7.7kg)	2.5ml	1 片
1 ～ 2 歲	18 ～ 23 磅 (8.2 ～ 10.5kg)	3.75ml	1 又 1/2 片
2 ～ 3 歲	24 ～ 35 磅 (10.9 ～ 15.9kg)	5ml	2 片
4 ～ 5 歲	36 ～ 47 磅 (16.3 ～ 24.4kg)	7.5ml	3 片

＊注意：年齡僅供參考，劑量應以孩子當時的體重為準。
＊＊依據體重給予的劑量應在年齡適用的範圍中。
＊＊＊注意：咀嚼式的藥片以 1 顆 80 毫克的劑量為單位。

我們不建議使用阿斯匹林治療只有發燒症狀的嬰兒、兒童與青少年。

子有肝臟感染的疾病，你要詢問使用乙醯胺酚的安全性。同樣的，如果你的孩子的腎臟、氣喘、潰瘍或其他慢性疾病，在使用布洛芬前，你要先諮詢醫師相關的安全性。如果你的孩子有脫水或嘔吐的現象，基於腎臟受損的風險，只有在醫師的監督下才可以使用布洛芬。

在理想的情況下，乙醯胺酚和布洛芬的劑量應基於孩子的體重而不是年齡（參考第 780 和 781 頁劑量表）。然而，乙醯胺酚瓶上標籤

布洛芬（Ibuprofen）劑量表

布洛芬每隔 6～8 小時可以重複使用，一天不應該超過 4 次。（注意：使用準確的量杯或測量設備並以毫升（ml）計算，不要使用家用湯匙，因為它的大小可能會不同）。確保在使用前仔細閱讀標籤，以確定藥品正確。

年齡 *	體重 **	嬰兒滴劑 (50mg/1.25ml)	嬰兒 / 兒童口服液 (100mg/5ml)	可咀嚼的藥片 (100mg/ 片) ***
6～11 個月	12～17 磅 (5.5～7.7kg)	1.25ml	2.5ml	1／2 片
1～2 歲	18～23 磅 (8.2～10.5kg)	1.875ml	3.75ml	1／2 片
2～3 歲	24～35 磅 (10.9～15.9kg)	2.5ml	5ml	1 片
4～5 歲	36～47 磅 (16.3～24.4kg)	—	7.5ml	1.5 片

＊注意：年齡僅供參考，劑量應以孩子當時的體重爲準。
＊＊依據體重給予的劑量應在年齡適用的範圍中。

我們不建議使用阿斯匹林治療只有發燒的症狀。

編註：使用任何藥物前請先諮詢你的小兒科醫師。

的劑量指示（通常以年齡計算）一般是安全且有效的，除非你的孩子的體重以他的年齡而言是異常的輕。記住，過高劑量的乙醯胺酚對肝臟可能造成毒性反應，雖然這種情況很罕見。然而當毒性反應出現時，症狀可能包括噁心、嘔吐和腹部不適。

和一般原則一樣，在使用任何藥物前，你要閱讀與遵照使用標籤

上的說明。根據指示用藥非常重要，並且僅使用藥品隨附的劑量工具，這樣才能確保孩子得到適當的劑量。此外，其他非處方藥物，如感冒、咳嗽等藥物可能含有乙醯胺酚，同時使用多種含有乙醯胺酚的藥品可能造成劑量過高，所以要仔細閱讀所有的藥物標籤，以確保孩子不會吃到相同藥物的多種劑量。還有，在沒有小兒科醫師的建議下，不要給兩個月以下的幼兒乙醯胺酚或任何其他的藥物。

有些父母會試圖在孩子發燒期間交替使用乙醯胺酚和布洛芬，但是這種方法，在理論上容易導致用藥錯誤——「下一次我該給他哪一種藥呢？」同時可能產生潛在的副作用。所以，如果孩子發燒不舒服，你可以選擇其中一種藥物，然後根據建議劑量使用，而且只有在孩子需要時才用。布洛芬或乙醯胺酚都可以有效降低體溫和緩解孩子的不適症狀，如果你要改變劑量或服藥時間表或綜合使用這兩種藥物，在這之前你一定要先諮詢你的小兒科醫師。同時記住，6 歲以下兒童不可以使用非處方咳嗽和感冒藥物，因爲潛在嚴重的副作用。研究指出，這些咳嗽和感冒產品對於6 歲以下兒童的治療效果不彰，甚至可能危害健康。

發燒的其他處理方法

- 保持孩子房間和居家溫度適中，穿著輕便少量的衣服。
- 鼓勵孩子多喝流質食物（水、稀釋果汁、市售口服電解質溶液、冰棒等）。
- 如果房間悶熱，可以用風扇促進空氣流通。
- 孩子發燒時沒有必要一定得留在他的房間或躺在床上，他可以起床走動，但不要過於激烈地跑來跑去。
- 如果發燒是高度傳染性疾病的徵兆（例如水痘或流感），你要讓孩子遠離其他兒童、老年人或沒有抵抗力的人，例如癌症患者。

第28章

生殖和泌尿道系統

血尿

如果孩子的尿液呈紅色、橘黃色或棕色，裡面很可能含有血液，當尿液特別含有紅血球細胞時，醫師會使用醫學術語──血尿來形容這種情況。引起血尿的原因有很多種，包括泌尿道物理損傷、發炎或感染。某些全身性疾病也可能引起血尿，例如凝血機制缺陷、中毒、遺傳性疾病或免疫系統異常。

有時尿液中含有非常少量的血液，以至於觀察不到任何顏色變化，但小兒科醫師可以透過尿液檢測得知。在某些情況下，略帶紅色的尿液和血尿一點都無關，可能只是因為孩子吃或吞下某些東西。甜菜、黑莓、紅色食用色素、酚鑞（有時會用於輕瀉劑的化學物質）、非那若比汀（pyridiumor phenazopyridine，舒緩膀胱疼痛的藥物）和立復黴素（rifampin，一種用來治療結核病的藥物）等藥物都可能導致尿液變成紅色或橙色。任何時候，如果你不確定是否是這些因素造成尿液顏色改變時，你可以打電話請教你的醫師。當尿液帶血色又有白蛋白時，這通常是腎臟發炎引起的現象。這種情況是腎臟發炎，你的小兒科醫師可能會建議進一步檢測，以區分是何種腎臟發炎。

治療

你的小兒科醫師會詢問孩子是否受過傷、是否吃下任何可能引起尿液顏色變化的食物、是否身體出現任何症狀，以至於引起尿液產生變化。包括排尿時是否會感到疼痛可能也會是個有用的資訊，這可能是尿道感染的徵狀；此外，一次排尿流中血液出現的時間段也有助於確定尿道中血液的來源（比如說血液貫穿整個排尿過程，而不是僅在尿流末端）。醫師還會進行身體檢查，特別是血壓上升的情況、腎臟

區域有沒有壓痛或腫脹（特別是手或腳或眼睛周圍），這可能都是腎臟問題的徵兆。此外，醫師還會進行尿液和血液採樣檢測、影像攝影（如超音波或 X 光），或進行其他檢驗，以檢查孩子的腎臟、膀胱和免疫系統。如果檢驗指出這些都不是血尿的原因，但情況仍然繼續時，你的小兒科醫師或許會轉介兒童腎臟病專家進行進一步的測試（有時候這些檢驗包括採樣一小塊腎組織在顯微鏡下觀察，這種組織採樣可透過手術或針刺活檢取得）。

一旦你的小兒科醫師知道血尿的原因後，這時可以決定孩子是否需要接受治療。大多數情況是無需治療，這表示問題不大，如果腎臟發炎，偶爾醫師會使用藥物來抑制發炎的症狀。不管孩子採用何種治療方法，都需要定期回診，重複做尿液和血液測試與測量血壓。這是必要的過程，以確保孩子沒有發展成可能導致腎衰竭的慢性腎臟疾病。

偶爾血尿的原因是腎結石，或者一種非常罕見需要進行手術的尿道異常問題。如果發生這種情況，你的小兒科醫師會推薦小兒科泌尿醫師或專家（膀胱與腎臟病專家）進行這類的手術。

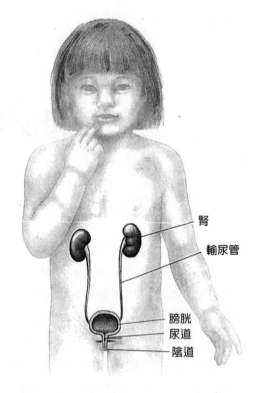

腎
輸尿管
膀胱
尿道
陰道

泌尿生殖系統

尿蛋白

孩子的尿液有時含有異常高的蛋白質，雖然身體需要蛋白質才能運作，例如預防感染和幫助血液凝結，因此這些蛋白質會有極少數滲漏至尿液中。如果尿液中發現大量蛋白質，這可能表示腎臟運作不正常，任由蛋白質（大分子）滲漏至尿液，這種滲漏的蛋白質或許是因為多種腎臟過濾膜異常而引起。

診斷

尿蛋白通常沒有症狀，但尿液中的蛋白質含量過高時，血液中的蛋白質濃度會下降，這時孩子的腿部、踝關節、腹部或眼瞼可能會出現腫脹。同時，血壓可能會升高，這是一種疑似腎臟病的徵兆。小兒科醫師可以檢測尿蛋白，使用一種簡單的化學試紙浸入尿液，如果尿液中存在尿蛋白，試紙顏色就會改變。之後醫師或許還會建議採集孩子在清晨起床後的尿液樣本（如果尿蛋白消失，結果就會呈良性），然後送進實驗室檢查，或者採集孩子的一些血液樣本。有一些兒童可能在發現極少量尿蛋白一段時間後，在沒有產生任何不良的影響下，尿蛋白自然消失。

有時，你的小兒科醫師可能會決定轉介孩子到腎臟科專家，這時醫師可能會為孩子做進一步檢查，包括腎活檢。在腎活檢過程中，醫師會用針刺採集少量腎組織送實驗室檢驗，全程醫師會讓孩子使用鎮靜劑，並且在腎臟區域注射麻醉藥。

治療

醫師可以給予藥物治療與尿蛋白相關的腎臟問題，你的小兒科醫師可能會建議減少孩子的鹽攝取量，以減輕與尿蛋白有關的腫脹現象。曾經有尿蛋白的兒童，雖然一時看起來無任何大礙，但最好要定期做尿液檢查。

包皮環切術（包皮切除術）

包皮環切術在許多男嬰中是一種非常普遍的手術，主要是割除包覆陰莖末端的包皮，這種手術有好處也有風險，在你的寶寶出生前，你要事先和你的醫師和配偶討論。雖然這不是新生男嬰例行的手術，不過你可以基於文化、醫療、宗教或其他原因的考量，決定寶寶是否適合進行包皮環切術，更多的詳情可以參閱第 40 ～ 41 頁和 156 頁的討論。割禮或不割禮的選擇完全取決於孩子的家長，因為割禮對於健康的孩子來說不是必需的；然而，目前的數據表明，好處大於風險。

尿道下裂和陰莖彎曲

正常情況下，男孩的尿道開口位於陰莖的末端。在非常罕見的情況下，尿道開口因為陰莖發育異常而處於陰莖下方時——這種症狀稱為先天性尿道下裂。

除此之外，陰莖還可能有異常向下彎曲的現象，稱為陰莖勃起後

彎曲，這在成年後可能會造成性方面的問題。由於陰莖的尿道口向下會直接引流尿液往下，因此排尿時會造成噴霧狀，讓站立排尿變得困難或不可能。許多家長擔心嚴重尿道下裂的陰莖外觀異常，隨著年齡增長，很可能會讓男孩覺得很尷尬。

治療

在發現新生兒尿道下裂後，小兒科醫師會建議孩子在接受泌尿專家會診前不要進行割禮，因為包皮環切術會使將來的手術修復更加複雜。

輕度尿道下裂可能不需要治療，但中──重度下裂則需要外科修復。大多數尿道下裂的幼兒會在6個月大左右進行門診手術，但是每個家庭都應該以孩子利益為優先考量來決定是否要承擔麻醉和手術的風險。為了考慮每次手術的時間和可能造成的影響，與包含各科專業的醫療團隊、經歷過類似手術的其他家庭或者老年患者進行討論可能會有所幫助。通常來說，尿道下裂和陰莖彎曲可以在一次手術中與包皮環切術一起完成，然而有些更嚴重的情況可能就會需要進行多次手術才能完全修復。手術確實會影響陰莖的外觀、尿流和成人後的性功能。手術的目標是要讓你的孩子能夠正常排尿，擁有與成人一樣的正常性功能，並在外觀上得到可接受的修飾效果。

尿道口狹窄

有時，特別是接受過包皮環切術的男孩，陰莖末端發炎刺激會導致尿道口周圍形成疤痕組織，造成尿道口狹小。這種狹窄稱為尿道口狹窄，任何年齡層的兒童都可能發生，不過最常見於3～7歲的孩子。

尿道口狹窄的兒童尿流量小且尿流方向異常，他們的尿流方向往上（向天花板），因此一定得將陰莖夾在大腿間才可以順利使尿液往下，所以孩子很難將膀胱內的尿液排空。

治療

如果你發現孩子的尿流非常細或窄，或者排尿用力、滴狀排尿或噴射排尿，與你的小兒科醫師討論。尿道口狹窄並不是嚴重的問題，但應該進行評估是否需要治療。如果需要進行手術，這個手術也會非常小，手術後孩子或許會有一些輕微的不適，但在短時間內很快就會消失。

陰唇黏連

正常情況下，在陰道口周圍圍繞的皮膚是分開的。有時候，這些皮膚會黏連在一塊，使陰道口部分或完全閉合，這種症狀稱爲陰唇黏連，可能發生在出生後最初幾個月，或者比較少見的原因是日後這個區域經常受到刺激和發炎。對於這些罕見的情況，原因通常是尿布刺激、接觸不良洗滌劑或合成纖維製成的內衣。通常陰唇黏連不會有任何症狀，但可能導致小女孩排尿困難，增加尿道感染的機會。如果陰道口明顯阻塞，尿道和／或陰道分泌物會積聚在開口的後方。

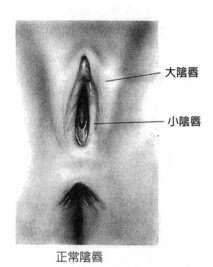

正常陰唇

大陰唇

小陰唇

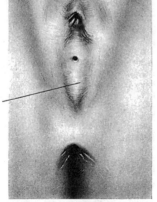

黏連陰唇

陰唇黏連

治療

如果你女兒的陰道開口完全閉合或部分閉合，應立即通知你的小兒科醫師，他會進行檢查並建議孩子是否需要接受治療。隨著孩子年齡長大，這種黏連絕大多數會在無需治療的情況下自行解決。一般來說，只要你的孩子沒有出現在排尿後不連續的漏尿或尿道感染，就不需要進行治療。

陰唇黏連的治療選項包括持續等待和觀察，每日使用幾次雌激素軟膏，或者在使用麻醉藥物後，於診間或手術室內手動分開黏連組織。

如果需要使用雌激素軟膏，你的醫師會指導你具體應該如何塗抹以及塗抹在何處。良好的衛生習慣，如每天讓你的孩子坐著洗澡，對於治療和預防陰唇黏連也是很重要的。你可能會想沿著陰唇邊緣塗抹潤滑膏以防止它們又重新粘在一

起，需要記住的是，雌激素軟膏可能會導致處女膜（陰道開口處的組織）外觀暫時改變，或發生停藥性出血（類似於月經）。這些狀況將在停止使用雌激素軟膏後解決。黏連剛打開時可能看起來可能會如瘀血一般而會被誤認為外傷，但這種現象之後也會消失。

後尿道瓣膜

尿液離開膀胱的管道稱為尿道，而男孩的尿道是穿過陰莖。在罕見的情況下，婦女懷孕初期，男孩的尿道內會形成一小片薄膜，阻斷尿液從膀胱流出，這些薄膜稱為尿道瓣膜，如果這些瓣膜堵塞了正常的尿流量，進而干擾腎臟發展，後果可能會危及生命。如果腎臟發

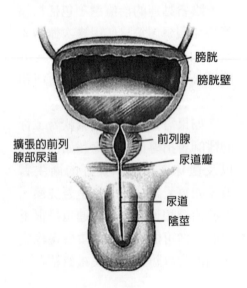

膀胱
膀胱壁
擴張的前列腺部尿道
前列腺
尿道瓣
尿道
陰莖

展異常，肺部發展也可能受到影響。

後尿道瓣膜症狀的嚴重程度差異很大，大多數在出生前使用超音波即可診斷得知。如果胎兒為男嬰，且羊水量減少時，很可能胎兒有後尿道瓣膜的問題，這時你可以在產前先諮詢小兒泌尿科專家。

如果男孩在出生前沒有診斷出後尿道瓣膜，有時在新生兒的例行檢查中，孩子的膀胱會出現擴張和漲大的現象。其他警告信號包括持續尿液滴流，在排尿時尿流量很小。然而，最常見的情況是，當男孩因尿道感染而發燒和營養不良時，才被診斷出後尿道瓣膜。如果你發現以上這些症狀，請立即通知你的小兒科醫師。

後尿道瓣膜需要立即就醫，以避免嚴重尿道感染或造成腎臟受損。如果尿道堵塞嚴重，尿液可能會回流至輸尿管（膀胱和腎臟之間的管道），而其中產生的壓力會使腎臟進一步受到傷害。

治療

如果你的小孩有後尿道瓣膜，你的小兒科醫師可能會插入一條小管（導管）進入膀胱，讓尿液從膀胱流出，暫時解除堵塞的狀況。之後他會取得膀胱和腎臟的影像，以

確認上尿道是否有任何損傷。

你的小兒科醫師可能會徵詢兒科腎臟專家或泌尿科醫師，他或許會建議進行手術去除阻塞的瓣膜，以預防腎臟或尿道進一步的感染。也可能會進行血液檢查以協助查看腎臟功能，並向小兒腎臟科醫師進行諮詢。

隱睪症

在妊娠期間，睪丸在胎兒的腹部發育，在接近預產期，通過管道（腹股溝管）下降進入陰囊。少數男孩，尤其是未成熟的早產兒，在出生時，可能有一個或兩個睪丸沒有進入陰囊。其中大部分將在出生後幾個月完成，但有一些人則無法完成這個過程。

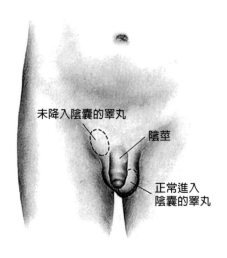

未降入陰囊的睪丸

陰莖

正常進入
陰囊的睪丸

所有的男孩，在一些情況下都會發生睪丸回縮現象，例如冷水浴時。（也就是睪丸暫失「消失」到腹股溝管中），然而在一般情況下，當男孩身體感到溫暖時，睪丸會回到陰囊中。在大多數情況下，隱睪症的原因不明。

如果孩子的睪丸未下降，孩子的陰囊看起來會很小，或沒有充分發育。如果只有一個睪丸未降下，陰囊看起來會不對稱（一側飽滿、一側空虛）。如果睪丸有時在陰囊內，有時（寒冷或受刺激時）不在陰囊內，或位於陰囊上方，這種情況稱為回縮性睪丸——在孩子成熟後一般可以自行修復。

在罕見情況下，未降的睪丸會發生扭轉，造成血液供應受阻，引起腹股溝和陰囊區域疼痛。如果這種情況不及時進行修復，可能會造成嚴重或永遠性的睪丸損傷。因此，如果孩子患隱睪症，並抱怨腹股溝或陰囊疼痛，應立即求助你的小兒科醫師。

在每一次例行檢查時都應該對隱睪症進行評估。如果 6 個月大前睪丸仍然沒有降入陰囊，這時就必須開始治療。診斷透過身體檢查進行，影像檢查如超音波影像通常沒有幫助。

治療

隱睪症的睪丸要透過手術治療，將睪丸帶至陰囊中適當的位置。許多隱睪症的兒童也同時有疝氣（參考第 565 頁），因此在兒童進行隱睪手術時，疝氣的問題也會一併處理。

如果孩子的隱睪症不加以治療，讓睪丸留在該位置超過 2 年，那麼日後孩子**不孕**的風險會比一般人高，此外，隱睪症兒童成年後發展為睪丸腫瘤的風險偏高，雖然手術後風險變小，但仍然還是存在著風險。因此，重點是要教導隱睪症兒童在青春期後進行自我檢查的重要性。

尿道感染

小兒尿道感染很常見，特別是女孩。它們往往是由細菌進入尿道引起，不過，一些嬰兒很罕見的情況是，體內某部分的**細菌**透過血液進入腎臟。當細菌移到尿道時，可能造成不同部位的感染。尿道感染（UTI）這個總稱適用於以下特定的感染：

- 膀胱炎——膀胱感染。
- 腎盂腎炎——腎臟的感染。
- 尿道炎——尿道感染。

膀胱是最容易感染的地方，通常是由進入尿道的細菌引起。女孩的尿道非常短，因此在皮膚表面、結腸和陰道的細菌很容易進入膀胱，幸運的是，這些細菌通常會隨著排尿而排出。

膀胱炎可能引起下腹部疼痛、嘔吐、緊張、尿痛、尿頻、血尿，白天或夜間不斷尿失禁，即使之前已完成如廁訓練，以及低溫發燒。上尿道感染（腎臟）會導致範圍更大的腹部疼痛和較高的發燒，但排尿不會那麼頻繁或痛苦。一般來說，嬰兒和幼兒（2 歲以上）尿道感染除了發燒外，還會有其他更明顯的徵兆或症狀，而且造成腎臟受損的可能性比較大的孩子高。

尿道感染必須盡快使用抗生素治療，因此如果懷疑孩子發生尿道感染，要立即告知你的小兒科醫師。尤其是嬰兒出現不明原因的發燒（不是呼吸道感染或腹瀉），這可能是尿道感染的唯一指標。如果孩子發燒超過 3 天，且沒有出現其他任何症狀，這時你要告知你的小兒科醫師，以便做進一步的評估。

診斷和治療

當疑似尿道感染時，特別是孩子出現一些症狀，你的小兒科醫師會測量孩子的**血壓**（因為血壓升高

是腎臟相關疾病的徵兆），並且檢查**下腹部疼痛**區域，因為這可能是尿道感染的跡象。你的醫師會詢問近日孩子的飲食，因為某些特定食物會刺激尿道，造成類似感染的症狀。

你的小兒科醫師會採集孩子的尿液樣本，對於嬰兒或尚未接受如廁訓練的幼兒來說，會使用導管採集尿液，而對已完成如廁訓練較大的兒童則是使用「攔截法」，將孩子的尿液收集在無菌容器中。首先，使用肥皂和水或醫師提供的特殊濕巾清潔孩子的尿道口（未割包皮的男孩要先將包皮翻開），然後讓孩子開始排尿，但你要等一下，讓孩子先排出一點尿液，之後再將尿液收集在醫師提供的容器中。以這種方法採集，一開始的尿液可以先將尿道口周圍的細菌沖走，這樣才不會污染收集的樣本。在罕見情況下，醫師可能會進行恥骨穿刺，從下腹部穿過皮膚進入膀胱。送檢的尿液會檢查是否含有任何血液細胞或細菌，並且做特殊的培養，以辨識任何存在的細菌。如果疑似任何感染，這時醫師會開始使用抗生素治療，然而，視最後的培養結果而定，到時醫師或許會改用特定的抗生素。

根據最新修訂的治療嬰兒和幼兒（24 個月以上）泌尿系統感染指南，你的小兒科醫師會開長達 7 ～ 14 天的抗生素處方藥物。及時治療非常重要，以避免感染和蔓延，同時減少腎臟受損的機會。

讓孩子完整完成整個抗生素療程非常重要，即使在服用幾天後症狀消失，不然，細菌可能再次滋長，導致更嚴重的感染和尿道受損。

美國小兒科學會建議，尿道感染後的兒童可以做影像檢測（如超音波、X 光或腎臟掃瞄），取決於孩童的年齡和發生過多少次尿道感染。如果幼兒在胎兒期就已做過尿道結構影像完整的檢測，這時有些影像檢測則可以省略。你的小兒科醫師可能會進行其他的檢查，以觀察腎臟的功能。如果這些檢查顯示膀胱、輸尿管或腎臟出現任何異常需要治療，你的醫師會建議找小兒泌尿科醫師或腎臟專家為孩子做進一步的評估治療。

美國小兒科學會目前不建議在結束抗生素療程後，再追加抗生素作為預防復發感染的措施，因為研究顯示，這種作法無法預防日後的尿道感染。

791

尿床問題或遺尿

　　儘管孩子已經完成如廁訓練（2～4歲），但偶然在夜間尿床是常有的事。早期1週尿床的次數可能多達2～3次，隨後逐漸減少，到5歲時完全消失。

　　這種失禁的確切原因不明，最好的作法是將之視為一種自然的過程，無傷大雅，不要為此責備或懲罰你的孩子。

　　有些孩子在5歲後仍然在夜間尿床。當尿床現象只發生在睡眠時，一般稱為夜間遺尿或尿床，其中有這種問題的兒童，年齡在5歲的有1/4；7歲的有1/5；10歲的則有1/20，而男生占2/3，且通常有家族尿床史（通常是父親）。雖然尿床的原因至今尚未完全解開，可能與兒童在神經、肌肉上控制力的發展速度不同、有沒有能力對夜間膀胱變滿的感覺做出回應有關。尿床與身體上或情緒上的其他問題沒有太大關聯，重點是熟睡的孩子不會有意識地控制膀胱，因此，不要讓孩子誤以為他們可以有意識地控制和靠自己就能解決。

　　5歲以上的孩子中也有一小部分會白天尿床，更少一部分孩子甚至不管白天還是夜間都不能憋尿。當白天和夜間都發生遺尿時，通常這表示有更複雜的膀胱和腎臟問題。

　　如果孩子夜間尿床，可能的原因如下：

- 難以在膀胱脹滿時醒來。
- 便祕，導致膀胱承受額外來自直腸的壓力。
- 影響膀胱神經的脊椎異常。
- 糖尿病早期的跡象（參考第641頁）、尿道感染（參考第790頁）或因沮喪或異常壓力導致的情緒壓力——但這限於正常一段時間後突發的尿床現象。

問題的徵兆

　　當孩子開始接受如廁訓練時，「意外」肯定是免不了的，因此，在如廁訓練成功後6個月至1年內，你都無須為尿床事件大驚小怪而傷腦筋。即使如此，對孩子來說，偶爾幾次意外仍然是正常的，但次數應該減少，所以，在完成如廁訓練後6個月，孩子在白天應該只會偶爾發生「意外」，而晚上的次數或許會多一些。如果此時孩子仍然頻繁尿床，或者如果你發現有下列情況，應與小兒科醫師討論：

- 即便孩子規律上廁所，但仍然發現內褲、睡衣和床單尿濕。
- 排尿費力，尿流細小或尿後仍然有尿滴出。

- 尿色污濁或粉色，內褲或睡衣上有血跡。
- 生殖區域發紅或皮疹。
- 為不讓別人發現尿床而隱藏內褲。
- 白天和夜間尿床。
- 難以或不常排便。

治療

5歲左右的孩子在大笑、進行劇烈體力活動、太貪玩等情況下偶爾出現白天或夜間遺尿是非常正常的事，沒有理由擔憂。雖然這令你困擾，或許孩子也會覺得不好意思，但這種插曲會自行停止，可能無須醫療介入。不過，你的醫師或許會問以下的問題：

- 有家族尿床史嗎？
- 孩子多久排尿一次？大約在一天什麼時間排尿？
- 尿濕通常發生在什麼時候？
- 當孩子尿濕時，是否當時孩子活動力很強或很沮喪，或處於巨大的壓力之下？
- 孩子是否在喝下大量流質食物或含鹽量過多的食物後容易尿濕？
- 孩子的排尿或尿液是否有任何不尋常的現象？

如果醫師懷疑有問題，他可能會檢查尿液樣以排除尿道感染。

（參考第790頁）。如果確實是感染，醫師會使用抗生素治療，這或許可以治癒尿濕的問題。然而，感染通常不是遺尿的原因。

如果跡象顯示尿濕的問題不是因為對膀胱脹大的反應發展緩慢，而是有其他的問題，且尿濕的情況一直持續到5歲以後，這時你的小兒科醫師很可能會要求再做其他的檢驗，例如腹部X光檢查或腎臟超音波檢查。如果檢查發現異狀，醫師會建議你諮詢兒科泌尿醫師。

如果5歲以上孩子尿床的原因不是由於身體問題，並且造成家庭極大的困擾，這時你的小兒科醫師可能會建議你們採用居家治療方案。這種方案有各種不同的作法，根據孩子在白天或夜晚尿濕的情況而定。

治療兒童如廁訓練後白天尿濕的情況

1. **避免**使用刺激性的洗滌劑或內衣，以及發泡的沐浴露，以免過度刺激生殖器官區域的皮膚。同時，使用溫和的肥皂洗澡，並在生殖器官區域塗上少許凡士林，以預防進一步受到水和尿液的刺激。

2. 預防便祕或已有便祕，一定要將**便祕治癒**（參考第549頁）。有

時治療便祕可以完全治好白天尿濕的問題。

3. 試著採用**定時排尿法**，每隔幾個小時提醒孩子上廁所，而不是等到「忍不住」才去──到那時已經來不及了。「如廁表」是幫助定時排尿的有用工具，可以在線購買。

4. 鼓勵良好的如廁姿勢。這對於女孩來說尤其重要，因為這樣可以排出膀胱中的所有尿液。如果孩子的腳碰不到浴室地板，可以在腳下放上小凳子；雙腿應該放鬆並稍微張開，以促進骨盆底部的肌肉放鬆。

治療 5 歲以上兒童夜間尿床的情況

以下的計畫通常很有效，但在實施之前，你應該先和小兒科醫師討論。

1. 向孩子解釋問題所在，特別強調你可以理解，你知道這不是他的錯。

2. 睡前 2 個小時，不要鼓勵他喝水。

3. 如果孩子有便祕，一定要將便祕治好。

如果孩子在進行這個計畫 1 至 3 個月後仍然尿床，你的小兒科醫師可能會建議使用尿床警示裝置。這種設備在孩子一排尿時就會自動喚醒孩子，好讓孩子起床上廁所，將尿液排空。有時，孩子可能會熟睡到警示器響完仍未被喚醒，這時，父母最好可以聽到警示聲響，這樣才能喚醒孩子起床上廁所。當持續使用這種警示器，並且遵照小兒科醫師指示時，解決孩子尿床的成功率達一半以上，然而，這可能需要 4 個月以上的時間，不過，使用睡眠警報器的尿床復發率普遍上很低。重點是，若要發揮這些裝置的最大效果，你一定要認真遵守小兒科醫師的指示。

另一種方法為口服藥物，成功率大約為一半至 2/3，而且很少有副作用。然而，這種復發率很高，口服藥物可以用在暫時的露營、在別人家過夜或其他類似的情況。重點是，當服用某些藥物時，睡前一定要限制喝水量，關於這些，你可以和你的醫師討論。

如果以上方法都無效

只有極少數兒童對任何尿床治療法沒有反應，然而，到了青春期幾乎所有的尿床問題都會消失。除非孩子確實擺脫尿床的問題，不然他可能需要家人的支持，或與小兒科醫師協商，或諮詢兒童心理健康

專家。

　　由於尿床是很常見的問題，你或許會看到許多治療方法的廣告，這時你一定要小心防範，因爲許多內容誇大不實，你的小兒科醫師仍然是你最值得信賴的建議來源，在你要進行任何治療方法前，一定要先詢問你的醫師。

　　關於更多尿床的資訊，你可以閱讀霍華德・貝納特（Howard J.Bennett）的著作《從乾爽中醒來：幫助孩子克服尿床》（Waking Up Dry: A Guide to Help Children Overcome Bedwetting）【Elk Grove Village，IL: AAP，2015】。

第29章

頭、頸和神經系統

腦膜炎

腦膜炎是一種**覆蓋於大腦和脊髓上組織發炎**的疾病，有時發炎也會影響腦組織本身。不過早期診斷和適當的治療，腦膜炎的兒童復原效果都不錯，雖然某些形式的腦膜炎細菌發展非常迅速，且有極高的風險或併發症。

多虧疫苗預防了嚴重的細菌型腦膜炎，今日大多數的腦膜炎都是由病毒引起。除了對小於 3 個月大的嬰兒，以及某些特定病毒外，如單純皰疹往往會導致另一種嚴重的感染，其他的病毒形式通常並不嚴重。一旦腦膜炎確定是病毒感染後，這時抗生素就無用武之地，孩子會慢慢的復原。**細菌型腦膜炎**（涉及好幾種細菌）是一種非常嚴重的疾病，在已開發國家中很少見（由於疫苗的成功），不過，如果真的發生，小於 2 歲的嬰兒就有高度的危險性。

造成腦膜炎的細菌經常存在於健康兒童的口腔和喉嚨，不過，這並不意味著這些孩子會得到這種疾病，除非這些細菌進入孩子的血液。

目前我們還無法確定為何有些兒童會得到腦膜炎，有些孩子不會，不過，我們可以肯定的是，某些族群的孩子特別容易得到腦膜炎，這些族群包括：

■ 嬰兒，特別是 2 歲以下（因為免疫系統不成熟，細菌容易進入血液）。
■ 反覆鼻竇感染的兒童。
■ 近期嚴重頭部損傷和顱骨骨折的兒童。
■ 剛剛做過腦外科手術的兒童。
■ 有裝人工電子耳的兒童。

經過及時診斷和治療，大約有 7/10 患有細菌型腦膜炎的兒童在無任何併發症的情況下痊癒。然而，記住，腦膜炎是一種可能致命

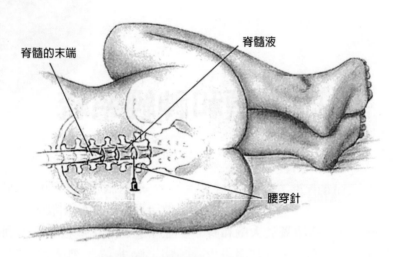

脊髓的末端

脊髓液

腰穿針

腰椎穿刺應該在脊髓以下進行，
以免穿刺針接觸脊髓。

的疾病，而且大約有 2/10 的案例可能導致嚴重中樞神經系統問題、耳聾、癲癇發作、雙臂或雙腿麻痺，或者學習困難。由於腦膜炎進展迅速，因此必須及早發現與及時積極治療，這也是為何當孩子出現以下**任何警訊**時，你要立即通知小兒科醫師的重要性。

如果孩子**小於 2 個月大**：發燒、精神不濟、食慾下降或哭鬧次數增加或易怒，你要立即通知你的小兒科醫師。在這個年齡層，腦膜炎的跡象難以觀察，因此最好早點打電話告知醫師，寧願判斷錯誤也不要錯失就醫良機。

如果孩子在 **2 個月大至 2 歲之間**：這是腦膜炎最常發生的年齡層，症狀包括發燒、嘔吐、食慾下降、哭鬧不休或嗜睡。（暴躁期間非常激烈，嗜睡期則很難叫醒），發燒時伴隨癲癇發作可能是腦膜炎的第一個徵兆，雖然大多數人認為一般（僵直陣攣）抽搐只是熱痙攣的現象，不是腦膜炎（參考第 804 頁癲癇、抽搐和痙攣）。此外，皮膚紅疹也可能是腦膜炎的徵兆。如果孩子在 2 ～ 5 歲之間：除了上述的症狀外，孩子可能還會抱怨頭痛、背或頸部僵硬疼痛，而且可能還會畏光。

治療

如果經過檢查，你的小兒科醫師認為你的孩子可能患有腦膜炎，他會為孩子驗血，確定是否有細菌感染，同時會進行脊椎穿刺或腰椎穿刺（LP）採集脊髓液。這個簡單的程序涉及將一個特殊的細針插入孩子的下背部抽取脊髓液，這是一個很安全的技術，主要是從脊髓底部周圍的囊中抽取液體。如果這些脊髓液有發炎的現象，這表示孩子確實有細菌型腦膜炎。在這種情況下，孩子需要住院接受靜脈注射抗生素和流體，並且觀察是否出現任何併發症。在治療第 1 天，你的孩子無法進食或飲水，所以靜脈注射液體可以補充孩子所需的水分和營養。至於細菌型的腦膜炎，靜脈注射抗生素或許需要 7 ～ 21 天的療程，取決於兒童的年齡和細菌的種類而定。

如果需要長期使用抗生素，你的孩子可能可以在自己家中、更舒適的環境下繼續接受藥物治療。大多數患有病毒性腦膜炎的兒童在不使用抗生素的情況下會在 7 ～ 10 天內好轉，孩子通常會在家中透過休養、補充液體和使用非處方止痛藥等方式直到康復，但有些孩子也可能需要在醫院接受治療。

預防

某些類型的細菌型腦膜炎可以使用疫苗防治，你可以詢問你的小兒科醫師關於以下的疫苗：

B 型嗜血桿菌疫苗（Hib）

這種疫苗可以減少孩子感染 B 型流感嗜血桿菌的機會，這是過去尚未發明疫苗前，導致幼兒細菌型腦膜炎最主要的原因。這種疫苗經由注射，在孩子滿 2 個月、4 個月和 6 個月大，以及在 12 ～ 15 個月大時施打（有些混合型疫苗可以省略最後一次注射）。

流行性腦脊髓膜炎雙球菌疫苗

美國目前有兩種腦膜炎疫苗，但兒童首選的疫苗為腦膜炎球菌結合型疫苗（MCV4），儘管這種疫苗可以預防四種類型的腦膜炎病菌，但這並不是例行的幼兒疫苗，而是適合 11 ～ 12 歲或即將進入高中青少年接種的疫苗。

肺炎鏈球菌疫苗

這種疫苗可以有效預防許多肺炎鏈球菌造成的感染，包括腦膜炎、菌血症（一種血液感染）和肺炎。建議在 2 個月大時接種，並且在 4 個月、6 個月和 12 ～ 15 個月大間接種追加疫苗。有些疑似有嚴

重感染高風險族群的兒童（包括免疫系統功能異常、鐮狀細胞型貧血、某些腎臟疾病和其他慢性疾病），可能需要在 2 ～ 5 歲之間再追加一劑疫苗。

動暈症

動暈症為當大腦接收來自身體運動感應部位（內耳、眼睛和四肢神經）的**信號相互矛盾**時，就會產生的症狀。在一般情況下，這 3 個部位對任何肢體動作都會作出反應，當它們接收和發送的信號不一致時，例如你看到電影螢幕上快速的移動，你的眼睛感應到這個動作，但你的內耳和關節並沒有，於是大腦接收到矛盾的信號，因此啟動的反應可能會讓你頭暈不適。同樣的情況可能發生在當孩子坐在很低的後座椅上，他無法看見車窗外的景物，但他的內耳感覺到移動，不過他的眼睛和四肢卻沒有相同的感覺。

動暈症一開始的症狀為胃部不適（噁心）、冒冷汗、疲勞和食慾減退，之後出現嘔吐。年幼的孩子可能不會描述噁心的感覺，但可能出現**面色蒼白、煩躁、搖晃和哭鬧**的情況。隨後對食物沒有興趣（即使是最喜歡的食物），最後甚至會

嘔吐。這種情況很可能是先前乘車的暈車反應，隨著時間久了，暈車的現象會慢慢改善。

我們目前仍然不明白為何有些兒童比其他兒童更容易出現動暈症，由於有些容易產生動暈症的兒童，日後會有偶爾的頭痛症狀，於是有些專家認為動暈症可能是偏頭痛早期的一種形式。動暈症最常發生於第一次乘船或搭乘飛機，或者搖動非常激烈，例如湍急水流或空中亂流。此外，壓力和過度興奮也會造成這個問題或使症狀惡化。

因應之道

如果你的孩子出現動暈症，最好的做法是停止造成該問題的活動。假設你們在車上，這時要盡快將車子安全停好，讓孩子下車走動一下。如果你們開車長途旅行，你可能要經常停下來做短暫的休息，這絕對是有利無害的。如果這種情況是因為盪鞦韆或旋轉木馬，這時你要立即停止活動，讓孩子離開這些設備。

由於「**暈車**」是孩子常見的動暈症，目前已有許多預防措施，除了經常停車休息外，你還可以嘗試以下做法：

■ 如果孩子已超過 3 個小時沒有進食，在出發前可以給他吃一點輕

食點心 —— 這對乘船或搭乘飛機也很有幫助 —— 可以緩解飢餓感，因為飢餓感似乎會使動暈症加劇。

■ 試著集中他的注意力，讓他遠離不適的感覺。你可以讓他聽廣播、唱歌或和他聊天。

■ 讓他看窗外的景物，不要在車內看書、打電動或腿上的螢幕。

如果以上做法都無效，你可以將車停好，把他從汽車安全座椅抱下來，讓他眼睛閉上平躺幾分鐘，在前額上進行冷敷也可以舒緩這種症狀。

如果你們計畫旅行，但孩子過去有暈車的情況，你或許會考慮使用藥物預防暈車。有些暈車藥物無需醫師處方，不過使用前先詢問你的小兒科醫師。雖然這些藥物或許一時有幫助，但往往也有副作用，例如嗜睡（這意味著孩子到達目的地後，可能太累無法好好玩樂）、口腔鼻子乾燥或視線模糊。使用不會讓視線模糊的類型造成的副作用通常比較少。

如果孩子經常在沒有任何相關移動時出現動暈症 —— 特別是伴有頭痛、聽力下降、視物困難、走路或說話不便或呆視前方，要告知你的小兒科醫師，這可能是其他疾病的症狀而不是動暈症。

流行性腮腺炎

流行性腮腺炎是一種病毒感染引起的疾病，通常症狀為腮腺腫脹（腮腺可以分泌口腔消化液）。感謝 MMR 三合一疫苗（麻疹、腮腺炎和德國麻疹）在 12 ～ 15 個月大時接種，以及在 4 ～ 6 歲時追加 1 劑，因此已開發國家中的兒童幾乎不會得到腮腺炎。

美國小兒科學會建議，如果你的孩子在早期沒有接種 MMR 疫苗，那麼他（18 歲以下的孩子）應該在相隔約 4 個星期的時間接種 2 劑 MMR 疫苗。

雖然接種 MMR 疫苗非常重要，不過如果你的孩子沒有接種疫苗，父母則應該學習辨識流行性腮腺炎與其他類似疾病的區別。腮腺位於耳前方、下額上方，是最容易得到流行性腮腺炎的地方。腫脹可能會發生單側或在兩側的臉頰上症狀通常會持續 7 ～ 10 天。並非所有罹患腮腺炎的孩子都會發生臉頰腫脹，正如那些比較輕微的狀況。任何曾感染腮腺炎的人，不論症狀輕微或嚴重，都會在之後變得免疫並在整個人生中維持保護。

腮腺炎病毒是透過感染的人所咳出含有病毒的飛沫散播在空氣中或他的雙手，這時在附近的兒童可

能吸入這些粒子，然後病毒經過孩子的呼吸道進入血液，最後停留在腮腺。到時，這種病毒往往會導致一側或兩側雙頰腺體腫大。其他流行性腮腺炎的症狀可能包括睪丸腫脹，在極少數情況下，這種病毒也會造成男孩或女孩大腦腫脹或女孩卵巢腫脹。

重點是腮腺腫大也可能是非流性行腮腺炎病毒引起，這也是為何許多父母以為他們的孩子已不止一次得到腮腺炎。如果你的孩子已經接種疫苗、或者已經得過腮腺炎，但他的腮腺有腫脹的現象，這時你要諮詢你的小兒科醫師，確定腫脹的原因。

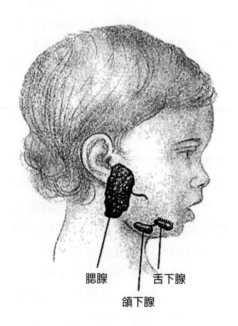

腮腺 舌下腺
頜下腺

治療

除了讓孩子盡可能舒適多休息，喝大量液體，以及如果有發燒則使用乙醯胺酚舒緩不適外，流行性腮腺炎沒有具體的治療方法。雖然患這種疾病的孩子不太想喝水，但你可以放一杯水或非柑橘類果汁在他身邊，鼓勵他多喝幾口。另外，在腫脹處熱敷也可以得到短暫的舒緩。

如果孩子的病情惡化，或者出現諸如睪丸疼痛、嚴重腹痛或非常困倦等併發症，應立即就醫。併發症的情況非常罕見，但醫師會進一步為孩子做檢查，以確定是否需要其他的醫藥治療。

抽搐、痙攣和癲癇

抽搐（seizures）是一種大腦電脈衝異常，造成突發性意識、肢體、感官或行為改變的症狀，根據身體哪些部位受到異常電脈衝的影響，抽搐可能導致身體突然僵硬、有節奏的晃動、肌肉痙攣、肌肉完全鬆弛（幾乎暫時癱瘓）或瞪大雙眼直視。有時抽搐也會用「發作」來表示，而另一種術語「痙攣」經常會與抽搐互換使用。

痙攣（convulsions）涉及全身性（有時稱為「僵直陣攣發作」），

這是抽搐最嚴重的類型，造成迅速猛烈的動作與失去意識。大約每100人中就有5人在兒童期曾經發生過痙攣。相較之下，「失神性」痙攣（之前稱為「小發作」）是一種短暫（1或2種）注意力喪失，最主要發生在幼兒身上，而且症狀可能小到留意不到，直到這種症狀開始影響課業。

年齡層在6個月至5歲大的兒童，熱痙攣（急性發燒或慢性神經系統疾病引起的痙攣）的發生率為3～4%，不過最常發生的年齡大約在12～18個月大之間。第一次熱痙攣發作年齡小於1歲以下的幼兒，大約有50%的機率可能發生第二次，而第一次熱痙攣發作年齡大於1歲以上的幼兒，第二次發作的機率可能為30%。然而，只有少數兒童會繼續發展成癲癇（無發燒的長期抽搐症狀）。熱痙攣的輕微症狀包括轉動眼睛或四肢僵硬，較嚴重的則是全身性肌肉抽搐。熱痙攣通常很少超過1分鐘，縱使在相當罕見的情況下可能可以持續15分鐘，而且孩子的行為很快就會恢復正常。

癲癇是長期不斷發生的非急性疾病（如發燒）或其他觸媒引起的抽搐症狀，有些癲癇反覆發作的原因可考（症狀性癲癇），有些則不明（突發性癲癇）。

有些兒童突發性的行為很像抽搐發作，但其實不是，例如憋氣、暈倒（暈厥）、臉部或身體抽動（肌肉陣攣）和異常的睡眠障礙（夜驚、夢遊和昏倒）。這些可能只發生一次，或者在一定的時間內復發。再次重申，雖然這些插曲可能看似癲癇或真正的抽搐，但它們不是，因此需要不同的治療方法。

治療

大多數癲癇會自行停止，不需要特別治療。如果孩子痙攣發作，你可以讓他側躺，臀部略高過於頭部，這可以預防他受傷和嘔吐時窒息。

如果在2～3分鐘內痙攣沒有停止或非常嚴重（呼吸困難、窒息、皮膚發青或連續幾次發作），你要立即撥打119尋求緊急醫療救助，千萬不可讓孩子處在無人照護的情況。當抽搐停止後，立即致電給你的小兒科醫師，預約門診或最近的急診室。另外，如果你的孩子正在服用抗痙攣藥物，你還是要打電話給你的醫師，因為這表示可能需要調整孩子的藥物劑量。

如果孩子有發燒，這時醫師會檢查是否有感染；如果沒有發燒，而且是孩子第一次痙攣發作，這時

醫師會詢問家族是否有抽搐史，是否近期頭部受過傷害等，以判斷可能的原因。他會為孩子做身體檢查，同時進行驗血或測試腦電波（EGG），也就是測量大腦內電波的活動。在某些情況下，孩子可能需要使用電腦斷層掃描或核磁共振攝影（MRI），以取得大腦內部的影像。有時也會進行脊椎穿刺採集脊髓液樣本，以確定抽搐是否因腦膜炎（參考第 797 頁）引起。如果抽搐原因不明，醫師或許會諮詢專攻中樞神經系統紊亂小兒科神經學家的意見。

如果你的小孩有熱痙攣，有些父母或許會試圖用乙醯胺酚和海綿擦拭以舒緩發燒的情況，然而，這些方法只會讓孩子舒服一點，無法預防日後熱痙攣發作。如果是細菌感染，你的醫師或許會開抗生素藥物。如果是嚴重感染如腦膜炎，你的醫師可能會讓孩子住院做進一步的治療。此外，如果抽搐是由於血液中糖、鈉或鈣含量異常引起，這時孩子一定要住院，以找出和治療不平衡的原因。

如果孩子確診為癲癇，這時往往需要服用一種抗癲癇藥物，當攝取適當劑量時，抽搐的症狀通常可以控制得當。一開始，你的孩子需要定期檢查血液，以確定體內的抗癲癇藥物含量是否足夠，同時也很可能需要做週期性的腦電波檢查。

通常藥物需要持續服用，直到一年或兩年以上沒有抽搐發作。抽搐或許讓人害怕，不過讓人欣慰的是，隨著孩子年齡增長，抽搐的可能性會大大降低（只有 1% 的成人有抽搐的症狀）。不幸的是，由於許多人對抽搐存在大量的誤解和混亂，所以讓孩子的朋友和老師瞭解孩子的狀況非常重要。如果你需要額外的協助或資訊，你可以請教你的小兒科醫師。

歪頭（斜頸）

歪頭是一種孩子頭部或頸部彎曲或處在異常的位置，他可能將頭偏向一側，或者平躺時，頭部總是轉向床墊的同一邊。這種症狀可能導致孩子的臉一側扁平或臉上線條不平均。如果不治療，歪頭的情況可能造成臉部永久變形或不均勻，並且頭部的動作會受到限制。

大多數歪頭的情況與斜頸有關，雖然在罕見的情況下，歪頭可能是因為其他原因引起，例如聽力受損、眼睛不協調、胃食道逆流、喉嚨或淋巴結感染，或非常罕見的大腦腫瘤。

後天性斜頸（因為受傷或發炎）

這比較可能發生在大一點的孩子身上，大約 9 或 10 歲以上。這種類型的斜頸往往是因為上呼吸道感染、喉嚨痛、受傷或未知因素引起喉嚨發炎的結果。由於一些不明的原因造成腫脹，導致脊柱上方周圍的肌肉鬆弛，進而使脊椎骨脫位，當發生這種情況時，頸部的肌肉會抽搐，造成頭部向一側傾斜，這種症狀發作通常是突發性且非常疼痛。

先天性肌性斜頸

到目前為止，5 歲以下兒童歪頭最常見的原因是先天性肌斜頸，這種情況通常是由於嬰兒在子宮裡的位置造成，以及罕見的情況是在分娩時拉傷（尤其是臀位和第一次分娩）。不管是什麼原因，這種情況通常在出生後 6 ～ 8 週會被發現，醫師會留意到嬰兒頸部的其中一部分的肌肉較緊繃。受到影響的肌肉為胸鎖乳突肌，這是連接胸骨、頭部和頸部的肌肉。由於受傷的肌肉日後收縮，進而導致頭歪斜至一側，眼睛看向另一側的現象。

治療

每種歪頭的治療方法都不同，重點是要盡早治療，以便能在永久性畸形定型前矯正。

你的小兒科醫師會檢查孩子的頸部，或許會照 X 光，以確定該區的問題。此外，髖關節處也可能會照 X 光或超音波，因為有些先天性肌性斜頸的兒童，可能也會有髖關節發展異常的症狀。如果醫師確診問題是先天性肌性斜頸，你將要學習一種**伸展頸部的運動療程**。醫師會指導你如何從傾斜處往反方向慢慢移動孩子的頭，你需要每天幫孩子做好幾次，隨著每次的肌肉伸展，慢慢擴展動作的範圍。

當孩子睡覺時，最好是平躺，然後將他的頭與傾斜側呈反方向定位，在罕見的情況下，你的小兒科醫師可能會建議調整他的睡眠姿

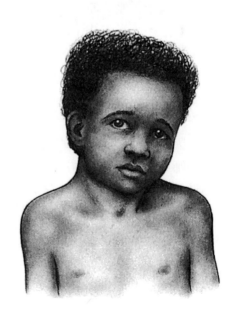

勢。當孩子醒來時，將他有興趣的事物（窗戶、手機、圖片和活動）放在受傷的另一側，這樣為了看這些物件，他會試圖伸展收縮那一側的肌肉。你的小兒科醫師可能會建議，當孩子清醒時，可以讓他趴著，並且將臉轉向傾斜側的反方向。這種簡單的方法治好大多數這種類型的歪頭案例，免除日後進行手術的必要性（你的小兒科醫師可能會請物理治療師協助你進行這個調整的療程）。

　　如果透過矯正或改變位置仍然無法改善歪頭現象，你的小兒科醫師會把孩子轉介給神經學家或骨科醫師，在某些情況下，可能需要在受影響的肌腱處進行拉長手術。

　　如果孩子歪頭的原因不是先天性肌性斜頸，X 光也找不出脊椎任何異常，這時可能需要多休息、特殊的衣領、輕柔的伸展運動、按摩、牽引、熱敷、藥物或在罕見的情況下，需要影像或手術治療。若要治療因受傷或發炎造成的斜頸，你的醫師或許會建議熱敷，運用按摩和伸展舒緩頭部和頸部的疼痛。你的小兒科醫師也可以推薦專家提供明確的診斷和治療計畫。

第30章

心臟

心律不整

孩子的心跳率一般來說會有些變化，當發燒、哭鬧、運動或活動力強時，心跳會比正常的心跳率還快，隨著孩子年齡增長，孩子的心跳率會放慢下來。正常新生兒的靜態心跳率每分鐘在 130～150 下，不過，這種心跳率對 5 歲兒童來說太快了，青少年運動好手的正常靜態心跳率大約是每分鐘 50～60 下。

心臟的正常跳動是由於心臟壁的神經電子迴路竇房結，不斷放出脈衝波讓心臟跳動。當迴路運作正常時，心跳率是相當規律，但當迴路出現問題時，心跳不規則或心律不整的情況就會發生。有些孩子天生心臟迴路異常，不過心律不整也可能是感染或血液中化學物質不平衡。即使健康的兒童，心跳率也會產生其他的變化，包括呼吸也會改變心跳率。這種波動稱為竇性心律不整，無需特別評估或治療，因為這是正常的現象。

所謂早期收縮是另一種無需治療的心律不整類型，如果孩子有這種現象，他可能會說他的心臟「少跳一下」或「翻轉一下」，通常這些症狀並不代表孩子有嚴重的心臟病。

如果你的小兒科醫師告知你的孩子有心律不整的問題，這表示他的心跳可能比正常快一點（心跳過快）、非常快（急跳）、快且不規律（纖維性顫動）、比正常慢一點（心跳過慢）或在既定時間前跳動（早期收縮）。雖然真正心律不整的症狀很少見，但當發生時，情況可能會很嚴重。在罕見的情況下可能會導致昏厥或心臟衰竭，不過幸運的是，這些都能成功治癒，因此及早發現與及時治療是非常的重要。

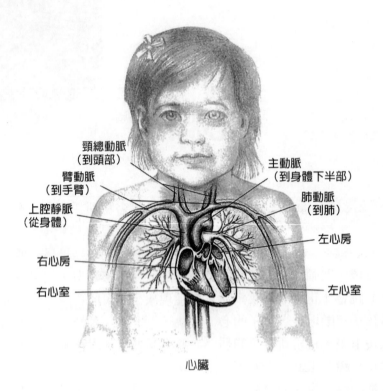

頸總動脈
（到頭部）

臂動脈
（到手臂）

上腔靜脈
（從身體）

右心房

右心室

主動脈
（到身體下半部）

肺動脈
（到肺）

左心房

左心室

心臟

症狀和特徵

如果你的孩子真的有心律不整的問題，通常在例行檢查中，你的小兒科醫師就會發現。不過，在其他時間，如果你發現孩子有以下任何徵兆，你一定要立即告知你的小兒科醫師。

- 嬰兒突然面色蒼白、無精打采，身體柔軟無力。
- 即使在沒有運動的情況下，孩子仍抱怨心臟跳動太快。
- 孩子告訴你感到不舒服、無力或眩暈。

- 孩子面色發紫或昏倒。

孩子有上述症狀的可能性很小，但如果有，你的小兒科醫師會進行其他檢查或與小兒心臟科醫師進行會診。在這個過程中，醫師會做心電圖檢查，以區分無害的竇性心律不整與真正心律不整。心電圖實際上是記錄心臟跳動電脈衝，使醫師可以更詳細觀察任何不規則心跳的問題。

有時孩子心跳異常發生的時間難以預測，通常都不是在做心電圖時出現。在這種情況下，心臟科醫

師可能會建議孩子配帶一種小型隨身型心電圖記錄器，稱爲霍特式行動心電圖，可以連續記錄孩子的心跳爲期 1 ～ 2 天。在這段時間，你要記下孩子的活動和症狀，然後與心電圖做比對以做出診斷。例如，如果孩子在下午 2 點 15 分時心跳急速和頭暈，且心電圖顯示他的心跳突然在這時間加速，這時即可確診孩子有心律不整的問題。

如果孩子的心跳不規則只出現在運動過程中，這時心臟科醫師可能會讓孩子一邊騎健身腳踏車或在跑步機上跑步，一邊記錄他的心跳。等到孩子夠大可以參加體育活動時，你可以徵求小兒科醫師的意見，看看孩子是否需要進行任何特殊測驗或有任何運動的限制。

心臟雜音

技術上來說，心臟雜音只是心臟跳動之間的雜聲。在醫師進行心臟聽診時，他聽到的聲音好像是「lub-dub」聲，lub 到 dub，或 dub 到 lub 之間是一個靜音期。如果在這期間出現任何聲音，這就是心臟雜音。儘管字面上看起來不舒服，但雜音確實很常見，且通常是「功能性的」或「無害的」（聲音是由健康心臟正常血液流動產生的

聲音）。學齡前或學齡兒童的心臟雜音幾乎無害，不需要特別護理，最終雜音會完全消失。

如果孩子有這種雜音，很可能在 1 ～ 5 歲中的常規檢查時發現。醫師會仔細進行聽診，以判斷是否是功能性的心臟雜音，還是有問題的前兆。通常光聽聲音，小兒科醫師就能知道雜音是否無礙（正常心臟血流的聲音），如果必要，他會諮詢小兒科心臟專家以確定診斷，通常不需要額外的測試。

在罕見情況下，醫師會聽到一些可以斷定不是由於血流通過心臟產生的異常雜音。假如醫師懷疑，這時孩子會被轉介至小兒科心臟專家，以做進一步精確的診斷。

雖然有些心雜音是正常的，且不表示孩子的心臟有某種潛在的異常，然而其他的心雜音卻需要多加注意。這類異常的心雜音可能是由於心房中隔缺損或來自心臟的主動脈之間連接異常。醫師會觀察孩子的膚色是否產生變化（發紫），以及是否有呼吸或餵養的困難。他可能還會進行額外檢驗，如胸部 X 光、心電圖（ECG）和心臟超音波（超聲心動圖），這種超聲心動圖是透過聲波產生心臟內部的影像。心臟科醫師和小兒科醫師會根據檢查結果共同討論孩子是否需要進一

步治療，如果這些測試顯示一切正常，那麼結論將是嬰兒的心臟雜音無礙，無需心臟科專家進一步會診。

有一種特殊狀況稱為開放性動脈導管（PDA），這是一種先天性心導管閉鎖不全，通常在出生後不久即被診斷出來，最常發生於早產兒。患有開放性動脈導管的嬰兒，其中兩條連接心臟的主動脈之間血液循環異常。在大多數情況下，開放性動脈導管的唯一症狀是心臟雜音，直到導管在嬰兒出生後不久自行關閉，這通常是足月健康新生兒一般的情況。有時候，特別是早產兒，這個部分的導管可能無法自行關閉或可能太大，導致太多血液流向肺部，使得心臟承受額外的壓力，因此心臟得更費力，結果導致肺部動脈血壓升高。

治療

功能性或無害的心臟雜音是正常而不需要治療的。如果孩子有這類心雜音，也不需要找心臟專家複檢或長期追蹤，更不需要限制運動或其他體育活動。偶爾，無礙的心臟雜音會在青春期中期消失，心臟專家也不明白雜音為什麼消失，正如我們不知道為什麼有雜音一樣。同時，如果在一次看醫師時雜音較柔和，下一次看醫師時雜音較重，也不要感到氣餒。這僅僅表示孩子的心臟在兩次檢查時的心率不同，這種正常的雜音多數最終會消失。

在某些情況下，開放性動脈導管是一種可自行矯正的疾病，不過，如果動脈導管仍然無法閉合，這時可能需要進行手術或裝置導管矯正。

如果是其他先天性或出生後不久發生的更嚴重心臟缺陷，這時小兒科心臟醫師和小兒科醫師會評估是否可以進行小兒心臟外科手術，這通常會在兒童醫院或大型教學醫院進行，那些機構有能力進行完整的兒科心臟診斷和干預。

高血壓

我們通常認為高血壓是成年人的疾病，但實際上這種疾病可能發生於任何年紀，甚至是嬰兒。雖然有 10% 的兒童血壓偏高，但其中只有 3 ～ 4 成真正患有高血壓。

高血壓實際上涉及兩個不同的測定值：收縮壓——心臟泵血進入身體時動脈達到的最高血壓；舒張壓——在心臟跳動期間血液回流心臟時動脈的最低血壓。如果上述兩個數值中的任何一個高於同年齡、同性別的健康人的平均值，這就是

有高血壓。

在許多情況下，高血壓似乎會隨著年齡增長而發展，因此，你的孩子可能在嬰兒時沒有高血壓的徵兆，但隨著日後成長，可能會慢慢發展成高血壓。超重的兒童更容易患有高血壓（以及其他健康問題），所以，良好的飲食習慣（得到重要營養成分而不過度飲食）與足夠的體力活動，對兒童早期（和終生）非常的重要。

大多數兒童高血壓的情況，除了因肥胖導致或惡化外，並沒有確切已知的原因。然而，當兒童高血壓變得更嚴重時，這往往是另一種重大疾病的徵兆，例如腎臟疾病或心臟異常或神經或內分泌（腺）系統異常。

大多數的定期檢查都會測量孩子的血壓，這往往是診斷出高血壓的方法。通常高血壓沒有明顯的不適，不過以下為高血壓的徵兆：

- 頭痛。
- 眩暈。
- 呼吸急促。
- 視力模糊。
- 疲勞。
- 腳踝周圍水腫。

幸運的是，單純的兒童高血壓很少導致那些在成人身上可能產生的重大疾病。而且兒童高血壓通常可以透過改變飲食、藥物或結合兩者控制。然而，如果長期下來任由高血壓繼續或惡化，那麼這種長久的額外壓力可能會造成心臟衰竭或成人後中風。此外，長期高血壓會導致血管壁改變，進而造成腎臟、眼睛和其他器官受損。基於這些原因，患有高血壓的兒童，在每次定期檢查時都要測量血壓，並且確實遵照醫師的治療建議。

治療

從 3 歲開始，孩子的血壓會作為年度健康檢查的一部分進行檢查。這通常是兒童高血壓被發現的方式。如果血壓量測結果過高，你可能會被要求回家並在之後再量測一次。如果在幾次會診中血壓仍然很高，你的孩子可能會被要求進行一種名為 24 小時動態血壓監測的檢查，以確認孩子的血壓不僅在看診時偏高，而是日夜都維持有過高的情況。

如果孩子有高血壓的徵兆，醫師會進行一些檢查，以判斷孩子是否患有引起高血壓的潛在疾病。這些檢查包括血、尿檢查，有時也會使用超音波檢查腎臟的血液供應。如果找不到任何問題，你的孩子會被診斷為**原發性高血壓**。如果檢查

專欄

高鈉（鹽）食品

（大於 0.4 克／餐）

調味料：牛肉清湯、鹽醃製的嫩肉、含鹽調味品（例如大蒜鹽、洋蔥鹽、胡椒鹽）、醬油。

盒裝或袋裝的點心、加工食品：含鹽脆餅乾、薄餅、薯片和爆米花。

市售食品：多數冷凍食品、市售的脫水和罐裝濃湯。

罐裝或加工的蔬菜：任何用鹽水製作的蔬菜，例如橄欖、泡菜、德國泡菜和諸如番茄汁等蔬菜汁。

乳酪：加工的乳製品、一些含有美國乳酪、藍色乳酪、茅屋乳酪和帕馬森乳酪。

包裝或加工的肉：任何燻製、加工、泡製的肉製品，例如醃製的牛排、鹹豬肉、臘肉或魚、火腿、條狀加工肉、臘腸和香腸。

有發現潛在的高血壓原因，孩子會需要被送往適當的小兒專科專家以接受對該確切病症的治療。

如果肥胖是致因，醫師會告知你的作法如下：第一步可能是讓孩子減肥，過程中你的小兒科醫師會密切監控，減重不僅可以降低血壓，同時還有許多其他的健康益處。

接下來是改變孩子的飲食。包括增加給予孩子水果與蔬菜數量，並減少飲食中的鹽分。當你購買包裝食品時，你也要特別留意，因為某些罐頭和加工食品含有大量的鹽，所以請學習如何閱讀標籤並在購買食品時仔細閱讀，確保含鹽量低或無添加鹽。速食食品和其他類型餐廳的食物往往含有大量的鹽，所以要減少它們的攝取量。在家中自行料理新鮮食物總是比外食更加健康的選擇。你的小兒科醫師或許還會建議孩子要多運動，並限制孩子進行久坐活動的時間如看電視，體力活動似乎有助於調節血壓，可能也可以幫助控制體重，進而改善輕微的高血壓症狀。

一旦你的小兒科醫師確定孩子有高血壓，他一定會經常檢查孩子的血壓，以確保高血壓不會變得更嚴重。根據孩子高血壓的情況而定，他可能會轉介孩子給高血壓專家，通常是小兒科腎臟專家或心臟專家。如果孩子的高血壓狀況惡化，這時可能需要藥物治療，並且配合運動和飲食。目前市面上有多種藥物，其中這些藥物透過不同方式發揮作用。當孩子的血壓經由飲食或藥物控制良好後，這時繼續遵照醫師的指示持續治療非常重要，包括改變飲食，不然高血壓的情況又會復發。

預防

及早發現高血壓很重要，長期未受控的高血壓對體內一些器官，如心臟、腎臟和大腦會造成損傷。目前建議所有 3 歲以上的兒童都要定期測量血壓，以便早期發現那些高危險群的兒童。這些包括早產兒或出生時體重過輕，或患有疾病或長期住院的兒童，同時還包括先天性心臟病，目前正在接受可能會導致血壓升高的藥物治療，或者患有其他可能會造成血壓升高疾病的兒童。

由於**超重的兒童**更容易患有高血壓（以及其他健康問題），你要留意孩子的熱量攝取量，教導孩子選擇健康的食物，並確保他有足夠的運動量。即使只是相對體重稍微減輕，或稍微增加運動量，這都有助於體重過重的兒童預防高血壓。

川崎氏症

川崎氏症是一種**多系統全身血管發炎症候群**，症狀可能很嚴重且複雜，至今發生的原因不明。這種疾病其中一個徵兆為**發燒**，通常是高燒，而且至少持續 5 天以上，對抗生素無反應，且沒有其他原因。小兒川崎氏症的診斷，發燒是其中一大徵兆，其他的症狀則需經過檢驗才能得知，通常如果在孩子生病第 1 週出現以下 6 個症狀中的其中 4 個，那孩子很可能就是川崎氏症：

1. 身體某部分或全身出疹，通常尿布區域最嚴重，特別是 12 個月以下的嬰兒。
2. 手掌／腳底發紅和腫脹，指甲基底部周圍的皮膚破裂。
3. 嘴唇發紅、腫脹和破裂，或草莓舌（發紅、凹凸不平）。
4. 眼睛發紅、發炎，尤其是鞏膜（眼白部分）。
5. 淋巴單邊腫大，尤其是頸部的一側。

6. 急躁易怒（煩躁）或無精打采（嗜睡）；抱怨腹痛、頭痛和／或關節痛。

當川崎氏症相關血管發炎時，通常有 25% 會涉及心臟動脈（冠狀動脈），血液檢測可以顯示發炎的現象，心臟超音波則是用來評估川崎氏症兒童冠狀動脈的情況。心臟超音波可以確定發炎的狀況是否造成血管壁變得薄弱，在某些情況下，這種弱化很可能導致破裂，引起動脈瘤（腫脹的血管充滿血液）。在大多數情況下，血管發炎的現象幾乎要幾個月至幾年才會痊癒，不過在某些情況下，冠狀動脈可能產生病變（變得狹窄）。

川崎氏症最常出現於日本和韓國的後裔，不過所有種族和各大洲也有病例。正確的病例數字不明，但在美國每年大約在 5,000 ～ 10,000 件之間，通常發生在 18 個月至 24 個月大的嬰兒和學齡前兒童。川崎氏症在 6 個星期至 6 個月大的嬰兒中很罕見，持續高燒是唯一的跡象，在美國，川崎氏症好發的年齡在 6 個月大至 5 歲之間。

川崎氏症不具傳染性，一個家庭有兩個孩子同時得到這種疾病的情況極為罕見，同樣地，這種疾病不會在幼兒照護中心傳染，不過川崎氏症可能會在社區蔓延，但確切的原因不明。儘管大量的研究顯示，這種疾病並非細菌、病毒或毒素造成，沒有特別的檢驗方法可以診斷，通常是單靠辨認之前提及的徵兆和排除其他疾病的可能性確診。

治療

川崎氏症可以治癒但無法預防。如果及早確診，及早注射**丙種免疫球蛋白**（一種人類抗體混合物），也被稱為靜脈注射人類免疫球蛋白（IVIG），可以大大降低兒童患冠狀動脈瘤的風險。如果你的孩子接受過 IVIG 注射，這可能會影響常規的活病毒疫苗（水痘和麻疹、腮腺炎和德國麻疹 MMR 三合一疫苗），因此在接種這些疫苗前，父母應徵詢小兒科醫師的建議。不過，對於那些滅活疫苗，包括流感疫苗，還是可以按照正常的進度接種。

除了 IVIG 外，患有川崎氏症的兒童也可以服用阿斯匹林，在第一時間服用高劑量，然後在恢復期中服用低劑量，直到小兒科醫師告知你停藥。阿斯匹林可以降低受損血管凝血的現象，用來預防冠狀動脈形成血塊。雖然適量的阿斯匹林可以治療川崎氏症，但阿斯匹林不

可用於治療輕微的兒童疾病（例如
感冒或流感），因為阿斯匹林與雷
氏症候群有關。如果孩子正在服用
阿斯匹林治療川崎氏症，但同時間
孩子患有流行性感冒或水痘，這時
他應該停止服用阿斯匹林，並且與
醫師討論選擇適合的替代藥物治
療。

第31章

免疫接種

免疫接種已協助兒童保持身體健康超過半個世紀，例行的疫苗已經成為保護孩子遠離主要的兒童疾病最好的武器之一。

事實上，免疫接種是我們這個年代最偉大的公共衛生成功案例之一，許多曾是成長過程中必得的疾病——有些甚至危及生命——現在都可以預防，且相當罕見，這全歸功於衛生設施不斷改進、更均衡的營養、生活環境舒適、抗生素，以及最重要的——疫苗。

在過去，大多數人的成長過程，一定會經歷家人或身旁朋友得到非常嚴重的疾病或因傳染病而死亡，不過現在那些相同的疾病在美國和許多其他國家正處於歷史新低的記錄——這是因為免疫接種率目前為歷史新高，現行的 16 種例行傳染病疫苗建議從出生後至 18 歲之間的孩子都要接種，也包含每年進行流感疫苗注射。疫苗的成效非常好——可以有效預防疾病達 90%

以上——所以它們是維持兒童安全和健康的重要武器。當父母瞭解這些感染的風險後——例如百日咳引起癲癇發作、腦部疾病和甚至死亡——兒童疫苗有利的論點無庸置疑。雖然水痘是一種輕微的疾病，但在疫苗問世之前，每年有超過 1 萬 1 千名的兒童因水痘皰疹感染住院，而且每年有 1 百名兒童因水痘併發症致死，且每年未紀錄的案例數更加可怕，但現在這種疾病是可以預防的。

重要性和安全性

由於許多父母（甚至一些醫師）從未見過患百日咳或白喉或麻疹的孩子，有時父母會問小兒科醫師是否他們的孩子需要接種這些疫苗。雖然這些曾經可能造成終生殘疾或甚至死亡的疾病現在很罕見，但它們並未完全絕跡。沒錯，它們可以預防，但引起這些疾病的細菌

仍然存在於我們的環境，而且也不斷被外來的國際旅行者帶進這個國家。

就拿 b 型流感嗜血桿菌疫苗為例（Hib），它可以保護兒童免於重大疾病，例如腦膜炎（包覆大腦和脊髓的組織發炎和腫脹）和可能阻塞氣管的喉嚨發炎（會厭炎）。早在 1980 年代疫苗尚未問世之前，美國每年大約有 2 萬件 Hib 疾病案例，當時是美國細菌性腦膜炎最常見的主因，同時也是造成智能障礙和耳聾的主要原因。它每年造成 1 萬 2 千名 5 歲以下的幼兒腦膜炎 —— 尤其是 6 ～ 12 個月大的嬰兒。在這些感染的兒童中，每 20 名有 1 名死於這種疾病，每 4 名有 1 名產生永久性腦部受損。不過，由於今日 Hib 可以透過疫苗預防，現今在美國每年的案例都在 100 件以下。

此外，疫苗雖然安全 —— 但並不完美。就像藥物一樣，它們可能導致偶爾的反應，不過這些反應往往非常輕微（參考第 819 頁免疫接種相關資訊）。它們的副作用如發紅或注射部位不舒服，大約每 4 位兒童就有一位會出現這種反應，通常是在注射後不久，不過在 1、2 天內會消失，同時孩子也可能出現情緒煩躁的現象。雖然更嚴重的反應偶爾也會產生，但並不常見。有些罹患某些疾病的兒童不應接種疫苗，如果你的孩子之前接種疫苗後產生嚴重的反應、對某些疫苗中的成分過敏，有與對抗感染相關問題，或者在預計接種疫苗的當天生病，這時你一定要告知你的小兒科醫師，這些資訊有助於醫師評估你的孩子是否應該延後或不能接種某些疫苗。

近幾年，有些疫苗反對者指出疫苗內含有一種名為乙基汞（thimerosal）的防腐劑，幾十年來疫苗添加乙基汞主要是預防疫苗受到細菌污染。由於乙基汞含有微量的有機汞，有些家長為此憂心，他們擔心含有乙基汞疫苗與自閉症之間的關聯。目前多國進行的大量科學研究顯示，疫苗內的乙基汞和自閉症無關。沒有可靠的證據表明疫苗或其中的任何成分與自閉症有關。此外，所有在美國製造的所有給嬰兒的疫苗，與幾乎所有給較年長兒童和成人的疫苗內都不含或只含微量的乙基汞。

還有一些家長擔心他們的孩子在同一時間接種「太多疫苗」，許多研究指出，這些複合兒童疫苗在同一時間接種是很安全。事實上，除非製造商提出其疫苗與其他推薦疫苗一起接種的安全性證明，不然

專欄 關於疫苗接種

當你的孩子接種疫苗後：

- 你可以保護他們免於危險和潛在致命性疾病的威脅。
- 萬一你的孩子得到該疾病，你可以降低疾病的嚴重程度。
- 你可以阻止傳染性疾病蔓延的機會。
- 你可以維護社區其他人的安全，例如年紀太小還不可接種疫苗，或者因疾病問題不可接種疫苗。

其他需要留意的細節

- 在接種疫苗後，有些孩子會有輕微的症狀，例如低溫發燒和哭鬧、接種處壓痛、腫脹或發紅。孩子在接種疫苗後 1、2 天，睡眠的時間會比平時還長。
- 在非常罕見的情況下，兒童可能會對疫苗產生嚴重的反應，例如發高燒、皮疹或癲癇發作。如果孩子發燒超過 39.4℃ 以上，並且接種處大片紅腫，或出現其他令你擔心的症狀，你要立即通知你的小兒科醫師。這些指南適用於本章所述的任何疫苗。

疫苗無法授權和上市。雖然現在孩子接種的疫苗數比過去幾年還要多，但這些疫苗已經過純化和改良，所以實際上孩子每打一針得到的抗原（誘發免疫反應的物質）較少。如果根據美國小兒科學會建議的指南接種疫苗，這些疫苗不僅安全，而且有效。

重點是，感染這些可預防疾病的危險性比接種疫苗還要大得多，如果你對疫苗有任何顧慮或疑問，你可以和你的小兒科醫師討論。

你的孩子需要哪些疫苗呢？

你的孩子應該按照美國小兒科學會（臺灣為《衛生福利部疾病管制署》）建議的疫苗接種時間表接

緩解不適

疫苗可能會產生不適，當你的孩子接種疫苗時，他或許會不舒服，可能會哭幾分鐘。不過幸運的是，這些痛苦都很短暫，當孩子在接種疫苗那一刻，你或許可以分散他的注意力，緩和孩子不安的體驗。說話輕柔，和他保持目光的接觸，事後安慰他，並且陪他玩一會兒。

如果孩子出現副作用，你或許可以給他乙醯胺酚或布洛芬緩解任何發燒或易怒的情況。確保事前先和醫師討論藥物適當的劑量，如果孩子的接種處疼痛，你的醫師或許會建議冷敷，以減輕不適。當然，如果出現任何反應讓孩子不舒服的情況超過 4 個小時，這時你要通知醫師，醫師或許會將之記錄在孩子的病歷上並給予你進行相關處理的建議。

在孩子接種前，最好先詢問醫師可能產生的任何反應，如果過去有異常或嚴重的反應（例如高燒或行為改變），你和你的醫師要一起討論，當下次同樣疫苗接種的時間到時，是否應該接種的利與弊。看著孩子接種疫苗的不愉快體驗雖然讓人難過，但別忘了，其實你是為他好，確保孩子的體內有免疫力，可以預防這些疾病的威脅。

種疫苗，完整的接種時間表請參考附錄，其中包括之後我們會提及的幼兒疫苗。請經常參考疫苗時間表，隨時留意孩子需要與何時接種哪些疫苗。此外，疫苗接種時間表會隨著疫苗的改良和新疫苗的發展而改變，所以確保經常和醫師討論，留意最新的接種時間表，相關資訊可參考衛生福利部疾病管制署網站 http://www.cdc.gov.tw/。

白喉、破傷風和百日咳疫苗 DTaP 疫苗可以保護孩子免受白喉（D）、破傷風（T）和百日咳（aP）的威脅，這種疫苗針對白喉部分可以預防造成呼吸困難、癱瘓或心臟衰竭的喉嚨感染。破傷風部分可以預防導致全身肌肉緊縮或「鎖住」的疾病，特別是下巴，這

是一種潛在致命的疾病。百日咳部分可以預防造成嬰兒嚴重咳嗽，導致無法呼吸和進食困難的細菌感染。

這種疫苗可能出現的副作用有哪些？白喉和破傷風疫苗的部分可能會出現紅腫和壓痛。嚴重的副作用非常罕見，但之前在接種 DTaP 疫苗後通報的問題包括長期癲癇發作、昏迷不醒和永久性腦損傷。不過，千萬不要在沒和醫師討論的情況下擅作主張不讓孩子接種這個——或任何——疫苗，醫師可以處理任何你的顧慮，對絕大多數兒童而言，疾病本身的風險遠遠大於任何疫苗，記住，破傷風的致命率為 2/10，嬰兒百日咳的致命率為 1/100，而白喉併發症的致命率超過 1/10 以上，因此接種疫苗對於保護孩子免於這些疾病來說非常重要。為了給予新生兒完整的保護，孕婦應該在妊娠晚期接種一劑成人版的疫苗和白喉破傷風非細胞性百日咳混合疫苗。

麻疹、腮腺炎和德國麻疹（MMR）疫苗

這種疫苗麻疹的部分是避免感染紅色或褐色斑點的皮疹，以及流感的症狀，麻疹可能造成嚴重併發症，例如肺炎、癲癇和腦損傷。流行性腮腺炎疫苗保護身體抵抗一種可能會導致腮腺體腫脹、發燒和頭痛，甚至可能造成耳聾、腦膜炎和睪丸或卵巢疼痛腫脹的病毒。德國麻疹疫苗可以預防皮膚和淋巴結感染一種可能導致粉紅皮疹和腫脹，以及後頸腺體疼痛的疾病。此外疫苗也能保護懷孕婦女，避免麻疹病毒被傳播給發育中的胎兒。

近年來，有大量媒體關注 MMR 疫苗和自閉症之間的關聯，事實上，已經有許多研究指出這兩者沒有關係。之所以存在著困惑是

我們的立場

美國小兒科學會認為，免疫接種是預防疾病、殘疾和死亡最安全、最省錢的方法。我們強烈要求父母應確保他們的孩子接種疫苗，以避免感染危險的兒童疾病，因為預防永遠勝於治療，或終身承受因疾病所帶來的後果。

因為自閉症被診斷出的年齡往往在兒童接種 MMR 疫苗左右，因此得出的錯誤結論認為疫苗在某方種導致自閉症。不過，事實上，目前的研究指出，自閉症其實在孩子出生前就有，和疫苗一點都無關。

過去對雞蛋過敏的兒童並不鼓勵接種 MMR 疫苗，不過，由於現在 MMR 疫苗只含微量的雞蛋蛋白，因此目前政策已經調整，對雞蛋過敏的兒童也可以安全接種 MMR 疫苗，無需任何特別的預防措施。此外，如果你的孩子正在服用任何可能會干擾或削弱免疫系統的藥物，這時就不宜接種這個疫苗。至於副作用，有時在接種 MMR 疫苗 7 ～ 12 天後，孩子可能會出現輕微臉頰或頸部腺體腫脹、發燒和輕度皮疹的現象。如果孩子確實出現這些輕微副作用，你要明白其實並不危險也不會傳染，一般都會自行痊癒，第二劑後的副作用則會更少。嚴重的副作用如高燒引起的痙攣，發生率大約為三千分之一劑，而嚴重的過敏反應更是罕見（大約百萬分之一劑）。

水痘疫苗

這種疫苗在 1995 年問世，不僅可以預防水痘病毒，也可以預防日後帶狀泡疹。一般的水痘感染可能引起發燒和全身搔癢、水泡皮疹，而水泡數可能高達 200 ～ 500 顆，有時感染也會引起嚴重併發症，包括皮膚感染、腦水腫和肺炎。

水痘疫苗很安全，身體對疫苗的反應通常很輕微，大約有 20% 的人在接種處會出現輕微疼痛、發紅或腫脹，少於千分之一的兒童在接種後可能會出現熱痙攣。如果你的孩子免疫系統衰弱，或正在服用可能影響免疫系統的類固醇或其他藥物，在接種水痘疫苗前，請諮詢你的小兒科醫師。

兩劑水痘疫苗可以提供大約 90% 的免疫力，目前如果接種過疫苗的人得到水痘，症狀通常都非常輕微。他們的身上會出現少數紅點，很少發燒或出現嚴重併發症，並且復原很快。

流行性感冒疫苗

流行性感冒（或流感）是一種由病毒引起的呼吸系統疾病，這種感染的症狀包括高燒、肌肉疼痛、喉嚨痛和咳嗽，這時孩子需要休息幾天才能康復。目前市面上有兩種類型的流感疫苗可以保護你和你的孩子：

■ 滅活（非活性）注射型疫苗。
■ 滅毒（活性）噴鼻型疫苗。

6 個月以上 —— 包括所有兒童、青少年、年輕人和那些照顧年紀太小尚無法接種疫苗的幼兒（如新生兒）的成人 —— 都需要每年接種季節性流感疫苗除非他對這項疫苗有特殊或罕見的禁忌症。特別是那些患有慢性疾病，容易產生流感併發症（如氣喘、糖尿病、抑制免疫或神經紊亂）的人而言，更是需要接種流感疫苗。每年的流感疫苗配方都會根據預期普遍的流感病株調整，因此這也是每年必須接種流感疫苗的原因。同樣重要的是要確保所有照顧年幼兒童和患有慢性疾病兒童的人每年都有接種流感疫苗。

小兒麻痺疫苗

小兒麻痺疫苗可以保護兒童避免感染導致小兒麻痺症的病毒，雖然有些小兒麻痺病毒感染不會引起任何症狀，但在其他情況下可能造成癱瘓和死亡。在小兒麻痺疫苗問世之前，全球有數以萬計的兒童因小兒麻痺症而造成終生癱瘓。

今日，所有兒童在上學前都需要接種四劑小兒麻痺疫苗，最早一劑從出生後 2 個月開始。這種滅活注射型疫苗沒有導致罹患該疾病的風險，而另一種口服型疫苗，目前美國已不再使用。

b 型流感嗜血桿菌疫苗（Hib）

Hib 疫苗可以保護兒童免於導致腦膜炎的細菌感染（在疫苗問世之前，這是造成腦膜炎的主因），這種嚴重的疾病經常發生在 6 個月至 5 歲大的兒童，症狀包括發燒、癲癇發作、嘔吐、頸部僵硬等。腦膜炎也可能導致聽力喪失、大腦受損和死亡，這些相同的細菌還可能造成一種罕見但極為嚴重的喉嚨發炎症狀，稱為會厭炎。

滿 2 個月大的嬰兒應該接種第一劑 Hib 疫苗，隨後再依照疫苗的接種時間表追加劑量。當幼兒免疫力尚未健全容易受到感染時，讓孩子接種 Hib 疫苗非常重要，這可以降低孩子感染 Hib 的風險。因此沒有理由不讓孩子接種 Hib 疫苗，除非孩子對疫苗會產生罕見危及生命的過敏反應。

B 型肝炎疫苗

B 型肝炎疫苗可以保護肝臟，免於感染一種經由血液和體液傳播的疾病，這種感染是由於 B 型肝炎病毒引起，可能會導致肝硬化和肝癌。B 型肝炎病毒可能經由母親在分娩過程或另一個家庭成員傳染給孩子。

第一劑 B 型肝炎疫苗在新生兒出生後不久接種，甚至早在孩子

出院前就已完成接種。第二劑大約在 1 個月至 2 個月大之間接種，第三劑則是在滿 6 個月至 18 個月大之間接種。B 型肝炎疫苗非常安全，嚴重併發症極為罕見。不過可能會出現輕微的反應，包括注射部位酸痛，以及每 15 人中有 1 人會有輕微的發燒，體溫大約在 37.7℃ 或以上。

A 型肝炎疫苗

和 B 型肝炎疫苗一樣，這種疫苗可以保護肝臟免於一些常見的肝臟疾病，避免因飲用或進食受到 A 型肝炎病毒污染的食物而傳染。這種常見的感染有時會因為幼兒照顧者的洗手程序不當而傳播。

A 型肝炎疫苗非常安全。第一劑會在孩子滿 12 個月時施打，第二劑則會與第一劑間隔 6 ～ 12 個月。對疫苗產生的反應非常罕見，通常只會在接種處出現痠痛的症狀而已。

肺炎鏈球菌疫苗

肺炎鏈球菌結合型疫苗可以保護孩子免於感染腦膜炎，以及一些常見的肺炎、血液感染和某些耳朵感染的疾病。建議從孩子滿兩個月後開始總共 4 次的接種。肺炎鏈球菌感染是兒童中最常見的可預防型

的死亡原因之一。兒童在接種疫苗後的反應通常都很輕微，有些孩子會昏昏欲睡、胃口不佳或發燒。

輪狀病毒疫苗

輪狀病毒疫苗可以預防潛在的嚴重胃部病毒感染（通常稱為「腸胃型流感」），症狀包括嘔吐、腹瀉和一些兒童疾病的症狀。在輪狀病毒疫苗尚未問世前，輪狀病毒是 2 歲以下兒童腹瀉常見的原因，美國每年大約有 5 萬名 5 歲以下的兒童因輪狀病毒感染而住院。

有些兒童在接種輪狀病毒疫苗後的 7 天內會出現輕微、偶爾腹瀉，或一點嘔吐的症狀，通常不會有嚴重的反應。正如之前提及的其他疫苗一樣，如果你的孩子因疾病，如愛滋病毒或正在服用類固醇而造成免疫系統衰弱，那麼在接種輪狀病毒疫苗前，你一定要與你的小兒科醫師討論。

腦膜炎球菌疫苗

建議所有青年與青少年接種腦膜炎球菌疫苗，同時也建議有較高感染風險的更年幼的兒童接種腦膜炎球菌疫苗。如果你的孩子免疫系統低下或有其他可能使他的感染風險增加的病症，你可以和醫師討論何時是最佳的接種時機。

第32章

傳播媒體

科技如電視、行動裝置和網路遊戲提供我們的孩子娛樂、文化和教育，是我們日常生活很重要的一部分。雖然這其中有許多好處，但媒體與學齡前和學齡期兒童的肥胖、睡眠問題、攻擊性、行為與注意力問題脫不了關係。在將這些科技產品納入孩子的日常生活同時，他需要你的經驗、判斷和監督。

發展與學習

未滿 15 個月至 18 個月的嬰幼兒可能會對電子屏幕著迷。一旦他們的視力允許（大約 6 個月大），他們就會開始盯著屏幕上的顏色和圖案，甚至可能會在他們有限的運動技能允許的範圍內盡可能多地滑動和點擊。家長很容易誤將較大的孩子和成人的理解方式套用到這些幼兒從事的行為上。然而，這個年齡階段的幼兒並不具備理解螢幕運作方式的心理技能。幼兒的注意力可能會被螢幕分散，但研究表明他們無法從螢幕上學到任何東西，無論是程式或軟體試圖傳達什麼訊息。

相反的，嬰幼兒的學習通常要在父母或其他有愛心的成年人的陪伴下，透過身體去探索他們的世界來進行。孩子們通過閱讀、唱歌、搖擺、拍手和玩耍來學習。任何會分散這些活動注意力的事物，包括螢幕媒體，都會干擾學習。出於這個原因，美國兒科學會不鼓勵 18 個月以下兒童使用螢幕，除了實時視訊聊天，這通常用於讓孩子與遠方的親人保持聯繫。

從大約 15 個月大開始，孩子可能開始能從一些螢幕媒體的內容中進行學習，但前提是有家長協助他們處理和理解內容。高質量的螢幕程式可能可以對 18 個月以上的兒童有所幫助，但它應該作為面對面學習的輔助，而非替代品。3 歲以上的孩子可以從精心設計的程序

中學習數字、字母、單詞，甚至是有關善良的概念。與被動觀看相比，具有更多互動性的程式能達到更好的教育效果。家長陪同一起觀看時更有幫助，因此，請花時間與你的孩子一起觀看或玩耍，並研究你為他選擇的內容是否確實具有教育效果。在宣稱能協助兒童學習的數千種應用程式中，很少有程式真正經過嚴格的研究。

大量使用媒體的幼兒在開始上學後會有語言發展遲緩的風險，因為當他們打開螢幕時，就可能會減少與成年人的「交談時間」，即使螢幕只是在背景中也會如此。研究表明，這些交談的時間對兒童的語言發展來說是非常重要的。而當家長在觀看自己的節目和使用移動設備或電腦時，他們可能會分心並減少親子間的互動。正在使用移動設備的家長對在場的孩子的關注明顯更少，同時也可能對孩子的行為表現出更少的耐心和更多的挫敗感。

在背景運作的媒體也可能會干擾幼兒從遊戲和活動中學習。研究表明，即使節目不是為兒童觀眾準備的，兒童也會每分鐘抬頭看螢幕3 次，當兒童在「工作」（玩耍）時，它會擾亂孩子的注意力。在螢幕打開時，孩子們注意力更加不集中，而容易更快地把注意力轉移到新玩具上。

無意中接觸成人內容的兒童可能會吸收一些媒體中出現的負面信息。觀看包含成人內容的節目的孩子可能會看到角色參與暴力，或使用不當語言。這些類型的節目還可能向年齡太小、而無法理解這些問題的真實情況的兒童展示性、毒品和酒精。此外，大量的螢幕時間會

我們的立場

美國小兒科學會建議，父母和看護人都應盡量減少或完全不要在 2 歲以下兒童的身邊使用電子媒體。對於較大的學齡前幼兒，限制適合的媒體，並制定電子媒體的使用策略，以發揮電子媒體最有利的功能。記住，當你無法坐下來陪伴孩子一起玩時，這時監督嬰幼兒讓他們自己玩耍，這其中的好處遠遠優於使用螢幕媒體。例如，當你在準備晚餐時，你可以讓孩子在附近的地板玩疊疊杯。此外，避免在孩子的房間裝置電視，並且意識到當你在使用媒體時，對孩子也可能產生負面的影響。

長時間灌輸孩子有關性別職責和種族主義的神話與刻板印象，產生不良的認知影響。孩子們會將電視節目中的社交互動視為對「真實世界」的一瞥，但實際上它們往往與現實相去甚遠。這就是為什麼家長應該與孩子一起預覽或觀看節目，以討論螢幕上發生的事情並回答孩子在過程中產生的問題。

兒童肥胖

研究表明，花時間觀看電視節目（無論使用何種設備）會導致兒童肥胖。這種影響似乎更多地來自不健康食品和含糖飲料的廣告，而不是兒童活動水平的下降；然而，如果孩子邊看電視邊吃東西，他們往往會忽略自己已經吃飽的感受。在用餐時間為家人關掉螢幕，幫助孩子及早養成健康的飲食習慣。此外，了解孩子們正在觀看和播放的內容，並考慮選擇不同的內容以避免讓他們接觸到不健康的食品和含糖飲料廣告。

所有的孩子都需要充滿活動力的遊戲，這不僅是為了鍛鍊身體，也是為了提供適當的智能和社會發展。大多數的媒體使用都是被動的活動。舉例來說，一直坐著看電視

我們的立場

雖然美國小兒科學會認為我們社會上的暴力事件不能全怪罪於媒體，不過，我們相信電視、電影或電玩中的暴力情境對兒童的行為有顯著的影響，並且助長兒童使用暴力解決衝突事件的頻率。此外，娛樂媒體也扭曲一些事實，例如藥物、酒精、菸草、性和家庭關係的問題。

我們鼓勵父母管理家庭螢幕的時間和品質，父母可以建立健康的媒體範疇，並且以身作則。兒童電視節目大多是由廣告商贊助，他們的主要動機就是銷售產品。許多幼兒無法分辨哪些是節目內容，哪些是打斷節目的廣告，而且他們也無法理解那些廣告的目的就是要推銷他們（和他們的父母）產品。

父母、電臺和廣告商都必須對兒童觀看的節目負責，美國小兒科學會強力支持立法推動改善兒童的節目品質，我們呼籲家長限制和監測孩子的螢幕時間（包括電視、視頻、電腦和電玩），並且協助孩子從看到的內容中學習。

並不能幫助您的孩子得到他在這個年齡階段所需要的最重要的技能和經驗，例如溝通、創造力、想像力、判斷力和實踐能力。你的孩子在螢幕前花的時間越多，用於創造有趣和難忘童年的各種活動的時間就會越少。雖然螢幕可能有一些教育上的好處，但孩子們也需要進行各種健康的日常活動。獨立遊戲可以鼓勵創造力，與其他孩子一起玩耍可以培養社交技能和解決問題的能力，身體活動對於健康的生活方式來說更是至關重要。這就是為什麼孩子們在一天中需要平衡各式活動的原因。

睡眠

許多家長可能會用螢幕媒體來幫助孩子在晚上安頓下來。然而，螢幕通常會發出大量波長在光譜較藍端的光，而藍光已被證明會干擾睡眠。在童年早期使用屏幕會導致睡眠時間縮短且降低睡眠品質。不良的睡眠習慣會對情緒、行為、體重和學習產生不良影響。理想上，應該在孩子就寢時間至少 60 分鐘前關閉螢幕，且使用螢幕的時間不應該干擾或取代洗澡、說故事、玩拼圖或繪畫的時間。如果你的孩子需要聲音來蓋過家中的背景音，請

考慮購買專門的喇叭甚至是電風扇來產生白噪音。但是請保持較低的音量，因為幼兒很容易因長時間暴露在噪音中而導致聽力受損。

監督科技產品的使用

在這個瞬息萬變、與日俱增的科技世界，隨著年齡增長，讓孩子擅於使用各種形式的科技產品很重要，你要隨時監測孩子的使用習慣，讓孩子擁有一個安全與有趣的體驗。

如果你選擇讓孩子在平板電腦、行動裝置或家裡的電腦玩遊戲，首先你要確定該遊戲適合孩子的年齡。如果遊戲需要使用網路，確保網路的連線是家用安全，適合兒童的網站，並評估其中是否包括直接的廣告投放或把廣告整合到遊戲內容中（「廣告遊戲」），這可以避免孩子連上一些不適合他的題材。此外，美國小兒科學會建議，使用家長監護的電腦作業系統，這樣可以阻止或過濾一些網站內容。許多網路業者也有提供類似的軟體服務，而且一般都是免費的。父母也可以選擇購買單獨的軟體程式或應用程式，以阻止與追蹤不恰當或不需要的網站，並且鎖住部分裝置，避免孩子瀏覽範圍外的其他內

專欄

有特殊需求的兒童和電腦

如果你的孩子有特殊需求，你可以購買讓他容易操作使用的電腦設備。例如，特殊螢幕、鍵盤、操縱桿和電腦語音程式，這些設備都可以讓行動不便的孩子享受使用電腦的樂趣。

更多相關資訊可以聯絡：

- ERIC（《教育資源中心》Education Resources informationCenter）-（1-800-538-3742; www.eric.ed.gov）。這是一個線上數位教育研究和資訊圖書館。

- 《星光基金會》（The Starlight Foundation）（1-310-479-1212; www.starlight.org）是另一個優良的資源中心，致力發展鼓勵重大疾病兒童面對他們日常生活挑戰的專案組織。

容。另外也有一種應用程式，可以限制孩子使用螢幕的時間長度。

電視節目和電影通常以分級制度來表示內容的類型，這些往往是列於電視節目表或電視指南。新聞節目沒有分級制度，當然某些資訊可能不適合兒童收看，所以一定要確實遵守哪些題材適合你的孩子觀看。

此外，你要讓孩子清楚明白，那些網站上的人並不全然如他們自己說的一樣，而且可能還稱不上是「朋友」。

媒體使用指南

- 避免 18 個月以下的兒童使用電子媒體（視訊聊天除外）。

- 對於 18 個月到 24 個月大的孩子，家長可以開始讓孩子使用電子媒體，請選擇高品質的節目，並避免在這個年齡階段讓孩子單獨使用媒體。

- 不要因為很早開始使用這些產品而感到有壓力；程式的界面設計非常直觀，只要孩子們在家中或學校中開始使用後，很快就能理解它們的使用方式。

- 對於 2 歲至 5 歲的兒童，每天使用螢幕觀看高品質內容的時間不得超過 1 小時。請協助孩子了解他們正在觀看的內容，以及他們可以如何將在其中學到的應用到周圍的世界。

- 避免快節奏（孩子無法很好的理解這些內容）、含有大量分散注意力的內容、以及任何帶有暴力內容的程式。

- 未使用時關閉電視機和其他媒體設備。

- 避免將媒體作為安撫孩子的唯一方式。儘管在間歇性的時間（即醫療程序、飛機飛行）媒體可用作安撫策略，但有人擔心將媒體用作鎮靜策略可能會導致過度使用的問題，或者讓兒童無法發展自我約束情緒的能力。如果有需要，請向你的小兒科醫師尋求幫助。

- 監督孩童的媒體內容以及使用或下載的應用程式。在你的孩子使用應用程式之前對進行測試，然後與孩子一起使用，並詢問你的孩子對該程式的看法。

- 讓兒童和家長在臥室、用餐時間和親子遊戲時間不受螢幕的干擾。在此期間，家長可以在他們的設備上設置「請勿打擾」模式。

- 睡前 1 小時內避免接觸螢幕，並讓電子設備和螢幕遠離臥室。

- 請向美國兒科學會家庭媒體使用計畫 healthychildren.org/MediaUsePlan 網站諮詢相關問題。（編注：國內不適用。）

給父母的話

教導孩子了解螢幕時間意味著電視、電影和數位遊戲，這些的確可以讓孩子樂在其中，但相對也有責任的權限。

善用媒體的作法：

- 制定螢幕時間限制，為孩子提供節目指南。

- 協助孩子計畫觀看哪些節目和電影，並且安排時間。

- 當節目結束後或已達螢幕限制時間時將電視關掉。

- 留意當你使用媒體作為「保姆」的時候。

- 孩子的臥室不要裝置電視、DVD 播放機、視頻遊戲和電腦，將這些設備放在家庭的開放空間。

- 陪伴孩子一起看電視，協助孩子理解廣告和商業廣告的內容。若要增加孩子不涉及媒體形式的其他活動興趣，你要經常邀請他和你一起閱讀、玩桌上遊戲或戶外

遊戲、著色、烹飪、建造東西或拜訪朋友。當他沒有依賴電視或電腦而自得其樂時，你要讚美他，同時為孩子樹立好榜樣，限制自己使用媒體的時間。你是孩子最佳的榜樣，你要讓孩子知道你重視人與人之間的互動，而且你也會限制自己的螢幕時間。另外，不要使用電視做為獎勵或懲處的方法，因為這只會讓它看起來更具吸引力。制定媒體使用守則，並且確實遵守，或許你家的規定是「上學的日子不可看電視或影片」或「功課完成後，最多只能有 2 個小時的螢幕休閒時間」──只有功課完成後才可以使用媒體。不管你家的規定如何，強制執行規則才是關鍵。

監測孩子的「媒體習慣」很重要，一定要在早期建立。媒體教育可以讓我們理解所有類型媒體的利弊，同時瞭解在家庭中要如何善用各種媒體。

第**33**章

肌肉骨骼疾病

關節炎

關節炎是關節發炎，症狀爲腫脹、發紅、發燒和疼痛。雖然關節炎通常是一種老年人的疾病，但一些孩子也會患病，兒童關節炎主要有四種類型：

關節（化膿性關節炎）或骨骼（骨髓炎）的細菌感染

受到細菌感染的關節會產生疼痛、發熱、腫脹和僵硬，兒童往往會出現跛行、不想站立或減少手臂的活動量。受到感染的兒童通常會發燒，但年幼的孩子可能只是情緒不佳和拒絕走路或不想活動四肢。如果孩子出現這些徵兆或症狀，你要盡快通知小兒科醫師，因爲及時治療可以預防關節或骨骼受損。如果感染涉及髖關節或其他更深層的關節處，這時可能很難診斷，如果受感染的部位爲支撐身體的主要關節，這時情況則更嚴重，需要專家

（通常是骨科醫師）做正確的診斷與治療。處置可能包括進行 X 光或超音波攝像，在感染的關節處做穿刺或手術引流，並且進行靜脈注射抗生素。

萊姆病

一種經由蜱傳播可能導致關節炎的疾病，由於第一次發現於美國康乃狄克州舊萊姆鎮，因而命名爲萊姆病。這種感染在蜱叮咬處一開始會出現**紅圈白點**的皮疹，過不久身體其他部位會出現相似的皮疹，這時孩子可能會產生類流感的症狀，例如頭痛、發燒、淋巴結腫大、疲勞和肌肉疼痛。在更加少見的情況下，萊姆病的症狀會影響神經、眼部和心臟。然後從皮疹出現開始幾個星期到幾個月後，慢慢會有關節炎的症狀。如果關節炎非常嚴重，這時可以用藥物控制發炎和疼痛的現象，直到症狀逐漸自行消失。

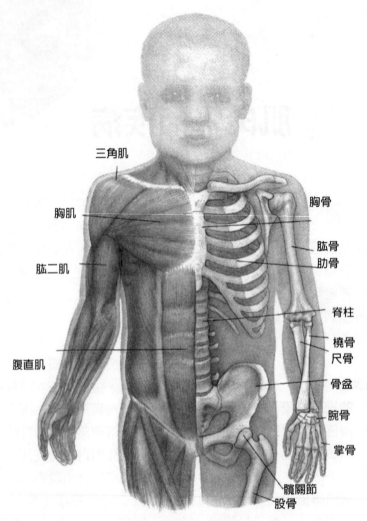

三角肌

胸肌

肱二肌

腹直肌

胸骨

肱骨

肋骨

脊柱

橈骨

尺骨

骨盆

腕骨

掌骨

髖關節

股骨

肌肉骨骼系統

出現萊姆病的症狀時往往會以抗生素治療。不過，美國小兒科學會不建議經常服用抗生素，以預防蜱蟲叮咬後可能感染萊姆病，因為大多數蜱蟲叮咬並不會傳染導致萊姆病的病菌，然而經常服用抗生素反而會產生副作用，增加抗藥性的風險。美國小兒科學會也不建議在蜱蟲叮咬後馬上為孩子驗血，以診斷是否感染萊姆病，因為在蜱蟲叮咬後，即使真的受到感染，這個過程仍然需要一段時間，才能測出血

液中的抗體。若要預防萊姆病，最好的方法是避免孩子接觸蜱蟲經常出沒的地方，如樹木、草叢繁茂或沼澤區。此外，兒童也可以穿長袖衣服，將長褲塞入長襪裡，以保護自己避免被蜱蟲叮咬，並且在戶外使用含有 DEET 活性成分的驅蚊劑（參考第 592 頁關於更多 DEET 的資訊）。

幾乎所有的萊姆病都可以使用抗生素治療，即使已經出現關節炎。

幼年突發性關節炎（JIA）

幼年突發性關節炎（JIA）之前被認為是幼年類風濕性關節炎（JRA）或幼年慢性關節炎，是兒童中最常見的關節發炎症狀。JIA 是一種令人費解的疾病，不僅難以診斷，患者的家人更是想不透，常見的症狀包括持續性關節僵硬和腫脹，行動時關節患處疼痛。如果你的孩子有這些症狀，以及／或行走模式異常，特別是早晨或午睡後，這時你要告知你的小兒科醫師，為你的孩子進行評估。出人意料的是，許多 JIA 的兒童不太抱怨關節疼痛，倒是僵硬和腫脹是最明顯的徵兆。

任何年齡都可能發生 JIA，但 1 歲前患病則是非常罕見。特定類型的 JIA 最常發生於 6 歲之前，或者在青春期階段。雖然這種症狀可能造成行動不便，且許多發生 JIA 的兒童需要長期的藥物治療，但經過適當治療後大多數兒童的成效都

 如何去除蜱蟲

專欄

1. 用酒精棉或棉花球輕輕擦洗蜱蟲咬區域。
2. 使用鑷子或手指（用布或其他東西進行保護）將靠近口腔和皮膚的蜱蟲抓出來。
3. 使用輕而穩定的壓力將蜱蟲拔除。
4. 去除蜱蟲時要加隔一層保護層（布），以免接觸含有任何細菌病原體的蜱蟲而受到感染。
5. 在去除蜱蟲以後，用酒精和其他清潔用品肥皂清洗咬傷部位。

不錯。而且許多兒童在經過一段時間後，這種症狀會自行痊癒。JIA 確實的致因不明，研究人員認爲可能是免疫系統異常引發的感染，進而導致自身免疫性關節炎。

JIA 的徵兆、症狀和長期的結果大不相同，取決於 JIA 的子型，有一種名爲系統性 JIA，涉及的部位不只是關節，而是全身性發炎，同時還有發燒和皮疹的症狀，並且可能影響其他器官。例如，有系統性 JIA 的兒童可能出現心包炎（心包膜發炎）、胸膜炎（胸腔內襯發炎）、肺炎，或肝臟、脾臟或淋巴結腫大。其他 JIA 子型包括寡關節炎、多發性類風濕關節炎因子呈陰性、多發性類風濕關節炎因子呈陽性、乾癬性關節炎、著骨點相關關節炎和未分化型關節炎。幼年突發性寡關節炎影響的關節炎不超過 4 個，是學齡前女孩最常見的關節炎。其他兩種類型的幼年突發性類風濕關節炎影響至少 5 個關節，而類風濕關節炎因子呈陽性的症狀與成人類風濕關節炎很類似。幼年突發乾癬性關節炎發生於有牛皮癬皮膚症狀或有典型幼年突發乾癬性關節炎特徵（手指／腳趾腫脹、指甲改變、牛皮癬）的兒童身上。著骨點相關關節炎涉及關節炎和著骨點炎（附著於骨頭的肌腱和韌帶發

炎），這種突發性關節炎子型往往與 HLA-B27 基因有關，是唯一常見於男孩的幼年突發性關節炎類型。未分化型關節炎症狀不符合以上各類型，或者它本身有多過一種子型的症狀。

沒有一種血液測試可以完美的診斷 JIA。當醫師在身體檢查中發現孩子的關節有發炎跡象（如腫脹，活動範圍疼痛、受限或畸形）時，且孩子的症狀持續超過 6 週時就可能會被診斷爲 JIA，而沒有其他潛在的根本病因。驗血可以幫助醫師和家人更好地了解患者的預後。特別是一些患有 JIA 的兒童可能會出現眼睛發炎，稱爲葡萄膜炎；如果不及時治療，可能會對眼睛造成傷害，並最終導致失明。葡萄膜炎在 ANA 血液檢測呈陽性的 JIA 患者中最爲常見。所有患有 JIA 的兒童都應該在病程早期向眼科醫師進行相關評估，ANA 測試的結果有助於決定孩子需要多久進行一次眼科檢查。

近年來，JIA 的治療大有進展，治療的方法依嚴重程度和位置而異，不過通常包括藥物治療和運動。有 JIA 的兒童應該由經過特殊訓練，專門治療關節炎的風濕病專科醫師進行治療。重點是要遵循醫

師給你的建議，確保達到最佳的治療效果。

JIA 藥物治療的主要目標是降低關節發炎的現象，非類固醇抗發炎藥物（NSAIDs）經常一開始用來舒緩疼痛和僵硬，常用的 NSAIDs 包括布洛芬、nanproxen 和 meloxicam。NSAIDs 藥效快速，但可能引起腸胃不適，因此需要和食物一起服用。如果孩子在服用 NSAIDs 後出現腹部疼痛或失去食慾的情況，你要告知你的小兒科醫師。對 NSAIDs 藥物產生不良反應的兒童，可能需要更強效的藥物治療，不過這其中也存在更多的危險副作用，而且費用更高。這些藥物包括 methotrexate，以及一些相對較新的生物製劑，例如 etanercept、adalimumab、abatacep 和 tocilizumab。這些藥物風險較高，需要嚴密監控，但相對可以讓關節炎兒童的生活截然不同。另一種治療選擇經常用於只有一個或幾個的關節炎，也就是在受到影響的關節處直接注射長效型類固醇，這種治療法即使是非常嚴重的關節炎，也可以迅速恢復關節的功能。

運動對於減緩 JIA 惡化和預防關節僵硬具有極大的作用，雖然過程中可能會不舒服，特別是當兒童的關節已經很痛，但為了長遠的利益，家人們一定要協助孩子度過這段不適期。物理和職業治療往往有助於規劃運動計畫，對於一些非常嚴重的關節炎，有時治療師會使用夾板固定以防止畸形加劇。然而一般而言，關節炎患者應避免關節固定，因為它會使僵硬的情況惡化。

不只 JIA 患者，包括他們的家人都需要極大的調整和毅力，共同與醫療團隊合作，這樣才能降低 JIA 兒童日後可能產生的長期問題或殘疾的風險。

髖關節暫時性滑膜炎

這是兒童最常見的關節炎，經常突發於 2 ～ 10 歲的孩子身上，並且在短短幾天內復原（幾天到幾週），症狀並不嚴重，且不會造成永久性影響。最常見的原因為病毒引起的免疫系統過度反應，大多是在病毒感染、如感冒之後突然發生。治療方法包括多休息和抗發炎藥物（如布洛芬），這些都有助於症狀迅速消失。

O 型腿和 X 型腿

學步期兒童的雙腿經常有外彎的情況，事實上，大多數孩子在 2 歲前雙腿大都呈 O 型，但過了這個年紀，他們的雙腿會慢慢呈 X

型，直到 6 歲後才會逐漸恢復正常。這時，孩子的小腿可能無法呈筆直狀，直到滿 9 歲或 10 歲以後。

O 型腿和 X 型腿通常是正常且常見的，不需要特別治療。在典型的情況中，孩子在 10 幾歲後，雙腿會自然伸直。支撐、矯正鞋和運動的矯正效果不大，除非是嚴重的畸形，而且這還可能阻礙兒童身體的發育和造成不必要的情緒壓力。在罕見的情況下，疾病也會導致 O 型腿或 X 型腿。關節炎、膝關節周圍生長板受傷（參考第 711 頁骨折 / 骨骼斷裂）、感染、腫瘤、布朗特疾病（膝蓋和脛骨生長異常）和軟骨症（缺乏維生素 D 所致）都可能造成腿部彎曲。

以下是一些可能因嚴重疾病引起的兒童 O 型腿或 X 型腿的徵兆：

- 曲線非常明顯。
- 僅僅 1 條腿受累。
- 2 歲後膝外翻惡化。
- 7 歲以後仍然有膝內翻的症狀。
- 與同齡相比，孩子身材短小。
- 孩子在走路或跑步時有困難，或者經常絆到腳或跌倒。

如果孩子的情況與上述情況相吻合，應該與小兒科醫師會談，在某些情況下，如果必要，可能會轉介至小兒骨科醫師。

肘部損傷

肘部拉傷（又稱為保姆肘）是 4 歲以下（偶爾也有以上）兒童常見的疼痛型傷害，原因為肘部外側脫臼或關節脫位。這種情況通常是因為兒童手肘關節處鬆脫，這時只要再稍微將手臂拉直（高舉孩子的手、猛拉或揮動手或手腕，或跌倒時伸開手臂），關節很容易就會分開。當關節分開時，周圍的組織因為拉扯而滑入這個脫臼的空間，然

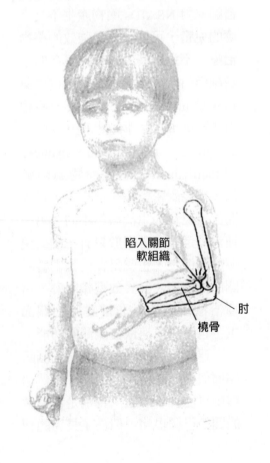

陷入關節軟組織

肘

橈骨

而當關節再回到正常位置時，這些組織則卡在其中。

手肘拉傷通常不會引起腫脹，但孩子會抱怨手肘痛，或當手臂活動時，他會哭鬧。孩子會經常環抱手臂，手肘稍微彎曲，手掌貼近身體。這時如果有人想要拉直他的手肘或將他的手掌轉向，孩子會因為疼痛而反抗。

治療手肘拉傷

這種傷害一定要由小兒科醫師或其他受過訓練的專家治療，因為手肘疼痛很可能是因為骨折，在手肘拉傷的情況尚未好轉前，你的小兒科醫師可能會將這些因素納入考量。

你的醫師會檢查受傷處是否出現腫脹和壓痛，以及任何活動不便的情況。如果醫師懷疑不是手肘拉傷，這時可能會照射 X 光，如果沒有發現任何骨折的現象，醫師會慢慢移動、扭轉和彎曲孩子的手臂，以調整陷入的組織，讓手肘回到正常的位置。一旦手肘歸位，孩子一般會在幾分鐘之內立即感到舒緩，並且可以正常使用他的手臂，不會有任何不適。偶爾，醫師可能會建議將手臂固定 1 或 3 天，特別是在受傷後幾個小時才將手臂調整好。如果拉傷的時間到調整好已間

隔好幾天，這時可能會用硬夾板保護關節 1 或 2 個星期。如果在手肘調整後持續疼痛，這可能是骨折的徵兆，只是在一開始受傷時，X 光檢查並不是很明顯。

預防

不要拉扯孩子的雙手或將他的手拉高或扭轉，或擺動他的手臂，以避免手肘拉傷。相反的，你可以將雙手放在孩子的胳肢窩下將他抱起。

扁平足

嬰兒天生為扁平足，而且可能持續到童年期，這是由於兒童的骨骼和關節柔軟，因此當他們站立時產生扁平足的現象。孩子也可能因足內緣有一個脂肪墊而隱藏了足弓。如果你讓孩子腳尖點地，仍然能看見足弓，但在腳後跟站立時足弓會消失。孩子的腳經常會外翻，因此增加內側的承重，使腳看起來更加扁平。

在通常情況下，扁平足會在 6 歲左右消失，因為足部變得比較強硬，且由於腿部肌肉力量增加，於是逐漸形成足底弓。其中大約每 10 名兒童中只有 1 或 2 名兒童在進入成年階段後，仍然還是有扁平足

的現象。對於那些沒有發展成足底弓的兒童除非足部僵硬或疼痛，否則並不建議治療，這可能表示有一些名為跗骨的小腳骨之間可能相連在一起，這時或許需要 X 光檢驗。

鞋墊對足底弓的發展並無助益，而且可能會導致比扁平足本身更多的問題。

然而，某些特別形式的扁平足可能需要不同的治療，例如跟腱過度緊蹦，妨礙腳的活動，不過，通常這種情況可以透過特殊的伸展運動，拉長跟腱就可以調整。兒童因跗骨問題產生真正的扁平足非常罕見，這些兒童的足踝難以上下或左右移動，而且僵硬的腳部可能會產生疼痛，如果不及時治療，可能會導致關節炎。這種僵硬的扁平足在嬰幼兒中很少見（大多發生在青少年期，而且必須經由小兒科醫師評估）。

此外，還有一些需要小兒科醫師檢查的症狀包括足部內側疼痛、發炎或緊蹦、足部僵硬、腳部無法左右或上下靈活運動。若需要進一步治療，你可能需要看小兒矯正外科或對幼兒腳部問題經驗豐富的醫師。

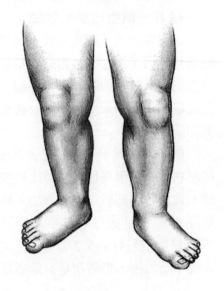

跛行

雖然一些很單純的原因可能引起孩子跛行，例如鞋中有石頭、腳底水皰或肌肉拉傷，但是跛行也可能是一些嚴重疾病的徵兆，例如骨折、關節炎、感染或髖部發育不良。基於這個原因，如果你的孩子跛行，你一定要請小兒科醫師檢查，以確保沒有嚴重的問題。

有些孩子在第一次學習走路時會跛行，早期跛行的原因可能是神經損傷（例如大腦麻痺）。這個年齡的孩子出現任何跛行都應立即進行觀察，因為治療開始的時間越遲，矯正的難度越大。

一旦孩子學會走路以後，突發性的明顯跛行通常為以下幾種疾病的徵兆：

■ 學步期兒童骨折。

- 髖關節損傷和發症（滑膜炎）。
- 以前沒有確診的先天性髖關節脫位。
- 骨或關節感染。
- 科勒氏症（Kohler's disease，足部骨骼血液供應不足）。
- 幼年突發性關節炎。

「學步期兒童骨折」是一種脛骨（從膝蓋延伸到腳踝的腿骨，參考第 711 頁骨折）螺旋形骨折，原因可能是由於輕微的意外，例如絆倒、跑跳或跌倒，或者盤腿坐在較大孩子或大人的膝上溜滑梯而下。有時孩子可以解釋如何受傷，但往往很難詳述細節，這時較大的手足或照顧者就能提供事故的來龍去脈。

在這個年齡層，**髖部**往往是跛行問題的原因，由於關節病毒感染，導致**暫時性滑膜炎**，這時你要請小兒科醫師進行評估。當孩子骨骼或關節受到感染，通常會出現發燒、腫脹和紅腫，如果感染部位在髖關節，他很可能會將腿彎曲或彎腰、情緒焦躁，並且不願意改變臀部和腿部的方向，雖然這些關節深處的腫脹和發紅現象可能不明顯。

有時孩子一出生就有髖部問題（DDH，髖關節發育不良），但一開始並不會注意到，直到孩子開始走路。由於一隻腳較短，臀部較不穩固，臀部一側的肌肉較弱，因此孩子走路會有明顯的跛行。

小兒股骨頭缺血壞死症是另一種常見導致幼兒跛行的疾病，通常不會有任何疼痛。在兒童 6 歲前，這種疾病看似輕微，不過等到孩子再大一點時，大約到 10 歲左右，症狀就會越來越明顯。

跛行常是患有幼年突發性關節炎（參見 835 頁）。兒童的父母就醫的主要原因，在一般情況下，孩子不會抱怨疼痛，但孩子會跛行，通常在早晨醒來或午睡後，跛行的情況最嚴重，其他的時間則不那麼明顯。

治療

如果只是小傷，例如水泡、割傷或扭傷，這些在家中就可以進行簡單的急救治療，然而，如果你的孩子剛開始走路，且一直跛行，這時要請小兒科醫師為孩子進行評估。如果孩子的跛行隔夜後就消失，你或許可以等到孩子滿 2 歲後再就醫，但是如果孩子的跛行一直持續到第二天，或者出現極度疼痛的情況，你要盡快帶他去看小兒科醫師。

如果必要，醫師會進行髖部或整條腿部 X 光檢查，以便做出診

斷。如果是受到感染，孩子可能需要住院觀察和使用抗生素。這時可能要給予高劑量靜脈注射抗生素，好讓藥物充份進入關節和骨骼。如果孩子有骨折或脫臼，這時醫師可能會用夾板先固定傷處，然後將孩子轉介至骨科醫師做進一步評估和治療。如果孩子有先天性髖關節脫臼或小兒股骨頭缺血壞死症，這時最好尋求小兒骨科醫師的治療。

鴿趾（足內翻）

如果孩子腳內翻，也可以稱為鴿趾或足內翻，這是非常常見的疾病，可能發生在 1 隻或 2 隻腳上，發病的原因有很多。

嬰兒期足內翻

有些嬰兒先天腳趾內翻，如果這種內翻只在腳趾前端，這種情況稱為**蹠骨內收**（圖 1），原因通常是寶寶出生前在子宮擁擠的空間內受限而造成。

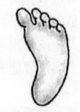

蹠骨內收的外觀
（圖 1）

如果出現下列情況，寶寶很可能有蹠骨內收的症狀：

■ 寶寶在休息時腳趾前端呈內翻狀。
■ 孩子腳的外部呈類似半月形的曲線。

這種情況通常很輕微，在孩子滿週歲後會自行矯正，不過有時情況更嚴重，或者還有因馬蹄內翻足的問題而產生的腳畸形。這種情況需要諮詢小兒骨科醫師，如果及早用夾板固定，結果往往非常有效。

兒童後期足內翻

如果孩子滿週歲後出現足內翻，原因很可能是脛骨向內扭曲，這種疾病稱為**脛骨內扭轉**（圖 2）。

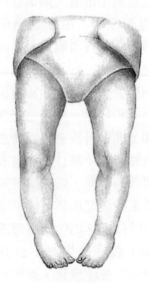

脛骨內扭轉
（圖 2）

如果孩子在 3 ～ 10 歲之間有足內翻，這可能是由於股骨內扭轉引起，這種情況稱爲股骨內扭轉，這兩種症狀通常會發生在家人之間。

治療

有些專家認爲 6 個月以下嬰兒的足內翻無需治療。非常嚴重的病例適合在早期打石膏矯正。

研究指出，大多數嬰兒在早期都有蹠骨內收的情況，隨著年齡成長會自行矯正無需治療。如果你的寶寶在滿 6 個月後仍然有腳趾內翻或僵硬無法外翻時，你可以請小兒骨科醫師評估，或許他會建議夾板或打石膏固定 3 ～ 6 週一段時間調整，這種作法最主要的目的是在孩子開始學走路前將骨骼調整好。

隨著時間推移，早期兒童腳趾內翻的情況往往會自行矯正，通常不需要治療。不過，如果你的孩子有走路困難的問題，你要和小兒科醫師討論，或許有必要轉介給小兒骨科醫師做進一步檢查。過去這種症狀會使用一種夜間支撐鞋固定，但這種方法仍未被證實有效，因爲腳趾內彎往往會隨著時間推移而自行矯正，所以重點是要避免非醫師「處方」的治療方法，例如矯正鞋、扭轉纜繩、日間支撐鞋、運動、鞋墊或背部推拿等。這些方法無法確實矯正腳趾內翻問題，而且還可能造成進一步傷害，因爲這些可能妨礙孩子正常玩耍或行走的活動。此外，當孩子穿戴這些支撐配備時，他可能必須面對同儕間不必要的情緒壓力。

然而，如果孩子到 9 或 10 歲時仍然有腳趾內翻的情況，這時可能需要進行外科手術予以矯正。

扭傷

扭傷是指骨骼連接在一起的韌帶發生的損傷，也就是韌帶過度拉長或撕裂。兒童扭傷非常罕見，因爲孩子的韌帶通常比與之相連正在生長的骨骼和軟骨強勁。因此，在韌帶損傷前，骨骼的生長部分可能已經分離或撕裂。

踝關節可能是孩子最容易發生扭傷的關節，其次是膝關節和腕關節。輕度扭傷（1 級）是韌帶僅僅被過度拉伸；2 級扭傷是指部分韌帶撕裂；完全撕裂是 3 級扭傷。如果你的孩子關節受傷，而且無法承受重量或非常腫脹或疼痛，立即打電話給你的小兒科醫師，通常這時醫師會爲孩子進行詳細的檢查。在某些情況下，醫師可能會安排特殊的 X 光檢查，以確定孩子是否有骨折。如果孩子有骨折的情況，你

的小兒科醫師可能會和骨科醫師或運動醫學專家一起會診。如果孩子確診扭傷，治療的方法通常包括用夾板彈性繃帶施壓或固定。如果孩子的腳踝或腳嚴重受傷，這時可能需要配戴行走輔助支架或裝置。

大多數一級扭傷無需治療，大約在 2 週內會自行痊癒，如果孩子的受傷關節處出現腫脹無好轉現象，你要立即告知你的醫師，輕忽這些症狀可能會導致更嚴重的關節傷害和長期的殘疾。

第34章

皮膚

胎記和血管瘤

小兒皮膚問題經常受到關注──有時甚至令人感到焦慮。畢竟，這些皮膚問題立即可見，雖然絕大多數並不嚴重，但它們仍然是一個煩惱的源頭。在這一章，你會看到一系列常見的皮膚問題，而其他相關皮膚症狀（特別是濕疹、麻疹和昆蟲叮刺等），可參考第17章過敏。

黑色素胎記（痣）

痣可能是先天性，也可能後天形成。由所謂的痣細胞構成，痣細胞可以產生皮膚黑色素，所以痣細胞形成的斑點呈黑棕色或黑色。

先天性痣

生下來就有小痣的情況十分常見，每100個孩子中就有1個。痣往往和孩子一起成長，一般不會有任何問題。然而，在極其罕見的情況下，這些痣日後也可能會變成非常嚴重的皮膚癌（黑色素瘤）。雖然你現在無需擔心，但你可以固定請小兒科醫師為孩子檢查，觀察這些痣的外表是否有任何變化（顏色、大小或形狀）。小兒科醫師或許會推薦小兒皮膚科醫師為孩子做進一步檢查，看看是否需要移除痣或做後續處理。

另一種更嚴重的先天性痣類型，直徑超過20釐米。它可能是扁平或突起，上面有毛髮（不顯眼的小顆痣上可能也有毛髮），有時痣甚至很大，範圍涵蓋手臂和腿。幸運的是，這些痣非常罕見（每2萬名新生兒中有1名），不過，這些痣比那些小痣更有可能發展成**惡性黑色素瘤**（高達5%的風險），所以及早諮詢小兒皮膚醫師的建議和定期檢查非常重要。

後天痣

多數人在一生中會出現10～

30 個色素痣，通常在 5 歲以後出現，有時更早。這些後天痣很少引起麻煩，然而，如果孩子的痣長得比鉛筆橡皮擦大的話，或者形狀不規則（不對稱），應該請小兒科醫師檢查。

注意：大多數位於皮膚上的黑色斑點是雀斑，通常在 2 ～ 4 歲之間出現，發生在身體暴露於陽光的部位，具有家族性。一般在夏天會覺得更大，顏色更深，冬天不明顯。雖然這些雀斑沒有危險性，但可能是過度日曬的指標，這也是一種重要提示，當孩子處於陽光下時，可能要使用 UV 防護衣、帽子、太陽眼鏡、防曬霜來保護他們的皮膚。

皮膚血管胎記

寶寶出生時後頸有**紅色扁平斑**，然而 2 ～ 3 週後，前額出現紅色凸起腫塊，雖然外表看起來不雅觀，但這些胎記有害嗎？

雖然這些血管胎記通常無害，重點是要學會區別哪些胎記無害，哪些胎記可能會產生併發症需要治療。你的小兒科醫師在每次例行檢查時，也會對這類型的胎記進行評估。

微血管型血管畸形（鮭魚肉色斑和葡萄酒斑胎記）

微血管型血管畸形是新生兒一種扁平紅斑，包括鮭魚肉色斑（最常見）和葡萄酒斑胎記（不常見）。其中大約有 80% 的新生兒是**鮭魚肉色斑**，最常出現的部位在後頸、前額、上眼瞼、鼻子兩側和上唇中間。雖然這些紅斑在出生後幾年會自然消失，不會造成任何疾病，不過，當孩子發燒或發脾氣時，這些紅斑可能還是隱約看得見，特別是皮膚白的人。

葡萄酒斑胎記出現在皮膚其他部位，出生時皮膚暗沉的部分，這些胎記不會隨著年齡而變淡，反而顏色會變得更深。這些胎記可能與其他天生缺陷有關，包括皮膚底層靜脈和動脈異常等問題。當葡萄酒斑胎記涉及眼睛、額頭或頭皮周圍皮膚時，這時可能會伴隨一種眼睛和大腦異常的症狀，稱為史德格 —— 韋伯症候群（Sturge-Webersyndrome），當兒童有這種症狀時，應檢查眼睛是否有先天性青光眼和眼睛缺陷，以及大腦異常等問題。這種評估可能需要經由小兒科醫師、小兒皮膚科醫師、小兒科神經學家和眼科醫師共同會診，或者透過史德格—— 韋伯症候群醫學中心進行檢查。

由於葡萄酒斑胎記會在童年和成年期加劇，因此通常會以脈衝染料鐳射治療，療程分為多次，每次間隔為 6～12 週，治療時機最好在嬰兒期或幼兒期，此外，特殊的醫療化妝技術也可以用來掩飾這些胎記。

嬰兒血管瘤（HOI）

嬰兒血管瘤（通常稱為草莓胎記）的發生率在 10% 左右，通常發生於未滿 2 個月大的嬰兒，其中最常見於 2～3 個星期大。它們在一出生時可能沒有或被誤認為是瘀傷或微小的紅色斑點。它們可能出現在身體的任何部位，但最常發於頭部和頸部。大多數兒童只有單一的血管瘤，不過在罕見情況下，有些嬰兒甚至有上百個血管瘤。目前血管瘤確實的原因不明，大約有 2/3 至 3/4 發生在女孩身上，而且大多是早產兒，尤其是體重過輕的嬰兒更是常見。如果不進行治療，血管瘤的大小通常在 3～4 個月大時達到高峰，經常看起來發紅或發紫，隨後會緩逐漸恢復原形。

如果你的孩子有血管瘤，你要讓醫師檢查，這樣醫師才可以開始追蹤。有新的非侵入性治療方式可用於協助治療血管瘤，並防止未來形成任何疤痕。然而，由於絕大多數這些紅斑在未經治療下會逐漸縮小，所以最好的作法觀察即可。研究顯示，若不加以治療，這種類型的血管瘤很少會產生併發症或需要化妝掩飾。

有時，血管瘤可能需要治療或去除——當它們面積較大、發生在臉部，或發生在身體上較容易被看見的裸露區域，或者如果血管瘤靠近身體重要的器官，例如眼睛、喉嚨或嘴巴；當它們異常增長、或者罕見大出血或感染。這些情況很罕見，但需要你的小兒科醫師、小兒皮膚科醫師、耳鼻喉科醫師、心臟科醫師與整形外科醫師進行仔細的評估和治療。這其中有許多治療方法，包括有助於縮小血管瘤的口服藥物，可以直接在皮膚上使用的滴劑，以及在罕見的情況下進行手術切除。

在極為罕見的情況下，血管瘤可能大量遍布在皮膚表面，有時還可能分布在身體內部器官。當頭部、頸部和下巴等特定部位出現大範圍的血管瘤，你的小兒科醫師或許需要進行深入檢查。如果血管瘤發生在脊椎下半部，這時很可能產生與平躺骨結構和軟組織相關的疾病，可能需要請小兒科醫師進行評估。

（請參考第 152 頁寶寶的外觀）

水痘

水痘曾經是最常見的兒童疾病之一，但是多虧水痘疫苗，目前已經很少兒童感染這種疾病。水痘具有高度傳染性，症狀包括全身性搔癢、水泡，兒童通常還有輕度發燒和紅疹。

如果孩子接觸到導致水痘的病毒後，通常在 2 週後，孩子的身上會開始出現紅疹，而且紅疹區塊可能會有小水泡，不久，紅疹逐漸出現在身體和頭皮各部位，然後蔓延到臉上、手臂和雙腿，這時水泡可能多達 250～500 顆。在一般情況下，這些水泡會結痂，然後癒合，不過，如果孩子去抓這些水泡，到時可能會產生小疤痕或造成感染。發病時，水泡周圍的皮膚可能會變暗沉或發白，不過隨著紅疹消失後，這些症狀都會慢慢好轉。水泡也可能會出現在孩子的口腔內部或其他黏膜表面。

治療

水痘非常癢又不舒服，但請盡可能阻止孩子去抓，因為可能導致額外的感染。乙醯胺酚（根據孩子的體重和年齡使用適當的劑量）或布洛芬可以減緩皮疹或發燒的不適，另外將孩子的指甲剪短和每日用肥皂和溫水洗澡可以預防第二次細菌感染，此外，不需處方的燕麥浴也可以舒緩皮膚搔癢，而抗組織胺（確保按照指示用藥）也可以用於緩解搔癢。對於較嚴重的症狀，如果在發病 24 小時之內，可以使用處方藥物（acyclovir 或 valacyclovir）來舒緩症狀，雖然。這些藥物對於那些有中度至嚴重疾病高風險群的兒童（例如免疫系統虛弱或某些皮膚疾病如濕疹患者）可以考慮使用，但不建議小於 12 歲的健康兒童使用。

當孩子感染水痘時，不**要給他服用阿斯匹林或任何含有阿斯匹林或水楊酸類的藥物**，這些藥品會增加雷氏症候群的風險（參考第 568 頁），這是一種嚴重疾病，涉及肝臟和大腦。此外，你要避免類固醇和任何可能干擾免疫系統的藥物。如果這時你不確定哪些藥物可以安全使用，你可以諮詢小兒科醫師的意見。

由於水痘現在很少見，許多醫師會希望親自為你的孩子進行診斷以確認你的孩子是否確實患有這種疾病，但由於水痘的傳染性很強，你應該在前往醫院之前打電話討論是否需要前往診所。很多時候看似是水痘的症狀可能是由另一種病毒造成的。如果孩子身上出現，例如

皮膚感染、呼吸困難或體溫高於38.9℃，或症狀持續4天以上，請立即打給你的小兒科醫師。如果孩子的皮疹變紅、發燒或疼痛，你要告知你的小兒科醫師，這可能是細菌感染的徵兆。如果孩子出現任何雷氏症候群或腦炎的跡象：嘔吐、緊張、混亂、抽搐、沒有反應、嗜睡或失去平衡，你要立即通知你的小兒科醫師。

如果孩子感染水痘，你應該告知你的小兒科醫師，以及那些曾經和你的小孩接觸的兒童家長。你的孩子在出疹1或2天前，到最後一次出水泡後24小時內都具有傳染性（大約5～7天）。在某些情況下，傳染期會一直持續到所有水泡變乾和結痂。在孩子感染過水痘並恢復後，通常終生都會具有水痘的免疫力，但由於病毒會躲藏在神經細胞中，而可能會在之後以帶狀皰疹的方式再次出現

預防

建議所有健康的兒童都應該接種水痘疫苗，第1劑在12～15個月大時接種，第2劑（加強劑）在4～6歲之間接種。除非孩子接種水痘疫苗，不然唯一可靠保護孩子免於感染水痘的方法是避免接觸水痘病毒。避免新生兒接觸水痘病毒

非常重要，尤其是早產兒，因為這些疾病對他們而言可能會產生嚴重的併發症。

大多數曾經感染過水痘的母親，她們的嬰兒在出生後最初幾個月對這種疾病有短暫的免疫力，因為他們從母親那兒得到保護性抗體。對於一些患有影響免疫系統疾病（如癌症）或正在使用藥物（如強體松，一種腎上腺皮質類固醇）都應避免接觸水痘。如果這些兒童接觸到水痘，他們可以接受一種特殊藥物，以在特定期限內提供對這種疾病的免疫力。記住，由於水痘疫苗為活病毒疫苗，對於一些免疫系統低下，無法對疫苗產生正常反應的兒童，可能不適合接種。

乳痂和脂漏性皮膚炎

你的美麗1個月大寶寶頭皮出現發紅結痂，你為此擔心，或許認為不應該像往常一樣使用洗髮精。當你看到他的頸部、腋窩和耳朵後面有紅腫折痕，你可能會擔心，心想這些是什麼，應該如何處理？

當這種紅疹只出現在頭皮時，稱為乳痂，不過雖然一開始只有頭皮出現鱗屑和紅疹，之後會慢慢蔓延至其他上述提及的部位，它也可能延伸到臉和尿布區域，當發生這

種症狀，小兒科醫師稱之為脂漏性皮膚炎（因為出現在油脂分泌的主要腺體區）。脂漏性皮膚炎是一種常見於嬰兒的非傳染性皮膚病，往往發生在出生後的幾個星期，然後在幾週或幾個月內慢慢消失。不像濕疹或接觸性皮膚炎（參考第 580 頁），它很少會引起不舒服或發癢。

醫師認為脂漏性皮膚炎的成因是皮膚對生活在所有人類皮膚上的某些常見真菌產生反應。有些醫師推測可能是受到母親懷孕期間賀爾蒙變化的影響，進而刺激嬰兒的油脂腺體，這種油脂分泌過剩可能與皮膚鱗屑和發紅有關。

治療

如果寶寶的脂漏性皮膚炎症狀只限於頭皮（也就是乳痂），這時你可以在家自行處理，不要害怕使用洗髮精，事實上你應該比以前更頻繁地用溫和的嬰兒洗髮精幫孩子洗頭，並且配合軟刷去除鱗屑。強效藥物洗髮精（去頭皮屑或去油洗髮精，例如含有硫化硒、硫磺、水楊酸、酮康唑或煤焦油的洗髮精）或許可以快速去除鱗屑，不過由於具有刺激性，使用前請先諮詢你的小兒科醫師。

有些家長發現凡士林、軟膏或油有助於軟化乳痂以協助去除它們，但嬰兒油效果不佳。在某些情況下，特別是如果脂漏性皮膚炎已經擴散到身體的其他部位時，你的小兒科醫師可能還會建議你使用乙酸皮質醇乳膏或抗真菌乳膏來協助清潔。一旦症狀好轉後，你可以採取一些措施預防復發，在大多數情況下，持續用溫和的嬰兒洗髮精為孩子洗髮。幸運的是，大多數嬰兒脂漏性皮膚炎的症狀在出生半年後會自行消失，所以通常不需要長期的治療。

有時感染的皮膚會產生酵母菌感染，最可能發生的部位不是在頭皮，而是皮膚皺摺處，如果發生這種情況，該部位會出現紅疹，並且奇癢無比。在這種情況下，你要告知你的小兒科醫師，他或許會開抗酵母菌的處方藥膏治療。

放心，脂漏性皮膚炎不是嚴重的皮膚疾病，也不是因過敏或衛生條件差而引起的症狀，它們會自行消失，不會留下任何疤痕。

第五病（傳染性紅斑）

玫瑰色的面頰是健康的象徵，但如果你孩子的臉頰突然出現稍微**突起和發熱的亮紅色斑塊**，他有可能是患了被稱為第五病的病毒性疾

病。與許多其他的兒童疾病一樣，這種病會在人與人之間傳播。引起這種疾病的病毒稱爲細小病毒，一旦孩子接觸到這種病毒後，可能會在 4～14 天後出現症狀。

這是一種輕微的疾病，大多數兒童即使在出疹期也沒有不適。然而，第五病也有可能出現輕微的感冒症狀，如咽喉疼痛、頭痛、紅眼、疲勞、輕微發燒或搔癢。在罕見情況下，可能有膝關節和腕關節疼痛。患有血紅蛋白或紅血球細胞異常的兒童，例如鐮狀細胞型貧血和癌症，當感染這種疾病時，他們的病程可能會更加嚴重。

這種皮疹通常首先出現在臉頰，看起來好像被打了一個耳光似的。在隨後幾天裡，上臂、軀幹、大腿和臀部會相繼出現花邊狀的粉紅色輕微突起。一般沒有發燒或只是輕微發燒，過了 5～10 天後皮疹開始消退。首先臉部皮疹消失，隨後是上臂、軀幹和下肢。有趣的是皮疹在數週或數月之後會重新出現，尤其是在孩子因洗熱水澡、運動、曬太陽等引起皮膚發熱的情況下。

治療

雖然大多數孩子的第五病並不嚴重，但其症狀可能與其他出疹性疾病混淆，也與某些藥物相關性皮疹相似，因此和醫師討論紅疹，告知小兒科醫師孩子正在服用的某些藥物非常重要。當你在電話中向醫師描述症狀後，醫師初步判斷可能是第五病，但仍然需要檢查孩子以確定診斷。

第五病沒有特殊的治療措施，但可以減緩症狀。例如，如果你的孩子有發燒或疼痛，這時你可以使用乙醯胺酚舒緩他的不適。如果孩子出現新症狀，或者病情加重或發高燒，你要立即打電話給你的醫師。

在孩子出疹前有感冒症狀時，這時第五病具有傳染性。不過到孩子出疹後就不再具有傳染性。儘管如此，無論何時孩子出疹或發燒，你要將他與其他孩子隔離，直到醫師確定病症。爲了預防起見，你要等到孩子沒有發燒，並且復原才可以讓他和其他孩子一起玩耍。此外，要讓孩子**遠離懷孕的婦女**（尤其是懷孕第一孕期），因爲如果孕婦感染這種病毒，可能會導致胎兒嚴重疾病或甚至死亡。

脫髮

幾乎所有新生兒都會失去部分或全部的頭髮，這是正常可預料的

現象，他們的頭髮會在 3 ～ 5 個月後脫落，之後再慢慢長出成熟的頭髮。因此，在出生後前 6 個月掉髮的模式並不會造成太大的困擾。

很常見的情況是，寶寶用他的頭皮磨擦床墊或撞頭的習慣使他失去頭髮，不過，隨著孩子成長，他的活動力大增且會坐立，不再用頭磨擦床墊時，這種類型的脫髮會自行消失。有些孩子在 4 個月大時，由於頭髮生長的速度不同，後腦的頭髮也可能會脫落。

在極為罕見的情況下，有些孩子有先天性脫髮的問題，這可能是單一問題，但也可能與某些指甲和牙齒異常有關。童年後期時，脫髮的現象可能是由於藥物、頭皮受傷或醫療或營養造成。

年齡較大的孩子也可能掉髮，如果頭髮綁得太緊或梳子梳得太用力。有些兒童（3 或 4 歲以下）有用手扭轉頭髮安撫自己的習慣，因而無意中將頭髮拔起或弄斷。其他兒童（通常是大孩子）可能會故意拔自己的頭髮，雖然他們否認或完全是下意識行為，這通常是一種壓力的徵兆，你要和你的小兒科醫師討論。

圓形禿是兒童和青少年常見的現象，像是一種對自己頭髮「過敏」的反應，當出現這種症狀時，

兒童的脫髮會呈環狀，形成一個掉髮的圓塊。在一般情況下，如果掉髮處的區塊不大，通常很快就會復原。但是，如果情況惡化，這時可能要針對經常脫髮處使用類固醇藥膏或甚至類固醇注射和其他形式的治療方法。不幸的是，如果脫髮的範圍很廣，這時要長出新髮可能有其困難度。

由於脫髮和其他類型的掉髮可能是疾病或營養問題，如果 6 個月後孩子仍有掉髮的問題，你要將這些症狀告知醫師。醫師可能會檢查孩子的頭皮以確定原因和開立處方藥物。有時如果必要，醫師會轉介小兒皮膚科醫師進行檢查。

頭蝨

頭蝨，通常是人頭蝨，是幼兒常見的一種症狀，因為大家一起玩耍、共享衣服、帽子或梳子，或者互動密切。雖然頭蝨經常被誤解，且讓父母感到尷尬，但頭蝨即不痛也不會造成嚴重問題，它不會傳染疾病或造成永久性傷害。許多父母都曾經收到學校或幼兒照護中心的通知，關於孩子班上頭蝨傳染的訊息。這種情況幾乎發生在所有族群中，最常見的年齡層為 3 ～ 12 歲的兒童，不過在非洲裔美國兒童中

到是很罕見。

當你第一次留意到孩子有頭蝨時，可能是注意到孩子的頭皮極癢，如果你仔細檢查孩子的頭皮，你可以看到頭髮或髮際線上有小白點，有時你可能會誤以為這些**小白點**是頭皮屑或皮脂溢出。頭皮屑往往是更大片，但頭蝨是散落小圓點，黏附在離頭皮不遠的頭髮上。這些是頭蝨的卵，黏著在髮根上。此外，你還可能發現活的頭蝨在髮間移動。頭蝨會避光，看到有光就會快速閃躲，所以你很難在光線下看到頭蝨。另外，頭蝨的搔癢程度遠大於皮脂溢出或頭皮屑的不適。

當你剛開始意識到或學校發通知時，盡量不要反應過度，這是很常見的情況，不要對你的家庭個人衛生有過度的負面反應，這只不過是孩子與其他兒童接觸而傳染頭蝨的結果。由於同一個家庭的孩子經常長時間近距離相處，所以兄弟姐妹之間很容易相互傳染。

治療

一旦你發現孩子有頭蝨，治療的方法其實有很多種（不論是處方或非處方手段），有各式各樣的洗髮乳、洗髮精、凝膠和慕絲。大多數的產品是抹在乾的頭髮上，因為濕的頭髮會稀釋化學產品的濃度，

使治療效果打折。當抹上這些產品後，要根據使用說明讓產品停留在髮上幾分鐘。雖然這些治療方法可以有效殺死活的頭蝨，但未必可以殺死蟲卵，所以在第一次使用後的7～10天後要再進行同樣的過程。

最常用於治療頭蝨的產品含有1% 的百滅寧（permethrin），這是美國小兒科學會目前推薦用來治療頭蝨初期的方法，這種方法優於其他藥物治療，例如毒性低，而且針對植物過敏的人不會引起過敏反應。當用不含潤絲效果的洗髮精洗完頭髮擦乾後，用百滅寧乳膏作為護髮乳抹在頭髮上，隔1週後再使用一次。

市面上有一些可以協助去除或殺死頭蝨的藥物是不含人造化學物質且無毒的，然而其他產品也可能含有潛在危險的殺蟲劑，因此，永遠在小兒科醫師的建議下，根據包裝上的說明使用。如果非處方藥物無效，這時你的小兒科醫師可能會建議使用處方藥物。

有一些家長也可能採用家庭偏方來處理頭蝨，這其中通常涉及用濃稠油脂，例如凡士林、橄欖油、乳瑪琳或蛋黃醬來「清洗」孩子的頭髮，然後讓這些油脂在頭髮上停留一夜。這些偏方的支持者認為，頭髮上包裹一層油脂可以殺死頭蝨

和蟲卵，雖然沒有科學根據證明這個方法有效，然而對孩子也不會造成傷害，如果你決定一試。另一方面，有一些家庭偏方則絕對要避免，特別是在頭髮上塗抹有毒或易燃物質，如汽油或媒油，或任何特別針對動物生產的除蟲產品。

在使用非處方藥物後，你可以使用細齒梳子細梳頭髮，這樣可以移除已死的卵和任何殘存的卵。梳理過程往往相當令人不耐煩，但最好還是要去除這些殘存的卵。大多數小兒科醫師建議每天梳理一次，直到這些卵不再出現為止，然後每隔幾天進行一次梳理，持續 1 ～ 2 週。如前所述，在大多數情況下，孩子必須在 7 ～ 10 天後再次使用藥物。

為了預防二次感染，你要在發現孩子有頭蝨的 48 小時內，清洗孩子所有的被單和衣服（包括帽子）。使用熱水清洗孩子的衣服，或者用乾洗的方式。像是絨毛玩偶這類無法清洗的物品應該被密封在袋子中 48 個小時，頭蝨與卵無法在離開頭皮的情況下存活那麼久的時間，所以在那之後這些物品就能再安全的使用了。

對於可能存有頭蝨的梳子，你可以使用洗髮精清洗，或浸泡在沸騰的水中 5 ～ 10 分鐘。另外，如果孩子有頭蝨，你要通知孩子的學校或幼兒照護中心。然而，美國小兒科學會認為，健康的兒童不應該因為頭蝨問題而被剝奪上學的權利，同時我們也不鼓勵孩子要在完全「沒有頭蝨卵」的情況才能上學的政策。頭上已經有頭蝨出現的孩子，其實早在發現的 1 個月前可能就已經蔓延，所以，由於這時對他人幾乎已沒有風險，孩子還是可以繼續上學，只要避免其他孩子直接接觸他的頭部即可。此外，為了預防孩子感染頭蝨，你要教導他避免與他人共用個人物品，例如帽子、梳子和刷子等。如果你的 3 歲孩子有頭蝨，他的其他同伴很可能也有，因為頭蝨具有傳染性，其他的家庭成員也可能需要檢查和治療，並且他們的衣服和床上用品也要一併清洗。

膿皰瘡

膿皰瘡是一種傳染性細菌皮膚感染，經常出現在**鼻子、嘴巴和耳朵周圍**。幾乎有 90% 的膿皰瘡是由金色葡萄球菌引起，而其他部分則是由鏈球菌（也是引起喉嚨痛和猩紅熱的細菌）引起的。

如果膿皰瘡是由葡萄球菌引起，那麼感染的部位可能會產生帶

有透明或黃色液體的水泡。這些水泡很容易破裂，然後形成粗糙油光的區塊，並且很快結痂形成褐色的表皮。相反，鏈球菌引起的感染通常不會產生水泡，但會造成大片潰瘍後的結痂表皮。

治療

膿皰瘡需要使用抗生素治療，不管是局部塗抹或口服，在這之前，你的醫師可能會採集樣本進實驗室，以確定導致皮疹的細菌類型。在過程中，確保孩子完成抗生素所需的療程，以免膿皰瘡復發。

切記：在所有皮疹消失或使用抗生素至少 2 天且症狀有改善前，膿皰瘡是會傳染的，在這段期間，你的孩子應避免近距離與其他兒童接觸，同時你也應該避免碰觸孩子的皮疹。如果你或其他家人不小心碰到，一定要用肥皂和清水洗淨雙手和接觸到的部位。此外，要將受感染孩子的浴巾和毛巾與其他家人的用品分開清洗。

預防

導致膿皰瘡的細菌會在受傷的皮膚處繁殖，因此最佳的預防方法是經常修剪孩子的指甲保持整潔，教導孩子不要用手抓皮膚過敏處。當孩子皮膚上有刮痕時，要用肥皂和清水沖洗，並且塗抹抗生素藥膏或軟膏，同時留意不要和受到感染的人共用浴巾或毛巾。

當膿皰瘡是因某些類型的鏈球菌引起時，這時可能會產生一種非常罕見但極為嚴重的併發症——腎小球腎炎。這種疾病會導致腎臟受損，可能會引起高血壓和血尿。因此，如果你發現孩子尿液中出現任何血絲或尿液呈深褐色，你要告知你的小兒科醫師，請他為孩子做進一步的評估。

麻疹

感謝疫苗問世，麻疹病例在已明顯下降。但不幸的是，最近在美國幾個州內有多起麻疹爆發發生，根據國家疾病控制防治中心的數據指出，在 2019 年 1 月到 2 月間共有 11 個州回報總計 206 件麻疹病例。這些麻疹病例絕大多數是 20 歲以下尚未接種疫苗或接種狀況未知的人。其中大多數案例是來自那些尚未接種疫苗、並旅經有回報麻疹疫情國家的旅行者，將病毒攜帶入境。如果你的孩子從未接種疫苗或沒有得過麻疹，這時他若接觸到病毒，很可能會被傳染。麻疹病毒具有高度傳染性且透過空氣飛沫傳播。這種病毒可以在感染者咳嗽或

打噴嚏後存活於空氣中將近 2 個小時，幾乎所有暴露於含有病毒環境的人，只要沒有麻疹免疫力都會被傳染。

徵兆和症狀

在接觸到麻疹病毒後的 8 ～ 12 天，你的孩子可能不會有任何症狀，這是所謂的潛伏期。隨後，孩子可能會有類似感冒的症狀，例如咳嗽、流鼻水和紅眼睛（結膜炎；參考第 741 頁）。有時咳嗽會很嚴重，甚至持續 1 週，同時孩子會感到非常不舒服。

在發病初期的 1 ～ 3 天後，孩子類似感冒的症狀會惡化，然後開始發燒，溫度在 39.4 ～ 40.5℃ 左右，之後持續高燒兩到 3 天後，身上會開始出現紅疹。

經過 3 ～ 4 天後，紅疹開始蔓延，通常先從臉部到頸部，然後擴散到雙臂和雙腿。一開始是小紅點，然後聚集成為大紅點，如果你留意到孩子口中臼齒區有小小白色像沙粒狀的斑點，這表示皮疹很快會長出來，這些皮疹會持續 5 ～ 8 天左右。當皮疹消退後，皮膚表面可能會有脫皮的現象。

治療

雖然麻疹沒有特別的治療方法，重點是要讓小兒科醫師確診孩子是否得到麻疹，確定造成疾病的真正原因。如果孩子的病因為麻疹，這時醫師可能會給予孩子服用維生素 A，研究指出，使用維生素 A 治療兒童麻疹，可以減少相關併發症和因感染而死亡的風險，你的小兒科醫師會建議孩子適合的維生素 A 劑量。許多疾病一開始也可以使用同樣的方式治療，所以，當你通知醫師時，你要告知醫師孩子有發燒和皮疹的症狀，以便讓醫師知道你懷疑孩子的疾病可能是麻疹。因此，當你帶孩子去看醫師時，醫師會將孩子和其他病人隔離，以免病毒傳染給他們。

在孩子未出疹到發燒和紅疹消退前，他都具有傳染力，在這段期間，孩子應該留在家裡（除了看醫師外），並且遠離任何沒有麻疹免疫力的人。

在家中，你要讓孩子**喝大量的液體**，如果孩子因發燒不適，你可以給他服用適當劑量的乙醯胺酚。伴隨麻疹的結膜炎可能會讓孩子在燈光或陽光下眼睛產生疼痛，所以在最初幾天，你可以將孩子房間的光線調暗，給孩子一個舒適的環境。

有時細菌感染會併發麻疹，通常還會產生肺炎（參考第 623 頁）、

中耳感染（參考第 675 頁）或腦炎。在這些情況下，你的孩子必須經由小兒科醫師檢查，這時醫師可能會建議以抗生素治療或者住院觀察。

預防

幾乎所有接種過兩劑 MMR 三合一疫苗（麻疹、流行腮腺炎和德國麻疹）的兒童，終生都有麻疹的免疫力。第 1 劑應該在 12 ～ 15 個月大時接種，第 2 劑應該在 4 ～ 6 歲時接種，不過麻疹疫苗也可以在更小的年紀進行接種，只要第 1 劑與 2 劑之間隔了至少 28 天。由於有 5% 以上的兒童對第 1 劑疫苗可能沒有反應，所以建議所有的兒童都要接種第 2 劑加強疫苗（參考第 31 章疫苗接種）。

如果你的孩子沒有接種過疫苗，但接觸到感染麻疹的患者，或家中有人感染麻疹病毒，這時你要立即通知你的小兒科醫師。以下的步驟可以預防孩子免於受到傳染：

1. 如果孩子**未滿 1 歲**或免疫系統低下，在接觸後 6 天內，他可以接種免疫球蛋白，這可以提供他暫時的保護不受感染，但無法提供持久的免疫力。

2. 年齡介於 **6 個月至 11 個月大**的嬰兒如果接觸到麻疹病毒，或者社區中有人感染麻疹，或身於疫區，這時他可以只接種單一麻疹疫苗。如果孩子在這幾個月接種疫苗，到時孩子仍然需要額外的劑量，以達到完全的免疫。

3. 如果孩子身體健康，而且已經**滿週歲**，這時他可以接種疫苗。這種疫苗可以在他接觸病毒後 72 小時內提供有效的防護力，並且提供持久的免疫力。如果孩子接種過第 1 劑疫苗，而且至少相隔 1 個月後，這時如果他曾接觸過病毒，或許需要再接種第 2 劑加強疫苗。

傳染性軟疣

傳染性軟疣是一種常見於幼兒身上的皮膚病毒感染。皮膚上微小的凸起病變看起來會像是有光澤的肉色、粉紅色的圓形腫塊或者中央凹陷的結節。有些孩子身上只會出現幾個這樣的突起，但也有孩子會在身上出現 20 個以上。它們最常見於臉部、軀幹和四肢；但除了手掌和腳底之外，身體的任何部位都可能發生。它們長在是皮膚表層的無痛、無害且非癌變的生長物。最煩人的是它們會持續幾個月到幾年，有時還會擴散到身體的其他部位。

這種疾病會透過直接接觸受感染者的皮膚，或與患有這種疾病的人共用毛巾來傳播。兒童照護中心偶爾會爆發這種疫情。潛伏期從 2～7 週不等，但有時會更長（長達 6 個月）。

大多數情況下，這些軟疣無需治療就會自行消失，那些身上只有一個或幾個腫塊分散分布的兒童不需要接受任何特殊的護理。但是，如果病變的範圍很大，或者如果你和你的孩子願意，你的小兒科醫師或皮膚科醫師可能會建議使用局部藥物以幫助軟疣盡快消退，或者也可以透過使用鋒利的器具（刮匙）進行刮除手術，或使用剝離劑和冷凍技術（如液氮）來去除腫塊。

斑蚊媒疾病（茲卡病毒和西尼羅河病毒）

有許多感染透過蚊蟲叮咬傳播給人類。蚊子以受感染的人或動物的血液為食，而成為病毒的攜帶者。一旦病毒通過叮咬傳播給人類，就會在人的血液中繁殖，並在某些情況下導致疾病。

西尼羅河病毒

西尼羅河病毒在美國首次爆發於 1999 年。雖然有些兒童在感染西尼羅河病毒後發病，但大多數症狀輕微，或者完全沒有症狀。約 1/5 的西尼羅河病毒感染者會出現輕微的類流感症狀（發燒、頭痛和身體痠痛），有時還會出現皮疹。這些症狀往往只會持續幾天。不到 1/100 的感染會產生嚴重疾病（西尼羅河腦炎或腦膜炎），症狀包括高燒、頸部僵硬、顫抖、肌肉無力、抽搐、癱瘓和失去意識。

茲卡病毒

茲卡病毒很少對兒童造成危險。事實上，只要你沒有懷孕或處於生育年齡，茲卡病毒就沒什麼大不了的。只有 1/5 的茲卡病毒感染者會出現症狀。這種疾病對人體的影響各有不同，有些人可能會出現皮疹、發燒、紅眼症（結膜炎）、關節和／或肌肉疼痛或頭痛。但症狀通常會在 1 週內消失，且症狀較輕而很少需要住院治療。

然而，茲卡病毒對懷孕或計畫懷孕的婦女來說特別危險，因為該病毒會影響子宮內發育中的胎兒。茲卡病毒還可以透過性行為傳播給孕婦或其他處於生育年齡的婦女，影響發育中甚至未來的胎兒。美國聯邦衛生官員已證實茲卡病毒會導致小頭畸形（嬰兒出生時頭部較小）以及其他嬰兒的腦部和身體異

常。由於茲卡病毒會影響胎兒發育中的大腦，並造成長期的負面影響，因此預防至關重要。

預防蚊媒感染

茲卡病毒或西尼羅河病毒的主要感染風險來自蚊蟲叮咬。這種疾病不會透過人與人之間偶然的接觸發生傳播。

目前，在美國沒有可用的疫苗來預防此類病毒。但是你可以透過採取一些措施來減少被可能攜帶病毒的蚊子叮咬的機會，來降低患病的可能性。以下是一些需要牢記的策略。（其中有部分在第 589 頁的昆蟲螫傷和叮咬部分有所描述。）

■ 為你或你的孩子塗抹驅蟲劑，使用量應足以保護暴露的皮膚。（請參閱第 860 頁的驅蟲劑種類表。）當不再需要驅蟲劑的保護，用肥皂和水洗掉皮膚上的驅蟲劑。

■ 避免使用同時含有驅蟲劑和防曬乳的產品，因為防曬乳比驅蟲劑需要更頻繁地使用。

■ 不要在 2 個月以下的嬰兒身上使用含有避蚊胺的防蚊液。對於年齡較大的兒童，請將其少量塗抹在耳朵周圍，不要將其塗抹在嘴巴或眼睛上，也不要塗在傷口上。

■ 盡可能讓孩子在外出時穿著長袖和長褲。在嬰兒的嬰兒背帶上使用蚊帳。

■ 讓你的孩子遠離蚊子可能聚集或產卵的地方，例如積水容器（鳥澡盆和寵物水盆）。

■ 因為蚊子在一天中的特定時段更可能叮咬人類——最常見的是黎明、黃昏和傍晚——請考慮在這些時段限制孩子的戶外活動時間。

■ 修補紗窗上的任何孔洞。

驅蟲劑的種類

驅蟲劑有許多形式，包括水霧、噴霧、液體、乳膏和貼紙。有些是由化學成分製作，有些則是天然的。驅蟲劑可以防止叮咬昆蟲叮咬，但不能防止螫傷。會叮咬的昆蟲包括蚊子、蜱蟲、跳蚤、恙蟎和會進行叮咬的蒼蠅；會造成螫傷的昆蟲包括蜜蜂、黃蜂和其他蜂蠅。

抗藥性金黃色葡萄球菌感染

抗藥性金黃色葡萄球菌（MRSA）是一種金色葡萄球菌，造成的感染不只在皮膚表面，也可能深入皮膚軟組織形成膿包。近年來，MRSA 已成為重大的公共衛生問題，因為這種細菌對 β-內醯

可以使用的驅蟲劑種類

有哪些種類	效果如何	維持多久	特殊注意事項
含有敵避（N,N- 二乙基 -3- 甲基苯甲胺）的化學驅蟲劑	被認定為最有效的防蚊蟲叮咬物質。	約 2～5 個小時，取決於產品中敵避的濃度。	在兒童身上使用時需要注意。
派卡瑞丁	美國疾病管制和預防中心建議，其他與敵避一樣有效的驅蟲劑包括：含有派卡瑞丁的驅蟲劑，以及和含有檸檬桉油或 2% 大豆油的驅蟲劑。目前這些產品的有效時間約相當於敵避的 10%。	約 3～8 小時，取決於濃度。	儘管這些產品在按照建議方式使用時是安全的，但尚無後續的長期研究。此外，還需要更多的研究來了解它們驅除蜱蟲的效果。
由香茅、雪松、桉樹和大豆等植物中的精油製成的驅蟲劑		通常少於 2 小時。	很少發生過敏反應，但可能會在使用以精油製作的驅蟲劑時發生。
含有百滅寧（Permethrin）的化學驅蟲劑	可以殺死接觸到的蜱蟲。	使用在衣服上時通常能持續到幾次洗滌後。	只能用於衣物上而不可直接接觸皮膚。也可以使用在戶外用品上，如睡袋或帳棚。

胺類（beta-lactams）抗生素產生抗藥性，這其中包括 methicillin 和其他常用的抗生素。這種耐藥性使得治療這種感染更加困難，過去 MRSA 只限於醫院和療養院，如今已擴散到社區的學校、家庭和兒童照護中心與其他地方。這種疾病可能經由皮膚接觸傳染，特別是割傷或擦傷。

　　如果孩子的傷口看似感染，特別是如果出現紅、腫、發熱和膿液，你要讓醫師為孩子檢查傷口，

醫師可能會引流膿液和使用局部和／或口服抗生素。最嚴重的 MRSA 感染可能導致肺炎和血液感染，即使 MRSA 對一些抗生素產生耐藥性，它們還是可以用其他的藥物治療。

為了預防孩子在學校或其他公共場所感染 MRSA，你可以採取以下措施：

- 養成良好的衛生習慣。你的孩子要經常用肥皂和溫水洗手，或者使用含有酒精的消毒液。
- 使用乾淨乾燥的繃帶覆蓋孩子的任何皮膚傷口、擦傷或割傷，而且這些繃帶至少每日要更換 1 次。
- 不要讓孩子與他人共用毛巾、浴巾或其他個人物品（包括衣服）。
- 經常擦拭孩子會接觸到的物品表面。

蟯蟲

幸運的是，孩子最常見的蟯蟲感染基本上沒有太大的傷害，蟯蟲不僅不雅觀，而且可能造成孩子直腸搔癢，對女孩而言還有陰道內分泌物，雖然不會引起重大的健康問題，但一般人對蟯蟲較大的擔憂是群體傳染而不是醫療問題。

蟯蟲很容易透過卵在兒童之間傳染，當一個受感染的兒童經常抓他的屁股時，他的手上就會沾上蟲卵，然後轉移到沙坑或馬桶座圈，之後不知情的兒童接觸到這些蟲卵後將其放入口中。當孩子吞下這些蟲卵後，不久它們會孵化，隨後這些蟯蟲會再爬到肛門產卵。這些蟯蟲在夜間通常會造成孩子直腸處搔癢，女孩可能會有陰道搔癢的情況。如果在清晨孩子尚未起床前，仔細觀察他的肛門周圍皮膚，你可能會看到蟯蟲成蟲，外觀為白灰色線狀，長約 1/4 到 1/2 英吋（0.63～1.27 公分）。你的小兒科醫師可能會採集一些蟯蟲和蟲卵在顯微鏡下觀察，以確定這些寄生蟲的類型。

治療

蟯蟲可以使用處方或非處方的口服藥物輕易治療，藥劑採單一劑量，然後重複口服 1 週到 2 週。這些藥物會促使蟯蟲透過大便排出，有些小兒科醫師會建議家庭其他成員一起治療，因為他們體內很可能有蟯蟲，只是沒有出現任何症狀。此外，當孩子受到感染時，他的內衣褲、床上用品和床單都要徹底清洗，以降低感染的風險。

預防

蟯蟲難以預防，不過以下一些措施可以減少感染的風險：

- 督促孩子上廁所後要洗手。
- 督促孩子在沙坑完之後要洗手。
- 督促孩子的保姆或照顧者經常清洗玩具，特別是已經有 1 個或以上的孩子感染蟯蟲。
- 督促孩子在與家中的貓或狗接觸後要洗手，由於這些寵物的毛中可能帶有蟲卵。

毒藤、毒橡樹和毒漆樹

毒藤、毒橡樹和毒漆樹通常在春季、夏季和秋天季節會導致兒童皮疹，這種皮疹過敏反應是由於這些植物內含的一種油脂，通常在接觸後幾個小時到 3 天的時間，皮膚開始出現水泡和發癢。

有別於大眾的認知，皮疹的擴散並不是由於水泡內的液體，而是孩子指甲內、衣服上或寵物毛髮上少量殘存的植物油脂接觸到孩子身體其他部位。這些皮疹不會傳染給其他人，除非接觸到殘留的植物油脂。

毒藤的外觀類似葡萄藤，除了西南地區外，分佈於全美各大地區。毒漆樹是一種灌木，不是藤類，其中央莖處有 7 ～ 13 成對排列的樹葉，分布區域沒有毒藤廣泛，主要生長在密西西比河沼澤地區，主要生長在西海岸。這 3 種植物會造成皮膚類似的反應，也就是某種類型的接觸性皮膚炎（參考第 579 頁濕疹）。

治療

治療毒藤反應 —— 最常見的接觸性皮膚炎類型 —— 可以採取直接的措施。

- 預防是最好的方法。知道植物的外觀，教導孩子避開這些植物。
- 如果碰到這些植物，用肥皂和水清洗衣服和鞋子，同時用肥皂和水沖洗接觸到這些植物或植物油脂的皮膚至少 10 分鐘。
- 如果皮膚出現輕微反應，你可以 1 天塗抹 calamine 乳液（佳樂美）3 或 4 次，直到皮膚不再發癢。避免使用含有麻醉劑或抗組織胺的藥物，因為這些藥物本身可能會引起過敏。
- 塗抹含有 1% 的氫化可體松軟膏來減緩發炎症狀。
- 如果皮疹嚴重，出現在臉上或擴散至全身，小兒科醫師可能會使用高效外用類固醇或口服類固醇治療，療程可能長達 10 ～ 14 天，過程中醫師會指示用藥減量，不過這種治療方法只適用於

最嚴重的情況。

如果發現孩子出現以下任何狀況，你要立即打電話給小兒科醫師：

- 嚴重皮疹爆發，對以上治療沒有任何反應。
- 出現感染症狀，如紅腫或滲水。
- 出現任何新的皮疹或發紅。
- 臉部或生殖器出現嚴重的毒藤皮疹。
- 發燒。

金錢癬（癬）

如果你的孩子頭皮或皮膚其他部位有圓型鱗片狀斑點，且該區有掉髮的現象，這種症狀可能是金錢癬、頭皮癬或手足癬。

這種疾病不是由蠕蟲引起，而是一種眞菌，它之所以被稱爲金錢癬，主要是因爲感染區會形成圓形或橢圓形斑點，且中心處平坦，周圍呈紅色鱗片邊框。

頭皮癬經常在人與人之間相互傳染，有時因共用帽子、梳子和髮夾，如果孩子身上出現金錢癬，他也有可能是被狗或貓傳染。

感染金錢癬的第一個徵兆是身體出現紅色、鱗片狀的斑點，剛開始外觀看起來不像金錢癬，直到直徑達到半吋（1.25 公分）才成型，

一般生長的最大直徑爲 1 英吋（2.5 公分）。孩子的身上可能只有一個或多個斑點，同時有一些輕微的發癢和不適。

頭皮上的金錢鮮（頭皮癬）一開始的生長與身上各部位的癬一樣，但隨著癬的發展，你的孩子在感染區可能會失去一些頭髮。某些類型的頭皮癬不會有明顯的環狀斑點，且很容易和頭皮屑或乳痂混淆，不過乳痂只限於嬰兒時期。如果你的孩子頭皮持續有鱗片狀，且已經滿 1 歲大，這時你應該懷疑頭皮癬的可能性，並且告知你的小兒科醫師。

治療

身上單純的金錢癬斑點可以用醫師建議的非處方的藥膏治療，最常用的藥膏爲 tolnaftate、miconazole 和 clotrimazole 等。1 天 2 ～ 3 次抹少量在患處，連續至少一個星期，且在用藥期間，症狀有逐漸好轉的現象。然而，如果治療期間頭皮或身上長出更多斑點或紅疹擴散或惡化，你要請小兒科醫師再次評估。醫師或許會針對頭皮癬或身體擴散的癬給予更強效的處方藥——口服抗眞菌藥劑。你的孩子可能需要口服藥物好幾個星期，取決於藥物治療的成效而定。

如果孩子有頭皮癬，你要使用特別的洗髮精為孩子洗頭。如果家中其他成員有感染的可能性，他們也應該用這種洗髮精，並且檢查是否有感染的跡象，同時不允許你的孩子與他人共享梳子、刷子、髮夾、髮帶或帽子。

預防

找出家中患有金錢癬的任何寵物並且治療，這有助於預防金錢癬。留意狗和貓身上搔癢和無毛的區域，立即給予治療。任何家庭成員、玩伴或同學如果出現相同的症狀也要馬上治療。

玫瑰疹

你的 10 個月大嬰兒看上去或行為上不像生重病，但突然間發高燒至 38.9 ℃ 到 40.5 ℃，且持續 3 ～ 7 天，在這段期間，孩子的食慾變差、稍微腹瀉、一點咳嗽和流鼻水，而且比平時更焦躁和嗜睡，同時眼瞼處可能出現輕微腫脹或下垂。最後，他的體溫恢復正常，然後身上主要軀幹出現紅疹，不久擴散至上臂、脖子，之後在 24 小時內消失，這到底是什麼疾病呢？

這很可能是一種名為玫瑰疹的疾病，具有傳染性的病毒，常見於 2 歲以下的幼兒，潛伏期為 9 ～ 10 天。這種疾病的診斷關鍵是皮疹出現於退燒後，現在我們知道這是一種特定的病毒導致這種疾病。

治療

如果你的孩子年齡在 3 個月以下持續發燒至 38℃ 以上，請立即打電話給你的小兒科醫師。或者孩子在 3 個月以上，且發燒到 38.9℃ 以上超過 24 ～ 72 小時，請立即打電話給你的小兒科醫師，即使沒有出現其他症狀。如果醫師懷疑高燒是因玫瑰疹引起，他可能會建議一些控制體溫的措施，並且提醒你，如果孩子病情惡化或高燒持續，你要再打電話給他。如果孩子出現其他症狀或病情加劇，這時醫師可能會進行血液、尿液和其他測試。

由於有些引起發燒的疾病可能具有傳染性，所以最好將孩子與其他兒童隔離，直到你與你的小兒科醫師討論。一旦孩子退燒後 24 小時，即使身上還有紅疹，這時你的小孩已經可以回到幼兒照護中心或幼稚園，並且恢復與其他兒童的互動。

當孩子發燒時，你要幫他穿輕量的衣服，如果孩子因發燒非常不舒服，你可以根據他的年齡和體重讓他服用適量的乙醯胺酚（參考第

27 章發燒）。這時不用擔心如果孩子胃口不佳，你可以鼓勵他多喝液體類食物。

儘管這種疾病嚴重的病例很罕見，但要留意疾病的初期，當發燒快速上升時，孩子可能會出現抽搐的情況（參考第 802 頁痙攣、抽搐和癲癇），不管你如何處理發燒，重點是要學會如何處理抽搐，即使只是輕微短暫的抽搐。

德國麻疹

雖然有一些父母在童年時曾經得過德國麻疹，但多虧有效的疫苗，現在德國麻疹已經是一種罕見的疾病。不過，即使在普遍流行的年代，德國麻疹的病情通常並不嚴重——除非接觸懷孕婦女，因為這可能對發育中的胎兒造成嚴重疾病和長期健康問題。

德國麻疹的特點是**輕微發燒**（37.8 ～ 38.9℃），**腺體腫脹**（尤其是後頸和顱底）和**出疹**。這種紅疹從極小針狀到大小不一的不規則狀都有，通常從臉部開始出疹，之後在 2 ～ 3 天內蔓延到頸部、胸部和身體的其他部分，然後從臉部開始慢慢消失。

一旦接觸到德國麻疹，潛伏期為 14 ～ 21 天，傳染期從出疹出現前幾天，一直持續到紅疹消失。由於疾病症狀輕微，大約有半數的兒童不會意識到感染了德國麻疹。

在德國麻疹問世前，這種疾病往往每 6 ～ 9 年流行一次，自從 1968 年疫苗問世後，在美國已無大流行的情況。儘管如此，這種疾病仍然存在，每年都有未接種疫苗或容易感染的少年受到感染，通常發生在大學校園。不過幸運的是，除了發燒、不適與偶爾的關節疼痛外，這種小流行病很少有嚴重的後遺症。

因應之道

如果你的小兒科醫師確診孩子得到德國麻疹，你的作法是盡量讓孩子感到舒適，讓孩子多喝流質食物，鼓勵孩子多休息（如果孩子疲累），如果孩子發燒，服用乙醯胺酚。讓孩子遠離其他兒童或成人，除非你確定他們都已經免疫。大原則是，感染德國麻疹的兒童不應該在出疹後 7 天內進出兒童照顧中心或參與任何團體，尤其不應與懷孕的婦女接觸。

如果你的孩子確診患有先天性德國麻疹，你的小兒科醫師可以給你最佳的建議以處理這種複雜和困難的疾病。患有先天性德國麻疹的嬰兒通常在出生後 1 年內具有傳染

性，因此應該避免讓孩子進出幼兒照護中心，並且避免讓孩子與其他容易受感染的兒童和成人接觸。

求助小兒科醫師的時機

如果孩子出現發燒和紅疹，並且身體不舒服，你要告知小兒科醫師。如果確診爲德國麻疹，你要遵循上述的治療和隔離建議。

預防

接種疫苗是預防德國麻疹最好的方法，這種疫苗通常是 MMR 三合一疫苗（麻疹、流性行腮腺炎和德國麻疹）的一部分，接種時機在孩子滿 12 ～ 15 個月大，之後再追加一劑加強劑（參考第 31 章疫苗接種）。

即使當時幼兒的母親正值懷孕期，他還是可以接種疫苗。不過，容易受感染的孕婦本身不可以接種疫苗，同時也要非常小心，避免接觸任何可能感染病毒的兒童或成人。等到生產後，她也要立即接種疫苗。

疥瘡

疥瘡是由一種藏在皮膚表皮下層的蟎和它的卵引起的，這種皮膚紅疹的現象，其實是蟎的身體、卵和排泄物引起的皮膚反應，一旦蟎進入皮膚，在 2 ～ 4 週後，皮膚會開始出現紅疹的症狀。

在年齡較大的兒童群中，這種紅疹奇癢無比，部位集中在皮膚紅疹皺摺區，並且會出現突起的水泡疹子。在嬰兒群中，嬰兒的疹子分散較廣或單一，集中在手掌和腳掌。由於抓痕、結痂和續發感染，這種惱人的皮疹通常很難確診，除非嬰兒皮膚經常出現明顯的小凹痕。

據傳說，在拿破崙軍隊疥瘡大流行期間，當夜幕低垂時，遠在 1 英里外就可以聽見抓癢的聲音。雖然這有點誇張，但這指出如果孩子患有疥瘡，你要特別留意兩大重點：**疥瘡奇癢無比，傳染性高**。雖然只在人與人之間傳播，但傳染迅速，因此如果你的家人患有疥瘡，那麼其他家人很可能也難以倖免。

疥瘡幾乎會出現在身體任何部位，包括指間。除了嬰兒外，較大的兒童和成人通常在手掌、腳底、頭皮或臉部不會出現疥瘡。

治療

如果你注意到孩子（和其他家人）不斷抓癢，你要懷疑疥瘡的可能性，並告知小兒科醫師做進一步檢查。醫師可能會刮除皮膚採集樣

本在顯微鏡下觀察，如果確診爲疥瘡，醫師會開幾種抗疥瘡藥物治療。最常見的是一種塗抹全身的乳液——從腳底到頭皮——等待幾個小時後再沖掉，並且 1 週後再進行同樣的過程一次。

大多數專家認爲全家都需要一起治療，即使身上沒有出現紅疹。有些專家則認爲，雖然全家人都應該做檢查，但只有身上出現紅疹的人才需要使用抗疥瘡藥物治療，此外，任何家庭白天幫手、夜間訪客或經常出入的保姆也都要特別的留意。

爲了預防抓傷感染，你要修剪孩子的指甲，如果搔癢的情況非常嚴重，你的小兒科醫師可能會開抗組織胺藥物或其他止癢藥物。如果孩子的疥瘡抓傷處出現任何細菌感染的跡象，一定要通知小兒科醫師，他可能會使用抗生素或其他方法治療。

在經過治療後，搔癢的情況可能持續 2～4 週，因爲這是過敏性皮疹。如果發癢的情況超過 4 週以上，你要告知小兒科醫師，因爲疥瘡可能復發，需要再次藥物治療。

順帶一提，有些爭議性的說法指出，衣服或亞麻布會使疥瘡蔓延，不過證據顯示這種情況非常罕見。因此沒有必要大範圍打掃孩子或其他的房間，因爲蟎通常只存在於人的皮膚上。

猩紅熱

當孩子患有鏈球菌咽喉炎（參考第 686 頁）時，身上可能會出疹，這種疾病爲猩紅熱，症狀包括一開始喉嚨痛、發燒在 38.2～40℃ 左右和頭痛，24 小時後，身上軀幹、手臂和腿出現紅色皮疹，而且稍微突起，摸起來像微細砂紙。孩子的臉可能轉紅，但口腔內部周圍蒼白，這種紅疹在 3～5 天後消失，然後在出疹最多的區域開始脫皮（頸部、腋下、腹股溝、手指和腳趾）。有時孩子的舌苔可能出現白色塗層，然後變紅，同時腹部有輕微的疼痛。

治療

無論何時孩子抱怨喉嚨痛，特別是還有出疹或發燒時，你要立即告知小兒科醫師，讓醫師檢查確定是否爲鏈球菌。如果發現鏈球菌，醫師會使用一種抗生素（通常爲青黴素或阿莫西林）。如果孩子使用抗生素的方法爲口服而不是注射，你要確保孩子完成整個療程，因爲短暫的治療可能會使這種疾病復發。

大多數的小兒鏈球菌咽喉炎感染對抗生素的反應迅速，發燒、頭痛和喉嚨痛的症狀通常在 24 小時內會好轉，不過皮疹大約會持續 3～5 天。

如果孩子在治療後病情沒有好轉，你要通知你的小兒科醫師。假設這時家庭其他成員也出現發燒或喉嚨痛的症狀——有紅疹或沒有紅疹——你都要立即請小兒科醫師檢查確定是否為鏈球菌咽喉炎。

未經治療的猩紅熱可能導致耳朵和鼻竇感染、頸部淋巴結腫脹和扁桃腺周圍化膿。不治療的鏈球菌咽喉炎最嚴重的併發症為風濕熱，結果會導致關節疼痛和腫脹，有時還會造成心臟受損。在極為罕見的情況下，喉嚨內的鏈球菌可能導致腎小球腎炎或腎臟發炎，進而引起血尿或高血壓。

曬傷

雖然深色皮膚的人對陽光好像不那麼敏感，但所有的人都無法倖免於曬傷和其相關的疾病風險。兒童尤其要注意防曬，因為太陽的紫外線對兒童有極大的傷害力。和燙傷一樣，曬傷會造成皮膚發紅、發熱和疼痛。在嚴重的情況下，還可能出現水泡、發燒、發冷、頭痛和一般類似生病的症狀。

你的孩子不一定非得要曬傷才算是受到陽光的傷害，這是經年累積曝曬陽光的結果，所以即使只是童年時期適度的曝曬，都可能造成日後皮膚產生皺紋、堅硬，甚至成年後的皮膚癌。另外，有些藥物可能會引起皮膚在陽光下產生反應，有些疾病也可能會使人對陽光產生過敏。

治療

曬傷的徵兆會在曝曬 6～12 小時後出現，在 24 小時內最不舒服。如果孩子曬傷處只有發紅、發燒和疼痛，這時你可以自行在家治療，冷敷曬傷處或以清涼的水沐浴。此外你也可以用乙醯胺酚為孩子減輕疼痛（遵照標籤上的指示說明，根據孩子的年齡和體重使用適當的劑量）。

如果曬傷處產生水泡、發燒、發冷、頭痛或一般生病的症狀，你要告知你的小兒科醫師。嚴重曬傷的治療方法要比照其他嚴重燙傷辦理，如果範圍十分廣泛，或許要住院治療。此外，水泡可能會感染，需要抗生素治療。有時大範圍或嚴重曬傷可能導致脫水（參考第 554 頁腹瀉，脫水跡象）和昏厥（中暑），而這種狀況需要你的小兒科

醫師進行檢查或至最近的急診處就醫。

預防

許多父母誤以為太陽只有在普照時才危險，事實上，有害的光線不是看得見的那些，而是一些肉眼看不見的紫外線。你的孩子實際上可能在有霧或朦朧的日子下，曝曬更多的紫外線，由於他覺得天氣涼爽，所以待在外面的時間反而較長。位於高緯度地區，相對曝曬的機會也較大。即使戴大帽子或撐傘也不是必然的保護措施，因為沙、水、雪和其他表面都會反光。

盡量避免孩子在紫外線高峰期外出（早上 10 點至下午 4 點），此外，請遵守以下原則：

- 使用防曬油阻擋有害紫外線。選擇兒童專用 SPF30 以上的防曬油，在外出前半個小時塗抹。記住，防曬油無法完全防水，因此每隔 1 個半到 2 個小時要再擦一次，特別是如果孩子在水中玩耍。參考防曬油標籤說明，選擇有防水效果的產品。
- 外出時，讓孩子穿上輕薄棉質的長袖和長褲，SPF 防曬衣服和帽子也是保護孩子避免曬傷的好方法。
- 在戶外時，盡可能使用沙灘傘或類似物件，讓孩子處於陰涼的位置。
- 讓孩子戴有寬邊的帽子。
- 6 個月以下的嬰兒要避免陽光直接照射，如果沒有衣服或物件遮蔽，在孩子身體的部分範圍（臉和雙手背面）塗抹防曬油。（參考第 700 頁燒燙傷）

疣

疣是一種人類乳突病毒（HPV）引起的疾病，這種堅硬突起（有時扁平）呈黃色、褐色、灰色、黑色或棕色，好發於手、腳趾、膝蓋周圍和臉上，但也可能長在身體任何部位。當疣出現在腳底時，醫師稱之為蹠疣。雖然疣具有傳染性，但很少發生在 2 歲以下的兒童身上。

治療

你的小兒科醫師會提供一些治療疣的建議，有時他會推薦含有水楊酸的非處方藥物，或甚至在門診使用氮基溶液或噴霧治療。如果出現以下症狀，他可能會引介皮膚科醫師進行治療：

- 多發性、的疣。
- 在臉上或生殖器上的疣。
- 大顆、深層或疼痛的疣（腳底疣）。

■ 令孩子困擾不已的疣。

　　有些疣會自行消失，有些疣可以使用處方或非處方藥物治療。然而多發性、不斷復發或深層的疣必須進行手術刮除、電燒或冷凍治療。雖然手術或鐳射治療或許有幫助，但沒有研究指出這種具有疼痛性、破壞結構的治療方法會比完全不治療的更好。幸運的是，大多數孩子在 2～5 年內，身體會自然產生抗疣的免疫力，即使未經過任何的治療。

第35章

孩子的睡眠

睡眠是兒童健康生活很重要的一部分，和良好的營養一樣，對身體的發展很重要，睡眠對大腦的發展極為重要。如果孩子沒有得到充足的睡眠，可能會影響他們的行為、健康和學習狀況。反過來說，你的孩子得到多少睡眠也會影響**你的睡眠**與**你的健康**。當幼兒建立和維持規律的睡眠作息，他的睡眠時間似乎較長，並且不太容易在夜間醒來，良好的睡眠品質有益於健康的身體。睡眠中的大腦並不是處於休眠的狀態，而是以不同的方式運作。成長中的大腦如果有充足的睡眠，孩子就能更專注，性情也會更穩定。

（雖然本章的重點是關於你的孩子的睡眠需求、睡眠訓練、實施睡眠計畫和保持孩子的就寢時間，但有關特定年齡階段的更多詳細訊息和具體指導，例如安全睡眠技巧，請參見本書第一部分的各個章節，包括第 78、228、256、297、335、337、409 和 440 頁。）

孩子需要多少睡眠？

不足為奇的是，很多家長擔心他們孩子的睡眠習慣和行為，「他的睡眠時間是否太少？還是太多？午睡很重要嗎？午睡應該睡多久才夠？在夜間我應該放任他哭泣入睡嗎？還是當他哭鬧時要哄他入睡？為何他比其他同年齡的孩子晚睡？或早睡？」

雖然許多家長憂心孩子的睡眠模式，好消息是他們擔心的問題大多很容易解決。很多父母並不瞭解不同年齡層孩子的最佳睡眠時間表。雖然兒童之間的睡眠模式存在正常差異，不過以下是關於兒童需要幾個小時睡眠的具體建議。

美國睡眠醫學會和 AAP 建議各年齡層的孩子達到以下的睡眠量：

■ 嬰兒（4～12 個月）：每 24 小時定期睡眠 12～16 小時（包括

小睡），以促進最佳健康。

- 兒童（1～2 歲）：每 24 小時定期睡眠 11～14 小時（包括小睡）以促進最佳健康。

- 兒童（3 歲至 5 歲）：每 24 小時定期睡眠 10～13 小時（包括小睡）以促進最佳健康。

許多父母的第一個問題是「我的寶寶什麼時候可以睡整夜？」很好的問題，但並非所有嬰兒的答案都相同。畢竟每個孩子都不同，行為模式也大不相同，有些孩子在出生後 6～8 週即可養成規律的睡眠作息，而且一次可以睡好幾個小時。然而有些孩子的睡眠作息不定長達好幾個月或更久，這時你要與小兒科醫師討論，檢討可能影響孩子睡眠模式的家人生活作息、問題和挑戰。

不過，在大多數情況下，你的寶寶會在剛出生幾個月學會延長夜間進食時間，等到寶寶 4～6 個月大時，可能就不再需要在半夜進食。你可以透過執行固定的就寢前例行活動來幫助你的嬰兒實現這一目標，例如洗澡、親餵或奶瓶餵養、書本和床（讓他仰臥睡覺）。此外，讓孩子在晚上安撫自己入睡，讓房間保持黑暗和安靜，並確保他在白天時有足夠的時間進行戶外活動（如果天氣允許）並吃得足

夠。

隨著寶寶長大，他會繼續延長夜間的睡眠時間，只要你讓他如此。孩子的獨特基因對睡眠作息有強大的影響力，不管孩子的睡眠時間是長是短，部分原因可能取決於他的基因，而他的天生獨特氣質也可能會影響他的睡眠行為。此外，家庭狀況對孩子的睡眠時間和品質也有很大的影響。一般而言，只要你有良好的睡眠習慣，你的孩子就會在習慣發生變化的那些幾個晚上調整自己的睡眠週期，例如在不同的房子裡睡覺，或者更早醒來以和與兄弟姐妹一起玩耍。

睡眠同步

儘管父母在意——或在某些情況下——父母有時會不自覺地打斷孩子的睡眠。例如，就算父母知道哪些對孩子的健康最好，但他們往往忽略了自己忙碌的行程和家庭決策對孩子睡眠的影響。

在大多數情況下，父母或許沒有意識到生活方式與生理時鐘同步的重要性。當談到睡眠時，時間就是一切，或者說幾乎如此。所以重點是要瞭解就寢時間或許比孩子睡多久的時間更加重要，良好的睡眠品質可以讓孩子恢復體力，保持清醒，甚至性情穩定，因此睡眠在這

方面有很大的影響力,這意味著鼓勵孩子依照自己的生理節奏作息。與孩子的生理時鐘同步的一致就寢時間通常可以讓孩子得到舒適而持久的睡眠。

仔細觀察你的孩子,你會發現孩子和大人一樣在白天也有「昏昏欲睡的時間」,如果在這個時候讓他就寢,這時的睡眠品質會比非生理節奏時的睡眠品質更好。但如果

專欄 場景 #1

4 個月大嬰兒的母親向朋友抱怨,孩子出生後第 1 週都睡得很好,之後睡眠模式完全大亂,更糟糕的是,他的睡眠時間不定也難以預測。她承認,她試圖讓孩子拖到晚上 8:00 ～至 8:30 等到丈夫下班後回家,可以和他玩一會才睡覺,但通常在丈夫還未到家前,孩子總是哭鬧不停。儘管當時他看起來昏昏欲睡,她還是試著讓孩子保持清醒等到丈夫回家,不過通常這時孩子已經累到難以安撫。

這對父母對這種情況有矛盾的立場:爸爸似乎對嬰兒在他回家時哭鬧不以為意,但媽媽卻覺得這樣很不近人情。有時她會試著讓寶寶在黃昏時小睡一會,但夜間仍然哭鬧不休,為此,他們夫妻之間的關係也變得非常緊張。

因此他們決定尋求醫師的意見,醫師告知他們尊重孩子睡眠時間不斷改變的重要性。對一般 4 ～ 8 個月大的嬰兒而言,健康的夜間就寢時間為 6 ～ 8 點之間,試圖延後孩子的睡眠時間只為了迎接父親回家,只會讓孩子更疲累,並且打亂他的生理時鐘。

永遠要重視孩子的睡眠需求,他的生理時鐘不斷變化,當他想睡覺時,一定要滿足他的需求。如果他的睡眠模式被打斷,那麼當他清醒時,他可能顯得昏沉和不專注,如果他可以早點就寢,他或許會早一點起床,但他的總睡眠時間將會更長。這樣一來,上班一方的父母在早上起床後將有更多的時間陪伴孩子。如果孩子的作息需要任何調整,首先要由父母開始,他們應該配合孩子的作息安排活動。

你拖過這段「睡意時間」才讓他就寢，到時候的他很可能會因過度疲勞而難以入睡。

1 歲的幼兒

身為父母，你要培養和支持孩子的睡眠需求。在這段時期盡可能鼓勵他多睡一些，因為這有益於孩子的健康。然而，良好的睡眠模式不是一夕養成。對嬰兒來說，生理時鐘的養成需要一段時間的發展，目標是他的睡眠作息可以配合他的生理機制。多給他一些時間，這些會自然養成，你的任務則是隨時保持警覺，留意孩子任何準備入睡的訊息。不然，你很可能會太早或太晚將他放入小床，進而影響他入睡容易度和從睡眠中甦醒的能力。

學步期或學齡前兒童

在一天接近尾聲時，你可以觀察較大孩子的情況，以判斷孩子是否有充足的睡眠——特別是睡眠品質——線索為孩子是可愛、適應力強、友好、互助、獨立、互動？或者煩躁、易怒、易激動、容易哭鬧，而這些都是因為長期睡眠被剝奪的結果。如果你特別留意，你會發現他和大人一樣，在白天也會想睡。如果孩子一直如此，你可能要調整孩子的入睡時間，他可能需要提早就寢，這樣才能讓孩子在一天

接近尾聲時，擺脫這些令人不悅的行為。

此外，記住以下提示：有時父母讓孩子提早就寢，但孩子的睡前行為似乎沒有任何改善，如果出現這種情況，或許「提早就寢」的時間仍然還是太晚，需要再做一些調整，甚至還要將就寢時間再提早。

睡眠習慣和哭鬧處理

有些嬰兒每晚哭鬧，當將他們放入嬰兒床睡覺時就哭；有些嬰兒則從不哭鬧。有些父母看到自己的孩子在嬰兒床上哭個不停時，整個心都揪結在一起。當嬰兒哭泣時，你或許很難受，尤其是和他保持一段距離等待他入睡，這種煎熬更是難以言喻。或者你可能感到沮喪或憤怒，因為他不願意或無法安靜下來，這時即使只是幾分鐘的眼淚，也可能好像過了一輩子。

通常父母很在意他們的嬰兒為什麼哭泣，是想發洩一下？感到孤單或真的不舒服？這時父母往往會讓步，急忙趕到嬰兒床邊，無法忍受孩子的哭泣聲。

這也難怪父母最常問小兒科醫師的問題是「我應該讓孩子哭著入睡嗎？或者應該抱起他安慰他呢？」以及一些更基本的問題「孩

子到底應該睡多久?」在某種程度,這些答案應取決於孩子的年齡而定。

第一個月

在這段時間,你的寶寶大部分時間都在睡覺。當你將他放入嬰兒床準備入睡或當他醒來時,盡量避免讓他哭泣。相反,你要快速回應他的哭泣,盡可能安撫他,例如輕輕唱歌、小聲和他說話、播放輕柔的音樂、保持燈光昏暗或輕輕搖他。如果必要,將他抱起,然後在 5 ～ 10 分鐘後再將他放入嬰兒床。盡量想辦法減少他的不適,以增加他的睡眠時間和品質。(更多安撫哭鬧嬰兒的其他資訊,請參考第 76 頁)。

這個年齡的嬰兒何時是準備就寢的時間,不管他是否哭鬧?一般來說,在孩子醒來後 2 個小時,他就需要睡覺了。有時甚至在 1 小時後他就會再度入睡,這時候的他很少保持清醒長達 3 個小時以上。如果他有一些想睡或哭鬧,你可以將他放入嬰兒床看看他是否哭鬧更兇,如果是,這時你要將他再次抱起,但也很可能他會因此安靜入睡。

一般來說,如果他沒有在需要睡覺的時候小睡片刻,這時無論在什麼情況下,他都會開始出現疲累和煩躁的跡象,所以你要開始哄他入睡。當他醒來後 1 或 2 個小時,他可能需要安撫,這時雖然他是醒著,但很想睡時,你可以將他放入嬰兒床(這個方法特別有助於白天的午睡時間)。如果你拖太久,他可能會變得暴躁,到時要他入睡則會更加困難。(更多信息請參閱第 167 頁,哭鬧與絞痛。)

分擔就寢的時間

在孩子出生後最初幾個星期,讓其他成人參與孩子的睡前儀式很重要,例如你的配偶、祖母、保姆等。如果平時只有你哄他睡覺,這時他就會將你與睡眠聯想在一起。當有越多人輪流哄他睡覺時,他就不會侷限在只有你哄他的情況下才能入睡。這種觀念有時被稱為「多幫手」,因為如果孩子只有在你的懷抱或搖晃下才能睡著,那麼他就只能在這樣的情境下入眠。

父母睡眠不足

在孩子出生的第 1 個星期,另一個問題會浮現:父母的睡眠可能不足。新生兒的睡眠時間表或許會讓你的另一半感到焦慮和不知所

措，特別是如果他覺得生命的責任更重大，但卻又睡眠不足和疲憊。你們雙方應相互支持，如果必要，提供主要照顧者一段時間可以休息或補眠，以補充體力。

睡眠計畫

重點是，你們雙方要同意孩子的睡眠計畫，如果只有一方同意，該計畫是不可能成功，你們要共同決定是否逐步或快速採取任何新的步驟。許多醫師建議一開始進行漸進式小幅調整，例如就寢時間提早一些，這可能有助於改善孩子的情緒，而父母的期望落差也不會太大。

當進行小幅調整後，觀察結果是否成功，不要以 1 天的結果（或 1 夜）定論，而是至少持續幾天，看看小幅調整是否值得再繼續保持。

■ **6 個星期左右（從出生後開始算起）**。孩子的睡眠——清醒作息將會更規律，夜間的睡眠時間會更長，而且想睡的徵兆（或許哭鬧）時間可能提早。例如，以前他是在晚上 9 點至 11 點準備就寢，現在想睡的時間可能提早——大約在 6 點至 8 點之間。他的睡眠時間最長的階段大約在夜間，長達 3～5 個小時左右。當然這其中有許多變化，所以你要留意孩子的需求，並且配合孩子提早就寢的時間——不再是夜間 11 點而是 8 點，因此為了減少孩子哭鬧，你要讓孩子早點入睡，如果必要，花一點時間安撫他（雖然讓他哭鬧一下對孩子無害），讓孩子的生理時鐘決定他是小睡 30 分鐘或是打盹 4 個小時。

等到你和你的孩子適應了他的生理時鐘後，每當你將他放入嬰兒床時，他會逐漸學習安撫自己入睡，到時孩子比較不會吵鬧哭睡。等到孩子大約 3 個月大時，大多數嬰兒在夜間都可以睡足 6～8 個小時而沒有吵醒他們的父母。如果孩子早晨太早醒來，你可以透過安撫他讓他繼續入睡，並且保持房間昏暗，如果可能，這時避免抱他或餵他喝奶。

■ **4～12 個月大**。等到孩子 4 個月大後，在未來的幾週和數月，持續留意孩子的生理節奏，這將會大大減少孩子因想睡而哭鬧的情況。從 4 個月開始到滿週歲，大多數嬰兒一天至少需要 2 次小睡，一次在早上，一次在下午；

有些孩子可能在黃昏時再小睡一下。**試著讓他的小睡時間在早上9點左右和下午1點左右**，如果他還需要第3次小睡，時間大約在黃昏時間。

　　大多數家長不喜歡喚醒熟睡中的幼兒，因為睡眠對他們而言很珍貴。你可以讓孩子在午睡時多睡一會，除非孩子因睡太多而夜間難以入眠。如果有這種情況，你可以和小兒科醫師討論，是否要提早將孩子從午睡中喚醒，而不是任由他自己醒來。如果孩子午睡時間太晚且太長，這很可能是因為他的就寢時間太晚，某部分也很可能是用小睡時間來補償夜間的睡眠不足，這時跳過第3次小睡，讓孩子早點就寢也是一個方法，到了孩子滿9個月後，如果孩子有黃昏小睡的習慣，你可以試著免除這個小睡時間，讓孩子的夜間就寢時間提早一點。

　　在這個年齡層，孩子的夜間睡眠是一天之中最長的睡眠時間，到了8個月時，他的夜間睡眠時間可長達10～12個小時，且無需喚醒他餵食。不過，如果這個年齡的孩子看似疲累，只要看到他的床就哭，這表示他的小睡時間可能太短（少於30分鐘）、他的小睡時間

與他的生理時鐘不同步，或者夜間的就寢時間太晚。如果是後者，你要提早讓他就寢，至少暫時配合孩子過度疲勞的情況，讓他在5點半或6點間上床，然後觀察他的反應，如果孩子哭鬧，你可以看看他，然後安撫他一下。如果必要，更換他的尿布，確保孩子舒適，保持燈光昏暗，但不要抱他或搖他入睡。然後悄悄離開房間，並且在這段時間逐漸減少夜間對他的關注，這有助於讓孩子明白他不是一哭鬧你就會出現，這樣一來他才能學會安撫自己，例如吸吮自己的手指、輕輕搖頭或撫摸被單。

　　你要記住，有時你可能要讓孩子哭著入睡，這不會造成任何傷害，你也無需擔心眼淚背後傳遞的訊息。別忘了，你有一整天的時間讓孩子知道你有多愛他和照顧他，到了晚上，他會收到天黑就是要睡覺的訊息，這時讓他哭一下，有助於孩子學會如何安撫自己。他不會想到你遺棄他，或者你不愛他之類，從你白天對他的行為，他會明白你的心意，換句話說，你根本不需要擔心。然而，如果哭泣持續太久，請查看你的孩子；睡眠訓練的目的是教導你的孩子靠自己入睡，而不是讓他感到沮喪。

場景 #2

　　一對父母帶著他們 5 個月大的女兒來看小兒科醫師，並且解釋她的小睡（或缺乏）情況已經成為一個嚴重的問題，影響到了整個家庭。他們白天將孩子放在嬰兒床上小睡，但 35 分至 40 分鐘後她就會醒來，然後就一直醒著至少一段時間。他們同意孩子需要更長的小睡時間，但在執行上卻遇到挫折，他們試著讓孩子在醒來後單獨留在嬰兒床上 20 分鐘，不過她卻一直哭鬧不停，拒絕再睡。

　　他們的小兒科醫師解釋，4、5 個月大的嬰兒，一開始要建立規律的小睡模式有其挑戰性，因為他們的生物時鐘不斷改變和成熟，因此小睡模式可能需要 1 或 2 個月後才能建立。醫師建議他們可以試著在孩子發出聲音或呼叫時立即做出反應，以試圖延長小睡的時間。如果孩子出現這種情況，你可以輕拍他的背、幫他按摩或提供短暫的母乳餵養。透過這種方法，許多嬰兒在 20 ～ 30 分鐘後會再度入睡，如果孩子有充足的小睡時間，這可以讓孩子在白天的其他時間更警覺、更專注和更有精神。

　　然而，隨著孩子逐漸長大，這些特定的方法可能會適得其反，反而會刺激孩子而不是安撫孩子。在與父母進一步討論後，小兒科醫師認為這其中存在一些問題。孩子的房間可能不夠昏暗，公寓的環境或許不夠安靜，以致於孩子無法入睡，不過更重要的是，孩子的小睡時間似乎與她的自然生理節奏不同步。他建議父母調整孩子的睡眠環境，並且有耐心調整孩子的小睡時間，以配合孩子的生理時鐘。

小睡時間的變化

- 大約在 10 ～ 12 個月大時，孩子早上的小睡時間可能會逐漸停止，大約到了 12 個月大後，有一些孩子會停止早上小睡的習慣。到時，你可以開始將孩子夜間的就寢時間慢慢提早（或許提早 20 ～ 30 分鐘）；午睡的時間也可以開始提早一點。你讓孩子

夜間就寢的時間可以根據孩子的疲累狀態、白天小睡的睡眠品質稍微做些改變。

- **13～23個月大**時，在這段期間，孩子的小睡總時數將開始改變，大約到15個月大時，多半的孩子（當然不是全部）一天只小睡一次，通常是在下午。早晨的小睡時間自然消失，雖然可能會經歷一些過渡期，即便如此，

大多數兒童早晨小睡的習慣會慢慢消失。到時，如果你讓孩子夜間早點睡覺，實際上他比較不容易在早上小睡，而且醒來後精神飽滿。

- **到了24個月**，幾乎所有的孩子一天只睡一次午覺，然而這個午睡對孩子其他時間的生理運作功能非常重要。

- **當孩子滿2歲至3歲之間**，大

專欄 **場景 #3**

　　許多家長都意識到睡前儀式的重要性——但對一些家長而言，這些儀式未必每次都有用。一位母親試過無數她聽過的儀式，包括睡前洗澡、洗澡後按摩、唱搖籃曲和將寶寶包起來等，但沒有一個有效。事實上，這些方法反而讓他的寶寶更焦躁。

　　當這位媽媽向小兒科醫師表達她的沮喪時，醫師提供一些方法，讓這些睡眠儀式更有效。他告訴她，在孩子尚未感到疲累和焦躁前，早一點開始這些睡前儀式。他還督促她要保持一致，使用相同的睡前儀式，直到孩子開始將它和睡眠聯想在一起。他強調持久性的重要性，並且解釋改變不是一夕成功，這種儀式需要長時間累積才會達到正面的效果。

　　小兒科醫師還提供另一個提議，在他們認定孩子應該午睡的時間，提早20分鐘將孩子放進嬰兒床中，當孩子在嬰兒床上感到放鬆時，他幾乎會在10～20分鐘內大便，這時他可能會立即哭泣，不過，一旦換好乾淨的尿布後，他剛好開始進入生理時鐘的午睡時間，這時當父母安撫他時，很快他就會進入較長的午睡時間。

多數孩子仍然需要午睡，這樣到了傍晚他們才不容易生氣和暴躁。大約在 3 歲左右，孩子在白天的小睡時間平均爲兩個小時，然而有些孩子的睡眠時間比較多，有些孩子比較少（在某些情況下甚至少於 1 個小時）。這時盡可能讓孩子的午睡和夜間就寢時間保持規律，雖然無可避免的有時要有一定程度的彈性。有時，有些孩子在某段時間會抗拒午睡，即使他們的身體告訴他們（和你）需要午睡，如果出現這種情況，試著提早或延後夜間的睡眠時間，然後觀察第二天孩子在白天的午睡情況是否好轉。關於孩子午睡時間長度的最佳法則爲——足夠讓孩子恢復精神和體力。研究證實，較長的午睡時間可以提高孩子的注意力和學習能力，相反，如果孩子的午睡時間很短只有幾分鐘，這樣根本無法讓孩子度過一天。3 歲以前的孩子大約需要 1～2 個小時的午睡時間，之後午睡的時間會越來越短，研究顯示，大約有 90% 的 3 歲孩子仍然有午睡的習慣。

- **3 歲至 5 歲**。這個年齡層的孩子大多在夜間 7 點至 9 點時已準備就寢，或者更早，如果孩子的午睡時間很短，或者沒有午睡的習慣。在這個階段，他們已經可以一夜到天亮，直到早上 6 點半至 8 點醒來，到了 3、4 歲時，有些孩子已經沒有午睡的習慣。在這個年齡層，要配合孩子的睡眠需求，建立規律的就寢時間，縮短午睡的時間，並且增加大量的體能活動。實際上，有些孩子在這個階段的夜間睡眠需求會明顯增加。

充足的睡眠

如何準備和哄你的孩子睡覺呢？哄孩子睡覺的技巧因孩子的年齡而異。輕輕摩擦背部幾乎有助於任何年齡的孩子入睡，對於幼小的嬰兒而言，你可以輕輕讓他靠著你的臉頰，配合著他的呼吸節奏輕輕搖他入睡。輕拍、親吻他的額頭或讓他吸吮奶嘴或他的手指，這些都有助於嬰兒入睡。

睡前儀式在 4～6 個月大時即可開始進行，這些儀式可以幫助孩子入睡，尤其是當他將這些儀式和睡眠聯結在一起。你可以試著念故事書給他聽，或者幫他洗個熱水澡或按摩、唱搖籃曲或放輕柔的音樂。在睡前減少玩樂時間、拉上窗簾、燈光調暗，並且將電話鈴轉爲靜音。

比睡前儀式更重要的是，你要持續保持孩子晝夜的生理時鐘節奏，當睡眠時間到時，讓孩子遠離大量刺激的環境，這樣孩子才不會變得太興奮而無法入眠。在寶寶睡前的家庭活動應保持低調，以免過度刺激孩子，打亂孩子的作息。記住，時機是健康睡眠的關鍵，所以，當靜靜陪伴孩子 10 ～ 20 分鐘，為他讀一本書的時間到時，這時你原本選擇要去做的事情，往往都不及在這個時刻陪伴孩子還來得重要。

當銘記這一點後，許多父母會試著改變自己的行為，只為了讓孩子擁有更好的睡眠。如果可能，父母可以安排育兒計畫，建立一個類似睡眠或就寢的常規。當一方父母在家陪伴孩子時，另一方父母可以外出購物或拜訪朋友，反之亦然。這種行程的安排可以適用家庭的每日、每週或每月日常作息，讓家庭的運作發揮最大的效果。等到寶寶的生理時鐘可以配合日常作息時，這時父母也可以鬆一口氣，到時你可以帶他出席特別活動，孩子也不會為此感到焦躁或不安。如果孩子有 80% 的時間作息正常，那麼其他 20% 的時間當你需要調整他的睡眠時間表時，孩子也可以適應良好。

如果孩子在出生後的第 1 年，白天在幼兒照護中心，你要盡可能要求照護人員讓孩子有規律的睡眠時間。這些時間表應該和家中的時間表相同，且盡量不要中斷。有時，你很難看出孩子是否過度勞累，因為每當你去接他時，他可能會表現得異常興奮，而且你也很開心見到他。不過，你要留意他的體驗。幼兒照護人員願意配合孩子的午睡行程，可能也是你選擇照護中心的一個重要因素。

當然，許多（但並非全部）兒童照護中心會優先考量孩子的午睡時間，然而，孩子的睡眠環境也很重要，有些未必是昏暗和安靜的房間，這都會影響孩子的睡眠。你的孩子可能在早上 9 點到 10 點和下午 1 點到 3 點間小睡，但這時幼兒照護中心的環境或許並不適合孩子小睡片刻。可能光線太強或其他孩子太吵（包括哭聲），結果孩子可能得不到他所需的睡眠時間。在這種情況下，當你下班去接他時，他可能已經極度勞累，無法按照一般的作息。不過，你在早晨時陪伴孩子、幫他洗澡、餵孩子和幫他穿衣服，都有助於彌補一天中錯過的任何時光。

盡可能在週末和假期時繼續維持孩子一致的睡眠時間。不過，有

場景 #4

　　一位父親打電話給家庭小兒科醫師，他和他的妻子試圖解決一個問題，他們理解讓 9 個月大嬰兒保持規律睡眠的價值，同時，他們還有兩個較大的孩子，而他們的活動未必總是可以配合父母想要確保嬰兒小睡需求的承諾。

　　他們的小兒科醫師建議，父母要努力從較大孩子的社交活動需要與嬰兒在白天小睡的生理時鐘需求中找到平衡，他們或許找不到完美的解決方案可以滿足每一個人，醫師補充道，這時妥協是必要的。他說，「有時你必須告訴你的孩子，『你要晚一點才能外出和你的玩伴玩耍，因為我們要等幾分鐘，直到歐文醒來。』但有些時候，當較大的孩子有特殊活動時，這時你可能會決定喚醒嬰兒，確保較大的哥哥或姊姊可以準時參加活動。」

　　的確，在大多數情況下，你要盡量避免喚醒一個熟睡的嬰兒，不過，偶爾小睡時間稍短一點並不會造成太大的傷害，只要這不是一個常規的模式。

時睡眠行程被中斷是不可避免的，例如假期、假日或家庭聚會，這些活動都可能無法讓孩子午睡或無法準時上床睡覺。由於每個孩子的性情不同，有些孩子對於這些作息和環境的變化適應力比其他孩子好。

　　盡可能尊重孩子的天性，試著保持他的正常睡眠習慣。同時，如果你事先知道他的睡眠時間會被干擾，這時你可以提早讓他休息，好讓他可以適應變化。例如，如果你計畫參加家庭聚會，你可以在前一或兩天前，讓孩子好好休息，因此當這些活動干擾他的睡眠行程時，他也可以適應良好。當孩子得到充分的休息時，他的性情就會越穩定，適應力也會更好，可以隨著環境改變而改變，並且擁有更好的睡眠品質。

　　孩子的睡眠作息多久可以打斷

1 次？預料外的睡眠時間大約每個月 1 次或 2 次——當你要調整小睡和就寢時間以和孩子一起享受假期、生日和其他特別的活動。大多數睡眠充足的孩子對這些偶爾的事件都可以適應良好，不過中斷孩子作息的次數不要過多到 1 週 1 次或 2 次以上。如果孩子睡眠作息大亂——或許因為祖父母拜訪，或者突然生病，這時你要考慮「一夜重置」睡眠模式。就這麼一晚調整作息，讓孩子早點就寢，不要因孩子睡眠不足的抗議哭聲而心軟。由於孩子太過疲累，因此這時用漸進式方法效果反而不彰，而且他會越鬧越大，這時父母可能會很沮喪，不過一夜「重置」法可以解決這個問題。關鍵是要回到正常的睡眠規律。

處理其他睡眠問題的方法

有時，家庭問題也會影響和擾亂孩子的睡眠。例如，如果你很難在白天設定睡眠限制，或者如果你和你的配偶有不同的想法，或者你在工作中度過了極度疲憊的一天，所有這些問題都會讓家中所有人的睡眠變得更有難度，尤其是你的孩子。有效地處理這些日常問題可以幫助整個家庭獲得適當的睡眠。

此外，孩子是否有健康問題難以入睡，例如腹絞痛、嚴重濕疹或睡眠呼吸暫停等（腹絞痛是嬰兒常見的睡眠中斷原因，請參考第 180 頁相關資訊和指南），或者孩子有暫時的健康問題，例如耳朵感染導致疼痛無法入眠。這時你要立即回應他的需求，遵照你的小兒科醫師的指示處理問題，並且舒緩孩子的不適。

正視睡眠

當處理孩子的睡眠問題時，盡力而為，但若進展不如意，千萬也不要為此感到難過，你可以做的是盡量讓孩子準時在白天小睡和夜間就寢。如果你的孩子白天在幼兒照護中心或由保姆照顧，這時你無法親自哄孩子睡覺，但你可以要求照顧者盡量按照你安排的作息表讓孩子小睡。

不過，就算你覺得自己做得不夠完美，也必須放下對自己的焦慮和自責。無可避免的，孩子有時總有白天或晚上睡不好的時候，千萬不要因為孩子晚睡 1 晚或 2 晚（或更多）而鞭打自己，這時只要盡快回到正軌，讓孩子回到正常的睡眠作息時間即可。有效地處理孩子的睡眠問題非常重要，這不僅是為了

孩子，同時如果孩子睡眠產生問題，連帶你自己需要休息的時間也會受到干擾。滿足你個人（和你的伴侶）的睡眠需求，可以更有效地照顧你的嬰兒和其他家人，這一點尤其重要。此外，長期勞累的父母，長久下來沮喪的風險也會大大提高。

正如我們先前提到的，睡眠是孩子的生活中健康而不可或缺的一部分。協助孩子好好睡覺可能是育兒最大的挑戰之一，不過對孩子現在或將來的健康而言，回報卻是相當的大。許多成人長期以來睡眠不足，這是由於他們童年時期就沒有養成良好的睡眠作息，睡不好也是一種習慣的養成，當孩子沒有良好的睡眠品質時，他可能無法學會如何睡好覺。在許多情況下，這種睡眠問題可能已成為他的生活一部份，當孩子還小時就開始處理他的睡眠問題，這時反而比較容易解決。記住，你的小兒科醫師可以持續支持你，提供相關諮詢和可靠的資訊，此外，許多小兒科醫療中心也有專門協助孩子提升睡眠品質的專家。

附 錄

【附錄 1】
兒童預防保健補助時程及服務項目

補助時程	建議年齡		服務項目
出生六天內	新生兒	出生六天內	身體檢查：身長、體重、頭圍、營養狀態、一般外觀、頭、眼睛、耳、鼻、口腔、頸部、心臟、腹部、外生殖器及肛門、四肢（含髖關節篩檢）、皮膚及神經學檢查等。 篩檢服務：新生兒先天性代謝異常疾病篩檢（出生滿 48 小時）、新生兒聽力篩檢。
出生至二個月	第一次	一個月	身體檢查：身長、體重、頭圍、營養狀態、一般檢查、瞳孔、對聲音之反應、唇顎裂、心雜音、疝氣、隱睪、外生殖器、髖關節運動。 問診項目：餵食方法。 發展診察：驚嚇反應、注視物體。
二至四個月	第二次	二至三個月	身體檢查：身長、體重、頭圍、營養狀態、一般檢查、瞳孔及固視能力、肝脾腫大、髖關節篩檢、心雜音。 問診項目：餵食方法。 發展診察：抬頭、手掌張開、對人微笑。
四至十個月	第三次	四至九個月	身體檢查：身長、體重、頭圍、營養狀態、一般檢查、眼位瞳孔及固視能力、髖關節篩檢、疝氣、隱睪、外生殖器、對聲音之反應、心雜音、口腔檢查。 問診項目：餵食方法、副食品添加。 發展診察：翻身、伸手拿東西、對聲音敏銳、用手拿開蓋在臉上的手帕（4～8個月）會爬、扶站、表達「再見」、發ㄅㄚ、ㄇㄚ音（8～9個月）。 ※ 牙齒塗氟：每半年 1 次。
十個月至一歲半	第四次	十個月至一歲半	身體檢查：身長、體重、頭圍、營養狀態、一般檢查、眼位、瞳孔、疝氣、隱睪、外生殖器、對聲音反應、心雜音、口腔檢查。 問診項目：固體食物。 發展診察：站穩、扶走、手指拿物、聽懂簡單句子。 ※ 牙齒塗氟：每半年 1 次。
一歲半至二歲	第五次	一歲半至二歲	身體檢查：身長、體重、頭圍、營養狀態、一般檢查、眼位【須作斜弱視檢查之遮蓋測試】、角膜、瞳孔、對聲音反應口腔檢查。 問診項目：固體食物。 發展診察：會走、手拿杯、模仿動作、說單字、瞭解口語指示、肢體表達、分享有趣東西、物品取代玩具。 ※ 牙齒塗氟：每半年 1 次。
二至三歲	第六次	二至三歲	身體檢查：身長、體重、營養狀態、一般檢查、眼睛檢查、心雜音、口腔檢查。 發展診察：會跑、脫鞋、拿筆亂畫、說出身體部位名稱。 ※ 牙齒塗氟：每半年 1 次。
三至未滿七歲	第七次	三至未滿七歲	身體檢查：身長、體重、營養狀態、一般檢查、眼睛檢查【得做亂點立體圖】、心雜音、外生殖器、口腔檢查。 發展診察：會跳、會蹲、畫圓圈、翻書、說自己名子、瞭解口語指示、肢體表達、說話清楚、辨認形狀或顏色。 ※ 預防接種是否完整。 ※ 牙齒塗氟：每半年 1 次。

※ 牙齒塗氟由牙醫師執行　　　　　　　　　　　　　　　　　資料來源：國民健康署

【附錄2】

我國現行兒童預防接種時程

108.05 版

接種年齡／疫苗	24hr內儘速	1 month	2 months	4 months	5 months	6 months	12 months	15 months	18 months	21 months	24 months	27 months	滿5歲至入國小前	國小學童
B型肝炎疫苗 (Hepatitis B vaccine)[1]	第一劑	第二劑				第三劑								
卡介苗 (BCG vaccine)[1]					一劑									
白喉破傷風非細胞性百日咳、b型嗜血桿菌及不活化小兒麻痺五合一疫苗 (DTaP-Hib-IPV)			第一劑	第二劑		第三劑			第四劑					
13價結合型肺炎鏈球菌疫苗 (PCV13)			第一劑	第二劑			第三劑							
水痘疫苗 (Varicella vaccine)							一劑							
麻疹腮腺炎德國麻疹混合疫苗 (MMR vaccine)							第一劑						第二劑	
活性減毒嵌合型日本腦炎疫苗 (Japanese encephalitis live chimeric vaccine)[2]								第一劑				第二劑	一劑*	
流感疫苗 (Influenza vaccine)[3]							初次接種二劑，之後每年一劑							
A型肝炎疫苗 (Hepatitis A vaccine)[4]							第一劑		第二劑					
白喉破傷風非細胞性百日咳及不活化小兒麻痺混合疫苗 (DTaP-IPV)													一劑	

1. 105年起，卡介苗接種時程由出生滿24小時後，調整為出生滿5個月(建議接種時間為出生滿5-8個月)。

2. 106年5月22日起，改採用細胞培養之日本腦炎活性減毒疫苗，於滿5歲至入國小前，與前一劑疫苗間隔至少12個月。

* 對尚未完成3劑不活化疫苗之幼童，接種時程為出生滿15個月接種第1劑，間隔12個月接種第2劑。

3. 8歲(含)以下兒童，初次接種流感疫苗應接種2劑，2劑間隔4週。9歲(含)以上兒童初次接種只需一劑。目前政策規定國小學童於校園集中接種時，全面施打1劑公費疫苗，對於8歲(含)以下初次接種的兒童，若家長需要，可於學校接種第一劑間隔4週後，自費接種第二劑。

4. A型肝炎疫苗107年1月起之實施對象為民國106年1月1日(含)以後出生、年滿12個月以上之幼兒。另包括設籍於30個山地鄉、9個鄰近山地鄉之平地鄉鎮及金門連江兩縣等原公費A肝疫苗實施地區補接種之學齡前幼兒。另自108年4月8日起、擴及國小六年級(含)以下之低收入戶及中低收入戶兒童。

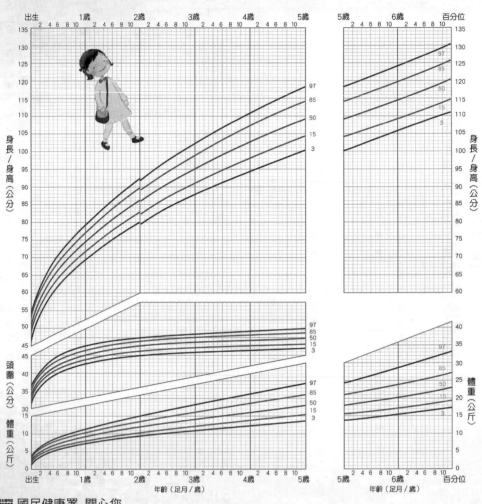

年齡	身長/身高	頭圍	體重
歲 月	公分	公分	公斤
歲 月	公分	公分	公斤
歲 月	公分	公分	公斤
歲 月	公分	公分	公斤
歲 月	公分	公分	公斤
歲 月	公分	公分	公斤
歲 月	公分	公分	公斤
歲 月	公分	公分	公斤
歲 月	公分	公分	公斤
歲 月	公分	公分	公斤
歲 月	公分	公分	公斤
歲 月	公分	公分	公斤
歲 月	公分	公分	公斤
歲 月	公分	公分	公斤
歲 月	公分	公分	公斤
歲 月	公分	公分	公斤
歲 月	公分	公分	公斤
歲 月	公分	公分	公斤

早產兒三歲前的年齡應自預產期起算（即矯正年齡）

兒童生長曲線使用說明

　　兒童生長曲線百分位圖包括身長／身高、體重與頭圍3種生長指標，分為男孩版和女孩版。生長曲線圖上畫有97、85、50、15、3等五條百分位曲線；百分位圖是在100位同月（年）齡的寶寶中，依生長指標數值由高而低、重而輕，從第100位排序至第1位。

　　兒童生長曲線圖的身長／身高圖，在2歲時的曲線有落差，主要是因為測量身長／身高的方法不同；2歲前是測量寶寶躺下時的身長，2歲後則是測量站立時的身高。

以1.5個月大體重5公斤的男寶寶為例：

❶【年齡】1.5個月大向上延伸。

❷【體重】5公斤重橫向延伸。

❸ 在【年齡】與【體重】交會處，即A點。

❹ 參照右方的百分位曲線數值，發現體重是【第50百分位】，代表在100名同年齡的男寶寶裡，其體重大約排在第50位。

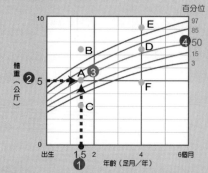

（請試著查查看3個月大男孩體重6.5公斤的百分位喔！答案請見下方）

　　寶寶的生長指標落在第3-97百分位之間都屬正常範圍，若生長指標超過第97百分位（如上圖B點）或低於第3百分位（如上圖C點）就可能有過高或低的情形！此外，兒童的成長是連續性的，除了觀察寶寶單一年齡的曲線落點外，其生長連線也應該要依循生長曲線的走勢（如上圖A點→D點）；如果高於或低於二個曲線區間時（如上圖A點→E點或A點→F點），需要請醫師評估檢查喔！

答案：第85百分位

國民健康署 關心您 [廣告]

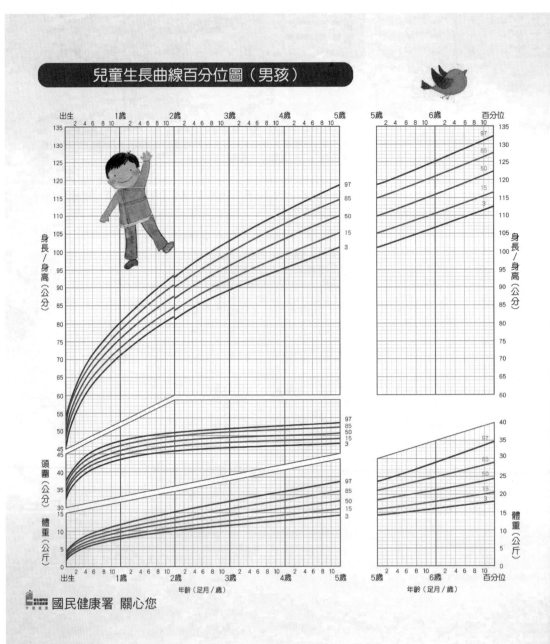

兒童及青少年生長身體質量指數（BMI）

102 年 6 月 11 日公布

BMI=體重(公斤)/身高^2(公尺)

年齡(歲)	男生			女生		
	過輕	過重	肥胖	過輕	過重	肥胖
	BMI<	BMI≧	BMI≧	BMI<	BMI≧	BMI≧
出生	11.5	14.8	15.8	11.5	14.7	15.5
0.5	15.2	18.9	19.9	14.6	18.6	19.6
1	14.8	18.3	19.2	14.2	17.9	19.0
1.5	14.2	17.5	18.5	13.7	17.2	18.2
2	14.2	17.4	18.3	13.7	17.2	18.1
2.5	13.9	17.2	18.0	13.6	17.0	17.9
3	13.7	17.0	17.8	13.5	16.9	17.8
3.5	13.6	16.8	17.7	13.3	16.8	17.8
4	13.4	16.7	17.6	13.2	16.8	17.9
4.5	13.3	16.7	17.6	13.1	16.9	18.0
5	13.3	16.7	17.7	13.1	17.0	18.1
5.5	13.4	16.7	18.0	13.1	17.0	18.3
6	13.5	16.9	18.5	13.1	17.2	18.8
6.5	13.6	17.3	19.2	13.2	17.5	19.2
7	13.8	17.9	20.3	13.4	17.7	19.6
8	14.1	19.0	21.6	13.8	18.4	20.7
9	14.3	19.5	22.3	14.0	19.1	21.3
10	14.5	20.0	22.7	14.3	19.7	22.0
11	14.8	20.7	23.2	14.7	20.5	22.7
12	15.2	21.3	23.9	15.2	21.3	23.5
13	15.7	21.9	24.5	15.7	21.9	24.3
14	16.3	22.5	25.0	16.3	22.5	24.9
15	16.9	22.9	25.4	16.7	22.7	25.2
16	17.4	23.3	25.6	17.1	22.7	25.3
17	17.8	23.5	25.6	17.3	22.7	25.3

說明：
一、本建議值係依據陳偉德醫師及張美惠醫師2010年發表之研究成果制定。
二、0-5歲之體位，係採用世界衛生組織（WHO）公布之「國際嬰幼兒生長標準」。
三、7-18 歲之體位標準曲線，係依據1997 年台閩地區中小學學生體適能（800/1600 公尺跑走、屈膝仰臥起坐、立定跳遠、坐姿體前彎四項測驗成績皆優於25 百分位值之個案）檢測資料。
四、5-7 歲銜接點部份，係參考WHO BMI rebound 趨勢，銜接前揭兩部份數據。

國民健康署 關心您

年齡	身長/身高	頭圍	體重
歲 月	公分	公分	公斤
歲 月	公分	公分	公斤
歲 月	公分	公分	公斤
歲 月	公分	公分	公斤
歲 月	公分	公分	公斤
歲 月	公分	公分	公斤
歲 月	公分	公分	公斤
歲 月	公分	公分	公斤
歲 月	公分	公分	公斤
歲 月	公分	公分	公斤
歲 月	公分	公分	公斤
歲 月	公分	公分	公斤
歲 月	公分	公分	公斤
歲 月	公分	公分	公斤
歲 月	公分	公分	公斤
歲 月	公分	公分	公斤
歲 月	公分	公分	公斤
歲 月	公分	公分	公斤

早產兒三歲前的年齡應自預產期起算（即矯正年齡）

國家圖書館出版品預行編目資料

0-5歲完整育兒百科 / 坦亞‧阿爾特曼（Tanya Altmann）、
大衛‧希爾（David L. Hill）作；郭珍琪、陳宜蓁譯. ——
二版. —— 臺中市：晨星出版有限公司，2023.02
　　面；公分. ——（健康百科；33）

譯自：Caring for Your Baby and Young Child, 7th Edition: Birth to Age 5

ISBN 978-626-320-364-8（平裝）

1.CST: 育兒　2.CST: 兒童發展

428　　　　　　　　　　　　　　　　　　111022237

健康百科 33

【全新修訂第七版】

0-5歲完整育兒百科

Caring for Your Baby and Young Child, 7th Edition: Birth to Age 5

可至線上填回函！

作者	美國小兒科學會（American Academy Of Pediatrics）
主編	坦亞‧阿爾特曼(Tanya Altmann)、大衛‧希爾(David L. Hill)醫學博士
譯者	郭珍琪、陳宜蓁
主編	莊雅琦
編輯	游薇蓉、莊雅琦、張雅棋
校對	何錦雲、莊雅琦、張雅棋
網路編輯	黃嘉儀
美術排版	黃偵瑜
封面構成	王大可
創辦人	陳銘民
發行所	晨星出版有限公司
	407台中市西屯區工業30路1號1樓
	TEL：04-23595820　FAX：04-23550581
	E-mail:health119@morningstar.com.tw
	https://www.morningstar.com.tw
	行政院新聞局局版台業字第2500號
法律顧問	陳思成律師
初版	西元2017年03月23日
二版	西元2023年02月28日
二版二刷	西元2024年07月01日
讀者服務專線	TEL：02-23672044／04-23595819#212
讀者傳真專線	FAX：02-23635741／04-23595493
讀者專用信箱	service@morningstar.com.tw
網路書店	https://www.morningstar.com.tw
郵政劃撥	15060393（知己圖書股份有限公司）
印刷	上好印刷股份有限公司

定價 899 元
ISBN 978-626-320-364-8